설비보전
기사 필기

시대에듀

편·저·자·약·력

신원장

現 용산철도고등학교 교사
국민대학교 기계공학과(학사 및 석사) 졸업

 끝까지 책임진다! 시대에듀!
QR코드를 통해 도서 출간 이후 발견된 오류나 개정법령, 변경된 시험 정보, 최신기출문제, 도서 업데이트 자료 등이 있는지 확인해 보세요! 시대에듀 합격 스마트 앱을 통해서도 알려 드리고 있으니 구글 플레이나 앱 스토어에서 다운받아 사용하세요.
또한, 파본 도서인 경우에는 구입하신 곳에서 교환해 드립니다.

편집진행 윤진영·최 영 | **표지디자인** 권은경·길전홍선 | **본문디자인** 정경일

PREFACE

우리나라에서는 보전이라는 용어와 개념이 잘 알려지지 않았지만, 선진국에서는 이미 오래전부터 관리 및 비용의 측면에서 보전 관리를 시행해 오고 있었다. 우리도 산업이 고도화, 대형화, 구조화되면서 점점 보전 분야에 관심을 갖기 시작하더니, 2000년대에 들어오면서 규모가 있는 기업 중심으로, 설비에 대해 직접 관리를 하거나 외주 업체 등에 위탁하여 관리를 맡기는 등 이를 위한 인력을 필요하게 되었다.

국가에서는 2005년부터 설비보전기사를 설치하고 운영하면서 국가수준의 설비보전인력 양성을 유도하고 있다. 그러나 설비라는 대상이 용어는 보편적이지만, 구체적인 내용을 살펴보았을 때는 기계를 중심으로 화학, 전기, 전자, 건설, 제어 등 많은 분야의, 각각의 상황에, 수많은 제품과 구조물, 시설일 수밖에 없어서 이를 보편적으로 관리하는 전문 인력을 양성하는 것은 쉽지 않다. 그리고 각 기업에서 각 공정별로 개별 설비를 관리할 인력을 배치하는 것 또한 쉽지 않다.

따라서 보전 개념과 보전 능력이 있고, 위에 언급한 기계, 화학, 전기, 전자, 제어 등의 대부분의 설비에 들어가는 내용에 대해 전문가에 준하는 지식이 있는 인력을 양성할 필요가 있고, 이런 산업적인 요구에 맞춰 자격 구성이 되었다.

전술한 까닭으로 다루어야 할 내용이 매우 광범위하다. 간략히 설명하고자 하였으나 Win-Q 시리즈의 의도에 맞게 문제 전체를 설명하여야 하였고, 각 분야의 기본적인 배경지식을 모두 간과하고 설명할 수는 없어 분량이 상당할 수밖에 없었던 점과 집필하는 데 상당히 많은 시간이 소요된 것을 본 수험서를 고대하고 학습할 수험생들에게 미안스럽게 생각한다. 저자로서 한시라도 일찍 수험서로 수험생을 돕고자 하는 마음으로 열심히 집필하였으니 본 수험서를 통해 한 사람이라도 더 도움을 받을 수 있기를 바란다.

보전학이나 산업공학을 공부한 수험생들이라면 상대적으로 학습이 수월할 수는 있으나 전공이 아닌 분야의 학습은 쉽지 않을 것이다. 기계, 윤활, 전기 설비와 관련된 공부를 하였던 수험생 또한 마찬가지로 어려움이 있을 것이다. 본 수험서는 가능한 간략하지만 모든 내용을 암기해야 하는 방식의 학습이 되지 않도록, 설명을 통해 기출문제를 모두 풀 수 있도록 구성하였다. 다행히 자격시험은 60점이라는 기준선이 있어 성실히 학습한다면 자격을 취득하는 데는 큰 어려움이 없을 것으로 생각한다.

긴 시간 동안 함께 고생하며 좋은 수험서가 나올 수 있도록 도와주시는 시대에듀에 감사를 표하며 역시 긴 시간 동안 함께 도와주며 힘이 된 사람들에게 함께 감사를 전한다.

학습할 때나 현장에서 근무할 때 늘 기본을 중요시하고 성실한 자세를 겸비하기를 당부드리며 수험생 여러분의 건투를 바란다.

꿈그리미 선생 드림

자격증 • 공무원 • 금융/보험 • 면허증 • 언어/외국어 • 검정고시/독학사 • 기업체/취업
이 시대의 모든 합격! 시대에듀에서 합격하세요!
www.youtube.com → 시대에듀 → 구독

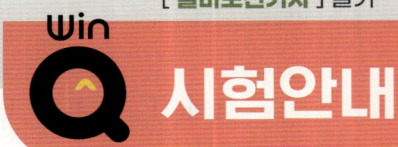

[설비보전기사] 필기

시험안내

개 요
산업현장에서 사용되는 설비(장치)의 유지, 관리, 수리, 개선을 담당하는 전문 기술인력으로, 설비의 정상적인 작동을 보장하고, 고장을 예방하며, 문제가 발생했을 때 신속히 수리하는 역할을 수행한다.

진로 및 전망
화학, 제철, 전자부품 조립, 전력설비 등 설비를 갖춘 모든 산업체로 진출이 가능하며, 해당 업체는 원료를 절약하여 회사의 이익을 창출하는 데 한계가 있으므로 결국 설비를 어떻게 잘 관리했느냐 못했느냐에 따라 회사의 이익이 좌우될 수 있어 향후 설비보전 기술 요원에 대한 전망은 밝다고 볼 수 있다.

수행직무
생산시스템이나 설비(장치)의 설비보전에 관한 전문적인 지식을 가지고, 생산설비 등을 최적의 상태로 효율적으로 유지하기 위해 일상점검 및 정기점검을 통한 설비진단을 하고 고장 부위를 정비하거나 유지, 보수, 관리 및 운용 등의 업무를 수행한다.

시험일정

구 분	필기원서접수 (인터넷)	필기시험	필기합격 (예정자)발표	실기원서접수	실기시험	최종 합격자 발표일
제1회	1월 중순	2월 초순	3월 중순	3월 하순	4월 중순	6월 중순
제2회	4월 중순	5월 초순	6월 중순	6월 하순	7월 중순	9월 중순
제3회	7월 하순	8월 초순	9월 초순	9월 하순	11월 초순	12월 하순

※ 상기 시험일정은 시행처의 사정에 따라 변경될 수 있으니, www.q-net.or.kr에서 확인하시기 바랍니다.

시험요강
❶ 시행처 : 한국산업인력공단
❷ 관련 학과 : 대학 및 전문대학의 기계 관련 학과
❸ 시험과목
  ㉠ 필기 : 공유압 및 자동제어, 용접 및 안전관리, 기계설비 일반, 설비 진단 및 관리
  ㉡ 실기 : 설비보전 심화 실무
❹ 검정방법
  ㉠ 필기 : 객관식 4지 택일형, 과목당 20문항
  ㉡ 실기 : 복합형(작업형 3시간 정도, 필답형 1시간)
❺ 합격기준
  ㉠ 필기 : 100점을 만점으로 하여 과목당 40점 이상, 전 과목 평균 60점 이상
  ㉡ 실기 : 100점을 만점으로 하여 60점 이상

검정현황

필기시험

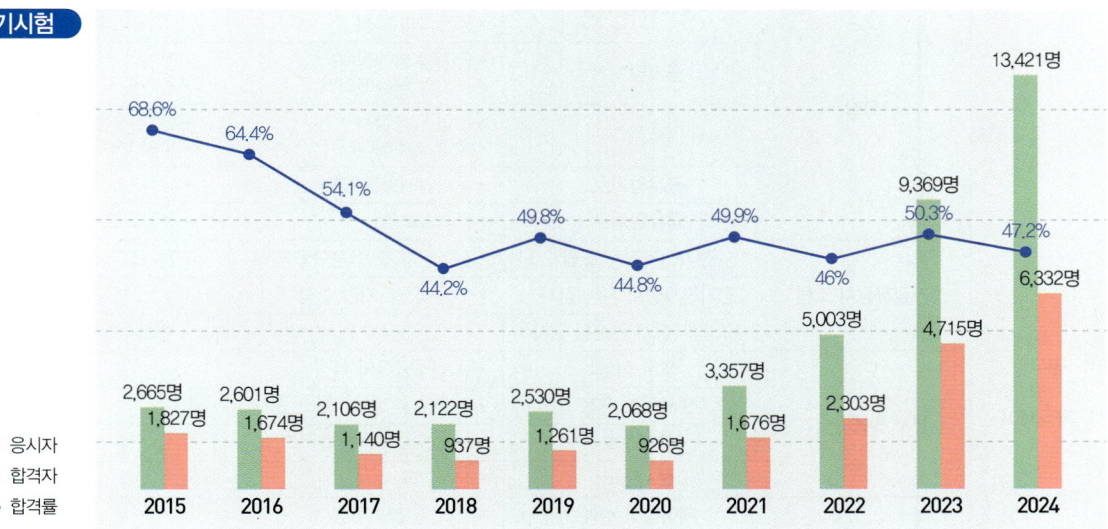

실기시험

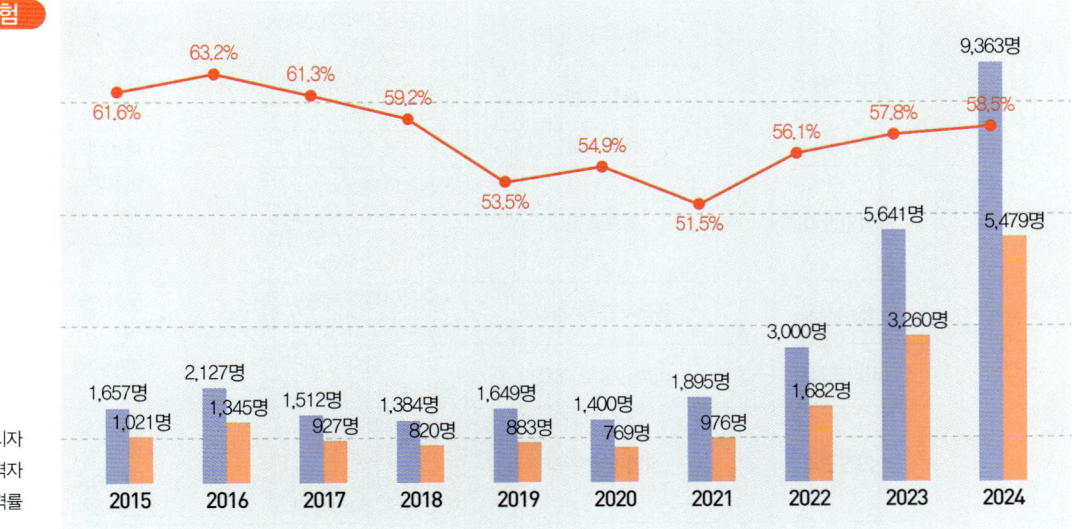

출제기준(필기)

필기 과목명	주요항목	세부항목	세세항목	
공유압 및 자동제어	공유압	공유압의 개요	• 기초이론 • 공유압의 특성	• 공유압의 원리
		공기압기기	• 공기압 발생장치 • 공기압 액추에이터	• 공기압 제어밸브 • 공기압 부속기기
		유압기기	• 유압 발생장치 • 유압 액추에이터	• 유압 제어밸브 • 유압 부속기기
		공유압기호	• 공기압기호 표시법	• 유압기호 표시법
		공유압회로	• 공기압회로	• 유압회로
	전기전자장치 조립	전기전자장치 조립	• 전기전자 조립 공구와 장비	• 전기전자 부품
		전기전자장치 기능 검사	• 전류, 전압, 저항 측정	
		전기전자장치 안전성 검사	• 전기전자장치 검사방법	• 계측기기 유지보수
	센서 활용기술	센서 선정	• 센서의 종류와 특성	
		센서회로 구성	• 신호 변환, 전송, 처리, 출력	
		센서신호	• 센서신호 측정방법	
		센서관리	• 센서관리	
	모터 제어	제어방식 설계	• 모터 구조와 특성	
		제어회로 구성	• 모터제어기	
		시험 운전	• 제어기 간 상호 인터페이스	
		유지보수	• 모터관리	
	공정제어	제어의 기초이론	• 자동제어의 기본개념 • 주파수 응답	• 제어계의 전달함수
		계측 일반	• 온도, 압력, 유량, 액면의 계측 • 전기의 계측	• 회전수의 계측
		계측제어	• 센서와 신호 변환	• 프로세스 제어
용접 및 안전관리	용접일반 이론	아크용접	• 용접의 총론 • 서브머지드 아크용접 • 가스·금속 아크용접 • 기타 아크용접	• 피복금속아크용접 • 가스·텅스텐 아크용접 • 플럭스 코어드 아크용접
	용접시공	용접시공 및 검사	• 용접이음과 결함의 종류 • 용접결함의 생성과 특성 및 방지 대책	• 용접 변형과 잔류응력
	비파괴검사	비파괴검사 개요	• 비파괴검사의 원리 • 비파괴검사의 특성	• 비파괴검사의 종류
	안전관리	작업 안전관리	• 기계작업 안전 • 전기취급 안전 • 산업시설 안전 • 산업안전보건법령	• 용접작업 안전 • 가스 및 위험물의 안전 • 안전보호구 • 기계설비법령
기계설비 일반	도면 해독	도면 해독	• 치수공차 • 기하공차 해석 및 종류	• 표면거칠기
	기본측정기 사용	기본측정기 사용	• 측정기 선정	• 기본측정기 사용

필기 과목명	주요항목	세부항목	세세항목	
기계설비 일반	기계가공법	기계가공	• 공작기계의 종류 및 용도 • 비절삭가공의 종류 및 특징	• 절삭가공의 종류 및 특징
	기계재료	기계재료의 성질과 분류	• 기계재료의 개요 • 기계재료의 물성 및 재료시험	• 열처리
	기계구동장치조립	기계구동장치조립	• 조립작업계획 • 설계도면 및 조립도면 해독	• 공구 활용 • 조립 측정검사
	기계장치 보전	기계요소 보전	• 체결용 기계요소 • 전동용 기계요소 • 관계 기계요소	• 축 기계요소 • 제어용 기계요소
		기계장치 보전	• 밸브의 점검 및 정비 • 송풍기의 점검 및 정비 • 감속기의 점검 및 정비	• 펌프의 점검 및 정비 • 압축기의 점검 및 정비 • 전동기의 점검 및 정비
설비 진단 및 관리	설비 진동 및 소음	설비 진단의 개요	• 설비 진단의 개요	• 소음진동 개론
		진동 및 측정	• 진동의 물리적 성질 • 진동 방지 대책 • 회전기기 진단	• 진동 발생원과 특성 • 진동 측정원리 및 기기
		소음 및 측정	• 소음의 물리적 성질 • 소음 방지 대책	• 소음 발생원과 특성 • 소음 측정원리 및 기기
	설비관리계획	설비관리 개론	• 설비관리의 개요	• 설비의 범위와 분류
		설비계획	• 설비계획의 개요 • 설비의 신뢰성 및 보전성 관리 • 정비계획 수립	• 설비배치 • 설비의 경제성 평가
		설비보전의 계획과 관리	• 설비보전과 관리시스템 • 공사관리 • 보존용 자재관리	• 설비보전의 본질과 추진방법 • 설비보전관리 및 효과 측정
	종합적 설비관리	공장 설비관리	• 공장 설비관리의 개요 • 치공구 관리	• 계측관리 • 공장 에너지 관리
		종합적 생산보전	• 종합적 생산보전의 개요 • 만성로스 개선방법 • 품질개선활동	• 설효율 개선방법 • 자주보전활동
	윤활관리의 기초	윤활관리의 개요	• 윤활관리와 설비보전 • 윤활관리의 방법	• 윤활관리의 목적
		윤활제의 선정	• 윤활제의 종류와 특성 • 그리스의 선정기준	• 윤활유의 선정기준 • 윤활유 첨가제
	윤활방법과 시험	윤활 급유법	• 윤활유계의 윤활 및 윤활방법	• 그리스계의 윤활 및 윤활방법
		윤활기술	• 윤활기술과 설비의 신뢰성 • 윤활제의 열화관리와 오염관리 • 윤활설비의 고장과 원인	• 윤활계의 운전과 보전 • 윤활제에 의한 설비진단기술
		윤활제의 시험방법	• 윤활유의 시험방법	• 그리스의 시험방법
	현장 윤활	윤활 개소의 윤활관리	• 압축기의 윤활관리 • 기어의 윤활관리	• 베어링의 윤활관리 • 유압 작동유 및 오염관리

[설비보전기사] 필기
구성 및 특징

핵심이론

필수적으로 학습해야 하는 중요한 이론들을 각 과목별로 분류하여 수록하였습니다. 시험과 관계없는 두꺼운 기본서의 복잡한 이론은 이제 그만! 시험에 꼭 나오는 이론을 중심으로 효과적으로 공부하십시오.

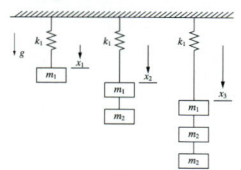

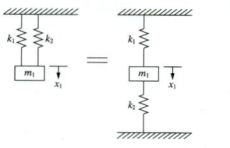

10년간 자주 출제된 문제

출제기준을 중심으로 출제 빈도가 높은 기출문제와 필수적으로 풀어보아야 할 문제를 핵심이론당 1~2문제씩 선정했습니다. 각 문제마다 핵심을 찌르는 명쾌한 해설이 수록되어 있습니다.

STRUCTURES

과년도 기출문제

지금까지 출제된 과년도 기출문제를 수록하였습니다. 각 문제에는 자세한 해설이 추가되어 핵심이론만으로는 아쉬운 내용을 보충 학습하고 출제경향의 변화를 확인할 수 있습니다.

적중예상문제

2025년 변경된 출제기준을 분석하여 반드시 풀어봐야 할 문제로 구성된 적중예상문제를 수록하였습니다. 새롭게 출제되는 문제 유형을 익혀 처음 접하는 문제도 모두 맞힐 수 있도록 하였습니다

[설비보전기사] 필기
최신 기출문제 출제경향

2020년 3회
- 간이진단
- 비감쇠 진동
- 만성로스의 특징
- 기어의 보전
- 송풍기
- 급유관리
- 유압회로
- 센서를 이용한 보전, 측정의 해석
- 회전기계의 진동, 주파수 측정, 해석
- 보전의 절차(예방보전, 자주보전, TPM)
- 연속의 법칙
- 설비의 경제성 평가
- 축이음, 커플링
- 그리스의 특징
- 윤활유의 성질
- 실린더, 회로 구성
- 핸들링

2020년 4회
- 소음공학(FFT 트리거, 음원의 종류, 동특성, 주파수필터, 신호변환)
- 진동공학(방진재료, 진동기초물리)
- TPM
- 사후보전
- 설비 배치
- 가동시간
- 열관리
- 동력전달장치(기어, 베어링)의 보전
- 유압공학(밸브, 배관, 유체역학기초)
- 일반 열처리
- 그리스(특징, 사용환경, 재료 등)
- 윤활제 원료, 원유
- 유압펌프, 유압모터
- 애프터 쿨러

2021년 1회
- 주파수의 성질
- 음의 굴절, 회절
- 마스킹 효과
- 에일리어싱 효과, 안티-에일리어싱
- 전기기초
- 시퀀스 제어
- 관이음
- 회전 운전 중 점검
- 레이놀즈수
- 윤활유의 기능, 화학적 성질, 열화
- 그리스의 성질, 물리적 성질
- 윤활관리의 원칙
- 기어의 손상
- 공기압의 원리
- 공압밸브

2021년 1회
- 주파수의 특성
- 설비망
- 회전기계의 진동
- 래버린스 패킹
- 유성기어
- 윤활유 급유방법
- 유체역학 기초
- 무인반송차(AGV)

2021년 2회
- 설비대장
- 예방보전
- 베어링부 발열
- 심랭처리
- 베어링 정비
- 윤활유의 비교 특징
- 오일탱크
- 공유압밸브 구조

TENDENCY OF QUESTIONS

2021년 4회
- 마스킹
- 압력 검출기구
- 파이버 글라스
- 생산의 3요소
- 부식의 원인, 부식방지
- 공작 및 전동용 기계요소
- 유욕 급유법
- 마모성분분석
- 압축기의 종류, 밸브의 종류

2022년 1회
- 진동의 파형
- 진동 차단재의 재료
- 설비번호, 설비대장
- TPM의 5가지 활동
- 실린더의 보전
- 윤활유 점도 분류
- 스코어링
- 공압의 원리

- 진동, 진동 측정, 진동센서, 진동 차단
- 소음의 물리적 성질
- 도플러 효과
- 누설검사
- 센서
- 윤활, 윤활제, 점도지수, 주도, 극압윤활
- 검사, QC
- 체결, 커플링, 관이음
- 목재가공용 둥근톱기계 방호장치
- 도시방법(축, 기어)
- 유압에 따른 이상
- 저투자성 자동화
- 지능로봇
- 밸브 선정

2022년 2회
- 유량계, 오리피스
- 소음, 소음 파장, 소음 저감, 소음방지
- TPM, 자주보전
- 설비의 경제성 평가, 설비 배치, 수리율
- 윤활유 관리 및 사용
- 고장관리, 안전관리
- 혐기성 접착제
- 가공이론
- 밸브의 종류
- 공압회로의 종류
- 유압펌프, 펌프의 효율
- 루츠 블로어형 공기압축기
- 링형 네트워크
- 티칭 플레이 백
- 자동화의 종류

CBT 신경향
- 맥동현상
- 베르누이의 정리
- 터보형(원심식) 압축기
- 이상음 및 진동 발생의 원인
- 피복아크용접의 결함
- 언더컷의 원인
- 플럭스코어드 와이어(FCAW)의 장점
- 열화손실이 나타나는 과정
- 강의 표면경화법
- 기어 손상의 유형
- 감쇠(Damping)의 기능
- 자이로센서(자이로스코프)
- 쿨롱 아몽톤의 법칙
- 중화가 시험

이 책의 목차

빨리보는 간단한 키워드

PART 01 | 핵심이론

CHAPTER 01	설비진단 및 계측	002
CHAPTER 02	설비관리	070
CHAPTER 03	기계일반 및 기계보전	144
CHAPTER 04	윤활관리	262
CHAPTER 05	공유압 및 자동화	309
CHAPTER 06	기계장치 및 용접	382

PART 02 | 과년도 기출문제

2018년	과년도 기출문제	438
2019년	과년도 기출문제	505
2020년	과년도 기출문제	572
2021년	과년도 기출문제	639
2022년	과년도 기출문제	710

PART 03 | 적중예상문제

| 제1회~제5회 | 적중예상문제 | 750 |

빨리보는 간단한 키워드

빨간키

#합격비법 핵심 요약집 #최다 빈출키워드 #시험장 필수 아이템

CHAPTER 01 설비진단 및 계측

▍ 설비진단 기술의 필요성
- 고장손실의 증대 방지
- 설비의 수명 연장
- 점검자의 기술수준에 따른 격차 해소
- 설비의 규모와 비용이 커지고 고도화됨에 따른 사후 비용 절감

▍ 설비진단 기법 : 진동법, 오일분석법[페로그래피법, SOAP법(원자흡광법, 회전전극법, ICP법)]

▍ 진동의 실횻값 : $X_{\mathrm{rms}} = \sqrt{\dfrac{1}{T}\int_0^T X^2(t)\,dt}$

▍ 진동 크기의 3요소 : 변위, 속도, 가속도

▍ 스프링 강성 : 질량에 따라 변위 증가
- 병렬연결 $F_T = k_T x_1 = (k_1 + k_2)x_1$
- 직렬연결 $F_T = k_T x_1 = \dfrac{k_1 k_2}{(k_1 + k_2)} x_1$

▍ 진동의 종류 : 자유진동, 강제진동, 그 외(비틀림, 배경, 대상, 정성, 선형, 비평형 등)

▍ 진동의 측정 : 트랜스듀서, 비접촉식 변위 변환기, 속도 검출기, 가속도계

▍ 회전의 측정 : 직접 측정, 태코미터, 자이로센서, 퍼텐쇼미터, 비접촉형 퍼텐쇼미터

- **진동방지법** : 힘의 감쇠, 전달차단, 2단계 진동제어, 탄성지지

- **미스얼라인먼트** : 회전 중심축(축심)이 상하좌우 및 편각을 가지고 어긋나 있는 상태

- **최저 가청 음압** : $2 \times 10^{-5} N/m^2$

- **음파** : 평면파, 발산파, 구면파, 진행파, 정재파

- **소리의 굴절** : 음파가 서로 다른 매질을 지날 때 굴절되는 현상

- **기류음** : 고체 진동 없음

- **고체음** : 1차 고체음, 2차 고체음

- **소음방지법** : 소음기, 방진처리, 저소음 장비, 흡음/차음재, 방음벽, 귀마개

- **주파수 필터** : 로패스, 하이패스, 밴드패스

- **등청감 곡선** : 사람의 귀와 같은 크기의 음압을 주파수별로 구하여 작성한 곡선

- **압력센서** : 측정압력에 따라(절대, 상대, 차등), 변환요소에 따라(기계식, 전기식, 반도체식, 차입식)

- **열전대 안에 작용하고 있는 열전효과** : 제베크효과, 펠티에효과, 톰슨효과

- **터빈식 유량계** : 날개가 있는 회전자를 설치, 회전수로 유량을 구함. 소형, 구조 간단, 저렴, 내구성, 쉬운 수리, 적은 압력손실

- **임피던스** : 전류에서 저항, 인덕터, 커패시터 등에 의해 전류의 흐름을 방해하는 물리력

- **휘트스톤 브리지 회로** : 키르히호프 법칙을 이용, 편위법보다 정확하여 영위법이라 함

▌ **가속도 센서의 장착** : 스터드, 접착, 왁스, 자석, 프로브 등 이용

▌ **신호의 종류** : 아날로그, 디지털, 직류, 교류

▌ **프로세스 제어의 구성**

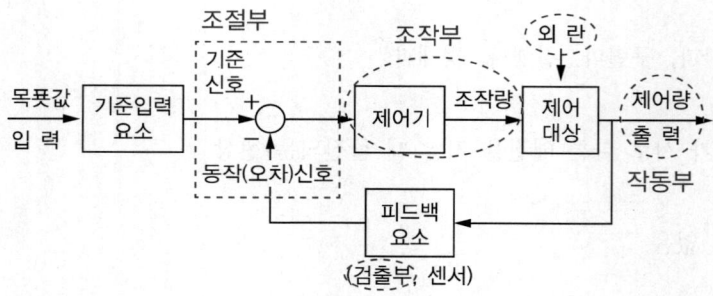

CHAPTER 02 설비관리

▌ **설비 시스템의 구성**

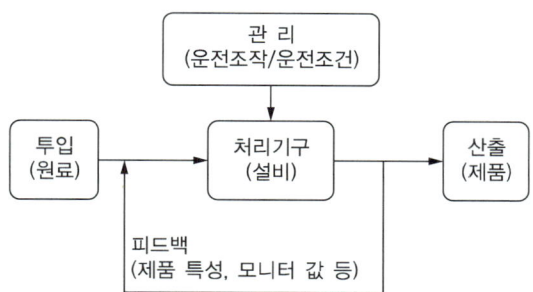

▌ **설비 관리의 발전** : 사후 보전, 예방 보전, 생산 보전, 개량 보전, 보전 예방, TPM, CMMS

▌ **생산능력 결정요인**
- 외적요인 : 자재, 노동, 자금, 시장
- 내적요인 : 제품, 공장, 공정, 인적, 가동상 요인

▌ **설비관리기능** : 일반관리기능, 기술기능, 실행기능, 지원기능으로 구성

▌ **설비의 목적에 따른 분류** : 생산설비, 수송설비, 유틸리티설비, 연구개발설비, 판매설비, 관리설비

▌ **설비 관리 조직의 개념** : 목적 달성 수단, 단순화, 순응화, 합리적 조직

▌ **프로젝트의 일반적 순서**

연구개발 → 프로젝트의 확립(프로젝트 현실화를 위한 최적 계획 검토) → 경제성의 결정(**프로젝트의 가치 평가**) → 엔지니어링(상세설계, 시방서 작성) → 조달과 건설(설비부설) → 운전개시(운전요원 투입)

■ **설비 배치의 목적** : 공간 및 동선의 효율성 증대를 통한 생산량 증대, 원가 절감, 설비비 절감, 작업환경 및 공장 환경 보전, 안전성 확보, 의사소통(Communication) 개선, 작업 탄력성 유지

■ **설비 배치의 형태** : 기능별, 제품별, 제품 고정형, 혼합형, 컴퓨터 이용

■ **설비 판단 척도** : 신뢰성, 보전성, 유용성

■ **설비의 신뢰도** : 시스템이 어떤 특정 환경과 운전조건하에서 어느 주어진 시간 동안 명시된 특정 기능을 성공적으로 수행할 수 있는 확률

■ **신뢰성 척도**

- 유용성을 표현하는 척도 : 설비 가동률 = $\dfrac{\text{정미 가동시간}}{\text{부하시간}} \times 100[\%]$

- 신뢰성을 표현하는 척도 : 고장 도수율 = $\dfrac{\text{고장 횟수}}{\text{부하시간}} \times 100[\%]$

- 보전성을 표현하는 척도 : 고장 강도율 = $\dfrac{\text{고장 정지시간}}{\text{부하시간}} \times 100[\%]$

- 경제성을 표현하는 척도 : 제품당 보전비 = $\dfrac{\text{보전비 총액}}{\text{생산량}}$

■ **고장의 분석** : 상황 분석법, 특성요인분석법, 행동개발법, 의사결정법

■ **원가의 종류** : 미래 원가, 초기 비용, 운영 및 보전비, 고정비, 변동비, 직접비, 간접비, 기회비용, 생애비용, 총원가, 상가비

■ **경제성 평가 방법** : 원가비교법(제조원가 비교법, 현가 비교법, 연평균비용 비교법, 평균 이자법), 자본 회수 기간법, 수익률 비교법, MAPI, 신 MAPI

■ **설비 보전의 의의** : 생산성 향상, 설비 열화에 대한 대책, 생산 경제성을 확보하기 위한 활동

■ **설비 보전 조직의 분류** : 집중 보전, 지역 보전, 부분 보전, 절충 보전

▌ 설비 보전 표준의 종류 : 설비 점검 표준, 정비 표준, 수리 표준

▌ 설비 열화의 대책 : 열화 방지, 열화 회복, 열화 측정

▌ 수리주기-비용 그래프

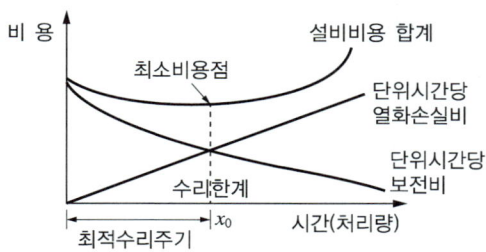

▌ 예방보전의 효과 : 직접 효과, 인과 효과

▌ 수리공사 분류 : 정기, 긴급, 예방, 사후, 보전개량, 개수, 일반보수

▌ 공기 단축 기법 : 최적공사기간, MCX, LP, SAM

▌ 듀폰방식 보전 효과 측정 : 계획, 작업량, 비용, 생산성

▌ 보전용 자재 발주 방식 : 정량 발주(복책법, 포장법), 정기 발주, 사용고 발주

▌ 설비분류 부대시설 : 급수설비, 급양설비, 배수설비, 난방설비, 배기설비, 조명설비, 배선설비 등

▌ 계측 작업 및 방법의 관리와 합리화를 위한 과정
계측 작업의 표준화, 계측 작업의 방법, 조건의 합리화, 계측 정밀도의 유지, 향상, 계측기의 사용, 취급법의 적정화, 자료의 수집 방법(위치, 시간, 횟수, 시료의 수집 방법)의 합리화, 계측에 관련된 작업(해석, 기록, 보고, 연락, 조작)의 적정화

▌ **치공구** : 공작 생산에 사용하는 정밀 치수에 관련된 공구를 통칭

▌ **전력 설계 시**

- 수용률 = $\dfrac{\text{최대수용전력}}{\text{총 설비용량}} \times 100[\%]$

- 부등률 = $\dfrac{\text{부하최대전력의 합}}{\text{합성최대수용전력}} \times 100[\%]$

- 부하율 = $\dfrac{\text{평균전력의 합}}{\text{최대수용전력}} \times 100[\%]$

▌ **TPM** : Total Productive Maintenance, 총동원 생산 보전

▌ **TPM의 다섯 가지 활동**

1. 설비 효율화를 위한 개선 활동 : 6대 로스 추방
2. 작업자의 자주 보전 체제의 확립 : 설비에 강한 작업자 육성, 작업자 보전 체제 확립
3. 계획 보전 체제의 확립 : 효율적 활동이 가능한 보전체제 확립
4. 기능 교육의 확립 : 작업자 기능 수준 향상
5. MP 설계와 초기 유동관리 체제의 확립 : 무보전설비 설계 및 신속한 설비안전가동 요

▌ **가공 및 조립형 설비 6대 로스** : 고장 로스, 작업 준비 조정 로스, 일시 정체 로스, 속도 로스, 불량 수정 로스, 초기 수율 로스

▌ **장치 프로세스형 설비 9대 로스** : 고장 로스, 계획 정지 로스, Shut Down 로스, 준비/교체/조정 로스, 공구 교환 로스, 시가동 로스, 잠깐정지 및 공회전 로스, 속도 저하 로스, 공정불량 및 품질불량 로스

▌ **종합 효율** = 시간 가동률 × 속도 가동률 × 양품률

= 설비유효가동률 × 양품률

= $\dfrac{\text{가치가동시간}}{\text{부하시간}}$

▌ **돌발 로스 vs 만성 로스**

- **고장분석** : 고장유형, 영향, 심각도 분석(FMECA)

- **PM 분석**(Phenomena / Physical × Mechanism, Machine, Man, Material)

- **자주보전 7단계**
    1. 초기청소
    2. 발생원 및 곤란 개소(個所) 대책
    3. 점검·급유기준 작성
    4. 총점검
    5. 자주점검
    6. 자주보전의 시스템화
    7. 자주관리의 철저

- **품질보전 전개 순서(7step)**
    1. 현상 분석
    2. 목표 설정 : 품질 목표 명확화
    3. 요인 해석
    4. 검토 및 대책
    5. 실 시
    6. 결과 확인
    7. 표준화

CHAPTER 03 기계일반 및 기계보전

- **선의 종류** : 굵은 실선(외형선), 가는 실선(치수선, 치수보조선, 인출선, 회전단면선, 작은중심선, 수준면선, 평면지시선), 파선(숨은선), 가는 1점 쇄선(중심선, 기준선, 피치선), 가는 2점 쇄선(가상선), 굵은 1점 쇄선(기준선, 특수 지정선)

- **기하공차의 종류** : 모양공차(진직도, 평면도, 진원도, 원통도, 선의 윤곽도, 면의 윤곽도), 자세공차(평행도, 직각도, 경사도), 위치공차(위치도, 동심도, 대칭도), 흔들림공차(원주, 온)

- **나사의 종류** : ISO에 있는 미터, 미니추어, 미터사다리꼴, 관용 평행나사
  ISO에 없는 미터, 유니파이, 관용 평행나사

- **볼트너트 이완방지** : 절삭너트, 로크너트, 특수너트 이용, 분할 핀, 홈붙이 6각 너트, 스프링 와셔, 이붙이 와셔, 폴 와셔

- **분할 핀 호칭 방법** : 표준번호 or 명칭, 호칭지름×호칭길이, 재료

- **축 고장의 원인과 대책** : 설계불량, 조립불량, 축의 파단, 축의 중심내기

- **키의 호칭**

  <u>표준번호</u> <u>종류 및 호칭치수</u> <u>길이</u> <u>끝 모양의 특별지정</u> <u>재료</u>
  KS B 1311 평행키 10 × 8 × 25   양끝 둥금   SM45C
  　　　　　　　　　폭 × 높이 × 길이

- **베어링 호칭** : 계열번호 / 안지름번호(번호 04 이상 곱하기 5) / 접촉각 기호 / 보조 기호

- **구름 베어링의 손상** : 마멸(Abrasion), 부식(Corrosion), 와이핑(Wiping), 스코어링(Scoring), 피팅(Pitting), 전기적 피팅(Electronic Pitting), 피로 파괴, 피로 융착, 과열(Overheating), 눌어붙음(Seizure)

- **관 이음** : 관 이음(유니언), 용접, 신축, 나사, 플랜지, 고무, 소켓 이음

- **밸브의 종류** : 정지 밸브, 게이트 밸브, 체크 밸브, 릴리프 밸브, 플랩 / 버터플라이 밸브, 다이어프램

- **기어** : 스퍼 기어, 헬리컬 기어, 나사 기어, 랙과 피니언, 베벨 기어, 웜 기어

- **스퍼 기어의 제도방법**
  - 이끝원은 굵은 실선으로 그린다.
  - 피치원은 가는 1점 쇄선으로 그린다.
  - 이뿌리원은 가는 실선으로 그린다.

- **기어 손상** : 마모, 연마, 부식, 스커핑, 소성유동, 피팅, 파괴적 피팅, 스폴링, 롤링, 리징, 피닝, 리플링, 절손, 과부하 절손, 균열

- **타이밍 벨트** : 미끄럼 없이 정확한 회전 각속도비가 유지되는 치형 벨트

- **스프링재의 요구사항** : 쉬운 열처리, 탄성력, 복원력, 높은 피로강도, 쉬운 가공성, 내응력, 내부식성

- **브레이크** : 블록, 띠, 내확식 또는 팽창식, 원판, 원추 브레이크, 수동 브레이크

- **브레이크 용량에 따른 브레이크의 사용조건**
  - 가혹한 사용 환경 : 용량을 0.6 이하로
  - 일반적 사용 환경 : 용량을 1.0 이하로
  - 방열이 좋은 사용 환경 : 용량을 3.0 이하로

- **공작기계 구비 조건** : 강도, 정밀도, 가공효율성, 내구성, 경제성, 사용의 편리성 및 유지 보수 가능

- **스크레이퍼** : 줄가공 후 면을 정밀하게 다듬질 작업하기 위해 사용

■ **줄 작업 방법** : 줄질의 방법에 따라 직진법, 사진법, 병진법

■ **기계가공의 종류** : 선반, 밀링, 드릴링, 보링

■ **구성인선 방지** : 깎는 깊이를 작게, 공구 경사각을 크게, 날끝을 예리하게, 절삭 속도를 크게, 윤활유를 사용

■ **측정원리** : 아베의 원리, 테일러의 원리, 헤르츠의 원리

■ **틈새게이지(필러게이지)** : 강재 얇은 편으로 된 것, 틈새 또는 홈의 간극 등을 점검하는 데 사용

■ **다이얼 게이지**

■ **용접의 장단점** : 제품의 성능과 수명이 향상, 이음형상 자유, 이음 효율 향상, 재료 두께 무제한, 자재 절약, 이종(異種) 재료 가능, 열 변형, 수축 및 취성 우려, 부식 우려, 검사 어려움, 품질 검사 어려움, 작업자 요인 작용

■ **아크쏠림** : 직류아크 용접 중 아크가 한쪽으로 쏠리는 현상

■ **열처리** : 노멀라이징, 풀림(완전, 구상화, 항온, 응력제거), 담금질-뜨임

■ **표면경화** : 금속침투법(OOO이징), 하드페이싱, 전해경화법, 금속착화법, 침탄법, 질화법, 고주파 담금질

■ **통풍기의 분류** : 원심식, 용적식, 회전식

■ **송풍기의 분류** : 구조에 따라, 흡입구에 따라, 흡입방법에 따라, 냉각방법에 따라, 안내차 종류에 따라

- **압축기의 설치**

    기초 설치 > 베이스 라이너 설치 > 기초 정비 > 크랭크 케이스 설치 > 실린더 설치 > 피스톤 앤드 간극 조정 > 배관

- **유체 이상 관련 이론** : 공동현상(캐비테이션), 맥동현상(서징), 수격현상(Hammering)

- **펌프의 고장 원인**
    - 송출이 안 됨
        전동기의 역회전 / 흡입 밸브, 송출 밸브 잠김, 흡입 누설 / 양정 과다(양정에 비해 유량 부족)
        → 전원 재결선 / 흡입계통 보수 / 양정의 규정 이내로 조정
    - 송출 곧 멈춤
        마중물 부족 / 흡입 측 에어포켓 형성 / 양정 과다
        → 마중물 보충 / 배관계통 조사 수리 / 양정의 규정 이내로 조정

- **3상 유도전동기의 원리**

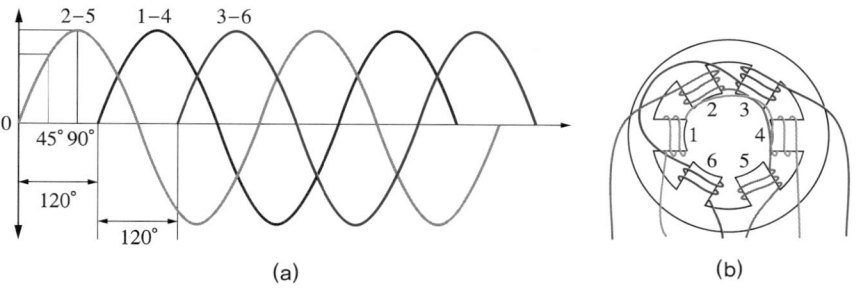

- **3상 유도전동기의 과열 현상의 원인** : 단상, 과부하, 빈번한 정지, 냉각 불충분, 발열

- **테플론** : 우수한 화학적 안정성, 저마찰, 전기적 특성, 내약품성

CHAPTER 04 윤활관리

▌ **윤활 관리의 4원칙** : 적유, 적기, 적량, 적법 – 적절한 윤활유를 제때, 적정량, 규정에 맞추어 관리한다.

▌ **극압 윤활** : 국부적으로 금속의 융착과 전단이 반복되며, 마찰이 증대되고 유막이 파괴되어 중간중간 금속과의 마찰이 일어나는 상태

▌ **첨가제의 종류** : 점도지수(VI) 향상제, 유성 향상제, 청정 분산제, 산화 방지제, 극압제, EP유, 유동점 강하제, 소포제, 방청제, 착색제, 유화제, 부식방지제, 분산제, 방부제

▌ **윤활 관리의 목적** : 설비 가동률 증대, 유지비 절감, 설비 수명 연장, 윤활 비용 절감, 동력비 절감 등

▌ **윤활의 기능** : 마찰 감소, 냉각 작용, 밀봉 작용, 청정 작용, 방청 작용, 방식 작용, 방진 작용, 하중(응력)의 분산 작용

▌ **윤활 관리 체계**

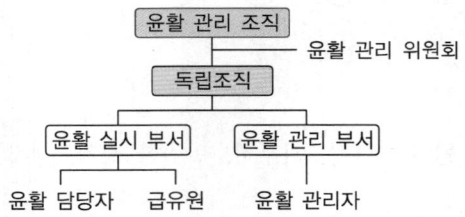

▌ **윤활유의 성질** : 비중, 점도, 동점도, 점도지수, 유동점, 인화점, 부식성, 색상, 산화 안정도, 소포성, 중화가(전산가, 전알칼리가, 강산가, 강알칼리가), 회분, 잔류탄소, 수분

▌ **비순환 급유법** : 수동 급유법, 적하 급유법, 가시 부상 유적 급유법과 같이 지속적으로 윤활제를 공급해 줘야 하고 사용된 윤활제를 순환하여 다시 사용하지 못하는 방식

- **순환 급유법** : 패드, 오일링식, 체인, 버킷, 비말, 롤러, 유욕(Bath), 원심, 나사, 중력순환, 강제순환

- **증주제(Thickening Agent of Grease)** : 그리스를 평소 젤과 같은 성질을 같게 하는 반고형제

- **적점(적하점)** : 시료를 규정 장치 및 규정 조건으로 가열한 경우, 반고체에서 액체 상태가 되어 그 첫 방울이 떨어졌을 때의 온도

- **이유도** : 그리스를 장기간 저장할 경우 오일이 그리스로부터 분리되는 현상

- **주도** : 윤활유의 점도에 해당하는 그리스의 성질이며 그리스가 얼마나 굳었는지 무른지를 나타냄

- **집중 그리스 윤활 장치** : 그리스 펌프를 주체로, 2inch 정도의 주관을 시공, 분배관 배열, 다수의 베어링에 동시 정량의 그리스를 확실히 급유하는 방법

- **윤활 사고의 원인** : 부적절한 유종의 선정, 윤활유를 혼용 사용, 이물질 혼입, 급유량 불량, 누유, 부적절한 윤활제의 취급

- **플러싱** : 윤활계통 내 이물질을 세정제를 통하여 세척하는 작업

- **플러싱 시기** : 기계를 새로 설치했을 때, 윤활유 교환 시기 중 어느 때, 윤활 장치를 분해하는 기회에, 윤활계통의 검사를 실시할 때, 운전을 개시하기 전 중 적절한 시기에 실시

- **윤활유의 변화** : 내부변화(산화, 탄화), 외부요인변화(희석, 유화액 형성, 이물질 혼입)

- **열화 방지법** : 고온부 접촉 짧게, 순환급유를 많게, 냉각기 부착, 기름의 혼합 금지, 충분히 세척, 수분 / 먼지 / 금속마모분 제거, 순환계통 청정유지, 재생처리

- **SOAP법** : 시료유 연소 시 발생하는 발광으로 금속성분 분석법, 스펙트럼 분석 시 농도측정 가능. 숙련도 요구 → 원자흡광법, 회전전극법, ICP법

- **내부유의 품질** : 고온분위기 열/산화안정성 및 카본화되지 않는 성질

- **베어링 윤활의 목적** : 마찰 및 마모의 감소, 피로 수명의 연장, 마찰열의 방출·냉각, 베어링 내부 이물질 침입 방지

- **미끄럼 베어링 급유법** : 전손식, 유욕식, 순환식

- **주요 기어손상** : 마모(Wear), 연마마모(Abrasive Wear), 부식(Corrosive), 스커핑(Scuffing), 피팅(Pitting), 리징(Ridging), 리플링(Rippling)

- **유압 작동유 요구 성질** : 적정 점도, 점도 유지력, 산화 안정성, 방식성-방청성, 전단 안정성, 기계적 성질, 내화학성, 내열성, 항유화성, 내마모성, 윤활성, 소포성, 내연성

CHAPTER 05 공유압 및 자동화

■ 압력(P) : $P = \dfrac{F}{A}$, $1\text{kgf}/\text{cm}^2 = \dfrac{1\text{kg} \times 9.8\text{m}/\text{s}^2}{(1\text{cm})^2} = \dfrac{9.8\text{kg} \cdot \text{m}/\text{s}^2}{(1\text{cm})^2} = \dfrac{9.8}{0.0001} \times 1\text{N} \times \dfrac{1}{\text{m}^2}$

■ 대기압

　1atm = 760mmHg = 10.33mAq = 1.03323kgf/cm² = 10,332.3kgf/m² = 1.013bar = 101.32kPa
　　　= 1,013hPa

■ 전하량 : $Q = I \times t$ (Q : 전하량, I : 전류, t : 시간[초])
　　　　　1[C] = 1[A] × 1[s], 1[A] = 1[C/s]

■ 베르누이 방정식 : $\dfrac{P}{\gamma} + \dfrac{V^2}{2g} + z = \dfrac{P_1}{\gamma} + \dfrac{V_1^2}{2g} + z_1 = \dfrac{P_2}{\gamma} + \dfrac{V_2^2}{2g} + z_2 = H$

■ 보일-샤를의 법칙 : 보일의 법칙과 샤를의 법칙을 조합

$$PV = nRT$$

- 보일의 법칙 : 일정량의 기체가 등온을 유지할 때 압력과 부피는 서로 반비례
- 샤를의 법칙 : 일정한 부피의 기체는 온도가 상승하면 압력 또한 상승

■ 공유압 비교
- 공압 → 무료, 무색, 무취, 압축가능 등
- 유압 → 큰 힘, 제어가능, 비압축성 등

■ 수랭식 냉각기 vs 공랭식 냉각기

■ 공압조정유닛 : 공급받은 압축공기를 필요한 압력만큼 조정하는 유닛

■ **유압발생부** : 오일 탱크, 유압모터, 펌프

■ **유압전달부** : 압력 조절 밸브, 방향 제어 밸브, 유량 제어 밸브

■ **작동부** : 유압실린더, 액추에이터

■ **유압 펌프의 종류** : 용적형(기어, 나사, 베인, 피스톤) 펌프, 비용적형(원심, 액시얼, 혼류, 터빈, 벌류트 등) 펌프

■ **용적형 펌프의 비교**

구 분	기어 펌프	베인 펌프	피스톤 펌프
주요 특징	오물과 점도가 높은 곳	압력 저하 미발생	밸브가 불필요
구 조	간 단	정밀제작 요구	구조 복잡, 가공 정밀도, 크기 큼
성 능	큰 힘	좋은 비출력	예민한 압력의 변화에 적합
점도의 영향	큰 영향은 없음	영향을 받음	영향을 받음
이물질의 영향	거의 없음	영 향	예민한 압력 영향
비 용	저 렴	보 통	비 쌈

■ **공압모터의 특징** : 무단속도조절, 출력조절, 큰 속도범위, 과부하에 안전, 둔감, 높은 속도, 좋지 않은 에너지비, 부정확 제어, 소음

■ **공압실린더**

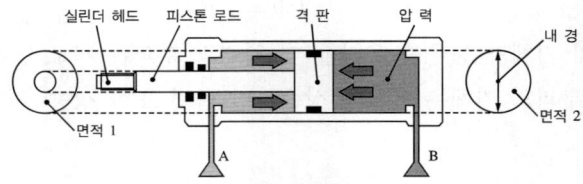

■ **실린더 종류** : 단동, 복동, 양로드, 쿠션내장형, 충격, 탠덤

■ **압력 제어 밸브 특성** : 유량 특성, 압력 특성, 히스테리시스 특성

■ **릴리프 밸브 vs 감압 밸브**

- **밸브 오버랩** : 흡기 밸브와 배기 밸브가 동시에 열려 있는 기간

- **밸브의 구조**

이압(2압) 밸브	셔틀 밸브	체크 밸브
A○─┤├─○B	A○─<○>─○B	A○─<○─○B

- **미터 인 회로** : 액추에이터로 들어가는 공기를 조절, 제어 변별 확실, 작동성이 떨어질 수 있음

- **미터 아웃 회로** : 액추에이터에서 나오는 공기를 조절, 작동성 확실, 일반적 방법

- **블리드 오프 회로** : 공급 유량이 많을 때, 유량을 탱크로 회수

- **자동화 촉진요소** : 3D 산업, 작업자 안전, 노사 대립, 생산 거대화, 경쟁 심화

- **FMS(Flexible Manufacturing System, 유연 생산 체제)**

    FMC(Flexible Manufacturing Cell), FTL(Flexible Transfer Line), 전형적 FMS

- **로봇 제어 방식**

    보간 제어, 포인트 투 포인트(PTP ; Point To Point), CP(Continuous Path), 매뉴얼 데이터 입력(MDI ; Manual Data Input), 티칭 플레이 백(TPB ; Teaching Play Back)

- **제어, 개회로제어, 피드백제어**

    시퀀스제어 : 입력 → 출력까지 정해진 순서대로 시행. 비교, 검출, 조정 등 하지 않음

- **PLC 시스템의 구성 ≒ 컴퓨터 시스템의 구성**

- **시퀀스 회로**

    AND, OR, NOT, 한시동작, 순시동작, 기동우선, 자기유지, 일치, 우선동작, 신입우선, 인터록, 캐스케이드, 플립 플롭 등

▌ 논리 제어 : 논리식, 논리기호

▌ 전동기의 분류

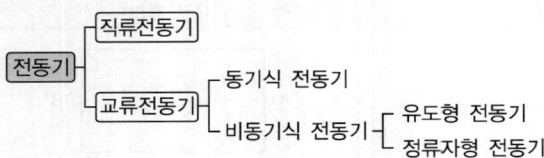

▌ 유도전동기 : 유도 기전력 이용, 정류자와 브러시 없음

▌ 스테핑 모터 : 원하는 각도 조정, 간단한 원리 및 구조, 누적오차 없음, 위치검출기 없음, 프로그램 제어로 제어가 쉬움

▌ 변압기의 기동-구동 결선 : △-△ 결선, Y-Y 결선 방식, △-Y 결선 방식, V-V 결선 방식

CHAPTER 06 기계장치 및 용접

- **부품 조립** : 장비의 콘셉트, 사양, 장비 주요부 및 주변부 사양에 맞게 정확하게 설계된 조립도면과 작업표준서를 기준으로 조립을 진행한다.

- **기구도면** : 외적인 기구물과 내적인 하드웨어가 결합된 도면으로, 설계하고자 하는 기구를 직접 손으로 그려보고, 초안이 마련되면 3D CAD 소프트웨어를 사용하여 기구설계를 한다.

- **조립도면** : 기계나 구조물의 전체적인 조립 상태를 나타내는 도면이다.

- **부품 조립작업** : 소형의 다양한 부품을 활용하여 브레드보드(Breadboard)나 만능기판, 솔더링 관련 인두기, 받침대 또는 PCB에서 회로를 완성하는 것이다. 어셈블리(Assembly)라고 한다.

- **기계구동장치** : 기계, 계기 등을 작동시키는 장치 또는 구동축과 이것에 부착된 풀리, 기어 등 동력을 전달하기 위한 장치이다.

- **용접법의 분류**

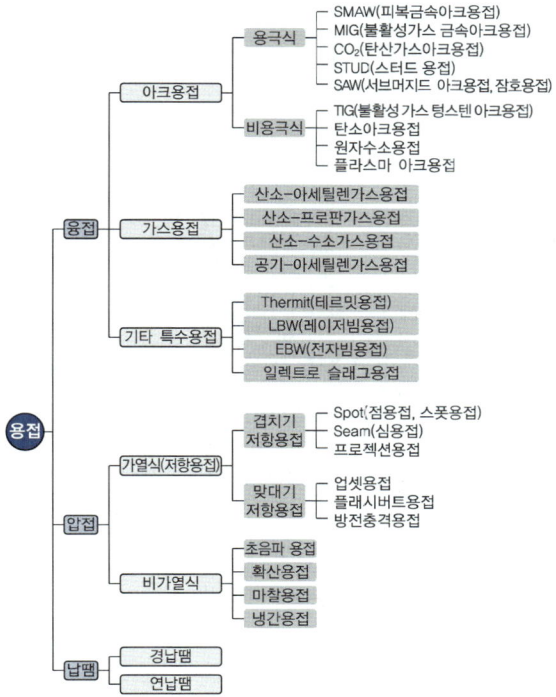

용접의 분류

용접	접합 부위를 용융시켜 만든 용융 풀에 용가재인 용접봉을 넣어가며 접합시키는 방법
압접	접합 부위를 녹기 직전까지 가열한 후 압력을 가해 접합시키는 방법
납땜	모재를 녹이지 않고 모재보다 용융점이 낮은 금속(은납 등)을 녹여 접합부에 넣어 표면장력(원자 간 확산침투)으로 접합시키는 방법

용접의 종류

- 아크용접 : 전극과 모재 사이 전류로 접합한다.
- 저항용접 : 전류 통전 + 압력 열을 이용한다.
- 가스용접 : 아세틸렌 + 산소 혼합연소를 이용한다.
- 납땜 : 용융점 낮은 금속으로 접합한다.

용접 자세

자 세	KS규격	ISO	AWS
아래보기	F(Flat Position)	PA	1G
수 평	H(Horizontal Position)	PC	2G
수 직	V(Vertical Position)	PF	3G
위보기	OH(Overhead Position)	PE	4G

운 봉

- 전진법 용접 : 비드가 좁고, 외관이 양호하다.
- 후진법 용접 : 비드가 넓고, 기공이 발생한다.

아 크

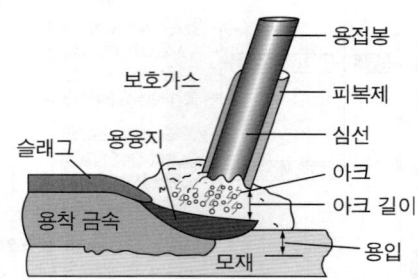

- 아크 길이가 짧으면 스패터가 적게 발생하고, 용융이 불량해진다. 반면, 아크 길이가 길면 전압이 높아지고, 스패터가 많이 발생한다.
- 표준 아크 길이 : 전극 직경의 0.8~1배

- 아크전압
  - 음극전압 강하 + 양극전압 강하 + 아크기둥의 전압 강하
  - 비드 폭에 영향을 준다.
- 아크쏠림
  - 용접봉과 모재 사이에 전류가 흐를 때 그 주위에 자기장이 생기는데, 이 자기장이 용접봉에 대해 비대칭으로 형성되어 아크가 한쪽으로 쏠리는 현상이다.
  - 원인 : 직류를 사용하거나 케이블 배치가 불균형할 경우에 발생한다.
  - 대책 : 교류를 사용하고, 전극 각도를 조정한다.
- 아크전류 : 용입의 깊이를 결정한다.

전류 극성

직류 정극성 (DCSP ; Direct Current Straight Polarity)	• 용입이 깊다. • 비드 폭이 좁다. • 용접봉의 용융속도가 느리다. • 후판(두꺼운 판)용접이 가능하다. • 모재에는 (+)전극이 연결되며 70%의 열이 발생하고, 용접봉에는 (−)전극이 연결되며 30%의 열이 발생한다.
직류 역극성 (DCRP ; Direct Current Reverse Polarity)	• 용입이 얕다. • 비드 폭이 넓다. • 용접봉의 용융속도가 빠르다. • 박판(얇은 판)용접이 가능하다. • 주철, 고탄소강, 비철금속의 용접에 쓰인다. • 모재에는 (−)전극이 연결되며 30%의 열이 발생하고, 용접봉에는 (+)전극이 연결되며 70%의 열이 발생한다.
교류(AC)	• 극성이 없다. • 전원 주파수의 $\frac{1}{2}$사이클마다 극성이 바뀐다. • 직류 정극성과 직류 역극성의 중간적 성격이다.

용접이음의 종류

맞대기 이음	모서리 이음	변두리 이음	겹치기 이음	맞물림 겹치기 이음	T이음(필릿용접)
십자형 이음	한면 맞대기판 이음	양면 맞대기판 이음	플레어 이음		

■ 용접결함
- 균열 : 용접부가 냉각 중 수축 응력에 의해 갈라지는 현상으로, 가장 위험한 결함이다.
- 기공 : 용융금속 내에 가스가 빠져나가지 못하고 작은 구멍이 생긴 결함이다.
- 언더컷 : 용접 비드 가장자리가 패여 모재와 연결이 약해지는 결함이다.
- 슬래그 혼입 : 불순물이 금속 내에 갇혀 강도가 저하되는 결함이다.
- 스패터 : 금속 방울이 튀어 표면에 붙는 현상으로, 미관과 품질을 저하시킨다.
- 용입 불량 : 용융금속이 깊게 침투하지 못해 약해지는 결함이다.
- 열간균열 : 응고 중 고온에서 발생하는 균열로, 주로 고탄소강에서 나타난다.
- 냉간균열 : 냉각 중 수소 확산으로 생기는 균열이다.
- 크레이터 균열 : 용접 종단부 급속 냉각으로 생기는 균열이다.
- 리니어 균열 : 용접 비드의 방향을 따라 발생하는 길이균열이다.
- 표면 기공 : 외부에 나타나는 기공으로 육안검사 시 발견할 수 있다.
- 내부 기공 : 내부에 숨겨져 있어 비파괴검사로만 발견되는 결함이다.
- 불완전 용입 : 루트부가 녹지 않아 용착이 안 되는 결함이다.
- 잔류응력 : 냉각속도의 차이로 용접부에 남는 응력이다.

■ 용접속도 : 비드 형상과 용입 깊이에 영향을 준다.

■ 용접봉
- 피복제 역할 : 아크를 안정화시키고, 보호가스를 발생하며, 슬래그의 유동성을 좋게 한다.
- 저수소계 전극 : 냉간균열 방지를 위해 수소가 적다.
- 고셀룰로스 전극 : 슬래그 생성이 적어 위보기, 수직자세 용접에 좋다.
- 아크블로 : 자기장 불균형으로 아크가 휘는 현상이다.

■ 용접법
- SMAW : 가장 널리 사용하는 피복아크용접이다.
- SAW : 플럭스 속에서 진행되는 자동아크용접이다.
- TIG 용접 : 텅스텐 전극을 사용하는 비소모식 아크용접이다.
- MIG 용접 : 보호가스 속에서 소모 전극을 사용하는 용접이다.
- MAG 용접 : 이산화탄소 혼합가스로 경제적이다.
- 플럭스 코어드 용접 : 속이 빈 전극 와이어를 이용한다.
- 솔리드 와이어 용접 : 연속 와이어를 사용하는 자동용접이다.
- 플라스마 아크용접 : 고온 플라스마를 이용한 정밀용접이다.
- 스폿용접 : 전극압력으로 접합하는 저항용접이다.

- 프로젝션 용접 : 돌출부를 이용한 저항용접법이다.
- 심용접 : 롤 전극으로 연속 용접한다.
- 가스용접 : 아세틸렌-산소 불꽃을 이용한다.
- 전자빔 용접 : 고진공 속 전자빔을 이용한 고정밀 용접이다.
- 레이저 용접 : 레이저를 이용해 좁은 HAZ와 깊은 용입을 얻는다.

■ 용접 변형 : 세로굽힘변경, 가로굽힘변형, 좌굴변형

■ 용접변형 방지법 : 억제법, 역변형법, 도열법

■ 용접작업 시 안전사항
- 피복아크 차광도는 최저 2부터 16까지로, 번호가 클수록 빛을 차광하는 차광량이 많아진다.
- 안전모
  - 안전모는 모체, 착장체 및 턱끈을 가질 것
  - 착장체의 머리고정대는 착용자의 머리 부위에 적합하도록 조절할 수 있을 것
  - 턱끈은 사용 중 탈락되지 않도록 확실히 고정되는 구조일 것
  - 안전모의 착용 높이는 85mm 이상, 외부 수직거리는 80mm 미만, 내부 수직거리는 25mm 이상 50mm 미만, 수평 간격은 5mm 이상일 것
  - 머리받침끈이 섬유인 경우 각각의 폭은 15mm 이상, 교차되는 끈의 폭의 합은 72mm 이상일 것
  - 턱끈의 폭은 10mm 이상일 것
  - 안전모의 모체, 착장체를 포함한 질량은 440g을 초과하지 않을 것
  - 안전모는 통기를 목적으로 모체에 구멍을 뚫을 수 있으며 총면적은 150mm^2 이상, 450mm^2 이하일 것
- 전격방지기 : 작업을 쉬는 중 용접기의 2차 무부하전압을 25V로 유지하고 용접봉을 모재에 접촉하면, 순간 전자개폐기가 닫혀서 보통 2차 무부하전압이 70~80V로 되어 아크가 발생되도록 한다. 용접을 끝내고 아크를 끊으면 자동적으로 전자 개폐가 차단되어 2차 무부하 전압이 다시 25V로 된다. 이와 같이 작업을 쉬는 동안에 2차 무부하 전압이 항상 25V 정도로 유지되도록 하면 전격을 방지할 수 있다.

■ 전기 취급 시 기본 원칙
- 전원 차단 : 작업 전 반드시 해당 회로의 전원을 차단하고, 차단기를 잠금(Lock-out)·표시(Tag-out)한다.
- 접지 : 감전사고 예방을 위해 전기설비, 기계의 금속 외함은 반드시 접지해야 한다.
- 습기·물기 금지 : 젖은 손이나 발로 전기기구를 만지면 감전 위험이 급격히 커진다.
- 절연도구 사용 : 절연장갑, 절연화, 절연매트 등 보호장비를 반드시 착용한다.

CHAPTER 01	설비진단 및 계측	회독 CHECK 1 2 3
CHAPTER 02	설비관리	회독 CHECK 1 2 3
CHAPTER 03	기계일반 및 기계보전	회독 CHECK 1 2 3
CHAPTER 04	윤활관리	회독 CHECK 1 2 3
CHAPTER 05	공유압 및 자동화	회독 CHECK 1 2 3
CHAPTER 06	기계장치 및 용접	회독 CHECK 1 2 3

PART 01 핵심이론

#출제 포인트 분석 #자주 출제된 문제 #합격 보장 필수이론

CHAPTER 01 설비진단 및 계측

핵심이론 01 | 설비진단 개요

① 설비진단 기술
  ㉠ 플랜트 내에 가동되고 있는 장치들을 진단하고 원인을 파악, 해결하여 수명을 증진하고자 함이다.
  ㉡ 예지 보전에 필요한 진단을 제공한다.

② 설비진단 기술의 필요성
  ㉠ 고장손실의 증대 방지
  ㉡ 설비의 수명 연장
  ㉢ 점검자의 기술수준에 따른 격차 해소
  ㉣ 설비의 규모와 비용이 커지고 고도화됨에 따른 사후 비용 절감

③ 설비진단 기술 도입의 일반적인 효과
  ㉠ 경향관리를 실행함으로써 설비의 수명을 예측하는 것이 가능하다.
  ㉡ 중요설비, 부위를 상시 감시함에 따라 돌발적인 고장을 방지하는 것이 가능하다.
  ㉢ 간이진단을 실행하여 설비의 열화부위와 내용을 알 수 있기 때문에 사전 보전이 가능하다.
  ㉣ 고장의 정도를 정량화할 수 있다.
  ㉤ 누구라도 능숙하게 되면 설비의 이상 상태 판단이 가능해진다.

④ 설비진단의 활용
  ㉠ 예비품 발주시기를 결정할 수 있다.
  ㉡ 기계장치의 보수 및 교체시기를 결정할 수 있다.
  ㉢ 계획정비 및 개량 정비 방법을 결정할 수 있다.
  ㉣ 열화의 정도나 고장의 종류를 파악하기 쉽다.

10년간 자주 출제된 문제

1-1. 설비진단 기술 도입의 일반적인 효과가 아닌 것은?
① 고장의 정도를 정량화할 수 있어 누구라도 능숙하게 되면 동일레벨의 이상 판단이 가능해진다.
② 경향관리를 실행함으로써 설비의 수명예측이 가능하다.
③ 간이진단을 실행하여 설비의 열화부위와 내용을 알 수 있기 때문에 오버홀이 필요하다.
④ 중요설비, 부위를 상시 감시함에 따라 돌발적인 고장을 방지하는 것이 가능하다.

1-2. 설비진단 기술의 필요성을 나열한 것 중 틀린 것은?
① 고장손실의 증대를 방지
② 점검자의 기술수준에 따른 격차 해소
③ 설비의 수명연장
④ 설비결함의 정성적인 점검이 불가능할 때

1-3. 설비진단 기술을 이용하여 수행할 수 있는 업무로 맞지 않는 것은?
① 예비품 발주시기를 결정할 수 있다.
② 기계장치의 보수 및 교체시기를 결정할 수 있다.
③ 계획정비 및 개량 정비 방법을 결정할 수 있다.
④ 열화의 정도나 고장의 종류를 파악하기 어렵다.

|해설|

1-1
오버홀(재생수리)은 기계·엔진 등을 분해해서 점검·정비하는 일이므로 간이진단에 해당하지 않는다.

1-2
설비진단은 정성적인 점검 여부와는 무관하게 정량적, 상시 진단을 통한 예지 점검을 위해 시행한다.

1-3
설비진단을 실시하면 중요설비, 부위를 상시 감시함에 따라 돌발적인 고장을 방지하는 것이 가능하다.

정답 1-1 ③ 1-2 ④ 1-3 ④

핵심이론 02 | 설비진단 기법

① 간이진단법
  ㉠ 현장 작업자와 간단한 모니터링에 의해 진단한다.
  ㉡ 설비상 응력의 이상응력 검출 및 경향을 관리한다.
  ㉢ 열화 및 고장의 조기 발견, 경향을 관리한다.
  ㉣ 성능, 효율 등의 이상검출 및 경향을 관리한다.
  ㉤ 진단 매개에 의한 분류
    • 진동관리 : 일반 회전기계
    • 음향관리 : 일반 회전기계, 밸브
    • 압력관리 : 펌프, 공기압축기, 유압계
    • 시간관리 : 실린더, 이동기계, 유압계
    • 온도관리 : 베어링, 열교환기, 히터
    • 윤활유관리 : 일반 회전기계, 마찰기계

② 정밀진단
  ㉠ 전문적인 기술팀에 의해 시행한다.
  ㉡ 간이진단 이후 정밀하게 진단 시행한다.
    • 이상의 형태, 종류, 그 진단 범위를 결정
    • 이상의 원인 파악
    • 위험도를 예측하여 방호, 보전활동 결정
  ㉢ 정밀진단 기술
    • 응력(Stress) 정량화 기술 : 기계응력, 온도응력, 화학응력, 전기응력 정량화
    • 고장검출 해석 : 강제열화 시험, 파괴시험, 파단면 해석, 화학분석
    • 강도 성능 정량화 기술 : 피로강도, 내열강도, 절연, 내부식성

③ 주요 설비진단 기법 및 특징
  ㉠ 진동 측정 분석법
    • 진동은 온라인모니터링과 상태모니터링에 필수적인 신호이다.
    • 회전 기계, 왕복 기계 등 대부분의 기계는 진동이 발생하여 넓은 영역에 대해 진단이 가능하다.
    • 전기결함 측정이 난이하다.
    • 저속측정에 취약하다.
    • 측정, 분석 후 판단에 전문가적 지식이 필요하다.
  ㉡ 오일 분석
    • 특징 및 설명
      - 회전 및 구동 설비 윤활에 사용되는 오일은 정상적인 조건하에서도 미끄럼이나 회전 접촉 윤활 시 마찰로 인한 금속 Particle이 생기고, 수분이 침투되거나, 내·외부 온도차에 의해 응축되어 수분이 발생되어 윤활기능을 감소
      - 비적합 오일 선택과 Misalignment 시 마모를 더욱 촉진
      - 마모, 수분, 오염 상태를 분석
      - 비교적 조기에 발견이 가능
      - 측정과 분석이 복잡
      - 온라인 모니터링보다 간헐적 진단에 적합
    • 오일(윤활유) 분석의 종류
      - 페로그래피법 : 채취한 오일 샘플링을 용제로 희석하고 자석에 의하여 검출된 마모입자의 크기, 형상 및 재질 등을 분석하여 이상 원인을 규명하는 설비진단기법.
        정량 페로그래피와 분석 페로그래피가 있음
      - 오일 SOAP법
        가. 채취한 윤활유를 연소하여 그때 생긴 금속 성분 특유의 발광 또는 흡광 현상을 분석
        나. 함유된 정량금속성분을 분석하여 윤활부의 마모를 초기에 검출하여 진단하는 방법
        다. 금속의 마모 상황을 직접 측정하여 이상검출이 확실
        라. 측정 및 분석에 숙련 필요
        마. SOAP 분석 방법의 비교
          a. 원자흡광법 : 금속 성분과 산에 의해 용해시켜 아세틸렌 불꽃으로 연소시킨 후 금속의 흡수 스펙트럼 측정

b. 회전전극법 : 시료를 직접 약 15kV의 고압에 방전시켜 연소, 발광 스펙트럼을 측정하여 분석
　　　c. ICP법 : 시료를 희석한 후 플라스마로 연소하여 발광 스펙트럼을 측정, 분석
　ⓒ 응력 해석법
　　• 응력 측정 장비를 장착, 응력의 변화를 통해 진단
　　• 상시 모니터링에 적합
　　• 응력을 측정 → 응력 해석 → 수명 예측을 시행
④ 그 밖의 설비진단 기법 및 특징
　㉠ 초음파 AE 분석
　　• 초음파 : 가청주파수(20Hz~20kHz)보다 높은 주파수 영역의 음파, 우리의 귀로 들을 수 없는 고주파의 음파
　　• 밀폐성, 누수, 방전 그리고 기계작동 등의 분야에서 높은 정확도를 제공
　　• 누수, 압력, 방전, 가스누설, 캐비테이션 등에서 탐지되고 측정이 가능한 초음파를 발생하여 다양한 분야에서 활용 가능
　　• 조작이 가볍고 현실적임
　　• 열을 이용한 분석으로 전기장치까지 활용
　㉡ 열화상 분석 가능
　　• 고가 장비 사용
　　• 쉬운 모니터링(육안으로 분석이 가능)
　　• 해석의 난이
　㉢ 모터 자속분석(Flux), 축 전류분석 : 조기 발견에 유리하나 모터 분석에 한정
　㉣ 모터 전류분석(MCSA) : 측정은 쉬우나 일부 기계적 결함의 분석은 어려움

10년간 자주 출제된 문제

2-1. 정밀진단 기술에 해당하지 않는 것은?
① 고장검출 해석 기술
② 스트레스 정량화 기술
③ 결함 원인 및 개선 기술
④ 강도 및 성능의 정량화 기술

2-2. 다음 중 설비진단 기법에 해당되지 않는 것은?
① 진동법
② 오일분석법
③ 전기분석법
④ 응력법

2-3. 다음 설비진단기법 중 오일 분석법이 아닌 것은?
① 페로그래피법
② 변형게이지법
③ 원자흡광법
④ 회전전극법

|해설|

2-1
정밀진단 기술
• 응력(Stress) 정량화 기술 : 기계응력, 온도응력, 화학응력, 전기응력 정량화
• 고장검출 해석 : 강제열화 시험, 파괴시험, 파단면 해석, 화학분석
• 강도 성능 정량화 기술 : 피로강도, 내열강도, 절연, 내부식성

2-2
대표적인 설비진단 기법으로 진동법, 오일분석법, 응력법이 있고, 오일분석법에는 페로그래피법, SOAP법 등이 있고 SOAP법에는 원자흡광법, 회전전극법, ICP법 등이 있다.

2-3
변형게이지법은 응력법에 해당한다.

정답 2-1 ③　2-2 ③　2-3 ②

핵심이론 03 | 진동의 기초

① 진동은 떨림 현상을 정형화하여 물리적으로 표현한 것으로, 스프링으로 대표하는 진동계를 통해 그 움직임을 표현할 수 있으며 시간과 변위의 2차원 평면에서 주기 함수로 표현할 수 있다.

② 진동의 구성
  ㉠ 진폭 : 진동의 크기를 나타내는 변수의 하나로 진동을 파장으로 보았을 때 파장의 상한과 하한의 차이를 의미한다.
  단위는 길이의 단위[mm, μm]를 사용

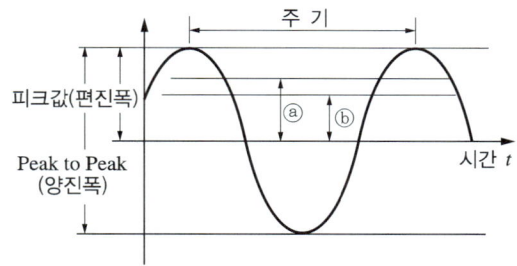

  • 양진폭 : 진동을 파장으로 보았을 때 양의 피크(상한)와 음의 피크(하한)의 차이
  • 편진폭 : 진동을 파장으로 보았을 때 양의 피크(상한)와 0값의 차이, 진동량 절댓값 중 최댓값
  • 평균값 : 그림의 ⓑ에 해당하는 값으로 정현파의 경우 진동량을 전부 합하여 그 기간 동안 평균하면
  $$X_{ave} = \frac{2}{\pi} V_p$$

③ 진동량과 실횻값
  ㉠ 진동에 있어 진동량(Overall)은 힘(Power)의 합이며 주파수 진폭의 전체 합이다.
  ㉡ 실횻값(rms ; Root Mean Square)은 에너지 값으로 진동 그래프에서 면적의 의미를 가지고 있다.
  ㉢ 실횻값은 정현파의 경우 $\frac{peak}{\sqrt{2}}$ 가 되며 면적을 의미하고, 각종 기계류의 수명을 판단하거나 에너지 발산을 판단하는 양으로 사용

  ㉣ 진동, 소음에서 dB, VAL 모두 실횻값을 사용, 즉 진동측정기의 측정값은 실횻값을 사용
  • 실횻값 : 그림의 ⓐ에 해당하는 값으로
  $$X_{rms} = \sqrt{\frac{1}{T}\int_0^T X^2(t)dt}$$ 로 표현
  (X : 진폭, T : 주기 – 파장에서 한 위상부터 다음 같은 위상이 생기기까지의 시간 차)
  또는 $X(t) = V_p \sin(t)$ 라 하고, 주기를 2π라 하여 정리하면
  $$X_{rms} = \frac{V_{p-0}}{\sqrt{2}} = \frac{1}{2\sqrt{2}} V_{p-p}$$
  (V_{p-p} : 양진폭, V_{p-0} : 편진폭)

10년간 자주 출제된 문제

3-1. 진동 현상을 설명하는 데 있어서 진폭 표시의 파라미터로 적합하지 않은 것은?
① 변위
② 속도
③ 위상
④ 가속도

3-2. 상한과 하한의 거리 혹은 중립점에서 상한 또는 하한까지의 거리를 나타내는 진폭의 표시방법은?
① 속도
② 변위
③ 주파수
④ 가속도

3-3. 정현파신호에서 진동의 크기를 표현한 것 중 옳은 것은?
① 피크-피크값(양진폭)은 실횻값의 2배이다.
② 피크값(편진폭)은 진동량의 절댓값 중 최솟값이다.
③ 실횻값은 진동에너지를 표현하는 데 적합하며 피크값의 약 0.7배이다.
④ 평균값은 진동량을 평균한 값으로서 피크값의 $\frac{1}{\sqrt{2}}$ 배이다.

3-4. 순수한 정현파의 실횻값 계산식으로 옳은 것은?
① $X_{\text{rms}} = \int_0^T X(t)dt$
② $X_{\text{rms}} = \frac{1}{T}\int_0^T X(t)dt$
③ $X_{\text{rms}} = \sqrt{\frac{1}{T}\int_0^T X(t)dt}$
④ $X_{\text{rms}} = \sqrt{\frac{1}{T}\int_0^T X^2(t)dt}$

3-5. 다음 중 진동의 에너지를 표현하는 것에 가장 적합한 값은?
① 편진폭
② 양진폭
③ 실횻값
④ 평균값

|해설|

3-1
진동 현상을 설명하는 그래프는 변위를 세로축으로, 시간을 가로축으로 사용하는 그래프로, 물리 값 중 시간과 변위의 관계로 구성된 값이 표현가능하다. 변위, 속도, 가속도를 진동크기의 3요소라고도 한다.

3-2
진폭은 변위, 속도, 가속도로 표현하며 문제가 설명하는 양진폭, 혹은 편진폭은 변위로 표시한다. 또 문제의 설명에 시간 변수가 개입되어 있지 않으므로 속도와 가속도는 답이 될 수 없다.

3-3
③ 실횻값은 진동에너지를 표현하기에 적절한 값으로 $\frac{V_p}{\sqrt{2}} = \frac{\sqrt{2}}{2}V_p \fallingdotseq 0.707V_p$ 이다.
① 양진폭은 편진폭의 2배이다.
② 편진폭은 진동량의 절댓값 중 최댓값과 같다.
④ 평균값은 진동량을 평균한 값으로 $\frac{2}{\pi}V_p$ 이다.

3-4

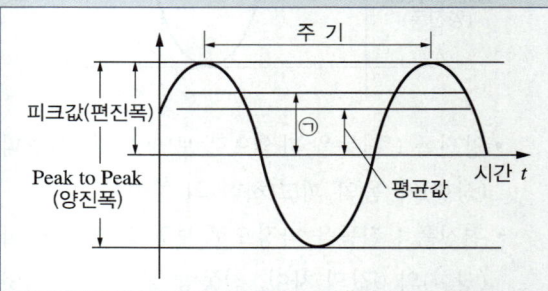

실횻값 : 그림의 ㉠에 해당하는 값으로
$X_{\text{rms}} = \sqrt{\frac{1}{T}\int_0^T X^2(t)dt}$ 로 표현
(X : 진폭, T : 주기 – 파장에서 한 위상부터 다음 같은 위상이 생기기까지의 시간 차)
또는 $X(t) = V_p \sin(t)$라 하고, 주기를 2π라 하여 정리하면
$X_{\text{rms}} = \frac{V_{p-0}}{\sqrt{2}} = \frac{1}{2\sqrt{2}}V_{p-p}$ (V_{p-p} : 양진폭, V_{p-0} : 편진폭)

3-5
실횻값은 정현파의 경우 $\sqrt{2} \times$ peak가 되며 면적을 의미하고, 각종 기계류의 수명을 판단하거나 에너지 발산을 판단하는 양으로 사용

정답 3-1 ③ 3-2 ② 3-3 ③ 3-4 ④ 3-5 ③

핵심이론 04 | 진동량의 표현식

① 진동 현상을 설명하는 그래프는 변위를 세로축으로, 시간을 가로축으로 사용하는 그래프로, 물리 값 중 시간과 변위의 관계로 구성된 값이 표현가능하다. 변위, 속도, 가속도를 진동 크기의 3요소라고도 한다.

② 변위(x) : $x = A\sin\omega t$ or $x = A\sin(\omega t + \phi)$
(정현파로 가정, A : 진폭, ω : 각 진동수 rad/s, ϕ : 위상차), 거리의 단위를 사용

※ ω(각 진동수) : 단위시간에 움직이는 각도는 진동수의 2배, 1초에 생성된 각도량 $\omega = 2\pi f$ [rad/s]로 표현

③ 속도(v)

$$v(\dot{x}) = \frac{dx}{dt} = \frac{d}{dt}(A\sin\omega t) = A\omega\cos\omega t$$

$$= A\omega\sin\left(\omega t + \frac{\pi}{2}\right)$$

[$A\omega$: 속도진폭(속도 최댓값 : m/sec)]

$\frac{거리}{시간}$ 단위를 사용(그래프의 면적비)

※ 진동피로 판단 시 주로 속도기준으로 판단한다. 변위만으로 적용하기는 심한 정도를 판단하기 힘들고, 가속도는 속도를 기준으로 재계산이 필요하다. 즉, 진동속도는 설비의 피로와 열화를 판단하는 유효한 양으로 재료의 피로면에서 속도를 중요하게 사용한다.

④ 가속도(a) : $a(\dot{v}) = A\omega^2\sin(\omega t + \pi)$, ($A\omega^2$: 가속도진폭[가속도 최댓값 : m/sec^2]), $\frac{거리}{시간^2}$ 단위를 사용

⑤ 진동수(f) : 1초당 생성된 사이클의 개수, $f = \frac{1}{T} = \frac{\omega}{2\pi}$

㉠ 고유진동수 : 시스템을 외력에 의해 초기교란 후 그 힘을 제거하였을 때 그 시스템이 자유진동을 하는 진동수 1계 자유진동의 경우 고유진동수 f_n은

$$f_n = \frac{1}{2\pi}\sqrt{\frac{k}{m}}$$

(m : 질량, 단위를 kg으로 사용,
k : 강성을 나타내는 스프링 상수, 단위 N/m)

㉡ 고유 각진동수(고유 진동각)

고유진동수를 각으로 나타낸 수 $\omega_n = \sqrt{\frac{k}{m}}$

㉢ 주기(T) : 1사이클이 진행되는 데 걸리는 시간

$$T = \frac{1}{f} = \frac{2\pi}{\omega}$$

㉣ 진동변위(D)와 속도(V)의 관계 : $V = 2\pi f D$

⑥ 공명과 공진

㉠ 공명(Resound) : 2개 진동체의 고유진동수가 같을 때, 한쪽을 울리면 다른 쪽도 울리는 현상

㉡ 공진(Resonance)
- 고유진동수와 강제진동수가 일치할 경우 진폭이 크게 발생하는 현상
- 위험속도 : 회전기계에서 회전자가 공진 주파수와 일치하는 속도
- 임계주파수 : 회전체의 1차 고유 주파수와 일치하는 회전 주파수

㉢ 공진제어방법
- 공진이 발생하지 않도록 시스템을 수정하여 고유진동수를 변경. 즉 질량(m)과 강성(k)을 수정(회전 기계에서 공진이 발생하면 회전수를 바꾸어도 진동은 감쇠되나 근본적인 해결이 필요)
- 점성댐퍼를 부착하여 운전영역 내에서 진동을 감소
- 위의 임의적인 조절이 어려울 때 흡진기를 부착, 별도의 계를 형성하여 진동을 전달

10년간 자주 출제된 문제

4-1. 다음 중 진폭표시의 파라미터가 아닌 것은?
① 변 위   ② 댐 퍼
③ 속 도   ④ 가속도

4-2. 진동 진폭의 파라미터로서 진동변위 $D[\mu m]$, 진동속도 $V[mm/s]$, 진동주파수를 $f[Hz]$라 할 때 진동변위와 진동속도 관계를 올바르게 표현한 것은?
① $V = 2\pi fD \times 10^{-3}$ ② $V = 2\pi fD$
③ $V = \dfrac{D}{2\pi f} \times 10^{-3}$ ④ $V = \dfrac{D}{2\pi f}$

4-3. 고유 진동 주파수에 질량 및 강성에 관한 설명 중 옳은 것은?
① 고유 진동 주파수는 질량과 강성에 모두 비례한다.
② 고유 진동 주파수는 질량과 강성에 모두 반비례한다.
③ 고유 진동 주파수는 질량에 비례하고 강성에 반비례한다.
④ 고유 진동 주파수는 질량에 반비례하고 강성에 비례한다.

4-4. 질량을 $m[kg]$ 강성을 $k[N/m]$라 할 때 고유진동수 ω $[rad/s]$를 나타내는 것은?
① $\omega = \sqrt{\dfrac{m}{k}}$ ② $\omega = \sqrt{\dfrac{k}{m}}$
③ $\omega = \sqrt{m^2 + k^2}$ ④ $\omega = 2\sqrt{mk}$

4-5. 2개 진동체의 고유진동수가 같을 때, 한쪽을 울리면 다른 쪽도 울리는 현상은?
① 난 류   ② 맥 동
③ 방 사   ④ 공 명

4-6. 다음 설명 중 틀린 것은?
① 회전기계에서 운전 중 공진이 발생하면 회전수를 바꿔도 진동은 감쇠되지 않는다.
② 공진이란 가진력의 주파수와 설비의 고유진동수가 일치하여 발생하는 현상이다.
③ 회전기계에서 회전자가 공진 주파수와 일치하는 속도를 위험 속도라 한다.
④ 회전체의 1차 고유 주파수와 일치하는 회전 주파수를 임계 주파수라 한다.

|해설|

4-1
댐퍼는 진동 완충재이다.

4-2
진동변위(D)와 속도(V)의 관계 : $V = 2\pi fD$, 문제의 단위가 진동변위는 μm, 속도는 mm/s이므로 계수를 맞추기 위해 $1mm = 1,000\mu m$로 변환하므로 $V = 2\pi fD \times 10^{-3}$이다.

4-3
1계 자유진동을 예로 들어 고유진동수는
$f_n = \dfrac{1}{2\pi}\sqrt{\dfrac{k}{m}}$ [m : 질량, k : 스프링 상수(강성)]

4-4
고유 각진동수는 고유진동수를 각으로 나타낸 수 $\omega_n = \sqrt{\dfrac{k}{m}}$
진동수와 각진동수는 $\omega = 2\pi f$의 관계, $f_n = \dfrac{1}{2\pi}\sqrt{\dfrac{k}{m}}$

4-5
- 난류 : 층류가 아닌 유체의 흐름
- 맥동 : 압력의 움직임, 마치 맥박과 같이 압력이 나타난다.
- 방사 : 에너지가 분출되는 상태

4-6
회전 기계에서 공진이 발생하면 회전수를 바꾸어도 진동은 감쇠되나 근본적인 해결이 필요하다.

정답 4-1 ② 4-2 ① 4-3 ④ 4-4 ② 4-5 ④ 4-6 ①

| 핵심이론 05 | 진동계와 스프링

① 진동계는 질량(Mass)과 스프링의 강성(Stiffness)에 의해 진동의 크기가 영향을 받으며 저항에 의해 감쇠(Damping)가 일어난다.
② 물리적인 유추를 위해 감쇠가 일어나지 않은 진동계를 상정하며 이를 비감쇠 진동계라 한다.
③ 진동계를 표현한 스프링 강성의 계산
　㉠ 스프링은 질량에 따라 변위는 증가한다.

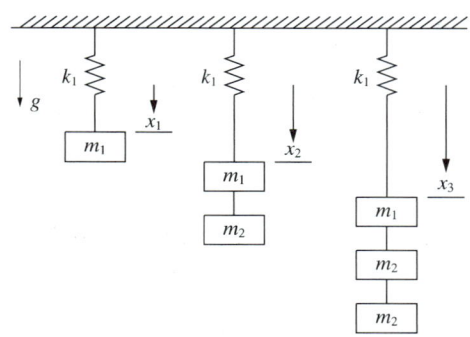

$F_1 = k_1 x_1$, $F_2 = k_1 x_2$, $F_3 = k_1 x_3$

㉡ 스프링을 병렬연결하면 복합 강성은 다음과 같다.

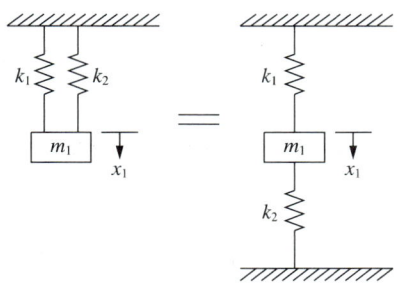

강성 $k_T = k_1 + k_2$, $F_T = k_T x_1 = (k_1 + k_2) x_1$

㉢ 스프링을 직렬연결하면 복합 강성은 다음과 같다.

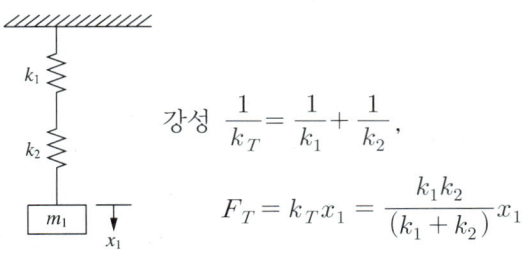

강성 $\dfrac{1}{k_T} = \dfrac{1}{k_1} + \dfrac{1}{k_2}$,

$F_T = k_T x_1 = \dfrac{k_1 k_2}{(k_1 + k_2)} x_1$

10년간 자주 출제된 문제

5-1. 진동현상을 설명하기 위해 사용하는 진동계의 기본요소가 아닌 것은?

① 감쇠
② 질량
③ 고유진동수
④ 스프링(강성)

5-2. 아래와 같이 스프링을 설치하였을 경우 합성 스프링 상수 k의 계산식으로 맞는 것은?(단, k_1과 k_2는 각각의 스프링 상수이다)

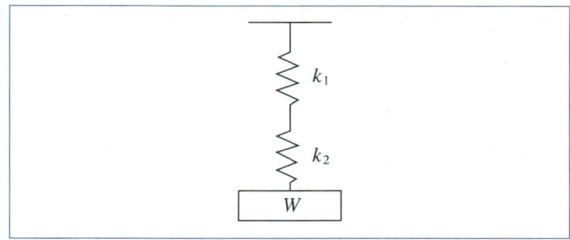

① $k = k_1 + k_2$
② $k = k_1 \times k_2$
③ $k = \dfrac{k_1}{1 + k_2}$
④ $k = \dfrac{1}{\dfrac{1}{k_1} + \dfrac{1}{k_2}}$

|해설|

5-1
진동계는 질량과 스프링의 강성에 의해 진동의 크기가 영향을 받으며 저항에 의해 감쇠가 일어난다. 물리적인 유추를 위해 감쇠가 일어나지 않은 진동계를 상정하며 이를 비감쇠 진동계라 한다.
③ 고유진동수는 공진현상을 해석하기 위해 필요한 요소이다.

5-2
복합 강성 직렬연결의 경우
$\dfrac{1}{k} = \dfrac{1}{k_1} + \dfrac{1}{k_2}$, 즉 $k = \dfrac{1}{\dfrac{1}{k_1} + \dfrac{1}{k_2}}$

정답 5-1 ③　5-2 ④

핵심이론 06 | 진동의 종류

① 진동을 위한 외력의 지속력에 따른 구분(자유진동 vs 강제진동)
  ㉠ 자유진동 : 지속적인 외력의 작용 없이 탄성계가 충격, 즉 외란을 받은 후 스스로 진동하는 현상
  ㉡ 강제진동 : 지속적인 외력을 받아 탄성계의 위치가 변하거나 가속도를 가지는 현상

② 진동 감쇠 마찰에 따른 구분(비감쇠진동 vs 감쇠진동)
  ㉠ 비감쇠진동
    - 진폭이 감소하지 않는 진동
    - 이론적 계산을 위해 감쇠가 없다고 가상, 가정한 진동
    - 감쇠의 양이 무척 적어 공학적 계산을 위해 감쇠를 무시한 진동
  ㉡ 감쇠진동
    - 진동하는 동안 마찰이나 저항으로 인하여 시스템의 에너지가 손실되는 진동
    - 실제의 진동, 진동은 시간이 지남에 따라 진동의 감쇠가 발생
    - 외력, 마찰에 의해 진동이 감쇠되는 진동

③ 비감쇠 자유진동에서의 물리
  ㉠ 실제 진동을 그대로 해석하기는 어려우므로 공학적으로 기준이 되는 진동으로, 비감쇠 자유진동을 상정, 가정하고 이를 관찰한 후 공학적인 계수를 이용하여 실제 진동을 예측하는 방법으로 해석
  ㉡ 1자유도계의 자유진동에 대한 운동방정식
  $$\sum F = -W + mg - kx = m\ddot{x}$$
  [F : 힘, W : 중력에 의한 힘, m : 질량, g : 중력가속도, k : 스프링 상수(강성), x : 변위]
  ㉢ 특성방정식 : $mr^2 + k = 0$
  ㉣ 특성값(고윳값)
  $$r = \pm\sqrt{-\frac{k}{m}} = \pm\sqrt{-\omega_n^2} = \pm i\omega_n$$
  ㉤ 조화운동의 고유 원진동수 : $\omega_n = \sqrt{\dfrac{k}{m}}$
  ㉥ 1자유도계의 자유진동에 대한 운동 방정식의 일반해
  $$x = C_1 e^{i\omega_n t} + C_2 e^{-i\omega_n t}$$
  ㉦ 일반해의 삼각함수 표현
  $$x = A\cos\omega_n t + B\sin\omega_n t$$
  $$\therefore\ x = X\sin(\omega_n t + \alpha)$$
  [단, $X = \sqrt{A^2 + B^2}$ (X : 진폭, amplitude), $\tan\alpha = \dfrac{A}{B}$ (α : 위상각, phase angle)]
  ㉧ 1자유도계의 주기 : $\tau = \dfrac{2\pi}{\omega_n}$ [s/cycle]
  ㉨ 1자유도계의 고유진동수
  $$f_n = \frac{1}{2\pi}\sqrt{\frac{k}{m}}\ \text{[cycle/s, Hertz(Hz)]}$$

④ 그 외 진동
  ㉠ 비틀림진동 : 축과 같은 요소가 비틀림과 복원을 주기적으로 반복하는 진동
  ㉡ 배경진동 : 관심의 대상 진동이 없는 경우에도 그 장소에 발생하는 진동
  ㉢ 대상진동 : 측정하고자 하는 특정의 진동. 배경진동과 대비
  ㉣ 정상진동 : 시간적으로 변동하지 않거나 변동폭이 미미한 진동
  ㉤ 변동진동 : 시간에 따른 진동레벨이 크게 변하는 진동
  ㉥ 충격진동 : 두들기는 단조, 폭발 등의 충격력에 의해 매우 짧은 시간 동안 발생하는 높은 세기의 진동
  ㉦ 강제진동 : 어떤 시스템이 외력을 받고 있을 때 야기되는 진동
  ㉧ 선형진동 : 진동계의 기본요소들이 모두 선형적으로 작동할 때 야기되는 진동
  ㉨ 비평형진동(언밸런스진동) : 회전체의 회전축에 관한 질량 분포의 불균형 상태에 의해 발생한다. 측정 시 수평 수직 방향에 최대의 진폭이 발생하고

회전 주파수의 $1f$ 성분의 탁월 주파수가 나타나는데, 언밸런스 양과 회전수가 증가할수록 진동 레벨이 높게 나타난다.

10년간 자주 출제된 문제

6-1. 진동에 대한 설명으로 틀린 것은?
① 어떤 시스템이 외력을 받고 있을 때 야기되는 진동을 강제진동이라 한다.
② 진동계의 기본요소들이 모두 선형적으로 작동할 때 야기되는 진동을 선형진동이라 한다.
③ 진동하는 동안 마찰이나 저항으로 인하여 시스템의 에너지가 손실되지 않는 진동을 감쇠진동이라 한다.
④ 시스템을 외력에 의해 초기교란 후 그 힘을 제거하였을 때 그 시스템이 자유진동을 하는 진동수를 고유진동수라 한다.

6-2. 다음 중 외란이 가해진 후에 계가 스스로 진동하는 것은 무엇인가?
① 자유진동   ② 강제진동
③ 감쇠진동   ④ 선행진동

6-3. 다음 중 언밸런스진동 특성에 대한 설명으로 가장 거리가 먼 것은?
① 수평 수직 방향에 최대의 진폭이 발생한다.
② 회전 주파수의 $1f$ 성분의 탁월 주파수가 나타난다.
③ 언밸런스 양과 회전수가 증가할수록 진동 레벨이 높게 나타난다.
④ 길게 돌출된 로터의 경우에는 축 방향 진폭은 발생하지 않는다.

|해설|

6-1
진동하는 동안 마찰이나 저항으로 인하여 시스템의 에너지가 손실되지 않는 진동을 비감쇠진동이라 한다.

6-2
- 자유진동 : 지속적인 외력의 작용 없이 탄성계가 충격, 즉 외란을 받은 후 스스로 진동하는 현상
- 강제진동 : 지속적인 외력을 받아 탄성계의 위치가 변하거나 가속도를 가지는 현상

6-3
수평 수직 방향에 진폭이 발생하여 축 방향 진폭도 발생한다.

정답 6-1 ③ 6-2 ① 6-3 ④

핵심이론 07 | 진동측정

① 각종 법률, 규칙, 규정에 의거 진동을 측정하고, 정확성 및 통일성, 규준을 제공
② 진동원(振動原) : 진동을 발생하는 기계·기구, 시설 및 기타 물체
③ 진동의 발생 원인
  ㉠ 공해진동 : 공장진동, 건설작업진동, 교통진동 등. 지진의 미진정도, 수직진동보다 수평진동이 더 많음. 1~90Hz
  ㉡ 진동의 가진력 : 원심력, 충격력, 자려 진동(진동계가 계 밖에서 에너지를 흡입하여 진동이 커지거나 지속하는 진동)
  ㉢ 회전기계에서 생기는 각종 이상
  ㉣ 유체에 의한 밸브나 배관의 과도현상
  ㉤ 블로어·팬 등의 밸런싱의 이상
④ 진동레벨
  ㉠ 진동레벨의 감각보정회로를 통하여 측정한 진동 가속도레벨의 지시치. 단위는 dB
  ㉡ 진동의 정도를 나타내는 방법으로 양진폭, 편진폭, 평균값, 실횻값 등을 기준값으로 나눈 값을 상용대수로 만들어 20을 곱한 값으로 표시
  ㉢ $VAL = 20 \log_{10} \dfrac{a}{a_{\mathrm{ref}}}$ 와 같이 표시
⑤ 진동레벨계

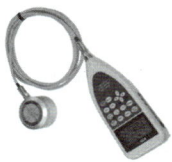

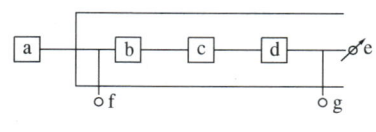

a. 진동픽업
b. 레벨레인지 변환
c. 증폭기
d. 감각보정회로
e. 지시계기
f. 교정장치
g. 출력단자

[진동레벨계의 구성]

㉠ 기본구조
- **진동픽업** : 지면에 설치할 수 있는 구조, 진동신호를 전기신호로 바꾸는 장치, 환경진동측정 가능
- **레벨레인지 변환기** : 측정하고자 하는 진동이 지시계기의 범위 내에 있도록 하기 위한 감쇠기(레벨 변환 없이 측정이 가능한 경우 필요 없음. 있는 경우 전환오차는 0.5dB 이내)
- **증폭기** : 전기 신호 증폭
- **감각보정회로** : 사람이 진동을 받는 감각을 주파수 보정특성에 따라 나타냄. V특성(수직특성)을 갖춘 것
- **지시계기(Meter)** : 지침형의 경우 유효지시범위가 15dB 이상, 1dB 이하 판독 가능, 눈금 1mm 이상, 디지털형의 경우 소수점 아래 첫째 자리까지 표시되어야 함
- **교정장치** : 진동측정기의 감도를 점검 및 교정하는 장치
- **출력단자** : 진동신호를 기록기 등에 전송할 수 있는 교류출력단자를 갖춘 것

㉡ 성 능
- 주파수 범위 : 1~90Hz
- 측정가능 진동레벨의 범위 : 45~120dB
- 지시계기 눈금오차 0.5dB 이내

⑥ 진동을 받는 지점(수진 지점)의 진동레벨

$$VAL = VAL_0 - 20n\log_{10}\frac{R_m}{R_0}$$

VAL : R_m 떨어진 지점의 진동레벨[dB]
VAL_0 : R_0 떨어진 지점의 진동레벨[dB]
n : 진파동에 따른 상수
　　[표면(R)파 : 0.5, 실체(P)파 : 1.0, 실체(S)파 : 2.0]

⑦ **진동 측정 센서** : 트랜스듀서(Transducer) : 외부 정보가 전기적 신호가 아닐 때 전기적 신호로 바꾸어 주는 장치
　㉠ 비접촉식 변위 변환기(와전류 Probe)
- 변위(m)로 측정
- 저주파 특성 탁월
- 축의 진동 측정에 사용
- 진동 측정에 쉽게 적용

㉡ 속도 검출기 : 패러데이 전자 유도 법칙을 이용
- 속도(m/s)로 측정
- 자체 크기와 질량 커서 진동 외의 영향
- 영구 자석에 의한 신호 발생 가능
- 안정적인 감도
- 낮은 출력 임피던스

㉢ 가속도계 : 압전형 가속도계를 많이 사용
- 가속도(m/s^2)로 측정
- 소형 경량이며 높은 출력 임피던스
- 고감도이므로 미세조정이 필요하고 외부 영향, 용량에 감도 영향을 받음
- 중, 고주파 대 가속도 측정에 사용
- 속도로 표현되는 진동, 주파수로 표현되는 진동 등을 측정가능
- 압전식 센서는 외부에서 힘이 가해지면 전류가 발생하는 방식을 사용
- 이 힘은 원칙적으로 AC 성분을 측정하게 되며 순수한 DC 응답 불가능

⑧ 진동 모니터링
㉠ 측정 대상 : 진동이 발생하고 보전이 필요한 기기
㉡ 주기적 신호 : 일정하거나 비슷한 주기로 반복적으로 발생하는 진동신호
㉢ 진동유형 : 지속적인 진동, 일시적인 진동
㉣ 설치위치 : 센서의 특성에 따라 안정적인 측정이 가능한 곳
㉤ 모니터링의 종류 : 지속적 모니터링, 간헐적 모니터링
㉥ 간헐적 모니터링 시 주의사항
- 센서를 부착할 때 항상 동일한 지점에 부착할 것
- 이전과 회전수, 부하조건, 윤활조건을 동일하게 하여 측정할 것

⑨ 회전 측정

①~⑧까지 진동에 의하여 회전을 측정하는 내용을 설명

㉠ 회전을 직접 측정하는 방법
- 전기식 : 회전속도에 비례하는 전압 출력을 내어 계측
- 자기식[전자(電磁)식] : 여자코일이 발생시키는 자속 밀도의 변화를 이용하여 펄스 모양의 전압 신호를 인출하는 것으로서 내구성이 우수하고 전원을 필요로 하지 않는 특징이 있는 측정
- 광학식(광전식) : 광원과 광센서를 이용하여 회전에 따른 전기 신호를 인식하게 하여 계측
- 접촉식 : 자기의 성질을 다양하게 이용하는 몇 가지 방법이 있으며 구조는 톱니바퀴와 자기발생장치를 이용하여 발생하는 기전력을 측정
- 주파수 계수 : 신호파 각 사이클을 펄스화하여 단위시간에 그 양자수를 세고 1초당 펄스 개수를 직접 주파수[Hz]로 표시하는 방법

㉡ 태코미터 : 각속도를 직접 측정하는 계측기의 종류
- 전기식 태코미터 : 회전속도에 비례하는 전압 출력을 내어 계측
- 자기식[전자(電磁)식] 태코미터 : 여자코일이 발생시키는 자속 밀도의 변화를 이용하여 펄스 모양의 전압 신호를 인출하는 것으로서 내구성이 우수하고 전원을 필요로 하지 않는 특징이 있는 측정
- 광학식 태코미터 : 광원과 광센서를 이용하여 회전에 따른 전기 신호를 인식하게 하여 계측
- 접촉식 태코미터 : 자기의 성질을 다양하게 이용하는 몇 가지 방법이 있으며 구조는 톱니바퀴와 자기발생장치를 이용하여 발생하는 기전력을 측정

㉢ 자이로센서(자이로스코프를 이용한 센서)
- 회전 시 발생하는 회전축을 이용한 각도 측정, 회전속도(각속도)를 이용한 측정
- 각속도는 코리올리 힘을 이용하여 계산
- 회전각, 각속도, 가속도, 가속도를 이용한 충격력 등이 측정 가능

㉣ 퍼텐쇼미터(가변저항기)
- '변위 → 전기저항 → 전압, 전류'로 변환
- 회전체의 각도를 검출하는 용도나 볼륨 조절 용도로도 사용
- 전체 행정거리를 0~10V의 신호전압으로 검출하는 원리를 사용

㉤ 비접촉형 퍼텐쇼미터
- 접촉자를 사용하지 않는 퍼텐쇼미터로 근접 자계의 원리를 이용한다.
- 접촉이 없어서 섭동 잡음이 없고 고속 응답성이 높으며 마찰이 적거나 없다.
- 스파크의 우려가 없다.

10년간 자주 출제된 문제

7-1. 다음 중 진동법을 응용한 진단기술이 아닌 것은?
① 회전기계에서 생기는 각종 이상의 검출 및 평가 기술
② 유체에 의한 밸브나 배관의 과도현상
③ 윤활유의 열화 판단 및 분석 기술
④ 블로어·팬 등의 밸런싱 진단 및 조정 기술

7-2. 진동을 측정할 때 사용되는 단위는?
① 폰(Phone)
② 와트(Watt)
③ 칸델라(Candela)
④ 데시벨(Decibel)

7-3. 진동 측정 시 주의사항으로 틀린 것은?
① 항상 같은 회전수일 때 측정할 것
② 항상 윤활조건을 동일하게 유지할 것
③ 항상 최신 센서의 측정기로 사용할 것
④ 센서를 부착할 때 항상 동일 포인트에 부착할 것

7-4. 진동센서의 설치 위치로 적합하지 않은 것은?
① 회전축의 중심부에 설치한다.
② 레이디얼 베어링 장착부의 수직 방향에 설치한다.
③ 레이디얼 베어링 장착부의 수평 방향에 설치한다.
④ 스러스트 베어링 장착부의 축 방향에 설치한다.

7-5. 회전체에 반사테이프를 부착하고 초점 조정이 용이한 적색 가시광의 LED를 광원으로 이용하여 그 반사광을 검출한 후 신호를 변환시켜 회전주기의 역수로 회전수를 구하는 회전계는?
① 광전식 회전계
② 자기식 회전계
③ 전자식 회전계
④ 접촉식 회전계

7-6. 다음 중 회전 속도계를 의미하는 것은?
① 로드 셀(Load Cell)
② 서미스터(Thermistor)
③ 태코미터(Tachometer)
④ 퍼텐쇼미터(Potentiometer)

7-7. 다음 중 회전 속도 또는 각속도의 검출이 가능한 것은?
① 플래퍼
② 바이메탈
③ 오리피스
④ 자이로스코프

7-8. 비접촉형 퍼텐쇼미터의 특징으로 틀린 것은?
① 섭동 잡음이 전혀 없다.
② 고속 응답성이 우수하다.
③ 회전 토크나 마찰이 크다.
④ 섭동에 의한 아크가 발생하지 않으므로 방폭성이 있다.

7-9. 다음 중 진동센서가 아닌 것은?
① 변위센서
② 속도센서
③ 근접센서
④ 가속도센서

7-10. 압전식 진동 가속도 센서를 이용하여 수집할 수 없는 진동 자료는?
① 속도단위의 진동 값
② 주파수
③ 축 중심선 변화
④ 진동파형

7-11. 진동의 측정단위로 적절하지 않은 것은?
① m
② m/s
③ m/s^2
④ m^2/s^2

|해설|

7-1
윤활유 열화는 화학적 변화로 진동을 유발하지는 않는다.

7-2
진동 측정의 단위는 dB(데시벨)이다.
• 폰(Phone) : 음향의 단위
• 와트(Watt) : 전력의 단위
• 칸델라(Candela) : 밝기의 단위

7-3
간헐적인 모니터링으로 진동을 측정할 때는 이전과 측정 조건을 같게 하여 보전 필요성을 발견하도록 한다. 센서는 가급적 동일한 종류의 센서로 동일한 상태에서 측정할 수 있도록 한다.

7-4
센서의 설치 위치는 센서의 특성에 따라 안정적인 측정이 가능한 곳에 설치하게 되며 회전축의 중심부에 설치하면 센서가 회전하고 검출부가 움직이면 안정적인 측정이 어렵다.

7-5
LED 광원을 이용하여 신호변환하는 기기는 광전식 회전계이다.

7-6
태코미터 : 각속도를 직접 측정하는 계측기의 종류(이하 핵심이론 참조)

| 해설 |

7-7

자이로센서(자이로스코프)
- 회전 시 발생하는 회전축을 이용한 각도 측정, 회전속도(각속도)를 이용한 측정
- 각속도는 코리올리 힘을 이용하여 계산
- 회전각, 각속도, 가속도, 가속도를 이용한 충격력 등이 측정 가능

7-8

비접촉형 퍼텐쇼미터
- 접촉자를 사용하지 않는 퍼텐쇼미터로 근접 자계의 원리를 이용한다.
- 접촉이 없어서 섭동 잡음이 없고 고속 응답성이 높으며 마찰이 적거나 없다.
- 스파크의 우려가 없다.

7-9

진동이란 조그마한 위치의 변화 정도(변위), 얼마나 빨리 움직이는지(속도), 큰 힘으로 움직이는지(가속도) 등을 측정한다.

7-10

가속도계 : 압전형 가속도계를 많이 사용
- 소형 경량이며 높은 출력 임피던스
- 고감도이므로 미세조정이 필요하고 외부 영향, 용량에 감도 영향을 받음
- 중, 고주파 대 가속도 측정에 사용
- 속도로 표현되는 진동, 주파수로 표현되는 진동 등을 측정가능
- 압전식 센서는 외부에서 힘이 가해지면 전류가 발생하는 방식을 사용
- 이 힘은 원칙적으로 AC 성분을 측정하게 되며 순수한 DC 응답 불가능

7-11

진동은 변위, 속도, 가속도로 측정한다.

정답 7-1 ③ 7-2 ④ 7-3 ① 7-4 ① 7-5 ① 7-6 ③
     7-7 ④ 7-8 ④ 7-9 ① 7-10 ③ 7-11 ④

핵심이론 08 | 진동방지

① 자연적으로 발생하는 진동이라 할지라도 지속적인 진동은 소음을 유발하여 작업자 및 사용자에게 심리적 불안감과 불쾌감을 주고, 기계 자체의 수명에도 영향을 준다.
  ㉠ 물체에서 발생하는 진동을 외부로 전달하지 않는 것 : 방진
  ㉡ 외부의 진동을 장치에 전달하지 않는 것 : 제진

② 감쇠(Damping) : 진동의 진폭이 점차 감소하여 가는 과정
  ㉠ 감쇠의 종류
    - 점성감쇠 : 감쇠력이 속도에 비례하는 감쇠
    - 내부마찰, 히스테리시스, 건마찰감쇠, 유체감쇠 등
  ㉡ 감쇠의 기능
    - 진동에너지의 전달 감소
    - 고유진동수에 의한 공진 시 진동진폭 감소
    - 충격 시 진동 감소

③ 진동 방지 방법은 크게 힘을 감쇠시키는 방법과 전달을 차단하는 방법으로 구분한다. 그럼에도 불구하고 진동이 전달되면 진동을 전달 받는 곳의 대책을 고려한다.
  ㉠ 힘을 감쇠시키는 방법 : 진동이 작은 기계로 교체, 밸런싱, 기초 중량을 부가, 탄성지지, 흡진
  ㉡ 전달을 차단하는 방법 : 진동원과 멀리 떨어뜨림, 방진구를 설치함, 진동을 차단함
  ㉢ 2단계 진동제어
    - 바닥을 진동 제어하고 다시 진동 보호제를 올리는 방법
    - 고주파 진동을 방지하는 데 효과적이지만 저주파 진동제어에 역효과를 줄 수 있다.
  ㉣ 전달 받는 곳의 대책 : 탄성지지, 강성의 변경

④ 진동 방지 대책 순서
  1. 수진점 위치 확인
  2. 수진점 일대 실태조사
  3. 수진점 진동규제기준 확인
  4. 저감 목표레벨 설정

5. 발생원 위치 및 대상 확인
6. 적정 방지대책 선정
7. 시공 및 재평가

⑤ **진동차단기**
㉠ 걸어준 하중을 충분히 견딜 수 있어야 한다.
㉡ 온도, 습도, 화학적 변화 등에 의해 견딜 수 있어야 한다.
㉢ 차단하려는 진동의 최저 주파수보다 작은 고유진동수를 가져야 한다.
㉣ 진동 차단기로 사용되는 패드는 강성(스프링상수)이 가능한 낮아서 진동을 흡수할 수 있어야 한다.
㉤ 사용하는 스프링의 고유진동은 차단하려는 진동의 최저주파수보다 가능한 낮아야 한다.
㉥ 외부 주파수와 고유주파수의 비(R)가 1에 가까울수록 진동전달이 많이 되어 진동차단기를 설치하는 효과가 높게 되고 $R > \sqrt{2}$ 이 되면 차단기는 전달하중의 감소를 방해한다. $R > 3$ 이상 되면 차단효과가 점차 증대하여 $R > 6$이 되면 보통의 효과를 갖게 된다.

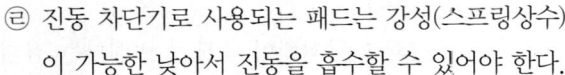

⑥ **차단재**
㉠ **스프링** : 일반적으로 강철재나 스프링 강으로 만들고 큰 하중이 작용할 때 적절하나 스프링의 고유진동수와 진동이 같은 경우 공진의 우려가 있음
㉡ **공압스프링** : 자동차의 쇼크옵저버처럼 공압을 이용한 스프링으로 공업적으로 진동을 흡수하고 제어할 때 적절
㉢ **고무 절연재** : 천연이나 합성재를 이용하며 가볍고 저렴하나 온도와 습도에 취약하고 지속적인 하중에 변형의 우려가 있음
㉣ **패드** : 합성스펀지, 천연고무, 코르크, 파이버 글라스 등을 이용하여 진동을 차단한다. 가장 많이 사용하는 방진패드재료는 듀퐁사에서 개발한 네오프렌이라는 상품명을 가진 폴리클로로프렌 합성고무이다. 네오프렌은 환경과 기름에 강하고 내구성이 있어 다양하게 활용되고 있으며 방진패드의 재료로도 많이 사용된다. 코르크는 참나무 성질의 천연재료로 가볍고 탄성이 있으며 화재 시 유독가스를 발생시키지 않는다. 목재의 성질이 있어 습기에 의해 부패하지 않으며 시공하기 편한 장점이 있다. 파이버글라스(Fiber Glass, 유리섬유)는 명칭에서 알수 있듯이 유리 또는 같은 물성의 플라스틱을 섬유로 뽑아 얼기설기 엮어 여러 가지 제품을 만든다. 다공질이며 모세관과 같은 길이 방향의 섬유조직들이 있다. 강성을 보강하기 위해 PVC 등 플라스틱 재료를 이용하여 섬유강화플라스틱으로 만들어 사용한다. 패드는 고무와 비슷한 장단점이 있으나 용도에 따른 제작과정을 거치므로 비용이 좀 더 발생한다.

⑦ **동적배율** : 방진고무의 정확한 사용을 위하여 고유진동수를 구할 때 동적배율을 고려한다.
동적배율이란 정적 스프링 정수와 비교한 동적 스프링 정수의 비를 의미한다.

$$\alpha = \frac{K_d}{K_s} \rightarrow \frac{\delta_{st}}{\alpha} = \frac{W}{K_d}$$

(K_d : 동적 스프링 정수, K_s : 정적 스프링 정수)
㉮ 천연고무 : 1.2, 합성고무 : 1.4~1.8

10년간 자주 출제된 문제

8-1. 댐핑 처리를 하는 경우 효과가 적은 진동시스템은?
① 시스템의 고유진동수를 변경하고자 하는 경우
② 시스템이 충격과 같은 힘에 의해서 진동되는 경우
③ 시스템이 그의 고유진동수에서 강제진동을 하는 경우
④ 시스템이 많은 주파수 성분을 갖는 힘에 의해서 강제진동되는 경우

8-2. 다음 중 진동의 전달 경로 차단 방법과 가장 거리가 먼 것은?
① 진동 차단기 설치
② 기초(Base)의 진동을 제어하는 방법
③ 질량이 큰 경우 거더(Girder)의 이용
④ 언밸런스(Unbalance)의 양을 크게 하는 방법

8-3. 진동 방지의 일반적인 방법 중 고주파 진동을 방지하는 데 가장 효과적인 것은?
① 기초 진동을 제어
② 진동 차단기의 사용
③ 2단계 차단기의 사용
④ 질량이 큰 거더를 사용

8-4. 진동 방지를 위하여 사용되는 진동 차단기의 기본 요구조건이 아닌 것은?
① 강성이 충분히 커서 차단능력이 있어야 한다.
② 강성은 작되 걸어준 하중을 충분히 견딜 수 있어야 한다.
③ 온도, 습도, 화학적 변화 등에 견딜 수 있어야 한다.
④ 차단하려는 진동의 최저 주파수보다 작은 고유진동수를 가져야 한다.

8-5. 다음 각 고유진동수에 대한 진동차단기의 효과로 틀린 것은?(단, R = 외부 진동주파수/시스템 고유주파수)
① R = 1.4 이하 : 진동차단효과 증폭
② R = 1.4~3 : 진동차단효과 높음
③ R = 3~6 : 진동차단효과 낮음
④ R = 6~10 : 진동차단효과 보통

8-6. 진동 차단기로서 이용되는 패드의 재료가 아닌 것은?
① 강 철
② 코르크
③ 스펀지 고무
④ 파이버 글라스

8-7. 동적배율에 관한 설명으로 틀린 것은?
① 고무의 동적배율은 1 이상이다.
② 고무의 영률이 커질수록 동적배율은 작아진다.
③ 정적 스프링 정수가 커질수록 동적배율은 작아진다.
④ 동적 스프링 정수가 커질수록 동적배율은 커진다.

|해설|

8-1
감쇠(Damping)의 기능
• 진동에너지의 전달 감소
• 고유진동수에 의한 공진 시 진동진폭 감소
• 충격 시 진동 감소

8-2
언밸런스의 양이 커지면 진동이 커진다.

8-3
2단계 진동제어는 고주파 진동을 방지하는 데 효과적이지만 저주파 진동제어에 역효과를 줄 수 있다.

8-4
진동 차단기로 사용되는 패드는 강성(스프링상수)이 가능한 낮아서 진동을 흡수할 수 있어야 한다.

8-5
외부 주파수와 고유주파수의 비(R)가 1에 가까울수록 진동차단기를 설치하는 효과가 높아지고 $R > \sqrt{2}$ 이 되면 차단기는 전달하중의 감소를 방해한다. $R > 3$ 이상 되면 차단효과가 점차 증대하여 $R > 6$이 되면 효과는 보통이 된다.

8-6
패드 : 합성 스펀지, 천연고무, 코르크, 파이버 글라스 등을 이용하여 진동 전달을 차단하는 목적으로 설치. 고무와 비슷한 장단점을 지니고 있으나 용도에 따른 제작과정을 거치므로 비용이 좀 더 발생한다.

8-7
동적배율 계산 시 영률을 고려하는 경우, 같은 조건일 때 영률이 커지면 동적배율도 커진다.

정답 8-1 ① 8-2 ④ 8-3 ③ 8-4 ① 8-5 ② 8-6 ① 8-7 ②

핵심이론 09 | 회전기계의 진단

① 회전기계
  ㉠ 회전운동은 보존하기 쉽고 전달하기 쉬운 운동에너지로, 많은 기기와 기계들이 회전력을 이용하여 작동
  ㉡ 회전운동을 하는 기계를 회전기계라 약칭
  ㉢ 회전기계의 운동에서는 진동과 주파수가 발생
  ㉣ 회전을 표시하는 단위 : rpm(revolutions per minute)

② 회전기계에서 발생하는 진동
  ㉠ 원인
    - 불평형 자세에 의한 진동
    - 회전날개 탈락에 의한 진동
    - 정렬 불량에 의한 진동
    - 이물질 미제거에 의한 진동
    - 동력 단절에 의한 진동
  ㉡ 이상의 종류
    - 언밸런스
      - 균형이 맞지 않은 상태에서 회전
      - 수평, 수직 방향에서 최대의 진폭이 발생. 진동수는 Rotor의 회전 사이클과 일치하므로 돌출로터에 의한 신호 등 유사신호 확인필요
      - 회전 주파수의 $1f$ 성분에서 탁월 주파수가 나타남. $1f$ 보다 높으면 언밸런스로 판정 어려움
      - 언밸런스양과 회전수가 증가할수록 진동값이 높게 나타남
    - 미스얼라인먼트
      - 정렬 불량 상태에서 회전, 회전체에서 구동부와 피구동부를 커플링으로 연결한 상태에서 회전 중심축(축심)이 상하좌우 및 편각을 가지고 어긋나 있는 상태를 나타내는 현상
      - 보통 회전주파수의 $2f(3f)$의 특성으로 나타남
      - 축 방향에 센서를 설치하여 측정되므로 축진동의 위상각은 180°
      - 커플링 등으로 연결된 축의 회전 중심선이 어긋난 상태
      - 정비를 수행한 후 발생하는 경우가 많음
    - 풀림 : 체결된 곳이 풀린 상태에서 회전
    - 편심 : 무게중심이 맞지 않는 상태에서 회전
    - 오일 휩 : 강제 급유되는 미끄럼 베어링을 축이 맞지 않은 상태에서 회전
    - 공진 : 고유진동수와 강제진동수가 일치하여 진폭이 증폭되는 현상
    - 공동현상(캐비테이션, Cavitation) : 유압을 사용하는 기계에서 압력 저하에 의해 빈 공간이 생기는 현상
    - 기어의 회전
      - 기어 메시 주파수(GMF) : 각 기어 어셈블리의 특징이며 기어 상태에 관계없이 주파수 스펙트럼에 나타남. Z는 톱니 수 RPM은 기어의 회전수.
        GMF = ZP × NP = ZG × NG(피니언의 잇수 × 회전수, 기어의 잇수 × 회전수)
      - HTF(Hunting Tooth Frequency) : 맞물린 이에서 문제가 생겼을 때 나타낸 스펙트럼에서 문제를 찾기 위한 주파수
      $$f_{\text{HT}} = \frac{(\text{GMF})(N_a)}{(T_{\text{GEAR}})(T_{\text{PINION}})}$$
      (f_{HT} : HTF, N_a : 맞물리는 잇수, T : 잇수)
    - 구름 베어링의 진단
      - 구름 베어링은 기하학적 구조로 인하여 베어링 특성 주파수를 계산할 수 있다.
      - 특성 주파수를 이용하여 내륜의 결함, 외륜의 결함, 볼 또는 롤러 자체의 결함, 케이지 결함 등을 알아낼 수 있다.
      - 각각의 결함 주파수는 축의 회전 주파수에 볼의 수, 볼의 지름, 피치원의 지름, 볼의 접촉각의 변수를 이용하여 계산할 수 있다.

③ 회전기계의 간이 진단 방법
  ㉠ 설비의 이력과 특징을 파악한 상태에서 설비의 진동 측정값의 이상변화를 이용해 간이 진단한다.
  ㉡ 진단 방법
    • 절대판정방법 : 진동치의 이상에 관한 기준을 미리 정해놓고 기준을 넘어서면 이상이라고 판정하는 방법
    • 상대판정방법 : 기준에 적용받지 않거나 적용할 수 없는 진동수가 높은 기계에 대해 정상상태의 진동에 상대적으로 대비하여 이상을 판정하는 방법. 일반적으로 정상진도의 60% 이상의 진동이 더 발생하면 이상으로 본다.
    • 상호판정방법 : 동종의 기계가 복수로 있는 작업장에서 가능하며 다른 같은 사양의 기계 대비 진동이 높을 때 이상으로 판정하는 방법. 역시 절대판정방법으로 할 수 없는 경우 사용한다.

④ 회전기계에서 발생하는 주파수
  ㉠ 저주파 : 변위[m]를 측정하여 변환
    • 기초 볼트의 풀림, 베어링 마모에 의한 회전불량
    • 미스얼라인먼트, 오일 휩
    • 위와 같이 회전자의 축심이 맞지 않는 등 회전체의 균형이나 회전자의 질량이 부적절하여 발생하는 진동
  ㉡ 중주파 : 속도[m/s]를 측정하여 변환
    • 압력맥동 : 압력에 의해 맥이 있는 진동이 생기는 현상
    • 러너 날개를 통과할 때 생기는 진동
  ㉢ 고주파 : 가속도[m/s^2]를 측정하여 변환
    • 충격이나 캐비테이션 등에 의해 발생하는 진동처럼 일시에 큰 에너지가 전달되는 이상 현상에 의한 진동
    • 유체의 이동 중 여러 이유로 발생하는 불규칙 고주파 진동

10년간 자주 출제된 문제

9-1. 다음 중 회전체가 1분 동안에 회전한 횟수를 나타내는 단위는?
① Hz
② rev
③ rpm
④ ppm

9-2. 축의 회전수가 일정할 때 기어에 손상이 있을 경우 가장 높은 주파수를 발생시키는 기어는?
① 피치원의 지름이 50mm이고 기어의 잇수가 30개인 기어
② 피치원의 지름이 60mm이고 기어의 잇수가 60개인 기어
③ 피치원의 지름이 70mm이고 기어의 잇수가 50개인 기어
④ 피치원의 지름이 80mm이고 기어의 잇수가 40개인 기어

9-3. 회전체에서 구동부와 피구동부를 커플링으로 연결한 상태에서 회전 중심축(축심)이 상하좌우 및 편각을 가지고 어긋나 있는 상태를 나타내는 현상은?
① 공진(Resonance)
② 오일 휩(Oil Whip)
③ 언밸런스(Unbalance)
④ 미스얼라인먼트(Misalignment)

9-4. 회전기계에서 주파수 영역에 따라 발생하는 이상 현상이 틀린 것은?
① 저주파 - 기초 볼트 풀림이나 베어링 마모로 인해서 발생되는 풀림
② 고주파 - 강제 급유되는 미끄럼 베어링을 갖는 회전자(Rotor)에서 발생되는 오일 휩
③ 고주파 - 유체기계에서 국부적 압력 저하에 의하여 기포가 발생하는 공동현상으로 인한 진동
④ 저주파 - 회전자(Rotor)의 축심 회전의 질량 분포가 부적정하여 발생하는 진동

9-5. 회전기계의 질량 불평형 상태의 스펙트럼에서 가장 크게 나타나는 주파수 성분은?
① 1X
② 2X
③ 3X
④ 1.5X~1.7X

| 해설 |

9-1
- rpm : 분당 회전수
- Hz : 주파수의 단위
- rev : 회전수
- ppm : 백만분의 1

9-2
현재 주어진 조건으로만 해석하면 피니언의 잇수는 알 수 없고 축의 회전수는 같다하였으므로 피니언의 회전수만 안다. 기어의 지름이 모듈과 잇수에 적절히 맞춰져 있다 하면 잇수가 가장 많은 기어와 맞물린 피니언의 잇수가 가장 많을 것이다. 상식적인 접근으로도 주파수는 같은 시간 동안 파형(여기서는 접촉음)이 얼마나 자주 나오는지를 나타내는 척도이므로 같은 회전을 하는데 잇수가 많아서 접촉음이 많은 피니언×기어의 조합이 더 높은 주파수를 발생시킨다.

9-3
- 공진 : 고유진동수와 강제 진동수가 일치하여 진폭이 증폭되는 현상
- 오일 휩 : 강제 급유되는 미끄럼 베어링을 축이 맞지 않은 상태에서 회전
- 언밸런스 : 균형이 맞지 않은 상태에서 회전

9-4
회전자의 오일 휩에 의한 회전 불균형은 저주파를 발생한다.

9-5
균형이 맞지 않는 상태인 언밸런스(질량 불평형) 상태에서 회전하면 수평 수직 방향에서 최대 진폭이 일어나고 진동수는 회전 사이클과 일치하므로 회전 주파수의 $1f$ 성분에서 탁월 주파수가 나타난다. $1f$보다 높으면 언밸런스로 판정하기 어려우며 언밸런스양과 회전수가 증가할수록 진동값이 높게 나타난다.

정답 9-1 ③ 9-2 ② 9-3 ④ 9-4 ② 9-5 ①

핵심이론 10 | 음의 구성

① 음의 3요소
  ㉠ 음의 높이(Pitch) : 소리의 진동수 차이에 의한 소리의 높낮이
  ㉡ 음의 색(Quality) : 배음 구조의 차이
  ㉢ 음의 세기(Loudness) : 소리의 진폭에 의한 소리량, 에너지의 정도, dB, phon, sone을 사용
   - phon : 1kHz 순음의 음압 레벨과 같은 크기로 느끼는 음의 크기
   - sone : 1kHz에서 음압 레벨이 40dB인 순음의 크기

② 음의 구성
  ㉠ 에너지의 움직임을 파동이라 한다.
  ㉡ 음에너지의 전달이 매질의 변형운동으로 이루어지는 에너지 전달을 음파라 한다. 음파는 공기 등 매질을 통해 전파하는 압력파이다.
  ㉢ 파동의 위상이 같은 점들을 연결한 면을 파면(Wave Front)이라 한다.
  ㉣ 음의 진행방향을 나타내는, 파면에 수직한 선을 음선이라 한다.
  ㉤ 파장 : 압력의 흐름에서 위상이 같은 두 곳을 이은 길이 또는 시간 위상의 차가 2π가 되는 곳의 길이, 예를 들어 압력이 제일 높은 곳과 다음에 나타나는 제일 높은 곳의 거리
  ㉥ $\lambda = \dfrac{c}{f}$
   [단위 : 길이, (단, c : 전파속도[m/s], f : 주파수[Hz])]
  ㉦ 파장을 진행하는 데 걸리는 시간, 즉 1회 진동시간을 주기라 한다. $T = \dfrac{1}{f}$[sec]
  ㉧ 단위 시간(초)당 나타난 파장의 수, 즉 초당 진동수를 주파수라 한다.
  ㉨ 음에너지에 의해 매질에는 압력 변화가 발생하는데 이를 음압이라 한다.

③ 음의 크기와 세기 레벨
  ㉠ 소리의 크기(음의 세기 레벨)
    • 음의 진행 방향에 수직하는 단위 면적을 단위 시간에 통과하는 음의 에너지
    • 음의 세기 레벨(SIL ; Sound Intensity Level)
    $$\text{SIL[dB]} = 10 \log_{10}\left(\frac{X}{X_{\text{ref}}}\right)^2$$
    (단, X : 음의 세기, X_{ref} : 최저가청음 세기, 음압의 경우 $10\mu\text{Pa}$, 최저가청음압)
    • 음향 파워레벨(PWL, PoWer Level)
    $$\text{PWL} = 10\log\left(\frac{W}{W_0}\right)\text{dB}$$
    [W : 대상음원의 음향파워, W_0 : 기준 음향파워(10^{-12}W)]
    – PWL은 직접 측정되지 않으며 SPL과의 관계는 SPL = PWL – 20log(거리) – 11dB(자유공간 무지향성 점음원의 경우)
  ㉡ 음 압
    • 소리의 전파에 따라 매질 상에서 약하게 변하는 압력의 크기를 dB로 표현한 것
    • 음압 레벨(SPL ; Sound Pressure Level)
    $$\text{SPL} = 20\log\left(\frac{P}{P_0}\right)\text{dB}$$
    [P : 대상음의 음압 실횻값[N/m^2],
    P_0 : 최소 음압 실횻값(2×10^{-5}N/m^2)]
    • 가청 최대 음압 : 60Pa, 130dB
  ㉢ 음향출력
    • 음원으로부터 나오는 음에너지의 총량
    • 음에너지는 음압과 음속의 곱으로 표현
    • 즉, 음향출력은 음에너지와 표면적의 곱으로 표현

10년간 자주 출제된 문제

10-1. 소리의 성분은 크게 세 가지로 분류하며 이것을 음의 3요소라 한다. 음의 3요소가 아닌 것은?
① 음 색　　　　② 공 명
③ 음의 높이　　④ 음의 세기

10-2. 음의 진행 방향에 수직하는 단위 면적을 단위 시간에 통과하는 음의 에너지를 무엇이라 하는가?
① 음 압　　　　② 음의 세기
③ 음향 출력　　④ 음의 지향성

10-3. 소음의 물리적 성질에 대한 설명 중 틀린 것은?
① 음의 진행방향을 나타내는 음선은 파면에 수평이다.
② 파동의 위상이 같은 점들을 연결한 면은 파면이라고 한다.
③ 음파는 매질 개개의 입자가 파동이 진행하는 방향의 앞뒤로 진동하는 종파이다.
④ 파동은 매질 자체가 이동하는 것이 아닌 매질의 변형 운동으로 이루어지는 에너지 전달이다.

10-4. 주파수에 관한 설명 중 틀린 것은?
① 주파수의 단위는 Hz이다.
② 주파수는 60초 동안의 사이클 수를 말한다.
③ 한 주기 동안에 걸린 시간이 길수록 주파수는 낮다.
④ 동일한 질량의 경우 강성이 클수록 주파수는 높다.

10-5. 소음 주파수를 f, 파의 전달 속도를 c로 정의할 때, 파장 λ를 규정한 식은?
① $\lambda = f \cdot c$　　　　② $\lambda = c/f$
③ $\lambda = f$　　　　　　④ $\lambda = f/c$

10-6. 소음의 크기를 나타내는 단위로 맞는 것은?
① dB　　　　② Hz
③ ppm　　　 ④ poise

10-7. 다음 중 음압의 단위로 적합한 것은?
① N　　　　　② kgf
③ m/s^2　　　④ N/m^2

10-8. 사람이 들을 수 있는 최저가청음압은?
① 20×10^5N/m^2　　② 2×10^5N/m^2
③ 20×10^{-5}N/m^2　　④ 2×10^{-5}N/m^2

10년간 자주 출제된 문제

10-9. 음원으로부터 단위시간당 방출되는 총 음에너지를 무엇이라 하는가?
① 음 원
② 음향 출력
③ 음압 실횻값
④ 음의 전파속도

|해설|

10-1
음의 3요소 : 음색(Quality), 음의 높이(Pitch), 음의 세기(Loudness)

10-3
음의 진행방향을 나타내는, 파면에 수직한 선을 음선이라 한다.

10-4
우리가 사용하는 주파수는 초당 발생하는 사이클 수를 말한다.

10-5
$\lambda = \dfrac{c}{f}$ (단위 : 길이)
단, c : 전파속도[m/s], f : 주파수[Hz]

10-6
- Hz : 주파수의 단위
- ppm : 함량의 단위
- poise : 점성의 단위

10-7
음압의 단위는 음의 세기의 단위를 사용하거나 압력의 단위를 사용한다. N/m^2는 압력의 단위 N, kgf는 힘의 단위, m/s^2은 가속도의 단위이다.

10-8
$dB = 10 \log_{10}\left(\dfrac{X}{X_{ref}}\right)^2$
(단, X : 물리량, X_{ref} : 기준물리량, 음압의 경우 $20\mu Pa$, 최저 가청음압)
따라서 $20\mu Pa$을 N/m^2의 단위로 표현하면 $2 \times 10^{-5} N/m^2$, 가청 최대 음압 : 60Pa, 130dB

10-9
음향출력
- 음원으로부터 발출되는 음에너지의 총량
- 음에너지는 음압과 음속의 곱으로 표현
- 즉, 음향출력은 음에너지와 표면적의 곱으로 표현

정답 10-1 ② 10-2 ② 10-3 ② 10-4 ② 10-5 ②
10-6 ① 10-7 ④ 10-8 ④ 10-9 ②

핵심이론 11 | 소리의 물리적 성질

① 음 파
  ㉠ 소리는 파장의 형태로 전달된다.
  ㉡ 파면이 서로 평행한 파장을 평면파라 한다.
  ㉢ 음원으로부터 거리가 멀어질수록 더욱 넓은 면적으로 퍼져나가는 파장을 발산파라 한다.
  ㉣ 음원에서 모든 방향으로 동일한 에너지를 방출하여 에너지가 같은 파면을 이으면 구의 모양이 된다. 이 파장을 구면파라 한다.
  ㉤ 음파의 진행 방향으로 에너지를 전송하는 파장을 진행파라고 한다.
  ㉥ 둘 또는 그 이상 음파의 구조적 간섭에 의해 시간적으로 일정하게 음압의 최고와 최저가 반복되는 패턴의 파장을 정재파라 한다.

② 소리의 굴절
  ㉠ 음파가 서로 다른 매질을 지날 때 굴절되는 현상을 소리의 굴절이라 한다.
  ㉡ 어떤 평면에 파장의 움직임이 들어오는 것을 입사, 그 평면에 맞고 되돌아가는 것을 반사라 한다.
  ㉢ 입사된 파장이 되돌아가지 않고 평면을 통과하여 계속 진행할 때 진행속도는 변화된다.
  ㉣ 온도가 서로 다른 매질을 통과하며 일어나는 굴절을 온도차에 의한 굴절이라고 한다. 기출 지문에 소리는 대기의 온도차에 의한 굴절로 온도가 낮은 쪽으로 굴절한다고 설명되어 있는데 사실은 서로 양쪽으로 굴절된다.
  ㉤ 매질의 이동에 따라 소리의 속도가 달라지며 서로 다른 속도의 공기층을 만나면 소리는 굴절된다.
  ㉥ 매질에 따른 소리의 전파 속도

종 류	매 질	소리의 속도 [m/s]	비 고
기 체	0℃의 공기	331	
	20℃의 공기	343	기준 음속
	헬 륨	965	
	수 소	1,284	

종류	매질	소리의 속도 [m/s]	비고
액체	0℃의 물	1,402	
	20℃의 물	1,482	
	20℃의 바닷물	1,522	
고체	고무	1,490	
	납	2,160	
	은	3,600	
	목재	3,600	
	아연	4,170	
	강(Steel 1,095)	5,941	
	화강암	6,000	
	알루미늄	6,420	
	텅스텐 카바이드	9,106	

매질의 밀도가 높을수록 소리의 전달 속도가 높다.
ⓢ 온도에 따른 소리의 속도
$$v = 331.5 + 0.6t$$

③ 소리의 간섭
  ㉠ 서로 다른 둘 이상의 음파가 서로의 상호작용으로 소리가 증폭되거나 감쇠되는 등의 상관관계를 나타낼 때 서로 간섭되었다고 한다. 또는 중첩되었다고 한다. 이때 진폭은 각 파동의 진폭의 합과 같아진다.
  ㉡ 소리가 간섭하여 더 증폭될 때 보강 간섭되었다고 한다.
  ㉢ 소리가 간섭하여 음폭이 감쇠될 때 소멸 간섭되었다고 한다.
  ㉣ 보강 간섭과 소멸 간섭이 규칙적으로 나타나는 현상을 맥놀이라 한다.
  ㉤ 마스킹 효과
    • 크고 작은 두 소리를 동시에 들을 때 큰 소리만 들리고 작은 소리는 작게 들리거나 듣지 못하는 현상
    • 서로 다른 두 소리의 주파수가 비슷하면 마스킹 효과가 커지고, 주파수가 같으면 맥놀이가 생겨 마스킹 효과는 감소한다.
    • 주파수가 낮은 저음이 주파수가 높은 고음을 잘 마스킹한다.
    • 소리가 강하면 마스킹되는 양도 커진다.

④ 소리의 회절
  ㉠ 투과되지 않은 음이 장애물에 입사하여 장애물 뒤쪽으로 전파하는 현상을 소리의 회절이라 한다.
  ㉡ 회절은 입사된 음파가 어딘가에 부딪쳐 반사되어 일어나므로 곡률이 작은 구멍에 부딪치면 더 크게 회절될 수 있다.
  ㉢ 음의 파장이 길수록 회절이 잘 일어난다.
⑤ 하위헌스 원리 : 파동이 전파되어 나갈 때 단면의 각 점은 점음원이 되어 새로운 파면을 만드는 현상을 말한다.
⑥ 도플러 효과
  ㉠ 소리의 상대성 원리로 이동 중인 청자는 자신의 이동 속도만큼 음의 속도에서 가하거나 감하게 되어 실제 소리보다 높게 들거나 낮게 들게 되는 현상
  ㉡ 발음원이 이동할 때 그 진행방향 쪽에서는 원래의 음보다는 고음으로, 진행 반대쪽에서는 저음으로 되는 현상

10년간 자주 출제된 문제

11-1. 다음 음파의 종류 중 음원으로부터 거리가 멀어질수록 더욱 넓은 면적으로 퍼져나가는 것은?
① 평면파
② 발산파
③ 구면파
④ 진행파

11-2. 소음의 물리적 성질에 대한 설명 중 틀린 것은?
① 음의 진행방향을 나타내는 음선은 파면에 수평이다.
② 파동의 위상이 같은 점들을 연결한 면은 파면이라고 한다.
③ 음파는 매질 개개의 입자가 파동이 진행하는 방향의 앞뒤로 진동하는 종파이다.
④ 파동은 매질 자체가 이동하는 것이 아닌 매질의 변형 운동으로 이루어지는 에너지 전달이다.

11-3. 소음의 중첩 원리가 적용되지 않는 것은?
① 맥놀이
② 공진
③ 보강 간섭
④ 소멸 간섭

10년간 자주 출제된 문제

11-4. 다음 소리의 물리적 성질에 대한 설명 중 틀린 것은?
① 소리의 간섭 – 서로 다른 파동사이의 상호 작용으로 나타나는 현상
② 소리의 굴절 – 투과되지 않은 음이 장애물에 입사하여 장애물 뒤쪽으로 전파하는 현상
③ 마스킹 효과 – 크고 작은 두 소리를 동시에 들을 때 큰 소리만 들리고 작은 소리는 듣지 못하는 현상
④ 하위헌스 원리 – 파동이 전파되어 나갈 때 단면의 각 점은 점음원이 되어 새로운 파면을 만드는 현상

11-5. 크고 작은 두 소리를 동시에 들을 때 큰 소리만 듣고 작은 소리는 듣지 못하는 현상을 마스킹 효과라 한다. 이에 대한 설명 중 틀린 것은?
① 마스킹은 음파의 간섭에 의해 일어난다.
② 고음이 저음을 잘 마스킹한다.
③ 두 음의 주파수가 비슷할 때 마스킹 효과가 커진다.
④ 두 음의 주파수가 거의 같을 때는 맥동이 생겨 마스킹 효과가 감소한다.

11-6. 다음 매질 중 음속이 가장 느린 것은?
① 납   ② 강 철
③ 나 무   ④ 알루미늄

11-7. 발음원이 이동할 때 그 진행 방향 쪽에서는 원래의 음보다는 고음으로, 진행 반대쪽에서는 저음으로 되는 현상은?
① 마스킹 효과   ② 도플러 효과
③ 음의 회절 효과 ④ 음의 반사 효과

|해설|

11-1
• 소리는 파장의 형태로 전달된다.
• 파면이 서로 평행한 파장을 평면파라 한다.
• 음원으로부터 거리가 멀어질수록 더욱 넓은 면적으로 퍼져나가는 파장을 발산파라 한다.
• 음원에서 모든 방향으로 동일한 에너지를 방출하여 에너지가 같은 파면을 이으면 구의 모양이 된다. 이 파장을 구면파라 한다.
• 음파의 진행 방향으로 에너지를 전송하는 파장을 진행파라고 한다.
• 둘 또는 그 이상 음파의 구조적 간섭에 의해 시간적으로 일정하게 음압의 최고와 최저가 반복되는 패턴의 파장을 정재파라 한다.

11-2
음의 진행방향을 나타내는, 파면에 수직한 선을 음선이라 한다.

11-3
• 서로 다른 둘 이상의 음파가 서로의 상호작용으로 소리가 증폭되거나 감쇠되는 등의 상관관계를 나타낼 때 서로 간섭되었다고 한다.
• 소리가 간섭하여 더 증폭될 때 보강 간섭되었다고 한다.
• 소리가 간섭하여 음폭이 감쇠될 때 소멸 간섭되었다고 한다.
• 보강 간섭과 소멸 간섭이 규칙적으로 나타나는 현상을 맥놀이라 한다.

11-4
소리의 굴절은 소리가 서로 다른 매질을 통과하며 진동에 변화를 갖는 현상이다.
② 투과되지 않은 음이 장애물에 입사하여 장애물 뒤쪽으로 전파하는 현상은 소리의 회절이다.

11-5
마스킹 효과
• 크고 작은 두 소리를 동시에 들을 때 큰 소리만 들리고 작은 소리는 듣지 못하는 현상을 말한다.
• 서로 다른 두 소리의 주파수가 비슷하면 마스킹 효과가 커지고, 주파수가 같으면 맥놀이가 생겨 마스킹 효과는 감소한다.
• 저음이 고음을 잘 마스킹한다.

11-6
같은 금속이나 목재라도 밀도나 구조에 따라 다르나 대략의 속도를 살펴보면
• 납 : 약 2,160m/s
• 강 : 약 5,940m/s
• 나무 : 약 3,600m/s
• 알루미늄 : 6,420m/s
※ 저자의견
　논란의 여지가 있는 문제이다. 금속과 달리 나무는 종류가 매우 많아 밀도가 모두 다르기 때문에 납보다 낮은 소리 전달 속도를 가진 목재가 있을 수 있다. 그러므로 기출 중심으로 기준을 잡아 학습하길 바란다.

11-7
도플러 효과란 소리의 상대성 원리로 이동 중인 청자는 자신의 이동 속도만큼 음의 속도에서 가하거나 감하게 되어 실제 소리보다 높게 들거나 낮게 들게 되는 현상을 말한다.

정답 11-1 ②　11-2 ①　11-3 ③　11-4 ②　11-5 ③　11-6 ①　11-7 ②

핵심이론 12 | 소음의 발생

① 소음원에서의 소음
  ㉠ 직접 전달된 소리를 직접음, 반사되어 온 소리를 반사음이라 한다.
  ㉡ 직접 소음은 거리가 2배 증가할 때마다 6dB씩 감소한다.
  ㉢ 소음원에서 가까운 곳에서는 반사음보다는 직접음의 영향이 절대적이다.

② 기류음
  ㉠ 고체 진동을 수반하지 않는 소음
  ㉡ 직접적인 공기의 압력 변화에 의한 유체역학적 원인에 의해 발생
  ㉢ 난류음
    • 기체의 와류에 의해 발생하는 소음
    • 음의 변화가 일정하지 않음
    • 송풍기, 관 굴곡부분, 밸브에서 등 유속의 변화가 빠른 부분에서 발생
  ㉣ 맥동음 : 맥동현상이 발생하는 경우에 발생
  ㉤ 방지방법
    • 유체의 속도 조절
    • 파이프의 곡률을 크게 조절
    • 밸브에서 압력 변화를 조절

③ 고체음
  ㉠ 타악기나 스피커 등 충격, 마찰 등 기계적 원인으로 발생하는 소리
    • 방지방법 : 타격 등 가진력의 발생원인 제거하거나, 공명을 방지하거나, 제진처리를 하거나 방진을 실시
  ㉡ 1차 고체음 : 기계의 진동에 지반 진동을 수반하여 발생하는 소리
    • 방지방법 : 진동을 절연, 바닥절연, 차진, 방진
  ㉢ 2차 고체음 : 기계 본체의 진동에 의한 소리
    • 방지방법 : 발생 원인을 제거하거나 방음, 제진

10년간 자주 출제된 문제

12-1. 음의 발생에 대한 설명으로 틀린 것은?
① 음의 발생은 크게 고체음과 기체음 두 가지로 분류할 수 있다.
② 선풍기 또는 송풍기 등에서 발생하는 음은 난류음이다.
③ 기계 본체의 진동에 의한 소리는 이차 고체음이다.
④ 기류음은 물체의 진동에 의한 기계적 원인으로 발생한다.

12-2. 다음 중 기류음에 대한 설명으로 옳은 것은?
① 기계 본체의 진동에 의한 소리이다.
② 물체의 진동에 의한 기계적 원인으로 발생한다.
③ 기계의 진동이 지반 진동을 수반하여 발생하는 소리이다.
④ 직접적인 공기의 압력 변화에 의한 유체역학적 원인에 발생된다.

12-3. 음(소음)의 발생과 특성에 관한 분류 중 옳은 것은?
① 이차 고체음 - 기계의 진동에 지반 진동을 수반하여 발생하는 소리
② 일차 고체음 - 기계 본체의 진동에 의한 소리
③ 맥동음 - 압축기, 진공펌프, 엔진 배기음
④ 난류음 - 타악기, 스피커음

|해설|
12-1
기류음은 기체에 의해서 발생하는 소리이며 물체의 진동에 의한 기계적 원인으로 발생하는 것은 기계음이다.

12-2
기류음
• 고체 진동을 수반하지 않는 소음
• 직접적인 공기의 압력 변화에 의한 유체역학적 원인에 의해 발생

12-3
일차, 이차 고체음은 설명이 바뀌어 있고, 난류음은 선풍기, 송풍기 등 와류가 발생하는 경우가 그 예이다.

정답 12-1 ④ 12-2 ④ 12-3 ③

핵심이론 13 | 소음의 방지

① 소음 방지 방법

제어 대상	소음원	전파경로	전달된 곳 (수음자)
방법/ 대책	• 소음기 설치 • 방진처리 및 밀폐 • 저소음 장비 사용 예 해머를 프레스 로 대체, 기계 • 프레스 대신 유압 프레스 등 • 방음박스 설치 • 흡음덕트 설치	• 흡음 시설 • 차음 시설 • 방음벽 설치 • 경로를 길게 함 (거리를 멀리 함)	• 귀마개 사용 • 차음 시설 설치

② 방음 : 소음을 방지, 음의 회절감쇠를 이용, 방음벽은 기본적으로 소음의 전달 경로상에 장애물을 설치하여 소음이 직접 전달되지 못하고 우회경로를 통하여 전달되게 하여 전달경로를 길게 만드는 음의 회절감쇠 특성을 이용하여 소음감쇠효과를 얻음

㉠ 흡 음
  • 소리를 흡입, 그림과 같은 재질을 설치하면 소리 흡입이 가능하다.

  • 일반적으로 부드럽고 다공성표면을 갖는 재료는 높은 흡음률을 가진다.
  • 같은 흡음재를 사용하여도 형상과 조직에 따라 다른 흡음률을 가진다.
  • 흡음률
    - 들어온 소리의 세기(에너지)에 대한 흡수된 소리의 세기(에너지)의 비
    - $흡음률 = \dfrac{흡수된\ 소리의\ 세기}{들어온\ 소리의\ 세기}$
      $= \dfrac{입사에너지 - 반사에너지}{입사에너지}$

  • 공명형 흡음
    - 벽에 공기층을 두어 공기층이 탄성 스프링 역할, 공진계를 형성하여 에너지를 소실시키는 방식
    - 저음 영역에서 높은 흡음효과
  • 다공질형 흡음
    - 다공성 재료의 저항으로 입사에너지가 저항에 의해 열로 소진
    - 중, 고음역대에서 높은 흡음효과
  • 판 진동형 흡음
    - 얇은 판을 벽에 공기층을 두고 설치하면 판이 소리에너지를 받아 진동, 소리가 진동에너지를 거쳐 열에너지로 변환 소진
    - 저음역(80~300kHz)에서 높은 흡음효과

㉡ 차 음
  • 소리의 전달을 차단. 밀폐벽, 중공벽 등을 설치
  • 차음이란 통기를 차단하는 것과 같음
  • 차음효과는 소리의 투과율로 결정

    $투과율 = \dfrac{투과된\ 소리의\ 세기}{들어온\ 소리의\ 세기}$
    $= \dfrac{투과(통과)된\ 에너지}{입사에너지}$

  • 차음벽 사이에 흡음처리를 하면 투과율을 낮아져 차음효과가 높아짐
  • 같은 두께의 차음벽을 사용하는 경우 반으로 나누어 중간 공기층을 두면 차음효과가 높아짐

㉢ 간섭 방음 : 입사음과 반사음을 간섭시켜 소음을 감소시키는 방법
㉣ 제진(진동 감소, 진동 댐핑) : 진동으로 패널에서 발생하는 소음 저감
㉤ 차진(진동 차단) : 방진고무, 스프링 등을 이용하여 진동에너지를 감소시켜 소음 전달 저감
㉥ 소음감소장치(소음기) 사용

③ 기계 요소별 소음 방지

원인	대책
회전 불균형에 의한 소음	회전 모멘트를 균일하게 유지
기어 이의 불연속 접촉에 의한 소음	• 평기어(Spur Gear)를 헬리컬 기어로 교체 • 기어 치형 간격의 정밀도를 높임
공진에 의한 소음	축의 강성을 강화하는 등 기어 맞물림 주파수와의 일치를 피한다.

10년간 자주 출제된 문제

13-1. 기본적인 소음 방지법으로 틀린 것은?

① 흡 음
② 차 음
③ 진동 댐핑
④ 방진구 설치

13-2. 재료의 흡음률을 나타내는 식으로 옳은 것은?

① 흡음률 = 입사에너지 / 흡수된 에너지
② 흡음률 = 흡수된 에너지 / 입사에너지
③ 흡음률 = 투과된 에너지 / 입사에너지
④ 흡음률 = 입사에너지 / 투과된 에너지

13-3. 흡음과 차음에 관한 설명 중 틀린 것은?

① 일반적으로 부드럽고 다공성표면을 갖는 재료는 높은 흡음률을 갖는다.
② 차음벽의 차음 효과는 투과율에 의해 결정된다.
③ 차음벽 안쪽을 흡음재료로 처리하면 차음효과를 높일 수 있다.
④ 흡음재료가 동일할 경우 일정한 흡음률을 가진다.

13-4. 소음 방지법 중 흡음에 관련된 내용으로 틀린 것은?

① 직접소음은 거리가 2배 증가함에 따라 6dB 감소한다.
② 소음원에 가까운 거리에서는 반사음보다 직접음에 의한 소음이 압도적이다.
③ 흡음재에 시공 시 벽체와의 공간은 저주파 흡음 특성을 저해한다.
④ 흡음재의 내구성 부족 시 유공판으로 보호해야 하며 이때 개공율과 구멍의 크기 및 배치가 중요하다.

13-5. 다음 중 기어 소음 방지를 위한 대책으로 옳은 것은?

① 기어의 접선방향에 힘을 가한다.
② 기어 접촉면을 불연속하게 한다.
③ 기어 치형간격의 정밀도를 유지한다.
④ 기어의 레이디얼 방향에 힘을 가한다.

|해설|

13-1

방음의 방법
• 흡 음
• 차음 : 소리의 전달을 차단. 밀폐벽, 중공벽 등을 설치
• 간섭 방음 : 입사음과 반사음을 간섭시켜 소음을 감소시키는 방법
• 제진(진동 감소, 진동 댐핑) : 진동으로 패널에서 발생하는 소음 저감
• 차진(진동 차단) : 방진고무, 스프링 등을 이용하여 진동에너지를 감소시켜 소음 전달 저감
• 소음감소장치(소음기) 사용

13-2

$$흡음률 = \frac{흡수된\ 소리의\ 세기}{들어온\ 소리의\ 세기} = \frac{입사에너지 - 반사에너지}{입사에너지}$$

13-3

흡음재료가 동일하여도 형상과 조직에 따라 다른 흡음률을 가진다.

13-4

흡음재 시공 시 벽체와의 공간을 두어 공진계를 형성하면 저음 영역에서 높은 흡음효과를 볼 수 있다.

13-5
• 기어 접선방향의 힘을 가하면 마찰력이 증가하여 소음이 증가한다.
• 기어 접촉은 균일을 유지하는 것이 좋다.
• 기어의 레이디얼 방향(축 방향)에 힘을 가하는 것과 소음 방지와는 무관하다.

정답 13-1 ④ 13-2 ② 13-3 ④ 13-4 ③ 13-5 ③

핵심이론 14 | 소음 감소 장치

① 원리에 따른 소음기의 종류
  ㉠ 팽창형 소음기
    • 관의 입구와 출구 사이에 큰 공동현상이 발생하도록 급격히 관 지름을 확대, 유속을 낮추어 소음 감소
    • 유해한 가스가 다니는 덕트의 소음 제어에 유용
    • 중간 또는 낮은 주파수 대역의 소음 제거에 사용
    • 송풍기, 압축기, 디젤 기관 등의 흡 배기부의 소음에 사용
  ㉡ 간섭형 소음기
    • 음파의 간섭을 이용하여 음을 상쇄시키는 원리 사용
    • 중간 또는 낮은 주파수 대역의 소음 제거에 사용
    • 송풍기, 압축기, 디젤 기관 등의 흡 배기부의 소음에 사용
  ㉢ 공명형 소음기
    • 덕트 내부에 덕트를 설치하고 내부 덕트에 구멍을 뚫어 외부 덕트와 내부 덕트 사이의 공기층이 공명기층을 형성하여 흡음 감쇄
    • 중간 또는 낮은 주파수 대역의 탁월 주파수 성분에 효과
  ㉣ 반사형 소음기
    • 팽창식 체임버에 흔히 사용
    • 덕트 소음 제어에 효과적
    • 체임버(Chamber, 덕트룸)에 입사소음 에너지를 반사시켜 감쇄
  ㉤ 흡음형 소음기
    • 가장 제품화가 많이 된 방식
    • 파이버 글라스 또는 암면재 등 흡음재를 부착하여 소음을 감소
    • 중간 또는 고음 주파수에서 성능이 높음

② 용도 및 설치방법에 따른 소음기의 종류
  ㉠ 사각 소음기
    • 공기조화시스템을 통해 전달되는 소음을 감쇄하는데 유용
    • 보통 0.5~8kHz에서 감음성능이 우수
    • 사각형은 스플리터형, 스플리터 엘보형, 축류팬용 등으로 구분
    • 소음기의 설치 위치는 덕트 내부로 뚫고 들어가는 공조실 소음과 전달소음을 가능한 모두 억제할 수 있는 위치를 선정
  ㉡ 원형 소음기
    • 공기조화시스템, 산업용에 적용
    • 흡음장치가 내부표면에 있는 형, 콘으로 설치된 형으로 구분
  ㉢ 소음 엘보
    • 공기조화시스템, 산업용에 적용
    • 덕트가 직각으로 꺾이는 부분에 설치
    • 중·고주파 영역에서 감쇄량이 크며 0.5~1.0kHz에서 10dB 정도 감쇄
  ㉣ 소음 체임버
    • 공기조화기계, FAN의 토출이나 흡입측에 설치되어 유체의 난류를 조절하거나 소음을 감소시킬 목적으로 사용
    • SCG형(저속덕트), SCP형(고속덕트), SCF형(클린룸)에 사용
    • 주요 주파수에 따라 내장재의 선택 및 설치방법을 다르게 함
    • 중, 고주파음역에 우수한 효과
    • 팽창식 체임버
      - 체임버 내부 벽면에 흡음내장 설치
      - 면적비로 소음 흡수 능력 판단

      면적비 = $\dfrac{\text{입구 팽창식 체임버부의 단면적}}{\text{출구 덕트 연결부의 단면적}}$

ⓜ 흡음 덕트
- 공기조화기계, FAN의 토출이나 흡입측에 설치되며 소음기나 소음 체임버가 설치되기 힘든 구역에 설치
- 공간적 제약이 크지 않고 제작이 용이하며 덕트 내부 소음 저감뿐 아니라 덕트 투과소음을 개선

ⓗ 공업용 소음기
- 안전밸브, 압력 조절 밸브, 릴리프 밸브 등에서 고압유체가 대기로 방출될 때 유속이 음속, 또는 음속 이상으로 변하여 마찰이 발생하며 큰 소음 발생
- 고주파 성분의 소음과 저주파 성분의 소음이 함께 발생하므로 주파수 분석을 통해 최소 소음을 찾을 필요가 있음

③ 주파수 필터
㉠ 특정 주파수는 통과시키고 특정 주파수는 차단하는 필터
㉡ Low Pass Filter(저주파 대역 통과 필터)
- 저주파만 통과시키고 고주파는 차단
- 출력 신호의 급격한 증감을 보이는 잡음을 없애줌
㉢ High Pass Filter(고주파 대역 통과 필터)
- 고주파만 통과시키고 나머지 주파는 차단
- 고주파 음역을 강화하는 역할
- 미분기 역할
㉣ Band Pass/Reject Filter
- 특정 주파수대를 통과/차단시킴

10년간 자주 출제된 문제

14-1. 반사 소음기의 특징으로 적합하지 않은 것은?
① 팽창식 체임버(Chamber)를 흔히 사용한다.
② 넓은 주파수 폭 소음에 대하여 높은 효과를 갖는다.
③ 덕트 소음 제어에 효과적으로 사용이 가능하다.
④ 체임버(Chamber)에 의해서 입사소음 에너지를 반사하여 소멸시킨다.

14-2. 소음기의 내면에 파이버 글라스(Fiber Glass)와 암면 등과 같은 섬유성 재료를 부착하여 소음을 감소시키는 장치는?
① 팽창형 소음기　② 간섭형 소음기
③ 공명형 소음기　④ 흡음형 소음기

14-3. 팽창식 체임버의 소음흡수 능력을 결정하는 기본요소는 면적비이다. 이때의 면적비를 표현하는 식은?

① 면적비 $= \dfrac{\text{팽창식 체임버의 부피}}{\text{연결 덕트의 단면적}}$

② 면적비 $= \dfrac{\text{연결 덕트의 전체면적}}{\text{팽창식 체임버의 부피}}$

③ 면적비 $= \dfrac{\text{팽창식 체임버의 단면적}}{\text{연결 덕트의 단면적}}$

④ 면적비 $= \dfrac{\text{연결 덕트의 길이}}{\text{팽창식 체임버의 단면적}}$

14-4. 다음 필터 중 저역을 통과시키는 필터로 특정 주파수 이상은 감쇠(차단)시켜주는 필터로 가장 적합한 것은?
① 로패스 필터
② 밴드패스 필터
③ 하이패스 필터
④ 주파수 패스 필터

14-5. 소음기(Silencer, Muffler)를 사용할 때 저감되는 소음의 종류는?
① 고체음
② 기계적 발생 소음
③ 전자적 발생 소음
④ 공기음(Air-borne Sound)

| 해설 |

14-1
반사 소음기는 중간 또는 낮은 주파수 대역의 탁월 주파수 제거에 적절

14-2
흡음형 소음기
- 가장 제품화가 많이 된 방식
- 파이버 글라스 또는 암면재 등 흡음재를 부착하여 소음을 감소
- 중간 또는 고음 주파수에서 성능이 높음

14-3
팽창식 체임버는 면적비로 소음 흡수 능력 판단하며 면적비는 입구 쪽 팽창식 체임버 단면적을 출구 쪽 덕트 연결부의 단면적으로 나눈 비이다.

면적비 = $\dfrac{\text{입구 팽창식 체임버부의 단면적}}{\text{출구 덕트 연결부의 단면적}}$

14-4
Low Pass Filter(저주파 대역 통과 필터)는 저주파만 통과시키고 고주파는 차단하며 하이패스 필터는 고주파만 통과, 밴드패스 필터는 특정 주파수 대역을 통과, 이런 필터를 주파수 퍼스 필터라 한다.

14-5
소음을 저감시키는 방법으로 흡음과 차음, 방음, 진동방지 등이 있다. 소음감소장치는 유체에 대하여 여러 원리로 소음을 감소시키는 장치이다.

정답 14-1 ② 14-2 ④ 14-3 ③ 14-4 ① 14-5 ④

핵심이론 15 | 소음 측정

① 소음 측정의 원리

㉠ 등청감 곡선(Equal Loudness Contours)

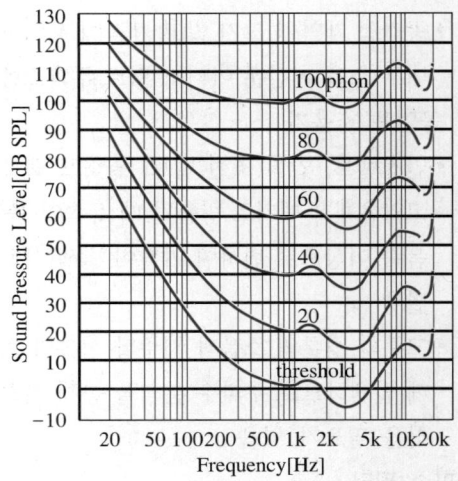

- 정의 1. 장애가 없는 정상인이 같은 소리의 세기로 느끼는 점을 연결한 곡선
- 정의 2. 사람이 주파수별로 느끼는 같은 순음의 음압 레벨을 연결하여 작성한 곡선
- 정의 3. 사람의 귀와 같은 크기의 음압을 주파수별로 구하여 작성한 곡선
- 같은 세기로 느껴지는 소리를 발생시킬 때 각 주파수마다 발생해야 하는 소리의 크기가 다르다.
- 즉, 동일한 크기의 음압이더라도 각 주파수마다 들리는 크기가 다르다.
- 가청주파수 : 20Hz~20kHz
- 민감 가청주파수 : 2~5kHz(사람마다 약간씩 다름)

ⓒ 청감 보정 회로(Weighting Network)

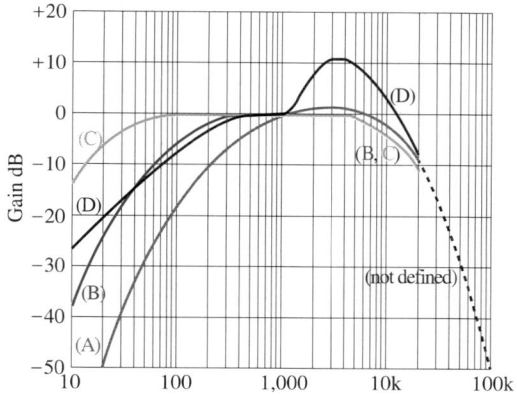

- 소리의 감각적인 크기 레벨을 측정하기 위해 1kHz를 0dB로 하여 등청감 곡선을 역으로 한 회로를 소음계에 내장하여 근사적인 소리의 크기 레벨을 측정
- 청감 보정 회로 특성
  - A 보정 회로
    가. 40폰(phon)의 등청감 곡선을 이용 (55dB 이하)
    나. 저음역대로 청감과 대응성이 좋아서 레벨 측정 시 많이 사용함
  - B 보정 회로
    가. 70폰(phon)의 등청감 곡선을 이용
    나. 중음역대, 사용이 많지 않음
  - C 보정 회로
    가. 85폰의 등청감 곡선을 이용 (85dB 이상의 경우 사용)
    나. 고음역대, 소음 등급평가에 적절하며 주파수 분석에 사용
  - D 보정 회로
    가. 고음역대이며 항공기 소음 측정용
    나. PNL(Perceived Noise Level, 감각소음 레벨, 미연방항공국에서 사용하는 소음평가 단위) 측정에 사용

② 소음계(사운드레벨미터)
  ㉠ 인간의 청감에 대한 보정을 실시하여 소리의 크기 레벨에 근사한 값으로 측정할 수 있도록 한 장치
  ㉡ 인간의 귀와 같이 소리에 응답하도록 설계된, 객관적으로 재현성 음압 레벨, 소음레벨을 측정하는 기기
  ㉢ 일본공업규격에 따른 소음계의 주파수 범위
  - 보통 소음계의 검정 공차는 2dB
  - 보통 소음계에서의 주파수 범위 : 31.5~8,000Hz
  - 간이 소음계에서의 주파수 범위 : 70~6,000Hz
  - 정밀 소음계에서의 주파수 범위 : 20~12,500Hz
  ㉣ 사운드레벨미터(소음계) 전기음향 성능을 규정하는 기준 환경조건(KS C IEC 61672-1)
  - 기온 : 23℃
  - 정압 : 101.325kPa
  - 상대습도 : 50%
  ㉤ 설치 마이크로폰 유의사항
  - 마이크로폰 : 음향 진동으로부터 전기신호를 얻는 전기음향변환기(트랜스듀서)
  - 마이크로폰은 소음계 본체에서 분리 삼각대에 장착하여 연장코드를 사용한다.
  - 삼각대에 마이크로폰을 부착하고 소음계 본체와 분리해서 사용할 경우, 소음계 본체와 마이크로폰의 이격 거리는 1.5m 이상으로 한다.
  - 마이크로폰이 소음계에 부착된 것은 측정자의 인체 반사음에 영향을 받아 오차가 발생하기 쉽다.
  - 소음계 본체에 너무 가까이 접근하면 지시에 오차가 발생하기 때문에 주의해야 한다.
  - 마이크로폰은 지상 1.2~1.5m 정도로 하고 음원 방향으로 향한다.
  - 가능하면 삼각대를 이용하며 벽이나 건물 등 큰 음향 반사체에서 1m 이상 떨어진 곳에 설치한다.
  ㉥ 소음계 사용 시 주의사항
  - 청감보정회로를 사용한다.

- 반사음 영향을 고려한다.
- 암소음(Back Groud Sound)을 고려한 보정치를 고려한다.
- 측정소음레벨이 유효측정범위인지 확인한다(과변조, 저변조 주의).
- 측정감도 조정 : 시간가중치 Fast는 소음 변화에 빠르게 반응하고, Slow는 느리게 반응한다.
- 절대압 의존성 : 고도에 따라 기압이 다르므로 dB을 보정한다.

③ 에일리어싱 효과

㉠ 주파수 신호를 샘플링하여 다시 구현할 때 발생한다.

㉡ 주파수 신호와 샘플링 속도의 차이 때문에 발생한다. 측정기의 최고 주파수보다 높은 주파수 성분을 가진 신호를 입력한 경우에 발생한다. 위(僞)신호 현상이라고도 한다. 예를 들어 헬기의 프로펠러 또는 운행하는 자동차 바퀴의 회전을 영상으로 볼 때 천천히 돌거나 뒤로 회전하는 것처럼 보이는 현상이다.

㉢ 샘플링 속도가 주파수 속도보다 2배 이상 빨라야 제거된다.

㉣ 에일리어싱을 막는 것을 안티 에일리어싱(Anti-aliasing)이라 하며, 여러 방법 중 소음측정대책으로는 높은 주파수를 걸러내는 저역통과필터를 사용한다.

10년간 자주 출제된 문제

15-1. 다음 중 등청감 곡선을 바르게 표현한 것은?
① 음파의 시간적 변화를 표시한 곡선
② 음의 물리적 강약을 음압에 따라 표시한 곡선
③ 사람의 귀와 같은 크기의 음압을 주파수 별로 구하여 작성한 곡선
④ 정상 청력을 가진 사람이 1,000Hz에서 들을 수 있는 최소 음압을 작성한 곡선

15-2. 청감 보정 회로 A, B, C, D 특성 설명 중 틀린 것은?
① A 보정 회로 : 40폰의 등청감 곡선을 이용(55dB 이하)
② B 보정 회로 : 90폰의 등청감 곡선을 이용(75dB 이상 95dB 이하)
③ C 보정 회로 : 85폰의 등청감 곡선을 이용(85dB 이상의 경우 사용)
④ D 보정 회로 : 항공기 소음 측정용으로 PNL 측정에 사용

15-3. 정밀, 보통, 간이 소음계 주파수 범위에 해당되지 않는 것은?
① 20~12,500Hz
② 31.5~8,000Hz
③ 70~6,000Hz
④ 10~40,000Hz

15-4. 삼각대에 마이크로폰을 부착하고 소음계 본체와 분리해서 사용할 경우, 소음계 본체와 마이크로폰의 이격 거리로 가장 적당한 것은?
① 0.5m 이상
② 1.0m 이상
③ 1.5m 이상
④ 2.0m 이상

15-5. 진동 주파수 분석 시 안티 에일리어싱(Anti-aliasing)에 사용되는 적합한 필터는?
① 시간원도
② 사이드로브
③ 하이패스필터
④ 저역통과필터

| 해설 |

15-1
등청감 곡선(Equal Loudness Contours)
- 정의 1. 장애가 없는 정상인이 같은 소리의 세기로 느끼는 점을 연결한 곡선
- 정의 2. 사람이 주파수별로 느끼는 같은 순음의 음압 레벨을 연결하여 작성한 곡선
- 정의 3. 사람의 귀와 같은 크기의 음압을 주파수별로 구하여 작성한 곡선

15-2
70폰의 등청감 곡선을 이용하며 이 보정회로는 거의 사용하지 않는다.

15-3
일본공업규격에 따른 소음계의 주파수 범위
- 보통 소음계의 검정 공차는 2dB
- 보통 소음계에서의 주파수 범위 : 31.5~8,000Hz
- 간이 소음계에서의 주파수 범위 : 70~6,000Hz
- 정밀 소음계에서의 주파수 범위 : 20~12,500Hz

15-4
삼각대에 마이크로폰을 부착하고 소음계 본체와 분리해서 사용할 경우, 소음계 본체와 마이크로폰의 이격 거리는 1.5m 이상으로 한다.

15-5
에일리어싱을 막는 것을 안티 에일리어싱(Anti-aliasing)이라고 하며, 여러 방법 중 소음측정대책으로는 높은 주파수를 걸러내는 저역통과필터를 사용하는 방법이 있다.

정답 15-1 ③ 15-2 ② 15-3 ④ 15-4 ③ 15-5 ④

핵심이론 16 | 압력 계측

① **계측** : 물리적인 변수의 실제 상태에 대한 정량적인 정보 제공

② **압력**
  ㉠ 일정한 면적에 작용하는 힘, 일정한 면적을 누르는 힘
  ㉡ 압력의 SI단위 : $Pa(N/m^2)$, bar(1bar = 0.1MPa = 101.3kPa = 14.7psi = 760torr)

③ **절대 압력 = 계기 압력(게이지 압력) + 대기압**
  ㉠ 진공 : 물질의 압력이 존재하지 않는 상태, 물리적으로는 1/1,000mmHg 이하를 의미
  ㉡ 절대 압력 : 완전한 진공을 0으로 하여 계측한 압력
  ㉢ 계기(게이지) 압력 : 압력을 측정하는 기구, 기계가 나타내는 압력
  ㉣ 대기압 : 측정하는 위치(지표면)에 작용하고 있는 압력, 완전한 우주공간에서부터 대기가 적층되어 지표면에서 누르는 힘
  ㉤ 차압 : 둘 이상의 유체 간 압력차를 의미

④ **압력센서의 종류/분류**
  ㉠ 측정하는 압력에 따라 : 절대 압력센서, 상대 압력센서, 차등 압력센서
  ㉡ 변환요소 및 재료에 따라
  - 기계식(탄성식) 압력센서
    - 부르동관 : 아래 그림처럼 압력을 변위로 1차 변환하여 측정하는 압력계

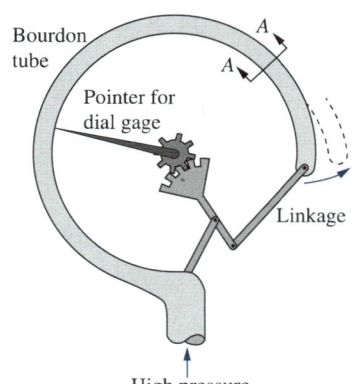

- 벨로스 : 아래 그림처럼 구불구불한 주름이 있는 금속원통의 내, 외부의 압력차를 이용한 계측

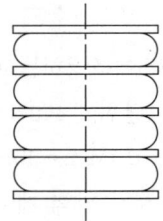

- 다이어프램 : 아래 그림의 검정막처럼 금속 또는 비금속 막이 압력의 변화에 따라 변형되는 크기를 이용한 계측. 판스프링형

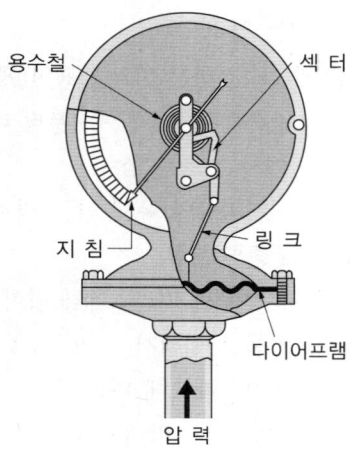

- 전기식 압력센서
  - 정전용량형 압력센서 : 2개 전극 간의 정전 용량 변화로부터 그 사이의 변위를 측정하는 방법
    가. 정의에 따라 $C = \dfrac{Q}{V}$(Q : 전하량, V : 전압, C : 정전용량)으로 표현하며, 단위는 패럿[F]이다.
  - 역평형식 압력센서 : 측정 압력에 비례하여 발생하는 힘과 외부에서 전자적으로 만들어지는 힘을 평형하게 하여 측정 압력을 전류와 전압 등으로 읽는 센서
  - 전위차계식 압력센서 : 압력에 의하여 발생하는 부르동관이나 벨로스의 변위를 와이퍼 암을 이용해 저항 변화로 변환
  - 압전식 압력센서 : 압전효과를 이용한 센서
    가. 압전효과(피에조효과) : 압전 결정에 힘을 가하여 변형을 주면 변형에 비례하여 양단에 +, - 전하가 발생
- 반도체식(실리콘) 압력센서 : 현대로 발전해 오며 기계식보다 신뢰도가 높은 실리콘 압력센서로 변환 중
  - 압저항식 압력센서(반도체 확산 저항형 압력센서) : IC 제작 기술과 동일한 공정으로 만들어지고, 신호처리에 필요한 증폭회로, 온도보상 회로, 직선성 보정회로 등이 집적가능
    가. 압저항효과 : 반도체에 압력이 인가되면 저항이 변하는 현상
    나. 다이어프램이 변형되며 압저항이 변환되어, 전기신호를 발생
  - 정전 용량식 반도체 압력센서
    가. 서로 마주보고 있는 유리의 고정극과 실리콘 가동극의 간격을 외부로부터의 응력에 의하여 변화시키면 가동극이 변형되어 정전 용량이 변함
    나. 정전용량의 변화를 전기 신호로 변환시키면 응력이 검출
- 차압식 압력측정
  - **피에조미터** : 다음 그림과 같이 유체역학적 원리를 이용하여 관 내 압력 측정

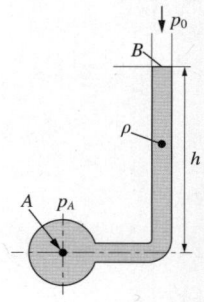

- 마노미터 : 다음 그림과 같이 액주계에 다른 액체를 이용하여 큰 압력도 표현 가능

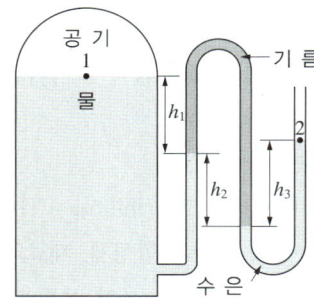

⑤ 스트레인 게이지(Strain Gage)
  ㉠ 금속체를 잡아당기면 가늘게 늘어나면서 전기 저항이 증가하고 압축하면 두꺼워지면서 전기 저항이 감소하는 원리를 이용
  ㉡ 기계나 구조물 표면에 스트레인 게이지를 부착하여 미세한 치수변화를 측정하여 작용하는 응력(압력)을 계측
  ㉢ 사용하는 저항선 : 120Ω, 350Ω, 600Ω

⑥ 로드셀(Load Cell)
  ㉠ 스트레인 게이지를 장착한 하중 변환을 계측하는 장치
  ㉡ 구조물이나 특정 기구에 작용하는 하중이나 힘의 크기를 계측할 수 있는 센서
  ㉢ 압축력, 인장력 등의 압력에 대해 측정 가능

10년간 자주 출제된 문제

16-1. 다음 중 탄성식 압력계에 속하지 않는 것은?
① 벨로스식
② 압전기식
③ 부르동관식
④ 다이어램프식

16-2. 압력을 측정하기 위한 센서가 아닌 것은?
① 스트레인 게이지형 센서
② 정전용량형 센서
③ 압전형 세라믹 센서
④ 초음파형 센서

16-3. 다음 중 압력센서가 아닌 것은?
① 부르동관
② 벨로스
③ 도플러 레이더
④ 반도체 압력 센서

16-4. 하중과 토크 및 온도 변화 등을 직선 또는 회전 변위로 변환하는 데는 탄성변형, 열변형 등의 원리를 응용한 변환기가 사용된다. 다음 중 탄성변형을 이용하는 변환기가 아닌 것은?
① 벨로스
② 스프링
③ 부르동관
④ 벤투리관

16-5. 석영과 같은 일부 크리스털은 압력을 받으면 전위를 발생시키는데 이를 무슨 효과라 하는가?
① 열전효과(Thermoelectric Effect)
② 광전효과(Photoelectric Effect)
③ 광기전력 효과(Photovoltaic Effect)
④ 압전효과(Piezoelectric Effect)

16-6. 유체의 동력학적 성질을 이용하여 유량 또는 유속을 압력으로 변환하는 차압검출기구가 아닌 것은?
① 노 즐
② 부르동관
③ 오리피스
④ 벤투리관

|해설|

16-1
기계식(탄성식) 압력센서
• 부르동관 : 압력을 변위로 1차 변환하여 측정하는 압력계
• 벨로스 : 구불구불한 주름이 있는 금속원통의 내, 외부의 압력차를 이용한 계측
• 다이어프램 : 금속 또는 비금속 막이 압력의 변화에 따라 변형되는 크기를 이용한 계측

16-2
초음파형 센서는 수위 등을 측정하는 센서이다.

16-3
도플러 레이더 : 도플러 효과를 이용하여 움직임이나 위치를 계측하는 장치

|해설|

16-4
- 기계식(탄성식) 압력센서 : 부르동관, 벨로스형, 다이어프램(판스프링형)
- 벤투리관 : 그림과 같이 관로를 좁게 하여 베르누이정리를 이용한 유량계측을 하는 장치

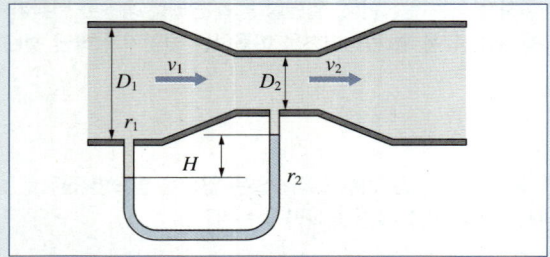

16-5
- 열전효과 : 어떤 물질에 열을 가하면 전자가 튀어나가는 효과
- 광기전력효과 : 금속 표면에 빛 입자가 입사되면 기전력이 발생하는 효과
- 광전효과 : 금속 표면에 빛 입자가 입사되면 (-) 전자가 튀어나가는 효과
- 압전효과 : 어떤 물질에 힘이 가해지면 그 힘과 비례하는 전압이 생기는 현상

16-6
- 노즐 : 유체의 방출을 위해 좁게 만든 출구
- 오리피스 : 다음 그림처럼 노즐과 같은 막과 구멍을 관 내부에 설치하여 유량을 측정하는 장치

- 벤투리관 : 다음 그림과 같이 관로를 좁게 하여 베르누이 정리를 이용한 유량 계측을 하는 장치

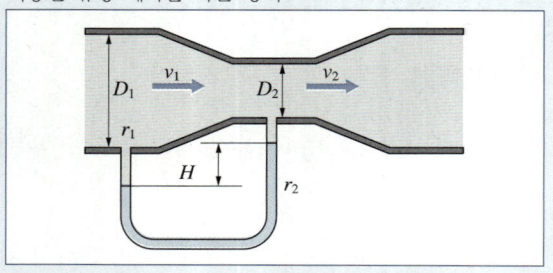

정답 16-1 ② 16-2 ④ 16-3 ③ 16-4 ④ 16-5 ④ 16-6 ②

핵심이론 17 | 온도의 계측

① 온도 : 물체의 차고 더운 정도를 나타내는 물리량. 물질의 원자, 또는 분자가 갖고 있는 운동에너지나 진동에너지가 열로 변환되어 나타나는 것

② 온도계측기의 종류

㉠ 접촉식 계측기
- 서미스터 : Thermistor = Thermal + Resister, 즉 열과 저항의 합성체. 재료의 온도 변화에 따른 저항변화를 이용하여 온도를 측정하는 계측기
  - 정특성(PTC) : 온도가 상승하면 저항값이 증가하는 특성
  - 부(否)특성(NTC) : 반도체에 작용하는 저항이 온도가 상승함에 따라 감소하는 특성
  - 특성 저항(CTR) : 특정온도에서 저항이 급변하는 특성
- 열전쌍, 열전대(Themocouple)
  - 서로 다른 두 종류 금속의 기전력을 이용한 온도센서. 구조가 간단하고 저렴하며 내구성이 있고 비교적 정확히 온도 측정 가능. 기본적으로 열에너지를 전기에너지로 변환
  - 또한 183℃ 이하에서부터 2,500℃ 근처까지의 넓은 온도 범위를 0.1~1% 정도의 정확도로 측정
  - 열전대 안에 작용하고 있는 열전효과
    가. 제베크효과(Seebeck Effect) : 양 접점에 온도차가 생기면 접촉 전위차 불평형이 발생하여 열전류가 흐르는 현상
    나. 펠티에효과(Peltier Effect) : 두 개의 전도체에 전류가 흐를 때 열의 흐름이 생김. 제베크효과의 반대 현상
    다. 톰슨효과 : 온도 기울기가 있는 도선 상에 전류에 의한 열의 수송에 관한 효과

- 열전회로
    가. **균질회로 법칙** : 균질한 금속재질의 도체로 구성된 회로는 열전류는 발생하지 않음. 열기전력 0
    나. **중간금속 법칙** : 서로 다른 금속들로 이루어진 열전회로에서 열기전력의 대수적 합은 그 회로의 모든 부분이 동일한 온도에 있을 때 항상 0
    다. **중간온도의 법칙** : 두 개의 서로 다른 균질한 금속으로 된 폐회로 중간에 있는 접점에서는 열기전력은 중간접점과 각 양쪽 기점의 기전력의 합이고 접점의 온도는 중간이 됨
- 열전대 조건
    가. 열기전력이 높고 내열성 내식성이 좋으며 기계적으로 강할 것
    나. 열기전력과 열전대의 내구성이 좋을 것
    다. 같은 종류의 열전대 간 신뢰성(같은 결과)이 높을 것
    라. 전기저항 및 온도계수가 작을 것
- 열전대별 특징
    가. **B 열전대** : 순백금에 로듐을 첨가하면 조직이 안정적이며 융점이 높아져 내열성 및 기계적 강도가 우수
    나. **R 열전대** : 순백금 : 로듐 = 87 : 13, 현장용으로 사용, 내열도가 우수, 산화성 분위기에서 강하고 환원성에는 약함, 열기전력이 다른 열전대에 비해 작음, 0~1,600℃이나 대개 1,000℃ 이상에서 사용
    다. **S 열전대** : 다른 열전대에 비해 재현성이 우수하고 측정정밀도가 높음. 국제 실용 눈금 표준 열전대
    라. **K 열전대** : 니켈 합금으로 두 금속선을 구성(크로멜 + 알루멜), 산화, 가격이 저렴하고 정확도가 높음 금속증기에 대해 강하고 금속보호관으로 사용가능
    마. **J 열전대** : 환원성 분위기에 강하고, 수소, CO 등에도 안정. 산화성 분위기나 공기 중에서 고온이 될수록 철의 산화 발생, 수증기에 취약

[열전대의 허용차]

종류	계급	측적온도 범위	허용차
B	0.5	600~1,700℃	± 4℃ 또는 측정온도의 ± 0.5%
R	0.25	0~1,600℃	± 1.5℃ 또는 측정온도의 ± 0.25%
S	0.25	0~1,600℃	± 1.5℃ 또는 측정온도의 ± 0.25%
K	0.4	0~1,000℃	± 1.5℃ 또는 측정온도의 ± 0.4%
K	0.75	0~1,200℃	± 2.5℃ 또는 측정온도의 ± 0.75%
K	1.5	-200~0℃	± 2.5℃ 또는 측정온도의 ± 1.5%
E	0.4	0~800℃	± 1.5℃ 또는 측정온도의 ± 0.4%
E	0.75	0~800℃	± 2.5℃ 또는 측정온도의 ± 0.75%
E	1.5	-200~0℃	± 2.5℃ 또는 측정온도의 ± 1.5%
J	0.4	0~750℃	± 1.5℃ 또는 측정온도의 ± 0.4%
J	0.75	0~750℃	± 2.5℃ 또는 측정온도의 ± 0.75%
T	0.4	0~350℃	± 0.5℃ 또는 측정온도의 ± 0.4%
T	0.75	0~350℃	± 1℃ 또는 측정온도의 ± 0.75%
T	1.5	-200~0℃	± 1℃ 또는 측정온도의 ± 1.5%

    바. **T 열전대** : 공기 중 상용 한계 300℃ 정도. 구리와 콘스탄탄의 이종재를 결합하여 -200~300℃ 정도의 저온용으로 사용. 산화성 분위기에는 약하나 환원성 분위기에서 안정. 측정정밀도가 높은 제품 가능
- **바이메탈 온도계** : 열팽창계수가 다른 두 금속을 붙여 제작한 막대모양의 제품. 열이 가해지면 변형이 생겨 접촉이 되거나 접촉이 해체되는 상태를 이용
- **백금 온도 센서(측온 저항체 온도계)** : 백금선의 저항변화를 이용한 저항 온도계. 외부온도 1℃당 0.4Ω 정도의 저항변화. 측정을 위해 공칭저항값이 필요하며 이는 0℃의 공칭저항이 100Ω인 것에 대해 규정
    - 장점 : 안정도가 높고 정밀측정이 가능하며 감도가 우수. 기준접점과 보상회로가 필요 없으며 저항과 온도 변화가 직선적. 주변회로가 간단하며 사용 범위가 넓음

- 단점 : 저항소자의 구조가 복잡, 형상이 크고 응답속도가 느림. 자계의 영향을 받으며, 기계적 충격에 약하고 비쌈. 정전류원 필요

ⓒ 비접촉식 계측기
- 초전형 온도센서 : 물체로부터 방사되는 적외선이 초전체에 들어올 때 일으키는 초전체 표면전하의 변화로 적외선(열선)을 측정
- 서모파일 : 적외선을 받아서 제베크효과에 따른 제베크 전압을 발생시켜 계측
- 볼로미터 : 열 이미지 센서로 많이 사용. 적외선을 흡수해서 기판에 반사(방사), 온도센서 저항 값의 변화로 흡수된 적외선량 계산
- 양자형 온도센서 : 적외선에 반응하는 재료(반도체)를 주입하여 적외선을 감지, 온도 측정
- 서미스터를 이용

10년간 자주 출제된 문제

17-1. 2개의 다른 금속선으로 폐회로를 만들어 열기전력을 발생시키고, 폐회로에 전류가 흐르게 하는 원리를 이용한 온도계는?

① 열전쌍 ② 서미스터
③ 볼로미터 ④ 광파이버

17-2. 측정물체와 비접촉방식으로 온도를 측정하는 온도계는?

① 압력식 온도계 ② 열전 온도계
③ 저항온도계 ④ 방사온도계

17-3. 측온저항체에서 공칭저항값은 몇 ℃에서의 저항값을 말하는가?

① -10℃ ② 0℃
③ 10℃ ④ 10℃

17-4. 온도 측정에 사용되는 측온 저항체 중 백금의 특징이 아닌 것은?

① 산화가 쉽다.
② 사용범위가 넓다.
③ 자계의 영향이 크다.
④ 표준용으로 사용 가능하다.

17-5. 열전온도계(Thermoelectric Thermometer)에 관한 설명 중 틀린 것은?

① 다른 금속을 접합하여 양단의 온도차에 의해 발생되는 기전력을 이용한다.
② 온도차에 의해 발생되는 열기전력 현상을 톰슨효과(Thomson Effect)라 한다.
③ 백금로듐과 백금의 이종재를 결합하면 섭씨 1,000도 이상에서도 사용할 수 있다.
④ 열전온도계는 저항온도계와 달리 전원이 필요 없다.

17-6. 온도를 측정하는 열전대형 온도계에서 0~1,200℃ 범위까지 측정이 가능한 열전대 검출기 타입은?

① K ② S
③ T ④ PR

|해설|

17-1
열전쌍(Thermocouple) : 서로 다른 두 종류 금속의 기전력을 이용한 온도센서. 구조가 간단하고 저렴하며 내구성이 있고 비교적 정확히 온도 측정 가능. 기본적으로 열에너지를 전기에너지로 변환

17-2
온도계는 크게 접촉식과 비접촉식으로 나뉘고 방사되는 적외선을 이용하는 비접촉식은 양자형과 열전형으로 구분한다.

17-3
측정을 위해 공칭저항값이 필요하며 이는 0℃의 공칭저항이 100Ω인 것에 대해 규정하고 있다.

17-4
백금은 안정도가 높은 금속이다.

17-5
온도차에 의해 발생되는 열기전력 현상을 제베크효과(Seebeck Effect)라 한다.

17-6
- S : 0~1,600℃(0.25급)
- T : 0~350℃(0.4, 0.75급) 또는 -200~0℃(1.5급)
- PR : 0~1,600℃(0.25급)
※ PR은 R의 예전표현

정답 17-1 ① 17-2 ④ 17-3 ② 17-4 ① 17-5 ② 17-6 ①

| 핵심이론 18 | 유량계의 종류

① 측정원리에 따른 분류
  ㉠ 체적유량계

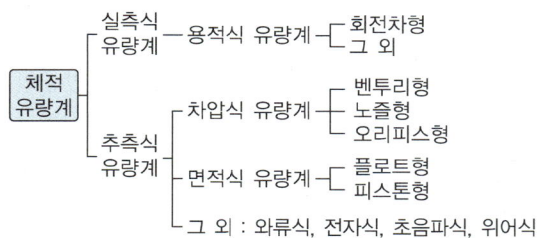

- 실측식 유량계
  - 용적식 유량계
    가. 회전차(프로펠러)형 : 프로펠러 회전을 펄스로 변환하여 유속으로 환산, 유량을 측정하는 유량계
    나. 그 외 : 로터리 피스톤형, 왕복 피스톤형, 오발 기어형, 루츠형, 헬리컬 기어형, 로터리 베인 형, 회전디스크형 등 제품별로 다양
      a. 유량계 내부에 유체를 흐르게 하고 유량계 내부에 공간을 알고 있는 실을 설치하여 이 공간에서 유체가 배출되거나 채워질 때 고안된 회전자, 측정자, 베인 등 도구에 의하여 유량을 측정
      b. 유체의 흐름에 따라 회전하는 회전자로 케이스 사이의 공극에 유체를 연속적으로 취입해서 송출이라는 동작을 반복하여 회전자의 운동 횟수로 유량을 측정하는 유량계

- 추측식 유량계
  - 차압식 유량계
    가. 벤투리형
      그림과 같이 관로를 좁게 하여 베르누이 정리를 이용한 유량계측을 하는 장치

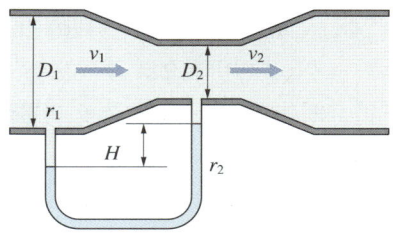

    나. 노즐형 : 흐름에 의해 생기는 압력차에서 유량을 구하는 장치
    다. 오리피스형
      a. 흐름을 막은 판에 구멍을 만들어 유체를 유출시킬 때 압력차를 계산하여 유량측정(벤투리형과 원리 유사)
      b. 압력 취출 탭의 위치에 따른 종류 : 플랜지(Flange) 탭, 코너(Corner) 탭, 최대수축단면적(Vena Contracta) 탭, 반경(Radius) 탭, 파이프(Pipe) 탭, 엘보(Elbow) 탭
  - 면적식 유량계
    가. 열려진 면적의 차이에 의해 발생한 압력의 차이가 일정하게 유지되도록 개구부의 면적을 변화시켜 유량을 구한다.
    나. 구조가 단순하고 간편하며 눈으로 유량 확인이 가능하다. 면적 변화방식에 따라 플로트형과 피스톤형으로 구분한다.
    다. 면적식 유량계의 특징
      a. 기체, 액체의 유량 측정이 가능하다.
      b. 소유량, 고점성 유체 및 부식성 유체에도 적합하다.
      c. 맥동류에서 오차 발생이 크다.
      d. 스케일 눈금이 직선적이어서 눈으로 유량 확인이 가능하다.
      e. 측정 가능 범위가 10 : 1로 넓은 편이다.
      f. 레이놀즈수가 상당히 작은 범위까지 일정한 유량계수값을 획득할 수 있다.

g. 설치 시 많은 직관부가 필요하지 않고, 일반적으로 수직으로 설치한다.
※ 로터미터 : 플로트형 면적식 유량계. 구조가 간단하고 선형적 스케일, 넓은 측정 범위, 낮은 전압강하
- 그 외
    가. 와류식
        a. 카르만(Karman) 소용돌이를 일으켜 소용돌이 발생체에 작용하는 힘의 변화를 주파수 변화로 감지
        b. 측정 대상에 제한없이 기체 및 액체를 측정할 수 있으며, 유체의 조성, 밀도, 온도, 압력 등의 영향을 받지 않고 유량에 비례한 주파수로 체적 유량을 측정할 수 있는 유량계
    나. 전자식
        a. 패러데이 전자유도법칙을 이용, 자계 속을 가로질러 흐르는 전도성의 유체에 섞여있는 전압을 검출하여 유량 측정
        b. 도전성의 물체가 자계 속을 움직여 발생하는 기전력을 이용하여 도전성 유체의 유량을 측정하는 유량계
    다. 초음파식
        20세기 초부터 사용되던 방법으로 초음파를 보내면 돌아오는 속도에 유속이 반영되어 있는 것을 이용하는 방법. 위상차, 주파수, 도플러효과 등을 이용
    라. 터빈식
        유체의 흐름 속에 날개가 있는 회전자를 설치하여 그 회전수를 검출해서 유량을 구하는 식
    마. 위어(Weir)식
        수로를 둑(Weir)으로 막았을 때 넘치는 유량(초과류)은 상류 수위와 일정관계가 성립하므로 이를 이용하여 유량을 측정

ⓒ 질량 유량계
- 코리올리스 질량 유량계(Coriolis Mass Flowmeter)
    - 진동튜브를 통과할 때 최고 진폭 진동 지점을 향해 가속되고 진동튜브를 빠져나갈 때는 최대 진폭 지점에서 멀어지면서 감속되는 까닭에 흐르는 상태에서 유관이 뒤틀리는 반응이 발생
    - 이 진동에 의해 각 픽오프에서 생성된 전압에 의한 사인파를 분석(Δt, f)하여 질량 밀도 유량 속도를 측정
- 열 질량 유량계(Thermal Mass Flowmeter)
    - 유체의 흐름이 가열된 온도 센서를 통과할 때 정해진 열량에서 얼마나 손실 되었는지를 측정(유량이 많을수록 열손실 큼)

② 측정 에너지원에 따른 분류
ⓐ 유체 자체의 에너지 이용 : 용적식 유량계, 터빈 유량계, 차압 유량계 등. 대부분 접촉이 필요
ⓑ 별도 에너지 이용 : 전자 유량계, 초음파 유량계, 열유량계 등. 비접촉 측정 가능

③ 측정부의 접촉 여부에 따른 분류
ⓐ 접촉형 중 구동부가 있는 형 : 용적식 유량계, 터빈 유량계, 면적 유량계 등
ⓑ 접촉형 중 구동부가 없는 형 : 차압 유량계, 와류 유량계, 전자식 유량계, 접촉형 초음파유량계, 벤투리형
ⓒ 비접촉형 : 비접촉형 초음파 유량계, 열 유량계 등

10년간 자주 출제된 문제

18-1. 다음 중 관로에서의 유량 측정 방법이 아닌 것은?
① 노즐(Nozzle)
② 오리피스(Orifice)
③ 피에조미터(Piezometer)
④ 벤투리미터(Venturi Meter)

18-2. 유체의 흐름 속에 날개가 있는 회전자를 설치하여 그 회전수를 검출해서 유량을 구하는 식은?
① 터빈식 유량계   ② 와류식 유량계
③ 용적식 유량계   ④ 면적식 유량계

18-3. 도전성의 물체가 자계 속을 움직여 발생하는 기전력을 이용하여 도전성 유체의 유량을 측정하는 유량계는?
① 전자 유량계
② 와류식 유량계
③ 초음파식 유량계
④ 정전 용량식 유량계

18-4. 차압식 유량계에 이용하는 차압 기구에 속하지 않는 것은?
① 노 즐   ② 오리피스
③ 벤투리관   ④ 로터미터

18-5. 다음 중 차압기구인 오리피스에서 차압을 뽑아내는 방식이 아닌 것은?
① 코너 탭(Corner Tap)
② 플랜지 탭(Flange Tap)
③ 축류 탭(Vena Tap)
④ 벤투리 탭(Venturi Tap)

18-6. 면적식 유량계의 특징으로 틀린 것은?
① 압력손실이 작다.
② 기체유량을 측정할 수 없다.
③ 부식성 유체의 측정이 가능하다.
④ 액체 중에 기포가 들어가면 오차가 생기므로 기포 빼기가 필요하다.

| 해설 |

18-1
피에조미터는 정수압을 측정하는 측정구로서 유체역학 원리를 이용하여 관 내 압력 측정 관로에서 유량을 측정하는 차압식 유량계는 벤투리미터, 노즐형 유량계, 오리피스형 유량계 등이 있다.

18-2
- 와류식 : 측정 대상에 제한 없이 기체 및 액체를 측정할 수 있으며, 유체의 조성, 밀도, 온도, 압력 등의 영향을 받지 않고 유량에 비례한 주파수로 체적 유량을 측정할 수 있는 유량계
- 용적식
  - 유량계 내부에 유체를 흐르게 하고 유량계 내부에 공간을 알고 있는 실을 설치하여 이 공간에서 유체가 배출되거나 채워질 때 고안된 회전자, 측정자, 베인 등 도구에 의하여 유량을 측정
  - 유체의 흐름에 따라 회전하는 회전자로 케이스 사이의 공극에 유체를 연속적으로 취입해서 송출이라는 동작을 반복하여 회전자의 운동 횟수로 유량을 측정하는 유량계
- 면적식 : 열려진 면적의 차이에 의해 발생한 압력의 차이가 일정하게 유지되도록 개구부의 면적을 변화시켜 유량을 구함. 구조 단순하고 간편하며 눈으로 유량 확인 가능

18-3
- 패러데이 전자유도법칙을 이용, 자계 속을 가로질러 흐르는 전도성의 유체에 섞여있는 전압을 검출하여 유량 측정
- 도전성의 물체가 자계 속을 움직여 발생하는 기전력을 이용하여 도전성 유체의 유량을 측정하는 유량계

18-4
로터미터 : 플로트형 면적식 유량계. 구조가 간단하고 선형적 스케일, 넓은 측정 범위, 낮은 전압강하

18-5
오리피스
- 흐름을 막은 판에 구멍을 만들어 유체를 유출시킬 때 압력차를 계산하여 유량측정(벤투리형과 원리 유사)
- 압력 취출 탭의 위치에 따른 종류 : 플랜지(Flange) 탭, 코너(Corner) 탭, 최대수축단면적(Vena Contracta) 탭, 반경(Radius) 탭, 파이프(Pipe) 탭, 엘보(Elbow) 탭

18-6
면적식 유량계
- 유량계에 의한 압력손실이 적지는 않지만 차압식 유량계 등에 비해 압력손실이 작은 편이다.
- 기체, 액체의 유량 측정이 가능하다.
- 소유량, 고점성 유체 및 부식성 유체에도 적합하다.
- 기포가 생기면 해당 부분의 유압은 떨어지게 나타나므로 제거가 필요하다.

정답 18-1 ③ 18-2 ① 18-3 ① 18-4 ④ 18-5 ④ 18-6 ②

핵심이론 19 | 전기 특성

① 전기 : 물질의 구성 성분인 원자에 존재하는 전하가 이동하며 일으키는 물리 현상의 총칭
  ㉠ 전류 : 전기의 흐름
  ㉡ 전압 : 전기의 압력
  ㉢ 저항 : 전기의 흐름을 방해하는 힘
  ㉣ 기전력 : 전기의 힘을 만들어내는 전원의 작용. 물의 흐름의 힘과 비유하여 물의 낙차에 비유함
② 임피던스(Impedance) : 전류에서 저항, 인덕터, 커패시터 등에 의해 전류의 흐름을 방해하는 물리력
  ㉠ "임피던스 = 저항 + 인덕터의 임피던스 + 커패시터의 임피던스"와 같다.
  $$Z = R + j\omega L + \frac{1}{j\omega C}$$
  [Z : 임피던스, R : 리시스턴스, L : 인덕턴스 C : 커패시턴스, j : 복소수(위상 정보), ω : 각속도($2\pi f$)]
  ㉡ 위의 식은 $Z = R + j\left(\omega L - \frac{1}{\omega C}\right)$과 같이 변환 가능하며 이를 X라는 변수를 써서 $Z = R + jX$라고 나타낼 때, R을 리시스턴스, X를 리액턴스라 한다.
③ 인덕터(Inductor, 유도기)

흐르는 도선을 그림과 같이 감아놓으면 전류의 급격한 변화를 저해하는 성질(전류관성)을 가지게 된다.
  [인덕터에 흐르는 전압과 전류 관계 : $v(t) = L\frac{di(t)}{dt}$]
④ 인덕턴스(Inductance) : 전류의 변화에 따라 발생하는 기전력(EMF)를 측정하는 단위, 또는 전류의 변화에 따라 변화에의 저항
  ※ 1H는 1A/s로 변할 때 전류 반대 방향으로 1V를 발생시킴. "L"이라는 기호로 사용

⑤ 커패시터(Capacitor)

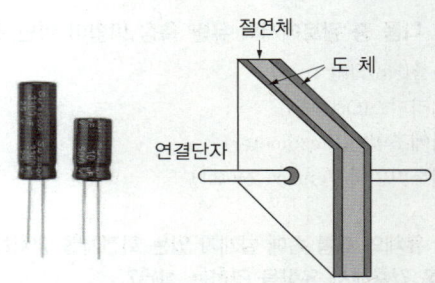

연결단자에 연결된 한쪽 도체벽면에 한 극성-예를 들어 (+)가 모이면 절연체 반대쪽으로 (+)는 흐르지 못하고 극성을 띠게 되고 절연체 맞은 쪽 다른 도체벽면에는 다른 극성-예에 따르면 (-)가 모여 있다. 그러던 중 한쪽 도체벽면의 (+)가 (-)로 바뀌면, 다른 도체벽면의 (-)전자들은 흘러가 버리고 (+) 홀만 남게 되는 형태로 극성이 변할 때에 전류가 흐르게 하는 원리이다. 즉, 전류의 변화가 발생될 때에만 기전력을 발생한다.
⑥ 커패시턴스(Capacitance, 정전용량)
교류의 경우는 계속해서 전류가 변화하기 때문에 커패시터에 전류가 흐르게 된다. 즉 얼마나 한쪽 도체벽면의 극성이 잘 전달되느냐가 커패시턴스로 나타나게 된다. "C"라는 기호를 사용하며 정전용량으로 사용될 때 "F"(패럿)이라는 단위를 사용한다.

> **Tip**
> 인덕턴스, 커패시턴스는 개념은 간단하지만, 활자화된 설명으로는 전달이 쉽지 않은데, 실제 적용례를 통하여 그 변화를 체득할 필요가 있기 때문이다. 그러나 시험을 준비하는 수험생으로서는 문구에 의하여 내용을 파악해 둘 수밖에 없다. 코일 등은 인덕터의 일종이고, 콘덴서 등은 커패시터의 일종이라고 봐야 한다. **인덕턴스는 전류의 변화에 저항, 커패시턴스는 전류의 변화에 따라 작동만으로 익힌다.**

⑦ 전 력
  ㉠ 전력이란 전기가 낼 수 있는 힘을 시간당 나타낸 것으로, 전기가 할 수 있는 일의 양을 의미한다.
  ㉡ 전력은 전류와 전기저항 사이의 관계에 의해 정의된다. 단순한 전기회로에서 전기저항 R은 전류를 소비하면서 열을 발생시킨다.

ⓒ 전력은 전압과 전류의 곱과 같으며
$P = V \cdot I$ (P : 전력, V : 전압, I : 전류)로 표현
단위는 와트[W]를 사용한다.

ⓓ 전력과 전력을 사용한 시간을 곱하면 전력량을 알 수 있다.
$W = P \times t$ (W : 전력량[일], P : 전력, t : 시간, 단위 : 와트시[Wh])

10년간 자주 출제된 문제

19-1. 저항, 용량 또는 인덕턴스 등에 임피던스 소자를 이용하여 입력 신호를 전압, 전류로 변조 변환하는 방법이 아닌 것은?

① 저항 변환 ② 전류 변환
③ 인덕턴스 변환 ④ 정전 용량 변환

19-2. 다음 중 전력(P)을 계산하는 식으로 틀린 것은?

① $P = VI$[W] ② $P = I^2R$[W]
③ $P = VR$[W] ④ $P = V^2/R$[W]

|해설|

19-1
임피던스(Impedance)는 전류에서 저항, 인덕터, 커패시터 등에 의해 전류의 흐름을 방해하는 물리력을 의미한다.
"임피던스 = 저항 + 인덕터의 임피던스 + 커패시터의 임피던스"
와 같다. 식으로 나타내면 $Z = R + j\omega L + \dfrac{1}{j\omega C}$

- Z : 임피던스
- j : 복소수(위상정보)
- L : 인덕턴스
- R : 리시스턴스
- ω : 각속도($2\pi f$)
- C : 커패시턴스

19-2
$P = VI$이며 옴의 법칙을 이용하여 정리하면 $P = I^2R$ 또는 $P = V^2/R$이다.

정답 19-1 ② 19-2 ③

핵심이론 20 | 전기 계측

① 저항측정

저항을 측정하는 방법은 옴의 법칙을 이용하는 방법과 회로를 구성하여 직접 계측기를 다는 방법이 있다.

㉠ 옴의 법칙
- 흐르는 전기의 양(전류)는 전기의 압력(전압)에 비례하고 저항(저항)에 반비례한다는 법칙

$I = \dfrac{V}{R}$ (I : 전류, V : 전압, R : 저항)

- 표면적으로 이 세 요소의 관계는 산술적 적용이 가능하며 일반적으로 다음 그림과 같이 학습한다.

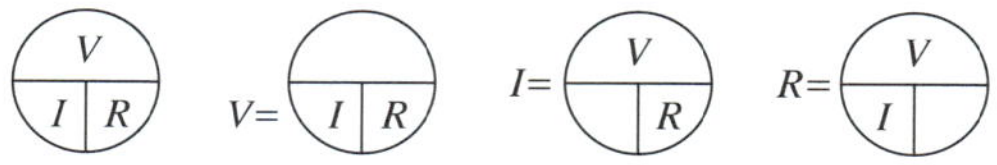

$V = IR$ $I = V/R$ $R = V/I$

- 일반 도선을 흐를 때도 저항이 생기며, 이 경우는 물의 흐름과 마찬가지로 도선의 단면적이 크면 저항이 줄어들고, 도선이 길어지면(이동할 경로가 멀어지면) 저항이 늘어남

$R \propto \dfrac{l}{A}$

(R : 저항, A : 도선의 단면적, l : 도선의 길이)

㉡ 키르히호프의 법칙

옴의 법칙은 이미 키르히호프의 법칙을 적용한 상태로 계산한 것이다. 옴의 법칙이 산술적 결과인 것 같지만, 키르히호프 법칙을 바탕으로 산술적으로 사용할 수 있다.

- 키르히호프의 제1법칙(전류법칙 : K.C.L)
임의의 한 점을 중심으로 들어가는 전류의 합은 나오는 전류의 합과 같다. 곧, 전류의 수합은 0이다.

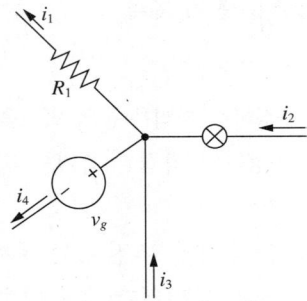

- 키르히호프의 제2법칙(전압법칙 : K.V.L) : 회로망에서 임의의 폐회로를 구성했을 때 폐회로 내 기전력의 합은 내부 전압 강하의 합과 같다.

ⓒ 휘트스톤 브리지 회로

키르히호프 법칙을 이용하면 해석이 가능하다.

$E = 0$일 때, $A \times D = B \times C$의 관계를 이용하여 측정하는 방법으로 계측기를 이용하는 방법(편위법, Deflection Method)보다 정확하여 영위법(Zero Method)이라 한다.

② 기전력

㉠ 플레밍의 왼손 법칙

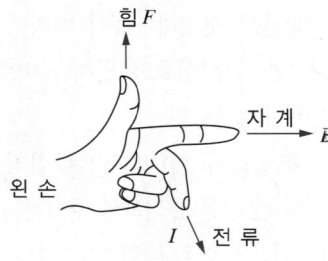

자기장(B) 속에 흐르는 전류(I)가 받는 힘의 방향을 설명해 주는 법칙

ⓒ 플레밍의 오른손 법칙

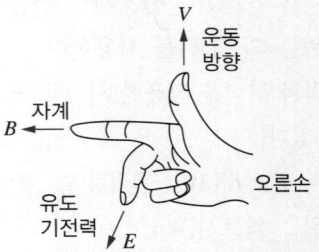

자계(B) 속에 움직이는 (V 또는 F) 회전체가 발생시키는 기전력(E)을 설명하는 법칙

③ 자장을 이용한 지시계

㉠ 가동철편형 계기
- 고정 코일에 생긴 자기장 속에 고정철편과 가동 철편의 연철편을 배치, 전자력을 발생시켜 지시
- 구조가 간단하고 견고하며, 가격이 싸다.
- 비교적 큰 전류까지 측정할 수 있으나 오차가 많다.
- 눈금을 균등하게 할 수 있다.
- 교류전용 계기로 사용

ⓒ 가동코일형 계기
- 자기장 내에 가동 코일을 배치, 코일에 흐른 전류와 자기장 사이에 발생한 전자력을 이용하여 측정
- 감도가 높고 구동토크가 커 높은 정확도
- 소비 전력이 적고 직류 전용
- 측정 범위가 낮음
- 극히 작은 전류에 의해서 최대 눈금 편위를 일으킬 수 있으므로, 전압계로 사용

ⓒ 유도형 계기
- 측정 전류 또는 전압을 여자 코일에 공급
  → 자기장 생성 → 전자 유도 작용
  → 맴돌이 전류의 전자력 이용
- 종류 : 회전 자기장형, 이동 자기장형
- 구조가 간단하고 구동 토크가 커, 조정이 쉽다.
- 넓은 범위의 측정이 가능하나 정밀측정에는 곤란하다.
- 교류 배전반용 기록 장치, 전력계, 적산 전력계 등 활용

② 정전형 계기 : 2장의 고정 전극과 그 사이에 알루미늄 가동 전극을 장치한 것
⑤ 열전형 계기 : 금속선의 팽창, 이종금속의 온도차에 의한 열기전력 이용
⑥ 정류형 계기 : 측정 교류를 정류하여 직류로 변환한 후 가동 코일형 계기로 지시

10년간 자주 출제된 문제

20-1. 다음 중 옴의 법칙으로 맞는 것은?
① 전류(I) = 전압(V) + 저항(R)
② 전압(V) = 전류(I) × 저항(R)
③ 저항(R) = 전압(V) × 전류(I)
④ 전류(I) = 전압(V) × 저항(R)

20-2. 다음 중 도체의 저항 값에 비례하는 것은 어느 것인가?
① 도체의 길이   ② 도체의 단면적
③ 도체의 색상   ④ 도체의 절연체

20-3. 미지 저항을 측정하기 위한 휘트스톤 브리지 회로에 사용되는 측정방법은?
① 편위법   ② 영위법
③ 치환법   ④ 보상법

20-4. 전자유량계에서 도전성 유체가 흐르는 측정관은 직각으로 지나는 자계를 주면, 각기 직교하는 방향으로 비례하는 기전력이 발생하는데, 이때 기전력의 발생 방향은 어느 법칙에 따르는가?
① 렌츠의 법칙   ② 패러데이의 법칙
③ 플레밍의 왼손 법칙 ④ 플레밍의 오른손 법칙

20-5. 자장을 만들기 위하여 고정 코일에 전류를 공급하여 자장 내에 연철편에 전자력이 발생하도록 한 계기는?
① 가동코일형 계기   ② 가동철편형 계기
③ 정전형 계기   ④ 정류형 계기

20-6. 단면적이 3cm²이고, 길이가 10m인 동선의 전기저항은?(단, 구리의 고유저항은 $1.72 \times 10^{-8} \Omega m$ 이다)
① $2.83 \times 10^{-3} \Omega$ ② $2.83 \times 10^{-4} \Omega$
③ $5.73 \times 10^{-3} \Omega$ ④ $5.73 \times 10^{-4} \Omega$

|해설|

20-1
표면적으로 이 세 요소의 관계는 산술적 적용이 가능하며 일반적으로 다음 그림과 같이 학습한다.

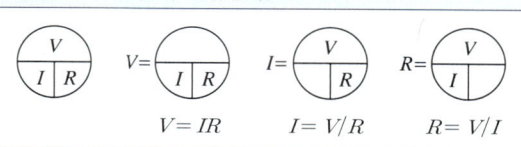

20-2
전기의 저항은 물의 흐름과 마찬가지로 도선의 단면적이 크면 저항이 줄어 들고, 도선이 길어지면(이동할 경로가 멀어지면) 저항이 늘어남
$R \propto \dfrac{l}{A}$ (여기서, R : 저항, A : 도선의 단면적, l : 도선의 길이)

20-3
휘트스톤 브릿지 회로
키르히호프 법칙을 이용하면 해석이 가능하다.

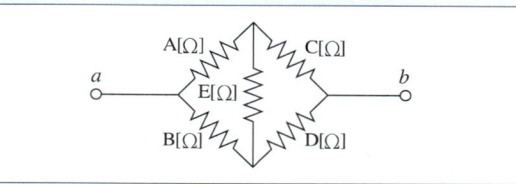

$E = 0$일 때, $A \times D = B \times C$의 관계를 이용하여 측정하는 방법으로 계측기를 이용하는 방법(편위법, Deflection Method)보다 정확하여 영위법(Zero Method)이라 한다.

20-4
• 플레밍의 오른손 법칙 : 자계(B) 속에 움직이는 (V 또는 F) 회전체가 발생시키는 기전력(E)을 설명하는 법칙
• 플레밍의 왼손법칙 : 자기장(B) 속에 흐르는 전류(I)가 받는 힘의 방향을 설명하는 법칙

20-5
• 가동코일형 계기 : 자기장 내에 가동 코일을 배치, 코일에 흐른 전류와 자기장 사이에 발생한 전자력을 이용하여 측정
• 정전형 계기 : 2장의 고정 전극과 그 사이에 알루미늄 가동 전극을 장치한 것
• 정류형 계기 : 측정 교류를 정류하여 직류로 변환한 후 가동 코일형 계기로 지시

20-6
$R = \alpha \dfrac{l}{A} = 1.72 \times 10^{-8} \Omega m \dfrac{10m}{3cm^2}$
$= 1.72 \times 10^{-8} \Omega m \dfrac{10m}{3 \times 10^{-4} m^2} = 5.73 \times 10^{-4} \Omega$

정답 20-1 ② 20-2 ① 20-3 ② 20-4 ④ 20-5 ② 20-6 ④

핵심이론 21 | 센 서

① 센서의 역할과 정의
  ㉠ 사람의 눈, 귀, 혀, 피부의 역할을 함
  ㉡ 스위치 역할을 함
  ㉢ 신호 또는 자극에 따라 반응하는 소자
  ㉣ 외부 신호 또는 자극을 받아 전기적인 신호로 반응하는 소자
  ㉤ 빛, 소리, 화학물질, 온도 등과 같은 감각과 관련된 신호를 수집하는 기관

② 센서의 특징
  ㉠ 전기적 특성이 좋을 것
  ㉡ 환경적 충격에 강할 것
  ㉢ 호환성이 좋을 것
  ㉣ 재현성, 내구성, 안정성이 우수할 것
  ㉤ 검출하고자 하는 물리량에 따라 출력이 가급적 직선적일 것

③ 센서의 신호 특성
  ㉠ 센서의 출력신호는 어느 정도 오차를 포함한다.
  ㉡ 정확도 : 정확한 값으로 측정하는 능력
  ㉢ 반복성 : 여러 번 실시하여 같은 값을 측정하는 능력
  ㉣ 선형성 : 센서 측정값과 함수 측정값(그래프)이 비슷한 선형을 이루는 정도
  ㉤ 범위 : 센서에 의해 측정할 수 있는 외부 입력 동적 범위를 총 입력범위로 함

④ 센서의 분류
  ㉠ 접촉식 센서 : 마이크로 스위치, 리밋 스위치, 터치 스위치 등
  ㉡ 비접촉식 센서 : 근접 스위치, 광전센서, 자기센서 등
  ㉢ 기타 센서 : 계측용 센서, 속도 센서, 온도 센서 외 각종 물리량 측정 센서

⑤ 센서의 종류
  ㉠ 구분방법
    • 센서의 종류를 여러 가지 방법으로 구분할 수 있음
    • 실제 사용목적에 따른, 측정 대상에 따른 분류로 구분
    • 측정 대상에 따라 온도, 압력, 자기, 빛, 습도, 중량 등으로 구분
  ㉡ 압력센서(핵심이론 16 참조)
  ㉢ 온도센서(핵심이론 17 참조)
  ㉣ 자기센서
    • 자장 중에서 전기적 성질이 변하는 성질을 이용
    • 홀센서 : 홀(Hall)효과를 이용하여 자계의 방향이나 강도를 측정하는 센서
  ㉤ 광센서
    • 빛의 양, 반사되는 빛의 각, 양, 움직임 등을 감지
    • 수광(受光)한 에너지를 전기신호로 변환하는 센서
    • 광전효과 : 금속 표면에 빛 입자가 입사되면 (-)전자가 튀어나가는 효과
    • 광도전 효과 : 빛을 어떤 물질에 입사시켰을 때 물질의 도전율이 증가하는 현상
    • CdS 셀 : 조도센서로 사용, 허용 온도범위 -30~60℃, 조도에 따른 저항차를 이용
    • 포토 인터럽터
      - 발광부와 수광부가 서로 마주 보는 구조
      - 중간 차단 등으로 인해 발광부 빛이 수광부에 들어가지 않으면 감지
      - 자동문 작동 중지 센서 등에 사용
      - 소형 경량이며 고신뢰성, 고정밀도
    • 적외선 센서
      - 적외선 : 가시광선의 적색선 바깥 파장, 가시광선보다 파장이 길고 전파보다 짧음
      - 광기전력 효과를 이용한 포토 LED와 포토 트랜지스터를 통칭
        ※ 포토 트랜지스터 : 빛을 받아 전류를 발생시키는 트랜지스터
      - 광도전, 광기전력 효과 등을 이용
      - 감도가 높고, 응답성이 좋으며, 파장 의존성이 있다.

- **컬러센서** : 표면의 색상을 감지하는 센서로 성능에 따라 RGB, 256색 감지 등이 가능하다.
ⓗ 변위센서
- 변위를 측정하는 센서로 직선변위를 측정하는 센서와 회전변위를 측정하는 센서가 있다. 와전류식, 전자기식, 광학식, 정전용량식 등이 있다.
- **직선변위 측정센서** : 퍼텐쇼미터(핵심이론 07 ⑨), LVDT, 정전용량형 변위센서 등
- **회전변위 측정센서** : 퍼텐쇼미터, RVDT, 싱크로, 리졸버, 정전용량형 변위센서, 로터리 인코더, 홀센서 등
  - 퍼텐쇼미터(가변저항기)
    가. 기호 :
    나. 직선 및 회전 변위 감지
    다. '변위 → 전기저항 → 전압, 전류'로 변환
    라. 10V 300mm 리니어 퍼텐쇼미터의 경우, 6V를 가리키고 있으면 $V = IR$ 관계에서 전류가 일정할 때 60%의 저항을 사용하고 있으므로 180mm 위치임을 감지한다.
  - 로터리 인코더
    가. 회전 방향의 기계적 변위량을 디지털양에 변환하는 위치센서를 총칭
    나. 종류
      a. 인크리멘털 방식 : 회전각에 대응하여 발생하는 펄스를 적산하는 방식
      b. 절대형(Absolute Type)
        ▶ 원점에 대하여 1회전 또는 다회전 절대각도를 계측
        ▶ 리셋 없이 절대위치를 읽어 온다. 각도에 대응하는 코드를 읽어 온다.
    다. 동작원리 : 광전식, 자기방식, 정전용량의 변화를 이용하는 방식, 접점방식

- **와전류식 변위센서**
  - 변위센서 중 시중에서 많이 사용되는 센서
  - 코일에 교류 전류가 공급되면 코일 주변에 자기장에 생성, 이 자기장 내 전도성 물체가 위치하면 패러데이의 유도 법칙에 따라 대응하는 자기장을 생성하며 대상체 내 와전류가 유도되는 원리
  - 비접촉식 와전류 변위센서
    가. 기계의 상대적 흔들림(진동)의 측정에 적합
    나. 축 중심선의 평균적인 위치와 축 방향의 위치(변위) 파악이 가능하므로 축의 회전 상태와 회전수 파악에 적합
    다. 고정밀 측정에 적합하고, 특히 압력이나 먼지, 오일, 고온이 문제가 되는 환경에 적합
- **전자유도식 변위센서**
  - LVDT(Linear Variable Differential Transformer)
    가. 코일의 상호 유도 작용을 이용하여 직선 변위를 그것에 비례하는 전기신호로 변환
    나. 수 μm ~ 수백 mm 범위를 계측
  - 싱크로(Synchro)
    가. 아날로그형 회전각도의 검출, 전송에 사용되는 센서
    나. 코일 사이의 전자유도현상을 이용
  - 리졸버(Resolver)
    가. 전자유도현상을 이용해 기계적인 각도 변위를 전기신호로 변환하는 아날로그 각도 검출센서
    나. $\frac{1}{3,500}$ 정도의 분해능
    다. 진동, 충격 등에 우수, 온도 범위가 넓음, 절대각 검출 가능, 소형
- **정전용량식 변위센서** : 정전용량형 센서는 변위, 위치, 두께 측정 등에 사용하며 비접촉식 측정 방식 중 가장 정밀한 방법 중 하나

- **광학식 변위센서** : 측정체에 반사되는 광량을 수감소자로 측정하여 거리를 측정

ⓐ 속도센서
- 전자기 직선속도센서
  - LVT(Linear Velocity Transducer)
  - 코일 내 기전력의 크기는 자석의 직선속도에 비례함을 응용
  - **가동코일형** : 감도는 보통 약 10mV/(mm/s), 대역폭 10~1,000Hz
  - **가동코어형** : 동작범위는 12.7~620mm, 감도는 100~25,000mV/(mm/s)
  - 외부 전원이 필요 없고, 사용 주파수가 높아 감도가 우수하나 거리의 제약이 있고, 영구자석을 사용해야 하므로 어느 정도의 부피와 크기가 필요
- 전기식 태코미터(회전 속도센서, 핵심이론 07 ⑨ 연계)
  - 회전축의 회전 속도를 측정
  - 속도에 비례하는 전압을 출력
  - 패러데이 법칙을 이용
  - 전압에 의해 회전 속도 감도
  - 직류 태코미터 : 일종의 직류 발전기, 감도(전압정격) ; 5V/1,000rpm~10V/1,000rpm 범위
  - 교류 태코미터 : 감도(전압정격) ; 3V/1,000rpm~10V/1,000rpm 범위
  - 광전식 태코미터 : 광원에서 나온 빛이 슬롯을 통과할 때 광센서가 펄스를 발생

ⓞ 가속도센서
- 힘은 질량×가속도인 원리를 이용하여 힘과 발생 전압을 이용하여 가속도를 측정
- 힘과 관련된 자동차 급브레이크, 노크음, 기계 이상 진동 검출 등에 적용
- 압력센서를 이용하여 힘을 측정하고 이를 이용하여 가속도를 측정 가능하므로 같은 원리를 이용하여 가속도센서에 적용

- **가속도센서의 장착**
  - 장착 시 표면을 매끈하고 깨끗이 다듬어야 한다.
  - 나사 등을 이용한 스터드를 이용한 장착 : 장기 장착에 적합하고 가장 확실한 장착법. 잘 고정되어 있으므로 진동 측정 범위가 넓음
  - 접착 장착 : 접착제(에폭시, 아교, 시멘트 등) 응고 후 충분히 딱딱해야 하며 부드러우면 고유진동수가 떨어짐
  - 왁스 장착 : 공기층이 없이 얇게 붙이며 40도 이상의 고온과 매우 높은 가속 환경에서는 사용 불가
  - 자석 장착 : 장착 시 표면이 매우 깨끗해야 하며 자력에 따라 측정 주파수가 달라짐. 곡면보다는 평면에 활용
  - 프로브 사용 : 사실상 수동 측정에 해당, 센서 부착 위치 결정 등에 활용

ⓩ 레벨센서
- 수위 측정의 용도로 스위치 역할을 하는 경우가 많다.
- 플로트 등을 이용한 접촉형, 초음파 등을 이용하는 비접촉형, 정전용량의 변화를 항시 측정하여 유량의 변화를 측정하는 정전용량형 레벨센서가 있다.
  - 초음파 레벨센서
    가. 주행시간 방식(상단에서 발사한 초음파의 왕복시간 측정)과 공진기 방식(탱크의 남은 공간에 발생하는 주파수로 측정)으로 구분
    나. 비접촉식이며 설치부가 작고 운전이 간단
    다. 가동부가 없고 점검 보수 용이

ⓧ 전류센서
- 변류(CT ; Current Transformer) 방식 전류센서
  - 측정 도체에 흐르는 전류를 1차측으로 하여 션트 저항에 흐르는 2차 전류를 이용한 측정
  - 교류에 적용, 저렴, 상용 주파수에서 주로 사용

- 자속 제거 동작으로 인해 직선성이 좋은 편
- 구조가 간단하고 자속을 이용하므로 피측정체와 회로상 분리가능
- 홀 소자 방식 전류 센서
  - 측정 전류 주위의 자계를 홀 효과를 이용하여 전압으로 변환하는 원리
  - 증폭이 필요하며 직류와 수 kHz 수준의 교류까지 측정 가능
  - 저렴하며 정밀도는 높지 않음
- 로고스키 코일 방식 전류 센서
  - 측정 전류 주위에 발생하는 교류 자계로 인하여 중공 코일로 유도된 전압을 이용하여 측정
  - 자기 코어가 없어 대전류 측정 가능하고 자기 손실(발열, 포화, 히스테리시스) 없음
  - 교류만 측정 가능, 고정밀도 측정에는 부적합, 소전류 측정에도 부적합
- 권선 검출형 전류 센서 : CT 방식의 저주파영역 특성을 개선한 것

10년간 자주 출제된 문제

21-1. 자계의 방향이나 강도를 측정할 수 있는 자기 센서는?

① 홀 센서(Hall Sensor)
② 서미스터(Thermistor)
③ 서모파일(Thermopile)
④ 포토 다이오드(Photo Diode)

21-2. 다음 중 변위센서 종류가 아닌 것은?

① 와전류식
② 압전방식
③ 전자광학식
④ 정전용량식

21-3. 다음 중 각도 검출용 센서가 아닌 것은?

① 리졸버
② 포지셔너
③ 퍼텐쇼미터
④ 로터리 인코너

21-4. 와전류형 비접촉 변위센서가 주로 사용되는 곳은?

① 구름 베어링의 이상 유무를 확인할 때 사용한다.
② 고속 기어의 맞물림 상태를 확인할 때 사용한다.
③ 터빈 축의 회전상태를 확인할 때 사용한다.
④ 구조물의 고유진동수를 측정하고자 할 때 사용한다.

21-5. 고속 회전기의 축 진동 측정, 회전수 측정, 위치 측정 등에 사용되는 진동센서는?

① 동전형 속도 센서
② 서보형 가속도 센서
③ 압전형 가속도 센서
④ 와전류형 변위 센서

21-6. 압전형 가속도 센서에 대한 내용으로 틀린 것은?

① 소형으로 가볍다.
② 사용 온도 범위가 넓다.
③ 주파수 범위는 광대역이다.
④ 마운팅에 매우 저감도이므로 손으로 고정해야 한다.

21-7. 다음과 같은 가속도 센서 부착 방법 중 진동 측정 주파수 범위가 가장 넓은 부착 방법은?

① 나사(Stud) 고정
② 밀랍(Bee-Wax) 고정
③ 마그네틱(Magnetic) 고정
④ 손(Hand hold Probe) 고정

21-8. 전류 검출용 센서 중 변류기식 방식에 대한 설명으로 틀린 것은?

① 직류 검출은 불가능하다.
② 주파수 특성상 오차가 크다.
③ 구조가 복잡하고 견고하지 않다.
④ 피측정 전로에 대한 절연이 가능하다.

21-9. 초음파 레벨계의 특성이 아닌 것은?

① 온도 보정이 필요 없다.
② 비접촉식 측정이 가능하다.
③ 소형 경량이고 설치 및 운전이 간단하다.
④ 가동부가 없고, 점검 및 보수가 가능하다.

21-10. 진동측정용 센서로 사용되는 영구자석형 속도센서의 특징으로 틀린 것은?

① 감도가 안정적이다.
② 출력 임피던스가 낮다.
③ 변압기 등 자장이 강한 장소에서 주로 사용된다.
④ 다른 센서에 비해 크기가 크므로 자체 질량의 영향을 받는다.

10년간 자주 출제된 문제

21-11. 코일 간의 전자유도현상을 이용한 것으로서 발신기와 수신기로 구성되어 있으며, 회전각도변위를 전기신호로 변환하여 회전체를 검출하는 수신기는?

① 싱크로(Synchro)
② 리졸버(Resolver)
③ 퍼텐쇼미터(Potentiometer)
④ 앱솔루트인코더(Absolute Encoder)

|해설|

21-1
자기센서
- 자장 중에서 전기적 성질이 변하는 성질을 이용
- 홀센서 : 홀(Hall)효과를 이용하여 자계의 방향이나 강도를 측정하는 센서

21-2
변위센서는 와전류식, 전자기식, 광학식, 정전용량식 등이 있다.

21-3
변위센서는 변위를 측정하는 센서로 직선변위를 측정하는 센서와 회전변위를 측정하는 센서가 있다. 회전변위 측정센서로 퍼텐쇼미터, RVDT, 싱크로, 리졸버, 정전용량형 변위센서, 로터리 인코더, 홀센서 등이 있다.

21-4
와전류식 변위센서는 변위센서 중 시중에서 많이 사용되는 센서로 코일에 교류 전류가 공급되면 코일 주변에 자기장에 생성되고 이 자기장 내 전도성 물체가 위치하면 패러데이의 유도 법칙에 따라 대응하는 자기장을 생성하며 대상체 내 와전류가 유도되는 원리를 이용한다. 비접촉식 와전류 변위센서는 기계의 상대적 흔들림(진동)의 측정에 적합하고 축 중심선의 평균적인 위치와 축 방향의 위치 파악이 가능하므로 축의 회전상태 파악에 적합하여 터빈 축의 회전 상태를 확인할 때 사용한다.

21-5
변위 센서는 변위를 측정하는 센서로 직선변위를 측정하는 센서와 회전변위를 측정하는 센서로 나뉘어 축 진동, 회전수, 위치 등을 측정한다.

21-6
가속도센서
- 압전형 가속도계를 많이 사용
- 소형 경량이며 높은 출력 임피던스
- 고감도이므로 미세조정이 필요하고 외부 영향, 용량에 감도 영향을 받음
- 중, 고주파 대 가속도 측정에 사용측정한다.

21-7
가속도센서의 장착
- 장착 시 표면을 매끈하고 깨끗이 다듬어야 한다.
- 나사 등을 이용한 스터드를 이용한 장착 : 장기 장착에 적합하고 가장 확실한 장착법, 잘 고정되어 있으므로 진동 측정 범위가 넓음
  - 접착 장착 : 접착제(에폭시, 아교, 시멘트 등) 응고 후 충분히 딱딱해야 하며 부드러우면 고유진동수가 떨어짐
  - 왁스 장착 : 공기층이 없이 얇게 붙이며 40도 이상의 고온과 매우 높은 가속 환경에서는 사용 불가
  - 자석 장착 : 장착 시 표면이 매우 깨끗해야 하며 자력에 따라 측정 주파수가 달라짐. 곡면보다는 평면에 활용
  - 프로브 사용 : 사실상 수동 측정에 해당, 센서 부착 위치 결정 등에 활용

21-8
변류(CT ; Current Transformer) 방식 전류센서
- 측정 도체에 흐르는 전류를 1차측으로 하여 션트 저항에 흐르는 2차 전류를 이용한 측정
- 교류에 적용하고 저렴하며 상용 주파수에서 주로 사용
- 자속 제거 동작으로 인해 직선성이 좋은 편
- 구조가 간단하고 자속을 이용하므로 피측정체와 회로상 분리가능

21-9
초음파 레벨센서
- 주행시간 방식(상단에서 발사한 초음파의 왕복시간 측정)과 공진기 방식(탱크의 남은 공간에 발생하는 주파수로 측정)으로 구분
- 비접촉식이며 설치부가 작고 운전이 간단
- 가동부가 없고 점검 보수 용이

21-10
- 주변 자장의 영향을 받으면 정확한 감지가 어렵다.
- 전자기 직선속도센서(LVT ; Linear Velocity Transducer)가 영구자석을 사용한다.
- 외부 전원이 필요 없고, 사용 주파수가 높아 감도 우수하나 거리 제약을 받는다. 영구자석을 사용해야 하므로 어느 정도의 부피와 크기가 필요하다.

21-11
싱크로(Synchro)
- 아날로그형 회전각도의 검출, 전송에 사용되는 센서이다.
- 코일 사이의 전자유도현상을 이용한다.

정답 21-1 ① 21-2 ② 21-3 ② 21-4 ③ 21-5 ④ 21-6 ④
21-7 ① 21-8 ③ 21-9 ① 21-10 ③ 21-11 ①

| 핵심이론 22 | 신호 변환

① 신호의 종류
  ㉠ 아날로그 신호 : 자연에서 발생하는 신호처럼 연속적으로 발생하는 신호
  ㉡ 디지털 신호 : 0과 1, On과 Off처럼 불연속적인 신호
  ㉢ 직류 신호 : 시간에 따라 신호가 변하지 않고 특정 값을 일정하게 갖는 신호
  ㉣ 교류 신호
    • 시간에 따라 신호가 크기와 방향을 바꾸는 신호
    • 사인파로 불리는 정현파를 다음과 같이 표현한다.

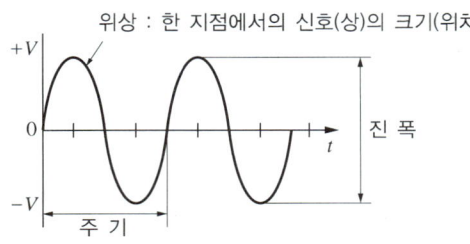

② 신호 변환
  ㉠ A/D 변환 : 아날로그 신호를 전송 가능한 디지털 신호(펄스 신호)로 변환
  ㉡ D/A 변환 : 전송 및 가공된 디지털 신호를 아날로그 신호로 변환
  ㉢ 정류 : 교류를 직류로 바꾸는 작업
  ㉣ 변조변환 : 저항 변환(가변 저항기, 스트레인 게이지, 저항 온도 측정기), 정전 용량을 이용한 변환, 자기를 이용한 변환
  ㉤ 직동변환 : 전자유도, 압전효과, 열전효과 등을 이용한 변환

③ 신호변환기
  ㉠ 다양한 센서에서 PLC, DCS 또는 PC 기반 시스템에서 처리하기에 적합한 규격 신호로 변환하는 장치
  ㉡ 기능 : 선택신호필터링, 신호선형화, 신호레벨변환, 신호형태변환

④ 입력 신호
  ㉠ 입력의 종류 : 임펄스 입력, 계단 입력, 시간의 1차식에 비례하는 입력, 시간의 2차식에 비례하는 입력, 사인 입력 등
  ㉡ 임펄스 입력
    • $\Delta t = 0$일 때 입력$(t) = \infty$인 입력
    • 충격 입력을 임펄스 입력으로 간주
  ㉢ 계단 입력
    • 일정 간격으로 입력값이 불연속적으로 변하는 입력 또는 구간에 따른 정수 입력
    • 대부분의 경우 단위 계단 입력을 사용하여 해석하는데, 다른 입력의 응답이 유추 가능하기 때문
  ㉣ 정현파 입력(Sinusoidal Input) : 주파수 응답의 기본형태로 정상 상태에 응답할 때
  ㉤ 과도 응답 및 정상 상태 응답용 입력
    • 임펄스 신호 입력(Impulse Input)은 임펄스 응답 주로, 엄밀한 시스템 분석
    • 계단신호 입력(Step Input)은 계단 응답 정치제어와 같이 고정 목푯값일 경우의 정상 상태 오차를 구할 때
    • 경사신호 입력(Ramp Input)
      일정 속도를 갖는 목푯값일 경우의 정상 상태 오차를 구할 때
    • 포물선 신호 입력(Parabolic Input), 가속 입력(Acceleration Input)
      미사일처럼 가속도를 갖는 목푯값일 경우의 정상 상태 오차를 구할 때
  ㉥ 정상 상태 오차 : 정상 상태에서 정해진 입력신호에 한 입력과 출력의 차

10년간 자주 출제된 문제

22-1. 아날로그 값을 디지털 값으로 변환하는 것을 무엇이라 하는가?
① D/A 변환기　　② A/D 변환기
③ A/A 변환기　　④ D/D 변환기

22-2. 교류신호에서 반복파형의 한 주기 사이에서 어느 순간지점의 위치를 나타내는 것은?
① 진 폭　　② 주파수
③ 주 기　　④ 위 상

22-3. 다음 신호 변환기 중 저항 변환 방식과 가장 거리가 먼 것은?
① 전위차계　　② 가변 저항기
③ 저항 온도계　　④ 스트레인 게이지

22-4. 센서에서 입력된 신호를 전기적 신호로 변환하는 방법에 속하지 않는 것은?
① 변조식 변환　　② 전류식 변환
③ 직동식 변환　　④ 펄스 신호식 변환

22-5. 다음 중 신호변환기의 기능이 아닌 것은?
① 필터링　　② 비 선형화
③ 신호레벨 변환　　④ 신호형태 변환

22-6. 다음 중 과도응답 특성을 파악하기 위하여 기본적으로 사용하는 입력신호가 아닌 것은?
① 계단 신호　　② 임펄스 신호
③ 정현파 신호　　④ 삼각파 신호

해설

22-1
- A/D 변환 : 아날로그 신호를 전송 가능한 디지털 신호로 변환
- D/A 변환 : 전송 및 가공된 디지털 신호를 아날로그 신호로 변환

22-2
핵심이론의 ① 신호의 종류 ㉢ 교류 신호 참조

22-3
변조변환 : 저항 변환(가변 저항기, 스트레인 게이지, 저항 온도 측정기), 정전 용량을 이용한 변환, 자기를 이용한 변환

22-4
전기적 변환 방법으로 변조식, 직동식 변환과 펄스신호로 바꾸는 A/D 변환 등이 있다.

22-5
신호변환기
- 다양한 센서에서 PLC, DCS 또는 PC 기반 시스템에서 처리하기에 적합한 규격 신호로 변환하는 장치
- 기능 : 선택신호필터링, 신호선형화, 신호레벨변환, 신호형태 변환

22-6
응답확인을 위한 입력신호로 임펄스 입력, 계단 입력, 시간의 1차식에 비례하는 입력, 시간의 2차식에 비례하는 입력, 사인입력 등의 신호를 입력하며 삼각파 신호는 복합신호이므로 적당하지 않다.

정답 22-1 ②　22-2 ④　22-3 ①　22-4 ②　22-5 ②　22-6 ④

핵심이론 23 | 프로세스 제어

① 피드백에 따른 제어의 구분
  ㉠ 열린 루프제어(개회로제어, 정성적 제어)
    • 출력값이 목푯값에 일치하는지 점검하지 않고, 목푯값 또는 입력을 주면 정해진 제어를 시행하는 제어이다. 시퀀스 제어와 자동 세탁기나 무인 제어 신호등 등이 이에 해당된다.

  ㉡ 닫힌 루프제어(피드백 제어, 폐회로제어, 정량적 제어, Feedback Control)
    • 출력값이 목푯값에 이르도록 입력값을 조정하는 피드백 제어(Feedback Control)
    • 개회로제어보다는 신호를 추출하고 목푯값과 비교하는 등의 설비(궤환요소)가 더 필요
    • 개회로제어에 비해 정확한 제어가 가능
    • 시간응답 : 피드백 과정에서 목푯값 또는 기준입력에 한 출력의 시간적 변화가 발생
    • 사용되는 신호
      - 입력신호(기준신호) : 목푯값에 의한 신호
      - 동작신호 : 조작을 명령하는 신호
      - 검출신호 : 센서 등을 통한 검출부로부터의 신호
      - 오차신호(조절신호) : 피드백에 의해 제어계가 소정의 작동을 하는 데 필요한 신호를 만들어서 조작부에 보내 주는 신호

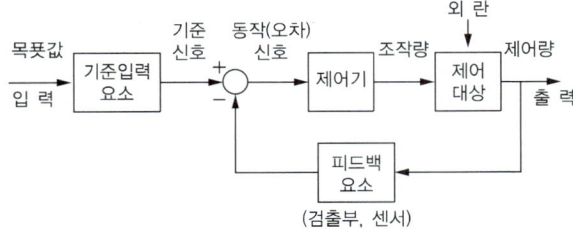

  ㉢ 반폐쇄회로제어 : CNC 공작기계 등에서 서보모터의 축 또는 볼스크루의 회전 각도를 통하여 위치를 검출하는 방식

  ㉣ 외란이 있는 폐회로제어
    • 외란 : 주변 환경의 영향 등 예측할 수 없는 변수가 제어시스템 안에 개입된 것
    • 외란이 작용하면 정상적인 제어에도 잘못된 결과를 산출할 수 있음
    • 외란이 작용하는 경우, 정상 입력과 외란을 입력으로 간주하는 각각의 제어를, 결합한 제어시스템 해석

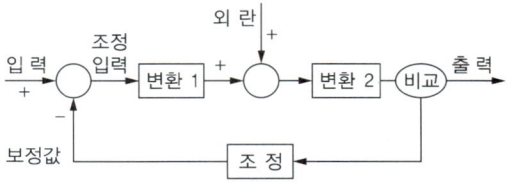

② 제어 대상에 따른 제어분류
  ㉠ 서보제어(Servo Control) : 물체의 위치·각도·방위·자세 등의 기계적 변위를 제어량으로 읽어 제어하는 시스템
  ㉡ 프로세스 제어(Process Control) : 제어량이 상태값인 압력·온도·유량·밀도 등일 때의 제어방식
  ㉢ 자동조정(Automatic Regulation) : 제어량이 전기적 및 기계적 양(주파수, 전압, 전류, 습도, 회전속도, 힘 등)을 주로 제어하는 것

③ 시퀀스 제어
  ㉠ 입력에서 출력까지 미리 정해진 순서에 따라 각 단계를 순서로 진행해 나가는 제어
  ㉡ 비교·검출·조정 등을 실시하지 않음
  ㉢ 제어 동작의 기술방식
    • **논리회로** : 논리식과 기호를 이용하여 수학적으로 기술
    • **플로차트** : 순서도 라고도 하며 차트 기호를 이용하여 제어 명령의 순서를 기술
    • **동작선도(Motion Diagram)** : 동일한 선도에서 다양한 간격으로 위치를 표시하여 객체의 모션을 표현
    • **디시젼테이블(Decision Table)** : 시퀀스 제어에 관한 각종 정보를 매트릭스형태의 테이블에 기입하여 시퀀스제어를 실시

④ 프로세스 제어(Process Control)
  ㉠ 프로세스 제어의 구성은 폐회로 제어의 구성을 적용하여 이해

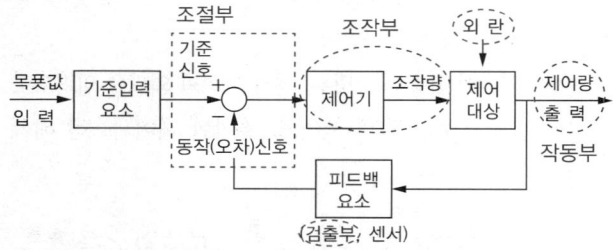

  ㉡ 제어계의 산출은 다양하지만 결국 프로세스 제어의 대상은 주로 온도, 유량, 압력, 산성도 등
  ㉢ 프로세스 제어의 제어계
    ※ 제어계의 해석도 필요하지만 보전에서의 더 중요한 내용은 제어방법이다.
    • PID 제어
      – 비례제어(Proportional Control, P제어)
        가. 가장 단순하며 입력과 출력이 단순 함수관계인 제어
        나. 구성비용이 저렴하나 정밀도가 낮고 상승시간이 짧으며 오버슈트를 크게 함
        다. 안정된 상태에서도 잔류편차가 있음
        라. 이득(Gain, K_C, 입력에 대한 출력의 비, $\frac{출력}{입력}$)을 조정
        마. 비례대(PB, $\frac{1}{K_C} \times 100[\%]$) : 제어편차에 대한 제어출력의 크기를 결정하는 값
        바. 제어편차에 비례한 수정동작을 함
      – 미분제어(Derivative Control, PD제어)
        가. 입력과 출력과의 관계 속도를 제어
        나. 제어편차가 검출될 때 편차가 변화하는 속도에 비례하여 조작량을 가감
        다. 규모 공장 등의 정밀도보다 적절한 속도가 중요한 곳에 사용

라. 응답 속도를 개선한 제어이며 P 제어와 함께 사용(속응성)
      – 적분제어(Integral Control, PI제어)
        가. 제어의 정밀도에 주목한 제어로 제어속도가 느림
        나. Off-set 소멸시키고 잔류편차가 작고 구성이 예민하며 비용이 높음
        다. 목적에 따라 정밀도를 개선한 제어
      – PID 제어
        가. 위의 비례·적분·미분을 모두 적용한 제어
        나. 정밀도와 성능이 가장 뛰어난 제어
• 시간응답 : 입력에 의한 시간에 따른 출력

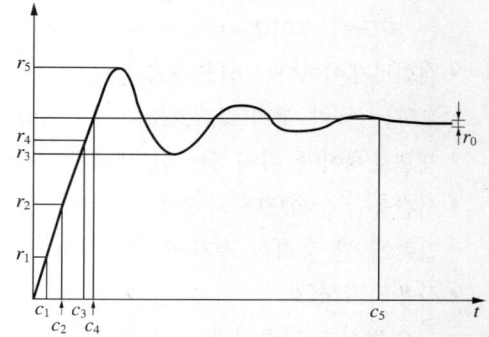

  – 과도응답 : 위의 그래프에서 c_5 까지에 해당하며 응답이 안정될 때까지의 응답
  – 정상상태 : 위의 그래프에서 c_5 이후의 응답
  – 동특성 : 정상상태를 얻기 전 시간응답 중의 특성들을 의미. 인벌류션 적분
• 주파수 응답 : 입력 주파수에 해 진폭과 위상차가 생긴 응답
  – 주파수 전달함수 : 전달함수 $G(s)$인 시스템에서 $A\sin(\omega t)$ 입력한 주파수 응답은 $G(j\omega)$, 즉 s 대신 $j\omega$를 대입한 주파수 전달함수, 전달함수의 특성이 동특성에 해당
• 제어계에 사용하는 변수의 종류
  – PV(Process Variable, 과정변수) : 검출한 값을 저장하여 이후 제어과정에 적용하는 변수

- SV(Setting Value) : 설정값
- MV(Manipulated Variable, 조작변수) 제어하는 사람의 개입이 가능한 변수
- DV(Differential Variable) : 미분변수
• 조절부(조절계)
  - 제어계의 수뇌부로 제어계의 성능을 좌우
  - 검출부에서 측정치(PV)를 받아 설정치(SV)와 비교, 제어를 실시하여 조작부에 전송
• 조작부
  - 제어대상에 대하여 원하는 출력을 작용시키는 부분
  - 조절부에서 제어신호를 받아 조작량(제어량)으로 전환
    가. 제어신호는 응답성과 재현가능성이 좋을 것
    나. 직선성 : 센서의 입출력 특성을 나타내는 센서 특성곡선이 이상적인 직선관계를 갖는 성질
    다. 직선성이 좋고 신호의 복귀가 잘 되어야 함
  - 제어신호는 제어대상인 공압, 전류, 유압, 열 등을 사용

10년간 자주 출제된 문제

23-1. 작동시퀀스의 형태에 따른 분류에 해당하지 않는 것은?
① 기억제어
② 이벤트제어
③ 프로그램제어
④ 타임 스케줄 제어

23-2. 다음 중 공정 제어방식의 종류로서 제어량(출력)을 입력쪽으로 되돌려 보내서 목푯값(입력)과 비교하여 그 편차가 작아지도록 수정 동작을 행하는 제어 방식은?
① 비율 제어
② 전치 제어
③ 피드백 제어
④ 오버라이드 제어

23-3. 다음 조절계의 제어동작 중 비례동작에 있어 비례게인(K_C)과 비례대(PB)의 관계로 옳은 것은?
① $K_C = PB$
② $K_C = 1/4\,PB$
③ $K_C = (1/PB) \times 100[\%]$
④ $K_C = (1/2)\,PB$

23-4. 시퀀스 제어의 동작을 기술하는 방식 중 조건과 그에 대응하는 조작을 매트릭스형으로 표시하는 방식은?
① 논리회로(Logic Circuit)
② 플로차트(Flow Chart)
③ 동작선도(Motion Diagram)
④ 디시젼 테이블(Decision Table)

23-5. 프로세스 제어(Process Control)에 속하지 않는 것은?
① 압력 제어장치
② 온도 제어장치
③ 유량 제어장치
④ 발전기의 조속기 제어장치

23-6. 프로세스제어에서 온도제어와 유량제어에 대한 설명 중 옳은 것은?
① 유량제어는 검출부의 응답지연이 있다.
② 온도제어는 전송부의 응답지연이 없다.
③ 유량제어는 전송부의 응답지연이 있다.
④ 온도제어는 검출부의 응답지연이 있다.

23-7. 다음 제어의 용어 중 제어 장치에 속하며 목푯값에 의한 신호와 검출부로부터 얻어진 신호에 의해 제어장치가 소정의 작동을 하는 데 필요한 신호를 만들어서 조작부에 보내주는 부분을 뜻하는 것은?
① 외 란
② 조절부
③ 작동부
④ 제어량

23-8. 프로세스 제어계에서 제어량을 검출부에서 검지하여 조절부에 가하는 신호는?
① PV(Process Variable)
② SV(Setting Value)
③ MV(Manipulated Variable)
④ DV(Differential Variable)

23-9. 조작부의 구비 조건 중 제어신호에 관한 설명으로 틀린 것은?
① 응답성이 좋을 것
② 재현성이 좋을 것
③ 히스테리시스가 클 것
④ 직선성의 특성을 가질 것

23-10. 프로세스의 특성 중 입력 신호에 대한 출력 신호의 특성으로서 시간 영역에서는 인벌류션 적분이고, 주파수 영역에서는 전달 함수와 관련된 특성은?
① 외 란
② 동특성
③ 정특성
④ 주파수 응답

10년간 자주 출제된 문제

23-11. CNC 공작기계 서보기구의 제어방식이 아닌 것은?

① Hybrid Control System
② Open-loop Control System
③ Closed-loop Control System
④ Semi Open-loop Control System

해설

23-1
시퀀스(Sequence)란 순서, 차례를 의미하며 작동시퀀스는 작동되는 순서를 의미한다. 따라서 시퀀스제어는 어떤 사건 이후 다음 사건이 나열되는 형태여야 한다. 이벤트제어란 예측되지 않은 상황의 발생에 따른 제어이므로 순서에 상관없이 중간에 시행된다.

23-2
닫힌 루프제어(피드백 제어, 폐회로제어, 정량적 제어, Feedback Control)
- 출력값이 목푯값에 이르도록 입력값을 조정
- 개회로제어보다는 신호를 추출하고 목푯값과 비교하는 등의 설비(궤환요소)가 더 필요
- 개회로제어에 비해 정확한 제어가 가능
- 피드백 과정에서 목푯값 또는 기준 입력에 한 출력의 시간적 변화가 발생

23-3
- 이득(Gain, K_C, 입력에 대한 출력의 비, $\frac{출력}{입력}$)을 조정
- 비례대(PB, $\frac{1}{K_C}\times 100[\%]$) : 제어편차에 대한 제어출력의 크기를 결정하는 값

23-4
디시전 테이블(Decision Table) : 시퀀스 제어에 관한 각종 정보를 매트릭스형태의 테이블에 기입하여 시퀀스제어를 실시

23-5
프로세스 제어(Process Control) : 제어량이 상태값인 압력·온도·유량·밀도 등일 때의 제어방식

23-6
프로세스제어 기술에 적용이 가능한 대상은 온도, 압력, 유량, 산도 등으로 제한적이다. 이 중 유량과 온도의 특징을 생각해보면 주로 유량의 제어 방법은 필요한 유량에 이르렀을 때, 즉 검출된 즉시 유입을 멈추어 제어를 한다. 과도한 유량을 리턴시키기도 하지만, 주로 검출과 전송에 지연이 발생하지 않는다. 그러나 온도의 경우, 온도를 가한 이후 온도의 상승이 반영되는 데까지, 즉 발현된 에너지를 검출하는 데까지 지연이 발생하며, 또한 설정온도에 이르렀다 하더라도 이미 가해진 열량이 있으므로 오버슈팅이 되도록 되어 있어 결괏값을 전송하는 데도 응답지연이 발생한다.

23-7
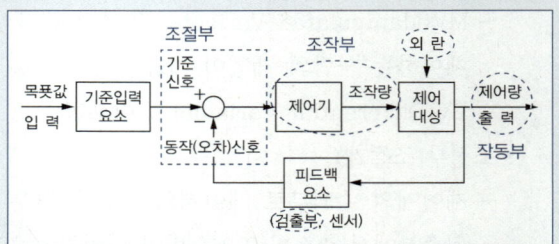

23-8
제어계에 사용하는 변수의 종류
- PV(Process Variable, 과정변수) : 검출한 값을 저장하여 이후 제어과정에 적용하는 변수
- SV(Setting Value) : 설정값
- MV(Manipulated Variable, 조작변수) : 제어하는 사람의 개입이 가능한 변수
- DV(Differential Variable) : 미분변수

23-9
조절부에서 제어신호를 받아 조작량(제어량)으로 전환하는 부분이 조작부인데 조작부의 제어신호는 응답성과 재현 가능성이 좋고, 센서의 입출력 특성을 나타내는 센서특성곡선이 이상적인 직선관계를 갖는 성질을 직선성이라 하는데 이 직선성이 좋아야 하며 신호 복귀가 잘 되어야 한다. 히스테리시스와는 관련이 없고 전기적 조작부가 히스테리시스가 크면 신호 복귀에 영향을 줄 수 있다.

23-10
동특성은 시간응답에서는 정상상태를 얻기 전 특성들을 의미하고 주파수 응답에서는 전달함수로 나타나는 특성을 의미한다.

23-11
④ Semi Open-loop Control System : Semi Closed-loop Control System이라고 해야 한다. Semi Open-loop Control System이라는 용어는 사용하지 않는다.
① Hybrid Control System : 반폐쇄회로와 폐쇄회로방식을 절충한 방식으로, 대형 공작기계 등에 사용한다.
② Open-loop Control System : 피드백 없이 사용하는 방식이다. 현재 거의 사용하지 않는다.
③ Closed-loop Control System : 폐쇄회로방식으로, 모터축으로부터 위치 검출과 속도를 검출하는 방식이다. 대부분의 CNC 공작기계에서 사용하는 반폐쇄회로와 달리 테이블에서 직접 위치를 검출하는 방식이다.

정답 23-1 ② 23-2 ③ 23-3 ③ 23-4 ④ 23-5 ④ 23-6 ④
23-7 ② 23-8 ① 23-9 ③ 23-10 ① 23-11 ④

핵심이론 24 | 비파괴검사 이론

① 비파괴검사의 목적
   ㉠ 제품의 결함 유무 또는 결함의 정도를 파악, 신뢰성을 향상시킨다.
   ㉡ 시험결과를 분석, 검토하여 제조 조건을 보완하므로 제조기술을 발전시킬 수 있다.
   ㉢ 적절한 시기에 불량품을 조기 발견하여 수리 또는 교체를 통해 제조 원가를 절감한다.
   ㉣ 검사를 통해 신뢰도를 높여 수명의 예측성을 높인다.

② 비파괴검사의 시기에 따른 구분
   ㉠ 사용 전 검사 : 제작된 제품이 규격 또는 시방을 만족하고 있는가를 확인하기 위한 검사
   ㉡ 가동 중 검사(In-Service Inspection) : 다음 검사까지의 기간에 안전하게 사용 가능한가 여부를 평가하는 검사
   ㉢ 위험도에 근거한 가동 중 검사(Risk Informed In-Service Inspection) : 가동 중 검사 대상에서 제외할 것은 과감히 제외하고 위험도가 높고 중요한 부분을 더 강화하여 실시하는 검사
   ㉣ 상시감시 검사(On-Line Monitoring) : 기기·구조물의 사용 중에 결함을 검출하고 평가하는 모니터링기술

③ 비파괴 검사의 방법에 따른 구분
   ㉠ 방사선을 사용한 방사선 검사
   ㉡ 음향과 음파를 사용하는 초음파검사, 음향방출검사
   ㉢ 광학에 의한 시각적 효과를 사용하는 침투탐상검사, 육안검사
   ㉣ 전자기적 원리를 이용하는 와류탐상검사, 자분탐상검사
   ㉤ 가스의 압력차에 의한 침투를 이용하는 누설검사
   ㉥ 열광학적 원리를 이용하는 적외선열화상검사

④ 비파괴검사의 신뢰도 향상 방안
   ㉠ 비파괴검사를 수행하는 기술자의 기량을 향상
   ㉡ 제품 또는 부품에 적합한 비파괴검사법의 선정
   ㉢ 제품 또는 부품에 적합한 평가 기준의 선정

10년간 자주 출제된 문제

24-1. 비파괴검사는 적용시기에 따라 구분할 수 있다. 사용 전 검사(PSI ; Pre Service Inspection)란 무엇인가?
① 제작된 제품이 규격 또는 사양을 만족하고 있는가를 확인하기 위한 검사
② 다음 검사까지의 기간에 안전하게 사용가능한가 여부를 평가하는 검사
③ 기기, 구조물의 사용 중에 결함을 검출하고 평가하는 검사
④ 사용 개시 후 일정기간마다 하게 되는 검사

24-2. 다음 중 육안검사의 장점이 아닌 것은?
① 검사가 간단하다.
② 검사속도가 빠르다.
③ 표면결함만 검출 가능하다.
④ 피검사체의 사용 중에도 검사가 가능하다.

|해설|

24-1
사용 전 검사는 제품이 출고되기 전에 검사를 실시한다.

24-2
육안검사
- 비용이 저렴하고, 검사가 간단하며, 작업 중 검사가 가능하다.
- 광학의 원리를 이용한다.
- 표면검사만 가능하며, 수량이 많을 경우 시간이 걸린다.

정답 24-1 ① 24-2 ②

핵심이론 25 | 비파괴검사 종류

① 방사선시험
  ㉠ X선이나 선 등 투과성을 가진 전자파를 이용하여 검사
  ㉡ 내부 깊은 결함, 압력용기 용접부의 슬래그 혼입의 검출, 체적검사 가능
  ㉢ 거의 대부분의 검출이 가능하나 장비와 비용이 많이 소요
  ㉣ 다량 노출 시 인체에 유해하므로 관리가 필요
  ㉤ 물질의 원자번호나 밀도가 큰 텅스텐, 납 등에는 중성자선을 사용

② 초음파탐상시험
  ㉠ 초음파의 짧은 파장과 고체 내의 전파성, 반사성을 이용하여 검사
  ㉡ 래미네이션(내부에 생긴 불연속, 겹층, 이물) 결함을 검출하는 데 적합
  ㉢ 한쪽 면에서 검사 가능
  ㉣ 내부의 결함을 검출 가능

③ 침투탐상시험
  ㉠ 유체가 갖고 있는 침투성을 이용하여 검사
  ㉡ 표면탐상검사
  ㉢ 주변 온도·습도 등에 영향을 받음
  ㉣ 형광물질을 이용한 광학의 원리를 이용함
  ㉤ 전원설비 없이 검사가 가능한 시험이 있음

④ 와전류탐상시험
  ㉠ 전자유도현상에 따른 와전류분포 변화를 이용하여 검사
  ㉡ 표면 및 표면 직하 검사 및 도금층의 두께 측정에 적합
  ㉢ 파이프 등의 표면 결함 고속검출에 적합, 자동화 적용 가능
  ㉣ 전자유도현상이 가능한 도체에서 시험이 가능

⑤ 누설탐상
  ㉠ 압력 차에 의한 유체의 누설 현상을 이용하여 검사
  ㉡ 관통된 결함의 경우 탐지가 가능
  ㉢ 공기역학의 법칙을 이용하여 탐지

⑥ 자기탐상검사
  ㉠ 강자성체를 자화시켜 누설자속에 의한 자속의 변형을 이용하여 검사
  ㉡ 자분탐상검사는 자기탐사 중 비자성체에서 시험이 가능한 검사
  ㉢ 표면결함검사

⑦ 적외선검사
  ㉠ 결함부와 건전부의 온도 정보의 분포 패턴을 열화상으로 표시
  ㉡ 원격검사가 가능하고 결함의 시각적 표현과 관찰 시야 선택 가능

⑧ 주요 적용 대상

검사 방법	적용 대상
방사선투과검사	용접부, 주조품 등의 내부 결함
초음파탐상검사	용접부, 주조품, 단조품 등의 내부 결함 검출과 두께 측정
침투탐상검사	기공을 제외한 표면이 열린 용접부, 단조품 등의 표면 결함
와전류탐상검사	철, 비철 재료로 된 파이프 등의 표면 및 근처 결함을 연속 검사
자분탐상검사	강자성체의 표면 및 근처 결함
누설검사	압력용기, 파이프 등의 누설 탐지
음향방출검사	재료 내부의 특성 평가

10년간 자주 출제된 문제

25-1. 다음 중 내부 기공의 결함 검출에 가장 적합한 비파괴 검사법은?
① 음향방출시험
② 방사선투과시험
③ 침투탐상시험
④ 와전류탐상시험

25-2. 다음 중 시험체의 표면 직하 결함을 검출하기에 적합한 비파괴검사법만으로 나열된 것은?
① 방사선투과시험, 누설검사
② 초음파탐상시험, 침투탐상시험
③ 자분탐상시험, 와전류탐상시험
④ 중성자투과시험, 초음파탐상시험

|해설|

25-2
표면탐상검사에는 침투탐상, 자분탐상, 와전류탐상 등이 있고, 침투탐상시험은 열린 결함만 검출 가능하다.

정답 25-1 ② 25-2 ③

| 핵심이론 26 | 침투탐상검사 기초

① 침투탐상시험의 특징
  ㉠ 표면탐상검사이다.
  ㉡ 침투제와 현상제를 이용하는 검사이며 이에 따라 종류가 나뉜다.
  ㉢ 다공성, 흡수성 시험체를 제외하고는 크기 및 형태에 제한을 받지 않는다.
  ㉣ 결함의 깊이와 내부의 결함은 파악하기 어렵다.
  ㉤ 고도의 전문적 기술을 요하지 않는다.

② 침투탐상시험의 원리
  ㉠ 침투액이 재료표면결함을 침투하게 한 다음, 나머지 침투액을 제거한 후 현상시켜 결함여부를 검사
  ㉡ 액체의 표면장력과 적심성(Wettability), 모세관(毛細管)현상이 적용

③ 침투탐상시험의 주요내용 설명
  ㉠ 침투액 : 표면결함에 침투하는 탐상액
  ㉡ 현상액 : 결함에 침투된 침투액을 빨아올려 지시모양을 만드는 액체
  ㉢ 적심성 : 얼마나 잘 적시느냐를 나타내는 성질, 표면과의 접촉각이 작을수록 적심성이 좋음
  ㉣ 표면장력 : 액체 내부의 잡아당기는 힘과 접촉한 고체가 잡아당기는 힘의 차이로 인해 표면에 생기는 힘. 고체가 잡아당기는 힘이 크면 모세관현상이 일어남
  ㉤ 유화제 : 침투처리 이후 잉여침투제와 씻어낼 물과의 접촉성을 좋게 하는 유제
  ㉥ 현상시간 : 현상제 적용 후 관찰할 때까지의 시간
  ㉦ 전처리 : 침투처리 전 표면을 깨끗하게 하는 작업
  ㉧ 세척처리 : 침투처리 후 잉여침투액을 제거하는 작업

④ 자외선조사장치
  ㉠ 사용하는 자외선 파장의 길이 : 파장 320~400nm의 자외선을 조사
  ㉡ 강도 : 800W/cm² 이상의 강도로 조사하여 시험
  ㉢ 용도 : 침투액 속의 형광물질을 발광시켜 결함을 검출
  ㉣ 자외선 조사장치가 필요한 곳 : 세척대, 검사대
  ㉤ 피시험체가 매우 커서 이동이 어려운 경우 휴대용 장치를 사용

⑤ 침투액에 따른 탐상방법의 분류와 기호

명 칭	방 법		기 호	
V방법	염색침투액을 사용하는 방법	수세성 침투액을 사용	V	A
		용제제거성 침투액을 사용		C
F방법	형광침투액을 사용하는 방법	수세성 침투액을 사용	F	A
		후유화성 침투액을 사용		B
		용제제거성 침투액을 사용		C
D방법	이원성 염색침투액을 사용하는 방법	수세성 침투액을 사용	DV	A
		용제제거성 침투액을 사용		C
	이원성 형광침투액을 사용하는 방법	수세성 침투액을 사용	DF	A
		후유화성 침투액을 사용		B
		용제제거성 침투액을 사용		C

  ㉠ 현상방법에 따른 침투액의 종류
    • 염색침투액 : 색 대비에 의해 육안으로 결함을 찾을 때 사용
    • 형광침투액 : 자외선을 조사(照射)하여 형광을 입힌 침투액의 형광 빛을 이용하여 결함을 찾을 때 사용
  ㉡ 잉여 침투액의 제거방법에 따른 침투액의 종류
    • 수세성 침투액 : 물로 세척가능
    • 후유화성 침투액 : 후에 유화를 하여 물로 세척가능
    • 용제제거성 침투액 : 가급적 세척을 간단히 하거나 하지 않아도 되는 경우 그냥 닦아냄

⑥ 침투액의 물성
  ㉠ 연질석유계 탄화수소, 프탈산 에스테르 등의 유분을 기본으로 하여 세척을 위해 유면 계면활성제를 섞은 액체. 형광검사는 형광물질, 염색침투탐상의 경우는 염료를 섞음
  ㉡ 침투액의 조건
    • 침투성이 좋을 것
    • 열, 빛, 자외선 등에 노출되었어도 형광휘도나 색도가 뚜렷할 것

- 점도가 낮을 것
- 부식성이 없을 것
- 검사 후 쉽게 제거될 것

ⓒ 에어졸 탐상제가 기온 저하로 분무가 안 될 때는 온수 속에 담가서 서서히 내부 온도를 올린다.

⑦ 침투액의 제거
  ㉠ 수세식 : 흐르는 물 또는 분사된 물로 세척하며, 수압은 275kPa 미만, 온도는 40℃ 이하의 온수를 사용
  ㉡ 용제 제거식 : 사용 시 과세척을 주의하며, 마른 헝겊으로 닦아낸 후 용제를 묻힌 헝겊이나 종이수건으로 가볍게 닦아냄. 별도의 건조 과정이 불필요

⑧ 유화제 : 일종의 계면활성제로 침투처리 후의 침투액과 어울려 수세척이 가능하도록 하는 역할을 하는 용제

⑨ 후유화성 침투검사
  ㉠ 침투액이 유화제 처리를 한 후 수세를 하는 형태의 침투탐상검사
  ㉡ 후유화성 침투탐상시험 적용 순서
    - 건식현상제를 사용하는 경우
      전처리 → 침투처리 → 유화처리 → 세척 → 건조 → 현상 → 관찰 → 후처리
    - 습식현상제를 사용하는 경우
      전처리 → 침투처리 → 유화처리 → 세척 → 현상 → 건조 → 관찰 → 후처리

⑩ 현상제
  ㉠ 현상처리에 사용하며 현상처리란 세척처리 후 현상제를 시험체의 표면에 도포하여 결함 중에 남아있는 침투액을 빨아올려 지시모양으로 만드는 조작에 사용
  ㉡ 현상방법 : 건식현상법, 습식현상법, 속건식현상법, 무현상법
  ㉢ 현상제의 일반적 선택
    - 수세성 형광침투액 : 습식현상제
    - 후유화성 형광침투액 : 건식현상제
    - 용제 제거성 염색침투액 : 속건식현상제
    - 고감도 형광침투액 : 무현상법
    - 대량검사 : 습식현상제
    - 소량검사 : 속건식현상제
    - 매끄러운 표면 : 습식현상제
    - 거친 표면 : 건식현상제
    - 큰 결함 : 건식현상제, 무현상법
    - 미세한 결함 : 습식현상제, 속건식현상제

10년간 자주 출제된 문제

26-1. 침투탐상시험에서 접촉각과 적심성 사이의 관계를 옳게 설명한 것은?

① 접촉각이 클수록 적심성이 좋다.
② 접촉각이 작을수록 적심성이 좋다.
③ 접촉각이 적심성과는 관련이 없다.
④ 접촉각이 90°일 경우 적심성이 가장 좋다.

26-2. 침투탐상시험에 사용되는 자외선조사 등의 파장범위로 옳은 것은?

① 220~300nm ② 320~400nm
③ 520~600nm ④ 800~1,100nm

26-3. 침투탐상시험을 위한 침투액의 조건이 아닌 것은?

① 침투성이 좋을 것
② 형광휘도나 색도가 뚜렷할 것
③ 점도가 높을 것
④ 부식성이 없을 것

26-4. 형광침투액에 자외선을 조사할 때 외관상 주로 나타나는 색깔은?

① 빨간색 ② 노란색
③ 황록색 ④ 검은색

26-5. 기온이 급강하하여 에어졸형 탐상제의 압력이 낮아져서 분무가 곤란할 때 검사자의 조치방법으로 가장 적합한 것은?

① 새로운 것과 언 것을 교대로 사용한다.
② 온수 속에 탐상 캔을 넣어 서서히 온도를 상승시킨다.
③ 에어졸형 탐상제를 난로 위에 놓고 온도를 상승시킨다.
④ 일단 언 상태에서는 온도를 상승시켜도 제 기능을 발휘하지 못하므로 폐기한다.

10년간 자주 출제된 문제

26-6. 침투시간이 경과한 후 과잉의 수세성 침투액을 제거하는 가장 바람직한 방법은?

① 물과 함께 솔질한다.
② 용제를 이용하여 세척한다.
③ 물과 깨끗한 헝겊으로 닦는다.
④ 물 스프레이를 이용하여 세척한다.

26-7. 후유화성 침투탐상시험에서 유화제를 적용하는 시기는?

① 침투제를 사용하기 전에
② 제거처리 후에
③ 침투처리 후에
④ 현상시간이 어느 정도 지난 후에

26-8. 현상제의 작용에 대한 내용으로 옳지 않은 것은?

① 표면 개구부에서 침투제를 빨아내는 흡출작용을 함
② 배경색과 색대비를 개선하는 작용을 함
③ 현상막에 의해 결함지시모양을 확대하는 작용을 함
④ 자외선에 의해 형광을 발하므로 형광침투액 사용 시 결함지시의 식별성을 높임

|해설|

26-1

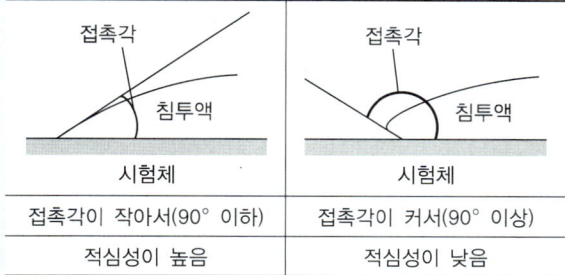

접촉각이 작아서(90° 이하)	접촉각이 커서(90° 이상)
적심성이 높음	적심성이 낮음

26-2
파장 320~400nm의 자외선을 800W/cm² 이상의 강도로 조사하여 시험한다.

26-3
점도란 액체가 얼마나 끈적끈적한가를 나타내는 수치이다.

26-5
① 언 것은 사용이 불가능하다.
③ 난로 위에서 직접적으로 온도를 가하면 전체적인 온도 상승이 아니라, 국부적 온도 상승이 생겨 파열의 가능성이 있다.
④ 기온이 급강하하였어도 얼었는지 여부를 바로 알 수 없고, 분무되기만 하면 사용할 수는 있다.

26-6
물을 얇고 넓게 살포할 필요가 있다.

26-7
후유화성 침투탐상시험의 적용 순서
- 건식현상제를 사용하는 경우
  전처리 → 침투처리 → 유화처리 → 세척 → 건조 → 현상 → 관찰 → 후처리
- 습식현상제를 사용하는 경우
  전처리 → 침투처리 → 유화처리 → 세척 → 현상 → 건조 → 관찰 → 후처리

26-8
현상제
- 현상제는 흡출작용이 되어야 하고, 침투제를 흡출, 산란시키는 미세입자이어야 한다.
- 가시광선, 자외선을 가급적 흡수하지 않아야 한다.
- 입자가 균일하고 다루기 쉬워야 한다.
- 균일하고 얇은 도포막이 형성되어야 한다.
- 형광침투제와 함께 사용할 때도 자체 형광등이 있어서는 곤란하며 검사 종료 후 제거가 쉽고 유해하지 않아야 한다.

정답 26-1 ② 26-2 ② 26-3 ③ 26-4 ③
26-5 ② 26-6 ④ 26-7 ③ 26-8 ④

핵심이론 27 | 자기탐상검사 기초

① 자기탐상시험을 자분탐상시험과 누설자속탐상시험으로 나누어 설명
② 자분탐상시험의 특징
  ㉠ 표면 및 표면 직하 균열의 검사에 적합, 깊은 곳은 어려움
  ㉡ 자속은 가능한 한 결함면에 수직이 되도록
  ㉢ 자분은 시험체 표면의 색과 구별하기 쉬운 색을 선정하여야 함
  ㉣ 핀 홀 등은 검출이 어려움
  ㉤ 시험체 두께 방향의 결함 깊이에 관한 정보는 얻기 어려움
③ 자분탐상시험의 용어 설명
  ㉠ 자분 : 자성을 띤 미립자
  ㉡ 자화 : 자분이나 시험체에 자속을 흐르게 한다.
  ㉢ 자분의 적용 : 자분에 자속을 띠게 한다.
  ㉣ 관찰 : 자분의 자속을 살펴보아 결함을 찾는다.
  ㉤ 자극 : 자성체가 가지고 있는 극성으로 같은 극끼리 밀어내는 척력과 서로 다른 극을 잡아당기는 인력이 작용하는 시점
  ㉥ 투자율 : 투자율은 자속이 통과하는 비율, 밀도, 재질에 따라 결정
  ㉦ 결함 : 부품의 수명에 나쁜 영향을 주는 불연속
  ㉧ 자력선 : 자계의 상태를 알기 쉽게 하기 위해 가상으로 그린 선으로 N극에서 나와 S극으로 들어가고 접선은 자계의 방향, 밀도는 자계의 세기를 나타냄
④ 자계의 세기
  ㉠ 단위(Weber) : 자기력선속의 단위로 단위 면적당 통과하는 자속선 수의 단위
  ㉡ B(자속밀도) = H(자력세기) × U(투자율)
  ㉢ 코일법에서 시험체의 두께의 비와 AT의 관계
    ※ AT(Ampere Turn)는 전류와 감은 수의 곱으로 표현

$2 \leq \dfrac{L}{D} < 4$인 경우, $\dfrac{45{,}000}{\dfrac{L}{D}} = AT$

$4 \leq \dfrac{L}{D}$인 경우, $\dfrac{35{,}000}{\dfrac{L}{D}+2} = AT$

⑤ 자분탐상시험에서 결함 검출
  ㉠ 자분탐상검사는 미세한 표면균열 검출에 가장 적합
  ㉡ 시험체의 크기, 형상 등에 크게 구애됨이 없이 검사 수행이 가능
  ㉢ 침투탐상과 비교하여서는 표면 바로 아래 결함도 함께 검출 가능
  ㉣ 시험체에 피막이 있어도 검출 가능
⑥ 자분탐상시험의 종류

구 분	시험방법	설 명
자화 시기	연속법	검사를 자화하는 중에 실시한다.
	잔류법	검사 전 자화를 마치고 잔류자장으로 검사한다.
자분 종류	형광자분	자외선 등에 반응하는 자분이다.
	비형광자분	일반 자분이다.
자분 매질	건식법	자분을 그대로 뿌린다.
	습식법	자분을 검사액에 현탁시켜 사용한다.
자화 전류	직 류	• 전류밀도의 안쪽과 바깥쪽이 균일하다. • 표면 근처의 내부 결함까지 탐상이 가능하다. • 통전시간은 1/4~1초 정도이다.
	맥 류	• 교류를 정류한 직류이다. • 내부 결함을 탐상할 수도 있다.
	충격전류	• 일정량 이상의 전류를 짧게 흐르게 한 후(1/120초 정도) 끊어 주는 형태의 전류이다. • 잔류법에 사용한다.
	교 류	• 표피효과(바깥쪽으로 갈수록 전류밀도가 커지는 효과)가 있다. • 위상차가 지속적으로 발생하여 전류 차단 시 위상에 따라 결과가 계속 달라지므로 잔류법에는 사용할 수 없다.

구분	시험방법	설명
자화방법	축 통전법(EA)	시험체의 축방향으로 전류를 흐르게 한다.
	직각 통전법(ER)	축에 대하여 직각 방향으로 직접 전류를 흐르게 한다.
	전류 관통법(B)	시험체의 구멍 등에 통과시킨 도체에 전류를 흐르게 한다.
	코일법(C)	시험체를 코일에 넣고 코일에 전류를 흐르게 한다.
	극간법(M)	시험체를 영구 자석 사이에 놓는다.
	프로드법(P)	시험체 국부에 2개의 전극을 대어서 흐르게 한다.

10년간 자주 출제된 문제

27-1. 자분탐상시험 시 표피효과 등으로 인하여 표면부근은 자화되지 않아 표면결함만을 연속법으로 탐상하기 위한 자화전류로 적합한 것은?
① 교류
② 직류
③ 맥류
④ 충격전류

27-2. 다음 자분탐상시험법 중 선형자화법을 이용하는 것은?
① 극간법
② 프로드법
③ 직각 통전법
④ 전류 관통법

|해설|

27-1
- 표피효과(바깥쪽으로 갈수록 전류밀도가 커지는 효과)가 있다.
- 위상차가 지속적으로 발생하여 전류차단 시 위상에 따라 결과가 계속 달라지므로 잔류법에는 사용할 수 없다.

27-2
선형자화란 코일에 전류를 통전시키면 코일 안으로 자속이 지선방향으로 형성되는 자화방법이다. 코일법과 극간법 등이 선형자화의 대표적인 방법이다.

정답 27-1 ① 27-2 ①

핵심이론 28 | 방사선시험 기초

① 방사선시험
  ㉠ 내부 깊은 결함, 압력용기 용접부의 슬래그 혼입의 검출, 체적검사 가능
  ㉡ 거의 대부분의 검출이 가능하나 장비와 비용이 많이 소요
  ㉢ 다량 노출 시 인체에 유해하므로 관리가 필요
  ㉣ 물질의 원자번호나 밀도가 큰 텅스텐, 납 등에는 중성자선을 사용

② 방사선 투과 사진의 상질
  ㉠ 명암도(Contrast) : 투과사진상 어떤 두 영역의 농도 차
  ㉡ 명료도(Sharpness) : 투과사진상 윤곽의 뚜렷함
  ㉢ 명암도에 영향을 주는 인자 : 시험체 명암도, 필름 명암도
  ㉣ 명료도에 영향을 주는 인자 : 고유 불선명도, 산란 방사선, 기하학적 불선명도
  ※ 산란 방사선에 의한 영향을 적게 하기 위해 후면납판, 마스크, 필터, 콜리미터, 다이어프램, 콘, 납증감지를 부착하는 등의 방법을 사용한다.

③ 방사선시험장치
  ㉠ X선 발생장치와 부속(조사통, 조리개, 필터, 센터봉)
  ㉡ 감마선 발생장치와 부속[원격조작기, 콜리미터, 선원(線原) 캡슐, 선원 홀더]
  ㉢ 사용주기 = $\dfrac{\text{사용시간(노출시간)}}{\text{총시간(노출시간+장비휴지시간)}} \times 100(\%)$
  ㉣ 필름에서 주요 용어
    - 특성곡선 : X선의 노출량과 사진농도와의 상관관계를 나타낸 곡선
    - 필름 명암도
    - 입상성
  ㉤ 증감지(Screen) : 금속박 증감지, 형광증감지, 금속형광증감지
  ㉥ 상질계 : 투과도계, 계조계
  ㉦ 기타 : 농도계, 관찰기

10년간 자주 출제된 문제

28-1. 비파괴검사법 중 반드시 시험 대상물의 앞면과 뒷면 모두 접근 가능하여야 적용할 수 있는 것은?
① 방사선투과시험
② 초음파탐상시험
③ 자분탐상시험
④ 침투탐상시험

28-2. 두꺼운 금속제의 용기나 구조물의 내부에 존재하는 가벼운 수소화합물의 검출에 가장 적합한 검사 방법은?
① X선투과검사
② 감마선투과검사
③ 중성자투과검사
④ 초음파탐상검사

28-3. 방사선투과검사에 사용되는 X선 필름특성곡선은?
① X선의 노출량과 사진농도와의 상관관계를 나타낸 곡선이다.
② 필름의 입도와 사진농도와의 상관관계를 나타낸 곡선이다.
③ 필름의 입도와 X선 노출량과의 상관관계를 나타낸 곡선이다.
④ X선 노출시간과 필름의 입도의 상관관계를 나타낸 곡선이다.

|해설|

28-1
방사선투과시험은 방사선을 방사하고, 필름에서 감광을 하여야 하므로 마주 보는 두 면이 필요하다.

28-2
X선은 두꺼운 금속제 구조물 등에서는 투과력이 약하여 검사가 어렵다. 중성자시험은 두꺼운 금속에서도 깊은 곳의 작은 결함의 검출도 가능한 비파괴검사탐상법이다.

28-3
X선 필름에 쏘여진 X선량과 사진농도와의 관계를 나타낸 곡선을 필름특성곡선이라 한다. 필름특성은 감광속도, 콘트라스트, 입상성으로 나타낸다.

정답 28-1 ① 28-2 ③ 28-3 ①

핵심이론 29 | 초음파검사 기초

① 초음파의 종류
  ㉠ 종 파
   - 파를 전달하는 입자가 파의 진행방향에 대해 평행하게 진동하는 파장
   - 고체, 액체, 기체에 모두 존재하며, 속도(5,900m/s 정도)가 가장 빠름
  ㉡ 횡 파
   - 파를 전달하는 입자가 파의 진행방향에 대해 수직하게 진동하는 파장
   - 액체, 기체에는 존재하지 않으며 속도는 종파의 반 정도
   - 동일 주파수에서 종파에 비해 파장이 짧아서 작은 결함의 검출에 유리
  ㉢ 표면파
   - 매질의 한 파장 정도의 깊이를 투과하여 표면으로 진행하는 파장
   - 입자의 진동방식이 타원형으로 진행한다.
   - 에너지의 반 이상이 표면으로부터 1/4 파장 이내에서 존재, 한 파장 깊이에서의 에너지는 대폭 감소
  ㉣ 판 파
   - 얇은 고체 판에서만 존재
   - 밀도, 탄성특성, 구조, 두께 및 주파수에 영향 받음
   - 진동의 형태가 매우 복잡하며, 대칭형과 비대칭형으로 분류
  ㉤ 유도초음파
   - 배관 등에 초음파를 일정 각도로 입사시켜 내부에서 굴절 중첩 등을 통하여 배관을 따라 진행하는 파가 만들어지는 것을 이용하여 발생시킴
   - 탐촉자의 이동 없이 고정된 지점으로부터 대형 설비전체를 한 번에 탐상 가능
   - 절연체나 코팅의 제거가 불필요

② 초음파탐상시험의 장단점

장 점	단 점
• 균열 등 미세 결함에도 높은 감도 • 초음파의 투과력 • 내부결함의 위치나 크기, 방향 등을 꽤 정확히 측정할 수 있다. • 신속하게 결과를 확인할 수 있다. • 방사선 피폭의 우려가 적다.	• 검사자의 숙련이 필요하다. • 불감대가 존재한다. • 접촉매질을 활용한다. • 표준시험편, 대비시험편을 필요로 한다. • 결함과 초음파빔의 탐상방향에 따른 영향이 크다.

③ 초음파의 특성
  ㉠ 음속의 관계
   • 주파수(f) : 초당 떨린 횟수
   • 파장(λ) : 한 번 떨릴 때 진행한 거리
   • 음속(C) : 한 번 떨릴 때 진행한 거리(λ)와 초당 떨린 횟수(f)를 곱하면 초당 진행한 거리, 즉 속도
   • $C = f\lambda$ (따라서 음속이 일정하다면 주파수와 파장은 서로 반비례 관계이다)
  ㉡ 초음파입자의 변위
    $a = a_0 \sin 2\pi f$ (a_0 : 진폭, f : 주파수)
  ㉢ 에너지 감쇠 : 초음파 또한 에너지이며 초음파가 직진을 하면서 어떤 경계면이나 결함을 만나지 않았더라도 매질을 지나면서 에너지 손실이 자연히 발생하여 에너지가 감쇠하게 된다.

④ 가청주파수 범위 : 20~20,000Hz(20kHz)
  ※ 초음파 : 가청주파수 범위를 넘는 범위에 해당하는 음파

⑤ 초음파의 속도와 굴절각과의 관계
  $$\frac{\sin\alpha}{\sin\beta} = \frac{V_1}{V_2}, \sin\beta = \frac{V_2}{V_1} \times \sin\alpha$$

⑥ 음향 임피던스 : 탐촉자로부터 송신한 초음파는 대부분 경계면에서 반사되고 일부만 통과하는데, 그 반사량은 경계되는 두 매질의 음향 임피던스 비에 의해서 좌우된다. 음향 임피던스는 서로 다른 재질에서의 음속 차에 원인이 있으며, 매질의 밀도(ρ)와 음속(C)의 곱으로 나타내는 매질 고유의 값으로 이론적으로는 입자 속도와 음압의 비율

⑦ 압전효과 : 어떤 물질에 힘이 가해지면 그 힘과 비례하는 전압이 생기는 현상

⑧ 초음파탐상기에 요구되는 성능
  ㉠ 증폭직진성 : 수신된 초음파 펄스의 음압과 브라운관에 나타난 에코 높이의 비례관계 정도
  ㉡ 시간축 직진성 : 초음파 펄스가 송신되고부터 수신될 때까지의 시간에 정확히 비례한 횡축위치에 에코를 표시할 수 있는 성능
  ㉢ 분해능 : 탐촉자로부터의 거리 또는 방향이 다른 근접한 2개의 반사원을 2개 에코로 식별할 수 있는 성능

10년간 자주 출제된 문제

29-1. 다음 중 초음파탐상검사의 장점이 아닌 것은?
① 미세한 균열의 검출에 대한 감도가 낮다.
② 내부결함의 위치 측정이 가능하다.
③ 검사결과를 신속히 알 수 있다.
④ 내부결함의 크기 측정이 가능하다.

29-2. 초음파의 특이성을 기술한 것 중 옳은 것은?
① 파장이 길기 때문에 지향성이 둔하다.
② 고체 내에서 잘 전파하지 못한다.
③ 원거리에서 초음파빔은 확산에 의해 약해진다.
④ 고체 내에서는 횡파만 존재한다.

29-3. 다음 중 가청주파수의 한계는 얼마인가?
① 2kHz
② 20kHz
③ 200kHz
④ 2,000kHz

29-4. 공기 중에서 초음파의 주파수가 5MHz일 때 물속에서의 파장은 몇 mm가 되는가?(단, 물에서의 초음파 음속은 1,500 m/s이다)
① 0.1
② 0.3
③ 0.5
④ 0.7

10년간 자주 출제된 문제

29-5. 그림과 같이 물을 통하여 알루미늄에 초음파를 9°의 입사각으로 입사시킬 때 알루미늄에서의 굴절각은 약 몇 도인가?(단, 물의 종파속도는 1,500m/s, 알루미늄의 종파속도는 6,300m/s)

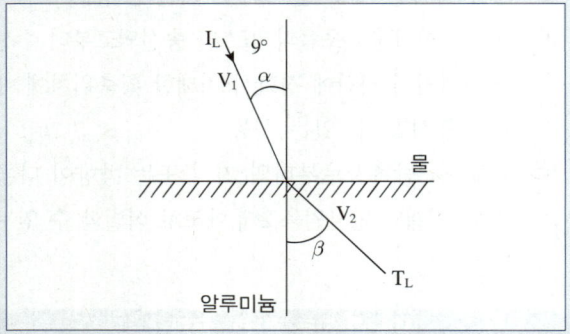

① 13° ② 21°
③ 33° ④ 41°

|해설|

29-1
초음파탐상시험의 장단점을 잘 익혀 두어야 한다. 초음파탐상의 장단점을 요약하면 파장을 이용하기 때문에 전달성과 검출성이 좋은 장점과 매질에 의해 진행하는 파장의 성질에 따른 단점이 있다.

29-2
① 파장이 짧다.
② 고체 내에 전달성이 높다.
④ 고체 내에서는 횡파와 종파가 모두 잘 전달된다.

29-3
가청주파수의 범위는 20~20,000Hz(20kHz)이다.

29-4
주파수란 1초당 떨림 횟수이므로 공기 중 500만번 떨리면서 340m(공기 중 음속 340m/s) 이동하므로 1회당 0.068mm(=파장의 길이) 같은 떨림 수를 갖고 있고, 음속만 다르면 파장당 길이가 1,500 : 340으로 길어지므로 $0.068mm \times \left(\frac{1,500}{340}\right) = 0.3mm$ 이다.

29-5
$\frac{\sin\alpha}{\sin\beta} = \frac{V_1}{V_2}$, $\sin\beta = \frac{V_2}{V_1} \times \sin\alpha$, $\sin\beta = \frac{6,300}{1,500} \times \sin 9° = 0.657$
∴ $\beta = 41°$

정답 29-1 ① 29-2 ③ 29-3 ② 29-4 ② 29-5 ④

핵심이론 30 | 누설검사 기초

① 관련 물리 이론
  ㉠ 대기압 : 지구표면 위에 작용하는 공기의 압력으로 지표면에서의 압력을 1기압으로 정의
  ㉡ 계기압력 : 압력계가 측정하는 압력. 압력계에는 이미 대기압이 작용하고 있으므로 실제 압력에서 대기압을 제외하여 계산
  ㉢ 절대압 : 대기압을 합친 실제 압력
     절대압력 = 대기압력 + 계기압력
  ㉣ 진공압 : 대기압 이하로 내려간 압력으로 압력계에는 마이너스(-)압력으로 표시됨
  ㉤ 1기압
     1atm=760mmHg=760torr=1.013bar=1,013mbar=0.1013MPa=10.33mAq=1.03323kgf/cm²
     ※ 1공학기압은 1기압을 1.03323kgf/cm²이 아닌 1kgf/cm²으로 계산한 압력
  ㉥ 화씨온도
     화씨 0도는 섭씨 -32도, 온도간격은 5 : 9로 화씨 쪽의 온도간격이 더 작음
     $$°F = \frac{9}{5} \times °C + 32$$
  ㉦ 관련된 단위
     • 기체의 누설률 : 부피가 일정한 곳에서 단위 시간당 변화하는 압력
     • Liter microns per second = lusec
     • 1 lusec = 1μmHg/s · L
  ㉧ 보일-샤를의 정리 : 기체의 압력과 부피, 온도의 상관관계를 정리한 식
     $$PV = (m)RT$$
     여기서, P : 압력
          V : 부피
          R : 기체상수
          T : 온도
          m : 질량(단위 질량을 사용할 경우 생략)

ⓩ 레이놀즈수

$$Re = \frac{vd}{\nu}$$

여기서, ν : 동점성계수
v : 유속
d : 유관(Pipe)의 지름

레이놀즈가 고안해 낸 무차원의 수로, 계산된 값에 따라 유체 흐름의 층류, 난류를 구분하는 기준으로 사용. 일반적으로 $Re > 2,320$이면 난류로 구분

② 관련 용어
㉠ 가연성 가스 : 폭발범위 하한이 10%이거나 상한과 하한의 차가 20% 이상인 가스
㉡ 불활성 가스 : 반응성이 낮은 안정적이고 활성이 없는 가스. Ar, Ne, He, Kr 등
㉢ 추적 가스 : 규정된 누설 검출기에 의해서 감지할 수 있는 가스 또는 누설 부위를 통과한 가스로 추적 가스로 공기, 헬륨, 암모니아, 할로겐, 화약지시약품을 사용
㉣ 누설률 : 규정된 압력, 온도에서 단위 시간당 누설부를 통과한 가스의 양
 • 단위 : torr・L/s, atm・cm^3/s
㉤ 응답 시간 : 누설검출기나 시스템에서 출력신호가 최대신호의 63%까지 감소되는 시간. 즉, 안정화 요구 시간
㉥ 발포용액 : 기포누설시험 시 기포를 형성시키는 용액으로 글리세린, 액상세제, 물 등의 혼합물질
 • 발포용액의 구비조건
  - 표면장력이 작을 것
  - 점도가 낮을 것
  - 적심성이 좋은 것
  - 진공 조건에서는 증발이 어려울 것
  - 발포액 자체에는 거품이 없을 것
  - 발포액이 시험체에 영향을 주지 않을 것
  - 열화가 없을 것
  - 인체 무해할 것
㉦ 질량분석기 : 전자빔에 의해 이온화된 이온은 자장 통과 시 질량 차로 인해 서로 다른 궤적을 그리므로 원하는 궤적의 이온만을 감별하는 기기
㉧ 세정 시간 : 추적 가스의 공급을 중단한 시험에서 기기상의 출력 신호가 37%로 감소하는 데 필요한 시간

③ 누설시험 종류
㉠ 크게 기밀시험(가스가 새는지)과 내압시험(압력을 주었을 때 기체가 이동하는지)으로 구분한다.
㉡ 발포누설시험(기포누설시험)
 • 누설량이 큰 경우에 좋고, 위치탐색이 가능. 시험시간이 짧으며 간단
 • 용량, 수량이 많은 경우 진공법보다는 가압법을 사용
 • 유분, 오염 세척 등 선처리, 발포 검지액을 바른 후 후처리가 필요
 • 감도가 좋지 않으며 잘못 시험했을 때 적절한 교정이 없음
㉢ 할로겐 누설시험
 • 염소(Cl), 불소(F, 플루오린), 브롬(Br), 요오드(I, 아이오딘) 등 할로겐족 원소를 포함하는 기체상 혼합물에 대한 응답이 가능한 검출기를 이용하는 방법
 • 검지 전극이 내장된 검출프로브를 이용하여 누설위치를 검사
 • 가열양극법, 헬라이드 토치법, 전자포획법 등
㉣ 헬륨누설시험
 • 시험체에 가스를 넣은 후 질량분석형 검지기를 이용하여 검사
 • 공기 중 헬륨은 거의 없어 검출이 용이
 • 헬륨이 가볍고 직경이 작아서 미세한 누설에 유리
 • 누설위치탐색, 밀봉부품의 누설시험, 누설량 측정 등 이용범위가 넓음

- 종류 : 스프레이법, 후드법, 진공적분법, 스니퍼(Sniffer)법, 가압적분법, 석션컵법, 벨자(Bell Jar)법, 펌핑법 등

㋐ 방치법누설시험
- 양압이나 음압을 걸어 시간 변화 후 압력변화를 보는 시험
- 시험이 간단하고 형상이 복잡한 경우 적절
- 시험체 용량이 큰 경우와 미소누설의 경우 시험이 어려움

㋑ 암모니아누설시험
- 감도가 높아 대형 용기의 누설을 단시간에 검지할 수 있고 암모니아 가스의 봉입압이 낮아도 검사가 가능
- 검지하는 제제가 알칼리에 쉽게 반응하며 동, 동합금재에 대한 부식성을 가짐
- 암모니아가스는 폭발 위험성이 있음

10년간 자주 출제된 문제

30-1. 누설시험의 "가연성 가스"의 정의로 옳은 것은?
① 폭발범위 하한이 20%인 가스
② 폭발범위 상한과 하한의 차가 10%인 가스
③ 폭발범위 하한이 10% 이하 또는 상한과 하한의 차가 20% 이상인 가스
④ 폭발범위 하한이 20% 이하 또는 상한과 하한의 차가 10% 이상인 가스

30-2. 기포누설시험에 사용되는 발포액의 구비조건으로 옳은 것은?
① 표면장력이 클 것
② 발포액 자체에 거품이 많을 것
③ 유황성분이 많을 것
④ 점도가 낮을 것

30-3. 누설검사에 이용되는 가압 기체가 아닌 것은?
① 공 기   ② 황산가스
③ 헬륨가스   ④ 암모니아가스

30-4. 다음 중 기포누설검사의 특징에 대한 설명으로 옳은 것은?
① 누설위치의 판별이 빠르다.
② 경제적이나 안전성에는 문제가 있다.
③ 기술의 숙련이나 경험을 크게 필요로 한다.
④ 프로브(탐침)나 스니퍼(탐지기)가 반드시 필요하다.

30-5. 다음 누설검사법 중 미세한 누설 검출률이 가장 높은 것은?
① 기포누설검사법
② 헬륨누설검사법
③ 할로겐누설검사법
④ 암모니아누설검사법

|해설|

30-1
가연성 가스 : 폭발범위 하한이 10%이거나 상한과 하한의 차가 20% 이상인 가스

30-2
발포용액의 구비조건
- 인체 무해할 것
- 점도가 낮을 것
- 열화가 없을 것
- 적심성이 좋을 것
- 표면장력이 작을 것
- 발포액 자체에는 거품이 없을 것
- 진공 조건에서는 증발이 어려울 것
- 발포액이 시험체에 영향을 주지 않을 것

30-3
누설시험에 이용되는 가스는 헬륨, 암모니아, 할로겐 같은 인체에 무해하고 공기 중에 많이 섞여있지 않아서 검출이 쉽거나 냄새를 유발하는 가스를 사용하며, 황산은 위험하다.

30-4
발포되는 위치는 육안으로 식별 가능하다.

30-5
헬륨누설시험법은 극히 미세한 누설까지도 검사가 가능하고 검사 시간도 짧으며, 이용범위도 넓다.

정답 30-1 ③ 30-2 ④ 30-3 ② 30-4 ① 30-5 ②

| 핵심이론 31 | 그 밖의 시험법 |

① 응력 스트레인법
  ㉠ 기계적인 미세한 변화를 검출하기 위해 얇은 센서를 붙여서 기계적 변형을 측정해내는 방법
  ㉡ 기계나 구조물의 설계 시, 응력, 변형률을 측정 적용하여 파손, 변형의 적절성을 측정
② 적외선 서모그래피법 : 시험체에 열에너지를 가해 결함이 있는 곳에 온도장(溫度場)을 만들어주면 적외선 서모그래피 기술을 이용하여 화상으로 결함을 탐상하는 방법
③ 피코초 초음파법 : 아주 얇은 박막의 비파괴검사를 위해 초단펄스레이저를 조사하여 피코초 초음파를 수신하는 기술. 에코의 간극을 50ps(pico second)로, 기존 초음파펄스법이 0.1mm까지 측정이 가능하다면 1/1,000배의 두께도 측정이 가능
④ 레이저 초음파법 : 비접촉으로 1,600℃ 이상의 초고온 영역에서, 종파와 횡파 송·수신이 가능하기 때문에 재료의 종탄성계수와 푸아송비를 동시에 측정 가능
⑤ 누설램파법 : 두 장의 판재를 접합한 재료의 접합계면의 좋고 나쁨을 판단하는 데 사용
⑥ X선 후방산란법 : 콤프턴 효과에 의해 후방산란한 X선을 이용하여 화상화하는 방법
⑦ 싱크로트론 방사광을 이용한 단색 X선 단층영상법(SOR-CT법) : 싱크로트론 방사광은 종래의 X선에 비해 고강도로, 평행성이 우수하고 넓은 파장 영역을 갖춤
⑧ 핵자기공명단층영상법(NMR-CT법) : 수소원자핵의 분포를 영상화하는 기술
⑨ 고정밀도 자동초음파탐상장치 : 3차원 곡면에 고정밀도 스캐너를 이용한 초음파탐상장치
⑩ 마이크로파법 : 결함 등에 존재하는 전자기적 물성 변화를 MicroWave의 반사나 투과의 변화로 검출. MicroWave는 300MHz에서 300GHz 대역의 전자파를 이용
⑪ 전위차 시험법 : 전위의 등고선을 표현하여 등고선의 모양을 해석, 결함을 탐색

10년간 자주 출제된 문제

기계나 구조물을 설계할 때 부재의 치수, 형상, 재료의 적부를 판단하거나 제작된 기계나 구조물이 사용 중 파손 및 변형되지 않도록 감지하는 데 이용되는 비파괴검사법은?

① 음향방출 시험
② 응력 스트레인 측정
③ 전위차 시험
④ 적외선 서모그래피

|해설|

응력 스트레인법
- 기계적인 미세한 변화를 검출하기 위해 얇은 센서를 붙여서 기계적 변형을 측정해내는 방법
- 기계나 구조물의 설계 시, 응력, 변형률을 측정 적용하여 파손, 변형의 적절성을 측정

정답 ②

CHAPTER 02 설비관리

핵심이론 01 | 설비관리의 개요

① 설비의 정의 : 유형 고정자산을 포괄하여 이르는 말
② 설비관리의 정의
  ㉠ 설비를 활용하여 기업 이윤을 창출하는 활동
  ㉡ 생산 보전활동
  ㉢ 보전도 향상활동
  ㉣ 설비의 효율적 관리
③ 설비시스템의 구성

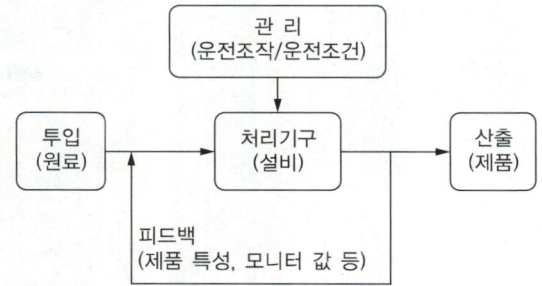

  ㉠ 시스템의 기본 구성은 투입을 처리하여 산출하는 과정으로 구성되며 처리과정은 관리됨
  ㉡ 그 과정 중 처리된 결과를 모니터하여 투입과정에 피드백을 실시
  ㉢ 설비를 운영하는 시스템에 적용하면 원료를 투입하여 이것을 가공, 운전, 조작하여 처리하는 과정을 거친 후 제품을 산출하는 과정을 설비시스템이라 하며 모니터링한 측정 등을 피드백하여 원료량이나 원료상태를 조절
④ 시스템 공학
  ㉠ 시스템은 새로이 생성되었다 수명이 다하면 폐기
  ㉡ 시스템의 라이프 사이클

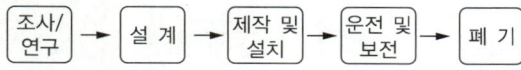

⑤ 지능 기술 시스템
  ㉠ 발전된 AI 기술을 바탕으로 스마트 모니터링을 이용
  ㉡ 컴퓨터나 로봇에 전문적 기술을 부여하여 자동화 공장의 문제점을 인식, 해결법을 스스로 찾아낼 수 있는 시스템

10년간 자주 출제된 문제

1-1. 설비관리의 영역에 포함되지 않는 것은?
① 생산 보전활동   ② 제품 품질 개선
③ 보전도 향상   ④ 설비자산관리

1-2. 다음 중 설비관리의 활동이 아닌 것은?
① 설비자산의 효율적 관리
② 원가절감을 위한 경영활동
③ 설계가 끝난 설비의 사용 중 보전도 유지를 포함한 생산 보전활동
④ 기존 설비 또는 신규 개발이나 구매되는 설비의 설계와 연계되는 보전도 향상

1-3. 시스템을 구성하는 기본적 요소로 (1)에 들어갈 내용으로 적합한 것은?

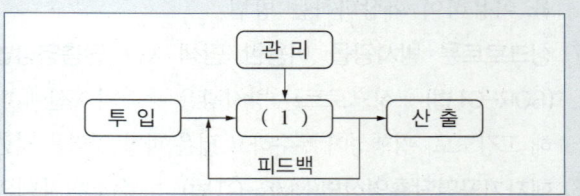

① 연산기구   ② 제어기구
③ 중앙기구   ④ 처리기구

1-4. 시스템의 탄생에서부터 사멸에 이르기까지의 라이프 사이클은 4단계로 나누어 볼 수 있다. 다음 중 1단계에 해당하는 것은?
① 제작, 설치
② 운용, 유지
③ 시스템의 설계, 개발
④ 시스템의 개념 구성과 규격 결정

10년간 자주 출제된 문제

1-5. 컴퓨터나 로봇에 전문적 기술을 부여하여 자동화 공장의 문제점을 인식하고 이를 해결하기 위한 방법을 스스로 찾아낼 수 있는 것은?
① 유연기술 시스템　② 지능기술 시스템
③ 자동이송 라인　　④ 수치 제어 기계

|해설|

1-1
설비관리의 정의
- 설비를 활용하여 기업 이윤을 창출하는 활동
- 생산 보전활동
- 보전도 향상활동
- 설비의 효율적 관리

※ 제품의 품질 개선은 품질관리의 영역으로 구분하는 것이 좋겠다.

1-2
원가를 절감하는 활동이지만 설비를 이용한 활동이다.

1-3
- 시스템의 기본 구성은 투입을 처리하여 산출하는 과정으로 구성되며 처리과정은 관리됨
- 그 과정 중 처리된 결과를 모니터하여 투입과정에 피드백을 실시
- 설비를 운영하는 시스템에 적용하면 원료를 투입하여 이것을 가공, 운전, 조작하여 처리하는 과정을 거친 후 제품을 산출하는 과정을 설비시스템이라 하며 모니터링한 측정 등을 피드백하여 원료량이나 원료상태를 조절

1-4
시스템의 라이프 사이클

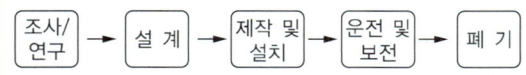

조사/연구 단계에서 시스템의 개념구성과 규격을 결정한다.

1-5
- 유연기술 시스템 : 다품종 소량생산에 적합하게 여러 기술을 적용할 수 있는 시스템
- 자동이송 라인 : 스태커 크레인, 무인이동차 등을 이용한 운송체계
- 수치 제어 기계 : CNC, MCT 등 수치 제어 기술을 기반으로 한 기계

정답　1-1 ②　1-2 ②　1-3 ④　1-4 ④　1-5 ②

핵심이론 02 | 설비관리 발전

① 사후 보전(BM ; Breakdown Maintenance)
　㉠ 초기 보전의 개념이 도입된 것은 문제가 생긴 시설에 대한 보전(1900년대)
　㉡ 비계획적 보전이며, 영세하거나 비조직적인 사업장에서 많이 도입
　㉢ 고장 또는 유해한 성능저하를 가져온 후에 수리를 행하는 보전 방식

② 예방 보전(PM ; Preventive Maintenance)
　㉠ 사후 보전보다는 고장 예방을 위한 보전 활동이 필요하다고 대두(1940년대)
　㉡ 계획보전의 일종으로 특정 운전 상태를 계속 유지시키는 방법
　㉢ 고장, 정지, 성능저하 등을 가져오는 상태를 발견하기 위한 설비의 주기적인 검사 실시
　㉣ 예방보전의 구분
　　• 시간기준 예방보전(TBM) : 과거의 경험이나 통계 데이터를 기준으로 정해진 일정주기로 보전을 실시한다.
　　• 상태기준 예방보전(예지보전, CBM)
　　　- 설비의 상태를 기준으로 보전주기를 결정하는 방법으로, 열화를 나타내는 지침이 있을 때 보전을 실시한다.
　　　- 설비진단기술에 의해 설비 구성품의 열화 상태를 진단, 파악하고 정량적으로 예지, 예측하여 보수, 교체를 계획하고 실시한다.

③ 생산 보전(PM ; Productive Maintenance) : GE 사에서 주창. 생산의 경제성을 높이기 위한 보전(1950년대)
　㉠ 생산 보전의 목적 : 비용은 최소, 성능은 최고
　㉡ 생산 보전의 구분
　　• 유지활동 : 일상 보전, 예방 보전(정기 보전, 예지 보전), 사후 보전
　　• 개선활동 : 신뢰성의 개량보전, 보전성의 개량 보전

④ 개량 보전(CM ; Corrective Maintenance) : 예방 보전 이후 설비 개량이 비용절감이 되어 대두, 설비 체질 개선, 보전이 필요하지 않는 설비를 만드는 것이 목표 (1950년대)
⑤ 보전 예방(MP ; Maintenance Prevention) : 개량보다는 새 설비일 때부터 보전 활동을 하여 보전비를 발생시키지 않으려는 활동(1960년대)
⑥ 종합적 생산 보전(TPM ; Total Productive Maintenance) : 지프(JIPE)에 의해 주창. 설비의 계획부터 보건에 이르기까지 전 직원이 참여하는 보전 활동(1970년대)
⑦ 설비 관리 시스템(CMMS ; Computerized Maintenance Management System) : 설비의 전체 Life Cycle을 종합 관리하여 생산성을 높이는 시스템(1980년대, 포드에서 도입)
⑧ 이익 중심 설비 관리(EAM ; Enterprise Asset Management) : 효율적 예방정비활동을 통한 생산설비의 최적화(2000년대)

10년간 자주 출제된 문제

2-1. 고장 또는 유해한 성능저하를 가져온 후에 수리를 행하는 보전 방식은?

① 예방 보전 : PM(Preventive Maintenance)
② 사후 보전 : BM(Breakdown Maintenance)
③ 개량 보전 : CM(Corrective Maintenance)
④ 종합적 생산 보전 : TPM(Total Productive Maintenance)

2-2. 보전 방식의 변화 중에서 틀린 것은?

① 1940년대 - 예방 보전
② 1950년대 - 생산 보전
③ 1960년대 - 종합 생산성 관리
④ 2000년대 - 이익 중심 설비 관리

2-3. 설비의 효율을 높여 관리하기 위한 활동인 오버홀(Overhaul)은 어떤 보전 활동에 포함되는가?

① 일상 보전 활동   ② 사후 보전 활동
③ 예방 보전 활동   ④ 개량 보전 활동

2-4. 기업의 생산성을 높이는 보전방식을 수단별로 분류 시 해당되지 않는 것은?

① 예방 보전   ② 개량 보전
③ 보전 예방   ④ 품질 보전

2-5. 고장이 없고 보전이 필요하지 않은 설비를 제작하는 보전 방식은?

① 예방 보전   ② 보전 예방
③ 생산 보전   ④ 사후 보전

2-6. 설비의 잠재열화현상을 파악하기 위해 측정설비를 이용하여 직접 설비를 감지하는 보전방법은?

① 예지 보전   ② 예방 보전
③ 개량 보전   ④ 보전 예방

2-7. 설비의 라이프사이클에 걸쳐 설비 자체의 비용, 보전비, 유지비 및 설비 열화손실과의 합계를 낮춰 기업의 생산성을 높일 수 있도록 하는 보전은?

① 개량 보전   ② 사후 보전
③ 생산 보전   ④ 예방 보전

| 해설 |

2-1

사후 보전(BM ; Breakdown Maintenance)
- 초기 보전의 개념이 도입된 것은 문제가 생긴 시설에 대한 보전 (1900년대)
- 비계획적 보전이며, 영세하거나 비조직적인 사업장에서 많이 도입
- 고장 또는 유해한 성능저하를 가져온 후에 수리를 행하는 보전 방식

2-2
- 사후 보전(BM) – 1900년대
- 예방 보전(PM) – 1940년대
- 생산 보전(PM) – 1950년대
- 개량 보전(CM) – 1950년대
- 보전 예방(MP) – 1960년대
- 종합적 생산 보전(TPM) – 1970년대
- 설비 관리 시스템(CMMS) – 1980년대
- 이익 중심 설비 관리(EAM) – 2000년대

2-3

오버홀(Overhaul)은 설비를 분해하여 점검, 정비 후 재조립하는 재생수리를 의미하며, 이는 고장이 일어나기 전에 계획에 의해 실시하므로 예방 보전 활동에 속한다.

2-4

기업의 생산성을 높이는 보전방식을 생산 보전이라 하고 생산 보전의 범위 안에는 일상 보전, 예방 보전, 사후 보전, 개량 보전 등이 들어간다.

2-5

보전 예방(MP ; Maintenance Prevention) : 개량보다는 새 설비일 때부터 보전 활동을 하여 보전비를 발생시키지 않으려는 활동

2-6

예방보전의 구분
- 시간기준 예방보전(TBM) : 과거의 경험이나 통계 데이터를 기준으로 정해진 일정주기로 보전을 실시한다.
- 상태기준 예방보전(예지보전, CBM)
  - 설비의 상태를 기준으로 보전주기를 결정하는 방법으로, 열화를 나타내는 지침이 있을 때 보전을 실시한다.
  - 설비진단기술에 의해 설비 구성품의 열화 상태를 진단, 파악하고 정량적으로 예지, 예측하여 보수, 교체를 계획하고 실시한다.

2-7

생산 보전(PM ; Productive Maintenance)은 GE사에서 주창하였다. 생산의 경제성을 높이기 위한 보전(1950년대)의 개념으로 비용을 최소로, 성능은 최고로 하기 위해 유지활동[일상 보전, 예방 보전(정기 보전, 예지 보전), 사후 보전]과 개선활동(신뢰성의 개량 보전, 보전성의 개량 보전)을 실시하는 보전활동이다.

정답 2-1 ② 2-2 ③ 2-3 ③ 2-4 ④ 2-5 ② 2-6 ① 2-7 ③

핵심이론 03 | 설비관리의 목적

① 설비를 관리하여 기업의 생산성을 향상시키는 것이 궁극적인 목적이다.

② 생산성

㉠ 생산성 = $\dfrac{산출}{투입}$

- 생산성의 요소 : 생산계획 달성, 품질향상, 원가절감, 납기준수, 재해예방, 환경개선

㉡ 생산능력

- 작업자, 기계, 작업장, 공정, 공장 및 조직이 단위시간당 생산할 수 있는 최대의 생산량
- 생산능력의 결정요인
  - 외적요인 : 자재, 노동, 자금, 시장
  - 내적요인 : 제품요인, 공장요인, 공정요인, 인적요인, 가동상의 요인

③ 설비 관리는 최고 경영자부터 계약직 말단 직원까지 모두 참여

④ 설비 관리의 필요성

㉠ 자동화 시스템의 발달에 따라 설비의 영향력이 커짐

㉡ 설비의 규모와 비용이 커짐

㉢ 기술혁신이 생길 때마다 설비로의 반영과 영향력이 커짐

→ 즉, 설비 규모가 커짐 / 설비 기술이 고도화됨 / 생산 주체가 바뀜(인간에서 기계로)

10년간 자주 출제된 문제

3-1. 설비관리의 목적으로 가장 거리가 먼 것은?
① 품질향상
② 원가절감
③ 생산계획 달성
④ 설비투자비 증대

3-2. 설비관리에서 생산성을 나타내는 것은?
① 투입 / 산출
② 산출 / 투입
③ 제품생산량 / 보전비
④ 보전비 / 제품생산량

3-3. 제조능력의 요인은 크게 외적요인과 내적요인으로 나눌 수 있다. 다음 중 외적요인(제약요인)에 해당되지 않는 것은?
① 자 재
② 노 동
③ 설 비
④ 자 금

|해설|

3-1
- 설비 관리의 목적은 생산성 향상이며, 생산성의 요소는 생산계획 달성, 품질향상, 원가절감, 납기준수, 재해예방, 환경개선 등이다.
- 설비 투자비 증대는 설비 관리를 해야 하는 필요성 중 하나이다.

3-2
생산성

- 생산성 = $\dfrac{\text{산출}}{\text{투입}}$

- 생산성의 요소 : 생산계획 달성, 품질향상, 원가절감, 납기준수, 재해예방, 환경개선

3-3
생산능력
- 작업자, 기계, 작업장, 공정, 공장 및 조직이 단위시간당 생산할 수 있는 최대의 생산량
- 생산능력의 결정요인
 - 외적요인 : 자재, 노동, 자금, 시장
 - 내적요인 : 제품요인, 공장요인, 공정요인, 인적요인, 가동상의 요인

정답 3-1 ④ 3-2 ② 3-3 ③

핵심이론 04 | 설비관리 기능

① 설비관리 기능은 일반 관리 기능, 기술 기능, 실행 기능, 지원 기능으로 구성된다.

② 기술 기능은 설비성능분석, 고장분석방법 개발과 실시, 보전도 향상 연구, 설비 진단 기술 이전 및 개발, 설비 간 네트워크 구축, 전산화 구축, 보전업무분석, 검사기준 개발, 보전 기술 개발, 매뉴얼 개발 및 갱신, 보전 자료 문서화, 자료의 설계 반영, 보전 부품 교체 분석 등 기술 관련된 수많은 기능으로 구성되어 있다.
③ 실행 기능은 설비 관리를 실행하는 일, 즉 점검하고 검사를 실행하고, 주유하고 조정하고 수리하는 일의 준비와 실행, 가공하고 용접하는 일, 작업을 마무리하고 정리하는 일, 보전용 공구와 부품을 개발하는 일들로 구성되어 있다.
④ 지원 기능은 설비를 직접 관리하기보다는 보전 요원의 인력관리나 교육 및 훈련을 지원하고, 보전용 자재를 공급하고 구매, 제작하는 기능과 보전 장비 조건을 결정하거나 시험 조건의 지정 및 시험 방법을 결정하는 기능이다. 그 외 설비와 자재를 포장하고 이송하는 물류적인 일을 포함한다.
⑤ 일반 관리 기능은 직접 실행 외의 모든 것을 포함하는 기능으로 기술 기능, 지원 기능을 고려한 정책, 계획, 기획, 성립, 환경 조성, 동기 부여, 시스템 수립, 외주 관리, 공급망 관리, 자산 관리, 예산 관리, 전산화, 경제성 및 효율성 분석, 종합보전의 계획과 추진 등의 기능이다.

10년간 자주 출제된 문제

4-1. 설비관리를 수행할 때 기능적으로 구분하면 일반 관리 기능, 기술 기능, 실시 기능 및 지원 기능으로 구분할 수 있다. 이때 기술 기능에 해당되지 않는 것은?

① 공급망 관리
② 설비성능분석
③ 보전도 향상 연구
④ 설비진단기술 이전 및 개발

4-2. 설비관리 기능 중 생산현장에서 보전 요원 또는 엔지니어의 보전 업무로서 점검, 검사, 주유, 작업변화에 대응 및 수리 업무 등을 행하는 기능으로 가장 적합한 것은?

① 기술 기능
② 관리 기능
③ 실시 기능
④ 지원 기능

|해설|

4-1
- 기술 기능은 설비성능분석, 고장분석방법 개발과 실시, 보전도 향상 연구, 설비 진단 기술 이전 및 개발, 설비 간 네트워크 구축, 전산화 구축, 보전업무분석, 검사기준 개발, 보전 기술 개발, 매뉴얼 개발 및 갱신, 보전 자료 문서화, 자료의 설계 반영, 보전 부품 교체 분석 등 기술 관련된 수많은 기능으로 구성되어 있다.
- 공급망 관리는 일반관리 기능의 영역이다.

4-2
실행 기능은 설비 관리를 실행하는 일, 즉 점검하고 검사를 실행하고, 주유하고 조정하고 수리하는 일의 준비와 실행, 가공하고 용접하는 일, 작업을 마무리하고 정리하는 일, 보전용 공구와 부품을 개발하는 일들로 구성되어 있다.

정답 4-1 ① 4-2 ③

핵심이론 05 | 설비의 범위와 분류

① 설비의 범위
   ㉠ 어디까지 설비로 볼 것인가는 설비를 어떻게 정의하느냐에 달라진다.
   ㉡ 설비를 작업을 위해 오래 사용이 가능하고, 반복적으로 사용하는 것으로 범주화한다.
   ㉢ 토지·건물, 그 토목환경, 건물 부대설비, 공기조화설비, 냉·난방 설비, 조명설비, 동력설비, 상·하수도 설비, 정화조
   ㉣ 생산설비, 운반기계설비, 사무용설비(EARP, 사무용기기) 등

② 설비의 분류
   ㉠ 설비를 분류할 때는 목적에 따른 분류를 흔히 사용한다.
   ㉡ 목적에 따라 분류하면 설비 투자를 합리적으로 할 수 있고, 설비 원가, 평가, 통계 자료의 파악이 잘되고, 예산화, 예산 통계 및 고정 자산 관리가 편리하다.

생산설비	연구개발설비
• 생산기계 • 운반기계 • 항만, 하역기계 • 전기 장치 • 배관, 배선, 조명 • 냉·난방설비	• 기초응용 연구설비 • 자동화, 공업화 연구설비 • 기업 합리화 연구설비
수송설비	**판매설비**
• 인입선 설비 • 항만설비 • 육상하역설비 • 트럭 • 디젤기관차 • 컨베이어	• 서비스 스테이션 • 서비스 숍
유틸리티설비	**관리설비**
• 유틸리티 : 증기, 전기, 공업용수, 냉수, 불활성 가스, 연료 • 증기발생장치, 배수배관설비, 원수취수설비, 수처리 설비, 냉각탑, 펌프 설비, 냉동설비, 질소발생설비, 연료의 저장-수송-압축-건조 설비 등이 있다.	• 본사건물, 영업소건물, 건물 내 설비 • 공장의 사무소, 식당, 수위실, 창고, 차고 외 공장 내 설비 • 보조설비, 복리후생설비

10년간 자주 출제된 문제

5-1. 설비를 목적에 따라 분류한다면, 생산, 유틸리티, 연구개발, 수송, 판매, 관리설비 등으로 구분할 수 있다. 이때 관리설비에 해당되지 않는 것은?
① 사택이나 기숙사, 병원, 식당 등의 복리후생설비
② 보전시설, 보전창고, 방화설비 등의 공장보조설비
③ 전용부두, 하역설비, 소화설비 등의 항만설비
④ 냉난방설비, 전자계산기 등과 같은 공장의 관리설비

5-2. 설비를 목적에 따라 생산설비, 유틸리티설비, 수송설비, 관리설비 등으로 분류하는 이유로 가장 거리가 먼 것은?
① 설비 투자를 합리적으로 할 수 있다.
② 설비 원가 파악이 용이하다.
③ 예산 통제 및 고장자산 관리가 편리하다.
④ 생산 공장 능력을 파악하는 데 편리하다.

5-3. 다음 보기의 내용과 가장 관계가 깊은 것은?

|보기|
증기발생장치, 발전설비, 수처리시설, 공업용 원수·취수설비, 냉각탑설비

① 판매설비　　　　　② 사무용설비
③ 유틸리티설비　　　④ 연구개발설비

|해설|

5-1
- 전용부두, 하역설비, 소화설비 등의 항만설비는 트럭, 기차, 컨베이어 등과 함께 운송설비로 분류하는 것이 적당하다.
- 관리설비는 건물에 해당하는 설비로 생각하면 적당하다.

5-2
목적에 따라 분류하면 설비 투자를 합리적으로 할 수 있고, 설비 원가, 평가, 통계 자료의 파악이 잘 되고, 예산화, 예산 통계 및 고정 자산 관리가 편리하다.

5-3
- 판매설비 : 서비스 스테이션 / 서비스 숍
- 관리설비 : 본사건물, 영업소건물, 건물 내 설비 / 공장의 사무소, 식당, 수위실, 창고, 차고 외 공장 내 설비 / 보조설비, 복리후생설비
- 연구개발설비 : 기초응용 연구설비 / 자동화, 공업화 연구설비 / 기업 합리화 연구설비

정답 5-1 ③　5-2 ④　5-3 ③

핵심이론 06 | 설비관리 조직

① 설비관리 조직의 개념
　㉠ 설비관리의 목적을 달성하기 위한 수단이다.
　㉡ 설비관리의 목적을 달성하는 데 지장이 없는 한 될수록 단순화해야 한다.
　㉢ 인간을 목적달성의 수단이라는 요소로서만 인식해야 하며 가능한 능률적으로 조절할 수 있어야 한다.
　㉣ 환경의 변화에 끊임없이 순응할 수 있는 유기체이어야 한다.
　㉤ 그 관리를 위해 구성원 상호 간 네트워크가 가능해야 하며 합리적인 조직이어야 한다.

② 설비관리의 조직 계획 : 설비관리의 모든 기능을 한 부서에서 담당하는 일은 없으며, 대체로 조직의 모든 부서가 분담한다. 따라서 설비 보전 업무는 분업 방식을 알아볼 필요가 있다.
　㉠ 분업 방식 : 기능 분업, 전문 기술 분업, 지역(구역) 분업 등으로 나눈다.
　　• 기능 분업 : 설계, 건설, 수리 등 직접 수행하는 실무의 직접 기능과 계획, 통제, 조정 등의 관리 기능 등
　　• 전문 기술 분업 : 기계, 전기, 측정, 토목, 건설 등 전문 기술별 분업. 각 기술별 가중치 부여와 우선순위 논의에 어려움이 있을 수 있다.
　　• 지역(구역)별/제품별/공정별 분업 : 예를 들어 공장 내를 몇 개 구역으로 나누어 구역마다 보전을 담당하는 하위 부서를 두는 방식
　㉡ 조직 계획 시 고려 사항 : 제품 특성, 생산 형태, 사용 설비의 특징, 입지, 기업 또는 공장 규모, 인적 구성, 외주 이용 정도
　㉢ 상시 조직(정상 조직)으로 운영할 것인지 프로젝트 조직으로 운영할 것인지 고민이 필요하다.

③ 조직 구조
　㉠ 제품 중심 조직(사업부 중심 조직) vs 기능 중심 조직

- 제품 중심 조직의 예

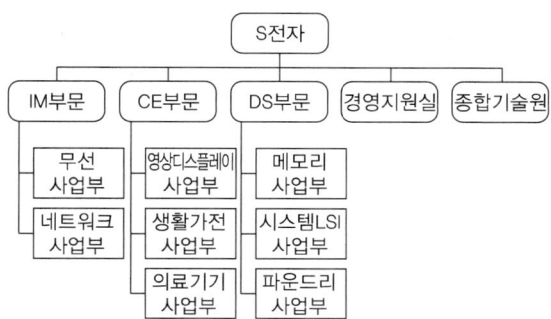

[2017년 S 전자 조직의 IM부문, CE부문, DS부문의 세부조직]

- 기능 중심 조직의 예

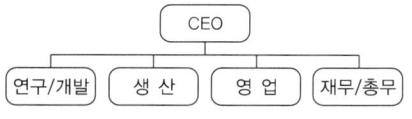

[2017년 S 전자 조직의 종합기술원, 경영지원실, 각 사업부조직 조직 모형]

ⓒ Matrix 조직 : 제품 중심 조직의 전반적인 기술계획, 개발의 총괄업무 부족의 단점과 기능 중심 조직의 특정사업에 대한 집중기술투자가 부족한 약점을 보완한 조직

- Matrix 조직 변형 1 : 프로젝트 중심 Matrix 조직
  - 필요에 따라 제품을 위주로 한 프로젝트, 또는 제품을 중심으로 한 프로젝트 등을 일정 기간 형성하여 융합 조직을 형성
- Matrix 조직 변형 2 : 제품 중심 Matrix 조직 (그림 : 예시)
  - 이 회사는 각 제품별 사업부가 세팅되어 있고, 회사 조직이 각 제품 사업부를 동시에 지원

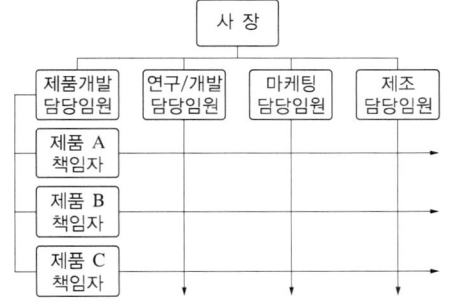

- Matrix 조직 변형 3 : 기술 중심 Matrix 조직 (그림 : 예시)
  - 이 회사에서는 각 기술(기능)이 조직 구성되어 있고 각각의 프로젝트를 동시에 지원

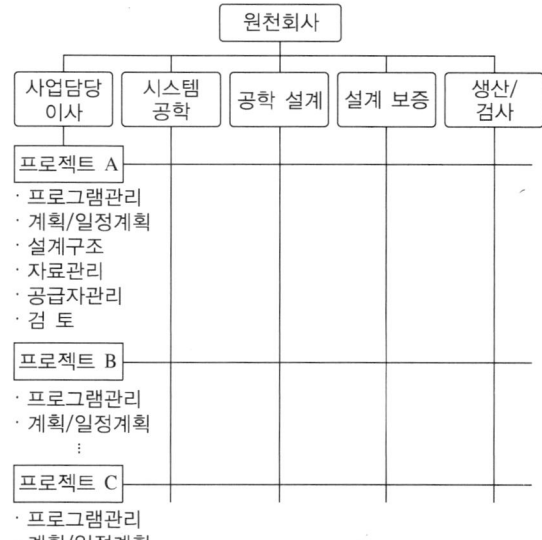

④ 수익성 중심의 설비 관리
  ㉠ 설비 자체로 세계화된 시장에서 자사의 경쟁력에 영향을 끼칠 수 있다.
    - 원가 중 중요도가 높은 하나로 설비 투자를 비롯한 초기 투자비이다.
    - 제품을 공급함에 있어 서비스 품질은 납기와 공급망, 설비의 신뢰성을 들 수 있다.
    - 경쟁력 확보를 위해 제품의 유연성을 꼽을 수 있고, 효율적 설비 관리가 대두되는 이유이다.
    - 품질은 설계 품질과 생산 후 품질(일치품질, Conformance)을 들 수 있으며 생산 후 품질은 설비와 생산 보전에 의해 좌우된다.

⑤ 설비망 구성과 설비 관리
  ㉠ 설비망 : 설비의 크기와 용량, 이 설비의 수와 종류, 설비의 배치 위치 등과 연계하여 보전, 생산, 마케팅의 연계 구축을 의미

ⓛ 설비망은 하드웨어적인 것이 포함되어 한 번 구축하면 무르기 어렵고, 지정학적 요소와 네트워크적 요소를 고려해야 한다.
ⓒ 설비망은 이러한 중요도에 따라 시장에 따른 구축, 제품에 따른 구축, 공정에 따른 구축 등으로 개발, 구축된다.
- 시장 중심 설비망 구성
  - 공장과 설비는 시장에 따라 구축해야 한다는 논리
  - 설비 관리의 지역분권화 조직 구성이 필요
  - 관리와 책임이 명확한 대신 각 망마다 설비와 전문가가 필요
  - 설비의 종류, 설비의 수, 크기와 용량 그리고 설비 위치 등에 연계된 보전 개념과 보전 작업의 결정 및 정보 연계로서 설비 계획 및 관리에 대한 명확한 책임 및 권한이 있으며 동종 설비의 여러 지역 설치로 보전 능력의 분산을 갖는 설비망
- 제품 중심 설비망 구성
  - 글로벌화에 맞게 각 제품공장을 지역별로 설치한다는 논리
  - 설비 관리가 필요에 따라 지역 분권화되거나 중앙에서 제품별로 배치
  - 전 세계 기준으로 공정 중복 설치는 하지 않으나 각 공장에서 전 세계 물량을 감당
- 공정 중심 설비망 구성
  - 한 지역의 공장에서 특정 공정만 담당하여 부품화 생산하고 최종적으로 한 공장에서 조립 공정 실시
  - 중앙집권식으로 공정 개선과 생산 보전의 효율성 가능
  - 중앙에서 전체 보전업무를 관리해야 하고, 전략부재 시 전체가 한 공장에 의한 어려움을 겪을 수 있음

10년간 자주 출제된 문제

6-1. 설비관리 조직의 개념 중 틀린 것은?
① 설비관리의 목적을 달성하기 위한 수단이다.
② 설비관리의 목적을 달성하는 데 지장이 없는 한 될수록 전문화해야 한다.
③ 인간을 목적달성의 수단이라는 요소로서만 인식해야 한다.
④ 환경의 변화에 끊임없이 순응할 수 있는 유기체이여야 한다.

6-2. 설비관리 조직의 분업 방식 중 모든 기능을 전문부문에 책임지게 하고 그 부문을 다시 하부 기능에 의해서 분업화시키는 방식은?
① 지역 분업
② 기능 분업
③ 공정별 분업
④ 전문 기술 분업

6-3. 다음은 설비관리 조직 중 어떤 형태의 조직인가?

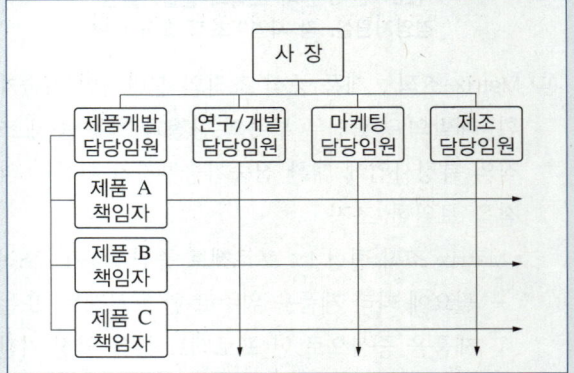

① 설계 보증 조직
② 제품 중심 조직
③ 기능 중심 매트릭스 조직
④ 제품 중심 매트릭스 조직

6-4. 전반적 기술계획 개발에 대한 총괄적 업무부족의 현상을 해결하며, 특정사업에 대한 집중적인 기술투자를 가능하게 하는 보전 조직은?
① 스텝 조직
② 제품 중심 조직
③ 기능 중심 조직
④ 매트릭스 조직

10년간 자주 출제된 문제

6-5. 설비의 종류, 설비의 수, 크기와 용량 그리고 설비 위치 등에 연계된 보전 개념과 보전 작업의 결정 및 정보 연계로서 설비 계획 및 관리에 대한 명확한 책임 및 권한이 있으며 동종 설비의 여러 지역 설치로 보전 능력의 분산을 갖는 설비망은?

① 제품 중심 설비망
② 공정 중심 설비망
③ 시장 중심 설비망
④ 프로젝트 중심 설비망

|해설|

6-1
설비관리 조직
- 설비관리의 목적을 달성하기 위한 수단이다.
- 설비관리의 목적을 달성하는 데 지장이 없는 한 될수록 단순화해야 한다.
- 인간을 목적달성의 수단이라는 요소로서만 인식해야 하며 가능한 능률적으로 조절할 수 있어야 한다.
- 환경의 변화에 끊임없이 순응할 수 있는 유기체이어야 한다.
- 그 관리를 위해 구성원 상호 간 네트워크가 가능해야 하며 합리적 조직이어야 한다.

6-2
분업 방식
- 기능 분업 : 설계, 건설, 수리 등 직접 수행하는 실무의 직접 기능과 계획, 통제, 조정 등의 관리 기능 등 기능에 따른 전문 부서로 조직
- 전문 기술 분업 : 기계, 전기, 측정, 토목, 건설 등 전문 기술별 분업. 각 기술별 가중치 부여와 우선순위 논의에 어려움이 있을 수 있다.
- 지역(구역)별/제품별/공정별 분업 : 예를 들어 공장 내를 몇 개 구역으로 나누어 구역마다 보전을 담당하는 하위 부서를 두는 방식

6-3
- 설비관리 조직은 크게 제품 중심 조직과 기능 중심 조직으로 나눌 수 있고, 그를 혼합한 매트릭스 조직으로 나눌 수 있다.
- 매트릭스 조직은 다시 프로젝트형 매트릭스, 기술(기능) 중심 매트릭스, 제품 중심 매트릭스로 나눌 수 있고, 매트릭스 조직에서 무엇이 중심이 되었느냐는 매트릭스 중 고정된 내용이 무엇이냐로 구분할 수 있다.
- 이 그림은 제품 A, B, C가 고정되어 있고, 각 업무 담당자가 제품 사업부를 동시에 지원하므로 제품 중심 매트릭스 조직으로 볼 수 있다.

> **Tip**
> 기출된 내용이 보전성 공학의 전문적인 내용이므로 조직도를 변형한다면 충분한 설명 없이는 정답 시비가 발생할 수 있어, 원문에 있는 예시 조직도를 그대로 사용할 가능성이 매우 높다. 매트릭스 조직에서는 본 교재에서 기능 중심 매트릭스와 제품 중심 매트릭스의 예시 도면을 설명해 놓았다.

6-4
매트릭스 조직 : 제품 중심 조직의 전반적인 기술계획, 개발의 총괄업무 부족의 단점과 기능 중심 조직의 특정사업에 대한 집중기술투자가 부족한 약점을 보완한 조직

6-5
- **시장 중심 설비망** : 설비의 종류, 설비의 수, 크기와 용량 그리고 설비 위치 등에 연계된 보전 개념과 보전 작업의 결정 및 정보 연계로서 설비 계획 및 관리에 대한 명확한 책임 및 권한이 있으며 동종 설비의 여러 지역 설치로 보전 능력의 분산을 갖는 설비망
- **제품 중심 설비망** : 글로벌화에 맞게 각 제품공장을 지역별로 설치한다는 논리로 설비 관리가 필요에 따라 지역 분권화되거나 중앙에서 제품별로 배치되어야 함, 전 세계 기준으로 공정 중복 설치는 하지 않으나 각 공장에서 전 세계 물량을 감당하여 부하감당의 어려움 예상
- **공정 중심 설비망** : 한 지역의 공장에서 특정 공정만 담당하여 부품화 생산하고 최종적으로 한 공장에서 조립공정 실시하는 중앙집권식으로 공정 개선과 생산 보전의 효율성 가능함. 단, 중앙에서 전체 보전업무를 관리해야 하고, 전략부재 시 전체가 한 공장에 의한 어려움을 겪을 수 있음

정답 6-1 ② 6-2 ② 6-3 ④ 6-4 ④ 6-5 ③

핵심이론 07 | 설비 계획

① 설비 계획의 필요성과 목적
  ㉠ 신규 사업의 개발, 현존 사업의 혁신 및 확장에 따른 공장의 증설, 제품의 품종, 설계, 생산 규모를 변경할 경우에 항상 필요
  ㉡ 산업 발전에 따른 공장 생산 능률개선을 위한 설비의 신설과 교체할 때 필요
  ㉢ 최소한의 설비 투자로 전체 생산 시간을 감소시키고, 자재 운반비용을 절감하며, 종업원의 편리와 안전을 제공하기 위해 시행

② 설비 프로젝트의 분류
  ㉠ 투자 항목에 따른 분류
    • 비용 절감을 위한 합리화 투자
    • 판매량 확대를 위한 확장 투자
    • 현 제품 개량 및 신제품 개발을 위한 제품 투자
    • 적극적인 기술혁신을 통하여 신제품 개발, 생산이 다른 회사보다 늦지 않도록 하기 위한 공격적 투자
    • 전략적 투자
      - 위험 감소를 위한 투자로 방위적 투자와 연구적 투자로 구분
      - 후생 복지를 위한 투자(예 종업원 복리후생, 지역사회 복지 등)
  ㉡ 설비 사용목적에 따른 분류
    • 생산 설비 구축 및 개선을 위한 프로젝트
    • 유틸리티 설비 구축 및 개선을 위한 프로젝트
    • 연구 개발 설비 구축 및 개선을 위한 프로젝트
    • 관리 설비 구축 및 개선을 위한 프로젝트
    • 수송 설비 구축 및 개선을 위한 프로젝트
    • 판매 설비 구축 및 개선을 위한 프로젝트
  ㉢ 경영 및 의사 결정은 현장 위주의 사용목적에 따른 분류보다 투자항목에 따른 분류에 의해 결정되는 경우가 많다.

③ 프로젝트의 일반적 순서
  ㉠ 연구개발 → 프로젝트의 확립(프로젝트 현실화를 위한 최적 계획 검토) → 경제성의 결정(프로젝트의 가치 평가) → 엔지니어링(상세설계, 시방서 작성) → 조달과 건설(설비부설) → 운전개시(운전요원 투입)

④ 신규 사업의 개발 순서
  ㉠ 자사 개발인 경우
    테마선정
    → 연구, 경제성 조사
    → 파일럿 플랜트 생성
    → 준 상업화(세미커머셜플랜트)
    → 상업화(기업화) 준비(계획 > 직제생성 > 인력배치 > 기업화 준비)
    → 플랜트 건설
    → 생산
    → 품질화
  ㉡ 기술 도입인 경우
    테마(아이디어)선정
    → 기초조사, 경제성 조사
    → 도입 여부 결정
    → 환경조성
    → 상업화(기업화) 기획 심사
    → 기술도입 결정/계약 체결
    → 인허가 절차

10년간 자주 출제된 문제

7-1. 신규 사업의 개발, 현존 사업의 혁신 및 확장에 따른 공장의 증설, 제품의 품종, 설계, 생산 규모를 변경할 경우에 항상 시행하는 것은?
① 예방 보전
② 구매 계획
③ 설비 계획
④ 공사 관리

10년간 자주 출제된 문제

7-2. 다음 중 설비 계획의 목적이 아닌 것은?
① 전체 생산 시간의 최소화
② 자재 운반비용의 최소화
③ 설비에 대한 투자의 최대화
④ 종업원의 편리, 안전을 제공함

7-3. 설비의 갱신이나 개조에 의한 경비절감을 목적으로 하는 프로젝트를 무엇이라 하는가?
① 확장 투자
② 제품 투자
③ 전략적 투자
④ 합리적 투자

7-4. 다음 중 프로젝트의 착수에서 완성에 이르는 일반적인 순서에서 프로젝트의 가치가 평가되는 단계는?
① 연구개발
② 조달과 건설
③ 경제성의 결정
④ 프로젝트 확립

7-5. 원자재의 양, 질, 비용, 납기 등의 확보가 곤란할 경우 원자재를 자사 생산으로 바꾸어 기업방위를 도모하는 투자는?
① 제품 투자
② 합리적 투자
③ 방위적 투자
④ 공격적 투자

7-6. 설비 투자 결정에서 발생되는 기본문제의 고려사항이 아닌 것은?
① 대상은 수익 수준에 큰 차이가 없는 조건인 설비교체에 사용한다.
② 자금의 시간적 가치는 현재의 자금이 미래 자금보다 가치가 높아야 한다.
③ 미래의 불확실한 현금수익을 비교적 명백한 현금지출에 관련시켜 평가한다.
④ 투자의 경제적 분석에 있어서 미래의 기대액은 그 금액과 상응되는 현재의 가치로 환산되어야 한다.

7-7. 다음 중 기계공업에서의 신제품 개발 순서로 가장 적합한 것은?
① 개발 계획 → 기업화 계획 → 품질화 → 생산
② 개발 계획 → 기업화 계획 → 생산 → 품질화
③ 기업화 계획 → 개발 계획 → 품질화 → 생산
④ 기업화 계획 → 개발 계획 → 생산 → 품질화

|해설|

7-1
설비 계획의 필요성
- 신규 사업의 개발, 현존 사업의 혁신 및 확장에 따른 공장의 증설, 제품의 품종, 설계, 생산 규모를 변경할 경우에 항상 필요
- 산업 발전에 따른 공장 생산 능률개선을 위한 설비의 신설과 교체할 때 필요

7-2
최소한의 설비 투자로 전체 생산 시간을 감소시키고, 자재 운반비용을 절감하며, 종업원의 편리와 안전을 제공하기 위해 설비 계획을 시행

7-3
프로젝트 분류 중 투자 항목에 따른 분류
- 비용 절감을 위한 합리화 투자
- 판매량 확대를 위한 확장 투자
- 현 제품 개량 및 신제품 개발을 위한 제품 투자
- 적극적인 기술혁신을 통하여 신제품 개발, 생산이 다른 회사보다 늦지 않도록 하기 위한 공격적 투자
- 전략적 투자
  - 위험 감소를 위한 투자로 방위적 투자와 연구적 투자로 구분
  - 후생 복지를 위한 투자(예 종업원 복리후생, 지역사회 복지 등)

7-4
연구개발 → 프로젝트의 확립(프로젝트 현실화를 위한 최적 계획 검토) → 경제성의 결정(프로젝트의 가치 평가) → 엔지니어링(상세설계, 시방서 작성) → 조달과 건설(설비부설) → 운전개시(운전 요원 투입)

7-5
전략적 투자
- 위험 감소를 위한 투자로 방위적 투자와 연구적 투자로 구분
- 후생 복지를 위한 투자(예 종업원 복리후생, 지역사회 복지 등)

7-6
설비는 대규모 투자로서 설비투자에 의해 수익 수준에 큰 차이를 유발한다.

7-7
기업화의 과정 중 파일럿 플랜트 → 세미플랜트 → 기업화 → 플랜트 건설 → 생산의 과정을 거치며 생산 중 품질관리를 실시한다.

정답 7-1 ③　7-2 ③　7-3 ④　7-4 ③　7-5 ③　7-6 ①　7-7 ②

핵심이론 08 | 설비 배치 계획과 목적

① 설비 배치 : 공정 전체(설비시스템, 원료로부터 제품의 출고, 핵심이론 01 참조)의 설비 배치를 의미하며 사람, 물건, 설비의 관계를 가장 경제적으로 얻기 위해 제품을 구성하는 각 부품이나 재료의 입하부터 최종 출하까지의 생산설비를 계획하는 것이다.

② 설비 배치의 목적
 ㉠ 공간 및 동선의 효율성 증대를 통한 생산량 증대, 원가절감, 설비비 절감
 ㉡ 작업환경 및 공장 환경 보전, 안전성 확보
 ㉢ 의사소통(Communication) 개선
 ㉣ 작업 탄력성을 유지

③ 설비 배치 계획
 ㉠ 설비 배치 계획의 목적 : 제품, 부품 등 생산물의 생산을 할 때 '자재의 흐름'이 원활하게 흐르도록 하는 것
 ㉡ 설비 배치 계획이 요구되는 경우
  • 공장 신축 및 개축
  • 작업장 신축 및 개축
  • 신제품 라인 도입 등으로 공정 변경
  • 설계 변경
  • 그 외 작업 방법 및 환경 개선 등의 요구
 ㉢ 체계적 배치 계획
  • 정보와 활동을 입력한다.
  • 재료의 흐름과 생산 활동의 관계를 고려하여 관계도를 작성하고
  • 공간활용계획을 고려하여 공간설계를 실시한 후
  • 현실적인 한계를 고려하여 고려사항 및 공간설계를 조정한다.
  • 배치 계획을 산출하여 적용한다.

10년간 자주 출제된 문제

8-1. 사람, 물건, 설비의 관계를 가장 경제적으로 얻기 위해 제품을 구성하는 각 부품이나 재료의 입하부터 최종 출하까지의 생산설비를 계획하는 것은?
① 설비 배치
② 구조 설계
③ 안전 설계
④ 운반 시스템 설계

8-2. 설비 배치의 목적이 아닌 것은?
① 생산량 증가
② 우량품 제조
③ 생산 원가 증대
④ 공간의 경제적 사용

8-3. 설비 배치 계획이 필요한 경우가 아닌 것은?
① 신제품의 제조
② 작업장의 확장
③ 새 공장의 건설
④ 작업자 신규 채용

|해설|

8-1
설비 배치란 공정 전체(설비시스템, 원료로부터 제품의 출고)의 설비의 배치를 의미하며 사람, 물건, 설비의 관계를 가장 경제적으로 얻기 위해 제품을 구성하는 각 부품이나 재료의 입하부터 최종 출하까지의 생산설비를 계획하는 것이다.

8-2
설비 배치의 목적
• 공간 및 동선의 효율성 증대를 통한 생산량 증대, 원가절감, 설비비 절감
• 작업환경 및 공장 환경 보전, 안전성 확보
• 의사소통(Communication) 개선
• 작업 탄력성을 유지

8-3
작업자의 신규 채용 시에도 설비 배치 계획 소요가 발생할 수는 있으나 설비 배치는 비용이 많이 드는 행위이므로 다른 보기처럼 좀 더 대규모의 재구조화가 필요한 경우가 적당하다.

정답 8-1 ① 8-2 ③ 8-3 ④

| 핵심이론 09 | 설비 배치의 형태

① 기능별 배치(공정별 배치, Process Layout, Functional Layout)
  ㉠ 주문생산과 표준화가 곤란한 다품종 소량 생산에 적합한 배치
  ㉡ 동일 공정 또는 기계가 한 장소에 모인 형태이다.
    • 갱 시스템(Gang System) : 동일 기종(기계)이 모인 경우
    • 블록 시스템(Block System) : 제품별 관련 기계가 모인 경우
  ㉢ 절차 계획, 일정 계획, 재고 관리, 운반 관리 등의 지원이 필요하다.

② 제품별 배치(라인별 배치, Product Layout, Line-layout)
  ㉠ 공정의 계열에 따라 각 공정에 필요한 기계가 배치되는 형식
  ㉡ 생산량이 많고 작업의 균형이 유지되는 표준화 공정의 경우
  ㉢ 원료 및 재료의 흐름이 원활해야 한다.
  ㉣ 전통적 생산효율성을 고려하여 공정 간의 공정 균형 효율 필요

③ 제품 고정형 배치(Fixed Position Layout)
  ㉠ 제품의 이동이 불가능하거나 어려운 경우 또는 이동 비용이 매우 높은 경우
  ㉡ 교량, 선박, 항공기 등 대형 제품 제조 공정 설비

④ 혼합형 배치
  ㉠ 기능별 배치와 제품별 배치를 혼합하여 적절하게 배치한 경우

⑤ 컴퓨터를 이용한 배치
  ㉠ 조건을 이용하여 설비 배치를 수립하여 주는 구성형 프로그램과 기존 배치 안을 개선하는 개선형 프로그램으로 구분

  ㉡ 구성형 프로그램
    • ALDEP(Automated Layout Design Program) : 1967년 IBM에서 개발, 하나의 구성부터 임의로 반복 배치하는 시행착오적인 방법을 사용
    • CORELAP(Computerized Relationship Layout Planning) : 1967년 R. S. Lee & J. M. More에 의해 개발. 근접 필요성을 수치화하여 종합근접도를 산출
    • PLANET(Plant Layout Analysis and Evaluation Technique) : 비용, 빈도, 공정순서를 인과관계로 첫 번째 쌍을 배치한 후, 공정순서와 비용과, 거리를 이용하여 비용이 가장 적은 위치를 결정
  ㉢ 개선형 프로그램
    • CRAFT(Computerated Relative Allocation of Facilities Technique) : 1963년 E. S. Buffer & G. C. Armour에 의해 개발. 기존 배치 안, 운반비용, 작업장 간 운반횟수 등을 입력하여 비용최소인 배치 안을 선정

10년간 자주 출제된 문제

9-1. 다음 중 기능별(공정별) 배치에 관한 설명으로 틀린 것은?
① 다품종 소량 생산에 알맞은 배치형식이다.
② 동일 공정 또는 기계가 한 장소에 모여진 형태이다.
③ 작업 흐름이 거의 없고, 생산 기간이 길어 재고 발생이 많다.
④ 절차 계획, 일정 계획, 재고 관리, 운반 관리 등의 지원이 필요하다.

9-2. 공정별 배치에서 동일기종이 모여 있는 시스템은?
① 갱 시스템(Gang System)
② 라인 시스템(Line System)
③ 혼합형 시스템(Combination System)
④ 제품 고정형 시스템(Fixed Position System)

9-3. 설비 배치의 형태에서 일명 라인(Line)별 배치라고도 하며 공정의 계열에 따라 각 공정에 필요한 기계가 배치되는 형식은?
① 기능형 배치
② 제품별 배치
③ 혼합형 배치
④ 제품 고정형 배치

10년간 자주 출제된 문제

9-4. 설비 배치의 형태에 관한 설명 중 틀린 것은?
① 제품별 설비 배치는 작업의 흐름 판별이 용이하다.
② 기능별 설비 배치는 소품종 대량생산의 경우에 알맞은 배치 형식이다.
③ 총체적 설비 배치 계획은 공장입지선정, 건물 배치 계획, 부서 배치 계획 및 설비 배치 계획 단계로 실시된다.
④ GT셀(Group Technology Cell)은 여러 종류의 기계에 속하는 대부분의 부품 가공을 할 수 있는 경우의 설비 배치이다.

9-5. 컴퓨터를 이용한 설비 배치 안을 작성하는 방법 중 기존의 배치 안을 개선하는 기법은?
① CRAFT   ② PLANET
③ CORELAP ④ ALDEP

|해설|

9-1
기능별 배치(공정별 배치, Process Layout, Functional Layout)
- 주문생산과 표준화가 곤란한 다품종 소량 생산에 적합한 배치
- 동일 공정 또는 기계가 한 장소에 모인 형태이다.
  - 갱 시스템(Gang System) : 동일 기종(기계)이 모인 경우
  - 블록 시스템(Block System) : 제품별 관련 기계가 모인 경우
- 절차 계획, 일정 계획, 재고 관리, 운반 관리 등의 지원이 필요하다.

9-2
공정별 배치에는 갱 시스템(동일 기종이 모인 경우)과 블록 시스템(관련 기계가 모인 경우)이 있다.

9-3
제품별 배치(라인별 배치, Product Layout, Line-layout)
- 공정의 계열에 따라 각 공정에 필요한 기계가 배치되는 형식
- 생산량이 많고 작업의 균형이 유지되는 표준화 공정의 경우
- 원료 및 재료의 흐름이 원활해야 한다.
- 전통적 생산효율성을 고려하여 공정 간의 공정 균형 효율 필요

9-4
소품종 대량생산에는 제품별 배치가 적당하고, 기능별로 배치한 경우 여러 종류를 소량으로 만들어 낼 때 적절하다.

9-5
PLANET, CORELAP, ALDEP은 조건을 입력하여 설비 배치를 수립하여 주는 구성형 프로그램이고, CRAFT는 기존 배치 안, 운반비용, 작업장 간 운반횟수를 기반으로 비용이 최소인 배치 안을 선택해 주는 개선형 프로그램이다.

정답 9-1 ③ 9-2 ① 9-3 ② 9-4 ② 9-5 ①

핵심이론 10 | 설비 배치의 분석

① 제품(P ; Product)-수량(Q ; Quantity) 분석
  ㉠ 설비 배치 계획 수립 시 처음하는 기본 분석

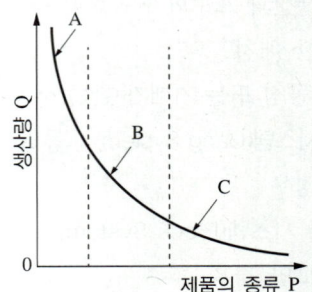

  ㉡ A 영역은 생산량은 많고 제품의 종류는 적다(대량생산)
  - 배치 계획 시 제품별 배치 계획을 수립한다.
  ㉢ B는 중간 영역이고
  - 배치 계획 시 GT 흐름라인을 검토한다.
  - GT(Group Technology Layout)는 유사한 부품을 그룹으로 모아 하나의 로트(Lot)로 가공하기 위한 배치
  - GT 배치의 구분
    - GT 흐름 라인 : 유사 부품의 가공 공정이 동일하여, 흐름도 동일하고 설비 배치도 동일하다. 대량 생산 체제와 유사하다.
    - GT Cell : 각 부품이 어느 Cell에 배치했느냐의 영향이 적어서, 어느 Cell에나 공정을 할 수 있는 배치이다.
    - GT Center : 가장 단순한 GT 흐름이다. 비슷한 기능의 기계끼리 배치하여 같은 구역의 어느 기계나 이용할 수 있도록 배치한 계획이다.
  ㉣ C 영역은 제품종류는 많고 생산량은 적다(다품종 소량생산).
  - 계획 시 기능별 배치 계획을 수립한다.

② 자재 흐름 분석
  ㉠ A급 분류 : 소품종 대량생산. 단순 작업 공정표 작성
  ㉡ B급 분류 : 제품종류나 생산량이 모두 중간 정도로 다품종 공정표를 작성

ⓒ C급 분류 : 다품종 소량생산. 유입유출표를 작성
③ 활동 상호 관계 분석 : 활동 상호 관계를 도식화함
④ 흐름 활동 상호 관계 분석 : 활동 상호 관계 분석표에 따라 각 활동 간 상대적 위치를 도면에 표시
⑤ 면적 상호 관계 분석 : 흐름 활동 상호 관계 분석표를 소요면적만큼 확대함. 여기까지 작성하면 실제 공장 배치와 유사해짐

10년간 자주 출제된 문제

10-1. 다음 그림에서 '제품의 종류 P > 생산량 Q'일 때 해당하는 구역과 설비 배치는?

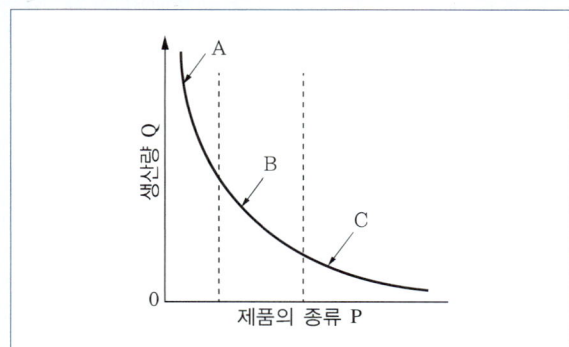

① B구역 : 공정별 배치　② C구역 : GT설비 배치
③ A구역 : 제품별 배치　④ C구역 : 기능별 배치

10-2. 설비배치의 분석 기법에 해당하지 않는 것은?

① MTBF 분석　② 자재 흐름 분석
③ 제품 수량 분석　④ 흐름 활동 상호 관계 분석

|해설|

10-1
C구역은 다품종 소량 생산을 하는 경우로 배치 계획 시 기능별 배치 계획을 수립한다.

10-2
설비배치 분석 방법
- 제품(P ; Product)-수량(Q ; Quantity) 분석
- 자재 흐름 분석
- 활동 상호 관계 분석
- 흐름 활동 상호 관계 분석
- 면적 상호 관계 분석

정답 10-1 ④　10-2 ①

핵심이론 11 │ 설비 배치 계획 수립 절차

① 설비 배치 계획 수립 시 효율을 위해 다음 순서를 따른다.
계획 방침 수립 → 입지 계획 및 활용방안 → 기초 자료 수집 → 자재의 흐름 검토(운반에 관한 계획) → 건물 환경 고찰 → 소요 설비 산출 → 소요 면적 산출 → 부대시설 계획(서비스분야 계획) → 배치 및 구성

② 순서별 참고 사항
 ㉠ 기초 자료 수집 시 P-Q 도표 활용
 ㉡ 자재의 흐름을 검토할 때 제품 조립도, 작업 공정표, 제조 표준, 작업 표준, 설비도면 참조
 ㉢ 운반계획 순서 : 운반 작업 요소 → 운반방법 → 운반설비 → 보수 대책 및 계획 → 운반인력에 대한 계획
 ㉣ 소요 설비 산정

$$소요\ 기계\ 대수 = \frac{계획\ 생산량}{기계\ 1시간당\ 생산\ 능력}$$

 ㉤ 소요 면적의 결정 방법(계산법, 변환법, 표준 면적법, 비율 경향법 등)
  - 계산법 : 설비의 면적, 작업 및 보전 면적, 적재 면적을 모두 합하여 1대당 소요 면적을 산출, 소요 기계 대수로 곱하는 방법
  - 변환법 : 구체적인 계산은 불필요하나 우선 사용 면적의 결정이 필요한 경우 적절하다. 현재 점유 면적과 실제 필요 면적을 비교 수정하면서 소요 면적을 산출하여 계획 가능 면적을 산출한다.

10년간 자주 출제된 문제

설비 배치 시 소요 면적 산정법으로 기계 1대의 소요 면적을 계산하여 전체 면적을 산출하는 방법은?
① 변환법
② 계산법
③ 표준 면적법
④ 개략 레이아웃법

|해설|

소요 면적의 결정 방법(계산법, 변환법, 표준 면적법, 비율 경향법 등)
- 계산법 : 설비의 면적, 작업 및 보전 면적, 적재 면적을 모두 합하여 1대당 소요 면적을 산출, 소요 기계 대수로 곱하는 방법
- 변환법 : 구체적인 계산은 불필요하나 우선 사용 면적의 결정이 필요한 경우 적절하다. 현재 점유 면적과 실제 필요 면적을 비교 수정하면서 소요 면적을 산출하여 계획 가능 면적을 산출한다.

정답 ②

핵심이론 12 | 설비 판단 척도 – 신뢰성, 보전성, 유용성

① 설비를 판단할 때는 신뢰성, 보전성을 고려하여 유용성을 사용한다.

② 신뢰성
　㉠ 설비의 효율성을 결정짓는 하나의 속성으로서 "시스템이 어떤 특정 환경과 운전조건하에서 어느 주어진 시간 동안 명시된 특정기능을 성공적으로 수행할 수 있는 확률"을 말한다.
　㉡ 신뢰성 평가 척도는 고장률, 평균고장간격(MTBF), 평균고장시간(MTTF)이 있다(핵심이론 29 연관 참조).

③ 보전성
　㉠ 보전에 대한 용이성을 나타내는 성질. 보전도로 표현
　㉡ 보전횟수, 보전시간 – 작업자시간, 보전비용, 보전품질로 표시할 수 있다.
　㉢ 보전이 규정된 절차와 주어진 자원을 가지고 행해질 때 어떤 부품이나 시스템이 어떤 주어진 시간 이내에서 지정된 상태를 유지 또는 회복할 수 있는 확률
　㉣ 설비가 적정 기술을 가지고 있는 사람에 의하여 규정된 절차에 따라 운전될 때 보전이 주어진 기간 내에서 주어진 횟수 이상으로 요구되지 않을 확률
　㉤ 설비가 규정된 절차에 따라 운전 및 보전될 때 설비에 대한 보전비용이 주어진 기간 동안 어느 비용 이상 비싸지지 않을 확률
　㉥ 보전이 규정된 절차와 주어진 재료 등의 자원을 가지고 실행될 때 어떤 부품이나 시스템으로부터 생산된 생산량이 어느 불량률 이상 되지 않는 확률
　㉦ 보전도

$$M(t) = 1 - e^{-\mu t}$$

[μ : 수리율, t : 보전작업시간, $1/\mu$: MTTR(Mean Time To Repair, 평균고장시간)]

④ 보전도에서 사용되는 시간, 시간 간의 관계(핵심이론 37 연계 참조)
  ㉠ 시간 가동률(Availability) : 부하시간에 대해 설비의 정지시간을 제외한 가동시간의 비율
  ㉡ 부하시간(= 가동시간 + 비가동시간) : 조업 시간에서 생산 계획상의 휴지시간, 계획보전을 위한 휴지시간, 관리상 필요한 조회 시간, 기타 돌발적 상황에 의한 휴지시간 등의 관리 외 제외시간을 뺀 것
  ㉢ 조업시간 : 1일 근무 시간을 기초로, 가동일수 등을 고려하여 설비 가동 가능시간으로 연 단위 계획에 의한 휴지시간은 제외
  ㉣ 가동시간(Up-time) : 고장, 품목변경에 의한 작업 준비, 금형교체, 예방 보전 등의 시간을 뺀 실제 설비가 작동된 시간
  ㉤ 정지시간(Down Time) : 고장, 준비, 조정, 공구교환 등으로 정지된 시간
  ㉥ 정미 가동시간 : 가동시간에서 속도 LOSS를 뺀 것

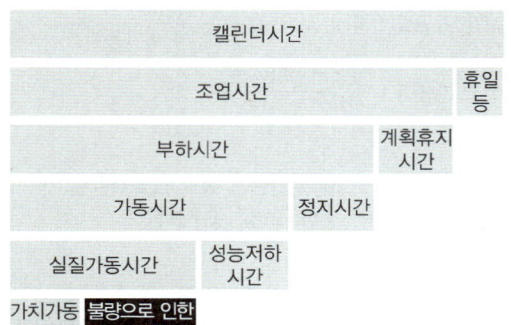

[설비 손실시간 측정을 위한 시간 정의]

⑤ 유용성
  ㉠ 신뢰도와 보전도를 종합한 평가 척도
  ㉡ 어느 특정한 시간에 기능을 유지하고 있을 확률
  ㉢ 설비 유효 가동률 = 시간 가동률 × 속도 가동률

  • 시간 가동률(유용성 A) = $\dfrac{가동시간}{가동시간 + 비가동시간}$

  • 속도가동률 = $\dfrac{표준가공시간}{실제가공시간}$

  ㉣ 시스템 정상 상태에서 유용성(ASS ; Availability at Steady State)

  $$ASS = \dfrac{MTBF}{MTBF + MTTR}$$

  • 유용성을 높이려면 고장률을 낮추고 고장시간을 줄인다.

10년간 자주 출제된 문제

12-1. 특정환경과 운전조건하에서 주어진 시점 동안 규정된 기능을 성공적으로 수행할 확률을 나타내는 것은?
① 고장률　　　② 신뢰도
③ 가동률　　　④ 보전도

12-2. 지수분포를 따르는 경우에 보전도함수에서 수리율이 μ일 때 평균수리시간(MTTR)을 계산하기 위한 식은?
① MTTR = μ　　　② MTTR = μ^2
③ MTTR = $\dfrac{1}{\mu}$　　　④ MTTR = $\dfrac{1}{\mu^2}$

12-3. 다음 중 유용성을 설명한 것은?
① 어느 특정 순간에 기능을 유지하고 있는 확률
② 일정 조건하에서 일정 시간 동안 기능을 고장 없이 수행할 확률
③ 어떤 신뢰성의 대상물에 대해 전 고장 수에 대한 전 사용시간의 비
④ 규정된 조건에서 보전이 실시될 때 규정시간 내에 보전이 종료되는 확률

12-4. 부하시간에 대한 가동시간의 비율을 나타낸 것은?
① 속도 가동률　　　② 실질 가동률
③ 성능 가동률　　　④ 시간 가동률

12-5. 고장, 품목변경에 의한 작업 준비, 금형교체, 예방 보전 등의 시간을 뺀 실제 설비가 작동된 시간을 의미하는 것을 무엇이라 하는가?
① 조정시간　　　② 가동시간
③ 휴지시간　　　④ 캘린더시간

10년간 자주 출제된 문제

12-6. 유용도 함수(A)를 정확히 나타낸 수식은?(단, MTTR = Mean Time To Repair, MTBF = Mean Time Between Failure, MTBM = Mean Time Between Maintenance, MTFF = Mean Time To First Failure이다)

① A = MTTR / MTTR + MTBF
② A = MTFF / MTFF + MTTR
③ A = MTBF / MTBF + MTTR
④ A = MTBM / MTBM + MTTR

12-7. 설비 유효 가동률을 올바르게 표시한 것은?

① 설비 유효 가동률 = 설비 가동률 × 속도 가동률
② 설비 유효 가동률 = 설비 가동률 / 설비 고장률
③ 설비 유효 가동률 = 시간 가동률 × 설비 가동률
④ 설비 유효 가동률 = 시간 가동률 × 속도 가동률

12-8. 조업시간 중 정지시간에 해당하지 않는 것은?

① 대기시간　　　　② 준비시간
③ 정미 가동시간　　④ 설비 수리시간

12-9. 신뢰도와 보전도를 종합한 평가 척도로 어느 특정 순간에 기능을 유지하고 있는 확률을 무엇이라고 하는가?

① 용이성　　　　② 유용성
③ 보전성　　　　④ 신뢰성

|해설|

12-1
신뢰성(신뢰도)
- 설비의 효율성을 결정짓는 하나의 속성으로서 '시스템이 어떤 특정환경과 운전조건하에서 어느 주어진 시간 동안 명시된 특정기능을 성공적으로 수행할 수 있는 확률'이다.
- 신뢰성 평가척도에는 고장률, 평균고장간격(MTBF), 평균고장시간(MTTF)이 있다.

12-2
보전도 $M(t) = 1 - e^{-\mu t}$
μ : 수리율, t : 보전작업시간, $1/\mu$: MTTR(Mean Time To Repair)

12-3
유용성 : 신뢰도와 보전도를 종합한 평가 척도로 어느 특정한 시간에 기능을 유지하고 있을 확률을 의미한다. 유용성을 평가하는 척도 중 설비 유효가동률이 있다.

12-4
- **시간 가동률(Availability)** : 부하시간에 대해 설비의 정지시간을 제외한 가동시간의 비율
- **부하시간 = 가동시간 + 비가동시간** : 조업 시간에서 생산 계획상의 휴지시간, 계획보전을 위한 휴지시간, 관리상 필요한 조회시간, 기타 돌발적 상황에 의한 휴지시간 등의 관리 외 제외시간을 뺀 것
- **가동시간(Up-time)** : 고장, 품목변경에 의한 작업 준비, 금형교체, 예방 보전 등의 시간을 뺀 실제 설비가 작동된 시간

12-5
가동시간 : 실제 가동된 시간. 고장, 품목변경에 의한 작업 준비, 금형교체, 예방 보전 등의 시간을 뺀 실제 설비가 작동된 시간

12-6
시간 가동률(유용성 A) = $\dfrac{\text{가동시간}}{\text{가동시간 + 비가동시간}}$

또는

$\text{ASS} = \dfrac{\text{MTBF}}{\text{MTBF + MTTR}}$ (MTBF : 평균고장간격, MTTR : 평균고장시간)

12-7
- 설비 유효 가동률 = 시간 가동률 × 속도 가동률
- 시간 가동률(유용성 A) = $\dfrac{\text{가동시간}}{\text{가동시간 + 비가동시간}}$
- 속도 가공률 = $\dfrac{\text{표준가공시간}}{\text{실제가공시간}}$

12-8
- 정미 가동시간 : 가동시간에서 속도 LOSS를 뺀 것
- 정지시간 : 고장, 준비, 조정, 공구교환 등

12-9
- **신뢰성** : 설비의 효율성을 결정짓는 하나의 속성으로서 "시스템이 어떤 특정 환경과 운전조건하에서 어느 주어진 시간 동안 명시된 특정기능을 성공적으로 수행할 수 있는 확률"을 말한다.
- **보전성**
  - 보전에 대한 용이성을 나타내는 성질. 보전도로 표현
  - 보전횟수, 보전시간 – 작업자시간, 보전비용, 보전품질로 표시할 수 있다.
- **유용성**
  - 신뢰도와 보전도를 종합한 평가 척도
  - 어느 특정한 시간에 기능을 유지하고 있을 확률
  - 설비 유효 가동률 = 시간 가동률 × 속도 가동률

정답 12-1 ② 12-2 ③ 12-3 ① 12-4 ④ 12-5 ②
　　　 12-6 ③ 12-7 ④ 12-8 ③ 12-9 ②

핵심이론 13 | 설비의 신뢰도

① 신뢰도
  ㉠ 설비의 효율성을 결정짓는 하나의 속성
  ㉡ 시스템이 어떤 특정 환경과 운전조건하에서 어느 주어진 시간 동안 명시된 특정기능을 성공적으로 수행할 수 있는 확률
  ㉢ 아이템이 주어진 조건에서 규정의 기간 중 요구된 기능을 완수하는 것이 가능한 성질
  ㉣ 제품이 주어진 사용 조건 아래에서 의도하는 기간 동안 정해진 기능을 성공적으로 수행하는 능력

② 신뢰도 평가척도
  ㉠ 고장률 : 일정 기간 중 발생하는 단위시간당 고장 횟수. 보통 1,000시간당 백분율로 나타냄

  $$고장률 = \frac{고장횟수}{가동시간}$$

  ㉡ 평균고장간격(MTBF ; Mean Time Between Failure)
    • 수리 완료에서 다음 고장까지, 즉 고장에서 고장까지 제품이 머무르는 동작시간이다.
    • 고장간격은 시간으로 나타낸다. 따라서 일정 기간 중에 전체 가동시간을 고장횟수로 나타내면 시간으로 평균고장간격이 나타나며 이는 결국 고장률의 역수가 된다.

  $$평균고장간격 = \frac{전체\ 가동시간}{고장횟수} = \frac{1}{고장률}$$

  ㉢ 평균고장시간, 고장까지의 평균시간(MTTF ; Mean Time To Failure)
    • MTBF와 같은 개념이 아닌가 헷갈릴 수 있겠으나, MTTF는 "수리 후" 고장이 발생할 때까지의 평균을 의미하고 MTBF는 단순히 전체 가동시간 중에 (수리 여부와 무관하게) 고장이 얼마 간격으로 일어나는지를 설명한다.

  $$평균고장시간 = \frac{장비\ 가동시간}{특정한\ 시간부터\ 발생한\ 고장횟수}$$

    • 고장이 나면 수명이 없어지는 제품은 평균고장시간이 평균수명이기도 하다.
  ㉣ 둘 다 신뢰도를 설명하는 중요한 척도이다.
  ㉤ 최초고장시간, 최초고장까지의 평균시간 (MTTFF ; Mean Time To First Failure)
  ㉥ 평균수리시간(MTTR ; Mean Time To Repair) : 고장 난 후 시스템이나 제품이 제 기능을 발휘하지 않는 시간부터 수리가 완료될 때까지의 소요시간의 평균

③ 설비의 신뢰성
  ㉠ 고유 신뢰성 : 사용자 변인이 들어가지 않은 설비 자체의 신뢰성으로 부품 재료의 성질이나 상태가 30% 정도 반영되고, 보전성 설계를 포함한 설비의 설계 기술이 40% 정도 반영되고, 설비의 제조 방식이나 메이커 등을 고려한 제조 기술이 10% 정도 반영된 신뢰성이다.
  ㉡ 사용 신뢰성 : 나머지 20% 정도를 반영하는 사용의 조건이 반영된 신뢰성으로 사용 조건, 환경 적합성, 조업 기술, 보전 기술 등이 반영된 신뢰성이다.

10년간 자주 출제된 문제

13-1. 설비의 효율성을 결정짓는 하나의 속성으로서 "시스템이 어떤 특정 환경과 운전조건하에서 어느 주어진 시간 동안 명시된 특정기능을 성공적으로 수행할 수 있는 확률"을 무엇이라고 하는가?

① 고장도　　　　　② 신뢰도
③ 보전도　　　　　④ 시스템도

13-2. 설비의 신뢰성 평가 척도 중 하나로 일정 기간 중 발생하는 단위시간당 고장횟수를 무엇이라고 하는가?

① 고장률　　　　　② 보전율
③ 평균고장간격　　④ 평균고장시간

13-3. 설비 동작의 신뢰성은 고유 신뢰성과 사용 신뢰성으로 구분할 수 있다. 다음 중 사용 신뢰성에 해당되는 것은?

① 설계 기술　　　　② 보전 기술
③ 제조 기술　　　　④ 부품 재료의 성질 상태

13-4. 설비의 신뢰성을 평가하는 척도로 옳지 않은 것은?

① 고장률　　　　　② 고장 형태
③ 평균고장간격　　④ 평균고장시간

| 해설 |

13-1
신뢰도 : 설비의 효율성을 결정짓는 하나의 속성으로서 "시스템이 어떤 특정 환경과 운전조건 하에서 어느 주어진 시간 동안 명시된 특정기능을 성공적으로 수행할 수 있는 확률"을 말한다.

13-2
고장률 : 일정 기간 중 발생하는 단위시간당 고장횟수. 보통 1,000시간당 백분율로 나타냄

$$고장률 = \frac{고장횟수}{가동시간}$$

13-3
설비의 신뢰도
- 고유 신뢰도 : 사용자 변인이 들어가지 않은 설비 자체의 신뢰도로 부품 재료의 성질이나 상태가 30% 정도 반영되고, 보전성 설계를 포함한 설비의 설계 기술이 40% 정도 반영되고, 설비의 제조 방식이나 메이커 등을 고려한 제조 기술이 10% 정도 반영된 신뢰도이다.
- 사용 신뢰도 : 나머지 20% 정도를 반영하는 사용의 조건이 반영된 신뢰도로 사용 조건, 환경 적합성, 조업 기술, 보전 기술 등이 반영된 신뢰도이다.

13-4
신뢰성 평가 척도는 고장률, 평균고장간격(MTBF), 평균고장시간(MTTF)이 있다.

정답 13-1 ② 13-2 ① 13-3 ② 13-4 ②

핵심이론 14 | 설비의 신뢰성과 보전성 설계

① 관련 척도
  ㉠ 유용성을 표현하는 척도
  $$설비\ 가동률 = \frac{정미\ 가동시간}{부하시간} \times 100\%$$
  ㉡ 신뢰성을 표현하는 척도
  $$고장\ 도수율 = \frac{고장\ 횟수}{부하시간} \times 100\%$$
  ㉢ 보전성을 표현하는 척도
  $$고장\ 강도율 = \frac{고장\ 정지시간}{부하시간} \times 100\%$$
  ㉣ 경제성을 표현하는 척도
  $$제품당\ 보전비 = \frac{보전비\ 총액}{생산량}$$

② 신뢰성 설계 시 고려 사항
  ㉠ 스트레스 : 환경 스트레스, 동작 스트레스
  ㉡ 통계적 여유
  ㉢ 안전도 : 부하의 경감, 안전계수, 안전율
  ㉣ 과잉도 : 여분의 제품, 부품이 나오도록 설계
  ㉤ 추가 신뢰도 : 서브시스템에서 신뢰도를 분담하도록 설계
  ㉥ 인적 요소 : 사용상 부주의 시 해결 방안
    • Fail Safe : 고장 알람
    • Fool Proof : 오작동 시 긴급정지
  ㉦ 보전성
  ㉧ 경제성 : 설계-제작-운전-안전요소 등 총비용을 최소로 하는 설계

③ 보전도의 다양한 정의
  ㉠ 보전이 규정된 절차와 주어진 자원을 가지고 행해질 때 어떤 부품이나 시스템이 어떤 주어진 시간 이내에서 지정된 상태를 유지 또는 회복할 수 있는 확률
  ㉡ 설비가 적정 기술을 가지고 있는 사람에 의하여 규정된 절차에 따라 운전될 때 보전이 주어진 기간 내에서 주어진 횟수 이상으로 요구되지 않을 확률

ⓒ 설비가 규정된 절차에 따라 운전 및 보전될 때 설비에 대한 보전비용이 주어진 기간 동안 어느 비용 이상 비싸지지 않을 확률
ⓔ 보전이 규정된 절차와 주어진 자원을 가지고 행해질 때 어떤 부품이나 시스템으로부터 생산되는 생산량이 어느 불량률 이상 되지 않는 확률
ⓜ 설비가 규정된 절차에 따라 운전 및 보전될 때 부품이나 설비의 운전 상태가 어느 성능 이하로 떨어지지 않을 확률
ⓗ 설비가 규정된 절차에 따라 주어진 조건에서 운전 및 보전될 때 부품이나 설비의 운전 상태가 어떤 주어진 안전사고수준 이상으로 상승되지 않을 확률
ⓢ 설비가 규정된 절차에 따라 주어진 조건에서 운전 및 보전될 때 부품이나 설비의 운전 상태가 공장 내외의 어떤 일정한 환경오염 이상으로 배출되지 않을 확률

10년간 자주 출제된 문제

14-1. 설비 보전 효과를 측정하는 식으로 틀린 것은?
① 제품 단위당 보전비 = 생산량 + 생산비
② 고장 도수율 = 고장 횟수 ÷ 부하시간 × 100
③ 설비 가동률 = (가동시간 ÷ 부하시간) × 100
④ 고장 강도율 = (고장 정지시간 ÷ 부하시간) × 100

14-2. 설비의 신뢰성 및 보전성 관리에 대한 설명 중 옳은 것은?
① 고장률(λ) = 총가동시간 / 고장횟수
② 설비 가동률 = (정미 가동시간 / 부하시간) × 100
③ 평균고장시간 : 어떤 신뢰성의 대상물에 대해 전체 고장 수에 대한 전체 사용시간
④ 평균고장간격 : 시스템이나 설비가 사용되어 최초 고장이 발생할 때까지의 평균시간 간격

14-3. 설비의 신뢰성 평가척도가 아닌 것은?
① 고장률
② 평균고장간격
③ 평균고장시간
④ 설비 유효 가동률

|해설|

14-1

- 경제성을 표현하는 척도 : 제품당 보전비 = $\frac{보전비\ 총액}{생산량}$

- 유용성을 표현하는 척도 : 설비 가동률 = $\frac{정미\ 가동시간}{부하시간} \times 100\%$

- 신뢰성을 표현하는 척도 : 고장 도수율 = $\frac{고장횟수}{부하시간} \times 100\%$

- 보전성을 표현하는 척도 : 고장 강도율 = $\frac{고장\ 정지시간}{부하시간} \times 100\%$

14-2

- 설비 가동률 = (정미 가동시간 / 부하시간) × 100

- 고장률 = $\frac{고장횟수}{가동시간}$

- 평균고장시간(MTTF ; Mean Time To Failure) : MTBF와 같은 개념이 아닌가 헷갈릴 수 있겠으나, MTTF는 "수리 후" 고장이 발생할 때까지의 평균을 의미하고 MTBF는 단순히 전체 가동시간 중에 (수리 여부와 무관하게) 고장이 얼마 간격으로 일어나는지를 설명한다.

  평균고장시간 = $\frac{장비\ 가동시간}{특정한\ 시간부터\ 발생한\ 고장횟수}$

- 평균고장간격(MTBF ; Mean Time Between Failure) : 고장간격은 시간으로 나타낸다. 따라서 일정 기간 중에 전체 가동시간을 고장횟수로 나타내면 시간으로 평균고장간격이 나타나며 이는 결국 고장률의 역수가 된다.

  평균고장간격 = $\frac{전체\ 가동시간}{고장횟수} = \frac{1}{고장률}$

14-3
설비 유효 가동률은 유용성을 표현하는 척도이다.

정답 14-1 ① 14-2 ② 14-3 ④

핵심이론 15 | 설비의 신뢰성 – 고장률 곡선 (욕조곡선, Bath-tub Curve)

① 기계의 라이프 사이클은 인간의 사망률과 비슷한 곡선을 보인다.

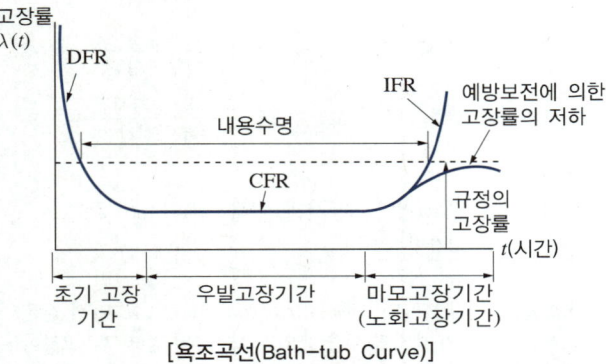

[욕조곡선(Bath-tub Curve)]

㉠ DFR(Decreasing Failure Rate) : 사람이 태어날 때 위기를 넘기면 점차 사망률이 감소하듯, 초기 고장 기간에는 점점 고장률이 줄어든다.
- 고장의 원인 : 불량 재료의 사용, 불충분한 품질관리, 표준 이하의 작업자 능력, Debugging이 충분치 않음, 빈약한 제조기술, 조립상의 실수, 과오, 부적절한 가동 및 조치, 저장/보관/운반 중 기계 또는 부품 고장
- 조치 : Burn-In Test, Debugging

㉡ CFR(Constant Failure Rate) : 고장률이 낮고 일정한 기간을 우발고장기간이라고 한다. 이 기간의 고장은 예측할 수 없는 고장이므로, 설비 보전요원은 교육훈련강화를 통한 고장 개소 감지 능력을 향상시켜 우발고장률을 저하시켜야 한다.
- 고장의 원인 : 낮은 안전계수, 부하의 과다, 무리한 사용, 사용자 과오, 감지되지 않는 결함, Debugging 해도 발견할 수 없는 고장, 예방 불가 고장, 천재지변
- 조치 : 설계 시 안전계수를 높임, 예비품을 관리하여 사후 보전 실시

㉢ IFR(Increasing Failure Rate) : 노년기에 갈수록 사망률이 늘어나듯, 시간이 갈수록 고장률이 올라가며 이 기간을 마모고장기간, 열화고장기간, 노화고장기간이라고 한다. 예방 보전을 실시하면 내용수명을 늘리고 마모고장률을 낮출 수 있다.
- 내용수명 : 규정고장률 범위 안에 들어있는 기간을 의미한다.
- 고장원인 : 부식, 산화, 마모, 피로, 노화, 퇴화, 수축, 균열, 오버홀, 불충분한 정비
  ※ 오버홀 : 설비를 분해, 정비 및 점검하고 재조립하는 작업. 재생수리
- 조치 : 예방 보전 실시

10년간 자주 출제된 문제

15-1. 욕조곡선(Bath Tub Curve)에서 우발 고장기에 발생하는 고장의 원인으로 틀린 것은?
① 설비의 혹사
② 제조과정의 실수
③ 안전 계수의 미확보
④ 예측보다 낮은 설비강도

15-2. 다음 중 초기 고장기에 발생하는 고장의 원인이 아닌 것은?
① 설계상의 오류　　② 부적정한 설치
③ 제조과정의 실수　　④ 열화에 의한 고장

15-3. 설비의 신뢰성 평가 척도 중 하나로 일정 기간 중 발생하는 단위시간당 고장횟수를 무엇이라고 하는가?
① 고장률　　② 보전율
③ 평균고장간격　　④ 평균고장시간

15-4. 욕조 곡선상 우발 고장기간에 발생되는 고장의 감소대책으로 가장 거리가 먼 것은?
① 최선의 예방 보전
② 예비품 관리
③ 극한 상황을 고려한 설계
④ 교육훈련 강화

| 해설 |

15-1
제조과정의 실수 때문에 일어나는 고장은 초기에 발생한다. DFR 시기에 나타난다.

15-2
열화(劣化)에 의한 고장은 마모기 IFR에 일어난다. 초기 고장기에는 애당초 뭔가 잘못되었을 때 일어나는 고장이 원인인 경우가 많다.

15-3
고장률 : 일정 기간 중 발생하는 단위시간당 고장횟수. 보통 1,000시간당 백분율로 나타냄

$$고장률 = \frac{고장횟수}{가동시간}$$

15-4
우발 고장기에는 고장을 예측할 수 없으므로 예방 보전에 의해 고장이 감소하지는 않는다. 고장 감소대책으로 기본적인 설계에 안전계수를 높이거나 요원의 대처능력 향상, 즉시 사후처리를 위한 예비품 관리 등이 대책이 될 수 있다.

정답 15-1 ② 15-2 ④ 15-3 ① 15-4 ①

핵심이론 16 │ 고장의 분석과 대책

① 고장의 정의
  ㉠ 설비 또는 그 일부가 규정의 기능을 상실하거나 기능의 불만족스러운 상태로 돌발적으로 발생하며 심각한 결과 또는 파국적 결과, 그리고 허용오차를 벗어나는 결과를 가져옴
  ㉡ 기능형 고장 : 어떤 부품 또는 그것을 포함한 시스템이 기대수준을 만족시키지 못하는 능력 부족의 상태
  ㉢ 기능형 고장이 곧 올 것을 예시하는 물리적 상태
  ㉣ 시스템의 일부 기관 또는 부품의 형질 변경을 가져오는 상태
  ㉤ **고장의 유형** : 손상, 파손, 절단, 파열, 조립 및 설치 결함
    • **손상** : 사용 가능하지만 신품 상태에 비해 형질 변경이 된 상태
    • **파손** : 금이나 흠이 시작된 상태
    • **절단** : 파손의 일종으로 두 조각 또는 그 이상으로 분리된 상태. 단선 포함
    • **파열** : 찢어지거나 갈라진 상태. 늘어남 포함
    • **조립 및 설치 결함** : 운송 중 떨어뜨림, 충돌, 밀치기 등에 의한 변경, 조립, 설치 시 무리한 작업, 설계상 조립 상황을 고려하지 못한 오류 등에 의한 결함
  ㉥ **고장의 종류** : 결함의 종류에 따라 고장의 종류도 구분할 수 있다.
  ㉦ 결함의 종류
    • 치명도에 따라
      – 치명 결함 : 인체 손상·물적 손상 또는 받아들일 수 없는 결과를 초래할 것으로 기대되는 결함
      – 비치명 결함 : 인체 손상·물적 손상 또는 받아들일 수 없는 결과를 초래하지 않을 것으로 기대되는 결함

- 중요도에 따라
  - 중 결함 : 중요하다고 여겨지는 기능에 영향을 주는 결함
  - 경 결함 : 중요하다고 여겨지는 어떤 기능에도 영향을 주지 않는 결함
- 사용상 결함
  - 오용 결함 : 사용 중 시스템의 규정된 능력을 초과하는 스트레스에 의한 결함
  - 취급 부주의 결함 : 시스템의 부적절한 취급 또는 부주의에 의한 결함
- 취약 원인에 따라
  - 취약 결함 : 시스템이 규정된 성능 이내의 스트레스에 있더라도 시스템 내의 취약점에 의한 결함
  - 설계 결함 : 시스템의 부적절한 설계에 의한 결함
- 결함 발생 시점에 따라
  - 제조 결함 : 제조과정에서 시스템의 설계 또는 제조공정과의 불일치에 의한 결함
  - 노화 결함·마모 결함 : 시스템의 고유 고장 메커니즘의 결과로 발생확률이 시간에 따라 증가하는 결함
- 민감도 범위에 따라
  - 프로그램 민감 결함 : 어떤 제어 명령 등을 특정한 순서로 수행한 결과로 나타나는 결함
  - 데이터 민감 결함 : 특정한 데이터를 처리한 결과로 나타나는 결함
- 결함의 정도에 따라
  - 완전 결함, 기능방해 결함 : 시스템의 모든 요구 기능을 완전히 수행할 수 없게 하는 결함
  - 부분 결함 : 시스템의 요구 기능 중 일부를 수행할 수 없게 하는 결함
- 지속성에 따라
  - 지속 결함 : 개량보전이 수행될 때까지 지속되는 시스템 결함
  - 간헐 결함 : 보전 없이 시스템이 요구 기능을 수행하는 능력을 회복한 후 제한된 기간 동안 지속되는 시스템의 결함
- 확정성에 따라
  - 확정 결함 : 동종의 시스템에서 모든 작용에 대해 같은 반응을 나타내는 결함
  - 불확정 결함 : 동종의 시스템에서 특정오차의 작용에 의존하는 결함
- 발현여부에 따라
  - 잠재 결함 : 존재하지만 인식되지 않은 결함
  - 발현된 결함

② 고장 분석의 필요성 : 신뢰성, 보전성, 경제성을 향상시키고자 함

③ 고장 분석 방법
  ㉠ 상황 분석법 : 고장을 일으키는 문제의 상황이나 상태를 여러 요소로 분리하여 우선 해결 가능한 요소를 선정, 적정한 해결방안을 찾는 방법
  - 파레토 차트(Pareto Chart) : 문제를 일으키는 요소들이 여러 가지일 때 그 요소들을 분리하고, 이 요소들이 전체에 미치는 영향을 보고자 도식화한 차트이다.

  [예]
  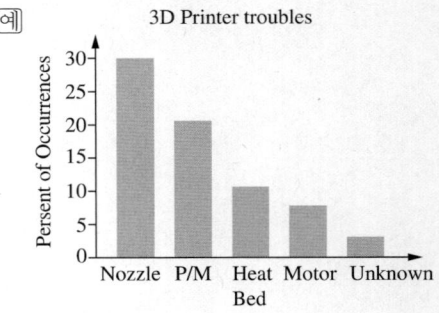

- 플로 차트(Flow Chart) : 고장의 원인 규명을 위해 과정 간 상호관계를 도식화하는 방법

예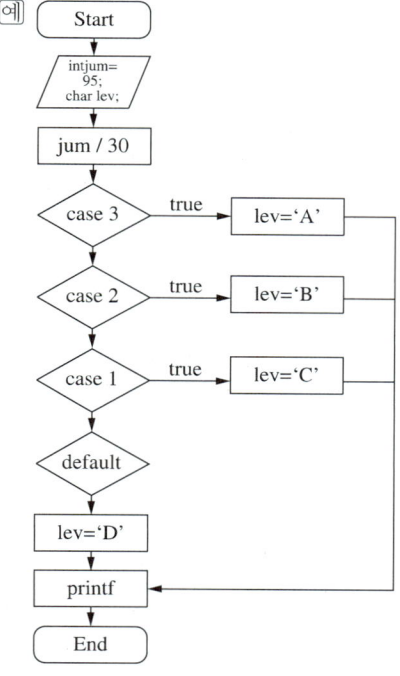

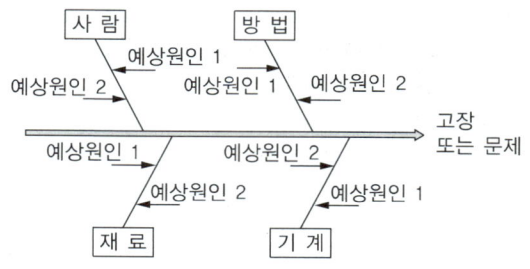

ⓒ 행동개발법 : 행동개발법을 거치면 목적달성에 합당한 행위의 개발이 가능하다.

ⓔ 의사결정법 : 의사결정법을 거치면 목적달성에 최적인 대안 선정이 가능하다.

Tip
위에 제시된 상황분석법, 요인분석법, 행동개발법, 의사결정법 등의 방법들은 방법의 분류에 따라 묶은 분류라고 생각하고 구체적인 방법들은 품질관리 영역에서 차용해 온다.

ⓛ 특성요인분석법
- 고장원인 분석과 해석에 가장 많이 쓰이는 방법 중 하나
- 설비 또는 시스템의 고장의 원인 규명을 위해 생선뼈(Fishbone) 모양의 특성요인도를 그림으로 분석하는 방법
- 유용한 경우
  - 문제 상황 파악이 잘 안 될 때
  - 문제의 순위를 파악할 때
  - 개선을 행동으로 옮겨야 할 때
  - 원인 규명 자체가 문제해결에 도움이 될 때
- 오른쪽 방향 수평 직선에 문제의 원인이 될 만한 요인을 위 아래로 그려 넣고 계속 가지를 치는 식으로 그린다.
- 가장 많이 쓰는 4요인을, 4M, 사람(Men), 기계(Machine), 재료(Material), 방법(Method)을 그림과 같이 배치하고 가지를 쳐서 그린다.

④ 고장 분석 후 대책
  ㉠ 강도, 내력을 향상 : 재질, 방법의 변경
  ㉡ 응력(應力, Stress) 분산 : 형상설계에 반영
  ㉢ 안전율 향상 : 치수설계 시 반영
  ㉣ 환경 개선 : 온도, 습도 등
  ㉤ 치공구의 개선 : 작업에 적절한 치공구로의 변경
  ㉥ 작업 방법 및 작업 조건 개선
  ㉦ 검사 방법 및 검사 주기 개선
  ㉧ 모니터링 : 측정가능 항목 중 고장과 연계된 대표 항목을 모니터링

10년간 자주 출제된 문제

16-1. 다음은 고장종류에 대한 설명이다. 조립 정밀도에 의한 고장으로 볼 수 없는 것은?

① 부착기준면 불량에 의한 고장
② 연결부의 연결 상태 불량
③ 결합부품의 편심으로 진동 발생
④ 열에 의해 부품의 마모

16-2. 인체 손상, 물적 손상 또는 받아들일 수 없는 결과를 초래할 것으로 평가되는 결함을 무엇이라 하는가?

① 중 결함　　　　② 치명 결함
③ 완전 결함　　　④ 불확정 결함

16-3. 다음 중 고장해석을 위해 제시되는 방법의 결과가 목적달성에 최적인 대안 선정이 가능한 방법은?

① 상황분석법　　　② 의사결정법
③ 요인분석법　　　④ 행동개발법

16-4. 다음 중 고장의 분석 후 대책을 세우는 방법으로 틀린 것은?

① 안전율을 높인다.
② 응력을 분산시킨다.
③ 강도, 내력을 낮춘다.
④ 온도, 습도 등의 작업 환경을 개선한다.

16-5. 품질 개선활동을 위하여 불량품, 결점, 사고 건수 등의 현상이나 원인 별로 데이터를 내고 수량이 많은 순서로 나열하여 크기를 막대그래프로 나타낸 분석법은?

① 히스토그램　　　② 관리도
③ 파레토도　　　　④ 산점도

| 해설 |

16-1
열에 의해 부품이 마모된 경우는 설계나 조립과정에서 일어난 고장으로 볼 수 없다.

16-2
보기에 관련한 분류는 다음과 같다.
- 중한 결함을 중 결함, 가벼운 결함을 경 결함
- 결함 정도가 전체이면 완전 결함, 부분이면 부분 결함
- 결함이 확정되었으면 확정 결함, 아니면 불확정 결함
- 결함이 치명적이면 치명 결함, 아니면 비치명 결함

16-3
- 본문에 제시된 상황분석법, 요인분석법, 행동개발법, 의사결정법 등의 방법들은 방법의 분류에 따라 묶은 분류라고 생각하고 구체적인 방법들은 품질관리 영역에서 차용해 온다.
- 의사결정법을 거치면 목적달성에 최적 대안을 선정하게 된다.

16-4
각 용어의 의미를 생각하고 각 내용이 개선되는 쪽으로 대책을 택한다. 강도와 내력은 적절히 높을수록 좋아 향상시키도록 한다.

16-5
파레토 차트(Pareto Chart) : 문제를 일으키는 요소들이 여러 가지일 때 그 요소들을 분리하고, 이 요소들이 전체에 미치는 영향을 보고자 도식화한 차트이다.

정답 16-1 ④　16-2 ②　16-3 ②　16-4 ③　16-5 ③

핵심이론 17 | 설비의 경제성 분석을 위한 기본 개념

① 설비의 경제성 분석을 위해 간단한 경영, 회계적 개념을 도입
② 비용(費用, Expense)
  ㉠ 물건을 사거나 어떤 일을 시행할 때 드는 돈
  ㉡ 수익 획득을 위해 지불하는 모든 노력
③ 원가(原價, Cost)
  1. 본디 사들일 때의 가격
  2. 어떤 목표 성취에 사용된 기회비용
  3. 수익과 관련하여 지불된 재화와 용역의 양을 비용으로 표시
  ㉠ 원가의 종류
   • 미래 원가 : 미래에 들 것이 예측되는 모든 원가
   • 초기 비용 : 취득원가이며 설비를 처음 도입할 때 지불되는 비용
   • 운영 및 보전비
     - 설비 수명 종료 시까지 계속 지불되며 운영 및 보수 유지에 필요한 전 비용
     - 보수 유지비 : 생산 보전비라고도 하며 설비의 경제성 분석에 중요한 개념 요소
   • 추적 가능 비용 vs 공통비용(추적 불가능 비용)
   • 고정비 : 감가상각비, 보수 유지비, 세금, 보험료, 임대료, 이자, 판촉비, 급여, 연구개발비 등 경영상 통제가 어려운 비용
   • 변동비 : 생산량이나 작업 정도에 따라 상관관계가 있는 비용
   • 직접비
     - 추적 가능하며 제품, 작업, 용역을 생산하기 위해 사용되는 비용
     - 직접자재비 / 직접노무비 / 외주 및 임가공 비용
   • 간접비
     - 모든 종류의 공통비용과 추적 불가능한 비용
     - 간접자재비(도장, 포장 등) / 간접노무비(감독, 기술지원비 등) / 감가상각, 생산 보전비 등
   • 기회비용(기회원가, 기회손실, Opportunity Cost) : 보전비용을 들여 설비를 유지함으로써 막게 된 생산성 손실비용. 경제학에서는 기회비용이 크게 되면 선택을 하지 않으나 보전에서는 기회비용이 크면 빨리 보전비를 사용하여 기회비용을 줄이는 것이 유리하므로, 기회비용이라는 혼동되는 용어를 사용하는 것보다 기회손실로 사용하여 의미를 분명히 함
   • 생애비용 : 한 설비 또는 시스템이 생산되어 가동, 유지되고 폐기되는 데 드는 총비용

   > **Tip**
   > **생애비용 최적화** : 교체 주기와 수리주기, 수리 시점 판단 등 비용 변수에 따라 생애비용을 최적화할 수 있다. 예를 들어 한 번 투자된 설비는 시간이 지날수록 열화에 의해 단위기간당 생산량을 감소시키는데, 반대로 단위기간당 보전 비용은 감소한다. 여러 변수를 고려하여 이 시기를 결정하는 것을 최적화라고 볼 수 있다.

   • 총원가 : 판매가격의 계산목적으로 회계상 사용하는 개념으로 총제조원가와 판매비용의 합이며, 판매비용에서 이익을 제외한 비용
   • 상각비 : 현 시점에서 설비를 현금으로 환산하였을 때 계산된 비용. 설비자체는 설치 후 실제로 비용을 발생시키지 않았지만, 중고가 되어 발생시킨 것처럼 된 비용

④ 간접비의 결정
  간접비는 생산변동에 따라 추적이 어려우므로 결정하는 방법을 선택해야 한다. 대략 아래의 방법으로 구분한다.
  ㉠ 직접노무비법

  $$직접노무비배부율 = \frac{총제조간접비}{총직접노무비} \text{ (같은 기간 중)}$$

  간단하고 제조원가에서 직접노무비가 큰 노동집약적 산업에서 타당성이 큼

  ㉡ 직접노무시간법

  $$직접노무시간배부율 = \frac{총제조간접비}{총직접노무시간} \text{ (같은 기간 중)}$$

노동집약적 산업에서 노무자들의 시간당 임률의 종류가 많을 때 타당성이 큼

ⓒ 직접재료비법

$$직접재료비배부율 = \frac{총제조간접비}{총직접재료비} \text{ (같은 기간 중)}$$

제품의 총재료비와 총제조간접비 간의 관계가 클 때 타당성이 큼

ⓔ 직접제조비법

$$직접제조비배부율 = \frac{총제조간접비}{총직접제조비} \text{ (같은 기간 중)}$$

간접비를 직접노무비와 직접재료비를 포함한 기본비용을 토대로 계산하는 것은 타당성이 크며, 단일제품 생산 시 많이 사용되는 방법

ⓜ 기계가동시간법

$$기계가동시간배부율 = \frac{기계에 대한 총제조간접비}{총기계가동시간}$$

(같은 기간 중)

대량생산을 위한 공장자동화나 CIM처럼 노무비용은 낮고, 기계화도가 높은 생산공정에서는 타당성이 큼

ⓗ 활동기준원가측정법 : ㉠~ⓜ이 오차를 전제로 하므로 간접비의 변화를 정확히 추적하기 위해 개발된 방법. 전통적 원가추정이 생산량을 기준으로 하는데 비해, 활동기준원가측정법은 활동, 즉 공정에 기준을 두고 원가를 추적하는 방법

10년간 자주 출제된 문제

17-1. 하나의 설비 또는 시스템이 설계·생산되어 가동·보수·유지 및 폐기할 때까지의 전 과정에 필요한 비용을 무슨 비용이라고 하는가?

① 보전비용
② 생애비용
③ 초기비용
④ 공통비용

17-2. 보전비를 투입하여 설비를 원활한 상태로 유지하여 막을 수 있었던 생산상의 손실은?

① 기회손실
② 보전손실
③ 생산손실
④ 설비손실

17-3. 대량생산을 위한 공장자동화와 같이 기계화도가 높은 생산 공정에 제조간접비를 배부하는 방식은?

① 직접재료비법
② 직접제조비법
③ 기계가동시간법
④ 직접노무시간법

17-4. 간접비의 변화를 정확히 추정하기 위해 제품생산에 수행되는 활동들 또는 공정에 초점을 두고 원가를 추정하는 방법은?

① 기회원가
② 제조원가
③ 총원가
④ 활동기준원가

|해설|

17-1
생애비용 : 한 설비 또는 시스템이 생산되어 가동, 유지되고 폐기되는 데 드는 총비용

17-2
기회비용(기회원가, 기회손실, Opportunity Cost) : 보전비용을 들여 설비를 유지함으로써 막게 된 생산성 손실비용. 경제학에서는 기회비용이 크게 되면 선택을 하지 않으나 보전에서는 기회비용이 크면 빨리 보전비를 사용하여 기회비용을 줄이는 것이 유리하므로, 기회비용이라는 혼동되는 용어를 사용하는 것보다 기회손실로 사용하여 의미를 분명히 함

17-3
- 직접노무비법 : 간단하고 제조원가에서 직접노무비가 큰 노동집약적 산업에서 타당성이 큼
- 직접노무시간법 : 노동집약적 산업에서 노무자들의 시간당 임률의 종류가 많을 때 타당성이 큼
- 직접재료비법 : 제품의 총재료비와 총제조간접비 간의 관계가 클 때 타당성이 큼
- 직접제조비법 : 간접비를 직접노무비와 직접재료비를 포함한 기본비용을 토대로 계산하는 것은 타당성이 크며, 단일제품 생산 시 많이 사용되는 방법
- 기계가동시간법 : 대량생산을 위한 공장자동화나 CIM처럼 노무비용은 낮고, 기계화도가 높은 생산 공정에서는 타당성이 큼

17-4
전통적 원가추정이 생산량을 기준으로 하는데 비해, 활동기준원가측정법은 활동, 즉 공정에 기준을 두고 원가를 추정하는 방법이다.

정답 17-1 ② 17-2 ① 17-3 ③ 17-4 ④

| 핵심이론 18 | 설비의 경제성 평가

① 설비를 도입 운영하기 위해서는 경제성 여부를 평가할 필요가 있다.

> **Tip**
> 경제성 평가에 관한 방법은 현재도 계속 개발되고 있으나 수험을 준비하는 상황에 전공에서 다루는 모든 전문적인 방법과 새로운 내용까지 학습하는 것은 비효율적일 수 있다. 설비를 경제성 평가를 통해 선택한다는 사실과 경제성 평가를 위한 많은 이론이 연구되고 있다는 사실, 설비 보전기사에서 기출로 다루어진 기본 내용 정도를 학습하여 수험을 치르도록 하고, 현업에서 선배들의 경험과 직장 상황에 맞는 방법을 학습하도록 하면 좋겠다.

② 경제성 평가 방법
  ㉠ 비용 비교법(원가비교법) : 설비가 1년 유지되는 데 드는 비용을 서로 비교하여 비용이 적은 쪽을 채택
    • 제조원가 비교법 : 재무적으로 계산된 원가(조업비용 + 자본비용)가 적은 쪽을 채택하는 방식
    • 현가 비교법 : 투자에 나타나는 모든 현금적 가치를 현재가치로 환산하여 비교
    • 연평균비용 비교법
      - 설비의 내구 사용 기간 사이의 자본비용과 가동비의 합을 현재가치로 환산하여 내구 사용 기간 중의 연평균 비용을 산출, 비교하여 대체안을 결정하는 방법이다.
      - 총비용(총자본비용+가동비의 총합) × 자본회수계수
    • 평균 이자법 : 연간비용으로서 정액제에 의한 상각비와 평균이자 및 가동비를 취한 방법이다. 즉, '연간비용 = 가동비 + 평균이자 + 상각비'이다. 회계가 쉽고 비교가 쉽다.
  ㉡ 자본 회수 기간법 : 투자에 소요된 모든 비용을 회수하는 데 걸리는 기간으로 환산하여 표기한다. 기간이 길면 비용이 크다.
  ㉢ 수익률 비교법 : 투자 대비 수익액의 비율인 수익률을 계산 비교하여 수익률이 더 높은 방안을 채택한다.
  ㉣ MAPI(Machinery & Allied Products Institute) 방식
    • 기존 설비(현 설비)를 계속 사용할지와 신규 설비 투자를 할 것인가를 선택하기 위한 비교분석 방법이다.
    • 자본배분에 관련된 투자 순위결정이 주제이고, 긴급률이라고 불리는 일종의 수익률을 구하여 이의 대소에 따라서 설비 상호 간의 우선순위를 평가한다.
  ㉤ 신 MAPI법 : 1949년 발표된 MAPI법을 개선하여 1959년 발표된 것을 신 MAPI법이라 한다. 투자 순위결정 시 MAPI의 긴급률 대신 긴급도비율을 사용한 방법이다.

10년간 자주 출제된 문제

18-1. 설비의 경제성 평가 방법을 설명한 것으로 옳은 것은?
① 신 MAPI방식 : 연간비용으로서 정액제에 의한 상각비와 평균이자 및 가동비를 취한 방법이다.
② MAPI방식 : 투자분위결정을 위한 긴급도비율(Urgency Rating)이라는 비율을 도입하는 방법이다.
③ 자본 회수법 : 자본배분에 관련된 투자 순위결정이 주제이고, 긴급률이라고 불리는 일종의 수익률을 구하여 이의 대소에 따라서 설비 상호 간의 우선순위를 평가한다.
④ 연평균 비교법 : 설비의 내구 사용 기간 사이의 자본비용과 가동비의 합을 현재가치로 환산하여 내구 사용 기간 중의 연평균 비용을 비교하여 대체안을 결정하는 방법이다.

18-2. 다음 중 설비의 경제성 평가방법과 가장 거리가 먼 것은?
① 비용비교법 　　　② 평균이자법
③ 연평균 비교법 　　④ MTBF 분석법

18-3. 설비의 경제성을 평가하는 데 있어서 비용비교법의 하나인 평균이자법에서 연간비용은 어떻게 산출하는가?
① 연간비용 = 가동비 + 평균이자 - 상각비
② 연간비용 = 가동비 + 상각비 - 평균이자
③ 연간비용 = 가동비 - 평균이자 - 상각비
④ 연간비용 = 가동비 + 평균이자 + 상각비

10년간 자주 출제된 문제

18-4. 자본의 효율적 사용을 위해 현재 사용 중인 낡은 기계를 계속 사용하거나 새로운 기계로의 대체 여부를 비교하여 결정하는 방법은?
① QFD
② MAPI
③ 6 Sigma
④ PERT/CPM

18-5. 긴급도비율이라는 비율을 도입하여 투자순위를 결정하는 것은?
① 자본 회수법
② 비용 비교법
③ 수익률 비교법
④ 신 MAPI방법

18-6. 다음 설비 대안의 평가를 위한 방법 중 자본사용의 여러 가지 방법에 대하여 창출되는 수입액수를 기준으로 하는 방법은?
① 회수 기간법
② 현가액법
③ 연차 등가액법
④ 수익률법

18-7. 설비투자 및 대체의 경제성 평가를 할 때 대안 사이에 있어서 조업비용이나 자본비용 면에서 계산하여 판정하는 원가비교법에 해당되지 않는 것은?
① 연간비용법
② 현가 비교법
③ 제조원가 비교법
④ 자본 회수 기간법

|해설|

18-1
①은 평균이자법에 대한 설명이다.
②는 신 MAPI방식에 대한 설명이다.
③은 MAPI방식에 대한 설명이다.

18-2
MTBF 분석법은 고장 분석 방법이다.

18-3
평균 이자법 : 연간비용으로서 정액제에 의한 상각비와 평균이자 및 가동비를 취한 방법이다. 즉, '연간비용 = 가동비 + 평균이자 + 상각비'이다. 회계가 쉽고 비교가 쉽다.

18-4
MAPI(Machinery & Allied Products Institute)방식
- 기존 설비(현 설비)를 계속 사용할지와 신규 설비투자를 할 것인가를 선택하기 위한 비교분석 방법이다.
- 자본배분에 관련된 투자 순위결정이 주제이고, 긴급률이라고 불리는 일종의 수익률을 구하여 이의 대소에 따라서 설비 상호 간의 우선순위를 평가한다.

|해설|

18-5
- 자본 회수법 : 투자에 소요된 모든 비용을 회수하는 데 걸리는 기간으로 환산하여 표기. 기간이 길면 비용이 크다.
- 비용 비교법 : 연평균비용 비교법과 평균 이자법으로 나눌 수 있다.
- 수익률 비교법 : 설비 투자 대비 수익률을 비교하여 수익률이 높은 방안을 채택한다.
- 신 MAPI법 : 1949년 발표된 MAPI법을 개선하여 1959년 발표된 것을 신 MAPI법이라 한다. 투자 순위결정 시 MAPI의 긴급률 대신 긴급도비율을 사용한 방법이다.

18-6
경제평가방법 중 수익률 비교법은 투자 대비 수익액의 비율인 수익률을 계산 비교하여 수익률이 더 높은 방안을 채택하는 방법이다.

18-7
- 자본 회수 기간법 : 투자에 소요된 모든 비용을 회수하는 데 걸리는 기간으로 환산하여 표기. 기간이 길면 비용이 크다.
- 비용 비교법(원가비교법) : 설비가 1년 유지되는 데 드는 비용을 서로 비교하여 비용이 적은 쪽을 채택
  - 제조원가 비교법 : 재무적으로 계산된 원가(조업비용+자본비용)가 적은 쪽을 채택하는 방식
  - 현가 비교법 : 투자에 나타나는 모든 현금적 가치를 현재가치로 환산하여 비교
  - 연평균비용 비교법
    가. 설비의 내구 사용 기간 사이의 자본비용과 가동비의 합을 현재가치로 환산하여 내구 사용 기간 중의 연평균 비용을 산출, 비교하여 대체안을 결정하는 방법이다.
    나. 총비용(총자본비용 + 가동비의 총합)×자본회수계수
  - 평균 이자법 : 연간비용으로서 정액제에 의한 상각비와 평균이자 및 가동비를 취한 방법이다. 즉, '연간비용 = 가동비 + 평균이자 + 상각비'이다. 회계가 쉽고 비교가 쉽다.

정답 18-1 ④ 18-2 ④ 18-3 ④ 18-4 ② 18-5 ④ 18-6 ④ 18-7 ④

핵심이론 19 | 설비 보전과 관리 시스템

① 설비 보전의 정의
  ㉠ 설비의 고장으로 발생할 수 있는 손실을 줄이고 생산 시스템의 신뢰도를 유지하는 활동(국립국어원)
  ㉡ 전 생산시스템 혹은 어떤 특정 설비를 가동 가능한 상태로 유지해 놓은 것(산업안전대사전)
  ㉢ 설비의 성능 유지 및 이용에 관한 활동

② 설비 보전의 의의
  ㉠ 생산성 향상
  ㉡ 설비 열화에 대한 대책
  ㉢ 생산의 경제성을 확보하기 위한 활동

③ 설비 보전의 목적
  ㉠ 생산량(Product) 증대, 설비 투자의 효율을 높임, 설비 가동률 향상, 고장률 감소
  ㉡ 품질(Quality) 향상, 설비로 인한 중간재(中間材)의 불량을 감소
  ㉢ 원가(Cost) 감소, 설비의 노화, 열화로 인한 수율(收率) 저하 방지
  ㉣ 납기(Delivery) 완수, 설비의 일상 점검을 통한 돌발 고장의 방지를 통해 설비의 미비로 인한 납기 지연을 방지
  ㉤ 안전(Safety), 설비로 인한 재해 방지
  ㉥ 사기(Morale) 향상, 설비의 신뢰성 및 안전환경 조성을 통한 직원 사기 향상

④ 생산 보전시스템(Productive Maintenance)
  ㉠ 약어로 PM을 사용, 예방 보전(Preventive Maintenance)의 약어도 PM이므로 문맥이나 상황에서 판단할 것
  ㉡ 생산 보전 시스템은 예방 보전, 정기점검을 바탕으로 다음과 같이 수립한다.
    • 생산 계획을 바탕으로 보전의 목표를 세운다.
    • 보전 조직과 표준을 수립한다.
    • 보전 계획을 수립한다.
    • 보전 활동을 실시한다.
    • 보전 활동(검사, 수리, 교체 등)을 기록한다.
    • 피드백(효과 측정)을 실시한다.

⑤ 예방 보전
  ㉠ 설비 관리의 발전사에서 예방 보전을 다루었으나, 현대까지 발전된 설비 보전은 예방 보전의 체계 아래에서 발전하였으므로 이를 개념적으로 정돈 필요
  ㉡ 예방 보전의 절차
    • 보전 대상이 되는 중점설비를 결정한다.
      – 중점 설비를 결정하는 방법 중 하나로 채점표를 작성하는 방식을 예시한다.
    • 대상이 된 설비의 정기점검 포인트를 지정한다.
    • 정기점검의 주기를 결정한다.
    • 정기점검 주기를 연간 작업계획에 반영한다.
    • 예방 보전을 실시하기 위한 조직을 지정한다(조직이 적절치 않으면 신설한다).
  ㉢ 예방 보전의 효과
    • 점검대상의 상태는 항상 파악된다.
    • 중요한 수리의 횟수와 비용이 감소한다.
    • 이에 따라 전체 투자비가 감소한다.
    • 계획적인 수리가 가능하다.
    • 고장 발생 시 원인을 구분할 수 있다.
    • 전반적인 생산성이 향상된다.
  ㉣ 시간 기준 보전과 상태 기준 보전
    • 시간 기준 보전(TBM ; Time Based Maintenance) : 정기 보전 중심. 설비가 열화에 도달하는 변수(생산대수, 사용일수 등)로 보전주기를 결정하고 주기까지 사용하면 무조건으로 수리를 하는 방식. 점검이 체계적이고 적은 고장 발생률을 보이나 보전비가 증가
    • 상태 기준 보전(CBM ; Condition Based Maintenance) : 예방 보전 중심. 설비의 열화상태를 모니터링에 의해 측정. 데이터 및 해석에 의해 열화 기준치에 달하면 수리 실시. 보전비를 절약할 수 있으나 모니터링 장비가 요구됨

⑥ 설비 관리 기능
  ㉠ 설비 관리 목적
    • 설계가 끝난 설비의 사용 중 보전도 유지와 생산보전 활동
    • 기존설비 또는 새롭게 개발 또는 구매되는 설비의 설계와 연계되는 보전도 향상
    • 설비자산의 효율적 관리
  ㉡ 일반관리 기능 : 보전정책 결정 / 보전 조직과 시스템 수립 / 자산관리와 연동된 설비 관리 시스템 수립 / 공급망 관리에서의 설비역할 규명 / 보전업무의 계획, 일정계획 및 통제 / 보전업무의 경제성 및 효율성 분석 측정 및 평가 / 보전인력의 교육훈련 및 동기부여 / 보전업무를 위한 외주 및 아웃소싱 관리 / 예산관리 / 보전전산화 / TPM 추진 및 지원 / 보전자재 관리 및 공구, 보전설비의 대체 분석
  ㉢ 기술 기능 : 설비성능분석 / 고장분석 방법개발 및 실시 / 설비진단기술 이전 및 개발 / 보전도 향상 연구 / 설비 간 네트워크 구축 및 정보 전산화 구축 / 보전업무 분석 및 검사기준 개발 / 보전기술 개발 및 매뉴얼 갱신 / 설계팀으로 보전자료와 정보 Feedback / 부품대체 분석
  ㉣ 실시 기능 : 점검 및 검사 실시 / 주유, 조정 그리고 수리업무 등의 준비 및 실시 / 가공, 용접, 마무리 등 엔지니어링 작업
  ㉤ 지원 기능 : 보전요원 인력관리 / 교육 및 훈련 관리 / 보전자재 관리 / 측정장비 및 보전용 설비 / 포장, 자재취급, 저장 및 수송

⑦ 기 록
  ㉠ 설비번호의 표시방법
    • 설비에 대한 분류, 기호가 결정되면 고유번호를 부여하여 표시판을 제작, 부착한다.
    • 동일한 기호가 중복되지 않도록 한다.
    • 눈에 잘 띄는 곳에 확실하고 견고하게 부착한다.
    • 표시판으로 인해 손상을 받거나 성능에 영향을 주면 안 된다.
  ㉡ 설비대장 : 관리 사무실에서 일괄적으로 설비에 대한 개요를 적어놓은 기록지 또는 기록프로그램. 여기에는 설비의 명칭, 위치, 크기, 운영부서, 전력량, 에너지 사용량, 용도, 사양, 제작일자, 제작사, 도입시기, 설치시기, 폐기 및 매각시기, 매각처, 금액 등 한 번에 전체 설비에 대해 파악할 수 있도록 기록
  ㉢ 장비이력부(장비대장) : 장비의 명칭, 번호, 취득시기, 취득금액 등 이외에 장비의 운전 개시에서 현재까지 발생한 고장이나 큰 수리 공사의 내용 및 수리 후의 성능, 수리비 등 장비에 관한 모든 이력 사항을 각 장비마다 기록한 것
  ㉣ 장비운전기록 : 장비의 운전, 사용상황을 일, 주 또는 월 단위로 기록하는 것. 기록항목으로 단위시간당 운전시간, 가동률, 운전에 소비된 전력 등의 에너지 사용량, 이외에 일상 점검에서 발견 가능한 윤활제 소비량, 운전 시 발생하는 이상음, 이상진동, 정상운전 유지를 위한 체크리스트로 활용

10년간 자주 출제된 문제

19-1. 설비의 성능 유지 및 이용에 관한 활동을 무엇이라고 하는가?
① 공사 관리　　② 품질 관리
③ 설비 보전　　④ 설비 배치

19-2. 설비 보전이 필요한 이유로 적합하지 않은 것은?
① 납기를 준수할 수 있고, 제품 원가를 낮출 수 있다.
② 작업환경 조건 개선 및 작업자의 근로 의욕을 증진시킬 수 있다.
③ 설비의 고장, 정지, 성능저하를 방지할 수 있다.
④ 설비의 열화로 인한 수율 상승, 에너지 손실을 막을 수 있다.

19-3. 생산성을 향상시키기 위하여 현상을 파악하고 개선하기 위한 6대 요소에 해당되지 않는 것은?
① 의 욕　　② 안 전
③ 납 기　　④ 측 정

10년간 자주 출제된 문제

19-4. 설비 보전시스템 체계도를 구성할 때, 가장 먼저 고려할 사항은?
① 표준설정
② 보전 계획
③ 생산 계획
④ 보전 예방

19-5. 회사의 경영목표 달성을 위한 설비 관리의 역할, 실시 방안, 개별설비의 보전 정책, 설비의 최적화 관리에서 이르기까지 정책 의사 결정을 포함하는 일반 관리기능은?
① 보전 업무의 계획, 일정관리 및 통제
② 설비 성능 분석
③ 설비 진단 기술 이전 및 개발
④ 보전기술 개발 및 매뉴얼 갱신

19-6. 설비 대장을 작성할 때 구비해야 할 조건 중 가장 거리가 먼 것은?
① 설비 품목별 사양작성자
② 설비의 입수시기 및 가격
③ 설비에 대한 개략적인 기능
④ 설비에 대한 개략적인 크기

19-7. 설비의 잠재 열화현상에 대한 정확한 상태를 예측하기 위하여 직접 설비를 감지(Monitoring)하는 방법을 무엇이라 하는가?
① 개량 보전
② 상태 기준 보전
③ 운전 중 검사
④ 부분적 SD

|해설|

19-1
- 설비의 고장으로 발생할 수 있는 손실을 줄이고 생산 시스템의 신뢰도를 유지하는 활동
- 전 생산시스템 혹은 어떤 특정 설비를 가동 가능한 상태로 유지해 놓은 것
- 설비의 성능 유지 및 이용에 관한 활동

19-2
설비 열화로 인하여 수율은 감소한다.

19-3
설비 보전의 목적
- 생산량(Product) 증대
- 품질(Quality) 향상
- 원가(Cost) 감소
- 납기(Delivery) 완수
- 안전(Safety)
- 사기(Morale) 향상

19-4
생산 보전 시스템은 예방 보전, 정기점검을 바탕으로 아래와 같이 수립한다.
- 생산 계획을 바탕으로 보전의 목표를 세운다.
- 보전 조직과 표준을 수립한다.
- 보전 계획을 수립한다.
- 보전 활동을 실시한다.
- 보전 활동(검사, 수리, 교체 등)을 기록한다.
- 피드백(효과 측정)을 실시한다.

19-5
일반관리 기능 중 보전업무의 계획, 일정계획 및 통제 기능은 예방 보전 연간계획 및 관리, 설비종류별 일정계획 수립, 수리 수준 결정 및 관리를 실시한다. 나머지 보기는 설비 관리 기능 중 기술 기능에 해당한다.

19-6
- 설비대장 : 관리 사무실에서 일괄적으로 설비에 대한 개요를 적어놓은 기록지 또는 기록프로그램. 여기에는 설비의 명칭, 위치, 크기, 운영부서, 전력량, 에너지 사용량, 용도, 사양, 제작일자, 제작사, 도입시기, 설치시기, 폐기 및 매각시기, 매각처, 금액 등 한 번에 전체 설비에 대해 파악할 수 있도록 기록
- 설비 품목별 사양 작성자는 직접 설비에 대한 기록이 아니므로 가장 거리가 멀다.

19-7
상태 기준 보전(CBM ; Condition Based Maintenance) : 예방 보전 중심. 설비의 열화상태를 모니터링에 의해 측정, 데이터 및 해석에 의해 열화 기준치에 달하면 수리 실시. 보전비를 절약할 수 있으나 모니터링 장비가 요구됨

정답 19-1 ③ 19-2 ④ 19-3 ④ 19-4 ③ 19-5 ① 19-6 ① 19-7 ②

| 핵심이론 20 | 설비 보전 조직

※ 핵심이론 06 설비 관리 조직 내용과 비교 참고하며 학습하세요.

① 설비 보전 조직의 개념
  ㉠ 설비 보전의 목적을 달성하기 위한 수단으로
  ㉡ 설비 보전 조직은 "기업의 생산성 향상을 위해 설비를 가장 잘 활용하는 방법은 무엇인가"라는 접근으로 구성
    • 설비 보전을 직접 시행하는 조직
    • 설비의 가치관리와 성능관리를 하는 조직

② 설비 보전 조직 계획 시 고려 사항
  제품 특성, 생산형태, 사용 설비의 특징, 입지, 기업 또는 공장규모, 인적 구성, 외주 이용 정도

③ 설비 보전 조직의 분류
  ㉠ 집중 보전
    • 보전 조직을 보전의 책임자인 관리자 아래로 구성
    • 장 점
      - 조직 동원 및 인력배치의 유연성, 업무 신속성, Specialist의 활용도가 높음
      - 책임관계 명확, 보전 신규 사업 도입 용이, 인적자원관리 및 훈련, 재배치 용이
    • 단 점
      - 현장 감독자의 통제력이 약함
      - 보전 작업 시 보전 책임자를 통해야 하므로 작업진행 속도가 더딤
      - 인적자원의 다각도 활용도가 낮아짐
      - 작업 표준 시간 설정이 어려움
  ㉡ 지역 보전(구역보전)
    • 공장의 각 구역에 보전요원을 배치하여 구역을 담당하게 하는 조직
    • 장 점
      - 생산근로자와 상시 근무하므로 높은 유대감 형성
      - 필요시 즉각 대처 가능
      - 보전담당자가 해당 설비에 전문가가 될 가능성 높음
    • 단 점
      - 큰 규모의 보전 활동 시 인력동원 불편
      - 설비에 보전 소요가 낮은 곳에도 인력이 배치될 여지
      - 반대로 소요가 높은 곳의 보전담당자 피로도 증가
      - 실제 해당 설비 전문가를 채용하기 곤란
  ㉢ 부분 보전
    • 보전 조직을 각 제조부문조직의 장 아래에 배치
    • 장 점
      - 제조부문조직장에 의해 인적자원의 효율적인 활용에 유리
    • 단 점
      - 보전에 대해 전문성이 결여된 의사결정 가능성
      - 보전 책임성의 분할
      - 땜질식 보전 활동 가능성
  ㉣ 절충(Combination) 보전
    • 보전 조직 아래 지역 보전(구역 보전) 조직을 운영하면서 일부 특별한 능력을 가진 집중 보전 조직을 설치하는 절충 방안
    • 장점 : 집중 보전과 지역 보전의 단점을 상쇄
    • 단점 : 조직관리 자체에 행정력이 많이 소요

10년간 자주 출제된 문제

20-1. 설비 보전 조직 중 집중 보전 조직의 특징으로 틀린 것은?
① 특수 기능자는 한층 효과적으로 이용된다.
② 긴급작업, 고장, 새로운 작업을 신속히 처리한다.
③ 공장의 작업요구를 처리하기 위하여 충분한 인원을 동원할 수 있다.
④ 작업의뢰와 완성까지의 시간이 매우 짧고, 작업 표준을 위한 시간 손실이 적다.

20-2. 설비 보전 조직형태 중 집중 보전의 장점이 아닌 것은?
① 보전요원의 관리감독이 용이하다.
② 보전 작업에 필요한 인원의 동원이 용이하다.
③ 특수 기능자를 효과적으로 이용할 수 있다.
④ 긴급 작업이나 새로운 작업 시 신속히 처리할 수 있다.

|해설|

20-1
집중 보전 조직은 설비 보전작업의뢰 시 보전책임자를 통해야 하므로 작업 진행 속도가 더디고 작업 표준 시간 설정 시 손실이 있다.

20-2
보전요원은 현장감독자의 관리가 아닌 보전 조직의 관리를 받고 있는 까닭에 관리감독이 용이하지 않다.

정답 20-1 ④ 20-2 ①

핵심이론 21 | 설비구조분석

① 설비구조분석의 목표 : 대상설비의 종류, 수, 설비의 복잡성, 기업의 보전능력, 설계능력, 개조능력, 보전업체의 능력과 접근성, 사용자 교육 등의 요소에 대한 요구가 무엇인가를 규명

② 구조분석의 방법
  ㉠ Blanchard의 9개 계층 시스템 기능분석
    부품 < 부품조합 < 하위조립품 < 부품조립 < 단위 < 그룹 < 장치/세트 < 하위시스템 < 시스템
  ㉡ Black Box 결정
    • 더 이상 분해되지 않는 요소. 어떤 경우는 부품, 어떤 경우는 하위조립품이 될 수 있다.
    • Black Box는 수리가 가능하지 않으므로 반드시 대체, 교체를 해야 한다. 따라서 Black Box를 결정하면 보전방법 의사결정을 해야 한다.
    • 선정된 Black Box에 필요한 정보 : 알려진 수명, MTBF와 MTTR, 보전방법 및 표준, 보전요원자격 및 그 수, 보전 위치, 보전 비용, 자재재고등급
  ㉢ 구조분석 구축 Flow Chart : 설비구조분석을 효율적으로 수행하기 위한 과정을 Flow Chart로 표현

③ 구조분석의 장점
  ㉠ 고장 발생 시 수리를 위한 가장 빠른 경로 발견
  ㉡ 각종 보전에 대한 예측 가능
  ㉢ 알려지지 않은 고장원인 발견
  ㉣ 보전 표준 확립
  ㉤ 보전 비용의 계량화
  ㉥ 보전 우선순위 결정의 용이
  ㉦ 보전 활동의 수익 중심활동과 연계
  ㉧ BOM(Bill Of Material)과 연계, 납품업자와 SCM(Supply Chain Management) 가능
  ㉨ FMECA나 RCM 같은 고등 분석 기법 자료로 사용

10년간 자주 출제된 문제

다음 중 Blanchard의 설비 구조 분석에서 가장 상위 계층에 해당하는 것은?

① 부품조합
② 부품조립
③ 그 룹
④ 하위시스템

|해설|

Blanchard의 9개 계층 시스템 기능분석
부품 < 부품조합 < 하위조립품 < 부품조립 < 단위 < 그룹 < 장치/세트 < 하위시스템 < 시스템

정답 ④

핵심이론 22 | 설비 보전 표준화

① 표 준
  ㉠ 합의에 의해 작성되고 공인된 기관에 의해 승인된 것으로서 주어진 범위 내에서 최적 수준의 성취를 목적으로 공통적이고 반복적인 사용을 위한 규칙, 지침 또는 특성을 제공하는 문서
  ㉡ 과학, 기술 및 경험에 대한 총괄적인 발견사항들에 근거해야 하며, 공동체 이익의 최적화 촉진을 목표로 제정되어야 한다.

② 표준화
  ㉠ 실제적이거나 잠재적인 문제들에 대하여 주어진 범위 내에서 최적 수준을 성취할 목적으로 공통적이고 반복적인 사용을 위한 규정을 만드는 활동

③ 설비 보전 작업의 표준화
  ㉠ 설비에 따른 보전 작업을 표준화하는 것이므로 설비 제작사의 매뉴얼에 의함
  ㉡ 설비 보전 조직에 의한 사내 규정, 규약, 지침 등으로 제작
  ㉢ 표준화 시 인적자원 변수가 줄어들고, 기술축적 및 기술 전달력이 높아짐
  ㉣ 특 징
    • 복잡-다양성
    • 표준화 작업이 고비용 작업이며 투자적 접근이 필요

④ 설비 보전 작업 표준에 관련된 설비 표준
  ㉠ 설비 설계 표준
    • 공통적 기계요소의 표준을 의미
    • KS, ISO에서 제공하는 기술 표준에 의함
  ㉡ 설비 성능 표준
    • 설비 사양서이며 설비를 제작한 업체나 주문한 업체에서 표준(사양)을 제작
    • 설비운전 시 발휘하는 성능에 대한 표준
    • 용도, 주요 크기, 용량, 정도, 구조, 재질, 작동 전력량 등을 나타내는 표준

ⓒ 설비 자재 구매 규격 : 구매되는 설비 자재의 품질 표준이 되는 것으로 설비 설계 표준이나 설비 성능 표준에 의함
ⓔ 설비 자재 검사 표준 : 설비 자재 구매 규격에 맞는지 평가하기 위한 시험방법을 표준화함

⑤ 설비 보전 작업 표준
ⓐ 시운전 검수 표준 : 설비의 신설 후 시운전에 관한 규정
ⓑ 설비 보전 표준 : 아래 ⑦ 참조
ⓒ 보전 작업 표준 : 아래 ⑥ 참조

⑥ 설비 보전 작업 표준설정
ⓐ 보전 표준화 단계
1. 중요설비 및 대상설비 결정
2. 이력관리 및 철저한 기록, 자료화
3. 1차 표준설정 시도
4. 설정된 표준의 지속적 검증
5. 전체 설비로 표준적용 확대
6. 피드백을 통한 표준 설정방법 개선

⑦ 설비 보전 표준의 종류
ⓐ 설비 점검 표준
 • 점검시기(일상 점검/정기점검)
 • 진단항목 및 방법(성능검사/정밀도검사)
 • 설비종류에 따른 검사
ⓑ 정비 표준(일상 점검 표준) : 정비 또는 일상 보전 조건방법의 표준을 정한 것으로 정비 작업 종류에 따라 급유 표준, 청소 표준, 조정 표준 등이 작성됨
ⓒ 수리 표준 : 수리 받을 조건, 수리 방법에 대한 명시, 직능별로 제정하거나 설비별로 제정

10년간 자주 출제된 문제

22-1. 설비 보전 표준의 분류 중 정비 또는 일상 보전 조건방법의 표준을 정한 것으로 정비 작업 종류에 따라 급유 표준, 청소 표준, 조정 표준 등이 작성되는 것은?
① 설비 검사 표준　　② 정비 표준
③ 수리 표준　　　　④ 설비 성능 표준

22-2. 설비를 관리할 때 설비운전 시 발휘하는 성능에 대한 표준으로 용도, 주요 크기, 용량, 정도, 구조, 재질, 작동 전력량 등을 나타내는 표준은?
① 설비 성능 표준　　② 설비 설계 규격
③ 설비 자재 구매 표준　④ 설비 자재 검사 표준

22-3. 설비 보전 표준의 분류 중 틀린 것은?
① 설비 검사 표준　　② 정비 표준
③ 수리 표준　　　　④ 설비 프로세스 분석 표준

22-4. 보전작업 표준화의 목적은 보전작업의 낭비를 제거하여 효율성을 증대시키기 위한 것이다. 다음 중 보전표준의 종류가 아닌 것은?
① 작업 표준　　　　② 수리 표준
③ 자재 표준　　　　④ 일상 점검 표준

22-5. 다음 설비관계의 표준 중 설비의 열화측정, 열화의 진행 방지 및 열화 회복과 가장 관계가 깊은 표준은?
① 설비 성능 표준　　② 설비 보전 표준
③ 보전 작업 표준　　④ 설비 검사 표준

|해설|

22-1
설비 보전 표준의 분류 예시
- 설비 검사 표준 : 일상검사/정기검사, 성능검사/정밀도검사, 설비종류에 따른 검사
- 정비 표준 : 정비 또는 일상보전 조건방법의 표준을 정한 것으로 정비 작업 종류에 따라 급유 표준, 청소 표준, 조정 표준 등이 작성됨
- 수리 표준 : 수리 받을 조건, 수리 방법에 대한 명시, 직능별로 제정하거나 설비별로 제정

22-2
설비 보전 작업 표준에 관련된 설비 표준
- 설비 설계 표준
- 설비 성능 표준
  - 설비 사양서이며 설비를 제작한 업체나 주문한 업체에서 표준(사양)을 제작
  - 설비운전 시 발휘하는 성능에 대한 표준
  - 용도, 주요 크기, 용량, 정도, 구조, 재질, 작동 전력량 등을 나타내는 표준
- 설비 자재 구매 규격
- 설비 자재 검사 표준

22-3
설비 보전 표준의 종류는 설비 점검 표준, 정비 표준(일상점검 표준), 수리 표준으로 구분한다.

22-4
자재 표준은 설비 표준에 해당한다.

22-5
설비 보전 작업 표준에는 시운전 검수 표준, 설비 보전 표준, 보전 작업 표준이 있다. 설비 보전 표준은 설비 점검 표준, 정비 표준(일상 점검 표준), 수리 표준이 있어 열화의 진행 방지 및 회복과 가장 관계가 깊다.

정답 22-1 ② 22-2 ① 22-3 ④ 22-4 ③ 22-5 ②

핵심이론 23 | 설비 보전의 추진방안 1 – 열화(劣化)

① 설비 열화(劣化) : 설비가 노화 또는 성능이 저하되는 것
  ※ 설비 열화는 순화되어야 하는 용어이지만 설비보전 분야 시험에 출제되므로 수험서 특성상 본 교재에서는 그대로 사용한다.

② 성능 열화 : 성능이 정상상태보다 저하되는 현상
  ㉠ 원 인
  - 사용에 의해 : 장기 사용, 운전조건에 따라, 마찰, 오조작 등에 의해
  - 자연적으로 : 습기, 전기, 정전기, 온도변화 등에 의해 녹, 재질 노후화, 절연 저하 등
  - 재해에 의해 : 폭발, 폭풍, 침해, 지진 등에 의해
  ㉡ 경 과
  - 마모/부식, 파손, 더러워지거나 손괴됨(오손)
  ㉢ 결 과

[열화 손실이 나타나는 과정]

성능저하형	기능정지형
사용 중 생산량이나 수율, 정밀도 등 효율이 낮아지는 현상이 발생	사용 중 부분고장이나 일부 파손 등 돌발고장현상이 발생

③ 노후화와 구형화
  ㉠ 노후화 : 절대적으로 처음 설비가 도입되었을 때보다 오래되어 성능이 저하되는 현상
  ㉡ 구형화 : 절대적인 성능의 저하 여부와 무관하게 기능이 향상된 신형설비가 보급되어 나타나는 상대적인 열화 현상

④ 설비 열화의 대책
  ㉠ 열화 방지 : 예방 보전 및 상시 점검을 통한 열화 요소 제거
  ㉡ 열화 회복 : 예방 수리(이상이 예상되는 부품 교체 등) 및 사후수리(고장 발생 시 수리)를 통해 열화 상태에서 회복

ⓒ 열화 측정
- 양부 검사 : 멀쩡한지 이상이 있는지 검사한다는 표현으로 성능저하가 일어나면 실시
- 경향 검사 : 돌발 고장형 열화에 대해 열화의 경향을 검사하는 것

10년간 자주 출제된 문제

23-1. 설비 성능 열화의 원인과 열화의 내용이 바르지 못한 것은?

① 자연 열화 – 방치에 의한 녹 발생
② 노후 열화 – 방치에 의한 절연 저하 등 재질 노후화
③ 재해 열화 – 폭풍, 침수, 폭발에 의한 파괴 및 노후화 촉진
④ 사용 열화 – 취급, 반자동 등의 운전 조건 및 오조작에 의한 열화

23-2. 다음 그림과 같이 사용 중에 성능저하는 별로 되지 않으나 돌발고장에 의한 정지가 발생하며 부분적 교환, 교체에 의하여 복구되는 열화의 형태는?

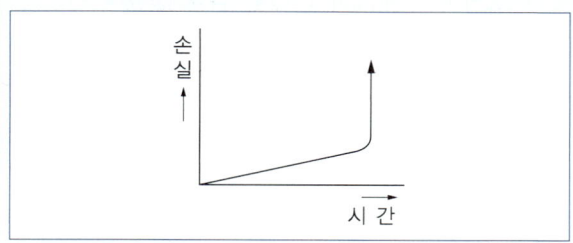

① 기능저하형 ② 기능정지형
③ 성능저하형 ④ 성능증가형

23-3. 설비 열화의 대책에 관한 내용과 가장 거리가 먼 것은?

① 열화 측정을 위하여 검사를 실시한다.
② 열화 회복을 위하여 수리를 실시한다.
③ 열화 속도 지연을 위하여 경향 검사를 실시한다.
④ 열화 방지를 위하여 급유, 교환, 조정, 청소 등 일상보전 활동을 한다.

|해설|

23-1
방치에 의한 절연 저하 등은 자연 열화에 해당한다.

열화의 원인
- 사용에 의해 : 장기 사용, 운전조건에 따라, 마찰, 오조작 등에 의해
- 자연적으로 : 습기, 전기, 정전기, 온도변화 등에 의해 녹, 재질 노후화, 절연 저하 등
- 재해에 의해 : 폭발, 폭풍, 침해, 지진 등에 의해

23-2
열화 손실이 나타나는 과정

성능저하형	기능정지형
사용 중 생산량이나 수율, 정밀도 등 효율이 낮아지는 현상이 발생	사용 중 부분고장이나 일부 파손 등 돌발고장현상이 발생

23-3
경향 검사와 양부 검사를 통해 열화 측정을 한다.

정답 23-1 ② 23-2 ② 23-3 ③

핵심이론 24 | 설비 보전의 추진방안 2 - 최적보전계획

① 설비 보전 비용
  ㉠ 기회비용(기회원가, 기회손실, Opportunity Cost) : 보전비용을 들여 설비를 유지함으로써 막게 된 생산성 손실비용. 경제학에서는 기회비용이 크게 되면 선택을 하지 않으나 보전에서는 기회비용이 크면 빨리 보전비를 사용하여 기회비용을 줄이는 것이 유리하므로, 기회비용이라는 혼동되는 용어를 사용하는 것보다 기회손실로 사용하여 의미를 분명히 한다.
  ㉡ 수리주기-비용 그래프

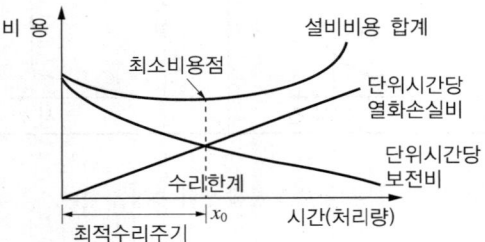

  ㉢ 수리한계 : 수리주기(시간)-비용 그래프에서 최소비용점을 지나는 시점부터는 합계 설비비용이 상승하므로 최소비용점이 되는 지점을 수리한계라 한다.
  ㉣ 최적수리주기 : 수리한계에 다다른 수리주기

② 최적수리주기 결정 방법
  ㉠ 성능저하형 열화에서 적용
  ㉡ 단위시간당 보전비를 수식으로

  $\dfrac{a}{x}$ (a : 시간당 보전비, x : 시간)

  ㉢ 단위시간당 열화손실비 합계를 수식으로

  $\dfrac{\int_0^x f(x)}{x}$ [$f(x)$: 열화손실 곡선]

  ㉣ 최적수리주기는 $\dfrac{a}{x} + \dfrac{\int_0^x f(x)}{x}$ 가 최소가 되는 x_0를 찾는 것
  (위 식을 미분한 식에 x에 x_0을 대입한 후 0과 같다고 놓으면 x_0의 값을 찾을 수 있음)

③ 부품 최적 대체법
  ㉠ 돌발 고장에 따른 기능정지형 열화에 적용하기 적절
  ㉡ 대체 방법
  • 각개 대체 : 고장 난 부품을 신품과 대체
  • 개별 사전 대체 : 최적수리주기(일정 기간)가 도래하면 각개 대체가 시행되지 않은 부품(파손된 적이 없는 부품)만 사전대체, 각개 대체가 시행되었던 부품은 부품별 최적수리주기에 별도로 대체
  • 일제 대체 : 각개 대체 여부와 상관없이 최적수리주기가 도래하면 일제히 부품 교체

10년간 자주 출제된 문제

24-1. 다음 그림은 최적수리주기 도표이다. 괄호에 들어 가야 할 내용이 맞게 연결한 것은?

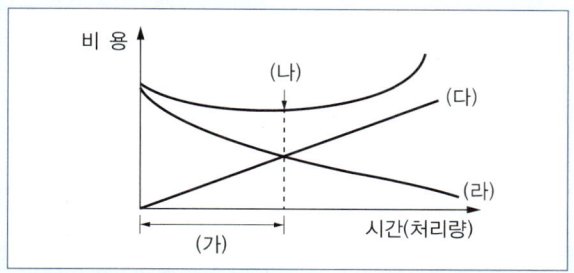

① (가)-최소비용점
　(나)-최적수리주기
　(다)-단위시간당 열화손실비
　(라)-단위시간당 보전비
② (가)-최적수리주기
　(나)-최소비용점
　(다)-단위시간당 열화손실비
　(라)-단위시간당 보전비
③ (가)-최소비용점
　(나)-최적수리주기
　(다)-단위시간당 보전비
　(라)-단위시간당 열화손실비
④ (가)-최적수리주기
　(나)-최소비용점
　(다)-단위시간당 보전비
　(라)-단위시간당 열화손실비

24-2. 부품의 최적대체법 중 일정 기간이 되어도 파손되지 않는 부품만을 신품과 대체하는 방식은?

① 각개 대체
② 일제 대체
③ 개별 사전 대체
④ 최적수리주기 대체

|해설|

24-1

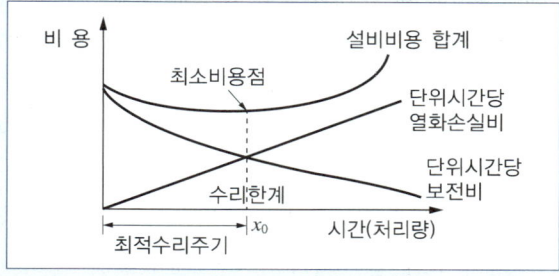

24-2

부품 최적 대체법
- 돌발 고장에 따른 기능 정지형 열화에 적용하기 적절
- 대체 방법
  - 각개 대체 : 고장 난 부품을 신품과 대체
  - 개별 사전 대체 : 최적수리주기(일정 기간)가 도래하면 각개 대체가 시행되지 않은 부품(파손된 적이 없는 부품)만 사전 대체, 각개 대체가 시행되었던 부품은 부품별 최적수리주기에 별도로 대체
  - 일제 대체 : 각개 대체 여부와 상관없이 최적수리주기가 도래하면 일제히 부품 교체

정답 24-1 ② 24-2 ③

핵심이론 25 | 설비 보전의 추진방안 3 - 예방 보전

① 예방 보전(PM ; Preventive Maintenance)
  ㉠ 사후 보전보다는 고장 예방을 위한 보전 활동이 필요하다고 대두(1940년대)
  ㉡ 계획보전의 일종으로 특정 운전 상태를 계속 유지시키는 방법
  ㉢ 고장, 정지, 성능저하 등을 가져오는 상태를 발견하기 위한 설비의 주기적인 검사 실시

② 예방 보전의 효과
  ㉠ 직접효과 : 대수리의 감소, 설비의 정확한 상태파악, 예비품 재고량 소요 감소, 고장 원인의 정확한 파악, 긴급용 예비기기의 필요성 감소와 자본투자의 감소
  ㉡ 인과 효과 : 생산비 감소, 보전비 감소, 설비투자액 감소, 설비가동률 상승, 작업 환경 개선, 작업자 만족도 개선, 납기 준수

③ 예방 보전 대상 중점 설비 선정
  ㉠ 보전 대상이 되는 중점설비를 결정한다.
  ㉡ 중점 설비를 결정하는 방법 중 하나로 채점표를 작성하는 방식을 예시한다.
    • 생산성 요소별(생산성의 요소 : 생산계획달성, 품질향상, 원가절감, 납기준수, 재해예방, 환경개선) 채점내용을 구성하여 모든 영역에서 고려하여 채점
    • 한 영역이라도 5점이면 중점설비 대상

④ 예방 보전 검사
  ㉠ 예방 보전 검사의 흐름
    PM검사 표준 설정 → PM검사 계획 → PM검사 실시 → 수리 요구 → 수리 검수 → 설비 보전 기록
  ㉡ 예방 보전 검사의 표준
    • KS A IEC 60706-2 장비 보전성 - 제2부 : 설계 개발 단계의 보전성 요구조건 및 검토
    • KS A IEC 60706-3 장비 보전성 - '제3부 : 데이터의 수집 및 검증과 분석 및 결과제시'와 같이 방법에 대한 표준과
    • KS C IEC 60364-7-704 저압전기설비 - '제7-704부 : 특수설비 또는 특수 장소에 관한 요구사항 - 건설현장 및 해체현장에서의 설비'와 같이 설비 및 장비에 대한 요구사항의 표준을 확인하여 따른다.
  ㉢ 사내 검사 표준을 작성할 때
    • 대상 설비별로
    • 검사방법, 주기, 검사항목, 판정 기준을 책정한다.

10년간 자주 출제된 문제

25-1. 다음 중 예방 보전의 효과가 아닌 것은?
① 대수리의 감소
② 예비품 재고량의 증가
③ 설비의 정확한 상태파악
④ 긴급용 예비기기의 필요성 감소와 자본투자의 감소

25-2. 예방 보전 검사제도의 흐름을 나타낸 것으로 가장 적합한 것은?
① PM검사 표준 설정 → PM검사 계획 → PM검사 실시 → 수리 요구 → 수리 검수 → 설비 보전 기록
② PM검사 계획 → PM검사 표준 설정 → PM검사 실시 → 수리 요구 → 수리 검수 → 설비 보전 기록
③ 수리 요구 → PM검사 계획 → PM검사 표준 설정 → PM검사 실시 → 수리 검수 → 설비 보전 기록
④ 수리 요구 → 수리 검수 → PM검사 계획 → PM검사 표준 설정 → PM검사 실시 → 설비 보전 기록

|해설|
25-1
예방 보전의 직접효과
• 대수리의 감소
• 설비의 정확한 상태파악
• 예비품 재고량 소요 감소
• 고장 원인의 정확한 파악
• 긴급용 예비기기의 필요성 감소와 자본투자의 감소

25-2
예방 보전 검사의 흐름
PM검사 표준 설정 → PM검사 계획 → PM검사 실시 → 수리 요구 → 수리 검수 → 설비 보전 기록

정답 25-1 ② 25-2 ①

핵심이론 26 | 설비 보전의 추진방안 4 – 공사관리

① 공사관리
  ㉠ 필요한 수리, 정비, 개수 등을 위한 제 기능을 수행하여 설비에 투입되는 비용을 최소화하는 데 목적을 두고 있는 설비 보전 활동
  ㉡ 요구 조건에 맞게 요구 일까지 경제적으로 공사 수행의 일시계획을 세우고, 이에 따라 통제, 감독, 조정하여 가장 경제적인 공사를 실시하는 보전 활동
  ㉢ 유사용어 – 장비보전 공사 관리 : 장비의 성능회복, 개선의 목적으로 실시하는 수리작업(보전 공사)을 계획적, 경제적으로 실시하여 장비 보전의 효과를 높이기 위한 활동
    • 수리작업(보전공사)의 분류
      – 실시 시기별 : 셧 다운 공사, 정기 수리공사, 긴급 수리공사
      – 형태별 : 정형 공사, 비정형 공사
      – 시공자별 : 직영 공사, 외주 공사

② 수리공사 분류
  ㉠ 보전비 분석과 관리 방침 수립이 가능하고, 합리적 예산 편성을 위해 수리공사를 목적에 따라 분류
  ㉡ 정기 수리공사 : 장비의 성능회복 및 장비 점검을 목적으로 일정한 시간 간격을 두고 계획적으로 장비를 휴지하고 시행하는 비교적 소규모인 공사(생산라인을 장기간 걸쳐 휴지하여 실시하는 대규모 공사는 셧 다운 공사로 구분)
  ㉢ 긴급 수리공사(돌발 수리공사) : 돌발적으로 발생한 고장 때문에 휴지된 장비에 대해서 고장 발생 직후에 즉시 실시하는 응급적인 공사
  ㉣ 예방 수리공사 : 설비 검사에 의해서 계획적으로 하는 수리를 포괄하여 이름
  ㉤ 사후 수리공사 : 설비 검사를 하지 않은 생산 설비의 수리를 포괄하여 이름
  ㉥ 보전개량공사 : 보전 상의 요구에 의하여 실시하는 개량 공사, 수리 주기를 연장하기 위해 재질 변경 등이 해당
  ㉦ 개수공사 : 조업상의 요구에 의해 실시하는 개량 공사, 배관 교체 등 변경 공사가 해당
  ㉧ 일반보수공사 : 제조의 부속 설비의 공정, 사무, 연구, 시험, 복리 후생 등의 수리

③ 공사 요구
  ㉠ 공사 전표를 요구 부서가 작성하여 공사 담당 부서로 송달
  ㉡ 공사 담당 부서는 공사 지시서의 근거로 사용
  ㉢ 공사비 실적 집계용으로도 이용
  ㉣ One Writing System(최초 작성한 전표를 공사 끝까지 활용하는 시스템)을 이용, 계획적 공사관리 가능

④ 공사의 완급도에 따른 구분

  ㉠ 긴급공사 : 전표 발행 여유도 없어 구두로 통보하고 바로 시행
  ㉡ 준급공사 : 당 계절 바로 시행, 전표는 발행
  ㉢ 계획공사 : 다음 계절 시행, 견적 작업부터 차근히 진행
  ㉣ 예비공사 : 예비적으로 공사 소요를 받았다가 여유 있을 때 시행

※ 완급도 구분 결정을 위한 고려 사항
  • 공사 지연 시 발생하는 생산 변경 비용
  • 공사 긴급 진행 시 발생하는 타 공사 지연 비용
  • 공사 긴급 진행 시 발생하는 계획 변경 비용
  • 공사 긴급 진행 시 발생하는 공수, 재료의 손실
  • 위 고려 사항에서 비용의 합이 최소가 되어야 합리적인 완급도 결정으로 간주

10년간 자주 출제된 문제

26-1. 다음 설비 보전 활동 중 필요한 수리, 정비, 개수 등을 위한 제 기능을 수행하여 설비에 투입되는 비용을 최소화하는 데 목적을 두고 있는 것은?

① 공사관리
② 부하관리
③ 외주관리
④ 일정관리

26-2. 배관교체, 기타 변경공사 등 조업 상의 요구에 의해서 실시하는 공사는?

① 개수공사
② 예방 수리공사
③ 보전개량공사
④ 일반보수공사

26-3. 공사의 완급도 구분을 결정하기 위하여 고려해야 할 판정기준이 아닌 것은?

① 공사가 지연됨으로써 발생하는 만성 로스의 비용
② 공사가 지연됨으로써 발생하는 생산변경의 비용
③ 공사를 급히 진행함으로써 발생하는 공수나 재료의 손실
④ 공사를 급히 진행함으로써 발생하는 타공사의 지연에 따른 손실

26-4. 공사를 완급도에 따라 구분할 때 구두연락으로 즉시 착공하고, 착공 후 전표를 제출하는 공사는?

① 예비공사
② 긴급공사
③ 준급공사
④ 계획공사

|해설|

26-1
공사관리
- 필요한 수리, 정비, 개수 등을 위한 제 기능을 수행하여 설비에 투입되는 비용을 최소화하는 데 목적을 두고 있는 설비 보전 활동
- 요구 조건에 맞게 요구 일까지 경제적으로 공사 수행의 일시계획을 세우고, 이에 따라 통제, 감독, 조정하여 가장 경제적인 공사를 실시하는 보전 활동

26-2
수리공사의 목적에 따른 구분으로 정기 수리공사, 긴급 수리공사(돌발 수리공사), 예방 수리공사, 사후 수리공사, 보전개량공사, 개수공사(조업상의 요구에 의해 실시하는 개량공사, 배관교체 등 변경공사가 해당), 일반보수공사로 나뉜다.

26-3
완급도 구분 결정을 위한 고려 사항
- 공사 지연 시 발생하는 생산 변경 비용
- 공사 긴급 진행 시 발생하는 타 공사 지연 비용
- 공사 긴급 진행 시 발생하는 계획 변경 비용
- 공사 긴급 진행 시 발생하는 공수, 재료의 손실
- 위 고려 사항의 비용의 합이 최소가 되어야 합리적인 완급도 결정으로 간주

26-4
구두로 연락하여 즉시 시행하는 것은 가장 급한 공사로 긴급공사에 해당된다.

정답 26-1 ① 26-2 ① 26-3 ① 26-4 ②

핵심이론 27 | 설비 보전의 추진방안 5 – 휴지공사

① 생산라인이 있는 공장, 연속생산공장에서는 한 곳을 정비하기 위해서도 전체 라인을 멈춰야 할 때가 있다. 긴급 상황, 계획된 상황 등에 이렇게 라인을 멈추고 공사하는 것을 휴지공사라 한다.

② 휴지공사는 규모에 따라 가장 큰 SD(Shut Down) 공사, 대수리 공사, 정기 공사 등으로 나뉜다.

③ 이런 공정은 한 하나의 공사를 위해서도 휴지를 해야 하므로 손실이 커져, 사전에 계획성 있는 휴지공사를 할 필요가 있다.
  ㉠ 예산상 준비
  ㉡ 상비품 외 자재공급계획 수립
  ㉢ 공사 대상 설비 파악
  ㉣ 경제적인 일정 계획

④ 경제적 일정계획
  ㉠ 계획 공정도

  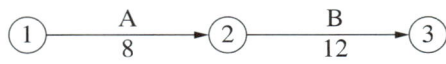

  step 1에서 step 2로 넘어가는 데 A 작업이 필요하고 8시간이 소요되며, step 2에서 step 3으로 넘어가는 데 작업 B가 필요하며 12시간이 소요된다.

  ㉡ PERT(Program Evaluation and Review Technique)
   • 공사 등 사업(Project)의 순서 계획을 화살 계획도로 나타내어, 시간적 요소를 중심으로 계획의 평가, 조정 및 진도관리를 하는 방법
   • 휴지공사 계획 시 필요 없는 대기를 없애고 공사의 진행관리를 하기 쉽도록 가장 경제적인 일정 계획을 세울 때 사용하는 순수작업 기법

  ㉢ CPM(Critical Path Method) : 순서 계획을 화살 계획도에 나타내어, 각 작업의 직접비와 소요 시간의 관계를 직선으로 근사시켜, 선형계획법으로 비용 최소의 일정계획을 구하는 방법

Tip

PERT 기법
1. 작업시간의 추정
   • 낙관적 시간(공사를 완료할 수 있는 최단 시간) : $t_0 = a$
   • 전형적 시간(공사를 완료하는 최빈치의 시간) : $t_m = m$
   • 비관적 시간(공사를 완료하는 데 걸리는 최장 시간) : $t_p = b$라 하면 기대시간 $t_e = \dfrac{a + 4m + b}{6}$

2. 단계 시간에 의한 일정 표시
   • TE(Earliest expected date) : 가장 빠른 일정
   • TL(Latest allowable date) : 가장 늦는 일정
   • S(Slack) : 여유(TL − TE)
   • 주공정(Critical Path) : 여유가 최소가 되는 단계를 연결한 경로, 가장 길게 걸리는 경로
   • LF(Latest Finish time) : 활동을 가장 늦게 끝내도 되는 시간
   • 표현 방법

   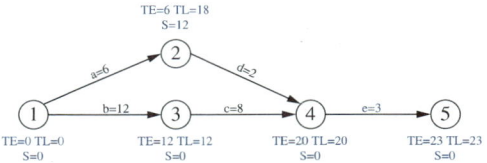

   • 다른 표현

   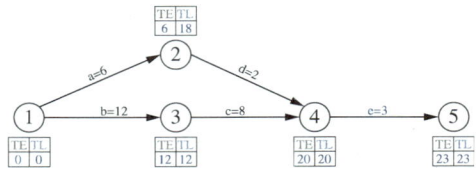

CPM
1. 활동시간에 의한 일정 표시
   • 활동시간의 구분
     − ES(Earliest Start time) : 활동을 가장 빨리 시작할 수 있는 시간
     − LS(Latest Start time) : 활동을 가장 늦게 시작해도 되는 시간
     − EF(Earliest Finish time) : 활동을 가장 빨리 끝낼 수 있는 시간
     − LF(Latest Finish time) : 활동을 가장 늦게 끝내도 되는 시간
   • 표현 방법

   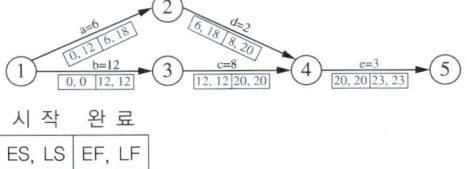

   시 작   완 료
   | ES, LS | EF, LF |

⑤ 공기 단축 기법
  ㉠ 보전과 직접 관련은 없으나, 공사일정을 단축하는 기법을 통해 설비의 재시공에 적용
  ㉡ 최적공사기간 : 공기를 단축하면 일반적으로 직접비는 증가하며 간접비는 감소하게 되므로 이를 합산하여 가장 비용이 적게 드는 기간을 최적공기라 함
  ㉢ MCX(Minimum Cost eXpediting) : CPM의 핵심이론으로 최소 비용 촉진기법. 각 단위 작업의 공사기간과 비용의 상관관계를 고려 최소 비용으로 단축하기 위한 방법
  ㉣ LP(Linear Programming) : 공사의 총 비용을 선형방정식으로 만들어 공사기간과 비용이 최소가 되는 해답을 구하는 방법으로 각 변수의 정상점과 특급점이 주어지고 비용 구배 곡선이 주어졌을 때 필요한 공사기간을 조정하여 총 직접비용이 최소화되도록 조정하는 방법
  ㉤ SAM(Siemens Approximation Method) : Time-Cost Matrix(시간-비용 도표)라는 표에 의하여 최적화하는 방법으로 각 경로별 일정계산 후 단축하고자 하는 일수까지 각 경로별 공사기간과 비용을 비교하여 분석 결정

10년간 자주 출제된 문제

27-1. 휴지공사 계획 시 필요 없는 대기를 없애고 공사의 진행관리를 하기 쉽도록 가장 경제적인 일정계획을 세울 때 사용하는 순수작업 기법은?
① PERT
② MTBT
③ MTTR
④ TPM

27-2. 공사관리를 위한 PERT기법에서 공사의 평균치(t_e)를 구하기 위한 식은?(단, a는 낙관적 시간, b는 비관적 시간, m은 전형적 시간이다)
① $t_e = \dfrac{a+4m+b}{6}$
② $t_e = \dfrac{a-4m-b}{6}$
③ $t_e = \dfrac{a+4m-b}{6}$
④ $t_e = \dfrac{a-4m+b}{6}$

27-3. 설비의 공사관리로 PERT기법의 내용 중에서 틀린 것은?
① 전형적 시간(Most Likely Time)은 공사를 완료하는 최빈치를 나타낸다.
② 낙관적 시간(Optimistic Time)은 공사를 완료할 수 있는 최단 시간이다.
③ 비관적 시간(Pessimistic Time)은 공사를 완료할 수 있는 최장 시간이다.
④ 위급경로(Critical Path)는 공사를 완료하는 데 가장 시간이 적게 걸리는 경로를 말한다.

27-4. 공사기간을 단축하기 위하여 활용되는 기법이 아닌 것은?
① GT(Group Technology)법
② LP(Linear Programming)법
③ MCX(Minimum Cost Expediting)법
④ SAM(Siemens Approximation Method)법

|해설|

27-1
PERT(Program Evaluation and Review Technique)
• 공사 등 사업(Project)의 순서 계획을 화살 계획도로 나타내어, 시간적 요소를 중심으로 계획의 평가, 조정 및 진도관리를 하는 방법
• 휴지공사 계획 시 필요 없는 대기를 없애고 공사의 진행관리를 하기 쉽도록 가장 경제적인 일정계획을 세울 때 사용하는 순수작업 기법

27-2
작업시간의 추정
• 낙관적 시간(공사를 완료할 수 있는 최단 시간) : $t_0 = a$
• 전형적 시간(공사를 완료하는 최빈치의 시간) : $t_m = m$
• 비관적 시간(공사를 완료하는 데 걸리는 최장 시간)
  $t_p = b$라 하면 기대시간 $t_e = \dfrac{a+4m+b}{6}$

27-3
주경로(Critical Path)는 공사 완료에 가장 긴 시간이 걸리는 경로이다.

27-4
GT(Group Technology)법은 생산효율을 높이기 위한 집단가공법, 유사가공법을 의미한다. 공사기간을 단축하기 위해 활용하는 기법은 MCX, LP, SAM 등이 있다.

정답 27-1 ① 27-2 ① 27-3 ④ 27-4 ①

| 핵심이론 28 | 보전도 설계 및 보전도 공학 |

① 보전도는 설계 시 반영해야 하는 한 요소(Parameter)
② 시스템의 생애 경로
   연구/개발 → 공학설계 → 제조/건설 → 운전/보전 → 폐기
③ 시스템 설계 과정
   ㉠ 개념설계(Conceptual Design)
      - 설비나 시스템에 대한 소비자의 요구를 규명하고 이를 충족하기 위한 요건 등을 정의하는 활동
      - 운전여건과 보전요건도 개념적으로 결정되고 생산 적정 기술 이용 가능성도 검토
   ㉡ 예비설계(Preliminary Design) : 앞 단계에서 결정된 시스템 기능을 분석하여 설계배열, 설계구조화를 하는 단계
   ㉢ 상세설계(Detail Design) : 예비 설계된 내용을 실현하기 위한 하부시스템(Subsystem)을 결정하는 단계
④ 보전성 공학
   ㉠ 보전도에 관련된 계획, 개발, 관리, 일정계획, Feed back, 평가 같은 구체적인 활동을 설계단계에서부터 수행하는 전문분야
   ㉡ 시스템의 운전 측면에서의 임무정의와 동시에 사용 중에 어떠한 보전 문제가 제기될 것인가를 설계단계에서부터 체계적으로 분석하고 해결을 위한 대안을 창출하는 공학활동
⑤ 보전성 공학팀의 기능

보전도 계획	• 보전도 프로그램 준비 • 보전도 상세 프로그램 결정 • 지원요구 정의 및 공급자 검토 및 관리 • 훈련 및 P.R. • 고객과 정보 연락 • 보전도 향상을 위한 피드백 및 보고
보전도 분석	• 설계절충(Design Trade-off)연구 • 모형개발 및 예측 • FMECA 및 수리수준 결정 • RCM(Reliability Centered Maintenance) 분석 • LCC 및 보전성공학 과제 연구 • 기술보고 및 타 기능과의 협력
보전도 설계	• 설계기준 개발 • 설비보전개념 개발 • 보전기능 Flow Diagram 개발 • 보전도 할당 • 단기 설계활동 참여 • 보전도 설계 개선
보전도 합리화	• 보전도 Demo. 요구 결정 • 보전도 Demo. 계획 개발 • Demo. 실험 및 합리화 계획 집행 • 자료 수집, 분석 및 정정활동 수립 • 설계 변경을 위한 지원활동

⑥ 보전도 계획
   ㉠ 설비성능, 신뢰성, 인적요구, 보전지원 범위 및 한계, 운전환경요소, 비용 등을 포함한 보전도 프로그램을 수립하는 것
   ㉡ 정성적인 측면과 정량적인 측면으로 정의되고 표시되어야 함
   ㉢ 설비 이용자인 소비자의 보전도 요구를 명확히 정의되도록 계획되어야 함
   ㉣ 보전프로그램 계획을 위한 요건
      기본 필수 과제 계획 / 공급자 요건심사 / 설계팀에 보전도 설계전문가의 참여 / 보전도 모델 수립과 할당 / 고장원인 분석 / 기술업무분석 / 그 외

10년간 자주 출제된 문제

보전도 공학의 영역에서 설계기준개발, 보전개념개발, 보전기능개발, 보전도 할당 및 보전도 설계개선 등과 가장 관련성이 큰 것은?
① 보전도 계획
② 보전도 분석
③ 보전도 설계
④ 보전도 합리화

|해설|

보전도 설계에서 공학팀의 기능 : 설계기준 개발 / 설비 보전개념 개발 / 보전기능 Flow Diagram 개발 / 보전도 할당 / 단기 설계활동 참여 / 보전도 설계 개선

정답 ③

핵심이론 29 | 보전도 작업 관리 및 효과 측정

① 보전 작업 관리의 필요성
  ㉠ 준비 과정 등 공수율이 높아 생산능률이 낮은 활동이므로 신속한 처리가 필요하다.
  ㉡ 위생, 환경, 안전적으로 작업 환경이 좋지 않으므로 관리된 작업 처리가 필요하다.
  ㉢ 보전 작업 품질에 따라 고장률, 고장간격 등에 영향을 주므로 관리가 필요하다.

② 보전 작업 표준(핵심이론 22 연관 참조)
  ㉠ 작업 표준 설정 방법
    • 경험법 : 경험자의 견적에 의하여 작업 표준을 설정. 경험자의 경험, 역량, 주관에 의해 변동성이 커 다소 불안정적. 초기에는 경험법을 사용하더라도 이에 따른 실적 데이터를 축적하여 객관화하는 과정이 필요
    • 실적 자료법 : 실적 기록을 근거로 작업 표준 시간을 결정하는 방법. 할 수 있는 한 작업을 세분화하여 실적 데이터를 축적하면 넓은 적용범위 가능. 다수의 데이터로 평균치를 선정하여 이론에 따른 이상적 데이터가 아닌 실 작업 시 데이터 적용 필요
    • 작업 연구법 : 가장 신뢰도가 높은 방법이나 인적, 물적, 시간적 비용이 많이 들므로 어느 작업을 대상으로 할지 고려가 필요
    • 작업 연구법에 적용하는 기법
      - PTS(Predetermined Time Standard)
        특정 작업을 수행하는 데 필요한 시간의 양과 인건비 단가를 정함으로써 인건비절감을 위해 도입. 노동 중심 산업, 작업 주기가 짧은 영역에 적용. 작업자의 동작요소(표준시간, 유휴시간 등)을 측정
      - MTM(Method-Time Measurement)
        노동자의 작업을 동작의 성격에 따라 구분하고, 각 동작의 성격과 조건에 따라 표준시간을 정하여, 각 동작의 소요시간을 더함

③ 보전 효과 측정
  ㉠ 듀폰 방식
    • 미국 듀폰 사에서 개발
    • 보전 관리자의 자기 진단에 의거 실시
    • 4면의 정방형 도표를 이용
    • 계획(Planning), 작업량(Work Load), 비용(Cost), 생산성(Productivity) 네 가지 기능 평가
    • 각 기능별로 다시 네 가지 요소를 선정 도식화

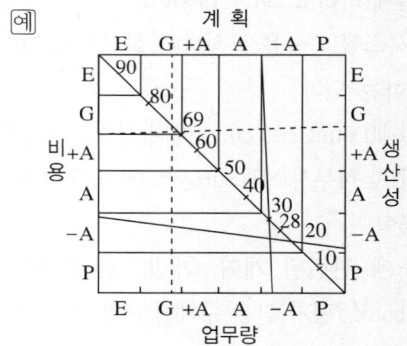

[네 가지 기능에 대한 도식]

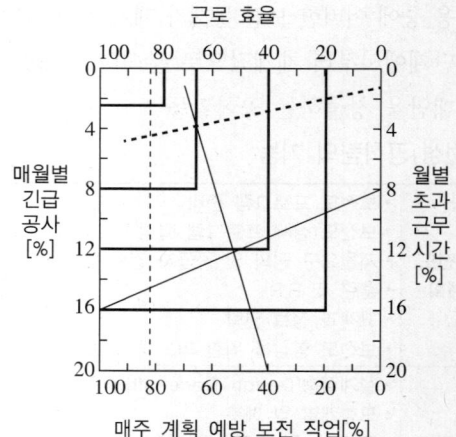

[비용(Cost)에 대한 분석 도식]

ⓛ 일반적으로 많이 사용하는 보전효과 측정 방법

척 도	계산 방법
평균수리시간(MTTR)	= 고장수리시간 / 정지횟수
평균가동시간(MTBF)	= 가동시간 / 고장횟수
제조원가당 보전비	= 총 보전비 / 총 제조원가
설비잔존가치당 보전비	= 총 보전비 / 설비잔존가치
생산요원 수당 보전요원 수	= 보전요원수 / 생산요원수
운전시간당 보전비	= 총 보전비 / 설비운전시간
설비가동률	= (가동시간 / 부하시간) × 100
고장빈도(회수)율	= (고장건수 / 부하시간) × 100
고장 강도율	= (고장정지시간 / 부하시간) × 100
예방 보전 수행률	= (예방 보전건수 / 예방 보전계획건수) × 100
설비운전시간당 보전비	= (총 보전비 / 총 운전시간) × 100
생산 Lead Time 개선	= (개선 Cycle Time / 이론 Cycle Time) × 100

10년간 자주 출제된 문제

29-1. 보전작업표준을 설정하기 위한 방법 중 실적기록에 입각해서 작업의 표준시간을 결정하는 방법은?

① 경험법 ② MTM법
③ PTS법 ④ 실적 자료법

29-2. 보전효과 측정을 위한 듀폰(Dupont) 사에서 분류한 네 가지 기본 요소에 해당되지 않는 것은?

① 계 획 ② 작업량
③ 비 용 ④ 품 질

29-3. 다음은 설비 보전에서 효과 측정을 위한 척도로 널리 사용되는 지수이다. 식이 틀린 것은?

① 고장 도수율 = (고장횟수 / 부하시간) × 100
② 고장 강도율 = (고장 정지시간 / 부하시간) × 100
③ 설비 가동률 = (정미 가동시간 / 부하시간) × 100
④ 제품 단위당 보전비 = 보전비 총액 / 부하시간

|해설|

29-1

실적 자료법 : 실적 기록을 근거로 작업 표준 시간을 결정하는 방법. 할 수 있는 한 작업을 세분화하여 실적 데이터를 축적하면 넓은 적용범위 가능. 다수의 데이터로 평균치를 선정하여 이론에 따른 이상적 데이터가 아닌 실 작업 시 데이터 적용 필요

29-2

듀폰 방식은 4면의 정방형 도표를 이용하여 계획(Planning), 작업량(Work Load), 비용(Cost), 생산성(Productivity) 네 가지 기능 평가

29-3

- 제품 단위당 보전비는 보전비 총액을 제품의 단위에 따른 총량으로 나누어서 표현하며 일반적으로 사용하기에 적절한 척도는 아니다.
- 보전비 총액/부하시간 은 부하시간당 보전비로 표현하여 사용할 수 있다.

정답 29-1 ④ 29-2 ④ 29-3 ④

핵심이론 30 | 보전용 자재관리

① 생산용 자재와 비교한 보전용 자재의 특징
- 자주 사용하지 않고 불출 속도가 늦다.
- 계획성 있는 소비가 어렵다.
- 보전 관리 역량과 재고의 관계성이 높다.
- 불용 자재 발생 가능성이 높다.
- 사용되었던 설비 자재가 보전용 자재로 활용될 가능성이 높다.
- 소모, 열화되어 폐기되는 것과 예비기 및 예비부품과 같이 순환 사용되는 것이 있다.

② 보전용 자재의 구분
- ㉠ 상비품 : 상비품으로 적합하려면 상비를 해도 경제적 부담이 크지 않고, 장기적이며 안정적인 소모가 예상되고, 시효에 의한 변질이 없어야 한다. 공통적으로 사용될 여지가 높을수록 상비품으로 적절하다. 발주 방식에 따라 다음과 같이 나뉜다.
  - 정량 발주 방식 : 주문점법이라 함. 재고량이 주문점(Ordering Point)까지 내려가면 일정량을 보충 주문하여 계획된 수준의 재고를 유지하는 방식
    - 복책법 : 주문량과 주문점을 균등하게 하는 방법으로 두 개의 같은 보관고에 자재를 각각 넣고, 한쪽이 모두 소진되면 다른 쪽 보관고 분량의 자재를 주문하는 방식
    - 포장법 : 주문점에 해당하는 양만큼을 복수로 포장해 두고, 차츰 소비되어 다음 포장을 풀 때에 발주하는 방식
  - 정기 발주 방식 : 일정한 시기에 발주량을 달리하여 발주하는 방식
  - 사용고 발주 방식 : 최고 재고량을 정해 놓고, 사용할 때마다 사용량만큼을 발주해서 언제든지 일정량을 유지하는 방식. 고가의 예비품이고 불출빈도가 낮을 때 사용

③ 상비품목 결정 방식
- ㉠ 상비수 방식 : 상비품의 재고 방식으로 구입단가가 경제적이고, 관리 절차는 간단하지만 재고 금액은 많아진다. 재고금액이 많아짐에 따라 구입 재고비의 활용이 유연치 못하고 설비 변경 시 손실이 커진다.
- ㉡ 계획구입 방식 : 비상 비품의 재고 방식으로 관리 절차는 복잡하지만 재고 금액이 적어진다. 구입단가는 시세를 반영하여 들쭉날쭉할 수 있으나 재고비 활용이 유연하고 설비 변경에 대한 대체가 유연하다.

10년간 자주 출제된 문제

30-1. 보전용 자재 관리에 대한 설명 중 옳은 것은?
① 불용자재의 발생 가능성이 적다.
② 자재구입의 품목, 수량, 시기의 계획을 수립하기가 용이하다.
③ 소모, 열화되어 폐기되는 것과 예비기 및 예비부품과 같이 순환 사용되는 것이 있다.
④ 보전용 자재는 연간 사용빈도가 높으며 소비 속도도 빠른 것이 많다.

30-2. 상비품의 요건으로 틀린 것은?
① 단가가 낮을 것
② 사용량이 적으며 단기간만 사용될 것
③ 여러 공정의 부품에 공통적으로 사용될 것
④ 보관상(중량, 체적, 변질 등) 지장이 없을 것

30-3. 상비품의 발주 방식 중 최고 재고량을 정해 놓고, 사용할 때마다 사용량만큼을 발주해서 언제든지 일정량을 유지하는 방식은?
① 정량 발주방식   ② 정기 발주방식
③ 사용고 발주방식   ④ 불출 후 발주방식

30-4. 상비품 품목 결정 방식 중 상비수 방식의 특성으로 틀린 것은?
① 관리 수속이 간단하다.
② 재고 금액이 적어진다.
③ 구입 단가가 경제적이다.
④ 재질 변경에 따른 손실이 많다.

10년간 자주 출제된 문제

30-5. 상비품 품목 결정 방식 중 비상비품의 재고방식을 계획 구입방식이라고 한다. 다음 계획 구입방식의 특성으로 틀린 것은?
① 관리 수속이 복잡하다.
② 재고 금액이 많아진다.
③ 시설 변경에 대한 손실이 적다.
④ 재질 변경에 대한 손실이 적다.

30-6. 주문점에 해당하는 양만큼을 복수로 포장해 두고, 차츰 소비되어 다음 포장을 풀 때에 발주하는 방식은?
① 정수형 ② 포장법
③ 정량 유지 방식 ④ 정기 발주 방식

|해설|

30-1
생산용 자재와 비교한 보전용 자재의 특징
• 자주 사용하지 않고 불출 속도가 늦다.
• 계획성 있는 소비가 어렵다.
• 보전 관리 역량과 재고의 관계성이 높다.
• 불용 자재 발생 가능성이 높다.
• 사용되었던 설비 자재가 보전용 자재로 활용될 가능성이 높다.
• 소모, 열화되어 폐기되는 것과 예비기 및 예비부품과 같이 순환 사용되는 것이 있다.

30-2
상비품으로 적합하려면 상비를 해도 경제적 부담이 크지 않고, 장기적이며 안정적인 소모가 예상되고, 시효에 의한 변질이 없어야 한다. 공통적으로 사용될 여지가 높을수록 상비품으로 적절하다.

30-3
사용고 발주 방식 : 최고 재고량을 정해놓고, 사용할 때마다 사용량만큼을 발주해서 언제든지 일정량을 유지하는 방식

30-4
상비수 방식 : 상비품의 재고 방식으로 구입단가가 경제적이고, 관리 절차는 간단하지만 재고 금액은 많아진다. 재고금액이 많아짐에 따라 구입 재고비의 활용이 유연치 못하고 설비 변경 시 손실이 커진다.

30-5
계획구입 방식 : 비상 비품의 재고 방식으로 관리 절차는 복잡하지만 재고 금액이 적어진다. 구입단가는 시세를 반영하여 들쭉날쭉할 수 있으나 재고비 활용이 유연하고 설비 변경에 대한 대체가 유연하다.

30-6
포장법 : 주문점에 해당하는 양만큼을 복수로 포장해 두고, 차츰 소비되어 다음 포장을 풀 때에 발주하는 방식

정답 30-1 ③ 30-2 ② 30-3 ② 30-4 ② 30-5 ② 30-6 ②

핵심이론 31 | 공장설비 관리 - 설비 분류 및 기호

① **설비 분류**
  ㉠ 공장이 커지고 설비가 증가함에 따라 분류의 필요성 증대
  ㉡ 넓게 부대시설과 방재설비, 운반 설비 등과 좁게 직접 생산 기계 설비와 치공구 등으로 구분
    • 부대시설 : 급수설비, 급양설비, 배수설비, 난방설비, 배기설비, 조명설비, 배선설비 등
    • 방재설비 : 안전 및 소방설비
    • 운반설비 : 컨베이어, 스태커 크레인, 이동차량 등
  ㉢ 분류 기호의 사용 장점
    • 설비 대상이 명확해짐
    • 설비 계획 수립이 용이
    • 사무적인 처리가 쉬워지며, 착오가 감소
    • 통계적인 각종 데이터를 얻기 용이

② **기호 사용 방법**
  ㉠ 의미 없이 순번 등을 이용하여 기호를 사용하는 순번식 기호법
  ㉡ 기호에 뜻이 유추되도록 사용하는 기억식 기호법
    예) W : 용접기계, AW : 아크용접기
  ㉢ 세구분식 기호법 : 각 번호 대역을 같은 종의 기계에 연결
    예) 100~199 : 선반기계, 200~299 : 밀링기계
  ㉣ 한국십진분류 기호 사용

10년간 자주 출제된 문제

31-1. 공장 설비 관리의 종류 중 부대시설에 해당되지 않는 것은?
① 급수설비 ② 배수설비
③ 소방설비 ④ 조명설비

31-2. 다음 중 뜻이 있는 기호법의 대표적인 것으로서 항목의 첫 글자나 그 밖의 문자를 기호로 하는 방법은?
① 순번식 기호법 ② 기억식 기호법
③ 세구분식 기호법 ④ 삼진분류 기호법

10년간 자주 출제된 문제

31-3. 공장 계측관리에서 계측화의 목적이 아닌 것은?
① 자주보전
② 설비 보전, 안전관리
③ 공정 작업의 기술적 관리
④ 생산 공정의 기술적 해석

31-4. 어떤 사상(事象)을 조사 또는 관리하는 경우 그 목적에 적합한 사상을 선정하여 과학적으로 측정하고 유효하게 수량화하여 그 결과가 객관적인 자료로서 의미를 갖도록 하는 것은?
① 계측화　② 효율화
③ 적정화　④ 계량화

|해설|

31-1
공장설비의 넓은 분류
- 부대시설 : 급수설비, 급양설비, 배수설비, 난방설비, 배기설비, 조명설비, 배선설비 등
- 방재설비 : 안전 및 소방설비
- 운반설비 : 컨베이어, 스태커 크레인, 이동차량 등

31-2
기호에 뜻이 유추되도록 사용하는 기억식 기호법
예 W : 용접기계, AW : 아크용접기

31-3
계측화의 목적
- 생산 공정의 기술적 해석
- 공정 작업의 기술적 관리
- 시험 검사 : 원자재, 부품 등 품질 관리 목적
- 조사 연구
- 그 외 설비 보전, 안전 관리, 위생 관리, 경제성 관리

31-4
계측화 : 어떤 사상(事象)을 조사 또는 관리하는 경우 그 목적에 적합한 사상을 선정하여 과학적으로 측정하고 유효하게 수량화하여 그 결과가 객관적인 자료로서 의미를 갖도록 하는 것

정답 31-1 ③　31-2 ②　31-3 ①　31-4 ①

핵심이론 32 | 공장설비 관리 – 계측관리

① 계측화 : 어떤 사상(事象)을 조사 또는 관리하는 경우 그 목적에 적합한 사상을 선정하여 과학적으로 측정하고 유효하게 수량화하여 그 결과가 객관적인 자료로서 의미를 갖도록 하는 것

② 계측화의 목적
- 생산 공정의 기술적 해석
- 공정 작업의 기술적 관리
- 시험 검사 : 원자재, 부품 등 품질 관리 목적
- 조사 연구
- 그 외 설비 보전, 안전 관리, 위생관리, 경제성 관리

③ 계측기의 선정
- 작업용, 관리용, 시험연구용, 검사용 등 목적에 맞게 선정
- 온도, 압력, 점도, 경도, 크기, 무게 등 공정의 변수인 계측 특성에 맞게 선정
- 사용 방법, 장소, 설치 위치, 취급 방법, 계측 대상 조건 등에 맞추어 선정
- 계측 장치의 특성(사용 난이도, 구조, 원리, 보관, 수리, 가격)을 상황에 맞게 선정
- 적용하는 관련 표준에 맞게 선정

④ 계측작업 및 방법의 관리와 합리화를 위한 과정
㉠ 계측작업의 표준화
㉡ 계측 작업의 방법, 조건의 합리화
㉢ 계측 정밀도의 유지, 향상
㉣ 계측기의 사용, 취급법의 적정화
㉤ 자료의 수집방법(위치, 시간, 횟수, 시료의 수집방법)의 합리화
㉥ 계측에 관련된 작업(해석, 기록, 보고, 연락, 조작)의 적정화

⑤ 공정 명세표
㉠ 계측 관리를 하기 위하여 공정의 흐름을 객관적, 도식적으로 표현하여 관계자의 관점을 계통적으로 표현한 기술 양식

ⓒ 작성 예시

작업단위	○
질적계측, 화학분석	◇
양적 계측	□
기록용 계측	⊠ ⬧
관리자료용 계측	■ ◆
작업연결선	———
에너지 또는 작업흐름	——▶
계측작업	-------

㉮ 작업 후 질적 단순 계측

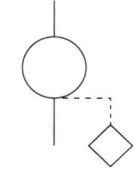

⑥ 계측 방법에 따른 구분
  ㉠ 직접 측정
    • 직접 대고 측정하는 방법
    • 버니어 캘리퍼스, 마이크로미터, 각도기, 자 등
    • 장점 : 측정 범위가 넓고 직접 측정 가능하며, 양이 적고 많은 종류의 측정에 적합
    • 단점 : 눈금을 읽기 어려울 수 있고, 아베의 원리에 의한 오차 발생 가능
  ㉡ 비교 측정
    • 측정기로 측정 후 표준 치수 게이지와 비교하여 측정
    • 다이얼 게이지, 미니미터, 옵티미터, 공기 마이크로미터, 블록게이지 등
    • 장점 : 대상물의 상대적 비교에 유리하고, 비교적 높은 정밀도의 측정이 가능하며, 자동화에 도움
    • 단점 : 측정 범위가 좁고 직접 읽을 수 없으며 표준 게이지가 필요
  ㉢ 한계게이지
    • 제품 측정을 위해 게이지를 설치하여 제품이 통과하는지 여부로 측정하는 게이지
    • 장점 : 대량의 제품을 신속하게 측정하여 합/불 판정 하는 데 적합. 측정 경험 불필요
    • 단점 : 측정하려는 치수마다 게이지가 필요하며 실제 치수를 읽을 수는 없음

⑦ 용도에 따른 구분
  ㉠ 현장 작업용, 관리 작업용, 시험 연구용에 따라 정밀도, 내구성, 비용 등의 수준 구분
  ㉡ 장치 공업 등 거친 환경에서 적용하는 계측 장치
  ㉢ 너무 뜨겁거나 차가워서 또 다른 이유로 접근이 어려운 곳에 사용하는 계측 장치

⑧ 측정방식에 따른 구분
  ㉠ 편위법 : 측정하려는 양의 작용에 의하여 계측기의 지침이 편위를 일으키는데 이 편위를 눈금과 비교함으로써 측정한다(예 다이얼게이지).
  ㉡ 영(0)위법 : 측정하려는 양과 같은 종류로 크기를 조정할 수 있는 기준량을 준비하고, 기준량을 측정량과 평형하게 하여 계측기의 지시가 0 위치를 나타낼 때 기준량의 크기로부터 측정량의 크기를 간접적으로 측정한다(예 마이크로미터, 전위차계 등).
  ㉢ 보상법 : 크기가 거의 같고, 미리 알고 있는 양의 분동을 준비하여 분동과 측정량의 차이로부터 측정량을 구하는 방식이다.
  ㉣ 치환법 : 이미 알고 있는 기존 측정물의 양으로부터 측정량을 구하는 법이다. 블록게이지 위에 다이얼게이지를 놓고 높이를 측정하면 기존 블록게이지의 측정량을 알기 때문에 전체 측정 높이를 계산할 수 있다.

⑨ 계측 관리 추진하는 데 중요점
  ㉠ 기업 목적을 명확히 확립
  ㉡ 기업의 과학적, 합리적 관리 운영 방침 수립
  ㉢ 계측 관리, 정보 관리, 자료 관리를 유기적으로 결합
  ㉣ 정보 검출부로서 계측기 정비, 계측 관리 체계 확립
  ㉤ 적절한 인적, 물적 노고를 투입할 것

10년간 자주 출제된 문제

32-1. 계측기 선정방법을 설명한 것 중 가장 거리가 먼 것은?
① 계측목적에 대응해서 적합한 것을 선정
② 계측기의 설계자 및 디자이너를 보고 선정
③ 여러 종류의 변수를 측정하기에 적합한 것을 선정
④ 계측대상의 사용 조건, 환경 조건 등에 대해서 적당한 계측기를 선정

32-2. 계측 관리를 하기 위하여 공정의 흐름을 객관적, 도식적으로 표현하여 관계자의 관점을 계통적으로 표현한 기술 양식은?
① 공정 명세표
② 작업 표준서
③ 공정 일정표
④ 프로세서 흐름도

32-3. 다음은 계측관리 공정명세표 기호이다. 기호의 설명으로 맞는 것은?

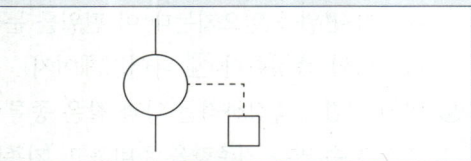

① 작업 후의 계측
② 작업 전의 계측
③ 작업 중의 계측
④ 작업 전후 계측

32-4. 다음 중 직접측정의 특징으로 틀린 것은?
① 측정 범위가 다른 측정 방법보다 넓다.
② 측정물의 실제 치수를 직접 잴 수 있다.
③ 양이 많고 종류가 적은 제품을 측정하기에 적합하다.
④ 눈금을 잘못 읽기 쉽고 측정하는 데 시간이 많이 걸린다.

32-5. 다음 중 계측작업 및 방법의 관리와 합리화를 위한 방안이 아닌 것은?
① 계측작업의 표준화
② 계측작업의 방법, 조건의 합리화
③ 계측기의 사용 및 취급법의 적정화
④ 계측작업의 활용계획과 경제성 검토

32-6. 한계게이지의 특징으로 틀린 것은?
① 제품의 실제 치수를 읽을 수 없다.
② 다량 제품 측정에 적합하고 불량의 판정을 쉽게 할 수 있다.
③ 측정 치수가 정해지고 한 개의 치수마다 한 개의 게이지가 필요하다.
④ 면의 각종 모양 측정이나 공작기계의 정도검사 등 사용범위가 넓다.

해설

32-1
계측기의 선정
- 작업용, 관리용, 시험연구용, 검사용 등 목적에 맞게 선정
- 온도, 압력, 점도, 경도, 크기, 무게 등 공정의 변수인 계측 특성에 맞게 선정
- 사용 방법, 장소, 설치 위치, 취급 방법, 계측 대상 조건 등에 맞추어 선정
- 계측 장치의 특성(사용 난이도, 구조, 원리, 보관, 수리, 가격)을 상황에 맞게 선정
- 적용하는 관련 표준에 맞게 선정

32-2
공정 명세표 : 계측 관리를 하기 위하여 공정의 흐름을 객관적, 도식적으로 표현하여 관계자의 관점을 계통적으로 표현한 기술 양식

32-3
작업의 가운데 부분에서 계측작업선이 나왔고, 단순계측 기호가 있으므로 작업 중 양적 단순 계측으로 해석한다.

32-4
양이 적고 종류가 많은 제품 측정에 적합하다.

32-5
계측작업 및 방법의 관리와 합리화를 위한 전제조건
- 계측작업의 표준화
- 계측작업의 방법, 조건의 합리화
- 계측 정밀도의 유지, 향상
- 계측기의 사용, 취급법의 적정화
- 자료의 수집방법(위치, 시간, 횟수, 시료의 수집방법)의 합리화
- 계측에 관련된 작업(해석, 기록, 보고, 연락, 조작)의 적정화

32-6
한계게이지
- 제품 측정을 위해 게이지를 설치하여 제품이 통과하는지의 여부로 측정하는 게이지
- 장점 : 대량의 제품을 신속하게 측정하여 합/불판정을 하는 데 적합하다. 측정경험은 필요 없다.
- 단점 : 측정하려는 치수마다 게이지가 필요하며, 실제 치수를 읽을 수 없다.

정답 32-1 ② 32-2 ① 32-3 ③ 32-4 ③ 32-5 ④ 32-6 ④

| **핵심이론 33** | 공장설비 관리 – 치공구 관리 |

① **치공구** : 넓은 의미의 치공구 치구와 공구를 함께 부르는 용어로, 공작 생산에 사용하는 정밀 치수에 관련된 공구를 통칭. 조립, 형상, 기준 게이지 역할 등 치수에 관련된 치구와 공작에 관련된 공구로 구분

　㉠ 치공구 관련 용어 정리
- **공구** : 소재를 가공해서 희망하고 있는 형상으로 만들려는 공장작업에 사용되는 도구
- **절삭공구** : 절삭에 사용하는 공구. 선반 가공에서 절삭을 담당하는 팁, 홀더 등과 밀링에서 밀링커터, 페이스커터, 엔드밀 등과 연삭에서 연삭숫돌 등이 절삭공구에 해당
- **검사구** : 생산 공정에 있어 취급되는 재료, 반제품 또는 완제품을 공정에 받아들이거나 공정 도중 또는 최종 작업단계에서 대상물의 작업 기준 합치여부를 조사하기 위해 사용되는 공구
- **치구** : 치수를 재거나 위치를 지정하는 역할을 하는 기구. 치구를 적절히 사용하면 생산능력이 증대되고, 다른 부품을 호환 적용이 가능하며, 특수 작업을 쉽게 할 수 있도록 함
- **지그와 고정구** : 대고 치수를 맞추는 공구를 지그, 제품이나 소재의 위치를 고정하는 도구를 고정구라 함

② **치공구 관리** : 공장설비에서 치공구는 분실, 망실, 파손이 일어나면 해당 공정은 그대로 멈출 수밖에 없으므로 충분한 양의 상비품을 확보하고 있을 필요가 있음

　㉠ 치공구 관리 기능
- **계획단계** : 치공구를 어떻게 사용하고 관리할지를 파악하고 적용
  - 공구의 설계 및 표준화
  - 공구의 연구 시험
  - 공구 소요량의 계획 보충
- **보전단계** : 설비에 운용 중인 치공구의 분실, 망실, 파손에 대비한 보전 행위
  - 공구의 제작, 수리 : 치공구의 분실, 망실, 파손 시 공구를 새로 제작하거나 수리를 시행
  - 공구의 검사
  - 공구의 보관과 공급 : 상비품으로 공구를 구입해 두고 보관, 공급을 시행하는 방법으로 중앙에서 한꺼번에 공구를 보관하는 방법과, 각 공장별, 각 라인별 공구실을 따로 두어 보관하는 방법으로 구분
  - 공구의 연삭 : 공구의 예리함을 유지하기 위해 필요시 연삭을 실시

③ **치공구 설계 시 고려사항**
　㉠ 치공구가 사용될 제품의 설계를 정확히 이해해야 한다.
　㉡ 치공구 본래 기능을 잘 살릴 수 있어야 한다.
　㉢ 충분한 강성 설계가 되어야 한다.
　㉣ 공작작업이 쉬운 구조여야 한다.
　㉤ 구조는 가능한 단순하고 균형이 갖추어져야 한다.
　㉥ 작업자에게 안전성과 신뢰성을 주는 디자인이어야 한다.
　㉦ 제작 시 경제성이 있어야 한다.
　㉧ 지그, 고정구 등 구성품의 표준화를 고려해야 한다.
　㉨ 위치결정, 부착방법 등을 고려해야 한다.
　㉩ 가공 후 부산물을 제거하기 쉬워야 한다.
　㉪ 가공 작업에 사용되는 절삭제에 대해 내성이 있어야 한다.

10년간 자주 출제된 문제

33-1. 지그와 고정구(Jig and Fixture), 금형, 절삭공구, 검사구(Gauge) 등 각종의 공구를 통칭하는 용어는?
① 치공구
② 계측공구
③ 공작기계
④ 제작공구

33-2. 다음 중 치공구에 속하지 않는 것은?
① 지 그
② 라 인
③ 검사구
④ 고정구

33-3. 소재를 가공해서 희망하는 형상으로 만드는 공작 작업에 사용하는 도구로서 주조, 단조, 절삭 등에 사용하는 것은?
① 공 구
② 측정기
③ 검사구
④ 안전보호구

33-4. 선반용 바이트, 밀링용 커터, 호빙머신용 호브 등은 무슨 공구인가?
① 형(Die)
② 치 구
③ 연삭공구
④ 절삭공구

33-5. 치공구 관리 기능에서 보전 단계가 아닌 것은?
① 공구의 검사
② 공구의 연구 시험
③ 공구의 보관과 공급
④ 공구의 제작 및 수리

33-6. 치공구를 설계하기 위한 방법으로 틀린 것은?
① 지그와 고정구 구성부품의 표준화를 적극적으로 고려할 것
② 복잡한 구조로 불균형한 형상을 가질 수 있도록 고려할 것
③ 피공작물의 부착과 해체가 용이하고 공작 작업이 쉬운 구조일 것
④ 작업 시에 안전성, 신뢰성을 줄 수 있는 구조와 형상일 것

| 해설 |

33-1
치공구 : 넓은 의미의 치공구 치구와 공구를 함께 부르는 용어로, 공작 생산에 사용하는 정밀 치수에 관련된 공구를 통칭. 조립, 형상, 기준 게이지 역할 등 치수에 관련된 치구와 공작에 관련된 공구로 구분

33-2
라인은 생산과정이 운영되는 컨베이어 벨트식 생산이 줄을 맞춘 것 같다는 것에서 유래한 생산 현장을 일컫는 용어

33-3
- 측정기 : 측정하는 기구
- 검사구 : 생산 공정에 있어 취급되는 재료, 반제품 또는 완제품을 공정에 받아들이거나 공정 도중 또는 최종 작업단계에서 대상물의 작업 기준 합치여부를 조사하기 위해 사용되는 공구
- 안전보호구 : 안전을 지키기 위해 신체를 보호하는 도구

33-4
절삭공구 : 절삭에 사용하는 공구. 선반 가공에서 절삭을 담당하는 팁, 홀더 등과 밀링에서 밀링커터, 페이스커터, 엔드밀 등과 연삭에서 연삭숫돌 등이 절삭공구에 해당

33-5
치공구 관리 기능의 보전단계 : 공구의 제작, 수리 / 공구의 검사 / 공구의 보관과 공급 / 공구의 연삭

33-6
치공구는 가능한 단순한 구조로 균형 잡힌 형상을 가질 수 있도록 고려되어야 한다.

정답 33-1 ① 33-2 ② 33-3 ① 33-4 ④ 33-5 ② 33-6 ②

| 핵심이론 34 | 공장에너지 관리

① 우리가 사용하는 에너지원
  ㉠ 에너지의 공급원에 따라 화석에너지, 태양에너지, 풍력, 조력 등 자연에너지, 수력에너지, 지열에너지 등
  ㉡ 에너지의 형태에 따라 화력, 온수 등 열에너지, 전기에너지, 압축공기 등
  ㉢ 공장에서 사용하는 에너지는 주로 열에너지와 전기에너지

② 열에너지의 관리(열 흐름에 따른 분류)
  ㉠ 연료 관리
    • 사용 목적 및 설비에 적합한 것으로 가격이 저렴하고 쉽게 확보 가능해야 함
    • 연료의 저장, 보관, 수송, 사용 및 취급 용이
    • 설비, 관리인력, 입지에 적절
    • 연료 구입 시 가격 외에도 성분, 발열량 등 질적 관리 필요
    • 폭발, 화재예방, 누설, 중독 예방
  ㉡ 연소 관리
    • 적정한 최적 연소 상태 유지가 필요
    • 연소 목적에 맞도록 연료, 설비, 부하, 작업방법 등에 대해서 기술적·경제적으로 가장 효과를 올릴 수 있도록 관리하는 것
    • 연소율이 낮을 경우(부하가 과대할 경우)
      – 연료 품질 조정
      – 연도(연기 관)를 조정하여 통풍이 잘되도록 연소실을 넓게 함
      – 연소 방식을 개선
    • 연소율이 높을 경우(부하가 과소할 경우)
      – 노상 면적을 축소
      – 연료 품질 저하
      – 연소 방식 개선
  ㉢ 열 사용의 관리
    • 열의 합리적인 사용
      – 보일러의 종류를 적절히 선택
      – 증기의 양을 적절히 통제
      – 열 정지 요구 시 넉넉한 시차(보통 30분 전)를 두고 통보(열 정지 후 잔열 사용)
    • 전열 및 누설 방지
      – 철저한 단열 및 보온 대책 수립
      – 과도한 보온 대책 시 설비 과다 유의
    • 폐열의 회수 이용 : 재열 시설, 열 교환기 등으로 폐열을 이용하여 효율을 증대
  ㉣ 열 설비 관리 : 열 설비에 대한 상황에 맞는 설비 보전 대책 수립
  ㉤ 열 계측 관리 : 열의 이송 및 사용 현황, 누설 상황, 회수 상황 등을 모니터링 실시
  ㉥ 열 관리 조직
    • 에너지 측정, 연료, 설비 시공, 보전 등의 역할 조직에 열 관리 기능을 포함하도록 관리
    • 열 관리 위원회를 설치하여 관련된 의사결정, 인력 교육 등을 실시

③ 전력 관리
  ㉠ 전력 효율을 증대하기 위해 전력 손실 방지, 불필요한 전력 차단, 기계의 공회전, 노후 기계의 과도한 전력 사용 등을 확인하여 관리
  ㉡ 전력 재생산 설비의 도입
  ㉢ 전력의 직접 손실 : 누전, 기계의 공회전, 저 능률 설비 사용
  ㉣ 전력의 간접 손실 : 공정 관리, 품질 불량 및 관련 손실

④ 전력 설계 시 수용률[수요(需要)율], 부등률, 부하율, 이용률
  ㉠ 수용률 = $\frac{최대수용전력}{총\ 설비용량} \times 100[\%]$
  ㉡ 부등률
    • 최대 수용전력의 합이 실제 최대수용전력은 아님
    • 부등률 = $\frac{부하최대전력의\ 합}{합성최대수용전력} \times 100[\%]$

ⓒ 부하율
- 어느 기간 내의 평균 부하와 최대 부하의 비
- 부하율 = $\dfrac{평균전력의 합}{최대수용전력} \times 100[\%]$

ⓓ 설비이용률
- 주로 발전 설비 등에서 사용하는 개념
- 연간 설비 용량 대비 실 설비 이용량

10년간 자주 출제된 문제

34-1. 공장의 에너지 관리 중 열 관리의 방법에 해당되지 않는 것은?

① 연료의 관리   ② 연소의 관리
③ 열 변환의 관리   ④ 열 설비의 관리

34-2. 연소관리 중 연소의 합리화를 위해서는 연소율을 적당히 유지하는 것이 필요하다. 부하가 과대한 경우의 대책으로 틀린 것은?

① 연소방식을 개량한다.
② 이용할 노상면적을 작게 한다.
③ 연도를 개조하여 통풍이 잘되게 한다.
④ 연료의 품질 및 성질이 양호한 것을 사용한다.

34-3. 연소 목적에 맞도록 연료, 설비, 부하, 작업방법 등에 대해서 기술적·경제적으로 가장 효과를 올릴 수 있도록 관리하는 것은?

① 연료 관리   ② 연소 관리
③ 열 폐기 관리   ④ 배열 회수 관리

34-4. 열 관리의 영역에서 열에너지 흐름에 따른 분류에 해당하지 않는 것은?

① 연료의 관리   ② 연소의 관리
③ 인화점의 관리   ④ 열 사용의 관리

34-5. 전력손실 중 직접 손실에 해당되지 않는 것은?

① 누 전   ② 기계의 공회전
③ 공정 관리 불량   ④ 저 능률 설비 사용

34-6. 최대부하와 설비용량과의 비를 말하며, 백분율로 표시되는 것은?

① 대비율(對比率)   ② 수요율(需要率)
③ 부등률(不等率)   ④ 설비이용률(設備利用率)

|해설|

34-1
열 에너지 관리 방안으로 연료 관리, 연소 관리, 열 사용 관리, 열 설비 관리 등이 있다.

34-2
연소율에 비해 부하가 과대한 경우는 연소율이 낮은 경우이므로 연소율을 높이기 위한 대책이 필요하며 통풍을 좋게 하고, 연료품질을 개선하며 연소실을 넓게 하고 그래도 연소율이 낮으면 연소방식을 바꿔본다.

34-3
연소 관리
- 적정한 최적 연소 상태 유지가 필요
- 연소 목적에 맞도록 연료, 설비, 부하, 작업방법 등에 대해서 기술적·경제적으로 가장 효과를 올릴 수 있도록 관리하는 것

34-4
열 에너지 흐름에 따른 열 관리 방안으로 연료 관리, 연소 관리, 열 사용 관리, 열 설비 관리 등이 있다.

34-5
- 전력의 직접 손실 : 누전, 기계의 공회전, 저 능률 설비 사용
- 전력의 간접 손실 : 공정 관리, 품질 불량 및 관련 손실

34-6
- 수용률(수요율)면적비 = $\dfrac{최대수용전력[kW]}{총\ 설비용량[kW]} \times 100[\%]$
- 대비율은 작년(전월) 동 기간 사용량 대비 올해(이번 달) 동 기간 사용의 비

정답 34-1 ③   34-2 ②   34-3 ②   34-4 ③   34-5 ③   34-6 ②

핵심이론 35 | TPM(Total Productive Maintenance, 총동원 생산 보전)

① TPM이란

전원 참가하는 생산 보전으로 설비 계획 단계에서부터 근로자 교육, 유동 관리 체제에 이르기까지 설비의 생애 전체에 대한 종합 보전 시스템을 구축하는 체제

② TPM 기본 이념
  ㉠ 수익을 얻는 기업체질 조성
  ㉡ 예방철학의 실천
  ㉢ 극한 추구 : 철저한 로스 제거
  ㉣ 전원 참가 : 참여 경영, 인간존중
  ㉤ 현장현물주의 : 3현주의(현장, 현물, 현실)의 원칙
  ㉥ 자동화/무인화 : 설비 효율화

③ TPM 특징과 목표
  ㉠ PM에 전원이 참가
  ㉡ TPM의 다섯 가지 활동
    1. 설비 효율화를 위한 개선 활동 : 6대 로스 추방
    2. 작업자의 자주보전 체제의 확립 : 설비에 강한 작업자 육성, 작업자 보전 체제 확립
    3. 계획 보전 체제의 확립 : 효율적 활동이 가능한 보전 체제 확립
    4. 기능 교육의 확립 : 작업자 기능 수준 향상
    5. MP 설계와 초기 유동 관리 체제의 확립 : 무보전설비 설계 및 신속한 설비안전가동 요

> **Plus One**
> MP(Maintenance Prevention) 설계
> • 설비 설치 전 검토를 통해 정규 가동 중의 불필요한 보전을 예방
> • 1960년대 대두된 보전 설비 개념으로 개량보다는 새 설비일 때부터 보전 활동을 하여 보전비를 발생시키지 않으려는 활동
> • 설비의 조작성, 신뢰성, 보전성, 안전성, 경제성 등의 요소 외에도 청소점검, 급유 등 자주점검 용이성의 구체적인 보전요소들을 설계기준에 포함하여 보전이 필요 없거나 최소한으로 요구되는 설비를 설계, 제작하는 활동

  ㉢ TPM의 전통적 관리와의 비교 특징 : 무결점 목표, 원인 추구 시스템, Input 지향, 예방 활동, 현장 중심 관리, 사전 문제 제거 관점, 목표의 하향식 전달과 현장부터 체계적 관리, 불량 발생원인 제거, 개선을 위해 동기 부여 제공
  ㉣ TPM의 목표
    • M.M.S(Men-Machine System)의 최대화 : 설비 성능을 최고의 상태로 장시간 유지
    • 현장 체질 개선
    • 고장 제로(Zero), 불량 제로 달성

④ TPM 추진 방법 12단계

구분	단계	요점	
도입 준비 단계	1. Top의 TPM 도입 결의 선언	TPM 사내 연수에서 선언, 사내보에 게재	
	2. TPM 도입교육과 캠페인	계층별 합숙 연수, 슬라이드 시사회	
	3. TPM 추진기구 조직	위원회, 전문분과회, 사무국	자주보전 활동 개별 개선활동의 관리직 모델 활동 실시
	4. TPM 기본방침과 목표 설정	벤치마킹과 효과 예측	
	5. TPM 전개 기본계획 작성	도입준비로부터 Part-I 활동의 완료까지	
도입 개시	6. TPM의 킥오프 (Kick Off)	납품업체, 관계회사, 협력회사 초대	
도입 실시 단계	7. 생산 효율화 체제조성	생산 효율화의 극한추구	
	7.1 개별개선	개선팀 활동과 직장 소집단 활동	
	7.2 자주보전	스텝방식, 진단과 합격증	
	7.3 계획보전	개량보전·정기보전·예지보전	
	7.4 운전·보전의 스킬향상 훈련	리더의 집합교육과 조원들에게 전달교육	
	8. 신제품·신설비 초기 관리체제 구축	만들기 쉬운 제품개발과 쓰기 쉬운 설비구축	
	9. 품질보전 체제구축	불량이 나지 않는 조건설정과 그 유지관리	
	10. 관리 간접부문의 효율화 체제구축	생산지원, 자부문의 효율화, 설비의 효율화	
	11. 안전·위생과 환경관리 체제구축	재해 제로, 공해 제로 체제 구축	
정착 단계	12. TPM 완전실시와 레벨업	Part-I 완료, Part-II, III 도전	

10년간 자주 출제된 문제

35-1. TPM의 목적과 거리가 먼 것은?
① 자주보전 능력 향상
② 작업환경 관리 향상
③ 재해 "0", 불량 "0", 고장 "0" 추구
④ LCC(Life Cycle Cost)의 경제성 추구

35-2. TPM 활동에서 실천주의 개념 중 3현주의에 속하지 않는 것은?
① 현 장
② 현 물
③ 현 실
④ 현 상

35-3. TPM의 5가지 활동 중 보전이 필요 없는 설비를 설계하여, 가능한 빨리 설비의 안전가동을 위한 활동은 무엇인가?
① 계획보전체제의 확립
② 작업자의 자주보전 체제의 확립
③ 설비의 효율화를 위한 개선활동
④ MP설계와 초기 유동관리 체제의 확립

35-4. TPM 관리와 전통적 관리를 비교했을 때, 다음 중 TPM 관리의 내용과 가장 거리가 먼 것은?
① Output 지향
② 원인추구 시스템
③ 사전활동(예방활동)
④ 개선을 위한 자기 동기부여

35-5. 종합적 생산 보전(TPM ; Total Productive Maintenance)에 대한 설명 중 틀린 것은?
① TPM의 특징은 고장 제로(Zero), 불량 제로 달성 목표에 있다.
② TPM의 목표는 설비, 사람, 현장이 변하지 않는 데 있다.
③ TPM의 목표는 현장의 체질 개선에 있다.
④ TPM의 목표는 맨(Man), 머신(Machine), 시스템(System)을 극한 상태까지 높이는 데 있다.

|해설|

35-1
TPM은 전원이 참여하는 PM으로 관리 개념보다 전체가 동참하는 개념이다.

35-2
TPM의 실천주의 개념 3현주의 : 현장, 현물(실제 물건), 현실

35-3
TPM의 다섯 가지 활동
1. 설비 효율화를 위한 개선 활동 : 6대 로스 추방
2. 작업자의 자주보전 체제의 확립 : 설비에 강한 작업자 육성, 작업자 보전 체제 확립
3. 계획 보전 체제의 확립 : 효율적 활동이 가능한 보전 체제 확립
4. 기능 교육의 확립 : 작업자 기능 수준 향상
5. MP 설계와 초기 유동 관리 체제의 확립 : 무보전설비 설계 및 신속한 설비안전 가동 요

35-4
TPM의 전통적 관리와의 비교 특징 : 무결점 목표, 원인 추구 시스템, Input지향, 예방 활동, 현장 중심 관리, 사전 문제 제거 관점, 목표의 하향식 전달과 현장부터 체계적 관리, 불량 발생원인 제거, 개선을 위해 동기 부여 제공

35-5
TPM의 목표
- M.M.S(Men-Machine System)의 최대화 : 설비 성능을 최고의 상태로 장시간 유지
- 현장 체질 개선
- 고장 제로(Zero), 불량 제로 달성

정답 35-1 ② 35-2 ④ 35-3 ④ 35-4 ① 35-5 ②

핵심이론 36 | 설비효율개선 – 가공 및 조립형 설비 6대 로스

① 가공 및 조립형 산업 설비의 로스

㉠ 6대 로스(고장 로스, 작업 준비 조정 로스, 일시 정체 로스, 속도 로스, 불량 수정 로스, 초기 수율 로스)를 줄여 효율 개선

㉡ 고장 로스, 작업 준비 조정 로스는 정지 로스로, 순간 정지, 속도 저하 로스는 속도 로스로, 불량 수정 로스, 초기 수율 로스는 불량 로스로 구분

㉢ 고장 로스 : 돌발적, 만성적으로 발생하고 있는 고장에 의한 시간적 로스(Loss)

Plus One

고장 제로(Zero) 7대 대책 추진필요
1. 미급유, 마찰 증가 등에 의한 열화 발견 시 즉시 조치(강제 열화 방지)
2. 긴급 처리 후 근본 조치 실시
3. 고장 원인의 철저한 분석
4. 설비 약점 개선
5. 사용 조건 준수
6. 청소, 급유, 조임 등 기본 준수
7. 보전 요원 교육을 통한 보전 품질 향상

즉, 강제 열화 조건이 발견되면 즉시 조치(1)하고, 조치 후 철저한 원인을 분석(2)하여 근본조치를 실시(3)하며, 설비의 약점을 알게 되면 개선(4)을 실시. 평소 설비의 사용조건을 준수(5)하여 사용하며 청소, 조임 등 기본 관리 수칙을 지켜 운용(6)하며 보전원 교육을 통한 보전 품질 향상(7)

㉣ 작업 준비 조정 로스 : 작업 준비, 생산품목 교체, 공구 교환 등에 의해 발생하는 시간적 로스. 조정 메커니즘을 분석, 조정 요인을 줄여야 함. 대표적인 조정요인은 오차 누적에 따른 조정과 표준화되어 있지 않아 품목에 맞춰 조정을 실시해야 하는 점 등이 있음

㉤ 공회전, 순간 정지 로스(일시 정체 로스, 잠깐 정지 로스)
- 센서 오작동, UFO(Unexpected Foreign Object)에 의한 긴급 정지, 설비공회전, 공정 물량 적체 등으로 인한 시간 로스
- 대책 : 현상 관찰 / 사전 결함 시정 / 최적 작업 조건 파악

㉥ 속도 로스 : 이론 사이클 시간과 실제 사이클 시간과의 차이에서 발생하는 로스. 설비의 작동 조건의 미비 등에 의해 속도가 감소

㉦ 불량 수정 로스
- 돌발 불량 등 명확한 불량 외 파악되기 힘든 만성 불량 등에 의한 로스
- 대책 : 현상 관찰 / 예측가 능 요인 계통 재검토 / 다양한 원인을 다각도로 접근, 검토 / 숨어 있는 결함에 대한 확인 방법을 검토

㉧ 초기 수율 로스
- 초기 로스 : 생산 개시부터 안정화 사이에 발생하는 로스
- 가공 조건의 불안정, 설비의 정비 불량, 작업자의 미숙 등이 원인
- 대책 : 현상을 관찰하고 예측 가능한 요인부터 재검토, 다양한 원인을 다각도로 접근 검토

② 장치 프로세스형 설비 로스

㉠ 9대 로스(고장 로스, 계획 정지 로스, Shut Down 로스, 준비/교체/조정 로스, 공구 교환 로스, 시가동 로스, 잠깐 정지 및 공회전 로스, 속도 저하 로스, 공정 불량 및 품질 불량 로스)를 줄여 효율 개선

㉡ 고장 로스 : 프로세스를 구성하고 있는 각 설비의 고장에 의한 정지 로스. 돌발적인 정지형 고장과 기능이 떨어지는 기능형 고장으로 구분

㉢ 계획 정지 로스 : 연간 보전계획에 의한 예방 보전 또는 정기보전에 따른 휴지에 의한 로스

㉣ SD(Shut Down) 로스 : 셧다운 공사 및 정기정비를 시행, 또는 예기치 못한 사태에 의한 공장 일시 폐쇄 등에 의한 로스

㉤ 준비/교체/조정 로스 : 생산준비, 수주 및 조정에 의한 생산 계획상의 로스

㉥ 공구 교환 로스 : 품목 변화 시 설비 공구 등의 교환에 의하여 발생되는 로스

ⓧ 시가동 로스 : 설비의 운전 또는 생산 개시 때 가공 조건과 운전 조건의 안정화 및 정상화까지 걸리는 시간에 의한 로스
ⓞ 잠깐 정지 및 공회전 로스 : 일시적인 설비 문제 또는 설비만의 공회전으로 발생되는 로스
ⓩ 속도 저하 로스 : 이론 사이클 시간과 실제 사이클 시간과의 차이
⓬ 공정 불량 및 품질 불량 로스 : 공정문제 때문에 발생한 시간 로스, 불량품에 의한 로스

③ 개별개선(個別改善)
㉠ 정의 및 개념
- 설비나 장치, 프로세스 및 플랜트 전체에 대해 철저한 로스 제거와 성능향상을 추구하는 것에 의해 최고의 효율을 도모하기 위한 모든 개선활동
- 개선 또한 업무의 일종으로 이를 위하여 업무 시간을 배정, 소요
㉡ 일반개선과 비교한 개별개선
- 일반개선은 부분적 개선효과를 얻어 능률을 높이는 데 비해 개별개선은 전체적 개선 효과를 얻어 설비 종합 효율을 증대
- 일반개선은 주로 현장에서 추진하는 데 비해 개별개선은 전 부문이 참여
- 일반개선은 일반 업무를 간소화하고 절감하고자 함에 비해 개별개선은 개선 우선순위를 설정하여 투자를 진행
- 일반개선은 개선을 진행하면 누적개선비가 1차 함수로 증가하는 데 비해 개별개선은 2차 함수 형태로 일정 수준에 수렴
㉢ 개별개선 구체적 대책방안 과정
- 중점설비 선정 : 선정기준을 결정하고 적정한 가중치를 부여하여 중점설비를 선정
- 로스의 정량적 측정 : 개선목표 선정을 위한 정량화를 위해 설비의 로스 발생량을 정확히 측정
- 각 로스의 영향 분석 : 규명된 로스가 시간 가동률, 성능 가동률 및 양품률에 주는 영향 분석

- 개선안 수립
- 수익성과의 연계추적

10년간 자주 출제된 문제

36-1. 설비를 가장 효율적으로 이용하기 위한 고장 로스의 방지 대책으로 가장 거리가 먼 것은?
① 바른 사용조건을 준수한다.
② 강제열화를 방치하지 않는다.
③ 보전요원의 보전품질을 높인다.
④ 설계속도와 실제속도의 차이를 줄인다.

36-2. 가공 및 조립형 산업에서의 설비 6대 로스와 가장 거리가 먼 것은?
① 고장 로스
② 시가동 로스
③ 순간 정지 로스
④ 속도 저하 로스

36-3. 이론 사이클 시간과 실제 사이클 시간과의 차이로 발생하는 로스는?
① 시가동 로스
② 공구 교환 로스
③ 공정 불량 로스
④ 속도 저하 로스

36-4. 가공 및 조립형 설비 로스의 로스에 따른 정의가 틀린 것은?
① 고장 로스 – 돌발적 또는 만성적으로 발생하는 고장에 의하여 발생되는 시간 로스
② 속도 저하 로스 – 설비의 설계에 의한 이론 사이클 시간과 실제 사이클 시간과의 차이
③ 준비·교체·조정 로스 – 준비작업 및 품종교체, 공구교환에 의한 시간적 로스
④ 수율 저하 로스 – 부품 막힘, 센서의 오작동에 의한 일시적인 설비정지 또는 설비만 공회전함으로써 발생되는 로스

36-5. 설비 효율화를 저해하는 6대 로스에 관한 내용으로 틀린 것은?
① 설비 효율화를 저해하는 최대 요인은 고장 로스이다.
② 작업 준비 조정 로스는 오차 누적 및 표준화 미비에 의한 것이다.
③ 속도 로스는 설비의 설계속도와 실제 움직이는 속도와의 차이에서 생기는 로스이다.
④ 일시 정체 로스는 생산 개시 시점으로부터 안정화될 때까지의 사이에 발생하는 로스이다.

10년간 자주 출제된 문제

36-6. 다음 중 일시 정체 로스에 대한 대책이 아닌 것은?
① 요인계통을 재검토할 것
② 현상을 잘 볼 것
③ 미세한 결함을 시정할 것
④ 최적조건을 파악할 것

36-7. 프로세스형 설비의 9대 로스에 속하지 않는 것은?
① 재료 수율 로스 ② 속도 저하 로스
③ 공정 불량 로스 ④ 시가동 로스

36-8. 프로세스형 설비의 로스에 대한 설명으로 틀린 것은?
① 고장 로스는 생산준비, 수주 및 조정에 의한 생산 계획상의 로스이다.
② 공구 교환 로스는 품목 변화 시 설비공구 등의 교환에 의하여 발생되는 로스이다.
③ 속도 저하 로스는 이론 사이클 시간과 실제 사이클 시간과의 차이의 로스이다.
④ 계획 정지 로스는 연간 보전계획에 의한 예방 보전 또는 정기보전에 의한 휴지시간에 의한 로스이다.

36-9. 가공 및 조립형 설비 손실에 포함되지 않는 것은?
① 가공 손실 ② 시가동 손실
③ 공정 불량 손실 ④ 속도 저하 손실

36-10. 설비나 시스템의 효율을 극대화하기 위한 개별개선 활동에서 가장 첫 번째로 수행하는 것은?
① 개선안 수립 ② 중점설비 선정
③ 로스의 영향 분석 ④ 로스의 정량적 측정

|해설|

36-1
고장 제로 7대 대책 : 강제 열화 조건이 발견되면 즉시 조치(1)하고, 조치 후 철저한 원인을 분석(2)하여 근본조치를 실시(3)하며, 설비의 약점을 알게 되면 개선(4)을 실시. 평소 설비의 사용조건을 준수(5)하여 사용하며 청소, 조임 등 기본 관리 수칙을 지켜 운용(6)하며 보전원 교육을 통한 보전 품질 향상(7)

36-2
가공 및 조립형 산업 설비의 6대 로스는 고장 로스, 작업 준비 조정 로스, 일시 정체 로스, 속도 로스, 불량 수정 로스, 초기 수율 로스이다.

36-3
속도 로스 : 이론 사이클 시간과 실제 사이클 시간과의 차이에서 발생하는 로스. 설비의 작동 조건의 미비 등에 의해 속도가 감소

36-4
④는 일시 정체 로스에 대한 설명이다.

36-5
④는 초기 수율 저하 로스에 관한 설명이고 일시 정체 로스는 센서 오작동, UFO(Unexpected Foreign Object)에 의한 긴급 정지, 설비공회전, 공정 물량 적체 등으로 인한 시간 로스이다.

36-6
- 일시 정체 로스(순간 정지 로스) : 센서 오작동, UFO(Unexpected Foreign Object)에 의한 긴급 정지, 설비공회전, 공정 물량 적체 등으로 인한 시간 로스
- 대책 : 현상 관찰 / 사전 결함 시정 / 최적 작업 조건 파악

36-7
장치 프로세스형 설비의 9대 로스는 고장 로스, 계획 정지 로스, Shut Down 로스, 준비/교체/조정 로스, 공구 교환 로스, 시가동 로스, 잠깐 정지 및 공회전 로스, 속도 저하 로스, 공정 불량 및 품질 불량 로스이다.

36-8
고장 로스 : 프로세스를 구성하고 있는 각 설비의 고장에 의한 정지 로스. 돌발적인 정지형 고장과 기능이 떨어지는 기능형 고장으로 구분

36-9
시가동 손실은 장비 프로세스형 로스에 속하며 설비의 운전 또는 생산 개시 때 가공조건과 운전 조건의 안정화 및 정상화까지 걸리는 시간에 의한 로스를 의미한다.

36-10
개별개선 구체적 대책방안 과정
중점설비 선정 → 로스의 정량적 측정 → 각 로스의 영향 분석 → 개선안 수립 → 수익성과의 연계추적

정답 36-1 ④ 36-2 ② 36-3 ④ 36-4 ④ 36-5 ④
36-6 ① 36-7 ① 36-8 ① 36-9 ② 36-10 ②

핵심이론 37 | 설비효율개선 - 로스 계산법

① 시간 가동률(Availability)(핵심이론 12 연계 참조)
  ㉠ 부하시간에 대해 설비의 정지시간을 제외한 가동시간의 비율
  ㉡ 시간 가동률 $= \dfrac{\text{부하시간} - \text{정지시간}}{\text{부하시간}} = \dfrac{\text{가동시간}}{\text{부하시간}}$
   $= \dfrac{\text{가동시간}}{\text{가동시간} + \text{비가동시간}}$
  ㉢ 부하시간 = 가동시간 + 비가동시간 : 조업시간에서 생산 계획상의 휴지시간, 계획보전을 위한 휴지시간, 관리상 필요한 조회시간, 기타 돌발적 상황에 의한 휴지시간 등의 관리 외 제외시간을 뺀 것
  ㉣ 가동시간 : 고장, 품목변경에 의한 작업 준비, 금형 교체, 예방 보전 등의 시간을 뺀 실제 설비가 작동된 시간
  ㉤ 정지시간 : 고장, 준비, 조정, 공구 교환 등으로 정지된 시간

② 성능 가동률 = 속도 가동률 × 실질 가동률
  ㉠ 속도 가동률 $= \dfrac{\text{표준 가동시간}}{\text{실제 가동시간}} = \dfrac{\text{기준 사이클시간}}{\text{실제 사이클시간}}$
  ㉡ 실질 가동률 $= \dfrac{\text{생산량} \times \text{실제 사이클시간}}{\text{부하시간} - \text{정지시간}}$
   $= \dfrac{\text{생산량} \times \text{실제 사이클시간}}{\text{가동시간}}$

③ 종합 효율
  ㉠ 종합 효율 = 시간 가동률 × 성능 가동률(= 속도 가동률 × 실질 가동률) × 양품률
   = 설비 유효 가동률 × 실질 가동률 × 양품률
   $= \dfrac{\text{가치가동시간}}{\text{부하시간}}$
  ㉡ 양품률 $= \dfrac{\text{가공수량} - \text{불량수량}}{\text{가공수량}} = \dfrac{\text{양품수}}{\text{가공수량}}$

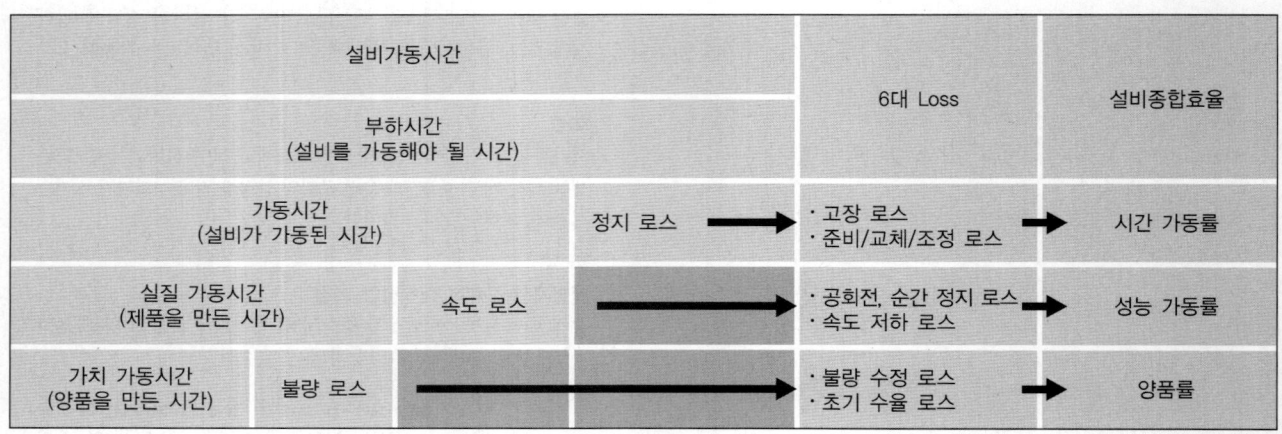

[설비 가동시간과 설비 종합 효율과의 관계]

10년간 자주 출제된 문제

37-1. 설비 종합 효율에 크게 영향을 주는 로스 중 시간 가동률에 영향을 주는 로스가 아닌 것은?
① 고장 로스　　② 작업 준비 로스
③ 속도 저하 로스　　④ 조정 로스

37-2. 로스 계산방법에 대한 내용으로 틀린 것은?
① 시간 가동률 = 가동시간 / 부하시간
② 성능 가동률 = 실질 가동률 / 속도 가동률
③ 시간 가동률 = 부하시간 − 정지시간 / 부하시간
④ 성능 가동률 = 속도 가동률 × 실질 가동률

37-3. 설비의 종합 효율을 산출하기 위한 공식으로 맞는 것은?
① 종합 효율 = 시간 가동률 × 성능 가동률 × 양품률
② 종합 효율 = 속도 가동률 × 실질 가동률 × 양품률
③ 종합 효율 = 속도 가동률 × 성능 가동률 / 양품률
④ 종합 효율 = 시간 가동률 × 실질 가동률 / 양품률

|해설|

37-1

$$시간\ 가동률 = \frac{부하시간 - 정지시간}{부하시간} = \frac{가동시간}{부하시간}$$
$$= \frac{가동시간}{가동시간 + 비가동시간}$$

시간 가동률은 시간당 얼마나 많은 작업을 하느냐는 반영하지 않고 전체 부하시간 중 얼마나 가동하느냐만을 반영한다. 고장 로스, 작업 준비 로스, 조정 로스는 작업 정지가 발생하므로 시간 가동률에 영향을 준다.

37-2
성능 가동률 = 속도 가동률 × 실질 가동률

37-3
종합 효율
- 종합 효율 = 시간 가동률 × 성능 가동률(=속도 가동률 × 실질 가동률) × 양품률
　　　= 설비 유효 가동률 × 실질 가동률 × 양품률
　　　= $\frac{가치가동시간}{부하시간}$
- 양품률 = $\frac{가공수량 - 불량수량}{가공수량} = \frac{양품수}{가공수량}$

정답 37-1 ③　37-2 ②　37-3 ①

핵심이론 38 | 만성 로스 개선법

① 돌발 로스 vs 만성 로스
　㉠ 돌발 로스
　　• 돌발 상황으로 발생하고 불규칙적으로 발생
　　• 현재화가 쉽고 발생원인이 명확
　　• 복원적인 대책이 필요
　㉡ 만성 로스
　　• 만성적으로 발생하며 짧은 시간에 재발생되고 일정한 산포로 발생
　　• 현재화하기 어렵고 원인도 불명확
　　• 근원적이고 혁신적인 대책 필요

② 만성 로스에서 돌발형으로 나타나는 로스 vs 만성형으로 나타나는 로스
　㉠ 돌발형 로스 : 알 수 있는 원인에 의해 급격한 불량이 발생
　㉡ 만성형 로스 : 원인이 다양하고 알 수 없는 경우도 많으며, 서서히 로스가 발생

③ 만성 로스의 특징
　㉠ 실제 로스 발생의 원인은 하나이나 원인이 될 수 있는 요인들은 다수
　㉡ 로스 발생의 원인이 매번 바뀜
　㉢ 로스 발생의 원인이 복합적이기도 하고 역시 원인이 될 수 있는 원인의 조합은 다수
　㉣ 로스 발생의 원인의 조합이 매번 바뀜
　㉤ 원인을 간단히 해결하기 어려움
　㉥ 로스 원인이 잠재하므로 표면화시키기 어려움

④ 만성 로스에 대한 대책
　㉠ 만성 로스는 원인과 결과의 관계가 불명확하고 많은 경우 복합적 원인
　㉡ 따라서 만성 로스 개선을 위해서는 특징을 충분히 파악하고 현상을 철저히 해석하는 것이 중요
　㉢ 관리해야 할 요인들을 철저히 검토하며 PM 분석 실시

㉣ 요인 중 숨어 있는 결함을 수면화
- 바람직한 상태를 검토
- 작은 결함도 중시하여 해결

10년간 자주 출제된 문제

38-1. 다음 만성 로스의 특징과 만성 로스의 대책에 관한 설명 중 옳은 것은?

① 만성 로스의 원인은 하나이지만 원인이 될 수 있는 것이 수없이 많으며, 그 내용에는 변함이 없다.
② 만성 로스는 현상의 해석을 철저히 한다.
③ 만성 로스는 복합원인으로 발생하며, 그 요인의 조합 내용은 변함이 없다.
④ 만성 로스는 요인 중에 숨어 있는 결함은 가급적 표면화시키지 않는다.

38-2. 다음 중 만성 로스에 관한 내용으로 가장 거리가 먼 것은?

① 만성 로스를 줄이기 위하여 현상의 해석을 철저히 해야 한다.
② 만성 로스의 발생형태에는 돌발형과 만성형이 있다.
③ 만성 로스의 원인은 한 가지로 간단히 해결할 수 있다.
④ 만성 로스는 복합원인으로 발생하며, 그 요인의 조합이 그 때마다 달라진다.

38-3. 만성 로스에 관한 설명 중 가장 거리가 먼 것은?

① 만성 로스는 잠재하므로 표면화하기 어려운 경향이 있다.
② 만성 로스 개선을 위해서는 특징을 충분히 파악하는 것이 중요하다.
③ 만성 로스는 원인과 결과의 관계가 불명확하고 복합적 원인인 경우가 많다.
④ 만성 로스를 제로(Zero)화 하기 위해서는 관리도 분석기법의 활용이 가장 바람직하다.

38-4. 만성 로스의 발생형태를 설명한 것으로 틀린 것은?

① 만성적으로 발생
② 일정 산포를 형성
③ 불규칙적으로 발생
④ 짧은 시간으로 되풀이 발생

|해설|

38-1
- 만성 로스의 발생 원인은 하나이나 원인이 될 수 있는 것이 수없이 많으며 매번 원인이 바뀐다.
- 로스 발생의 원인이 복합적이기도 하고 역시 원인이 될 수 있는 원인의 조합은 다수이다.
- 요인 중 숨어 있는 결함을 수면화하는 것이 대책이다.

38-2
실제 로스 발생의 원인은 하나, 원인이 될 수 있는 요인들은 다수이며 간단히 해결하기 어렵다.

38-3
만성 로스에 대한 대책 수립을 위해서 PM 분석을 하는 경우가 많다.

38-4
만성 로스는 만성적으로 발생하며 짧은 시간에 재발생되고 일정한 산포로 발생한다.

정답 38-1 ② 38-2 ③ 38-3 ④ 38-4 ③

핵심이론 39 | 로스 분석

① 고장분석 – 고장유형, 영향, 심각도 분석(FMECA)
  ㉠ FMECA ; Failure Mode, Effect & Criticality Analysis
  ㉡ 시스템의 잠재적 결함을 조직적으로 규명하고 조사하는 설계 기법의 하나
  ㉢ 설비 사용자에게 설비의 끊임없는 평가와 개선을 실시할 수 있게 하는 방법
  ㉣ 장 점
    • 잠재고장의 제거
    • 위험 평가 가능
    • 설비의 잠재적 행위 예측 가능

② PM분석(Phenomena / Physical × Mechanism, Machine, Man, Material)
  ㉠ 설비의 물리적 성질과 메커니즘을 이해하여 만성고장을 규명, 로스를 개선하는 수단의 하나
  ㉡ 만성화된 설비나 시스템의 불합리 현상을 원리 및 원칙에 따라 물리적 해석으로 현상 메커니즘을 밝히는 사고방식
  ㉢ 특성 요인도의 단점을 보완하기 위해 개발
  ㉣ 특징 : 물리적 해석의 중요성 / 설비구조의 이해 / 이치적 이해 / 체계적인 정리 능력 / 이상적인 조건 설정 / 지침서 확보
  ㉤ 특성요인 분석과의 비교
    • 특성요인은 현상을 포괄적으로 파악하는 데 비해 PM분석은 세분화하여 파악
    • 특성요인은 원인을 과거경험에 의해 추적하는 데 비해 PM분석은 물리적 데이터를 바탕으로 과학적으로 사고
    • 특성요인은 고장 요인을 나열식으로 나열하는 데 비해 PM분석은 인과성을 바탕으로 기능적으로 발췌
    • 특성요인은 대책을 요인에 따라 산발적으로 제시하는 데 비해 PM분석은 원리 원칙을 수립하여 필요에 따른 대책을 강구
    • 특성요인은 한 번에 하나씩 낚는 줄 낚시식인 데 비해 PM분석은 투망을 넓게 던져 한 번에 올리는 방식
  ㉥ PM분석의 단계
    1. 현상을 명확히 한다.
    2. 설비구조, 가공원리를 이해한다.
    3. 현상을 물리적으로 해석한다.
    4. 현상이 성립하는 조건을 모두 생각해 본다.
    5. 각 요인의 목록을 작성한다. 특히 4M과의 관련성을 검토한다.
    6. 조사 방법을 검토한다.
    7. 이상 상태를 발견하고 조사 결과를 판정한다.
    8. 대안개발 및 실행안을 제시 및 실시한다.

10년간 자주 출제된 문제

39-1. 시스템의 잠재적 결함을 조직적으로 규명하고 조사하는 설계 기법의 하나로서, 설비 사용자에게도 설비의 끊임없는 평가와 개선을 실시할 수 있는 고장 유형, 영향 분석 기법은?
① FMECA분석
② PM분석
③ QM분석
④ FTA분석

39-2. 만성 로스 개선 방법 중 설비나 시스템의 불합리 현상을 원리 및 원칙에 따라 물리적 성질과 메커니즘을 밝히는 사고방식은?
① FTA
② FMEA
③ PM분석
④ QM분석

39-3. 특성요인도 분석과 비교하여 PM분석에 관한 설명으로 옳은 것은?
① 포괄적으로 파악하여 해석이 복잡함
② 물리적 관점에서 과학적 사고를 가짐
③ 각개 원인들을 나열식으로 열거함으로 누락 발생이 가능함
④ 비계통적으로 나열하여 산발적으로 대책을 수립함

39-4. 만성 로스를 개선하기 위해 PM분석으로 8단계를 추진할 경우에 5단계에 해당되는 것은?
① 조사 결과 판정
② 4M과의 관련성 검토
③ 조사 방법의 검토
④ 현상이 성립하는 조건 정리

| 해설 |

39-1
- FMECA : Failure Mode, Effect & Criticality Analysis
- 시스템의 잠재적 결함을 조직적으로 규명하고 조사하는 설계 기법의 하나
- 설비 사용자에게 설비의 끊임없는 평가와 개선을 실시할 수 있게 하는 방법

39-2
PM분석(Phenomena / Physical × Mechanism, Machine, Man, Material)
- 설비의 물리적 성질과 메커니즘을 이해하여 만성고장을 규명, 로스를 개선하는 수단의 하나
- 만성화된 설비나 시스템의 불합리 현상을 원리 및 원칙에 따라 물리적 해석으로 현상 메커니즘을 밝히는 사고방식

39-3
특성요인은 원인을 과거경험에 의해 추적하는 데 비해 PM분석은 물리적 데이터를 바탕으로 과학적으로 사고한다.

39-4
PM분석의 단계
1. 현상을 명확히
2. 설비구조, 가공원리를 이해
3. 현상을 물리적으로 해석
4. 현상이 성립하는 조건을 모두 검토
5. 각 요인의 목록을 작성(특히 4M과의 관련성을 검토)
6. 조사 방법을 검토
7. 이상 상태를 발견하고 조사 결과를 판정
8. 대안개발 및 실행안을 제시 및 실시

정답 39-1 ① 39-2 ③ 39-3 ② 39-4 ②

핵심이론 40 | 자주보전(Autonomous Maintenance)

① 자주보전의 개념
  ㉠ 전원참가라는 TPM의 기본 개념을 설비가동부문에 적용하여 운전자가 소집단활동을 중심으로 스스로 전개하는 보전 활동
  ㉡ 자기 설비를 평상시에 점검, 급유, 부품 교환, 수리, 이상의 조기 발견, 정밀도 체크 등을 행하는 것

② 작업자에게 요구하는 능력
  ㉠ 설비의 이상 발견능력과 개선 능력
    - 설비의 이상 유무를 발견
    - 급유의 중요성을 이해, 정확한 급유 방법, 급유한 결과의 점검 방법 숙지
    - 청소의 중요성을 이해, 정확한 방법 숙지
    - 칩, 냉각제 등 비산 방지 및 최소화 이해, 개선 능력 습득
    - 발견된 이상 복원, 혹은 개선 능력 습득
  ㉡ 설비의 기능 및 구조 이해와 이상 원인 발견 능력
    - 기구상 유의점 이해
    - 성능 유지 청소 점검
    - 이상의 판단 기준 숙지
    - 고장 진단 가능
  ㉢ 설비와 품질 관계를 이해하고 품질 이상의 예지와 원인 발견 능력
    - 물리적 현상 파악 가능, 특성 품질과 성능 관계 숙지
    - 설비의 정밀도 점검 및 불량 원인 파악 가능
  ㉣ 수리할 수 있는 능력
    - 부품의 수명 숙지 및 교환 능력
    - 고장의 원인 추정 및 긴급 처리 능력
    - 오버홀일 때 보조할 수 있는 능력

③ 자주보전 전개 스텝
  1. 초기청소
    - 청소로 이상 발견
    - 오염의 발생원인 찾기
    - 발견된 원인은 가능한 스스로 해결

2. 발생원 및 곤란 개소(個所) 대책
   - 발생원인 제거
   - 청소 곤란 개소를 개선
3. 점검·급유기준 작성
   - 스스로 기준 설정
   - 청소 점검 기준서 작성
   - 급유 기준서 작성
4. 총 점검
   - 기초 기술을 익힘
   - 진행방법
     - 설비에 대한 기초 교육 학습
     - 작업자에게 전달
     - 배운 것을 실천하여 이상을 발견
     - '눈으로 보는 관리' 추진(윤활, 기계요소, 공압, 유압, 구동 관계를 볼 수 있도록 조치)
5. 자주점검
   - 앞 단계의 기준서와 총 점검 항목마다 점검 세목을 추가하여 본 기준서 작성
   - 본 기준서를 실행하고 지속 수정
6. 자주보전의 시스템화
7. 자주관리의 철저

④ 자주보전 효과 측정
   ㉠ MTBF(평균가동시간) 연장 : 자주보전이 잘 시행되면 MTBF가 연장됨
   ㉡ OPL(One Point Lesson) 작성현황에 대한 경향으로 평가
   ㉢ 자주보전 개선 시트의 작성현황으로 평가
   ㉣ 기준서 작성현황 : 기준서의 작성의 완성도로 자주보전이 잘되는지 여부 평가

10년간 자주 출제된 문제

40-1. 자주보전활동에 대한 설명으로 거리가 가장 먼 것은?
① 자주보전은 미리 작성한 보전 캘린더에 의해 전개해 나가는 활동이다.
② 총점검단계는 설비의 기능과 구조를 알수 있게 하는 활동이다.
③ 초기 청소를 통해 오염의 발생원인을 찾는다.
④ 발생원인과 공간 개소 대책은 자주보전의 중요 활동요소이다.

40-2. 다음 중 설비 보전에 강한 작업자의 요구 능력이 아닌 것은?
① 외주 발주 능력
② 수리할 수 있는 능력
③ 설비의 이상 발견과 개선 능력
④ 설비와 품질 관계를 이해하고 품질 이상의 예지와 원인 발견 능력

40-3. 자주보전을 하기 위한 설비에 강한 작업자의 요구 능력 중 수리할 수 있는 능력에 해당되지 않는 것은?
① 오버홀 시 보조할 수 있다.
② 부품의 수명을 알고 교환할 수 있다.
③ 고장의 원인을 추정하고 긴급처리를 할 수 있다.
④ 공장 주변 환경의 중요성을 이해하고, 깨끗하게 청소할 수 있다.

40-4. 다음 중 자주보전의 7단계의 순서로 맞는 것은?
① 초기청소 → 발생원인 곤란개소 대책 → 자주점검 → 점검·급유기준 작성 → 자주보전의 시스템화 → 총 점검 → 자주관리의 철저
② 초기청소 → 점검·급유기준 작성 → 발생원인 곤란개소 대책 → 자주점검 → 자주보전의 시스템화 → 총 점검 → 자주관리의 철저
③ 초기청소 → 점검·급유기준 작성 → 발생원인 곤란개소 대책 → 총 점검 → 자주보전의 시스템화 → 자주점검 → 자주관리의 철저
④ 초기청소 → 발생원인 곤란개소 대책 → 점검·급유기준 작성 → 총 점검 → 자주점검 → 자주보전의 시스템화 → 자주관리의 철저

10년간 자주 출제된 문제

40-5. 자주보전의 전개단계 중 제1단계 초기청소에 해당하지 않는 것은?
① 청소로 이상을 발견한다.
② 오염의 발생 원인을 찾는다.
③ 청소 점검 기준을 작성한다.
④ 이상은 가능한 한 자신이 고친다.

40-6. 자주보전의 전개단계 중 제4단계에 해당되는 총 점검의 진행방법에 해당되지 않는 것은?
① 작업자에게 전달한다.
② 설비의 기초교육을 받는다.
③ 점검 수준 향상을 위해 체크한다.
④ 배운 것을 실천하여 이상을 발견한다.

40-7. TPM의 우선순위 활동인 자주보전의 효과측정을 위한 방법과 가장 거리가 먼 것은?
① MTBF(평균가동시간)의 연장
② OPL(One Point Lesson)
③ FMCEA(고장유형, 영향 및 심각도 분석)
④ 기준서 작성현황

| 해설 |

40-1
자주보전은 전원 참가라는 TPM의 기본 개념을 설비 가동 부문에 적용하여 운전자가 소집단활동을 중심으로 스스로 전개하는 보전활동이다.

40-2
작업자에게 요구하는 능력
- 설비의 이상 발견 능력과 개선 능력
- 설비의 기능 및 구조 이해와 이상 원인 발견 능력
- 설비와 품질 관계를 이해하고 품질 이상의 예지와 원인 발견 능력
- 수리할 수 있는 능력

40-3
④는 설비의 이상 발견능력과 개선 능력에 해당한다.
수리할 수 있는 능력
- 부품의 수명 숙지 및 교환 능력
- 고장의 원인 추정 및 긴급 처리 능력
- 오버홀일 때 보조할 수 있는 능력

40-4
자주보전의 전개스텝은 7단계로 청소를 실시하며 곤란한 부분을 찾고 대책을 수립하기 위해 기준서 작성, 점검활동 실시 후 자주점검을 실시하는 순서로 시행하며 이를 시스템화하고 실행하는 단계로 시행한다.

40-5
청소 점검 기준은 3단계 기준서 작성 단계에서 작성한다.

40-6
점검 수준 향상은 5. 자주 점검 단계에서 실시한다.

40-7
자주보전 효과 측정
- MTBF(평균가동시간) 연장 : 자주보전이 잘 시행되면 MTBF가 연장됨
- OPL(One Point Lesson) 작성현황에 대한 경향으로 평가
- 자주보전 개선 시트의 작성현황으로 평가
- 기준서 작성현황 : 기준서 작성의 완성도로 자주보전이 잘되는지 여부 평가

정답 40-1 ① 40-2 ① 40-3 ④ 40-4 ④ 40-5 ③ 40-6 ③ 40-7 ③

핵심이론 41 | 품질 개선 활동

① 불량은 불량이 발생하는 조건이 있기 때문에 발생한다.
② 품질 보전의 설비 문제와의 연관성
  ㉠ 제조 현장의 자동화, 설비 고도화 등의 변화
  ㉡ 설비 상태에 따라 제품 품질의 확보
  ㉢ 제품의 복잡화와 고도화 → 생산공정의 다양화를 유래 → 각 공정설비에 의해 품질결정
  ㉣ 품질에 영향을 끼치는 설비고장은 돌발 고장형보다 만성 고장, 기능 저하형 고장 위주
  ㉤ 생산 공정 중 발생하는 공정불량의 최소화 요구 대두
③ 품질보전 활동
  ㉠ 사고방식의 전환
  ㉡ 품질 특성과 설비 정도(정밀도)의 파악
  ㉢ 예지 능력 개발
  ㉣ 총력 투입 : 자주보전, 개별개선, 예방 보전, 교육 및 훈련, MP 설계를 통한 집중력 투입
④ 품질보전 접근 방법
  ㉠ 설비의 설계 개선 및 불량 발생 조건 제거
  ㉡ 인적 자원의 교육, 훈련을 통한 다기능공화
  ㉢ 제품, 가공물, 품질 특성에 유연하게 대처되는 설비 능력 확보
⑤ 품질보전 전개 순서(7step)
  1. 현상 분석
     - 품질규격, 품질특성 확인
     - 품질불량현상 확인
     - 설비기능, 구조, 운전 및 보전조건 확인
     - 현상파악에 사용되는 방법
       – 체크시트 : 체크리스트를 적으며 스스로 체크
       – 히스토그램 : 공정에서 취한 계량치 데이터가 여러 개 있을 때 데이터가 어떤 값을 중심으로 어떤 모습으로 산포하고 있는가를 조사하는 데 사용
       – 파레토도 : 불량품, 결점, 클레임(Claim), 사고 건수 등을 현상이나 원인별로 데이터 처리 후 데이터가 높은 순서부터 나열하고 막대그래프로 나타낸 것
       – 관리도 : 품질은 산포하고 있으므로 공정에서 시계열적으로 변화하는 산포의 모습을 보고 공정이 정상 상태인가 이상 상태인가를 판독하기 위한 수법
       – 산정도 : 대응하는 두 개의 데이터가 상관관계가 있는지 여부를 판단하는 수법
       – 그래프 : 수치를 도표화한 것
  2. 목표 설정 : 품질 목표 명확화
     - 목표를 설정할 때 이용되는 QC 수법 : 레이더 차트, 막대그래프, 꺾은선 그래프, 히스토그램
     - 좋은 목표의 조건 : 구체적, 기대효과가 결부되는 내용, 정량적 표시, 분임 능력에 합당, 분임조원에게 설명 가능하고 이해 가능한 것
     - 나쁜 목표 : 직장 방침과 무관한 목표, 능력치 이상의 목표, 막연한 목표
  3. 요인 해석 : 연쇄요인 규명, 불량요인 정리
     - 설비기본 요구조건 이해 및 PM분석에 의한 설비 부위, 불량부위 규명
     - 요인 해석 도구(Tool) : 특성요인도, PM분석, 왜-왜 분석, FMECA분석, 요인추출법
  4. 검토 및 대책 : 설비 최적 조건 검토, 결함의 현재화, 기존 보전 지침서 참조
     - 대책 수립 방법 : 경제성 평가, 기술적 평가, 작업성 평가
  5. 실시 : 불합리 부분을 개선, 보전팀 및 기술팀과 연계 필요
     - 대책 실시 방안 : 적극성, 사실성, 좋은 팀워크(비난 금지)

- 기법 적용의 바른 방법
  - P(Plan, 업무계획이어야 함), D(Do, 계획에 따른 실시), C(Check, 점검), A(Action, 불합리 개선점을 다음 계획에 반영)
6. 결과 확인 : 기술, 경제적 타당성 확인
7. 표준화
   - 조건설정 확인
   - 점검 및 관리방법의 표준화
   - 점검기준서 작성
   - 변화 및 경향관리

10년간 자주 출제된 문제

41-1. 품질 보전이 설비 문제와 밀접한 관계를 갖고 있는 이유가 아닌 것은?
① 제조 현장의 자동화, 설비 고도화 등으로의 변화
② 설비의 상태에 따라 제품의 품질이 확보되는 시대의 도래
③ 생산 공정 중에 발생하는 공정 불량의 최소화에 대한 무관심
④ 품질에 영향을 끼치는 설비 고장은 돌발 고장형보다 기능 저하형이 주류

41-2. 품질의 불량은 여러 가지 원인에 의하여 발생한다고 볼 수 있다. 이를 위한 활동으로 거리가 먼 것은?
① 설비의 설계 개선 및 불량 발생 조건 제거
② 인적 자원의 교육, 훈련을 통한 다기능공화
③ 원자재 재고의 확보를 통한 자재 공급의 안정화
④ 제품, 가공물, 품질 특성에 유연하게 대처되는 설비 능력 확보

41-3. 다음 중 품질보전의 전개순서를 가장 바르게 나열한 것은?
① 현상 분석 → 목표 설정 → 요인 해석 → 검토 및 실시 → 표준화
② 목표 설정 → 현상 분석 → 요인 해석 → 표준화 → 검토 및 실시
③ 현상 분석 → 요인 해석 → 목표 설정 → 표준화 → 검토 및 실시
④ 목표 설정 → 현상 분석 → 요인 해석 → 검토 및 실시 → 표준화

41-4. 품질보전을 위해 품질불량현상, 품질규격, 품질특성, 설비기능, 구조, 운전 및 보전조건을 확인하는 단계는?
① 표준화 ② 현상 분석
③ 요인 해석 ④ 검토 및 대책 개선

41-5. 공정에서 취한 계량치 데이터가 여러 개 있을 때 데이터가 어떤 값을 중심으로 어떤 모습으로 산포하고 있는가를 조사하는 데 사용하는 것은?
① 관리도 ② 파레토도
③ 체크시트 ④ 히스토그램

41-6. 품질보전의 전개순서 중 요인해석(연쇄요인 규명, 불량요인 정리)을 위한 도구에 해당하지 않는 것은?
① FMECA ② PM분석
③ 특성요인도 ④ 경제성 분석

41-7. 목표 설정할 때 이용되는 QC 수법이 아닌 것은?
① 체크시트에 의한 방법
② 막대그래프에 의한 방법
③ 히스토그램에 의한 방법
④ 레이더 차트에 의한 방법

|해설|

41-1
품질 보전의 설비 문제와의 연관성
- 제조 현장의 자동화, 설비 고도화 등의 변화
- 설비 상태에 따라 제품 품질의 확보
- 제품의 복잡화와 고도화 → 생산 공정의 다양화를 유래 → 각 공정설비에 의해 품질결정
- 품질에 영향을 끼치는 설비고장은 돌발 고장형보다 만성고장, 기능 저하형 고장 위주
- 생산 공정 중 발생하는 공정불량의 최소화 요구 대두

41-2
품질보전 접근 방법
설비 개량능력 개발 – 설비 유연성 확보 – 교육훈련 철저

41-3
품질보전 전개 순서(7steps)
1. 현상 분석
2. 목표 설정
3. 요인 해석
4. 검토 및 대책
5. 실 시
6. 결과 확인
7. 표준화

41-4
1단계 현상 분석
- 품질규격, 품질특성 확인
- 품질불량현상 확인
- 설비기능, 구조, 운전 및 보전조건 확인

41-5
현상파악에 사용되는 방법
- 체크시트 : 체크리스트를 적으며 스스로 체크
- 파레토도 : 불량품, 결점, 클레임(Claim), 사고 건수 등을 현상이나 원인별로 데이터 처리 후 데이터가 높은 순서부터 나열하고 막대그래프로 나타낸 것
- 관리도 : 품질은 산포하고 있으므로 공정에서 시계열적으로 변화하는 산포의 모습을 보고 공정이 정상 상태인가 이상 상태인가를 판독하기 위한 수법

41-6
요인 해석 : 연쇄요인 규명, 불량요인 정리
- 설비기본 요구조건 이해 및 PM분석에 의한 설비부위, 불량부위 규명
- 요인 해석 도구(Tool) : 특성요인도, PM 분석, 왜-왜 분석, FMECA 분석

41-7
체크리스트는 현상파악법으로 적절하다.
목표를 설정할 때 이용되는 QC 수법 : 레이더 차트, 막대그래프, 꺾은선 그래프, 히스토그램

정답 41-1 ③ 41-2 ③ 41-3 ① 41-4 ② 41-5 ④ 41-6 ④ 41-7 ①

CHAPTER 03 기계일반 및 기계보전

핵심이론 01 | 기계요소제도 일반

① 도면의 종류
  ㉠ 사용 용도에 따른 분류 : 주문도, 견적도, 승인도, 계획도, 제작도(공정도, 시공도, 상세도 등), 설명도
  ㉡ 내용에 따른 분류 : 스케치도(본뜨기, 사진 촬영, 프린트 등), 조립도, 부품도, 구조도, 배치도, 장치도, 실측도
  ㉢ 표현 형식에 따른 분류 : 외관도, 전개도, 곡면선도, 계통선도(플랜트 공정도, 접속도, 배선도, 배관도, 계장도 등), 입체도

② 도면에서의 선의 사용
  ㉠ 선의 종류

선의 종류	선의 명칭	용도에 따른 명칭
────────	굵은 실선	외형선
────────	가는 실선	치수선 치수보조선 인출선 회전단면선 (작은)중심선 수준면선 평면 지시선
─ ─ ─ ─	파선(가는 파선, 굵은 파선)	숨은선
─·─·─·─	가는 1점 쇄선	중심선, 기준선, 피치선
━·━·━·━	굵은 1점 쇄선	기준선, 특수 지정선
─··─··─	가는 2점 쇄선	가상(상상)선
～～	파형의 가는 실선	파단선
∧∧∧	지그재그선	
┌─┘	가는 1점 쇄선으로 끝 부분 및 방향이 바뀌는 부분을 굵게 한 것	절단선
/////	가는 실선으로 규칙적으로 나열한 것	해 칭

㉡ 선의 명칭

선의 명칭	용 도	선의 명칭	용 도
외형선	물체의 보이는 부분의 모양을 나타내기 위한 선	숨은선	물체의 보이지 않는 부분의 모양을 나타내기 위한 선
치수선	치수를 기입하기 위한 선	중심선	도형의 중심을 표시하거나 중심이 이동한 궤적을 나타내기 위한 선
치수보조선	치수를 기입하기 위하여 도형에서 끌어낸 선	기준선	위치결정의 근거임을 나타내기 위한 선
지시선	각종 기호나 지시 사항을 기입하기 위한 선	피치선	반복 도형의 피치를 잡는 기준이 되는 선
중심선	도형의 중심을 간략하게 표시하기 위한 선	가상선	가공 부분의 특정 이동 위치, 가공 전후의 모양, 이동 한계 위치 등을 나타내기 위한 선
수준면선	수면·유면 등의 위치를 나타내기 위한 선	무게중심선	단면의 무게중심을 연결한 선
파단선	물체의 일부를 자른 곳의 경계를 표시하거나 중간 생략을 나타내기 위한 선	해 칭	단면도의 절단면을 나타내기 위한 선
특수지정선	특별한 지시를 위해 특정영역을 표시한 선	평면지시선	둥근 물체 중 평면인 부분을 표시하기 위해 X자 대각선으로 나타낸 선

③ 투상도

㉠ 정투상법

투상법	정 의	기 호	도면 배치
제1각법	1면각 위에 물체를 올려놓고 보이는 면을 동그라미가 그려진 스크린에 투영하여 그리는 방법		다음 그림처럼 제1각법에 따라 그림을 그리면 보이는 면이 상하 좌우가 바뀌어서 표현되고 제3각법은 보이는 대로 표현된다.
제3각법	3면각 위에 물체를 올려놓고 보이는 면을 동그라미가 그려진 스크린에 투영하여 그리는 방법		

㉡ 단면도법
- 투상으로부터 밖으로 이동된 단면도는 가급적 가까운 곳에 위치하도록 하여 가는 1점 쇄선으로 연결하여 제도한다.
- 온 단면도는 전체를 절단하여 그린 단면도이다.
- 한쪽 단면도는 중심선 기준으로 단면하여 안쪽과 겉모양을 동시에 볼 수 있게 단면한다.
- 부분 단면도는 필요한 부분만 파단선으로 잘라내어 단면도를 제도한다.
- 회전 단면도는 절단한 단면의 모양을 90° 회전시켜서 투상도의 안이나 밖에 그리는 단면도를 말한다.
  - 핸들, 벨트 풀리, 기어 등의 암·림·리브·훅·축·구조물에 사용하는 형강 등이 대상이다.
  - 길이가 긴 제품은 파단선으로 중간을 생략하고 그 사이에 굵은 실선으로 회전 단면도를 그린다.
- 투상도 밖으로 끌어내는 회전 투상도는 가는 1점 쇄선으로 절단면 위치를 표시하고 굵은 1점 쇄선으로 한계를 표시하여 굵은 실선으로 긋는다.
- 절단했기 때문에 이해에 지장을 주는 리브, 바퀴의 암, 기어의 이와 절단하여도 의미가 없는 축, 핀, 볼트, 작은 나사, 리벳, 키는 길이 방향으로 절단하지 않는다.
- 얇은 물체를 단면한 경우, 외형이 겹친 것으로 보아 아주 굵은 실선으로 도시한다.
- 해 칭
  - 45°의 가는 실선을 단면부의 면적에 맞게 3~5mm 정도의 같은 간격으로 경사선을 그어 표시한다.
  - 인접한 다른 부품은 해칭선의 방향 등을 변경하여 구분한다.
  - 해칭 부분에 문자, 기호 등을 기입할 때는 겹치지 않게 한다.

㉢ 투상도
- **보조투상도** : 경사면이 있는 제품의 실제 모양을 투상할 때 보이는 전체 또는 일부분만을 나타내는 것이다.
- **국부투상도** : 요점투상도라고도 하며 제품의 구멍·홈 등과 같이 특정한 부분의 모양을 나타내는 것으로 충분한 경우에 제도하며 관계를 표시하기 위해 중심선, 치수보조선 등을 연결한다.
- **회전투상도** : 각도를 가지고 있는 실제 모양을 회전해서 실제 모양을 나타내며, 잘못 볼 우려가 있는 경우 작도에 사용한 가는 실선을 남겨 표시한다.
- **부분투상도** : 모양의 특징 또는 일부를 도시하는 것으로 충분한 경우, 부분투상을 도시한 경우, 대칭인 경우 등 모양을 전체 도시하지 않고 표현한 투상도이다.
- **부분확대도** : 자세하게 나타내고 싶은 부분을 가는 실선으로 에워싸고 영문 대문자로 지시하고 확대한 것이다.
- 대칭 모양의 제품의 투상도는 중심선 양끝에 '='표시를 하고 대칭 부분을 생략한다.
- 특정 모양이 반복되어 잘못 볼 우려가 있는 경우 반복을 생략한다.
- 제품이 긴 경우, 파단선으로 제품을 줄여 표현한다.

- 원통 축 중간 및 끝 면의 평면투상의 경우 가는 실선으로 대각선을 긋는다.
- 가공에 사용하는 공구 등의 모양을 투상할 때는 가상으로 그리므로 2점 쇄선으로 공구 모양을 그린다.
- 투상도의 숨은선이 오히려 헷갈리게 할 경우 숨은선을 생략한다.
- 절단면 뒤의 선에 대해 이해가 가능한 경우 생략한다.

④ 공차

㉠ 공차 : 도면에 적혀 있는 치수 및 형상과는 달리 실제 제작할 때는 오차가 생기게 되고, 이 오차를 줄일수록 비용은 올라가게 된다. 설계자는 이를 고려하여 주문한 치수에서 허용할 수 있는 오차를 정해 주게 된다. 각각의 치수는 이러한 오차를 갖게 되고 이 상관을 공차라고 한다.

㉡ 치수공차

$25^{+0.05}_{-0.05}$의 경우, 최대 허용 한계치수 25.05mm와 최소허용 한계치수 24.95mm의 차 또는 위치수 공차 +0.05와 -0.05의 차를 치수공차라고 한다. 간단히 공차라고 하면 이 치수공차를 의미한다.

㉢ 끼워맞춤
- 헐거운 끼워맞춤 : 축과 구멍의 경우, 공차를 고려하여 축이 구멍보다 항상 작거나 같게 되는 경우의 끼워맞춤
- 억지 끼워맞춤 : 공차를 고려할 때 축이 구멍보다 항상 크거나 같게 되는 경우
- 중간 끼워맞춤 : 공차범위 내에서 경우에 따라 헐거운 끼워맞춤이 되거나 억지 끼워맞춤이 되는 경우

㉣ 기하공차
- 기하공차를 사용하면 물체의 형상에 관한 관계, 위치에 대한 오차, 끼워맞춤 조립의 호환성 관계에 대한 판단을 하고, 제시된 공차는 허용범위를 보증하는 역할을 하게 된다.

- 기하공차의 표시방법(KS B 0608 : 2012, KS A ISO 1101 : 2017, KS B ISO 5459)

  기하공차는 | // | 0.011 | A | 등과 같이 표시하며 // 자리에는 공차기호, 0.011자리는 공차값, A 자리는 데이텀(기준)을 표시한다.

  또한, | // | 0.01/100 | A | 와 같은 형태로 기준 길이를 주고 이에 대하여 공차를 요구할 수도 있다.

- 기하공차의 종류

적용하는 형체	공차의 종류		대략의 의미 및 표현방법	기 호
단독 형체	모양 공차	진직도	얼마나 진짜 직선에 가까운지를 임의거리의 임의 간격의 동심원 안에 있는지로 표현	—
		평면도	얼마나 평평한지를 가상의 완벽한 두 평면 사이에 존재하도록 배치하여 간격을 표현	▱
		진원도	얼마나 진짜 원에 가까운지를 가상의 완벽한 두 동심원 사이에 원이 존재하도록 배치하여 간격을 표현	○
		원통도	얼마나 진짜 원에 가까운지를 가상의 완벽한 두 원통 사이에 원통이 존재하도록 배치하여 간격을 표현	⌭
단독 형체 또는 관련 형체		선의 윤곽도	가상의 진짜 선을 중심으로 그린 원통의 지름으로 표현	⌒
		면의 윤곽도	가상의 완벽한 두 구 사이에 면을 배치하고 두 구의 떨어진 간격으로 표현	⌓

적용하는 형체	공차의 종류		대략의 의미 및 표현방법	기 호
관련 형체	자세 공차	평행도	데이텀에 평행하도록 하고 평면도의 표현방법을 인용	//
		직각도	데이텀에 직각이 되도록 하고 진직도 표현방법을 인용	⊥
		경사도	데이텀과 요구되는 각을 이루도록 하고 평면도 표현방법을 인용	∠
	위치 공차	위치도	데이텀을 기준으로 하고 진직도의 표현방법을 인용	⊕
		동축도 또는 동심도	데이텀을 기준으로 하고 진직도의 표현방법을 인용	◎
		대칭도	데이텀을 기준으로 하고 평면도의 표현방법을 인용	=
관련 형체	흔들림 공차	원주 흔들림 공차	데이텀을 기준으로 하고 진원도의 표현방법을 인용	↗
		온 흔들림 공차	데이텀을 기준으로 하고 진원도의 표현방법을 인용	↗↗

10년간 자주 출제된 문제

1-1. 다음 중 가는 실선의 용도가 아닌 것은?

① 가상선
② 치수선
③ 중심선
④ 지시선

1-2. 다음 단면도 중 주로 대칭인 물체의 중심선을 기준으로 내부 모양과 외부 모양을 동시에 표시하는 것은?

① 온 단면도
② 계단 단면도
③ 부분 단면도
④ 한쪽 단면도

1-3. 다음의 기하공차 도시법에 대한 설명 중 틀린 것은?

○	0.01	
//	0.09/50	A

① A는 데이텀을 지시한다.
② 진원도 공차값 0.01mm이다.
③ 지정길이 50mm에 대하여 평행도 공차값 0.09mm이다.
④ 지정길이 50mm에 대하여 원통도 공차값 0.01mm이다.

|해설|

1-1
가상선은 가는 2점 쇄선을 이용한다.

———	가는 실선	• 치수선 • 치수보조선 • 인출선 • 회전단면선 • (작은)중심선 • 수준면선 • 평면 지시선

1-2
한쪽 단면도는 중심선 기준으로 단면하여 안쪽과 겉모양을 동시에 볼 수 있게 단면한다.

1-3
③과 ④는 같은 대상을 서로 다르게 표현하였으므로 둘 중 하나가 답이 됨을 알 수 있다. // 기호는 평행도 공차이다.

정답 1-1 ① 1-2 ④ 1-3 ④

핵심이론 02 | 결합용 기계요소

① 나 사

> **Tip**
> 미터나사, 유니파이 나사, 사다리꼴나사 등의 표시 방법이 돌아가며 출제되고 있으나 세부적인 나사의 표시 방법을 알기 위해 KS 규격을 모두 학습하는 것은 적절하지 못한 것 같다. 기출문제를 중심으로 학습하되 기본적인 표시방법과 나사의 구조적 원리를 이해하여 각 문제를 유추하는 방법으로 학습하는 것이 적절하다고 생각된다.

㉠ 나사의 표시방법

| 나사산의 감김 방향 | 나사산의 줄의 수 | 나사의 호칭 | 나사의 등급 |

㉡ 나사의 호칭, 등급, 산의 감김 방향 및 산의 줄수 표시

- 피치를 mm로 표시하는 나사

| 나사의 종류를 표시하는 기호 | 나사의 호칭지름을 표시하는 숫자 | × | 피 치 |

※ 미터 보통나사 및 미니추어 나사와 같이 동일한 지름에 대하여 피치가 하나만 규정되어 있는 나사는 원칙적으로 피치를 생략한다.

- 피치를 산의 수로 표시하는 나사(유니파이 나사 제외)의 경우

| 나사의 종류를 표시하는 기호 | 나사의 지름을 표시하는 숫자 | 산 | 산의 수 |

※ 관용 나사와 같이 동일한 지름에 대하여 산의 수가 단 하나만 규정되어 있는 나사에서는 원칙적으로 산의 수를 생략한다. 또한, 혼동의 우려가 없을 경우 '산'이라는 글자 대신 '-'을 사용할 수 있다.

- 유니파이 나사의 경우

| 나사의 지름을 표시하는 숫자 또는 번호 | - | 산의 수 | 산 | 나사의 종류를 표시하는 기호 |

- 나사산의 감김 방향 : 왼나사는 "왼" 또는 "L"로 표시하고 오른나사는 표시하지 않음
- 나사산의 줄의 수 : "2줄" 또는 "2N"과 같이 표시하고 한줄 나사는 표시하지 않음

㉢ 나사의 종류 표시

구 분		나사의 종류	나사의 종류를 표시하는 기호	나사의 호칭에 대한 표시 방법의 예
일반용	ISO 표준에 있는 것	미터 보통나사[1]	M	M8
		미터 가는 나사[2]		M8×1
		미니추어 나사	S	S 0.5
		유니파이 보통나사	UNC	3/8-16UNC
		유니파이 가는 나사	UNF	No.8-36UNF
		미터 사다리꼴나사	Tr	Tr10×2
		관용 테이퍼 나사 — 테이퍼 수나사	R	R3/4
		관용 테이퍼 나사 — 테이퍼 암나사	Rc	Rc3/4
		관용 테이퍼 나사 — 평행 암나사[3]	Rp	Rp3/4
	ISO 표준에 없는 것	관용 평행나사	G	G1/2
		30° 사다리꼴나사	TM	TM18
		29° 사다리꼴나사	TW	TW20
		관용 테이퍼 나사 — 테이퍼 수나사	PT	PT7
		관용 테이퍼 나사 — 평행 암나사[4]	PS	PS7
		관용 평행나사	PF	PF7
특수용		후강 전선관 나사	CTG	CTG16
		박강 전선관 나사	CTC	CTC19
		자전거 나사 — 일반용	BC	BC3/4
		자전거 나사 — 스포크용		BC2.6
		미싱나사	SM	SM1/4 산40
		전구나사	E	E10
		자동차용 타이어 밸브나사	TV	TV8
		자전거용 타이어 밸브나사	CTV	CTV8 산30

[1] 미터 보통나사 중 M1.7, M2.3 및 M2.6은 ISO 표준에 규정되어 있지 않다.
[2] 가는 나사임을 특별히 명확하게 나타낼 필요가 있을 때는 피치 다음에 '가는 나사'의 글자를 ( ) 안에 넣어서 기입할 수 있다. 예 M8×1(가는 나사)
[3] 이 평행 암나사 Rp는 테이퍼 수나사 R에 대해서만 사용한다.
[4] 이 평행 암나사 PS는 테이퍼 수나사 PT에 대해서만 사용한다.

- KS B 0203 유니파이 가는 나사의 표시방식
  예 1/4 20UNC : 나사의 지름이 1/4inch이며 1inch에 나사산이 20개인 유니파이 가는나사

- KS B 0229 미터 사다리꼴나사의 표시 방식
  예 Tr 40×7 : 호칭지름 40mm이고 피치 7인 한줄 미터사다리꼴 나사
  Tr 40×14(P7) : 호칭지름 40mm이고 피치 7인 두줄 미터사다리꼴 나사

- KS B 0226 29° 사다리꼴나사의 표시방식
  TW10 : 지름 10mm, 1inch당 나사의 산 수 12개 / TW12 → 10개 / 14, 16 → 8개 / 18, 20 → 6개 / 22~28 → 5개 / 30~36 → 4개 / 38~44 → 3.5개 / 46~62 → 3개 / 65~82 → 2.5개 / 85~100 → 2개

㉣ 나사의 등급 표시

구 분	나사의 종류	암나사 – 수나사의 구별		나사의 등급을 표시하는 보기
I S O 표준에 있는 등급	미터 나사	암나사	유효지름과 안지름의 등급이 같은 경우	6H
		수나사	유효지름과 바깥지름의 등급이 같은 경우	6g
			유효지름과 바깥지름의 등급이 다른 경우	5g, 6g
		암나사와 수나사를 조합한 것		6H/6g, 5H/5g 6g
	미니추어 나사	암나사		3G6
		수나사		5h3
		암나사와 수나사를 조합한 것		3g6/5h3
	미터 사다리꼴 나사	암나사		7H
		수나사		7e
		암나사와 수나사를 조합한 것		7h/7e
	관용 평행 나사	수나사		A
I S O 표준에 없는 등급	미터 나사	암나사 수나사	암나사와 수나사의 등급 표시가 같은 것	2급, 혼동될 우려가 없을 경우는 "급"의 문자를 생략해도 좋다.
		암나사와 수나사를 조합한 것		3급/2급, 혼동될 우려가 없을 경우는 "급"의 문자를 생략해도 좋다
	유니파이 나사	암나사		2B
		수나사		2A
	관용 평행 나사	암나사		B
		수나사		A

② 설계적 특징 – 나사의 효율

㉠ 나사의 죄는 힘

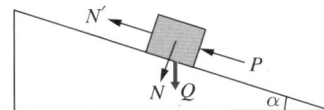

그림과 같이 나사면 위에 물체가 있다고 하고 리드각을 α, 마찰계수를 μ, 자중에 의한 힘을 Q, 들어 올리는 힘을 P, 경사면에 수직한 힘을 N, 경사면에 수평한 힘을 N'이라고 하면 이들은 이와 같은 관계를 갖게 된다.

$N = P\sin\alpha + Q\cos\alpha$,

$N' = P\cos\alpha - Q\sin\alpha$에서 나사가 죄는 힘이 작용하여 죄기 시작하는 순간은

$N' = \mu N$이 되는 순간이므로

$P\cos\alpha - Q\sin\alpha = \mu(P\sin\alpha + Q\cos\alpha)$이다.

$$P - Q\frac{\sin\alpha}{\cos\alpha} = \mu\left(P\frac{\sin\alpha}{\cos\alpha} + Q\right),$$

$$P - Q\tan\alpha = \mu(P\tan\alpha + Q),$$

$$P - \mu P\tan\alpha = \mu Q + Q\tan\alpha,$$

$$P(1 - \mu\tan\alpha) = Q(\mu + \tan\alpha)$$

$\mu = \tan\lambda$라 놓고 위 식을 정리하면

$$P = Q\frac{\mu + \tan\alpha}{1 - \mu\tan\alpha} = Q\frac{\tan\lambda + \tan\alpha}{1 - \tan\lambda \cdot \tan\alpha}$$

$$= Q\tan(\alpha + \lambda)$$가 된다.

(위 식에 $\tan\alpha = \dfrac{p}{\pi D_e}$를 대입하여 정리해 보자.

D_e = 유효지름, p = 피치)

㉡ 나사의 효율

효율이란 부여된 일에 대해 실행된 일의 비이므로, 위의 나사에 관한 힘의 관계에서

$$효율 \ \mu = \frac{p}{\pi D_e}\frac{Q}{P} = \frac{Q\pi D_e \tan\alpha}{Q\tan(\alpha + \lambda)\pi D_e}$$

$$= \frac{\tan\alpha}{\tan(\alpha + \lambda)}$$

[∵ 나사를 돌리는 일 = $\pi D_e \times P$(거리×힘),
나사를 밀어 올리는 일 = $p \times Q$(거리(피치)×힘)]

ⓒ 나사의 자립
- 나사의 자립 한계는 마찰각(λ)과 경사각(α)이 같을 때($\alpha = \lambda$)

$$\frac{\tan\alpha}{\tan(\alpha+\lambda)} = \frac{\tan\lambda}{\frac{2\tan\lambda}{1-\tan^2\lambda}} = \frac{1}{2} - \frac{1}{2}\tan^2\lambda$$

$$[\because 나사의\ 효율 = \frac{\tan\alpha}{\tan(\alpha+\lambda)} = \frac{\tan\alpha}{\tan 2\alpha}]$$

- 마찰이 0이라 해도 효율은 최대 0.5, 50%이다.

③ 볼트/너트의 보전
  ㉠ 볼트 너트의 이완방지
  - 체결된 볼트와 너트는 진동이 반복되면 조금씩 풀리게 되는데 이를 방지할 필요가 있다.
  - **절삭 너트에 의한 방법** : 너트의 일부를 절삭하여 미리 내측으로 변형을 준 후 볼트에 체결할 때 나사부가 압착하게 되는 방법
  - **로크 너트에 의한 방법** : 풀림방지를 위한 쐐기역할을 하는 또 하나의 너트를 더 체결하는 방법
  - **특수 너트에 의한 방법** : 각종 풀림방지 너트를 사용
  - **분할 핀 고정에 의한 방법** : 볼트 끝부분에 구멍을 이용하여 분할 핀을 장착하는 방법
  - **홈붙이 6각 너트에 의한 방법** : 핀을 꽂을 수 있는 홈붙이 6각 너트를 사용하는 방법
  - 스프링 와셔나 이붙이 와셔, 폴 와셔(Pawl Washer)를 사용하는 방법
    - 스프링 와셔 : 미리 탄성을 부여하여 너트와 체결부 사이에 힘을 가해 풀림을 방지
    - 이붙이 와셔(혀붙이 와셔) : 볼트 구멍이 지나치게 크거나 체결부와의 표면이 평탄하지 않을 때, 볼트와 너트의 헐거움 방지
    - 폴 와셔 : 래칫처럼 한 방향으로 움직이는 것을 방지하기 위해 와셔를 굽히거나 구멍을 만들어 끼우는 등, 체결부와 맞물리도록 제작한 와셔
  ㉡ 볼트 너트의 선정 및 사용
  - 볼트와 너트는 나사산의 모양이 일치하는 쌍을 이루어야 하므로 짝으로 제작된 제품을 사용하도록 한다.
  - 필요 강도에 따라 규정되어 있는 기계적 성질을 고려하여 선정한다.
  - 재료를 선정할 때는 내식성, 용접성, 내열성, 내한성, 전도성, 형상 등을 고려하여 선정한다.
  - 볼트 너트의 체결력은 조임에 따라 결정되므로 정해진 조임력을 볼트와 너트에 균등하게 전달할 수 있도록 한다.
  - 취급 및 사용 시 손상이나 흠집이 생기지 않도록 하고 녹슬지 않도록 한다.
  - 수나사(볼트)의 끝은 암나사(너트)의 윗면보다 2산 이상 나오도록 선정하여 사용한다.
  - 오른 나사와 왼 나사를 명확히 표시하여 사용한다.
  - 볼트와 너트를 수직으로 설치할 경우 너트는 점검하기 쉬운 쪽에 체결한다.
  ㉢ 고착 방지 및 고착된 볼트의 제거법
  - 수분 등의 침입, 가스의 침입, 외력에 의한 상처 발생 등으로 부식이 생겨 볼트 부분에 고착이 생길 수 있다.
  - 녹에 의한 고착 방지를 위해 방식제, 방산제를 도포하거나 유성 페인트를 칠한 후 죄거나, 산화연분을 기계유로 반죽한 적색 페인트를 나사부분에 칠한 후 죈다.
  - 고착된 볼트는 볼트나 너트를 두드려 풀거나, 너트를 잘라서 넓혀준다. 이완제를 삽입하거나 이렇게도 되지 않으면 재사용이 아닌 교체를 목적으로 할 경우 주변 부착물에 영향을 주지 않는 적절한 온도로 가열, 냉각을 반복하여 유격을 만들어 푼다.
  ㉣ 적절한 죔 토크

볼 트		표준토크	
형 식	직경 [mm]	보통재질 볼트 [kgf·cm]	고장력 볼트 [kgf·cm]
미터 나사	6	64	130
	8	135	280
	10	280	560
	12	490	1,000
	14	800	1,600
	16	1,200	2,500
	20	2,400	4,900

- M6 이하 볼트
  - 집게손가락, 중지, 엄지손가락의 3개로 스패너를 잡고 손목의 힘만으로 돌림
  - 힘이 가해지는 거리는 약 1cm이며 가해지는 힘은 약 5kgf가 적당
- M6~10 볼트
  - 스패너의 머리 부분을 잡고 팔꿈치의 힘으로 돌림
  - 힘이 가해지는 거리는 약 12cm이며 힘은 약 20kgf가 적당
- M12~14 볼트
  - 스패너의 손잡이 부분을 잡고 팔 힘을 충분히 씀
  - 힘이 가해지는 거리는 약 15cm이며 힘은 약 50kgf가 적당
- M20 이상 볼트
  - 스패너의 끝 부분을 잡고 다치지 않게 몸을 잘 고정한 뒤 몸 전체로 체중을 실어 쥔다. 100kgf 이상의 힘이 가해질 수 있다.

④ 핀

㉠ 핀의 호칭방법

명 칭	호칭방법	핀의 호칭
평행핀	표준번호 또는 명칭, 종류, 형식, 호칭지름 × 길이, 재료	m6A-6 × 45 SB 41 평행 핀 h7B-5 × 32 SM 50C
테이퍼핀	명칭, 등급, 호칭지름 × 길이, 재료	테이퍼 핀 1급 2 × 10 SM 50C
분할테이퍼 핀 (KS B 1323)	명칭, 호칭지름 × 길이, 재료, 지정사항	슬롯 테이퍼핀 6 × 70 SM 35C 핀 갈라짐의 깊이 10
분할 핀 (KS B ISO 1234)	표준번호 또는 명칭, 호칭지름 × 호칭 길이, 재료	분할 핀 KS B ISO 1234 - 5 × 5 - st

㉡ 평행핀의 표준치수(호칭지름 : d)

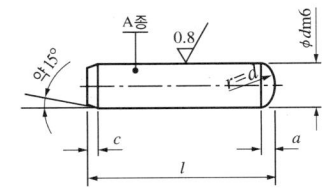

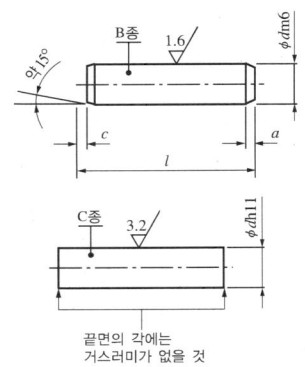

㉢ 테이퍼 핀의 표준치수(호칭지름 : d)

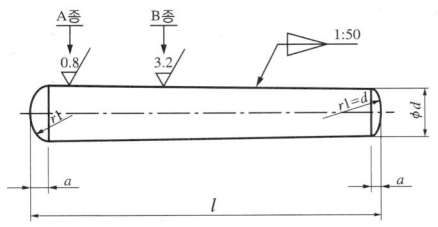

㉣ 슬롯테이퍼 핀의 표준치수(호칭지름 : d)

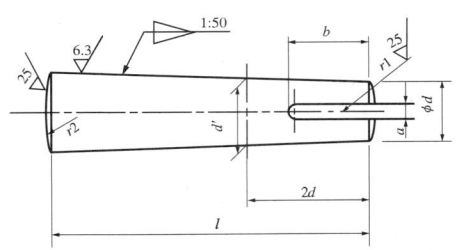

㉤ 분할 핀의 표준치수(호칭지름 : d)

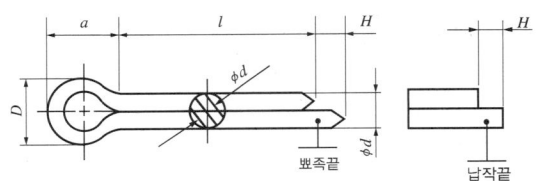

※ 분할 핀은 결합 후 끝을 분할하여 펼치거나 접어서 축이음 핀의 빠짐 방지나 볼트, 너트의 풀림 방지로 쓰인다.

⑤ 코 터

㉠ 두께가 같고 폭이 구배 또는 테이퍼로 되어있는 일종의 쐐기이다.

ⓒ 축 방향으로 인장 또는 압축이 작용하는 요소를 연결하는 것으로 주로 분해할 필요가 있을 경우에 사용한다.

ⓒ 축과 축, 피스톤과 피스톤, 커넥팅 로드 등에 사용되며 암놈 축을 Rod, 수놈 축을 Socket 그리고 Cotter 등으로 부른다.

10년간 자주 출제된 문제

2-1. 나사의 종류를 표시하는 기호 중에서 유니파이 가는 나사를 나타내는 것은?

① UNC ② UNF
③ Tr   ④ M

2-2. 아래 나사의 표시 방법에 관한 설명 중 옳은 것은?

$$1/4 - 20\ UNC - 3A$$

① 유니파이 가는 나사
② 피치가 1/4mm인 나사
③ 3급의 암나사
④ 정밀도가 높은 3급인 수나사

2-3. 미터 사다리꼴나사의 표시방법 "Tr40 × 14(P7)"의 설명으로 옳은 것은?

① 공칭지름 40mm, 리드 7mm, 피치 14mm
② 공칭지름 40mm, 리드 14mm, 피치 7mm
③ 공칭지름 40mm, 피치 7mm, 암나사의 등급 7H
④ 공칭지름 40mm, 리드 14mm, 피치 7mm, 수나사의 등급 7e

2-4. 나사로 체결된 부품이 나사가 풀려서 부품을 손상하는 경우가 발생한다. 나사가 자립상태를 유지할 수 있는 나사의 효율은?

① 50% 미만   ② 60% 이상
③ 70% 이하   ④ 80% 이상

2-5. 너트의 일부를 절삭하여 미리 내측으로 변형을 준 후 볼트에 체결할 때 나사부가 압착하게 되는 이완방지법은?

① 절삭 너트에 의한 방법
② 로크 너트에 의한 방법
③ 특수 너트에 의한 방법
④ 분할 핀 고정에 의한 방법

2-6. 볼트 너트의 이완방지 방법이 아닌 것은?

① 로크 너트에 의한 방법
② 자동죔 너트에 의한 방법
③ 볼트를 해머렌치로 조이는 방법
④ 홈달림 너트 분할핀 고정에 의한 방법

2-7. 와셔를 굽히거나 구멍을 만들어 그곳에 끼운 후 볼트, 너트의 풀림을 방지하는 와셔는?

① 폴(Pawl) 와셔   ② 고무(Rubber) 와셔
③ 스프링(Spring) 와셔 ④ 중지판(Lock Plate) 와셔

2-8. 체결용 기계요소 중 고착된 볼트의 제거 방법으로 틀린 것은?

① 볼트에 충격을 주는 방법
② 너트에 충격을 주는 방법
③ 로크 너트를 사용하는 방법
④ 정으로 너트를 절단하는 방법

2-9. 녹에 의한 볼트 너트의 고착을 방지하는 방법으로 틀린 것은?

① 유성 페인트를 나사 부분에 칠한 후 죈다.
② 나사 틈새에 부식성 물질이 침입하지 않도록 한다.
③ 볼트 너트를 죈 후 아주 높은 온도로 가열한 후 식힌다.
④ 산화 연분을 기계유로 반죽한 적색 페인트를 나사 부분에 칠한 후 죈다.

2-10. 다음 중 볼트, 너트의 사용 방법으로 옳은 것은?

① 리머 볼트 구멍에 보통 볼트를 체결하여도 무방하다.
② 볼트, 너트, 스프링 와셔는 재사용해도 상관없다.
③ 로크 너트는 두꺼운 너트는 아래쪽, 얇은 너트는 위쪽에 체결한다.
④ 볼트, 너트를 수직으로 설치할 경우 너트는 점검하기 쉬운 쪽에 체결한다.

2-11. 스패너에 의한 적정한 죔 방법 중 M 12~14까지의 볼트를 죌 때 스패너 손잡이 부분의 끝을 꽉 잡고 힘을 충분히 주어야 하는데, 이때 가해지는 적당한 힘은 얼마인가?

① 약 5kgf   ② 약 20kgf
③ 약 50kgf   ④ 100kgf 이상

10년간 자주 출제된 문제

2-12. 일반적인 핀의 호칭법에 대한 설명으로 틀린 것은?

① 분할 핀의 호칭 길이는 긴 쪽 길이로 표시한다.
② 테이퍼 핀의 호칭 지름은 작은 쪽의 지름으로 표시한다.
③ 평행 핀의 길이는 양끝의 라운드 부분을 제외한 길이를 말한다.
④ 분할 핀의 호칭 지름은 핀이 끼워지는 구멍의 지름으로 표시한다.

2-13. 두께가 같고 폭이 구배 또는 테이퍼로 되어있는 일종의 쐐기로 인장 또는 압축력이 축 방향으로 작용하는 축과 축, 피스톤과 피스톤 등을 연결하는 데 사용하는 체결용 기계요소는?

① 키 ② 핀
③ 볼트 ④ 코터

|해설|

2-1
- UNC : 유니파이 보통나사
- Tr : 미터 사다리꼴나사
- M : 미터 보통나사

기출 기타 : CTC : 박강 전선관 나사, CTG : 후강 전선관 나사

2-2
유니파이 나사의 경우

| 나사의 지름을 표시하는 숫자 또는 번호 | - | 산의 수 | 산 | 나사의 종류를 표시하는 기호 |

나사의 지름이 1/4inch이며 1inch에 나사산이 20개인 3급의 유니파이 보통 수나사

2-3
KS B 0229 미터 사다리꼴나사의 표시 방식의 예
- Tr 40×7 : 호칭지름 40mm이고 피치 7인 한줄 미터사다리꼴 나사
- Tr 40×14(P7) : 호칭지름 40mm이고 피치 7인 두줄 미터사다리꼴 나사

2-4
나사의 자립 한계는 마찰각과 경사각이 같을 때($\alpha = \lambda$)이며 나사의 효율은 $\frac{\tan\alpha}{\tan(\alpha+\lambda)}$ (α : 경사각, λ : 마찰각)이므로

$$\frac{\tan\alpha}{\tan(\alpha+\lambda)} = \frac{\tan\lambda}{\frac{2\tan\lambda}{1-\tan^2\lambda}} = \frac{1}{2} - \frac{1}{2}\tan^2\lambda$$

마찰이 0이라 해도 최대 0.5, 50%의 효율을 나타내게 된다.

2-5
핵심이론 ③의 설명 참조

2-6
볼트 너트의 이완방지법으로는 절삭 너트에 의한 방법, 로크 너트에 의한 방법, 특수 너트 사용, 분할 핀을 이용한 고정, 홈붙이 6각 너트를 이용하는 방법 등이 있다.

2-7
폴 와셔 : 래치처럼 한 방향으로 움직임을 방지하기 위해 와셔를 굽히거나 구멍을 만들어 끼우는 등, 체결부와 맞물리도록 제작한 와셔

2-8
로크 너트는 너트의 풀림방지책 중 하나이다.

2-9
아주 높은 온도로 가열하여 식히면 열 변형이 일어나서 볼트의 고착을 촉진할 수 있고 주변부의 열 영향을 주어 성능에 이상을 끼칠 수 있다.

2-10
① 볼트와 너트는 나사산의 모양이 일치하는 쌍을 이루어야 하므로 짝으로 제작된 제품을 사용하도록 한다.
② 사용한 볼트 너트 등은 이미 조임에 의한 변형의 영향을 받아 규정된 기계적 성질을 발현하지 못할 수 있다.
③ 로크 너트를 사용할 때는 체결을 위한 너트를 위쪽에 풀림방지를 위한 얇은 너트는 아래쪽에 체결한다.

2-11
M12~14 볼트
- 스패너의 손잡이 부분을 잡고 팔 힘을 충분히 쓴다.
- 힘이 가해지는 거리는 약 15cm이며 힘은 약 50kgf가 적당

2-12
분할 핀은 결합 후 끝을 분할하여 펼치거나 접어서 축이음 핀의 빠짐 방지나 볼트, 너트의 풀림 방지로 쓰이는 것으로 분할 핀의 호칭 길이는 짧은 쪽의 길이로 표시한다.

2-13
코터
- 두께가 같고 폭이 구배 또는 테이퍼로 되어있는 일종의 쐐기이다.
- 축 방향으로 인장 또는 압축이 작용하는 요소를 연결하는 것으로 주로 분해할 필요가 있을 경우에 사용한다.
- 축과 축, 피스톤과 피스톤, 커넥팅 로드 등에 사용되며 암놈 축을 Rod, 수놈 축을 Socket 그리고 Cotter 등으로 부른다.

정답 2-1 ② 2-2 ④ 2-3 ② 2-4 ① 2-5 ① 2-6 ③ 2-7 ①
2-8 ③ 2-9 ③ 2-10 ④ 2-11 ③ 2-12 ① 2-13 ④

핵심이론 03 | 축용 기계요소와 보전

① 축용 기계요소
  ㉠ 축의 도시방법
    • 축은 길이 방향으로 단면도시를 하지 않는다. 그러나 부분 단면은 가능하다.
    • 긴 축은 중간을 파단하여 짧게 그린다. 그러나 치수는 실제 길이를 기입해야 한다.
    • 축 끝에는 모따기를 한다.
    • 축에 단을 주는 부분의 치수는 따로 표시한다.
    • 축에 있는 널링은 바른 줄이나 빗금을 긋고 따로 지시하여 도시한다. 빗금의 경우 축선에 대해 30°로 엇갈리게 그린다.
    • 축의 구석부나 단이 형성되어 있는 부분의 형상에 한 세부적인 지시가 필요할 경우 부분 확대도로 표시할 수 있다.
    • 축의 절단면은 90° 회전하여 회전도시 단면도로 나타낼 수 있다.
  ㉡ 축의 보전
    • 축 고장의 원인과 대책
      - 설계 불량 : 설계 시점부터 재질의 선정, 크기(치수)의 부적당, 노치 형상의 생성, 구조상의 불량 등이 존재하여 축의 고장을 유발할 수 있다.
      - 조립 불량
        가. 끼워맞춤, 커플링, 기어 등과의 조립 시 정확히 조립되지 않아 고장을 유발할 수 있다.
        나. 축 고장의 진행 순서 : 끼워맞춤 불량 → 풀림 발생 → 미동 마모 → 기어 마모 → 치명적인 고장
      - 자연 열화 : 시간이 지남에 따라 축의 노화, 부식, 진동에 의한 강도 저하 등이 발생
      - 축의 파단
        가. 축이 파단되는 큰 고장이 발생하지 않도록 미리 보전활동을 자주 실시한다.
        나. 축에 노치 또는 홈이 발생하거나 공진이 발생하는 회전수를 잘못 예측하는 경우 파단이 발생한다.
        다. 노치나 홈은 가공 시점에 발생할 수 있어 납품 또는 설치 시 확인이 필요하며 설치 시 홈이 발생하지 않도록 주의하여 시공한다.
        라. 커플링의 중심을 잘못 맞추면 진동이 발생하고 진동이 커지면 파단될 수 있다.
    • 축의 중심내기
      - 강한 회전을 하는 축의 중심이 맞지 않으면 진동 발생의 원인이 되며 파손을 유발할 수 있다.
      - 특히 축을 연결하는 경우 두 축의 중심이 정확히 맞도록 하여 진동을 방지한다.
      - 죔형 커플링의 경우 스트레이트 에지를 이용하여 중심을 낸다.
      - 체인 커플링의 경우 원주를 4등분하여 다이얼 게이지로 측정해서 중심을 낸다.
      - 플랜지의 면 간격도 측정하여 중심을 맞춘다.
      - 축이 교차하는 경우에도 각각의 연결부위가 축 중심에 맞도록 한다.

② 축이음 요소
  ㉠ 커플링
    • 주로 전동기, 발전기, 감속기 등의 축 이음이나 긴 축의 이음 등에 쓰임
    • 커플링은 운전 중 분리할 수 없는 경우에 사용
    • 고정 커플링 : 두 축을 하나로 결합한 커플링
      - 원통 커플링 : 구조가 간단하고 모양이 원통형. 두 축의 중심이 일치되는 작은 동력기계에 사용. 머프 커플링, 하프랩 커플링, 마찰원통 커플링, 클램프 커플링, 확장테이퍼 링 커플링, 셀러 커플링 등
      - 플랜지 커플링 : 두 축 끝에 플랜지를 끼워 키로 고정하고 리머볼트로 결합시키는 커플링. 두 축을 정확히 결합 가능하고 동력전달이 커 두꺼운 축과 고속 정밀 회전축에 사용

- 플렉시블 커플링 : 두 축의 중심선을 일치시키기 어렵거나 전달토크의 변동으로 충격을 받거나 고속 회전으로 진동을 일으키는 경우 사용
  - 플랜지 플렉시블 커플링 : 연결 볼트에 끼인 고무 부시의 탄성을 이용한 커플링
  - 그리드 플렉시블 커플링 : 경강선으로 된 그리드의 탄성을 이용한 커플링
  - 고무 커플링 : 방진고무의 탄성을 이용한 커플링. 큰 토크 전달은 어려움
  - 기어 커플링 : 한 쌍의 내접기어로 이루어진 커플링. 축 중심이 약간 어긋나는 것을 허용하므로 고속 회전에 적합
  - 체인 커플링 : 롤러 체인과 스프로킷 휠을 조합한 커플링
  - 하이드로릭(유체) 커플링 : 원동축의 회전력으로 유체를 회전시키고 회전력을 받은 유체는 종동축의 임펠러를 회전시키는 원리. 선박, 건설기계 등의 축이음에 사용
- 올덤 커플링 : 두 축이 평행하며, 두 축 사이가 비교적 가까운 경우에 두 축 사이에 직각 모양의 돌출부가 양면에 있는 중간 원판을 양쪽 축의 플랜지 홈에 끼워 움직이도록 한 축 이음. 고속에는 부적합
- 유니버설 조인트 : 두 축의 만나는 각이 수시로 변하는 공작기계나 자동차 등의 축이음에 사용

ⓒ 클러치
- 커플링과 달리 운전 중 축을 서로 분리할 수 있도록 설계한 축 이음
- 맞물림 클러치 : 두 플랜지에 턱을 만들어 한 축에 고정시키고 한 축에는 미끄럼 키로 축 위에서 미끄러질 수 있도록 연결
- 마찰 클러치 : 접촉력에 의해 회전력을 전달하는 축 이음. 원판 클러치, 원뿔 클러치, 원심력 클러치, 마그네틱 클러치 등

ⓒ 커플링의 보전
- 플랜지 커플링의 품질 요구
  - 커플링 몸체에는 해로운 주물 기공, 홈, 균열 등의 결함이 없어야 함
  - 축 구멍 중심에 대한 커플링 바깥지름과 바깥지름 면의 흔들림 공차는 0.03mm
  - 커플링을 조립하였을 경우 한쪽 축 구멍 중심에 대한 다른 쪽 축 구멍의 흔들림 공차는 0.05mm
  - 커플링의 바깥 둘레에는 조립 위치를 표시하는 맞춤 표시를 각인
  - 커플링은 균형이 양호하고 흔들림을 유발하지 않음

③ 키
ⓐ 키(Key)란 축에 풀리·커플링·기어 등의 회전체를 고정시켜 축과 회전체를 하나로 만들어 회전력을 전달하는 기계요소이다.
ⓑ 키의 호칭

표준번호	종류 및 호칭치수	길이	끝 모양의 특별지정	재료
KS B 1311	평행키 10 × 8 폭 × 높이	× 25 × 길이	양끝 둥금	SM45C

ⓒ 키의 종류 및 기호
- P : 평행 키(나사용 구멍 없음)
- PS : 평행 키(나사용 구멍 있음)
- T : 경사 키(머리 없음)
- TG : 경사 키(머리 있음)
- WA : 반달 키(둥근 바닥)
- WB : 납작 바닥

ⓓ 키의 끝 모양 : 양쪽 둥근형(기호 A), 양쪽 네모형(기호 B), 한쪽 둥근형(기호 C)
ⓔ 키의 강도는 $600N/mm^2$ 이상이어야 한다.
ⓕ 키와 키 홈의 선택에 있어 기본적인 주의사항
- 키의 치수, 재질, 형상, 규격 등을 참조하여 충분 강도의 규격품을 사용한다.

- 키는 측면에서 힘을 받으므로 폭, 치수의 마무리가 중요하다.
- 키 홈은 축, 보스 모두 기계가공으로 축심과 완전히 평행으로 깎아낸다.
- 키를 맞추기 전에 축과 보스의 끼워맞춤이 불량한 상태인 경우 키 맞춤을 할 필요가 없다.

ⓢ 키의 전달 토크는 키의 옆면의 면적이 넓을수록 전달토크가 크다. 따라서 스플라인축과 같이 옆면이 넓은 것이 가장 전달력이 크고, 안장키처럼 마찰력에만 의거하여 전달할 경우 전달력이 작게 된다.

④ 베어링

㉠ 구름 베어링의 구조

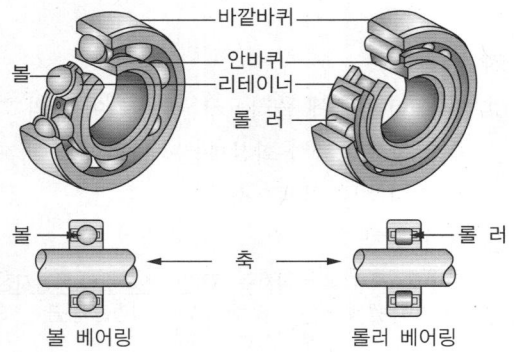

㉡ 구름 베어링의 호칭 : 호칭번호는 제조나 사용 시 혼란을 방지하고 구별이 쉽도록 다음과 같이 붙인다.

계열번호	안지름 번호	접촉각 기호	보조기호
63	12		Z
	안지름 60mm (×5한 값)		
72	06	C	DB
	안 지 름 30mm		

예 6312 Z → 단열 깊은 홈 볼 베어링
　 7206C DB → 단식 앵귤러 볼 베어링

㉢ 구름 베어링의 안지름 번호(KS B 2012)

안지름 번호	안지름 치수	안지름 번호	안지름 치수
1	1	01	12
2	2	02	15
3	3	03	17
4	4	04	20
5	5	/22	22
6	6	05	25
7	7	/28	28
8	8	06	30
9	9	/32	32
00	10	07	35

㉣ 구름 베어링의 종류

- 레이디얼 볼 베어링
  - 깊은 홈 볼 베어링 : 내륜 및 외륜에 깊은 홈을 만들어서 약간의 축 방향 하중도 받게 한 베어링, 구조가 간단하고 정밀도가 높아 가장 널리 사용된다.
  - 마그네토 볼 베어링 : 외륜 궤도면의 한쪽 궤도 홈턱을 제거하여 베어링 요소의 분리 조립을 쉽게 하도록 한 베어링으로, 접촉각이 작아 깊은 홈 베어링보다 부하 하중을 적게 받는 베어링
  - 앵귤러 볼 베어링 : 볼과 외륜의 접촉각을 상당히 크게 하여 레이디얼 하중과 함께 비교적 큰 스러스트 하중도 받게 한 베어링. 하나의 축에 2개의 베어링을 조합하여 사용하며, 장치나 하중에 따라 조합을 달리한다.
  - 자동 조심 볼 베어링 : 외륜 궤도면을 구면형으로하고 회전체를 복렬로 배열하여 외륜이 축 중심에 맞도록 자동 조정되는 베어링. 축이나 베어링 하우징의 부착 등에 의한 축 중심의 어긋남을 자동적으로 조절할 수 있어서 베어링에 무리한 힘이 작용하지 않는다. 그러나 스러스트 하중은 조심해야 한다.
- 레이디얼 롤러 베어링 : 모양에 따라 원통/니들/테이퍼/자동조심 롤러 베어링으로 구분한다.

- **스러스트 볼 베어링** : 단식/복식 스러스트 볼 베어링, 스러스트 원통/니들/테이퍼/자동조심 롤러 베어링
- **복합 베어링**

⑩ 베어링 수명
- 구름 피로에 의한 구름 베어링의 내륜, 외륜 또는 회전체의 최초 손상이 일어날 때까지의 회전수나 시간을 의미하지만, 실제로는 베어링 몸체 내 구름체 간의 약간의 차이가 존재하므로 동일 조건 아래에서 베어링 집단의 90%가 피로 파괴 현상을 일으키지 않고 회전할 수 있는 총 회전수나 시간으로 표현
- 정격 하중 : 정(停)정격하중은 회전체의 영구변형이 0.01% 일어나는 하중이며, 동(動)정격하중은 베어링이 100만 회전하거나 500시간 사용할 수 있는 하중을 의미한다.
- 수명 계산식 [P : 동등가하중, C : 동정격하중, r : 베어링지수(볼 : 3, 롤러 : 3.3333)]

$$L_{\text{hour}} = \frac{10^6}{60n}\left(\frac{C}{P}\right)^r, \ L_{\text{number}} = \left(\frac{C}{P}\right)^r \times 10^6$$

ⓑ 베어링의 설치
- 베어링은 회전축 양끝에 사용하게 되는데, 열과 온도에 의해 축이 팽창하게 되므로 한쪽 끝은 늘어나지 않게(고정단), 한쪽 끝은 늘어날 수 있도록(자유단) 설치
- 베어링을 설치하는 작업은 먼지가 없고 건조하며 불순물에 의한 오염이 적은 곳에서 하고 설치될 면은 청결하여야 한다.
- 베어링을 축이나 하우징에 끼우는 방법은 전용기구를 이용하는 방법과 열팽창을 이용하는 방법이 있다. 열팽창을 이용하는 방법의 경우 130℃ 이상이 되면 베어링 경도가 저하되므로 주의하도록 한다.
- 설치 후 검사는 소형기계의 경우 손으로 돌리면서 육안과 촉감으로 회전의 매끄러움을 검사하고 대형기계의 경우는 무하중 짧은 시동 후 진동, 소음 및 요소들 간의 간섭 등을 확인한다.

⓼ 구름 베어링의 손상
- **마멸(Abrasion)** : 베어링과 축 등의 연마작용 등에 의해 발생. 모래, 금속 칩 등 미립자가 섞여 발생
- **부식(Corrosion)** : 화학적 반응의 결과. 전해물과 유기산물 등에 의함
- **와이핑(Wiping)** : 흔들어 긁은 자국. 간극의 협소, 축 정렬 불량, 탄성 열적 변형, 과도한 부하, 오일 부족
- **스코어링(Scoring)** : 긁힘. 베어링 링에 조립할 때 중심 간 불일치 또는 기울어진 상태의 큰 힘이 원인
- **피팅(Pitting)** : 파임, 균열, 전식, 부식, 침식 등에 의하여 여러 개의 작은 홈 발생
- **전기적 피팅(Electronic Pitting)** : 축 전압에 의한 베어링 면에 아크 발생
- **피로 파괴, 피로 융착**
- **과열(Overheating)** : 열에 의한 노출, 과도한 열적 변화 발생
- **눌어붙음(Seizure)** : 윤활유 부족, 부분 접촉 등으로 접촉부가 눌어붙는 현상

ⓞ 예압(Preload)
- 유용한 하중이 작용되기 전에 베어링에 작용된 하중을 의미
- 외부예압 : 다른 베어링과의 관계에서 축 조정에 의해 작용
- 내부예압 : 음(-)의 틈을 일으키는 레이스와 전동요소 치수에 의해 유도
- 목적 : 베어링의 수명 증가, 강성 증가, 미끄럼 억제, 축 흔들림에 의한 자리이탈 등 방지

ⓩ 베어링 체커(Bearing Checker) : 회전체의 충격파 등을 체크하여 베어링의 이상 여부를 확인하는 기계. 그라운드 잭은 기계 몸체에, 입력 잭은 베어링과 가장 가까운 회전체에 접촉시켜 운전 중 상태를 체크한다.

10년간 자주 출제된 문제

3-1. 축의 중심내기 방법 중 틀린 것은?
① 죔 형 커플링의 경우 스트레이트 에지를 이용하여 중심을 낸다.
② 체인 커플링의 경우 원주를 4등분한 다음 다이얼게이지로 측정해서 중심을 맞춘다.
③ 플랜지의 면간의 차도 측정하여 중심 맞추기를 한다.
④ 플렉시블 커플링은 중심내기를 하지 않는다.

3-2. 축 고장 시 설계 불량의 직접원인이 아닌 것은?
① 구조 불량　　② 치수 부족
③ 형상 불량　　④ 끼워맞춤 불량

3-3. 축에서 가장 많이 발생하는 고장의 진행 형태를 순서대로 열거한 것은?
① 끼워맞춤 불량 → 풀림 발생 → 미동 마모 → 기어 마모 → 치명적인 고장
② 끼워맞춤 불량 → 풀림 발생 → 기어 마모 → 미동 마모 → 치명적인 고장
③ 풀림 발생 → 끼워맞춤 불량 → 미동 마모 → 기어 마모 → 치명적인 고장
④ 끼워맞춤 불량 → 미동 마모 → 풀림 발생 → 기어 마모 → 치명적인 고장

3-4. 두 축의 중심선을 일치시키기 어렵거나, 전달 토크의 변동으로 충격을 받거나, 고속 회전으로 진동을 일으키는 경우에 충격과 진동을 완화시켜 주기 위하여 사용하는 커플링은?
① 머프 커플링　　② 클램프 커플링
③ 플렉시블 커플링　　④ 마찰 원통 커플링

3-5. 두 축이 만나는 각이 수시로 변화하는 경우에 사용되는 커플링으로 공작기계, 자동차 등의 축이음에 많이 사용되는 것은?
① 유니버설 조인트　　② 마찰 원통 커플링
③ 플랜지 플렉시블 커플링　　④ 그리드 플렉시블 커플링

3-6. 플랜지 커플링의 조립과 분해 시의 유의사항 중 옳지 않은 것은?
① 조임 여유를 많이 두지 않는다.
② 축과 축의 흔들림은 0.03mm 이내로 한다.
③ 분해할 때 플랜지에 과도한 힘을 주지 않는다.
④ 축과 플랜지 원주면에 대한 흔들림은 0.03mm 이내로 한다.

3-7. 다음 중 응력집중에 의한 축의 파단원인으로 가장 거리가 먼 것은?
① 키 홈의 마모　　② 축의 가공 불량
③ 설계형상의 오류　　④ 커플링 중심내기 불량

3-8. 키가 전달할 수 있는 토크 중 크기가 큰 순서대로 바르게 나열한 것은?
① 묻힘키, 스플라인, 안장키, 평키
② 평키, 안장키, 묻힘키, 스플라인
③ 스플라인, 묻힘키, 평키, 안장키
④ 안장키, 묻힘키, 스플라인, 평키

3-9. 구름 베어링의 구성 요소 중 회전체 사이에 적절한 간격을 유지하여 마찰을 감소시켜 주는 것은?
① 임펠러　　② 마그넷
③ 리테이너　　④ 블레이드

3-10. 키 맞춤의 기본적인 주의사항 중 틀린 것은?
① 키는 측면에 힘을 받으므로 폭, 치수의 마무리가 중요하다.
② 키 홈은 축과 보스를 기계가공으로 축심과 완전히 직각으로 깎아낸다.
③ 키의 치수, 재질, 형상, 규격 등을 참조하여 충분한 강도의 규격품을 사용한다.
④ 키를 맞추기 전에 축과 보스의 끼워맞춤이 불량한 상태인 경우 키 맞춤을 할 필요가 없다.

3-11. 베어링의 안지름 기호가 08일 때 이 베어링의 안지름은?
① 8mm　　② 16mm
③ 32mm　　④ 40mm

10년간 자주 출제된 문제

3-12. 다음 베어링 중 외륜 궤도면의 한쪽 궤도 홈턱을 제거하여 베어링 요소의 분리 조립을 쉽게 하도록 한 베어링으로, 접촉각이 작아 깊은 홈 베어링보다 부하 하중을 적게 받는 베어링은?

① 앵귤러 볼 베어링
② 마그네토 볼 베어링
③ 스러스트 볼 베어링
④ 자동 조심 볼 베어링

3-13. 볼 베어링에서 베어링 하중을 1/2로 하면 수명은 몇 배로 되는가?

① 4배
② 6배
③ 8배
④ 10배

3-14. 감속기 운전 중 발열과 진동이 심하여 분해점검 결과 감속기 축을 지지하는 베어링이 심하게 손상된 것을 발견했다. 구름 베어링의 손상과 원인을 짝지은 것 중 틀린 것은?

① 와이핑(Wiping) : 간극의 협소, 축 정렬 불량
② 스코어링(Scoring) : 축 전압에 의한 베어링 면에 아크 발생
③ 피팅(Pitting) : 균열, 전식, 부식, 침식 등에 의하여 여러 개의 작은 홈 발생
④ 눌어붙음(Seizure) : 윤활유 부족, 부분 접촉 등으로 접촉부가 눌어붙는 현상

3-15. 일반적으로 베어링을 열박음으로 장착할 때 몇 ℃ 이상으로 가열하면 베어링의 경도가 저하되는가?

① 20
② 80
③ 100
④ 130

3-16. 구름 베어링에 예압을 주는 목적으로 가장 거리가 먼 것은?

① 베어링의 강성을 증가시킨다.
② 전동체 선회 미끄럼을 억제한다.
③ 외부 진동에 의해 프레팅이 발생된다.
④ 축의 흔들림에 의한 진동 및 이상음이 방지된다.

3-17. 베어링 체커의 사용에 대한 설명으로 맞는 것은?

① 회전을 정지시키고 사용한다.
② 동력전달 상태를 알 수 있다.
③ 그라운드 잭은 지면에 연결한다.
④ 입력 잭을 베어링에서 제일 가까운 곳에 접촉시킨다.

|해설|

3-1
축이 교차하는 경우에도 각각의 연결부위가 축 중심에 맞도록 한다.

3-2
축은 설계 시점부터 재질의 선정, 크기(치수)의 부적당, 노치 형상의 생성, 구조상의 불량 등이 존재할 수 있으며 이는 불량으로 이어진다.

3-3
조립 불량
- 끼워맞춤, 커플링, 기어 등과의 조립 시 정확히 조립되지 않아 고장을 유발할 수 있다.
- 축 고장의 진행 순서 : 끼워맞춤 불량 → 풀림 발생 → 미동 마모 → 기어 마모 → 치명적인 고장

3-4
- 플렉시블 커플링 : 두 축의 중심선을 일치시키기 어렵거나 전달토크의 변동으로 충격을 받거나 고속 회전으로 진동을 일으키는 경우 사용
- 머프 커플링, 클램프 커플링, 마찰 원통 커플링은 원통모양의 고정형 커플링이다.

3-5
유니버설 조인트 : 두 축의 만나는 각이 수시로 변하는 공작기계나 자동차 등의 축이음에 사용

3-6
- 플랜지 커플링은 배관의 일부처럼 사용하므로 조임 여유를 많이 두지 않는다.
- 축과 축의 흔들림 공차는 0.05mm로 한다.
- 분해할 때 플랜지에 과도한 힘을 주어 변형이 일어나면 재사용이 어렵다.
- 축에 대한 플랜지 원주면의 흔들림 공차는 0.03mm으로 한다.

3-7
축의 파단
- 축에 노치 또는 홈이 발생하거나 공진이 발생하는 회전수를 잘못 예측하는 경우 파단이 발생한다.
- 노치나 홈은 가공 시점에 발생할 수 있어 납품 또는 설치 시 확인이 필요하며 설치 시 홈이 발생하지 않도록 주의하여 시공한다.
- 커플링의 중심을 잘못 맞추면 진동이 발생하고 진동이 커지면 파단될 수 있다.

3-8
키의 전달 토크는 키의 옆면의 면적이 넓을수록 전달토크가 크다. 따라서 스플라인축과 같이 옆면이 넓은 것이 가장 전달력이 크고, 안장키처럼 마찰력에만 의거하여 전달할 경우 전달력이 작게 된다.

3-9
핵심이론 ④의 구조도 참조

| 해설 |

3-10
지금까지 제작된 키의 홈은 축과 평행한 방향으로 파내어져 있다.

3-11
04부터는 번호 곱하기 5를 하면 안지름을 구할 수 있다.

3-12
마그네토 볼 베어링 : 외륜 궤도면의 한쪽 궤도 홈턱을 제거하여 베어링 요소의 분리 조립을 쉽게 하도록 한 베어링으로, 접촉각이 작아 깊은 홈 베어링보다 부하 하중을 적게 받는 베어링

3-13
수명계산식은 $L_{hour} = \frac{10^6}{60n}\left(\frac{C}{P}\right)^r$ 이고 베어링지수는 볼 베어링인 경우 $r=3$이므로 $P=0.5P$가 되면 수명이 8배 길어진다.

3-14
- 스코어링(Scoring) : 긁힘. 베어링 링에 조립할 때 중심 간 불일치 또는 기울어진 상태의 큰 힘이 원인
- 전기적 피팅(Electronic Pitting) : 축 전압에 의한 베어링 면에 아크 발생

3-15
베어링을 축이나 하우징에 끼우는 방법은 전용기구를 이용하는 방법과 열팽창을 이용하는 방법이 있다. 열팽창을 이용하는 방법의 경우 130℃ 이상이 되면 베어링 경도가 저하되므로 주의하도록 한다.

3-16
예압(Preload)
- 유용한 하중이 작용되기 전에 베어링에 작용된 하중을 의미
- 외부예압 : 다른 베어링과의 관계에서 축 조정에 의해 작용
- 내부예압 : 음(-)의 틈을 일으키는 레이스와 전동요소 치수에 의해 유도
- 목적 : 베어링의 수명 증가, 강성 증가, 미끄럼 억제, 축 흔들림에 의한 자리이탈 등 방지

3-17
회전체의 충격파 등을 체크하여 베어링의 이상 여부를 확인하는 기계. 그라운드 잭은 기계 몸체에, 입력 잭은 베어링과 가장 가까운 회전체에 접촉시켜 운전 중 상태를 체크한다.

정답 3-1 ④ 3-2 ④ 3-3 ① 3-4 ③ 3-5 ① 3-6 ② 3-7 ① 3-8 ③
     3-9 ③ 3-10 ② 3-11 ④ 3-12 ② 3-13 ③ 3-14 ②
     3-15 ④ 3-16 ③ 3-17 ④

핵심이론 04 | 관용 기계요소와 보전

① 관(Pipe)
  ㉠ 일반적으로 속이 빈 원통형의 유체가 흐를 수 있도록 제작한 기계요소
  ㉡ 재질에 따라 강, 주철, 동(銅), PVC 관 등으로 구분
  ㉢ 형상에 따라 직(直)관, 곡(曲)관, ㄴ관, U관 등으로 구분
  ㉣ 관(Pipe)을 부설하거나 배치하는 것을 배관(配管)이라 한다.

② 관 이음
  ㉠ 관 이음쇠 : 각종 배관 공사에 이용되며, 관 끝에 관용 나사를 절삭하고 적당한 이음쇠를 사용하여 결합하는 방식. 누설 방지를 위해 콤파운드나, 테플론 테이프를 사용. 형상에 따라 L보, 크로스(+), T관, 유니언(Union) 등이 있다.
    • 유니언 이음 : 유니언 나사와 유니언 칼라 사이에 패킹을 끼우고 유니언 너트로 체결 접속하는 방식. 관을 회전시킬 수 없을 때 육각너트를 회전시키는 것만으로 접속 또는 분리가 가능. 분해 수리가 필요한 곳에 사용

  ㉡ 용접 이음 : 영구적으로 관을 이어 분리할 필요가 없을 때
  ㉢ 신축 이음 : 긴 관을 연결할 때 열팽창, 수축에 의한 문제를 막고자 늘어날 수 있는 부위를 주는 방식으로 이음을 실시
  ㉣ 나사 이음
    • 파이프 끝의 관용 나사를 절삭하고 적당한 이음쇠를 사용하여 결합한다.
    • 누설 방지를 위해 접착 콤파운드나 접착테이프를 감기도 한다.

- 관용 나사는 보통 나사에 비해 피치 및 나사산의 높이가 낮다.
- 관용테이퍼 나사는 축심에 대해 1/16의 테이퍼를 갖고 평행나사에 비해 기밀성이 우수하다.
- 관용 나사는 inch를 기본으로 하고 나사산은 주로 55°이다.

㉢ 플랜지 이음 : 관 끝에 플랜지를 만들어 결합하는 것으로, 관의 지름이 크거나 유체의 압력이 큰 경우에 사용. 분해, 가끔 조립이 필요한 요소에 사용

㉣ 고무 이음 : 진동의 흡수가 필요한 곳에 사용

㉤ 소켓 이음 : 주철관에 납과 얀(마, Yarn)을 박아 넣어 접합하는 방식에 사용

㉥ 밸 브
- 관용 기계요소로서 주로 관 사이에 연결되어 구조에 따라 유로를 조절하거나 변경, 차단하여 목적을 이루는 기계요소
- 일반적인 밸브의 구조

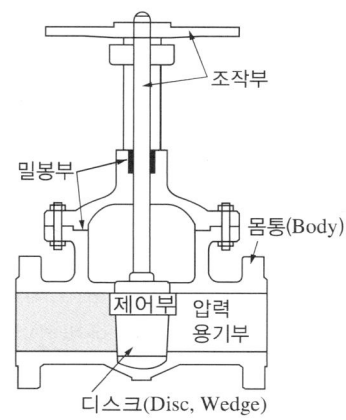

- 밸브 제작 시 밸브와 그 시트가 열팽창, 이완을 통해 구멍이 모두 닫히지 않게 되지 않도록 열팽창계수가 같은 재질이나 같은 재질을 사용한다.

㉦ 밸브의 종류
- **정지 밸브** : 밸브 디스크가 밸브 시트의 직각 방향으로 작동하는 밸브를 통틀어 일컫는다.
  - 글로브(Globe) 밸브 : 둥근 모양의 밸브 몸통을 가지며, 입구와 출구의 중심선이 일직선 위에 있고 흐름의 방향이 동일하며 S자의 경로를 갖는 밸브. 완전 개방 시에도 흐름에 손실이 생겨 유량 조절 등에 사용한다. 밸브를 관에 부착할 때 밸브 박스 바깥에 유체의 흐름을 알 수 있도록 표시할 필요가 있다.
  - 앵글(Angle) 밸브 : 입구와 출구가 직각으로 바뀌며, 유체의 흐름 방향이 직각으로 변하는 밸브
  - 니들(Needle) 밸브 : 유량 조절이 쉽도록 밸브 디스크가 바늘로 되어 있는 밸브
- **게이트 밸브** : Gate는 큰 문, 수문 역할을 하여 유체의 통로를 막고 여는 형태의 밸브를 통칭한다.
  - 슬루스 밸브 : 밸브를 완전히 열면 흐름 단면적의 변화가 없다. 개폐용으로 사용한다.
  - 웨지 게이트 밸브, 패럴렐 슬라이드 게이트 밸브, 슬랩 게이트 밸브 등이 있다.
- **체크 밸브** : 유체를 한 반향으로만 흐르게 하기 위한 밸브로 역류 방지의 목적이 있다.
  - 리프트 체크 밸브 : 흐르는 유체가 수문을 밀어 올리는 형태로, 외력 없이 흐름으로 밸브를 간단히 개폐하고 밸브와 시트를 맞대기에 용이하지만, 유체의 압력이 밸브를 밀어 올리는 데 사용되므로 흐름이 차단되고 에너지의 손실이 발생한다.
  - 스윙 체크 밸브 : 수평 배관용으로 사용되며 수문을 열어젖히는 형태
  - 틸팅 디스크 체크 밸브 : 역류로 인한 급격한 슬램(Slamming, 꽝 닫힘)을 감소시키고, 작은 동작 범위로 인해 디스크 닫힘이 매우 빠른 밸브
  - 웨이퍼 디스크 체크 밸브 : 스프링-디스크 방식을 사용하고 플랜지 사이에 간단하게 설치할 수 있는 플랜지 삽입형으로서 내부에 디스크가 설치되어 있어 경량이며 설치공간이 작고 방향에 관계없이 설치가 간편
  - 인-라인 체크 밸브, 스톱 체크 밸브가 있다.

- **릴리프 밸브** : 밸브의 입구 측의 압력을 감지하여 설정압력 이상이 되면 밸브가 열려 압력유를 탱크로 되돌려 보냄으로써 이상을 방지하는 밸브. 펌프의 토출 측에 부착하여 출발 압력을 설정 압력으로 유지하는 역할을 한다.
- 여는 방식에 따라 플랩 밸브와 버터플라이(나비) 밸브로 구분한다.
  - **버터플라이(나비) 밸브** : 조름 밸브라고도 하며, 원형 밸브 판의 지름을 축으로 하여 밸브 판을 회전시켜 유량을 조절하는 밸브로 90도의 회전각으로 개폐가 되는 편리한 구조이다. 절반 정도 열렸을 때, 흐름의 세기에 따라 열고 닫는 힘이 크게 다르므로 유체의 힘에 밀려 급격한 제어가 되지 않도록 래칫 기어를 사용하도록 한다.
  - **플랩 밸브** : 힌지가 달린 밸브판을 힌지를 축으로 회전시켜 사용한다. 역수방지용이나 스톱 밸브로 사용한다.
- **다이어프램 밸브** : 산성 등의 화학 약품을 차단하는 경우에 내약품, 내열 고무제의 격막 판을 밸브 시트에 밀어 붙이는 밸브이다. 유체 흐름의 저항이 적고 기밀 유지에 패킹이 필요 없으며 부식의 염려가 없다.

ⓧ 밸브기호

밸브 일반		전자 밸브	
글로브 밸브		전동 밸브	
체크 밸브		콕 일반	
슬루스 밸브 (게이트 밸브)		닫힌 콕 일반	
앵글 밸브		닫혀 있는 밸브 일반	

3방향 밸브		볼 밸브	
안전 밸브 (스프링식)		안전 밸브 (추식)	
공기빼기 밸브		버터플라이 밸브	

㉠ **콕** : 밸브의 일종으로 주로 유로를 열거나 차단하는 역할을 하는 밸브

③ 배관의 정비

㉠ 긴 관의 경우 유니언 등을 이용하여 적절히 관을 이어 연결하여 효과적인 보전을 할 수 있도록 한다.

㉡ 평소 오감을 이용하여 배관의 누설, 깨짐, 균열, 진동 등을 잘 살펴본다.

㉢ 누설 탐지
- 나사 이음부, 용접 이음부, 이음쇠 연결부, 밸브 연결부 등의 누수, 누유, 가스누출 등을 수시로 점검
- 가스 배관 이음부는 비눗물 등을 사용하여 거품 생성 여부 탐지, 조용한 시점에 소리로 탐지
- 누설이 발생했다고 그 부위만 더 죄면 다른 부위의 풀림이 발생하므로 플랜지 쪽부터 차례로 더 죄도록 한다.

㉣ 배관 부식 방지 : 배관은 지속적으로 수분과 화학 성분의 접촉이 있으므로 부식의 우려가 존재
- 내구성, 내식성, 내열성이 있는 배관재를 선정한다.
- 동일 배관에는 가급적 동일 재질로 배치하여 전하 차에 의한 부식을 예방한다.
- 라이닝 재를 사용하여 열팽창에 의한 벗겨짐을 방지한다.
- 규산, 인산계의 방식제를 사용한다.
- 온수를 사용할 때도 50℃ 이하로 사용하도록 한다.
- 가급적 유속은 1.5m/s 이하를 사용하도록 한다. 그 이상의 고온 고압 유체의 경우 그에 맞는 설계를 통해 배관을 선정한다.
- 배관 내 약제를 사용하거나 Air Vent를 사용하여 용존산소를 제거한다.

④ 파이프의 설계

㉠ 파이프 안지름 D[mm], 내압 p[N/mm²], 파이프 재료의 허용인장강도 σ_a[N/mm²], 길이를 l, 이음효율 η, 부식에 대한 상수를 C[mm], 안전계수를 S라 하자.

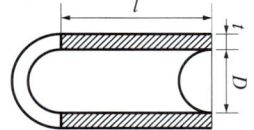 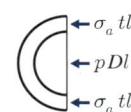

㉡ 작용하는 내압에 의한 힘과 파이프가 잡아당기는 힘이 더 클 때 안전하므로 적어도

$$\sigma_a \times 2tl = p \times Dl$$로 표현되어야 하고

관이 잡아당기는 힘 쪽에 이음효율을, 내압이 작용하는 힘에 안전율을 적용하면

$$2\eta \sigma_a tl = SpDl, \quad t = \frac{pDS}{2\sigma_a\eta}$$

부식상수 C는 두께가 점점 얇아지는 데 대한 방지이므로 t에 적용하여

$$t = \frac{pDS}{2\sigma_a\eta} + C$$

⑤ 배관의 제도

㉠ 제도방법
- 관은 한 줄의 굵은 실선으로 지시하고 같은 도면에서는 같은 굵기로 지시한다. 다만 관의 계통, 상태, 목적을 표시하기 위해 선의 종류를 실선, 파선, 쇄선, 2줄의 평행선 등으로 바꾸어 도시해도 되며 선의 종류에 따른 의미를 보기 쉽게 명기한다.
- 긴 관을 파단하여 표시하는 경우 파단선으로 표시한다.
- 유체의 흐름 방향 : 실선의 화살표로 방향을 지시한다.
- 관의 도시선이 교차하는 경우 접속점을 이용하여 표시한다.

㉡ 배관의 지시
- 표시항목은 관의 호칭지름, 유체의 종류 및 상태, 배관계의 식별, 배관계의 시방, 관의 외면에 실시하는 설비, 재료 순으로 필요한 것을 글자·글자기호를 사용하여 표시한다.
- 관의 굵기 및 종류 : 관의 굵기를 지시하는 숫자 옆에 관의 종류를 지시하는 기호나 문자를 지시한다(예 4.0 SPPH 35).
- 유체의 종류기호 : 공기(A), 가스(G), 유류(O), 수증기(S), 물(W)로 관 위에 표시한다.
- 복잡한 도면은 지시선을 이용하여 지시한다.
- 계기의 지시는 선을 끌어내어 동그라미 안에 종류를 기재하여 지시한다.

10년간 자주 출제된 문제

4-1. 파이프 끝의 관용 나사를 절삭하고 적당한 이음쇠를 사용하여 결합하는 것으로, 누설을 방지하고자 할 때 접착 콤파운드나 접착테이프를 감아 결합하는 이음은?

① 패킹 이음　　　② 나사 이음
③ 용접 이음　　　④ 고무 이음

4-2. 다음 중 관이음의 종류가 아닌 것은?

① 용접 이음　　　② 신축 이음
③ 롤러 관이음　　④ 나사형 이음

4-3. 긴 관로나 유체기기의 가까이 설치하여 분해, 정비를 용이하게 할 수 있는 배관 이음쇠는?

① 니플(Nipple)　　② 엘보(Elbow)
③ 소켓(Socket)　　④ 유니언(Union)

4-4. 관용나사(Pipe Thread)의 특징으로 틀린 것은?

① 보통나사에 비하여 피치 및 나사산의 높이가 낮다.
② 관용테이퍼 나사는 축심에 대해 1/16의 테이퍼를 가진다.
③ 관용테이퍼 나사는 평행나사에 비해 기밀성이 우수하다.
④ 나사산의 각도가 75°이며 주로 미터 나사이다.

10년간 자주 출제된 문제

4-5. 관(Pipe)의 플랜지 이음에 대한 설명으로 틀린 것은?
① 유체의 압력이 높은 경우 사용된다.
② 관의 지름이 비교적 큰 경우 사용된다.
③ 가끔 분해, 조립할 필요가 있을 때 편리하다.
④ 저압용일 경우 구리, 납, 연강 등을 사용한다.

4-6. 다음 기호의 명칭으로 옳은 것은?

① 앵글 밸브　　② 볼 밸브
③ 체크 밸브　　④ 안전 밸브

4-7. 밸브의 제작 및 사용상 주의해야 할 사항으로 틀린 것은?
① 산성 등 화학 약품을 취급하는 곳에서는 다이어프램 밸브를 사용한다.
② 글로브 밸브를 관에 부착할 때에 밸브 박스 외측에 정확한 흐름 방향을 표시하도록 한다.
③ 체크 밸브는 밸브체의 움직임에 따라 역류방지까지 약간의 시간적 늦음이 발생할 수 있다.
④ 리프트 밸브의 시트와 밸브 박스 재질은 팽창 계수 차에 의해 밸브 시트가 이완되는 것을 방지하기 위해 다른 재질을 사용한다.

4-8. 게이트 밸브라고도 하며 유체의 흐름에 대하여 수직으로 개폐하여 보통 전개, 전폐로 사용하는 밸브는?
① 앵글 밸브　　② 체크 밸브
③ 글로브 밸브　　④ 슬루스 밸브

4-9. 다음 중 원형 밸브 판의 지름을 축으로 하여 밸브 판을 회전시켜 유량을 조절하는 밸브는?
① 감압 밸브　　② 앵글 밸브
③ 나비형 밸브　　④ 슬루스 밸브

4-10. 수평 배관용으로 사용되며 유체의 역류를 방지하는 밸브로 맞는 것은?
① 스윙 체크 밸브　　② 글로브 체크 밸브
③ 나비형 체크 밸브　　④ 파일럿 조작 체크 밸브

4-11. 산성 등의 화학 약품을 차단하는 경우에 내약품, 내열 고무제의 격막 판을 밸브시트에 밀어 붙이는 밸브이며, 유체 흐름 저항이 적고 기밀 유지에 패킹이 필요 없으며 부식의 염려가 없는 밸브는?
① 플랩 밸브　　② 게이트 밸브
③ 리프트 밸브　　④ 다이어프램 밸브

4-12. 압축공기 배관의 누설점검 방법 및 조치방법으로 적당하지 않는 것은?
① 배관이음부는 비눗물을 칠하여 거품의 여부를 본다.
② 공장 휴업 시 조용한 실내에서 공기누설 소리를 체크한다.
③ 밸브 나사 부위에 누설이 생겼을 경우 그 부위만 더 조인다.
④ 나사관의 경우 효과적인 보전을 위해 유니언 이음쇠를 적당히 배치한다.

4-13. 배관의 부식을 방지하는 방법 중 가장 거리가 먼 것은?
① 온수의 온도를 50℃ 이상으로 한다.
② 가급적 동일계의 배관재를 선정한다.
③ 배관 내 유속을 1.5m/s 이하로 제어한다.
④ 배관 내 약제를 투입하여 용존산소를 제어한다.

4-14. 파이프 안지름 D[mm], 내압 p[N/mm²], 파이프 재료의 허용인장강도 σ_a[N/mm²], 이음효율 η, 부식에 대한 상수를 C[mm], 안전계수를 S라 할 때 파이프 두께 t[mm]를 구하는 식은?

① $t = \dfrac{pDS}{2\sigma_a \eta} + C$　　② $t = \dfrac{pDS\sigma_a}{2\eta} + C$

③ $t = \dfrac{p\eta S}{2D\sigma_a} + C$　　④ $t = \dfrac{\sigma_a \eta S}{2Dp} + C$

4-15. 배관의 도시법에 대한 설명으로 틀린 것은?
① 관 내 흐름의 방향은 관을 표시하는 선에 붙인 화살표의 방향으로 표시한다.
② 관은 원칙적으로 1줄의 실선으로 도시하고, 동일한 도면 내에서는 같은 굵기의 선을 사용한다.
③ 관은 파단하여 표시하지 않도록 하며, 부득이하게 파단할 경우 2줄의 평행선으로 도시할 수 있다.
④ 표시항목은 관의 호칭지름, 유체의 종류 및 상태, 배관계의 식별, 배관계의 시방, 관의 외면에 실시하는 설비, 재료순으로 필요한 것을 글자·글자기호를 사용하여 표시한다.

| 해설 |

4-1
나사 이음 : 파이프 끝의 관용 나사를 절삭하고 적당한 이음쇠를 사용하여 결합. 누설 방지를 위해 접착 콤파운드나 접착테이프를 감기도 한다.

4-2
관이음에는 용접 이음, 신축 이음, 나사 이음, 밸브 등의 방법이 있다.

4-3
- 니플 : 작게 튀어나온 꼭지 부분에 체결이 가능하도록 한 기계요소
- 엘보 : 관 이음을 직각으로 연결할 때 사용하는 이음쇠
- 소켓 : 주철관에 납과 얀(마, Yarn)을 박아 넣어 접합하는 방식에 사용

4-4
관용 나사는 inch를 기본으로 하고 나사산은 주로 55°이다.

4-5
플랜지 이음 : 관 끝에 플랜지를 만들어 결합하는 것으로, 관의 지름이 크거나 유체의 압력이 큰 경우에 사용. 분해, 가끔 조립이 필요한 요소에 사용

4-6

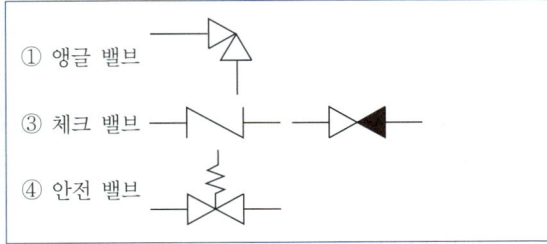

① 앵글 밸브
③ 체크 밸브
④ 안전 밸브

4-7
밸브와 그 시트가 열팽창, 이완을 통해 구멍이 모두 닫히지 않게 되지 않도록 열팽창계수가 같은 재질이나 같은 재질을 사용한다.

4-8
게이트 밸브 : Gate는 큰 문, 수문 역할을 하여 유체의 통로를 막고 여는 형태의 밸브를 통칭한다. 슬루스 밸브는 완전히 열면 흐름 단면적의 변화가 없어 개폐용으로 사용한다.

4-9
버터플라이(나비) 밸브 : 조름 밸브라고도 하며, 원형 밸브 판의 지름을 축으로 하여 밸브 판을 회전시켜 유량을 조절하는 밸브로 90도의 회전각으로 개폐가 되는 편리한 구조이다. 절반 정도 열렸을 때, 흐름의 세기에 따라 열고 닫는 힘이 크게 다르므로 유체의 힘에 밀려 급격한 제어가 되지 않도록 래칫 기어를 사용하도록 한다.

4-10
개폐 형태에 따라 스윙형 밸브와 나비형 밸브로 구분할 수 있으며 수평 배관에는 스윙 체크 밸브가 적절하다.

4-11
다이어프램 밸브 : 산성 등의 화학 약품을 차단하는 경우에 내약품, 내열 고무제의 격막 판을 밸브시트에 밀어 붙이는 밸브이다. 유체 흐름의 저항이 적고 기밀 유지에 패킹이 필요 없으며 부식의 염려가 없다.

4-12
누설이 발생하였다고 그 부위만 더 죄면 다른 부위의 풀림이 발생하므로 플랜지 쪽부터 차례로 더 죄도록 한다.

4-13
온수를 사용할 때도 50℃ 이하로 사용하도록 하며 가급적 유속은 1.5m/s 이하를 사용하도록 한다. 그 이상의 고온 고압 유체의 경우 그에 맞는 설계를 통해 배관을 선정한다.

4-14
작용하는 내압에 의한 힘과 파이프가 잡아당기는 힘이 더 클 때 안전하므로 적어도 $\sigma_a \times 2tl = p \times Dl$로 표현되어야 하고 관이 잡아당기는 힘 쪽에 이음효율을, 내압이 작용하는 힘에 안전율을 적용하고 부식상수 C는 두께가 점점 얇아지는 데 대한 방지이므로 t에 적용하여 $t = \dfrac{pDS}{2\sigma_a p} + C$

4-15
관을 파단할 때는 파단선을 이용하여 표시한다.

정답 4-1 ② 4-2 ③ 4-3 ④ 4-4 ④ 4-5 ④ 4-6 ④ 4-7 ④ 4-8 ④
4-9 ③ 4-10 ① 4-11 ④ 4-12 ③ 4-13 ① 4-14 ① 4-15 ③

핵심이론 05 | 전동용 기계요소와 보전

① 기 어

　㉠ 기어의 종류

평기어 (스퍼 기어)	헬리컬 기어	헤링본(2중 헬리컬) 기어	나사 기어
랙과 피니언	내접 기어	직선 베벨 기어	크라운 기어
헬리컬 베벨 기어	스파이럴 베벨 기어	하이포이드 기어	웜 기어

- 스퍼 기어 : 이끝이 직선인 보통 기어, 제작이 용이하여 동력전달용으로 널리 사용
- 헬리컬 기어 : 이끝이 헬리컬 곡선인 원통 기어로 원통면 위의 잇줄이 나선 모양으로 이어지는 형상, 이가 물리기 시작하여 끝날 때까지 면접촉을 하게 되므로 맞물림이 우수하여 정숙한 운전을 함
- 나사 기어 : 헬리컬 기어의 축을 엇갈리게 한 것으로 두 축이 평행하거나 교차하지 않음
- 랙과 피니언 : 반지름이 무한히 큰 직선 기어를 랙이라 하며 상호 운동으로 회전운동을 직선운동으로 변환
- 베벨 기어 : 교차되는 두 축 간에 운동을 전달하는 원추형 기어로 일반적으로 직각 방향의 동력을 전달
- 스파이럴 베벨 기어 : 이 끝이 곡선인 베벨 기어로 물림이 좋고 정숙하여 큰 하중, 고속 전달용, 두 축이 교차하는 경우에 사용
- 웜 기어 : 웜과 웜 기어로 한 쌍을 이루며 두 축이 직각이며 큰 감속비를 얻기에 적당

㉡ 모듈 : 기어의 모듈 모듈이란 기어를 정의하기 위해 창안해 낸 단위이며, 기어의 피치원을 잇수로 나누어 계산한다. 기어는 피니언 또는 다른 기어와 물려서 운동하는데, 서로 다른 치형을 가지면 상대 운동을 하거나 정확한 운동을 전달할 수가 없다. 따라서 서로 다른 기어 간 일치하는 치형을 갖기 위해 모듈을 계산하여 사용한다.

$$D = mz, \quad D_o = m(z+2)$$

(단, D : 유효지름, D_o : 바깥지름, m : 모듈, z : 잇수)

㉢ 치형곡선 : 기어의 치형은 인벌류트 곡선과 사이클로이드 곡선을 기초로 제작하며 인벌류트 곡선이란 기초원에 감긴 실이 풀리면서 그리는 곡선이고, 사이클로이드 곡선은 기초원의 한 점이 굴러가면서 남긴 궤적곡선이다.

㉣ 치형의 간섭
- 이의 간섭 : 서로 맞물리고 있는 기어의 한쪽 끝이 상대 기어의 이 뿌리부에 닿아 정상적인 회전을 방해하는 것
- 방지 방법
  - 압력각을 20° 이상으로 크게 함
  - 이의 높이를 낮춤
  - 치형의 이끝 면을 깎아냄
  - 피니언의 반지름 방향의 이뿌리면을 파냄
- 언더 컷 : 이의 간섭으로 이 끝 부분이 이뿌리 부분에 파고 들어갈 때 깎여지는 현상. 압력 각을 크게 하거나 이끝 높이를 표준보다 낮게 하여 방지

㉤ 물림률
- 한 쌍의 이가 맞물려 회전할 때 한 쌍의 이가 물림을 그치기 전에 다음 이의 물림이 시작되어야 함
- 이때 원주 피치의 길이에 대한 접촉호의 길이의 비를 물림률이라 함

- 물림률이 너무 낮으면 진동과 소음이 크며, 이에 가해지는 부담이 크고 물림률이 너무 크면 맞물리는 2개의 기어 이가 모두 접촉하지 않을 가능성이 높음
- 물림률은 1.2~2.0 사이가 적당

ⓗ 치형 맞물림 : 치형 축 방향 길이 80% 이상, 유효 이 높이 20% 이상 닿아야 함

ⓢ 기어의 백래시
- 한쪽 기어를 고정하고 상대 기어를 움직여 보면 원주방향, 법선방향, 축 방향의 약간의 틈새가 남게 되며 이 틈새만큼 반대 방향의 힘이 작용할 때 여유가 생기는데 이를 백래시라 한다.
- 백래시를 작게 하려면 이 두께 감소량이 작은 기어를 사용하거나 중심거리 조정, 조립 거리 조정 등을 실시한다.
- 백래시가 0이 되어 버리면 부드러운 회전력 전달을 방해하고, 기어 제작의 오차에 따른 여유를 보정할 수 없으며, 장시간 사용이나 온도 변화에 따른 기어의 변형을 흡수할 수 없게 된다.

ⓞ 스퍼 기어의 제도방법
- 이끝원은 굵은 실선으로 그린다.
- 피치원은 가는 1점 쇄선으로 그린다.
- 이뿌리원은 가는 실선으로 그린다. 단, 축에 직각 방향으로 단면 투상할 경우에는 굵은 실선으로 그린다.

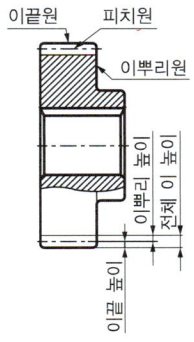

- 요목표 : 도면에 기어의 치형을 나타내는 것은 비효율적이므로 기어 도시방법에 의해 도시하고 요목표를 이용하여 기어를 설명한다.
  - 요목표의 예시

스퍼기어 요목표			
기어 치형		표 준	- 표준 치형, 전위 치형
기준 랙	치 형	보통 이	- 낮은 이, 보통 이, 높은 이
	모 듈	2	
	압력각	20°	- 14.5°, 17°, 20°(표준), 22.5°, 25°
잇 수		36	
피치원 지름		72	- 피치원 지름 = 모듈 × 잇수
전위량		0	- 전위 치형일 경우에만 기입
전체 이 높이		4.5	- 전체 이높이 = 2.25 × 모듈
걸치기 이 두께		27.5778 (이수 : 5)	- 가공 후 이 두께 측정방법 (KS B 1406)
다듬질 방법		연 삭	- 다듬질 방법 또는 가공방법
정밀도		KS B ISO 1328-1 5급	- 정밀도에 따른 기어 등급 / 0~12급
비 고	재 료	SCM415	일반적으로 부품란과 개별 주(Note)에 기입
	열처리	침탄 담금질	
	경 도	55~60H$_R$C	

- 헬리컬 기어에서 잇줄의 방향은 정면도에 항상 3줄의 가는 실선을 그린다. 정면도가 단면으로 표시된 경우 3줄의 가는 2점 쇄선으로 그린다.

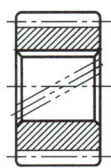

- 피니언과 기어가 맞물려야 기어의 종류를 도시할 수 있는 경우는 피니언(원동 기어)과 기어(종동 기어)를 함께 그린다.

② 기어 감속기
ⓙ 변속기의 대표적인 예이며 평행 축이 있는 기어 감속기, 직교 축이 있는 기어 감속기, 수직 교차하지 않는 축이 있는 기어 감속기, 같은 축을 갖는 기어 감속기로 나눌 수 있다.

ⓒ 평행 축이 있는 기어 감속기
- 종류 : 평 기어(스퍼 기어), 헬리컬 기어, 헤링본(이중 헬리컬) 기어
- 고정밀 기어의 경우 전송 효율이 높고 장시간 운전이 가능하며 표준기어로 생산 단가가 낮다.
- 헬리컬 기어를 사용하는 경우 물림률이 높고 소음이 적다. 축 방향 힘이 발생할 수 있다.
- 헤링본(이중 헬리컬) 기어를 사용하는 경우 축 방향으로 발생하는 힘을 상쇄할 수 있다.

ⓒ 직교 축이 있는 기어 감속기
- 종류 : 직선형 베벨 기어, 헬리컬 베벨 기어, 나선형 베벨 기어, 페이스 기어, 크라운 기어
- 정밀도는 평행 축 형보다 다소 낮고 기계적 전달력 등은 다소 떨어지지만 운동방향을 전환시킬 수 있다.

ⓔ 교차하지 않는 축이 있는 기어 감속기
- 웜 기어 : 대단히 높은 감속비를 가지고 있으며 전동축과 종동축이 교차하지 않지만 직각을 이룬다. 슬라이딩 접점을 사용하게 되어 마찰 손실이 발생하고 이에 따라 마찰열이 발생하여 효율이 낮다. 역전이 방지되고 소음이 작은 특징을 갖는다.
- 하이포이드 기어 : 두 개의 축이 교차하지 않는 베벨 기어의 한 유형으로 소음은 작으나 제작이 힘들다. 맞물림면에 큰 슬라이딩이 발생하여 효율이 낮다.

ⓜ 같은 축을 갖는 기어 감속기 : 대표적으로 유성기어 장치가 있다. 유성기어는 작은 부피에 큰 감속비를 얻을 수 있으며 소음이 작고 수명이 길어서 자동 변속기 등에 사용한다.

- 무단변속기(CVT ; Continuously Variable Transmission)
 - 변속을 위해 동력을 끊을 필요 없이 연속적으로 기어비를 변경시킬 수 있다.
 - 고장이 적고 연비가 높으나 변속 효율은 좋지 않다.
 - 구동 풀리와 바퀴 사이에 푸시 벨트 또는 링크 체인으로 연결하여 변속한다.
 - 회전 중에만 점검이 가능하며 체인을 사용하면 고무벨트에 비해 한계 토크가 올라간다.

③ 기어의 보전
 ⓐ 기어의 손상
- 마모(Wear) : 접촉에 의해 표면층이 불균일하게 제거되는 손상. 오일 유막 미형성 또는 붕괴, 오일 중 금속미립자, 첨가제에 의한 화학적 마모 등이 원인이 된다. 마모를 막기 위해서는 천천히 시동을 거는 등 접촉의 충격을 줄일 필요가 있다.
- 연마마모(Abrasive Wear) : 윤활시스템이 가공 후 칩, 연삭 잔류물, 스케일(Scale, 녹), 세척 잔존물(Grit) 등과 마모된 기어표면파편 등에 의해 연마되어 손상되는 현상이다.
- 부식(Corrosive) : 윤활 시스템에 물, 염분, 용제, 용해제, 세척제 등 일반적인 화학물질의 화합물이 화학적 부식을 유발한다. 혹시 윤활제를 극압 첨가제가 있는 제품을 쓰는 경우 부식과의 연관성을 검토할 필요가 있다.
- 스커핑(Scuffing), 스코어링(Scoring) : 스커핑(Scuffing)은 과열에 의해 윤활막의 국부적 파손에 의해 금속-금속 접촉, 용착과 분리의 반복작용의 점착마모(Adhesive)를 의미한다. 윤활제의 점도를 높이고 작동 속도를 조절하며 온도를 낮추고 첨가제를 넣는 등의 대책이 필요하다.
- 소성 유동(Plastic Flow) : 큰 하중이 반복적으로 접촉면에 작동하여 항복, 소성변형이 일어나는 손상
- 피팅(Pitting, Surface Fatigue) : 기어 재질이 견딜 수 있는 한계를 초과했을 때 나타나는 피로파괴현상. 접촉면에 작은 홈이나 공동이 발생한다.

- 파괴적 피팅 : 재료의 허용한계에 비교하여 응력 수준이 높을 때 조금 더 큰 피팅이 일어나는 현상
- 스폴링(Spalling) : 파인 홈의 지름이 크고 상당한 영역에 걸쳐 피팅이 일어나는 현상
- 롤링(Rolling) : 기어 이에 과중한 하중을 받고 미끄럼방향으로 소성유동하여 변형되는 현상. 기어 이가 일그러져 엉겨 붙어 마모를 일으키기 쉽다.
- 리징(Ridging) : 이의 작용면 미끄럼 방향으로 산마루 같은 주름이 형성되는 소성유동의 형상. 윤활유의 점성을 증가시키거나 극압 첨가제를 사용하는 등 윤활 환경을 개선
- 피닝(Peening) : 재질이 내구한도를 초과했을 때 표면 아래 발생하는 파손
- 리플링(Rippling) : 소성 유동과 관련하여 기어 맞물림의 미끄럼 운동 방향과 90도 근처의 각도로 접촉면에 물결형태로 발생한다. 접촉응력을 줄이고 오일점도를 높이는 대책이 필요

ⓒ 기어 이의 파손
- 절손(Breakage) : 기어 이의 일부나 전체가 과부하, 충격응력 작용에 따른 반복응력에 의한 피로 파손 현상을 일컫는다.
- 과부하 절손(Overload Breakage) : 갑자기 잡아 뜯은 섬유표면 같은 단면이 생성된다. 갑작스런 정렬오차나 급격한 변속에 의한 베어링 파손, 이물질 삽입 등에 의해 일어난다.
- 균열(Crack) : 설계 시 치형의 오류나 불균일한 재질 및 응력 집중, 마모열에 의해 발생할 수 있다.

ⓒ 기어 손상의 유형별 구분

원 인	증 상
마 모	마모, 연마마모, 스코어링, 부식마모
표면피로	피팅, 파괴적 피팅, 스폴링
소성흐름	롤링, 피닝(Peening), 리플링(Rippling), 리징(Ridging)
절 손	피로절손, 과부하절손, 열균열, 연삭균열

② 기어 감속기 주요 유지 관리
- 드라이브 구동 시 기계장치 손상 주의
- 작업 시작 전 전원 차단 및 무전원 구동 방지
- 감속기의 오일 온도를 확인 후 유면 플러그와 주유 플러그 제거
- 정격 오일을 사용할 것
- 정해진 주기에 따라 윤활유 교환, 소음을 통한 베어링 점검, 육안 점검 등 실시
- 감속기 형태, 감속기 크기, 마운팅의 위치에 따라 정기 점검 실시
- 웜 기어 감속기의 경우 원활한 윤활유 공급을 위해 웜 휠의 간섭면을 중심에서 약간 어긋나게 한다.

④ 마찰차
㉠ 두 개의 바퀴를 접촉시켜 마찰력으로 회전력을 전달하는 장치. 접촉부에 미끄럼이 발생하므로 정확한 속도비나 큰 동력 전달을 기대하기는 어려우나 구조가 간단하고 쉽게 회전력의 전달이 가능
㉡ 전달력 F
마찰차를 서로 누르는 힘을 P라고 하고, 접촉마찰계수를 μ라고 하면 관계가 그림과 같다면 $F \leq \mu P$일 때, 즉 마찰력이 전달력보다 더 클 때 미끄러지지 않고 안정적으로 전달

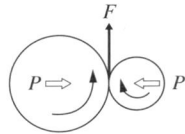

⑤ 벨트
㉠ 두 축 간의 거리가 먼 경우, 벨트를 이용하여 간접적으로 동력을 전달
㉡ 벨트 전동장치에서 마찰차와 같이 전동력을 전달하는 요소를 풀리(Pully)라 하며 풀리와 벨트의 마찰력에 의해 동력을 전달
㉢ 약간의 미끄러짐이 존재하고 정확한 속도비는 어려우나 갑작스런 하중의 변동이나 충격력을 흡수할 여지가 있고, 긴 거리에 적절하게 회전력 전달이 가능

ㄹ 마찰계수가 크고 접촉각과 장력비가 클수록 전달 동력이 커진다.
ㅁ V 벨트
- 사다리꼴 단면을 갖고 이음매가 없는 고리 모양의 벨트, 홈이 패어져 있는 V 벨트 풀리에 밀착시켜 마찰력을 증가시킨 벨트. 풀리를 제작할 때 단면을 V 벨트보다 좁게 제작하여 접촉각과 마찰력을 높이도록 한다.
- 기어와 평벨트의 중간 거리 정도의 축 사이에 전동용으로 사용되는데 협소한 장소에도 설치가 가능하며 비교적 작은 장력으로 큰 회전력을 얻을 수 있다.
- 평벨트에 비해 운전이 조용하고 충격 완화 작용도 가능하며 전달력이 크다.

ㅂ 타이밍 벨트
- 기계의 자동화, 고속화, 경량화 등으로 성능이 급속히 향상되고 있어 미끄럼 없이 정확한 회전 각속도비가 유지되는 치형벨트를 사용한다.
- 초기 장력은 작고 베어링에 작용하는 하중을 작게 할 수 있으며 굴곡성이 좋아 작은 풀리에도 사용된다. 축간 거리가 짧고 좁은 장소에도 사용 가능하다.
- 큰 힘의 전동에는 적합하지 않고 고속 저하중용 식품 제조기계, 섬유기계, 사무기계, 자동판매기 등 소형자동기계나 자동차 엔진에 사용된다.

⑥ 체 인
ㄱ 체인을 스프로킷 휠의 이에 물어 동력을 전달하므로 정확한 동력 전달이 필요하나 거리가 길 때 사용
ㄴ 특 징
- 정확한 속도비를 얻을 수 있고 큰 동력 전달 가능
- 벨트와 비교하여 초기 장력이 필요 없어 베어링의 마모가 적음
- 여러 개의 축을 동시에 구동 가능
- 전동 효율이 높음
- 기어에 비해 충격 하중의 흡수도 다소 가능

ㄷ 체인의 종류
- 전동용 체인
  - 블록 체인 : 안경 모양의 블록과 연결 링크 역할을 하는 판을 핀으로 연결한 체인. 4~4.5m/s 이하의 저속에 적당하며, 고하중에는 적합하지 않다. 비교적 저렴하다.
  - 롤러 체인 : 롤러 링크판과 핀 링크판을 핀을 이용하여 연속적으로 엇갈리게 연결한 체인. 체인과 스프로킷 휠의 마찰을 작게 하고 구름 접촉을 유지하기 위하여 핀에는 롤러가 끼워져 있고 핀과 롤러 사이에는 부시(Bush)가 있어 롤러와 핀 사이의 마찰을 줄여준다. 보전을 위해 벗겨낼 수 있도록 이음매 중 하나는 코킹하지 않고 연결한다. 롤러가 없이 부시만으로 구성한 체인을 부시 체인이라 한다.
  - 사일런트 체인 : 삼각형 모양의 다리를 가지는 특수한 형태의 강판을 여러 장 연결한 체인. 체인과 스프로킷 휠 사이의 접촉 면적이 크므로 운전이 원활하고 전동 효율도 높아, 장시간 사용해도 물림 상태가 나빠지지 않으며, 소음이 작아 고속 정숙 회전이 필요할 때 사용된다.
- 하중용 체인
  - 하중을 들어 올리거나 지탱하는 데 사용되는 체인. 수동 작동이나 소형 하중에 사용. 타원형 고리를 연속적으로 연결하여 제작하므로 코일 체인 또는 링크 체인이라 부른다.
  - 핀틀 체인 : 오프셋 링크에서 링크플레이트와 부시를 압입하여 치수 정밀도와 강도를 높여 일체화시킨 체인. 오프셋 링크와 이음 핀으로 연결되어 있으며, 중용량의 건설 현장 컨베이어, 엘리베이터용으로 사용

ㄹ 체인 거는 방법
- 스프로킷 휠의 접촉각은 120° 이상으로 한다.

- 체인은 평행축에 평형걸기를 하므로 두 축의 스프로킷 휠은 동일 평면에 있어야 한다.
- 수평걸기의 경우 긴장측이 위로, 이완측이 아래로 한다.
- 수평걸기를 할 때 이완측에 긴장풀리를 쓰는 경우도 있다.
- 수직걸기를 할 때 큰 스프로킷 휠이 아래로 오게 한다.

⑦ 래칫 휠(Ratchet Wheel)
  ㉠ 한 방향으로는 회전력을 전달하고 한 방향으로는 공전하도록 제작된 기계요소
  ㉡ 자전거의 페달을 밟을 때는 힘을 받지만, 페달을 멈추어 놓았을 때 관성이나 외력에 의해 체인이 공전할 수 있도록 만든 동력 전달 장치이다.
  ㉢ 축의 역전을 방지하기 위한 장치로 브레이크의 일부로 사용하기도 한다.
  ㉣ 내측 래칫 휠과 외측 래칫 휠이 있는데, 외측 래칫 휠이 더 많이 사용된다.
  ㉤ 사용 예로 래칫 핸들, 래칫 드라이버 등이 있다.

10년간 자주 출제된 문제

5-1. 다음 기어 중 축(Shaft)의 방향을 변화시키는 기어가 아닌 것은?
① 헬리컬 기어 ② 스파이럴 베벨기어
③ 하이포이드 기어 ④ 웜 기어

5-2. 헬리컬 기어의 특성에 대한 설명으로 맞는 것은?
① 진동이나 소음이 발생되기 쉽다.
② 기어 외의 모양이 직선으로 물림률이 크다.
③ 원통면 위의 잇줄이 나선 모양으로 이어진다.
④ 이가 물리기 시작하여 끝날 때까지 선접촉을 한다.

5-3. 원통에 감긴 실을 잡아당기면서 풀 때 실이 그리는 곡선으로서, 대부분 기어에 사용되고 있는 곡선은?
① 사이클로이드 치형곡선
② 인벌류트 치형곡선
③ 노비코프 치형곡선
④ 에피사이클로이드 치형곡선

5-4. 스퍼 기어의 제도에서 요목표에 없어도 되는 항목은?
① 기어의 치형 ② 기어의 모듈
③ 기어의 재질 ④ 기어의 압력각

5-5. 스퍼 기어를 도면에 나타낼 때 치형을 생략하고 간략하게 표시할 수 있는데 그 방법이 잘못된 것은?
① 주 투상도의 이봉우리 선, 측면도의 이 봉우리 원은 굵은 실선으로 그린다.
② 주 투상도의 피치선, 측면도의 피치원은 가는 실선으로 그린다.
③ 주 투상도를 단면으로 도시할 때에는 이뿌리 선은 굵은 실선으로 도시한다.
④ 측면도의 이뿌리원은 가는 실선으로 도시한다.

5-6. 기어에서 이의 간섭에 대한 방지책으로 틀린 것은?
① 압력각을 크게 한다.
② 이끝을 둥글게 한다.
③ 이의 높이를 크게 한다.
④ 피니언의 이뿌리면을 파낸다.

5-7. 기어에서 백래시(Back Lash)가 필요한 이유가 아닌 것은?
① 기어제작 오차에 대한 여유
② 부하에 의한 기어변형 여유
③ 기어마모에 대한 오차 여유
④ 온도차에 의한 열팽창 여유

5-8. 기어감속기의 분류에서 평행축형 감속기만 나열한 것은?
① 스퍼 기어, 스트레이트 베벨 기어
② 웜 기어, 스트레이트 베벨 기어
③ 스퍼 기어, 헬리컬 기어
④ 웜 기어, 하이포이드 기어

5-9. 기어 감속기를 분류할 때 다음 중 교쇄 축형 감속기에 속하는 것은?
① 스퍼 기어 ② 헬리컬 기어
③ 웜 기어 ④ 스트레이트 베벨 기어

10년간 자주 출제된 문제

5-10. 다음 중 웜 기어(Worm Gear)에 대한 특징으로 틀린 것은?
① 효율이 낮은 단점이 있다.
② 역전을 방지할 수 없고, 소음이 크다.
③ 작은 용량으로 큰 감속비를 얻을 수 있다.
④ 웜 휠의 정밀 측정이 곤란하며, 가격이 비싸다.

5-11. 웜 기어 감속기의 정비 시 웜휠의 이 간섭면을 약간 중심을 어긋나게 해둔다. 그 이유로 옳은 것은?
① 상대적으로 마찰이 많은 웜 보호
② 이물질 제거를 용이하게 하기 위해
③ 원활한 윤활유 공급과 윤활상태 유지
④ 부하 운전 시 웜의 휨 상태를 사전에 고려

5-12. 다음 중 무단 변속기에 관한 설명으로 틀린 것은?
① 체인식 무단변속기의 일반적인 점검주기는 1,000~1,500시간이다.
② 체인식 무단변속기의 변속조작은 회전 중이 아니면 할 수 없다.
③ 벨트식 무단변속기는 유욕식이 아니므로 윤활불량을 일으키기 쉽다.
④ 마찰 바퀴식 무단변속기의 변속조작은 반드시 정지 중에 해야 한다.

5-13. 기어가 회전할 때 발생하는 이의 접촉압력에 의해 최대 전단응력이 발생하여 표면에 가는 균열이 생기고, 그 균열 속에 윤활유가 들어가 고압을 받아 이의 면에 일부가 떨어져 나가는 현상은?
① 피 팅   ② 스코어링
③ 이의 절손   ④ 어브레이진

5-14. 기어 손상에서 이 부분이 파손되는 주원인이 아닌 것은?
① 마 모   ② 균 열
③ 피로 파손   ④ 과부하 절손

5-15. 기어 손상의 분류에서 표면피로의 주요 원인이 아닌 것은?
① 박 리   ② 스코어링
③ 초기 피칭   ④ 파괴적 피칭

5-16. 기어손상의 분류에서 이 면의 열화에 대하여 소성항복에 속하는 것은?
① 피팅(Pitting)   ② 피닝(Peening)
③ 스폴링(Spalling)   ④ 스코어링(Scoring)

5-17. 기어의 치면에 높은 응력이 반복 작용하여 국부적으로 피로현상을 일으켜 박리되어 작은 구멍을 발생하는 현상은?
① 정상마모   ② 리플링
③ 피 팅   ④ 스코어링

5-18. 전동용 기계요소 중 원통마찰차 점검결과 원동차와 종동차의 밀어붙이는 힘이 약해 전달이 안되는 것을 확인하여 미끄러지지 않고 동력을 전달시키는 힘을 확인하려 할 때 알맞은 계산식은?(단, P : 밀어붙이는 힘, F : 전달력, μ : 마찰계수이다)
① $F \leq \mu P$ ② $P \leq \mu F$
③ $P \geq \mu F$ ④ $F \geq \mu P$

5-19. 다음 기어 중 서로 교차하지도 않고 평행하지도 않은 두 축 사이에 운동을 전달하는 기어는?
① 스퍼 기어   ② 나사 기어
③ 베벨 기어   ④ 내접 기어

5-20. 미끄럼을 방지하기 위하여 안쪽 표면에 이가 있는 벨트로서, 정확한 속도가 요구되는 경우에 사용되는 전동벨트는?
① V 벨트   ② 평 벨트
③ 체인 벨트   ④ 타이밍 벨트

5-21. 오프셋 링크에서 링크판과 부시를 일체화시킨 것으로, 오프셋 링크와 이음 핀으로 연결되어 있으며, 저속 중용량의 컨베이어, 엘리베이터용으로 사용되는 체인은?
① 롤러 체인   ② 부시 체인
③ 핀틀 체인   ④ 블록 체인

5-22. 운동제어용 기계요소로 래칫 휠(Ratchet Wheel)의 역할 중 가장 거리가 먼 것은?
① 역전 방지 작용   ② 조속 작용
③ 나눔 작용   ④ 완충 작용

| 해설 |

5-1
헬리컬 기어는 기어 이를 헬리컬 각을 부여하여 연속으로 물리게 한 기어로 축을 평행하게 연결한 기어이다.

5-2
이끝이 헬리컬 곡선인 원통 기어로 원통면 위의 잇줄이 나선 모양으로 이어지는 형상, 이가 물리기 시작하여 끝날 때까지 면접촉을 하게 되므로 맞물림이 우수하여 정숙한 운전을 한다.

5-3
치형곡선 : 기어의 치형은 인벌류트 곡선과 사이클로이드 곡선을 기초로 제작한다. 인벌류트 곡선이란 기초원에 감긴 실이 풀리면서 그리는 곡선이고, 사이클로이드 곡선은 기초원의 한 점이 굴러가면서 남긴 궤적곡선이다.

5-4
요목표는 기어의 형상에 관한 요목을 정리한 표로서 기어의 치형, 모듈, 압력각, 잇수, 피치원 지름, 이높이, 다듬질 방법들을 기재한다.

5-5
스퍼 기어의 제도방법
- 이끝원은 굵은 실선으로 그린다.
- 피치원은 가는 1점 쇄선으로 그린다.
- 이뿌리원은 가는 실선으로 그린다. 단, 축에 직각 방향으로 단면 투상할 경우에는 굵은 실선으로 그린다.

5-6
방지 방법
- 압력각을 20° 이상으로 크게 함
- 이의 높이를 낮춤
- 치형의 이끝 면을 깎아냄
- 피니언의 반지름 방향의 이뿌리면을 파냄

5-7
백래시가 0이 되어 버리면 부드러운 회전력 전달을 방해하고, 기어 제작의 오차에 따른 여유를 보정할 수 없으며, 장시간 사용이나 온도 변화에 따른 기어의 변형을 흡수할 수 없게 된다.

5-8
평행 축이 있는 기어 감속기는 평 기어(스퍼 기어), 헬리컬 기어, 헤링본(이중 헬리컬) 기어 등이 있다.

5-9
스트레이트(직선형) 베벨 기어는 축이 직교하는 형태이다.

5-10
웜 기어 : 대단히 높은 감속비를 가지고 있으며 전동축과 종동축이 교차하지 않지만 직각을 이룬다. 슬라이딩 접점을 사용하게 되어 마찰 손실이 발생하고 이에 따라 마찰열이 발생하여 효율이 낮다. 역전이 방지되고 소음이 작은 특징을 갖는다.

5-11
웜 기어 감속기의 경우 원활한 윤활유 공급을 위해 웜휠의 간섭면을 중심에서 약간 어긋나게 한다.

5-12
무단변속기(CVT ; Continuously Variable Transmission)
- 변속을 위해 동력을 끊을 필요 없이 연속적으로 기어비를 변경시킬 수 있다.
- 고장이 적고 연비가 높으나 변속 효율은 좋지 않다.
- 구동 풀리와 바퀴 사이에 푸시 벨트 또는 링크 체인으로 연결하여 변속한다.
- 회전 중에만 점검이 가능하며 체인을 사용하면 고무벨트에 비해 한계 토크가 올라간다.

5-13
문제가 힘에 의한 균열을 설명하고 있고 이에 의한 표면 손상을 설명하고 있다. 이 현상은 피팅이다.

5-14
마모는 기어 손상 중 표면 손상에 해당한다.

5-15
문제가 표면피로가 주요 원인이 아닌 것을 묻고 싶었던 것 같다. 스코어링은 과열에 의한 손상이다.

5-16
기어 손상의 유형별 구분

원 인	증 상
마 모	마모, 연마마모, 스코어링, 부식마모
표면피로	피팅, 파괴적 피팅, 스폴링
소성흐름	롤링, 피닝(Peening), 리플링(Rippling), 리징(Ridging)
절 손	피로절손, 과부하절손, 열균열, 연삭균열

5-17
- **마모(Wear)** : 접촉에 의해 표면층이 불균일하게 제거되는 손상.
- **리플링(Rippling)** : 소성 유동과 관련하여 기어 맞물림의 미끄럼 운동 방향과 90도 근처의 각도로 접촉면에 물결형태로 발생한다.
- **스커핑(Scuffing), 스코어링(Scoring)** : 스커핑(Scuffing)은 과열에 의해 윤활막의 국부적 파손에 의해 금속-금속 접촉, 용착과 분리의 반복작용의 점착마모(Adhesive)를 의미한다. 윤활제의 점도를 높이고 작동 속도를 조절하며 온도를 낮추고 첨가제를 넣는 등의 대책이 필요하다.

| 해설 |

5-18
전달력 F
$F \leq \mu P$일 때, 즉 마찰력이 전달력보다 더 클 때 미끄러지지 않고 안정적으로 전달

5-19
나사 기어 : 헬리컬 기어의 축을 엇갈리게 한 것으로 두 축이 평행하거나 교차하지 않음

5-20
타이밍 벨트
- 기계의 자동화, 고속화, 경량화 등으로 성능이 급속히 향상되고 있어 미끄럼 없이 정확한 회전 각속도비가 유지되는 치형벨트를 사용한다.
- 초기 장력은 작고 베어링에 작용하는 하중을 작게 할 수 있으며 굴곡성이 좋아 작은 풀리에도 사용된다. 축간 거리가 짧고 좁은 장소에도 사용 가능하다.
- 큰 힘의 전동에는 적합하지 않고 고속 저하중용 식품 제조기계, 섬유기계, 사무기계, 자동판매기 등 소형자동기계나 자동차 엔진에 사용된다.

5-21
핀틀 체인 : 오프셋 링크에서 링크플레이트와 부시를 압입하여 치수 정밀도와 강도를 높여 일체화시킨 체인. 오프셋 링크와 이음 핀으로 연결되어 있으며, 중용량의 건설 현장 컨베이어, 엘리베이터용으로 사용

5-22
완충 작용이란 충격을 완화하는 작용을 의미하며 래칫 휠의 역할과는 관련이 없다.

정답 5-1 ① 5-2 ③ 5-3 ③ 5-4 ③ 5-5 ② 5-6 ③ 5-7 ③ 5-8 ③
5-9 ④ 5-10 ② 5-11 ③ 5-12 ④ 5-13 ① 5-14 ① 5-15 ②
5-16 ② 5-17 ③ 5-18 ① 5-19 ② 5-20 ④ 5-21 ③ 5-22 ④

핵심이론 06 | **제진, 제동용 기계요소**

① 스프링

㉠ 스프링 일반
- 스프링, 고무 등의 기계요소는 운동이나 압력을 억제하고 진동과 충격을 완화하며, 에너지를 축적하거나 그 변형으로 힘을 측정하는 데에도 쓰인다.
- 스프링의 재료
  - 강, 인청동, 스테인리스강, 고무, 합성수지, 유체 등이 사용되며 금속 스프링과 비금속 스프링으로 나뉜다.
  - 탄성 한도와 피로한도가 높으며 충격에 잘 견디는 스프링강(SPS)이 널리 사용된다. 또 피아노강, 합금 강선 등을 사용한다.
  - 부식의 우려가 있는 곳에는 스테인리스강(STS), 구리합금 등을 사용한다.
  - 고온을 사용하는 곳에는 고속도강, 합금공구강, 스테인리스강을 사용한다.
  - 스프링용 비철 금속은 내식성이 있고 비자성체이며 전기전도율이 높은 인청동, 양은, 베릴륨, 황동 등의 구리합금과 자성이 없고 사용온도 범위가 넓은 모넬메탈, 퍼머니켈 등 니켈합금이 쓰인다.
  - 고정밀도가 요구되는 정밀기계나 측정기에는 열팽창성이 작은 인바(Invar)나 탄성계수가 작은 엘린바(Elinvar)를 사용한다.
- 스프링재의 요구사항
  - 열처리가 쉬워야 한다.
  - 적절한 탄성력을 가져야 한다.
  - 영구변형이 없어야 한다.
  - 피로강도가 높아야 한다.
  - 가공이 쉬운 재료여야 한다.
  - 높은 응력에 견딜 수 있어야 한다.
  - 표면상태가 양호하고 부식에 강해야 한다.

ⓒ 스프링의 종류
- 코일 스프링
  - 압축 코일 스프링 : 압축력에 의해 탄성이 저장되는 스프링(볼펜 등 일반 스프링)
  - 인장 코일 스프링 : 압축력에 의해 탄성이 저장되는 스프링(저울, 게이지 등)
  - 비틀림 코일 스프링 : 비틀림 힘에 의해 탄성이 저장되는 스프링(집게, 클립 등)
- 겹판 스프링(단판 스프링 포함) : 판 형태로 힘이 작용하면 굽혀졌다 복원하는 힘의 탄성을 갖는다.
  - 토션바 : 강봉을 고정하고 비틀림력에 한 탄성을 갖는 스프링(자동차 서스펜션 등)
  - 벌류트 스프링 : 원추 모양의 스프링을 의미한다.
  - 스파이럴 스프링 : 태엽 형태의 스프링
  - 접시 스프링 : 모양이 접시 모양이며 단위 체적당 탄성력이 크다.

ⓓ 스프링의 제도
- 코일 스프링, 벌류트 스프링, 스파이럴 스프링 및 접시 스프링은 일반적으로 무하중 상태에서 그리며, 겹판 스프링은 스프링판이 수평인 하중이 가해진 상태에서 그린다.
- 그림에 단서가 없는 코일 스프링 및 벌류트 스프링은 모두 오른쪽 감은 것을 나타낸다. 왼쪽 감긴 것은 '감김 방향 왼쪽'이라고 표시한다.
- 그림으로 그리기 힘든 내용은 표에 일괄 표시한다.
- 스프링의 모든 부분을 도시하는 경우 KS B 0001을 따르며 코일 스프링의 정면도는 나선 모양이지만 직선으로 나타낸다.
- 피치 및 각도는 연속적으로 변화하지만 이를 직선으로 꺾인 선으로 나타낸다.

- 단면 모양의 치수 표시가 필요한 경우 및 외관도에서 나타내기 어려운 경우에는 단면도에서 나타내어도 좋다.
- 조립도, 설명도 등에서 코일 스프링을 도시하는 경우에는 그 단면만을 나타내어도 좋다.
- 스프링의 종류 및 모양만을 간략도로 나타내는 경우에는 스프링 재료의 중심선만을 굵은 실선으로 그린다.
- 코일 스프링에서 양끝을 제외한 동일 모양 부분의 일부를 생략하는 경우에는 생략하는 부분의 선지름의 중심선을 가는 1점 쇄선으로 나타낸다.

ⓔ 고무 스프링
- 감쇠작용이 커서 주로 방진(方振)용으로 사용되며 천연이나 합성재를 이용하며 가볍고 저렴하나 0~70℃ 온도범위와 습도에 취약하고 지속적인 하중에 변형의 우려가 있다.
- 압축력에는 강하나 인장력에 약하므로 인장하중은 피하도록 한다.
- 개발에 따라 크기와 모양을 자유롭게 선택할 수 있고 여러 가지 용도로 사용이 가능하다.

② 브레이크
ⓐ 브레이크 : 운동체와 정지체와의 기계적 접촉에 의해 운동체를 감속 또는 정지시키고, 정지상태를 유지하는 기능을 가진 기계요소
ⓑ 브레이크의 종류
- 제동장치 중 가장 널리 사용되고 있는 것은 마찰 브레이크이다.
- 제동력이 작용하는 방향에 따라 브레이크를 구분한다.
  - 축의 중심 방향으로 제동력이 작용
    가. 블록 브레이크 : 회전하는 브레이크 드럼을 브레이크 블록으로 눌러 제동하는 구조

a. 단식 브레이크 : 브레이크 블록이 하나인 블록 브레이크. 제동 시 브레이크 드럼의 축에 휨 모멘트가 작용하므로 200N 이상 큰 제동 토크에는 적당하지 않다.
b. 복식 브레이크 : 브레이크 블록이 두 개 이상인 블록 브레이크. 축 방향 힘이 양쪽으로 작용하므로 축 베어링에는 양쪽 힘이 상쇄되어 추가 모멘트가 작용하지 않아 큰 하중이 걸리는 경우에도 사용할 수 있다.
나. 띠(밴드, Band) 브레이크 : 마찰 브레이크의 일종으로 휠의 표면에 제동용 밴드를 감고 외부의 힘을 작동시키면 표면의 드럼에서 제동력이 발생하는 방식

- 축의 바깥 방향으로 제동력이 작용
  가. 내부 확장식 또는 팽창(Expansion)식 브레이크 : 내부에 유압실린더 등이 장착된 브레이크 슈를 바깥으로 밀어내면 회전하는 브레이크 패드에 닿아 제동력이 발생되는 방식
- 축 방향으로 제동력이 작용
  가. 원판(디스크) 브레이크 : 회전체의 디스크면에 제동력을 걸어주는 방식. 회전력 T에 대해 제동력은 Q가 클수록, R이 클수록, 블록의 마찰면이 클수록 크다.

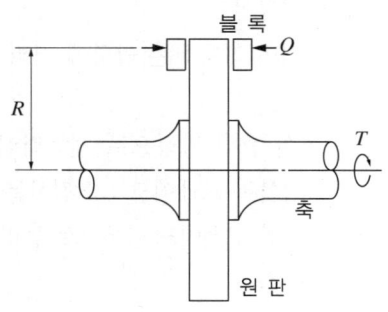

나. 다판 브레이크 : 마찰하는 디스크의 수가 많을수록 제동력이 커지므로 마찰을 많이 하는 경우, 마찰력이 크게 필요한 경우, 필요 제동력에 비해 R을 크게 하기 곤란한 경우에 사용한다. 일반적으로 굴삭기와 같은 중기계에 쓰이는 차축의 브레이크 시스템에 사용한다. 습식 브레이크의 경우, 감소된 마찰력을 보상하기 위해 다판 브레이크를 사용한다. 습식 브레이크를 사용하면 마찰열을 방출하거나 마찰력의 조절이 용이한 장점이 있다.

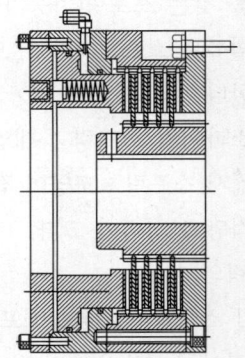

다. 원추 브레이크 : 회전체의 디스크면을 원추 모양으로 제작하여 접촉면을 늘려주는 방식

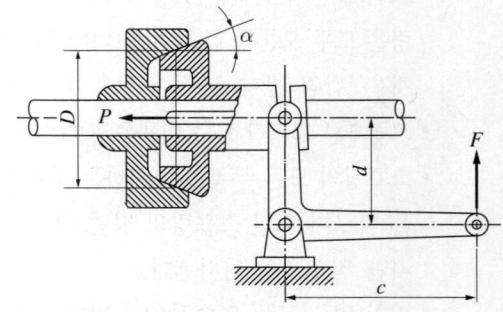

- 힘이 작용하는 원리에 따라
  - 수동 브레이크
  - 자동 하중 브레이크 : 회전을 허용한 방향의 역회전인 경우에는 자동으로 브레이크가 걸리도록 고안된 브레이크

가. 웜 브레이크 : 하중이 작용하면 웜축을 축 방향으로 눌러 제동하게 하는 원리

나. 나사 브레이크 : 웜 브레이크의 웜 대신 나사를 사용한 것으로 기어 내측과 연결된 축 외측에 왼나사를 깎아 넣었다.

다. 원심 브레이크 : 정지를 위한 제동이 아니고 물체를 들어 올릴 때 속도를 일정하게 유지시키기 위한 브레이크로, 고정된 케이스 내에서 회전에 의한 원심력이 커지면 브레이크 슈가 확장되어 속도를 제어하게 되어 있다.

ⓒ 브레이크의 역학
- 제동력 : 제동에 사용되는 힘과 마찰되는 부분에 작용하는 제동력은 그림과 같은 관계일 때 $P = \mu Q$이므로 제동에 사용되는 토크는
$T = \mu Q \cdot \dfrac{D}{2}$가 된다.

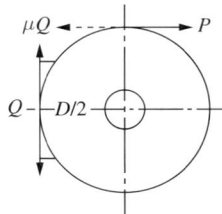

- 이 제동 토크를 이용하여 축에 사용할 수 있는 동력은 $H = \dfrac{T \cdot n}{9,550}[\text{kW}]$

(단, T : [N·m], n : 분당 회전수)

- 허용 브레이크 압력 : 브레이크 블록이 그림과 같을 때 접촉압력(Q)과 블록과의 관계는

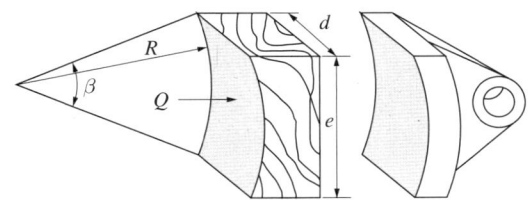

$q = \dfrac{Q}{A} = \dfrac{Q}{de}$

또, 브레이크 재료와 허용 브레이크 압력과의 관계는

사용재료	허용 브레이크 압력[MPa]	마찰계수	사용조건
주 철	1~1.8	0.1~0.2	건 조
		0.08~0.12	윤 활
강철띠	1~1.8	0.15~0.20	건 조
		0.10~0.15	윤 활
연 강	0.8~1.5	0.15	건 조
황 동	0.5~0.8	0.1~0.2	윤활·건조
청 동	0.5~0.8	0.1~0.2	윤활·건조
목 재	0.1~0.15	0.10~0.35	약간의 기름
석면, 직물	0.07~0.7	0.35~0.60	건 조
파이버	0.05~0.3	0.05~0.10	윤활·건조
가 죽	0.05~0.3	0.23~0.30	윤활·건조

- 브레이크 용량
  - 브레이크에 발생하는 발열량은 접촉면에서 마찰력에 의한 마찰일과 같으므로 다음과 같이 정리할 수 있다.
  $H = \dfrac{\mu Q[\text{N}]v[\text{m/s}]}{735}[\text{kW}]$

  - 브레이크 용량은 단위 마찰면적에 대한 일률 또는 시간당 발생열량이므로
  $\dfrac{735H}{A} = \mu q v [\text{N/mm}^2 \cdot \text{m/s}]$

  (μ : 마찰계수, q : 마찰압력, v : 속도)

  - 브레이크 용량에 따른 브레이크의 사용조건
  가. 가혹한 사용 환경 : 용량을 0.6 이하로
  나. 일반적 사용 환경 : 용량을 1.0 이하로
  다. 방열이 좋은 사용 환경 : 용량을 3.0 이하로

- 브레이크 제동력 기능 저하
  - 브레이크는 마찰에 의해 제동력이 발생하고 기계요소에서 마찰이 일어나는 곳은 여러 변수가 발생하므로 기능 저하 요소를 확인해야 한다.

- 마찰을 일으키는 브레이크 블록 패드, 디스크 등이 마모되면 마찰계수가 낮아져 제동력이 저하될 수 있다.
- 제동 부위의 이물질에 의해 마모가 증대되거나 제동력이 저하될 수 있다.
- 제동력을 발생하는 유압 장치의 이상(누유, 압력이상, 마모)에 의해 제동력이 저하될 수 있다.

10년간 자주 출제된 문제

6-1. 스프링 재료가 갖추어야 할 구비조건으로 적합하지 않은 것은?
① 열처리가 쉬워야 한다.
② 영구변형이 없어야 한다.
③ 피로강도가 낮아야 한다.
④ 가공하기 쉬운 재료이어야 한다.

6-2. 스프링의 도시 방법을 설명한 내용 중 틀린 것은?
① 겹판 스프링은 일반적으로 스프링 판이 수평인 상태에서 그린다.
② 조립도, 설명도 등에서 코일 스프링을 도시하는 경우에는 그 단면만을 나타내어도 좋다.
③ 코일 스프링, 벌류트 스프링, 스파이럴 스프링 및 접시 스프링은 일반적으로 무하중 상태에서 그린다.
④ 스프링의 종류 및 모양만을 간략도로 나타내는 경우에는 스프링 재료의 중심선만을 1점 쇄선으로 그린다.

6-3. 스프링의 제도방법 중 옳지 않은 것은?
① 하중이 가해진 상태에서 그려서 치수 기입 시에는 하중을 기입한다.
② 도면에서 특별히 지시가 없는 코일 스프링은 오른쪽 감김을 나타낸다.
③ 겹판 스프링은 스프링판이 수평한 상태에서 그리는 것을 원칙으로 한다.
④ 부품도, 조립도 등에서 양끝을 제외한 동일 모양부분을 생략하는 경우에는 가는 실선으로 표시한다.

6-4. 고무 스프링의 특징에 대한 설명으로 옳은 것은?
① 감쇠작용이 커서 진동의 절연이나 충격 흡수에 좋다.
② 노화와 변질 방지를 위하여 기름을 발라 두어야 한다.
③ 인장력에 강하지만 압축력에 약하므로 압축하중을 피하는 것이 좋다.
④ 크기 및 모양을 자유로이 선택할 수는 없고 여러 가지 용도로 사용이 불가능하다.

6-5. 운동체와 정지체와의 기계적 접촉에 의해 운동체를 감속 또는 정지시키고, 정지상태를 유지하는 기능을 가진 요소는?
① 클러치　　　　② 브레이크
③ 래칫 휠　　　④ 감속기

6-6. 다음 브레이크 중 화물을 올릴 때는 제동 작용을 하지 않고 화물을 내릴 때는 자중에 의한 제동 작용을 하는 것은?
① 원판 브레이크(Disc Brake)
② 밴드 브레이크(Band Brake)
③ 블록 브레이크(Block Brake)
④ 나사 브레이크(Screw Brake)

6-7. 다음 브레이크 재료 중 허용압력이 가장 큰 것은?
① 황 동　　　　② 주 철
③ 목 재　　　　④ 파이버

6-8. 브레이크의 용량 결정과 거리가 먼 것은?
① 발 열　　　　② 마찰계수
③ 접촉면의 크기　④ 브레이크의 중량

6-9. 원판 브레이크의 제동력을 T 라고 할 때, 틀린 설명은?
① 원판의 수량(Z)에 비례
② 접촉면의 마찰계수(μ)에 비례
③ 원판 브레이크의 평균 반지름(R)에 비례
④ 축의 수직 방향으로 가해지는 힘(P)에 비례

6-10. 마찰력형 클러치, 브레이크 중에서 습식다판의 특징이 아닌 것은?
① 고속, 고빈도용으로 사용한다.
② 작은 동력 전달에 주로 쓰인다.
③ 접촉 면적을 크게 취할 수 있어 소형이다.
④ 오일 속에서 쓰이므로 작동이 매끄럽고 마찰면의 마모가 작다.

10년간 자주 출제된 문제

6-11. 블록 브레이크의 제동력 기능저하 방지대책으로 틀린 것은?

① 작동용 유압시스템의 누설부를 점검한다.
② 브레이크 블록의 손상 및 탈락을 점검한다.
③ 브레이크 블록과 드럼부에 이물질 유입이 없도록 덮개를 씌운다.
④ 장기간 휴지 시 브레이크 드럼부에 녹방지를 위해 방청유를 도포한다.

|해설|

6-1
스프링 재료는 피로강도와 강인성이 높아야 한다.

6-2
스프링의 종류 및 모양만을 간략도로 나타내는 경우에는 스프링 재료의 중심선만을 굵은 실선으로 그린다.

6-3
코일 스프링에서 양끝을 제외한 동일 모양 부분의 일부를 생략하는 경우에는 생략하는 부분의 선지름의 중심선을 가는 1점 쇄선으로 나타낸다.

6-4
고무 스프링
- 감쇠작용이 커서 주로 방진(方振)용으로 사용되며 천연이나 합성재를 이용하며 가볍고 저렴하나 0~70℃ 온도범위와 습도에 취약하고 지속적인 하중에 변형의 우려가 있다.
- 압축력에는 강하나 인장력에 약하므로 인장하중은 피하도록 한다.
- 개발에 따라 크기와 모양을 자유롭게 선택할 수 있고 여러 가지 용도로 사용이 가능하다.

6-5
문제의 발문은 출제자가 사용하는 브레이크의 정의이며 학습해 둘 필요가 있다.

6-6
자동 하중 브레이크는 웜 브레이크, 나사 브레이크, 원심 브레이크가 있다.

6-7
브레이크 재료의 허용압력
- 주철 : 1.0~1.8MPa
- 황동 : 0.5~0.8MPa
- 목재 : 0.1~0.15MPa
- 파이버 : 0.05~0.03MPa

6-8
브레이크 용량은 단위 마찰면적에 대한 일률 또는 시간당 발생열량이므로 $\frac{735H}{A} = \mu qv [\text{N/mm}^2 \cdot \text{m/s}]$
(A : 접촉면적, μ : 마찰계수, q : 마찰압력, v : 속도)

6-9
원판(디스크) 브레이크 : 회전체의 디스크면에 제동력을 걸어주는 방식. 회전력 T에 대해 제동력은 Q가 클수록, R이 클수록, 블록의 마찰면이 클수록 크며, 다판 브레이크의 경우 마찰하는 판의 수가 많을수록 제동력이 커진다.

6-10
다판 브레이크 : 마찰하는 디스크의 수가 많을수록 제동력이 커지므로 마찰을 많이 하는 경우, 마찰력이 크게 필요한 경우, 필요 제동력에 비해 R을 크게 하기 곤란한 경우에 사용한다. 일반적으로 굴삭기와 같은 중기계에 쓰이는 차축의 브레이크 시스템에 사용한다. 습식 브레이크의 경우, 감소된 마찰력을 보상하기 위해 다판 브레이크를 사용한다. 습식 브레이크를 사용하면 마찰열을 방출하거나 마찰력의 조절이 용이한 장점이 있다.

6-11
방청유를 도포하면 마찰계수가 낮아져 제동력이 감소한다.

정답 6-1 ③ 6-2 ④ 6-3 ④ 6-4 ① 6-5 ② 6-6 ④
     6-7 ② 6-8 ④ 6-9 ④ 6-10 ② 6-11 ④

핵심이론 07 | 기계공작

① 기계공작
  ㉠ 재료를 변형시키거나 불필요한 부분을 깎아 내어 기계 부품이나 요소로 만들어 내는 작업
  ㉡ 특히 기계를 사용하여 가공하는 작업을 명명
  ㉢ 분 류
    • 공구와 일감의 상대 운동에 따라
      - 회전 운동과 직선 운동의 결합 : 선반, 밀링, 드릴링
      - 직선 운동과 직선 운동의 결합 : 셰이퍼, 플레이너
      - 회전 운동과 회전 운동의 결합 : 원통 연삭, 호빙
    • 가공 방법에 따라
      - 절삭 가공 : 선반, 밀링, 드릴링, 연삭, 셰이퍼, 플레이너 등
      - 입자 가공 : 연삭, 샌딩, 호닝, 래핑, 피니싱 등
      - 기타 가공 : 방전 가공, 초음파 가공, 레이저 가공, 워터 젯 가공 등
  ㉣ 기계공작의 종류
    • 선반(旋盤, Lathe) : 공작물을 물려 놓고 회전시키고, 그 상태에 공구를 갖다 이동시키면서 원하는 원통형 공작물을 제작
    • 밀링(Milling) : 공구를 회전시키며 고정된 공작물을 절삭하며, 원하는 모양으로 모두 절삭 가능
    • 드릴링(Drilling) : 보링이 이미 생성된 구멍을 다듬는 작업이라면, 드릴링은 없는 구멍을 뚫는 작업
    • 보링(Boring) : 주조된 구멍이나 이미 뚫은 구멍을 필요한 크기나 정밀한 치수로 넓히는 작업
    • 셰이퍼(Shaper) : 모양을 만드는 작업이란 뜻으로 왕복운동하는 커터로 평면을 절삭하는 공작기계
    • 슬로터(Slotter) : 전후좌우 움직이는 테이블 위에 회전테이블이 있고 램 끝에 공구를 달아서 공작하는 기계로, 주로 보스에 키 홈을 가공하는 작업 셰이퍼를 수직으로 세운 모양이며, 규격은 램의 최대 행정과 테이블의 지름으로 표시함
    • 플레이너(Plainer) : 셰이퍼로 절삭할 수 없는 큰 공작물을 공작하는 평면절삭 공작기계로, 테이블의 수평 길이 방향 왕복운동과 공구의 테이블 가로 방향 이송에 의해 비교적 넓은 평면을 가공하여 평삭기라고도 함
    • 연삭(研削, Grinding) : 숫돌을 이용하여 재료를 갈아 내며 절삭하는 것
    • 래핑(Lapping) : 랩제를 이용하여 문질러서 미세하게 갈아 내는 작업
    • 호닝(Honing) : 혼(Hone)이라는 숫돌을 이용하여 내면을 연삭하는 작업
    • 호빙(Hobbing) : 홉(Hob)이라는 커터를 이용하여 스퍼 기어, 헬리컬 기어 등을 가공
    • 셰이빙(Shaving) : 주로 기어가공 시 사용하며 치형모양의 커터로 기어를 다듬는 가공
    • 브로칭(Broaching) : 가늘고 긴 일정한 단면 모양을 가진 브로치라는 여러 개의 비슷한 절삭 날이 달린 공구를 이용하여 가공물의 내면에 키홈, 스플라인 홈, 원형이나 다각형의 구멍 형상과 외면에 세그먼트 기어, 홈, 특수한 외면의 형상을 가공하는 작업

② 공작기계
  ㉠ 분 류
    • 범용 공작기계 : 가공의 범위가 넓어 다양한 제품의 가공을 할 수 있는 공작기계
    • 전용 공작기계 : 특정한 제품을 대량 생산할 때 적합하지만, 사용범위가 한정되며 구조가 간단한 공작기계

- 단능 공작기계 : 같은 종류의 대량 생산에 적합한 한 가지 공정을 감당하는 공작기계
- 만능 공작기계 : 여러 가지 공작기계에서 할 수 있는 작업을 하나의 기계로 작업할 수 있도록 만든 공작기계

ⓒ 공작기계 구비 조건 : 강도, 정밀도, 가공효율성, 내구성, 경제성, 사용의 편리성 및 유지 보수 가능

ⓒ 공작기계의 세 가지 기본운동
- 절삭운동 : 재료가 깎아지는 방향으로 힘을 받아 절삭이 일어나는 운동
- 이송운동 : 절삭이 될 새로운 재료와 공구가 만나도록 이송하는 운동
- 위치조정운동 : 원하는 치수로 절삭하기 위해 위치를 조정하는 운동

③ 기계를 사용하지 않는 수기가공
ⓐ 금긋기 작업
- 사용 공구 : 금긋기 바늘, 펀치, 서피스케이지, 중심내기자, 홈자, 직각자, 브이블록, 평행자, 앵글플레이트, 컴퍼스, 스크루잭, 강철자, 하이트게이지 등
- 금긋기 바늘 : 바늘의 끝은 담금질하거나 초경합금을 붙여서 사용하며, 나사로 고정, 필요에 따라 갈아 끼울 수도 있다.
- 금긋기 작업 시 유의 사항
  - 작업 전 정반 위와 공작물을 깨끗하게 한다.
  - 기준면과 기준선을 설정하고 금긋기 순서를 결정하여 긋는다.
  - 가공물의 면과 바늘의 각도가 60° 되게 하여 그린다.
  - 바늘 끝이 스케일(Scale)면에 닿지 않도록 해야 한다.
  - 같은 치수의 금긋기 선은 전후, 좌우를 구분하지 않고 한 번에 긋는다.
  - 선을 그릴 때는 한 번에 선명하게 그린다.
  - 금긋기가 끝나면 도면의 지시대로 그었는지 확인 후 다음 공정을 진입한다.

ⓑ 줄 작업
- 줄눈에 따른 분류
  - 단목 : 주로 얇은 판이나 가장자리를 다듬을 때 사용하는 줄눈을 한 방향으로 낸 줄이며 알루미늄, 주석, 납 등 연하고 점착성이 있는 금속 가공에 사용된다.
  - 복목 : 단목에 줄눈을 교차시켜 추가한 것으로 일반적인 강의 다듬질용으로 사용한다.
  - 파목 : 줄눈을 곡선으로 형성시켜서 배출을 향상시킨 줄로 플라스틱, 알루미늄 납 등의 가공에 쓰인다.
  - 귀목 : 날 눈을 하나씩 파내어 만든 것으로 연한 재료나 가죽, 목재의 황삭가공용으로 쓰인다.
- 거칠기에 따른 분류 : 황목(거친 눈), 중목(중간 거칠기), 세목(다듬질 용), 유목(고운 다듬질 용)
- 형상에 따른 분류 : 원형 줄, 반원 줄, 삼각 줄, 사각 줄, 평 줄
- 줄 작업 방법 : 줄질의 방법에 따라 직진법, 사진법, 병진법으로 나눈다.
  - 직진법은 줄을 길이 방향으로 밀고 당기며 작업하는 방법으로 마무리 작업 시 사용된다.
  - 사진법은 줄을 공작물과 경사지게 놓고 밀고 당기며 이동하는 방법으로 줄눈 기준으로는 직각방향으로 가공하는 것이며 넓은 면 가공 시 사용된다.
  - 병진법은 줄의 좁은 면을 사용하여 옆으로 문지르듯이 작업하는 것이며 길고 좁은 면 작업 시 사용된다.

- 바른 자세 및 잡는 법

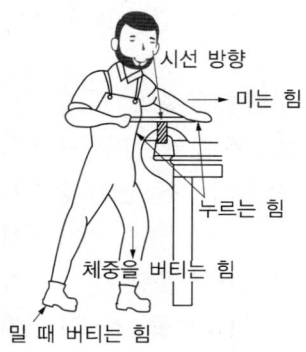

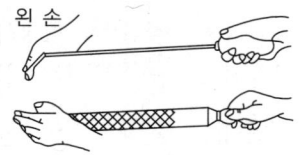

  가. 오른손 팔꿈치를 옆구리에 밀착시키고 팔꿈치가 줄과 수평이 되게 한다.
  나. 눈은 항상 가공물을 보며 작업한다.
  다. 줄은 미는 힘에 가공하고 당길 때는 가공물에 압력을 주지 않는다.
  라. 왼손은 줄의 균형을 유지하기 위해 손목을 수평으로 하고 손바닥으로 줄 끝을 가볍게 누르거나 손가락으로 감싸준다.
  마. 보통 줄의 사용 순서는 거친 순서대로 황목 → 중목 → 세목 → 유목의 순으로 작업한다.
ⓒ 서비스 게이지 : 공작물에 평행선을 긋거나 평행면의 검사용으로 사용된다.
ⓔ 스크레이퍼 : 줄가공 후 면을 정밀하게 다듬질 작업하기 위해 사용된다.
ⓜ 카운터 보어 : 육각볼트나 원형나사의 머리 부분이 공작물에 묻히도록 하기 위해 사용된다.
ⓗ 카운터 싱킹 : 접시머리볼트나 접시머리나사의 머리 부분이 공작물에 묻히도록 한다.
ⓢ 탭, 다이스
  • 탭과 다이스는 나사산을 가공하는 수공구로, 탭은 암나사, 다이스는 수나사를 가공하는 데 사용된다.

탭	탭 손잡이	다이스

  • 탭은 크게 기계용 탭과 핸드 탭으로 나뉘며 핸드 탭은 손 다듬질 작업에서 암나사를 가공하는 공구로서 직경이 일정한 탭과 직경이 번호 별로 증가하는 탭이 있다.
  • 일반적으로 수동 탭은 25mm 이하에 쓰이며 1번, 2번, 3번 탭으로 구성되어 3개가 한 개의 조로 되어 있다. 작업은 번호 순서대로 탭을 사용하여 가공한다.
  • 드릴로 구멍을 직각으로 뚫은 후 탭을 탭 핸들에 끼워 나사의 진행 방향으로 1회전에 1/2 역회전을 시키며 나사를 가공한다.
  • 탭의 파손원인
    - 구멍이 너무 작거나 구부러진 경우
    - 탭이 경사지게 들어간 경우
    - 탭의 지름에 적합한 핸들을 사용하지 않는 경우
    - 너무 무리하게 힘을 가하거나 가공 속도가 빠른 경우
    - 막힌 구멍의 밑바닥에 탭 선단이 닿았을 경우
ⓞ 줄가공 : 줄은 표면에 많은 절삭 줄눈이 있다. 줄눈의 크기에 따라 황목(거친 눈), 중목(중간 눈), 세목(가는 눈)으로 나뉜다.
ⓩ 스트리트 에지 : 직선의 금긋기 및 평면검사에 사용되는 강 및 주철제의 수공구

- ㅊ 나이프 에지 : 다듬질면 상태의 평면검사에 사용되는 수공구
- ㅋ 앵글 플레이트 : 수가공작업을 위해 공작물을 수직 위치를 유지하는 데 사용하는 등 다양한 용도를 가진 지그형 공구

④ 절삭이론
  ㉠ 칩의 종류
  - **유동형 칩**
    - 칩이 공구의 윗면 경사면 위를 연속적으로 흘러 나가는 형태의 칩으로, 절삭저항이 작아서 가공 표면이 가장 깨끗하며 공구의 수명도 길다.
    - 생성 조건 : 절삭 깊이가 작은 경우, 공구의 윗면 경사각이 큰 경우, 절삭공구의 날끝 온도가 낮은 경우, 윤활성이 좋은 절삭유를 사용하는 경우, 재질이 연하고 인성이 큰 재료를 큰 경사각으로 고속절삭하는 경우
  - **전단형 칩**
    - 공구의 윗면 경사면과 마찰하는 재료의 표면은 편평하나, 반쪽 표면은 톱니 모양으로 유동형 칩에 비해 가공면이 거칠고 공구 손상도 일어나기 쉽다.
    - 발생원인 : 공구의 윗면 경사각이 작을 때, 비교적 연한 재료를 느린 절삭 속도로 가공할 때
  - **균열형 칩**
    - 가공면에 깊은 홈을 만들기 때문에 재료의 표면이 매우 불량하게 된다.
    - 발생원인 : 주철과 같이 취성(메짐)이 있는 재료를 저속으로 절삭할 때
  - **열단형 칩**
    - 칩이 날끝에 달라붙어 경사면을 따라 원활하게 흘러 나가지 못해 공구에 균열이 생기고 가공 표면이 뜯겨진 것처럼 보인다.
    - 발생원인 : 절삭 깊이가 크고, 윗면 경사각이 작은 절삭공구를 사용할 때

  ㉡ 칩 브레이커 : 연속적으로 발생되는 칩으로 인해 작업자가 다치는 것을 방지하기 위하여 생성되는 칩의 곡률을 변화시켜 칩을 짧게 절단시켜 주는 안전장치
  ㉢ 구성인선(Built-up Edge)
  - 빌트업 에지(Built-up Edge)라고 한다. 절삭력과 절삭 열에 의한 고온·고압으로 칩의 일부가 날끝에 녹아 붙거나 압착된 것을 말한다.
  - 구성인선은 매우 짧은 시간에 발생·성장·분열·탈락의 주기를 반복하기 때문에 탈락할 때마다 가공면에 흠집을 만들고, 진동을 일으켜 가공면을 나쁘게 만든다.
  - 구성인선의 발생을 감소시키기 위해서는 깎는 깊이를 작게 하거나 공구 경사각을 크게 하고, 날끝을 예리하게 하며, 절삭 속도를 크게 하고(구성인선 임계절삭 속도 : 120m/min) 윤활유를 사용한다.
  - 구성인선의 생애 : 발생 → 성장 → 분열 → 탈락
  ㉣ 공구의 마멸
  - **경사면 마멸(크레이터 마모)**
    - 윗면의 마모 모양은 운석이 떨어진 자국 같아서 크레이터(Crater, 분화구) 마멸 또는 경사면 마멸이라 한다.
    - 공구날의 윗면이 유동형 칩과의 마찰로 오목하게 파이는 현상으로, 공구와 칩의 경계에서 원자들의 상호 이동 역시 마멸의 원인이 된다.
    - 공구 경사각을 크게 하면 칩이 공구 윗면을 누르는 압력이 작아지므로 경사면 마멸의 발생과 성장을 줄일 수 있다.
  - **여유면 마멸(플랭크 마모)**
    - 옆면의 마모는 공구와 여유각이 벌어진 곳의 마멸이어서 여유면 마멸이라 하며, 측면이라는 의미의 플랭크(Flank : 옆구리, 측면) 마멸이라고 한다.

- 절삭공구의 측면(여유면)과 가공면의 마찰에 의하여 발생되는 마모현상으로 주철과 같이 취성이 있는 재료를 절삭할 때 발생하여 절삭날(공구인선)을 파손시킨다.
- **치핑** : 경도가 매우 크고 인성이 작은 절삭공구로 공작물을 가공할 때 발생되는 충격으로 공구날이 모서리를 따라 작은 조각으로 떨어져 나가는 현상이다.

㉢ 공구의 수명 판정방법
- 날의 마멸이 일정량에 달했을 때
- 완성된 공작물의 치수 변화가 일정량에 달했을 때
- 가공면 또는 절삭한 직후의 면에 광택이 있는 무늬 또는 점들이 생길 때
- 절삭저항의 주분력, 배분력, 이송방향분력 또는 이 힘 중 하나 이상이 급격히 증가되었을 때

10년간 자주 출제된 문제

7-1. 다음 중 공작기계의 구비조건이 아닌 것은?
① 가공된 제품의 정밀도가 높아야 한다.
② 가공능력이 좋아야한다.
③ 기계효율이 좋고, 고장이 적어야 한다.
④ 강성(Rigidity)이 없어야 한다.

7-2. 줄작업 시 용도에 따라 작업방법을 선택한다. 이에 해당되지 않는 줄작업 방법은?
① 직진법　　　　② 피닝법
③ 사진법　　　　④ 병진법

7-3. 일반적인 줄 작업의 주의사항으로 틀린 것은?
① 보통 줄의 사용 순서는 중목 → 황목 → 세목 → 유목의 순으로 작업한다.
② 오른손 팔꿈치를 옆구리에 밀착시키고 팔꿈치가 줄과 수평이 되게 한다.
③ 눈은 항상 가공물을 보며 작업하고 줄을 당길 때는 가공물에 압력을 주지 않는다.
④ 왼손은 줄의 균형을 유지하기 위해 손목을 수평으로 하고 손바닥으로 줄 끝을 가볍게 누르거나 손가락으로 감싸준다.

7-4. 탭 및 다이스 가공에 대한 설명 중 틀린 것은?
① 탭 작업은 구멍에 암나사를 가공하는 공작법이다.
② 보통 탭과 다이스에 의한 작업은 지름 25cm 정도까지 할 수 있다.
③ 환봉의 바깥쪽에 수나사를 가공할 때 사용하는 공구는 다이스이다.
④ 탭은 1~3번의 3개가 1조로 구성되어 있고, 작업은 번호 순서대로 탭을 사용하여 가공한다.

7-5. 스크레이퍼(Scraper)작업의 주된 목적은?
① 기계 가공한 면을 더욱 정밀하게 다듬질하기 위해
② 열처리 경화된 강철을 정밀하게 다듬질하기 위해
③ 기계가공이 어려운 불규칙한 형상을 다듬질하기 위해
④ 기계가공 전 표면을 마무리하기 위해

10년간 자주 출제된 문제

7-6. 다음 중 금긋기 작업 시 유의해야 할 사항으로 틀린 것은?

① 금긋기 선은 깊게 여러 번 그어야 한다.
② 기준면과 기준선을 설정하고 금긋기 순서를 결정하여야 한다.
③ 같은 치수의 금긋기 선은 전후, 좌우를 구분하지 말고 한 번에 긋는다.
④ 금긋기가 끝나면 도면의 지시대로 되었는지 확인한 후 다음 작업 공정에 들어간다.

7-7. 구성인선(Built-up Edge)의 방지대책으로 틀린 것은?

① 경사각을 작게 할 것
② 절삭 깊이를 작게 할 것
③ 절삭 속도를 빠르게 할 것
④ 절삭공구의 인선을 날카롭게 할 것

|해설|

7-1
공작기계 구비 조건 : 강도, 정밀도, 가공효율성, 내구성, 경제성, 사용의 편리성 및 유지 보수 가능

7-2
줄 작업 방법 : 줄질의 방법에 따라 직진법, 사진법, 병진법으로 나눈다.

7-3
보통 줄의 사용 순서는 거친 순서대로 황목 → 중목 → 세목 → 유목의 순으로 작업한다.

7-4
일반적으로 수동 탭은 25mm 이하에 쓰이며 1번, 2번, 3번 탭으로 구성되어 3개가 한 개의 조로 되어 있다. 작업은 번호 순서대로 탭을 사용하여 가공한다.

7-5
스크레이퍼 : 줄가공 후 면을 정밀하게 다듬질 작업하기 위해 사용된다.

7-6
선을 그릴 때는 한 번에 선명하게 그린다.

7-7
구성인선의 발생을 감소시키기 위해서는 깎는 깊이를 작게 하거나 공구 경사각을 크게 하고, 날끝을 예리하게 하며, 절삭 속도를 크게 하고(구성인선 임계 절삭 속도 : 120m/min) 윤활유를 사용한다.

정답 7-1 ④ 7-2 ② 7-3 ① 7-4 ② 7-5 ① 7-6 ① 7-7 ①

핵심이론 08 | 절삭가공

① 선 반
  ㉠ 선반의 구조
    하단 그림 참조
  ㉡ 선반의 종류
  • 보통 선반
    – 가장 일반적으로 사용되는 선반으로 범용선반으로도 불린다.
    – 수직가공, 수평가공, 절단가공, 홈가공, 나사가공 등 다양한 가공이 가능하다.
  • 자동 선반
    – 보통 선반에 자동화 장치를 부착하여 자동으로 절삭가공을 실시하는 선반으로 대량 생산에 적합하다.
  • 정면 선반
    – 길이가 짧고 지름이 큰 공작물 절삭에 사용되는 선반으로 면판을 구비하고 있다.
    – 베드의 길이가 짧고 심압대가 없는 경우가 많아서 단면 절삭에 주로 사용한다.
  • 터릿 선반
    – 보통 선반과 같이 가공물을 회전시키면서 터릿에 6~8종의 절삭공구를 장착한 후 가공 순서에 맞게 절삭공구를 변경하며 가공하는 선반으로 동일 제품의 대량 생산에 적합하다.
    – 터릿은 절삭공구를 육각형 모양의 드럼에 가공 순서대로 장착시킨 기계장치이다.
  • 공구 선반
    – 보통 선반과 같은 구조이나 테이퍼 깎기 장치와 릴리빙 장치가 장착되어 있다.
    – 보통 선반에 비해 정밀도가 높아 가공 정밀도를 높이고자 할 때 사용한다.
  • 탁상 선반
    – 크기가 작아서 작업대 위에 설치하며 시계와 같은 소형 공작물 가공에 사용한다.
  • 차륜 선반
    – 면판이 부착된 주축대 2대를 마주 세운 구조로 차륜이나 축바퀴, 속도 조절 바퀴 등의 가공에 사용된다.

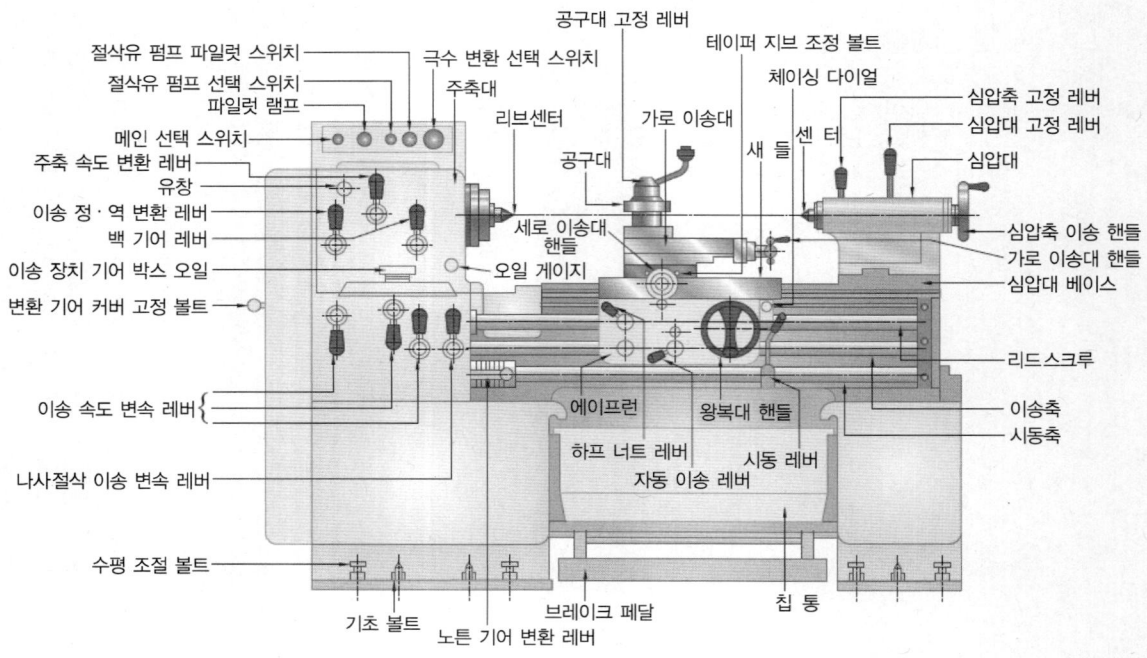

※ 차륜 : 차축에 끼워져서 차체의 하중을 지탱해 가면서 구르는 바퀴
- 수직 선반(직립 선반)
  - 대형 공작물이나 불규칙한 가공물을 가공하기 편하도록 테이블 위에 척을 수직으로 설치한 선반으로, 공작물은 테이블 위 수평면 내에서 회전하며 공구는 수직 방향으로 이송되어 절삭한다.
  - 가공물의 장착이나 탈착이 편하고 공구 이송 방향이 보통선반과 다른 것이 특징이다.
- 모방 선반 : 모방절삭이 가능하도록 만들어진 선반으로 전용설비를 사용하거나 보통 선반에 모방장치를 부착하여 사용한다.
- 릴리빙 선반 : 나사 탭이나 밀링 커터의 플랭크 절삭에 사용하는 특수 선반으로 릴리프면 절삭선반이라고도 불린다.
- 크랭크 축 선반 : 크랭크 축을 전문으로 가공하는 선반
- 차축 선반 : 철도나 차량의 차축을 전문으로 가공하는 선반

ⓒ 선반의 규격
- 양 센터 사이의 최대 거리 : 깎을 수 있는 공작물의 최대 거리
- 베드 위의 스윙 : 일감이 베드에 닿지 않고 깎을 수 있는 공작물의 최대 지름
- 왕복 위의 스윙 : 왕복 위에서 공작물이 닿지 않고 깎을 수 있는 최대 지름

ⓔ 테이퍼 가공
- 선반에서 테이퍼 가공(기울기가 있는 면의 가공)을 할 때는 심압대를 편위시키거나, 공구대를 원하는 각도만큼 틀어 가공한다.

  심압대 편위량 : $e = \dfrac{L(D-d)}{2l}$

  (단, D : 큰 지름, d : 작은 지름, L : 공작물 전체 길이, l : 테이퍼 부분 길이)

- 복식 공구대는 테이퍼 각이 크고 길이가 짧은 가공물을 복식 공구대를 선회시켜 가공하는 데 유용하다.

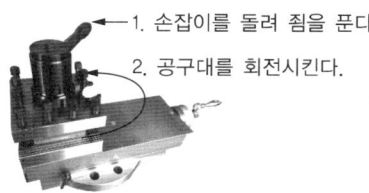
1. 손잡이를 돌려 죔을 푼다.
2. 공구대를 회전시킨다.

② 밀 링
  ㉠ 밀링의 구조 : 수직 밀링 머신과 수평 밀링 머신의 구조는 그림을 참고한다.

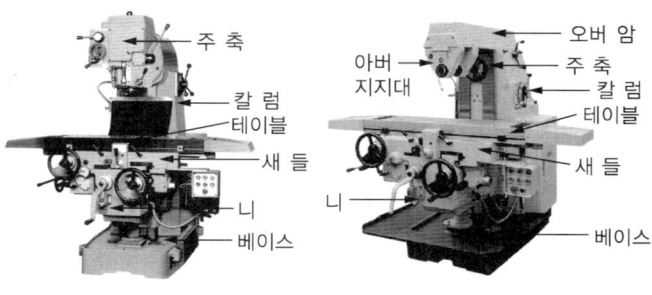
[수직 밀링머신]   [수평 밀링머신]

  ㉡ 밀링의 종류
  - 만능 밀링머신 : 주축이 수평이며 칼럼, 니, 테이블 및 오버암 등으로 구성되어 있다. 새들 위의 선회에서 테이블을 일정한 각도로 회전시키거나 테이블을 상하로 경사시킬 수 있다. 분할이나 헬리컬 절삭장치를 사용하여 헬리컬 기어, 트위스트 드릴의 비틀림 홈 등의 가공에 적합하다.
  - 모방 밀링머신 : 형판이나 모형을 본뜨는 모방장치를 사용하여 프레스나 단조, 주조용 금형과 같은 복잡한 형상을 높은 정밀도로 능률적인 가공이 가능하다.
  - 나사 밀링머신 : 나사를 깎는 전용 밀링머신으로 작동이 간단하고 가공 능률이 좋으며 깨끗한 다듬질면의 나사를 가공할 수 있다.

- **램형 밀링머신** : 기둥 위의 램에 주축 헤드가 장착되어 있어서, 램이 재료의 앞뒤를 왕복하면서 공작물을 절삭한다.

ⓒ 밀링의 크기 표시
- 일반적으로 가공할 수 있는 최대 공작물 크기로 표시
- 테이블의 상하 좌우 이송거리
- 호칭번호로 표시

호칭번호 이동거리	0	1	2	3	4	5
좌 우	450	550	700	850	1,050	1,250
전 후	150	200	250	300	350	400
상 하	300	400	450	450	450	500

ⓒ 머시닝센터
- NC 선반과 더불어 NC 공작기계 중 대표적인 기계이다.
- NC 밀링기계에 ATC가 장착되어 있어서 프로그램에 따라 자동으로 공구를 교환한다.
- 1회 고정으로 여러 종류의 공작기계가 처리해야 할 가공을, 여러 종류의 공구를 자동으로 교환해 가면서 순차적으로 가공하도록 되어 있어 효율성이 높다.
- 밀링과 마찬가지로 수평형과 수직형이 있다.
- 근래 밀링작업에서는 NC 전용 밀링머신을 사용하는 경우보다 MCT를 사용하는 경우가 많다.

ⓓ 플레이너형 밀링머신
- 플레이너 밀러라고도 부르는데 밀러(Miller)는 밀링하는 기계라는 애칭이다.
- 플레이너의 공구 자리에 밀링 주축이 있다.
- 외관이 플레이너를 닮았다.
- 중량물 및 대형 공작물의 중절삭에 적절하다.

ⓔ 밀링 가공의 백래시
- 나사나 기어 등 이가 물려 돌아가는 기구에서 두 부품(기어와 기어 또는 나사와 나사)이 완전히 같은 크기가 아니므로 정회전과 역회전 시 약간의 공간차가 나기 마련인데, 이를 백래시라 한다.
- 정밀가공에서 백래시는 오차를 유발하므로 제거하여야 하므로 백래시 제거장치를 기어와 기어 사이, 나사와 나사 사이에 장착하여 정회전, 역회전 시의 오차를 없애야 한다.
- 공작기계에서는 공작물 이송 시 오차가 발생하므로 이송나사에 장착하여야 한다.

ⓕ 밀링의 절삭
- 절삭 속도 : 절삭날이 공작물에 닿을 때의 접선 속도를 의미

$$V = \frac{\pi D n}{1,000} \, [\text{m/min}]$$

(V : 절삭속도[m/min], D : 밀링커터의 지름[mm], n : 절삭공구의 분당 회전수)

- 밀링의 절삭 속도 선정
  가. 공작물의 경도가 높으면 저속으로 절삭한다.
  나. 커터날이 빠르게 마모되면 절삭 속도를 낮추어 절삭한다.
  다. 거친 절삭은 절삭 속도를 낮추고, 이송 속도를 크게 한다.
  라. 다듬질 절삭에서는 절삭 속도를 높이고 이송은 천천히, 절삭 깊이는 작게 한다.

- 이송 속도 : 회전하는 공구를 이송하는 속도를 의미

$$V_f = f_z \cdot z \cdot n$$

(단, V_f : 이송 속도[mm/min], f_z : 절삭날 1개의 이송 거리, z : 날의 수)

- 절삭 깊이 : 절삭날이 공작물을 한 번에 깎는 깊이
  - 절삭 깊이가 깊게 되면 더 큰 힘이 작용되며 날의 수명이 줄게 된다.
  - 절삭 깊이가 얕게 되면 더 여러 번 작업을 해야 하므로 작업시간이 길어지게 된다.

③ 드 릴

㉠ 드릴의 구조

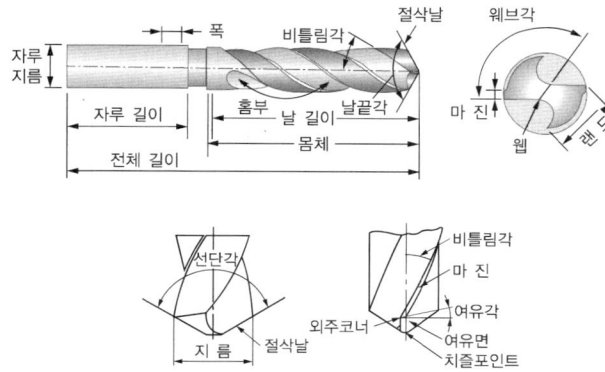

㉡ 드릴의 종류
- **드릴구조에 따라** : 일체형(솔리드) 드릴, 이음매 드릴(앞부분을 붙임), 날붙이 드릴(날 끝에 팁을 용접), Throw Away 드릴(선삭날처럼 바이트가 결합된 형태), 조립드릴(날을 조립할 수 있게 설계된 형태)
- **자루의 모양에 따라** : 곧은 드릴(자루의 날 부분이나 끝부분의 지름이 동일, 보통 13mm까지), 테이퍼 드릴(날 부분보다 끝부분이 가는 테이퍼 형태, 주로 13mm 이상), 밀링척용 드릴(자루가 밀링에 장착되도록 제작)
- **길이에 따라** : 범용드릴(일반드릴), 스터브 드릴(짧은 드릴), 롱드릴(긴 드릴)
- **비틀림각에 따라** : 우측 비틀림각 드릴, 좌측 비틀림각 드릴, 직선날 드릴(비틀림각 0°)
- **드릴날에 따라** : 평드릴(중심점 가공, 날이 평평), 센터 드릴(중심점 가공), 직선 홈드릴(드릴 홈이 직선), 트위스트 드릴(2개의 홈이 비틀어져 있어 칩 배출 용이)

㉢ 드릴 가공의 종류
- **센터펀치** : 드릴가공을 위해 드릴날의 끝이 닿는 자리를 잡아 주도록 펀치를 이용하여 중심을 마킹하는 작업이다.
- **태핑** : 구멍에 암나사를 내는 작업으로, 태핑을 위한 드릴링지름은 들어갈 나사의 안지름으로 한다.
- **리밍** : 리머를 이용하여 구멍의 내면을 매끈하고 정확하게 가공하는 작업이다. 미세절삭을 이용한 내면 다듬질 작업이므로 다듬질 여유를 거의 제거해 내면서 천천히 회전하고 많이 이송하는 것이 좋다.
  ※ 리머 : 리밍 커터의 역할이며 절삭날 조정이 가능한 조정 리머, 절삭날과 일체형인 솔리드 리머, 자루와 절삭 날 부분이 별개로 되어 있는 셸 리머, 팽창이 가능한 팽창 리머 등이 있다.
- **보링** : 뚫린 구멍을 다시 절삭, 구멍을 넓히고 정확한 치수로 다듬질하는 작업으로 스로어웨이(Throw Away) 바이트를 사용한다.
- **카운터 보어/카운터 보링** : 나사, 볼트의 머리부가 앉을 자리를 머리 깊이만큼 보링하는 작업
- **카운터 싱킹** : 카운터 보링처럼 나사나 볼트머리가 앉을 자리나 원뿔머리가 앉을 자리를 접시 모양으로 만드는 작업
- **스폿 페이싱** : 카운터 보링이 구멍과 평행한 원통 방향(동심원)으로 가공하여 머리자리를 만들었다면, 볼트 또는 너트 등의 구멍과 직각인 방향으로 페이서의 지름만큼 구멍을 작업하여 너트나 볼트머리에 접하는 면을 편평하게 머리부를 만드는 작업

10년간 자주 출제된 문제

8-1. 공작기계의 절삭 운동과 이송 운동에 대한 설명으로 옳은 것은?
① 선반 가공은 공구를 회전시키고, 공작물이 직선 운동을 하며 가공하는 작업이다.
② 밀링 가공은 공구를 회전시키고, 공작물이 이송 운동을 하며 가공하는 작업이다.
③ 원통 연삭 가공은 공작물을 회전시키고, 공구는 직선 운동을 하며 가공하는 작업이다.
④ 플레이너 가공은 공구를 회전시키고, 공작물이 직선 운동을 하며 나사 가공하는 작업이다.

8-2. 다음 중 선반의 기본적인 가공(절삭)방법에 속하지 않는 것은?
① 외경 절삭　　② 널링 가공
③ 수나사 절삭　④ 더브테일 가공

8-3. 보통선반에서 테이퍼를 절삭하는 방법이 아닌 것은?
① 심압대를 편위시키는 방법
② 테이퍼장치를 사용하는 방법
③ 복식 공구대를 경사시키는 방법
④ 척의 조(Jaw)를 편위시키는 방법

8-4. 선반가공에서 발생하는 구성인선을 방지하기 위한 방법으로 틀린 것은?
① 절삭 깊이를 적게 한다.
② 절삭 속도를 느리게 한다.
③ 공구의 경사각을 크게 한다.
④ 윤활성이 좋은 절삭 유제를 사용한다.

8-5. 드릴의 각부 명칭과 역할을 설명한 것으로 잘못 짝지어진 것은?
① 생크(Shank) – 드릴을 드릴머신에 고정하는 부분
② 사심(Dead Center) – 드릴 끝에서 절삭 날이 이루는 각도
③ 홈 나선각(Helix Angle) – 드릴의 중심축과 홈의 비틀림이 이루는 각
④ 마진(Margin) – 드릴의 홈을 따라서 나타나는 좁은 날이며, 드릴을 안내하는 역할

8-6. 드릴가공을 하였거나 주조품으로 이미 뚫려있는 구멍 내부를 확대하여 정확한 치수로 완성가공하는 가공법은?
① 보 링　　② 탭 작업
③ 셰이퍼 작업　④ 플레이너 가공

8-7. 드릴링 머신의 기본 작업이 아닌 것은?
① 스폿 페이싱(Spot Facing)
② 카운터 보링(Counter Boring)
③ 리밍(Reaming)
④ 슬로팅(Slotting)

8-8. 리밍(Reaming) 작업에 대한 설명으로 옳은 것은?
① 구멍의 내면에 나사를 내는 작업이다.
② 구멍에 나사의 납작 머리가 들어갈 부분을 가공하는 것이다.
③ 이미 뚫어져 있는 구멍을 필요한 크기로 넓히는 작업이다.
④ 뚫어져 있는 구멍을 정밀도가 높고, 가공 표면의 표면 거칠기를 좋게 하기 위한 작업이다.

8-9. 큰 구멍의 다듬질에 사용되며 날과 자루가 별도로 되어 있어 조립하여 사용하는 리머로 맞는 것은?
① 팽창 리머　　② 셸 리머
③ 브리지 리머　④ 조정 리머

8-10. 선반가공을 할 때 절삭속도가 120m/min이고, 공작물의 지름이 60mm일 경우 회전수는 약 몇 rpm으로 하여야 하는가?
① 64　　② 164
③ 637　④ 1,637

|해설|

8-1
- 선반은 공작물이 회전하고 공구가 직선 운동을 하여 원통형 제품을 가공한다.
- 원통 연삭은 공작물과 공구가 모두 회전운동을 하며, 플레이너는 공작물과 공구가 모두 직선 운동을 한다.

8-2
- 선반은 공작물이 회전하는 가공이어서 원통 모양의 공작물이 생성된다.
- 더브테일 가공이란 공작물에 비둘기 꼬리 모양의 홈이 생기도록 가공한 모양을 일컫는다. 밀링 가공으로 가공한다.

| 해설 |

8-3
선반에서 테이퍼가공(기울기가 있는 면의 가공)을 할 때는 심압대를 편위시키거나 공구대를 원하는 각도만큼 틀어 가공한다. 또 테이퍼각이 크고 길이가 짧은 가공물은 복식 공구대를 선회시켜 가공하는 데 유용하다. 척의 조를 편위시키는 방법은 편심가공을 위한 방법이다.

8-4
구성인선의 발생을 감소시키기 위해서는 깎는 깊이를 작게 하거나 공구 경사각을 크게 하고, 날끝을 예리하게 하며, 절삭 속도를 크게 하고(구성인선 임계절삭 속도 : 120m/min) 윤활유를 사용한다.

8-5
드릴 끝에서 절삭 날이 이루는 각도는 선단각(날끝각)이라 한다.

8-6
보링 : 뚫린 구멍을 다시 절삭, 구멍을 넓히고 정확한 치수로 다듬질하는 작업으로 스로어웨이(Throw Away) 바이트를 사용한다.

8-7
슬로팅(Slotting) : 전후좌우 움직이는 테이블 위에 회전테이블이 있고 램 끝에 공구를 달아서 하는 공작. 주로 보스에 키 홈을 가공하는 작업을 수행. 슬로터는 셰이퍼를 수직으로 세운 모양이며, 규격은 램의 최대 행정과 테이블의 지름으로 표시함

8-8
①은 태핑, ②는 카운터 싱킹, ③은 보링 작업에 대한 설명이다.
리밍 : 리머를 이용하여 구멍의 내면을 매끈하고 정확하게 가공하는 작업이다. 미세절삭을 이용한 내면 다듬질 작업이므로 다듬질 여유를 거의 제거해 내면서 천천히 회전하고 많이 이송하는 것이 좋다.

8-9
리머 : 리밍 커터의 역할이며 절삭날 조정이 가능한 조정 리머, 절삭날과 일체형인 솔리드 리머, 자루와 절삭날 부분이 별개로 되어 있는 셸 리머, 팽창이 가능한 팽창 리머 등이 있다.

8-10
절삭속도 : 절삭날이 공작물에 닿을 때의 접선속도
$V = \dfrac{\pi D n}{1,000}$ [m/min]
$120\text{m/min} = \dfrac{\pi 60 n}{1,000}$ [m/min],
$n = \dfrac{120 \times 1,000}{60 \times 3.14}$ [rpm] ≒ 637rpm

정답 8-1 ② 8-2 ④ 8-3 ② 8-4 ④ 8-5 ②
8-6 ① 8-7 ④ 8-8 ④ 8-9 ② 8-10 ③

핵심이론 09 | 다듬질 및 표면가공

① **연삭** : 연삭(硏削)이란 공작물 재료보다 단단한 입자를 결합하여 만든 연삭숫돌을 회전시켜 미세한 입자 하나하나가 커터 역할을 하여 갈아 내어 절삭하는 것이다. 연삭가공한 재료는 치수 정밀도가 높고 표면정도가 좋다.

㉠ 연삭가공의 종류

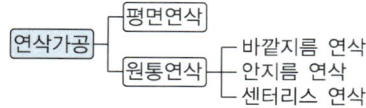

㉡ 특수연삭 : 크립피드 연삭(절삭깊이를 크게 하고 조금씩 자주 테이블 이송), 전해연삭(전해작용 이용)

㉢ 연삭기의 종류
- 원통연삭기 : 테이블 왕복형, 숫돌대 왕복형, 플런저 컷 형, 만능 연삭기
- 내면연삭기 : 구멍의 내면을 연삭. 보통형, 유성형, 센터리스형
  - 센터리스 연삭 : 센터리스 연삭은 센터나 척을 사용하기 어려운 가늘고 긴 원통형의 공작을 통과이송, 전후이송, 단이송 등의 방법을 사용하여 가공하는 원통연삭법이다. 연속작업이 가능하여 능률이 좋으나 너무 크거나 무거운 공작물에는 사용하기 어렵다.
- 평면연삭기 : 수직연삭기, 수평연삭기
- 나사연삭기 : 연삭가공된 나사는 정밀도가 높아 자동차, 항공기, 정밀기계용 나사로 사용되며 정밀도가 높고 호환성이 좋다. 다듬질면의 표면거칠기가 우수하며 마모가 적고 수명이 길며, 보통연삭 작업보다 높은 속도로 연삭(2,500~3,500m/min)

㉣ 연삭액의 요구 조건
- 원활한 칩 배출
- 다듬질면의 정도(精度) 향상
- 공구 수명 연장

- 방식(防蝕), 방청성(防鯖性)
- 일반성(一般性)과 안정성(安定性)
- 인체에 무해할 것

② 연삭숫돌

㉠ 연삭숫돌은 숫돌(Abrasive)입자, 결합제(Bond), 기공(Pore)의 세 가지로 구성되어 있고, 이 세 가지를 **숫돌바퀴의 3요소**라 한다. 연삭숫돌의 성능은 숫돌입자, 입도, 결합도, 조직, 결합제에 따라 결정된다.

㉡ 연삭숫돌 입자의 종류
- 천연 숫돌입자 : 다이아몬드, 에머리(Emery, 자철석, 적철석, 스피넬 등을 함유한 강옥), 커런덤(Corundum, 유색 보석이며, 모스경도 9의 강옥)
- 인조 숫돌입자

구 분	기 호	용 도
알루미나계	A	인성이 큰 재료의 강력 연삭이나 절단작업용, 거친 연삭용, 일반강재
	WA	연삭 깊이가 얕은 정밀연삭용, 경연삭용, 담금질강, 특수강, 고속도강
천연 숫돌입자	C	인장강도가 작고, 취성이 있는 재료, 경합금, 비철금속, 비금속
	GC	경도가 매우 높고 발열이 적은 초경합금, 특수주철, 칠드주철, 유리

㉢ 결합제
- 비트리파이드(Vitrified, V) 숫돌바퀴
  - 점토, 장석을 주성분으로 하여 약 1,300℃ 정도로 구워서 굳힌 숫돌
  - 결합도 조절이 광범위하고, 기공이 균일함. 대부분이 숫돌을 사용하며, 거친 연삭과 연한 연삭에도 사용
  - 강도가 약하여 지름이 크거나 얇은 숫돌바퀴에는 부적당
- 실리케이트(Silicate, S) 숫돌바퀴
  - 규산나트륨을 주재료로 한 결합제
  - 대형 숫돌바퀴를 만들 수 있음
  - 고속도강과 같이 균열이 생기기 쉬운 재료를 연삭할 때, 연삭에 의한 발열을 피해야 할 경우에 사용
  - 비트리파이드에 비해 결합도가 낮으므로 중연삭을 피함
- 탄성 숫돌바퀴
  - 유기질의 결합제를 사용해 만든 것
  - 숫돌에 탄성이 있고 얇은 숫돌을 만들 수 있음
  - 열에 약하고 일반적으로 절단용 숫돌에 사용
  - 결합제로 셸락(Shellac, E), 고무(Rubber, R), 레지노이드(Resinoid, B), 비닐(Vinyle, PVA) 등을 사용
- 금속 숫돌바퀴
  - 금속결합제는 주로 다이아몬드 숫돌의 결합제로 사용
  - 철, 구리, 황동, 니켈 등의 작은 입자와 숫돌입자를 혼합하여 압력을 가해 성형
  - 금속결합제는 숫돌입자의 지지력이 크고, 기공이 작으므로 수명이 김
  - 과격한 사용에 견디나 연삭능률은 낮음

㉣ 연삭 숫돌의 결함
- 로딩(Loading) : 숫돌의 눈메움을 의미한다. 연신율이 큰 재료, 가는 조직, 조밀한 연삭숫돌을 사용할 때, 그리고 원주속도를 너무 느리게 할 때, 연삭 깊이가 깊을 때 일어나기 쉽다. 결합도가 높은 숫돌에 연한 금속을 연삭하였을 때, 숫돌 표면의 기공에 칩이 메워지게 되는 현상이며 드레싱으로 해결한다.
- 스필링(Spilling) : 입자 탈락, 날 결손, 숫돌바퀴의 결합도가 지나치게 낮으면 아직 다 사용하지도 않은 숫돌입자가 쉽게 떨어져 나가는 현상으로, 드레싱으로 해결한다.
- 글레이징(Glazing) : 연삭입자가 쉽게 탈락하거나, 너무 탈락하지 않아 결합도가 높을 때 연삭숫돌에 열이 나고 표면이 잘 깎이지 않는 현상이다. 숫돌바퀴의 결합도가 지나치게 높으면 둔하게 된 숫돌입자가 떨어져 나가지 않아 생기는 무뎌지는 현상이다.

- 제품의 연삭가공면 결함
  - **가공 변질** : 연삭열에 의한 표면의 변질. 변질층이 생성됨
  - **잔류응력** : 연삭작업 후 가공물에 잔류응력이 남기 때문에 잔류응력이 예상되는 제품은 풀림처리를 통해 제거할 필요가 있음
  - **연삭균열** : 공석강에 가까운 탄소강에서 자주 발생하며 마찰열에 의해 부분 팽창이 일어나 발생함. 결합도가 연한 숫돌을 사용하거나 이송을 빠르게 하여 마찰시간을 줄이고, 연삭액을 충분히 사용하여 방지해야 함

ⓜ 연삭숫돌의 조정
- **드레싱(Dressing)** : 숫돌바퀴에서 눈메움이나 무딤이 일어나면 절삭 상태가 나빠지므로 숫돌바퀴의 표면에서 무뎌진 숫돌입자를 제거하는 작업
- **트루잉(Truing)** : 숫돌바퀴가 작업 시 압력을 받아 진원(眞圓)이 되지 않는 경우, 모양을 바로 잡는 작업

ⓗ 연삭작업 시 결함, 원인 및 대책

결함	원 인	대 책
떨 림	• 숫돌축 불균형 • 숫돌 눈메움 • 숫돌바퀴의 결합도가 지나침 • 숫돌의 기울어짐	• 균형을 맞추고 트루잉을 실시 • 드레싱 • 공작 속도 조정 • 평형을 맞춤
진원도 불량	• 숫돌축 불균형 • 숫돌 구성 불균형	• 균형을 맞추고 트루잉 • 숫돌 교체
원통도 불량	• 테이블의 운동 불량 • 작업법의 불량	• 윤활처리 • 올바른 작업법으로 수정
가공면의 이송 흔적	• 숫돌바퀴의 고정 이상 • 관계면 이상	• 균형을 맞추고 트루잉 • 드레싱, 윤활처리

③ 연삭입자를 이용한 가공

㉠ 래 핑
- 공구와 공작물 사이에 랩제(숫돌입자 또는 액체)를 끼워 넣고 압력을 가한 상태로 상대운동을 하는 마무리 가공이다.
- 가공이 간단하지만 정밀도가 높은 제품을 대량생산이 가능하다.
- 가공면은 윤활성 및 내마모성이 높다.
- 랩제 : 주철, 연강, 구리 등 금속입자나 연삭입자와 경유, 석유나 스핀들유 또는 점성이 작은 식물성유를 혼합하여 사용한다.
- 가공 시 미세먼지가 발생할 수 있고 가공면에 랩제가 잔류할 수 있으므로 관리가 필요하다.
- 습식래핑 : 거친 래핑에 사용하고 연마입자를 혼합한 래핑액을 공작물에 주입하며 가공한다.
- 건식래핑 : 고운 입자를 사용하며 습식래핑 이후 고운 마무리에 사용한다. 이름처럼 건조한 상태에서 가공

㉡ 호 닝
- 내연기관의 실린더 등 원통 내면의 정밀 다듬질의 하나로 보링이나 연삭기를 이용하고 혼(Hone)을 사용하여 진원도, 진직도, 표면거칠기 등을 향상시키는 것이 목적이다.
- 특 징
  - 정확한 치수가공을 할 수 있다.
  - 표면 정밀도를 향상시킬 수 있다.
  - 전 가공에서 나타난 테이퍼, 진원도 등에 발생한 오차를 수정할 수 있다.
  - 호닝숫돌 : 연삭입자는 WA, GC, 다이아몬드, CBN 등을 사용한다.

㉢ **액체호닝** : 100~5,000mesh의 탄화규소를 함유한 랩제를 화학용액에 혼합하여 공압 분사 및 충돌시켜 가공하는 방법이다.
- 가공시간이 짧다.
- 가공물의 피로강도를 향상시킨다.
- 형상이 복잡한 가공물도 쉽게 가공한다.
- 가공물 표면의 산화막이나 거스러미를 제거하기 쉽다.
- 다듬질면의 진원도, 직진도가 나빠진다.
- 호닝입자가 공작물 표면에 부착될 수 있다.
- 분사각에 따라 표면 상태가 달라진다.

ⓛ 슈퍼피니싱
- 진폭이 수 mm이고 매분 수백에서 수천의 값을 가지는 진동으로 가공한다.
- 입도가 낮고 연한 숫돌을 낮은 압력으로 진동하여 가공한다.
- 매끈하고 방향성이 없고, 표면의 변질부가 작다.
- 축의 베어링 접촉부를 고정밀도 표면으로 다듬는 가공에 활용한다.

ⓜ 폴리싱 및 버핑
- 폴리싱은 목재·피혁·캔버스·직물 등 탄성이 있는 재료에 미세한 연삭입자를 입혀 공작물 표면을 다듬는 방법이다.
- 모·직물 등으로 버프를 만들고 윤활제를 섞은 미세한 연삭입자의 작용으로, 공작물 표면의 광택작업을 버핑이라 한다.
- 일반적으로 폴리싱 후 버핑을 실시한다.

10년간 자주 출제된 문제

9-1. 경도가 매우 높고 발열하면 안 되는 초경합금, 특수강 등의 연삭에 사용되는 숫돌 입자는?
① A
② C
③ GC
④ WA

9-2. 연삭숫돌의 입자가 무디거나 눈메움(Loading)이 나타나면 연삭성이 저하되므로 숫돌의 표면을 깎아서 예리한 날을 가진 입자가 표면에 나타나게 하여 연삭성을 회복시키는 작업을 무엇이라 하는가?
① 래핑(Lapping)
② 트루잉(Truing)
③ 폴리싱(Polishing)
④ 드레싱(Dressing)

9-3. 다음 중 연삭 가공법의 종류에 해당되지 않는 것은?
① 호닝(Honing)
② 버핑(Buffing)
③ 래핑(Lapping)
④ 보링(Boring)

9-4. 일반적인 래핑(Lapping)의 특성으로 틀린 것은?
① 가공면은 윤활성 및 내마모성이 좋다.
② 정밀도가 높은 제품을 가공할 수 있다.
③ 가공이 간단하고 대량생산이 가능하다.
④ 먼지의 발생이 없고 가공면에 랩제가 잔류하지 않는다.

|해설|

9-1

구 분	기 호	용 도
알루미나계	A	인성이 큰 재료의 강력 연삭이나 절단작업용, 거친 연삭용, 일반강재
	WA	연삭 깊이가 얕은 정밀연삭용, 경연삭용, 담금질강, 특수강, 고속도강
천연 숫돌입자	C	인장강도가 작고, 취성이 있는 재료, 경합금, 비철금속, 비금속
	GC	경도가 매우 높고 발열이 적은 초경합금, 특수주철, 칠드주철, 유리

9-2
연삭숫돌의 조정
- 드레싱(Dressing) : 숫돌바퀴에서 눈메움이나 무딤이 일어나면 절삭 상태가 나빠지므로 숫돌바퀴의 표면에서 무더진 숫돌입자를 제거하는 작업
- 트루잉(Truing) : 숫돌바퀴가 작업 시 압력을 받아 진원(眞圓)이 되지 않는 경우, 모양을 바로 잡는 작업

9-3
연삭입자를 이용하는 가공으로 호닝, 액체호닝, 래핑, 슈퍼피니싱, 폴리싱, 버핑 등이 있다.

9-4
래 핑
- 공구와 공작물 사이에 랩제(숫돌입자 또는 액체)를 끼워 넣고 압력을 가한 상태로 상대운동을 하는 마무리 가공이다.
- 가공이 간단하지만 정밀도가 높은 제품을 대량 생산이 가능하다.
- 가공면은 윤활성 및 내마모성이 높다.
- 랩제 : 주철, 연강, 구리 등 금속입자나 연삭입자와 경유, 석유나 스핀들유 또는 점성이 작은 식물성유를 혼합하여 사용한다.
- 가공 시 미세먼지가 발생할 수 있고 가공면에 랩제가 잔류할 수 있으므로 관리가 필요하다.

정답 9-1 ③ 9-2 ④ 9-3 ④ 9-4 ④

| 핵심이론 10 | 측 정

① 측정이론
  ㉠ 측정용어
   • 최소 눈금값 : 한 눈금이 갖는 값
   • 감도 : 측정량 변화에 대해 눈금의 움직이는 크기
   • 지시범위 : 눈금이 가리키는 범위로, 75~100mm 마이크로미터는 25mm가 지시범위
   • 측정범위 : 측정 가능한 범위로, 75~100mm 마이크로미터는 75~100mm가 측정범위
   • 되돌림 오차 : 같은 측정 대상물에 대해 각기 다른 방향으로 접근할 때 생기는 오차
   • 측정력 : 측정을 위해 작용하는 작용력
  ㉡ 측정의 종류
   • 직접 측정
    - 직접 측정의 특징
     가. 측정 범위가 다른 측정 방법보다 넓다.
     나. 측정물의 실체치수를 직접 잴 수 있다.
     다. 양이 적고 종류가 많은 제품을 측정하기에 적합하다.
     라. 대량 측정에 불리하고 반복 측정 시에도 오차가 발생할 수 있다.
    - 길이 측정 : 상물 외형의 길이나 두께를 측정한다.
    - 각도 측정 : 상물 외형의 두 모서리 사이의 각을 측정한다.
    - 기하형상 측정 : 평면도, 직선도 등 기하형상을 측정한다.
   • 간접 측정 : 측정 대상을 직접 측정할 수 없을 때 다른 측정 대상을 측정하여 계산한다.
   • 절대 측정 : 조립량(길이·무게·시간 외의 기본량이 조합된 양)을 기본량만의 측정으로 유도하는 측정이다.
   • 비교 측정 : 기준면이나 선과의 관계를 측정한다. 표준화된 공정에서 GO or NO 측정을 통해 대량 측정에 유리하나 개별 품의 정확한 측정에는 직접 측정보다 많은 시간비용이 필요하다.
   • 한계 게이지 측정 : 일종의 비교 측정이다. 제품 사용 가능 여부를 판단하기 위해 최대 허용값, 최소 허용값으로 만들어진 한계 게이지를 사용하여 측정한다. 측정하는 치수마다 개별 게이지가 필요하지만 대량 생산의 경우 양호 불량 판정을 쉽게 할 수 있으며 효율적인 측정이 가능하다.
  ㉢ 아베의 원리 : 측정 대상물과 표준자는 측정 방향상 일직선 위에 있어야 한다.
  ㉣ 테일러의 원리 : 허용 한계 측정, 한계 게이지를 이용한 측정에 적용되며 '통과 측에는 모든 치수 또는 결정량이 동시에 검사되고 정지 측에는 각각의 치수가 개개로 검사 되어야 한다'는 원리이다.
  ㉤ 헤르츠의 원리 : 훅의 법칙(탄성 한계 내에서 일어나는 응력은 변형과 비례관계, $\sigma = E\delta$)이 적용되는 범위의 측정에서도 측정자가 대상물을 누르면 자국이 생기고 변형 δ가 발생하는데, 이는 각 경우에 따라 헤르츠가 정리한 식이 있다.
  ㉥ 오차의 정의
   • 공차 : 제작상 허용되는 기준치수와의 차이이다.
   • 오차 : 측정 시 참값으로 기대되는 값과의 여러 가지 이유로 생기는 차이 값이다.
  ㉦ 오차의 종류
   • 계통오차 : 계통오차는 측정값에 일정한 영향을 주는 원인에 의해 생기는 오차로 계기오차(기기오차), 환경오차, 개인오차로 나뉜다.
    - 계기오차 : 계기의 불완전성으로 인해 생기는 오차. 측정기기도 기본적으로 공차를 가지고 있으며 사용에 따라 여러 측정오류 요소를 갖게 된다.
     예 선팽창계수(1.0×10^{-6}/℃라면 1℃당 1.0×10^{-6}의 비율만큼 늘어난다)가 큰 계측기의 팽창

- 환경오차 : 온도나 습도, 압력 등에 따라 측정기에 영향을 주거나 상물이 영향을 받게 되면 참값과 오차가 발생한다.
- 개인오차 : 개인이 갖고 있는 신체적 특징, 습관이나 선입견 등에 생기는 오차이다.
• 우연오차 : 우연오차는 원인을 알 수 없이 우연히 생기며 사용자가 피할 수 없는 오차이다.
• 과실오차 : 과실오차는 측정자의 부주의로 생기는 오차이며, 주의해서 측정하고 결과를 보정하면 줄일 수 있다.
※ 과실오차는 개인오차라는 명칭과 혼용되므로 계통오차 내 개인오차와 문제 상황에 따라 다르게 파악하여 해석할 수 있도록 하자.
• 특수상황오차
- 되돌림 오차 : 동일 측정 대상, 측정범위에 대하여 다른 방향에서 접근할 경우, 지시의 평균값의 차를 의미한다. 원인으로 마찰력, 흔들림, 히스테리시스, 백래시 등이 있다.
- 히스테리시스 오차 : 순차보정(입력값을 차츰 올리거나 낮추며 보정)을 실시할 때 보정값을 올릴 때와 낮출 때 결과 사이의 차이이다.

② 길이 및 두께 측정

㉠ 길이 및 두께 측정도구 : 각종 버니어 캘리퍼스, 각종 마이크로미터, 강철자 등이 있다.

• 버니어 캘리퍼스
- 구 조

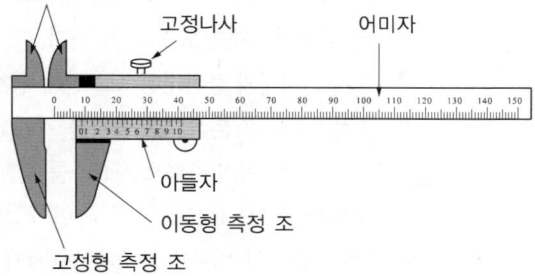

- 읽는 법

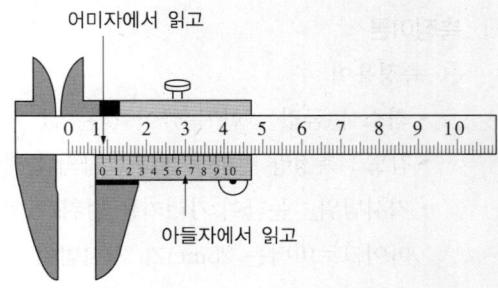

Step 1. 아들자의 0이 가리키는 곳의 바로 왼쪽 어미자 눈금을 mm 단위까지 읽는다. 앞 그림의 경우 8mm이다.
Step 2. 어미자와 눈금이 일치하는 곳의 아들자 눈금을 mm 이하 단위로 읽는다. 앞 그림의 경우 0.65mm이다.
Step 3. 이를 합한다. 따라서 그림은 8.65mm이다.

• 마이크로미터
- 어떤 길이의 변화를 확대하여 눈금 붙여 만든 측정기
- 구 조

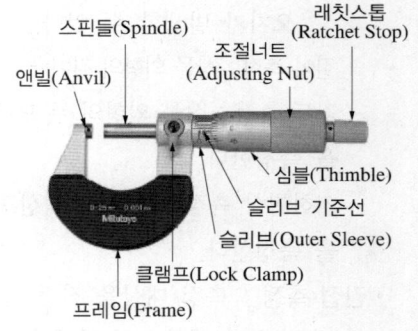

- 읽는 법

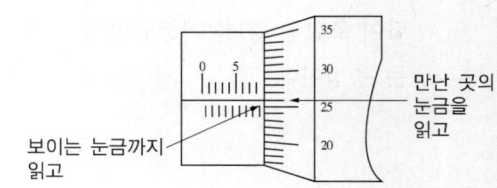

Step 1. 슬리브에 보이는 눈금까지 읽는다. 위의 그림에서는 8.5mm까지 보이므로 8.5mm

Step 2. 심블에 교차된 눈금을 읽는다. 위의 그림은 0.26mm이다.

Step 3. 이를 더한 8.75mm로 읽는다.

- 종 류
  가. 외측 마이크로미터 : 일반적인 마이크로미터
  나. 내측 마이크로미터 : 캘리퍼가 달려서 내측지름 등을 측정
  다. 깊이 마이크로미터 : 깊이를 측정하는 측정자가 있는 전용 측정기
  라. 그루브 마이크로미터 : 내측 홈 측정
  마. 지시 마이크로미터 : 인디케이터가 조합되어 있어 1,000분의 1밀리미터까지 시각적으로 정확히 표현
  바. 나사 마이크로미터 : 접촉자가 앤빌 및 원뿔형으로 되어 있어서 나사의 외경 측정에 적합
  사. 포인트 마이크로미터 : 접촉자가 점으로 되어 있어 예민한 부분도 측정 가능

• 게이지 블록 : 각 크기와 두께별로 게이지가 있어 이를 조합하여 두께나 틈새 등을 측정하기에 적합한 측정기구

- 사용법
  가. 조합의 개수를 최소로 한다.
  나. 정해진 치수를 고를 때는 소수점 아래 맨 끝자리부터 고른다.
  다. 소수점 아래 첫째자리 숫자가 5보다 큰 경우 5를 뺀 나머지 숫자부터 고른다.

- 밀착방법
  가. 두꺼운 블록끼리 밀착할 때는 약간 기름을 묻힌 후 중앙부를 조금씩 문지르며 밀착한다.
  나. 얇은 것과 두꺼운 것을 밀착할 때는 두꺼운 블록을 베이스로 놓고 얇은 블록을 끝부터 앞쪽으로 밀면서 밀착시킨다.
  다. 얇은 것끼리 밀착할 때는 두꺼운 블록 하나를 먼저 밀착시킨 후 얇은 블록을 밀착시키고, 이후 두꺼운 블록을 떼어낸다.

- 정밀도 등급
  가. 게이지블록의 정밀도를 KS B ISO 3650에서는 교정등급 K, 0, 1, 2등급으로 구분하여 표시한다.
  나. K등급이 가장 정밀하며 등급 2가 가장 낮다.
  다. 교정등급 지정 예시 : 호칭치수 75mm 초과 100mm 이하에서 교정등급 K의 호칭치수로부터의 임의의 한 점에서의 길이의 한계편차는 0.6μm이고, 이 변화량의 공차는 0.07μm, 등급 0은 각각 0.3, 0.12, 등급 1은 0.6, 0.2, 등급 2는 1.2, 0.35이다.

③ 각도 측정
  ㉠ 요한슨식 각도 게이지
  • 85개조, 49개조로 구성되어 있다.
  • 85개조는 0~10°, 350~360°를 제외하고 1°씩 측정 가능하고, 49개조는 0~10°, 350~360°에서 1°씩 측정 가능하다.
  • 홀더를 사용하여 조합한다.
  ㉡ NPL식 각도 게이지
  • 게이지면이 크고 개수를 적게 한 것이다.
  • 블록 게이지처럼 홀더 없이 밀착하여 사용 가능하다.
  • 각도를 조합하여 사용한다.
  ㉢ 만능각도기

ㄹ 사인바를 이용한 각도 측정

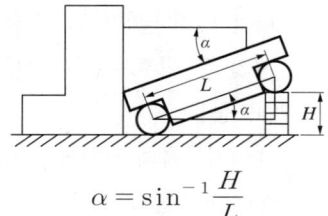

$$\alpha = \sin^{-1}\frac{H}{L}$$

ㅁ 광선정반(옵티컬 플랫)
- 한 면을 고도의 평면으로 래핑가공한 원판으로, 빛의 간섭현상을 이용하여 게이지 블록이나 각종 측정자 등의 평면을 측정한다.
- 종류 : 사용면이 한쪽 면인 것과 양쪽 면인 것이 있고, 지름에 따라 45, 60, 80, 100, 130mm 등으로 구분한다.
- 평면도 측정 : 단색 광원장치 아래에서 상물 위에 광선정반을 놓고 간섭무늬를 관찰하여 평면도를 산출한다.
- 평행도 측정 : 앤빌면과 스핀들면이 평행하지 않을 때 평행도를 측정하여 본다. 스핀들이 한 바퀴 회전하며 진행하는 동안, 앤빌은 정지 상태를 유지하지만 스핀들면은 회전하면서 각 위치에서 옵티컬 패럴렐을 사용하여 광파 간섭무늬의 개수를 헤아리고 반파장(320nm) 값을 곱한 후 최종적으로는 그 4개의 값 중에서 최댓값을 평행도로 취한다.

④ 비교 측정
ㄱ 게이지 블록, 표준 게이지 등을 기준으로 공작물의 치수를 비교하여 측정하는 측정기
ㄴ 종 류
- 기계식 : 미니미터, 다이얼 게이지, 오르도테스트, 미크로케이터
- 광학식 : 옵티미터, 울트라옵티미터, 미크로룩스, 간섭측미기
- 유체식 : 수준기, 공기 마이크로미터
- 전기식 : 볼트미터, 일렉트로리미터, 전기 마이크로미터, 전자관식 측미기

ㄷ 장점 : 소형이고 경량이며, 측정범위가 넓다. 외부 전기 공급이 불필요하며, 시각적 효과(다이얼 게이지)가 크다.
ㄹ 다이얼 게이지

- 베이스를 고정하고 접촉자를 기준면에 댄 후 측정 대상물을 회전운동이나 직선운동을 시켜 눈금의 변화를 확인하며 원하는 측정을 실시한다.
- 적용 측정할 때는 스핀들이 원활히 움직이는가를 확인하고, 스탠드를 앞뒤로 움직여 지시값의 차를 확인한다. 그리고 스핀들을 갑자기 작동시켜 반복 정밀도를 확인해 본다.
- 직각도, 평행도, 진원도, 진직도를 측정하며, 두께와 깊이도 측정한다.
- 굉장히 다양한 종류가 있으며 필요에 따라 적절한 다이얼 게이지를 선택하여야 한다.
- 측정범위가 넓고 연속된 변위량 측정이 가능하며 여러 개소의 동시 측정도 가능하다.
- 편심량 측정

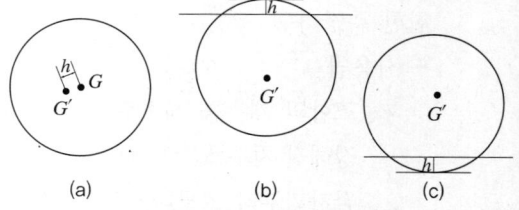

위의 그림에서 실제 원의 중심은 G이지만, h만큼 편심되어 현재 중심이 G'라고 하자. 척에 이 물체를 물리고 회전시키면 다이얼 게이지는 제일 높은 곳에서는 $-h$만큼 눈금이 돌아가고, 제일 낮은 곳에서는 $+h$만큼 눈금이 돌아갈 것이다.

ㅁ 게이지 블록
- 단도기(양 단면의 간격을 측정기로 삼은 기구)의 대표적인 측정기이다.

- 상용되는 제품의 정밀도가 높아 조합하여 사용하여도 오차를 고려하지 않아도 될 정도이다.
- 요한슨형(직사각형형), 호크(Hoke)형(중앙에 구멍이 있는 직사각형형), 캐리형(중앙에 구멍이 있는 원형)으로 나뉜다.
- 표면거칠기는 R_y로 $0.06 \sim 0.08\mu m$ 이하여야 하며, 경도는 $H_V 800$ 이상이어야 한다.
- 등급은 참조용 00등급, 표준용 0등급, 검사용 1등급, 공작용 2등급으로 측정기를 검사하거나 타 게이지 블록을 검사할 때는 0등급 이하, 표준 게이지 블록을 검사할 때는 00등급을 사용하고, 기계부품이나 공구는 1등급, 일반 공작물은 2등급 제품을 사용하면 된다.
- 부속품 : 둥근 조(내·외측 측정용), 평형 조 A형(내·외측 측정용)/B형(외측 측정용), 스크라이버 포인트, 센터 포인트, 홀더, 베이스 블록
- 밀착법 : 두꺼운 것끼리는 십자 모양으로, 두꺼운 것과 얇은 것은 일체형으로 밀착하고, 얇은 것끼리는 두꺼운 것을 이용하여 밀착한 후 그 위에 얇은 것을 덧밀착 하고 두꺼운 것을 떼어낸다.
- ㉥ 필러 게이지(Feeler Gauge, 틈새 게이지) : 강재의 얇은 편으로 된 것으로 금형 가공 시 높이를 맞추거나, 생성된 틈새 또는 홈의 간극 등을 측정하는 데 사용한다.

⑤ 나사 측정
  ㉠ 측정 대상 : 수나사 바깥지름, 암나사 골지름, 유효지름, 피치, 리드, 플랭크, 나사산 각

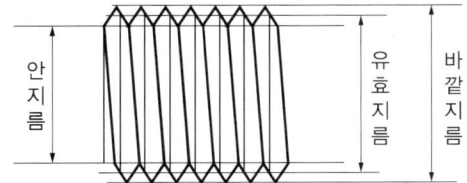

  ㉡ 수나사 유효지름 측정
    • 삼침법
      - 연삭가공한 정밀한 나사의 유효지름 측정에 이용
      - 나사측정법 중 정밀도가 높음
      - 동일한 지름을 갖는 3개의 침으로 나사 한쪽에 2개, 반에 1개를 접촉하고 3침의 외측치수를 측정하여 공식에 의해 계산
    • 나사 마이크로미터
      - 마이크로미터의 접촉부가 나사산 모양에 맞게 제작된 측정기
      - 간단하게 측정이 가능하나 대상이 되는 나사의 각도가 너무 작거나 크면 오차가 발생
    • 광학적 방법
      - 투영기나 공구 현미경 등 광학적 측정기구를 이용
      - 축선과 직각으로 움직이는 테이블의 움직임량을 측정기로 읽어서 직접 구함
    • 수나사의 바깥지름과 골지름도 위의 방법에 준하거나 비슷
  ㉢ 수나사 피치 측정 : 나사 피치 게이지(각종 피치를 지닌 판 게이지를 여러 장 한 조로 구성한 비교측정기)를 이용하여 측정, 이 외에 광학적 방법을 적용할 수 있다.
  ㉣ 나사산 각도 측정
    • 공구 현미경에 의한 방법 : 접안경에 각도 측정을 위한 눈금자가 있어서 플랭크면을 기준에 맞추고 각도를 읽는다.
    • 투영기에 의한 방법 : 각도 회전 스크린을 이용한 측정의 경우 플랭크에 스크린 십자선을 평행으로 맞추고 각도를 읽는다. 미리 준비된 차트를 이용하는 방법도 있다.
    • 만능 측정 현미경에 의한 방법 : 접안렌즈의 눈금을 이용한다.
    • 암나사의 각도 측정 : 암나사의 각도는 측정이 쉽지 않으므로 주형을 만들거나 이에 맞는 수나사를 제작하여 수나사를 측정하는 방법도 사용한다.

10년간 자주 출제된 문제

10-1. 주위의 온도나 압력 등의 영향, 계기의 고정자세 등에 의한 오차에 해당하는 것은?
① 개인오차 ② 과실오차
③ 이론오차 ④ 환경오차

10-2. 측정하려고 하는 양의 변화에 대응하는 측정기구의 지침의 움직임이 많고 적음을 가리키며 일반적으로 측정기의 최소 눈금으로 표시하는 것은?
① 감도 ② 정밀도
③ 정확도 ④ 우연오차

10-3. 다음 정비용 측정기구의 측정방법으로 직접 측정에 대한 장점이 아닌 것은?
① 측정 범위가 다른 측정 방법보다 넓다.
② 측정물의 실체치수를 직접 잴 수 있다.
③ 양이 적고 종류가 많은 제품을 측정하기에 적합하다.
④ 다량 제품 측정에 적합하다.

10-4. 다음 측정기 중 비교 측정기에 속하지 않는 것은?
① 옵티미터 ② 미니미터
③ 버니어 캘리퍼스 ④ 공기 마이크로미터

10-5. 다음 그림의 화살표로 지시한 버니어캘리퍼스 측정값은 얼마인가?

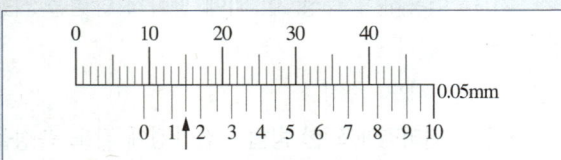

① 9mm ② 9.1mm
③ 9.15mm ④ 15mm

10-6. 다음 중 한계 게이지의 특징으로 틀린 것은?
① 제품의 실제 치수를 읽을 수 없다.
② 조작이 간단하고 경험을 필요로 하지 않는다.
③ 측정치수가 정해지고 한 개의 치수마다 한 개의 게이지가 필요하다.
④ 다량의 제품을 측정하기 어렵고, 양호와 불량의 판정을 쉽게 내릴 수 없다.

10년간 자주 출제된 문제

10-7. 아베의 원리를 만족하는 측정기는?
① 블록 게이지 ② 하이트 게이지
③ 버니어 캘리퍼스 ④ 외측 마이크로미터

10-8. 강재의 얇은 편으로 된 것으로 틈새 또는 홈의 간극 등을 점검하는 데 사용하고 필러 게이지라고도 하는 게이지는?
① 나사 게이지 ② 높이 게이지
③ 틈새 게이지 ④ 다이얼 게이지

10-9. 보전 현장에서 회전체 축의 정렬 또는 공작물의 평행도 등을 측정하기 위하여 사용되는 측정기기는?
① 한계 게이지 ② 마이크로 미터
③ 다이얼 게이지 ④ 버니어 캘리퍼스

10-10. 축정열 작업을 위하여 그림과 같이 다이얼 게이지를 설치하고 두 축을 동시에 회전시켜 상, 하(0°, 180°)를 측정하였더니 10μm 눈금의 차이가 발생했다면 두 축의 상, 하 편심량은?

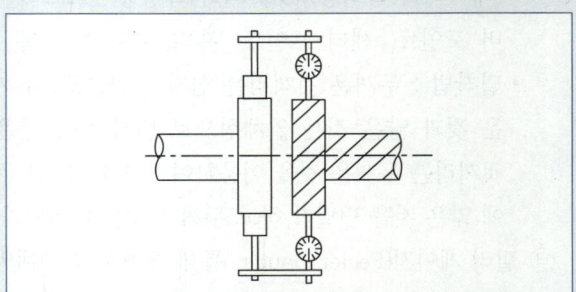

① 0μm ② 5μm
③ 10μm ④ 20μm

10-11. 나사의 유효지름을 측정하려 한다. 다음 중 정밀도가 가장 높은 측정법은?
① 삼침법에 의한 측정
② 투영기에 의한 측정
③ 공구 현미경에 의한 측정
④ 나사 마이크로미터에 의한 측정

| 해설 |

10-1
환경오차 : 온도나 습도, 압력 등에 따라 측정기에 영향을 주거나 상물이 영향을 받게 되면 참값과 오차가 발생한다.

10-2
감도 : 측정량 변화에 대해 눈금의 움직이는 크기

10-3
직접 측정은 대량 측정에 불리하고 반복 측정 시에도 오차가 발생할 수 있다.

10-4
버니어 캘리퍼스는 길이를 측정하는 직접 측정기에 해당한다.

10-5
- Step 1. 아들자의 0이 가리키는 곳의 바로 왼쪽 어미자 눈금을 mm 단위까지 읽는다. 그림의 경우 9mm이다.
- Step 2. 어미자와 눈금이 일치하는 곳의 아들자 눈금을 mm 이하 단위로 읽는다. 그림의 경우 0.15mm이다.
- Step 3. 이를 합한다. 따라서 그림은 9.15mm이다.

10-6
한계 게이지 측정 : 일종의 비교 측정이다. 제품 사용 가능 여부를 판단하기 위해 최대 허용값, 최소 허용값으로 만들어진 한계 게이지를 사용하여 측정한다. 측정하는 치수마다 개별 게이지가 필요하지만 대량 생산의 경우 양호 불량 판정을 쉽게 할 수 있으며 효율적인 측정이 가능하다.

10-7
블록 게이지는 비교측정기이다. 하이트 게이지와 버니어 캘리퍼스는 측정자의 위치와 눈금의 위치가 서로 다르며 측정기의 구조상 오차로 인해 오차가 발생할 수 있다. 마이크로미터는 측정자와 측정 대상 위치가 일직선에 존재한다.

10-8
필러 게이지(Feeler Gauge, 틈새 게이지) : 강재의 얇은 편으로 된 것으로 금형 가공 시 높이를 맞추거나, 생성된 틈새 또는 홈의 간극 등을 측정하는 데 사용한다.

10-9
다이얼 게이지
- 베이스를 고정하고 접촉자를 기준면에 댄 후 측정 대상물을 회전운동이나 직선운동을 시켜 눈금의 변화를 확인하며 원하는 측정을 실시한다.
- 적용 측정할 때는 스핀들이 원활히 움직이는가를 확인하고, 스탠드를 앞뒤로 움직여 지시값의 차를 확인한다. 그리고 스핀들을 갑자기 작동시켜 반복 정밀도를 확인해 본다.
- 직각도, 평행도, 진원도, 진직도를 측정하며, 두께와 깊이도 측정한다.

10-10
편심량 측정

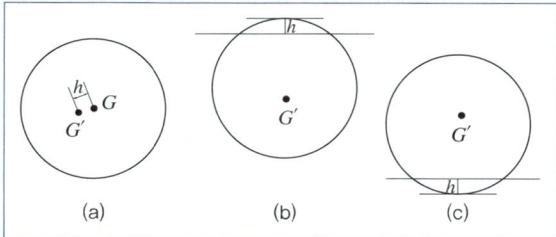

위의 그림에서 실제 원의 중심은 G이지만, h만큼 편심되어 현재 중심이 G'라고 하자. 회전체를 회전시키면 다이얼 게이지는 제일 높은 곳에서는 $-h$만큼 눈금이 돌아가고, 제일 낮은 곳에서는 $+h$만큼 눈금이 돌아갈 것이다. 상하의 눈금차는 $+h$, $-h$가 모두 반영된 양이며

$+h-(-h) = 2h = 10\mu m$, $\therefore h = 5\mu m$

10-11
삼침법
- 연삭가공한 정밀한 나사의 유효지름 측정에 이용한다.
- 나사측정법 중 정밀도가 높다.
- 동일한 지름을 갖는 3개의 침으로 나사 한쪽에 2개, 반에 1개를 접촉하고 3침의 외측치수를 측정하여 공식에 의해 계산한다.

정답 10-1 ④ 10-2 ① 10-3 ④ 10-4 ③ 10-5 ③ 10-6 ④ 10-7 ④ 10-8 ① 10-9 ③ 10-10 ② 10-11 ①

| 핵심이론 11 | 용 접

① 용접 일반
  ㉠ 용접의 분류
    • 압접 : 반용융 또는 플라스마 상태의 재료를 크게 압력을 가하여 붙이는 방법
      - 단접 : 롤, 다이, 해머 등 단조 가공에 사용하는 방법과 유사하게 압력을 가하여 접합하는 방법
      - 냉간압접 : 가열 없이 재료를 강압하여 소성변형에 의해 접합
      - 저항용접
        가. 저항용접의 3대 요소
           용접전류, 통전시간, 가압력
        나. 종류 : 용접부의 형상과 방법에 따라 점(Spot)용접, 심(Seam)용접, 프로젝션(Projection)용접, 업셋(Upset)용접, 플래시(Flash)용접, 퍼커션(방전충격)용접으로 구분
        다. 특징 : 아크용접에 비해 저온을 사용하며, 작업속도가 빠르고 결과가 깨끗하여 자동화된 대량 생산 공정에 적합하다. 큰 전류를 사용하고 설비가 필요하며 접합 부위를 외관으로 확인할 수 없어서 외관으로 결과를 예측해야 한다.
      - 가스압접 : 맞대기 부분을 가스 불꽃으로 가열, 재결정온도 상태에서 압접
      - 폭발압접 : 폭발력에 의해 압접하며 깨끗하고 간단하고 견고한 방법이나 폭발 소음이 발생하고 폭발력을 제어할 방법이 필요
      - 마찰용접 : 모재 사이에 회전력을 주어 마찰열을 발생시키면서 압력을 주어 접합
    • 융 접
      - 모재를 녹여서 붙이는 가장 널리 알려진 방법
      - 종류 : 크게 테르밋 용접, 아크용접, 가스용접으로 분류하며 아크용접은 아크의 발생 환경에 따라 금속 아크용접, 탄소 아크용접, 스터드 아크용접, 원자 수소 용접, 불활성 가스 아크용접, 서브머지드 아크용접 등으로 구분한다.
    • 납접 : 용가제만을 녹여 붙이는 방법으로 대표적으로 전자부품 접합 시 사용하는 납땜 등이 있다.
  ㉡ 용접의 장단점
    • 제품의 성능과 수명이 향상된다.
    • 공정 횟수가 감소되며 이음형상을 자유롭게 할 수 있다.
    • 이음 효율이 향상된다.
    • 재료 두께의 제한이 없다.
    • 자재가 절약되고 이종(異種) 재료도 접합할 수 있다.
    • 열에 의한 변형, 수축 및 취성의 발생 우려가 있다.
    • 잔류응력에 의한 부식의 우려가 있다.
    • 품질검사가 어렵다.
    • 숙련도에 따라 작업자 요인이 많이 작용한다.
  ㉢ 용접 균열
    • 용접균열은 용접 부위가 열을 받고 냉각하는 사이에 모재의 열영향부와 영향을 받지 않은 부분의 열의 불균형에 의해 주로 발생하고, 불순물이나 용접 불량 등에서도 발생한다.
    • 저온균열은 용접부위가 상온으로 냉각되면서 생기는 균열을 말하며, 용접부에 수소의 침투나 경화에 의해 발생한다. 수소의 침투를 제한하기 위해 수분(H_2O)의 제거나 저수소계용접봉 등을 사용하거나 열충격을 낮추기 위해 가열부의 온도를 제한하는 방법을 고려할 수 있다.

② 가스용접
  ㉠ 장단점
    • 열량조절이 쉽고, 조작 방법이 간편하다.
    • 설비비가 싸고 유해 광선에 의한 피해가 적다.

- 열원의 온도가 낮고 열의 집중성이 나쁘다.
- 가열 시간이 길어 용접 변형이 크다.
- 폭발 위험성이 크다.

ⓒ 불꽃
- 형태에 따른 불꽃의 종류 : 불꽃심(끝부분에서 가장 높은 온도), 속불꽃, 겉불꽃
- 연소에 따른 불꽃의 종류 : 중성불꽃(연료 : 산소 = 1 : 1), 탄화불꽃(연료 多), 산화불꽃(산소 多)

ⓒ 토치 취급 시 주의사항
- 점화된 토치는 함부로 방치하지 않는다.
- 토치를 망치나 꼬챙이, 막대 대용으로 사용하지 않는다.
- 안전한 취급을 위해 열의 소거, 변형의 조정, 공급량 조정 등의 조절 시에는 밸브를 모두 잠근다.
- 작업 중 역류, 역화, 인화 등에 항상 주의한다.

ⓔ 역류, 역화, 인화
- **역류**(Contraflow) : 산소가 아세틸렌 발생기 쪽으로 흘러 들어가는 것(발생기 쪽 막힘 같은 경우)
- **인화**(Flash Back) : 혼합실(가스 + 산소 만나는 곳)까지 불꽃이 밀려들어가는 것. 팁 끝이 막히거나 작업 중 막는 경우 발생
- **역화**(Backfire) : 가스 혼합, 팁 끝의 과열, 이물질의 영향, 가스 토출 압력 부적합, 팁의 좸 불완전 등으로 불꽃이 '펑펑'거리며 팁 안으로 들어왔다 나갔다 하는 현상

③ 아크용접
ⓐ 아크용접 일반
- 아크용접은 교류 또는 직류 전압을 전극봉과 모재에 접촉하여 아크를 발생시켜 용접한다.
- **아크**(Arc)란 일종의 집중 방전현상으로 전극에서 전하가 공기 중으로 튀어나와 다른 전극으로 건너뛰는 현상을 말한다.
- **용착금속**(Weld Metal) : 접합부에서 모재와 녹아 붙은 금속
- **용입**(Penetration) : 모재가 용융된 깊이
- **비드**(Bead) : 용착금속이 응고되어 파형모양을 띠게된 모재 표면
- 피복 아크용접, 불활성가스 아크용접(TIG, MIG), 서브머지드 아크용접, CO_2 용접, 플라스마 아크용접 등이 있다.

ⓑ 아크 특성
- **정전압특성**[또는 CP(Constant Potential) 특성] : 아크의 길이가 l_1에서 l_2로 변하면 아크 전류가 I_1에서 I_2로 크게 변화하지만 아크 전압에는 거의 변화가 나타나지 않는 특성
- **상승특성** : 아르곤이나 CO_2 아크 자동 및 반자동 용접과 같이 가는 지름의 전극 와이어에 큰 전류를 흐르게 할 때의 아크는 상승 특성을 나타내며, 여기에 상승특성이 있는 직류 용접기를 사용하면, 아크의 안정은 자동적으로 유지되어, 아크의 자기 제어작용을 한다.
- **부특성** : 전류 밀도가 작은 범위에서 전류가 증가하면 아크 저항은 감소하므로 아크 전압도 감소하는 특성

ⓒ 아크용접의 비교

분류	장점	단점
직류아크용접	아크가 안정되고 전격의 위험이 적다.	구조가 복잡하고 아크 쏠림이 일어난다.
교류아크용접	구조가 간단하고 아크 쏠림이 없다.	아크가 불안정하고 전류가 높아 위험하다.

ⓓ 직류 정극성 : 정극성은 용접봉에서 전하가 튀어 나가도록 연결된 상황으로 (−)극에서 전하가 튀어 나간다. 즉 용접봉 (−)극, 모재 (+)극으로 연결된다.

ⓔ 정극성 vs 역극성
- **정극성** : 모재의 용입이 깊고 비드폭이 좁다. 또 용접봉의 용융이 느리다.
- **역극성** : 용입이 얕다. 비드가 상대적으로 넓고, 모재 쪽 용융이 느리다. 얇은 판에 유리하다.

ⓑ 아크쏠림
- 직류 아크용접 중 아크가 극성이나 자기(Magnetic)에 의해 한쪽으로 쏠리는 현상이다.
- 아크쏠림 방지대책
  - 접지점을 용접부에서 멀리함
  - 가용접을 한 후 후진법으로 용접을 함
  - 아크의 길이를 짧게 유지하는 방법
  - 직류 용접보다는 교류 용접을 사용함

ⓢ 피복 아크용접의 결함
- **용접균열** : 가장 중대한 결함이며, 용접금속의 균열과 열영향부 균열로 나뉜다.
  - 용접금속의 균열
    가. **고온균열** : 필렛용접의 세로균열이나 크레이터 균열 등과 같이 용융금속이 수축할 때에 생기기 쉽다. 강재 속의 황, 인, 탄소가 원인
    나. **저온균열** : 응력이 집중되는 부분에 생기기 쉬우며, 비드 균열이 여기 속한다.
  - **열영향부 균열** : 비드 밑 균열, 토(Toe) 균열, 비드 균열이 있다.
  - **균열 방지 방법** : 적당한 모재 선택 / 저수소 용접봉 사용 / 적당한 예열과 후열
- **기공** : 아크의 길이가 길 때, 피복제에 수분이 있을 때, 용접부의 냉각속도가 빠를 때 용착금속에 가스가 생겨 발생
- **스패터** : 용융금속의 기포나 용적이 폭발할 때 슬래그가 비산하여 발생한다. 과대 전류, 피복제의 수분, 아크의 길이가 길 때 발생한다.
- **언더컷** : 모재와 비드의 경계 부분에 팬 홈이 생기는 것이다. 과대전류, 용접봉의 부적절한 운봉, 지나친 용접속도, 긴 아크 길이가 원인이 된다.
- **오버랩** : 용융금속이 모재에 용착되는 것이 아니라 덮기만 하는 것을 말한다. 용접 전류가 낮거나 속도가 느리거나, 맞지 않는 용접봉 사용 시 발생한다.
- **용입불량** : 모재가 녹아서 융합된 깊이를 용입이라 하고, 용입깊이가 얕은 경우를 말한다. 용접 전류가 낮거나 용접 속도가 빠를 때 발생하기 쉽다.
- **슬래그 섞임** : 용착 금속 안에 슬래그가 남아 있는 것이다. 슬래그 제거 불량이나 운봉 불량이 원인

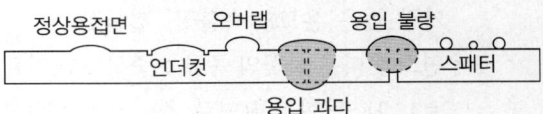

④ **용접변형과 잔류응력**
  ㉠ 발생원인
  - 용접이 열에 의한 용융접합을 기본으로 하는 방법이므로, 모재가 열변형을 받는다.
  - 용융금속이 수축에 의해 인장응력이 발생하여 변형된다.
  - 모재의 형상에 따라 수축을 상쇄할 수 없는 경우 변형된다.
  - 용접속도가 열의 확산에 비해 느릴 경우 변형이 커진다.
  - 큰 열이 발생하는 고입열(高入熱) 용접일수록 변형이 커진다.
  - 모재가 열에 의한 변형력을 받은 상태에서 외형의 변형이 일어나지 않은 상태에서는 내부의 잔류응력이 남게 된다.

  ㉡ 방지대책
  - 모재 형상의 수축을 상쇄할 수 있도록 지정한다.
  - 용접속도를 빠르게 하여 변형력을 감소시킨다.
  - 저(低)입열 용접을 실시한다.
  - 용접시공 시 용착금속의 양을 줄인다.
  - 스킵용착법을 실시하고 대칭법, 후진법으로 용접시공한다.
  - 수축이 자유로이 일어날 수 있도록 용접 부위를 선정한다.
  - 용접 부위를 예열하여 열변형과 수축에 대비한다(예열법).

- 용접 전 역변형력을 가해 용접열에 의한 변형에 대비한다(역변형법).
- 지그, 포지셔너(Positioner) 등으로 고정하여 변형력에 대해 저항력을 가한다(억제법).
- 용접부에 외부로 열을 빼내거나 사전 수랭 대책을 세운다(도열법).
- 용접 직후 피닝(Peening) 해머로 비드를 두드려 외력을 가한다(피닝법).
- 용접 외에 가열하여 수축률을 맞추는 방법이다(가열법).

⑤ 그 밖의 용접

㉠ 불활성 가스용접 : 불활성 가스 속에서 아크를 발생시켜 모재와 전극봉을 용융, 접합. TIG(Inert Gas Shielded Tungsten Arc Welding) 용접, MIG(Inert Gas Shielded Metal Arc Welding) 용접이 있다. 열집중이 높고 가스 이온이 모재 표면의 산화막을 제거하는 청정작용이 있으며 불활성 가스로 인해 산화, 질화가 방지된다.

㉡ 서브머지드 아크용접 : 뿌려둔 용제 속에서 아크를 발생시키고, 이 아크열로 용접한다. 슬래그가 덮여 있어 용입이 깊고, 이음 홈이 좁아 경제적이며 용접 중 용접부가 잘 안 보인다.

㉢ CO_2 아크용접 : 보호가스로 CO_2를 사용한다. 전류밀도가 높아 용융속도가 빠르며 아크가 보여서 시공이 편리하다.

㉣ 플라스마 용접 : 전극과 모재 사이에 플라스마 아크를 이용하여 용접한다. 열 집중이 우수하여 용입이 깊고 용접속도가 빠르며 용접부가 대기로부터 보호된다. 또한 전극소모가 적고 장시간 용접이 가능하여 운영비용이 절감된다. 자동 용접에 적합하다.

㉤ 전자빔, 레이저빔 용접 : 열 집중이 좋아 좁고 깊은 용입이 얻어진다. 레이저빔은 비금속 재료의 용접에도 적합하다.

㉥ 스터드(Stud) 용접 : Stud(볼트, 환봉, 핀)와 모재 사이에 아크를 발생시켜 스터드와 모재를 적절히 녹인 뒤 꾹 눌러 융합시키는 용접이다. 용접변형이 적고, 느린 냉각으로 균열이 적다.

㉦ 테르밋(Thermit) 용접 : 미세한 알루미늄가루와 산화철가루를 3~4 : 1 중량으로 혼합한 테르밋제에 과산화바륨과 알루미늄(또는 Mg)의 혼합 가루로 된 점화제를 넣어 점화하고 화학반응에 의한 열을 이용한다. 이 반응을 테르밋 반응이라 한다.
- 용융테르밋법 : 테르밋 반응에 의해 만들어진 용융금속을 접합 또는 덧살올림 용접하는 방법이다.
- 특징 : 기술습득이 용이하고, 용접시간이 짧아 용접 후 변형이 적다.

㉧ 전기저항용접
- 겹치기 저항용접 : 스폿(Spot) 용접, 심(Seam) 용접, 프로젝션(Projection) 용접
- 맞대기 저항용접 : 업셋(Upset) 용접, 플래시(Flash) 용접

10년간 자주 출제된 문제

11-1. 일반적인 용접의 특징으로 틀린 것은?
① 작업 공정수가 적어 경제적이다.
② 재료가 절약되고 중량이 가벼워진다.
③ 품질검사가 쉽고 변형이 발생하지 않는다.
④ 소음이 적어 실내에서의 작업이 가능하며 복잡한 구조물 제작이 쉽다.

11-2. 용접법의 분류 중에서 융접에 해당하지 않는 것은?
① 저항 용접
② 스터드 용접
③ 피복 아크용접
④ 서브머지드 아크용접

11-3. 일반적인 저항용접의 특징으로 옳은 것은?
① 산화 및 변질 부분이 크다.
② 다른 금속 간의 접합이 용이하다.
③ 대전류를 필요로 하고 설비가 복잡하다.
④ 열손실이 크고, 용접부에 집중열을 가할 수 없다.

11-4. 일반적인 플라스마 아크용접의 특징으로 틀린 것은?
① 아크의 방향성과 집중성이 좋다.
② 설비비가 적게 들고, 무부하 전압이 낮다.
③ 단층으로 용접할 수 있으므로 능률적이다.
④ 용접부의 기계적 성질이 좋고 변형이 적다.

11-5. 교류 및 직류 아크용접기의 특성을 비교한 내용으로 틀린 것은?
① 교류 아크용접기가 직류 아크용접기보다 감전 위험성이 높다.
② 교류 아크용접기는 자기쏠림을 방지할 수 있다.
③ 무부하 전압은 직류 아크용접기에 비하여 교류 아크용접기가 높다.
④ 아크의 안정성은 교류용접기가 직류용접기보다 우수하다.

11-6. 아크쏠림 현상을 방지하는 방법으로 틀린 것은?
① 아크길이를 길게 한다.
② 접지점을 될 수 있는 대로 용접부에서 멀게 한다.
③ 직류 용접으로 하지 말고 교류 용접으로 한다.
④ 용접봉 끝을 아크쏠림 반대 방향으로 기울인다.

11-7. 피복 아크용접에서 융접 결함과 그 원인을 연결한 것 중 틀린 것은?
① 오버랩(Overlap) – 용접 전류가 낮고 용접봉의 선택이 불량할 때
② 스패터(Spatter) – 용접 전류가 낮고 아크 길이를 짧게 했을 때
③ 언더컷(Under Cut) – 용접 전류가 높고 아크 길이가 너무 길 때
④ 용입불량 – 용접 전류가 낮고 용접속도가 너무 빠를 때

11-8. 테르밋 용접법의 특징으로 옳은 것은?
① 전기가 필요하다.
② 용접작업이 복잡하다.
③ 용접작업 후의 변형이 적다.
④ 용접용 기구가 복잡하여 이동이 어렵다.

11-9. 일반적인 탄산가스 아크 용접의 특징으로 틀린 것은?
① 가시 아크이므로 시공이 편리하다.
② 바람의 영향을 받지 않으므로, 방풍 장치가 필요 없다.
③ 전류밀도가 높아 용입이 깊고 용접 속도를 빠르게 할 수 있다.
④ 용제를 사용하지 않아 슬래그의 혼입이 없고, 용접 후의 처리가 간단하다.

|해설|

11-1
용접의 장단점
• 제품의 성능과 수명이 향상된다.
• 공정 횟수가 감소되며 이음형상을 자유롭게 할 수 있다.
• 이음 효율이 향상된다.
• 재료 두께의 제한이 없다.
• 자재가 절약되고 이종(異種) 재료도 접합할 수 있다.
• 열에 의한 변형, 수축 및 취성의 발생 우려가 있다.
• 잔류응력에 의한 부식의 우려가 있다.
• 품질검사가 어렵다.
• 숙련도에 따라 작업자 요인이 많이 작용한다.

11-2
용접은 모재를 녹여서 붙이는 가장 널리 알려진 방법으로 크게 테르밋 용접, 아크용접, 가스용접으로 분류하며 아크용접은 아크의 발생 환경에 따라 금속 아크용접, 탄소 아크용접, 스터드 아크용접, 원자 수소 용접, 불활성 가스 아크용접, 서브머지드 아크용접 등으로 구분한다.

| 해설 |

11-3
저항용접의 특징 : 아크용접에 비해 저온을 사용하며, 작업속도가 빠르고 결과가 깨끗하여 자동화된 대량 생산 공정에 적합하다. 큰 전류를 사용하고 설비가 필요하며 접합 부위를 외관으로 확인할 수 없어서 외관으로 결과를 예측해야 한다.

11-4
플라스마 용접 : 전극과 모재 사이에 플라스마 아크를 이용하여 용접한다. 열 집중이 우수하여 용입이 깊고 용접속도가 빠르며 용접부가 대기로부터 보호된다. 또한 전극소모가 적고 장시간 용접이 가능하여 운영비용이 절감된다. 자동 용접에 적합하다.

11-5
아크용접의 비교

분 류	장 점	단 점
직류 아크용접	아크가 안정되고 전격의 위험이 적다.	구조가 복잡하고 아크쏠림이 일어난다.
교류 아크용접	구조가 간단하고 아크쏠림이 없다.	아크가 불안정하고 전류가 높아 위험하다.

11-6
아크쏠림은 직류 아크용접 중 아크가 극성이나 자기(Magnetic)에 의해 한쪽으로 쏠리는 현상으로 그 대책은 다음과 같다.
- 접지점을 용접부에서 멀리함
- 가용접을 한 후 후진법으로 용접을 함
- 아크의 길이를 짧게 유지하는 방법
- 직류 용접보다는 교류 용접을 사용함

11-7
스패터 : 용융금속의 기포나 용적이 폭발할 때 슬래그가 비산하여 발생한다. 과대 전류, 피복제의 수분, 아크의 길이가 길 때 발생한다.

11-8
테르밋(Thermit) 용접 : 미세한 알루미늄가루와 산화철가루를 3~4 : 1 중량으로 혼합한 테르밋제에 과산화바륨과 알루미늄(또는 Mg)의 혼합 가루로 된 점화제를 넣어 점화하고 화학반응에 의한 열을 이용한다. 이 반응을 테르밋 반응이라 한다.
- 용융테르밋법 : 테르밋 반응에 의해 만들어진 용융금속을 접합 또는 덧살올림 용접하는 방법이다.
- 특징 : 기술습득이 용이하고, 용접시간이 짧아 용접 후 변형이 적다.

11-9
탄산가스(CO_2) 아크용접은 보호가스로 CO_2를 사용한다. 바람이 발생하면 CO_2를 불어 제거하므로 방풍장치가 필요하다.

정답 11-1 ③ 11-2 ① 11-3 ③ 11-4 ② 11-5 ④
     11-6 ① 11-7 ② 11-8 ③ 11-9 ②

핵심이론 12 | 열처리 및 표면경화

① 탄소강

㉠ 탄소강은 순철보다는 Fe_3C의 함유량이 많고, 대략 2.0% C까지의 철을 말한다(실제 사용하는 탄소강은 1.2% C 이하의 철을 이용한다).

㉡ 0.77% C(탄소함유량으로는 0.8% C)의 철을 공석강이라고 한다. 공석강은 페라이트(α-고용체)와 시멘타이트(Fe_3C)가 동시에 석출되어 층층이 쌓인 펄라이트(Pearlite)라는 독특한 조직을 갖는다.

㉢ 0.8% C 이하의 탄소강은 페라이트(α-고용체) + 펄라이트의 조직으로 0.8% C 이상의 탄소강은 펄라이트 + 시멘타이트(Fe_3C)의 조직이라고 본다.

㉣ 탄소강의 5대 불순물과 기타 불순물
- C(탄소) : 강도, 경도, 연성, 조직 등에 전반적인 영향을 미친다.
- Si(규소) : 페라이트 중 고용체로 존재, 단접성과 냉간가공성을 해친다(0.2% 이하로 제한).
- Mn(망가니즈) : 강도와 고온가공성을 증가. 연신율 감소를 억제, 주조성, 담금질 효과향상, 적열취성을 일으키는 황화철(FeS) 형성 방지
- P(인) : 인화철 편석으로 충격값을 감소시켜 균열을 유발하고, 연신율 감소, 상온취성을 유발
- S(황) : 황화철을 형성하여 적열취성을 유발하나 절삭성을 향상

㉤ 탄소강의 조직
- 페라이트(Ferrite, α-고용체)
  - 상온에서 최대 0.025% C까지 고용되어 있다.
  - HB 90 정도이며, 금속현미경으로 보면 다각형의 결정 입자로 나타난다.
  - 다소 흰색을 띠며, 대단히 연하고 전연성이 큰 강자성체이다.
- 오스테나이트(Austenite, γ-고용체)
  - 보통 공정선 위에서 나타나고 최대 2.0% C까지 고용되어 있는 고용체이다.

- 결정구조는 면심입방격자이며, 상태도의 A1점 이상에서 안정적 조직이다.
- 상자성체이며 HB155 정도이고 인성이 크다.
- 시멘타이트(Cementite, Fe_3C)
  - 6.67%의 C를 함유한 철탄화물이다.
  - 대단히 단단하고 취성이 커서 부스러지기 쉽다.
  - 1,130℃로 가열하면 빠른 속도로 흑연을 분리
  - 현미경으로 보면 희게 보이고 페라이트와 흡사
  - 순수한 시멘타이트는 210℃ 이상에서 상자성체이고 이 온도 이하에서는 강자성체이다. 이 온도를 A_0변태, 시멘타이트의 자기변태라 한다.
- 펄라이트(Pearlite)
  - 0.8% C(0.77% C)의 γ-고용체가 723℃에서 분해하여 생긴 페라이트와 시멘타이트의 공석정이며 혼합 층상 조직이다.
  - 강도와 경도가 높고(HB225 정도), 어느 정도 연성도 있다.
  - 현미경으로 봤을 때의 층상조직이 진주조개껍질처럼 보여 Pearlite라고 한다.

② 금속의 열처리(탄소강의 열처리 중심으로)

㉠ 불림, 노멀라이징(Normalizing)
- 조직을 가열하여 오스테나이트화 한 후, 조용한 공기 중에서 또는 약간 교반시킨 공기 중에서 냉각시키는 과정이다.
- 뒤틀어지고, 응력이 생기고, 불균일해진 조직을 균일화, 표준화하는 것이 가장 큰 목적이다.
- 주조 조직을 미세화하고, 냉간 가공, 단조 등에 의해 생긴 내부응력을 제거하여 결정조직, 기계적 성질, 물리적 성질 등을 표준화시킨다.

㉡ 풀림(Annealing), 완전풀림(Full Annealing)
- 완전풀림을 일반적으로 풀림이라 한다. 주조 조직이나 고온에서 오랜 시간 단련된 것은 오스테나이트의 결정입자가 크고 거칠어지며, 기계적인 성질이 나빠진다.
- 가열 온도 영역으로 일정시간 가열하여 γ-고용체로 만든 다음, 노 안에서 서랭하면 변태로 인하여 새로운 미세결정입자가 생겨 내부응력이 제거되면서 연화된다.
- 아공석강은 페라이트 + 층상 펄라이트, 공석강은 층상 펄라이트, 과공석강은 시멘타이트 + 층상 펄라이트의 이상적인 표준조직을 얻을 수 있다.

㉢ 항온 풀림(Isothermal Annealing) : 짧은 시간 풀림처리를 할 수 있도록 풀림 가열영역으로 가열하였다가 노 안에서 냉각이 시작되어 변태점 이하로 온도가 떨어지면 A1 변태점 이하에서 온도를 유지하여 원하는 조직을 얻은 뒤 서랭한다.

㉣ 응력제거풀림(Stress Relief Annealing)
- 금속재료의 잔류 응력을 제거하기 위해서 적당한 온도에서 적당한 시간을 유지한 후에 냉각시키는 처리
- 주조, 단조, 압연 등의 가공, 용접 및 열처리에 의해 발생된 응력을 제거한다.
- 주로 450~600℃ 정도에서 시행하므로 저온 풀림이라고도 한다.

㉤ 연화 풀림(Softening Annealing)
- 냉간가공을 계속하기 위해 가공 도중 경화된 재료를 연화시키기 위한 열처리로 중간 풀림이라고도 한다. 온도 영역은 650~750℃
- 연화과정: [회복] → [재결정] → [결정립 성장]

㉥ 구상화풀림 : 과공석강에서 펄라이트 중 층상시멘타이트 또는 초석 망상 시멘타이트가 그대로 있으면 좋지 않으므로 소성 가공이나 절삭 가공을 쉽게 하거나 기계적 성질을 개선할 목적으로 탄화물을 구상화시키는 열처리를 말한다.

㉦ 담금질(Quenching) : 가열하여 오스테나이트화한 강을 물이나 유체에 급랭하여 마텐자이트로 변태시켜 경화시키는 조작이다. 담금질 조직은 재료의 탄소 함유량에 따라 달라지며, 담금질의 냉각속도는 구(球)형일수록 빠르다.

◎ **담금질 조직**
- 마텐자이트 : 급랭할 때만 나오는 조직으로 대단히 경하고 침상조직이며 내식성이 강한 강자성체이다.
- 트루스타이트 : 오스테나이트를 기름에 냉각할 때 500℃ 부근에서 생기며, 마텐자이트를 뜨임하면 생긴다. 마텐자이트보다 덜 경하며, 인성은 다소 높다.
- 소르바이트 : 트루스타이트보다 약간 더 천천히 냉각하면 생기며 마텐자이트를 뜨임할 때 트루스타이트보다 조금 더 높은 온도영역(500~600℃)에서 뜨임하면 생긴다. 조금 덜 경하고, 강인성은 조금 더 좋다.
- 잔류오스테나이트 제거 : 냉각 후 상온에서도 변태를 끝내지 못한 오스테나이트가 조직 내에 남게 되면, 조직 내에서 어울리지 못하여 문제가 되므로 심랭처리(0℃ 이하로 담금질, 서브제로, 과랭)하여 없애도록 한다.
- 강도의 순서 : 마텐자이트 > 트루스타이트 > 소르바이트 > 오스테나이트

ⓒ 뜨임 : 담금질 후 내부응력이 있는 강의 내부응력을 제거하거나 인성을 개선시켜주기 위해 100~200℃ 온도로 천천히 뜨임하거나 500℃ 부근에서 고온으로 뜨임한다. 200~400℃ 범위에서 뜨임을 하면 뜨임메짐 현상이 발생한다.

③ **표면경화법**
㉠ **금속침투법**
- 세라다이징 : 아연을 침투, 확산시키는 것
- 칼로라이징 : 알루미늄 분말에 소량의 염화암모늄(NH_4Cl)을 가한 혼합물과 경화
- 크로마이징 : 크롬은 내식, 내산, 내마멸성이 좋으므로 크롬 침투에 사용한다.
  - 고체분말법 : 혼합분말 속에 넣어 980~1,070℃ 온도에서 8~15시간 가열한다.
  - 가스 크로마이징 : 이 처리에 의해서 Cr은 강 속으로 침투하고, 0.05~0.15mm의 Cr 침투층이 얻어진다.
- 실리코나이징 : 내식성을 증가시키기 위해 강철 표면에 Si를 침투하여 확산시키는 처리
  - 고체분말법 : 강철부품을 Si 분말, Fe-Si, Si-C 등의 혼합물 속에 넣고, 염소 가스를 통과시킨다. 염소 가스는 용기 안의 Si 카바이드 또는 Fe-Si와 작용하여 강철 속으로 침투, 확산한다.
  - 펌프축, 실린더, 라이너, 관, 나사 등의 부식 및 마멸이 문제되는 부품에 효과가 있다.
- 보로나이징 : 강철 표면에 붕소를 침투 확산시켜 경도가 높은 보론화 층을 형성

ⓒ **하드페이싱** : 소재의 표면에 스텔라이트나 경합금 등을 융접 또는 압접으로 융착시키는 표면경화법

ⓒ **전해경화법** : 전해액 속에 경화 처리할 부품을 넣고 전해액을 +극에, 물품을 −극에 접속한 후, 220~260V, 5~10A/cm^2, 5~10초 동안 처리하는 방법. 1~3mm 깊이까지 담금질 경화가 됨

㉢ **금속착화법** : 표면에 각종 금속을 다양한 방법으로 입혀서 표면성질을 개선하는 방법
- 금속용사법 : 강의 표면에 용융 상태 혹은 반용융 상태의 미립자를 고속으로 분사시켜 강 표면에 매우 강력한 보호피막이 형성되게 하는 방법
- 화염경화법 : 표면에 불꽃을 염사하여 닿는 부위만 열처리되는 효과를 보고자 하는 표면 경화법으로 국부 담금질이 가능하고, 온도조절이 쉬우며, 대상물의 크기나 형상에 제한이 없다. 그러나 균일한 가열이나 균일한 열처리에는 어려움이 있다.

㉤ **침탄법** : 저탄소강의 표면에 탄소를 침투시켜 표면만 고탄소강으로 만드는 방법이다. 이 과정은 표면의 경도는 올라가고 내부는 저탄소강 고유의 성질을 얻기 위해 실시한다. 고체 침탄, 액체 침탄, 기체 침탄, 침탄 질화 등의 세부 방법이 있다. 고체

침탄은 비용이 저렴하지만, 작업이 힘들고 침탄층을 만드는 데도 시간이 많이 걸린다. 액체 침탄은 처리시간이 짧고 잔류응력발생이 적고 대량 생산에 적합하지만, 독성 물질을 사용한다. 기체 침탄은 농도와 확산조절이 쉽고 균일한 침탄층을 얻으며 열효율도 높다.

ⓑ 질화처리 : 가스침투법의 하나로 암모니아 가스를 이용하여 재질의 내마모성과 내식성을 부여하고 안정적인 고온 경도를 부여하는 표면처리법이다. 침탄처리보다는 열처리 변형이 낮고 후열처리가 불필요하며 고온 가열에도 경도 저하가 없다. 하지만 질화층을 제거하기 어렵고 표면경화시간이 상대적으로 길며 처리비용이 많이 들고 적용가능한 강의 종류가 제한적이다.

ⓢ 고주파 담금질
- 고주파 전류로 맴돌이 전류를 유도, 이를 이용하여 표면온도를 상승시키고 냉각수를 분사하는 방법
- 특징 : 열처리 시간이 매우 짧아 산화와 변형이 적고, 전류를 이용하여 직접 가열하고 선택적으로 가열이 가능하므로 효율이 높고 온도제어가 용이하다. 설비비용이 많이 드나 유지비도 적고 대량 생산에 적용하면 장점이 많다.

④ 폐수 처리
㉠ 열처리 후 발생하는 폐수는 시안계 폐수, 크롬계 폐수, 산알칼리계 폐수 등으로 분류가 가능하고, 상시 배출처리와 주기적 발생하는 중금속이 함유된 농후폐액 처리로 구분할 수 있다.
㉡ 시안계 폐수는 여과 후 수산화나트륨(NaOH)과 염화나트륨(NaCl)을 이용하여 이온상태를 교환하여 중성수의 깨끗한 물로 처리하는 방식이다.
㉢ 크롬계 폐수는 여과 후 염산(HCl)과 수산화나트륨(NaOH)을 이용하여 이온상태를 교환하여 중성수의 깨끗한 물로 처리하는 방식이다.
㉣ 상시 처리 되지 못하는 중금속이 함유된 농후폐액은 여러 방법으로 중성화가 가능하지만, 폐액을 주의하여 저장관리하고 처리되지 못하는 폐액은 응집, 침강, 증발분리 등의 과정을 거쳐 고체와 액체를 분리하도록 한다.

⑤ 표면처리
㉠ 대부분의 금속은 대기 및 자연환경에서 수분, 산소 및 반응성 가스들로 인해 표면이 변질되고 부식이 발생하며, 이러한 문제는 성능의 저하는 물론 안전에도 영향을 끼칠 수 있다.
㉡ 따라서 금속 제품은 대부분 표면처리를 실시하는데, 제품 생산의 마지막 단계에 시행되며 외관 및 성능에 영향을 끼친다.
㉢ 표면처리는 표면의 세정, 기계적 연마, 전기 도금, 금속 및 비금속 코팅 등으로 분류할 수 있다.

- 도 금
  - 도금은 소재표면에 요구되는 기능을 부여하기 위하여 생산계획수립, 도금작업, 후처리작업 등을 통해 금속 및 비금속 피막을 형성시키는 일이다.
  - 도금의 종류
    가. 전기 도금 : 전류를 이용하여 금속 및 비금속 소재에 각종 금속 피막을 형성하는 방법
    나. 화학 도금 : 화학 반응을 이용하여 각종 소재에 금속 피막을 형성하는 방법
    다. 용융 도금 : 철강 등을 다른 금속의 용융체에 통과시켜 금속 피막을 입히는 방법
    라. 금속 침투 : 금속 표면에 다른 금속을 확산, 침투시켜 금속 피막을 형성하는 방법
    마. 금속 용사 : 용융 금속을 각종 소재에 분사시켜 금속 피막을 도포하는 방법
    바. 진공 증착 : 진공 중 금속을 가열하여 증기화 한 후 소재에 도포하는 방법

사. 음극 스패터링 : 진공 중 이온화된 아르곤 등이 음극에 충돌할 때 유리(遊離)되는 물질 혹은 그 화합물을 소재에 피복하는 방법
아. 이온 도금 : 진공 중 증발된 금속을 방전 구역에 통과시켜 양이온으로 바꾼 후 음극으로 대전된 소재에 충돌시켜 피막을 형성하는 방법
자. 화학 증착법(CVD) : 금속 화합물 증기를 가열된 소재 표면에서 분해하여 피막을 형성하는 방법
- 분극 현상 : 전자의 흐름이 있을 때, 음극은 양극화되며, 양극은 음극화되는 성질을 분극이라 한다. 분극 현상은 전류의 세기가 셀수록 전자의 흐름이 증가하므로 증가하게 된다.
- 도금액
  가. 주성분 : 도금될 금속 성분을 지닌 염. 도금이 시작되면 음극 부분에 존재하고 있던 금속 이온이 피도금물의 표면에 석출되고 양극을 녹여서 다시 음극에 금속 이온이 석출되도록 하는 역할을 한다.
  나. 보조성분(첨가제)의 첨가 목적
    a. 도금액의 pH를 조절하고 유지한다.
    b. 전기 전도율을 증가시킨다.
    c. 양극의 용해를 촉진한다.
  다. 피막의 밀착성을 향상시킨다.
  라. 도금액 중 불순물을 분해 또는 제거한다.
  마. 도금액 중 특성성분을 산화 또는 환원시킨다.
  바. 도금면에 수소 발생을 억제한다.
- 도금에 영향을 주는 요인
  가. 음극의 전류 밀도가 작으면 금속에 석출되는 핵의 수가 제한되며, 결정이 성장하여 입자가 커져 도금면이 거칠어지므로 전류 밀도를 높여 결정립 수를 높여야 한다.
  나. 전류 밀도가 너무 높으면 국부 전류 집중 현상이 발생할 수 있어 주의해야 한다.
  다. 도금액의 농도를 증가시키면 전기 전도율이 증가하여 도금 속도가 빨라지며, 도금층 색이 균일하고 비교적 큰 전류 밀도에서도 평활성이 높은 우수한 도금을 얻을 수 있으나 도금 손실량은 늘어난다.
  라. 도금액의 온도를 증가시키면 이온의 전도율이 증가하므로 도금속도가 증가하고 평활성 및 광택성이 좋아진다.
  마. 도금액의 온도가 너무 높으면 이미 입혀진 도금의 결정 성장을 촉진하여 도금면이 거칠어지거나 수소홀이 발생할 수 있다.
  바. 도금액의 온도가 너무 낮으면 액의 저항이 증가하여 전류의 흐름이 나빠지며, 광택성이 저하된다.
  사. 도금액 중 콜로이드(Colloid) 상 형성하는 젤라틴, 펩톤, 아교 등 첨가제를 소량 넣으면 미세화가 촉진된다.
  아. 첨가제가 과도하면 면이 거칠고 기계적 성질이 취약한 도금면이 얻어진다.
  자. 계면 활성제의 일종인 유기 광택제는 도금 과정 중 석출된 금속의 수지상 성장을 방해하여 도금면의 평활화에 도움을 주고 전류 밀도를 증가시키고 도금층을 경화시킨다.
  차. 착염 형성염을 첨가하면 금속 이온 농도가 낮아지므로 미세한 결정을 얻을 수 있다.
• 다른 표면처리법
  - 양극산화 : 알루미늄 등의 금속을 양극으로 전해하여 산화 피막을 형성시키는 방법
  - 화성처리 : 소재 금속 표면을 화학 반응시켜 산화막이나 무기염의 얇은 피막을 형성하는 방법
  - 도장 : 금속에 도료를 칠하는 방법. 장식성과 내식성의 향상을 기대

- 라이닝 : 금속에 고무나 합성수지 등을 피복하는 방법. 내식성, 내마모성 향상을 기대
- 코팅 : 금속 표면에 합성수지, 법랑, 세라믹스 등을 물리적인 방법으로 입히는 방법

10년간 자주 출제된 문제

12-1. 재료의 강도와 경도를 증가시키기 위하여 실시하는 열처리로 가장 적합한 것은?
① 풀림 ② 불림
③ 뜨임 ④ 담금질

12-2. 강을 담금질하면 경도가 증가하나 취성이 커지므로 사용 목적에 알맞은 강도로 A_1 변태점 이하의 적당한 온도로 재가열하여 인성을 증가시키고 경도를 감소시키는 것은?
① 뜨임 ② 불림
③ 침탄 ④ 풀림

12-3. 담금질한 강 중의 잔류 오스테나이트를 마텐자이트화시키는 작업으로 0℃ 이하의 온도에서 냉각시키는 조작은?
① 질량효과 ② 심랭처리
③ 항온열처리 ④ 고주파경화

12-4. 결정조직을 조절하고 연화시키기 위한 열처리로 맞는 것은?
① 퀜칭(Quenching) ② 어닐링(Annealing)
③ 템퍼링(Tempering) ④ 노멀라이징(Normalizing)

12-5. 일반열처리 중 풀림의 목적과 가장 거리가 먼 것은?
① 강을 연하게 한다.
② 내부 응력을 제거한다.
③ 강의 인성을 증대시킨다.
④ 냉간 가공성을 향상시킨다.

12-6. 용접으로 인한 잔류응력을 제거하는 방법으로 가장 적합한 것은?
① 담금질 ② 풀림
③ 불림 ④ 뜨임

12-7. 다음 금속침투법 중 철-알루미늄 합금층이 형성될 수 있도록 철강 표면에 알루미늄을 확산, 침투시키는 것은?
① 칼로다이징 ② 세라다이징
③ 크로마이징 ④ 실리코나이징

12-8. 기계의 축, 기어, 캠 등 부품에 강도 및 인성, 접촉부의 내마멸성을 증대시키기 위한 표면경화 열처리법이 아닌 것은?
① 침탄법 ② 질화법
③ 화염 경화법 ④ 항온 열처리법

12-9. 일반적인 질화법의 특징으로 틀린 것은?
① 경화에 의한 변형이 크다.
② 질화 후의 열처리가 필요 없다.
③ 침탄법에 비해 경화층이 얇고 조작시간이 길다.
④ 질화층을 깊게 하려면 긴 시간이 걸린다.

12-10. 일반적인 고주파 담금질의 특징으로 틀린 것은?
① 직접 가열하므로 열효율이 높다.
② 열처리 불량이 적고 변형 보정을 필요로 하지 않는다.
③ 가열 시간이 길어서 경화면의 탈탄이나 산화가 많이 발생한다.
④ 직접 부분 담금질이 가능하므로 필요한 깊이만큼 균일하게 경화된다.

12-11. 열처리 작업에서 발생되는 폐수 처리방식이 아닌 것은?
① 시안계 폐수 처리
② 변성로 폐수 처리
③ 크롬산계 폐수 처리
④ 중금속 이온 함유 폐수 처리

12-12. 도금 작업을 할 때 도금액에 관한 설명 중 옳은 것은?
① 도금액의 농도를 높이면 도금 속도가 늦어진다.
② 도금액 중에 금속분이 많으면 금속량 손실이 적어진다.
③ 도금액의 농도를 높이면 도금 색깔이 균일해진다.
④ 도금액의 농도를 높이면 도금액 조성의 변동이 커진다.

| 해설 |

12-1
담금질(Quenching) : 가열하여 오스테나이트화한 강을 급랭하여 마텐자이트로 변태시켜 경화시키는 조작. 전통적인 대장간의 풀무질 후 물에 담그는 급랭과정이 이 과정. 온도 영역은 A3 변태점 이상

12-2
뜨임 : 담금질 후 내부응력이 있는 강의 내부응력을 제거하거나 인성을 개선시켜주기 위해 100~200℃ 온도로 천천히 뜨임하거나 500℃ 부근에서 고온으로 뜨임한다. 200~400℃ 범위에서 뜨임을 하면 뜨임메짐 현상이 발생한다.

12-3
잔류 오스테나이트 제거 : 냉각 후 상온에서도 채 변태를 끝내지 못한 오스테나이트가 조직 내에 남게 된다. 이런 오스테나이트는 조직 내에서 어울리지 못하여 문제가 되므로 심랭처리(0℃ 이하로 담금질, 서브제로, 과랭)하여 없애도록 한다.

12-4
풀림(Annealing), 완전풀림(Full Annealing)
- 완전풀림을 일반적으로 풀림이라 한다. 주조 조직이나 고온에서 오랜 시간 단련된 것은 오스테나이트의 결정입자가 크고 거칠어지며, 기계적인 성질이 나빠진다.
- 가열 온도 영역으로 일정시간 가열하여 γ-고용체로 만든 다음, 노 안에서 서랭하면 변태로 인하여 새로운 미세결정입자가 생겨 내부응력이 제거되면서 연화된다.

12-5
- 강의 인성을 향상시키기 위한 목적으로 시행하는 열처리는 뜨임이다.
- 연화 풀림을 실시하면 가공 도중 경화된 재료를 연화시켜 계속적으로 냉간 가공이 가능해진다.

12-6
응력제거풀림(Stress Relief Annealing)
- 금속재료의 잔류 응력을 제거하기 위해서 적당한 온도에서 적당한 시간을 유지한 후에 냉각시키는 처리이다.
- 주조, 단조, 압연 등의 가공, 용접 및 열처리에 의해 발생된 응력을 제거한다.
- 주로 450~600℃ 정도에서 시행하므로 저온 풀림이라고도 한다.

12-7
금속침투법
- 세라다이징 : 아연을 침투, 확산시키는 것
- 칼로라이징 : 알루미늄 분말에 소량의 염화암모늄(NH_4Cl)을 가한 혼합물과 경화
- 크로마이징 : 크롬은 내식, 내산, 내마멸성이 좋으므로 크롬 침투에 사용
- 실리코나이징 : 내식성을 증가시키기 위해 강철 표면에 Si를 침투하여 확산시키는 처리

12-8
항온 열처리는 표면경화법이 아닌 재료 전체의 성질 변화를 위한 열처리이다.

12-9
질화처리 : 가스침투법의 하나로 암모니아 가스를 이용하여 재질의 내마모성과 내식성을 부여하고 안정적인 고온 경도를 부여하는 표면처리법이다. 침탄처리보다는 열처리 변형이 낮고 후열처리가 불필요하며 고온 가열에도 경도 저하가 없다. 하지만 질화층을 제거하기 어렵고 표면경화시간이 상대적으로 길며 처리비용이 많이 들고 적용가능한 강의 종류가 제한적이다.

12-10
고주파 담금질
- 고주파 전류로 맴돌이 전류를 유도, 이를 이용하여 표면온도를 상승시키고 냉각수를 분사하는 방법이다.
- 특징 : 열처리 시간이 매우 짧아 산화와 변형이 적고, 전류를 이용하여 직접 가열하고 선택적으로 가열이 가능하므로 효율이 높고 온도제어가 용이하다. 설비비용이 많이 드나 유지비도 적고 대량 생산에 적용하면 장점이 많다.

12-11
폐수 처리
- 열처리 후 발생하는 폐수는 시안계 폐수, 크롬계 폐수, 산알칼리계 폐수 등으로 분류가 가능하고, 상시 배출처리와 주기적 발생하는 중금속이 함유된 농후폐액 처리로 구분할 수 있다.
- 시안계 폐수는 여과 후 수산화나트륨(NaOH)과 염화나트륨(NaCl)을 이용하여 이온상태를 교환하여 중성수의 깨끗한 물로 처리하는 방식이다.
- 크롬계 폐수는 여과 후 염산(HCl)과 수산화나트륨(NaOH)을 이용하여 이온상태를 교환하여 중성수의 깨끗한 물로 처리하는 방식이다.
- 상시 처리 되지 못하는 중금속이 함유된 농후폐액은 여러 방법으로 중성화가 가능하지만, 폐액을 주의하여 저장관리하고 처리되지 못하는 폐액은 응집, 침강, 증발분리 등의 과정을 거쳐 고체와 액체를 분리하도록 한다.

12-12
도금액의 농도를 증가시키면 전기 전도율이 증가하여 도금 속도가 빨라지며, 도금층 색이 균일하고 비교적 큰 전류 밀도에서도 평활성이 높은 우수한 도금을 얻을 수 있으나 도금 손실량도 늘어난다.

정답 12-1 ④ 12-2 ① 12-3 ② 12-4 ② 12-5 ③ 12-6 ② 12-7 ①
12-8 ④ 12-9 ① 12-10 ③ 12-11 ② 12-12 ③

핵심이론 13 | 통풍기 및 송풍기

일반적으로 압축 공기의 토출압력이 $9.8N/cm^2(1kgf/cm^2)$ 미만이면 송풍기, $0.98N/cm^2(0.1kgf/cm^2)$ 이하면 통풍기, 그 이상이면 공기 압축기로 본다.

① 통풍기의 분류
  ㉠ 원심식 : 임펠러가 회전하여 바람에 원심력을 주는 방식
  ㉡ 용적식 : 회전식 압축기와 마찬가지로 밀폐된 공간에서 공기를 압축하여 바람을 일으키는 방식
  ㉢ 회전식 : 흡입된 기체를 나사 같은 회전기구로 압송하는 방식

② 통풍기의 보전
  원심식 통풍기의 정기 검사 : 후드 덕트 마모, 부식, 패임 등 외력에 의한 손상, 공기 토출부의 먼지 쌓인 정도, 덕트의 연결 상태, 주유 상태, 흡배기력 등 성능 등을 검사

③ 송풍기의 분류
  ㉠ 구조에 따라
    • 터보형
      - 원심식
        가. 시로코 팬(Siroco Fan) 방식(다익형 송풍기) : 회전수 적고 크기가 작으며 저속 덕트용
        나. 에어포일팬(Air Foil Fan) : 후곡형 팬과 전곡형 팬을 개량한 것
        다. 터보팬
          a. Blade 끝 모양에 따라 후곡형, 직선형으로 나눔
          b. 후곡형은 고속의 정숙 운전 가능
          c. 원심식 중 가장 높은 효율
        라. 레이디얼 팬(Radial Fan), 플레이트형 (Plate Type)
          a. Blade가 방사형으로 평판이거나 전곡형으로 되어 있음
          b. 효율이나 소음은 좋지 않으나 Self Cleaning 특성이 있음
        마. 한계 부하 송풍기(Limit Load Fan)
          a. 풍량이 설계점 이상으로 증가해도 축동력은 다소 증가
          b. 날개깃은 S자 모양의 후곡형
      - 축류형
        가. 날개 방식에 따라
          a. 프로펠러 팬 : 덕트관이 없는 환기용, 유닛 히터용 송풍기
          b. 덕트붙이 축류 팬 : 덕트관을 설치한 축류 팬
          c. 루프 팬
            ▶ 고정 깃붙이 축류 팬이라고도 부름
            ▶ 커버를 붙여 옥상이나 외부에 설치
            ▶ 압력차를 생성하여 바람을 빼냄
        나. 흐름에 따라 : 축류형, 사류형, 관류형으로 구분
    • 용적형 : 루츠 블로어(기어펌프형식)

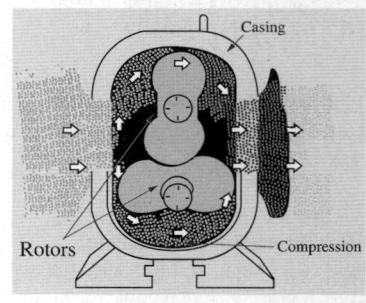

출처 : https://www.youtube.com/watch?v=VfO71Sh2w1k
(EBOOKBKMT Cộng đồng Kỹ thuật cơ điện Việt Nam)

  ㉡ 임펠러 흡입구에 따라
    • 편흡입형   • 양흡입형
    • 양쪽 흐름 다단형
  ㉢ 흡입 방법에 따라
    • 실내 대기 흡입형   • 흡입관 취부형
    • 풍로 흡입형
  ㉣ 냉각 방법에 따라
    • 공랭형   • 재킷(Jacket)형
    • 중간냉각 다단형

ⓐ 안내차 종류에 따라
- 안내차가 없는 방식 • 고정 안내차 방식
- 가동 안내차 방식

④ 송풍기의 보전

㉠ 공기 동력

- 정압 공기동력 : $L_{as} = \dfrac{Q_1 p_s}{75 \times 60}$
- 전압 공기동력 : $L_{ar} = \dfrac{Q_1 p_r}{75 \times 60}$

(흡입 풍량 : $Q_1 [\mathrm{m^3/min}]$, 정압 : $p_s [\mathrm{kgf/m^2}]$, 전압 : $p_r [\mathrm{kgf/m^2}]$)

㉡ 효율

- 정압 효율 : $\eta_{as} = \dfrac{\text{정압공기동력}}{\text{축동력}} = \dfrac{L_{as}}{L}$
- 전압 효율 : $\eta_{ar} = \dfrac{\text{전압공기동력}}{\text{축동력}} = \dfrac{L_{ar}}{L}$

㉢ 축류 송풍기의 구조

- 그림은 기본적인 축류 송풍기의 1단짜리 구조[단단(單段)송풍기]이다. 그림의 1단이 여러 단 연속해서 붙은 구조가 다단 축류 송풍기이다.

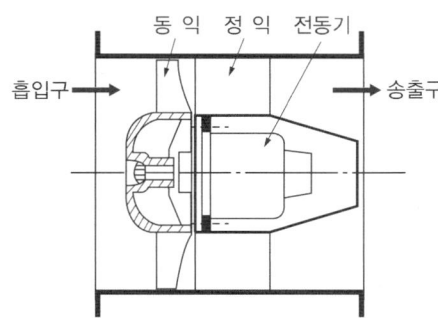

- 동익의 각도와 속도에 따라 풍량이 조절되며 정익은 가이드 역할을 해 주는 것으로 송출되는 공기를 정압이 될 수 있도록 도와준다. 정익의 각도가 90도일 때 가장 큰 효율을 나타낸다.
- 전동기는 날개에 동력을 제공하는 역할이며 축동력은 원심송풍기와는 달리 풍량이 0일 때 가장 크다.

㉣ 익형 송풍기의 특성곡선

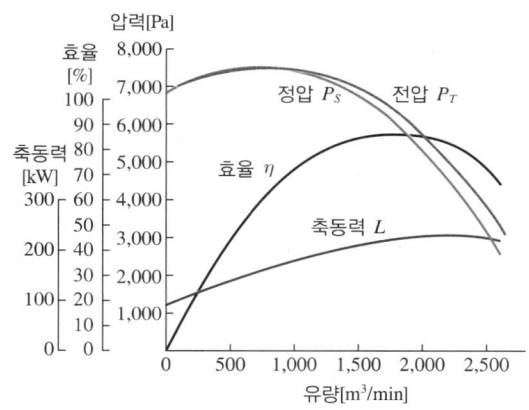

- 그림은 익형 송풍기의 특성곡선이다. 베르누이 정리와 연속방정식에서 알 수 있듯 유속이 낮을 때는 큰 압력이 소요되고, 유량이 어느 정도 생성되면 축동력이 다소 상승하면서 압력이 낮아지고 점점 유속이 빨라져서 축동력에 비해 효율이 점점 올라감을 알 수 있다. 그러나 속도의 상승에 비해 압력이 급격히 떨어지는 지점에 이르러서는 효율 또한 급격히 떨어진다는 것을 알 수 있다.
- 각 종류의 송풍기마다 각각의 특성곡선을 그려 볼 수 있다. 작업환경을 잘 분석해서 그에 맞는 송풍기를 선정하여 설치하는 것이 중요하다.

㉤ 송풍기의 풍량 조절

- 저항 손실의 불균형(Unbalance) 또는 풍량의 여유가 있을 때는 풍량을 조절하며 풍량 조절법은 다음과 같다.
- 가변 피치에 의한 조절 : 임펠러 날개의 취부 각도를 바꾸는 방법. 축류 송풍기에 적용
- 송풍기의 회전수 변화에 의해
  - 유도 전동기의 2차 측 저항을 조절
  - 정류자 전동기에 의해
  - 극수 변환 전동기
  - 가변 풀리에 의한 조절
  - 풀리의 직경비를 변경하여 : 필요할 때마다 풀리를 바꿔 회전수 조절

- 흡입 날개 조절(Suction Vane Control)
- 흡입구 댐퍼에 의한 조절
- 토출구 댐퍼에 의한 조절

ⓑ 점검
- 송풍기는 부품이 적고 구조가 단순해서 고장이 적지만 관리를 게을리 해서는 안 된다.
- **송풍기의 점검 3위치** : 임펠러, V 벨트, 베어링
- 시기별 점검 내용
  - 운전 전 : 임펠러, 케이싱 흡입구, 케이싱, 베어링 케이스의 축 관통부와 축의 틈새 재점검, 볼트의 조임 상태 케이스 볼트 테스트 해머로 점검, 댐퍼 및 베인 컨트롤 장치의 개폐 조작의 원활 점검
  - 기동 후
    가. 진동 및 소음 발생 체크
      a. 특히 케이싱 이상 진동 체크
      b. 진동 시 축 관통부와 Seal의 접촉 확인
    나. 베어링 온도 급상승 시
      a. 축 관통부와 Seal이 강하게 접촉되어 있는지 확인
      b. 축 관통부와 틈새가 균일한지 확인
      c. 윤활유의 적정 여부 점검
      d. 상하 분할형이 아닌 베어링 케이스 : 자유 측 커버가 베어링 외륜을 누르는지 점검
      e. 누름 베어링 : 궤도량(외륜 및 내륜)이나 진동체(볼 또는 롤러)의 흡집 여부를 점검
      f. 미끄럼 베어링 : 오일링 회전, 베어링 메탈과 축과의 간섭의 정상 여부 확인
  - 일상 : 흡입/토출 압력, 전동기의 전류, 전압 입력값, 베어링 온도, 전동기 외피 온도, 진동 이상
  - 1개월 : 베어링 청소, 예비기의 시운전
  - 6개월 : 센서, 전장품의 동작 확인, V 벨트 당김, 중심 구멍내기, 마모, 흡집 등 확인, 그리스 윤활유 급유, 송풍기 외관, 기능 점검
  - 1~2년 : 화전체, 습동부의 마모, 임펠러 케이싱 안 점검 및 청소, 송풍기 부근 덕트 청소, 도장 보수, V 벨트 풀리 축 부분의 간격, 마모
- V 벨트의 교환
  - 점검 시 상태가 좋더라도 7,000~10,000시간이 경과하면 교체(약 1.5~2년)
- 임펠러 보수
  - 이상 진동 시 확인하여 임펠러의 이물질이 부착된 경우 완전 제거할 것
  - 부식 마모된 경우 보수하거나 가급적 교체할 것
  - 축에 조립할 때 축부에 압착 방지제를 뿌리고 임펠러 보스를 열팽창시켜 축 플랜지 끝까지 삽입할 것
- 축 방향 신장 여유 : 송풍기 축은 고온 가스 등을 취급하는 경우 운전 중 축 방향 팽창이 영향을 주므로 변동할 수 없는 전동기 측 베어링은 고정하고 반대쪽 베어링은 신장할 수 있도록 설치한다.
- 베어링 점검
  - 상하 분할형이 아닌 베어링 케이스 : 자유 측 커버가 베어링 외륜을 누르는지 점검
  - 누름 베어링 : 궤도량(외륜 및 내륜)이나 진동체(볼 또는 롤러)의 흡집 여부를 점검
  - 미끄럼 베어링 : 오일링 회전, 베어링 메탈과 축과의 간섭의 정상 여부 확인

10년간 자주 출제된 문제

13-1. 다음 중 송풍기의 주요 구성품이 아닌 것은?

① 케이싱
② 피스톤
③ 임펠러
④ 축 베어링

13-2. 다음 중 용적형 송풍기는 어느 것인가?

① 축류 블로어(Blower)
② 터보 팬(Fan)
③ 루츠 블로어(Roots Blower)
④ 다익 팬(Fan)

13-3. 다음 중 송풍기의 흡입방법에 의한 분류에 포함되지 않는 것은?

① 평흡입형
② 풍로 흡입형
③ 흡입관 취부형
④ 실내대기 흡입형

13-4. 원심형 통풍기 중 베인 방향이 후향이고, 효율이 가장 높은 것은?

① 터보 팬
② 왕복 팬
③ 실로코 팬
④ 플레이트 팬

13-5. 송풍기 기동 후의 점검사항으로 잘못된 것은?

① 윤활유의 적정 여부 점검
② 임펠러의 이상 유무 점검
③ 베어링의 온도가 급상승하는지 유무 점검
④ 미끄럼 베어링의 오일링 회전의 정상 유무 점검

13-6. 그림에서 나타낸 축류송풍기의 특성으로 틀린 것은?

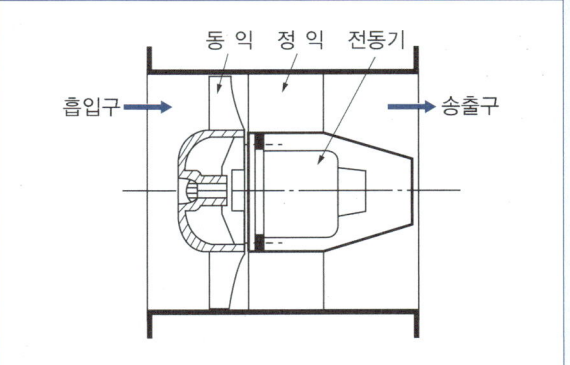

① 정익은 회전방향의 흐름을 정압으로 회수하고 효율을 높인다.
② 풍량이 커질수록 축 동력도 상승한다.
③ 풍량은 동익의 각도와 회전속도를 조절하여 제어한다.
④ 설치공간이 타 송풍기에 비하여 상당히 적다.

13-7. 고온가스를 취급하는 송풍기 베어링 설치방법을 연결한 것 중 맞는 것은?

① 전동기 측 베어링 – 고정, 반 전동기 측 – 신장
② 전동기 측 베어링 – 고정, 반 전동기 측 – 고정
③ 전동기 측 베어링 – 고정, 반 전동기 측 – 신축
④ 전동기 측 베어링 – 신축, 반 전동기 측 – 신축

13-8. 송풍기의 풍량을 조절하는 방법으로 옳지 않은 것은?

① 가변 피치에 의한 조절
② 송풍기의 회전수를 변화시키는 방법
③ 송풍기 축의 축 방향의 신장 조절
④ 흡입구 댐퍼에 의한 조절

| 해설 |

13-1
송풍기는 제한된 흡입공간에 회전력을 이용하여 압축 또는 흐름을 만드는 방식이어서 피스톤을 사용하지는 않는다.

13-2
터보팬, 다익(여러 날개) 팬, 축류 방식 모두 원심력을 이용한 방식의 원심식 송풍기이고 루츠 블로어 방식은 기어펌프식으로 밀폐식 안에서 압력을 생성하여 송풍하는 용적 방식의 송풍기이다.

13-3
송풍기의 분류 중 다음과 같이 나뉜다.

송풍기	임펠러 흡입구에 따라	평흡입형
		양흡입형
		양쪽 흐름 다단형
	흡입 방법에 따라	실내 대기 흡입형
		흡입관 취부형
		풍로 흡입형

13-4
날개의 모양에 따라 앞으로 휜 전곡형, 평평한 평판형, 뒤로 휜 후곡형이 있는데 후곡형이 가장 효율이 좋고 터보 팬에 쓰인다.

13-5
설치 점검 시점은 가동 전, 가동 후로 구분하고 가동 후 평소 점검으로 일상점검과 정기점검으로 구분한다. 임펠러는 조립하는 구성품으로 설치 가동 후에 점검하기 보다는 정기점검을 하는 것이 좋다.

13-6
전동기는 날개에 동력을 제공하는 역할이며 축동력은 원심송풍기와는 달리 풍량이 0일 때 가장 크다.

13-7
축 방향 신장 여유 : 송풍기 축은 고온 가스 등을 취급하는 경우 운전 중 축 방향 팽창이 영향을 주므로 변동할 수 없는 전동기 측 베어링은 고정하고 반대쪽 베어링은 신장할 수 있도록 설치한다.

13-8
송풍기의 풍량 조절
저항 손실의 불균형(Unbalance) 또는 풍량의 여유가 있을 때는 풍량을 조절하며 풍량 조절법은 다음과 같다.
- 가변 피치에 의한 조절 : 임펠러 날개의 취부 각도를 바꾸는 방법. 축류 송풍기에 적용
- 송풍기의 회전수 변화에 의해
- 흡입 날개 조절(Suction Vane Control)
- 흡입구 댐퍼에 의한 조절
- 토출구 댐퍼에 의한 조절

정답 13-1 ② 13-2 ③ 13-3 ① 13-4 ② 13-5 ② 13-6 ② 13-7 ① 13-8 ③

핵심이론 14 | 유체를 이용한 동력원 – 공기압축기 (Compressor)

유체를 이용한 동력원에서 기체, 특히 공기를 이용하는 것은 공기압축기이며 유체 중 액체를 사용하는 동력원은 유압펌프이다.

Tip
동력을 발생시키는 것이 공기압축기와 유압펌프라면 공압과 유압을 이용한 액추에이터는 실린더와 모터이다. 동력원의 매개체를 표시하기 위해 공압은 삼각형의 빈 공간으로 유압은 채운 삼각형을 사용한다.

예

공압 모터	유압 모터	공압실린더	유압실린더

- 공압을 이용하여 일을 하려면 필요한 압력을 생성해야 하며 이를 위해 공기압축기를 사용한다.
- 일반적으로 압축 공기의 토출압력이 $9.8\text{N/cm}^2(1\text{kgf/cm}^2)$ 미만이면 송풍기, $0.98\text{N/cm}^2(0.11\text{kgf/cm}^2)$ 이하면 통풍기, 그 이상이면 공기 압축기로 본다.
- 보전에 사용하는 공압은 보통 $50\sim70\text{N/cm}^2$이며 송풍기는 기체의 흐름을 만들기 위해 사용한다.

(1) 압축기의 종류

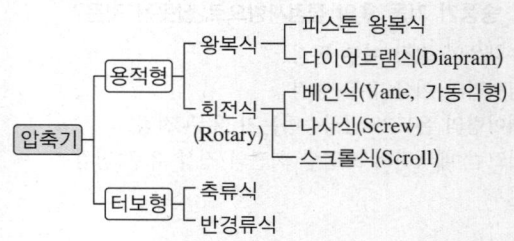

- 크게 용적형과 터보형으로 나뉘고 용적형은 실린더에 유입된 공기를 피스톤의 왕복운동에 의해 압축시키는 방식이며 터보형은 회전 날개에 의하여 흡입된 공기의 운동을 압력 에너지로 변환시키는 방식이다.
- 용적형 압축기는 왕복식 압축기와 회전식 압축기로 나뉘며 회전방식을 사용하나 기존과는 다른 스크롤 방식을 사용하는 압축기가 있다.

- 터보형은 용량이 큰 곳에 사용하며 보전 현장에서는 용적형을 많이 사용한다.

1) 용적형 압축기

① 왕복식 압축기

왕복 운동을 하는 피스톤이나 다이어프램에 의해 흡입, 압축, 송출하는 압축기이다. 쉽게 고압을 얻을 수 있으나 밸브 개폐에 걸리는 시간을 감안하여 다른 피스톤 운동보다 느리게 운동해야 한다. 필요한 용적만큼 설비를 크게 해야 하고 저속인 만큼 압축비를 크게 해야 한다. 저속운전과 진동의 단점이 있으나 압축비를 설계한 만큼 고압의 토출이 가능하다.

㉠ 피스톤식 압축기 : 낮은 압력부터 높은 압력까지 사용할 수 있어 가장 널리 사용된다. 소형은 공랭시키지만, 중, 대형은 수랭시킨다.

㉡ 다이어프램식 압축기 : 공기 흡입실과 왕복운동하는 피스톤 부분이 분리되어 있어 피스톤 왕복 때 압축공기와 윤활유가 섞이지 않게 되므로 깨끗한 공기를 얻을 수 있어 식·의료·화학용으로 사용된다.

② 회전식 압축기

㉠ 베인식(가동익형) 압축기
- 편심된 로터가 흡입과 배출 구멍이 있는 실린더 형태의 하우징 내에서 회전운동을 하여 공기를 압축시키는 방식
- 압축 공기의 공급을 부드럽게 연속적으로 할 수 있고, 맥동과 소음이 적고 소형이 가능해서 공압 모터 등의 공압원으로 사용한다.

㉡ 나사식(스크루식) 압축기
- 케이스 안에 큰 나선형 수나사 회전자와 암나사 회전자가 서로 물려 있고, 이것이 회전하면서 공기를 압축한다.
- 나사 회전자의 윤활과 밀봉 및 냉각을 위해 압축 때 윤활유를 강제로 주입하기 때문에 왕복식 압축기보다 압축 공기의 온도 상승이 적어(100℃ 이하) 윤활유의 탄화가 적고 무급유 설계가 가능하다.
- 진동과 공기 맥동이 작고 소음이 작다.

㉢ 스크롤식 압축기
- 두 개의 인벌류트 치형 스크롤이 맞물려 선회운동하며 압축한다.
- 공기의 압축이 연속적으로 일어나며 흡입, 압축, 토출이 연속적으로 일어난다.
- 따라서 토크의 변동이 적고 진동소음도 좋으며 누설이 없어 효율이 높다.
- 작게 만들 수 있고 고속화가 가능하여 소형의 냉장고, 에어컨 등에 사용한다.

2) 터보형(원심식) 압축기

날개를 고속으로 회전시키면 날개를 통과하는 공기 운동량이 증가하고 압력과 속도를 높이게 되는데 용적식에 비하여 압력 맥동이 없고 윤활이 용이하며 설치면적이 적은 특징이 있다. 축류식과 반경류식이 있다.

① 축류식 압축기 : 공기가 날개에 의해 축 방향으로 가속되는 형식이며 여러 장의 날개를 직렬로 배치하여 다단압축을 한다.

② 반경류식 압축기 : 공기가 날개에 의해 반지름 방향(원심력 방향)으로 압축되며, 압축된 공기가 다시 다음 날개 안쪽으로 흡입되는 과정을 반복하여 압축한다.

(2) 압축기의 보전

① 설치 및 유의사항

기초 설치 > 베이스 라이너 설치 > 기초 정비 > 크랭크 케이스 설치 > 실린더 설치 > 피스톤 엔드 간극 조정 > 배관

㉠ 기초를 설치할 때 지반 등을 고려하여 필요하면 기초 공사도 실시한다.

㉡ 라이너와 기초의 접촉은 편평하고 매끈하게 완전 밀착시키고 상부면은 수평이 되게 한다.

㉢ 기초 정비 시 기초 표면은 표면을 거칠게 하여 그라우팅이 잘되게 한다.

㉣ 크랭크 케이스 설치 시 기초 볼트를 완전히 체결하여 수평을 확인한 후 크랭크 축의 처짐을 확인한다. 다이얼 게이지를 이용하여 90도씩 네 군데를 측정한 편차가 0.03mm 이하로 한다.
㉤ 피스톤 엔드 간극은 피스톤 로드를 크로스헤드에 돌려 넣은 다음 손으로 회전시켜 좌우상하 간극을 측정하고 1.5~3.0mm 범위에서 하부 간극보다 상부 간극을 크게 한다.
㉥ 배관 설치 시 유의사항
- 배관 시 복잡한 배관은 지양하고 가능한 짧게 하며 실린더에 배관 하중이 가해지면 맞춰 놓은 수평과 간극이 달라지므로 주의한다.
- 압축기와 공기탱크 사이의 배관은 설계자가 지정한 크기를 사용하여 지나치게 크거나 작게 하지 않는다.
- 배관의 배치는 압축기의 분해, 조립에 지장이 없는 위치에 한다.
- 배관 시 일상 정비와 정기 분해 정비가 가능하도록 중간 중간 유니언을 삽입한다.
- 배관 도중의 하부에는 반드시 드레인 밸브를 부착한다.
- 배관길이는 맥동을 방지하기 위해 공진 길이를 피하여야 한다.
- 배관 중 스톱 밸브를 사용해야 하면 스톱 밸브 앞쪽에 안전밸브를 설치하도록 한다.
- 2대 이상의 압축기를 1개의 토출관으로 배관 시 체크밸브와 스톱밸브를 취부한다.
- 토출 배관에는 흐름이 용이하도록 경사를 고려한다.
- 건조기나 필터 등 부속기기는 압축기와 공기탱크 사이에는 설치하지 않는다.

② 분해 및 조립
㉠ 피스톤 로드의 분해 : 냉각수 제거 > 실린더 헤드 커버 제거 > 크로스헤드 주변부 제거 > 피스톤 로드 제거
㉡ 피스톤 로드 조립
- 조립 시 오일 웨이퍼 링을 빼낸 후 실시
- 피스톤 로드 나사부의 로드 패킹이 손상되지 않도록 주의하며 조립
- 피스톤 엔드 간극은 로드와 크로스헤드의 펀치 마킹의 거리가 크랭크 케이스 커버에 표시한 기준 길이가 되도록 더블 너트로 조정
- 엔드 간극 확인
㉢ 피스톤 조립
- 피스톤 링, 링 홈, 측면 틈새 간격에 유의하며 조립
- 피스톤 체결 너트는 완전히 죄고 빠지지 않게 분할 핀을 설치
㉣ 밸브의 분해 조립 중 고장
다음과 같은 경우 밸브의 분해 조립에 관련하여 고장이 일어날 수 있다.
- 밸브 홀더 볼트의 체결 불량
- 밸브 조립 순서 오류
- 조립 후 리프트의 과대 또는 과소
- 볼트의 죔 불량
- 시트의 조립 불량
- 스프링, 스프링 홈의 불완전 조립
㉤ 크로스헤드 조립 시 유의사항
- 급유 홀은 깨끗한 압축공기로 청소한다.
- 크로스헤드의 양단 구배부분은 깨끗이 청소하여 조립한다.
- 핀 볼트의 양단에 사용하는 동판와셔는 기름의 누설방지용이다.
- 크로스헤드와 크랭크 케이스 가이드와의 틈새는 0.17~0.254mm가 적당하다.

③ 관련 부품 정비
㉠ 밸브 플레이트의 교환 요령
- 마모 한계가 되었으면 파손되지 않았어도 사전 교환한다.

- 교환 주기에 도래하였으면 사용한계의 기준치 내로 사용 가능하여도 교환한다.
- 두께 0.3mm 이상 마모된 플레이트는 교체한다.

ⓒ 밸브 스프링 교환 요령
- 압력을 가하지 않은 상태에서의 높이가 규정값 이하이면 탄성마모된 것이므로 교환한다.
- 교환 주기에 도래하였으면 탄성 한도가 남아 있어도 교환한다.
- 임의로 소성 변형 등 보수하여 사용하면 안 된다.

ⓒ 밸브 시트의 수정 : 밸브 시트의 접촉면에 시트 한쪽의 상처나 편마모로 밸브 플레이트와 접촉이 좋지 않으면 래핑 등으로 연마하여 시트면을 맞추어 플레이트가 잘 접촉하도록 수정한다.

ⓒ 글랜드 패킹의 수정
- 내측 패킹 두께가 0.1mm 마모되면 마모한계에 도달하였으므로 교환한다.
- 가이드 스프링이 변형되었거나 끊어졌을 때는 교환한다.
- 내측 패킹 내면이 불량한 경우 피스톤 로드 외주면에 맞추며, 흠집, 파손이 있을 때는 교환한다.
- 내외 패킹의 조립면의 밀착이 불량한 경우 변형된 틈새가 발생하였으면 교환

ⓒ 패킹의 조정
- 패킹 케이스는 각각의 로드에 직각이 되게 충분히 맞춘다.
- 흠집이 났거나 접촉 불량이면 보수 또는 교환한다.
- 코일 스프링형은 코일 스프링을 전압축하여 스프링 홈이 잠기는가 확인한다.
- 탄성이 줄거나 변형, 절손된 것은 교환한다.

ⓑ 패킹 케이스의 조립
- 실린더 측의 패킹은 깨끗이 청소하여 시트 패킹의 양면에 잘 벗겨지는 실재를 도포해서 넣으며, 손상된 시트 패킹은 교체하여 조립
- 오일 홀이 있는 패킹 케이스는 오일 홀 출구가 피스톤 로드 상부가 되도록 하여 두 번째에 위치하도록 조립
- 랜턴 링의 조립 위치 확인하여 조립
- 오일 스프링 형식의 패킹은 코일 스프링 탈락에 주의하여 조립
- 글랜드를 체결하는 볼트는 대칭으로 죄고 균형이 맞게 죄도록 주의

④ 공기압축기의 정비(이상 원인 및 대책)

ⓒ 압력이 오르지 않거나 압력 상승 시간이 오래 걸릴 때
- **공기 누설** : 조립부, 밸브파손, 패킹마모 → 누설부분을 찾아 죄거나 밸브, 패킹 등 교체
- **공기 사용량 과다** : 압축공기 공급에 비해 사용량이 많음 → 압축기 증설
- 압력계 오류 → 압력계 교체

ⓒ 실린더 주위 이음 부위 이상이 발생한 경우
- 밸브연결의 이완 또는 파손 → 볼트를 다시 죄거나 밸브 교체
- 피스톤과 해더 사이의 이물질 혼입 또는 피스톤, 실린더 마모 → 이물질 제거 또는 교체

ⓒ 크랭크실 주위 이음 부위 이상이 발생한 경우
- 크랭크 축 핀/핀 부싱 마모 → 핀 또는 핀 부싱 교체
- 베어링 이물질 혼입 또는 마모 → 이물질 제거, 베어링 청소
- 베어링 부 이상 온도 상승 → 미터 간격, 측면 간격, 스러스트 간격 조정
- 베어링 눌어붙음 → 엔드 플레이트 조정 또는 교환
- 베어링 부 이상음 발생 → 윤활유 교체, 윤활유 보충, 크랭크 케이스 청소

ⓒ 이상 진동
- 압축기가 기울어지게 설치됨 → 기울기 조정
- 기초볼트, 각 부분 볼트 너트, 플라이휠 볼트 풀림 → 각 볼트와 너트를 다시 한 번 죄어 줌

ⓜ 토출공기 이상 고온
- 토출밸브 손상 → 밸브교체
- 토출밸브 카본 부착 → 청소 또는 교체
- 냉각핀 튜브 오염 및 플라이휠 불량 → 점검 및 청소
- 압축기 실내 온도가 고온일 때 → 실내 공기의 환기

ⓗ 토출압력 이상 강하
- 밸브 공기 누설, 개스킷 누설 → 밸브, 개스킷 교체
- 솔레노이드 밸브 작동 이상 → 솔레노이드 청소 또는 교체
- 압력 스위치 작동 이상 → 점검 또는 교체
- 압축 공기의 누설 → 누설 부위를 찾아 보수 또는 연결부 밀폐대책 수립

ⓢ 오일 소비량 급증
- 크랭크 실 누유 → 개스킷, 볼트 다시 조임, 또는 필요 시 교체
- 피스톤 마모 또는 손상 → 분해 점검
- 실린더 마모 또는 손상 → 분해 점검 및 피스톤 링 교체

ⓞ 운전 중 급정지
- 윤활유 부족에 의한 소손 → 오일 점검, 보충
- 모터 고장 → 점검 및 보수
- 전원 공급 차단 → 휴지교체, 전원 점검
- 전원 공급 계통 부품 손상 → 점검 및 보수

(3) 공기탱크

① 공기탱크(Air Tank)
ⓐ 압축 공기의 공급을 안정적으로 하고 공기를 공급할 때 발생하는 압력 변화를 최소화시키며 정전 때나 급히 많은 양의 압축 공기가 필요할 때 공급하기 위해 사용
ⓑ 탱크의 열교환 기능을 이용해 압축을 통해 가열된 공기를 냉각시키고 발생한 수분은 드레인으로 분리할 수 있으며 압축 공기 공급 시 맥동이 없게 할 수 있다.
ⓒ 압축 공기의 공급 체적, 압력비, 시간당 스위칭 수 등에 의해 크기와 용량을 결정한다.

② 공기탱크의 안전 밸브
ⓐ 릴리프 밸브(Relief Valve)
- 압력증가에 따라 밸브가 긴장되면 슬그머니 밸브를 열어 압력을 유지해 주는 안전밸브
- 배출된 액체는 저장탱크나 펌프 입력 측으로 순환되며 버려지지 않는다.

ⓑ 안전 밸브(Safety Valve)
- 압력증가가 급격히 이루어지는 경우에 사용하며 급한 압력 상승을 급한 압력 제거를 통해 안전한 압력 상태를 유지하기 위한 밸브. 공기나 스팀, 가스 등에 이용한다.
- 탱크 등의 꼭지에 달아 설정압력이 초과하는 경우 개방하여 가스 등을 제거한다.
- 안전 밸브 선정 시 배출량, 토출압력, 토출정지 압력 등을 정하거나 조절할 수 있도록 한다.

(4) 공기 청정화 기기

채취한 공기는 깨끗한지, 공업용으로 사용할 만큼 충분히 건조한지, 이물질과 수분을 제거해서 안전한 공기를 기기에 공급하는 장치를 공기 청정화 기기라 한다.

① 애프터쿨러(After Cooler, 후부 냉각기) : 공기 압축기 바로 다음이나 공기 건조기 바로 앞에 설치하여 압축 시 가열된 공기를 냉각하고 수분을 응축시켜 제거하는 열교환기. 공랭식, 수랭식이 있다.

② 공기건조기 : 미세 수분까지 제거하기 위한 기기로 냉동식과 건조제식이 있다.

③ 공압 조정 유닛 : 공기 여과기, 압력 조정기, 윤활기로 구성되어 공업용으로 사용할 수 있는 깨끗하고, 정확히 2차 조절된 압력의, 적절히 윤활기능이 있는 공기를 공급하는 장치이다.

10년간 자주 출제된 문제

14-1. 다음 기호의 명칭으로 옳은 것은?

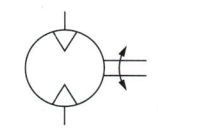

① 유압 펌프
② 공기압 모터
③ 유압 전도장치
④ 요동형 액추에이터

14-2. 공기의 유량과 압력을 이용한 장치 중 송풍기의 사용 압력을 올바르게 나타낸 것은?

① 0.1kgf/cm^2 이하
② $0.1 \sim 1\text{kgf/cm}^2$
③ $1 \sim 10\text{kgf/cm}^2$
④ 10kgf/cm^2 이상

14-3. 다음 압축기의 종류 중 용적형 압축기에 속하는 것은?

① 축류 압축기
② 왕복 압축기
③ 터보 압축기
④ 원심식 압축기

14-4. 다음 중 원심식과 비교한 왕복식 압축기의 장점은?

① 대용량이다.
② 윤활이 쉽다.
③ 압력맥동이 없다.
④ 고압 발생이 가능하다.

14-5. 원심식 압축기의 장점에 대한 설명으로 틀린 것은?

① 압력맥동이 없다.
② 윤활이 용이하다.
③ 고압 발생에 적합하다.
④ 설치면적이 비교적 적다.

14-6. 압축공기 저장 탱크의 안전 밸브 역할이 아닌 것은?

① 배출량의 조정
② 2차 압력을 조정
③ 토출압력의 조정
④ 토출정지 압력의 조정

14-7. 압축기의 배관에 대한 설명으로 옳은 것은?

① 배관 길이는 가능한 길게 한다.
② 압축기와 탱크 사이의 배관은 클수록 좋다.
③ 배관 도중의 하부에는 반드시 드레인 밸브를 부착한다.
④ 압축기의 분해, 조립과 관계없이 배관의 지름을 크게 한다.

14-8. 피스톤 압축기의 엔드 간극에 대한 설명으로 옳은 것은?

① 간극 치수는 1.5~3.0mm의 범위로 상부 간극보다 하부 간극을 크게 한다.
② 간극 치수는 1.5~3.0mm의 범위로 하부 간극보다 상부 간극을 크게 한다.
③ 간극 치수는 3.0~4.5mm의 범위로 하부 간극보다 상부 간극을 크게 한다.
④ 간극 치수는 3.0~4.5mm의 범위로 상부 간극보다 하부 간극을 크게 한다.

14-9. 압축기의 크로스헤드 조립방법이 옳지 않은 것은?

① 급유 홀은 깨끗한 압축공기로 청소한다.
② 크로스헤드의 양단 구배부분은 깨끗이 청소하여 조립한다.
③ 핀 볼트의 양단에 사용하는 동판와셔는 기름의 누설방지용이다.
④ 크로스헤드와 크랭크 케이스 가이드와의 틈새는 1.7~2.54mm가 적당하다.

|해설|

14-1
- 동력을 발생시키는 것이 공기압축기와 유압펌프라면 공압과 유압을 이용한 액추에이터는 실린더와 모터이다.
- 동력원의 매개체를 표시하기 위해 공압은 삼각형의 빈 공간으로 유압은 채운 삼각형을 사용한다.

기호 예시

공압 모터	유압 모터	공압실린더	유압실린더

14-2
일반적으로 압축 공기의 토출압력이 $9.8N/cm^2(1kgf/cm^2)$ 미만이면 송풍기, 그 이상이면 공기 압축기로 본다.

14-3
용적형 압축기에는 왕복 압축기와 회전식 압축기가 있고 왕복식에는 피스톤식과 다이어프램식이 있다.

14-4
왕복식 압축기
- 왕복운동을 하는 피스톤이나 다이어프램에 의해 흡입, 압축, 송출하는 압축기이다.
- 쉽게 고압을 얻을 수 있으나 밸브 개폐에 걸리는 시간을 감안하여 다른 피스톤 운동보다 느리게 운동해야 한다.
- 필요한 용적만큼 설비를 크게 해야 하고 저속인 만큼 압축비를 크게 해야 한다.
- 저속운전과 진동의 단점이 있으나 압축비를 설계한 만큼 고압의 토출이 가능하다.

14-5
고압을 생성하기에는 용적형 압축기가 적절하다.

터보형(원심식) 압축기
날개를 고속으로 회전시키면 날개를 통과하는 공기 운동량이 증가하고 압력과 속도를 높이게 되는데 용적식에 비하여 압력 맥동이 없고 윤활이 용이하며 설치 면적이 작은 특징이 있다. 축류식과 반경류식이 있다.

14-6
2차 압력은 압력조정기(Regulator)로 조정한다.

안전 밸브
- 압력증가가 급격히 이루어지는 경우에 사용하며 급한 압력 상승을 급한 압력 제거를 통해 안전한 압력 상태를 유지하기 위한 밸브. 공기나 스팀, 가스 등에 이용한다.
- 탱크 등의 꼭지에 달아 설정압력이 초과하는 경우 개방하여 가스 등을 제거한다.
- 안전 밸브 선정 시 배출량, 토출압력, 토출정지 압력 등을 정하거나 조절할 수 있도록 한다.

14-7
배관 설치 시 유의사항
- 배관 시 복잡한 배관은 지양하고 가능한 짧게 하며 실린더에 배관 하중이 가해지면 맞춰 놓은 수평과 간극이 달라지므로 주의한다.
- 압축기와 공기탱크 사이의 배관은 설계자가 지정한 크기를 사용하여 지나치게 크거나 작게 하지 않는다.
- 배관의 배치는 압축기의 분해, 조립에 지장이 없는 위치에 한다.
- 배관 시 일상 정비와 정기 분해 정비가 가능하도록 중간 중간 유니언을 삽입한다.
- 배관 도중의 하부에는 반드시 드레인 밸브를 부착한다.
- 배관길이는 맥동을 방지하기 위해 공진 길이를 피하여야 한다.
- 배관 중 스톱밸브를 사용하여야 하면 스톱밸브 앞쪽에 안전밸브를 설치하도록 한다.
- 2대 이상의 압축기를 1개의 토출관으로 배관 시 체크밸브와 스톱밸브를 취부한다.
- 토출 배관에는 흐름이 용이하도록 경사를 고려한다.
- 건조나 필터 등 부속기기는 압축기와 공기탱크 사이에는 설치하지 않는다.

14-8
압축기 설치 시 피스톤 엔드 간격을 묻는 문제이며 이때 피스톤 엔드 간극은 피스톤 로드를 크로스헤드에 돌려 넣은 다음 손으로 회전시켜 좌우상하 간극을 측정하고 1.5~3.0mm 범위에서 하부 간극보다 상부 간극을 크게 한다.

14-9
크로스헤드와 크랭크 케이스 가이드와의 틈새는 0.17~0.254mm가 적당하다.

정답 14-1 ② 14-2 ② 14-3 ② 14-4 ④ 14-5 ③
14-6 ② 14-7 ③ 14-8 ② 14-9 ④

| 핵심이론 15 | 유체를 이용한 동력원 – 펌프

- 원동기로부터 유체의 기계적인 운동에너지를 받아 위치에너지나 다른 형태의 운동에너지로 변환하는 기계이다. 유체를 이용한 동력을 제공한다.
- 반대로 유체의 위치에너지나 운동에너지를 기계적인 운동에너지로 바꾸어 주는 기계를 수차라 한다.

(1) 펌프 이론

① 기초 이론

　㉠ 표준대기압의 표현

　　1기압 = 760mmHg(수은 기둥 760mm) = 10.33mAq (물 기둥 10.33m) = 1.013bar = 0.1013MPa(SI 압력의 단위로 표현)

　㉡ 완전 진공(절대 진공) : 0기압 = 0bar(실제로 존재할 수 없는 압력)

　㉢ 진공 : 표준대기압(1기압)보다 낮은 압력(주변의 공기가 빨려 들어가는 압력이므로 진공으로 표현)

　㉣ 따라서 기준 높이가 높아질수록 압력은 낮아지고, 흡입이 가능한 양정이 기본적으로 감소된다.

해발높이	양정손실
500m	0.6m
750m	0.85m
1km	1.1m
1.5km	1.7m
2km	2.2m

　㉤ 펌프의 전양정

$$H = H_a + h_{ls} + h_{ld} + \frac{v^2}{2g}$$

　전양정[m] = 실양정 + 흡입손실 + 토출손실 + 토출속도양정

　㉥ 펌프의 3요소 : 송출유량, 양정, 회전수

- **송출유량** : 단위 시간당 송출되는 유체의 체적[m^3/min]
- **양 정**
  - 실양정 : 흡입수면에서 송출수면까지의 수직 거리[m]
  - 전양정 : 손실까지 고려한 전양정[m]
- **회전수** : 전동기의 단위 시간당 주축이 회전하는 횟수[rpm]

　㉦ 펌프의 동력

- **수동력** : 펌프로 양수할 때 이론으로 계산된 동력. 단위 시간에 유체에 주어지는 유효에너지
- **축동력** : 펌프가 실제로 필요로 하는 동력. 수동력에 효율을 고려한 값
- **효율** : 펌프의 수동력에 대한 축동력의 비율을 말하며, 수력효율, 체적효율, 기계효율을 곱한 값
- **수력효율** : 유체의 힘이 흡입구에서 송출구까지 흐르는 사이, 유체 상호 간, 또는 유체와 벽체 등과의 마찰에 의한 에너지 손실을 고려한 효율
- **체적효율** : 유체의 누설에 의한 손실을 고려한 효율
- **기계효율** : 기계적 요소와의 마찰 및 운동에 의한 에너지 손실을 고려한 효율을 표현한 수식

$$\frac{축동력 - 기계손실}{축동력}$$

　㉧ 펌프의 회전 속도

- 펌프는 결국 원하는 양수량을 얻기 위해 양정이 필요하고 이 필요한 양정을 만들어 내기 위한 동력이 필요하며, 이 동력을 만들어 내기 위한 회전속도가 필요하며 이 속도는 회전체가 고정되어 있으므로 분당 회전수로 표현된다.
- 주파수 f[Hz], 극수 P, 슬립 s, 회전속도 n[rpm], 실제회전속도 n'이라 하면

$$n = \frac{120f}{P}, \ n' = n(1-s)$$

② 유체 이론

　㉠ 공동현상(캐비테이션, Cavitation)

- 관 속을 흐르는 유체가 그 유체의 포화 증기압 이하로 내려가 기화되어 발생된 기포가 유체 곳곳에 녹지 않고 특정 위치에 모여 공간이 생기는 현상

- 원 인
  - 펌프의 흡입 양정이 높아 유체에 (−) 압력(음압)이 걸리는 경우
  - 유속의 급변이나 와류 발생, 유로의 장애물에 의해 국부적 압력 하강
- 특 징
  - 펌프의 회전차 입구 부분에서 발생하는 경향이 큼
  - 공동 부분이 유체와 함께 흐르다 고압부에서 공동 부분이 급격히 붕괴되며 진동과 소음을 발생
  - 깃 손상이 수반되어 펌프의 성능과 효율을 저하시키거나 양수 불능 상태를 유발
- 방지책
  - 배관을 할 수 있는 한 완만하고 짧게 배설한다.
  - 회전수를 필요한 만큼만 사용한다.
  - 마찰저항이 작은 흡입관을 사용하여 유체 흡입 시 발생하는 음압을 감소시킨다.
  - 양흡입펌프를 사용한다.
  - 가능한 흡입양정을 작게 한다.

ⓒ 맥동 현상(서징, Surging)
- 흡입구와 배출구 쪽의 진공계와 압력계의 지침이 흔들리고 송출유량이 변화하는 현상
- 송출 압력과 유량이 주기적으로 변화하는 현상이다.
- 왕복펌프는 구조상 맥동 발생이 쉬워서 이를 줄이기 위해 공기실을 설치한다.

ⓒ 수격 현상(水擊, Water Hammer, Water Hammering)
- 펌프를 급히 정지시키면 관 속에 흐르는 유체가 흐름의 충격을 받아 관로 내에 급격히 압력이 높아지는 부분이 생겨 발생한 압력파가 왕복, 반복되며 물이나 관을 때리는 것 같은 현상
- 펌프를 기동할 때 송출밸브를 급히 여닫거나, 운전 중에 밸브를 급히 여닫으면 비슷한 현상이 발생

- 구조상 수격에 의해 충격을 반복해서 받는 부분이 있으면 반복 충격에 의해 파손의 우려가 있다.
- 방지책
  - 펌프에 플라이휠을 설치하여 정지할 때 급히 정지하지 않고 관성에 의한 완만한 감속을 유도
  - 송출 관로에 공기 밸브, 공기실, 또는 조압 수조(서지탱크)를 설치
  - 송출관 내의 관의 지름을 적절히 선정하여 유체 속도를 낮춤

② 채터링(Chattering)현상
- 밸브 내부에서 스프링의 떨림 등 연속적인 진동으로 밸브 시트 등을 타격하여 진동과 소음을 발생시키는 현상이다.
- 감압밸브, 체크밸브, 릴리프밸브 등에서 발생한다.
- 특유의 고음이 발생하며 밸브를 교체하거나 수리하여 해결한다.

⑩ 크래킹(Clacking)현상
- 체크밸브 또는 릴리프밸브 등에 압력이 상승하면 밸브에 공간이 발생하는데, 그 공간으로 유체의 흐름이 발생하는 현상이다.
- 유압을 제거하거나 밸브를 수리, 교체하여 해결한다.

ⓑ 플래핑(Flapping)현상 : 벨트가 있는 구동기의 축간거리가 길거나, 고속회전 시 벨트가 위아래로 날개 치듯 파도치는 현상이다. 축간거리를 좁히거나 장력을 조절하여 해결한다.

(2) 펌프의 종류
① 원심펌프 : 유체에 원심력을 발생시키면 중심부는 압력이 낮아지고 바깥벽 쪽으로 갈수록 압력이 높아지는 원리를 이용하여 유체를 송출하는 펌프
② 왕복펌프 : 일정한 모양의 용적 속에 유체를 넣고 압력을 가하여 유체를 이동
③ 점성펌프 : 점도가 높은 액체의 점성을 이용하여 층류 마찰 작용으로 유체를 이동

④ 분사펌프 : 유체를 분사할 때 속도가 높은 부분에서 압력이 낮아지는 현상을 이용하여 유체를 이동

(3) 펌프의 선정

① 펌프의 설비 목적에 따라 펌프의 송출량이 결정되며, 단위 시간당 송출량(m^3/min, m^3/day, LPM 등)은 중요한 선정요소이다. 같은 크기의 펌프도 병렬 연결하면 송출량이 증가하므로 이를 함께 고려한다.

② 펌프 구멍의 크기(펌프의 구경)는 총 송출량과 펌프 대수에 따라 결정된다. 통상, 펌프의 흡입구경은 유속 1.5~3.0m/s 기준으로 아래 식으로 구한다.

$$D = 146\sqrt{\frac{Q}{V}} \text{ [mm]}$$

(단, Q : 유량[m^3/min], V : 유속[m/s])

③ 펌프의 양정
  ㉠ 물을 양수하여 보낼 수 있는 수직 높이를 의미한다.
  ㉡ 실양정 = 흡입양정 + 송출양정
  ㉢ 전양정 = 실양정 + 손실 수두
  ㉣ 손실수두 = 흡입손실 + 송출손실 + 방출속도 손실 + 그 외
  ㉤ 펌프의 양정을 손실을 고려하여 대략 구하면
  전양정 = 1.3 × 실양정

④ 유효흡입양정(N.P.S.H ; Net Positive Suction Head)
펌프를 설치하여 사용할 때, 펌프에 유입하는 물에 외부에서 주는 압력을 절대 압력으로 하고 그 온도에서 물의 포화 증기압을 뺀 것. 유효흡입양정을 고려하는 이유는 공동현상(Cavitation)을 방지하기 위해서이다.

⑤ 펌프의 선정
전동기의 회전수를 선정하고 비속도(Ns), 비속도에 상당한 공동현상 계수를 구하고, 여기에 필요한 유효 흡입 양정을 구한 후 필요 유효 흡입 양정이 송출량에 상당하는 유효 흡입 양정보다 작게 선정. 펌프의 크기를 소형으로 선택하려면 유효 흡입 양정이 필요 흡입 양정보다 큰 범위에서 최고 회전수가 되도록 회전수가 나오는 펌프를 선택한다.

(4) 펌프의 구조

① 흡입구 : 유체를 흡입하는 곳, 펌프에 유체를 공급하는 곳

② 케이싱(Casing)
  • 임펠러에 의해 유체에 가해진 속도 에너지를 압력 에너지로 변환되도록 하고, 유체의 통로를 형성해주는 역할을 하는 일종의 압력용기
  • 저항 손실을 최소화하여 펌프 성능에 영향을 미치지 않도록 설계

③ 안내 깃 : 임펠러로부터 송출되는 유체를 와류실로 유도하며 유체의 속도에너지를 손실 없이 압력에너지로 전환하도록 하는 역할을 함. 펌프 케이싱에 고정되어 있고 함께 주조되기도 함

④ 임펠러(회전차) : 흡입된 액체를 빠른 속도로 회전시켜 속도 및 압력 에너지를 주는 펌프의 가장 중요한 핵심 부품. 임펠러의 형상, 회전에 의해 효율이 결정된다.

⑤ 밀봉 장치(축봉 장치) : 축이 케이싱을 관통하는 곳의 스터핑 박스 또는 실 박스를 설치하고 내부에 실 요소를 넣어 케이싱 내의 유체가 외부로 누설되거나 케이싱 내로 공기 등의 이물질이 유입되는 것을 방지하는 장치. 스터핑 박스(Stuffing Box)나 실 박스(Seal Box)를 설치하고 내부에 실 요소를 넣어 케이싱 내의 유체가 외부로 누설되거나 케이싱 내로 공기 등의 이물질이 유입되는 것을 방지하는 장치이다. 글랜드 패킹 방식과 메커니컬 실 방식이 있다.

⑥ 웨어링 : 회전부 임펠러와 고정부 케이싱 사이에 작은 틈새를 형성하여 임펠러 출구 측의 고압수가 입구의 저압 측에 새는 것을 줄이는데 이 틈새부분은 마찰되기 쉬우므로 교체 편의를 위해 웨어링을 만든다. 임펠러에 웨어링을 하면 회전하고 고정부에 웨어링을 하면 고정된다.

⑦ 펌프의 구성은 그 외 축, 베어링, 커플링, 밸런스를 잡아 주는 장치 등으로 이루어진다.

(5) 펌프의 설치
① 설치장소는 가능한 흡입 수면에서 가깝게 하고 흡입관은 가능한 짧게 직선으로 설치한다.
② 펌프 쪽의 경사를 높게 하고 흡입 수면의 경사를 낮게 $\frac{1}{50}$의 올림 구배하여 흡입관 내 공기가 들어오지 않도록 한다.
③ 관로 손실이 생기지 않도록 관지름은 흡입구와 같거나 그보다는 크게 한다.
④ 흡입관 입구에 스트레이너를 설치하여 유체 유동을 정렬하며 설치 위치를 적절히 하여 너무 낮아서 소용돌이에 의한 공기흡입이 생기거나 급수부와 너무 가까워서 기포가 흡입되지 않도록 한다.
⑤ 흡입관의 이음매 부분은 완전히 밀폐되어야 하며 진동과 열팽창을 고려하여 설치하여야 한다.
⑥ 송출관을 설치할 경우 관의 중량이 펌프에 작용되지 않도록 설치하며 동결의 우려가 있을 경우 플러그를 설치하여 잔류를 배출할 수 있도록 한다.

(6) 펌프의 운전
① 케이싱 내에 유체가 채워져 있고 펌프 깃이 유체 속에 있어야 펌핑 작용이 가능하다.
② 케이싱 내에 유체가 충만하지 않을 경우 흡수(Priming)하여 유체를 채운다.
③ 여러 대의 펌프를 설치하는 방법을 직렬연결과 병렬연결로 나눌 수 있다. 직렬연결을 하면 양정이 늘어나고 병렬연결을 하면 송출량이 늘어난다.

(7) 펌프의 유지 및 보수
① 점 검
  ㉠ 흡입압력, 송출압력의 급격한 변화, 베어링의 불량이나 공동현상이 발생되면 펌프의 운전음이 달라짐
  ㉡ 베어링, 패킹, 전동기 등에 이상 있을 경우 발열됨. 베어링, 패킹은 마찰열이므로 즉시 발견 조치하지 않으면 유체의 누설 등 2차 이상이 발생 가능
  ㉢ 압력계는 펌프에서 토출부에 연결하는 곳에 설치하여 송출압력을 측정하며 압력계를 이용하여 일상 점검을 할 수 있다.
  • 압력계의 지침이 높게 나타나는 경우 : 밸브 닫힘, 안전밸브 고장, 양정이 지나치게 큰 경우
  • 압력계의 지침이 낮은 경우 : 흡입구 막힘, 회전수 저하, 실양정이 지나치게 낮음
  • 압력계의 지침이 흔들리는 경우 : 공동현상의 발생, 흡입 측 공기 유입
② 펌프의 고장 및 대책
  ㉠ 운전이 안 되는 경우 : 펌프의 고장 / 전동기 고장 / 전원 이상
  → 펌프 수리 / 전동기 수리 및 교체 / 전원 계통 수리
  ㉡ 송출이 안 됨 : 전동기의 역회전 / 흡입 밸브, 송출 밸브 잠김, 흡입 누설 / 양정 과다(양정에 비해 유량 부족)
  → 전원 재결선 / 흡입계통 보수 / 양정의 규정 이내로 조정
  ㉢ 송출이 조금되다 곧 멈춤 : 마중물 부족 / 흡입 측 에어포켓 형성 / 양정 과다
  → 마중물 보충 / 배관계통 조사 수리 / 양정의 규정 이내로 조정
  ㉣ 펌프 진동 : 펌프 축과 전동기 축 불일치 / 축 휨 / 양정 과다 / 베어링 손상 / 임펠러 파손
  → 축 중심 재조립 / 축 교체 / 양정의 규정 이내로 조정 / 베어링 교체 / 임펠러 교체
  ㉤ 베어링 과열
  베어링 마모 / 윤활유 부족 및 부적합 / 베어링 조립 불량 / 펌프 진동 / 패킹 맞춤 불량
  → 베어링 교체 / 윤활유 보충 및 교환 / 재조립 / 펌프 진동 대책에 따름 / 글랜드부 조임 가감
  ㉥ 송출량 감소 : 공기 유입 / 스트레이너 불량 또는 막힘 / 양정 과다
  → 흡입계통 보수 / 스트레이너 정비 / 양정의 규정 이내로 조정

Ⓢ 유체 누설 : 패킹 불량 / 패킹 결합 불량 / 볼트 풀림
→ 패킹 교체 / 패킹 교체 또는 재결합 / 볼트 재 조정 및 고정

Ⓞ 수량 부족 : 공기 흡입 / 회전수 저하 / 웨어링 및 부속 마모 / 유체 특성 / 마찰 손실 과다
→ 흡입관, 패킹 박스 점검 / 설계 검토 / 분해 수리, 마모부 교체 / 재설계 / 재설계

10년간 자주 출제된 문제

15-1. 다음 펌프의 효율식 중 옳은 것은?
① 수력효율 = 수동력 / 축동력
② 기계효율 = 축동력 - 기계손실 / 축동력
③ 체적효율 = 펌프의 실제양정 / 이론 양정(깃수유한)
④ 펌프의 전 효율 = 펌프의 실제유량 / 임펠러를 지나는 유량

15-2. 관 내 압력이 포화증기압 이하로 되어 소음과 진동이 생기고 양수불능이 원인이 되는 현상은?
① 수격작용   ② 서 징
③ 캐비테이션   ④ 크래킹

15-3. 펌프를 사용할 때 발생하는 캐비테이션에 대한 대책으로 옳지 않은 것은?
① 흡입 양정을 길게 한다.
② 양 흡입 펌프를 사용한다.
③ 펌프의 회전수를 낮게 한다.
④ 펌프의 설치위치를 되도록 낮게 한다.

15-4. 펌프 운전에서 캐비테이션(Cavitation) 발생 없이 안전하게 운전되고 있는가를 나타내는 척도로 사용되는 것은?
① HP(Horse Power)
② NS(Nonspecific Speed)
③ NPSH(Net Positive Suction Head)
④ MAPI(Machinery and Allied Products Institute)

15-5. 수격현상의 방지 방법으로 틀린 것은?
① 펌프의 흡입수두를 낮춘다.
② 플라이휠 장치를 저하시킨다.
③ 관로 유속을 저하시킨다.
④ 서지탱크를 설치한다.

15-6. 원심 펌프의 임펠러에 의해 유체에 가해진 속도에너지를 압력에너지로 변환되도록 하고 유체의 통로를 형성해 주는 역할을 하는 일종의 압력용기를 무엇이라 하는가?
① 웨어링   ② 케이싱
③ 안내 깃   ④ 스터핑 박스

15-7. 펌프 흡입관에 대한 설명으로 틀린 것은?
① 흡입관 끝에 스트레이너를 설치한다.
② 관의 길이는 짧고 곡관의 수는 적게 한다.
③ 배관은 펌프를 향해 1/150 올림 구배를 한다.
④ 흡입관에서 편류나 와류가 발생하지 못하게 한다.

15-8. 펌프 베어링 과열 시 원인 및 조치 사항으로 틀린 것은?
① 조립, 설치불량 - 축 정렬 작업
② 윤활유 부족 - 기준 이상 유량 보충
③ 패킹부의 맞춤 불량 - 글랜드 패킹의 조임 압력 조정
④ 윤활유의 부적합 - 사용 조건에 따른 윤활유 선정

15-9. 다음 중 펌프는 기동하지만 물이 나오지 않는 원인으로 틀린 것은?
① 스트레이너가 막혀 있다.
② 흡입양정이 지나치게 높다.
③ 임펠러의 회전방향이 반대이다.
④ 베어링 케이스에 그리스를 가득 충진하였다.

15-10. 펌프 운전 시 압력계가 정상보다 높게 나오는 원인으로 틀린 것은?
① 파이프의 막힘
② 안전밸브의 불량
③ 밸브를 너무 막을 때
④ 실양정이 설계 양정보다 낮을 때

15-11. 펌프가 운전이 되고 있으나 물이 처음에는 나오다가 곧 나오지 않을 때 원인으로 적절하지 않은 것은?
① 웨어링이 마모되었다.
② 마중물이 충분하지 못하다.
③ 흡입양정이 지나치게 높다.
④ 배관 불량으로 흡입관 내에 에어 포켓이 생겼다.

|해설|

15-1
- 기계효율을 수식으로 나타내면 $\dfrac{축동력 - 기계손실}{축동력}$ 로 나타낼 수 있다.
- 수력효율은 유체의 힘이 펌프 흡입구에서 송출구까지 흐르면서 생긴 손실을 고려한 효율이다.
- 체적효율은 누설 및 잔류유량에 의해 발생한 손실을 고려한 효율이다.
- 전 효율은 펌프의 수동력에 대한 축동력의 비율을 말하며 수력효율, 체적효율, 기계효율을 곱한 값이다.

15-2
공동현상(캐비테이션, Cavitation) : 관 속을 흐르는 유체가 그 유체의 포화 증기압 이하로 내려가 기화되어 발생된 기포가 유체 곳곳에 녹지 않고 특정 위치에 모여 공간이 생기는 현상

15-3
공동현상(캐비테이션, Cavitation)의 방지책
- 배관을 할 수 있는 한 완만하고 짧게 배설한다.
- 회전수를 필요한 만큼만 사용한다.
- 마찰저항이 작은 흡입관을 사용하여 유체 흡입 시 발생하는 음압을 감소시킨다.
- 양흡입펌프를 사용한다.
- 가능한 흡입양정을 작게 한다.

15-4
유효흡입양정(N.P.S.H, Net Positive Suction Head) : 펌프를 설치하여 사용할 때, 펌프에 유입하는 물에 외부에서 주는 압력을 절대 압력으로 하고 그 온도에서 물의 포화 증기압을 뺀 것. 유효흡입양정을 고려하는 이유는 공동현상(Cavitation)을 방지하기 위해서이다.

15-5
펌프의 흡입수두를 낮추는 것은 공동현상의 대책이다.

15-6
케이싱(Casing) : 임펠러에 의해 유체에 가해진 속도 에너지를 압력 에너지로 변환되도록 하고, 유체의 통로를 형성해 주는 역할을 하는 일종의 압력용기로 저항 손실을 최소화하여 펌프 성능에 영향을 미치지 않도록 설계한다.

15-7
펌프 쪽의 경사를 높게 하고 흡입 수면의 경사를 낮게 $\dfrac{1}{50}$의 올림구배하여 흡입관 내 공기가 들어오지 않도록 한다.

15-8
윤활유가 부족하면 부족량의 윤활유를 보충하거나 열화가 많이 되어 있으면 교환한다.

베어링 과열
베어링 마모 / 윤활유 부족 및 부적합 / 베어링 조립 불량 / 펌프 진동 / 패킹 맞춤 불량
→ 베어링 교체 / 윤활유 보충 및 교환 / 재조립 / 펌프 진동 대책에 따름 / 글랜드부 조임 가감

15-9
- 스트레이너는 흡입계통으로 그곳이 막히면 흡입이 안 된다.
- 양정이 과다하면 기동은 되나 물이 나오지 않으므로 양정을 조정한다.
- 임펠러가 역회전 하면 전원을 재결선한다.

송출이 안 되는 경우 원인과 대책
- 전동기의 역회전 / 흡입, 송출 밸브 잠김 / 양정 과다
  → 전원 재결선 / 흡입계통 보수 / 양정의 규정 이내로 조정

15-10
실양정이 설계 양정보다 높을 때 압력계에 정상 범위보다 높게 나온다.

15-11
웨어링이 마모되면 누설이 있어 수량은 부족하지만 물은 나오게 된다.

송출이 조금되다 곧 멈추는 이상의 원인과 대책
마중물 부족 / 흡입 측 에어 포켓 형성 / 양정 과다
→ 마중물 보충 / 배관계통 조사 수리 / 양정의 규정 이내로 조정

정답 15-1 ② 15-2 ② 15-3 ① 15-4 ③ 15-5 ① 15-6 ②
15-7 ③ 15-8 ② 15-9 ④ 15-10 ④ 15-11 ①

| 핵심이론 16 | 전동기

① 전동기의 분류

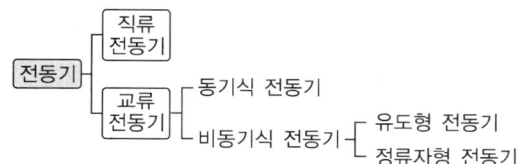

② 직류전동기의 종류
　㉠ 분권전동기
　　• 계자코일과 전기자 코일이 병렬로 연결되어 두 코일의 인가전압이 같다.
　　• 좋은 속도조정 성능을 갖는다.
　　• 무부하 동작에서 속도가 낮다.
　㉡ 직권전동기
　　• 기동토크가 가장 높아 주로 기동전동기로 사용한다.
　　• 계자코일과 전기자 코일이 직렬로 연결되어 두 코일의 부하전류가 같다.
　　• 무부하 시 속도가 높다.
　　• 코일에 공급되는 전류의 극을 바꾸더라도 모터의 회전 방향은 변하지 않는다.
　㉢ 복권전동기
　　• 전기자는 직렬로, 계자는 병렬로 연결이 되어 있다.
　　• 무부하 시 속도가 높은 직권전동기의 단점을 계자를 병렬로 연결하여 해소한다.
　㉣ 타여자형 전동기
　　• 전기자 권선과 계자극 권선이 분리됨(각자 여자가 있음)
　　• 일정한 크기의 유도기전력을 유지
　　• 제어성이 우수
　　• 대용량 서보모터에 적합

③ 3상 유도전동기의 원리

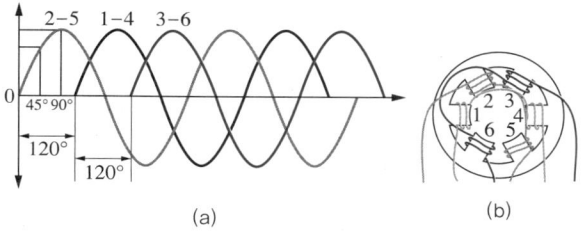

　㉠ 3상 교류전류를 이용
　㉡ 그림 a의 3상 교류를 그림 b처럼 연결하면 다음과 같이 극성이 변한다(글자 N, S의 크기와 세기가 같다고 하자).

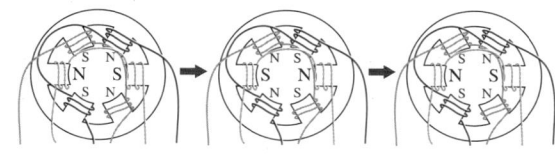

　㉢ 내부에 금속으로 된 회전자만 설치하면 회전자가 회전한다(구조 간단).
　㉣ 동기속도

$$N_s = \frac{120f}{P}\,[\text{rpm}]$$

　　(N_s : 동기속도, f : 주파수, P : 극수)

④ 3상 유도 전동기의 구조
　㉠ 3상 유도 전동기는 회전자에 따라 농형과 권선형으로 구분
　㉡ 3상 유도 전동기는 크게 회전자와 고정자로 구성되어 있고, 회전자는 얇은 강판을 적층한 철심의 각 구멍에 구리 막대가 삽입되고 구리 막대 양쪽에 단락환을 이용하여 단락되어 있다.
　㉢ 코일은 도체에 에나멜, 유리, 마이카 등을 이용하여 절연을 입힌 것을 사용한다.
　㉣ 코일과 철심 사이는 절연 종이를 이용하여 절연한다.

⑤ 3상 유도 전동기의 운전
  ㉠ 전자개폐기 : 3상 유도 전동기를 기동하면 푸시버튼스위치를 눌러서 정지시키기 전까지는 계속 기동신호가 작동하는 자기유지가 되는데, 그 사이에 B접점으로 열동형 과전류 계전기가 연결되어 있다. 이런 원리의 구성품을 전자 개폐기라 하고 3상 유도 전동기에는 전자개폐기가 장착되어 있다.
  ㉡ 3상 유도 전동기는 산업용 설비로 회전 방향을 정방향, 역방향으로 제어할 필요가 있다. 3상 중 2상을 서로 바꾸어 연결하면 정역제어가 가능하며 이를 위해 두 개의 전자 접촉기가 연결되어 있다.
  ㉢ 3상 유도 전동기가 기동될 때는 정격 전류의 5~6배의 전류가 흐른다. 일반적으로 많이 사용되는 기동회로는 Y-△ 기동회로이다.

⑥ 3상 유도 전동기의 보전
  ㉠ 3상 유도 전동기의 점검 내용
    • 전체 점검 : 도장의 벗겨짐, 먼지의 적재 / 부착 여부, 명판기재 사항 식별 가능 여부, 이상음, 소음, 이상 냄새 여부, 진동 여부, 과열 여부
    • 베어링 : 온도, 이상 진동, 축력 여부(스러스트 게이지 이용 확인), 기름 누설, 변질 및 손상 여부
    • 외부전선 : 손상여부, 고정여부, 접속부의 과열, 손상, 벗겨짐 여부
    • 절연, 부하 전류 확인
  ㉡ 3상 유도 전동기 고장현상의 원인 및 대책
    • 과열 현상의 원인 및 대책
      - 단상이 되어 과전류 흐름
        → 접촉 불량이나 노화로 인한 풀림을 해결하고 퓨즈 녹아 끊어진 곳 점검
      - 과부하 운전 → 모터용량, 구동계 이상, 브레이크 타이밍을 확인하여 조정
      - 빈번한 가동 / 정지 → 기동방법 개선
      - 냉각 불충분 → 설치부의 기온, 통풍, 열원, 환경, 이물질 등 확인하여 요인 해소
      - 베어링부 발열 : 윤활불량 → 보충 또는 교환 / 윤활제 부적합 → 적정 윤활제로 교환 / 베어링 조립 불량 → 재조립 또는 교체 / 커플링의 중심 불량 또는 틈새 불량 → 재조립
    • 코일부 소손의 원인
      - 과열에 의함
      - 절연 계통의 잘못된 선정
      - 코일 내부의 레어 쇼트 : 진동, 발열에 의한 열화, 먼지, 이물질, 수분 등에 의한 열화 등에 의해 쇼트 발생
    • 이상음 및 진동 발생의 원인 : 베어링 손상 / 커플링, 풀리 마모 및 풀림, 중심 불량 / 로터와 스테이터의 접촉 / 냉각 팬 날개 바퀴의 풀림 / 조립 볼트나 부착 볼트의 풀림 및 탈락 / 공진
    • 기동불능의 원인 및 대책
      - 퓨즈가 녹아 끊어짐, 서머 릴레이 작동, 노퓨즈 브레이크의 작동 → 과열이 발생하였는지 오동작인지를 확인하여 작동원인에 따른 대처를 한다.
      - 단 선
      - 과부하 → 구동계 점검 / 브레이크 록이 개방되지 않았는지 회로 점검
      - 전자부품의 고장
      - 운전자 오조작
    • 고르지 못한 회전의 원인 : 전원 전압의 변동 / 기계적 과부하
    • 절연불량의 원인 : 코일 절연물의 열화 / 리드 선, 배선 및 접속부의 손상

10년간 자주 출제된 문제

16-1. 3상 유도전동기에서 1상이 단선될 경우 나타나는 고장현상으로 틀린 것은?
① 슬립이 증가
② 부하전류가 증가
③ 토크가 현저히 감소
④ 언밸런스에 의한 진동 증가

16-2. 다음 중 3상 유도 전동기 내의 코일과 철심 사이에 완전한 절연을 하기 위해 사용되는 것은?
① 유 리
② 바니시
③ 에나멜
④ 절연 종이

16-3. 다음 중 전동기 본체의 점검 항목이 아닌 것은?
① 이 음
② 진 동
③ 소 손
④ 발 열

16-4. 전동기의 결함에 따른 원인으로 적합하지 않은 것은?
① 기동불능일 때 : 퓨즈의 단락
② 전동기의 과열 시 : 과부하
③ 저속으로 회전 시 : 축받이의 고착
④ 회전이 원활하지 못할 때 : 회전자 동봉의 움직임

16-5. 3상 유도 전동기의 과열의 직접 원인이 아닌 것은?
① 빈번한 기동을 하고 있다.
② 과부하 운전을 하고 있다.
③ 전원 3상 중 1상이 단락되어 있다.
④ 배선용 차단기(NFB)가 작동하고 있다.

16-6. 다음 중 전동기 베어링부의 발열 원인이 아닌 것은?
① 절연물의 열화에 의한 것
② 윤활제의 과부족에 의한 것
③ 베어링 조립 불량에 의한 것
④ 커플링의 중심내기 불량에 의한 것

16-7. 전동기가 회전 중 진동현상을 보이고 있다. 그 원인으로 틀린 것은?
① 냉각 불충분
② 베어링의 손상
③ 커플링, 풀리의 이완
④ 로터와 스테이터의 접촉

16-8. 다음 중 전동기 기동불능 현상의 원인이 아닌 것은?
① 단 선
② 기계적 과부하
③ 서머릴레이 작동
④ 코일 절연물의 열화

|해설|

16-1
3상을 가진 전동기 중 1상이 단선되면 파장이 한 번 덜 공급되고 토크가 현저히 감소하게 된다. 1상이나 2상으로 더 빠른 전류를 공급해야 하므로 부하전류가 증가하게 된다.

16-2
3상 유도 전동기의 구조
- 3상 유도 전동기는 회전자에 따라 농형과 권선형으로 구분
- 3상 유도 전동기는 크게 회전자와 고정자로 구성되어 있고, 회전자는 얇은 강판을 적층한 철심의 각 구멍에 구리 막대가 삽입되고 구리막대 양쪽에 단락환을 이용하여 단락되어 있다.
- 코일은 도체에 에나멜, 유리, 마이카 등을 이용하여 절연을 입힌 것을 사용한다.
- 코일과 철심 사이는 절연 종이를 이용하여 절연한다.

16-3
전체 점검 : 도장의 벗겨짐, 먼지의 적재 / 부착 여부, 명판기재사항 식별 가능여부, 이상음, 소음, 이상 냄새 여부, 진동 여부, 과열 여부

16-4
전동기가 저속으로 회전하는 자체는 결함이 아니다. 어떤 원인에 의해 저속으로 회전하게 되면 출력이 낮아지고 전동기 효율 또한 낮아진다.

16-5
배선용 차단기가 작동되면 차단되어 기동하지 않으므로 과열될 수가 없다. 핵심이론 ⑥을 참조 및 확인한다.

16-6
베어링부는 기계적 운동 요소이며 전기적 연결은 없어 절연물이 개입되지 않는다.

16-7
이상음 및 진동 발생의 원인 : 베어링 손상 / 커플링, 풀리 마모 및 풀림, 중심 불량 / 로터와 스테이터의 접촉 / 냉각 팬 날개 바퀴의 풀림 / 조립 볼트나 부착 볼트의 풀림 및 탈락 / 공진

16-8
기계적 과부하는 고르지 못한 회전의 원인이다.

정답 16-1 ④ 16-2 ④ 16-3 ③ 16-4 ③
16-5 ④ 16-6 ① 16-7 ① 16-8 ②

핵심이론 17 | 보전 재료

Tip
보전 관련 용어가 3과목에 포함이 되나 2과목에 다룬 내용과 모두 중복되고 2과목에서 학습한 것으로 충분하여 2과목에 함께 구성하여 설명하였고 학습도 2과목을 통해서 하도록 하자.

① 접착제
  ㉠ 접착 : 어떤 물질을 접착력에 의하여 같거나 다른 종류의 고체를 접합하는 것
  ㉡ 접착제 : 접착에 사용하는 재료
  ㉢ 접착의 방법
    • 고분자를 용액으로 사용하는 접착제
    • 저분자의 액상을 중합 반응시켜 고분자로 만드는 접착제
    • 고분자 고체를 가열, 용융, 고착시켜 붙이는 접착제
  ㉣ 접착제는 액상으로 사용하며 표면 또는 틈새를 침투할 수 있어야 하며 도포 후 고화(固化)되어 접착력을 가져야 한다.
  ㉤ 접착제의 종류
    • Monomer, Prepolymer Type : 화학반응에 의해 경화. 폼알데하이드계, 에폭시계 등의 순간접착제와 혐기성 접착제
    • 에멀션형(Emulsion Type, 유화액형, 용액형, 라텍스형) 접착제 : 합성수지를 물에 유화분산시킨 것
    • 콜드셋형(Cold Setting Type, 상온경화형) : 상온에서 경화
    • 압력반응형(Pressure Sensitive Type) : 압력에 반응하여 경화
    • 1액형 : 한 가지 액상을 가지고 환경과 반응하여 경화
    • 2액형 : 두 가지 액상을 섞으면 반응하여 경화
    • 가열 경화형 : 열을 가하여 경화
    • 혐기성 접착제
      - 1액성, 무용제형 강력 접착제이다. 이 액체 고분자 물질은 산소와 접할 때는 액상이다가 산소가 차단되면 중합반응이 일어나 경화된다.
      - 침투성이 좋고 경화될 때 부피가 줄지 않는다.
      - 작업 시 신체 접촉을 피하고 환기에 유의하며 작업 부위의 청결에 신경 쓴다. 경화속도가 빠르므로 신속히 작업하여야 한다.
      - 내화학성이 높아 유류, 약품, 가스, 유기용제에 대해 사용되며 반영구적이다.
    • 금속 구조용 접착제 : 방청력이 있고 가격이 저렴하며 추운 곳, 실외에서 사용 가능하고 응력 분산 능력이 있다. 금속물 구조체에 사용하여 금속 구조용 접착제이다.

② 방청제
  ㉠ 금속표면에 유면을 입혀 산소, 수분을 차단하여 금속 표면에 부식이 발생하는 것을 방지하는 목적으로 사용한다.
  ㉡ 방청유 및 방청제의 종류

기 호	종 류	주용도	
KP-0	지문 제거형 방청유 1종	기계 일반 및 기계 부품 등에 부착된 지문의 제거와 방청	
KP-1	용제 희석형 방청유 1종	경질막의 옥내 및 옥외 방청유	
KP-2	용제 희석형 방청유 2종	연질막의 옥내 방청유	
KP-3-1	용제 희석형 방청유 3종 1호	연질막의 옥내 방청유(물 치환형)	
KP-3-2	용제 희석형 방청유 3종 2호	중고도 유막의 옥내 방청유(물 치환형)	
KP-4	방청 페트롤레이텀 1종	경질막의 대형기계 및 부품 등의 녹 방지용	
KP-5	방청 페트롤레이텀 2종	중질막의 일반기계 및 소형 정밀 부품 녹 방지용	
KP-6	방청 페트롤레이텀 3종	구름 베어링과 같은 고도의 정밀한 기계면 등의 녹 방지용	
KP-7	방청윤활유 1종 1호	중점도 유막의 금속재료 및 제품의 방청	
KP-8	방청윤활유 1종 2호	저점도 유막의 금속재료 및 제품의 방청	
KP-9	방청윤활유 1종 3호	고점도 유막의 금속재료 및 제품의 방청	
KP-10-1	방청윤활유 2종 1호	저점도 유막	의 내연 기관의 방청, 보관 및 중하중 일시 운전하는 장소에 사용
KP-10-2	방청윤활유 2종 2호	중점도 유막	
KP-10-3	방청윤활유 2종 3호	고점도 유막	
KP-19	용제 희석형 방청유 4종	투명, 경질막의 옥내 및 옥외 방청유	

기 호	종 류	주용도
KP-20-1	기화성 방청유 1종 1호	저점도유막의 밀폐 공간 내에서의 방청
KP-20-2	기화성 방청유 1종 2호	중점도유막의 밀폐 공간 내에서의 방청
OP	규정 외, 일반	KS M 2109의 규정하는 모든 성능시험에 합격한 방청유
NV	기화성 방청제	분말 또는 고상으로 사용, 밀봉공간에서의 방청, 그대로 사용하거나 용액 또는 현탁액으로 사용할 수 있다.
OW-1	수용성 방청제	물 희석 사용, 상온이거나 온도를 높여 사용. KS T 1319 6.2.에 합격한 것으로 옥내에서 단기 방청용. 화재 우려 없고 취급성 좋다.
OW-2	기화성 수용성 방청제	물 희석 사용, 상온이거나 온도를 높여 사용. KS T 1319 6.2.에 합격한 것으로 옥내에서 단기 방청용, 밀봉공간에서의 방청. 화재 우려 없고 취급성 좋다.

※ 참고 : 방청그리스는 KP-11 1종 1호, KP-11 2종 1호, 또는 방청그리스 1종 1호, 방청그리스 2종 1호와 같이 표시하며, 1종 1,2,3호, 2종 1,2,3호가 있음

③ 윤활유(CHAPTER 04에서 학습)
  ㉠ 윤활의 4원칙
  ㉡ 윤활작용
  ㉢ 윤활제 종류
  ㉣ 윤활 방법

④ 실
  ㉠ 주요 패킹 재료
   • 그래파이트
     - 불순물을 포함하지 않은 천연인상흑연을 압착하여 제조한다.
     - 액체가 투과되지 않고 화학적 균일성이 있어 모든 접착제가 사용 가능하다.
     - 광범위한 온도에서 사용하며 열전도와 전기전도성이 있다.
     - 개스킷 패킹이나 방열판, 단열재, 용접차단막의 방열재료, 정전기 필터 등 전기적 성질을 사용하는 재료에 사용한다.
   • 유리섬유
     - 높은 내열성과 전연체 강도를 갖고 있으며 낮은 절연율을 갖고 있다.
     - 낮은 연신율로 높은 치수 안정성을 갖고 있고 기계적 특성이 좋다.
     - 생물학적 영향이 없고 내화학성이 높다.
   • 천연섬유
     - 마, 모시, 백석면 등을 사용하고 오염이 방지된다.
     - 저렴하고 유지보수가 쉽다.
     - 윤활유, 동물성/식물성 기름, 유기용제 등에 사용한다.
   • 테플론
     - 우수한 화학적 안정성과 저마찰, 전기적 특성이 탁월하며 내약품성이 높다.
     - 개스킷, 패킹, 전기 절연 등 광범위하게 사용되고 있다.
     - 연성과 변형성이 좋고 자체 윤활성과 다양한 조건에서 적용이 가능하다.
   • 고 무
     - 탄성이 필요하며 복원과 변형이 필요한 개소에 사용한다.
     - 비투과성이고 복원력이 높으며 표면 마찰력이 있고 내충격성, 내유성, 내열성이 있다.
  ㉡ 개스킷
   • 종이 개스킷 : 종이 및 식물성, 동물성 섬유를 고무나 석면재질을 넣지 않고 굳힌 후 분해하여 제조과정을 거쳐 개스킷 재질로 제조한다.
   • 고무 개스킷 : 고무는 탄성과 연성이 높아 밀착력이 높으나 강도, 강성, 내구성이 다소 낮고 외력에 의해 이탈 가능성이 있으므로 사용 장소와 장착에 주의한다.
   • 가죽 개스킷 : 탄력성이 높고 강인하며 재질과 내구성이 우수하나 화학적 변질의 우려가 있다.

- 석면 조인트 개스킷 : 석면 섬유와 고무 분말을 7:3에서 8:2 정도로 배합, 가압, 성형한 것이다.
- 액상 개스킷 : 발라서 사용할 수 있어 유용하고 표면 보호 및 정밀도를 유지하는 장점이 있다. 접합면의 수분, 기름, 오물을 제거한 후 얇고 균일하게 발라 접합한다. 40~400℃의 범위에서 사용한다.

ⓒ 패킹 : 접합면, 접동면의 기밀 유지, 누설 방지하는 기계 부속으로 넓은 범위에서 사용된다.
- O링
  - 패킹의 분류인 스퀴즈 패킹의 하나로 일반 유압기기에서 많이 사용하고 10% 정도 압축되게 하여 설치한다.
  - 동적 실은 미끄럼이 원활해야 하며 구멍이 뚫린 곳이나 압력이 작용하는 모서리에는 사용하지 않고 마멸이 심한 곳에도 사용하지 않는다.
  - 정적 실은 동적 실보다 많이 사용하는데 고압이 작용하고 완전 밀착되도록 장착한다. 보강을 위한 Back up Ring과 함께 사용하며 설치 공간이 작고 미끄럼 부분과 접촉면이 작아 마찰이 적고 실링(Sealing) 효과는 매우 크다.
  - O링의 재질 결정 방법
    가. 사용하는 기기의 작동 상태
    나. O링이 사용되는 곳의 상태
    다. 작동하는 유체의 종류
    라. 작동압력과 사용온도
  - O링의 구비 조건
    가. 누설을 방지하는 기구에서 탄성이 양호하고 압축 시 영구변형이 적을 것
    나. 내열성, 내노화성, 내마멸성, 내마모성, 내압성, 내화학성 등이 기계적 성질, 화학적 성질이 높을 것
    다. 사용 온도 범위가 넓고 접합 금속에 대한 부식을 유발하지 말 것
    라. 작동 부품에 걸리지 말고 잘 장착되어야 하며 정밀 가공된 금속면을 손상시키지 않아야 한다.
- 오일 실(Oil seal) : 펌프, 모터의 회전축 지름 7~500mm에서 축 주위에 기름 또는 그리스 등 누설을 방지하기 위해 사용
  - 오일 실의 종류
    가. 표준형 : 가장 일반적이며 싱글 립은 이물질의 우려가 없는 곳에 사용. 특히 스프링이 없는 것은 저속, 저온에서 그리스 누출 방지나 간단한 먼지 제거에 사용
    나. 내압형 : 다소 높은 압력은 받을 수 있으나 속도를 크게 할 수는 없다.
    다. 설치 특수형 : 싱글 메인 립 스프링 무 사다리꼴 홈형과 립 형상붙임의 링 클랜지 붙임 간이 교환용이 있다.
  - 오일 실의 사용례
    가. 축과 조립하는 경우는 축이 탄소강인 경우 적절하며 오일 실에 적합한 표면 정도와 경도를 요구한다.
    나. 하우징과 조립하는 경우는 다소 다양한 재질의 실을 사용할 수 있고 표면 정도와 경도 또한 다소 거칠어도 사용 가능하다.

ⓔ 글랜드 패킹 vs 메커니컬 실
- 글랜드 패킹 : 스터핑 박스 내에 패킹부분으로 조여진 단면사각형의 코일 형태로 성형한 패킹을 의미. 박스 안에 넣고 축과 마찰면을 밀봉하는 것, 마찰 저항이 크다. 저렴한 초기설비비에 구조가 간단하지만 수명이 짧고 완전 누설방지는 어려우므로 약간 누설이 허용되는 곳에 사용된다. 누설 자체가 윤활 작용을 할 수 있다.
- 메커니컬 실(Seal) : 초기설비비는 고가이지만 운전 관리비는 저렴하며 정밀하다. 유체의 누수, 누유는 거의 허용하지 않으며 따라서 주변부의 부식 등의 영향도 없어 깨끗하게 운영 가능하다.

ⓜ 메커니컬 실
- 회전축에 고정자와 회전자로 구성된 기계적 요소로 한 면이 회전축과 함께 회전하며 스프링의 장력이나 유체의 압력으로 인하여 기밀을 지속 유지하는 장치
- 축에 마모 없이 실 내부에서만 마모가 일어나고 장력에 의해 마모된 부분이 채워지므로 지속 누설 방지가 가능하다.
- 기기가 다양화, 고도화됨에 따라 밀봉성, 신뢰성, 내구성이 요구되어 개발되고 있다. 근래 다양한 메커니컬 실이 개발되어 활용도가 높아지고 있다.
- 메커니컬 실의 분류
  - 압력에 따라
    가. 저압용(불균형 실)
    나. 고압용(균형 실)
  - 스프링 위치에 따라
    가. 정지형 : 스프링이 축과 함께 회전
    나. 회전형 : 회전하지 않음. 고속회전 시 원심력을 받지 않음
  - 취급 위치에 따라
    가. Inside Type
      a. 스터핑 박스 내측에 회전링을 설치
      b. 내장형, 누설방향이 원심력에 상반되어 밀봉에 유리
    나. Outside Type
      a. 안에서 밖으로 누설되는 유체를 밀봉, 외장형
      b. 누설방향이 원심력과 일치하여 누설량이 높은 경향
      c. 엄격한 조건에서는 부적합하나 부식성 유체 등을 취급할 때 금속재와 비접촉
      d. 회전환을 이동하여 실 부분을 쉽게 세척할 수 있으므로 식품용 등에 사용
      e. 마모 등 보전 상황을 육안으로 확인 가능
  - 배치에 따라
    가. 단동(Single)형 : Seal이 하나. 일반적
    나. 복동(Double)형 : 반대 방향으로 향한 Seal이 2개
    다. 탠덤(Tandom)형 : 동일한 방향의 고압 Seal, 저압 Seal
    라. 압력 부하를 저감할 수 있어 고압 유체에 많이 사용
  - 스프링 형상에 따라
    가. Multi Spring Type
    나. Single Spring Type
  - 제동 및 토크 전달 방법에 따라
    가. PIN에 의한 방식
    나. 클러치에 의한 방식
    다. 스프링에 의한 방식
    라. 금속 벨로스에 의한 방식
  - 운동용 2차 실에 따라
    가. O링형
    나. V링형
    다. 벨로스형

10년간 자주 출제된 문제

17-1. 접착제의 구비조건으로 틀린 것은?
① 액체성을 가질 것
② 윤활성을 가질 것
③ 모세관작용을 할 것
④ 고체화하여 일정한 강도를 가질 것

17-2. 공기 중에서는 액체 상태를 유지하고 공기가 차단되면 중합이 촉진되어 경화가 일어나는 접착제는?
① 혐기성 접착제
② 열용융형 접착제
③ 유화액형 접착제
④ 금속구조용 접착제

10년간 자주 출제된 문제

17-3. 보전용 재료 중 방청 윤활유의 종류와 기호가 잘못 연결된 것은?
① 1종(1호) : KP-7
② 1종(2호) : KP-8
③ 1종(3호) : KP-9
④ 1종(4호) : KP-10

17-4. 내열성과 내화학성이 좋고 자체윤활성을 보유하였으며, 다양한 운전조건에서 뛰어난 성능을 갖는 패킹재료는?
① 그래파이트
② 테플론
③ 천연섬유소
④ 유리섬유

17-5. 보전용 재료로 사용되는 O링의 구비 조건으로 틀린 것은?
① 내노화성이 좋을 것
② 내마모성이 좋을 것
③ 사용 온도 범위가 좁을 것
④ 상대 금속을 부식시키지 말 것

17-6. 다음 메커니컬 실의 종류 중 스터핑 박스의 내측에 회전링을 설치하는 밀봉으로 유체의 누설 압력이 실의 외부에서 내부로 작용하며, 내류형이라고도 하는 것은?
① 더블형
② 탠덤형
③ 인사이드형
④ 아웃사이드형

17-7. 액상 개스킷의 사용방법으로 틀린 것은?
① 얇고 균일하게 칠한다.
② 바른 직후 접합해서는 안 된다.
③ 접합면에 수분 등 오물을 제거한다.
④ 사용온도 범위는 대체적으로 40~400℃ 정도이다.

|해설|

17-1
접착제는 액상으로 사용하며 표면 또는 틈새를 침투할 수 있어야 하며 도포 후 고화(固化)되어 접착력을 가져야 한다.

17-2
혐기성 접착제
- 1액성, 무용제형 강력 접착제이다. 이 액체 고분자 물질은 산소와 접할 때는 액상이다가 산소가 차단되면 중합반응이 일어나 경화된다.
- 침투성이 좋고 경화될 때 부피가 줄지 않는다.
- 작업 시 신체 접촉을 피하고 환기에 유의하며 작업 부위의 청결에 신경 쓴다. 경화속도가 빠르므로 신속히 작업하여야 한다.
- 내화학성이 높아 유류, 약품, 가스, 유기용제에 대해 사용되며 반영구적이다.

17-3

기 호	종 류	주용도	
KP-7	방청윤활유 1종 1호	중점도 유막의 금속재료 및 제품의 방청	
KP-8	방청윤활유 1종 2호	저점도 유막의 금속재료 및 제품의 방청	
KP-9	방청윤활유 1종 3호	고점도 유막의 금속재료 및 제품의 방청	
KP-10-1	방청윤활유 2종 1호	저점도 유막	의 내연 기관의 방청, 보관 및 중하중 일시 운전하는 장소에 사용
KP-10-2	방청윤활유 2종 2호	중점도 유막	
KP-10-3	방청윤활유 2종 3호	고점도 유막	

17-4
테플론
- 화학적 안정성과 저마찰, 전기적 특성이 탁월하며 내약품성이 높다.
- 개스킷, 패킹, 전기 절연 등 광범위하게 사용되고 있다.
- 연성과 변형성이 좋고 자체 윤활성과 다양한 조건에서 적용이 가능하다.

17-5
O링의 구비 조건
- 누설을 방지하는 기구에서 탄성이 양호하고 압축 시 영구변형이 적을 것
- 내열성, 내노화성, 내마멸성, 내마모성, 내압성, 내화학성 등이 기계적 성질, 화학적 성질이 높을 것
- 사용 온도 범위가 넓고 접합 금속에 대한 부식을 유발하지 말 것
- 작동 부품에 걸리지 말고 잘 장착되어야 하며 정밀 가공된 금속면을 손상시키지 않아야 한다.

17-6
취급 위치에 따라 메커니컬 실은 내장형(Inside Type)과 외장형(Outside Type)으로 나뉘며 안쪽에 회전링을 설치하는 것을 내장형이라 한다.
더블형과 탠덤형은 실의 배치에 따라 구분한 분류이다.

17-7
액상 개스킷 : 발라서 사용할 수 있어 유용하고 표면보호 및 정밀도를 유지하는 장점이 있다. 접합면의 수분, 기름, 오물을 제거한 후 얇고 균일하게 발라 접합한다. 40~400℃의 범위에서 사용한다.

정답 17-1 ② 17-2 ① 17-3 ④ 17-4 ② 17-5 ③ 17-6 ③ 17-7 ②

| 핵심이론 18 | 산업안전

① 산업안전의 정의
  ㉠ 광 의
    - 복지 향상을 위하여 산업을 통해 직간접적으로 생존권에 침해 받지 않는 상태
    - 적극적 의미에서 안전을 정의함
  ㉡ 협 의
    - 산업재해로부터 인간을 보호하는 것
    - 산업을 위한 재난으로부터의 보호
    - 소극적 의미에서 안전을 정의함
  ㉢ 안전의 여러 정의
    - ISO/IEC : 받아들일 수 없는 재해의 위험성으로부터 벗어난 자유로운 상태(Freedom from Unacceptable Risk)
    - 웹스터 사전 : 상해, 손실, 감손, 위해 또는 위험에 노출되는 것으로부터의 자유
    - 하인리히 : 사고예방(Accident Prevention)에서 물리적 환경과 인간 및 기계의 관계를 통제하는 과학이자 Technology(기술)
    - 버크호프 : 과학적 통제와 여러 가지 시스템과 연관되는 방법에 대한 인간행동 과학
    - 하비(J. H. Harvey) : 교육, 기술, 독려의 (3E)가 균형을 이루는 것이다.
    - 로렌스(Havard Univ.) : 허용한도를 초과하지 않은 것으로 판단되는 위험성
    - 국어로서 정의 : 안전이란 위험하지 않은 것, 마음이 편하고 온전한 상태
    - WHO(1984) : 안전이란 개인과 지역공동체의 건강과 복지를 위하여 위험과 육체적, 정신적 또는 물질적인 해로움을 초래하는 조건들이 조절되는 상태

② 안전관리
  ㉠ 정 의
    - 생산성의 향상과 재해로부터 손실을 최소화하는 것
    - 재해의 원인 및 경과의 규명과 재해 방지에 필요한 과학기술에 관한 계통적 지식체계의 관리
    - 재난이나 그 밖의 각종 사고로부터 사람의 생명·신체 및 재산의 안전을 확보하기 위한 모든 활동
  ㉡ 근본이념
    - 안전제일 : 인간을 근본으로 한 인도주의를 바탕으로 한 인간존중에 바탕을 둠
    - 기업의 경제적 손실예방
    - 생산성 향상 및 품질향상
  ㉢ 목 표
    - 인명 존중의 실현, 인간 생명 존중, 인도주의적 실현
    - 경영의 합리화 : 생산손실의 사전 예방
    - 사회적 신뢰성 구축 : 기업이미지 제고를 통한 이윤의 극대화
  ㉣ 관리대상 4M
    - Man : 인적요소의 관리. 인간행동의 신뢰성 향상
    - Machine : 기계설비. 방호장치, 이동통로, 공구, 운반구 등의 관리와 신뢰성 향상
    - Media : 작업방법적 요소로 인간과 설비 간의 소통의 도구로서 작업정보, 작업방법, 환경 등의 신뢰성 향상
    - Management : 안전법규, 기준작성, 안전관리 조직, 교육, 훈련, 지휘, 감독 등 관리체제의 신뢰성 향상
  ㉤ 관리행동 : PDCA 사이클의 4단계 반복
    - PDCA : Plan(계획), Do(실행), Check(확인), Action (조치)

③ 사 고
  ㉠ 정 의
    - 생산활동에 지장을 초래하는 비계획적이고 관리되지 못한 사건
    - 당면하는 사상(事象)의 정상적인 진행을 저지 또는 방해하는 사건

- 원하지 않는 스트레스(Stress)를 넘어 변형(Strain)을 일으킨 사건의 상태(Event)
  ㄴ 정의에 따른 분류
    • Accident
      - 의도나 관리가능성이 낮은 사고. 언어적으로는 주로 '재해'로 번역
      - Heinrich : 물체, 물질, 인간 또는 방사선의 작용, 반작용에 의해 인간에게 상해 또는 상해의 가능성을 초래하는 예상 외의 제어되지 않는 사건
      - 인명 피해, 재산적 손해, 작업공정의 손실을 초래하는 바람직하지 않은 사건
    • Incident
      - 부상, 질병 또는 사망을 초래하였거나 초래할 수 있는 작업 관련 사건
      - 아차사고(Near Miss)
        가. 부상, 질병 또는 사망이 발생하지 않은 사건
        나. 발생하였으나 손실을 전혀 수반하지 않는 재해
        다. 인적·물적 피해가 모두 발생하지 않은 사고
    • 분류적 개념
      - By ISO45001

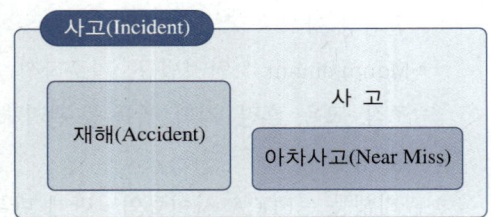

      - Heinrich : 재해를 사고와 동일하거나 유사한 개념으로 사용
  ④ 사고연쇄 이론(도미노 이론)
    ㄱ 하인리히 : 사고를 일으키는 사람은 바람직하지 못한 특성을 가졌고, 이 특성이 결함으로 성장하여 불안전한 상태와 그 결함에 의한 불안전한 행동을 유발하여 사고가 발생되고, 사고의 결과 재해가 됨을 주장

사회적 환경 / 유전적 요소 — 개인적 결함 — 불안전한 상태/행동 — 사고 — 재해

  ㄴ 하인리히의 법칙 1 : 29 : 300
    • 보험사건 5,000여 건을 분석하여 발표
    • 통계적으로 330번의 사고 중 아차사고 300번, 경상해 29번, 중대재해 1번이 발생된다고 주장

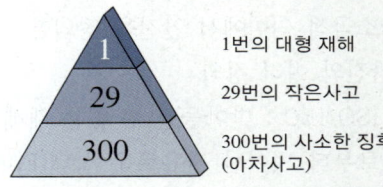

1 — 1번의 대형 재해
29 — 29번의 작은사고
300 — 300번의 사소한 징후 (아차사고)

  ㄷ 버드(Bird)의 수정된 사고 발생 연쇄이론(신도미노이론)
    • 보험사고 175,300여 건을 분석하여 발표. 물적사고도 포함
    • 사고 발생의 가장 중요한 원인으로 관리감독의 미흡을 언급

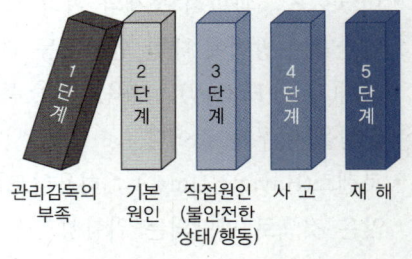

관리감독의 부족 — 기본 원인 — 직접원인 (불안전한 상태/행동) — 사고 — 재해

    • 통계적으로 641번의 사고 중 600번의 아차사고, 물적손실 30회, 10번의 경상해, 1번의 중상해가 발생한다고 주장

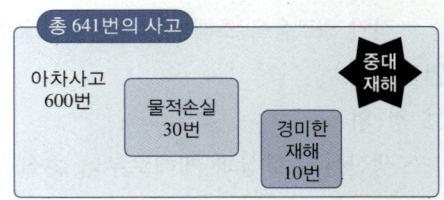

총 641번의 사고
아차사고 600번 / 물적손실 30번 / 경미한 재해 10번 / 중대재해

10년간 자주 출제된 문제

18-1. 사고의 종류 중 다음 설명하는 사고는?

- 부상, 질병 또는 사망이 발생하지 않은 사건
- 발생하였으나 손실을 전혀 수반하지 않는 재해
- 인적·물적 피해가 모두 발생하지 않은 사고

① 인적사고 ② 물적사고
③ 아차사고 ④ 중대재해

18-2. 버드(Bird)의 수정된 사고발생 연쇄이론에서 하인리히의 이론과 다른 관점으로 중요하게 본 사항은?

① 관리감독 ② 개인의 습관
③ 환 경 ④ 시 간

|해설|

18-1
아차사고(Near Miss)
- 부상, 질병 또는 사망이 발생하지 않은 사건
- 발생하였으나 손실을 전혀 수반하지 않는 재해
- 인적·물적 피해가 모두 발생하지 않은 사고

18-2
버드(Bird)의 수정된 사고발생 연쇄이론(신 도미노이론)
- 보험사고 175,300여 건을 분석하여 발표. 물적사고도 포함
- 사고 발생의 가장 중요한 원인으로 관리감독의 미흡을 언급

정답 18-1 ③ 18-2 ①

핵심이론 19 | 산업안전 재해

① 재 해

㉠ "산업재해"란 노무를 제공하는 사람이 업무에 관계되는 건설물·설비·원재료·가스·증기·분진 등에 의하거나 작업 또는 그 밖의 업무로 인하여 사망 또는 부상하거나 질병에 걸리는 것을 말한다(산업안전보건법 제2조 제1항).

㉡ "중대재해"란 산업재해 중 사망 등 재해 정도가 심하거나 다수의 재해자가 발생한 경우로서 고용노동부령으로 정하는 재해를 말한다(산업안전보건법 제2조 제2항).

㉢ "고용노동부령으로 정하는 재해"란 다음 각 호의 어느 하나에 해당하는 재해를 말한다.

　가. 사망자가 1명 이상 발생한 재해
　나. 3개월 이상의 요양이 필요한 부상자가 동시에 2명 이상 발생한 재해
　다. 부상자 또는 직업성 질병자가 동시에 10명 이상 발생한 재해

㉣ 중대재해 발생 시 사업주의 조치(산업안전보건법 제54조)

　가. 사업주는 중대재해가 발생하였을 때에는 즉시 해당 작업을 중지시키고 근로자를 작업장소에서 대피시키는 등 안전 및 보건에 관하여 필요한 조치를 하여야 한다.
　나. 사업주는 중대재해가 발생한 사실을 알게 된 경우에는 고용노동부령으로 정하는 바에 따라 지체 없이 고용노동부장관에게 보고하여야 한다. 다만, 천재지변 등 부득이한 사유가 발생한 경우에는 그 사유가 소멸되면 지체 없이 보고하여야 한다.

㉤ 중대재해 발생 시 고용노동부장관의 작업 중지 조치(산업안전보건법 제55조)

　가. 고용노동부장관은 중대재해가 발생하였을 때 다음 각 호의 어느 하나에 해당하는 작업으로

인하여 해당 사업장에 산업재해가 다시 발생할 급박한 위험이 있다고 판단되는 경우에는 그 작업의 중지를 명할 수 있다.
    a. 중대재해가 발생한 해당 작업
    b. 중대재해가 발생한 작업과 동일한 작업
  나. 고용노동부장관은 토사·구축물의 붕괴, 화재·폭발, 유해하거나 위험한 물질의 누출 등으로 인하여 중대재해가 발생하여 그 재해가 발생한 장소 주변으로 산업재해가 확산될 수 있다고 판단되는 등 불가피한 경우에는 해당 사업장의 작업을 중지할 수 있다.
  다. 고용노동부장관은 사업주가 가항 또는 나항에 따른 작업중지의 해제를 요청한 경우에는 작업중지 해제에 관한 전문가 등으로 구성된 심의위원회의 심의를 거쳐 고용노동부령으로 정하는 바에 따라 가항 또는 나항에 따른 작업중지를 해제하여야 한다.

② **산업재해의 분류**(한국산업안전보건공단 산업재해원인조사 인용)
  ㉠ 발생형태별 대분류
    가. 물체 및 설비에 접촉 : 하위 중분류 존재
    나. 불균형 동작 및 무리한 동작 : 작업자의 부적절 행동에 의한 재해
    다. 유해/위험물질 및 환경에 노출·접촉 : 작업환경 및 부적절한 관리에 의한 재해
    라. 화재 등 특정사고 : 예방을 위한 일상 점검이 필요
    마. 폭력행위 : 교육 및 인사관리 미비 등의 대책이 가능
  ㉡ 물체 및 설비에 접촉 사고 중 중분류
    가. 떨어짐 : 계단, 사다리에서 떨어짐 / 개구부 등 지면에서 떨어짐 / 재료더미 및 적재물에서 떨어짐 / 지붕에서 떨어짐 / 비계 등 가설구조물에서 떨어짐 / 건물 대들보나 철골 등 기타 구조물에서 떨어짐 / 운송수단 또는 기계 등 설비에서 떨어짐 / 기타
    나. 넘어짐, 깔림 : 계단에서 넘어짐 / 바닥에서 미끄러져 넘어짐 / 바닥의 돌출물 등에 걸려 넘어짐 / 운송수단, 설비에서 넘어짐 / 넘어지는 물체에 깔림 / 기타 넘어짐 또는 깔림
    다. 부딪힘, 접촉 : 사람에 의한 부딪힘, 접촉 / 고속회전날 등에 부딪힘, 접촉 / 바닥에서 구르는 물체에 부딪힘, 접촉 / 흔들리는 물체 등에 부딪힘, 접촉 / 취급, 사용 물체에 부딪힘, 접촉 / 차량 등과의 부딪힘, 접촉
    라. 맞음 : 떨어진 물체에 맞음 / 날아온 물체에 맞음
    마. 끼 임
      a. 상대운동을 하는 물체 등에 신체가 끼어 발생하는 재해
      b. 직선운동 중인 설비, 기계 사이에 끼임 / 회전부와 고정체 사이의 끼임 / 회전부와 고정체 사이의 끼임 / 두 회전체의 물림점에 끼임 / 회전체 및 돌기부에 감김 / 인력운반, 취급 중인 물체에 끼임 / 기타
    바. 무너짐 : 도랑의 굴착사면 무너짐 / 적재물 등의 무너짐 / 건축물, 구조물의 무너짐 / 가설구조물의 무너짐 / 절취사면 등의 사면 무너짐 / 기타
    사. 압박, 진동 : 눌림, 진동에 의해 발생하는 재해
  ㉢ 화재 폭발재해 점화원
    가. 전기적 점화원 : 전기스파크, 정전기, 기타로 분류
    나. 열적 점화원 : 직화 / 불꽃, 고온물체물질, 기타로 분류

③ **위험(리스크, Risk)**
  ㉠ 정 의
    가. 잠재적인 손실이나 손상을 가져올 수 있는 상태나 조건
    나. 재해 발생 가능성과 재해 발생 시 그 결과의 크기의 조합(Combination)으로 위험의 크기나 정도
  ㉡ 리스크의 3요소 : 사고시나리오, 사고발생확률, 파급효과 또는 손실

ⓒ 리스크 조정기술 4가지
  가. 위험 회피(Avoidance), 위험 감소(Reduction), 위험 전가, 위험 보류(Retention)
  나. 리스크 공식 : 피해의 크기 × 발생확률
  다. 리스크 개념의 정량적 표시방법 : 사고발생빈도 × 파급효과

④ 무재해 운동(안전보건공단 자료 인용 2020.10.12.)
  ㉠ 인간존중의 이념을 바탕으로 사업주와 근로자가 함께 참여하여 자율적인 산업재해예방 운동을 추진함으로써 안전의식을 고취하고 나아가 산업재해를 근절하여 인간중심의 밝고 안전한 사업장을 조성하고자 1979년 9월 1일부터 시행
  ㉡ 추진경과

1979. 9. 1.	고용노동부 지침으로 무재해운동 시작
1980년대	일본에서 전개하고 있던 도해를 이용한 위험예지훈련기법 도입
1989. 10. 1.	무재해운동 업무 일부 이관 (고용노동부 → 한국산업안전공단)
1992. 8. 21. ~1993. 8. 30.	무재해운동을 전국민 운동으로 확산하고자 1천만명 서명운동 전개 (대통령, 국무총리, 각 부처 장관, 종교계 대표 저명인사 등 총 10,197,609명 서명)
1997. 7. 1.	무재해운동 업무 이관 (고용노동부 → 한국산업안전공단)
2018. 1. 1.	• 무재해 목표달성 기록인증제 폐지 결정 ('18년까지 인증제 유예) • 무재해운동 개시신청서 접수 중단
2019. 1. 1.	무재해 목표달성 기록인증제 폐지 (사업장 자율운동 전환)

  ㉢ 무재해운동의 3대원칙
    가. 무의 원칙 : 단순히 사망재해나 휴업재해만 없으면 된다는 소극적인 사고가 아닌, 사업장 내의 모든 잠재위험요인을 적극적으로 사전에 발견하고 파악·해결함으로써 산업재해의 근원적인 요소들을 없앤다는 것을 의미
    나. 안전제일의 원칙 : 안전한 사업장을 조성하기 위한 궁극의 목표로서 사업장 내에서 행동하기 전에 잠재위험요인을 발견하고 파악·해결하여 재해를 예방하는 것을 의미
    다. 참여의 원칙 : 작업에 따르는 잠재위험요인을 발견하고 파악·해결하기 위하여 전원이 협력하여 각자의 위치에서 적극적으로 문제해결을 하겠다는 것을 의미

10년간 자주 출제된 문제

19-1. 무재해 운동의 기본이념 3원칙 중 다음 설명으로 옳은 것은?

직장 내에 모든 잠재위험요인을 적극적으로 사전에 발견, 파악, 해결함으로써 뿌리에서부터 산업재해를 제거하는 것

① 무의 원칙   ② 선취의 원칙
③ 참가의 원칙   ④ 확인의 원칙

19-2. 산업재해를 발생형태별로 볼 때 작업환경 및 부적절한 관리에 의한 재해에 해당하는 것은?

① 물체 및 설비에 접촉
② 불균형 동작 및 무리한 동작
③ 유해/위험물질 및 환경에 노출·접촉
④ 폭력행위

|해설|

19-1
무재해 운동의 3원칙
• 무의 원칙 : 직장 내에 모든 잠재위험요인을 적극적으로 사전에 발견, 파악, 해결함으로써 뿌리에서부터 산업재해를 제거하는 것. 모든 잠재위험요인을 제거하는 것
• 참가의 원칙 : 무재해를 달성하기 위해서는 전원, 모든 구성원이 참가하여야 한다는 것
• 선취의 원칙 : 작업 환경의 잠재위험요인을 미리미리 찾아내고 사전에 제거하여 사고를 예방하는 것

19-2
발생형태별 분류
• 물체 및 설비에 접촉 : 하위 중분류 존재
• 불균형 동작 및 무리한 동작 : 작업자의 부적절 행동에 의한 재해
• 유해/위험물질 및 환경에 노출·접촉 : 작업환경 및 부적절한 관리에 의한 재해
• 화재 등 특정사고 : 예방을 위한 일상 점검이 필요
• 폭력행위 : 교육 및 인사관리 미비 등의 대책이 가능작업환경 및 부적절한 관리에 의한 재해

정답 19-1 ①   19-2 ③

| 핵심이론 20 | 기계작업 및 취급의 안전

① 기계 안전의 특징
　㉠ 기계설비의 작업능률과 안전을 위한 배치(Layout) 계획 : 지역 배치 → 건물 배치 → 기계 배치
　㉡ 기계작업은 진동과 소음을 동반하는 경우 많음
　㉢ 기계작업은 회전체를 사용하는 경우 많음
　㉣ 기계는 인간의 물리력에 비해 엄청나게 큰 힘을 사용하므로 인체와 접촉 시 부상을 유발할 여지가 많음
　㉤ 기계작업은 고속의 반복작업의 경우가 많음

② 기계 설비의 위험점의 종류
　㉠ 협착점(Squeeze Point)
　　• 왕복 운동을 하는 동작 부분과 움직임이 없는 고정 부분 사이에 형성되는 위험점
　　• 프레스 금형 조립 부위 등에서 발견
　㉡ 끼임점(Shear Point)
　　• 고정 부분과 회전하는 동작 부분이 함께 만드는 위험점
　　• 회전 풀리와 베드 사이, 연삭숫돌과 작업대 사이 등에서 발견
　㉢ 절단점(Cutting Point)
　　• 고정 부분과 운동 부분이 만드는 위험점이 아님
　　• 회전하는 운동 부분 자체의 위험이나 운동하는 기계 부분 자체의 위험에서 초래되는 위험점
　　• 목공용 띠톱 부분, 밀링 커터 부분 등에서 발견
　㉣ 물림점(Nip Point)
　　• 회전하는 두 개의 회전체에 물려 들어가는 위험성이 있는 곳
　　• 회전체가 서로 반대 방향으로 맞물려 회전되는 경우 발생
　　• 기어 물림점, 롤러 회전에 의한 물림점 등에서 발견
　㉤ 접선 물림점(Tangential Point)
　　• 회전하는 부분의 접선 방향으로 물려 들어갈 위험이 존재하는 점
　　• 풀리와 벨트, 체인과 스프로킷 등에서 발견
　㉥ 회전 말림점(Trapping Point)
　　• 회전하는 물체에 작업복 등이 말려드는 위험이 존재하는 점
　　• 나사 회전부, 드릴 등에서 발견
　㉦ 찔림점(Stabbing and Puncture Point)
　　• 날카롭고 뾰족한 물체에 인체의 일부가 찔리거나 뚫릴 위험이 존재하는 점
　　• 공구 파손 시, 드릴링 작업, 재봉 작업 등에서 발견

③ 기계 설비의 방호 장치
　㉠ 방호 방법의 분류
　　위험원에 대한 방호 장치는 포집형을 사용한다.
　㉡ 위험 장소에 대한 방호 장치 종류
　　• 격리형 방호 장치 : 완전 격리형, 덮개형, 안전방책(安全防柵)
　　• 위치 제한형 방호 장치
　　• 접근 거부형 방호 장치
　　• 접근 반응형 방호 장치 : 접촉 반응형, 비접촉 반응
　㉢ 방호 장치 설치 시 검토 사항
　　• 생산 또는 보수 작업 시 기계의 운동 부위에 접촉할 가능성이 있는가?
　　• 움직이는 스크루, 키 등에 작업자의 옷이 걸릴 가능성이 있는가?
　　• 공구 등이 작업에 방해되지 않는 곳에 편리하게 보관되어 있는가?
　　• 작업 영역, 작업점에 부가적인 조명이 필요한가?
　　• 개인 보호구가 필요한 작업 과정의 경우 작업자는 이를 사용하는가?
　　• 바닥에 부스러기 등이 제거되어 주위 환경이 만족스러운가?
　㉣ 방호 장치 선정 시 고려 사항
　　• 방호의 정도 : 위험 알림용 인지, 위험의 방지를 목적으로 하는 것인가?
　　• 적용의 범위 기계의 유형과 성능 조건에 적용되는 방호 장치인가?

- 보수의 난이도 : 방호 장치의 고장 시에 보수하기 쉬운가, 어려운가?
- 신뢰도 : 방호 능력의 신뢰도를 어떻게 할 것인가?
- 경비 : 경비를 어느 정도로 잡을 것인가?
- 작업성 : 작업의 저해 요소는 없는가?

④ 유해, 위험 기계, 기구 방호 조치 및 주요 기능

구 분	종 류	주요 기능	재해연계성	인증 구분
프레스 및 전단기	광전자식 양수 조작식 기타	위험 구역 내 신체 접근 시 기계·기구 정지	끼임(협착)	의 무
아세틸렌 또는 가스 집합 용접 장치(안전기)	수봉식 건식	도관 내 가스 역화 방지	화재·폭발	자 율
방폭 전기 기기(방폭 구조)	내압 본질 안전 등	방폭 지역 내 화재 폭발 예방	화재·폭발	의 무
교류 용접기 (자동 전격 방지기)	–	2차 무부하 전압을 안전 전압으로 유지	감 전	자 율
양중기 (과부하 방지 장치)	전자식 전기식 기계식	과하중 시 양중기 기능 정지 및 버저 등 경보	끼임(협착) 붕괴·도괴	의 무
보일러 (압력 방출, 압력 제한 스위치)	증기용 가스용	용기 내 과압 발생 시 가스 방출로 용기 폭발 방지	폭 발	의 무
압력 용기 (안전밸브, 파열판)	증기용 가스용	용기 내 과압 발생 시 가스 방출로 용기 폭발 방지	폭 발	의 무
롤러기 (급정지 장치)	–	롤러 사이의 끼임(협착) 방지	끼임(협착)	자 율
연삭기 (연삭기 덮개)	기계식 탁상용 휴대용	숫돌 비산 방지	비 래	자 율
목재 가공용 둥근톱 (반발 및 날접촉 예방 장치)	가동식 고정식	톱날 접촉 방지	절 단	자 율

출처 : NCS학습모듈 LM2306010103 표4-1

⑤ S마크 안전 인증제도
㉠ 특 징

- 산업 현장에서 사용되고 있는 각종 기계·기구의 안전성을 향상시킴으로써 산업재해를 예방하고자 함
- 안전성과 제조자의 품질 관리 능력을 종합심사, 기준에 적합한 경우 제품에 'S마크' 표시
- 법제 근거는 있으나 강제 의무성이 없는 인증제도

㉡ 목 적
- 국내 인증 제도를 활용한 산업 분야 안전성 확보
- S마크 취득 시 EU의 CE 마크 취득을 따로 심사하지 않아도 되도록 하여 비용, 시간 절감
- S마크 심사 시 제조물 책임법에 자연히 대비가 가능함

㉢ 인증대상 품목
- 산업용 기계·기구류
  - CNC선반, 밀링기 등 공작기계류
  - 전동지게차 등 운반기계류
  - 반도체·LCD 제조장비(전·후 공정장비, 조립장비, 시험·검사장비, 기타 제조관련 장비)
  - 로봇 등 자동화 설비류
  - 기타 산업용 기계·기구류
- 산업용기계·기구의 부품류
  센서류, 차단기류, 게이지류, 산업용 컴퓨터 및 관련기기, 슬링류, 안전부품류 등

⑥ 기계설비의 점검
㉠ 기계설비의 작업능률과 안전을 위한 배치(Layout) 계획 : 지역 배치 → 건물 배치 → 기계 배치
㉡ 정지 중의 점검사항 : 급유 상태, 동력전달부의 볼트·너트의 풀림 상태, 슬라이딩부의 이상 유무, 동력전달장치·방호장치·전동기·개폐기 등의 이상 유무, 스위치 위치·구조 상태·접지 상태, 힘이 걸린 부분의 흠집과 손상 여부 등

ⓒ 운전 중의 점검사항 : 클러치의 동작 상태, 베어링·슬라이딩 면의 온도 상승 여부, 설비의 이상음과 진동상태, 접동부의 상태, 기어의 교합 상태 등
ⓔ 기계설비의 정비·청소·급유·검사·수리 등의 작업 시 근로자가 위험해질 우려가 있는 경우 필요한 조치
- 근로자의 위험방지를 위하여 해당 기계를 정지
- 작업지휘자를 배치하여 갑작스러운 기계가동에 대비
- 기계 내부에 압출된 기체나 액체가 불시에 방출될 수 있는 경우에는 사전에 방출조치를 실시
- 기계 운전을 정지한 경우, 기동장치에 잠금장치를 하고 다른 작업자가 그 기계를 임의 조작할 수 없도록 열쇠를 별도 보관

10년간 자주 출제된 문제

20-1. 기계의 위험점 중 다음 설명하는 것은?

- 고정 부분과 회전하는 동작 부분이 함께 만드는 위험점
- 회전 풀리와 베드 사이, 연삭숫돌과 작업대 사이 등에서 발견

① 협착점(Squeeze Point)
② 끼임점(Shear Point)
③ 절단점(Cutting Point)
④ 물림점(Nip Point)

20-2. 방호 장치 선정 시 고려 사항으로 적절치 않은 것은?

① 위험 알림용 인지, 위험의 방지를 목적으로 하는 것인가?
② 모든 기계의 유형과 성능 조건에 적용되는 방호 장치인가?
③ 방호 장치의 고장 시에 보수하기 쉬운가?
④ 작업의 저해 요소는 없는가?

|해설|

20-1

협착점(Squeeze Point)
- 왕복 운동을 하는 동작 부분과 움직임이 없는 고정 부분 사이에 형성되는 위험점
- 프레스 금형 조립 부위 등에서 발견

절단점(Cutting Point)
- 고정 부분과 운동 부분이 만드는 위험점이 아님
- 회전하는 운동 부분 자체의 위험이나 운동하는 기계 부분 자체의 위험에서 초래되는 위험점
- 목공용 띠톱 부분, 밀링 커터 부분 등에서 발견

물림점(Nip Point)
- 회전하는 두 개의 회전체에 물려 들어가는 위험성이 있는 곳
- 회전체가 서로 반대 방향으로 맞물려 회전되는 경우 발생
- 기어 물림점, 롤러 회전에 의한 물림점 등에서 발견

20-2

방호 장치 선정 시 고려 사항
- 방호의 정도 : 위험 알림용 인지, 위험의 방지를 목적으로 하는 것인가?
- 적용의 범위 : 기계의 유형과 성능 조건에 적용되는 방호 장치인가?
- 보수의 난이도 : 방호 장치의 고장 시에 보수하기 쉬운가, 어려운가?
- 신뢰도 : 방호 능력의 신뢰도를 어떻게 할 것인가?
- 경비 : 경비를 어느 정도로 잡을 것인가?
- 작업성 : 작업의 저해 요소는 없는가?

정답 20-1 ② 20-2 ②

핵심이론 21 | 기계설비의 안전조건

① **외형, 형상의 안전화** : 기계설비 설계 시부터 안전을 고려
  ㉠ 돌출부, 회전부에 대한 위험 방지 및 제거
  ㉡ 안전화 방법
   • 제작 시 안전덮개 및 가드 설치 : 신체 접촉 우려 형상이나 돌출부, 감전우려부, 기계운동부 등에 설치
   • 별실·구획 장소에 격리 : 원동기, 동력전달장치 등을 공간 격리
   • 안전색 사용 : 기계·장비 본체, 버튼(시동-녹색, 급정지-적색 등), 배관, 회전부 돌출 부분 등에 사용에 주의력을 환기

② **구조의 안전화**
  ㉠ 안전조건
   • 재료 선택 시의 안전화
   • 설계 시의 올바른 강도 계산
   • 가공상의 안전화
   • 사용상의 안전화
  ㉡ 가공결함 방지를 위해 고려할 사항
   • 열처리를 통해 강도 강화
   • 가공경화에 주의
   • 응력집중부가 생기지 않도록 주의

③ **기능의 안전화**
  ㉠ 근원적인 안전대책 또는 적극적인 대책 : 기계구조 및 기능을 개선하여 사전에 위험을 제거
   예 회로의 개선으로 오동작 방지, Failsafe, 인터록(Interlock) 기능 등 적용
  ㉡ 소극적인 안전대책 : 작업 전 정비, 이상 발생 시 대처, 조치
   예 원활한 작동을 위한 사전 정비(청소, 급유 등), 이완된 볼트, 너트 죄임, 이상 발생 시 방호장치의 작동조치 / 급정지 등의 긴급조치

④ **작업의 안전화**
  ㉠ 안전 설계
   • 기계장치의 안전설계(강성, 구조 등)
   • 비상정지장치, 정지 시 잠금장치
   • 위험 감지 센서, 접근 감지 센서
   • 인터록(Interlock) 커버
  ㉡ 안전을 위한 작업환경 고려 사항 : 조명·소음·진동, 인간공학적 설비 배치와 표시, 작업대 높이, 충분한 작업 공간, 안전통로·계단 확보
  ㉢ 작업 표준화-불필요한 동작 방지

⑤ **기계 작업점**
  ㉠ 작업점에 대한 안전 수칙
   • 기계 작동 중 기계작업점 절대 접근 금지
   • 일시라도 작업점에 손을 넣으면 안 되며 정비를 위해 작업점에 접근해야 하는 경우, 전원을 내리는 등의 근원적 조치 후 접근
   • 기계 조작 스위치를 작업점과 가급적 멀리 위치
   • 예기치 못하게 작업점에 접촉해 있을 때 기계 작동 방지
  ㉡ 보전작업에 대한 안전화
   • 보전작업 시 분해방호장치를 해체할 때 위험 노출
   • 보전작업 안전화를 위해 고려할 사항
    - 보전용 통로 확보, 보전용 작업장 설치
    - 기계설비(구조)설계 시 분해를 고려하여 설계
    - 작업조건에 적합한 기계 사용
    - 기계부품 호환성과 교환의 용이성
    - 점검·주유방법 등의 용이성

10년간 자주 출제된 문제

기능의 안전화를 위한 적극적인 대책에 해당하지 않는 것은?
① 회로의 개선으로 오동작 방지
② 오류방지기능(Failsafe) 삽입
③ 인터록(Interlock) 기능 적용
④ 급유 등 사전 정비

|해설|

기능의 안전화
- 근원적인 안전대책 또는 적극적인 대책 : 기계구조 및 기능을 개선하여 사전에 위험을 제거
  예 회로의 개선으로 오동작 방지, Failsafe, 인터록(Interlock) 기능 등 적용
- 소극적인 안전대책 : 작업 전 정비, 이상 발생 시 대처, 조치
  예 원활한 작동을 위한 사전 정비(청소, 급유 등), 이완된 볼트, 너트 죄임, 이상 발생 시 방호장치의 작동조치/급정지 등의 긴급조치

정답 ④

핵심이론 22 | 가스안전

① 고압가스의 특성

㉠ 고압가스의 분류

구 분	분 류	성 질
가스 상태	용해가스	가압하여 용기에 충전한 가스가 액상 용매에 용해된 가스
	액화가스	가압하여 용기에 충전했을 때, -50℃ 초과 온도에서 부분적으로 액체인 가스
	압축가스	가압하여 용기에 충전했을 때, -50℃ 에서 완전히 가스상태인 가스
연소성	가연성 가스	산소와 결합하여 빛과 열을 내면서 연소하는 가스
	불연성 가스	스스로 연소하지 못하며, 다른 물질을 연소시키지 않는 성질을 가지고 있는 가스
	조연성 가스	가연성가스가 연소되기 위해서 필요한 가스
독 성	독성가스	인체에 유해하며 200ppm 이하인 가스
	비독성 가스	인체에 유해하지 않은 가스

출처 : NCS학습모듈 LM2306010503_16v1 표1-1

㉡ 고압가스의 종류(고압가스 관리법 시행령)

가. 고압가스 종류

a. 상용(常用)의 온도에서 게이지압력이 1MPa 이상이 되는 압축가스로서 실제로 그 압력이 1MPa 이상이 되는 것 또는 35℃의 온도에서 압력이 1MPa 이상이 되는 압축가스(아세틸렌가스는 제외한다)

b. 15℃의 온도에서 압력이 0MPa을 초과하는 아세틸렌가스

c. 상용의 온도에서 압력이 0.2MPa 이상이 되는 액화가스로서 실제로 그 압력이 0.2MPa 이상이 되는 것 또는 압력이 0.2MPa이 되는 경우의 온도가 35℃ 이하인 액화가스

d. 35℃의 온도에서 압력이 0MPa을 초과하는 액화가스 중 액화시안화수소·액화브롬화메탄 및 액화산화에틸렌가스

나. 적용범위(법에서 관리를 규정한 범위)에서 제외되는 고압가스 : 구조나 기능상 고압가스를 사용

할 수밖에 없는 경우를 「에너지이용 합리화법」, 철도차량의 에어컨디셔너, 「선박안전법」, 「광산안전법」, 「항공안전법」, 「전기사업법」, 「원자력안전법」, 내연기관, 토목공사, 오토클레이브, 액화브롬화메탄, 등화용의 아세틸렌가스, 청량음료수·과실주 또는 발포성주류에 혼합된 고압가스, 냉동능력이 3톤 미만인 냉동설비 안의 고압가스, 「화재예방, 소방시설 설치·유지 및 안전관리에 관한 법률」, 시험·연구목적으로 제작하는 고압가스연료용차량 안의 고압가스, 「총포·도검·화약류 등의 안전관리에 관한 법률」, 휴대용 최루액 충전 고압가스, 유닛형 공기압축장치, 한국가스안전공사 또는 한국표준과학연구원에서 표준가스를 충전하기 위한 정밀충전 설비 안의 고압가스, 「방위사업법」, 「어선법」 등으로 규정하여 예외처리

② **고압가스 관련설비**
  ㉠ 가스설비 중 고압가스가 통하는 부분
  ㉡ 고압가스 관련 설비(산업통상자원부령)
    가. 안전밸브·긴급차단장치·역화방지장치
    나. 기화장치 및 압력용기
    다. 자동차용 가스 자동주입기
    라. 독성가스배관용 밸브 및 특정고압가스용 실린더 캐비닛
    마. 냉동설비를 구성하는 압축기·응축기·증발기 또는 압력용기
    바. 자동차용 압축천연가스 완속충전설비 및 차량에 고정된 탱크
    사. 액화석유가스용 용기 잔류가스회수장치

③ **안전교육(고압가스 안전관리법 시행규칙 별표 31)**
  ㉠ 교육계획의 수립
    한국가스안전공사는 매년 11월 말까지 전문교육 및 특별교육의 종류별·대상자별 및 지역별로 다음 연도의 실시계획을 수립하여 관할 시·도지사에게 보고할 것
  ㉡ 교육신청
    가. 전문교육이나 특별교육의 대상자가 된 사람은 그 날부터 1개월 이내에 교육수강신청을 하여야 한다. 다만, 부득이한 사유로 교육수강신청을 하지 못한 사람은 그 사유가 끝난 날부터 1개월 이내에 교육수강신청을 하여야 한다.
    나. 양성교육을 이수하려는 사람은 한국가스안전공사가 매년 초에 지정하는 기간에 교육수강신청을 하여야 한다.
  ㉢ 교육일시통보
    한국가스안전공사는 제2호에 따라 교육신청이 있으면 교육일 10일 전까지 교육대상자에게 교육장소와 교육일시를 통보하여야 한다.
  ㉣ 교육의 대상범위, 기간 및 과정
    가. 전문교육 : 신규 종사 후 6개월 이내 및 그 후에는 3년이 되는 해마다 1회(검사기관의 기술인력은 제외한다)
      a. 안전관리책임자·안전관리원(b, e 및 f의 자는 제외한다)
      b. 특정고압가스사용신고시설의 안전관리책임자(f의 자는 제외한다)
      c. 운반책임자
      d. 검사기관의 기술인력
      e. 독성가스 시설의 안전관리책임자·안전관리원(f의 자는 제외한다)
      f. 특정고압가스사용신고시설 중 독성가스 시설의 안전관리책임자
    나. 특별교육 : 신규 종사 시 1회
      a. 운반차량운전자
      b. 고압가스사용자동차 운전자(「자동차관리법 시행규칙」 별표 1 제1호에 따른 대형 승합자동차의 운전자로 한정한다)
      c. 고압가스자동차 충전시설의 충전원
      d. 고압가스사용자동차 정비원
      e. 공기충전시설 안전관리 책임자가 되려는 사람

다. 양성교육 : 신규 종사 시 1회
  a. 일반시설안전관리자가 되려는 사람
  b. 냉동시설안전관리자가 되려는 사람
  c. 판매시설안전관리자가 되려는 사람
  d. 사용시설안전관리자가 되려는 사람
  e. 운반책임자가 되려는 사람

④ 고압가스 안전수칙
  ㉠ 고압가스 안전수칙
    가. 관리감독자는 안전수칙을 준수할 수 있도록 관리·감독한다.
    나. 실내·외부에서 특정가스가 누설될 우려가 있는 경우에는 위험표지를 설치한다. 또한 폭발의 우려가 있는 장소에는 작업자의 접근을 제한하는 표지를 설치한다.
    다. 고압가스 충전용기는 항상 40℃ 이하의 온도를 유지할 수 있도록 보관한다.
    라. 가스를 충전하거나 이입하는 작업을 하는 경우 가스설비 주변에 경계표시를 한다.
    마. 고압가스 누출을 목격한 사람은 관할 부서에 신속하게 누출사실을 알린다.
    바. 인화성 가스 또는 가스설비 부근에는 연소하기 쉬운 물질을 주변에 두지 말아야 한다.
    사. 차량에 고정된 탱크에 고압가스를 충전하거나 그로부터 가스를 이어받을 때에는 차량이 고정될 수 있도록 고임목을 설치한다.
  ㉡ 고압가스 일반작업 안전수칙
    가. 고압가스 용기는 소정의 용기검사를 필한 용기를 사용한다.
    나. 전선 또는 접지선 근처에 용기를 저장하지 말아야 한다.
    다. 밸브가 고장 난 용기는 취급하지 않아야 한다.
    라. 고압가스 관계자 이외의 사람들이 취급하거나 접근하지 말아야 한다.
    마. 손으로 열리지 않는 밸브는 다른 공구로 무리하게 열지 말아야 한다.
    바. 가스용기를 도관에 연결할 때는 검지기, 비눗물 검사 등으로 누설 여부를 확인한다.
    사. 고압가스 용기를 사용하기 전 도색 및 품명 표시 등을 확인하여 오사용하지 않도록 한다.
    아. 사용하지 않는 용기는 보호 캡을 씌워서 밸브의 손상을 막도록 한다.
    자. 가연성가스와 산소가스를 함께 보관하거나 운반하지 않는다.
    차. 고압가스저장 또는 취급 장소에서 기름, 윤활유(그리스) 등의 유지류 또는 가연성 물질을 사용하거나 방치하지 않는다.
  ㉢ 고압가스 제조시설, 저장시설 청소작업 등 준수사항
    가. 시설 내부를 수리하고자 할 때에는 내부의 가스를 완전히 배출하고 그 가스를 불활성 가스 또는 액체로 치환한다.
    나. 완전작업허가 발급절차에 따라서 작업허가를 승인받고 작업한다.
    다. 밀폐시설의 내부를 수리할 때는 내부 공기 중의 산소농도가 18vol% 이상일 때 출입한다.
  ㉣ 고압가스 용기의 안전점검
    가. 용기 내·외면을 점검하여 사용할 때에 위험한 주름·금 등이 있는지 확인한다.
    나. 용기의 스커트에 찌그러짐이 있는지와 사용할 때 위험하지 않도록 적절한 간격을 확인한다.
    다. 용기에 도색 및 표시가 되어 있는지 확인한다.
    라. 용기 캡이 씌워져 있는지와 프로텍터가 부착되어 있는지 확인한다.
    마. 재검사기간의 도래 여부를 확인한다.
    바. 밸브의 개폐조작이 쉬운 핸들이 부착되어 있는지 확인한다.
    사. 용기의 아랫부분의 부식을 확인한다.
    아. 유통 중에 열에 대한 영향을 받았는지 확인하며 이에 대한 용기의 재검사를 해야 한다.

10년간 자주 출제된 문제

22-1. 다음 중 고압가스 안전관리법 시행규칙에 따른 전문교육 대상자가 아닌 자는?

① 안전관리책임자
② 운반책임자
③ 독성가스 시설의 안전관리원
④ 운반차량운전자

22-2. 고압가스 일반작업 안전수칙으로 적절치 않은 것은?

① 고압가스 용기는 소정의 용기검사를 필한 용기를 사용한다.
② 전선 또는 접지선을 거쳐 용기를 저장하여야 한다.
③ 밸브가 고장 난 용기는 취급하지 않아야 한다.
④ 고압가스 관계자 이외의 사람들이 취급하거나 접근하지 말아야 한다.

해설

22-1

④는 특별교육 대상자이다.

전문교육 : 신규 종사 후 6개월 이내 및 그 후에는 3년이 되는 해마다 1회(검사기관의 기술인력은 제외한다)
㉠ 안전관리책임자·안전관리원(㉡, ㉤ 및 ㉥의 자는 제외한다)
㉡ 특정고압가스사용신고시설의 안전관리책임자(㉥의 자는 제외한다)
㉢ 운반책임자
㉣ 검사기관의 기술인력
㉤ 독성가스 시설의 안전관리책임자·안전관리원(㉥의 자는 제외한다)
㉥ 특정고압가스사용신고시설 중 독성가스 시설의 안전관리책임자

특별교육 : 신규 종사 시 1회
㉠ 운반차량운전자
㉡ 고압가스사용자동차 운전자(「자동차관리법 시행규칙」 별표 1 제1호에 따른 대형 승합자동차의 운전자로 한정한다)
㉢ 고압가스자동차 충전시설의 충전원
㉣ 고압가스사용자동차 정비원
㉤ 공기충전시설 안전관리 책임자가 되려는 사람

22-2

고압가스 일반작업 안전수칙
㉠ 고압가스 용기는 소정의 용기검사를 필한 용기를 사용한다.
㉡ 전선 또는 접지선 근처에 용기를 저장하지 말아야 한다.
㉢ 밸브가 고장 난 용기는 취급하지 않아야 한다.
㉣ 고압가스 관계자 이외의 사람들이 취급하거나 접근하지 말아야 한다.
㉤ 손으로 열리지 않는 밸브는 다른 공구로 무리하게 열지 말아야 한다.
㉥ 가스용기를 도관에 연결할 때는 검지기, 비눗물 검사 등으로 누설 여부를 확인한다.
㉦ 고압가스 용기를 사용하기 전 도색 및 품명 표시 등을 확인하여 오사용하지 않도록 한다.
㉧ 사용하지 않는 용기는 보호 캡을 씌워서 밸브의 손상을 막도록 한다.
㉨ 가연성가스와 산소가스를 함께 보관하거나 운반하지 않는다.
㉩ 고압가스저장 또는 취급 장소에서 기름, 윤활유(그리스) 등의 유지류 또는 가연성물질을 사용하거나 방치하지 않는다.

정답 22-1 ④ **22-2** ②

핵심이론 23 | 가스안전-액화석유가스

① 액화석유가스 특성

㉠ 물성치

주요항목 \ LPG 종류		메탄 (CH₄)	에탄 (C₂H₆)	프로판 (C₃H₈)	n-부탄 (C₄H₁₀)	i-부탄 (C₄H₁₀)
분자량		16.4	30.7	44.9	58.12	
비점(℃) 1atm		-161.5	-88.5	-42.1	-0.5	-11.7
응고점(℃) 1atm		-182.5	-183.3	-187.7	-138.4	-159.6
증기압 (kg/cm²)	0℃	-	24.3	4.75	1.05	1.61
	20℃	-	38.2	8.35	2.1	3.1
가스밀도	0℃	0.716	1.341	1.967	2.593	
	15℃	0.68	1.272	1.865	2.458	
액체밀도(kL/L) 20℃		-	-	0.501	0.597	0.557
비열(정압) (kcal/kg, ℃)	가스	0.532	0.419	0.339	0.401	0.398
	액체	-	1.201	0.602	0.575	0.582
총액열량 1atm 15℃	kcal/kg	13,270	12,400	12,030	11,840	11,810
	kcal/m²	9,000	15,770	22,440	29,100	29,030
임계온도(℃)		-82.1	32.4	96.8	152.0	135.0
임계압력(kg/cm²)		47.3	49.9	43.4	38.7	37.2
임계밀도(kg/L)		0.162	0.203	0.220	0.231	0.209

출처 : 연료용 액화석유가스(LPG)의 공정안전관리(PSM) 규정량 조정에 대한 안전성 연구 표12

㉡ 연소특성

주요항목 \ LPG 종류		메탄 (CH₄)	에탄 (C₂H₆)	프로판 (C₃H₈)	n-부탄 (C₄H₁₀)	i-부탄 (C₄H₁₀)
착화온도(℃)		632	472	481	441	544
연소범위 (공기 중 vol%)	상한(UFL)	15.0	13.0	9.5	8.4	
	하한(LFL)	5.0	2.9	2.1	1.8	
최고화염온도(℃)		1,880	1,895	1,925	1,895	1,900
최고화염온도로 되는 가스부피(vol%)		9.8	5.8	4.2	3.2	3.2
최고화염속도 (1인치 관)(m/s)		0.670	0.855	0.810	0.825	1.825
최고화염속도로 되는 가스농도(vol%)		9.9	6.3	408	-	3.8

출처 : 연료용 액화석유가스(LPG)의 공정안전관리(PSM) 규정량 조정에 대한 안전성 연구 표13

㉢ 가솔린과의 비교

항 목	가솔린	프로판 (C₃H₈)	부탄 (C₄H₁₀)
저발열량(kJ/kg)	44,520	49,140	43,218
가스비중(공기=1)		1.562	2.001
액체비중(물=1)	0.740	0.562	2.001
액화압력(MPa, 상온)		0.7	0.2
기화열(kJ/kg)		449	384
이론혼합비(kg/kg)	15	15.71	15.47
가연한계(vol%)		2.37~3.50	1.86~8.41
착화온도(℃, 대기압)	250~650	460~520	430~510
화염속도(m/s)	0.83	0.81	0.825
옥탄가(리서치법)	90~98	125	91

출처 : NCS학습모듈 LM2306010503 표2-3

㉣ 석유제품의 증류온도

획득 물질	증류온도
액화석유가스	30℃ 이하
휘발유	30~140℃
나프타	140~180℃
등 유	180~250℃
경 유	250~350℃
중 유	350℃ 이상
윤활유	잔여물
아스팔트	잔여물

- 액화석유가스
  - 휘발성 탄화수소인 프로펜·프로판·부텐·부탄 등으로 이루어진 액체 혼합물
  - 휴대용 연료공급원으로 사용, 그 후 가정용과 공업용 액화석유가스의 사용량 증가
  - 안전대책으로 냄새를 내는 휘발성 물질인 메르캅탄, 에탄, 에틸렌 섞음
  - 중앙난방장치의 연료, 화학공장에서 원료로 사용, 엔진연료로도 사용
- 휘발유(가솔린)
  - 내연기관의 연료 또는 기름이나 지방을 녹이는 용매로 사용
  - 연소열이 높고 기화기 내에서 공기와 쉽게 섞여 자동차 연료로 쓰임
  - 옥탄가 : 가솔린의 노킹방지력

- 나프타
  - 석유정제 시 140~180℃에서 분리되어 나오는 고분자 탄소화합물
  - 넓은 의미로 가솔린(Gasoline), 솔벤트(Solvent), 나프타(Naphtha) 등을 포함하는 휘발성 석유를 총칭
  - 휘발성·가연성이 높음
- 등유
  - 실내등유는 주로 가정에서 사용하는 팬히터, 스토브, 온풍기 등 가정·난방용 연료
  - 유황함량이 매우 낮고 색상이 맑아 실내에서 사용하기에 적합
  - 보일러등유는 등유유분과 경유유분을 적절하게 혼합하여 가정용 난방 보일러, 상업용 보일러, 중소 산업용보일러, 농업용 난방 및 건조기 등의 연료로 적합한 유종
  - 보일러등유의 부피당 발열량은 경유보다 약간(0.5% 정도) 낮으나 실내등유보다는 매우 높으며(2~3%) 경유보다 그을음 발생량이 적고 저온 성능도 우수
- 경유(디젤유)
  - 휘발유나 등유보다 용도가 적기 때문에 가격이 낮아 경유를 분해한 가스를 첨가시켜서 도시가스의 열량을 높이는 데 사용
  - 디젤엔진의 등장과 발명으로 대부분(약 80%) 고속디젤엔진의 연료로 쓰임
  - 연료의 경제성이 있으며, 인화 위험성이 낮고, 고장이 적음
  - 엔진이 복잡하여 값이 비싸고, 운전 시 소음이 크고 진동이 심함
- 중유
  - 나프타 유분에서 경질유를 제거한 유출유와 상압잔사유의 혼합물 또는 상압잔사유 그 자체
  - 증류 잔사유를 주성분으로 하고 경유, 감압 유출유 등과 혼합된 석유제품
  - 화학적 정제가 없어 품질 낮은 편
  - 재가공 시 윤활유, 아스팔트, 석유코크스 등 제조가능
  - 석탄(21,000~29,400kJ/kg)에 비해 발열량 높음(42,000~46,200kJ/kg)
  - 열손실이 적고 연소의 조절이 용이, 점화 및 소화가 간편
  - 동력원, 보일러 연료 등의 열원으로 사용, 2차 가공으로 여러 분야에서 이용
  - 점도에 따라 A중유(벙커A, 중유 : 경유 = 3 : 7), B중유(벙커B, 중유 : 경유 = 7 : 3), C중유(벙커C)로 나뉨
  - 대형선박 및 대형 보일러 연료로 사용
  - 중유 중 C중유의 비중이 95% 이상을 차지하므로 중유를 벙커C유라고 부르기도 함
- 윤활기유
  - 기계 윤활을 위해 사용되는 액상유
  - 액상 윤활유, 반고상인 그리스, 분말흑연, 2황화 몰리브덴 등을 총칭
- 아스팔트
  - 도로포장용이나 건축재료로 이용
  - 자연히 얻을 수 있는 천연 아스팔트와 감압증류 중 제조되는 아스팔트로 나뉨
  - 검은색 접착성이 강한 고체로 가열하면 플라스마 형질을 가짐

② 액화석유가스 품질검사

㉠ 검사항목
- 조성(mol%)
  - 「액화석유가스의 안전 및 사업관리법」제27조 제1~3호의 용도와 불법혼합방지 방안에 따라 C_3, C_4 탄화수소의 함량을 규정

- 부타디엔은 불안정한 결합구조로 다른 물질과 쉽게 반응하여 이물질이 생성되므로 연소기기 및 엔진의 성능보호를 위해 시험을 실시(C_3탄화수소, C_4탄화수소, 부타디엔)
- 황 함량(wt, ppm)
  - 연료유의 시험과 마찬가지로 연소 시 아황산가스의 생성으로 인한 대기오염
  - 부식초래, 또한 악취의 원인
- 증기압(40℃, MPa)
  - 액화석유가스 수송 저장의 안전성과 실용성능의 지표
  - 동절기 시동성 불량 시 Backfire가 발생하여 촉매의 내구성 손상 및 배출가스 악화
- 밀도(15℃, kg/m^3) : 질량 용량의 관계를 나타내는 지표로서 액화석유가스양 결정할 경우에 중요
- 잔류물질(mL) : 연소실 내로 공급될 경우 불안전 연소를 일으키거나 연료탱크, 기화기 등의 자동차 부품과 액화석유가스 용기, 압력조정기 등에 타르 상으로 축적되어 연료공급 저해
- 동판부식(40℃, 1h) : 부식성 물질은 저장, 사용 중 금속과 접촉, 부식을 유발시키며 동판부식은 이러한 부식성 물질의 함유 여부 판별
- 수분 : 겨울철 결빙현상을 유발시켜 가스흐름을 저해시키며 또한 탱크 내에서 응축될 경우 금속재질의 부식을 발생하므로 성능과 안전 확보 측면에서 중요

ⓒ 의무품질검사
- 대 상
  산업통상자원부령으로 정하는 석유제품을 판매하거나 인도하려는 경우에 의뢰하며, 산업통상자원부장관이 정한 품질기준에 적합하게 생산(수입)하는지 여부를 확인하기 위해 실시
  - 석유정제업자
  - 석유수출입업자
  - 부산물인 석유제품판매업자
- 주 기
  - 생산공장 / 수입기지 : 월 1회 이상
  - 생산공장 / 수입기지 밖의 저장시설 : 분기 1회 이상
  - 수입제품 : 판매 또는 인도 전

ⓒ 수시 품질검사
- 대 상
  생산 / 수입 / 유통 단계에서 품질기준에 미달되는 액화석유가스의 판매·인도·저장·운송 또는 보관 여부 확인을 실시
  - 액화석유가스의 충전사업자
  - 집단공급 사업자
  - 판매사업자 및 석유정제업자
  - 석유수출입업자
  - 부산물인 석유제품판매업자

③ 액화석유시설 검사 기준
ⓐ 시설 배치기준
- 액화석유가스 충전시설의 저장설비의 위치는 그 저장능력에 따라 지정
- 저장능력 10톤 이하는 사업소 경계와의 거리가 24m에서 10톤 증가할 때마다 3m씩 늘어나며 40톤을 초과하면 36m, 200톤을 초과하면 39m

ⓑ 기초기준
- 저장설비와 가스설비의 기초는 지반침하로 그 설비에 유해한 영향을 끼치지 않도록 필요한 조치 필요
- 저장탱크(저장능력이 3ton 미만의 저장설비는 제외한다)의 받침대(받침대가 없는 저장탱크에는 그 아랫부분)는 같은 기초 위에 설치

ⓒ 저장시설기준
- 지상에 설치하는 저장탱크(소형저장탱크는 제외한다), 그 받침대 및 부속설비는 화재로부터 보호하기 위하여 열에 견딜 수 있는 적절한 구조로 하고, 온도 상승을 방지할 수 있는 적절한 조치를 필요

- 저장탱크(저장능력이 3ton 이상인 저장탱크를 말한다)의 지지구조물과 기초는 지진에 견딜 수 있도록 설계하고 지진의 영향으로부터 안전한 구조이어야 함

ㄹ. 가스설비기준
- 가스설비의 재료는 액화석유가스의 취급에 적합한 기계적 성질과 화학적 성분이 있는 것으로 함
- 가스설비의 강도·두께 및 성능은 액화석유가스를 안전하게 취급할 수 있는 적절한 것이어야 함
- 충전시설에는 시설의 안전과 원활한 충전작업을 위하여 충전기·잔량측정기·자동계량기로 구성된 충전설비와 로딩암 등 필요한 설비를 설치하고 적절한 조치 필요

ㅁ. 배관설비기준
- 배관(관 이음매와 밸브 포함) 안전을 위하여 액화석유가스의 압력, 사용하는 온도 및 환경에 적절한 기계적 성질과 화학적 성분이 있는 재료로 되어 있어야 함
- 배관의 강도·두께 및 성능은 액화석유가스를 안전하게 취급할 수 있는 적절한 것으로 함
- 배관의 접합은 액화석유가스의 누출을 방지할 수 있도록 확실한 방법으로 하고, 이를 확인하기 위하여 필요한 경우에는 비파괴시험을 실시

ㅂ. 사고예방설비기준
- 저장설비, 가스설비 및 배관에는 그 설비 및 배관 안의 압력이 허용압력을 초과한 경우, 즉시압력을 허용압력 이하로 되돌릴 수 있는 안전장치를 설치하는 등 조치 필요
- 충전기 주위, 저장 설비실 및 가스 설비실에는 가스가 누출될 경우, 이를 신속히 검지하여 효과적으로 대응할 수 있도록 하기 위하여 조치 필요
- 저장탱크(소형저장탱크 제외)에 부착된 배관에는 긴급 시 가스의 누출을 효과적으로 차단할 수 있는 조치 필요

10년간 자주 출제된 문제

23-1. 다음 설명하는 유종(油種)은?

- 휘발성 탄화수소인 프로펜·프로판·부텐·부탄 등으로 이루어진 액체 혼합물
- 휴대용 연료공급원으로 사용, 그 후 가정용과 공업용 액화석유가스의 사용량 증가
- 중앙난방장치의 연료, 화학공장에서 원료로 사용, 엔진연료로도 사용

① 액화석유가스 ② 휘발유(가솔린)
③ 나프타 ④ 등 유

23-2. 액화석유가스 충전시설의 저장설비의 위치는 그 저장능력에 따라 지정하는데 25톤의 저장시설은 사업소 경계와 얼마나 떨어져 있어야 하는가?

① 24m ② 27m
③ 30m ④ 33m

| 해설 |

23-1

액화석유가스
- 휘발성 탄화수소인 프로펜·프로판·부텐·부탄 등으로 이루어진 액체 혼합물
- 휴대용 연료공급원으로 사용, 그 후 가정용과 공업용 액화석유가스의 사용량 증가
- 안전대책으로 냄새를 내는 휘발성 물질인 메르캅탄, 에탄, 에틸렌 섞음
- 중앙난방장치의 연료, 화학공장에서 원료로 사용, 엔진연료로도 사용

휘발유(가솔린)
- 내연기관의 연료 또는 기름이나 지방을 녹이는 용매로 사용
- 연소열이 높고 기화기 내에서 공기와 쉽게 섞여 자동차 연료로 쓰임
- 옥탄가 : 가솔린의 노킹방지력

나프타
- 석유정제 시 140~180℃에서 분리되어 나오는 고분자 탄소화합물
- 넓은 의미로 가솔린(Gasoline), 솔벤트(Solvent), 나프타(Naphtha) 등을 포함하는 휘발성 석유를 총칭
- 휘발성·가연성이 높음

등유
- 실내등유는 주로 가정에서 사용하는 팬히터, 스토브, 온풍기 등 가정·난방용 연료
- 유황함량이 매우 낮고 색상이 맑아 실내에서 사용하기에 적합
- 보일러등유는 등유유분과 경유유분을 적절하게 혼합하여 가정용 난방 보일러, 상업용 보일러, 중소 산업용보일러, 농업용 난방 및 건조기 등의 연료로 적합한 유종

23-2

시설 배치기준
- 액화석유가스 충전시설의 저장설비의 위치는 그 저장능력에 따라 지정
- 저장능력 10톤 이하는 사업소 경계와의 거리가 24m에서 10톤 증가할 때마다 3m씩 늘어나며 40톤을 초과하면 36m, 200톤을 초과하면 39m

정답 23-1 ① 23-2 ③

핵심이론 24 | 가스안전-도시가스

① 도시가스의 종류

㉠ 천연가스, 액화천연가스

액화천연가스(Liquefied Natural Gas)를 원료로 한 방식으로, 천연가스 중에 함유되어 있는 탄산가스, 황화수소 등의 불순물을 제거하고 남은 메탄을 주성분으로 하고 에탄, 프로판 등이 일부 함유된 가스를 −162℃로 냉각시켜 그 부피를 1/600로 압축시킨 무색·투명의 액체를 기화시켜 배관을 통하여 각 사용가로 공급하는 가스

㉡ 천연가스와 일정량을 혼합하거나 이를 대체하여 도시가스공급시설 및 가스사용시설의 성능과 안전에 영향을 미치지 않는 것으로서 배관을 통하여 공급되는 가스

- 석유가스 : 법제에 맞춰 석유가스를 공기와 혼합하여 제조한 가스
- 나프타부생(副生)가스 : 나프타 분해공정을 통해 에틸렌, 프로필렌 등을 제조하는 과정에서 부산물로 생성되는 가스. 메탄이 주성분인 가스 및 이를 다른 도시가스와 혼합하여 제조한 가스
- 바이오가스 : 유기성(有機性) 폐기물 등 바이오매스로부터 생성된 기체를 정제한 가스로 메탄이 주성분인 가스 및 이를 다른 도시가스와 혼합하여 제조한 가스
- 합성천연가스 : 석탄을 주원료로 하여 고온·고압의 가스화 공정을 거쳐 생산한 가스로 메탄이 주성분인 가스 및 이를 다른 도시가스와 혼합하여 제조한 가스
- 그 밖에 메탄이 주성분인 가스 : 도시가스 수급안정과 에너지 이용 효율 향상을 위해 보급할 필요가 있다고 인정하여 산업통상자원부령으로 정하는 가스

② 도시가스의 특성

㉠ 메탄
- 물리적 성질

구 분	성 질
분자량(1atm, 21℃)	16g/mol
비 중	0.55(공기=1)
비 점	-162℃
임계온도	-82.1℃
임계압력	45.8atm
폭발범위	5~15vol%
발화점	550℃
융 점	-182.4℃

- 화학적 성질
  - 폭발 및 인화성
  - 느린 연소속도
  - 높은 최소발화에너지(발화점)
  - 높은 폭발 하한계 농도(폭발 하한계 농도가 낮을수록 위험)
  - 공기 중 유출 시 낮은 기화온도로 인한 안개를 유발
  - 정전기 발생이 다른 가연가스에 비해 높아 대책 필요

- 메탄의 용도
  - 연료용 : 도시가스, 발전용, 공업용
  - 차가운 온도 이용 : 액화산소 및 액화질소를 이용하여 냉동창고 운영, 냉동식품 저온 분쇄에 이용
  - 화학공업 원료 : 메탄올의 냉각, 암모니아의 냉각

㉡ 혼합가스(액화석유가스 + 공기)
- 액화석유가스에 공기를 혼합하여 제조하는 가스
- 액화천연가스가 공급되지 않는 지역에서 공급되는 도시가스
- 공기의 희석비율
  - 공급열량에 따라 조절
  - 천연가스와 호환성을 유지하기 위한 조건 : 공기 약 37vol% 정도 혼합
  - 약 63,000kJ/Nm^3의 열량을 유지

㉢ 도시가스
- 연료용으로 사용
- 나프타를 분해시킨 가스, 액화석유가스, 액화천연가스를 원료로 하여 배합 제조
- 공급 방식 분류
  - 고압공급방식 : 「도시가스사업법」의 압력범위 1MPa 이상이며 일반적인 압력범위도 1MPa 이상. 수송할 가스량이 많고, 배관의 길이가 길 때 고압으로 송출하여 고압정압기에 의해 중압으로 하고, 다시 지역 정압기로 감압하여 수용가에 공급하는 방식
  - 중(中)압공급방식 : 압력범위 0.1~1MPa 미만이며 0.3MPa을 기준으로 A, B로 분류. 도시가스회사(제조소)에서 중압으로 송출하여 공급 구역 내에 설치된 지역 정압기에 의해 저압으로 수용가에 공급하는 방식
  - 저압공급방식 : 압력범위 0.1MPa 미만이며 도시가스회사(제조소)에서 중압으로 송출하여 공급구역 내에 설치된 지역 정압기에 의해 저압으로 수용가에 공급하는 방식

③ 가스용기의 도색 색상과 문자 색상(도색 색상-문자 색상)

㉠ 가연성 가스 및 독성가스의 용기 : 액화석유가스(밝은 회색-적색), 수소(주황색-백색), 아세틸렌(황색-흑색), 액화암모니아(백색-흑색), 액화염소(갈색-백색), 그 밖의 가스(회색-백색)

㉡ 의료용 가스용기 : 산소(백색-녹색), 액화탄산가스(회색-백색), 헬륨(갈색-백색), 에틸렌(자색-백색), 질소(흑색-백색), 아산화질소(청색-백색), 사이클로프로판(주황색-백색), 그 밖의 가스(회색-백색)

ⓒ 그 밖의 가스용기 : 산소(녹색-백색), 액화탄산가스(청색-백색), 질소(회색-백색), 소방용 용기(소방법에 따름), 그 밖의 가스(회색-백색)

10년간 자주 출제된 문제

도시가스의 고압공급방식의 기준이 되는 공급 압력은?
① 2MPa ② 1MPa
③ 0.3MPa ④ 0.1MPa

|해설|

공급 방식 분류
- 고압공급방식 : 「도시가스사업법」의 압력범위 1MPa 이상이며 일반적인 압력범위도 1MPa 이상. 수송할 가스량이 많고, 배관의 길이가 길 때 고압으로 송출하여 고압정압기에 의해 중압으로 하고, 다시 지역 정압기로 감압하여 수용가에 공급하는 방식
- 중(中)압공급방식 : 압력범위 0.1~1MPa 미만이며 0.3MPa을 기준으로 A, B로 분류. 도시가스회사(제조소)에서 중압으로 송출하여 공급 구역 내에 설치된 지역 정압기에 의해 저압으로 수용가에 공급하는 방식
- 저압공급방식 : 압력범위 0.1MPa 미만이며 도시가스회사(제조소)에서 중압으로 송출하여 공급구역 내에 설치된 지역 정압기에 의해 저압으로 수용가에 공급하는 방식

정답 ②

핵심이론 25 | 위험물 관리

① 위험물안전관리법 시행령에 따른 위험물 분류

위험물 및 지정수량(제2조 및 제3조 관련)

유 별	성 질	품 명	지정수량
제1류	산화성 고체	1. 아염소산염류	50kg
		2. 염소산염류	50kg
		3. 과염소산염류	50kg
		4. 무기과산화물	50kg
		5. 브롬산염류	300kg
		6. 질산염류	300kg
		7. 요오드산염류	300kg
		8. 과망간산염류	1,000kg
		9. 중크롬산염류	1,000kg
		10. 그 밖에 행정안전부령으로 정하는 것 11. 제1호 내지 제10호의 1에 해당하는 어느 하나 이상을 함유한 것	50kg, 300kg 또는 1ton
제2류	가연성 고체	1. 황화린	100kg
		2. 적 린	100kg
		3. 유 황	100kg
		4. 철 분	500kg
		5. 금속분	500kg
		6. 마그네슘	500kg
		7. 그 밖에 행정안전부령으로 정하는 것 8. 제1호 내지 제7호의 1에 해당하는 어느 하나 이상을 함유한 것	100kg 또는 500kg
		9. 인화성고체	1ton
제3류	자연발화성 물질 및 금수성 물질	1. 칼 륨	10kg
		2. 나트륨	10kg
		3. 알킬알루미늄	10kg
		4. 알킬리튬	10kg
		5. 황 린	20kg
		6. 알칼리금속(칼륨 및 나트륨을 제외한다) 및 알칼리토금속	50kg
		7. 유기금속화합물(알킬알루미늄 및 알킬리튬을 제외한다)	50kg
		8. 금속의 수소화물	300kg

위험물			지정수량
유별	성질	품명	
제3류	자연발화성 물질 및 금수성 물질	9. 금속의 인화물	300kg
		10. 칼슘 또는 알루미늄의 탄화물	300kg
		11. 그 밖에 행정안전부령으로 정하는 것 12. 제1호 내지 제11호의 1에 해당하는 어느 하나 이상을 함유한 것	10kg, 20kg, 50kg 또는 300kg
제4류	인화성 액체	1. 특수인화물	50L
		2. 제1석유류 비수용성액체	200L
		2. 제1석유류 수용성액체	400L
		3. 알코올류	400L
		4. 제2석유류 비수용성액체	1,000L
		4. 제2석유류 수용성액체	2,000L
		5. 제3석유류 비수용성액체	2,000L
		5. 제3석유류 수용성액체	4,000L
		6. 제4석유류	6,000L
		7. 동식물유류	10,000L
제5류	자기 반응성 물질	1. 유기과산화물	10kg
		2. 질산에스테르류	10kg
		3. 니트로화합물	200kg
		4. 니트로소화합물	200kg
		5. 아조화합물	200kg
		6. 디아조화합물	200kg
		7. 히드라진 유도체	200kg
		8. 히드록실아민	100kg
		9. 히드록실아민염류	100kg
		10. 그 밖에 행정안전부령으로 정하는 것 11. 제1호 내지 제10호의 1에 해당하는 어느 하나 이상을 함유한 것	10kg, 100kg 또는 200kg
제6류	산화성 액체	1. 과염소산	300kg
		2. 과산화수소	300kg
		3. 질산	300kg
		4. 그 밖에 행정안전부령으로 정하는 것	300kg
		5. 제1호 내지 제4호의 1에 해당하는 어느 하나 이상을 함유한 것	300kg

- 산화성고체 : 고체로서 산화력의 잠재적인 위험성 또는 충격에 대한 민감성을 판단하기 위하여 소방청장이 정하여 고시하는 시험에서 고시로 정하는 산화실험에서 산화의 성질과 상태를 나타내는 것을 말함

- 가연성고체 : 고체로서 화염에 의한 발화의 위험성 또는 인화의 위험성을 판단하기 위하여 고시로 정하는 시험에서 가연성 성질과 상태를 나타내는 것을 말함
- 자연발화성물질 및 금수성물질 : 고체 또는 액체로 공기 중에서 발화의 위험성이 있거나 물과 접촉하여 발화하거나 가연성가스를 발생하는 위험성이 있는 것
- 인화성액체 : 액체로 인화의 위험성이 있는 것(법령에 예외 되는 액상제품을 지정함)
  - 특수인화물 : 이황화탄소, 디에틸에테르 그 밖에 1기압에서 발화점이 100℃ 이하인 것 또는 인화점이 −20℃ 이하이고 비점이 40℃ 이하인 것
  - 제1석유류 : 아세톤, 휘발유 그 밖에 1기압에서 인화점이 21℃ 미만인 것
  - 알코올류 : 포화1가 알코올(변성알코올 포함) (단, 포화1가 알코올이 60wt% 미만인 수용액, 가연성액체량이 60wt% 미만이고 인화점 및 연소점이 에틸알코올 60wt% 수용액의 인화점 및 연소점을 초과하는 것은 제외)
  - 제2석유류 : 등유, 경유 그 밖에 1기압에서 인화점이 21℃ 이상 70℃ 미만인 것(단, 도료류 그 밖의 물품에 있어서 가연성 액체량이 40wt% 이하이면서 인화점이 40℃ 이상, 연소점이 60℃ 이상은 제외)
  - 제3석유류 : 중유, 크레오소트유 그 밖에 1기압에서 인화점이 70℃ 이상 200℃ 미만인 것(단, 도료류 그 밖의 물품은 가연성 액체량이 40wt% 이하인 것은 제외)
  - 제4석유류 : 기어유, 실린더유 그 밖에 1기압에서 인화점이 200~250℃의 것(단, 도료류 그 밖의 물품은 가연성 액체량이 40wt% 이하인 것은 제외)

- 자기반응성물질의 특징
  - 가연성 물질이면서 자체 산소 함유하므로 자기연소 가능
  - 가열, 마찰, 충격에 폭발 가능
  - 연소속도가 빠름
  - 다량의 물로 소화(消火)
- 산화성 액체 : 법령에 의해 정한 시험에서 기준 이상의 산화를 나타내는 액체

② 산업안전보건법 시행령에 따른 위험물 분류
  ㉠ 폭발성 물질 및 유기과산화물
  ㉡ 물반응성 물질 및 인화성 고체
  ㉢ 산화성 액체 및 산화성 고체
  ㉣ 인화성 액체
  ㉤ 인화성 가스 : 메탄, 부탄, 수소, 아세틸렌, 에탄, 에틸렌, 프로판
  ㉥ 부식성 물질
  - 부식성 산류 : 농도 20[%] 이상의 염산·황산·질산 등, 농도 60[%] 이상의 인산·아세트산·플루오린화수소산 등
  - 부식성 염기류 : 농도 40[%] 이상의 수산화나트륨·수산화칼륨 등
  ㉦ 급성 독성물질

③ 위험물 취급안전
  ㉠ 관리 방안
  - 유해물 발생원의 봉쇄
  - 유해물질의 제조 및 사용의 중지 및 유해성이 적은 물질로 전환
  - 유해물의 위치, 작업공정의 변경
  - 작업공정의 밀폐와 작업장의 격리
  - 모든 폭발성 물질은 통풍이 잘되는 냉암소 등에 보관
  - 산화성 물질의 경우 가연물과의 접촉을 피함
  - 가스누설의 우려가 있는 장소에서는 점화원의 철저한 관리가 필요
  - 도전성이 나쁜 액체는 정전기 발생을 방지 조치 필요

  ㉡ 위험물질 저장방안
  - 탄화칼슘
    - 밀폐된 저장용기 속에 저장
    - 물이나 습기, 눈, 얼음 등의 침투방지
    - 산화성 물질과 접촉 방지
  - 벤젠 : 산화성 물질과 격리
  - 황린, 이황화탄소 등 : 물속에 저장
  - (금속)나트륨, (금속)칼륨 등 : 석유(등유) 속에 저장
  - 나트륨 : 유동 파라핀 속에 저장
  - 적린 : 냉암소에 격리 저장
  - 나이트로글리세린 : 화기를 피하고 통풍이 잘되는 냉암소에 저장
  - 질산 : 통풍이 잘되는 곳에 보관하고 물기와의 접촉을 금지
  - 질산은 : 보존할 때는 마개를 단단히 하여 어두운 곳에 비치
  - 인화성 물질이나 부식성 물질을 액체 상태로 저장하는 저장탱크를 설치하는 때에 위험물질이 누출되어 확산되는 것을 방지하기 위하여 방유제(담)를 설치

  ㉢ 산화성 물질의 저장·취급
  - 조해성이 있는 물질은 방습을 고려하여 용기를 밀폐할 것
  - 내용물이 누출되지 않도록 할 것
  - 분해를 촉진하는 약품류와 접촉을 피할 것
  - 가열·충격·마찰 등 분해를 일으키는 조건을 주지 말 것

  ㉣ 인화성 액체의 취급
  - 화기·충격·마찰 등의 열원을 피하고 밀폐용기를 사용하며 사용상 불가능한 경우 환기장치를 이용

- 소화작업 시에는 공기호흡기 등 적합한 보호구를 착용
- 소화 시 질식소화를 이용
- 소포성의 인화성 액체의 화재 시 내알코올포를 사용

10년간 자주 출제된 문제

25-1. 위험물안전관리법에 따를 때 제3류인 자연발화성물질 및 금수성물질에 해당하지 않는 것은?

① 칼륨 ② 나트륨
③ 알킬알루미늄 ④ 철분

25-2. 위험물 저장방안 중 탄화칼슘의 저장 방안으로 적절치 않은 것은?

① 밀폐된 저장용기 속에 저장
② 산화성 물질과 접촉 방지
③ 물이나 습기, 눈, 얼음 등의 침투방지
④ 석유(등유) 속에 저장

25-3. 부식성 물질 중 부식성 산류가 아닌 것은?

① 농도 20% 이상의 염산
② 농도 20% 이상의 황산 등
③ 농도 60% 이상의 플루오린화수소산
④ 농도 40% 이상의 수산화나트륨

|해설|

25-1

위험물			지정수량
유별	성질	품명	
제3류	자연발화성물질 및 금수성물질	1. 칼륨	10kg
		2. 나트륨	10kg
		3. 알킬알루미늄	10kg
		4. 알킬리튬	10kg
		5. 황린	20kg
		6. 알칼리금속(칼륨 및 나트륨을 제외한다) 및 알칼리토금속	50kg
		7. 유기금속화합물(알킬알루미늄 및 알킬리튬을 제외한다)	50kg
		8. 금속의 수소화물	300kg
		9. 금속의 인화물	300kg
		10. 칼슘 또는 알루미늄의 탄화물	300kg
		11. 그 밖에 행정안전부령으로 정하는 것 12. 제1호 내지 제11호의 1에 해당하는 어느 하나 이상을 함유한 것	10kg, 20kg, 50kg 또는 300kg

25-2
위험물질 저장방안(일부)
- 탄화칼슘
  - 밀폐된 저장용기 속에 저장
  - 물이나 습기, 눈, 얼음 등의 침투방지
  - 산화성 물질과 접촉 방지
- 벤젠 : 산화성 물질과 격리
- 황린, 이황화탄소 등 : 물속에 저장
- (금속)나트륨, (금속)칼륨 등 : 석유(등유) 속에 저장

25-3
부식성 물질
- 부식성 산류 : 농도 20% 이상의 염산·황산·질산 등, 농도 60% 이상의 인산·아세트산·플루오린화수소산 등
- 부식성 염기류 : 농도 40% 이상의 수산화나트륨·수산화칼륨 등

정답 25-1 ④ 25-2 ④ 25-3 ④

CHAPTER 04 윤활관리

핵심이론 01 | 윤활관리 개요

① 윤활
  ㉠ 상대운동 하는 두 물체의 접촉면 마찰에 대해 적당한 방법으로 마찰을 줄여주고 기계적 운동을 높여주어, 마멸을 방지하거나 감소시키는 것
  ㉡ Tribology
    • '문지르다'는 의미를 갖고 있는 그리스어 tribos와 학문을 의미하는 logia에서 유래
    • 1966년 요스트 보고서에서 처음 사용
    • 두 개 이상의 물체가 서로 상대운동을 할 때 물체 표면에서 발생하는 과학적 현상
    • 마찰과 마모 및 윤활을 다루는 학문

② 윤활관리의 4원칙 : 적유, 적기, 적량, 적법
  - 적절한 윤활유를 제때, 적정량, 규정에 맞추어 관리한다.

③ 윤활 역학
  ㉠ 쿨롱 아몽톤의 법칙
    마찰력은 마찰계수와 마찰면의 수직력에 비례하고, 접촉 면적의 크고 작음에는 상관이 없다.
    $$F = \mu W$$
  ㉡ 유체역학을 윤활유에 적용하고자 할 때는 윤활유는 뉴턴 유체이고 유막 내에서 점성은 일정하며, 유막 내 유동은 층류이고 유체 관성은 무시한다고 가정한다.
  ㉢ 레이놀즈수 : 레이놀즈는 유체의 흐름이 층류인지 난류인지 구분할 수 있도록 무차원 수를 개발하였다.
    $$Re = \frac{vd}{\nu}$$
    (ν : 동점성계수, v : 유속, d : 관지름)
  ㉣ 베르누이 방정식 : 압력 수두, 속도 수두, 위치 수두의 합은 유관 내에서 같다.
    $$\frac{P}{\gamma} + \frac{v^2}{2g} + z = C$$
  ㉤ 베르누이 수정 방정식 : 베르누이 방정식에 마찰 수두를 고려한 것이 수정 방정식이다.
    $$H = \frac{P_1}{\gamma} + \frac{v_1^2}{2g} + z_1 = \frac{P_2}{\gamma} + \frac{v_2^2}{2g} + z_2 + h_f$$
  ㉥ 연속 방정식 : 유관 내에서 유량은 보존된다.
    $$Q = AV = A_1 V_1 = A_2 V_2$$

④ 윤활의 형태
  ㉠ 유체 윤활(후막 윤활, 완전 윤활) : 마찰면 사이에 유체역학적으로 충분히 두꺼운 점성유막이 형성된 윤활 상태
  ㉡ 경계 윤활(박막 윤활, 혼합 윤활) : 유막 두께가 표면거칠기와 비슷한 정도로, 유압만으로 하중을 지탱하기 어려운 정도의 상태
  ㉢ 극압 윤활 : 국부적으로 금속의 융착과 전단이 반복되며, 마찰이 증대되고 유막이 파괴되어 중간 중간 금속과의 마찰이 일어나는 상태

⑤ 윤활제의 종류

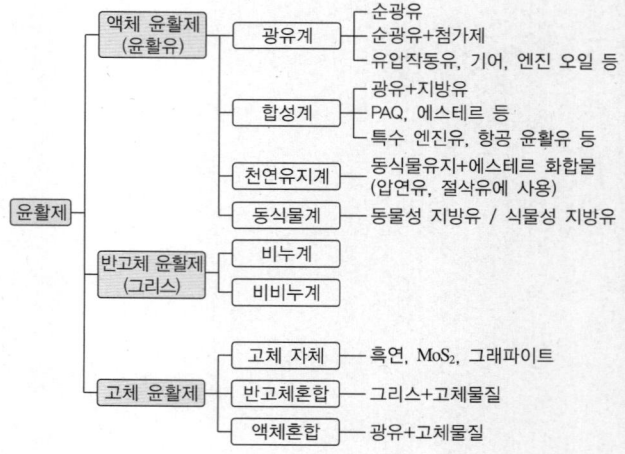

㉠ 원료에 의한 분류
- 석유계 윤활유 : 탄화수소의 종류에 따라 파라핀계, 나프텐계, 혼합 윤활유로 구분

> **Plus One**
>
> **원유의 분류**
> - 파라핀계 : 파라핀(C_nH_{2n+2}($n \geq 19$))의 화학식으로 표현되는 알케인탄화수소)계 탄화수소를 많이 함유한 원유로, 등유, 경유의 품질은 우수, 휘발유 옥탄가는 낮음. 아스팔트분은 적고 파라핀 왁스분은 많음
> - 나프텐계 : 나프텐[사이클로펜테인(C_5H_{10}), 탄소수가 6개인 사이클로헥세인(C_6H_{12})과 그 동족체]계의 탄화수소를 많이 함유한 원유. 아스팔트분이 많아 아스팔트계라 부르기도 함. 옥탄가가 높고 휘발유의 품질이 좋으나 등유, 경유는 품질이 낮음. 파라핀계보다 융점이 낮고 주로 액상이어서 냉동기 등 낮은 융점이 필요한 곳에 사용하거나 간단히 윤활유로 제조가능하나 윤활유 품질은 낮음
> - 그 외 올레핀계, 다이올레핀계, 방향족계로 분류하며 연소성은 파라핀계 > 올레핀계 > 다이올레핀계 > 나프텐계 > 방향족계 순
>
> **원유의 정유 공정**
> 1. 증류 공정 : 원유를 상압 증류탑으로 보내 가벼운 성분부터 무거운 성분으로 분리
> 2. 정제 공정 : 증류된 원유의 불순물을 제거하는 공정
> 3. 배합 공정 : 처리된 유분을 제품별로 배합하거나 첨가제를 넣는 공정

- 비광유계 윤활유 : 동식물계 윤활유, 합성 윤활유

㉡ 점도에 의한 분류
- 경질 윤활유 : 가벼움, 밀도와 점성이 낮은 편
- 중간질 윤활유 : 중간 정도의 윤활유
- 중질 윤활유 : 무거움, 밀도가 높고 점성도 높은 편

㉢ SAE의 점도에 따른 분류 : 5W, 10W, 20W, 20, 30, 40, 50, 75, 80, 90, 140, 150과 같이 표시하며 숫자는 점성을 의미하고 숫자가 클수록 점성이 크다. W는 겨울에 나타나는 점성을 의미한다.

㉣ ISO의 점도에 따른 분류 : ISO VG + 숫자로 표시하며 18등급이 있다.

㉤ 성능별 분류 – 미국석유협회 API 서비스 분류에 의거
- 가솔린 기관의 윤활유 – ML(자가용, 세단), MM(장거리용 버스, 트럭), MS(가혹조건, 택시나 산업용)
- 디젤 기관의 윤활유 – DG(유황이 적은 경부하), DM(중부하, 버스, 트럭), DS(가혹조건, 산업용, 건설용)

㉥ 용도에 의한 분류
- 전기 절연유 : 오일 속의 콘덴서나 케이블, 변압기 등에 사용 1종에서 7종으로 구분
  1종 – 광유를 주재료로, 2~6종 – 합성유를 주재료로, 7종 – 알킬, 벤젠을 혼합
- 금속 가공유 : 절삭유, 연삭유, 열처리유, 압연유, 소성가공유
- 방청유 : 지문제거형, 용제 희석형, 방청 페트롤레이텀, 방청윤활유, 방청그리스, 기화성 방청제
- 유압 작동유 : 광유계와 불연성으로 나뉘며, 불연성에는 수분 함유형과 합성 작동유가 있다.

㉦ 첨가제 성분에 따른 분류
- 보통급 : 광물성 윤활유에 첨가제를 넣지 않은 윤활유. 보통의 운전에 사용
- 프리미엄급 : 광물성 윤활유에 방부제 및 산화 방지제를 첨가. 가혹 조건의 운전에 사용
- 특급 : 광물성 윤활유에 방부제, 산화 방지제 및 청정제를 첨가한 윤활유. 가혹 조건의 운전에 사용

⑥ 윤활기유
㉠ 윤활기유 : 석유계 윤활유 제품의 주원료. 원유에서 여러 공정으로 생산. 윤활기유 그대로 윤활유로 사용하면 순광유라 부르며, 윤활기유에 첨가제를 섞어 윤활유를 만들면 첨가유라고 한다.
㉡ 조성에 따른 분류 : 표준파라핀계, ISO 파라핀계, 나프텐계, 아로메틱계
㉢ 윤활 기유의 특성 : 나프텐계 기유는 점도지수 및 산화 안정도가 낮은 반면, 유동점이 낮아 저온 유동성이 좋기 때문에 냉동 기유 등의 특수 용도에 그 사용이 국한되며, 현재는 나프텐계 원유의 생산이 줄어들고 있어 대다수의 윤활유는 파라핀계 기유를 사용한다.

Plus One

나프텐계와 비교한 파라핀계 기유의 특징
- 높은 점도, 높은 인화점, 발화점, 유동점, 아닐린점, 높은 산화 안정도, 왁스 함유율이 높음, 밝은 색
- 낮은 밀도, 낮은 아로메틱함량, 휘발성, 증기압 낮음, 용해성, 분산성 나쁨, 고무에 대해 저팽창

⑦ 윤활제의 첨가제
  ㉠ 첨가제 선정의 고려사항
   - 윤활기유의 성질을 해치지 않아야 하며 이에 잘 용해되어야 한다.
   - 윤활상태, 설계 그리고 실제 요구되는 서비스를 고려하여 원하는 성질이 발현되어야 한다.
   - 가동조건을 고려하여 선정하고 다른 부가 첨가제와 잘 조화되어야 한다.
   - 연료의 황(S)성분의 양을 고려하여 선정하여야 한다.
   - 제조되는 윤활유가 예상되는 유지보수와 검사 실제를 고려하여 제조되어야 한다.
   - 첨가제는 소량만 사용하므로 재사용까지 저장할 경우, 변질되지 않아야 하고 안정성이 있어야 한다.
   - 휘발성이 낮고 냄새나 색상의 부작용이 있어서는 안 된다.
   - 수용성 물질에 녹지 않아야 한다.
  ㉡ 첨가제의 종류
   - 점도지수(VI) 향상제 : 온도 변화에 따른 점도 변화의 비율을 낮게 하는 역할. 온도 변화가 심한 경우, 넓은 온도 범위에서 사용해야 하는 옥외 등에 사용하는 윤활제에 첨가
   - 유성(Oiliness) 향상제 : 금속의 표면에 유막을 형성, 마찰계수를 작게 하여 유막이 끊어지지 않도록 한다.
   - 청정분산제 : 산화에 의하여 금속 표면에 붙어있는 슬러지나 탄소성분을 녹여 기름 중의 미세한 입자 상태로 분산, 내부를 청정하게 유지하는 역할
   - 산화 방지제 : 산소에 의하여 산화되는 것을 방지하고 슬러지 생성을 억제
   - 극압제(Extreme Pressure Additives) : EP유. 큰 하중을 받는 베어링의 경우 유막이 파괴되기 쉬우므로 이를 방지하기 위해 극압 첨가제 사용. 염화파라핀, 황(S)계, 인(P)계가 있다.
   - 유동점 강화제 : 저온일 때의 왁스분 성장을 저지, 유동성을 높여 주는 역할
   - 소포제 : 윤활유가 밸브 등을 통과할 때 발생되는 거품(기포)을 억제하고 소포(기포를 소거)하는 역할
   - 방청제 : 금속에 피막을 이루어 녹의 발생을 억제하는 역할
   - 착색제 : 윤활유의 누설을 쉽게 발견하거나 윤활유종을 구분하기 위해 색소를 첨가할 때 사용
   - 유화제 : 기름은 물과 분리되므로 유화제를 사용하여 물과 안정성을 높이는 역할
   - 부식방지제 : 산과 과산화물이 금속표면을 부식시키는 것을 방지하기 위해 보호 피막을 입히는 역할
   - 분산제 : 저온 작동상태 아래 슬러지의 생성 및 퇴적 방지
   - 방부제 : 미생물의 발육과 생성을 억제하는 역할

10년간 자주 출제된 문제

1-1. 두 개 이상의 물체가 서로 상대운동을 할 때 물체 표면에서 발생하는 과학적 현상으로, 마찰과 마모 및 윤활을 다루는 학문을 무엇이라고 하는가?

① Friction   ② Tribology
③ Lubrication   ④ Maintenance

1-2. 윤활관리의 4원칙이 아닌 것은?

① 적 유   ② 적 량
③ 적 법   ④ 적 소

10년간 자주 출제된 문제

1-3. 유체윤활에서 기본적으로 중요하게 쓰이는 것이 레이놀즈(Reynolds)방정식이다. 이 방정식에 대한 가정으로 거리가 먼 것은?
① 윤활유는 뉴턴 유체이다.
② 유막 내의 유동은 층류이다.
③ 유체관성은 무시한다.
④ 점성은 유막 내에서 일정하지 않다.

1-4. 극압 윤활에 대한 설명으로 틀린 것은?
① 충격하중이 있는 곳에 필요하다.
② 완전 윤활 또는 후막 윤활이라고도 한다.
③ 첨가제로 유황, 염소, 인 등이 사용된다.
④ 고하중으로 금속의 접촉이 일어나는 곳에 필요하다.

1-5. 윤활제를 대분류로 구분할 때 가장 적합하게 구분된 것은?
① 윤활유 - 기어유 - 광유
② 고체 윤활제 - 기체 윤활제
③ 지방유 - 유압작동유 - 기어유
④ 윤활유 - 그리스 - 고체 윤활제

1-6. 다음 중 석유계 윤활유에 속하지 않는 것은?
① 파라핀계 윤활유
② 동식물계 윤활유
③ 나프텐계 윤활유
④ 혼합계(파라핀 + 나프텐) 윤활유

1-7. 윤활유의 기유로 사용되는 파라핀계 기유를 설명한 내용 중 틀린 것은?
① 점도지수가 나프텐계 기유보다 낮다.
② 아닐린점이 나프텐계 기유보다 높다.
③ 산화저항성이 나프텐계 기유보다 높다.
④ 인화점, 유동점이 나프텐계 기유보다 높다.

1-8. 원유를 정유할 때 공정에 속하지 않는 것은?
① 기유 공정   ② 배합 공정
③ 정제 공정   ④ 증류 공정

1-9. 윤활유 첨가제의 일반적 성질로 틀린 것은?
① 색상이 깨끗해야 한다.
② 기유에 용해도가 좋아야 한다.
③ 수용성 물질에 잘 녹아야 한다.
④ 다른 첨가제와 잘 조화되어야 한다.

1-10. 윤활유의 첨가제 중 금속의 표면에 유막을 형성시켜 마찰계수를 작게 하여 유막이 끊어지지 않도록 하는 것은?
① 극압제   ② 산화 방지제
③ 유성 향상제   ④ 유동점 강화제

1-11. 순환급유를 하는 윤활개소의 유욕조를 관찰해보니 거품이 많이 발생하였다. 어떤 첨가제가 부족할 때 이러한 현상이 나타나는가?
① 유화제   ② 소포제
③ 부식방지제   ④ 산화 방지제

1-12. 온도 변화에 따른 점도의 변화를 적게 하기 위하여 사용되는 첨가제는?
① 청정 분산제   ② 산화 방지제
③ 유동점 강화제   ④ 점도지수 향상제

1-13. 산화에 의하여 금속 표면에 붙어 있는 슬러지나 탄소 성분을 녹여 기름 중의 미세한 입자 상태로 분산시켜 내부를 깨끗이 유지하는 역할을 하는 윤활제의 첨가제는?
① 소포제   ② 청정 분산제
③ 유성 향상제   ④ 유동점 강화제

1-14. 극압윤활을 위한 극압제로 사용하지 않는 것은?
① H   ② Cl
③ S   ④ P

1-15. 다음과 같이 공업용 윤활유에 표시된 'VG'의 의미는?

ISO VG 46

① 비중 등급   ② 주도 등급
③ 점도 한계   ④ 점도 등급

|해설|

1-1
Tribology
- '문지르다'는 의미를 갖고 있는 그리스어 Tribos와 학문을 의미하는 Logia에서 유래
- 1966년 요스트 보고서에서 처음 사용
- 두 개 이상의 물체가 서로 상대운동을 할 때 물체 표면에서 발생하는 과학적 현상
- 마찰과 마모 및 윤활을 다루는 학문

1-2
윤활관리의 4원칙
- 적유, 적기, 적량, 적법
- 적절한 윤활유를 제때, 적정량, 규정에 맞추어 관리한다.

1-3
유체역학을 윤활유에 적용하고자 할 때는 윤활유는 뉴턴 유체이고 유막 내에서 점성은 일정하며, 유막 내 유동은 층류이고 유체 관성은 무시한다고 가정한다.

1-4
윤활의 형태
- 유체 윤활(후막 윤활, 완전 윤활) : 마찰면 사이에 유체역학적으로 충분히 두꺼운 점성유막이 형성된 윤활 상태
- 경계 윤활(박막 윤활, 혼합 윤활) : 유막 두께가 표면거칠기와 비슷한 정도로, 유압만으로 하중을 지탱하기 어려운 정도의 상태
- 극압 윤활 : 국부적으로 금속의 융착과 전단이 반복되며, 마찰이 증대되고 유막이 파괴되어 중간 중간 금속과의 마찰이 일어나는 상태

1-5
윤활제를 대분류로 상태에 따라 액체 > 반고체 > 고체로 구분한다.

1-6
석유계 윤활유 : 탄화수소의 종류에 따라 파라핀계, 나프텐계, 혼합 윤활유로 구분

1-7
원유의 분류
- 파라핀계 : 파라핀[C_nH_{2n+2}($n \geq 19$)의 화학식으로 표현되는 알케인탄화수소]계 탄화수소를 많이 함유한 원유로, 등유, 경유의 품질은 우수, 휘발유 옥탄가는 낮음. 아스팔트분은 적고 파라핀 왁스분은 많음
- 나프텐계 : 나프텐[사이클로펜테인(C_5H_{10}), 탄소수가 6개인 사이클로헥세인(C_6H_{12})과 그 동족체]계의 탄화수소를 많이 함유한 원유. 아스팔트분이 많아 아스팔트계라 부르기도 함. 옥탄가가 높고 휘발유의 품질이 좋으나 등유, 경유는 품질이 낮음. 파라핀계보다 융점이 낮고 주로 액상이어서 냉동기 등 낮은 융점이 필요한 곳에 사용하거나 간단히 윤활유로 제조가능하나 윤활유 품질은 낮음
- 그 외 올레핀계, 다이올레핀계, 방향족계로 분류하며 연소성은 파라핀계 > 올레핀계 > 다이올레핀계 > 나프텐계 > 방향족계 순

1-8
원유의 정유 공정
- 증류 공정 : 원유를 상압 증류탑으로 보내 가벼운 성분부터 무거운 성분으로 분리
- 정제 공정 : 증류된 원유의 불순물을 제거하는 공정
- 배합 공정 : 처리된 유분을 제품별로 배합하거나 첨가제를 넣는 공정

1-9
일반적으로 물을 흡수하거나 물에 흡수되면 방청효과를 저해하거나 윤활유 본연의 성질을 잃을 수 있다.

첨가제 선정의 고려사항
- 윤활기유의 성질을 해치지 않아야 하며 이에 잘 용해되어야 한다.
- 윤활상태, 설계 그리고 실제 요구되는 서비스를 고려하여 원하는 성질이 발현되어야 한다.
- 가동조건을 고려하여 선정하고 다른 부가 첨가제와 잘 조화되어야 한다.
- 연료의 황(S)성분의 양을 고려하여 선정하여야 한다.
- 제조되는 윤활유가 예상되는 유지보수와 검사 실제를 고려하여 제조되어야 한다.
- 첨가제는 소량만 사용하므로 재사용까지 저장할 경우, 변질되지 않아야 하고 안정성이 있어야 한다.
- 휘발성이 낮고 냄새나 색상의 부작용이 있어서는 안 된다.
- 수용성 물질에 녹지 않아야 한다.

1-10
- 유성(Oiliness) 향상제 : 금속의 표면에 유막을 형성, 마찰계수를 작게 하여 유막이 끊어지지 않도록 한다.
- 극압제(Extreme Pressure Additives) : EP유. 큰 하중을 받는 베어링의 경우 유막이 파괴되기 쉬우므로 이를 방지하기 위해 극압 첨가제 사용
- 산화 방지제 : 산소에 의하여 산화되는 것을 방지하고 슬러지 생성을 억제
- 유동점 강화제 : 저온일 때의 왁스분 성장을 저지, 유동성을 높여 주는 역할

1-11
- 소포제 : 윤활유가 밸브 등을 통과할 때 발생되는 거품(기포)을 억제하고 소포(기포를 소거)하는 역할
- 유화제 : 기름은 물과 분리되므로 유화제를 사용하여 물과 안정성을 높이는 역할
- 산화 방지제 : 산소에 의하여 산화되는 것을 방지하고 슬러지 생성을 억제

| 해설 |

1-12
- 점도지수(VI) 향상제 : 온도 변화에 따른 점도 변화의 비율을 낮게 하는 역할. 온도 변화가 심한 경우, 넓은 온도 범위에서 사용해야 하는 옥외 등에 사용하는 윤활제에 첨가
- 청정 분산제 : 산화에 의하여 금속 표면에 붙어있는 슬러지나 탄소성분을 녹여 기름 중의 미세한 입자 상태로 분산, 내부를 청정하게 유지하는 역할
- 산화 방지제 : 산소에 의하여 산화되는 것을 방지하고 슬러지 생성을 억제
- 유동점 강화제 : 저온일 때의 왁스분 성장을 저지, 유동성을 높여 주는 역할

1-13
청정 분산제 : 산화에 의하여 금속 표면에 붙어있는 슬러지나 탄소성분을 녹여 기름 중의 미세한 입자 상태로 분산, 내부를 청정하게 유지하는 역할

1-14
극압제(Extreme Pressure Additives) : EP유. 큰 하중을 받는 베어링의 경우 유막이 파괴되기 쉬우므로 이를 방지하기 위해 극압 첨가제 사용. 염화파라핀, 황(S)계, 인(P)계가 있다.

1-15
ISO VG는 국제표준화기구에서 정한 Viscosity Grade(점도 등급)을 나타낸다.

정답 1-1 ② 1-2 ① 1-3 ④ 1-4 ② 1-5 ④ 1-6 ① 1-7 ① 1-8 ①
      1-9 ③ 1-10 ③ 1-11 ② 1-12 ④ 1-13 ② 1-14 ① 1-15 ④

핵심이론 02 | 윤활관리의 목적

① 윤활 관리의 목적 : 설비 가동률 증대, 유지비 절감, 설비 수명 연장, 윤활 비용 절감, 동력비 절감 등

② 윤활의 기능
  ㉠ 마찰 감소 : 경계 마찰일이 발생하는 곳에 피막 형성
  ㉡ 냉각 작용 : 마찰열 흡수, 계(System) 밖으로 방출
  ㉢ 밀봉 작용 : 유막을 통해 내·외부를 차단, 밀봉
  ㉣ 청정 작용 : 오염 물질을 씻어내는 작용
  ㉤ 방청 작용 : 녹이 슬지 않게 하는 작용
  ㉥ 방식 작용 : 부식이 일어나지 않게 하는 작용
  ㉦ 방진 작용 : 먼지 등 유해물질의 유입 방지 작용
  ㉧ 하중(응력)의 분산 작용 : 국부 압력을 액을 통해 분산시켜 마멸 방지

③ 윤활 관리의 효과
  ㉠ 윤활의 기본적인 효과
    - 제품의 정도 향상
    - 윤활 사고의 방지
    - 윤활비의 절약 등 윤활 의식 고양
    - 기계 정도와 기능의 유지
  ㉡ 윤활의 경제적 효과
    - 자원 절약 : 윤활유 사용량 절감, 마찰 감소에 따른 에너지 소비량 절감, 폐자원 이용
    - 생산성 제고 : 기계 고장 방지에 따른 생산성 유지, 수리비 절감, 기계의 기대수명 연장, 기계의 효율성 및 정밀도 유지, 노동의 절감
    - 공장 운영비 절감 : 기계 정지로 인한 손실 감소 및 생산성 향상, 보전 노무비 절감, 기계 급유비, 윤활제 구입 등 교환 부품 비용 절감, 윤활제 소비량 절감 등

④ 윤활 관리의 실시 방법

㉠ 조직 체계 구성

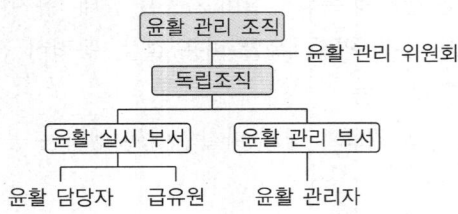

- 윤활 관리 부서의 업무 : 윤활제 선정, 유종 결정, 신설 설비 및 적용 윤활제 검토, 열화 기준 판정, 윤활방법 및 장치 개선, 윤활 관리의 기준 및 표 작성, 급유자에 대한 교육 및 훈련, 윤활 실태 조사 및 소비량 관리
- 윤활 실시 부서의 업무
  - 부서 업무 포괄할 때
    윤활제 사용 예산 및 구매 요구, 표준 적유량 결정, 윤활 대장 및 각종 기록 작성, 급유 장치의 예비품 관리, 오일의 교환주기 결정, 급유원 교육훈련, 급유 및 일상 점검, 급유 장치의 관리 및 보수, 윤활제의 일상검사 및 교환
  - 윤활 담당자와 급유원의 직무를 나눌 때
    가. 윤활 담당자의 직무 : 윤활제 사용 예산, 구매 요구 작성 및 의뢰, 표준적유량 결정, 윤활예정표 작성, 사용유 정기분석계획표 작성, 윤활대장 및 각종 기록 작성 보고, 급유 장치의 예비품 구하기, 오일교환주기 결정, 급유원의 교육훈련
    나. 급유원의 직무 : 급유 및 일상점검, 급유장치의 관리 및 보수, 윤활제의 일상검사 및 교환, 각종 기초사항 작성 및 소비 관리

> **Plus One**
> 가급적 윤활 관리자나 윤활 기술자가 윤활관련 업무를 모두 처리하면 좋으나, 큰 기업이어서 모든 영역을 윤활 기술자가 관리하기 어렵거나 작업이 뭉뚱그려져 있어서 윤활 기술자를 따로 두기 어려울 때, 간단하고 단순한 단순 급유나 일상점검 등은 작업자로 하여금 대신 윤활 관리를 할 수 있게 해도 괜찮다.

- 윤활 관리자에 필요한 지식
  - 사전 지식 : 급유장치와 급유기 취급법 및 마찰부 온도, 운전음에 의한 내부 윤활상태, 급유량의 적부에 대한 판단력
  - 윤활유의 고장 원인 파악
    가. 윤활제 : 부적정유 사용여부, 유제의 열화 또는 더러워짐 여부, 기름의 누설여부, 이종오일 혼합여부
    나. 마찰면 : 마찰면 재질불량 및 사용불량 여부, 과도한 작용 및 설계불량 여부, 마찰면 마모에 의한 기계 부분 늘어짐 및 조기 피로 여부
    다. 작업상 : 급유작업 부주의 여부, 과잉 또는 과소 급유, 지나치게 빠르거나 느린 급유
    라. 급유방법 : 설계불량 여부, 급유장치 고장 여부, 게이지 고장 여부
    마. 환경 : 높은 전도열 또는 마찰열이 있는지, 방열은 잘 되는지, 불순물이 혼합되었는지, 산성 증기, 염기성 증기, 염분 등의 영향을 받는지
- 조직 내에 있는 윤활 기술자의 직무
  - 사용 윤활유의 선정 및 관리
  - 급유 장치의 보수 및 예비품 준비
  - 윤활 관계의 개선 시험
  - 신설비의 윤활제와 급유 장치 검토
  - 윤활 관계 작업원의 교육 훈련
- 윤활 기술자가 스태프일 때 수행할 업무
  - 모든 기계설비의 점검에 대한 책임
  - 모든 윤활제의 시료채취, 연구시험의뢰 및 시험결과 기록
  - 설비관리기술자와 협력하여 시설정비상의 문제 검토
  - 윤활제 보관 창고와의 협력, 윤활유 제조사와 기술적 교류
  - 윤활관계 작업원의 교육훈련 실시
  - 윤활관계 작업의 기록제도 수립

ⓛ 대상 기계 선정 : 모든 설비 관리가 어려울 경우 경제성과 시급성 등을 고려하여 여러 방법으로 대상 기계를 선정한다.
ⓒ 실태조사
- 어떤 유종이 얼마만큼 사용되고 있는지
- 현재 윤활상태 및 과거 고장상태
- 급유계통 고장여부
- 급유, 갱유, 점검의 실시 횟수
- 재고 및 재고관리 실시 빈도
- 폐유 재활용 방법
- 윤활유 구입 경유

⑤ 공장에서의 윤활관리 실시방법
ⓐ 적유 선정
- 운전 상태, 급유법, 온도 등의 환경에 적합한 윤활제 고려
- 유종의 간소화를 고려한 적합한 윤활제 선정
ⓑ 급유 관리
- 급유구 및 급유통에 이물질 혼입의 관리
- 점검을 통한 급유관의 누설 여부 관리
- 올바른 급유량과 급유 간격의 결정
- 급유 방법의 개선
ⓒ 사용유 관리
- 적절한 세정 설비를 통한 오일의 청결 유지
- 적정 간격으로 사용유의 분석을 통한 열화 상태 파악
- 적정 시기에 사용유의 교환
- 폐유 및 회수유의 올바른 처리

⑥ 윤활 관리의 실시의 고려사항
ⓐ 유종이 많을 경우 유종 통일 또는 유종 간략화
- 저장경비가 증가하고 급유 시 오류를 범할 가능성이 있다.
- 유종 통일의 장점
  - 구매 경비 절약 : 소품종 일괄구매에 따른 단가 절약
  - 저장 공간의 절약 및 순환율을 높여서 오손, 열화 피해 방지
  - 재고 관리에 유리
  - 급유 시 유종을 실수할 가능성을 낮추거나 없앰
  - 오일의 회수, 재생 등 경제적 효과
- 유종 간략화 순서
  점도가 같은 유종끼리 모아서 > 점도별로 요구특성으로 재정돈 후 > 적절한 유종을 선택하여 간략화
ⓑ 누유가 있을 경우 누유를 발견 : 고가의 오일이 소비되고 공장 내 오염이 생기며 위험을 초래할 수 있다.
ⓒ 기계정비공 또는 기계보전계원 등 급유 담당자를 결정한다.
ⓓ 급유원에게 다음과 같은 윤활 교육훈련을 실시한다.
- 윤활의 기초지식, 윤활유의 취급, 저장과 배급, 급유방법, 유조의 보전, 예방보전

10년간 자주 출제된 문제

2-1. 윤활관리를 실시하는 목적 중 가장 거리가 먼 것은?
① 설비의 수명연장
② 기계설비의 가동률 증대
③ 동력비의 절감과 생산량 증대
④ 설비의 성능향상과 윤활비 증대

2-2. 일반적인 윤활유의 기능이 아닌 것은?
① 밀봉 작용 ② 방청 작용
③ 절삭 작용 ④ 마모 방지 작용

2-3. 다음 중 윤활관리의 기본적인 효과가 아닌 것은?
① 윤활비의 절약
② 윤활 사고의 방지
③ 보수 유지비의 절감
④ 기계 정도와 기능의 저하

2-4. 윤활관리 실시에 의해서 얻어지는 성과로 볼 수 없는 것은?
① 윤활제 비용의 감소 ② 생산가동시간의 증가
③ 기계보전비용의 증가 ④ 기계의 유효수명의 연장

10년간 자주 출제된 문제

2-5. 윤활 관리 추진방법에 있어서 윤활 기술자의 직무에 해당하지 않는 것은?
① 윤활 관련 사고의 문제점 검토
② 윤활 관련 업무의 개선 및 시험
③ 사용 윤활제의 선정 및 품질 관리
④ 새로운 설비의 윤활제와 급유 장치의 설계 및 구매

2-6. 윤활 관리 조직의 체계는 윤활 관리 부서와 윤활 실시 부서로 구분할 수 있다. 다음 중 윤활 관리 부서에서 실시하는 업무로 가장 적합한 것은?
① 오일의 교환 주기 결정
② 급유 장치의 예비품 관리
③ 윤활 대장 및 각종 기록 작성
④ 윤활제 선정 및 열화 기준의 판정

2-7. 윤활 기술자가 라인적 조직관계가 있는 경우, 윤활 기술자의 직무로 가장 거리가 먼 것은?
① 급유 장치의 보수와 설치
② 사용 윤활유의 선정 및 품질 관리
③ 윤활 관계의 개선 시험
④ 구매경비의 절약

2-8. 윤활업무 중 윤활 실시 부문에서 윤활 담당자의 업무와 급유원의 업무로 나누어 볼 때, 급유원의 업무로 가장 거리가 먼 것은?(단, 계획업무와 실시업무를 구분 시행할 경우)
① 기계설비에 있어서 윤활면의 일상 점검, 급유
② 급유장치의 운전 및 간단한 보수
③ 표준 유량 결정 및 윤활작업 예정표 작성
④ 윤활제의 육안검사 및 간단한 윤활제 교환

2-9. 다음 직무 중 간단하고 단순하여 작업자에게 대행하게 하여도 되는 것은?
① 적정 유종 선정
② 윤활제 교환주기 결정
③ 기계설비 일상점검 및 급유
④ 윤활대장 및 각종 기록 정리, 보고

2-10. 윤활 관리 기술자가 담당해야 할 직무로 볼 수 없는 것은?
① 윤활유의 제조
② 사용 윤활유의 선정 및 관리
③ 윤활 관계 작업원이 교육 훈련
④ 급유 장치의 보수 및 예비품 준비

2-11. 다음 중 윤활유의 종류를 통일함으로써 얻을 수 있는 효과가 아닌 것은?
① 급유기구 비용의 절약
② 저장 공간의 절약
③ 급유관리의 용이화
④ 기계설비의 유효수명 연장

|해설|

2-1
윤활 관리의 목적 : 설비 가동률 증대, 유지비 절감, 설비 수명 연장, 윤활 비용 절감, 동력비 절감 등

2-2
윤활의 기능
• 마찰 감소 : 경계 마찰일이 발생하는 곳에 피막형성
• 냉각 작용 : 마찰열을 흡수하여 계(System) 밖으로 방출
• 밀봉 작용 : 유막을 통해 내·외부를 차단, 밀봉
• 청정 작용 : 오염 물질을 씻어 내는 작용
• 방청 작용 : 녹이 슬지 않게 하는 작용
• 방식 작용 : 부식이 일어나지 않게 하는 작용
• 방진 작용 : 먼지 등 유해물질이 유입되는 것을 막아주는 작용
• 하중(응력)의 분산 작용 : 국부 압력을 액을 통해 분산시켜 마멸 방지

2-3
윤활의 기본적인 효과
• 제품의 정도 향상
• 윤활 사고의 방지
• 윤활비의 절약 등 윤활 의식 고양
• 기계 정도와 기능의 유지

2-4
윤활의 경제적 효과
• 자원 절약 : 윤활유 사용량 절감, 마찰 감소에 따른 에너지 소비량 절감, 폐자원 이용
• 생산성 제고 : 기계 고장 방지에 따른 생산성 유지, 수리비 절감, 기계의 기대수명 연장, 기계의 효율성 및 정밀도 유지, 노동의 절감
• 공장 운영비 절감 : 기계 정지로 인한 손실 감소 및 생산성 향상, 보전 노무비 절감, 기계 급유비, 윤활제 구입비 등 교환 부품 비용 절감, 윤활제 소비량 절감 등

2-5
윤활 기술자의 직무
• 사용 윤활유의 선정 및 관리
• 급유 장치의 보수 및 예비품 준비
• 윤활 관계의 개선 시험
• 신설비의 윤활제와 급유 장치 검토
• 윤활 관계 작업원의 교육 훈련

| 해설 |

2-6
- 윤활 관리 부서의 업무 : 윤활제 선정, 유종 결정, 신설 설비 및 적용 윤활제 검토, 열화 기준 판정, 윤활방법 및 장치 개선, 윤활 관리의 기준 및 표 작성, 급유자에 대한 교육 및 훈련, 윤활 실태 조사 및 소비량 관리
- 윤활 실시 부서의 업무 : 윤활제 사용 예산 및 구매 요구, 표준 적유량 결정, 윤활 대장 및 각종 기록 작성, 급유 장치의 예비품 관리, 오일의 교환주기 결정, 급유원 교육훈련, 급유 및 일상 점검, 급유 장치의 관리 및 보수, 윤활제의 검사 및 교환

2-7
구매 경비의 절약은 관리 부서에서 실시
윤활 기술자의 직무
- 사용 윤활유의 선정 및 관리
- 급유 장치의 보수 및 예비품 준비
- 윤활 관계의 개선 시험
- 신설비의 윤활제 및 급유 장치 검토
- 윤활 관계 작업원의 교육 훈련

2-8
윤활 담당자와 급유원의 직무를 나눌 때
- 윤활 담당자의 직무 : 윤활제 사용 예산, 구매 요구 작성 및 의뢰, 표준적유량 결정, 윤활예정표 작성, 사용유 정기분석계획표 작성, 윤활대장 및 각종 기록 작성 보고, 급유 장치의 예비품 구하기, 오일교환주기 결정, 급유원의 교육훈련
- 급유원의 직무 : 급유 및 일상점검, 급유장치의 관리 및 보수, 윤활제의 일상검사 및 교환, 각종 기초사항 작성 및 소비 관리

2-9
가급적 윤활 관리자나 윤활 기술자가 윤활관련 업무를 모두 처리하면 좋으나, 큰 기업이어서 모든 영역을 윤활 기술자가 관리하기 어렵거나 작업이 뭉뚱그려져 있어서 윤활 기술자를 따로 두기 어려울 때, 간단하고 단순한 단순 급유나 일상점검 등은 작업자로 하여금 대신 윤활 관리를 할 수 있게 해도 괜찮다.

2-10
윤활 관리 기술자는 적절한 윤활유를 선정하여 구매 공급하며 직접 제조하지 않는다.

2-11
유종이 많을 경우 유종 통일 또는 유종 간략화
- 저장경비가 증가하고 급유 시 오류를 범할 가능성이 있다.
- 유종 통일의 장점
  - 구매 경비 절약 : 소품종 일괄구매에 따른 단가 절약
  - 저장 공간의 절약 및 순환율을 높여서 오손, 열화 피해 방지
  - 재고 관리에 유리
  - 급유 시 유종을 실수할 가능성을 낮추거나 없앰
  - 오일의 회수, 재생 등 경제적 효과

정답 2-1 ④ 2-2 ③ 2-3 ④ 2-4 ③ 2-5 ④ 2-6 ④
     2-7 ④ 2-8 ③ 2-9 ④ 2-10 ① 2-11 ④

핵심이론 03 │ 윤활유의 성질

① 액상 윤활유가 갖춰야 할 성질
  ㉠ 사용 상태에서 충분한 점도를 가질 것
  ㉡ 한계 윤활 상황에서 견딜 수 있는 유성이 있을 것
  ㉢ 산화나 열에 대한 안전성이 높고 내화학성 요구됨

② 윤활유의 성질 및 시험법
  ㉠ 비중(Specific Gravity)
  - 순수한 윤활유인지, 연료유가 섞였는지 판단할 때 유용하게 사용된다. 같은 부피의 물의 중량과 비교한 비(比) 또는 단위 체적당 무게로 표현한다. 윤활제 성능과는 다소 거리가 있다.
  - 비중 시험을 통해 기유의 종류와 탄화수소 분자 구성을 예측하고 열량을 계산할 수 있다.

  ㉡ 점도(Viscosity)
  - 윤활유의 물리, 화학적 성질 중 가장 중요하고 기본적인 성질이다.
  - 유체의 흐름 저항, 유체가 운동에너지를 받을 때 점도가 높은 유체는 잘 흐르려 하지 않는다.
  - 기계의 조건이 동일할 때 점도가 높은 윤활제를 사용하면 기계효율이 낮아지고 내마모성은 높아진다.
  - 점도의 단위 : poise(g/cm · s)

  ㉢ 동점도(Kinematic Viscosity)
  - 점도에 밀도를 나눈 값 : 동점도 = $\dfrac{\text{절대점도}}{\text{밀도}}$
  - 절대점도(점도)에 중력의 작용을 계산하여 나타내는 것이며 유체에서는 대부분 동점도를 사용한다.
  - 동점도의 단위 : stokes(cm^2/s), centistoke(mm^2/s)
  - 규정량의 시료를 점도계에 넣고 항온조에 넣어 규정온도를 만들고 빨아올린 오일의 이동시간을 측정하여 시험

  ㉣ 점도지수(Viscosity Index)
  - 상승하면 떨어지고 내려가면 상승하는 온도와 점도의 변화관계를 지수로 표현한 것이다.

- VI가 100에 가까울수록 온도 변화에 대해 점도 변화가 작다는 의미이다.
- 파라핀이 많은 펜실베이니아 유의 점도지수를 100, 나프텐이 많은 걸프코스트 유를 0으로 하여 표현한다.
- 다른 조건이 모두 같을 때 점도지수가 높은 윤활유가 더 고급유이다.
- 40℃ 기준 동점도(상온 높은 온도)와 100℃(열을 많이 받았을 때)의 동점도를 계산한다.

$$점도지수(VI) = \frac{L-U}{L-H} \times 100$$

[L : 점도지수(VI) = 0인 기름의 40℃ 동점도
U : 시료 40℃에서의 동점도(cSt)[mm^2/s]
H : 점도지수(VI) = 100인 기름의 40℃ 동점도]

- 적정 점도 선정 기준
  - 점도가 낮은 경우 유막이 파괴될 수 있으나 캐비테이션을 방지할 수 있다.
  - 점도가 높은 경우 점성 저항이 커져서 열이 발생하고 윤활부에 충분히 공급되지 않는 부분이 생길 수 있으나 마모를 방지할 수 있다.
  - 적정 점도 선정의 고려사항으로는 주위온도, 환경, 운전속도, 작용하중, 윤활부위, 윤활부의 구조 등을 고려한다.
  - 우리나라처럼 기후에 따라 온도차가 큰 곳에서는 점도지수가 높은 것이 좋다.
  - 운전온도가 높을수록 고점도의 윤활유를 사용
  - 빠른 운전속도를 요구할수록 낮은 점도유를, 운전속도가 느린 경우 충분한 점도가 있는 윤활유를 사용

ⓓ 주도 : 윤활유의 점도에 해당하는 그리스의 성질이며 그리스가 얼마나 굳었는지 무른지를 나타냄(핵심이론 05의 그리스의 윤활에서 좀 더 자세히 설명)

ⓑ 유동점, 적(하)점, 인화점
- 유동점은 응고 상태를 벗어난 온도를 의미. 응고는 파라핀 왁스가 결정 화합과 동시에 결정격자로 유분이 흡수되어 전체가 고화되거나 온도가 하강하여 점도가 극단적으로 높아져서 유동성을 잃을 수 있다.
- 유체가 유동성을 잃기 직전의 온도를 의미한다. 그리스에서는 액체가 되는 온도를 적(하)점이라 한다.
- 인화점은 자연히 불이 붙기 시작하는 온도로 규정조건으로 가열하여 발생한 증기에 불꽃을 접근시켰을 때 순간적으로 불이 붙은 온도라고 설명한다.
- 윤활유의 인화점 : light stock → 130~170℃ / SAE 10 → 220℃ / SAE 20 → 260℃ / SAE 50 → 320℃
- 유동점은 2.5℃ 간격으로 측정하여 유동하는 최저온도를 유동점, 그보다 2.5℃ 낮은 온도를 응고점이라 한다.
- 석유제품 유면 위에 적어도 5초간 연소가 계속되는 온도를 연소점이라 하고 그보다 7~10℃ 낮은 것이 인화점이다. 오일 윗면의 가스만 연소하며 인화해도 곧 꺼지는 온도를 말한다.
- 인화점 측정방식
  - 밀폐식 : 태그 밀폐식, 펜스키-마텐스 밀폐식
  - 개방식 : 클리블랜드 개방식

ⓢ 동판 부식성 : 오일 중에 함유된 부식성 유황물질로 인한 금속의 부식 여부를 나타내는 성질
- 가열동판 시험은 시험관에 동판을 넣고 세 시간 정도 가열 중탕에 넣어 유지시킨 후 동판을 검사한다.
- 동판 부식 시험은 시료를 동판 전면에 바른 후 실온에 방치하여 24시간 경과 후 씻어낸 면의 변화를 검사한다.

ⓞ 색 상
- 원유의 종류, 제조방법, 제조 공정 등에 따라 색상이 다르게 나타난다.

유 종	색 상
휘발유	무 색
경 유	무 색
파라핀계	담황색
혼합 기유	녹황색
나프텐계	황청색

※ 정제를 많이 할수록 무색에 가깝다.

ⓩ 산화 안정도 : 산화되는 환경에 대해 얼마나 안정적인가를 나타내는 척도
- 산화작용은 공기 중의 산소와 접촉하여 발생
- 열, 금속과의 접촉으로 인해 산화작용이 촉진
- 산화 > 열분해 > 중합 > 축합 작용으로 진행되어 윤활유가 열화(劣化)됨
- 윤활유 열화 → 기계의 원활한 작동을 저해하고 마모와 부식이 촉진됨

ⓧ 기포성(소포성)
- 윤활유는 순환되어 사용되는 과정에서 심한 교반을 하며 기포가 발생하는데, 기포가 발생되면 산화를 촉진시키고 기계효율을 저하시키며 유막 생성을 방해하여 마찰면의 소손과 마모가 촉진된다.
- 기포도는 얼마나 기포가 발생하는가 하는 성질이며 소포성은 얼마나 기포발생을 억제하는가 하는 성질이다.
- 기포성 시험은 KS M 2025에 제시된 방법으로 시행

ⓚ 중화가 : 석유제품의 산성 또는 알칼리성을 나타내는 것으로서 산화 조건하에서 사용되는 동안 기름 중에 일어난 상대적 변화를 알기 위한 척도로 사용된다.
- 중화가 시험 : 오일의 정제도와 내연기관용 윤활유와 같이 오일 중에 함유된 알칼리성 첨가제의 함량 또는 오일의 사용과정에서 일어난 산화의 정도를 확인하는데 시험 목적이 있다. 중화가를 측정하는 방법은 지시약적정법과 전위차적정법의 두 가지가 있다.

- 전산가 : 시료 1g 중에 함유되어 있는 모든 산성 성분을 중화하는 데 소요되는 KOH의 mg 수
- 전알칼리가 : 시료 1g 중에 함유되어 있는 전알칼리성 성분을 중화하는 데 소요되는 염산 또는 과염소산과 당량의 KOH의 mg 수
- 강산가 : 시료 1g 중에 함유되어 있는 강산성 성분을 중화하는 데 소요되는 KOH의 mg 수
- 강알칼리가 : 시료 1g 중에 함유되어 있는 강알칼리성 성분을 중화하는 데 소요되는 산과 당량의 KOH의 mg 수

ⓣ 회분(함량시험)
- 산화회분법(A법) : 회분의 함량은 제조과정에서 사용된 금속류의 양에 의해 좌우되는데, 이것은 열화되었을 때 윤활부위의 마찰을 증가시키며, 기계를 손상시키는 요인이 되므로 검사하여 확인한다.
- 황산회분법(B법) : 윤활유중에 함유되어 있는 금속계 첨가제의 함량과 사용유에 있어서 윤활개소로부터 발생하는 마모분의 함량을 확인

ⓟ 잔류탄소 : 기름의 증발, 열분해 후에 생기는 염화 잔류물. 이는 탄소만은 아니며, 따라서 윤활유의 잔류탄소는 윤활유의 정제도와 밀접한 관계를 나타낸다.

ⓗ 수 분
- 수분은 유화물에서는 불순물로 간주한다. 수분은 여러 고장의 원인이 되므로 수분을 검사하여 측정한다.
- 수분은 수분 증류법과 원심분리에 의한 수분 및 침전물 검사법으로 수분 및 침전물 양을 측정한다.

10년간 자주 출제된 문제

3-1. 다음 중 액상의 윤활유로서 갖추어야 할 성질이 아닌 것은?
① 가능한 한 화학적으로 활성이며, 청정 균질한 것
② 사용 상태에서 충분한 점도를 가질 것
③ 한계 윤활 상태에서 견디어 낼 수 있는 유성이 있을 것
④ 산화나 열에 대한 안전성이 높을 것

3-2. 윤활제의 성질에 대한 설명으로 틀린 것은?
① 유동점 : 윤활유의 점도를 낮출 때 유동성을 잃기 직전의 온도이다.
② 점도 : 기름 중에 함유되어 있는 유리유황 및 부식성 물질로 인한 금속의 부식여부를 나타낸다.
③ 주도 : 그리스의 주도는 윤활유의 점도에 해당하는 것으로 그리스의 무르고 단단한 정도를 나타낸다.
④ 적하점 : 그리스를 가열했을 때 반고체 상태의 그리스가 액체 상태로 되어 떨어지는 최초의 온도이다.

3-3. SAE엔진유 점도분류에서 동점도가 가장 높은 분류기호는?
① 10W   ② 20W
③ 20   ④ 50

3-4. 베어링이나 기어 등에 사용되는 윤활유는 사용 중에 교반에 의하여 기포가 오일 중에 생성되며, 이것이 마찰면에 들어가면 마멸이나 윤활유의 열화를 촉진시키는데 이와 같은 현상을 방지하기 위하여 윤활유에서 요구하는 성질은?
① 점 도   ② 소포성
③ 내 하중성 ④ 청정 분산성

3-5. 윤활유의 적정 점도 선정 시 일반적으로 고려할 사항으로 가장 거리가 먼 것은?
① 주위환경 온도 ② 운전속도
③ 급유방식   ④ 하 중

3-6. 윤활유를 규정조건으로 가열하여 발생한 증기에 불꽃을 접근시켰을 때 순간적으로 불이 붙은 온도를 무엇이라고 하는가?
① 주도점   ② 적하점
③ 인화점   ④ 유동점

3-7. 윤활제의 인화점 측정 방식이 아닌 것은?
① 태그(Tag) 밀폐식
② 콘라드손(Conradson) 개방식
③ 클리블랜드(Cleveland) 개방식
④ 펜스키 마텐스(Pensky Martens) 밀폐식

3-8. 다음 중 석유 제품의 산성 또는 알칼리성을 나타내는 것은?
① 비 중   ② 중화가
③ 유동점   ④ 산화 안정성

3-9. 기름 중에 함유되어 있는 유리유황 및 부식성 물질로 인한 금속의 부식여부에 관한 시험은?
① 잔류탄소 시험   ② 황산회분 시험
③ 동판부식 시험   ④ 산화 안정도 시험

3-10. 윤활유를 샘플링하여 검사할 때 검사항목과 가장 거리가 먼 것은?
① 점 도   ② 수 분
③ 색 상   ④ 자화도

3-11. 윤활유의 산화정도를 나타내는 시험방법인 전산가(Total Acid Number)에 대한 정의는?
① 시료 1g 중에 함유된 전 산성 성분을 중화하는 데 소요되는 KOH의 mg 수
② 시료 10g 중에 함유된 전 산성 성분을 중화하는 데 소요되는 KOH의 mg 수
③ 시료 1g 중에 함유된 전 알칼리 성분을 중화하는 데 소요되는 산과 당량의 KOH의 mg 수
④ 시료 10g 중에 함유된 전 알칼리 성분을 중화하는 데 소요되는 산과 당량의 KOH의 mg 수

| 해설 |

3-1
액상 윤활유가 갖춰야 할 성질
- 사용 상태에서 충분한 점도를 가질 것
- 한계 윤활 상황에서 견딜 수 있는 유성이 있을 것
- 산화나 열에 대한 안전성이 높고 내화학성 요구됨

3-2
점도(Viscosity)
- 윤활유의 물리, 화학적 성질 중 가장 중요하고 기본적인 성질
- 유체의 흐름 저항, 유체가 운동에너지를 받을 때 점도가 높은 유체는 잘 흐르려 하지 않는다.
- 기계의 조건이 동일하다면 점도가 높은 윤활제를 사용하면 기계 효율이 낮아지고 내마모성은 높아진다.
- 점도의 단위 : poise(g/cm·s)

3-3
점도지수(Viscosity Index)
- 온도의 변화에 따른 윤활유의 점도 변화를 나타내는 수치이다.
- VI가 100에 가까울수록 온도 변화에 대해 점도 변화가 작다는 의미이다.
- 다른 조건이 모두 같을 때 점도지수가 높은 윤활유가 더 고급유이다.
- 40℃ 기준 동점도(상온 높은 온도)와 100℃(열을 많이 받았을 때)의 동점도를 계산한다.

3-4
점도는 얼마나 점성이 높은지, 내 하중성은 얼마나 압력과 하중에 잘 견디는지, 청정 분산성은 얼마나 청정상태를 잘 유지하는지를 설명하는 성질이다.

3-5
적정 점도 선정 기준
- 점도가 낮은 경우 유막이 파괴될 수 있으나 캐비테이션을 방지할 수 있다.
- 점도가 높은 경우 점성 저항이 커져서 열이 발생하고 윤활부에 충분히 공급되지 않는 부분이 생길 수 있으나 마모를 방지할 수 있다.
- 적정 점도 선정의 고려사항으로는 주위온도, 환경, 운전속도, 작용하중, 윤활부위, 윤활부의 구조 등을 고려한다.
- 우리나라처럼 기후에 따라 온도차가 큰 곳에서는 점도지수가 높은 것이 좋다.
- 운전온도가 높을수록 고점도의 윤활유를 사용한다.
- 빠른 운전속도를 요구할수록 낮은 점도유를, 운전속도가 느린 경우 충분한 점도가 있는 윤활유를 사용한다.

3-6
인화점은 자연히 불이 붙기 시작하는 온도로 규정조건으로 가열하여 발생한 증기에 불꽃을 접근시켰을 때 순간적으로 불이 붙은 온도라고 설명한다.

| 해설 |

3-7
인화점 측정방식
- 밀폐식 : 태그 밀폐식, 펜스키-마텐스 밀폐식
- 개방식 : 클리블랜드 개방식

3-8
- 중화가 : 석유제품의 산성 또는 알칼리성을 나타내는 것으로서 산화 조건하에서 사용되는 동안 기름 중에 일어난 상대적 변화를 알기 위한 척도로 사용된다.
- 전산가, 전알칼리가 : 시료 1g 중 함유된 전산성, 전알칼리성을 중화하는 데 소요되는 수산화칼륨, 산의 양을 mg 단위로 표시

3-9
동판부식성 : 오일 중에 함유된 부식성 유황물질로 인한 금속의 부식 여부를 나타내는 성질이다.
- 가열동판 시험은 시험관에 동판을 넣고 세 시간 정도 가열 중탕에 넣어 유지시킨 후 동판을 검사한다.
- 동판부식 시험은 시료를 동판 전면에 바른 후 실온에 방치하여 24시간 경과 후 씻어낸 면의 변화를 검사한다.
- 잔류탄소 : 기름의 증발, 열분해 후에 생기는 염화 잔류물을 잔류탄소라 한다.
- 산화안정도 : 얼마나 산화되는 환경에 대해 안정적인가를 나타내는 척도이다.

3-10
윤활유 샘플링 검사 항목으로는 비중, 점도, 동점도, 점도지수, 유동점, 인화점, 색상, 동판부식성, 산화안정도, 기포성, 중화가, 회분, 수분, 잔류탄소 등이 있다.

3-11
중화가 시험 : 오일의 정제도와 내연기관용 윤활유와 같이 오일 중에 함유된 알칼리성 첨가제의 함량 또는 오일의 사용과정에서 일어난 산화의 정도를 확인하는 데 시험 목적이 있다. 중화가를 측정하는 방법은 지시약적정법과 전위차적정법의 두 가지가 있다.
- 전산가 : 시료 1g 중에 함유되어 있는 모든 산성 성분을 중화하는 데 소요되는 KOH의 mg 수
- 전알칼리가 : 시료 1g 중에 함유되어 있는 전알칼리성 성분을 중화하는 데 소요되는 염산 또는 과염소산과 당량의 KOH의 mg 수
- 강산가 : 시료 1g 중에 함유되어 있는 강산성 성분을 중화하는 데 소요되는 KOH의 mg 수
- 강알칼리가 : 시료 1g 중에 함유되어 있는 강알칼리성 성분을 중화하는 데 소요되는 산과 당량의 KOH의 mg 수

정답 3-1 ① 3-2 ② 3-3 ④ 3-4 ② 3-5 ⑤ 3-6 ③
3-7 ② 3-8 ② 3-9 ③ 3-10 ④ 3-11 ①

핵심이론 04 | 윤활 급유법

① 윤활제 급유 방법의 선정 : 마찰면의 형상, 미끄럼 방향과 속도, 하중의 경중, 하중의 성질, 베어링의 정밀도, 윤활제의 종류, 사용 온도 등 제반 요건 등을 고려하여 결정한다.

② 윤활유 급유법 분류

윤활제 급유방식 중 윤활유의 공급 방식을 분류하면 다음과 같다.

㉠ 비순환 급유법 : 수동 급유법, 적하 급유법, 가시 부상 유적 급유법과 같이 지속적으로 윤활제를 공급해야 하고 사용된 윤활제를 순환하여 다시 사용하지 못하는 방식이다.

- 수동 급유(손 급유)법 : 가장 간단하며 기계적 급유가 어려운 곳, 마찰면의 미끄럼 속도가 낮고 경 하중인 경우, 마찰면에 직접 적용하며 점착성이 큰 윤활유를 사용한다. 오일량이 많고 사용 빈도가 적은 경우 주로 이용한다.

- 적하 급유법 : 급유되어야 할 마찰면이 넓고 윤활유를 연속 공급하기 위해 사용. 니들 밸브 위치를 이용하여 윤활유의 급유량을 정확히 조절할 수 있는 급유방법이다. 사이펀 급유법, 바늘 급유법, 가시 적하 급유법, 실린더용 적하 급유법, 플런저식 압입 적하 급유법, 펌프 연결식 압입 적하 급유법 등이 있다.

  - 사이펀 급유법 : 베어링 컵에 오일을 담아 놓는 뚜껑이 씌워진 오일 탱크가 있고 가는 털실이나 무명실을 감아 만든 끈을 넣어 오일이 모세관 현상을 통해 흡수되고 사이펀 작용에 의해 적하된다. 오일 양이 많이 소진되고 낭비도 많아 소규모에만 사용된다.

  - 바늘(Needle) 급유법 : 바늘을 오일 속에 넣고 축의 회전에 따라 이동시키면 오일이 적하하고 회전이 중지되면 적하를 중지하는 원리이다. 바늘의 진동에 의하여 급유가 행하여지므로 축의 회전수에 따라 자동적으로 급유량을 조절하는 작용을 한다.

  - 가시 적하 급유법 : 니들밸브를 이용하여 구멍을 조절하며 오일이 똑똑 떨어지는 것이 보이도록 설치한다.

  - 실린더용 적하 급유법 : 실린더 주위에 직접 급유기를 붙여 사용한다. 오일 용기 위, 아래에 각각 콕이 붙어 있어 오일을 넣을 때는 위를 열고 아래콕을 닫고, 급유할 때는 위를 닫고 아래 콕을 열도록 하여 급유 중 증기압 때문에 오일이 압축되지 않도록 한다.

- 가시 부상 유적 급유법 : 플로트를 물 또는 적절한 액체를 가득 채운 유리관 속을 서서히 떠오르게 하는 급유기를 사용하며 급유 상태를 뚜렷이 볼 수 있다.

㉡ 순환 급유법 : 윤활유를 반복하여 마찰면에 공급하는 방식이다. 크게는 용기 속 오일을 재사용하는 방식과 펌프에 의해 강제 순환하는 방식으로 구분할 수 있다. 패드 급유법, 유륜식 급유법, 체인 급유법, 원심 급유법, 유욕 급유법, 나사 급유법, 비말 급유법, 중력 순환 급유법, 강제 순환 급유법 등이 있다.

- 패드 급유법 : 패킹을 가볍게 저널에 접촉시켜 급유하는 방법이다. 패드의 모세관 현상을 이용하여 각 윤활 부위에 공급하는 형태의 급유 방식으로 철도차량과 경하중용 베어링에 많이 사용한다. 저널의 속도가 너무 빠르면 한쪽에 밀리게 되어 급유가 충분히 넓게 퍼지지 못하고 장시간 사용하면 불완전 윤활이 되는 단점이 있다.

- 유륜(Oil Ring)식 급유법(Ring Oiling) : 축에 끼운 오일링이 축의 회전에 따라 마찰면에 오일을 운반시켜 윤활 작용을 하는 원리로서 마찰면에서 열을 제거시킨 후 오일 탱크로 되돌아오는 방식이다. 1회전마다 운반되어 올라가는 유량과 오일 탱크에 있는 유량의 비가 크므로, 모터, 발전기, 소형 터빈 등 고속 회전 베어링에 널리 사용된다.

- **체인 급유법** : 유륜식 급유법보다 점도가 높은 오일을 필요로 할 때, 저속의 큰 하중을 받는 베어링에, 오일 탱크의 유면과 축이 떨어져 있어 오일 링 사용이 적합하지 않을 때, 공작기계 등에 사용한다.
- **칼라(Collar) 급유법** : 큰 링을 축에 고정시켜 윤활유를 오일 탱크에서 운반하여 올리는, 유륜식과 유사한 방식이다. 칼라는 축에 고정되어 있어 오일의 운반이 용이하고 윤활유 점성에 의해 급유의 간섭이 일어나지 않는 장점이 있다. 유면 높이는 칼라 두께의 반이 잠길 정도로 유지하며 분해기 등의 베어링에 사용한다.
- **버킷(Bucket) 급유법** : 칼라 급유와 비슷하며 주로 저속 고하중의 베어링에서 축의 끝이 베어링 일단에서 끝나는 부분에 사용한다. 고점도의 오일을 사용하는 경우와 고온도로 사용되고 있는 베어링에서 냉각으로 인하여 다량의 오일을 필요로 하는 경우에 적합하며 볼밀 등 베어링의 급유에 사용한다.
- **롤러(Roller) 급유법** : 오일 탱크에 있는 롤러를 설치하여 롤러에 부착되는 오일로 윤활하는 급유법이다.
- **원심 급유법** : 원심을 이용한 방법으로 엔진 종류의 크랭크 핀 급유에 사용한다. 금속제 바퀴를 크랭크축에 붙이고 바퀴의 홈에 파이프를 만들어 바퀴 회전 시 구멍을 통해 핀에 급유한다.
- **유욕(Bath) 급유법** : 마찰면이 오일 속에 잠겨서 윤활하는 방법으로 윤활이 원활하고 냉각효과도 높다. 직립형 수력 터빈의 추력 베어링에 많이 사용되고 방적 기계의 스핀들과 피치원의 원주속도가 5m/s 내의 감속 기어 및 웜 기어에 사용한다. 롤링 베어링 윤활에도 사용한다.
- **나사 급유법** : 축면에 나선상의 홈을 만들고 축을 회전시키면 축의 회전에 따라 오일이 홈을 따라 올라가 축면에 급유되는 방법으로 일종의 나사 펌프 급유이며 저속에는 사용하지 않는다.
- **비말(Splash) 급유법** : 기계의 운동부가 오일 탱크 내의 유면에 미소하게 접촉하면 오일이 분무 상태로 오일 용기에 단지에서 떨어져 마찰면에 튀겨 급유하는 방식으로 여러 다른 마찰면에 동시 급유가 가능하다.
- **중력 순환 급유법** : 임의의 높은 곳에 있는 오일 탱크에서 분배관을 통해 오일을 흘려보내는 방법으로 각 분배관에는 유적 가시 유리가 구비되어 유량을 조절하며 각 베어링으로 보내지고 베어링에서 배출된 오일은 파이프를 통해 탱크에 모여 여과기 여과 후 펌프에 의해 오일 탱크로 회귀된다. 점도가 낮은 오일 사용이 가능하므로 동력효율을 높일 수 있고 고급 기계, 저속 기관에 사용한다.
- **강제 순환 급유법** : 고압 고속으로 회전하는 베어링에 윤활유를 강제로 밀어 공급하는 방법으로 몇 개의 베어링에 대한 공급계를 하나로 묶어 공급하며 강제 순환시킨다. 미끄럼 베어링의 윤활법 중 자동화, 시스템화로 기계류에 많이 사용되며 확실한 오일 공급과 유온, 유량의 조절이 쉽고 많은 베어링의 동시윤활이 가능한 방법이다. 내연 기관, 고속 항공기, 자동차 엔진, 증기 터빈 및 공작기계 등에 사용된다.
  - 강제순환 급유의 특징 : 냉각효과가 크다. 금속면의 마멸입자, 윤활유의 열화 생성물, 외부에서 혼입되어 이물질 제거와 윤활유를 장시간 반복 사용할 수 있다. 여러 윤활부위에 윤활유를 적절히 배분한다. 기기의 구성이 복잡하기 때문에 충분한 관리가 필요하다.
  - 구 성
    가. 오일 탱크 : 오일의 저장조. 오일을 저장하는 동안 공기제거, 이물질 침전분리 등을 실시. 오일 탱크는 유면을 통해 잔유량을 체크하므로 유면을 관리해야 하는데,

일반적으로 최고유면은 펌프 정지 시 탱크유량의 90% 이하, 최저유면은 펌프 운전 시에 탱크용적의 50% 이상을 유지시킨다. 제작 시 가로가 긴 구조보다 높이가 높은 구조로 만들면 공기 접촉면을 줄일 수 있다. 탱크의 온도는 40℃±5℃로 관리하는 것이 바람직하고, 최고온도는 55℃를 넘지 않도록 한다. 설비가 장시간 멈추고 있을 때, 낮아진 탱크 온도를 40~50℃로 가열하여 배관 내의 오일온도를 높이고 운전에 들어간다.

나. **펌프** : 펌프 선정 시 작용 압력, 필요 유량, 작동온도의 변화, 점도의 변화, 흡입량 등을 고려하여 선정한다. 일반적으로 펌프의 용량은 펌프의 최대유동량보다 약 20% 크게 설정하는 것이 안전하다.

다. **필터** : 윤활되는 오일을 순수하게 지키기 위해 필터가 필요하며 일반적으로는 50~150 μm 크기의 불순물을 제거한다. 보통 차압의 허용범위는 0.3~0.5kg/cm² 정도이나 때로는 1kg/cm² 전후의 것도 있다. 압력계가 부착되어 있지 않는 설비는 정기적으로 청소점검을 해야 한다. 청소주기는 설비에 따라 다르나 보통 2~4주 정도이다.

라. **냉각기** : 작동되는 윤활유가 60℃ 이상으로 유지되면 오일 수명이 크게 단축되므로 냉각시스템이 필요하다. 공랭식과 수랭식을 사용하여 윤활유의 토출부의 온도를 35~40℃로 조정한다.

• **분무 급유법** : 공기 압축기, 감압밸브, 공기 여과기, 분무 장치 등으로 구성된다. 롤링 베어링에 사용되며 연삭기 휠 스핀들과 같은 열악한 조건의 고속 운전 베어링에 대해 이상적인 윤활방법이다.

10년간 자주 출제된 문제

4-1. 스퍼기어, 헬리컬 기어, 베벨 기어 등 밀폐식 기어 장치의 급유법으로 가장 적합한 것은?
① 순환급유 ② 적하급유
③ 손급유   ④ 도포급유

4-2. 다음 중 비순환 급유방법이 아닌 것은?
① 손 급유법 ② 적하 급유법
③ 바늘 급유법 ④ 유욕 급유법

4-3. 미끄럼베어링의 윤활법 중 자동화, 시스템화로 기계류에 많이 사용되며 확실한 오일 공급과 유온, 유량의 조절이 쉽고 많은 베어링의 동시윤활이 가능한 방법은?
① 유욕 윤활법   ② 링 윤활법
③ 손급유 윤활법 ④ 강제 윤활법

4-4. 강제순환급유장치 오일 탱크 유면의 관리기준을 맞는 것은?
① 최고유면은 탱크유량의 60% 이하, 최저유면은 운전 시 탱크유량의 40% 이하
② 최고유면은 탱크유량의 70% 이하, 최저유면은 운전 시 탱크유량의 20% 이하
③ 최고유면은 탱크유량의 80% 이하, 최저유면은 운전 시 탱크유량의 30% 이하
④ 최고유면은 탱크유량의 90% 이하, 최저유면은 운전 시 탱크유량의 50% 이상

4-5. 마찰면이 오일 속에 잠겨서 윤활하는 방법으로 직립형 수력 터빈의 추력 베어링에 많이 사용되는 급유법은?
① 비말 급유법
② 유욕 급유법
③ 패드 급유법
④ 중력 순환 급유법

4-6. 윤활유 급유법 중 기계의 운동부가 기름 탱크내의 유면에 미소하게 접촉하면 기름의 미립자 또는 분무상태로 기름 단지에서 떨어져 마찰면에 튀겨 급유하는 것은?
① 패드 급유법 ② 비말 급유법
③ 그리스 급유법 ④ 사이펀 급유법

10년간 자주 출제된 문제

4-7. 윤활유의 점도는 온도에 의해서 변하므로 일정온도를 유지하는 것이 중요하다. 유압작동유 탱크(Oil Tank)의 최고온도는 몇 ℃ 이내로 관리하여야 하는가?

① 30℃ ② 55℃
③ 75℃ ④ 90℃

|해설|

4-1
②, ③, ④는 지속적으로 급유하고 보충해야 하여 밀폐식에는 맞지 않다.

4-2
- 비순환 급유법 : 수동 급유법, 적하 급유법, 가시 부상 유적 급유법과 같이 지속적으로 윤활제를 공급해 줘야 하고 사용된 윤활제를 순환하여 다시 사용하지 못하는 방식이다.
- 순환 급유법 : 윤활유를 반복하여 마찰면에 공급하는 방식이다. 크게는 용기 속 오일을 재사용하는 방식과 펌프에 의해 강제 순환하는 방식으로 구분할 수 있다. 패드 급유법, 유륜식 급유법, 체인 급유법, 원심 급유법, 유욕 급유법, 나사 급유법, 비말 급유법, 중력 순환 급유법, 강제 순환 급유법 등이 있다.

4-3
강제 순환 급유법 : 고압 고속으로 회전하는 베어링에 윤활유를 강제로 밀어 공급하는 방법. 몇 개의 베어링에 대한 공급계를 하나로 묶어 공급하며 강제 순환시킨다. 미끄럼 베어링의 윤활법 중 자동화, 시스템화로 기계류에 많이 사용되며 확실한 오일 공급과 유온, 유량의 조절이 쉽고 많은 베어링의 동시윤활이 가능한 방법. 내연기관, 고속 항공기, 자동차 엔진, 증기 터빈 및 공작기계 등에 사용된다.

4-4
일반적으로 최고유면은 펌프 정지 시 탱크유량의 90% 이하, 최저 유면은 펌프운전 시에 탱크용적의 50% 이상을 유지시킨다.

4-5
유욕(Bath) 급유법 : 마찰면이 오일 속에 잠겨서 윤활하는 방법으로 윤활이 원활하고 냉각효과도 높다. 직립형 수력 터빈의 추력 베어링에 많이 사용되고 방적 기계의 스핀들과 피치원의 원주 속도가 5m/s 내의 감속 기어 및 웜 기어에 사용하며 롤링 베어링 윤활에도 사용한다.

|해설|

4-6
비말(Splash) 급유법 : 기계의 운동부가 오일 탱크 내의 유면에 미소하게 접촉하면 오일이 분무 상태로 오일 용기에 단지에서 떨어져 마찰면에 튀겨 급유하는 방식으로 여러 다른 마찰면에 동시 급유가 가능하다.

4-7
탱크의 온도는 40±5℃로 관리하는 것이 바람직하고, 최고온도는 55℃를 넘지 않도록 한다.

원 인	대 책
회전 불균형에 의한 소음	회전 모멘트를 균일하게 유지한다.
기어 이의 불연속 접촉에 의한 소음	• 평 기어(Spur Gear)를 헬리컬 기어로 교체한다. • 기어 치형 간격의 정밀도를 높인다.
공진에 의한 소음	축의 강성을 강화하는 등 기어 맞물림 주파수와의 일치를 피한다.

정답 4-1 ① 4-2 ④ 4-3 ④ 4-4 ④ 4-5 ② 4-6 ② 4-7 ②

핵심이론 05 | 그리스 윤활

① 그리스 : 액상의 윤활제로, 기유에 증주제를 혼합하고 각종 첨가제를 첨가하여 제조한 반고체 윤활제이다.
  ㉠ 증주제(Thickening Agent of Grease) : 그리스를 평소 젤과 같은 성질을 갖게 하는 반고형제로 비누계, 금속혼합 비누계, 유기물계, 무기물계로 나뉜다. 증주제는 그리스의 성질에 가장 큰 영향을 미친다.
  ㉡ 그리스 기유 : 전체 조성의 80~90%를 차지하며 정제광유와 합성유로 구분되며 VG10의 낮은 점도부터 VG150의 높은 점도의 기유까지 사용하고 있다. 고하중, 저속, 고온 운전의 곳은 고점도의 기유, 경하중, 고속, 저온 운전의 곳은 저점도의 기유가 사용된다.

증주제			사용 최고온도	특 징	용 도
비누계	비누계	칼슘(Ca)-우지계	70	• 70℃까지 사용 가능 • 내수성 양호 • 전단안정성이 안 좋음 • 적점 100℃ 전후	조건이 가혹하지 않은 일반윤활용
		칼슘(Ca)-피마자유계	100		
		알루미늄(Al)	80	• 내수성 양호	-
		나트륨(Na)	120	• 내열성이 비교적 좋지만 고온이 되면 냉각 후 경화 • 100℃까지 사용 가능 • 적점 160℃ 이상 • 내수성이 좋지 않아 수분 접속 없는 곳 사용	• 구름 베어링 또는 휠베어링 그리스 용도 • 현재는 대부분 Li 비누계 그리스로 교체됨
		리튬(Li)-우지계	130	• 내열성 양호 • 적점 190℃ 전후 • -20~130℃까지 사용 • 내수성, 전단안정성, 기계적 성질 양호	만능 그리스라 하며 구름 베어링을 비롯한 각종 윤활 부위에 사용
		리튬(Li)-피마자유계	130		
	금속혼합 비누계	칼슘 복합 (Ca-Cx)	150	• 적점 250℃ 이상 • 공기 중의 수분에 의해 표면부터 경화하는 경향 • 내하중성 우수	• 일반 내열 그리스 • 철강 집중 급유용 그리스 • 휠베어링 그리스
		알루미늄 복합 (AL-Cx)	150	• 적점 260℃ 이상 • 고온에서 잔류물이 적으나 연화 유출되는 경향 • 내수성이 우수 • 압송성(Pumpability) 양호	• 공업용 고온 그리스 • 식품용 그리스 • 고온용 집중 그리스
		리튬 복합 (Li-Cx)	150	• 적점 250℃ 이상 • 이염기산 일부를 비누화하여 Complex 가능 • 제조가 어렵다. • 내수성 양호 • 기계적 안정성이 상당히 양호	• 철강용 고온 그리스 • 고온 휠베어링 그리스
유기물계	우레아	다이우레아	180	• 고온안정성이 좋음 • 유 분리가 적음 • 내수성, 산화안정도가 좋음 • 내진동성이 양호	• 고온·고속 축수용 그리스 • 소각로, 제철공장의 집중 급유용 그리스
		트라이우레아	180		
		테트라우레아	180		
	소듐텔레타라메이트		180	-	-
	테플론 (폴리테트라플루오로에틸렌)		250	• 내열성 극히 우수 • 화학적으로 매우 안정됨 • 고가의 제품	• 자동차 도장라인 • 항공우주용 등 특수용도
무기물계	유기화벤토나이트 점토		200	-	-
	실리카 겔		200	• 합성유를 기유로 사용 • 내열성이 극히 우수 • 무 적점 • 내수성과 방청성에 문제가 있음	• 가열로 베어링

ⓒ 그리스 윤활의 장점
- 밀봉 효과가 크고, 이물질 혼입이 방지된다.
- 내수성이 강하고 적하 유출이 적다.
- 액상에 비해 비교적 높은 온도에서 사용 가능하며 내하중성이 높다.
- 액상에 비해 급유가 용이하고 장기간 보전이 가능하다.

ⓓ 그리스 윤활의 단점 : 냉각 효과가 낮으며 이물질이 혼입된 경우는 분리가 어렵고, 급유교환이 불편하다.

② 그리스의 성질
ⓐ 그리스의 성질은 기유와 증주제로 정해진다. 다만 그리스 윤활의 유동특성은 증주제의 구조에 의하므로 그리스의 내열성, 열화에 증주제의 구조와 온도에 의한 성질이 영향을 미친다.

ⓑ 적점(적하점)
- 시료를 규정 장치 및 규정 조건으로 가열한 경우, 반고체에서 액체 상태가 되어 그 첫 방울이 떨어졌을 때의 온도
- 시험방법 : 직경 100mm인 규정된 컵에 시료를 넣고 규정 조건으로 가열하여 그리스가 적하할 때의 온도를 측정

ⓒ 압송성 : 급유 시스템의 배관, 노즐 및 부속품 내를 압송할 때의 유동성능

ⓓ 내하중성 : 윤활제가 규정 조건하에서 사용되었을 때, 베어링이나 섭동면이 타서 눌어붙음 또는 융착 등의 손상을 일으키지 않고 윤활을 지속할 수 있는 최대의 하중 또는 압력

ⓔ 주 도
- 윤활유의 점도에 해당하는 그리스의 성질이며 그리스가 얼마나 굳었는지 무른지를 나타낸다.
- 주도가 높다는 것은 그리스가 많이 굳어 있다는 것이며 기계의 보호 정도는 좋지만, 운동성은 낮은 상태
- 기유의 점도에 영향을 받기보다는 증주제의 종류와 혼합도에 따라 영향을 받는 성질이다.

- 주도의 구분
  - 혼화 주도 : 시험 온도(25℃) 유지하여 혼화기 내에서 그리스를 60회 혼화한 후 102.5±0.05g의 원추를 시료 표면에 5초 동안 낙하시킨 후 침입한 깊이를 mm의 10배수로 나타낸다.
  - 불혼화 주도 : 혼화하지 않고 측정한 주도. 시험법은 혼화주도와 같으나 혼화를 하지 않는다.
  - 저장 주도 : 시료를 규정 용기에 넣은 채로 일정 시간 저장 후, 교반하지 않은 시료의 25℃에서의 주도
  - 고형 주도 : 모양을 유지하는 데 충분한 경도의 그리스를 규정 치수로 절단한 후 25℃에서의 주도

- 주도 번호[미국 윤활그리스협회(NLGI)]

주도번호	혼화주도범위	외 관
000호	445~475	유동상
00호	400~430	반유동상
0호	355~385	~연질
1호	310~340	연질
2호	265~295	보 통
3호	220~250	~약한 경질
4호	175~205	약한 경질
5호	130~160	경 질
6호	85~115	고 체

ⓕ 이유도
- 그리스를 장기간 저장할 경우 오일이 그리스로부터 분리되는 현상을 말한다.
- 시험방법(KS M 2050)
  - 시험 준비 : 시료 약 10g을 깨끗하고 무게를 아는 쇠그물 원뿔 여과기에 기포가 들어가지 않도록 주의하여 가볍게 주걱으로 채운다. 시료의 둘레가 쇠그물의 원뿔 끝에서부터 35mm 되는 부분에서 시료를 긁어 올려 분리유가 시료 표면에 괴지 않도록 한다. 여과기의 망에서 빠져나온 시료를 손으로 떼어 내고 시료의 무게를 0.01g까지 정확하게 단다. 동일 시료에 대하여 2개 이상 준비한다.

- 시험방법 : 뚜껑 고리에 준비된 여과기를 달아서 깨끗하고 무게를 아는 비커 속에 넣어 이것을 규정 온도 ±0.5℃로 유지된 항온기 속에 넣어 규정 시간 가열한다. 비커를 항온기에서 데시케이터로 옮겨 실온까지 방랭한다. 여과기를 비커 안 벽에 가볍게 두들겨서 원뿔 끝에 붙어 있는 기름을 비커에 옮기고 비커를 0.01g까지 달아서 분리유의 무게를 구한다.
- 이유도 계산

$$\text{이유도 무게}[\%] = \frac{\text{분리유의 무게}[g]}{\text{시료의 무게}[g]} \times 100$$

ⓐ 산화 안정도
- 각종 이유로 산화되려는 경향을 억제하려는 정도를 산화 안정도라 한다.
- 일반적인 산화 안정도 시험은 고압산소가 충진된 봄베 안에 그리스를 넣고 100℃에서 100시간 동안 시험하여 산소 봄베 내의 저하된 압력을 표시한다.
- 시험은 실제 사용 환경과는 다르므로 실험실에서 얻은 결과는 비교 및 참고자료로 사용한다.

ⓞ 혼화 안정도
- 기계적 안정도, 전단안정성 등으로 표현하기도 한다.
- 그리스는 기계적인 힘을 받으면 그리스가 물러지는데, 가해지는 전단력, 비누기의 특성, 형상, 섬유길이에 따라 달라진다.
- 혼화 안정도 시험법 : 혼화기에 그리스를 충진하여 다공판을 강제로 상하 작동하여 기계적 작용력을 가한 후 25℃의 주도를 측정한다. 혼화 안정도 시험에서 혼화는 100,000회 실시한다.
- 기계적 안정도 시험법 : 일정량의 그리스와 무거운 쇠막대를 원통형 용기에 채운 후 회전시켜 쇠막대가 그리스를 전단하도록 한 후 25℃의 주도를 측정한다.

ⓩ 동판 부식
- 동(銅) 재질을 함유한 금속을 사용할 때 동판 부식성이 있는 그리스를 걸러내고자 시험을 실시한다.
- 시험방법
  방법 1. 일정량의 그리스를 채취한 후 규격 동판을 잠기도록 하여 24시간 후 동판 변색 관찰
  방법 2. 가열동판 부식시험. 분위기 온도를 100±0.5℃ 유지 후 규격 동판을 잠기도록 하여 24시간 후 동판 변색 관찰

ⓧ 수세내수성
- 그리스가 물과 접촉된 경우의 저항성 시험
- 시험결과 내수성이 다음 셋 정도로 구분됨
  - 그리스가 완전 발수성. 물이 유리(遊離)되므로 녹이 발생
  - 그리스가 어느 정도 흡수성이 있어 어느 정도 에멀션을 형성하나 그리스 구조는 파괴되지 않음. 가장 바람직한 형태
  - 그리스에 내수성이 없고 물과 공존되면 용해됨. 녹 발생은 없겠으나 그리스 구조가 파괴됨

ⓚ 항유화도 : 유화되는 데 저항하는 성질의 점도

③ 그리스의 종류

종류			적용온도 범위(℃)	적용
용도별	종류	주도 번호		
일반용	1종	1,2,3,4호	-10~60	일반 저하중용
	2종	2,3호	-10~100	• 일반 중하중용 • 물과 접촉 부적합
구름 베어링용	1종	1,2,3호	-20~100	범용
	2종	0,1,2호	-40~80	저온용
	3종	1,2,3호	-30~130	광범위 온도용
자동차용 섀시	1종	00,0,1,2호	-10~60	• 자동차 섀시용 • 충격하중, 고하중 허용
자동차용 휠 베어링	1종	2,3호	-20~120	자동차 휠 베어링용

종류			적용온도	적용
용도별	종류	주도 번호	범위(℃)	
집중 급유용	1종	00, 0, 1호	-10~60	집중 급유식 중하중용
	2종	0, 1, 2호	-10~100	집중 급유식 중하중용
	3종	0, 1, 2호	-10~60	• 집중 급유식 고하중용 • 충격하중/고하중 허용
	4종	0, 1, 2호	-10~100	• 집중 급유식 고하중용 • 충격하중/고하중 허용
고하중용	1종	0, 1, 2, 3호	-10~100	충격하중 고하중용
기어 콤파운드	1종	1, 2, 3호	-10~100	• 개방기어 및 와이어로프용 • 충격하중/고하중 허용

④ 그리스 선정, 사용 및 충전
  ㉠ 선정 시 고려사항
    • 그리스의 성분, 증주제의 종류 및 기유(Base Oil)의 성질
    • 윤활개소의 운전조건 : 구조, 회전수, 속도, 하중, 온도범위, 물 접촉 여부, 이물질 침입가능성 여부
    • 요구 조건 : 작용 하중, 밀봉 요구, 냉각 성능 여부, 사용 기한, 교환의 용이성, 사용량, 경제성 등
  ㉡ 일반적으로 증주제의 타입 및 기유의 종류가 동일하면 혼용이 가능하나 첨가제 간 상호 역반을 일으킬 수 있으므로 혼용에 주의해야 한다.

10년간 자주 출제된 문제

5-1. 그리스의 시험방법에 관한 내용이다. ( ) 안에 알맞은 내용은?

> ( )은(는) 반고체 상태에서 그리스가 액체 상태로 전환되는 최초의 온도로서 그리스의 내열성과 사용된 증주제의 종류를 확인하기 위하여 시험한다.

① 점 도 ② 적 점
③ 주 도 ④ 이유도

5-2. 그리스와 윤활유를 비교 설명한 내용 중 틀린 것은?
① 회전저항은 윤활유보다 그리스 윤활 사용 시 상대적으로 크다.
② 윤활유를 사용한 기기는 그리스 윤활법에 비하여 밀봉장치가 복잡해진다.
③ 윤활제의 교체 용이성은 윤활유가 그리스보다 간편하다.
④ 그리스는 윤활유보다 냉각 효과가 우수하다.

5-3. 다음은 그리스 윤활과 오일 윤활의 특성을 비교한 내용이다. 옳지 않은 것은?
① 윤활제 누설은 오일 윤활에 비해 그리스 윤활이 많다.
② 냉각 효과는 오일 윤활에 비해 그리스 윤활이 좋지 않다.
③ 오염방지는 오일 윤활에 비해 그리스 윤활이 용이하다.
④ 윤활제 교환은 그리스 윤활에 비해 오일 윤활이 용이하다.

5-4. 윤활유의 점도에 해당하는 것으로 그리스의 굳은 정도를 나타내는 것은?
① 비 중 ② 주 도
③ 유동점 ④ 점도지수

10년간 자주 출제된 문제

5-5. 그리스의 성질인 주도에 대한 설명 중 틀린 것은?
① 윤활유의 점도에 해당하는 것으로서 무르고 단단한 정도를 나타낸 값이다.
② 미국 윤활그리스협회(NLGI)는 주도번호 000호부터 6호까지 9종류로 분류하고 있으며 000호는 액상, 6호는 고상이다.
③ 주도는 기유 점도와는 독립된 성질이며, 오히려 증주제의 종류와 양에 관계가 있다.
④ 주도와 기유 점도는 온도와는 무관하며, 증주제가 같으면 내열성을 나타내는 적점은 주도가 바뀌어도 별로 변하지 않는다.

5-6. 모양을 유지시키기에 충분한 경도의 그리스를 규정 치수로 절단한 후 25℃에서의 주도를 무엇이라 하는가?
① 고형 주도
② 혼화 주도
③ 불혼화 주도
④ $\frac{1}{4}$ 주도

5-7. 다음 그리스 시험 방법 중 기계적 안정성을 평가하는 시험은?
① 함유탄소
② 적 점
③ 혼화 안정도
④ 이유도

5-8. 그리스 분석시험 중 산화 안정도 시험의 설명으로 옳은 것은?
① 그리스류에 혼입된 협잡물을 크기별로 확인하는 시험
② 그리스의 전단안정성, 즉 기계적 안정성을 평가하는 시험
③ 그리스를 장시간 사용하지 않고 방치해 놓거나 사용과정에서 오일이 그리스로부터 이탈되는 온도를 측정하는 시험
④ 그리스의 수명을 평가하는 시험으로 산소의 존재하에서 산소흡수로 인한 산소압강하를 측정하여 내산화성을 평가하는 시험

5-9. 내수성이 나빠 수분과의 접촉이 없고, 일반 및 고온 개소에 적절한 그리스는?
① 칼슘계 그리스(Ca Base Grease)
② 리튬 복합 그리스(Li-Cx Grease)
③ 나트륨계 그리스(Na Base Grease)
④ 알루미늄계 그리스(Al Base Grease)

5-10. 다음 중 가장 높은 온도조건(주위 환경온도)에서 사용하기에 가장 적합한 그리스는?
① 칼슘 그리스
② 나트륨 그리스
③ 알루미늄 그리스
④ 리튬 그리스

5-11. 만능 그리스라고 하는 고급그리스로서 내열성, 내수성, 기계적 안정성이 우수하며 사용온도한계는 -20~130℃로 광범위한 용도로 사용되는 그리스는?
① 나트륨비누기 그리스
② 알루미늄비누기 그리스
③ 칼슘비누기 그리스
④ 리튬비누기 그리스

5-12. 그리스의 이유도에 관한 설명으로 틀린 것은?
① 시험 후 분리된 기름의 무게를 중량%로 구한다.
② 그리스를 장시간 저장할 경우 오일이 그리스로부터 분리되는 현상을 말한다.
③ 시험에 사용되는 시료는 약 30g을 취하고 65±0.5℃의 조건에서 3±0.5h 시험한다.
④ 시험을 위하여 비커, 개스킷, 항온 공기중탕기, 쇠그물 원뿔형 여과기 등이 사용된다.

5-13. 그리스의 기유에 대한 요구 성질 중 틀린 것은?
① 증발온도가 낮을 것
② 증주제와 친화력이 좋을 것
③ 적당한 점도 특성을 가질 것
④ Oil Seal 등에 영향이 없을 것

10년간 자주 출제된 문제

5-14. 다음 그리스에 대한 설명 중 틀린 것은?
① 그리스 보충은 베어링 온도가 70℃를 초과할 경우 베어링 온도가 15℃ 상승할 때마다 보충주기는 1/2로 단축해야 한다.
② 일반적으로 증주제의 타입 및 기유의 종류가 동일하면 혼용이 가능하나 첨가제 간 상호 역반을 일으킬 수 있으므로 혼용에 주의해야 한다.
③ 그리스 NLGI 주도 000호는 매우 단단하며 미끄럼 베어링용, 6호는 반유동상으로 집중 급유용으로 사용된다.
④ 그리스는 기유(Base Oil), 특성을 결정해 주는 증주제와 제반 성능을 향상시키기 위해 첨가해 주는 첨가제로 구성되어 있다.

5-15. 그리스 선정 시 고려해야 할 사항으로 가장 거리가 먼 것은?
① 그리스 제조법 및 급지 방법
② 증주제의 종류 및 베이스 오일의 점도
③ 윤활개소의 운전조건인 회전수 및 하중
④ 윤활개소의 운전 온도범위 및 물, 약품 등의 접촉유무와 관련된 환경

5-16. 다음 그리스의 시험 중 그리스가 물과 접촉된 경우의 저항성을 알고자 할 때 이용되는 것은?
① 항유화도 시험
② 산화 안정도 시험
③ 혼화 안정도 시험
④ 수세내수도 시험

5-17. 그리스류의 동판에 대한 부식성을 시험하는 방법으로 옳은 것은?
① 연마한 동판을 그리스 속에 넣고, 실온(A법) 또는 100℃(B법)에서 12h 유지한 후, 동판의 변색 유무를 조사한다.
② 연마한 동판을 그리스 속에 넣고, 실온(A법) 또는 100℃(B법)에서 24h 유지한 후, 동판의 변색 유무를 조사한다.
③ 연마한 동판을 그리스 속에 넣고, 실온(A법) 또는 125℃(B법)에서 24h 유지한 후, 동판의 변색 유무를 조사한다.
④ 연마한 동판을 그리스 속에 넣고, 25℃(A법) 또는 100℃(B법)에서 24h 유지한 후, 동판의 변색 유무를 조사한다.

|해설|

5-1
적점(적하점)
- 시료를 규정 장치 및 규정 조건으로 가열한 경우, 반고체에서 액체 상태가 되어 그 첫 방울이 떨어졌을 때의 온도
- 시험방법 : 직경 100mm인 규정된 컵에 시료를 넣고 규정된 조건으로 가열하여 그리스가 적하할 때의 온도를 측정

5-2
- 그리스 윤활의 장점
  - 밀봉 효과가 크고, 이물질 혼입이 방지된다.
  - 내수성이 강하고 적하 유출이 적다.
  - 액상에 비해 비교적 높은 온도에서 사용가능하며 내하중성이 높다.
  - 액상에 비해 급유가 용이하고 장기간 보전이 가능하다.
- 그리스 윤활의 단점 : 냉각 효과가 낮으며 이물질이 혼입된 경우는 분리가 어렵고, 급유교환이 불편하다.

5-3
그리스는 액상에 비해 유동성이 낮아 누설이 많이 일어나지 않는다.

5-4
주 도
- 윤활유의 점도에 해당하는 그리스의 성질이며 그리스가 얼마나 굳었는지 무른지를 나타낸다.
- 주도가 높다는 것은 그리스가 많이 굳어 있다는 것이며 기계의 보호 정도는 좋지만, 운동성은 낮은 상태이다.
- 기동 중에는 적절한 주도를 가져야 한다.

5-5
주도, 점도 모두 온도에 영향을 받는다.

5-6
주도의 구분
- 혼화 주도 : 시험 온도(25℃) 유지하여 혼화기 내에서 그리스를 60회 혼화한 후 102.5±0.05g의 원추를 시료 표면에 5초 동안 낙하시킨 후 침입한 깊이를 mm의 10배수로 나타낸다.
- 불혼화 주도 : 혼화하지 않고 측정한 주도
- 저장 주도 : 시료를 규정 용기에 넣은 채로 일정 시간 저장 후, 교반하지 않은 시료의 25℃에서의 주도
- 고형 주도 : 모양을 유지하는 데 충분한 경도의 그리스를 규정 치수로 절단한 후 25℃에서의 주도

5-7
혼화 안정도
- 기계적 안정도, 전단안정성 등으로 표현하기도 한다.
- 그리스는 기계적인 힘을 받으면 그리스가 물러지는데, 가해지는 전단력, 비누기의 특성, 형상, 섬유길이에 따라 달라진다.

| 해설 |

5-8
산화 안정도
- 산화 안정도 : 각종 이유로 산화되려는 경향을 억제하려는 정도
- 일반적인 산화 안정도 시험은 고압산소가 충진된 봄베 안에 그리스를 넣고 100℃에서 100시간 동안 시험하여 산소 봄베 내의 저하된 압력을 표시한다.
- 시험은 실제 사용 환경과는 다르므로 실험실에서 얻은 결과는 비교 및 참고자료로 사용한다.

5-9
나트륨계 그리스는 내열성이 좋지만 고온이 되면 냉각 후 경화하는 경향이 있고 내수성이 좋지 않다. 나머지 세 그리스는 내수성이 양호하다.

5-10
- 칼슘 : 70℃
- 나트륨 : 120℃
- 알루미늄 : 80℃
- 리튬 : 130℃

5-11
리튬 비누계 그리스는 내열성, 내수성, 전단안정성, 기계적 성질에 양호하고 사용온도 한계는 −20~130℃까지 사용하고 적점은 190℃ 전후이며 구름 베어링을 비롯한 각종 윤활에 두루 사용하는 만능 그리스이다.

5-12
이유도
- 그리스를 장기간 저장할 경우 오일이 그리스로부터 분리되는 현상을 말한다.
- 시험에 사용되는 시료는 10g을 쇠그물 원뿔 여과기에 채우고 뚜껑 고리에 준비된 여과기를 달아서 깨끗하고 무게를 아는 비커 속에 넣어 이것을 규정 온도 ±0.5℃로 유지된 항온기 속에 넣어 규정 시간 가열한다.

5-13
그리스는 주유 후 비교적 장기간 사용하는데 증발이 잘 되면 자주 보충해 주어야 하여 보전비용이 많이 발생한다.

5-14
미끄럼 베어링처럼 고속, 중하중에는 1,2,3호를 사용. 6호는 고체 상이다.

5-15
그리스 선정 시 고려사항
- 그리스의 성분, 증주제의 종류 및 기유(Base Oil)의 성질
- 윤활개소의 운전조건 : 구조, 회전수, 속도, 하중, 온도범위, 물 접촉 여부, 이물질 침입가능성 여부
- 요구 조건 : 작용 하중, 밀봉 요구, 냉각 성능 여부, 사용 기한, 교환의 용이성, 사용량, 경제성 등

5-16
수세내수성
- 그리스가 물과 접촉된 경우 저항성을 알고자 할 때 시험
- 시험결과 내수성이 다음 셋 정도로 구분됨
  - 그리스가 완전 발수성. 물이 유리(遊離)되므로 녹이 발생
  - 그리스가 어느 정도 흡수성이 있어 어느 정도 에멀션을 형성하나 그리스 구조는 파괴되지 않음. 가장 바람직한 형태
  - 그리스에 내수성이 없고 물과 공존되면 용해됨. 녹 발생은 없겠으나 그리스 구조가 파괴됨

5-17
동판 부식
- 동(銅) 재질을 함유한 금속을 사용할 때 동판 부식성이 있는 그리스를 걸러내고자 시험을 실시한다.
- 시험방법
  방법 A. 일정량의 그리스를 채취한 후 규격 동판을 잠기도록 하여 24시간 후 동판 변색 관찰
  방법 B. 가열동판 부식시험. 분위기 온도를 100±0.5℃ 유지 후 규격 동판을 잠기도록 하여 24시간 후 동판 변색 관찰

정답 5-1 ② 5-2 ④ 5-3 ① 5-4 ② 5-5 ④ 5-6 ① 5-7 ③
5-8 ④ 5-9 ③ 5-10 ④ 5-11 ④ 5-12 ③
5-13 ① 5-14 ③ 5-15 ① 5-16 ④ 5-17 ②

핵심이론 06 | 그리스의 급유

① 그리스 급유 일반
  ㉠ 그리스 윤활을 하는 롤러베어링에서는 초기에 적량의 그리스를 패킹하여 장시간 사용한다.
  ㉡ 그리스의 충진량이 너무 많으면 마찰 손실이 크고 온도가 상승하며 동력 손실이 클 뿐 아니라 그리스의 누설이 많아지고 변질되기 쉽다.
  ㉢ 일반적인 충진량은 베어링 용적의 1/2 정도이다.
  ㉣ 그리스를 교환할 때는 오래된 그리스를 완전히 제거하고 용제로 깨끗이 청소한 후 교환한다.
  ㉤ 그리스 교환 시 이물질이 침입하지 않도록 주의한다.
  ㉥ 그리스 보충은 베어링 온도가 70℃를 초과할 경우 베어링 온도가 15℃ 상승할 때마다 보충주기는 1/2로 단축해야 한다.
  ㉦ 그리스의 주입량과 보충시기는 선정된 그리스 구입 시 제조사가 함께 제공하는 매뉴얼을 참조하여 주입과 보충을 하되, 보충 시 그 양은 보통 최초 주입량의 1/2~1/3이 되도록 한다.
  예 SKF의 재급유주기 표

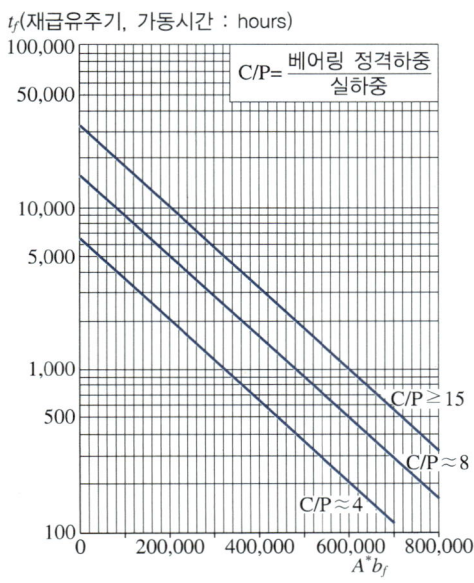

베어링 종류	베어링 종류별 보정상수(b_f)
깊은 홈 볼베어링	1
앵귤러 콘택트 볼베어링	1
자동조심형 볼베어링	1
원통형 롤러베어링 (축 방향 하중 상시 존재 시)	1.5~2 (4)
니들 롤러베어링	3
테이퍼 롤러베어링	2
스페리컬 롤러베어링	2
스러스트 볼베어링	2
스러스트 롤러베어링	10
스러스트 니들 롤러베어링	10
스러스트 스페리컬 롤러베어링	4

② 그리스 급유법의 종류
  ㉠ 그리스 충진 베어링
    • 미끄럼 베어링의 메탈 상부에 그리스를 충진하여 뚜껑을 덮어 불순물의 침입을 방지하는 방식이다.
    • 저속 회전하는 베어링, 선박의 저널 베어링, 압연기의 롤 베어링 등에 사용한다.
    • 베어링 발열이 덮개로 인해 빠져나가지 않으므로 베어링 발열에 주의해야 한다.
  ㉡ 그리스 컵
    • 그림과 같은 구조이며 컵 속의 그리스가 열에 의해 녹아 마찰면으로 공급되는데, 그리스를 베어링에 도달시키기 위해 나사로 압입한다.

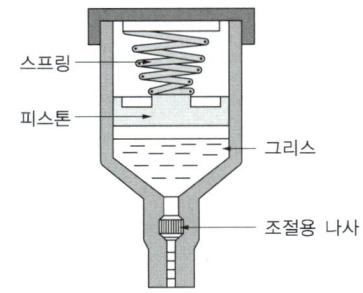

    • 롤러베어링의 하우징에 많이 설치된 수동식 컵과 스프링 압으로 반고형의 그리스를 구멍을 통해 밀어 넣는 방식의 스프링식 컵이 있다.

ⓒ 그리스 건(Gun) : 베어링에 그리스를 충전하는 휴대용 그리스 펌프이다. 한 번 주입하여 적당시간의 운전에 적합할 경우 사용한다.

ⓔ 그리스 펌프
- 그리스 주유기(Grease Lubricator)라고도 부르며 전동식과 수동식이 있다.
- 여러 개의 펌프 유닛으로 상당수의 마찰면에 자동으로 일정량의 그리스를 압송할 수 있다.
- 마찰면까지의 먼 거리에 대하여 그 수만큼 배관이 필요하다.

ⓜ 집중 그리스 윤활 장치
- 그리스 펌프를 주체로, 여기서부터 2inch 정도의 주관을 시공하고 분배관을 배열하여 다수의 베어링에 동시 정량의 그리스를 확실히 급유하는 방법이다.
- 다수의 윤활개소에 동일한 그리스로 윤활하려고 할 때 적절한 방법이다.
- 펌프, 분배밸브, 공급관, 제어장치, 지시장치 등으로 구성된다.
- 300 이상의 주도를 갖는 그리스를 선택하여 사용한다.
- 전동기 직결식 또는 수동식으로 펌프를 설치하며, 큰 계통에서는 타이머를 전동기 전원에 장착하여 운전시간을 조절할 수 있다.
- 설비를 대형화하고 자동화하여 그리스 급유가 가능하며 주관에서 분배된 관에는 베어링 직전에 분배밸브를 장착하여 주입량의 조절도 가능하다.

10년간 자주 출제된 문제

6-1. 그리스의 급지(급유)에 관한 내용으로 틀린 것은?
① 그리스의 충전량이 너무 많으면 마찰 손실이 크며, 온도 상승 원인이 된다.
② 그리스 건을 사용하므로 마찰면에서 급유에 대한 신뢰성을 높일 수 있다.
③ 베어링의 경우 그리스의 일반적인 충전량은 베어링 내부 공간의 3/4이 적당하다.
④ 그리스를 교체할 때는 전에 사용하던 그리스를 완전히 제거하고 깨끗이 청소하여야 한다.

6-2. 다음 중 그리스 급유법이 아닌 것은?
① 그리스 컵
② 그리스 건
③ 그리스 니플
④ 집중 그리스 윤활장치

6-3. 다음 중 다수의 윤활개소에 동일한 그리스로 윤활하려고 할 때 가장 좋은 급지방식은?
① 건에 의한 급지
② 컵에 의한 급지
③ 중앙집중식 급지
④ 블록 시스템에 의한 급지

6-4. 베어링에 그리스를 충전하는 휴대용 그리스 펌프로 1회의 공급으로 수 일 또는 수 주 간의 주기를 가진 경우 사용하는 것은?
① 그리스 컵
② 그리스 건
③ 오일 미스트
④ 집중 그리스 윤활장치

| 해설 |

6-1
그리스 급유 일반
- 그리스 윤활을 하는 롤러베어링에서는 초기에 적량의 그리스를 패킹하여 장시간 사용한다.
- 그리스의 충진량이 너무 많으면 마찰 손실이 크고 온도가 상승하며 동력 손실이 클 뿐 아니라 그리스의 누설이 많아지고 변질되기 쉽다.
- 일반적인 충진량은 베어링 용적의 1/2 정도이다.
- 그리스를 교환할 때는 오래된 그리스를 완전히 제거하고 용제로 깨끗이 청소한 후 교환한다.
- 그리스 교환 시 이물질이 침입하지 않도록 주의한다.

6-2
그리스 니플은 집중 그리스 윤활장치의 분배관에 사용하는 부속이다.

6-3
집중 그리스 윤활 장치
- 그리스 펌프를 주체로, 여기서부터 2inch 정도의 주관을 시공하고 분배관을 배열하여 다수의 베어링에 동시 정량의 그리스를 확실히 급유하는 방법이다.
- 다수의 윤활개소에 동일한 그리스로 윤활하려고 할 때 적절한 방법이다.
- 펌프, 분배밸브, 공급관, 제어장치, 지시장치 등으로 구성된다.
- 300 이상의 주도를 갖는 그리스를 선택하여 사용한다.
- 전동기 직결식 또는 수동식으로 펌프를 설치하며, 큰 계통에서는 타이머를 전동기 전원에 장착하여 운전시간을 조절할 수 있다.
- 설비를 대형화하고 자동화하여 그리스 급유가 가능하며 주관에서 분배된 관에는 베어링 직전에 분배밸브를 장착하여 주입량의 조절도 가능하다.

6-4
- 그리스 충진 베어링 : 미끄럼 베어링의 메탈 상부에 그리스를 충진하여 뚜껑을 덮어 불순물의 침입을 방지하는 방식이다.
- 그리스 컵 : 컵 속의 그리스가 열에 의해 녹아 마찰면으로 공급한다.
- 그리스 건(Gun) : 베어링에 그리스를 충전하는 휴대용 그리스 펌프이다. 한 번 주입하여 적당시간의 운전에 적합할 경우 사용한다.
- 그리스 펌프 : 그리스 주유기(Grease Lubricator)라고도 부르며 여러 개의 펌프 유닛으로 상당수의 마찰면에 자동으로 일정량의 그리스를 압송할 수 있다.

정답 6-1 ③ 6-2 ③ 6-3 ③ 6-4 ②

핵심이론 07 | 윤활계의 운전과 보전

설비를 관리하고 진단하는 데 있어 윤활 관리 기술은 매우 중요한데, 설비의 전체 고장 중 절반 정도가 윤활 관련 고장이므로 미리 유분석, 윤활 특성, 각종 오염도 분석 등을 실시할 필요가 있다.

① 유분석
   ㉠ 마모입자분석, 물리/화학적 성분 분석, 오염도 분석 등이 있다.
   ㉡ 유분석을 통해 얻는 정보는 다음과 같다.
      - 고장의 근본 원인 파악
      - 초기 마모의 진행상태 파악
      - 기계의 열화로 인한 수리 또는 교체 시기 파악
      - 고장의 원인 분석을 통한 방지 대책 수립

② 윤활 사고의 원인 : 부적절한 유종의 선정, 윤활유를 혼용 사용, 이물질 혼입, 급유량 불량, 누유, 부적절한 윤활제의 취급

③ 윤활 관리의 효율화
   ㉠ 준비 사항
      - 윤활 관리 도입을 위한 교육 실시
      - 유종별 사용 실적, 급유 점검 기준서, 급유 도구 및 사용유에 대한 오일 분석 등의 자료 파악
      - 사용 유종 및 윤활유 사용량 파악
   ㉡ 가기준 작성
   ㉢ 계획 수립
   ㉣ 윤활 관리 시행
      - 급유, 갱유 및 청소
         - 과급유 : 유온 상승, 거품 발생으로 열화 가속화, 점도 저하로 인한 윤활 불량 유발
         - 저급유 : 마찰면에 유막 형성 불량으로 마모 및 소부 현상 발생, 생산성 저하
         - 청소 : 급유구 주위의 오염 상태, 라벨 및 레벨 게이지의 오염 상태, 윤활유 주위의 오염 상태, 배관 이음부의 누설, 회수관의 막힘 및 탱크 주위의 오염 상태

- 누유 상태 확인 및 불합리한 급유 개소 개선
- 급유 기구의 정비 및 급유 방법의 개선
- 윤활유 저장소의 관리

ⓜ 실적의 기록 평가

ⓗ 개선안 실시
- 유종의 통일 및 단순화 : 급유기구 비용의 절약, 보관 저장 공간의 절약, 급유관리의 용이화, 혼유의 방지
- 윤활의 자동화

ⓢ 표준화 및 효율화
- 윤활 관리 기준 정립
- 급유 기준서 및 급유 이력 비치
- 윤활 관리 효율화 추진 상황 진단

④ 윤활계통 운전 및 보전

㉠ 윤활 계통 : 손 급유 장치, 집중 급유 장치, 윤활유관 및 세정 장치 등

㉡ 윤활제 순환 급유하는 경우 : 윤활 펌프, 윤활유 냉각기, 여과기, 윤활유관 및 세정장치 등 포함

㉢ 윤활유 펌프의 보전
- 압력 $2 \sim 4 kgf/cm^2$ 정도의 기어 펌프가 주로 사용된다.
- 펌프의 고장을 대비하여 두 쌍의 펌프를 설비하여 출력을 분할하거나 나누어 구동한다.
- 여과기를 설치하여 기름 속의 불순물을 제거하고 펌프의 손상을 방지한다.

㉣ 드레인 탱크의 선정 : 드레인 탱크의 크기는 순환되는 유량과 관련이 있고, 엔진의 형식과 발생 동력에 의해 결정한다.

㉤ 윤활유 냉각기의 역할 : 윤활 부분으로 보내지는 기름에 적당한 점도를 유지시키기 위하여 순환 계통 중 윤활유 냉각기를 통과하여 윤활유의 온도를 조절한다.

㉥ 윤활 계통의 보수
- 기름과 접촉하지 않는 부분은 수분이 응축하기 쉬우므로 녹이 자주 발생하는데, 이렇게 발생된 녹은 표면을 거칠게 만들고 분말은 기름 속에 혼입되어 윤활 마모의 원인이 된다.
- 윤활 장치의 운전 중에는 마찰 부분의 온도, 진동 및 소음에 주의하고 윤활유의 출입구 온도 및 오염 상태에 주의하여야 한다.

⑤ 플러싱(Flushing)

㉠ 기계의 순환 계통에 윤활유를 넣거나 열화된 오일을 새 기름으로 교환하는 경우, 세정제를 사용하여 계통 내 이물질을 제거할 필요가 있는데, 이처럼 윤활 계통 내 이물질을 세정제를 통하여 세척하는 작업

㉡ 세정제의 조건
- 온도에 강할 것
- 점성이 낮을 것
- 세척력이 높을 것
- 녹에 강할 것
- 내휘발성, 내화성이 있을 것
- 인체에 무해할 것
- 환경오염을 유발하지 않을 것
- 부유물이 생기지 않을 것

㉢ 플러싱의 종류 : 산세정, 분해세정, 윤활유에 의한 세정, 화학세정
- 산세정
  - 처음 설치된 배관 내의 금속, 모래, 먼지, 녹 등을 제거한다.
  - 세정제를 이용한 작업 순서
    황산 → 물 → 가성소다 → 물 → 오일
- 윤활유에 의한 세정
  - 윤활유를 플러싱 기계와 윤활계통을 채울 만큼의 윤활유를 이용하여 계통 내 윤활유의 압력 흐름을 만들고 고착물, 이물질 등을 제거하는 과정

– 버려지는 윤활유가 많으나 세정제를 이용한 세정에 비해 후처리가 생략되며 윤활계통 내부를 보호할 수 있는 장점이 있다.
② 플러싱유의 선정 : 저점도유, 높은 인화점, 사용 윤활유와 동질의 오일 사용, 고온의 청정 분산성, 방청성이 요구됨
⑩ 플러싱 시기 : 기계 새로 설치했을 때, 윤활유 교환 시기 중 어느 때, 윤활 장치를 분해하는 기회에, 윤활계통의 검사를 실시할 때, 운전을 개시하기 전 중 적절한 시기에 실시
⑭ 플러싱 전 처리
- 배관 계통 : 신설 관은 산 세정을 통해 관 내부 벽 세정. 용접부는 스케일 후 세정한다.
- 펌프, 필터 : 방청도료에 의해 필터가 막히는 경우가 많으므로 방청도료가 도포된 경우 개방 검사 실시
- 밸브류 : 밸브는 주조하므로 모래가 묻어있을 수 있어 와이어 브러싱 후 압축 공기를 분사하여 전처리
- 기어 : P-1 계통의 방청제로 방청 처리
- 오일 탱크 : 내부에 녹이 있는 경우 와이어 브러싱

10년간 자주 출제된 문제

7-1. 윤활 관리를 효율적으로 수행하기 위한 방법으로 틀린 것은?
① 급유 작업자를 위한 급유의 순서와 경로 등의 계획을 세운다.
② 각 윤활 개소의 윤활유와 그리스는 개량하지 않고 지속적으로 사용한다.
③ 공장 내에서 사용되는 윤활제 종류를 최소화하여 구매 및 재고 관리 업무의 효율성을 향상시킨다.
④ 윤활 부분의 이상 점검과 보고, 윤활제 공급 작업 및 윤활 보전 작업의 실행 확인을 위한 기록을 한다.

7-2. 다음 중 플러싱(Flushing) 시기로 적절하지 않은 것은?
① 윤활유 보충 시　　② 기계장치의 신설 시
③ 윤활계통의 검사 시　④ 윤활장치의 분해보수 시

7-3. 윤활계의 운전과 보전에서 플러싱유를 선택할 때 주의해야 할 사항으로 틀린 것은?
① 방청성이 매우 우수할 것
② 고점도유로 인화점이 낮을 것
③ 고온의 청정 분산성을 가질 것
④ 사용유와 동질의 오일을 사용할 것

|해설|

7-1
유종별 사용 실적, 급유 점검 기준서, 급유 도구 및 사용유에 대한 오일 분석 등의 자료 파악하여 개선한다.

7-2
플러싱 시기 : 기계 새로 설치했을 때, 윤활유 교환 시기 중 어느 때, 윤활 장치를 분해하는 기회에, 윤활계통의 검사를 실시할 때, 운전을 개시하기 전 중 적절한 시기에 실시한다.

7-3
플러싱유의 선정 : 저점도유, 높은 인화점, 사용 윤활유와 동질의 오일 사용, 고온의 청정 분산성, 방청성이 요구된다.

정답 7-1 ②　7-2 ①　7-3 ②

핵심이론 08 | 윤활제의 열화관리

① 윤활유 열화 : 윤활유가 사용 중 변질되어 그 성질이 저하되는 현상

> **Tip**
> 열화(劣化)라는 단어는 사전에는 없는 말로 일본식 한자어이며 아직 기술계에서 순화하지 못한 용어 중 하나. '열등하게 변한다' 정도로 이해할 것

㉠ 윤활유의 열화를 분류하면 윤활유 자체의 성질이 변하는 내부 변화와 이물질이 침입하여 열화되는 외부요인에 의한 변화로 나눌 수 있다.

윤활유 자체의 성질이 변하는 "내부 변화"	산화	• 산소를 흡수하여 일으킨 화학반응 • 산화촉진 요소 : 온도, 사용시간, 촉매 • 현상 : 변색, 점도증가, 표면장력 저하, 산도 증가 • 부산물 : 알데하이드, 케톤, 알코올, 옥시산, 에스테르 등의 금속 부식 물질
	탄화	• 고온에 의해 가열 분해되어 기화된 기름 가스와 산소가 결합(연소)될 때 열전도 속도보다 산소와의 반응속도가 늦게 되어 필요 산소보다 가스가 많으면 탄화됨 • 일반적으로 점도가 낮은 쪽의 탄화경향성이 적음
이물질이 침입하여 열화되는 "외부요인"에 의한 변화	연료 및 다른 오일에 의한 "희석"	• 윤활유 중 연료나 수분이 혼입되었을 때 일어나는 현상 • 연소불량되어 분사된 후 잔류된 연료의 혼입. 연료가 불량한 경우 발생 • 연료의 분사압이 낮거나, 분사장치 분량에 따른 연료분사 불량에 따른 혼입 • 엔진 정비 불량으로 연료유와 수분이 윤활유에 혼입
	물에 의한 유화액 형성	• 윤활유가 수분과 혼합되어 유화액을 만드는 현상 • 미세물질에 의해 물과 기름의 표면장력이 저하되어 에멀션이 생성되며 이것이 점차 강화되어 보호막이 형성되면 $10^{-6} \sim 10^{-5}$ 되는 유화입자가 생기며 유화입자가 모여서 유화액을 형성 • 원인 : 유류의 산화, 윤활유의 이물질 증가에 따른 고점도유화, 탄화수소입자의 변질 및 수분과의 접촉이 많게 되면 발생
	이물질 혼입	

② 윤활유 열화 판정법

㉠ 직접 판정법 : 미리 확인한 유종의 성분과 상태를 사용 중 채취한 시료와 비교, 시험하여 판단

㉡ 간이 판정하는 방법
- 사용 중 윤활유의 냄새를 맡아 순수한 윤활유 냄새와 많이 다르면 변질된 것으로 판단
- 시험관에 사용유를 적당량 넣고 끝부분을 물의 기화온도 이상으로 가열하여 물 튀는 소리를 듣고 판단
- 촉각에 의해 이물감, 점도 등을 판단
- 투명한 2장의 유리관에 넣어 육안으로 투명도, 색상을 보고 판단
- 시험관에 사용유와 물을 충분히 흔들어 섞은 후, 다시 분리되는 시간을 측정해서 판단
- 사용유를 약간의 증류수로 씻어내어 리트머스 시험지를 이용해 산화 정도를 판단
- 간이 점도계, 중화가 시험기, 비중계, 비색계 등을 이용하여 판단

③ 열화 방지법

㉠ 윤활유가 고온부와 접촉하는 시간을 짧게 함

㉡ 윤활유의 압력을 올려 순환급유를 많게 하며, 또 냉각기를 부착하는 등 온도상승을 방지

㉢ 기름의 혼합 사용 금지

㉣ 새 기계를 사용할 경우 충분히 세척한 후 사용

㉤ 수분, 먼지, 금속마모분 등이 혼입된 경우는 신속 제거

㉥ 연 1회 완전 세척하여 순환계통의 청정을 유지

㉦ 사용유를 계속 사용해야 하는 경우는 원심분리, 백토처리 등 재생처리 후 재사용

- 사용유의 재생방법
  - 기계적 방법 : 원심분리기를 이용하는 방법, 비중차를 이용한 정치침전, 여과법(기계적 필터, 흡수식 필터, 흡착식 필터, 자석식 필터, 원심식 필터를 이용)

- 물리적 방법 : 비중차를 높여 침전시키는 세틀링, 흡습성을 이용한 백토처리법, 가열온도 조절을 위한 증기증류법, 감압하여 연속증류하는 진공증류법, 전극을 이용하여 흡수하는 전기적 방법 등
- 화학적 방법 : 황산처리 후 알칼리중화 또는 백토처리, 알칼리액에 의한 처리

ⓒ 적절한 첨가제를 사용
ⓔ 윤활유가 부족하지 않도록 원활히 보충, 급유할 것

④ 폐유 처리
㉠ 재생처리하여 윤활유로 재사용
㉡ 정제하여 연료유로 사용
㉢ 두 가지 다 불가능한 정도의 폐유는 철저한 시설을 갖춘 곳에서 연소처리하여 열과 화학증기를 분리 회수

10년간 자주 출제된 문제

8-1. 윤활유의 열화에서 내부 변화인 윤활유 자체의 변질에 해당되는 것은?
① 산 화 ② 유 화
③ 희 석 ④ 이물 혼입

8-2. 윤활유 중에 연료유나 수분이 혼입되었을 때 일어나는 현상으로 윤활성능을 크게 저하시키는 것은?
① 열 화 ② 탄 화
③ 희 석 ④ 산 화

8-3. 윤활관리에 있어서 윤활유의 산화(Oxidation)는 윤활유의 수명을 단축시키는 결정적인 요인이 된다. 다음 중 윤활유 산화에 직접적인 영향을 미치는 것이 아닌 것은?
① 산 소 ② 온 도
③ 금속촉매 ④ 동질의 윤활유

8-4. 다음 중 윤활유의 탄화와 관계가 없는 것은?
① 고온 표면과의 접촉
② 윤활유의 가열 분해
③ 공기 중의 산소 흡수
④ 열전도 속도보다 산소와의 반응속도가 늦음

8-5. 윤활유의 유화되는 원인으로 가장 거리가 먼 것은?
① 기름의 산화가 상당히 일어났을 경우
② 수분과의 접촉이 많을 경우
③ 운전 조건이 가혹해서 탄화수소분의 변질을 가져왔을 경우
④ 이물질분에 의해 저점도유에 이르렀을 경우

8-6. 윤활유의 열화 판정법 중 간이 측정법에 해당되지 않는 것은?
① 사용유의 성상을 조사한다.
② 리트머스 시험지로 산성 여부를 판단한다.
③ 냄새를 맡아 보아 불순물의 함유 여부를 판단한다.
④ 시험관에 같은 양의 기름과 물을 넣고 심하게 교반 후 분리 시간으로 항유화성(抗乳化性)을 조사한다.

8-7. 윤활유의 열화 방지방법으로 틀린 것은?
① 오일의 적정 점도유지를 위한 적당한 첨가제 사용을 권장한다.
② 사용유는 원심분리, 백토처리 등의 재생법을 이용하여 재사용한다.
③ 새로운 기계 도입시 쇠, 녹물, 방청제 등을 충분히 세척 후 사용한다.
④ 월 1회 정도 세척을 실시하여 순환계통을 청정하게 유지하고 교환 시는 열화유를 50% 정도 제거한다.

8-8. 오일의 산화, 열화, 이물질 혼입 등으로 인하여 재생작업을 하고자 한다. 다음 중 물리적 재생 방법에 속하는 것은?
① 여과법 ② 정치침전법
③ 백토처리법 ④ 원심분리방법

|해설|

8-1
윤활유의 열화
- 내부 변화 : 산화, 탄화
- 외부요인에 의한 변화 : 연료 및 다른 오일에 의한 "희석", 물에 의한 유화액 형성, 이물질 혼입

8-2
연료 및 다른 오일에 의한 "희석"
- 윤활유 중 연료나 수분이 혼입되었을 때 일어나는 현상
- 연소불량되어 분사된 후 잔류된 연료의 혼입. 연료가 불량한 경우 발생
- 연료의 분사압이 낮거나, 분사장치 분량에 따른 연료분사 불량에 따른 혼입
- 엔진 정비 불량으로 연료유와 수분이 윤활유에 혼입

8-3
산 화
- 산소를 흡수하여 일으킨 화학반응
- 산화촉진 요소 : 온도, 사용시간, 촉매
- 현상 : 변색, 점도증가, 표면장력 저하, 산도 증가
- 부산물 : 알데하이드, 케톤, 알코올, 옥시산, 에스테르 등의 금속 부식 물질

8-4
탄 화
- 고온에 의해 가열 분해되어 기화된 기름 가스와 산소가 결합(연소)될 때 열전도 속도보다 산소와의 반응속도가 늦게 되어 필요산소보다 가스가 많으면 탄화된다.
- 일반적으로 점도가 낮은 쪽의 탄화경향성이 적다.

8-5
물에 의한 유화액 형성
- 윤활유가 수분과 혼합되어 유화액을 만드는 현상
- 미세물질에 의해 물과 기름의 표면장력이 저하되어 에멀션이 생성되며 이것이 점차 강화되어 보호막이 형성되면 10^{-6}~10^{-5}mm되는 유화입자가 생기며 유화입자가 모여서 유화액을 형성
- 원인 : 유류의 산화, 윤활유의 이물질 증가에 따른 고점도유화, 탄화수소입자의 변질 및 수분과의 접촉이 많게 되면 발생

8-6
윤활유 열화 판정법 중 간이 판정하는 방법
- 사용 중 윤활유의 냄새를 맡아 순수한 윤활유 냄새와 많이 다르면 변질된 것으로 판단
- 시험관에 사용유를 적당량 넣고 끝부분을 물의 기화온도 이상으로 가열하여 물 튀는 소리를 듣고 판단
- 촉각에 의해 이물감, 점도 등을 판단
- 투명한 유리관에 넣어 육안으로 투명도, 색상을 보고 판단
- 시험관에 사용유와 물을 충분히 흔들어 섞은 후, 다시 분리되는 시간을 측정해서 판단
- 사용유를 약간의 증류수로 씻어내어 리트머스 시험지를 이용해 산화정도를 판단
- 간이 점도계, 중화가 시험기, 비중계, 비색계 등을 이용하여 판단

8-7
열화 방지법
- 윤활유가 고온부와 접촉하는 시간을 짧게 함
- 윤활유의 압력을 올려 순환급유를 많게 하며, 또 냉각기를 부착하는 등 온도상승을 방지
- 기름의 혼합사용 금지
- 새 기계를 사용할 경우 충분히 세척한 후 사용
- 수분, 먼지, 금속마모분 등이 혼입된 경우는 신속하게 제거
- 연 1회 완전 세척하여 순환계통의 청정을 유지
- 사용유를 계속 사용해야 하는 경우는 원심분리, 백토처리 등 재생처리 후 재사용

8-8
사용유의 재생방법
- 기계적 방법 : 원심분리기를 이용하는 방법, 비중차를 이용한 정치침전, 여과법(기계적 필터, 흡수식 필터, 흡착식 필터, 자석식 필터, 원심식 필터를 이용)
- 물리적 방법 : 비중차를 높여 침전시키는 세틀링, 흡습성을 이용한 백토처리법, 가열온도 조절을 위한 증기증류법, 감압하여 연속증류하는 진공증류법, 전극을 이용하여 흡수하는 전기적 방법 등
- 화학적 방법 : 황산처리 후 알칼리중화 또는 백토처리, 알칼리액에 의한 처리

정답 8-1 ① 8-2 ③ 8-3 ④ 8-4 ③ 8-5 ④ 8-6 ① 8-7 ④ 8-8 ③

| 핵심이론 09 | 윤활유의 오염 및 고장관리

① 윤활제에 의한 설비진단
  ㉠ 시험용 시료 채취
    • 운전 중 작동유 채취 : 정상 가동 중인 윤활유를 오일 탱크의 윗면이나 중간 부분에서 채취. 작동유의 온도와 상태를 작동 상태와 유사할 때 측정이 가능하다.
    • 침전 상태의 작동유 채취 : 작동 정지 24시간이 경과되어 침전이 충분히 되었다고 예상될 때 오일 탱크의 아랫부분에서 채취한다. 침전물의 측정에 유리하다.
    • 채취한 시료는 반드시 라벨링을 하고 밀봉, 밀폐하여 보관하며, 가급적 신속히 처리한다.
    • 시료의 채취 주기 : 공정상 중요도에 따라 빈도를 증가시키며 다음 지침을 참조한다.
      - 내연기관, 가스 터빈, 공기 압축기, 냉동 압축기 등을 일반적인 상태로 사용할 때 : 월별 또는 매 500시간
      - 스팀 터빈, 기어 및 유압 시스템 : 격월
      - 예비로 설치되었거나 비상용 내연기관 또는 기타 기계 : 분기(3개월)
      - 공조용 압축기 : 일 년 중 사용하는 기간의 사용 전, 사용 중, 사용 후
  ㉡ 마모 성분 분석
    • 페로그래피법 : 윤활유를 채취하여 그 속의 마멸분 크기나 형상을 관찰하는 방법이다. 마모입자의 크기로 판단하는 정량 페로그래피법과 마모입자의 형상으로 판단하는 분석 페로그래피법으로 구분한다.
    • SOAP법 : 채취한 시료유를 연소시켜 발생하는 발광에 의해 금속성분을 분석하는 방법으로 스펙트럼을 분석하면 마모성분 외에 농도까지 측정 가능하다. 숙련도를 요구하는 진단방법이다. 연소방식에 따라 아세틸렌 불꽃을 사용하는 원자흡광법, 고압방전을 사용하는 회전전극법, 약 7,000~9,000℃의 플라스마를 이용하는 ICP법이 있다.
  ㉢ 오염도 측정
    • 현장에서 간단히 시험하는 방법
      - 외관 시험 : 새 윤활유와 사용된 윤활유를 각각 시험관에 담고 색채, 투명도, 냄새 등을 비교 판단
      - 고형물 조사 : 운전을 멈춘 후 오일 탱크의 침전물을 긁어모아 확대경 등으로 이물질의 종류와 상태 검사
      - 스폿 시험 : 사용 중인 기름을 스폿 시험지에 떨어뜨려 변색, 반점 여부 등 검사
      - 수분 함유 상태 검사 : 탱크 아랫부분의 기름을 채취하여 가열 철판에 떨어뜨려 증발되는 소리로 검사
    • 실험실에서 측정하는 방법
      - 중량법 : 시료유 100mL 중 오염 물질의 중량을 측정
      - 계수법 : 시료유 100mL 중 오염 물질의 크기, 개수를 측정
      - 오염지수법 : 오일 중 미립자나 젤화된 물질이 많으면 필터가 막히므로 여과 시간이 변화하게 되는데, 이 필터 여과 시간의 변화 현상을 이용하여 오염도 측정
      - 수분 측정법 : 용제와 혼합한 시료를 가열, 증류하여 검수관에 분리된 수분을 측정
      - 기포도 측정 : 기포도(규정 온도에서 5분간 공기를 불어넣은 직후의 거품량)와 기포안정도(기포도 측정 후 10분간 방치 후 거품량) 측정
② 오염원
  ㉠ 오염 물질의 혼입
  ㉡ 오염 물질의 종류 및 발생원인

- 산화 생성물 : 고온, 수분에 의한 오일의 분해로 인해 생성되는데 금속의 부식을 일으킨다.
- 슬러지 : 오일의 열화로 인한 생성물, 먼지 등에 의한 퇴적물을 일컫는데 기관의 정상적인 작동을 방해
- 수분 : 수분에 의해 산화 방지제가 분해되면서 유화를 유발한다. 오일을 교체하여 해결한다.
- 공기 : 펌프 패킹 불량 등의 원인에 의해 공기가 혼입되며 기포를 발생시킨다.
- 인위적 첨가물 중 비정상 상태 제품 또는 임의적 첨가물에 의한 오염

ⓒ 오염 물질의 방지책
- 외부요인 차단 : 접합부의 패킹, 개스킷 부착, 급유구에 필터부착, 에어브리더(Air Breather) 부착
- 내부요인 방지(윤활유 열화 방지법 참고) : 고온 방지, 혼유 금지, 새 기계의 충분한 세척, 오일교환 시 완전 교환, 신속제거, 주기적 세척

③ 윤활 설비의 고장 관리
ⓘ 윤활 시험 항목별 점검 내용
- 색상 시험 결과 색상이 옅어지면 새 윤활유를 보급하고, 짙어지면 오염, 잘못된 급유, 불용해분의 존재, 산화의 진행 등의 원인이 있다고 판단하고 정도에 따라 윤활유를 교체한다.
- 점도
  - 점도는 쉽게 측정이 가능한, 가장 중요한 윤활의 성질이다.
  - 점도가 낮아지면 저점도유가 혼입되었다고 판단한다.
  - 점도가 증가하면 고점도유가 혼입되었거나, 산화가 진행되었거나 불용해분이 있다고 판단한다.
  - 점도가 정상범위에서 10% 이상 변화되었으면 윤활유를 교환하는 것이 좋다.
- 전산(酸)가가 낮아지면 첨가제가 감소하였거나 다른 기름이 혼입되었다고 판단하고, 높아지면 산화가 진행되었다고 판단하여 원인 파악 후 조치하거나 이물질 파악 후 교환한다.

- 수 분
  - 공기 중에서 응축되거나 냉각기에서 누출되어 침투된다.
  - 수분량이 많아지면 오염과 백탁현상이 나타난다. 0.2%보다 많아지면 교환하는 것이 좋고 심한 응력을 받는 베어링은 0.1% 함량에도 큰 영향을 받는다.
- 소포성이 나쁘면 부적합 윤활유가 혼입되었거나 이물질이 혼입되었으므로 윤활유를 교환한다.
- 인화점이 증가하거나 감소하는 경우는 고점도유, 또는 저점도유가 혼입되었거나 연료가 혼입되었을 수 있고 그 정도에 따라 파악하여 윤활유를 교환할 수 있다.

ⓒ 윤활 장치의 고장 원인
- 윤활제에 의해 : 부적정유를 사용하거나 유류가 열화되었거나 오염되었거나, 누설되었거나, 성질이 다른 기름을 혼합사용하면 고장을 유발한다.
- 마찰면에 의해 : 재질이 불량하거나 사용불량하거나 과도한 작용 및 설계 불량이거나, 마찰면의 마모에 의한 기계부품의 늘어짐과 조기 피로에 의해 고장이 일어난다.
- 작업 중 유발요인 : 급유 작업 시 부주의하거나 과잉 급유하거나 급유가 너무 빠르거나 느리거나 플러싱이 불충분하거나 작업상의 움직임과 충격이 있는 경우 고장이 유발될 수 있다.
- 급유 방법에 의해 : 급유 방법이 잘못 선정되거나 급유 장치가 고장일 때도 윤활 장치의 고장을 유발할 수 있다.
- 환경에 의해 : 마찰 및 전도로 전달받은 열을 충분히 방열하지 못하거나 불순물이 혼합되거나, 내·외부 요인으로 큰 온도변화가 유발되거나, 뜨거운 물, 산의 증기, 염분 등의 영향으로도 고장을 유발할 수 있다.

10년간 자주 출제된 문제

9-1. 윤활유 분석을 위한 시료 채취 시 주의 사항으로 틀린 것은?

① 시료는 가동 중인 설비에서 채취한다.
② 탱크 바닥에서 채취한다.
③ 채취 개소는 일정한 장소나 지점에서 채취한다.
④ 샘플링 Line이나 밸브, 채취 기구는 샘플링 전에 충분히 Flushing을 한다.

9-2. 윤활유 시료 채취 주기로 옳은 것은?

① 스팀 터빈 : 매월
② 가스 터빈 : 6개월
③ 유압 시스템 : 격월
④ 공기 압축기 구름 베어링 : 15일

9-3. 윤활유에 영향을 주는 여러 오염원 중에서 정상적인 설비에서 윤활관리를 하지 않을 경우 자연적으로 영향을 주는 오염원이 아닌 것은?

① 열
② 수 분
③ 슬러지
④ 부동액

9-4. 다음 윤활유의 주요 오염물질의 종류별 발생 원인을 나열한 것 중 틀린 것은?

① 산화생성물 : 고온, 수분에 의한 오일의 분해
② 슬러지 : 오염도 증가로 인한 수분의 분해
③ 수분 : 수분에 의한 산화방지제의 분해
④ 공기 : 펌프 패킹불량에 의한 공기흡입

9-5. 윤활유 SOAP 분석방법 중 플라스마를 이용하여 분석하는 방식은?

① ICP법
② 회전전극법
③ 원자흡광법
④ 페로그래피법

9-6. 실험실에서 오염의 정도를 측정하고자 한다. 시료유 100mL 중의 오염 물질의 크기 개수를 측정하는 방법을 무엇이라고 하는가?

① 중량법
② 계수법
③ 오염 지수법
④ 수분 측정법

9-7. 기계설비의 운전 시 사고발생의 원인으로 윤활부위, 윤활조건, 윤활환경 등에 따라 분류할 수 있다. 이 중 윤활 환경적 요인으로 가장 거리가 먼 것은?

① 오일의 열화와 오타
② 전도열이 높은 경우
③ 기온에 의한 현저한 온도변화
④ 마찰면의 방열이 불충분한 경우

|해설|

9-1

탱크의 바닥에서 채취하면 사용유의 검사 목적에서 벗어난 대상을 채취할 수도 있게 되어 침전물을 채취하더라도 탱크 아랫부분의 일정한 지점에서 채취하도록 한다.

9-2

시료의 채취 주기

- 내연기관, 가스 터빈, 공기 압축기, 냉동 압축기 등을 일반적인 상태로 사용할 때 : 월별 또는 매 500시간
- 스팀 터빈, 기어 및 유압 시스템 : 격월간
- 예비로 설치되었거나 비상용 내연기관 또는 기타 기계 : 분기별
- 공조용 압축기 : 일 년 중 사용하는 기간의 사용 전, 사용 중, 사용 후

9-3

- 부동액은 인위적 첨가물이며 비정상 상태 제품 또는 임의적 첨가물을 투입할 경우 오염원이 될 수 있다.
- 적기에 윤활관리 없이 지속적으로 운전하면 열에 의한 변화, 수분과의 반응, 슬러지의 축적에 의한 오염과 영향을 제거하지 못하여 고장을 유발할 수 있다.

9-4

오염 물질의 종류 및 발생원인

- 산화 생성물 : 고온, 수분에 의한 오일의 분해로 인해 생성되는데 금속의 부식을 일으킨다.
- 슬러지 : 오일의 열화로 인한 생성물, 먼지 등에 의한 퇴적물을 일컫는데 기관의 정상적인 작동을 방해한다.
- 수분 : 수분에 의해 산화 방지제가 분해되면서 유화를 유발한다. 오일을 교체하여 해결한다.
- 공기 : 펌프 패킹 불량 등의 원인에 의해 공기가 혼입되며 기포를 발생시킨다.

| 해설 |

9-5

※ ICP법만이 아니라 마모 성분 분석에 관련한 문제가 자주 출제되었다.

- 마모 성분 분석
  - 페로그래피법 : 윤활유를 채취하여 그 속의 마멸분 크기나 형상을 관찰하는 방법. 마모입자의 크기로 판단하는 정량 페로그래피법과 마모입자의 형상으로 판단하는 분석 페로그래피법으로 구분한다.
  - SOAP법 : 채취한 시료유를 연소시켜 발생하는 발광에 의해 금속성분을 분석하는 방법으로 스펙트럼을 분석하면 마모성분 외에 농도까지 측정 가능. 숙련도를 요구하는 진단방법이다.
- 연소방식에 따라 아세틸렌 불꽃을 사용하는 원자흡광법, 고압방전을 사용하는 회전전극법, 약 7,000~9,000℃의 플라스마를 이용하는 ICP법이 있다.

9-6

오염도 측정

- 현장에서 간단히 시험하는 방법 : 외관 시험, 고형물 조사, 스폿 시험, 수분 함유 상태 검사
- 실험실에서 측정하는 방법
  - 중량법 : 시료유 100mL 중 오염 물질의 중량을 측정
  - 계수법 : 시료유 100mL 중 오염 물질의 크기, 개수를 측정
  - 오염지수법 : 오일 중 미립자나 젤화된 물질이 많으면 필터가 막히므로 여과 시간이 변화하게 되는데, 이 필터 여과 시간의 변화 현상을 이용하여 오염도 측정
  - 수분 측정법 : 용제와 혼합한 시료를 가열, 증류하여 검수관에 분리된 수분을 측정
  - 기포도 측정 : 기포도(규정 온도에서 5분간 공기를 불어넣은 직후의 거품량)와 기포안정도(기포도 측정 후 10분간 방치 후 거품량) 측정

9-7

- 윤활 장치의 고장 원인 : 윤활제에 의해, 마찰면에 의해, 작업 중 유발요인, 급유 방법에 의해, 환경에 의해
- 환경 요인 : 마찰 및 전도로 전달받은 열을 충분히 방열하지 못하거나 불순물이 혼합되거나, 내·외부 요인으로 큰 온도변화가 유발되거나, 뜨거운 물, 산의 증기, 염분 등의 영향으로도 고장을 유발할 수 있다.

정답 9-1 ② 9-2 ③ 9-3 ④ 9-4 ② 9-5 ① 9-6 ② 9-7 ①

핵심이론 10 │ 압축기의 윤활 관리

① 압축기의 윤활 일반

㉠ 압축기용 윤활유에 필요한 성질 : 적정한 점도, 내열 및 산화 안정성, 카본 생성이 적을 것, 압축가스에 대한 안정성, 마모 방지성, 부식 방지성, 방청성, 수분 분리성, 항유화성

② 왕복동식 공기 압축기의 윤활

㉠ 공기 압축기의 윤활유는 윤활 개소에 따라 내부 윤활과 외부 윤활로 분류된다.

㉡ 내부유는 토출 밸브, 피스톤, 실린더의 습동부에 사용되고 외부유는 베어링, 크랭크 핀 등에 사용된다.

㉢ 내부유의 요구성능 : 적정 점도, 열, 산화 안정성, 연질의 생성 탄소, 부식 방지성, 금속 표면 부착성 양호

㉣ 내부유의 품질 : 공기 압축기는 압축률이 높으면 압축공기온도는 높아져 토출관이나 토출밸브 부근은 고온이 되어 토출관 또는 토출밸브의 내부유는 열분해나 산화될 수 있으며, 이때 생성물이 생기면 여러 문제를 일으키므로 내부유에 요구되는 품질성능을 고온분위기에서 열/산화 안정성 및 카본화되지 않는 것이 가장 중요하다.

㉤ 내부유의 적정 점도 : 압축기에 있어서 점도는 압력에 의한 영향이 크고, 윤활기구 각부의 윤활은 압축될 기체를 동력이자 원료로 사용한다. 토출압력이 $10kg/cm^2$ 이하의 다목적 공기 압축기는 종래부터 경험적으로 SAE 20~30이 사용되고 있다.

㉥ 공기 압축기의 윤활 트러블 원인 및 대책

- 공기 압축기의 윤활에 열과 수분이 가장 영향을 미친다.
- 드레인 트랩의 작동 불량 → 항유화성이 좋은 압축기 사용, 전동식 드레인 트랩 사용
- 토출밸브에 카본 부착 → 적정 급유량, 오일레벨로 조정, 유압 조정밸브 조정, 적정 점도유 사용, 냉각수 온도 체크

- 발화 및 폭발 → 고온 토출관 내에서 윤활유의 흐름 유지, 애프터쿨러를 압축기 토출구 근처에 설치, 압축링과 스크래퍼링 점검을 통해 윤활유 실린더 유입 방지
- 실린더, 피스턴 링의 마모 → 급유 부족이나 급유관 막힘 / 점도 부족 / 이물질이 원인 → 급유량 조정, 유압 조정, 필터 점검 및 청소, 누유부 점검 및 수리, 밸브 점검, 강관 교체 / 적정 점도유 선택 / 실린더 내 청소

ⓢ 외부유는 실린더 이외의 크로스헤드, 크랭크, 베어링, 구동 기어의 윤활 등 실린더 외의 윤활에 사용된다.
ⓞ 외부유의 요구성능 : 적정 점도, 높은 점도지수, 높은 산화 안정성, 양호한 수분함유, 방청성, 소포성, 낮은 유동성. 내부윤활유와는 달리 청정, 분산성을 요구하지는 않는다.
ⓩ 점도는 내부 윤활유와 동일하게 사용한다.
ⓧ 외부유 관련 압축기 보수 관리 : 적유선정, 적정 급유량, 공기 흡입구 관리, 필터 관리, 흡입관 관리, 실린더의 냉각 상태, 압축비, 토출밸브 및 토출관, 각 단의 중간트레인, 유 분리기, 냉각기 등 점검
ⓚ 루브리케이터
- 항상 흐르는 공기를 사용하여 윤활유를 분무 급유한다.
- 가변 벤투리를 이용하며 니들밸브를 이용하여 적하량을 조절한다.
- 고정 벤투리식, 가변 벤투리식, 윤활유 입자 선별식이 있다.
- 일반적인 공압기기는 가변 벤투리식을 사용하지만, 공압모터나 공기드라이버 등 배관이 길어 비산이 어려운 경우는 윤활유 입자 선별식 루브리케이터를 사용한다.

10년간 자주 출제된 문제

10-1. 공기 압축기에서 윤활에 큰 영향을 미치는 요소로 맞는 것은?
① 첨가제
② 열과 물
③ 압력과 용량
④ 유동점과 인화점

10-2. 왕복동 공기 압축기는 윤활조건이 가장 가혹하다. 이러한 윤활조건을 만족시키기 위한 내부유가 갖추어야 할 성능으로 틀린 것은?
① 열·산화 안정성이 양호할 것
② 생성탄소가 경질이고 제거가 용이할 것
③ 적정 점도를 가질 것
④ 금속표면에 대한 부착성이 좋을 것

10-3. 왕복동 공기 압축기 윤활유의 외부유에 요구되는 성능이 아닌 것은?
① 적정 점도를 가질 것
② 산화 안정성이 좋을 것
③ 방청성이 좋을 것
④ 저 점도지수유일 것

10-4. 운전 중 압축기 윤활유의 관리를 위한 점검 사항이 아닌 것은?
① 베어링 검사
② 윤활유의 양
③ 윤활유 온도
④ 윤활유의 색상

10-5. 공기 압축기의 윤활트러블의 원인이 아닌 것은?
① 냉 각
② 탄 소
③ 마 모
④ 드레인

10-6. 공압장치의 액추에이터 습동 부분에 윤활제를 공급하는 장치로 옳은 것은?
① 미니메스
② 오일스톤
③ 에어브리더
④ 루브리케이터

| 해설 |

10-1
공기 압축기의 윤활에 열과 수분이 가장 영향을 미친다.

10-2
내부유의 요구성능 : 적정 점도, 열, 산화 안정성, 연질의 생성 탄소, 부식 방지성, 금속 표면 부착성 양호

10-3
외부유의 요구성능 : 적정 점도, 높은 점도지수, 높은 산화 안정성, 양호한 수분함유, 방청성, 소포성, 낮은 유동성. 내부윤활유와는 달리 청정, 분산성을 요구하지는 않는다.

10-4
운전 중에 베어링 검사를 할 수는 없다.

10-5
냉각은 트러블의 원인이 아니라 대책이다.

10-6
루브리케이터
- 항상 흐르는 공기를 사용하여 윤활유를 분무 급유한다.
- 가변 벤투리를 이용하며 니들밸브를 이용하여 적하량을 조절한다.
- 고정 벤투리식, 가변 벤투리식, 윤활유 입자 선별식이 있다.
- 일반적인 공압기기는 가변 벤투리식을 사용하지만, 공압모터나 공기드라이버 등 배관이 길어 비산이 어려운 경우는 윤활유 입자 선별식 루브리케이터를 사용한다.

정답 10-1 ② 10-2 ② 10-3 ④ 10-4 ① 10-5 ① 10-6 ④

핵심이론 11 | 베어링의 윤활

① 베어링 윤활의 목적
   ㉠ 마찰 및 마모의 감소
   ㉡ 피로 수명의 연장(충분하고 적절한 윤활 시)
   ㉢ 마찰열의 방출, 냉각
   ㉣ 베어링 내부 이물질 침입 방지

② 베어링 윤활제 비교
   ㉠ 윤활유
   - 다양한 속도에 사용되며 회전 저항이 작다.
   - 순환 급유에 용이하고 냉각효과가 크다.
   - 밀봉이 복잡하고 누설의 우려가 크며 이물질 삽입될 우려가 있다.

   ㉡ 그리스
   - 다양한 속도에 사용되지만 회전 저항이 크다.
   - 순환 급유보다는 밀봉된 윤활에 유리하고 냉각 효과는 작다.
   - 밀봉이 간단하고 누설의 우려가 적으며 이물질 삽입될 우려가 적다.

③ 베어링 윤활 시 고려사항
   ㉠ 윤활제 선정
   - 내하중성이 높고 산화 안정성이 좋으며 방청성능이 좋고 저유동성, 소포성이 있는 제품을 사용한다.
   - 점도가 낮으면 유막 형성이 불충분하여 이상 마모 등의 원인이 되나 너무 높으면 점성 저항이 커져 발열, 동력손실 등의 우려가 있다.
   - 베어링 윤활 선정 시 적정 점도, 운전 속도, 운전 시 운전부의 온도, 작용 하중, 급유방법 등을 고려해서 선정한다.
     - 마찰면이 일정치 않아 국부적인 고하중이 걸릴 때는 응력분산 능력이 있는 윤활제를 선정한다.
     - 고속운전을 하는 윤활 개소에는 마찰 감소 능력이 있고 점도가 낮은 윤활제를 선정한다.

- 이물질의 침입이 우려되는 윤활 개소에는 밀봉 능력이 있고 세정력이 있는 윤활제를 선정한다.
- 열에 노출되기 쉬운 윤활 개소에는 내열성과 냉각성이 있는 윤활제를 선정한다.

ⓒ 미끄럼 베어링 윤활유 선정

ⓒ 미끄럼 베어링 그리스 선정
- 미끄럼 베어링의 그리스 선정 시 온도는 마찰에만 의할 때 56℃ 한도가 되도록 한다.
- 중하중의 경우 극압제, 그래파이트 등이 첨가된 것을 사용한다.
- 운전속도는 2m/s 이하로 하며 급유에 적당한 주도를 갖는 제품을 선정한다.
- 그리스를 과하게 넣으면 고속에서 과열 또는 연화를 일으킨다.

ⓔ 구름 베어링에서 그리스를 사용할 때는 그리스의 특성, 사용조건, 급유방법 등을 고려하여 선정한다.

④ 베어링 급유

ⓐ 미끄럼 베어링 급유법
- **전손식** : 적은 급유량으로 윤활이 가능하고 운전속도가 낮을 때 적용한다.
- **유욕식** : 링, 체인, 칼라, 비말 급유에 사용된다.
- **순환식** : 베어링 온도가 상승 우려가 있는 경우 냉각을 위해 사용된다.

ⓑ 구름 베어링 급유법 : 적하식, 유욕식, 분무식

ⓒ 그리스 윤활 사용 시 고려 사항
- 그리스의 점도에는 기유의 점도가 큰 영향을 미친다.
- 베어링의 크기가 클수록 많은 양의 그리스를 주입한다. 리테이너 안내면에도 그리스를 채운다.
- 그리스를 과하게 넣으면 고속에서 과열 또는 연화를 일으킨다.
- 하우징 내부의 축과 베어링을 제외한 공간용적에 대해 허용회전수의 50% 이하로 회전할 때는 1/2~2/3만큼, 허용회전수의 50% 이상으로 회전할 때는 1/3~1/2만큼 충진한다.

ⓓ 베어링유 점검
- 링, 체인, 칼라 급유 : 보통의 운전조건에서 매 1년, 가혹 조건에서 매 6개월
- 유욕 비말 급유 : 보통의 운전조건에서 매 6개월, 가혹 조건에서 매 3개월
- 순환 급유 : 보통의 운전조건에서 9개월, 가혹 조건에서 1~3개월

10년간 자주 출제된 문제

11-1. 베어링 윤활의 목적이 아닌 것은?
① 마찰열의 방출
② 피로 수명의 감소
③ 마찰 및 마모의 감소
④ 베어링 내부에 이물질의 침입 방지

11-2. 베어링 허용회전수의 50% 이상으로 회전할 때, 다음의 하우징 내부의 축 및 베어링을 제외한 공간용적에 대하여 충진하여야 할 가장 적절한 그리스 양은?
① 신유가 빠져 나올 때까지 충진한다.
② 100% 충진한다.
③ 1/3~1/2 정도 충진한다.
④ 1/2~3/4 정도 충진한다.

11-3. 구름 베어링의 윤활방법은 그리스윤활과 기름윤활이 있다. 기름윤활의 장점이 아닌 것은?
① 윤활제의 교환이 비교적 간단하다.
② 냉각작용 및 냉각효과가 우수하다.
③ 높은 회전속도에서 사용할 수 있다.
④ 급유가 어렵고 밀봉작업이 필요하다.

11-4. 베어링의 마찰면이 일정치 않은 상황에서 국부적인 고하중이 걸릴 때 작용하는 윤활유의 기능은?
① 마찰 감소 작용
② 응력 분산작용
③ 밀봉 작용
④ 세정 작용

10년간 자주 출제된 문제

11-5. 미끄럼 베어링 급유법에 대한 설명으로 틀린 것은?
① 전손식은 적하 급유, 원심 급유법 등에서 쓰인다.
② 전손식은 운전속도가 빠를 때 주로 적용된다.
③ 유욕식은 링 급유, 체인 급유, 칼라 급유, 비말 급유 등의 방법이 있다.
④ 순환식은 베어링의 온도가 높아져 온도를 내리고자 할 경우에 적용된다.

11-6. 윤활유로서 베어링을 윤활하고자 할 때 고려해야 할 일반적인 선정기준이 아닌 것은?
① 적정 점도
② 나프텐기유의 선택
③ 급유 방법 및 주위 환경
④ 운전 속도

11-7. 기어윤활에서 기어의 손상과 윤활대책이 맞게 짝지어진 것은?
① 기어의 부식마멸 - 적정윤활유(종류, 동점도)의 재검토
② 기어의 눌어붙음 - 여과를 통한 고형의 금속분 및 수분의 제거
③ 미끄럼방향과 평행한 연마성의 선상마멸 - 오일의 교환 또는 여과, 필터의 점검
④ 고온으로 인한 기어의 변색 및 심한 마멸 - 수분제거 및 적정량까지 오일의 보충

|해설|

11-1
베어링 윤활의 목적
• 마찰 및 마모의 감소
• 피로 수명의 연장(충분하고 적절한 윤활 시)
• 마찰열의 방출, 냉각
• 베어링 내부 이물질 침입 방지

11-2
하우징 내부의 축과 베어링을 제외한 공간용적에 대해 허용회전수의 50% 이하로 회전할 때는 1/2~2/3만큼, 허용회전수의 50% 이상으로 회전할 때는 1/3~1/2만큼 충진한다.

11-3
④는 단점이다.
베어링 윤활제 비교
• 윤활유
 - 다양한 속도에 사용되며 회전 저항이 작다.
 - 순환 급유에 용이하고 냉각효과가 크다.
 - 밀봉이 복잡하고 누설의 우려가 크며 이물질 삽입될 우려가 있다.
• 그리스
 - 다양한 속도에 사용되지만 회전 저항이 크다.
 - 순환 급유보다는 밀봉된 윤활에 유리하고 냉각효과는 작다.
 - 밀봉이 간단하고 누설의 우려가 적으며 이물질 삽입될 우려가 적다.

11-4
베어링 윤활 선정 시 적정 점도, 운전 속도, 운전 시 운전부의 온도, 작용 하중, 급유방법 등을 고려해서 선정한다.
• 마찰면이 일정치 않아 국부적인 고하중이 걸릴 때는 응력분산 능력이 있는 윤활제를 선정한다.
• 고속운전을 하는 윤활 개소에는 마찰 감소 능력이 있고 점도가 낮은 윤활제를 선정한다.
• 이물질의 침입이 우려되는 윤활 개소에는 밀봉 능력이 있고 세정력이 있는 윤활제를 선정한다.
• 열에 노출되기 쉬운 윤활 개소에는 내열성과 냉각성이 있는 윤활제를 선정한다.

11-5
미끄럼 베어링 급유법
• 전손식 : 적은 급유량으로 윤활이 가능하고 운전 속도가 낮을 때 적용
• 유욕식 : 링, 체인, 칼라, 비말 급유에 사용된다.
• 순환식 : 베어링 온도가 상승 우려가 있는 경우 냉각을 위해 사용된다.

11-6
베어링 윤활유 선정
• 내하중성이 높고 산화 안정성이 좋으며 방청성능이 좋고 저유동성, 소포성이 있는 제품을 사용한다.
• 점도가 낮으면 유막 형성이 불충분하여 이상 마모 등의 원인이 되나 너무 높으면 점성 저항이 커져 발열, 동력손실 등의 우려가 있다.
• 베어링 윤활 선정 시 적정 점도, 운전 속도, 운전 시 운전부의 온도, 작용 하중, 급유방법 등을 고려해서 선정한다.

11-7
리징(Ridging) : 이의 작용면 미끄럼 방향으로 산마루 같은 주름이 형성되는 소성유동의 현상. 윤활유의 점성을 증가시키거나 극압 첨가제를 사용하는 등 윤활 환경을 개선한다.

정답 11-1 ② 11-2 ③ 11-3 ④ 11-4 ① 11-5 ② 11-6 ② 11-7 ③

핵심이론 12 | 기어의 윤활

① 기어용 윤활유에 필요한 성질

기어유의 역할	필요한 성질
마찰 감소	점도, 저온유동성
마모 감소	내하중성, 내마모성
소음/진동 충격 감소	소포성, 열 안정성
고속 운전	저점도
고하중 전달	내하중성
불순물 감소	열 안정성, 방청성, 산화 안정성, 부식 방지성
냉각 작용	항유화성

② 기어유의 분류

㉠ 점도와 내하중성이 중요한 요소이다. 그러나 점도를 높이면 기어 보호 기능은 좋아지나 윤활 성능이 나빠지므로, 기어유 자체에 극압 능력이 있는 기어유를 선호한다.

㉡ 밀폐 기어용 기어유
- R&O : 광유에 방청제, 산화 방지제를 첨가한 윤활유. 경하중 또는 보통하중을 받고 있는 평기어, 헬리컬 기어, 베벨 기어에 사용한다.
- EP : 고하중을 받는 기어에는 광유에 나프텐산연계, 또는 황-인(S-P)계의 극압제를 첨가한 마일즈 EP 또는 EP 타입을 사용한다.
- 콤파운드 오일 : 광유에 3~10%의 지방유 또는 합성 지방유를 첨가한 것으로 웜 기어에 쓰인다.
- 합성유 : 다이에스테르, 폴리글리콜 및 합성 탄화수소계의 기어유이다. 특수 운전 조건의 밀폐 기어에 쓰인다.

㉢ 개방 또는 반밀폐 기어용 기어유 : R&O, EP, 점도가 높은 광유나 EP유에 불연성 용제로 희석한 콤파운드 오일

③ 기어유 선정

㉠ 밀폐형 기어
- 일반적으로 산화 안정성이 높은 순광유를 사용한다.
- 고속 강제 순환 개방식 윤활에서는 터빈유를 선정한다.
- 중하중이나 충격부하를 받는 경우는 극압 기어유를 선정한다.

㉡ 개방형 기어 : 오일의 부착성이 높고 내수성이 좋은 고점도 윤활제를 선택한다.

㉢ 하이포이드 기어 : 하이포이드 기어는 곡선 형태의 기어 이를 가지고 있어 부드러운 전동이 가능하며 서로 교차하지 않는(Do not Intersect) 축을 가지고 있다. 중하중을 받고 스커핑(표면 마모 현상) 우려가 있어 활성 극압 기어유를 선택한다.

㉣ 웜 기어 : 미끄럼 속도가 크고 감속비가 커서 운전속도가 올라갈 수 있으므로 산화 안정성이 높은 오일을 사용하고, 중하중일 때는 콤파운드 오일을 선택한다.

㉤ KS M 2121에는 내연기관용 윤활유를 SAE 0W부터 SAE 60까지 구분하여 놓았다.

④ 주요 기어 손상과 윤활과의 연관성

㉠ 마모(Wear) : 접촉에 의해 표면층이 불균일하게 제거되는 손상. 오일 유막 미형성 또는 붕괴, 오일 중 금속미립자, 첨가제에 의한 화학적 마모 등이 원인이 된다. 마모를 막기 위해서는 천천히 시동을 거는 등 접촉의 충격을 줄일 필요가 있다.

㉡ 연마마모(Abrasive Wear) : 윤활시스템이 가공 후 칩, 연삭 잔류물, 스케일(Scale, 녹), 세척 잔존물(Grit) 등과 마모된 기어 표면 파편 등에 의해 연마되어 손상되는 현상이다.

㉢ 부식(Corrosive) : 윤활 시스템에 물, 염분, 용제, 용해제, 세척제 등 일반적인 화학물질의 화합물이 화학적 부식을 유발한다. 혹시 윤활제를 극압 첨가제가 있는 제품을 쓰는 경우 부식과의 연관성을 검토할 필요가 있다.

㉣ 스커핑(Scuffing), 스코어링(Scoring) : 스커핑(Scuffing)은 과열에 의한 윤활막의 국부적 파손에 의해 금속-금속 접촉, 용착과 분리의 반복작용의 점착마모(Adhesive)를 의미한다. 윤활제의 점도를 높이고 작동 속도를 조절하며 온도를 낮추고 첨가제를 넣는 등의 대책이 필요하다.

- 피팅(Pitting, Surface Fatigue) < 파괴적 피팅 < 스폴링(Spalling) : 기어 일부의 박리 및 파손이 유발되므로 윤활대책보다는 설계적 대책이 유효하다.
- 리징(Ridging) : 이의 작용면 미끄럼 방향으로 산마루 같은 주름이 형성되는 소성유동의 형상이다. 윤활유의 점성을 증가시키거나 극압 첨가제를 사용하는 등 윤활 환경을 개선한다.
- 리플링(Rippling) : 소성 유동과 관련하여 기어 맞물림의 미끄럼 운동 방향과 90도 근처의 각도로 접촉면에 물결형태로 발생한다. 접촉응력을 줄이고 오일점도를 높이는 대책이 필요하다.

10년간 자주 출제된 문제

12-1. 무단 변속기에 사용되는 윤활유가 가져야 할 윤활 조건 중 가장 거리가 먼 것은 어느 것인가?
① 기포가 적을 것
② 내하중성이 클 것
③ 절연성이 있을 것
④ 점도지수가 높을 것

12-2. 다음 윤활제 중 경하중 또는 보통하중을 받고 있는 평 기어, 헬리컬 기어, 베벨 기어의 윤활제로 적합하고, 녹 방지와 산화방지제가 첨가된 윤활유로 가장 적합한 것은?
① 극압 윤활유
② 합성 윤활유
③ R & O 윤활유
④ 개방형 기어유

12-3. 고하중 기어나 극압성이 큰 압연기 등에 사용되는 윤활유로 적절한 것은?
① 마일드 EP형 기어유
② 레귤러형 기어유
③ 웜형 기어유
④ 다목적용 기어유

12-4. 기어 윤활에 관한 설명 중 틀린 것은?
① 고속기어에는 저점도의 윤활유가 적합하다.
② 웜 기어는 미끄럼 속도가 빠르고 운전 온도도 높게 되므로 산화 안정성이 우수한 순광유가 일반적으로 사용된다.
③ 기어는 높은 하중을 받아 미끄러질 때 마찰면 마모를 방지하기 위하여 내하중이 있는 극압유가 요구된다.
④ 하이포이드 기어는 일반적으로 중하중을 받으므로 불활성 극압 윤활유가 적당하다.

12-5. 기어 윤활에서 기어의 손상에 대한 설명으로 옳은 것은?
① 리징(Ridging) : 외관이 미세한 홈과 퇴적상이 마찰방향과 평행으로 거의 등간격으로 된 것이 특징이다.
② 리플링(Rippling) : 국부적으로 금속 접촉이 일어나 용융되어 뜯겨가는 현상으로 극압성 윤활제가 좋다.
③ 스폴링(Spalling) : 높은 응력이 반복 작용된 결과로 박리현상이 없으며 윤활유의 성상과는 무관하다.
④ 피팅(Pitting) : 고속 고하중 기어에는 이면의 유막이 파단되어 국부적으로 금속 접촉이 일어나는 것이다.

12-6. 다음 기어의 손상 중 윤활유의 성능과 가장 관계있는 것은?
① 피팅(Pitting)
② 파단(Breakage)
③ 스폴링(Spalling)
④ 스코어링(Scoring)

|해설|

12-1
기어용 윤활유에 필요한 성질

기어유의 역할	필요한 성질
마찰 감소	점도, 저온유동성
마모 감소	내하중성, 내마모성
소음/진동 충격 감소	소포성, 열 안정성
고속 운전	저점도
고하중 전달	내하중성
불순물 감소	열 안정성, 방청성, 산화 안정성, 부식 방지성
냉각 작용	항유화성

12-2, 12-3
밀폐 기어용 기어유
- R&O : 광유에 방청제, 산화 방지제를 첨가한 윤활유. 경하중 또는 보통하중을 받고 있는 평 기어, 헬리컬 기어, 베벨 기어에 사용한다.
- EP : 고하중을 받는 기어에는 광유에 나프텐산연계, 또는 황-인(S-P)계의 극압제를 첨가한 마일즈 EP 또는 EP 타입을 사용한다.
- 콤파운드 오일 : 광유에 3~10%의 지방유 또는 합성 지방유를 첨가한 것으로 웜 기어에 쓰인다.
- 합성유 : 다이에스테르, 폴리글리콜 및 합성 탄화수소계의 기어유이다. 특수 운전 조건의 밀폐 기어에 쓰인다.

| 해설 |

12-4

하이포이드 기어 : 하이포이드 기어는 곡선 형태의 기어 이를 가지고 있어 부드러운 전동이 가능하며 서로 교차하지 않는(Do not Intersect) 축을 가지고 있다. 중하중을 받고 스커핑(표면 마모 현상) 우려가 있어 활성 극압 기어유를 선택한다.

12-5

- 리플링(Rippling) : 소성 유동과 관련하여 기어 맞물림의 미끄럼 운동 방향과 90도 근처의 각도로 접촉면에 물결형태로 발생한다.
- 스폴링(Spalling) : 파인 홈의 지름이 크고 상당한 영역에 걸쳐 피팅이 일어나는 현상이다.
- 피팅(Pitting, Surface Fatigue) : 기어 재질이 견딜 수 있는 한계를 초과했을 때 나타나는 피로파괴현상으로 접촉면에 작은 홈이나 공동이 발생한다.

12-6

- 스커핑(Scuffing), 스코어링(Scoring) : 스커핑(Scuffing)은 과열에 의한 윤활막의 국부적 파손에 의해 금속-금속 접촉, 용착과 분리의 반복작용의 점착마모(Adhesive)를 의미한다. 윤활제의 점도를 높이고 작동 속도를 조절하며 온도를 낮추고 첨가제를 넣는 등의 대책이 필요하다.
- 피팅(Pitting, Surface Fatigue) < 파괴적 피팅 < 스폴링(Spalling) : 기어 일부의 박리 및 파손이 유발되므로 윤활대책보다는 설계적 대책이 유효하다.
- 파단(절손, Breakage) : 기어 이의 일부나 전체가 과부하, 충격응력 작용에 따른 반복응력에 의한 피로 파손 현상으로 역시 윤활대책보다는 근본적인 설계적 대책이 필요하다.

정답 12-1 ③ 12-2 ② 12-3 ① 12-4 ④ 12-5 ① 12-6 ④

핵심이론 13 | 유압 작동유 및 오염관리

① 유압 작동유 일반

㉠ 유압 펌프나 제어 밸브, 유압 실린더가 고압, 고속으로 운전되고 그에 따른 동력을 전달하는 유체 상태의 매체를 일괄하여 유압유, 유압 작동유라고 한다.

㉡ 기계에 직접 접촉되고 마찰되어 사용하므로 재질, 작동유의 온도, 작업 분위기 등 여러 조건에 맞는 성질을 갖고 있어야 한다.

㉢ 유압 작동유에 요구되는 성질
- 적당한 점도와 점도를 유지하는 성질
- 산화 안정성이 좋을 것
  - 산화 안정도 : 산화되는 환경에 대해 얼마나 안정적인가를 나타내는 척도
  - 산화작용은 공기 중의 산소와 접촉하여 발생, 열, 금속과의 접촉으로 인해 산화작용이 촉진
  - 산화 > 열분해 > 중합 > 축합 작용으로 진행되어 작동유가 열화(劣化)됨
  - 산화부산물인 슬러지가 생성됨, 기계를 부식시킴
- 방식성 및 방청 능력이 있을 것
- 전단 안정성 및 기계적 성질이 좋을 것
- 내화학성 및 화학적 반응을 유발하지 않을 것
- 작동유는 저온 유동성이 좋고 비압축성이어야 함
- 내열성, 항유화성, 소포성, 윤활성 및 내마모성, 수분 분리성, 내연성이 좋을 것
- 펌프에서 고점도유를 사용하는 경우 캐비테이션의 발생과 마찰 저항에 따른 축입력이 커져야 하고, 유동 및 교반을 할 때도 저항이 커지므로 비압축성의 저점도의 유체를 사용하는 것이 좋다.

② 유압 작동유 분류

㉠ 유압 작동유에 요구되는 성질에 맞게 석유계 윤활유의 터빈유 상당의 점도가 있는 작동유를 사용한다.
- 터빈유 1종 : 무첨가 터빈유
- 터빈유 2종 : 첨가 터빈유 - 방청 첨가제, 산화 방지제 등을 첨가

- 작동유 : JIS K 2213의 2종 첨가 터빈유 ISO VG 32, VG 46, VG 68 및 이에 상응하는 유압 작동유
ⓒ 화재의 우려가 있을 때 합성 작동유나 수성 작동유 등 난연성 작동유를 사용한다. 다만 난연성 작동유는 성질이 다른 작동유와 다르므로 사용 환경을 확인한다.
ⓒ 유압작동유의 종류

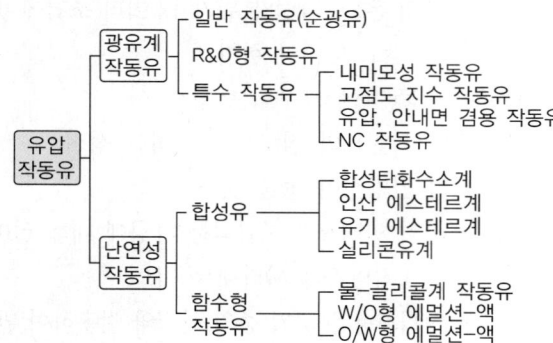

ⓒ 유압 작동유의 품질 요구사항

시험 항목	종류(점도 등급)				
	ISO VG 15	ISO VG 22	ISO VG 32	ISO VG 46	ISO VG 68
동점도(40℃, mm²/s)	13.5~16.5	19.8~24.2	28.8~35.2	41.4~50.6	61.2~74.8
점도지수	80 이상		90 이상	90 이상	90 이상
유동점[℃]	-30 이하	-24 이하	-24 이하		-21 이하
인화점[℃]	140 이상	160 이상	170 이상	170 이상	200 이상

시험 항목	종류(점도 등급)				
	ISO VG 100	ISO VG 150	ISO VG 220	VG 38	VG 56
동점도(40℃, mm²/s)	90.0~110	135~165	198~242	35.2~41.4	50.6~61.2
점도지수	90 이상	90 이상			
유동점[℃]	-15 이하	-9 이하		-24 이하	
인화점[℃]	200 이상	200 이상	200 이상	170 이상	200 이상

시험 항목	요구사항	
동판부식(100℃, 3h)	1 이하	
수분[mg/kg]	500 이하	
방청성능(증류수 24h)	녹이 없을 것	
물분리도[min²]	30 이하	
기포성	24℃	기포의 경향	60 이하
		기포안정성	기포량 없음
	93.5℃	기포의 경향	60 이하
		기포안정성	기포량 없음
	93.5℃ 후의 24℃	기포의 경향	60 이하
		기포안정성	기포량 없음

물분리도는 유화층의 부피가 3mL가 되었을 때의 시간이다.

③ 유압 작동유의 열화
ⓒ 원 인
- 마찰로 인하여 마모된 미세한 불순물들이 유입되는 경우
- 연속 작업으로 작동유 온도의 상승에 따른 화학적 열화
- 공기 중 수분을 흡수, 공기 중 산소를 혼입

ⓒ 경 향
- 시효에 따른 열화보다 협잡물이나 이물질 혼입에 따른 열화가 더 자주 발생한다.
- 유압작동유의 점도가 너무 낮아지면 밀봉효과가 떨어져 누유의 우려가 발생한다.
- 이물질이 혼입되면 유압 전달력이 감소하며 부식 및 작동 불량의 원인이 된다.

ⓒ 열화 유발 요인
- 극압 첨가제 : 압력을 받는 작동유에 극압 성질은 필요한 성질 중 하나이나 ZDTP 첨가제는 140~190℃의 높지 않은 온도에서 열분해되고, 윤활유 용해 상태에서도 190~230℃에서 열분해 되어 열화 생성물을 유발한다.
- 점도지수 향상제 : 유압 펌프나 밸브류에서 작동유는 운전 중 연속적인 전단력을 받게 되어 점도가 저하되므로 점도지수 향상제가 필요하나, 이 또한 열화 생성물을 유발하는 요인 중 하나이다.

- 수분 및 이종유의 혼입
- 협잡물, 이물질의 혼입

㉣ 열화 대책 : 열화가 발생하면 작동유를 교환하는 것이 기본이나 작동유를 지나치게 자주 교환하면 경제적인 손실 및 작업시간 손실을 유발하며, 환경 오염 문제를 일으키므로 다음 교환 기준에 따라 적절한 교환을 하는 것이 필요하다.

성상 \ 유종	범용 작동유	내마모성 작동유	고점도 지수 작동유	NC 작동유
40℃ 점도 변화[%]	±10~15	±10~15	±10~15	±10~15
인화점 변화[%]	60 이하	60 이하	60 이하	60 이하
전산가[mgKOH/g]	0.5 이하	0.5 이하	0.5 이하	0.5 이하
펜테인 불용 성분 [wt%]	0.05 이하	0.05 이하	0.05 이하	0.05 이하
벤젠 불용 성분 [wt%]	0.03 이하	0.03 이하	0.03 이하	0.03 이하
색(Union)	2 이하	2 이하	2 이하	2 이하
수분[vol%]	0.05 이하	0.05 이하	0.05 이하	0.05 이하

10년간 자주 출제된 문제

13-1. 유압 작동유에 필요한 성질이 아닌 것은?

① 산화 안정성이 좋아야 한다.
② 마모 방지성이 좋아야 한다.
③ 부식 방지성 및 방청성을 가져야 한다.
④ 온도변화에 따른 점도의 변화가 커야 한다.

13-2. 다음 중 광유계 유압 작동유에 해당되는 것은?

① 물-글리콜계
② O/W 에멀션계
③ 내마모성 작동유
④ 합성 인산 에스테르계

13-3. 유압 작동유 열화의 원인으로 맞지 않는 것은?

① 미세한 불순물 침입
② 작동유의 온도 급상승
③ 작동유의 수분 혼입
④ 고점도 지수 오일 사용

13-4. 작동유의 수명을 결정하는 성상으로 오일의 산화로 생성된 슬러지가 밸브나 오리피스관 등을 막히게 하거나 마찰 부위를 마모시키는 원인이 되는 것은?

① 전단 안정성
② 산화 안정성
③ 마모 방지성
④ 청정 분산성

13-5. 유압작동유(KS M 2129)에 따라 인화점이 가장 낮은 것은?

① ISO VG 15
② ISO VG 32
③ ISO VG 46
④ ISO VG 68

13-6. 일반작동유(일반기계)의 일반적인 관리한계(교환기준)로 틀린 것은?

① 수분 : 0.5%(용량) 이하
② n-펜테인 불용분 : 0.05%(무게) 이하
③ 동점도의 변화 : 신유의 ±15% 이내
④ 전산가(신유대비증가) : 0.5mgKOH/g 이하

| 해설 |

13-1
유압 작동유에 요구되는 성질
- 적당한 점도와 점도를 유지하는 성질
- 산화 안정성이 좋을 것
- 방식성 및 방청 능력이 있을 것
- 전단 안정성 및 기계적 성질이 좋을 것
- 내화학성 및 화학적 반응을 유발하지 않을 것
- 작동유는 저온 유동성이 좋고 비압축성이어야 함
- 내열성, 항유화성, 소포성, 윤활성 및 내마모성, 수분 분리성, 내연성이 좋을 것

13-2
핵심이론의 ② 유압 작동유 분류 도표 참조

13-3
점도지수가 저하되어 열화되므로 고점도 지수 오일을 사용하는 것은 방지책 중 하나이다.

13-4
- 산화 안정도 : 산화되는 환경에 대해 얼마나 안정적인가를 나타내는 척도
- 산화작용은 공기 중의 산소와 접촉하여 발생, 열, 금속과의 접촉으로 인해 산화작용이 촉진
- 산화 > 열분해 > 중합 > 축합 작용으로 진행되어 작동유가 열화(劣化)됨
- 또한 산화부산물인 슬러지가 생성됨, 기계를 부식시킴

13-5

시험 항목	종류(점도 등급)				
	ISO VG 15	ISO VG 22	ISO VG 32	ISO VG 46	ISO VG 68
인화점(℃)	140 이상	160 이상	170 이상	170 이상	200 이상

시험 항목	종류(점도 등급)				
	ISO VG 100	ISO VG 150	ISO VG 220	VG 38	VG 56
인화점(℃)	200 이상	200 이상	200 이상	170 이상	200 이상

13-6
작동유 교환기준

성상 \ 유종	범용 작동유	내마모성 작동유	고점도 지수 작동유	NC 작동유
40℃ 점도 변화[%]	±10~15	±10~15	±10~15	±10~15
인화점 변화[%]	60 이하	60 이하	60 이하	60 이하
전산가 [mgKOH/g]	0.5 이하	0.5 이하	0.5 이하	0.5 이하
펜테인 불용 성분 [wt%]	0.05 이하	0.05 이하	0.05 이하	0.05 이하
벤젠 불용 성분 [wt%]	0.03 이하	0.03 이하	0.03 이하	0.03 이하
색(Union)	2 이하	2 이하	2 이하	2 이하
수분[vol%]	0.05 이하	0.05 이하	0.05 이하	0.05 이하

정답 13-1 ④ 13-2 ③ 13-3 ④ 13-4 ② 13-5 ① 13-6 ①

CHAPTER 05 공유압 및 자동화

핵심이론 01 │ 기초이론

① SI 단위 : 국제 표준 단위계(International System of Units)는 7가지 기본 단위에 대해 국제적 약속을 한 단위이다.

물리량	기본단위	물리량	기본단위
질 량	kg	온 도	K
길 이	m	광 도	Cd
시 간	s	양(量)	mol
전 류	A		

그중 특히 역학과 관련하여 길이, 질량, 시간을 기본 단위로 하고 이에 대해 meter, kilogram, seconds나 (MKS 단위계), cm, g, s를(CGS 단위계) 사용한다.

② 공학단위 : 국제 표준 단위계가 과학적 표준에 관심이 있다면 공학단위는 실생활에서 적용가능한 범주의 단위를 적용한다. 이를 위해 길이는 미터 대신 센티미터 (cm), 과학적 계산이 필요한 질량 대신 무게(kgf, kg중, 중력가속도를 계산한 무게)를 사용하는 단위이다.

③ 질량 : 물체의 고유 무게를 의미한다. 실제 우리가 느끼는 무게는 중력가속도가 반영되어 있는데, 어디서든 가지고 있을 고유의 무게가 있다고 생각하고 이를 질량이라 생각한다. 단위는 g(그램)을 사용한다.

④ 하중 또는 중량 : 중력가속도가 반영된 무게이다. 지구 상에서의 무게라고 생각하자. 단위는 힘의 단위인 kgf나 N을 사용한다. $1N = 1g \times 1m/s^2$, $1kgf = 1kg \times 9.81m/s^2$이다.

⑤ 압력

단위 면적에 대해 누르는 힘을 표현할 때 압력이라는 개념을 사용한다.

㉠ 단위 면적의 단위는 국내나 국제적으로는 m^2이나, cm^2, mm^2을 사용하나, 미국에서는 $inch^2$를 사용한다.

㉡ 힘은 N, kgf 등을 사용한다.

㉢ 압력(P)은 단위 면적(A)당 힘(F)이므로 $P = \dfrac{F}{A}$로 표현한다.

㉣ 압력의 단위는 기본단위로 파스칼[Pa]을 사용하며 N/m^2과 같다. 그러나 실제로 이 단위는 너무 약한 압력이므로 이를 백만 배 한 MPa(N/mm^2)이나 십만 배 한 bar(0.1MPa)를 사용한다.

㉤ 압력의 공학단위는 kgf/cm^2를 사용한다. 이를 환산하면

$$1kgf/cm^2 = \frac{1kg \times 9.8m/s^2}{(1cm)^2} = \frac{9.8kg \cdot m/s^2}{(1cm)^2}$$

$$= \frac{9.8}{0.0001} \times 1N \times \frac{1}{m^2}$$

$$= 9.8 \times 10^4 N/m^2 = 9.8 \times 10^1 kPa$$

$$= 98kPa$$

㉥ 대기압

- 1기압은 760mm의 수은 기둥과 같고 10.33m의 물 기둥과 같으며 계산된 압력으로는 $1.03323kgf/cm^2$와 같다.

  $1atm = 760mmHg = 10.33mAq = 1.03323kgf/cm^2$
  $= 10,332.3kgf/m^2 = 1.013bar = 101.32kPa$
  $= 1,013hPa$

- 게이지 압력은 게이지 안에도 대기압이 작용하므로 대기압과 실제 압력의 차이만 표시된다.
- 따라서 절대압력 = 게이지 압력 + 대기압
- 절대압력은 이론적으로 완전한 진공인 0을 기준으로 측정한 압력이다.

⑥ 일과 에너지

㉠ 일 : 힘이 가해지고 그 방향으로 이동한 거리와의 곱. $W = F \cdot s$로 표현하며 단위는 줄[J]을 사용한다.

$$1J = 1N \cdot 1m = 1Nm$$

ⓒ 일과 에너지는 같은 단위를 사용한다. 운동에너지는 다음과 같이 계산한다.

$$W = F \cdot s = ma \cdot \left(\frac{1}{2}at^2\right) = m \cdot \frac{1}{2}a^2t^2$$
$$= \frac{1}{2}mv^2$$

　ⓓ 일의 단위
　　• SI 단위 : J(= 1N × 1m), erg(= 1dyn × 1cm = 10^{-7}J)
　　• 공학단위 : kgf·m(= 1kg × 9.81m/s² × 1m)

⑦ 비중 / 비중량 / 비체적
　ⓐ 비중 : "비교한 중량"이라는 의미로 같은 부피의 물의 무게와 비교했을 때의 비율이다. 예를 들어, 물 한 컵이 500g이 나가는데 어떤 액체 한 컵이 1kg이 나간다면 이 액체의 비중은 2(= $\frac{1\text{kg}}{0.5\text{kg}}$)이다.
　ⓑ 비중량 : 단위 체적당 유체의 중량을 나타내는 것으로 밀도가 단위 체적당 질량을 의미하는 것처럼, 상응하여 중량에 대해서도 비중량을 생각할 수 있다.
　ⓒ 비체적 : 단위 질량당 유체의 체적, 또는 단위 중량당 유체의 체적을 이야기한다.
　　체적은 팽창하는 개념이므로 어느 정량의 물질을 기준할 때 질량이나 무게를 기준으로 하는 것이 필요하다. 밀도, 또는 비중량의 역수가 된다.

⑧ 질량, 부피, 밀도의 관계
　밀도 = $\frac{질량}{부피}$으로 정의한다.
　물의 비중은 1이며 밀도는 1,000kg/m³ = 0.001kg/cm³이다.

⑨ 전 기
　ⓐ 물질 내부의 구성 중 자유전자가 힘을 얻어 흐르는 흐름이며 에너지를 가진다.
　ⓑ 실제 자유전자는 음극에서 양극으로 흐르지만, IEC의 약속에 따라 전기의 흐름은 양극(+)에서 음극(-)으로 흐르는 것으로 정의한다.
　ⓒ 전기의 양을 '전류'라 하며 암페어[A]의 단위를 사용한다.
　ⓓ 내용상 전류가 전기의 양이지만, 암페어[A]로 전기의 양을 표현하기에는 기준이 없어 불완전하다. 이를 위해 1초당 흐르는 전기의 양을 표현할 필요가 있으며, 이를 '전기량', '전하량'이라고 하고 쿨롱[C]이란 단위를 사용한다.
　ⓔ 전하량은 $Q = I \times t$ (Q : 전하량, I : 전류, t : 시간[초])로 표현되며 단위는 1[C] = 1[A] × 1[s], 1[A] = 1[C/s]이다.
　ⓕ 전하 하나가 가지고 있는 전하량은 물질에 상관없이 같다고 쿨롱이 정의하였다. 이 전하량은 $e = 1.602 \times 10^{-19}$[C]이다. 따라서 1[C]을 일으키려면 전하 $\frac{1[\text{C}]}{1.602 \times 10^{-19}[\text{C}]} = 6.24 \times 10^{18}$[개]

가 필요하다.
　ⓖ 전기의 흐르는 압력을 전압이라 하며 전압은 전위차에 의해 발생한다. 단위는 볼트[V]를 사용한다.
　ⓗ 전기의 흐름을 방해하는 요소를 저항이라 하며 옴[Ω]의 단위를 사용한다.
　ⓘ 전기회로의 소자는 수동소자와 능동소자로 나누며 저항, 인덕터, 커패시터는 수동소자이다. 능동소자는 다이오드, 트랜지스터와 복합능동소자(연산증폭기, 비교기, 논리소자)로 구분한다.

10년간 자주 출제된 문제

1-1. 다음 중 국제단위계(SI단위)의 기본단위(Basic Unit)에 속하지 않는 것은?
① ℃　　　　　　　　② m
③ A　　　　　　　　④ K

1-2. 다음 중 힘의 단위는?
① kg　　　　　　　　② kgf
③ kgf·s　　　　　　　④ kgf·m

10년간 자주 출제된 문제

1-3. 압력을 P, 면적을 A, 힘을 F로 나타낼 때, 각각의 표현 공식으로 옳은 것은?

① $P = A/F$
② $F = P^2 \times A$
③ $F = P \times A$
④ $A = P/F$

1-4. 압력을 측정하는 데 있어서 완전 진공상태를 "0"으로 기준 삼아 측정하는 압력은?

① 게이지 압력
② 절대 압력
③ 대기 압력
④ 표준 압력

1-5. 다음 중 1atm과 같지 않은 것은?

① 1,013kPa
② 760mmHg
③ 1.0132bar
④ 10,332kgf/m²

1-6. 다음 중 비중에 대한 설명으로 옳은 것은?

① 비중은 무차원 수이다.
② 표준대기압 0℃의 물의 비중량에 대한 비로 표시한다.
③ 단위는 N/m³을 사용한다.
④ 물의 밀도를 측정하고자 하는 물질의 밀도로 나눈 값이다.

1-7. 단위 질량당 유체의 체적 또는 단위 중량당 유체의 체적은?

① 밀 도
② 비 중
③ 비중량
④ 비체적

1-8. 전기의 기본이 되는 전하량의 단위는 어느 것인가?

① 쿨롱[C]
② 암페어[A]
③ 볼트[V]
④ 줄[J]

|해설|

1-1

국제 표준 단위계(International System of Units)는 7가지 기본 단위에 대해 국제적 약속을 한 단위이다.

물리량	기본단위	물리량	기본단위
질량	kg	온도	K
길이	m	광도	Cd
시간	s	양(量)	mol
전류	A		

1-2

힘은 N, kgf 등을 사용한다.

1-3

압력(P)은 단위 면적(A)당 힘(F)이므로 $P = \dfrac{F}{A}$로 표현한다.

압력의 단위는 기본단위로 파스칼[Pa]을 사용하며 N/m²와 같다. 그러나 실제로 이 단위는 너무 약한 압력이므로 이를 백만 배 한 MPa(N/mm²)이나 십만 배 한 bar(0.1MPa)를 사용한다.

1-4

대기압

- 절대 압력 = 게이지 압력 + 대기압
- 절대 압력은 이론적으로 완전한 진공인 0을 기준으로 측정한 압력이다.

1-5

1기압은 760mm의 수은 기둥과 같고 10.33m의 물기둥과 같으며 계산된 압력으로는 1.03323kgf/cm²과 같다.

1atm = 760mmHg = 10.33mAq = 1.03323kgf/cm²
= 10,332.3kgf/m² = 1.013bar = 101.32kPa = 1,013hPa

1-6

비중 : "비교한 중량"이라는 의미로 같은 부피의 물의 무게와 비교했을 때의 비율이다. 예를 들어, 물 한 컵이 500g이 나가는데 어떤 액체 한 컵이 1kg이 나간다면 이 액체의 비중은 $2\left(=\dfrac{1\text{kg}}{0.5\text{kg}}\right)$이다.

1-7

비체적 : 단위 질량당 유체의 체적, 또는 단위 중량당 유체의 체적을 이야기한다. 체적은 팽창하는 개념이므로 어느 정량의 물질을 기준할 때 질량이나 무게를 기준으로 하는 것이 필요하다. 밀도, 또는 비중량의 역수가 된다.

1-8

전하량은 $Q = I \times t$ (Q : 전하량, I : 전류, t : 시간[초])로 표현되며 단위는 1[C] = 1[A] × 1[s], 1[A] = 1[C/s]이다.

정답 1-1 ① 1-2 ② 1-3 ③ 1-4 ② 1-5 ① 1-6 ① 1-7 ④ 1-8 ①

핵심이론 02 | 공유압의 원리

① 유압 / 기압

㉠ 압력 중에서 유체가 작용하는 압력을 특별히 유압이라 칭하며, 유압 중에서도 기체가 작용하는 압력을 특별히 기압이라 칭한다.

공학에서 유압을 계산할 때는 유체의 흐름을 한 덩어리 떼어내어 그 덩어리를 고체라고 생각하고 계산한다. 단 유압은 고체와는 다르게 압력이 사방으로 작용한다.

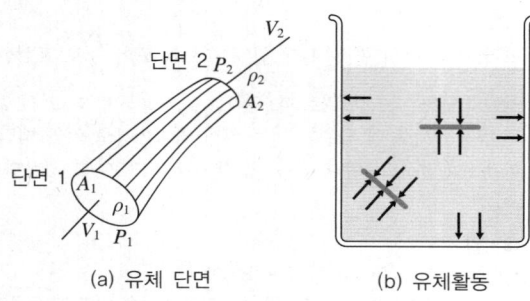

(a) 유체 단면   (b) 유체활동

그림 a에서 보듯 단면 A_1에서 A_2로 흐르는 유체를 관찰하면 이 공간 안에 있는 유체를 한 덩어리의 물체라고 보고 역학적 계산을 할 수 있다. 또한 그림 b에서 보듯 유체 내에서는 압력이 작용하는 방향은 꼭 중력방향이 아닌 전 방향으로 작용한다.

㉡ 기압 : 기체의 압력, 특별히 공기가 누르는 압력을 기압이라 한다. 일반인이 지표면에서 느끼는 공기의 무게를 1기압으로 정의하여 사용한다.

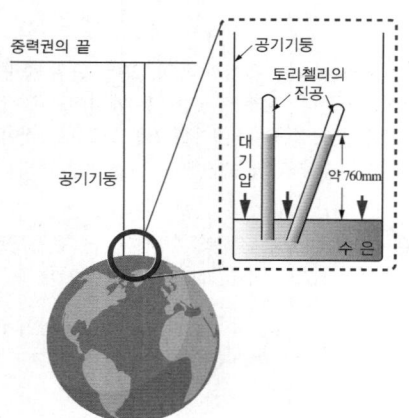

1기압은 760mm의 수은기둥과 같고 10.33m의 물기둥과 같으며 계산된 압력으로는 1.03323kgf/cm²와 같다.

1atm = 760mmHg = 10.33mAq = 1.03323kgf/cm²
     = 10,332.3kgf/m² = 1.013bar = 101.32kPa
     = 1,013hPa

㉢ 노점(露点)온도 : 이슬이 맺히는 온도. 현재 공기 중 가지고 있는 수증기의 양이 10g이라고 하고, 현재 온도에서의 포화수증기량을 20g이라고 한다면 현재 습도는 50%이다. 현재 수중기량으로 습도 100%가 되는 온도, 이슬이 맺히는 온도를 노점온도라고 한다.

② 각종 유체역학의 이론적 설명 : 유체가 가지고 있는 에너지는 크게 압력에너지, 운동에너지, 위치에너지로 구분이 가능하다. 또한 밀폐된 관 안에서의 흐름은 그 시간에 따른 유체의 양이 늘거나 줄어들 수가 없다.

㉠ 베르누이의 정리 : 유체에 작용하는 힘, 압력, 속도, 위치에너지를 각각 수두(水頭), 즉 물의 높이로 표현하고 그 합은 항상 같다는 것을 정리하여 나타낸 식이다. 유체의 에너지 보존원리에 해당

$$\frac{P}{\gamma} + \frac{V^2}{2g} + z = \frac{P_1}{\gamma} + \frac{V_1^2}{2g} + z_1$$
$$= \frac{P_2}{\gamma} + \frac{V_2^2}{2g} + z_2 = H$$

(P_1 : 위치 1에서의 압력, V_1 : 위치 1에서의 속도, z_1 : 위치 1에서의 높이, H : 전체 수두)

㉡ 연속의 법칙 : 유량은 단면적과 유속의 곱으로 표현하며 닫혀 있는 유로 안에서는 어느 지점에서 측정하여도 유량의 변화는 없다. 유체의 질량보존의 원리에 해당

$$Q = AV = A_1 V_1 = A_2 V_2$$

(A : 유로의 단면적, V : 유속)

㉢ 보일-샤를의 법칙(보일의 법칙 + 샤를의 법칙)

$$PV = nRT$$

압력과 부피의 곱은 기체상수와 온도의 상관관계를 갖고 있다.

- 보일의 법칙 : 일정량의 기체가 등온을 유지할 때 압력과 부피는 서로 반비례한다.
- 샤를의 법칙 : 일정한 부피의 기체는 온도가 상승하면 압력 또한 상승한다.

② 파스칼의 원리 : 파스칼의 원리는 압력이 작용하는 유체 전체에는 전 방향으로 같은 압력이 작용한다는 의미의 원리이다. 따라서 작용력의 면적과 힘이 비례하는 관계가 된다. 개방되지 않은 압력계에서 파스칼의 원리가 작용할 때는 브레이크나 유압잭에서처럼 작용력을 전달하는 역할을 하기도 하는데, 유체가 관을 통해서 연결되어 있고 한쪽 끝에서 작용력이 발생하면 힘을 전달받는 곳에서는 파스칼의 원리에 의해 힘이 증폭되어 전달될 수 있다.

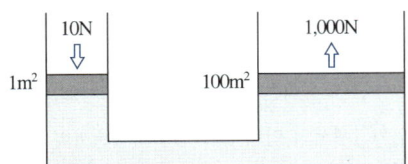

$$P = \frac{F_1}{A_1} = \frac{F_2}{A_2}, \quad P = \frac{10\text{N}}{1\text{m}^2} = \frac{1,000\text{N}}{100\text{m}^2}$$

⑤ 정지된 물속의 수압 : 물속에 어느 정도 깊이를 들어가면 물의 흐름이 느껴지지 않고, 깊이에 따른 수압만이 작용되는 것처럼 느끼는 곳의 수압

$$\frac{P}{\gamma} + \frac{V^2}{2g} + z = \frac{P_1}{\gamma} + \frac{V_1^2}{2g} + z_1,$$

$$\frac{0}{\gamma} + \frac{0^2}{2g} + 0 = \frac{P_1}{\gamma} + \frac{0^2}{2g} + z_1,$$

$$P_1 = -\gamma h$$

⑥ 오리피스 : 배관 중간에 뚫은 칸막이를 오리피스라 한다. 어느 경우는 배출구멍이 오리피스가 될 수도 있다. 베르누이 정리를 이용하여 오리피스의 압력, 유량을 계산한다. 오리피스에 영향을 미치는 인자는 구멍의 크기와 형상, 그리고 베르누이 정리를 이용하므로 속도, 낙차, 비중 등이 영향을 미친다.

⑦ 레이놀즈수 : 레이놀즈는 유체의 흐름을 난류와 층류로 구분하고 이를 표시할 수 있는 무차원 수를 개발하였는데 이를 레이놀즈수라고 한다.

$$Re = \frac{vd}{\nu} \quad (v : 유속, \ d : 관경, \ \nu : 동점성계수)$$

- 레이놀즈수가 2,320 이상이면 난류, 그 이하이면 층류

10년간 자주 출제된 문제

2-1. 다음 설명에 해당되는 것은?

> 비압축성 유체를 밀폐된 공간에 담아 유체의 한쪽에 힘을 가하여 압력을 증가시키면, 유체 내의 압력은 모든 방향에 같은 크기로 전달된다.

① 레이놀즈수
② 연속방정식
③ 파스칼의 원리
④ 베르누이의 정리

2-2. Boyle-Charles의 법칙에 관한 설명으로 틀린 것은?
① 압력이 일정하면 일정량의 공기의 체적은 절대 온도에 정비례한다.
② 온도가 일정할 때 주어진 공기의 부피는 절대 온도에 반비례한다.
③ 온도가 일정하면 일정량의 기체압력과 체적의 곱은 항상 일정하다.
④ 일정량의 기체의 체적은 압력에 반비례하고 절대 온도에 정비례한다.

2-3. 연속의 법칙에 대한 설명으로 틀린 것은?
① 질량 보존의 법칙을 유체의 흐름에 적용한 것이다.
② 관 내의 유체는 도중에 생성되거나 손실되지 않는다는 것이다.
③ 점성이 없는 비압축성 유체의 에너지 보존 법칙을 설명한 것이다.
④ 유량을 구하는 식에서 배관의 단면적이나 유체의 속도를 구할 수 있다.

2-4. 일반적으로 파이프 관로 내의 유체를 층류와 난류로 구별하게 하는 이론적 경곗값은?
① 레이놀즈수 $Re = 1,220$ 정도
② 레이놀즈수 $Re = 2,320$ 정도
③ 레이놀즈수 $Re = 3,320$ 정도
④ 레이놀즈수 $Re = 4,220$ 정도

10년간 자주 출제된 문제

2-5. 베르누이 정리를 식으로 옳게 표현한 것은?(단, V : 유체의 속도, g : 중력가속도, p : 유체의 압력, γ : 비중량, Z : 유체의 위치이다)

① $\left(\dfrac{V^2}{2g}\right) - \left(\dfrac{p}{\gamma}\right) + Z =$ 일정

② $\left(\dfrac{V^2}{2g}\right) + \left(\dfrac{p}{\gamma}\right) + Z =$ 일정

③ $\left(\dfrac{V^2}{2g}\right) + \left(\dfrac{p}{\gamma}\right) - Z =$ 일정

④ $\left(\dfrac{V^2}{2g}\right) - \left(\dfrac{p}{\gamma}\right) - Z =$ 일정

2-6. 오리피스(Orifice)에 대한 설명으로 옳은 것은?

① 길이가 단면치수에 비해 비교적 긴 교축이다.
② 유체의 압력강하는 교축부를 통과하는 유체온도에 따라 크게 영향을 받는다.
③ 유체의 압력강하는 교축부를 통과하는 유체점도의 영향을 거의 받지 않는다.
④ 유체의 압력강하는 교축부를 통과하는 유체점도에 따라 크게 영향을 받는다.

|해설|

2-1
파스칼의 원리는 압력이 작용하는 유체 전체에는 전 방향으로 같은 압력이 작용한다는 의미의 원리이다. 유체를 이용한 지렛대의 원리처럼, 작동력을 작용시키는 쪽에서는 크지 않은 힘으로 일을 해도, 작동력이 전달되는 쪽에서는 큰 힘이 발현될 수 있다. 브레이크나 유압잭에서처럼 작용력을 전달하는 역할을 하기도 하는데, 유체가 관을 통해서 연결되어 있고 한쪽 끝에서 작용력이 발생하면 힘을 전달받는 곳에서는 파스칼의 원리에 의해 힘이 증폭되어 전달될 수 있다.

2-2
보일-샤를의 법칙 : 보일의 법칙과 샤를의 법칙을 조합한 식이다. 압력과 부피의 곱은 기체상수와 온도의 상관관계를 갖고 있다.
$PV = nRT$

- 보일의 법칙 : 일정량의 기체가 등온을 유지할 때 압력과 부피는 서로 반비례한다.
- 샤를의 법칙 : 일정한 부피의 기체는 온도가 상승하면 압력 또한 상승한다.

2-3
연속의 법칙 : 유량은 단면적과 유속의 곱으로 표현하며 닫혀 있는 유로 안에서는 어느 지점에서 측정하여도 유량의 변화는 없다. 유체의 질량보존의 원리에 해당한다.
$Q = AV = A_1 V_1 = A_2 V_2$ (A : 유로의 단면적, V : 유속)

2-4
레이놀즈수 : 레이놀즈는 유체의 흐름을 난류와 층류로 구분하고 이를 표시할 수 있는 무차원 수를 개발하였는데 이를 레이놀즈수라고 한다.
$Re = \dfrac{vd}{\nu}$ (v : 유속, d : 관경, ν : 동점성계수)

이렇게 계산한 레이놀즈수가 2,320 이상이면 난류로 구분하고 그 이하이면 층류로 구분한다.
동점성 계수가 크면 레이놀즈수가 작아지므로 층류일 가능성이 높다.

2-5
베르누이의 정리 : 유체에 작용하는 힘, 압력, 속도, 위치에너지를 각각 수두(水頭), 즉 물의 높이로 표현하고 그 합은 항상 같다는 것을 정리하여 나타낸 식이다. 유체의 에너지 보존원리에 해당한다.
$\dfrac{P}{\gamma} + \dfrac{V^2}{2g} + z = \dfrac{P_1}{\gamma} + \dfrac{V_1^2}{2g} + z_1 = \dfrac{P_2}{\gamma} + \dfrac{V_2^2}{2g} + z_2 = H$
(P_1 : 위치 1에서의 압력, V_1 : 위치 1에서의 속도, z_1 : 위치 1에서의 높이, H : 전체 수두)

2-6
오리피스 : 배관 중간에 뚫은 칸막이를 오리피스라 한다. 어느 경우는 배출구멍이 오리피스가 될 수도 있다. 베르누이 정리를 이용하여 오리피스의 압력, 유량을 계산한다. 오리피스에 영향을 미치는 인자는 구멍의 크기와 형상, 그리고 베르누이 정리를 이용하므로 속도, 낙차, 비중 등이 영향을 미친다.

정답 2-1 ③ 2-2 ② 2-3 ① 2-4 ② 2-5 ② 2-6 ③

핵심이론 03 | 공유압의 특성

① 공압 / 유압의 특징

㉠ 공압 장치와 유압 장치의 가장 큰 다른 점은 작동유체이며, 유압기기는 이론적으로 완벽한 비압축성 유체를 사용하고, 공압기기는 압축성이 큰 공기를 사용한다. 유압작동유는 힘의 전달성이 좋고, 공기는 에너지저장성(압축성)이 좋으나 힘 전달의 연속성이 떨어진다.

㉡ 공압의 장단점

장 점	단 점
• 에너지원을 쉽게 얻을 수 있다. • 힘의 전달 및 증폭이 용이하다. • 속도, 압력, 유량 등의 제어가 쉽다. • 보수, 점검 및 취급이 쉽다. • 인화 및 폭발의 위험성이 적다. • 에너지 축적이 쉽다. • 과부하의 염려가 적다. • 환경 오염의 우려가 적다. • 고속 작동에 유리하다.	• 에너지 변환 효율이 나쁘다. • 위치 제어가 어렵다. • 압축성에 의한 응답성의 신뢰도가 낮다. • 윤활 장치를 요구한다. • 배기 소음이 있다. • 이물질에 약하다. • 힘이 약하다. • 출력에 비해 값이 비싸다. • 균일 속도를 얻을 수 없다.

② 유압제어의 특징

㉠ 작은 장치로 큰 출력을 얻을 수 있다.

㉡ 전기, 전자의 조합으로 자동제어가 가능하다.

㉢ 무단변속이 가능하다.

㉣ 입력에 대한 출력 응답이 빠르다.

③ 공압과 유압의 비교

공압의 특징	유압의 특징
• 공기는 무료이며 무한으로 존재한다. 또한 공기 채취의 장소에 제한을 받지 않는다. • 속도의 변경이 용이하다. • 환경 오염 및 악취의 염려가 없다. • 인화의 위험이 거의 없다. • 압축성이 있어서 완충작용을 한다. • 압력에너지로 축적이 가능하다. • 큰 힘을 얻을 수 없다. • 에너지 전달 효율이 좋지 않다.	• 제어가 쉽고, 정확한 제어가 가능하다. • 파스칼 원리를 이용하여 작은 힘으로 큰 힘을 낼 수 있다. • 일정한 힘과 토크를 낼 수 있다. • 작동의 신뢰성이 있다. • 비압축성으로 간주하여 힘 전달의 즉시성을 가지고 있다.

④ 유체 기계의 현상

㉠ 공동현상(Cavitation) : 3과목 핵심이론 15 ② 참조

㉡ 수격현상(Water Hammering) : 3과목 핵심이론 15 ② 참조

㉢ 펌프의 흡입양정 : 핵심이론 02에서 살펴본 바와 같이 4℃ 물의 경우 펌프가 완전진공상태를 만들었을 때 끌어올릴 수 있는 물의 높이는 이론적으로 10.33m가 된다. 실제로 펌프가 완전 진공을 만들지도 못하고, 마찰손실도 발생하며 상온의 물을 사용하므로 펌프 한 대가 끌어올릴 수 있는 물의 최대 높이는 8~9m 정도이다. 이렇게 펌프를 이용하여 끌어올릴 수 있는 물의 높이를 흡입양정이라 한다.

10년간 자주 출제된 문제

3-1. 유압과 비교하여 공압 장치의 단점으로 가장 거리가 먼 것은?
① 배기 소음이 크다.
② 에너지 축적이 곤란하다.
③ 큰 힘을 얻을 수 없다.
④ 응답성이 떨어진다.

3-2. 공·유압에 대한 설명으로 옳은 것은?
① 기름 탱크는 유압 에너지를 저장한다.
② 공압 신호의 전달 속도는 1,000m/s 이상이다.
③ 공압은 압축성을 이용하여 많은 공압에너지를 저장할 수 있다.
④ 공압은 압축성이기 때문에 20mm/s 이하의 저속이 가능하다.

3-3. 다음 유압의 특징에 관한 설명 중 틀린 것은?
① 에너지의 변화효율이 공압보다 나쁘다.
② 속도제어가 우수하다.
③ 큰 출력을 낼 수 있다.
④ 작동속도가 공압에 비해 늦다.

3-4. 압축 공기의 특성을 설명한 것 중 틀린 것은?
① 압축 공기는 비압축성이다.
② 압축 공기는 저장하기가 편리하다.
③ 압축 공기는 폭발 및 화재의 위험이 적다.
④ 압축 공기는 온도변화에 따른 특성변화가 작다.

3-5. 다음 중 동력 전달비용이 1kW당 가장 높은 것은?
① 유압식   ② 전기식
③ 공기압식   ④ 기계·유압식

|해설|

3-1

장 점	단 점
• 에너지원을 쉽게 얻을 수 있다.	• 에너지 변환 효율이 나쁘다.
• 힘의 전달 및 증폭이 용이하다.	• 위치 제어가 어렵다.
• 속도, 압력, 유량 등의 제어가 쉽다.	• 압축성에 의한 응답성의 신뢰도가 낮다.
• 보수, 점검 및 취급이 쉽다.	• 윤활 장치를 요구한다.
• 인화 및 폭발의 위험성이 적다.	• 배기 소음이 있다.
• 에너지 축적이 쉽다.	• 이물질에 약하다.
• 과부하의 염려가 적다.	• 힘이 약하다.
• 환경 오염의 우려가 적다.	• 출력에 비해 값이 비싸다.
• 고속 작동에 유리하다.	• 균일 속도를 얻을 수 없다.

3-2
① 공기 탱크가 유압 에너지를 저장하고 오일 탱크는 오일을 저장한다.
② 음속이 340m/s 내외이다. 너무 큰 속도를 기술했다.
④ 공압은 압축성이기 때문에 20mm/s 이하의 저속이 불가능하다.

3-3

공압의 특징	유압의 특징
• 공기는 무료이며 무한으로 존재한다. 또한 공기 채취의 장소에 제한을 받지 않는다.	• 제어가 쉽고, 정확한 제어가 가능하다.
• 속도의 변경이 용이하다.	• 파스칼 원리를 이용하여 작은 힘으로 큰 힘을 낼 수 있다.
• 환경 오염 및 악취의 염려가 없다.	• 일정한 힘과 토크를 낼 수 있다.
• 인화의 위험이 거의 없다.	• 작동의 신뢰성이 있다.
• 압축성이 있어서 완충작용을 한다.	• 비압축성으로 간주하여 힘 전달의 즉시성을 가지고 있다.
• 압력에너지로 축적이 가능하다.	
• 큰 힘을 얻을 수 없다.	
• 에너지 전달 효율이 좋지 않다.	

3-4
압축 공기는 압축성이다.

3-5
공기압을 사용하면 에너지 전달효율이 나쁘기 때문에 1kW당 출력비가 높게 든다. 따라서 큰 힘을 사용할 때는 유압을, 전동의 효율성을 위해서는 전기식을 사용하는 것이 좋다.

정답 3-1 ② 3-2 ③ 3-3 ① 3-4 ① 3-5 ③

핵심이론 04 | 공압기기 구성

① 공압장치의 구성

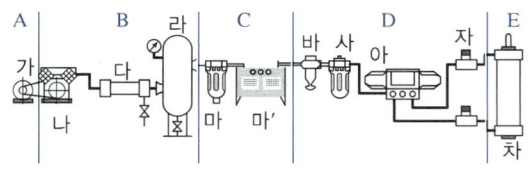

㉠ A : 동력원 – 동력을 발생시키는 장치
- 가 : 전동기 또는 원동기

㉡ B : 공압발생부 – 공압을 발생시키는 장치
- 나 : 공기 압축기 – 동력을 이용하여 공기를 압축. 보통 5~7kgf/cm² 정도로 압축한다.
- 다 : 애프터쿨러 – 압축된 공기는 열이 상승하므로 공기를 냉각하여 안정화시키는 역할
- 라 : 공압 탱크 – 압축된 공기를 저장하는 장치

㉢ C : 공기청정부 – 공기를 깨끗하게 만드는 장치
- 마 : 여과기(필터) – 압축 공기를 내보낼 때 청정한 공기로 내보내기 위한 여과장치
- 마' : 건조기 – 압축 공기의 수분을 강제로 제거하는 장치. 여과기 전에 설치하는 경우도 있고, 건조 후 재여과하기도 한다.

㉣ D : 제어부
- 바 : 압력 제어 밸브 – 공압 탱크에 저장된 공기는 탱크에서 내보내는 같은 압력으로 내보내어지는데 사용하고자 하는 공압기기에 필요한 압력으로 조정하는 장치. 보통 감압시켜 전달한다.
- 사 : 루브리케이터(주유기) – 공기에 윤활유를 공급하는 장치
- 아 : 방향 제어 밸브 – 전기 제어, 또는 순공압 제어 등을 통해 원하는 방향으로 공기를 내보내거나 조절함으로써 공압 신호를 보내거나 공압 회로를 구성할 수 있게 하는 장치
- 자 : 유량 제어 밸브 – 액추에이터로 공급되는 공기의 양을 조절하는 장치

㉤ E : 작동부 – 원하는 동작을 발생시키는 장치
- 차 : 실린더, 또는 액추에이터 – 공압에 의한 직선운동, 회전운동, 왕복운동을 발생시키는 장치

㉥ 그 외
- 공기를 전달하는 공압 배관
- 각종 밸브를 제어하기 위한 전기 신호를 주고받기 위한 전기 배선
- 액추에이터로부터 공급된 운동력을 전달하기 위한 전동 장치

② 압축 공기의 공급

㉠ 압축 공기 공급유닛의 구성
- **공기 압축기(Compressor)** : 공기를 압축하여 공압의 동력을 발생시키는 장치. 기계적 에너지를 공기의 압력 에너지로 변환하는 기기(3과목 핵심이론 14 참조)
- **냉각기** : 압축기 토출부 직후에 설치하여 공기를 강제적으로 냉각시켜 공압 관로 중의 수분을 분리·제거하는 기기
  - 수랭식 공기 냉각기 : 냉각기에 물을 순환시켜 열전달에 의해 공기를 냉각하는 방식. 냉각 효율이 좋고 냉각의 제어가 가능하다. 별도의 설비가 필요하며, 보수와 유지에 비용이 많이 들고, 물이 공급되지 않는 경우 원활한 냉각이 어렵다.
  - 공랭식 공기 냉각기 : 냉각기의 표면적을 넓혀 순환하거나 지나가는 공기를 이용하여 열전달에 의해 공기를 냉각하는 방식. 냉각효율은 낮으나 별도의 설비가 필요치 않고 보수와 유지에 비용이 따로 들지 않으며 간단하고 저렴하여 많이 사용된다.
- **건조기**
  - 압축 공기의 건조 : 압축 공기의 건조 방식은 수증기의 제습방법에 따라 냉각식, 흡착식, 흡수식이 있다.

가. 애프터쿨러 : 냉각식에 사용. 흡착식은 흡착제(실리카겔 등)를 사용하고, 흡수식은 흡습액(염화리튬 등)을 사용한다.
- 압력 파이프 선정 시 유의점 : 파이프의 강도(공압의 유량 또는 받는 압력 고려), 파이프의 직경(파스칼의 원리), 파이프의 길이(압력 손실), 파이프 내 부속품 설치(압력 손실) 등을 고려한다.
- 공압 조정 유닛(또는 서비스 유닛) : 공급받은 압축 공기를 필요한 압력만큼 조정하는 유닛
  - 공기 탱크에 저장된 압축 공기는 배관을 통하여 각종 공기압 기기로 전달됨
    가. 공기압 기기로 공급하기 전 압축 공기의 상태를 조정해야 함
    나. 공기 여과기(압축 공기 필터)를 이용하여 압축 공기를 청정화 함. 필터에서 0.4~0.6bar 이상의 압력강하가 일어나면 점검필요
    다. 압력 조정기를 이용하여 회로 압력을 설정. 전달받은 압력보다 낮은 압력 범위 내에서 설정
    라. 윤활기에서 윤활유를 분무하여 구동부의 윤활을 좋게 한다. 마찰부위가 넓을수록 원활한 윤활이 필요
    마. 공기압 장치로 압축 공기를 공급함
  - 공압 유닛 기호

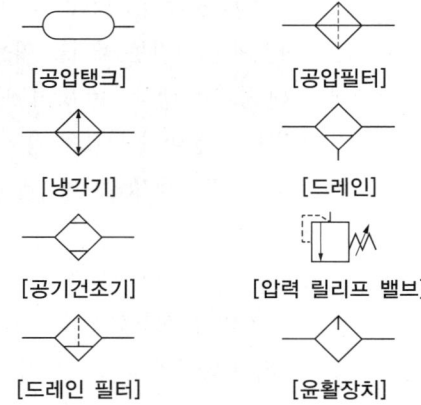

ⓒ 공압시스템의 유지 보수
- 유지 보수 요인
  - 공압 부품과 배관이 마모, 부식된 경우 오동작 및 고장이 발생할 우려가 크다.
  - 부품의 마모는 기능 장애, 공압 누설, 부품 파손을 유발할 수 있다.
  - 오염된 공기는 내부 마모, 막힘으로 인해 기능 장애를 유발할 수 있다.
  - 배관이나 부품에 이물질이 누적되면 저항이 커지고 압력강하와 그에 따른 제어 불량을 유발할 수 있다.
  - 부식 및 마모에 의한 누설과 맥동현상은 제어 불량을 유발할 수 있다.
  - 실린더의 부적절한 설치와 과부하도 고장과 오동작을 유발할 수 있다.
  - 센서의 부적절한 위치의 배치로도 오동작을 유발할 수 있다.
- 오작 예방
  - 설계 시 적절한 부품의 선택과 적절한 배치
  - 부하의 크기와 방향을 고려한 실린더의 선택
  - 큰 출력을 설계한 경우, 완충 대책을 함께 고려
  - 먼지와 이물질이 우려되는 환경에서는 흡입 청결 및 필터 점검에 대한 대책 수립
  - 떨림이 없도록 마운팅 등 철저한 고정에 유념
- 고장 요인
  - 공급 유량 부족
  - 수분 : 윤활유와 반응하여 반고형물을 생성할 수 있고, 이 에멀션 또는 수지 상태의 반고형물은 밸브 동작을 못하게 할 수 있다.
  - 이물질 : 슬라이드에 고착하여 슬라이드 방해, 포핏에 부착되어 방향 제어 방해, 유량 제어 밸브에 부착되어 유량 제어 방해

- 요인에 따른 결과
  - 공압기기 : 제어신호가 입력되어도 출력신호 불발되는 경우가 있다.
  - 밸브 : 고착, 손상, 막힘, 과도한 마찰, 마모 등으로 정확한 제어가 되지 않거나, 누설, 부동작이 유발된다.
  - 실린더 : 작동을 위한 큰 압력 요구, 슬라이드가 되지 않는 상태를 유발할 수 있다.
- 대 책
  - 요인을 파악하고 요인을 제거한다.
  - 필터를 교환하고 이물질을 제거한다.
  - 마모 요인을 파악하고 부품을 교체한다.

10년간 자주 출제된 문제

4-1. 일반적인 공압 발생장치의 기기순서로 옳은 것은?

① 공기 압축기 → 냉각기 → 저장탱크 → 에어드라이어 → 공압 조정 유닛
② 공기 압축기 → 저장탱크 → 에어드라이어 → 후부 냉각기 → 배관 및 공압 조정 유닛
③ 공기 압축기 → 에어드라이어 → 저장탱크 → 후부 냉각기 → 배관 및 공압 조정 유닛
④ 공기 압축기 → 공압 조정 유닛 → 에어드라이어 → 저장탱크 → 후부 냉각기 → 배관

4-2. 기계적 에너지를 공기의 압력 에너지로 변환하는 기기는?

① 공기 압축기
② 공기압 모터
③ 루브리케이터
④ 공기압 실린더

4-3. 다음 중 공기압 발생장치의 원리가 다른 것은?

① 베인 압축기
② 터보 압축기
③ 나사형 압축기
④ 피스톤 압축기

4-4. 실리카겔(SiO_2 : 실리콘 다이옥사이드)과 같은 물질을 사용하여 압축 공기 속의 수분을 제거하는 방식은?

① 고온 건조
② 저온 건조
③ 흡수식 건조
④ 흡착식 건조

4-5. 공기 압축기의 설치 조건으로 틀린 것은?

① 고온, 다습한 장소에 설치한다.
② 지반이 견고한 장소에 설치한다.
③ 옥외 설치 시 직사광선을 피한다.
④ 고장 수리가 가능하도록 충분한 설치 공간을 확보한다.

4-6. 수랭식 공기 냉각기와 비교하여 공랭식 공기 냉각기의 장점이 아닌 것은?

① 보수가 용이하다.
② 냉각효율이 좋다.
③ 유지비가 적게 든다.
④ 단수나 동결의 염려가 없다.

10년간 자주 출제된 문제

4-7. 공기 압축기의 운전방법 중 압력 릴리프 밸브를 사용하는 방법은?

① 배기 조절 ② 흡입 조절
③ 그립-암 조절 ④ ON/OFF 조절

4-8. 압축기 흡입 필터의 눈 막힘 발생 시 나타나는 현상으로 가장 거리가 먼 것은?

① 용적효율이 저하된다.
② 윤활유의 소비가 증가된다.
③ 실린더와 피스톤이 마모된다.
④ 토출라인의 드레인과 진동이 감소된다.

4-9. 다음 공기압 서비스 유닛에서 기기 순서가 바르게 나열된 것은?

① 필터 → 압력조절기 → 윤활장치
② 윤활장치 → 필터 → 압력조절기
③ 윤활장치 → 압력조절기 → 필터
④ 압력조절기 → 필터 → 윤활장치

4-10. 다음 유체 조정 기기 도면기호의 명칭은?

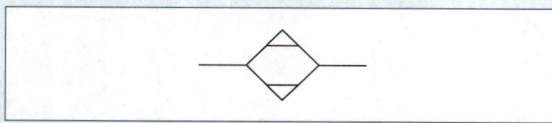

① 루브리케이터 ② 드레인 배출기
③ 에어 드라이어 ④ 기름 분무 분리기

|해설|

4-1

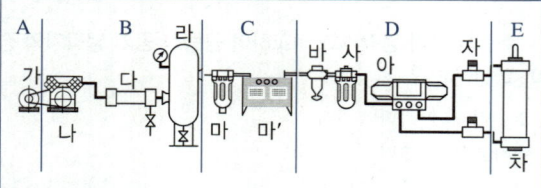

가 : 전동기 나 : 압축기
다 : 냉각기 라 : 탱 크
마, 마' : 청정기, 건조기 바 : 압력 제어 밸브
사 : 주유기 아 : 방향 제어 밸브
자 : 유량 제어 밸브 차 : 액추에이터

4-2

공기 압축기(Compressor) : 공기를 압축하여 공압의 동력을 발생시키는 장치. 기계적 에너지를 공기의 압력 에너지로 변환하는 기기

4-3

터보 압축기는 원심형 압축기이고, 베인, 나사형, 피스톤 압축기는 용적형 압축기이다.

4-4

압축 공기의 건조 : 압축 공기의 건조 방식은 수증기의 제습방법에 따라 냉각식, 흡착식, 흡수식이 있다. 애프터쿨러는 냉각식에 사용. 흡착식은 흡착제(실리카겔 등)를 사용하고, 흡수식은 흡습액(염화리튬 등)을 사용한다.

4-5

공기 압축기의 설치

공기 압축기는 급유 및 점검이 용이하고 통풍이 잘되는 곳에 설치해야 한다. 건축물과는 벽면에 30cm 이상, 다른 기계설비와는 1.5m 이상 떨어뜨려 설치하며 옥외에 설치하는 경우는 직사광선은 피하고 40℃ 이상의 고온지역에는 설치하지 않는다. 공기 압축기를 사용할 때는 방음대책도 함께 강구해야 한다.

4-6

냉각기 : 압축기 토출부 직후에 설치하여 공기를 강제적으로 냉각시켜 공압 관로 중의 수분을 분리·제거하는 기기

- 수랭식 공기 냉각기 : 냉각기에 물을 순환시켜 열전달에 의해 공기를 냉각하는 방식. 냉각 효율이 좋고 냉각의 제어가 가능하다. 별도의 설비가 필요하며, 보수와 유지에 비용이 많이 들고, 물이 공급되지 않는 경우 원활한 냉각이 어렵다.
- 공랭식 공기 냉각기 : 냉각기의 표면적을 넓혀 순환하거나 지나가는 공기를 이용하여 열전달에 의해 공기를 냉각하는 방식. 냉각효율은 낮으나 별도의 설비가 필요치 않고 보수와 유지에 비용이 따로 들지 않으며 간단하고 저렴하여 많이 사용된다.

4-7

공기 압축기의 운전 방식

- 무부하 조절 방식
  - 배기 조절 : 탱크 내 설정 압력에 도달하면 안전밸브가 열려 압축 공기를 방출하는 방식. 가장 간단하며 경제적이고 많이 사용하는 방식
  - 차단 조절 : 밸브가 흡입구를 차단하여 압축기가 공기를 흡입하지 못하게 하는 방식으로 차단 후에도 압축기는 다소간 계속 운전하게 되는 방식. 왕복 및 회전 피스톤 압축기에 많이 사용
  - 그립-암 조절 : 흡입밸브가 그립-암에 의해 개폐되는 방식으로 피스톤 압축기에 흡입과정에는 압축 공기가 생산되지 않게 하는 방식

| 해설 |

- 저속 조절 방식
  - 속도 조절 : 엔진의 속도 조절 장치로 회전수를 조절하여 압축량을 조절하는 방식으로 작업 압력에 따라 조절
  - 흡입 교축 조절 : 교축 밸브로 흡입되는 공기의 양을 조절하여 압축량을 조절하는 방식으로 회전 피스톤 압축기와 터보 압축기에 적용
- ON/OFF 조절 : 설정된 최대압력에 이르면 압축기가 정지하고 최소압력에 이르면 기동하는 방식

4-8
공기 압축기의 흡입구에는 흡입 필터를 설치하고 필터의 눈 막힘이 생기지 않도록 주기적으로 관리한다. 후부 냉각기를 설치해야 하며 윤활유 및 냉각수는 정기점검을 실시한다. 필터의 눈 막힘이 발생하면 흡입효율이 떨어지고 이물질이 혼입되는 경우 윤활유 소비가 증가되며, 실린더와 피스톤의 마모가 유발된다. 또한 토출 라인의 드레인과 진동이 증가한다.

4-9
공압 조정 유닛(또는 서비스 유닛) : 공급받은 압축 공기를 필요한 압력만큼 조정하는 유닛. 공기 탱크에 저장된 압축 공기는 배관을 통하여 각종 공기압 기기로 전달됨
- 공기압 기기로 공급하기 전 압축 공기의 상태를 조정해야 함
- 공기 여과기(압축 공기 필터)를 이용하여 압축 공기를 청정화함. 필터에서 0.4~0.6bar 이상의 압력강하가 일어나면 점검필요
- 압력 조정기를 이용하여 회로 압력을 설정. 전달받은 압력보다 낮은 압력 범위 내에서 설정
- 윤활기에서 윤활유를 분무하여 구동부의 윤활을 좋게 한다. 마찰부위가 넓을수록 원활한 윤활이 필요
- 공기압 장치로 압축 공기를 공급함

4-10

공압탱크	공압필터	냉각기	드레인
⊂⊃	◇	◇	◇
공기건조기	압력 릴리프 밸브	드레인 필터	윤활장치
◇		◇	◇

정답 4-1 ① 4-2 ① 4-3 ② 4-4 ③ 4-5 ①
     4-6 ② 4-7 ① 4-8 ④ 4-9 ① 4-10 ③

| 핵심이론 **05** | 유압기기의 구성 |

① 유압장치의 구성

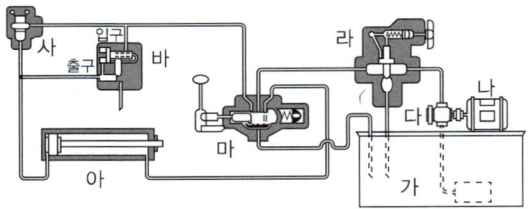

㉠ 유압을 발생시키는 부분
- 가 : 오일 탱크 – 작동유를 모아 놓는 장치. 침전을 통해 유질을 유지하고, 유량을 유지시키는 장치. 펌프 토출량의 3배 이상으로 설치
- 나 : 유압발생기, 유압 모터, 모터 – 펌프에 동력을 부여하는 장치
- 다 : 펌프 – 공급받은 동력을 이용하여 작동유에 압력을 부여하는 장치. 모터와 펌프를 하나의 구성장치, 펌프로 보기도 한다.

㉡ 유압을 전달하는 부분
- 라 : 압력 조절 밸브, 릴리프 밸브 – 공압은 전송 후 되돌아오지 않고, 과압된 부분은 대기 중으로 버리면 되지만, 유압의 경우 작동 중에는 압력이 필요하고 대기 중에는 과압되며, 과압이 되면 장치 중 어딘가의 고장을 유발하게 되므로, 전송되는 최고 압력을 정해 주고 그 이하로 조절할 필요가 있는데, 이를 위해 압력 조절 밸브를 사용하게 된다.
- 마 : 방향 제어 밸브 – 전기제어, 또는 순유압 제어 등을 통해 원하는 방향으로 작동유를 내보내거나 조절함으로써 유압 신호를 보내거나 유압 회로를 구성할 수 있게 하는 장치
- 바 : 유량 제어 밸브 – 액추에이터로 공급되는 작동유의 양을 조절하는 장치
- 사 : 체크 밸브 – 작동유를 선택한 한 방향으로만 흐르게 하는 밸브. 유량 제어 밸브에 사용하는 경우, 유체가 다른 길로 흐르지 못하고 유량 조절 부위를 지나도록 하는 역할을 한다.

ⓒ 작동부
- 아 : 유압실린더, 액추에이터 - 원하는 동작을 발생시키는 장치, 유압에 의한 직선운동, 회전운동, 왕복운동을 발생시키는 장치

② 스트레이너(Strainer) : 탱크 안 물 등의 유체에 포함된 모래, 녹, 금속 쓰레기 등을 여과, 제거하여 배관, 펌프, 필터, 유량계, 열교환기 등의 유압장치의 고장을 막기 위해 설치하는 장치

③ 축압기(Accumulator)
㉠ 유체의 압력을 축적하여 압력의 흐름을 일정하게 조절해 주는 장치로서 압력을 축적하는 방식으로 맥동을 방지하는 데 사용한다.
㉡ 일시적으로 적은 양의 가압 유압액을 저장하여 압력 변동을 최소화하고 라인의 소음을 줄이고 신뢰할 수 있는 서보 밸브 성능을 유지할 수 있도록 한다.
㉢ 에너지를 축적하고 부족할 때 보충하는 유압콘덴서 역할을 한다.
㉣ 축압기 취급 주의사항
- 축압기에 부속품 등을 용접하거나 가공, 구멍 뚫기 등을 해서는 안 된다.
- 봉입가스는 질소가스 등의 불활성 가스 또는 공압을 사용하고 산소 등 폭발성 기체는 사용하지 않는다.
- 봉입 가스압력은 6개월마다 점검하고 예압을 넣어 놓는다.
- 가스봉입형은 작동유를 내용적의 10% 정도 미리 넣은 다음 가스의 소정 압력으로 봉입한다.
- 펌프와 축압기 사이에는 체크밸브를 설치하여 역류를 방지한다.
- 완충용 축압기는 충격지점에 가깝게 설치한다.

④ 유압 펌프
㉠ 유압 펌프의 종류

용적형 펌프(고정 용량형)	비용적형 펌프(가변 용량형)
• 용적이 밀폐되어 있어 부하압력이 변동해도 토출량이 거의 일정하다. • 정압을 사용하므로 큰 힘을 요구하는 유압장치용 유압 펌프로 사용한다.	• 용적이 밀폐되어 있지 않아 부하압력이 변동하면 토출량이 변하여 유압장치에는 부적당하다. • 펌프용량을 0에서 최대까지 변화시킬 수 있어 효율적인 운전을 할 수 있다.
기어 펌프, 나사 펌프, 베인 펌프, 피스톤 펌프	원심형 펌프, 액시얼 펌프, 혼류(Mixed Flow) 펌프, 로토제트 펌프, 터빈 펌프(디퓨저 펌프), 벌류트 펌프

- 기어 펌프
  - 특 징
    가. 구조가 간단하고, 다루기 쉬우며 가격이 저렴하다.
    나. 기름의 오염에 강하며 흡입 능력이 가장 크다.
    다. 펌프의 효율은 다소 떨어지고 가변 용량형으로 만들기가 곤란하다.
    라. 폐입현상 : 기어의 두 치형 틈새에 갇힌 작동유가 기어의 회전에 갇힌 상태로 그 용적이 좁아지고 넓어지며 작동유에 힘이 걸리는 현상. 거품과 캐비테이션이 발생하며 진동, 소음을 유발한다. 폐입현상이 발생되면 축동력이 증가하므로 점검을 실시한다.
  - 종 류
    가. 외접 기어 펌프 : 유체는 맞물려 돌아가는 기어 사이를 통하여 배출되며 한쪽 기어는 전동기에 연결되어 회전하고, 다른 쪽 기어는 구동 기어와 맞물려서 회전한다. 회전 중 생기는 체적의 증가와 감소에 따른 압력 변화를 이용하여 펌핑을 하게 된다.

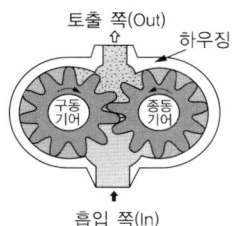

나. **내접 기어 펌프** : 바깥쪽 기어와 그 안에서 회전하는 안쪽 기어로 구성되어 있다. 안쪽 기어가 바깥쪽 기어의 한 곳에 맞물리고, 반달같이 생긴 내부 실(Seal)로 분리되어 있으며, 전동기 등에 의해 안쪽 기어가 구동된다. 외접 기어와 기본 원리는 같으나 다른 점은 두 기어가 같은 방향으로 회전한다는 것이다.

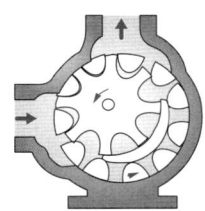

다. **로브 펌프** : 로브 펌프의 작동원리는 외접 기어 펌프와 같으나 연속적으로 접촉하여 회전하므로 소음이 적고, 1회전당 배출량이 많으나 배출량의 변동이 다소 크다.

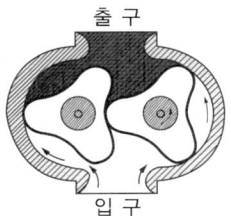

라. **스크루 펌프** : 3개의 정밀한 스크루가 꼭 맞은 하우징 내에서 회전하며, 매우 조용하고 효율적으로 유체를 배출한다. 안쪽 스크루가 회전하면 바깥쪽 로터는 함께 회전하면서 유체를 밀어낸다.

마. **트로코이드 펌프** : 내접 기어 펌프와 비슷한 모양으로 안쪽 기어 로터가 전동기에 의하여 회전하면 바깥쪽 로터도 따라서 회전하며, 안쪽 로터의 이의 수가 바깥쪽 로터보다 1개 적으므로, 바깥쪽 로터의 모양에 따라 배출량이 결정된다.

• **베인 펌프**
 - 산업용 유류 펌프로 사용되며, 구조가 간단하고 성능이 좋아서 많은 양의 기름을 수송하는 데 적합하다.
 - 베인의 마모에 의한 압력 저하가 발생하지 않는다.
 - 큰 힘으로 흡입은 힘들지만, 크기에 비해 출력이 좋고 소음과 맥동이 적다.
 - 원통형 케이싱 안에 편심된 로터가 들어 있고, 로터에는 홈이 있고, 홈 속에는 베인이 삽입되어 자유로이 출입하며, 회전에 의한 원심 작용으로 베인이 내벽에 밀착되는 상태를 유지하며 기밀을 유지한다.

• **피스톤 펌프**
 - 피스톤을 실린더 내에서 왕복시켜 흡입 및 배출을 하게 한 것. 고속, 고압에 적합하나, 복잡하고 비싸다.
 - 소형이고 맥동이 작고 고속회전이 필요한 경우, 여러 개의 피스톤을 사용하는 형식을 이용하며 피스톤 수는 5, 7, 9, 11개 등 홀수를 사용한다.
 - 특징 : 송출압력이 20~45MPa 정도로 높고, 전효율, 신뢰성, 수명이 유압 펌프 중에 가장 우수하며 송출량 가변기구를 다양하게 장착하여 가변 용량형 펌프, 가역 펌프로서 이용범위가 넓다. 다만 구조가 복잡하고 고가이며, 작동유의 오염관리에 주의해야 한다.

- 피스톤 펌프는 용적형이며 효율이 좋으나 충격력이 발생하며 단계별 압력이 발생한다. 이를 보완하기 위하여 피스톤을 연속 배치하고 회전운동에 의해 왕복운동을 하도록 하여 왕복운동의 효율과 회전운동의 속도를 모두 이용하고 있다.
- 종류
    가. **축방향형(Axial Type)** : 피스톤이 실린더 블록 축과 평행하게 축 주위의 원통면상으로 배열
        a. 경사판형(Swash Plate) : 구동축과 실린더 블록 축선 상에 대해 기울어져 고정 경사판이 부착되어 있는 방식. 경사판이 고정된 회전 실린더형과 실린더 블록이 고정된 고정 실린더형으로 나눌 수 있다.
        b. 경사축형(정용량형, Fixed Displacement Type) : 구동축과 실린더 블록이 일정한 각도로 고정되어 있어 배재용적이 항상 일정한 형식이다.
        c. 축방향형의 특징 : 체적효율과 전효율이 좋고, 내부누설이 적어 고압 대용량에 적합하며 송출유량의 조정범위가 넓다.
    나. **반경방향형(Radial Type)** : 피스톤이 축과 직각인 단면에 반지름 방향에 방사형으로 배치한 구조
    다. **왕복형** : 피스톤이 피스톤 축을 포함한 평면 내 축에 직각으로 배치

ⓒ 유압 펌프의 비교

구 분	기어 펌프	베인 펌프	피스톤 펌프
특 징	오물과 점도가 높은 곳에 사용 가능	베인의 마모에 의한 압력 저하가 발생하지 않음	밸브가 필요 없으며 고장이 적음
구 조	구조가 가장 간단	부품이 많고 정밀하게 제작을 요구	구조가 복잡하고 매우 높은 가공 정밀도를 요구하며 크기가 큼
성 능	큰 힘으로 흡입 가능	큰 힘으로 흡입하기는 힘드나 크기에 비해 출력이 좋음	흡입할 수 있는 힘의 크기에 제한이 있으나 예민한 압력의 변화에 적합
점도의 영향	점도가 크면 효율에는 영향을 미치나 다른 큰 영향은 없음	점도에 영향을 받음. 효율과는 대체로 무관	점도에 영향을 받음
이물질의 영향	거의 없음	영향을 받음	예민한 압력에 영향을 크게 받음
비 용	제작비용이 저렴	보통이며 수리비가 적게 듦	제작비용이 비쌈

[유압 펌프의 간략 형상]

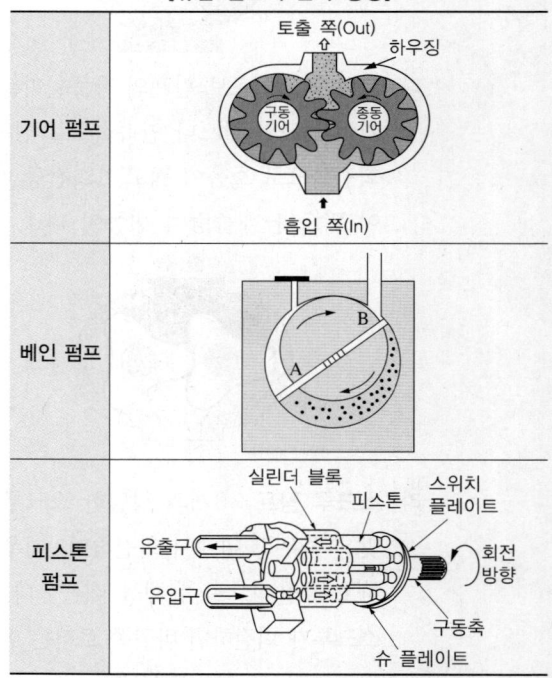

ⓒ 펌프의 동력 : 펌프가 내는 동력은 시간당 할 수 있는 일의 양이고, 유체를 이용하여 일을 하므로 일정 압력으로 유량이 공급될 때의 동력은
동력 = 송출압력 × 송출유량(단, 시간당 동력의 단위를 잘 맞춰야 함)
② 펌프의 효율 : 펌프 전 효율 = 용적 효율 × 기계 효율
  - 용적 효율 : 이론 토출량과 실제 토출량의 비율
  - 기계 효율 : 펌프의 기계적 손실이 감안된 효율
⑩ 펌프의 진동, 소음
  - 발생 원인 : 주요한 발생 원인은 펌프 내의 급격한 압력 변동이며, 캐비테이션이 발생하고 붕괴할 때, 난류, 와류에 의한 고주파 소음 발생, 회전체의 불평형, 베어링 설치 불량, 배관의 불완전 고정, 기어 펌프에서의 소음 등이 있다.
  - 저감 대책 : 작동유의 급격한 압력 변동 억제, 압력 맥동 감소를 위해 유압필터(Hydraulic Filter) 설치, 방진고무 사용, 캐비테이션 방지, 펌프 유닛 차폐
ⓑ 유압 펌프의 선정기준
  - 필요 부하에 적합한 유압 액추에이터 선정
  - 출력에 필요한 유량 결정
  - 유량에 의거하여 필요한 펌프 성능을 결정하고 원동기, 펌프 크기 결정
  - 시스템의 압력 결정, 용도에 맞는 펌프 형식 결정
  - 설비에 따른 필요 수명 계산
  - 소음레벨, 동력손실, 열 발생에 따른 열교환기 필요성, 펌프 마모, 전체 시스템 유지보수 일정 산정
  - 오일 탱크와 관련 배관 선정 및 시스템 전체 비용 산정 전체 투여 예산 결정

10년간 자주 출제된 문제

5-1. 스트레이너가 설치되는 장소는?
① 펌프의 흡입부
② 유압 장치의 복귀관
③ 유량 제어 밸브의 출구 측
④ 유압실린더와 방향 제어 밸브 사이

5-2. 일반적인 유압 발생장치에서 기름 탱크의 용량을 결정하는 기준은?
① 펌프 토출량의 3배 이상
② 펌프의 토출량의 같은 크기
③ 스트레이너 유량의 3배 이상
④ 공기 청정기 통기용량의 2배 이상

5-3. 유압시스템에서 축압기(Accumulator)의 사용 목적으로 적합하지 않은 것은?
① 충격 압력을 흡수하는 경우
② 맥동 흡수용으로 사용하는 경우
③ 압력 증대용으로 사용하는 경우
④ 에너지 보조원으로 사용하는 경우

5-4. 기어 펌프의 폐입현상에 따른 증상이 아닌 것은?
① 축 동력의 증가   ② 캐비테이션 발생
③ 토출 유량의 증대 ④ 기어의 진동 발생

5-5. 다음 그림과 같이 세 개의 회전자가 연속적으로 접촉하여 회전하며, 1회전당 토출량은 많으나 토출량의 변동이 큰 특징을 가진 펌프는?

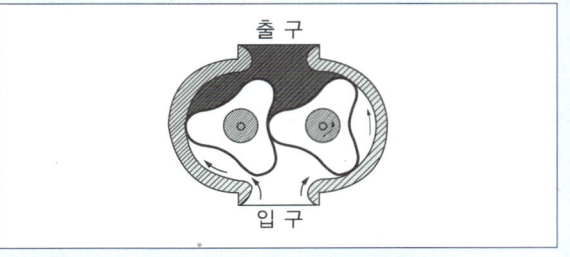

① 로브 펌프   ② 스크루 펌프
③ 내접 기어 펌프   ④ 트로코이드 펌프

10년간 자주 출제된 문제

5-6. 베인 펌프의 일반적인 특징으로 틀린 것은?
① 소음이 작다.
② 토출 측의 맥동현상이 적다.
③ 압력이 떨어질 염려가 없다.
④ 출력에 비해 형상 치수가 크다.

5-7. 유압 펌프 중 트로코이드(Trochoid) 펌프에 대한 설명으로 옳은 것은?
① 폐입현상이 크게 발생된다.
② 초승달 모양의 스페이서가 있다.
③ 내측 로터의 이의 수보다 외측 로터의 이의 수가 1개 많다.
④ 고속 초고압용으로 적합하다.

5-8. 다음 유압 펌프 중 용적식 펌프가 아닌 것은?
① 나사 펌프
② 베인 펌프
③ 벌류트 펌프
④ 왕복동 펌프

5-9. 다음 펌프 중 고속에서 효율이 가장 좋은 것은?
① 기어 펌프
② 베인 펌프
③ 트로코이드 펌프
④ 회전 피스톤 펌프

5-10. 피스톤 펌프 중 구동축과 실린더 블록의 축을 동일 축선 상에 놓고 그 축선상에 대해 기울어져 고정 경사판이 부착되어 있는 방식은?
① 사축식
② 사판식
③ 회전 캠형
④ 회전 피스톤형

5-11. 유압 펌프의 압력 선정 시 고려할 사항은?
① 압력, 누설, 안전성, 크기, 무게
② 압력, 양정, 난연성, 크기, 무게
③ 압력, 토출량, 공동현상, 인화성
④ 압력, 가열, 추종성, 누설

| 해설 |

5-1
스트레이너(Strainer) : 탱크 안 물 등의 유체에 포함된 모래, 녹, 금속 쓰레기 등을 여과, 제거하여 배관, 펌프, 필터, 유량계, 열교환기 등의 유압장치의 고장을 막기 위해 설치하는 장치

5-2
기름 탱크 : 작동유를 모아 놓는 장치. 침전을 통해 유질을 유지하고, 유량을 유지시키는 장치. 펌프 토출량의 3배 이상으로 설치

5-3
축압기(Accumulator)
• 유체의 압력을 축적하여 압력의 흐름을 일정하게 조절해 주는 장치로서 압력을 축적하는 방식으로 맥동을 방지하는 데 사용한다.
• 일시적으로 적은 양의 가압 유압액을 저장하여 압력 변동을 최소화하고 라인의 소음을 줄이고 신뢰할 수 있는 서보 밸브 성능을 유지할 수 있도록 한다.
• 에너지를 축적하고 부족할 때 보충하는 유압콘덴서 역할을 한다.

5-4
폐입현상 : 기어의 두 치형 틈새에 갇힌 작동유가 기어의 회전에 갇힌 상태로 그 용적이 좁아지고 넓어지며 작동유에 힘이 걸리는 현상. 거품과 캐비테이션이 발생하며 진동, 소음을 유발한다. 폐입현상이 발생되면 축동력이 증가하므로 점검을 실시한다.

5-5
기어 펌프
• 외접 기어 펌프 : 유체는 맞물려 돌아가는 기어 사이를 통하여 배출되며 한쪽 기어는 전동기에 연결되어 회전하고, 다른 쪽 기어는 구동 기어와 맞물려서 회전한다. 회전 중 생기는 체적의 증가와 감소에 따른 압력 변화를 이용하여 펌핑을 하게 된다.
• 로브 펌프 : 로브 펌프의 작동원리는 외접 기어 펌프와 같으나 연속적으로 접촉하여 회전하므로 소음이 적고, 1회전당 배출량이 많으나 배출량의 변동이 다소 크다.

외접 기어 펌프	내접 기어 펌프	로브 펌프

5-6
베인 펌프
• 산업용 유류 펌프로 사용되며, 구조가 간단하고 성능이 좋아서 많은 양의 기름을 수송하는 데 적합하다.
• 베인의 마모에 의한 압력 저하가 발생하지 않는다.
• 큰 힘으로 흡입은 힘들지만, 크기에 비해 출력이 좋고 소음과 맥동이 적다.

| 해설 |

5-7
트로코이드 펌프 : 내접 기어 펌프와 비슷한 모양으로 안쪽 기어 로터가 전동기에 의하여 회전하면 바깥쪽 로터도 따라서 회전하며, 안쪽 로터의 이의 수가 바깥쪽 로터보다 1개 적으므로, 바깥쪽 로터의 모양에 따라 배출량이 결정된다.

5-8

용적형 펌프(고정 용량형)	비용적형 펌프(가변 용량형)
• 용적이 밀폐되어 있어 부하압력이 변동해도 토출량이 거의 일정하다. • 정압을 사용하므로 큰 힘을 요구하는 유압장치용 유압 펌프로 사용한다.	• 용적이 밀폐되어 있지 않아 부하압력이 변동하면 토출량이 변하여 유압장치에는 부적당하다. • 펌프용량을 0에서 최대까지 변화시킬 수 있어 효율적인 운전을 할 수 있다.
기어 펌프, 나사 펌프, 베인 펌프, 피스톤 펌프	원심형 펌프, 액시얼 펌프, 혼류(Mixed Flow) 펌프, 로토제트 펌프, 터빈 펌프(디퓨저 펌프), 벌류트 펌프

5-9
피스톤 펌프는 용적형이며 효율이 좋으나 충격력이 발생하며 단계별 압력이 발생한다. 이를 보완하기 위하여 피스톤을 연속 배치하고 회전운동에 의해 왕복운동을 하도록 하여 왕복운동의 효율과 회전 운동의 속도를 모두 이용하고 있다.

5-10
경사판형(Swash Plate) : 구동축과 실린더 블록 축선상에 대해 기울어져 고정 경사판이 부착되어 있는 방식. 경사판이 고정된 회전 실린더형과 실린더 블록이 고정된 고정 실린더형으로 나눌 수 있다.
경사축형(정용량형, Fixed Displacement Type) : 구동축과 실린더 블록이 일정한 각도로 고정되어 있어 배재용적이 항상 일정한 형식이다.

5-11
펌프를 선정할 때 필요한 유량에 따라 요구 압력을 산출하며 이에 따라 펌프의 크기, 무게, 성능 등을 결정한다.
②에서 난연성은 고려 사항이 아니다.
③에서 인화성은 고려 사항이 아니다.
④에서 가열은 고려 사항이 아니다.

정답 5-1 ① 5-2 ① 5-3 ③ 5-4 ③ 5-5 ① 5-6 ④
5-7 ③ 5-8 ③ 5-9 ④ 5-10 ② 5-11 ①

핵심이론 06 | 공유압 모터

① 공유압 모터 : 공유압 동력을 기계적인 회전운동으로 변환하는 장치
② 공압 모터의 특징
  ㉠ 속도를 무단으로 조절할 수 있다.
  ㉡ 출력을 조절할 수 있다.
  ㉢ 속도 범위가 크다.
  ㉣ 과부하에 안전하다.
  ㉤ 오물, 물, 열, 냉기에 민감하지 않다.
  ㉥ 폭발에 안전하다.
  ㉦ 보수 유지가 비교적 쉽다.
  ㉧ 높은 속도를 얻을 수 있다.
  ㉨ 입력된 에너지에 비해 출력되는 에너지의 비율이 나쁘거나 일정하지 않다.
  ㉩ 정확한 제어가 힘들다.
  ㉪ 유압에 비해 소음도 발생한다.
③ 공압 모터의 종류
  ㉠ 피스톤 모터
    • 피스톤 모터는 세 종류의 유압 모터 중 가장 효율이 좋으며, 작동 압력과 속도가 가장 크다.
    • 보통 3,000rpm의 회전과 350kgf/cm^{2}의 압력을 얻을 수 있다. 펌프의 최대유량은 1,800L/min 정도
    • 구조가 복잡하고 비싸며 유지관리에 신경을 써야 한다.
    • 반경류 피스톤 모터

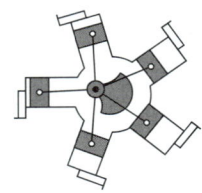

    – 왕복 운동의 피스톤과 커넥팅 로드에 의하여 운전하고, 피스톤의 수가 많을수록 운전이 용이하며, 공기의 압력, 피스톤의 개수, 행정거리, 속도 등에 의해 출력이 결정된다.

- 중속회전과 높은 토크를 감당하며, 여러 가지 반송장치에 사용된다.
- 반경류 피스톤 모터는 공간적 제한이 적기 때문에 산업용에 많이 사용한다.
• 축류 피스톤 모터

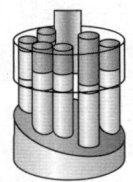

- 축방향으로 나열된 다섯 개의 피스톤에서 나오는 힘은 비스듬한 회전판에 의해 회전운동으로 전환된다.
- 정숙운전이 가능하며, 중저속 회전과 높은 출력을 감당한다. 각종 반송장치에 사용된다.

ⓒ 베인 모터
• 로터는 3,000~8,500rpm 정도가 가능하며 24마력까지 출력을 낸다.
• 마모에 강하고 무게에 비해 높은 출력을 내는 특징이 있다.
• 날개(Vane) 끝이 벽에 밀착되어 지나가는 공기가 날개를 밀어내어 회전력을 얻는 방식이며, 로터가 편심되어 있어서 공기흐름의 속도에 영향을 주는 구조로 되어 있다.
• 기어 모터에 비해 높은 동력을 얻을 수 있고, 효율이 높다.
• 유동 방향을 바꾸어 회전 방향의 전환이 가능하다.

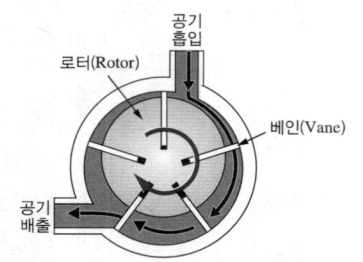

ⓒ 기어 모터
• 두 개의 맞물린 기어에 압축 공기를 공급하여 토크를 얻는 방식이다.
• 높은 동력전달이 가능하고 높은 출력도 가능하며, 역회전도 가능하다. 광산이나 호이스트 등에 사용한다.
• 입구에서는 압력이 높고 출구에서는 낮으므로 기어와 베어링이 많은 추력을 받게 된다. 대칭형 기어 모터 사용이 보완책이다.
• 대략 140kgf/cm^2 이하의 압력에서 작동하며, 속도는 2,400rpm 정도, 펌프의 최대유량은 600 L/min 정도이다.
• 아래는 기어 펌프의 그림으로 기어의 회전으로 유체의 압력과 속도를 만들어내면 펌프, 유체의 흐름으로 회전력을 얻어내면 모터로 보자.

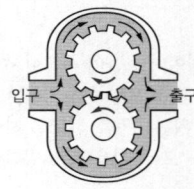

ⓒ 터빈 모터 : 출력이 낮고 속도가 높은 곳에 사용되는 공압 모터이다. 터빈 날개를 이용하여 회전력을 얻는다.
ⓒ 요동 모터 : 링크 장치 등을 사용하지 않고 요동 회전 운동을 필요로 하는 경우에 사용되고, 간단한 취부와 작은 공간에서 높은 토크를 얻을 수 있다.
• 랙형 요동 모터 : 피스톤 로드 부분을 랙으로 제작하여 직선운동을 회전 운동으로 전환하는 모터이다. 작용력은 랙과 연결된 기어와의 기어비에 영향을 받는다.
• 베인형 요동 모터 : 날개차를 달아서 요동을 할 수 있도록 제작한 모터이다. 회전각이 보통 300도를 넘지 못한다.

④ 유압 모터는 공압 모터와 유사하나 작동유를 사용한다는 차이가 있어 작용력이 크고 좀 더 단순한 구조를 많이 사용한다. 일반적으로 공유압 기기에서 모터는 공압을, 펌프는 유압을 사용하는 편이 유리하다.

㉠ 유압 모터의 종류 : 기어 모터(평 기어식, 헬리컬 기어식), 베인 모터(로커암식, 캠로터식), 피스톤 모터(축류식, 반경류식), 요동 모터(베인식, 피스톤식)

㉡ 유압 모터의 출력

유압 모터의 출력 토크를 $T[\text{kgf}\cdot\text{cm}]$, 회전당 유압 배출량을 $q[\text{cm}^3/\text{rev}]$, 작동유의 압력을 $P[\text{kgf/cm}^2]$라 하면 회전당 배출량이 q이므로 순간 유압 배출량은 $\dfrac{q}{2\pi}$, 체적에 따른 작동유의 압력 P를 곱하면 즉 $\dfrac{q}{2\pi}\cdot P$는 출력 토크 T와 같다.

$$\therefore T = \dfrac{q}{2\pi}\cdot P$$

⑤ 관련 기호

유압 펌프	공압 모터	유압 모터	가변형 모터
요동형 액추에이터		공유압 변환기	
		단독형	연속형

10년간 자주 출제된 문제

6-1. 공기압 모터의 특징으로 틀린 것은?

① 폭발 및 과부하에 안전하다.
② 회전 방향을 쉽게 바꿀 수 있다.
③ 속도를 무단으로 조절할 수 있다.
④ 구동 초기에 최고 회전 속도를 얻을 수 있다.

6-2. 케이싱으로부터 편심된 회전자에 날개가 끼워져 있는 구조이며 날개와 날개 사이에 발생하는 수압 면적 차에 의해 토크를 발생시키는 공압 모터는?

① 기어형　　　　② 베인형
③ 터빈형　　　　④ 피스톤형

6-3. 유압 모터의 종류가 아닌 것은?

① 기어 모터　　　② 베인 모터
③ 스크루 모터　　④ 회전 피스톤 모터

6-4. 유압 모터의 토크를 구하는 식으로 옳은 것은?(단, T : 유압 모터의 출력 토크[kgf·cm], q : 유압 모터의 1회전당 배출량[cm³/rev], P : 작동유의 압력[kgf/cm²]이다)

① $T = \dfrac{qP}{2\pi}$　　　② $T = \dfrac{2\pi}{qP}$

③ $T = \dfrac{qP}{2\pi N}$　　　④ $T = \dfrac{2\pi N}{qP}$

6-5. 다음 기호 중에서 공기압 모터를 나타낸 것은?

① 　　②

③ 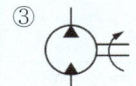　　④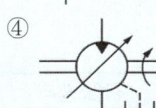

| 해설 |

6-1
구동 초기에 최고 회전 속도를 얻을 수는 없다.
공압 모터의 특징
• 속도를 무단으로 조절할 수 있다.
• 출력을 조절할 수 있다.
• 속도 범위가 크다.
• 과부하에 안전하다.
• 오물, 물, 열, 냉기에 민감하지 않다.
• 폭발에 안전하다.
• 보수 유지가 비교적 쉽다.
• 높은 속도를 얻을 수 있다.
• 입력된 에너지에 비해 출력되는 에너지의 비율이 나쁘거나 일정하지 않다.
• 정확한 제어가 힘들다.
• 유압에 비해 소음도 발생한다.

6-2
베인 모터
• 로터는 3,000~8,500rpm 정도가 가능하며 24마력까지 출력을 낸다.
• 마모에 강하고 무게에 비해 높은 출력을 내는 특징이 있다.
• 날개(Vane) 끝이 벽에 밀착되어 지나가는 공기가 날개를 밀어내어 회전력을 얻는 방식이며, 로터가 편심되어 있어서 공기흐름의 속도에 영향을 주는 구조로 되어 있다.

| 해설 |

6-3
유압 모터의 종류 : 기어 모터(평 기어식, 헬리컬 기어식), 베인 모터(로커암식, 캠로터식), 피스톤 모터(축류식, 반경류식), 요동 모터(베인식, 피스톤식)

6-4
유압 모터의 출력
회전당 배출량이 q이므로 순간 유압 배출량은 $\frac{q}{2\pi}$, 체적에 따른 작동유의 압력 P를 곱하면 즉 $\frac{q}{2\pi} \cdot P$는 출력 토크 T와 같다.
∴ $T = \frac{qP}{2\pi}$

6-5

유압 펌프	공압 모터	유압 모터	가변형 모터
요동형 액추에이터		공유압 변환기	
		단독형	연속형

정답 6-1 ④ 6-2 ② 6-3 ③ 6-4 ① 6-5 ①

핵심이론 07 | 공유압 실린더

① 액추에이터-실린더 : 유체의 압력을 기계적인 힘으로 바꾸어 주는 장치

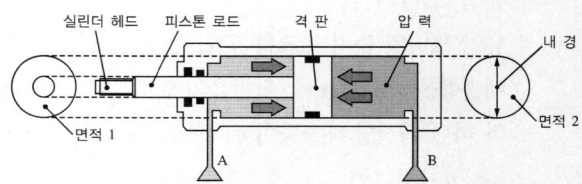

그림을 보면 A 포트로 공기가 들어가는 경우는 실린더를 후진시키고, B 포트로 들어가는 경우는 전진시킨다는 것을 알 수 있다.

㉠ 실린더는 작동이 가능한 범위의 거리를 행정거리라고 한다. 단동 실린더를 예로 들어 복귀되어 있는 상태의 실린더 헤드의 위치를 0이라고 하고 공압이 끝까지 작동된 후 실린더 헤드의 위치를 +250mm라고 하면 이 실린더의 행정거리는 250mm이다.

㉡ 실린더가 전달할 수 있는 힘의 크기는 작용하는 유체의 작동압력과 힘을 받는 단면적의 곱으로 나타낸다. 위 그림의 B에서 1kgf/cm²의 압력이 작용하였고, 격판의 단면적이 4cm²이면 이 실린더가 나타낼 수 있는 출력은 4kgf이다.
즉 $F = P \times A$이며 P는 작용압력[kgf/cm²], A는 단면적[cm²], F는 작용력[kgf]이다.
위 그림에서 A로 1kgf/cm²의 압력이 작용하였다면 작용력이 B로 작용한 것과 같을 수 없다. 격판 A측의 단면적은 중심부에 로드가 자리잡고 있어서 격판의 B측보다 작기 때문이다. 따라서 A와 B에 동시에 같은 압력이 작용하면 이 실린더는 서서히 전진하게 될 것이다.

• 패킹 : 단동, 복동 모두 피스톤 또는 로드에 오일의 누출을 방지하기 위한 패킹이 끼워져 있다.
  - 라비린스 실(Labyrinth Seals) : 압축기나 스팀 터빈 및 가스터빈과 같은 고성능 유체기계의 회전부(Rotor)와 비회전부(Stator) 사이 틈새로부터 작동유체의 누설을 최소화함으로써 터보

기계의 효율 향상을 추구하며, 또한 실 틈새로부터 발생되는 유체 가진력에 기인된 진동 불안정성을 최소화하기 위해 설계되는 기계요소이다.
- 개스킷(Gasket) : 이음매나 배관 등 두 부품의 접합부 사이에 넣어주는 얇은 판 모양의 밀봉재이다.
- V 패킹(V Packing) : Seal 형태 패킹의 대표적인 것으로 단면이 V형의 패킹이 내압에 의해 내벽에 작용하여 밀봉작용을 하게 된다.
- 백업 링(Back Up Ring) : 피스톤에 O링을 사용한 실린더에 압력이 존재하면 실린더 배럴과 피스톤의 간극 사이로 O링이 밀려나오는데 이를 방지하는 데 사용하는 패킹이다.
• 유압실린더의 경우 실린더 하우징의 끝에는 로드 와이퍼 실(Wiper Seal)이 있어 피스톤 로드를 깨끗하게 유지한다.
• 피스톤과 실린더 커버가 충돌하여 발생하는 충격의 경감, 실린더 수명연장, 충격파 발생 방지를 목적으로 쿠션 장치가 있다.
• 공압의 경우 실린더와 실린더 벽 사이의 마찰을 줄이기 위해 윤활유를 작동유체에 섞어준다. 특히 큰 실린더를 사용하는 경우, 적절한 윤활이 작용하지 않으면 마찰력에 의해 작동유체의 힘이 손실을 입게 된다. 과도하게 많은 윤활유는 작동에 영향을 주고, 배출 시 환경오염을 초래하므로 주의해야 한다.

② 실린더의 종류
　㉠ 단동실린더 : 실린더에 공기압 포트가 하나만 있고, 복귀는 스프링으로 하는 형식의 실린더
　㉡ 복동실린더 : 실린더에 공기압 포트가 양쪽으로 있어서 실린더 헤드의 전진과 후진을 공기압으로 제어하는 실린더
　㉢ 양로드 실린더 : 로드와 실린더헤드가 양쪽으로 달린 복동실린더. 단면적이 같아서 전·후진 시 추력이 같은 장점이 있다.
　㉣ 쿠션내장형 실린더 : 내부에 쿠션이 내장되어 있어 스트로크의 충격을 완화할 때 사용한다.
　㉤ 충격실린더 : 급격한 출력을 내고자 할 때 사용하는 실린더이다.
　㉥ 탠덤실린더 : 격판이 두 개 존재하여 로드를 길게 사용하거나 공기압을 두 배로 받을 수 있도록 하여 출력을 두 배로 사용할 수 있도록 만든 실린더이다.

③ 실린더의 기호

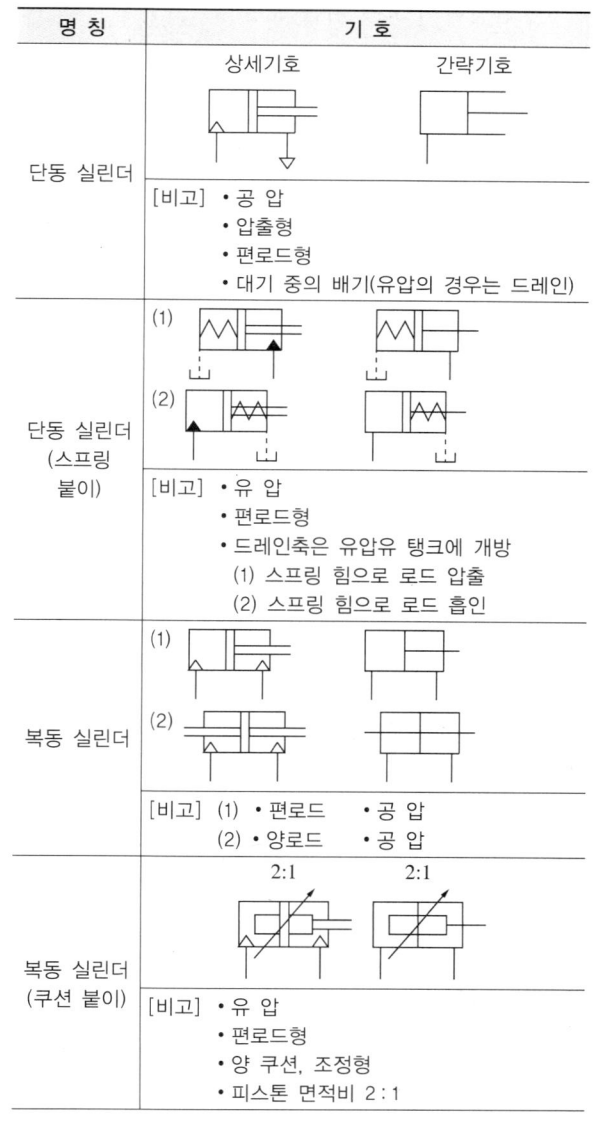

명 칭	기 호
단동 텔레스코프형 실린더	[비고] 공기압
복동 텔레스코프형 실린더	[비고] 유 압

④ 실린더 분류

㉠ 실린더 구조에 따른 분류
- **한쪽 로드 복동 실린더** : 공압을 피스톤의 양쪽에 공급할 수 있는 것. 한쪽 로드에 실린더 로드와 헤드가 달렸다.
- **양쪽 로드 복동 실린더** : 공압을 피스톤의 양쪽에 공급할 수 있는 것. 양쪽에 로드가 달려 있어 양쪽 단면적이 같다.
- **단동 실린더** : 공압을 한쪽에 공급하고 복귀는 스프링 등 외력에 의해 복귀한다.
- **램형 실린더** : 피스톤 지름과 로드 지름이 같은 것을 말한다. 로드가 굵으므로 부하에 의해 휠 염려가 적고, 패킹이 바깥쪽에 있기 때문에 실린더 안벽의 긁힘이 패킹을 손상시킬 우려가 없으며 공기 구멍을 두지 않아도 된다. 출력축인 로드에 강도가 필요할 때 사용한다.
- **다이어프램 실린더** : 수압 가동부에 다이어프램 또는 벨로스를 사용한 것. 행정은 짧으나 봉합 능력이 좋고 마찰력이 작다.

㉡ 쿠션 장치의 유무에 의한 분류
- 피스톤 행정의 끝에 충격이 닿지 않도록 한 쿠션 장치에 따라 분류
- 공기 압축성을 이용한 가변식 / 한쪽 쿠션, 양쪽 쿠션
- 탄성체를 이용한 고정식 / 한쪽 쿠션, 양쪽 쿠션

㉢ 공압실린더의 장착형식에 따른 분류

종 류			Type
기본형			SD
클레비스형 실린더		1산	CA
		2산	CB
트러니언형		로드 측	TA
		센 터	TC
플랜지형	장방향	로드 측	FA
		헤드 측	FB
	정방향	로드 측	FC
		헤드 측	FD
푸트형		축 직각	LA
		축 방향	LB

- **푸트형** : 평면에 부착할 수 있게 로드커버, 헤드커버에 발(foot)을 달아 고정한다.
- **플랜지형** : 실린더에 운동방향과 직각된 플랜지를 달아 장착하는 방식으로 플랜지를 단 위치에 따라 표와 같이 나뉜다.
- **클레비스형** : 피봇형이라고도 하는 이 형태는 힌지 역할을 하는 클레비스를 실린더에 달아 고정하는 형태이다. 요동이 허용된다.
- **트러니언형** : 실린더에 타이로드를 이용하여 트러니언을 부착한 것으로 트러니언은 몸체이음과 미끄러질 수 있는 슬립이음을 함께 장착한다. 요동이 허용된다.

㉣ 요동형 액추에이터
- 회전운동의 각이 360° 이내로 제한되어 있는 회전 왕복운동 액추에이터
- 요동형 액추에이터의 종류
  - **베인형** : 원통형 케이싱 안에 편심된 로터가 들어 있고, 로터에는 홈이 있고, 홈 속에는 베인이 삽입되어 자유로이 출입하며, 회전에 의한 원심작용으로 베인이 내벽에 밀착되는 상태를 유지하며 기밀을 유지한다.
  - **피스톤형** : 피스톤을 실린더 내에서 왕복시켜 흡입 및 배출을 하게 한 피스톤을 이용한다. 회전운동을 발생시켜 요동시키는 형태로 래크 + 피니언형, 스크루형, 크랭크형, 요크형 등이 있다.

⑤ 실린더의 작동 압력 : 공압 액추에이터의 작동을 하는 압력은 0.7MPa(약 7.1kgf/cm²) 이하로 작동해야 한다. 근래 공압 액추에이터가 다양해지고 아주 약한 압력에도 작동하는 액추에이터가 많으나 일반적으로는 공압에서도 가능한 강한 압력을 작용할 수 있도록 제작하는 편이 효율과 성능면에서 유리하다.

⑥ 실린더의 설계
  ㉠ 실린더의 구조
  ㉡ 설계 중 고려사항
   • 실린더 튜브의 두께 : $t = \dfrac{PD}{2}\sigma_w$
   • 실린더의 좌굴 하중을 고려한 안전계수 : 2.5~3.5
   • 실린더의 내압 안전계수

작동압력[kgf/cm²]	내압 안전계수
0~70	8
70~175	6
175 이상	4

   • 실린더 튜브와 피스톤 틈새

(단위 : mm)

지름	실린더 튜브의 안지름의 공차	피스톤 바깥 지름의 공차	틈새
60 이하	+0.05~0.1	-0.05~0.1	0.1
60 이상	+0.075~0.125	-0.075~0.125	0.15~0.25

⑦ 실린더의 선정
  ㉠ 실린더의 용도를 결정하고 실린더의 작동 속도, 출력, 작동거리를 결정하여 그에 따라 실린더와 튜브 내경의 크기를 결정한다.
  ㉡ 제어하는 방법과 작동 방식을 결정한다.
  ㉢ 결정된 크기와 제어 방법, 작동 방식에 따라 실린더의 모델, 충격 흡수, 고정 방법, 위치 구성 등을 결정한다.
  ㉣ 결정된 사항과 보전적 소요를 파악하여 실린더를 선정한다.

⑧ 공유압 변환기
  ㉠ 공기 압력을 동일한 압력의 유압으로 변환하는 것. 시동, 부하변동 등의 요인에도 같은 속도로 구동하거나 공압의 저속에서 불안정성을 해소하는 조합 기기 요소 중의 하나이다.
  ㉡ 공압을 저속으로 작동시키면 공기의 압축성으로 인해 일정 압력이 될 때까지 운동력이 발생하지 않는 현상(스틱슬립)이 있는데, 공유압을 변환하여 유압을 이용하면 이러한 현상을 제거하고 안정된 속도를 얻을 수 있다.
  ㉢ 공압과 유압으로 변환 시 서로 작동유체가 섞이지 않도록 액추에이터나 배관의 공기를 충분히 빼내도록 한다.

10년간 자주 출제된 문제

7-1. 행정 거리가 200mm와 300mm인 두 개의 복동 실린더로 다위치 제어 실린더를 구성하여 부품을 핸들링하려고 한다. 다위치 제어 실린더로 구현할 수 없는 위치는?

① 200mm ② 300mm
③ 500mm ④ 600mm

7-2. 유압 액추에이터에 대한 설명으로 틀린 것은?

① 단동 실린더는 단순히 압력만을 받아서 전진 및 후진한다.
② 편로드 복동 실린더는 후진속도가 전진속도보다 빠르다.
③ 다중 피스톤 실린더는 전진 및 후진행정에서 연속적인 실린더 운동처럼 작동한다.
④ 텔레스코프형 실린더는 각각의 로드 슬리브의 체적이 감소되므로 전진속도는 점점 증가한다.

7-3. 공기압 작업 요소 중에서 전진과 후진 시의 추력이 같은 장점을 갖는 실린더는?

① 탠덤형 ② 양 로드형
③ 다위치형 ④ 텔레스코프형

7-4. 로드 자체가 피스톤의 역할을 하며 로드가 굵기 때문에 부하에 의한 휨의 영향이 적은 실린더 타입은?

① 램 형 ② 사판형
③ 양측 로드형 ④ 텔레스코프형

7-5. 다음 중 충격 실린더의 사용 목적으로 가장 적합한 것은?

① 균일한 속도를 얻기 위해
② 순간적인 큰 힘을 얻기 위해
③ 스틱슬립 현상을 방지하기 위해
④ 충격을 흡수하여 기기를 보호하기 위해

10년간 자주 출제된 문제

7-6. 일반적으로 유압실린더에서 좌굴 하중을 고려한 안전계수는?
① 0.5~1
② 1.5~2
③ 2.5~3.5
④ 7~10

7-7. 윤활기에 대한 설명으로 옳은 것은?
① 윤활기는 파스칼의 원리를 적용한 것이다.
② 과도하게 윤활의 양이 많아도 부품들의 동작에 영향이 없다.
③ 직경이 125mm 이상인 실린더를 사용하는 경우 윤활이 필요하다.
④ 윤활된 공기는 실린더의 운동에 소모되어 환경오염에 영향이 없다.

7-8. 공유압 변환기의 사용 시 주의점으로 옳은 것은?
① 수평 방향으로 설치한다.
② 발열장치 가까이 설치한다.
③ 반드시 액추에이터보다 낮게 설치한다.
④ 액추에이터 및 배관 내의 공기를 충분히 뺀다.

7-9. 요동형 실린더가 아닌 것은?
① 베인형 실린더
② 피스톤형 실린더
③ 스크루형 실린더
④ 로킹 암형 실린더

7-10. 유압 피스톤의 직경이 50mm이고, 사용압력이 60kgf/cm^{2}일 때 실린더가 낼 수 있는 추력은?(단, 실린더의 효율은 무시한다)
① 296kgf
② 589kgf
③ 1,178kgf
④ 1,500kgf

|해설|

7-1
두 실린더의 행정 거리를 더해도 600mm에는 닿지 않는다. 실린더는 액추에이터이며 작동이 가능한 범위의 거리를 행정거리라고 한다. 단동 실린더를 예로 들어 복귀되어 있는 상태의 실린더 헤드의 위치를 0이라고 하고 공압이 끝까지 작동된 후 실린더 헤드의 위치를 +250mm라고 하면 이 실린더의 행정거리는 250mm이다.

7-2
단동 실린더 : 공압을 한쪽에 공급하고 복귀는 스프링 등 외력에 의해 복귀한다.

7-3
양 로드 실린더 : 로드와 실린더 헤드가 양쪽으로 달린 복동 실린더. 단면적이 같아서 전·후진 시 추력이 같은 장점이 있다.

7-4
램형 실린더 : 피스톤 지름과 로드 지름이 같은 것을 말한다. 출력축인 로드에 강도가 필요할 때 사용

7-5
• 충격실린더 : 급격한 출력을 내고자 할 때 사용하는 실린더이다.
• 쿠션내장형 실린더 : 내부에 쿠션이 내장되어 있어 스트로크의 충격을 완화할 때 사용한다.

7-6
실린더의 설계 시 실린더의 좌굴 하중을 고려한 안전계수 : 2.5~3.5

7-7
공압의 경우 실린더와 실린더 벽 사이의 마찰을 줄이기 위해 윤활유를 작동유체에 섞어준다. 특히 큰 실린더를 사용하는 경우, 적절한 윤활이 작용하지 않으면 마찰력에 의해 작동유체의 힘이 손실을 입게 된다. 과도하게 많은 윤활유는 작동에 영향을 주고, 배출 시 환경오염을 초래하므로 주의해야 한다.

7-8
공유압 변환기
• 공기 압력을 동일한 압력의 유압으로 변환하는 것. 시동, 부하변동 등의 요인에도 같은 속도로 구동하거나 공압의 저속에서 불안정성을 해소하는 조합기기 요소 중의 하나이다.
• 공압을 저속으로 작동시키면 공기의 압축성으로 인해 일정 압력이 될 때까지 운동력이 발생하지 않는 현상(스틱슬립)이 있는데, 공유압을 변환하여 유압을 이용하면 이러한 현상을 제거하고 안정된 속도를 얻을 수 있다.
• 공압과 유압으로 변환 시 서로 작동유체가 섞이지 않도록 액추에이터나 배관의 공기를 충분히 빼내도록 한다.

|해설|

7-9
요동형 액추에이터
- 회전운동의 각이 360° 이내로 제한되어 있는 회전 왕복운동 액추에이터
- 요동형 액추에이터의 종류
  - 베인형 : 원통형 케이싱 안에 편심된 로터가 들어 있고, 로터에는 홈이 있고, 홈 속에는 베인이 삽입되어 자유로이 출입하며, 회전에 의한 원심작용으로 베인이 내벽에 밀착되는 상태를 유지하며 기밀을 유지한다.
  - 피스톤형 : 피스톤을 실린더 내에서 왕복시켜 흡입 및 배출을 하게 한 피스톤을 이용한다. 회전운동을 발생시켜 요동시키는 형태로 래크 + 피니언형, 스크루형, 크랭크형, 요크형 등이 있다.

7-10

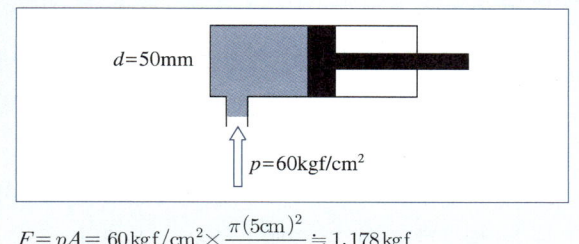

$F = pA = 60\,\text{kgf/cm}^2 \times \dfrac{\pi(5\text{cm})^2}{4} \fallingdotseq 1,178\,\text{kgf}$

정답 7-1 ④ 7-2 ① 7-3 ② 7-4 ① 7-5 ②
　　　 7-6 ③ 7-7 ③ 7-8 ② 7-9 ① 7-10 ③

핵심이론 08 | 공유압 제어 밸브
– 압력 제어 밸브 / 유량 제어 밸브

① 밸브의 선정 시 고려 사항 : 액추에이터 작동 과정 및 속도, 회로의 특성, 사용목적, 작동유체, 밸브시트 누설량, 밸브 작동, 동력원, 배관, 밸브의 내구성, 압력 유지 능력, 허용 반복 작동 횟수 등

② 압력 제어 밸브
  ㉠ 공기 실린더의 피스톤의 면적에 압력을 작용시키면 피스톤 로드에 힘이 발생되며, 이 힘은 압력을 바꾸어 조절할 수 있는데 이 압력을 제어하는 역할을 하는 것이 압력 제어 밸브이다. 압력을 제어한다는 것은 힘을 제어한다는 것이며 힘은 일의 크기를 결정해준다.
  ㉡ 구 조
  - 스로틀 밸브로 공기의 통로를 교축하여 출구 쪽의 공기량을 감소시켜서 압력이 낮아지도록 한다.
  - 논브리드식 압력 조절 밸브는 릴리프 밸브 시트에 릴리프 구멍이 없는 구조
  - 브리드식 압력 조절 밸브는 릴리프 밸브 시트로부터 항상 소량의 공기를 대기 중으로 내보내 조절을 신속하게 할 수 있는 구조
  - 파일럿형 압력 조절 밸브는 직동형 압력 조절 밸브보다 정밀도가 높은 압력 조절이 얻어지도록 할 목적으로 파일럿 기구를 추가한 구조
  ㉢ 특 성
  - **유량 특성** : 2차 압력의 조정은 공기가 흐르지 않는 상태에서 실시. 압력을 설정한 후 2차 쪽을 천천히 개방하여 유량을 증가시키면 2차 쪽 압력이 저하되는데 이 정도가 작을수록 유량 특성이 좋다.
  - **압력 특성** : 1차 압력이 변동되면 2차 압력도 따라서 변동되는 특성
  - **히스테리시스 특성** : 최초 압력에서 압력이 가해진 후 압력이 제거되었을 때 최초의 압력으로 복귀하지 못하는 특성. 유체역학뿐 아니라 일반적인 특성으로 최초 물리량으로 복귀되지 못하는 특성

ⓔ 종류 : 릴리프 밸브, 감압 밸브, 시퀀스 밸브, 카운터 밸런스 밸브(배압 유지 밸브), 무부하 밸브, 브레이크 밸브, 압력스위치

- **릴리프 밸브** : 탱크나 실린더 내의 최고 압력을 제한하여 과부하(오버라이드) 방지를 목적으로 하며 안전밸브라고도 한다.
  - **직동형** : 직접 스프링에 압력을 가하여 입구를 막고 있다가 더 큰 힘이 걸리면 입구가 열려서 흐름이 생긴다.
  - **파일럿 작동형(평형 피스톤형)** : 간접 작동형으로 작동밸브에 오리피스를 달아서 더 작은 스프링으로 오리피스의 압력을 조절한다. 더 민감한 압력을 조정 가능하므로 많이 사용된다.

Plus One

릴리프(Relief V/V) 고찰
릴리프 밸브에 과한 압력이 작용하기 시작하면 밸브가 조금씩 열리기 시작한다. 크랭킹 압력은 릴리프 밸브 등에서 압력이 상승되어 밸브가 열리기 시작할 때의 압력을 말한다. 그리고 밸브가 완전히 열릴 때까지의 압력 범위가 존재하고 결국 밸브가 완전히 열리게 된다.
전량 압력은 크랭킹 압력에서 밸브가 열리기 시작했고, 밸브가 완전히 열려 흐르는 압력을 말하고, 오버라이드는 크랭킹 압력과 전량 압력의 차이로 밸브가 열리기 시작할 때부터 더 수용할 수 있는 범위를 말한다.

- **감압 밸브** : 출구 쪽 압력을 일정하게 유지하는 역할로 릴리프 밸브가 1차쪽 압력 제어이면 감압 밸브는 2차쪽 압력 조절 밸브이다. 릴리프 밸브가 일정 압력 이상이 되면 열려서 안전밸브 역할을 한다면 감압 밸브는 평소 열려 있어서 압력을 떨어뜨리는 역할을 한다.
- **시퀀스 밸브** : 주회로의 압력을 일정하게 유지하면서 조작의 순서를 제어할 때 사용하는 밸브이다.
- **무부하 밸브** : 펌프의 무부하 운전을 시키는 밸브이다.
- **카운터 밸런스 밸브** : 액추에이터 쪽에 배압(Back P, 빠지는 쪽의 압력)을 걸어주어 적절한 움직임을 제어하고자 하는 밸브이다.
- **급속 배기 밸브** : 실린더 배기구 앞에 배기압을 급히 열어주어 실린더의 전진 또는 복귀 속도를 빠르게 하기 위해 설치하는 밸브이다.

③ **유량 제어 밸브** : 유압 회로에서 유압 실린더나 액추에이터로 공급하는 유체 흐름의 양을 제어하는 밸브이다.
  ㉠ **교축 밸브** : 유로의 단면적을 변화시켜서 유량을 조절는 밸브. 고정형과 가변형이 있고 가변형도 구조가 복잡하지 않아서 가변형을 대부분 사용한다. 단면적을 조절하는 부속의 모양에 따라 니들형, 스풀형, 플레이트형으로 나뉜다.
  ㉡ **한 방향 교축 밸브(일 방향 유량 제어 밸브)** : 체크 밸브를 달아서 한 방향의 흐름만을 제어하는 형태로 속도 제어 밸브 역할을 한다.
  ㉢ **압력 보상형 유량 제어 밸브** : 교축 밸브는 입력 쪽 유량과 출력 쪽 유량이 달라질 수밖에 없는데, 이를 보상하여 유량이 일정할 수 있도록 하려면 교축 전후 압력을 보상할 필요가 있고, 이를 압력 보상형 유량 제어 밸브라 한다.
  ㉣ **급속 배기 밸브** : 배기구를 확 열어 유속을 조절하는 밸브로 공압 밸브에서 주로 적용된다.
  ㉤ **감속(Deceleration)밸브** : 간단히 유량을 증감하고, 밸브 유로를 개폐하여 유량과 유속을 감소시키는 밸브이다.

④ 주요 밸브 기호

체크 밸브	무부하(언로드) 밸브	감압 밸브
릴리프 밸브	급속 배기 밸브	교축 밸브
스톱 밸브	유량 조절 밸브	시퀀스 밸브

10년간 자주 출제된 문제

8-1. 밸브를 선정하는 데 직접적으로 고려해야 할 사항으로 가장 거리가 먼 것은?

① 실린더의 속도
② 실린더와 밸브 사이의 거리
③ 허용할 수 있는 압력 강하
④ 요구되는 스위칭 횟수

8-2. 다음 중 압력 제어 밸브의 역할은?

① 일의 속도를 조절
② 일의 시간을 조절
③ 일의 방향을 조절
④ 일의 크기를 조절

8-3. 압력 제어 밸브가 가지고 있는 특성이 아닌 것은?

① 유량 특성
② 폐입 특성
③ 압력조절 특성
④ 히스테리 특성

8-4. 감압 밸브와 릴리프 밸브에 대한 설명으로 틀린 것은?

① 감압 밸브는 평상시 열려 있고, 릴리프 밸브는 평상시 닫혀 있다.
② 감압 밸브는 출구측 압력에 의해 제어되고, 릴리프 밸브는 입구측 압력에 의해 제어된다.
③ 릴리프 밸브는 출구측에서 입구측으로의 역방향 흐름이 가능하고, 감압 밸브는 불가능하다.
④ 릴리프 밸브는 압력계가 입구측에 설치되어 있고, 감압 밸브는 압력계가 출구측에 설치되어 있다.

8-5. 벤트포트를 이용하여 3개의 서로 다른 압력을 원격으로 제어하려고 할 때 사용해야 하는 압력 제어 밸브는?

① 카운터 밸런스 밸브
② 직동형 릴리프 밸브
③ 외부 파일럿형 무부하 밸브
④ 평형 피스톤형 릴리프 밸브

8-6. 급속 배기 밸브의 사용 목적은?

① 실린더 피스톤을 보호한다.
② 실린더의 이동 속도를 느리게 하는 데 사용한다.
③ 실린더의 이동 속도를 빠르게 하는 데 사용한다.
④ 실린더의 피스톤이 원하는 위치에 정지시키고자 사용한다.

8-7. 유압시스템에서 사용하는 압력제어밸브가 아닌 것은?

① 리듀싱밸브
② 시퀀스밸브
③ 언로딩밸브
④ 디셀러레이션밸브

|해설|

8-1

밸브의 선정 시 고려 사항 : 액추에이터 작동 과정 및 속도, 회로의 특성, 사용목적, 작동유체, 밸브시트 누설량, 밸브 작동, 동력원, 배관, 밸브의 내구성, 압력 유지 능력, 허용 반복 작동 횟수 등

8-2

압력을 제어하는 것은 힘을 제어하여 한 번에 처리할 수 있는 일의 크기를 조절하는 것이다.

8-3

압력 제어 밸브의 특성
- 유량 특성 : 2차 압력의 조정은 공기가 흐르지 않는 상태에서 실시. 압력을 설정한 후 2차 쪽을 천천히 개방하여 유량을 증가시키면 2차 쪽 압력이 저하되는데 이 정도가 작을수록 유량 특성이 좋다.
- 압력 특성 : 1차 압력이 변동되면 2차 압력도 따라서 변동되는 특성
- 히스테리시스 특성 : 최초 압력에서 압력이 가해진 후 압력이 제거되었을 때 최초의 압력으로 복귀하지 못하는 특성. 유체역학 뿐 아니라 일반적인 특성으로 최초 물리량으로 복귀되지 못하는 특성

8-4

- 출구측에서 입구측으로 역방향 흐름을 갖는 것은 감압 밸브이다.
- 출구 쪽 압력을 일정하게 유지하는 역할로 릴리프 밸브가 1차쪽 압력 제어이면 감압 밸브는 2차쪽 압력 조절 밸브이다. 릴리프 밸브가 일정 압력 이상이 되면 열려서 안전밸브 역할을 한다면 감압 밸브는 평소 열려 있어서 압력을 떨어뜨리는 역할을 한다.

8-5

파일럿 작동형(평형 피스톤형) 릴리프 밸브 : 간접 작동형으로 작동 밸브에 오리피스를 달아서 더 작은 스프링으로 오리피스의 압력을 조절한다. 더 민감한 압력을 조정 가능하므로 많이 사용된다.

8-6

급속 배기 밸브 : 실린더 배기구 앞에 배기압을 급히 열어주어 실린더의 전진 또는 복귀 속도를 빠르게 하기 위해 설치하는 밸브이다.

8-7

디셀러레이션(Deceleration)밸브는 감속밸브로 간단히 유량을 조절하여 유속을 감소시키는 밸브이므로, 유량제어밸브에 속한다.

정답 8-1 ② 8-2 ④ 8-3 ② 8-4 ③ 8-5 ④ 8-6 ③ 8-7 ④

핵심이론 09 | 공유압 제어 밸브 – 방향 제어 밸브

① 구 조
  ㉠ 방향 전환 밸브 : 공기통로를 개폐하는 밸브의 형식에는 회전판 미끄럼식, 스풀식, 포핏식이 있다.
   • 회전 및 평면 미끄럼식 : 외통 내에서 공기 통로가 있는 로터를 회전시키는 구조. 공기의 누출을 방지하기 위해 최전 부분에 테이퍼를 두고, 외통과 로터가 밀착되는 방향으로 공기 압력이 작용되도록 하고 있다.
   • 스풀식 : 실린더 모양의 하우징 속에 끼워져 있는 스풀 밸브가 축방향으로 이동하여 공기 통로를 개폐하여 전환하는 방식. 다양한 조작방식을 쉽게 적용할 수 있고, 다양한 유압 방식에 쉽게 설계할 수 있어 널리 사용된다. 이동 거리가 포핏식보다 큰 결점이 있으나 스풀 밸브에 작용되는 힘이 평형되어 있고 이동에 큰 힘이 필요하지 않으며, 자유도가 커서 동일 몸체로 각종 밸브를 만들 수 있다는 장점이 있다. 양산에 적합한 구조이다.
   • 포핏식 : 공기 통로를 그것보다 큰 원판으로 뚜껑을 닫는 구조로 된 포핏 밸브를 사용하는 것. 포핏이 공기 통로의 지름의 1/4만 이동하여도 전개되므로 전환을 위한 밸브의 이동거리가 짧고, 배압에 의해 밸브의 밀착이 완전하게 되며, 스프링으로 밸브를 고정하지 않아도 배압에 의해 고정되는 장점이 있다. 배압에 의해 큰 힘이 걸려 있어 이동시키는 데 큰 힘이 필요한 단점이 있다.
    - 볼 시트(Ball Seat) : 구조가 간단하기 때문에 가격이 싸고 크기가 작다. 내장된 스프링은 볼을 시트(Seat)로 밀어 붙여 공기가 공급선으로부터 작업선으로 흐르는 것을 막아 주며, 밸브의 플런저를 작동시키면 볼은 시트로부터 떨어지게 된다. 수동이나 기계적으로 작동된다.
    - 디스크 시트(Disc Seat) : 밀봉이 우수하며 간단. 또한, 작은 거리만 움직여도 공기가 통하기에 충분한 단면적을 얻을 수 있기 때문에 반응 시간이 짧다. 이 밸브도 먼지에 민감하지가 않기 때문에 내구성이 좋다.
    - 이 밸브는 플런저가 작동하게 될 때에 P, A 및 R의 3점이 모두 잠시 동안 서로 연결되기 때문에 운동 속도가 아주 작은 경우에는 실제적인 작업이 없이 많은 압축 공기가 대기로 방출하게 된다. 그러므로 디스크 시트가 두 개인 밸브는 배출오버 랩(Exhaust Over-Lap) 형태가 된다.
  ㉡ 방향 제어 밸브의 명칭 구성
   • 선택할 수 있는 위치의 개수 : 방의 개수
   • 포트의 개수 : 방 하나당 뚫린 구멍의 수(모든 방의 뚫린 구멍의 수)
   • 정상상태 시 열림/닫힘
   • 그림의 밸브는 각 방별로 포트가 네 개씩 뚫려 있다 하여 4port 밸브이며, 방의 수가 세 개여서 세 가지 방법의 제어를 선택할 수 있다하여 3way 밸브라 부르거나 세 가지 위치를 선택할 수 있다 하여 3위치 밸브라고 부른다. 정상상태는 유체의 통로가 닫혀 있으므로 4포트 3위치 정상상태 닫힘 밸브라고 부른다.

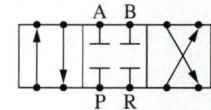 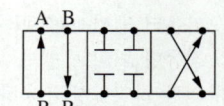

   ㈀ 위 그림에서 보면 각 네모 칸(방)에는 같은 위치의 구멍(검은 점으로 표시)이 같은 수만큼 뚫려 있다. 그리고 밸브를 작동하게 되면 방의 위치를 옮겨서 공압의 흐름을 변경시켜주는 구조로 되어 있다.
   • 밸브의 포트 표시 방법

	방법 1	방법 2
작업라인	A, B, C, …	2, 4, …
공급라인	P	1
배기라인	R, S, T(유압), …	3, 5, …
제어라인	Z, Y, X, …	10, 12, 14, …

② **조작방식** : 수동, 기계식, 솔레노이드식, 순공압식, 보조식
  ㉠ 솔레노이드 : 전기 신호에 의해 작동하여 자동화에 널리 사용. 직류용과 교류용이 있으며 교류용이 많이 사용된다. 흡인력은 가동 철심이 떨어져 있을수록 작고, 전력은 많이 소비된다. 전류가 솔레노이드로 흐르는 순간에는 밀착되어 있을 때의 전류의 4~8배가 흐른다.
  ㉡ 명칭 및 기호

명 칭	기 호	명 칭	기 호
입력		플런저	
누름 버튼		스프링	
당김 버튼		롤러	
레버		단동 솔레노이드	
페달		복동 솔레노이드	

③ **특 성**
  ㉠ 유량 특성 : 밸브의 저항, 유체의 유동능력을 나타내는 척도로 입구 압력을 변화시켰을 때의 출구 압력과 유량의 관계를 표시
  ㉡ 누출량 : 패킹 실에서는 거의 0, 메탈 실에서는 어느 정도 누출 허용
  ㉢ 최저 작동 압력 : 파일럿식의 경우 밸브에 공급되는 공기 압력을 조작력으로 이용하므로 최소 압력이 필요하며 1.5~5kgf/cm² 정도
  ㉣ 응답 시간 특성 : 밸브에 입력 신호가 가해진 시간부터 출력 어느 규정의 값에 이를 때까지의 시간. 응답 속도는 직동식이 파일럿식보다 빠르나 큰 차이는 없다. 직류와 교류는, 직류 쪽이 느리고 교류 쪽이 빠르다. 응답 시간의 불균일성은 직류 쪽이 적으며, 교류에서는 통전 시의 위상각의 영향으로 비교적 크다.
  ㉤ 밸브 오버랩
    • 흡기 밸브와 배기 밸브가 동시에 열려 있는 기간을 말한다.

• 오버랩의 종류

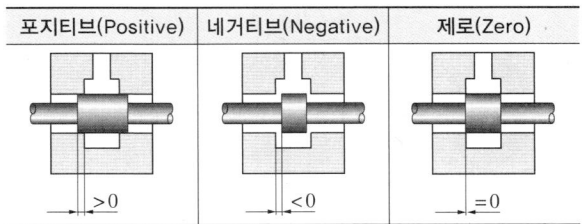

    - 포지티브 오버랩 : 밸브 전환 시 잠시 동안 밸브의 연결구가 모두 차단되는 형태이다. 전환 시 압력의 저하가 나타나지 않으나 토출된 유압이 잠시 버티는 시간이 필요하며, 만약 압력 릴리프 밸브를 동작시키는 데 필요한 시간보다 적은 경우 이로 인해 서지(Surge)가 발생한다. 서지가 영향을 줄 정도로 크면 오버랩 방식을 바꾸어 주어야 한다.
    - 네거티브 오버랩 : 밸브 전환 시 잠시 동안 밸브의 연결구가 모두 열리는 형태이다. 잠시 흡입과 배출이 열리며 압력이 잠시 작용하지 않는다. 서지가 일어나지 않는 장점이 있으나 액추에이터에 압력이 작용하지 않는 시간이 발생한다.
    - 제로 오버랩 : 이론상 오버랩이 없도록 설계된 것이다. 이를 실현하기 위해서는 매우 비싼 가공비를 들여 설계, 가공해야 한다.

④ **중립 위치에 따른 밸브의 분류**
  중립 위치의 모양, 즉 센터만을 가지고 종류를 구분하자면 다음과 같다.

이 름	모 양	특 징
오픈센터 (Open Center)	A B / P T	중립 상태에서 모든 통로가 열려 있으므로 중립 상태 시 부하를 받지 않는다.
탠덤센터 (Tandem Center)	A B / P T	중립 시 들어온 공기를 탱크로 회수한다. 실린더의 위치 고정이 가능하고 경제적으로 사용된다.

이 름	모 양	특 징
플로트 센터 (Float Center)	A B P T	주로 파일럿 체크 밸브와 짝이 되어 사용하며 원하는 공기압 외의 입력 공기압을 모두 배출한다.
실린더 클로즈드 센터 (Cylinder Closed Center)	A B P T	A 포트가 막히고 다른 포트들은 서로 통하게 되어 있어 실린더의 출력만 막는다.
클로즈드 센터 (Closed Center)	A B P T	모든 포트가 막혀 있으므로 펌프로 들어올 공기가 들어오지 못하고 다른 회로와 연결되어 있는 경우 다른 회로에서 모두 사용한다.

⑤ 조작방식에 따른 분류
  ㉠ 솔레노이드 밸브 : 전자석의 힘을 이용하여 플런저를 움직여 공기압의 방향을 전환시키는 밸브이다.
    • 특징 : 낮은 전력소모, 짧은 스위칭 시간, 높은 접점 완성률, 긴 내구 수명

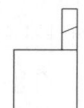

  • 고장 원인 : 이물질에 취약, 솔레노이드 코일의 소손, 아마추어의 고착, 상시 열림, 상시 닫힘 밸브의 잘못된 이용(통전 시간 과다)
  ㉡ 공기압 작동 방식 : 공기 압력으로 밸브를 개폐시킨다. 일반적으로 주 흐름 공기압과 같은 압력이거나, 다소 낮은 압력의 파일럿 공기압을 이용하여 주 밸브의 전환을 행한다.

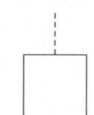

  ㉢ 기계 작동 방식 : 캠 등의 기계적인 운동에 의해 밸브의 전환을 행한다. 전기 기기의 마이크로 스위치나 리밋 스위치에 상당하는 동작을 행한다. 전기를 사용하지 않고 공기압만으로 자동 제어를 행할 때에 사용하며, 고온, 다습이나 폭발성의 가스 등을 취급하는 곳에 주로 사용한다.
    예 플런저, 스프링, 롤러

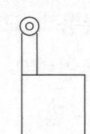

  ㉣ 수동 방식 : 압축 공기의 흐름을 사람의 손으로 개폐한다.
    예 버튼, 레버, 페달 등

⑥ 2압밸브/셔틀밸브/체크밸브
  ㉠ 2압밸브(저압 우선형 셔틀밸브)
    • 그림과 같이 작동하므로 A, B포트에 모두 공기가 들어가야만 출력이 나오는 형태의 밸브로, AND 밸브라고 한다.
    • 압력이 한 곳만 들어가면 입구를 막아 출력이 나오지 않는다.
    • 두 개의 압력이 작용하면 고압이 입구를 막고 저압이 출력으로 배출된다.

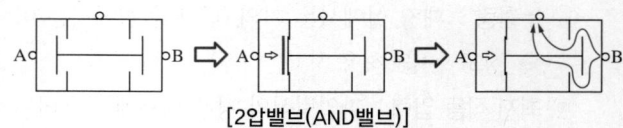
[2압밸브(AND밸브)]

  ㉡ 셔틀밸브(고압 우선형 셔틀밸브)
    • 양쪽 중 한쪽에만 공기가 들어가도 출력이 나오는 형태의 밸브로, OR 밸브라고 한다.
    • 압력이 한 곳만 들어가도 입구를 밀고 들어가 출력이 발생한다.

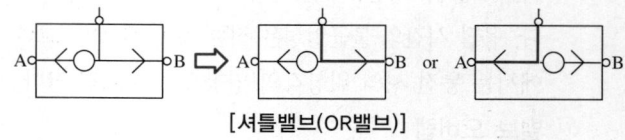
[셔틀밸브(OR밸브)]

ⓒ 체크밸브
- 한쪽 방향으로만 흐름을 허가하고 반대 방향으로는 흐르지 못하게 만들어진 밸브이다. 흡입형, 스프링 부하형, 유량제한형, 파일럿 조작형으로 나눈다.
  - 흡입형 : 공동현상 발생 방지를 위해 사용한다. 펌프 흡입구나 유압회로의 마이너스 압력 부분에 사용하여 일정 압력 이하로 내려가면 포핏이 열려 압유를 보충하는 방식이다.
  - 스프링 부하형 : 관로 내에 항상 압류를 충만시켜 놓고자 할 경우나 열교환기나 필터에 급격한 고압유가 흐르는 것을 막고 기기를 보호할 목적으로 사용하는 일종의 안전밸브이다.
  - 유량제한형 : 한 방향 유동은 허용되고 역류는 오리피스를 통하게 하여 유량을 제한하는 밸브이다.
  - 파일럿 조작형 : 작동면에서 스프링 부하형과 같지만 필요에 따라 파일럿 작동에 의하여 역류로 허용될 수 있는 밸브이다.

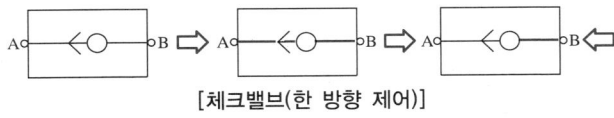
[체크밸브(한 방향 제어)]

⑦ 취급 주의
 ㉠ 제원의 사용 압력 범위 내에서 사용하며, 저압에서 사용하는 경우는 방향 전환 밸브의 최저 작동 압력에 주의. 사용 압력은 필요 이상으로 고압으로 하지 않는 것이 바람직하다.
 ㉡ 공기가 소비되고 있는 상태에서도 소정의 압력이 확보되도록 배관, 이음, 기기의 유체저항, 감압 밸브 유량 특성 등에 유의한다.
 ㉢ 방향 전환 밸브의 크기를 선정할 때, 단순히 치수만 맞추어 선정하지 않고, 압력이나 유량 조건에 맞는 크기의 것을 선택하도록 한다. 기기에 따라서는 같은 치수의 것이라 하더라도 그 용량이 다른 것이 있으므로 주의한다.
 ㉣ 방향 전환 밸브로 보내는 공급 공압 회로에는 반드시 여과기를 사용하여 먼지, 응축수 등을 확실하게 제거한다.
 ㉤ 무급유 제원이 아닌 전환 밸브에는 반드시 루브리케이터를 사용한다.
 ㉥ 전환 밸브의 회로에서 급격하게 압력이 내려가면 공기 단열 팽창으로 온도가 내려가 압축 공기 속의 수증기가 응축되어 수분이 생기게 된다. 이 수분이 동결되지 않도록 주의한다.
 ㉦ 밸브에 배관을 접속할 때 반드시 접속 전 배관을 깨끗이 닦아 내도록 한다. 이때 실링부속, 조각 등이 들어가지 않도록 주의한다.
 ㉧ 밸브의 부착 시 정비를 고려하여 여유 공간을 두도록 하고 무리하게 하지 않는다.
 ㉨ 진동이 있는 곳은 가급적 부착하지 않는 것이 좋다. 불가피한 경우 진동의 영향을 가장 덜 받도록 부착한다.
 ㉩ 조작 전압은 솔레노이드 정격 전압의 ±10%의 범위 내에 있어야 한다. 전압이 낮으면 작동이 불량하게 되고, 높으면 코일이 소손되는 일이 있다. 직류의 경우 배선에서의 전압 강하가 일어나기 쉬우므로 배선의 굵기나 길이에 주의를 할 필요가 있다.
 ㉪ 솔레노이드 통전을 차단하면 높은 서지 전압이 발생되는데, 전압이 전기 회로에 좋지 않은 영향을 끼치는 일이 있다. 이를 위해서 코일과 병렬로 서지 업소버를 접속하는 등 보호대책을 마련한다.
 ㉫ 직동식 더블 솔레노이드 밸브를 사용하는 경우에는 양쪽의 솔레노이드가 동시에 통전되면 코일이 소손되므로 인터로크를 두는 등의 방법을 취한다.
 ㉬ 주위 온도는 제원의 범위 내로 한다. 통전 시간이 긴 경우, 코일의 발열로 인한 고온 영향으로 코일 소손이나 패킹류 경화가 진행되기 쉬우므로 주의한다.

10년간 자주 출제된 문제

9-1. 방향 제어 밸브의 구조 중 스풀 방식의 밸브에 대한 설명으로 틀린 것은?
① 다양한 조작방식으로 쉽게 적용할 수 있다.
② 전환 밸브에서 가장 널리 사용되는 형식이다.
③ 다양한 유압 흐름의 형식을 쉽게 설계할 수 있다.
④ 밸브 습동 부분에서의 내부 누설이 없고 조작이 확실하다.

9-2. 공압 밸브 중 포핏 밸브의 제어 위치가 전환되지 않는 이유로 적당하지 않은 것은?
① 실링 시트의 손상
② 공급 공기압력이 너무 높음
③ 실링 플레이트에 구멍이 발생
④ 과도한 마찰로 인한 기계적인 스위칭 동작에 이상이 발생

9-3. 밸브의 오버랩에 대한 설명으로 옳은 것은?
① 방향 제어 밸브는 일반적으로 제로 오버랩을 갖는다.
② 밸브의 작동 시 포지티브 오버랩 밸브는 서지압력이 발생할 수 있다.
③ 밸브의 전환 시 모든 연결구가 순간적으로 연결되는 형태가 제로 오버랩이다.
④ 포지티브 오버랩에서 밸브의 전환 시 액추에이터는 부하에 종속된 움직임을 갖는다.

9-4. 포핏 밸브 중 디스크 시트 밸브의 특징으로 틀린 것은?
① 내구성이 좋다.　　② 구조가 복잡하다.
③ 밀봉이 우수하다.　④ 반응시간이 짧다.

9-5. 다음 그림과 같이 솔레노이드 작동 스프링 복귀형의 4포트 2위치 밸브에서 B포트를 막으면 어떤 밸브가 되는가?

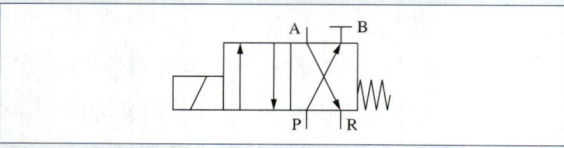

① 2포트 2위치 정상상태 열림형 밸브
② 2포트 2위치 정상상태 닫힘형 밸브
③ 3포트 2위치 정상상태 열림형 밸브
④ 3포트 2위치 정상상태 닫힘형 밸브

9-6. 공기압 솔레노이드 밸브에서 전압이 걸려있는데 아마추어가 작동하지 않는 원인으로 적절하지 않은 것은?
① 전압이 너무 높다.
② 코일이 소손되었다.
③ 아마추어가 고착되었다.
④ 압축 공기 공급 압력이 낮다.

9-7. 다음 방향전환 밸브의 전환조작 중 파일럿 조작을 나타낸 것은?

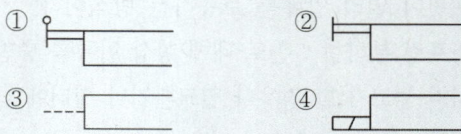

9-8. 실린더의 속도를 증가시키는 데 사용할 수 있는 밸브는?
① 2압 밸브
② 급속 배기 밸브
③ 교축 릴리프 밸브
④ 압력 시퀀스 밸브

9-9. 공압 실린더를 사용한 클램핑 장치에서 정전과 같은 비정상 시에 클램프가 풀리지 않도록 하는 방향 제어 밸브는?
① 판 슬라이드 플로트 위치형 밸브
② 판 슬라이드 올 포트 블록형 밸브
③ 5포트 2위치 스프링 오프셋형 싱글 솔레노이드 밸브
④ 5포트 3위치 Exhaust 센터형 더블 솔레노이드 밸브

9-10. 다음 밸브의 제어라인에 부여하는 숫자로 옳은 것은?

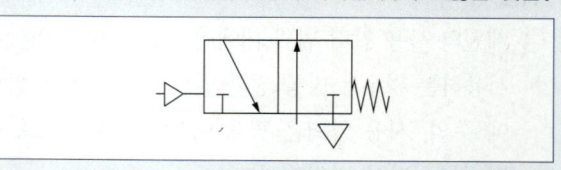

① 1　　　　　　② 2
③ 10　　　　　　④ 13

9-11. 공압 밸브에 대한 설명 중 틀린 것은?
① 2압 밸브는 안전제어, 검사기능 등에 사용된다.
② 2개의 입력 공기 중 압력이 높은 공압 신호만 출력되는 밸브를 셔틀 밸브라 한다.
③ 2개의 압축 공기가 입력되어야만 출구로 압축 공기가 흐르는 밸브를 2압 밸브라 한다.
④ 셔틀 밸브에서 2개의 공압 신호가 동시에 입력되면 압력이 낮은 쪽이 먼저 출력된다.

10년간 자주 출제된 문제

9-12. 밸브의 종류와 사용목적의 연결이 틀린 것은?
① 감압 밸브 : 2차 측의 압력을 일정하게 한다.
② 셔틀 밸브 : 안전장치, 검사기능, 연동제어에 사용된다.
③ 압력 스위치 : 공기 압력신호를 전기신호로 변환한다.
④ 시퀀스 밸브 : 액추에이터의 동작을 정해진 순서에 따라 작동시킨다.

9-13. 공기의 흐름을 한쪽 방향으로만 자유롭게 흐르게 하고 반대 방향으로의 흐름을 저지하는 밸브는?
① 차단(Shut-off) 밸브
② 스풀(Spool) 밸브
③ 체크(Check) 밸브
④ 포핏(Poppet) 밸브

|해설|

9-1
스풀식 : 실린더 모양의 하우징 속에 끼워져 있는 스풀 밸브가 축방향으로 이동하여 공기 통로를 개폐하여 전환하는 방식. 다양한 조작방식을 쉽게 적용할 수 있고, 다양한 유압 방식에 쉽게 설계할 수 있어 널리 사용된다. 이동 거리가 포핏식보다 큰 결점이 있으나 스풀 밸브에 작용되는 힘이 평형되어 있고 이동에 큰 힘이 필요하지 않으며, 자유도가 커서 동일 몸체로 각종 밸브를 만들 수 있다는 장점이 있다. 양산에 적합한 구조이다.

9-2
공급 공기 압력이 너무 낮으면 위치 전환이 되지 않는다.
포핏식 : 공기 통로를 그것보다 큰 원판으로 뚜껑을 닫는 구조로 된 포핏 밸브를 사용하는 것. 포핏이 공기 통로의 지름의 1/4만 이동하여도 전개되므로 전환을 위한 밸브의 이동거리가 짧고, 배압에 의해 밸브의 밀착이 완전하게 되며, 스프링으로 밸브를 고정하지 않아도 배압에 의해 고정되는 장점이 있다. 배압에 의해 큰 힘이 걸려 있어 이동시키는 데 큰 힘이 필요한 단점이 있다.

9-3
오버랩의 종류
- 포지티브 오버랩 : 밸브 전환 시 잠시 동안 밸브의 연결구가 모두 차단되는 형태이다. 전환 시 압력의 저하가 나타나지 않으나 토출된 유압이 잠시 버티는 시간이 필요하며, 만약 압력 릴리프 밸브를 동작시키는 데 필요한 시간보다 적은 경우 이로 인해 서지(Surge)가 발생한다. 서지가 영향을 줄 정도로 크면 오버랩 방식을 바꾸어 주어야 한다.
- 네거티브 오버랩 : 밸브 전환 시 잠시 동안 밸브의 연결구가 모두 열리는 형태이다. 잠시 흡입과 배출이 열리며 압력이 잠시 작용하지 않는다. 서지가 일어나지 않는 장점이 있으나 액추에이터에 압력이 작용하지 않는 시간이 발생한다.
- 제로 오버랩 : 이론상 오버랩이 없도록 설계된 것이다. 이를 실현하기 위해서는 매우 비싼 가공비를 들여 설계, 가공해야 한다.

9-4
디스크 시트(Disc Seat) : 밀봉이 우수하며 구조가 간단. 또한, 작은 거리만 움직여도 공기가 통하기에 충분한 단면적을 얻을 수 있기 때문에 반응 시간이 짧다. 이 밸브도 먼지에 민감하지가 않기 때문에 내구성이 좋다.

9-5
방향 제어 밸브의 명칭 구성
- 선택할 수 있는 위치의 개수 : 방의 개수
- 포트의 개수 : 방 하나당 뚫린 구멍의 수(모든 방의 뚫린 구멍의 수)
- 정상상태 시 열림/닫힘

B포트를 막으면 사용하는 포트는 3개가 되고 선택 위치는 2가지이며 밸브는 기본 상태에서 P로 들어온 유동유체가 닫히므로 3포트 2위치 정상상태 닫힘 밸브라고 명칭한다.

9-6
솔레노이드 밸브는 전기적 신호를 이용하여 여닫으므로 여닫음과 압축 공기 압력은 무관하다. 압축 공기 압력이 낮으면 액추에이터 쪽에 문제가 발생한다.
솔레노이드 밸브의 고장 원인 : 이물질에 취약, 솔레노이드 코일의 소손, 아마추어의 고착, 상시 열림, 상시 닫힘 밸브의 잘못된 이용(통전 시간 과다)

9-7
① 수동식 조작(레버)   ② 수동식 조작(일반)
④ 솔레노이드 조작

9-8
- 급속 배기 밸브 : 실린더 배기구 앞에 배기압을 급히 열어주어 실린더의 전진 또는 복귀 속도를 빠르게 하기 위해 설치하는 밸브
- 이압 밸브 : A, B 포트에 모두 공기가 들어가야만 출력이 나오는 형태의 밸브로 AND 밸브
- 교축 릴리프 밸브 : 릴리프 밸브로 사용되는 밸브 중 유로의 단면적을 변화시켜서 유량을 조절하는 밸브
- 시퀀스 밸브 : 주회로의 압력을 일정하게 유지하면서 조작의 순서를 제어할 때 사용하는 밸브

9-9
공압이 작동하지 않거나 전기가 들어오지 않아도 위치를 유지할 수 있게 해야 한다.
②는 모든 포트가 막혀 있으므로 제어된 위치 외에는 방향 제어가 되지 않아 비정상 상황에서도 실린더가 복귀하지 않는다.
①의 플로트 위치형 밸브는 플로트에 따라 위치가 고정되지 않는다.
③의 5포트 2위치 솔레노이드 밸브는 전기 작동 시 공압실린더를 작동 시키고 정전 시 밸브가 복귀하여 실린더도 복귀한다.
④의 3위치 양쪽 솔레노이드 밸브는 전기를 이용하여 작동하며 정전 시 중립 위치에서 Exhaust(배기) 되므로 클램프가 풀린다.

| 해설 |

9-10
ISO의 밸브 포트 표시 방법

	방법 1	방법 2
작업라인	A, B, C, …	2, 4, …
공급라인	P	1
배기라인	R, S, T(유압), …	3, 5, …
제어라인	Z, Y, X, …	10, 12, 14, …

9-11
셔틀 밸브의 작동 구조는 그림과 같아서 한쪽만 신호가 들어가도 출력이 나온다.

셔틀밸브(OR 밸브)

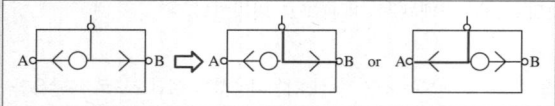

9-12
셔틀 밸브는 양쪽 중 한쪽에만 공기가 들어가도 출력이 나오는 형태의 밸브로 OR 밸브라고 부른다. 논리회로를 구성하는 데 사용된다.

9-13
체크 밸브는 한쪽 방향으로만 흐름을 허가하고 반대방향으로는 흐르지 못하게 만들어진 밸브이다.

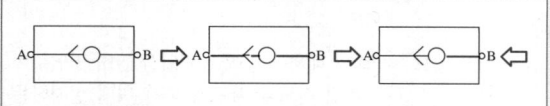

정답 9-1 ④ 9-2 ② 9-3 ② 9-4 ② 9-5 ② 9-6 ② 9-7 ③
      9-8 ② 9-9 ② 9-10 ② 9-11 ④ 9-12 ② 9-13 ③

핵심이론 10 | 공유압 회로

① **공유압 회로 구성**
   ㉠ 앞에서 배운 공유압 밸브, 제어 장치, 회로 등을 연결하여 제어 회로를 구성할 수 있다.
   ㉡ 예를 들어 그림 a와 같이 공압 회로를 연결했을 경우의 작동을 보면 그림 b와 같이 공압이 작동하여 액추에이터를 후진시킨다.

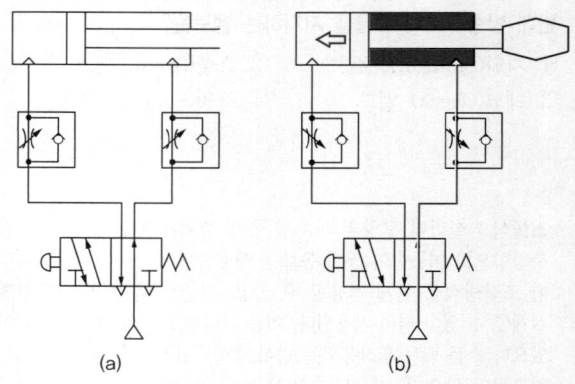

(a)   (b)

② **공유압 회로의 특징**
   ㉠ 공압, 유압을 이용한 회로이므로 공유압의 경로에 따라 액추에이터가 동작한다.
   ㉡ 공유압의 양 또는 속도를 조절하여 필요한 출력을 얻을 수 있다.
   ㉢ 제어 대상은 공유압의 경로, 압력의 크기, 유체의 양 또는 속도를 통한 제어 등으로 나눌 수 있다.
   ㉣ 회로도는 기호로 표시하여 작동유체의 유동 순서 및 방향, 제어 밸브의 종류, 액추에이터의 종류, 논리 흐름 등을 볼 수 있다.

③ **공유압 회로 중 유량 제어 회로의 예시**
   ㉠ 미터인 회로
   • 그림 c와 같이 액추에이터로 들어가는 공기를 조절하여 액추에이터를 제어하는 방식이다.
   • 액추에이터 작동 전 제어를 하므로 제어는 변별이 확실하나 액추에이터의 작동성이 떨어질 수 있다.
   • 스프링으로 복귀하는 단동 실린더의 경우 미터 아웃 제어를 할 수 없으므로 미터 인 제어 회로가 적합하다.

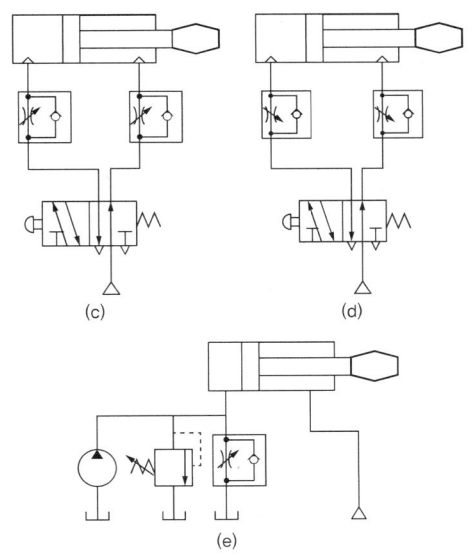

ⓒ 미터 아웃 회로
- 그림 d와 같이 액추에이터에서 나오는 공기를 조절하여 액추에이터를 제어하는 방식이다.
- 액추에이터 작동 전 제어를 하므로 작동성이 확실하고 일반적으로 많이 사용하는 방식이다.

ⓒ 블리드 오프 회로
- 그림 e와 같이 액추에이터로 공급되는 유량이 작동 속도에 비해 너무 많을 때, 밀려 나는 유량을 탱크로 회수하는 방식이다.
- 내부 압력이 조정되므로 각 밸브의 과도한 부하를 막을 수 있다.
- 유압 제어의 경우 회수되는 유류에 대한 관리가 다시 필요하다.

④ 공유압 회로 중 방향 제어 회로의 예시
  ㉠ 로크 회로 : 실린더 행정 중 임의 위치에서 행정단에 실린더를 고정시킬 때 플런저의 이동을 방지하는 회로
  예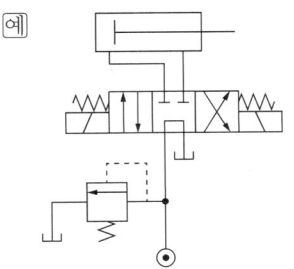

⑤ 공유압 회로 중 속도 제어 회로의 예시
  ㉠ 유입의 흡입유량을 제어하여 유압실린더, 유압 모터의 직선 또는 회전 속도를 제어한다.
  ㉡ 속도는 액추에이터의 크기, 유량, 부하 등에 따라 결정된다.
  ㉢ 속도 제어는 유량 제어를 사용한다.
  ㉣ 동조회로
    - 크기가 같은 2개의 유압실린더가 동시에 작용할 때 치수, 누유량, 마찰 등에 의한 속도 차이를 보상하는 회로로 다음과 같은 방법들이 있다.
    - 유압실린더를 직렬로 접속하여 함께 움직일 때 유압유의 누유, 공기혼입, 온도 변화 등으로 발생하는 오차를 맞춰주는 방법
    - 유량 제어 밸브를 사용하여 각각 실린더의 유량을 조정하여 함께 움직이도록 맞추는 방법
    - 용량이 같은 두 개의 펌프를 같은 축에 연결하여 같게 회전시켜 움직임을 맞추는 방법
    - 같은 유압 모터 2개를 기계적으로 연동시켜 움직임을 맞추는 방법

⑥ 공유압 회로 중 압력 제어 회로의 예시
  ㉠ 압력 설정 회로
    - 릴리프 밸브를 사용하는 유압 펌프 토출압력을 릴리프 밸브의 설정압력 이상이 되지 않도록 제한하는 회로
    - 정용량형 펌프의 과부하 방지를 목적으로 펌프의 송출측에 릴리프 밸브를 설치하여 압력을 유지하거나 감압하는 회로
  ㉡ 감압 회로 : 회로의 일부를 낮은 2차압으로 유지하는 회로
  ㉢ 무부하 회로
    - 반복작업 중에 일을 하지 않는 동안 압유를 필요로 하지 않을 때 펌프 송출량을 저압으로 기름탱크로 되돌려 보내고 유압 펌프를 무부하 운전시키는 회로

- 무부하 회로를 사용하면 펌프구동력의 손실을 막을 수 있고, 유압장치의 가열을 방지하여 펌프의 수명을 연장할 수 있다. 또한 효율이 좋으며 작동유의 노화방지, 작동장치의 성능저하 및 손상 감소 등의 장점이 있다.

예 축압기를 이용한 무부하 회로

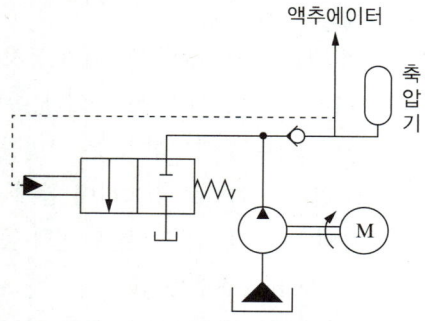

ㄹ **시퀀스 회로** : 동일한 압력원을 이용하여 순차적 작동이 되도록 구성한 회로. 솔레노이드 조작, 시퀀스 밸브 구성 등의 방법이 있다.

ㅁ **카운터 밸런스 회로**
- 수직 램이나 플런저 로드의 자동낙하 방지
- 유압실린더를 사용한 기계가공 후 무부하 시, 부하의 급격한 감소 시 램이 플런저가 급진되지 않도록 제어하는 회로
- 일정한 배압을 유지시켜 성형기계의 램이 중력에 의하여 자유낙하 하는 것을 방지

ㅂ **축압 회로**(Accumulator 회로) : 축압기를 이용하여 압력유지, 서지압력 흡수, 유압에너지 축적, 동력절약, 사이클 시간 단축을 목적으로 하는 회로

ㅅ **브레이크 회로**
- 시동할 때의 서지압력 방지나 정지시키고자 할 경우에 유압적으로 제동을 부여하는 회로
- 모터 출구 측에 차동 시퀀스 밸브를 설치하여 부(-)의 부하가 걸리더라도 제동작용을 하게끔 하는 회로
- 유압 모터의 관성력으로 인한 펌프작용을 방지하기 위해 필요한 보상 회로

10년간 자주 출제된 문제

10-1. 다음 중 공·유압 회로도를 보고 알 수 없는 것은?
① 관로의 실제 길이
② 유체 흐름의 방향
③ 유체 흐름의 순서
④ 공·유압기기 종류

10-2. 다음 회로에 대한 설명으로 옳은 것은?

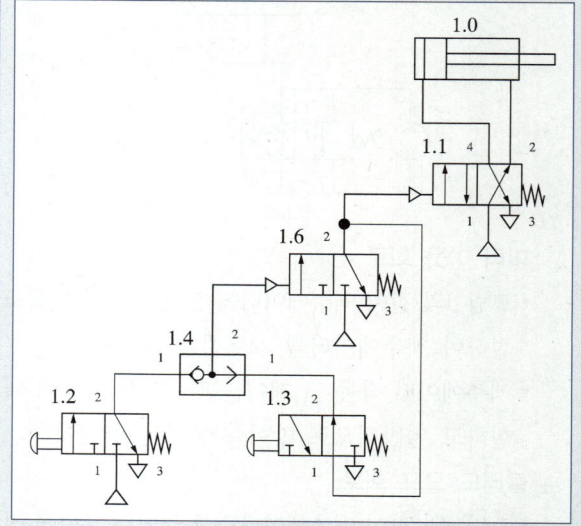

① 1.3 밸브를 누르면 1.0 실린더가 전진하고, 1.2 밸브를 누르면 1.0 실린더가 후진한다.
② 1.2 밸브와 1.3 밸브를 동시에 동작시켜야 실린더가 전진하고 두 밸브를 동시에 놓아야 즉시 후진한다.
③ 1.2 밸브와 1.3 밸브를 동시에 동작시켜야 실린더가 전진하고 두 밸브 중 하나를 놓으면 즉시 후진한다.
④ 1.2 밸브를 누르면 1.0 실린더가 전진하고 1.2 밸브를 놓아도 계속 전진하며 1.3 밸브를 누르면 1.0 실린더가 후진하고, 1.3 밸브를 놓아도 계속 후진한다.

10년간 자주 출제된 문제

10-3. 다음의 속도 제어 회로에서 압력 릴리프 밸브에 설정한 시스템의 최대 압력을 초과하는 압력이 만들어질 가능성이 있는 방법은?

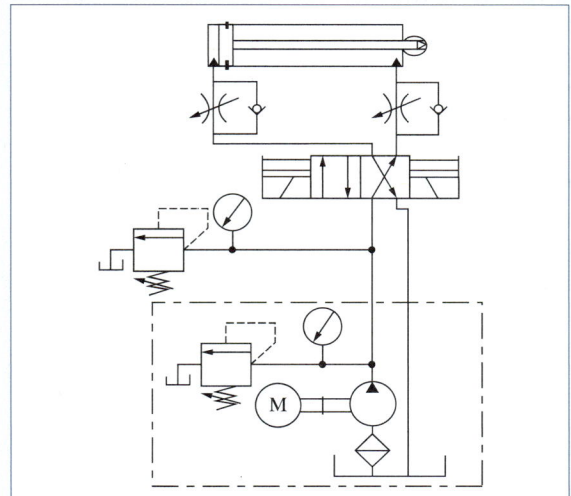

① 미터 인 회로
② 미터 아웃 회로
③ 블리드 오프 회로
④ 카운터 밸런스 회로

10-4. 다음 중 일반적인 단동 실린더의 속도 제어에 적합한 방법은?

① 재생 제어
② 미터 인 제어
③ 미터 아웃 제어
④ 블리드 오프 제어

10-5. 유압의 유량 조절 밸브를 이용하여 구성할 수 없는 회로는?

① 브레이크 회로
② 블리드 오프 회로
③ 미터-인 속도 제어 회로
④ 미터-아웃 속도 제어 회로

10-6. 다음 회로의 명칭으로 옳은 것은?

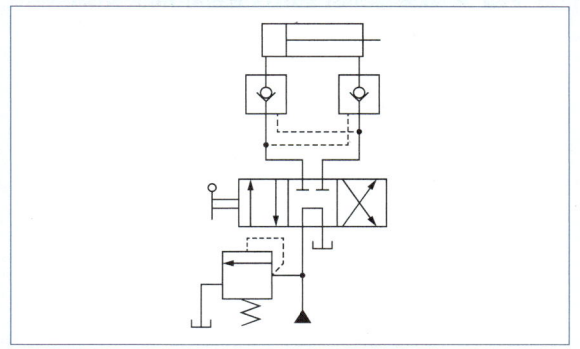

① 로크 회로
② 증압 회로
③ 축압 회로
④ 무부하 회로

10-7. 다음 유압 회로도를 구성하는 각 기기의 명칭을 나타낸 것 중 틀린 것은?

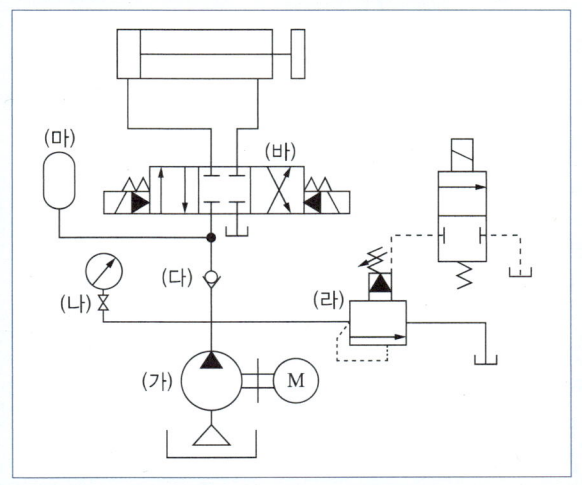

① (가) : 정용량형 펌프
② (나) : 스톱 밸브, (다) : 체크 밸브
③ (라) : 릴리프 밸브, (마) : 보조탱크
④ (바) : 4포트 3위치 방향 제어 밸브

10년간 자주 출제된 문제

10-8. 다음 중 AND 논리의 공압식 표현이 아닌 것은?

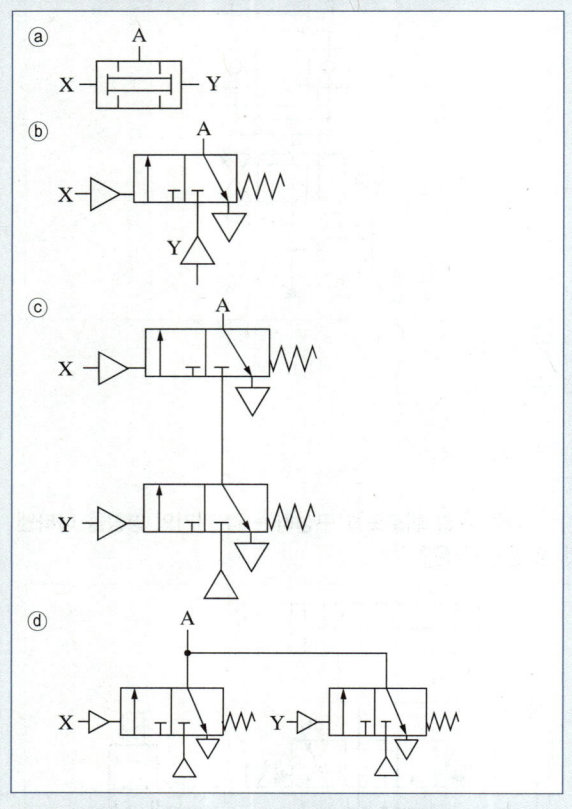

① ⓐ ② ⓑ
③ ⓒ ④ ⓓ

10-9. 유압회로에서 발생하는 서지(Surge) 압력을 흡수할 목적으로 사용되는 회로는?

① 동조 회로
② 압력 시퀀스 회로
③ 블리드 오프 회로
④ 어큐뮬레이터 회로

10-10. 유압 모터의 관성력으로 인한 펌프작용을 방지하기 위해 필요한 보상 회로의 명칭은?

① 브레이크 회로
② 유압 모터 병렬 회로
③ 유압 모터 직렬 회로
④ 일정 토크 구동 회로

|해설|

10-1
공유압 회로도는 기호를 통한 간략도이므로 실제 설치, 배치를 알 수는 없다.

공유압 회로의 특징
- 공압, 유압을 이용한 회로이므로 공유압의 경로에 따라 액추에이터가 동작한다.
- 공유압의 양 또는 속도를 조절하여 필요한 출력을 얻을 수 있다.
- 제어 대상은 공유압의 경로, 압력의 크기, 유체의 양 또는 속도를 통한 제어 등으로 나눌 수 있다.
- 회로도는 기호로 표시하여 작동유체의 유동 순서 및 방향, 제어 밸브의 종류, 액추에이터의 종류, 논리 흐름 등을 볼 수 있다.

10-2
공압이 작동되는 곳에 삼각형 기호가 표시되어 있다. 1.4 셔틀 밸브가 있으므로 1.2나 1.3 중 하나만 신호가 들어가도 1.6에 신호가 작동하게 된다. 초기에는 1.2를 작동시켜서 1.4를 통해 1.1을 작동시키지만, 1.3으로 1.4는 자기유지하게 되어 있어서 1.3 버튼을 누르기 전까지는 1.0이 작동상태를 유지하게 하는 회로이다.

10-3
미터 아웃 회로는 액추에이터에서 나오는 작동유체를 조절하여 액추에이터를 제어하는 방식이다. 실린더 바로 입구와 출구에 달린 한 방향 유량 제어 밸브 내의 체크 밸브 방향을 보고 제어 방향을 판단한다. 문제의 그림에서 압력 릴리프 밸브가 입력측에 달려있는데, 실린더를 미터 아웃 제어하는 경우 공급되는 작동유체의 압력이 상승하는 것을 전제로 하므로 압력 릴리프 밸브가 작동할 우려가 높다.

10-4
스프링으로 복귀하는 단동 실린더의 경우 미터 아웃 제어를 할 수 없으므로 미터 인 제어 회로가 적합하다.

10-5, 10-10
브레이크 회로
- 시동할 때의 서지압력 방지나, 정지시키고자 할 경우에 유압적으로 제동을 부여하는 회로
- 모터 출구측에 차동 시퀀스 밸브를 설치하여 부(-)의 부하가 걸리더라도 제동작용을 하게끔 하는 회로
- 유압 모터의 관성력으로 인한 펌프작용을 방지하기 위해 필요한 보상 회로

10-6
로크 회로
- 실린더 행정 중 임의 위치에서 행정단에 실린더를 고정시킬 때 플런저의 이동을 방지하는 회로
- 실린더가 임의의 위치에 있을 때 4ports 3ways V/V를 작동시키면 실린더가 그 자리에 고정된다.

| 해설 |

10-7
(라) 간접 작동형 릴리프 밸브 - 딱히 틀렸다 할 수 없으나
(마) 축압기

10-8
AND 논리는 X와 Y가 모두 신호가 들어가야만 출력이 나오는 논리이다. 이압 밸브는 X와 Y에 모두 입력이 있어야만 출력이 발생한다. ⓑ의 경우도 밸브가 작동하면서 공압이 공급되어야만 출력이 발생한다. 직렬로 연결된 ⓒ도 AND 회로이다. ⓓ는 X와 Y 중 하나의 입력만 있어도 출력이 발생한다.

10-9
축압 회로(Accumulator 회로) : 축압기를 이용하여 압력유지, 서지압력 흡수, 유압에너지 축적, 동력절약, 사이클 시간 단축을 목적으로 하는 회로

정답 10-1 ① 10-2 ④ 10-3 ② 10-4 ② 10-5 ①
10-6 ① 10-7 ③ 10-8 ② 10-9 ④ 10-10 ①

핵심이론 11 | 자동화 및 자동화 시스템 1

① **자동화** : "다른 힘을 빌리지 아니하고 스스로 움직이거나 작용하게 됨. 또는 그렇게 되게 함." -국립국어원

② **자동화의 특징**
  ㉠ 휴식 없이 연속작업 가능
  ㉡ 제품 품질의 균질화
  ㉢ 정밀 반복 작업 가능
  ㉣ 위험한 작업공간에서의 작업 가능
  ㉤ 설비구축 및 보전의 필요
  ㉥ 자동화의 목적
  • 자동화를 촉진하는 요소 : 3D 산업 희망자의 감소, 작업자 안전 확보, 노사의 이해 대립, 생산시스템의 거대화, 기업 간 경쟁 심화
  • 자동화 고려요소 : 생산 시스템의 효율적인 운영, 작업 환경의 개선 및 인력난 해소, 원가 절감을 통한 제품의 가격 인하, 생산성 향상을 통한 기업이윤의 극대화, 제품 품질의 균일화를 통한 소비자 신뢰 확보

③ **자동화의 구분**
  ㉠ 자동화의 분류
  • 생산활동의 자동화 분류
    - 기계적 자동화(Mechanical Automation)
    - 공정 자동화(Process Automation)
    - 사무자동화(Office Automation)
  • 장소에 따른 자동화 종류
    - 사무자동화(OA ; Office Automation)
    - 공장자동화(FA ; Factory Automation)
    - 홈오토메이션(HA ; Home Automation)
  • 비용적 접근에 따른 분류
    - LCA(Low Cost Automation) : Simple Device, Minimum Designing Work, Step by Step Modification, Do It Yourself Automation의 특징을 갖고 있다.
    - HCA(High Cost Automation)

ⓒ 자동화 수준에 따라 표현되는 여러 자동화 개념
- CNC(Computered Numerical Control) : 선반 및 밀링, 또는 MCT를 이용한 단품 가공을 기계 스스로 시행한다.
- DNC(Direct Numerical Control) : 여러 대의 공작기계를 한 번의 제어로 작업토록 할 수 있는 자동화
- CAD(Computer Aided Design) : 컴퓨터를 이용한 설계를 시행한다.
- CAM(Computer Aided Machining) : CAD Data를 이용하여 CNC 가공을 시행한다.
- FMS(Flexible Manufacturing System) : 유연 생산 체제를 일컬으며 자동화된 공정을 요구에 따라 바꾸어서 작업할 수 있는 환경, 시스템을 의미한다.
  - FMC(Flexible Manufacturing Cell) : 1대의 수치 제어 공작기계를 핵심으로 자동공구 교환 장치, 자동팰릿 교환장치, 팰릿 매거진을 설치한 것이다.
  - 전형적인 FMS : 여러 대의 수치 제어 공작기계가 가변 루트인 자동 반송 시스템과 연결된 형태
  - FTL(Flexible Transfer Line) : 유연한 기능을 가진 공작기계 군을 고정 루트인 자동반응 장치로 연결한 것
- FA(Factory Automation) : 공장자동화를 의미하는데 단순한 공정의 자동화만이 아니라, 재료반입, 운송, 점검(QC)에 이르기까지 전 공정을 자동으로 제어하는 시스템을 일컫는다. 공장자동화 시스템의 공정 순서는 설계-가공-조립-보관-출하의 과정으로 이루어진다.
- CIMS(Computer Integrated Manufacturing System) : 컴퓨터를 이용한 통합 생산을 의미한다.
- FMC(Fixed Mobile Convergence) : 유무선 통합 기술을 의미한다.

ⓒ 자동화 보전의 접근
- 설비 개선의 사고법
  - 복원 : 결함이 있는 현재의 상태를 원래의 바른 상태로 되돌리는 작업
  - 미결함 사고법 : 결과에 대한 영향이 적다고 일반적으로 생각되는 것을 철저하게 제거하는 사고
  - 기능의 사고법 : 훈련, 체득한 것을 바탕으로 바르고 익숙하게 행동할 수 있는 힘이며 장시간에 걸쳐 지속될 수 있는 능력
  - 조정의 조절화 사고법 : 자동화 등의 방법으로 인간이 하는 일을 기계로 대체하여 정밀도 향상 등에 의한 작업의 단순화가 용이하게 하기 위한 사고법

④ 자동화 시스템
ⓐ 핸들링
- 부품의 소비와 배치를 포함하는 제조와 분배 공정에 부품을 이동, 저장, 보호 및 제어하는 모든 것을 의미. 이를 위한 장치 부품의 이송, 이송장비, 저장 시스템, 조립 및 식별, 추적 시스템을 포함한다. 핸들링의 이송은 취합, 계량, 분류, 상적, 하적의 과정을 포함한다.
- 운반장비의 종류와 특징
  - 산업용 수동 트럭 : 공장에서 가벼운 물건을 운반할 때 사용하며 저렴한 비용이 특징이다.
  - 산업용 전동 트럭 : 팰릿이나 컨테이너를 운반할 때 사용하며 중간 정도의 비용이 든다.
  - AGV : 높은 비용이 드나 유연하고 방해 받지 않는 경로를 갖출 수 있다.
  - 모노레일 또는 가이드 운반차 : 고정된 경로에 따라 대량의 물품을 운반하며 높은 비용이 들지만 유연한 경로를 이용할 수 있다.
  - 컨베이어 : 물품 분류에 유용하며 고정 장비가 필요하다.
  - 크레인 또는 호이스트 : 매우 무거운 물건을 수시로 들기 위해 필요하다.

ⓒ 자동창고
- 구성요소

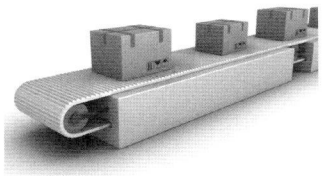

[랙]   [컨베이어]

[스태커 크레인]   [팰릿]

- 랙(Rack) : 하물의 저장을 위해 철골 등의 골재를 용접 또는 조립하여 여러 단으로 만든 구조물
- 컨베이어(Conveyor) : 하물을 연속적으로 이송하는 고정형 운반 장치. 벨트, 롤러 등을 이용한다.
  가. 벨트 컨베이어, 체인 컨베이어, 롤러 컨베이어 등으로 구분
  나. 전동장치와 하드웨어, 공유압시스템으로 구성되어 있다.
  다. 컨베이어 시스템의 설계 원칙
    a. 속도의 원칙 : 컨베이어 동작 속도는 허용된 범위 안에 있어야 한다. 속도는 단위 시간당 팰릿의 수로 결정되며 이 값은 필요한 작업 위치에서의 적재율보다 크거나 같아야 한다.
    b. 이송 능력 한계 : 컨베이어 이송 능력은 총 운반 장치 수, 한 운반 단위의 개별 부품 수, 컨베이어 속도에 비례하고 컨베이어 길이에 반비례 한다.
    c. 균일성의 원칙 : 전체 컨베이어를 통해 운반하고자 하는 부품이 일정하게 적재되어야 한다.
- 스태커 크레인(Stacker Crane) : 고층 랙 창고 선반에 팔레타이즈 화물을 넣고 꺼내는 크레인의 총칭
- 팰릿, 팔레트(Pallet) : 물건을 적재하여 이송을 쉽게 하기 위한 적재판
- AGV(Automated Guided Vehicle) : 무인 운반차로 레일 가이드 또는 센서 가이드에 따라 무인으로 운반, 이송하는 작업차량을 말한다. AGV를 이용하면 레이아웃의 자유도가 크고 자율주행을 통한 자기 제어가 가능하며 비자동화 장비와도 협업할 수 있다. 자기 진단과 컴퓨터 교신 능력이 있고, 상하적이 용이하고 정지 정밀도를 확보할 수 있다.
- RGV(Rail Guided Vehicle) : 설치된 레일 위에 이동하는 운반용 자동차를 말한다.

⑤ 산업용 로봇
  ㉠ 종류
  - 머니퓰레이션
  - 고정 시퀀스 로봇 : 미리 설정된 순서와 조건, 위치에 따라 동작의 단계를 차례로 거쳐하는 머니퓰레이터
  - 가변 시퀀스 로봇 : 시퀀스 로봇 중 설정 정보의 변경이 가능한 로봇
  - 플레이 백 로봇 : 인간의 행동을 기억하여 머니퓰레이션 하는 로봇
  - 수치 제어 로봇 : NC 정보를 이용하여 지령 받은 대로 이동, 공작하는 로봇
  - 감각 제어 로봇 : 센싱을 통한 조건에 따른 자율적 판단으로 조작되는 로봇
  - 학습 제어 로봇 : 학습 제어 기능을 갖는 로봇
  - 동작형태에 따라 원통 좌표계를 이용하는 로봇, 극 좌표계, 직각 좌표계, 자유도 6의 다관절 로봇으로 구분

ⓒ 로봇 시스템
- 로봇은 인간을 대신하여 정확하고 빠르게 일을 할 수 있도록 제작된 기계이다.
- 바닥에 고정된 로봇은 센서와 구동 장치를 몸체 내부에 포함시키도록 구성하였고, 제어 장치와 전원부는 몸체와 분리시켜 몸 밖에서 제어가 가능하도록 구성되어 있다.
- 로봇은 로봇 센서를 이용하여 외부 및 주변 환경을 감지하여 스스로 동력과 출력, 움직임을 제어하도록 한다.

ⓒ 로봇 센서
로봇 센서는 인간의 감각과 비교하여 분류할 수 있다.

인간의 감각	역할	센서	예시
시각	빛, 모양, 이미지 감지	광센서	포토 다이오드, 이미지 센서, CdS, 적외선 센서
		카메라	CCD, CMOS
청각	소리 감지	소리센서	청각센서, 마이크로폰, 압전소자, 초음파센서
촉각	형상, 접촉력, 온도 등 감지	압력센서	힘, 토크센서, 압력센서
		온도센서	온도센서, 열전대, 서미스터
미각	성분 감지	맛센서	이온센서, 바이오센서
후각	성분 감지	가스센서	바이오 케미컬 소자, 지르코니아 센서
운동	속도, 위치변화, 가속도 등 감지	운동센서	인코더, 가속도센서, 기울기센서
		자기센서	지자기센서

ⓔ 로봇 제어 방식
- **보간제어** : 보간(Interpolation)을 하는 경로를 직선으로 하는 직선 보간, 원 모양으로 하는 원호 보간
- **포인트 투 포인트**(PTP ; Point to Point) : 경로를 무시하고 미리 지정된 점을 순차적으로 이동하는 제어 방식
- **CP**(Continuous Path) : 이동 경로가 미리 직선 또는 곡선으로 지정되어 있어 지정된 경로를 따라 연속적으로 이동하는 제어 방식

- 매뉴얼 데이터 입력(MDI ; Manual Data Input) 방식 : 이미 정의된 위치 데이터를 수동 키(Key) 조작에 의해 직접 입력하는 방식
- 티칭 플레이 백(TPB ; Teaching Play Back)방식 : 위치데이터를 서보 오프(Servo Off)상태에서 수동 조작하여 위치를 확인 후 입력하는 방식, 사람의 행동을 학습하여 하는 티칭 플레이 백 등으로 구분

10년간 자주 출제된 문제

11-1. 다음 중 자동화의 장점이 아닌 것은?
① 생산성을 향상시킨다.
② 제품의 품질을 균일하게 한다.
③ 시설투자비용을 줄일 수 있다.
④ 원가를 절감하여 이익을 극대화할 수 있다.

11-2. 다음 FMS 형태 중 생산성이 가장 좋은 방법은?
① 전형적 FMS
② Job-Shop형
③ 트랜스퍼 라인
④ 플렉시블 생산 셀(FMC)

11-3. 자동화 시스템의 자동화가 적용되는 분야나 산업별로 구분한 것이 아닌 것은?
① OA(Office Automation)
② HA(Home Automation)
③ FA(Factory Automation)
④ LCA(Low Cost Automation)

11-4. 자동화 보수 관리의 목적으로 틀린 것은?
① 생산성 향상
② 신속한 고장 수리
③ 기계의 사용 연수가 감소
④ 자동화 시스템을 항상 양호한 상태로 유지

10년간 자주 출제된 문제

11-5. 설비 개선의 사고법 중 자동화 등의 방법으로 인간이 하는 일을 기계로 대체하여 정밀도 향상 등에 의한 작업의 단순화가 용이하게 하기 위한 사고법은?

① 기능의 사고법
② 바람직한 모습의 사고법
③ 미결함의 사고법
④ 조정의 조절화 사고법

11-6. 롤러체인 Free Flow 컨베이어형 자동 조립 라인에서 팰릿이 작업위치에 인입되어도 스토퍼 실린더가 상승하지 않아서 팰릿의 흐름을 정지시키지 못하고 있다면 트러블 원인은 무엇인가?

① 롤러 체인의 틈새로 스크루 볼트가 박혀서 체인 구동 모터가 과부하 트립되고 있다.
② 스토퍼 실린더를 구동하는 솔레노이드 밸브의 코일이 소손되어 밸브가 절환되지 않는다.
③ 제어반 내 PLC CPU의 운전 Key S/W를 RUN모드가 아닌 STOP모드에 두어, PLC가 정지되었다.
④ 컨베이어의 이송속도를 제어하는 인버터의 고장으로 이송속도가 제어되지 않는다.

11-7. 핸들링(Handling)에서 생산 작업과 관련된 자재나 작업물의 모든 이동기능을 이송이라 한다. 이 이송에 해당되지 않는 것은?

① 취합(Merging)
② 계량(Metering)
③ 분류(Distributing)
④ 위치결정(Position Control)

11-8. 컨베이어를 설계하는 원칙으로 적절하지 않은 것은?

① 속도의 원칙
② 혼재의 원칙
③ 균일성의 원칙
④ 이송 능력의 한계

11-9. 무인 반송차(AGV)의 특징 중 틀린 것은?

① 레이아웃의 자유도가 낮다.
② 컴퓨터와의 통신이 가능하다.
③ 정지 정밀도를 확보할 수 있다.
④ 충돌, 추돌의 회피 등 자기 제어가 가능하다.

11-10. 자동화 시스템 중 센서로부터 입력되는 제어 정보를 분석 처리하여 필요한 제어 명령을 내려주는 장치는?

① 액추에이터
② 신호 입력 요소
③ 제어 신호 처리 장치
④ 네트워크 장치

11-11. 직각 좌표상에서 두 축을 동시에 제어할 때 두 축이 한 점에서 다른 점까지 움직이는 궤적을 원이 되도록 제어하는 방법은?

① 머니퓰레이터(Manipulator)
② 원호보간(Circle Interpolation)
③ 직선보간(Liner Interpolation)
④ 티칭 플레이 백(Teaching Play Back)

11-12. 로봇 운영 방식에 대한 용어 설명 중 틀린 것은?

① 포인트 투 포인트(PTP ; Point To Point) : 직각 좌표상에서 두 축을 동시에 제어할 때 두 축이 한 점에서 다른 점까지 움직이는 데 있어서 궤적에 상관없이 중간점들이 지정되지 않는 채 제어되는 것
② 매뉴얼 데이터 입력(MDI ; Manual Data Input)방식 : 이미 정의된 위치 데이터를 수동 키(Key)조작에 의해 직접 입력하는 방식
③ 티칭 플레이 백(TPB ; Teaching Play Back)방식 : 위치데이터를 서보 오프(Servo Off)상태에서 수동 조작하여 위치를 확인한 후 입력하는 방식
④ 서보 레디(SVRDY ; Servo Ready) : 아날로그 타입에서 드라이버로 출력하는 속도 명령으로써 최대 ±10[V]이다.

11-13. 로봇의 감지장치에 대한 설명으로 틀린 것은?

① 물체의 위치는 외계조건이다.
② 가속도와 회전력은 내계조건이다.
③ 퍼텐쇼미터의 출력은 디지털 신호이다.
④ 촉각센서는 물체의 형상과 접촉여부를 감지한다.

|해설|

11-1
자동화의 특징
- 휴식 없이 연속작업 가능
- 제품 품질의 균질화
- 정밀 반복작업 가능
- 위험한 작업 공간에서의 작업 가능
- 설비 구축 및 보전 필요

11-2
FMS(Flexible Manufacturing System) : 유연 생산 체제를 일컬으며 자동화된 공정을 요구에 따라 바꾸어서 작업할 수 있는 환경, 시스템을 의미한다.
- FMC(Flexible Manufacturing Cell) : 1대의 수치 제어 공작기계를 핵심으로 자동공구 교환장치, 자동팰릿 교환장치, 팰릿 매거진을 설치한 것이다.
- 전형적인 FMS : 여러 대의 수치 제어 공작기계가 가변 루트인 자동 반송 시스템과 연결된 형태
- FTL(Flexible Transfer Line) : 유연한 기능을 가진 공작기계군을 고정 루트인 자동반응 장치로 연결한 것

11-3
FA(Factory Automation) : 공장자동화를 의미하는데 단순한 공정의 자동화만이 아니라, 재료반입, 운송, 점검(QC)에 이르기까지 전 공정을 자동으로 제어하는 시스템을 일컫는다.
- 생산활동의 자동화 종류 : 기계적 자동화(Mechanical Automation), 공정 자동화(Process Automation), 사무자동화(Office Automation)
- 장소에 따른 자동화 종류 : 사무자동화(OA ; Office Automation), 공장자동화(FA ; Factory Automation), 홈오토메이션(HA ; Home Automation)
- 비용적 접근 : LCA(Low Cost Automation), HCA(High Cost Automation)

11-4
보수 관리의 목적은 원활한 이용으로 인한 경제성 도모와 사용연한의 증가에 따른 설비투자비용 감소 등이다.

11-5
설비 개선의 사고법
- 복원 : 결함이 있는 현재의 상태를 원래의 바른 상태로 되돌리는 작업
- 미결함 사고법 : 결과에 대한 영향이 적다고 일반적으로 생각되는 것을 철저하게 제거하는 사고
- 기능의 사고법 : 훈련, 체득한 것을 바탕으로 바르고 익숙하게 행동할 수 있는 힘이며 장시간에 걸쳐 지속될 수 있는 능력
- 조정의 조절화 사고법 : 자동화 등의 방법으로 인간이 하는 일을 기계로 대체하여 정밀도 향상 등에 의한 작업의 단순화가 용이하게 하기 위한 사고법

11-6
컨베이어, 공장자동화의 보전에 관한 질문으로 보이나 해석해 보면 공압 또는 유압 실린더의 고장 원인을 묻는 문제이다.
공압시스템의 유지 보수 요인
- 공압부품과 배관이 마모, 부식된 경우 오동작 및 고장이 발생할 우려가 크다.
- 부품의 마모는 기능장애, 공압 누설, 부품 파손을 유발할 수 있다.
- 오염된 공기는 내부 마모, 막힘으로 인해 기능장애를 유발할 수 있다.
- 배관이나 부품에 이물질이 누적되면 저항이 커지고 압력강하와 그에 따른 제어 불량을 유발할 수 있다.
- 부식 및 마모에 의한 누설과 맥동현상은 제어 불량을 유발할 수 있다.
- 실린더의 부적절한 설치와 과부하도 고장과 오동작을 유발할 수 있다.
- 센서의 부적절한 위치의 배치로도 오동작을 유발할 수 있다.

11-7
핸들링 : 부품의 소비와 배치를 포함하는 제조와 분배 공정에 부품을 이동, 저장, 보호 및 제어하는 모든 것을 의미. 이를 위한 장치 부품의 이송, 이송장비, 저장 시스템, 조립 및 식별, 추적 시스템을 포함한다. 핸들링의 이송은 취합, 계량, 분류, 상적, 하적의 과정을 포함한다.

11-8
컨베이어 시스템의 설계 원칙
- 속도의 원칙 : 컨베이어 동작 속도는 허용된 범위 안에 있어야 한다. 속도는 단위 시간당 팰릿의 수로 결정되며 이 값은 필요한 작업 위치에서의 적재율보다 크거나 같아야 한다.
- 이송 능력 한계 : 컨베이어 이송 능력은 총 운반 장치 수, 한 운반 단위의 개별 부품 수, 컨베이어 속도에 비례하고 컨베이어 길이에 반비례 한다.
- 균일성의 원칙 : 전체 컨베이어를 통해 운반하고자 하는 부품이 일정하게 적재되어야 한다.

11-9
AGV를 이용하면 레이아웃의 자유도가 크고 자율주행을 통한 자기 제어가 가능하며 비자동화 장비와도 협업할 수 있다. 자기 진단과 컴퓨터 교신 능력이 있고, 상하적이 용이하고 정지 정밀도를 확보할 수 있다.

11-10
센서의 역할과 정의
- 사람의 눈, 귀, 혀, 피부의 역할을 함
- 스위치 역할
- 신호 또는 자극에 따라 반응을 하는 소자
- 외부신호 또는 자극을 받아 전기적인 신호로 반응하는 소자
- 빛, 소리, 화학물질, 온도 등과 같은 감각과 관련된 신호를 수집하는 기관
- 신호처리 장치가 필요함

| 해설 |

11-11
보간(Interpolation)을 하는 경로를 직선으로 하는 직선보간, 원 모양으로 하는 원호보간, 사람의 행동을 학습하여 하는 티칭 플레이 백 등으로 구분

11-12
로봇 제어 방식
- 보간 제어 : 보간(Interpolation)을 하는 경로를 직선으로 하는 직선보간, 원 모양으로 하는 원호보간
- 포인트 투 포인트(PTP ; Point To Point) : 경로를 무시하고 미리 지정된 점을 순차적으로 이동하는 제어 방식
- CP(Continuous Path) : 이동 경로가 미리 직선 또는 곡선으로 지정되어 있어 지정된 경로를 따라 연속적으로 이동하는 제어 방식
- 매뉴얼 데이터 입력(MDI ; Manual Data Input)방식 : 이미 정의된 위치 데이터를 수동 키(Key) 조작에 의해 직접 입력하는 방식
- 티칭 플레이 백(TPB ; Teaching Play Back)방식 : 위치데이터를 서보 오프(Servo Off)상태에서 수동 조작하여 위치를 확인한 후 입력하는 방식, 사람의 행동을 학습하여 하는 티칭 플레이 백 등으로 구분

11-13
- 외계조건 : 시스템 바깥에 존재하는 요인
- 내계조건 : 시스템 안에서 계산되고 발생되는 요인
- 퍼텐쇼미터 : 회전체의 각도를 검출하는 용도나 볼륨 조절 용도로도 사용, 전체 행정거리를 0~10V의 신호 전압으로 검출하는 원리를 사용. 퍼텐쇼미터의 출력은 아날로그 전압을 출력한다.

정답 11-1 ③ 11-2 ④ 11-3 ④ 11-4 ① 11-5 ④ 11-6 ② 11-7 ④
11-8 ② 11-9 ① 11-10 ③ 11-11 ① 11-12 ④ 11-13 ③

| 핵심이론 12 | 제어 및 자동제어 |

① **기본정의**
  ㉠ **제어** : 어떤 물리량의 상태를 원하는 목적에 알맞은 작용을 하도록 조절하는 것
  ㉡ **자동제어** : 제어를 사람의 손에 의하지 않고 컴퓨터, 시스템, 기계 등에 의해 자동적으로 시행하는 것
  ㉢ **자동화** : 작업의 전부 또는 일부를 사람이 직접 조작하지 않고 자동제어 기술에 의해 도구나 기계 등이 자동적으로 작동하는 것
  ㉣ **제어시스템의 신호전달체계** : 에너지 요소(신호동력) → 신호 입력 요소(입력장치) → 신호 처리 요소(연산) → 신호 출력 요소(출력장치)
  ㉤ **메커트로닉스**
   - 기계의 전자화 또는 전자기기의 기계화를 통칭하는 기술
   - 적용범위 : 자동차, 항공우주, 반도체, 제조분야 등
   - 효과 : 대규모 조립·가공 산업분야에서 생산성과 품질원가의 경쟁력을 높이게 됨

② **제어의 분류**
  ㉠ 제어량에 따른 분류
   - **서보제어(Servo Control)** : 물체의 위치, 각도, 방위, 자세 등의 기계적 변위를 제어량으로 읽어 제어하는 시스템
   - **프로세스제어(Process Control)** : 제어량이 상태값인 압력·온도·유량·밀도 등일 때의 제어 방식
   - **자동조정(Automatic Regulation)** : 제어량이 전기적 및 기계적 양(주파수, 전압, 전류, 습도, 회전 속도, 힘 등)을 주로 제어하는 것
  ㉡ 제어 목표에 따른 분류
   - **정치제어** : 제어량을 일정 목푯값에 유지시키는 것이 목적인 제어
     예 주파수제어, 발전기의 조속기, 자동전압 조정장치 등

- **추종제어** : 목표 대상값이 변동하는 경우 목푯값에 정확히 추종하도록 하는 제어
  예 서보제어, 요격 미사일의 미사일 추적 등
- **프로그램제어** : 제어량의 변동이 미리 프로그래밍된 제어
  예 무인열차가 출발 후 점점 가속하여 목적지에서 감속 후 정차하는 과정에서 속도
- **비율제어** : 목푯값이 다른 변수과 비례관계를 가질 때 변수에 따른 비율제어를 실시
  예 열처리로의 온도 제어

ⓒ 제어 동작에 따른 분류
- **연속제어** : 목푯값에 이를 때까지 지속적으로 제어(비례제어, 미분제어, 적분제어, 비례-미분-적분 제어)
- **불연속제어** : 목푯값에 ±편차를 인정하여 범위를 벗어나는 경우만 제어하거나 일정 시간 간격을 두어 제어하는 제어(샘플값제어, ON/OFF제어)

ⓔ 제어 방식에 따른 분류
- **최적제어**(Optimal Control) : 목푯값에 최소시간, 최소연료, 최소에너지시스템 등 제한된 조건에 순응하여 가장 빨리 달성하도록 제어하는 방법
- **적응제어**(Adaptive Control) : 목푯값을 제어하기 위한 제어 변수 중 알기 힘든 변수가 있을 때 이를 적절히 변경하여 목표에 이를 수 있도록 제어하는 방법
- **디지털제어**(Digital Control) : 신호, 명령 등 제어 수단을 디지털화된 수단으로 사용하는 제어. 공작기계 제어대상의 수치제어(Numerical Control)가 예이다.

ⓕ 시간 의존성에 따른 분류 : 동기(同期)제어, 비동기(非同期)제어

ⓗ 피드백에 따른 제어의 구분
- **열린루프제어**(개회로제어)
  출력값이 목푯값에 일치하는지 점검하지 않고, 목푯값 또는 입력을 주면 정해진 제어를 시행하는 제어. 시퀀스제어도 이에 해당하며, 자동세탁기나 무인 제어 신호등 등이 이에 해당된다.

  목푯값 →동작신호→ [제어기] →조작량→ [제어대상] →제어량→ 출력

- **닫힌루프제어**(피드백제어, 폐회로제어, Feedback Control)
  - 출력값이 목푯값에 이르도록 입력값을 조정하는 피드백제어(Feedback Control)이다.
  - 개회로제어보다는 신호를 추출하고 목푯값과 비교하는 등의 설비(궤환요소)가 더 필요하다.
  - 개회로제어에 비해 정확한 제어가 가능하다.
  - 피드백 과정에서 목푯값 또는 기준입력에 대한 출력의 시간적 변화가 발생하는데 이를 시간응답이라 한다.
  - 사용되는 신호
    가. 입력 신호(기준 신호) : 목푯값에 의한 신호
    나. 동작 신호 : 조작을 명령하는 신호
    다. 검출 신호 : 센서 등을 통한 검출부로부터의 신호
    라. 오차 신호(조절 신호) : 피드백에 의해 제어계가 소정의 작동을 하는 데 필요한 신호를 만들어서 조작부에 보내주는 신호

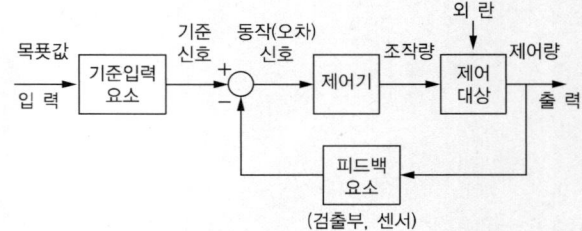

- **서보제어**(Servo Control)
  - 물체의 위치, 각도, 방위, 자세 등의 기계적 변위를 제어량으로 읽어 제어하는 시스템

- 서보(Servo)는 어떤 기준과 출력을 비교하여 피드백(Feedback)함으로써 목적한 입력값에 가장 적합하게 자동제어할 수 있도록 하는 기구(System)를 의미한다.
- 서보기구에서는 안정성과 응답성이 중요하다.
- 서보기구의 제어방식
    가. 개방회로 제어방식 : 피드백제어가 없는 방식
    나. 반폐쇄회로 제어방식 : CNC 공작기계 등에서 서보 모터의 축 또는 볼 스크루의 회전 각도를 통하여 위치를 검출하는 방식. 출력을 검출하여 제어하기 보다는 입력에 따른 계산값을 이용하여 제어. 회전각을 이용
    다. 폐쇄회로 제어방식 : 출력을 검출하여 피드백제어를 시행. 직선 이동량을 이용
    라. 외란이 있는 폐회로 제어 : 외란이란 주변 환경의 영향 등 예측할 수 없는 변수가 제어 시스템 안에 개입된 것으로 외란이 작용하면 정상적인 제어에도 잘못된 결과를 산출할 수 있다. 이런 경우는 정상입력과 외란을 입력으로 간주한 제어를 결합한 제어시스템으로 생각하면 좋겠다.

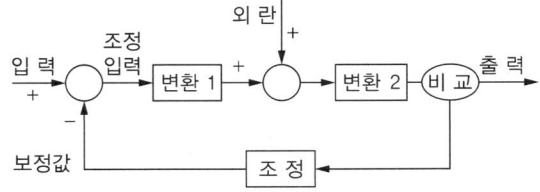

    마. 복합회로 제어방식 : 반폐쇄회로 제어방식을 이용하여 피드백제어를 하고자 함
- 공작기계의 서보기구
    가. 반폐쇄회로 방식을 적용하여 공작기계(NC선반 등)에서 서보모터의 축 또는 이송나사의 회전수나 리졸버를 이용하여 회전각을 검출하고 이를 계산하여 피드백한다.
    나. 서보모터 : 제어기의 제어에 따라 제어량을 따르도록 구성된 제어시스템에서 사용하는 모터로서 정확한 구동을 위해 큰 가속을 내거나 급정지에 적합하도록 구성한다. 서보모터는 서보기구 내에서 구동장치로 사용된다.
    다. 리졸버 : 서보기구에서 회전각을 검출하는데 전기적 원리를 사용하여 검출하는 전기기기, 엔코더에 비해 기계적 강도가 높고, 내구성이 우수. 모터 회전자의 아날로그식 위치 측정센서이다.
    라. 커플링 : NC기계의 동력 전달을 위해 서보모터와 볼스크루 축을 직접 연결하여 연결부위의 백래시 발생을 방지하는 기계요소
    마. 인코더 : 전기, 자기, 광학 등 디지털 신호를 발생시켜 위치 및 속도검출이 가능하도록 하는 기구
    바. 태코미터 : 회전 속도계이며 rpm 등 회전수를 지시하는 계기. 자동차 내부 계기판에 있음
    사. 퍼텐쇼미터 : 회전체의 각도를 검출하는 용도나 볼륨 조절 용도로도 사용, 전체 행정거리를 0~10V의 신호 전압으로 검출하는 원리를 사용. 퍼텐쇼미터의 출력은 아날로그 전압을 출력한다.
- 서보 동작원리
    가. 서보모터의 회전량과 이동거리는 지령 펄스의 수에 따른다. 1pps(pulse/seconds)는 1초간 지령된 펄스의 수를 의미한다.
    나. 즉, 서보모터제어는 몇 번이나 펄스를 주었냐에 따라 제어된다.
    다. 서보모터의 속도는 펄스에 주어지는 주파수로 조절된다. 즉, 같은 시간 동안 펄스가 주어졌더라도 그 주파수가 높으면 더 많은 회전(또는 이동)을 하게 된다.

③ 자동제어의 특징
- 개별적으로 시행하던 작업을 연계한다.
- 기계를 이용한 반복작업이 가능하게 한다.
- 시스템을 이해하고 과정에 대한 이해가 요구된다.
- 정보를 활용하여 무인 운영 시스템을 적용할 수 있다.
- 설비와 프로그램 구축이 요구된다.

④ 자동제어 시스템의 구성
  ㉠ 블록선도 : 각 요소를 블록으로 나타내어 입출력 사이의 관계를 나타내는 다이어그램
  ㉡ 입력(목푯값) : 자동제어시스템이 달성하고자 하는 목표
  ㉢ 조작량 : 제어대상에 가하는 입력
  ㉣ 제어량 : 조작량에 따른 출력
  ㉤ 외란 : 의도하지 않은 조작량
  ㉥ 제어요소 : 제어대상에 조작량을 제공하는 요소
  ㉦ 동작신호 : 제어요소에 가하는 입력신호
  ㉧ 조절부(제어기)와 조작부(액추에이터)

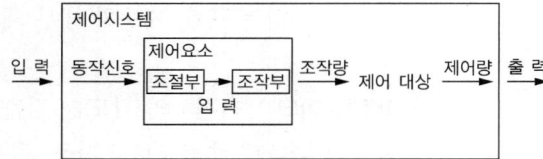

⑤ 전달함수 – PID제어
  ㉠ 비례제어(Proportional Control)
    - 가장 단순하며 입력과 출력이 단순 함수 관계인 제어
    - 구성 비용이 저렴하나 정밀도가 낮음
    - 상승시간이 짧음
    - 오버슈트를 크게 함
    - 안정된 상태에서도 잔류편차가 있음
    - 이득(Gain)을 조정
    - 제어편차에 비례한 수정동작을 함
  ㉡ 미분제어(Derivative Control)
    - 입력과 출력과의 관계 속도를 제어
    - 제어편차가 검출될 때 편차가 변화하는 속도에 비례하여 조작량을 가감
    - 대규모 공장 등의 정밀도보다 적절한 속도가 중요한 곳에 사용
    - 응답속도를 개선한 제어이며 P제어와 함께 사용 (속응성)
  ㉢ 적분제어(Integrated Control)
    - 제어의 정밀도에 주목한 제어
    - 느린 제어 속도
    - Off-set 소멸시키고 잔류편차 적음
    - 구성이 예민하고 비용이 높음
    - 목적에 따라 정밀도를 개선한 제어
  ㉣ PID제어
    - 위의 비례, 적분, 미분을 모두 적용한 제어
    - 가장 정밀도와 성능이 뛰어난 제어
  ㉤ 1차 앞선요소 : RL 직렬회로의 경우 입력 $i(t)$가 들어가면 전압강하 $v(t)$가 일어나는 회로에서 출력에 입력의 미분값이 더해지는 요소
  ㉥ 1차 지연요소 : 입력이 들어가도 시간이 지연되어 출력이 나오는 RLC 직렬회로, 수위계 등을 1차 지연 제어요소라고 한다.
    - 시정수(Time Constant) : 정상상태의 63.2%까지 걸리는 시간. 시정수가 작을수록 응답속도가 빠르다.
  ㉦ 2차 지연요소 : 전달함수의 분모가 s의 2차식이 되어 입력 후에 결괏값이 진동하여 접근하는 요소를 2차 지연요소라고 함
  ㉧ 낭비시간요소 : 동작지연시간의 관계가 되는 함수이다.

10년간 자주 출제된 문제

12-1. 어떤 목적에 적합하도록 되어 있는 대상에 필요한 조작을 가하는 것을 무엇이라 하는가?
① 제 어
② 시스템
③ 자동화
④ 신호처리

12-2. 시간과 관계없이 입력신호의 변화에 의해서만 제어가 행해지는 제어계는?
① 논리제어계
② 동기제어계
③ 비동기제어계
④ 시퀀스제어계

12-3. 제어시스템은 에너지 요소, 신호 입력 요소, 신호 처리 요소, 신호 출력 요소로 구성되는 신호 전달 체계를 갖는다. 전기 회로 구성 요소 중에서 푸시버튼 스위치는 신호 전달 체계에서 어느 부분에 해당되는가?
① 에너지 요소
② 신호 입력 요소
③ 신호 처리 요소
④ 신호 출력 요소

12-4. 개회로제어(Open Loop Control)에 해당하는 것은?
① 수직다관절 로봇의 모션제어
② CNC 공작기계 이송테이블 제어
③ 서보모터를 이용한 단축 위치 제어
④ PLC에 의한 공압 솔레노이드 밸브 제어

12-5. 되먹임제어에 대한 설명으로 틀린 것은?
① 닫힌루프제어라고도 한다.
② 피드백 신호를 통해 목푯값에 도달한다.
③ 외란에 의해서 발생되는 오차에 대한 대처 능력이 없다.
④ 안정도, 대역폭, 감도, 이득 등의 제어특성에 영향을 미친다.

12-6. 미분조절기로서 제어편차의 증가율이 제어변수의 값이 되는 제어 방법은?
① D 동작
② I 동작
③ K 동작
④ P 동작

12-7. PID 제어에 있어서 에러를 없애주는 제어장치는?
① 증폭기
② 미분제어기
③ 비례제어기
④ 적분제어기

해설

12-1
제어의 정의 : 어떤 목적에 적합하도록 되어 있는 대상에 조작을 가하는 것

12-2
자동제어의 시간 의존성에 따른 분류 : 동기(同期)제어, 비동기(非同期)제어

12-3
제어시스템의 신호 전달 체계 : 에너지 요소(신호동력) → 신호 입력 요소(입력장치) → 신호 처리 요소(연산) → 신호 출력 요소(출력장치)

12-4
개회로제어는 피드백이 없는 형태로 시퀀스제어 또한 피드백을 사용하지 않는 연속제어 회로라고 볼 수 있다.

12-5
③ 피드백을 통해서 외란 등의 오차에 대해서도 반복 연산을 통해 오차를 줄여간다.
닫힌루프제어(피드백제어, 폐회로제어, Feedback Control)
- 출력값이 목푯값에 이르도록 입력값을 조정하는 피드백제어(Feedback Control)이다.
- 개회로제어보다는 신호를 추출하고 목푯값과 비교하는 등의 설비(궤환요소)가 더 필요하다.
- 개회로제어에 비해 정확한 제어가 가능하다.

12-6
미분제어(Derivative Control)
- 입력과 출력과의 관계 속도를 제어
- 제어편차가 검출될 때 편차가 변화하는 속도에 비례하여 조작량을 가감
- 대규모 공장 등의 정밀도보다 적절한 속도가 중요한 곳에 사용
- 응답속도를 개선한 제어이며 P제어와 함께 사용(속응성)

12-7
적분제어(Integrated Control)
- 제어의 정밀도에 주목한 제어
- 느린 제어 속도
- Off-set 소멸시키고 잔류편차 적다.
- 구성이 예민하고 비용이 높음
- 목적에 따라 정밀도를 개선한 제어

정답 12-1 ① 12-2 ③ 12-3 ② 12-4 ④ 12-5 ③ 12-6 ① 12-7 ④

핵심이론 13 | 시퀀스제어 및 PLC제어

① **시퀀스제어의 분류** : 현장에서 자동제어를 실제적으로 수행하는 방식은 폐회로방식의 피드백제어와 미리 프로그램된 순차에 따라 제어하는 시퀀스제어로 구분할 수 있다.

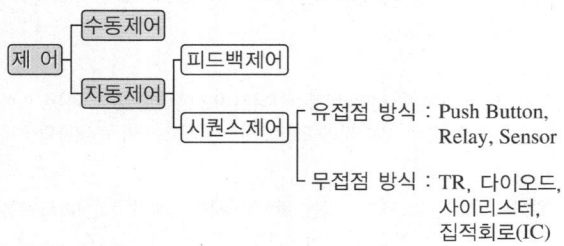

② **시퀀스제어** : 미리 정해진 순서에 따라 제어의 각 단계를 순서대로 진행해 나가는 제어

㉠ 시퀀스제어
- 입력에서 출력까지 정해진 순서대로 시행하는 제어
- 비교, 검출, 조정 등을 실시하지 않는다.

㉡ 간섭
- 시퀀스제어는 예를 들어 같은 실린더의 전진 운동 제어신호와 후진운동제어신호가 함께 존재하면 어느 한쪽 신호는 기능을 할 수 없다. 일반적으로 이런 제어신호의 중첩은 제어신호가 너무 길게 지속되어 발생하므로, 펄스 신호화하여 해결한다.
- 펄스 신호화 방법으로는 상시 열림형의 공압타이머를 이용하는 방법, 방향성 롤러 레버 리밋 스위치를 이용하는 방법과 회로상 해결을 위한 캐스케이드 방법, 시프트 레지스터 모듈을 이용하는 스테퍼 방법이 있다.

㉢ 신호의 종류
- **디지털 신호** : 전기 신호 On과 Off를 0과 1로 간주하고, 모든 신호를 2진법에 의한 표현으로 전환하여 전기전자 신호로 표현한 것. 표현의 특성에 따라 연속적이지 않은 신호이다. 신호의 변환, 전송, 증폭, 활용이 용이하며 기술의 발달에 의해 신호를 아주 작게 인간이 느낄 수 없는 분리된 신호로 표현이 가능하므로 기술적인 활용도가 높다.
- **아날로그 신호** : 소리, 온도, 감도, 빛 등 자연에서 사용하는 신호를 의미하며 연속적인 신호이다.

㉣ **논리제어** : 출력이 발생하기 위한 조건이 충족되면 출력이 발생하는 방식으로 입력이 모두 발생하는 AND 조건, 입력 중 하나만 발생해도 출력이 나오는 OR 조건 등을 조합하여 원하는 조건에 출력이 나오도록 작성한 제어 방법. 시퀀스제어는 앞 단계를 마친 후 다음 단계로 선형적으로 넘어가는데, 단계를 마친 것의 신호를 주는 방식에 따라 논리 종속적인지, 동기 종속적인지, 시간 종속적인지, 위치 종속적인지 나눌 수 있다. 리밋 스위치나 센서는 약속된 위치에 실린더 등이 위치하였을 때 앞 단계를 마친 것으로 신호가 발생한다.

③ **시퀀스제어의 입력부**

㉠ **스위치** : 수동 또는 자동으로 신호를 입력하거나 접점을 완성하는 장치
- **누름버튼 스위치** : 눌러서 신호를 입력하는 스위치
- **유지형 스위치** : 셀렉트 스위치, 토글 스위치 등처럼 조작을 가하면 반대 조작이 있을 때까지 조작 시의 접점 상태를 유지하는 스위치
- **나이프 스위치** : 단상용 또는 3상용으로 사용되며 보통 퓨즈가 내장되어 있다.
- **리밋 스위치** : 전기 신호를 기계적 구동력으로 전환하여 사용하는 스위치. 그림의 롤러 부분에 접촉하여 신호를 발생시킴

[a접점]   [b접점]

㉡ a접점 / b접점
- **a접점** : 일반적인 스위치로 작동 시 닫히고, 평소에 열려있는 접점

- **b접점** : a접점과 반대로 평소에 닫혀 있고, 작동 시 열리는 접점
- **c접점** : a + b접점 형태로 어느 쪽에 단락을 두느냐에 따라 열림과 닫힘을 선택할 수 있는 접점

④ 시퀀스제어의 검출부
 ㉠ 검출부 : 검출스위치로 리밋 스위치, 광전 스위치, 근접 스위치, 리드 스위치, 플로트 스위치, 열전쌍, 센서 등이 사용된다.
  - **리드 스위치**(Lead Switch) : 영구 자석에서 발생하는 외부 자기장을 검출하는 자기형 근접 센서로 매우 간단한 유접점 구조를 가지고 있다.
  - **근접 스위치** : 감지기의 검출면에 접근하는 물체 또는 주위에 존재하는 물체의 유무를 자기 에너지, 정전 에너지의 변화 등을 이용해 검출하는 무접점 감지기로 이루어진 접점을 일컫는다.
    - 유도형 센서 : 강자성체가 영구 자석에 접근하면 코일 내 자속의 변화율에 따라 출력 단자 사이에 전압을 발생시켜 물체의 유무를 판단
    - 정전용량형 센서
      가. 유도형 근접 센서가 금속만 검출하는 데 비해 정전용량형 근접 센서는 플라스틱, 유리, 도자기, 목재와 같은 절연물, 물, 기름, 약물과 같은 액체도 검출
      나. 센서 앞에 물건이 놓이면 정전 용량이 변화하고, 이 변화량을 검출하여 물체의 유무를 판별
      다. 센서의 검출 거리에 영향을 끼치는 요소 : 검출 면, 검출체 사이의 거리, 검출체의 크기, 검출체의 유전율
 ㉡ 서보장치 : 어떤 장치의 상태를 기준이 되는 것과 비교하고, 안정이 되는 방향으로 피드백(Feedback)해주어 적합한 출력이 나오도록 하는 장치

⑤ PLC제어
 ㉠ PLC(Programable Logic Control)
  - PLC는 반도체 집적 회로를 이용하여 프로그램을 통해 논리회로를 결정하여 프로그램 제어를 할 수 있도록 구성된 무접점 회로의 대표적인 예로, 시중 여러 가지 프로그램들이 상용화되어 교육기관, 산업현장 등에서 쓰이고 있다.
  - PLC제어를 하기 위해서는 CPU가 있는 컴퓨터를 이용하여 프로그램을 구성하고, 구성된 프로그램을 커넥터를 통해 제어 대상의 키트에 연결함으로써 Logic제어를 실시할 수 있도록 한다.
  - 제어 회로 과정이 육안에서 생략되고 출력 결과만 각 포트와 연결된 액추에이터를 연결함으로써 구현하는 형태의 시스템이다.
  - PLC는 고성능의 연산장치를 가진 전자장비로서, 온도와 습도 변화가 적고 이물질의 영향을 받지 않는 안정적인 환경에서 운영해야 한다.
 ㉡ 릴레이제어 : 어떤 신호 하나에 여러 접점이 반응하도록 설계된 릴레이를 이용하여 제어. 유접점 제어의 대표적인 예이다. 컴퓨터 없이 하드웨어적 구성만으로도 제어가 가능하다.
 ㉢ 릴레이제어와 비교한 PLC제어의 특징
  - 시스템 확장 및 유지보수가 용이하다.
  - 산술, 논리연산이 가능하다.
  - 컴퓨터 등과 같은 외부장치와 통신이 가능하다.
  - 제어내용의 변경이 어렵다.
  - 전용 프로그램을 사용한다.
  - 회로배선이 간소화된다.
  - 신뢰성이 향상된다.
  - 보수가 용이하다.
  - 비밀유지가 용이하다.

② PLC 프로그래밍
  - PLC 프로그래밍 순서의 과정
    입출력기기의 할당 → 내부계전기, 타이머 등의 할당 → 시퀀스 회로의 구성 → 코딩 → 프로그래밍(로딩) → 디버그 → 운전
  - PLC 프로그램은 PLC 제작사에서 프로그램을 함께 공급한다.
  - 각각의 PLC는 자체 프로그램을 공급하고 있으며 모두 LD 방식을 사용할 수 있도록 되어 있다.
⑤ PLC 연산
  - 회로도 방식

회로도 방식	표 현
래더 다이어그램	(래더 다이어그램 그림)
명령어 방식	STR NOT 00 STR 01 AND Y50 ...
논리기호 방식	(논리기호 그림)
불 대수 방식	$A \cdot (B + \overline{A}) = \cdots\cdots$

- 래더도 방식 : PLC 프로그램 중 계전기 시퀀스도를 직접 기입 또는 표시할 수 있는 장점 때문에 최근에 가장 많이 사용되며 프로그램을 작성하면 사다리 모양이 되는 프로그램 방식
- 래더 다이어그램 : PLC 프로그램은 표현 방식은 래더 다이어그램을 이용하여 구성한다.

일례로 아래의 그림을 보면

종 류	a접점	b접점	펄스 상승 a접점	펄스 하강 a접점
Ladder Diagram	─┤├─	─┤/├─	─┤↑├─	─┤↓├─
명령 종류	LD	LDI	LDP	LDF
종 류	AND 조건	NOR	OR	NAND
Ladder Diagram	─┤├─┤├─	─┤/├─┤/├─	(병렬 a)	(병렬 b)
명령 종류	AND (직렬로 a 접점 붙임)	ANDI (직렬로 b 접점 붙임)	OR (병렬로 a 접점 붙임)	ORI (병렬로 b 접점 붙임)

첫 번째 그림은 a접점의 정상상태 열림 입력 기호를 넣고, 명령데이터를 이용하여 이 접점이 릴레이접점인지 일반 입력인지 등을 명령할 수 있도록 구성되어 있다. 또한 AND 조건 그림에서 직렬로 a접점을 연결한 경우는 AND 관계를 형성하여 AND 명령을, 병렬로 a접점을 연결한 경우에는 OR 관계를 형성하여 OR 명령을 요구함을 알 수 있다.

⑥ PLC의 구성은 컴퓨터처럼 입력장치, 논리연산장치, 제어장치, 출력장치(구현장치)로 구성된다.

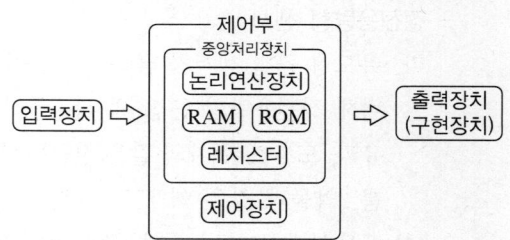

㉠ 제어 연산부(중앙처리장치)
  - CPU(Central Processing Unit) : 중앙처리장치. 컴퓨터의 가장 중요한 부분으로서 명령을 해독하고 산술논리연산이나 데이터 처리를 실행하는 장치이다.
  - ALU(Arithmetic-Logic Unit) : 중앙처리장치의 일부로 컴퓨터 명령어 내에 있는 연산자들에 대해 연산과 논리동작을 담당한다.

- RAM(Random Access Memory) : 주기억장치로 사용된다. PLC의 데이터 영역과 사용자 프로그램은 변경이 가능해야 하므로 RAM 영역에 저장한다.
- ROM(Read Only Memory) : 기록되어 있는 정보를 읽어올 수만 있고 쓸 수 없는 메모리
  ※ 전기적으로만 지울 수 있는 PROM으로 칩의 한 편에 전기적 신호를 가해줌으로써 내부 데이터가 지워지게 되어 있는 EEPROM도 있다.
- 프로그램 로더(Loader) : 오프라인에 있는 특정 프로그램을 주기억장치에 가져와 잘 실행될 수 있도록 프로그램 입력, 모니터링, 편집의 역할을 한다. 프로그램을 주기억장치에 기억시키는 것을 로딩이라 한다.

ⓒ 입력부(입력장치)
- 각종 스위치 : 명령 및 지시 입력
- 검출 스위치 및 센서 : 위치 정보, 작동 정보 입력
- 그 외에도 각종 기능성 기계에 연결한 OMR(Optical Mark Reader)과 같은 입력장치가 있음

ⓒ 출력부(출력장치)
- 각종 액추에이터, 모터, 밸브, 열원 등 작동 및 제어 결과를 실행하는 부분
- 각종 기능성 출력 장치가 있음[COM(Computer Output Microfilmer), 프로젝터, 플로터 등]

ⓒ 입출력부의 요구조건
- 외부기기와 전기적 규격이 일치해야 한다.
- 외부 기기로부터의 노이즈가 CPU로 전달되지 않도록 해야 한다.
- 외부 기기와의 연결방법이 쉬워야 한다.

10년간 자주 출제된 문제

13-1. 연속적인 물리량인 온도를 측정하는 열전대의 출력 신호의 형태는?
① 2진 신호 ② 전류 신호
③ 디지털 신호 ④ 아날로그 신호

13-2. 순차적인 작업에서 전 단계의 작업완료 여부를 리밋 스위치나 센서 등을 이용하여 확인한 후 다음 단계의 작업을 수행하는 제어는?
① 논리 종속 시퀀스제어
② 동기 종속 시퀀스제어
③ 시간 종속 시퀀스제어
④ 위치 종속 시퀀스제어

13-3. 미리 정해진 순서에 따라 동일한 유압원을 이용하여 여러 가지 기계 조작을 순차적으로 수행하는 회로는?
① 증압 회로 ② 시퀀스 회로
③ 언로드 회로 ④ 카운터 밸런스 회로

13-4. 요구되는 입력조건이 충족되면 그에 상응하는 출력신호가 나타나는 제어는?
① 논리제어
② 동기제어
③ 시퀀스제어
④ 시간 종속 시퀀스제어

13-5. 공압을 이용한 시퀀스제어에서 발생하는 신호의 간섭을 제거할 수 있는 방법으로 틀린 것은?
① 공압 타이머를 이용한 방법
② 압력조절 밸브를 이용한 방법
③ 오버센터 장치를 이용한 방법
④ 방향성 롤러레버를 이용한 방법

13-6. PLC(Programmable Logic Controller)의 출력 인터페이스에 사용할 수 없는 것은?
① 램프(Lamp)
② 릴레이(Relay)
③ 리밋 스위치(Limit Switch)
④ 솔레노이드 밸브(Solenoid Valve)

| 해설 |

13-1
신호의 종류
- 디지털 신호 : 전기 신호 On과 Off를 0과 1로 간주하고, 모든 신호를 2진법에 의한 표현으로 전환하여 전기전자 신호로 표현한 것. 표현의 특성에 따라 연속적이지 않은 신호이다. 전기 신호인 만큼 신호의 변환, 전송, 증폭, 활용이 용이하며 기술의 발달에 따라 신호를 아주 작게 미분하여 인간이 느낄 수 없는 분리된 신호로 표현이 가능하므로 기술적인 활용도가 높다.
- 아날로그 신호 : 소리, 온도, 감도, 빛 등 자연에서 사용하는 신호를 의미하며 연속적인 신호이다.

13-2
시퀀스제어는 앞 단계를 마친 후 다음 단계로 선형적으로 넘어가는데, 단계를 마친 것의 신호를 주는 방식에 따라 논리 종속적인지, 동기 종속적인지, 시간 종속적인지, 위치 종속적인지 나눌 수 있다. 리밋 스위치나 센서는 약속된 위치에 실린더 등이 위치하였을 때 앞 단계를 마친 것으로 신호가 발생한다.

13-3
시퀀스제어 : 미리 정해진 순서에 따라 제어의 각 단계를 순서대로 진행해 나가는 제어로 입력에서 출력까지 정해진 순서대로 시행하며 비교, 검출, 조정 등을 실시하지 않는다.

13-4
논리제어 : 출력이 발생하기 위한 조건이 충족되면 출력이 발생하는 방식으로 입력이 모두 발생하는 AND 조건, 입력 중 하나만 발생해도 출력이 나오는 OR 조건 등을 조합하여 원하는 조건에 출력이 나오도록 작성한 제어 방법

13-5
시퀀스제어는 상반된 제어신호가 함께 존재하면 문제가 된다. 같은 실린더의 전진운동 제어신호와 후진운동 제어신호가 함께 존재하면 어느 한쪽 신호는 기능을 할 수 없다. 이런 중첩을 제거하는 방법이 필요하다. 일반적으로 제어신호의 중첩은 제어신호가 너무 길게 지속되어 발생하므로, 펄스 신호화하여 해결한다. 펄스 신호화 방법으로는 상시 열림형의 공압타이머를 이용하는 방법, 방향성 롤러 레버 리밋 스위치를 이용하는 방법과 회로상 해결을 위해 캐스케이드 방법, 시프트 레지스터 모듈을 이용하는 스테퍼 방법이 있다.

13-6
리밋 스위치는 입력 장치에 해당한다.

정답 13-1 ④ 13-2 ④ 13-3 ② 13-4 ① 13-5 ② 13-6 ③

핵심이론 14 | 시퀀스제어의 회로

① 유접점 회로와 무접점 회로
  ㉠ 간단히 설명하면 유접점 회로는 회선을 이어서 원하는 회로를 구성한 것이고, 무접점 회로는 IC 집적 회로에 프로그램 등을 이용하여 논리 회로를 구성한 것이다.
  ㉡ 유접점 회로는 직접 회선을 선택하여 구성할 수 있고, 비교적 전기적으로 자유롭게 구성이 가능하지만 부피를 차지하고 반응 속도가 발생하며 동작 시 발생하는 스파크 등도 고려해야 하고 복잡한 회로를 구성한 경우는 다시 읽어내기 어렵게 된다.
  ㉢ 무접점 회로는 전기적으로 이미 구성된 조건에 맞추어 구성해야 하지만, 대단히 작은 부피로 구성이 가능하며 접점 스파크, 반응 속도 등을 고려할 필요가 없고 프로그램 등의 특성에 따라 조정, 검토 등에 유리한 면이 있다.
  ㉣ 릴레이(계전기)의 구성
  - 전기식 릴레이(유접점 릴레이) : 전원공급부, 전자석(코일), 철편 스위치, 접점 회로
  - 반도체 릴레이(무접점 릴레이) : 전원공급부, 다이오드(발광), 광센서, 접점 회로
  ㉤ 무접점 릴레이의 장단점

장 점	단 점
• 전기기계식 릴레이에 비해 반응 속도가 빠르다. • 동작 부품이 없으므로 마모가 없어 수명이 길다. • 스파크 발생이 없다. • 무소음 동작이다. • 소형으로 제작이 가능하다.	• 닫혔을 때 임피던스가 높다. • 열렸을 때 새는 전류가 존재한다. • 순간적인 간섭이나 전압에 의해 실패할 가능성이 있다. • 가격이 좀 더 비싸다.

② 시퀀스제어의 회로
  ㉠ 회로 읽는 법
  예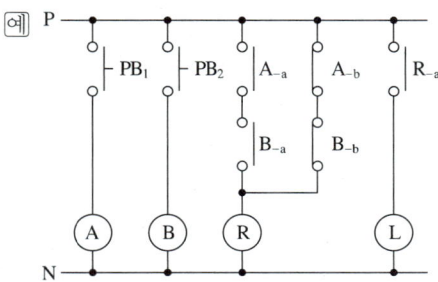

  위의 가로선은 Plus 전선이고, 아래의 가로선은 Minus 전선이며 회로가 각각 병렬로 연결된 형상이므로 전원은 각각 모두 연결되어 있다.
  시퀀스제어회로는 순차제어회로이므로 병렬로 되어 있다 하여 한꺼번에 작동이 된다고 읽는 것이 아니라 좌에서 우로(또는 회로에 따라 위에서 아래로) 한 줄씩 앞줄이 시행된 후 다음 줄이 시행되는 방식으로 읽어야 한다.
  Ⓡ이 연결된 세 번째 줄의 경우는 연결된 두 라인이 병렬로 연결된 것으로 읽어야 한다.
  Ⓐ 릴레이에 신호가 들어가면

  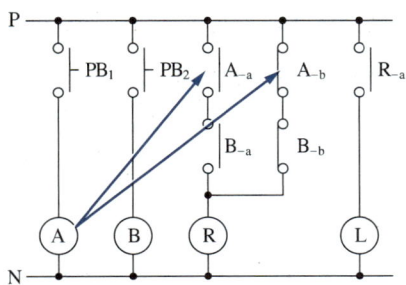

  처럼 릴레이 스위치가 작동한다.

㉡ 기초 회로
  - AND 회로 : A×B×C의 연산을 수행하고 연결된 스위치가 모두 입력되어야 출력이 나오는 회로

  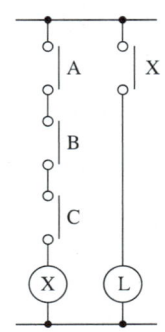

  - OR 회로 : A+B+C의 연산을 수행하고 연결된 스위치 중 하나만 입력되어도 출력이 나오는 회로

  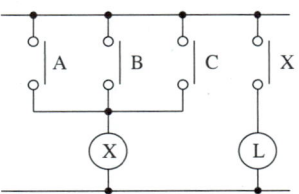

  - NOT 회로 : 입력된 신호와 반대 출력이 나오는 회로. 아래 그림에서 X-relay가 b접점으로 연결되어 있다.

  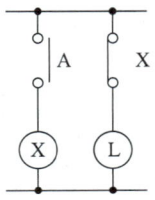

  - 한시동작 회로 : 입력이 들어간 후 시간이 어느 정도 지났다가 동작하는 회로
  - 순시동작 회로 : 입력이 들어간 후 바로 동작하는 회로

- **순시동작 한시복귀 회로** : 입력과 동시에 동작하였다가 일정 시간이 지나면 복귀하는 회로

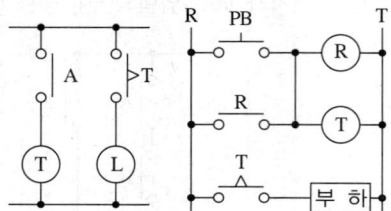

- **기동 우선 회로** : 기동신호(a접점)와 정지신호(b접점)이 혼선될 경우, 항상 기동신호가 먼저 들어와야 정지신호 여부가 유효할 수 있도록 설계된 회로. 정지 우선 회로는 A와 B를 바꾸어 설치한다.

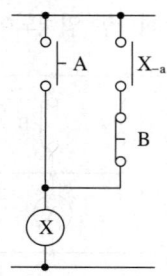

- **자기 유지 회로** : 한 번 입력이 들어가면 릴레이에 의해 자기 릴레이를 계속 ON하고 있도록 유지하는 회로. 그림에서 A에 의해 X에 신호가 들어가면 X-relay가 ON이 되어 X에 계속 신호를 입력한다.

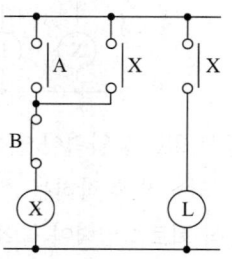

- **일치 회로** : A와 B의 신호가 일치할 때만 출력이 발생하는 회로

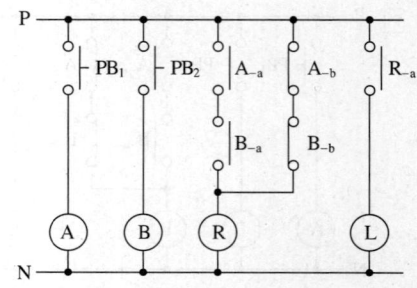

- **우선동작 순차 제어 회로** : X_1이 입력되어야 X_2의 입력이 유효할 수 있고, X_2가 입력되어야 X_3의 입력이 유효할 수 있다. 즉 X_1 다음 X_2, X_2 다음 X_3가 입력되어야만 하도록 설계된 회로

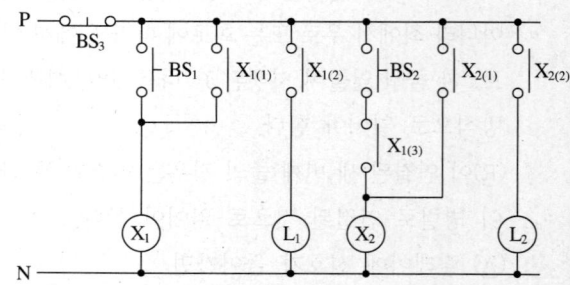

- **신입신호 우선회로** : 새로 입력된 신호의 값을 우선 반영하도록 설계된 회로

  그림에서 보면 X_1이 살아있는 상태에서 X_2가 입력되면 $X_{2(3)}$ b접점이 X_1을 끊고 작동하도록 설계되어 있다.

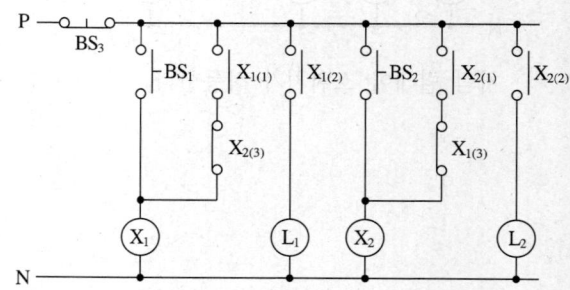

- **인터록 회로** : 신입신호 우선회로와는 달리 서로의 신호가 서로에게 간섭을 주지 않도록, 즉 Cross Checking하도록, 둘 이상의 계전기가 동시에 동작하지 않도록 설계된 회로이다.

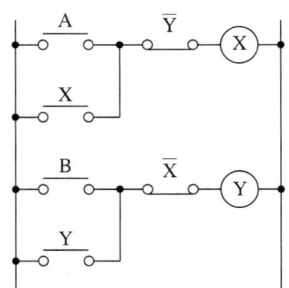

- **캐스케이드 회로** : 신호 간섭을 피하기 위해 에너지원 공급을 순차로 하는 것으로 회로가 다소 복잡하게 될 가능성이 있고, 밸브를 직렬로 연결하게 되며 이에 따라 압력이 저하하여 스위칭 시간이 길어지게 된다. 그러므로 캐스케이드 밸브를 다섯 개 이상 사용하게 되면 회로 작동 자체에 영향을 줄 수도 있게 된다.
- **플립플롭 회로** : 1 또는 0과 같이 하나의 입력에 대하여 항상 그에 대응하는 출력을 발생하게 하고, 다음에 새로운 입력이 주어질 때까지 그 상태를 안정적으로 유지하는 회로로서 컴퓨터 집적회로 속에서 기억소자로 활용된다.

- 공유압에서의 플립플롭회로 구성 예

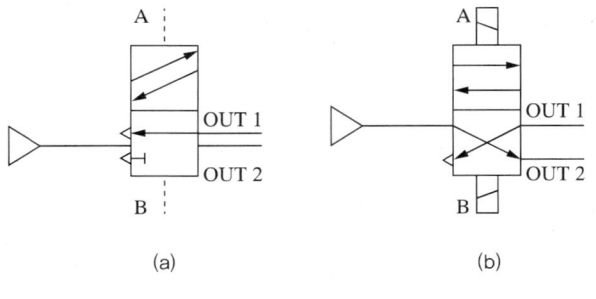

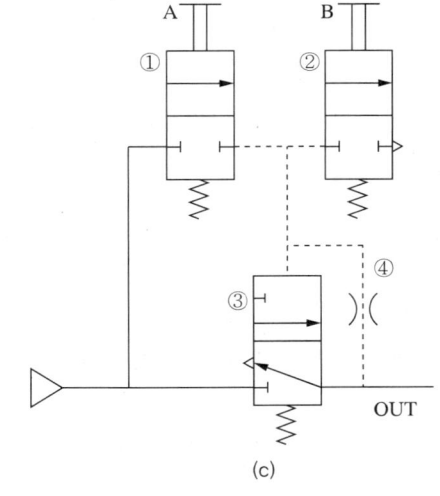

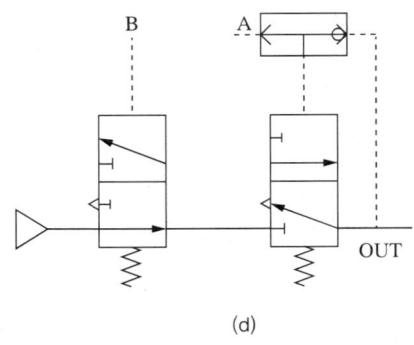

[플립플롭 회로]

10년간 자주 출제된 문제

14-1. 다음 회로에 대한 설명으로 틀린 것은?

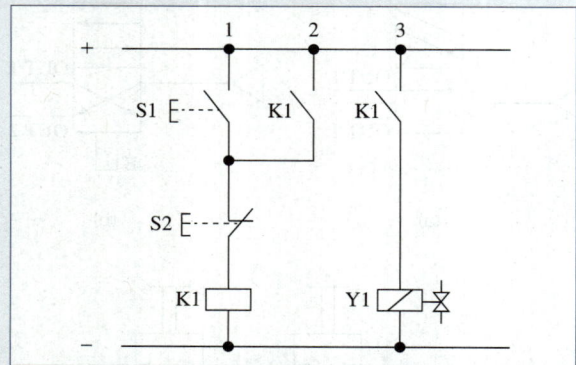

① 리셋(Reset)우선 자기유지회로이다.
② 라인 3의 Y1은 솔레노이드 밸브이다.
③ 스위치 S1은 자기유지회로를 구성하기 위한 셋(Set)스위치이다.
④ 라인 2와 3의 접점 K1은 동일한 릴레이의 동일한 접점으로 할 수 없다.

14-2. 다음 회로의 명칭으로 옳은 것은?

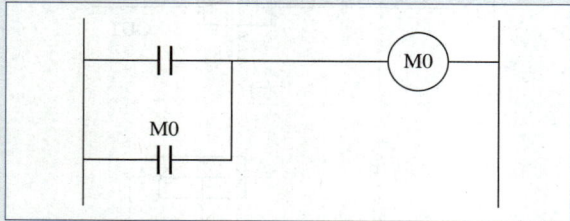

① 인터록 회로
② 카운터 회로
③ 타이머 회로
④ 자기 유지 회로

14-3. 다음 모터의 정·역회로에서 사용된 것은?

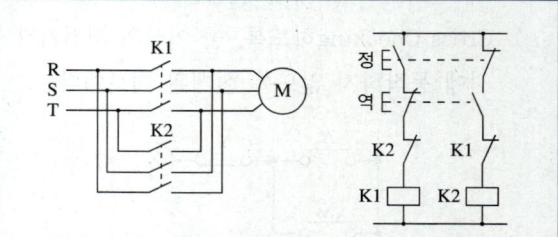

① 인터록 회로
② 시간지연 회로
③ 양수안전 회로
④ 자기 유지 회로

14-4. 캐스케이드 회로에 대한 설명으로 틀린 것은?

① 제어에 특수한 장치나 밸브를 사용하지 않고 일반적으로 이용되는 밸브를 사용한다.
② 작동 시퀀스가 복잡하게 되면 제어 그룹의 개수가 많아지게 되어 배선이 복잡하고, 제어회로의 작성도 어렵게 된다.
③ 작동에 방향성이 없는 리밋 스위치를 이용하고, 리밋 스위치가 순서에 따라 작동되어야만 제어신호가 출력되기 때문에 높은 신뢰성을 보장할 수 있다.
④ 캐스케이드 밸브가 많아지게 되면 제어에너지의 압력 상승이 발생되어 제어에 걸리는 스위칭 시간이 짧아지는 특징이 있다.

| 해설 |

14-1
릴레이는 출력을 중복하여 사용할 수 있어서 논리회로를 구성할 때 유용하다.
릴레이제어 : 어떤 신호 하나에 여러 접점이 반응하도록 설계된 릴레이를 이용하여 제어. 유접점 제어의 대표적인 예이다. 컴퓨터 없이 하드웨어적 구성만으로도 제어가 가능하다.

14-2
자기 유지 회로 : 한 번 입력이 들어가면 릴레이에 의해 자기 릴레이를 계속 ON하고 있도록 유지하는 회로. 그림에서 A에 의해 X에 신호가 들어가면 X-relay가 ON이 되어 X에 계속 신호를 입력한다.

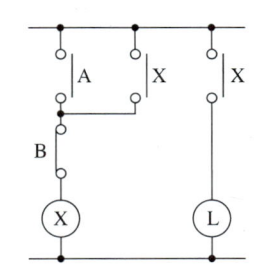

14-3
인터록 회로 : 신입신호 우선회로와는 달리 서로의 신호가 서로에게 간섭을 주지 않도록, 즉 Cross Checking하도록, 둘 이상의 계전기가 동시에 동작하지 않도록 설계된 회로이다.

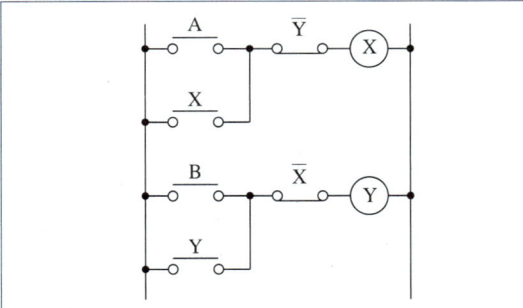

14-4
캐스케이드 회로 : 신호 간섭을 피하기 위해 에너지원 공급을 순차로 하는 것으로 회로가 다소 복잡하게 될 가능성이 있고, 밸브를 직렬로 연결하게 되며 이에 따라 압력이 저하하여 스위칭 시간이 길어지게 된다. 그러므로 캐스케이드 밸브를 다섯 개 이상 사용하게 되면 회로 작동 자체에 영향을 줄 수도 있게 된다.

정답 14-1 ④ 14-2 ④ 14-3 ① 14-4 ④

핵심이론 15 | 센 서

① 센서의 종류와 방법은 다양하지만, 원하는 동작 또는 상황을 감지하여 입력 신호로 사용하는 장치를 포괄하여 명칭한다.
② 센서 일반
  ㉠ 센서의 역할과 정의
    • 사람의 눈, 귀, 혀, 피부의 역할을 함
    • 스위치 역할
    • 신호 또는 자극에 따라 반응을 하는 소자
    • 외부신호 또는 자극을 받아 전기적인 신호로 반응하는 소자
    • 빛, 소리, 화학물질, 온도 등과 같은 감각과 관련된 신호를 수집하는 기관
    • 신호처리 장치가 필요함
  ㉡ 센서의 특징
    • 전기적 특성이 좋을 것
    • 환경적 충격에 강할 것
    • 호환성이 좋을 것
    • 재현성, 내구성, 안정성이 우수할 것
    • 검출하고자 하는 물리량에 따라 출력이 가급적 직선적일 것
  ㉢ 센서의 분류
    • 접촉식 센서 : 마이크로 스위치, 리밋 스위치, 터치 스위치 등
    • 비접촉식 센서 : 근접 스위치, 광전 센서, 자기 센서 등
    • 기타 센서 : 계측용 센서, 속도 센서, 온도 센서와 각종 물리량 측정 센서
③ 센서의 종류
  ㉠ 센서의 종류를 여러 가지 방법으로 구분할 수 있음
  ㉡ 실제 사용 목적에 따른 측정 대상에 따른 분류로 구분
  ㉢ 측정대상에 따라 온도, 압력, 자기, 빛, 습도, 중량 등으로 구분

- 압력 센서
  - 로드 셀(Load Cell) : 힘이나 하중 같은 물리량을 감지할 수 있는 센서
  - 스트레인게이지(Strain Gage) : 외부로부터 힘 또는 열을 가하면 전기 저항이 변화하는 원리를 이용
- 온도 센서
  - 열전쌍(熱電雙) : 이종(異種)금속을 붙여 열전효과를 일으켜 온도를 감지하는 소자. 제베크 효과(Seebeck, 온도에 의한 열기전력 발생 효과)를 이용
  - 서미스터 : 저항체의 저항 값이 온도에 따라 변화하는 것을 이용한 센서
  - 자기 온도 센서 : 일정 온도에서 자성을 잃은 점(큐리점)을 이용한 센서
- 자기 센서
  - 자장 중에서 전기적 성질이 변하는 성질을 이용
  - 홀센서 : 홀(Hall)효과를 이용한 센서
  - 홀효과 : 에드윈 홀(Edwin H. Hall)에 의해 연구된 것으로 자기장 혹은 전자기장 안에 닫힌 물체 안에서 전자 쏠림에 따른 기전력이 발생현상을 말한다. 이렇게 자기장이 걸릴 때 전류의 흐름에 수직하게 발생한 전압을 홀(Hall) 전압이라 한다.
- 광센서 : 빛의 양, 반사되는 빛의 각, 양, 움직임 등을 감지하는 센서로 수광(受光)한 에너지를 전기 신호로 변환하는 센서
  - 광전효과 : 금속 표면에 빛 입자가 입사되면 (-) 전자가 튀어나가는 효과
  - 광도전 효과 : 빛을 어떤 물질에 입사시켰을 때 물질의 도전율이 증가하는 현상
  - CdS 셀 : 조도센서로 사용, 허용온도범위 -30~60℃, 조도에 따른 저항차를 이용
  - 포토 인터럽터 : 발광부와 수광부가 서로 마주보는 구조로 중간의 차단 등으로 인해 발광부 빛이 수광부에 들어가지 않으면 감지하는 방식이다. 자동문 작동 중지 센서 등에 사용하며 소형 경량이며 고신뢰성, 고정밀도를 요구하는 곳에 사용한다.
  - 적외선 센서
    가. 적외선 : 가시광선의 적색선 바깥 파장, 가시광선보다 파장이 길고 전파보다 짧음
    나. 광기전력 효과를 이용한 포토 LED와 포토 트랜지스터를 통칭
      ※ 포토 트랜지스터 : 빛을 받아 전류를 발생시키는 트랜지스터
    다. 광도전, 광기전력 효과 등을 이용
    라. 감도가 높고, 응답성이 좋으며, 파장 의존성이 있다.
- 근접 센서 : 크게 유도형 센서와 정전용량형 센서로 구분한다.
  - 유도형 센서
    가. 유도형 또는 고주파 발진형 근접 센서는 금속물체(Metallic Object)의 검출에 사용
    나. 검출대상이 자성체인 경우 검출 감도가 양호
  - 정전용량형 센서
    가. 검출체가 센서에 접근하면 검출전극과 Earth 간 정전용량이 증가하는 것을 이용
    나. 모든 물체의 검출 가능
    다. 물체가 접근하면 발진주파수가 변화, 전기신호로 변환
    라. 검체의 종류, 색상 등의 영향을 받지 않음
    마. 응답 속도가 늦고, 환경의 영향을 받음
- 초음파 센서 : 초음파란 가청 주파수(20~20,000Hz) 외의 음파를 의미하며 음속(공기 중 340m/s, 바닷속 1,480m/s)을 이용하여 거리를 감지할 수 있는 센서이다. 음파의 파장의 길이는 수 mm에서 수십 mm이다. 초음파 센서의 특징은 다음과 같다.

- 온도의 영향을 받는다(초음파 센서는 온도가 올라가면 중심주파수가 내려간다).
- 송·수신부를 설치, 초음파를 발사하여 에코 신호를 받아 검체와 거리 산출
- 초음파는 높은 영역일수록 그 지향성이 강하다.
- 초음파 센서는 압전기 직접 효과를 이용한 것이다.
- 검출 대상체의 형태, 색깔, 재질에 무관하게 검출이 가능하다.

• 속도 센서 : 속도 센서의 종류와 특징은 다음과 같다.
  - 전자기 직선 속도 센서
    가. LVT(Linear Velocity Transducer)
    나. 코일 내 기전력의 크기는 자석의 직선 속도에 비례함을 응용
  - 전기식 태코미터(회전 속도 센서)
    가. 회전축의 회전 속도를 측정
    나. 속도에 비례하는 전압을 출력
    다. 패러데이 법칙을 이용
    라. 전압에 의해 회전 속도 감소

• 가속도 센서 : 힘 = 질량 × 가속도($F = ma$)의 식을 이용하여, 힘과 발생 전압을 이용 측정하는 센서이다. 힘과 관련된 자동차 급브레이크, 노크음, 기계 이상 진동 검출 등에 적용하는 데 활용된다.

10년간 자주 출제된 문제

15-1. 유도형 센서의 특징이 아닌 것은?
① 전력 소모가 적다.
② 자석 효과가 없다.
③ 감지 물체 안에 온도 상승이 없다.
④ 비금속재료 감지용으로 사용한다.

15-2. 외부의 물리적 변화에 의해 발생하는 스트레인게이지의 신호형태는?
① 저 항   ② 전 류
③ 전 압   ④ 충전량

15-3. 비접촉식 검출요소(센서, 스위치)가 아닌 것은?
① 광전스위치   ② 리밋스위치
③ 유도형 센서   ④ 용량형 센서

|해설|
15-1
유도형 센서
• 유도형 또는 고주파 발진형 근접센서는 금속물체(Metallic Object)의 검출에 사용
• 검출 대상이 자성체인 경우 검출 감도가 양호

15-2
스트레인게이지(Strain Gage) : 외부로부터 힘 또는 열을 가하면 전기저항이 변화하는 원리 이용

15-3
센서의 분류
• 접촉식 센서 : 마이크로스위치, 리밋스위치, 터치스위치 등
• 비접촉식 센서 : 근접스위치, 광전센서, 자기센서 등
• 기타 센서 : 계측용 센서, 속도센서, 온도센서 외 각종 물리량 측정센서

정답 15-1 ④ 15-2 ① 15-3 ②

핵심이론 16 | 전기 회로 기초

① 옴의 법칙

㉠ 흐르는 전기의 양(전류)은 전기의 압력(전압)에 비례하고 저항(저항)에 반비례한다는 법칙

$$I = \frac{V}{R} (I : 전류, \ V : 전압, \ R : 저항)$$

㉡ 이 세 요소의 관계를 표면적으로는 산술적 적용이 가능하며 일반적으로 그림과 같이 학습한다.

$V = IR \qquad I = V/R \qquad R = V/I$

㉢ 저항
- 일반 도선을 흐를 때도 저항이 생기며, 이 경우는 물의 흐름과 마찬가지로 도선의 단면적이 크면 저항이 줄어들고, 도선이 길어지면(이동할 길이 멀어지면) 저항이 늘어난다.

$$R \propto \frac{l}{A}$$

(R : 저항, A : 도선의 단면적, l : 도선의 길이)
- 저항체에 온도를 극도로 낮추면 전자의 활동성이 줄어들어 저항이 0에 가까워진다. 이를 초전도체라고 한다.

② 기초회로

㉠ 직렬연결 : 전기를 사용하는 곳은 저항이며, 이 저항을 한 도선 위에 연속해서 연결한 것을 직렬연결이라 한다. 직렬연결의 경우 전체 전압이 각각의 저항의 크기에 따라 비례하여 강하한다.

$V = V_1 + V_2 + V_3, \ V_1 : V_2 : V_3 = R_1 : R_2 : R_3$

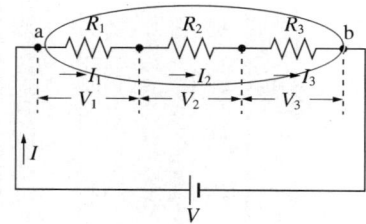

㉡ 병렬연결 : 저항을 그림과 같이 도선에서 각각 따로 연결하여 다시 도선으로 연결한 형태를 병렬연결이라 한다.

병렬연결의 경우 전체 전압이 각각의 저항에 상관없이 일정하게 강하한다. 우리가 일반적으로 가정에서 사용하는 배선은 병렬연결을 사용하는데 이렇게 하면 각 제품에 일정한 전압을 공급할 수 있다.

$V = V_1 = V_2 = V_3$

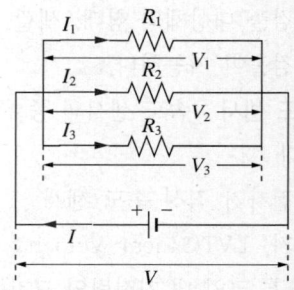

㉢ 키르히호프의 법칙

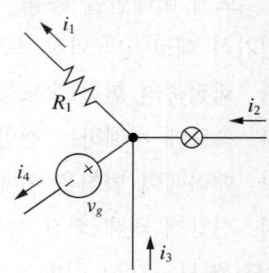

그림에 대하여 $i_1 + i_4 = i_2 + i_3$

㉣ 교류 회로
- 전류 흐름 중 극성과 전압 값이 변화한다.
- 리액턴스, 컨덕턴스가 발생한다.
- RLC 회로 : 교류 전기 회로 중 저항, 코일, 축전기로 이루어진 회로

㉤ 다이오드를 사용한 회로
- 다이오드는 한쪽 방향으로 전류가 흐르도록 제어하는 반도체 소자이다.
- 교류 회로에서 다이오드를 적용하면 다이오드 소자 이후로는 정류된 전류가 흐른다.
- 정류란 교류의 양 극성이 한 극성만 통과되고 나머지 극성은 걸러진 전류이다.

ⓗ 발진(發振) 회로
- 전기 진동을 만드는 회로
- DC 전원이 필요하며 능동회로에서 발생
- 종 류
  - 정현파 발진기
    가. CR 발진기 : 정현파에 가까운 파형을 얻을 수 있으나 정밀도는 낮음
    나. LC 발진기 : 정현파에 가까운 파형, 비교적 정밀도 개선, LC동조 증폭회로를 응용, 100kHz~수백 kHz 주파수 발진 가능
    다. 수정 발진기 : 비교적 안정적 주파수 획득, 수백 kHz~20MHz 가능, 수정 대신 세라믹을 이용하기도 함
  - 비정현파 발진기 : 멀티바이브레이터, 차단(Blocking) 발진기, 톱니파 발진기

③ 논리식

교환법칙	$A \cdot B = B \cdot A$
	$A + B = B + A$
흡수법칙	$A \cdot 1 = A$
	$A \cdot 0 = 0$
	$A + 1 = 1$
	$A + 0 = A$
결합법칙	$(A \cdot B) \cdot C = A \cdot (B \cdot C)$
	$(A + B) + C = A + (B + C)$
분배법칙	$A \cdot (B \cdot C) = A \cdot B + A \cdot C$
	$A + B \cdot C = (A + B) \cdot (A + C)$
누승법칙	$\overline{\overline{A}} = A$
보원법칙	$A \cdot \overline{A} = 0$
	$A + \overline{A} = 1$
역등법칙	$A \cdot A = A$
	$A + A = A$

드모르간의 정리 $\overline{A+B} = \overline{A} \cdot \overline{B}$, $\overline{A \cdot B} = \overline{A} + \overline{B}$

㉠ 논리기호와 표현

AND(논리곱)		$Y = A \cdot B$
NAND (논리곱의 부정)		$Y = \overline{A \cdot B}$
NOT(부정)		$Y = \overline{A}$
OR(논리합)		$Y = A + B$
XOR (배타적논리합의 부정)		$Y = A \oplus B$
NOR (논리합의 부정)		$Y = \overline{A + B}$

㉡ 연산 장치
- 반가산기 : $C = A \cdot B$, $S = A \oplus B$
- 전가산기 : $C = (A \cdot B) + ((A + B) \cdot C)$, $S = A \oplus B \oplus C$
- 반감산기 : $D = A \oplus B$, $B = A \cdot B$
- 전감산기 : $D = (A \oplus B) \oplus C$, $B = AB + C(A \oplus B)$

10년간 자주 출제된 문제

16-1. 논리제어에서 입력이 존재하지 않을 때에만 출력이 존재하는 논리는?
① OR   ② AND
③ NOT ④ XOR

16-2. 다음 전기 타임 릴레이의 구성 요소 중 공압의 체크 밸브와 같은 기능을 가지고 있는 것은?
① 접점   ② 가변저항
③ 다이오드 ④ 커패시터

|해설|

16-1
NOT(부정) : 입력신호와 출력신호가 서로 반대의 값으로 되는 논리

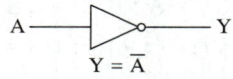

16-2
다이오드를 사용한 회로
- 다이오드는 한쪽 방향으로 전류가 흐르도록 제어하는 반도체 소자이다.
- 교류 회로에서 다이오드를 적용하면 다이오드 소자 이후로는 정류된 전류가 흐른다.
- 정류란 교류의 양 극성이 한 극성만 통과되고 나머지 극성은 걸려진 전류이다.

반도체 릴레이(무접점 릴레이)는 전원공급부, 다이오드(발광), 광센서, 접점 회로로 구성되어 있으며 무접점 회로는 전기적으로 이미 구성된 조건에 맞추어 구성해야 하지만, 대단히 작은 부피로 구성이 가능하며 접점 스파크, 반응 속도 등을 고려할 필요가 없고 프로그램 등의 특성에 따라 조정, 검토 등에 유리한 면이 있다. 다이오드는 정방향 전기신호가 들어올 때만 동작하는 특성을 갖고 있으며 스위치 역할을 한다.

정답 16-1 ③ 16-2 ③

핵심이론 17 | 전동기

① 전동기의 분류

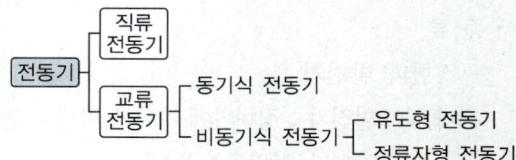

② 직류 전동기의 원리

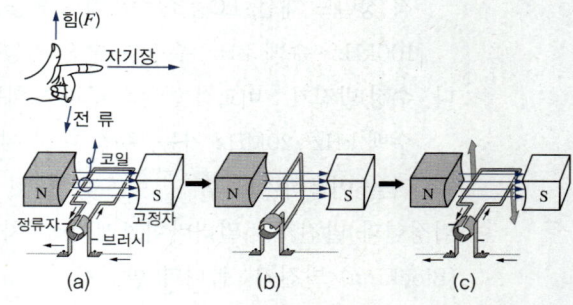

㉠ 플레밍의 왼손법칙을 이용한다.
㉡ 그림 a와 같이 회전자가 연결된 회로에 전류가 흐르고 있을 때 회전자 내 한 지점을 집어 플레밍의 왼손 법칙을 적용하면 그림과 같이 시계 방향으로 힘이 발생하여 회전력이 발생한다.
㉢ 지속적으로 힘을 받다가 그림 b와 같이 90°만큼 회전하면 관성에 의해 시계 방향의 회전을 지속한다.
㉣ 그림 b에서는 일시적으로 전기의 흐름이 정류자와 브러시에 의해 끊긴다.
㉤ 그림 c가 되면 다시 전기의 흐름이 이어지며 a와 같은 방향의 회전력을 지속적으로 받게 된다.
㉥ 자석은 영구 자석을 사용하기도 하지만, 계자코일을 감아 사용하며, 전기 흐름은 전기자를 이용한다.
㉦ $M = k \cdot \Phi \cdot I_a$ (M : 토크, k : 상수, Φ : 자속, I_a : 전류)

③ 직류 전동기의 종류(제3과목 핵심이론 16 참조)

④ 동기식 전동기
  ㉠ 동기식 전동기의 원리 : 회전자의 극이 유도 전동기처럼 고정자의 회전자계에 의해 되는 것이 아니라 직접 직류여자를 가하여 만들어진다. 자석을 회전시키는 대신 3상 권선의 고정자 안쪽에 회전자를 두면, 회전자는 고정자의 회전 자기장의 속도와 같은 속도로 회전한다.
  ㉡ 동기식 전동기의 특징
  • 회전계자형이고 슬립이 없다.
  • 부하가 변하여도 속도가 변하지 않고, 전원주파수가 일정하면 회전 속도도 일정하다.
  • 효율이 높고 소음이 적으며 성능이 좋고, 정속 회전이 가능하다. 성능곡선과 제어성이 우수하다.
  • 별도의 기동력이 필요하며, 열에 약하고 제작이 어렵고, 제작 비용이 높다.

⑤ 유도 전동기
  ㉠ 유도 전동기의 원리
  • **전자 유도 현상을 이용**
  • 유도 기전력
    – 자석과 코일을 이용하여 전압차(기전력)를 만들어내는 힘, 도체를 자속과 직각 방향으로 움직이면 기전력이 발생한다.
    – 코일의 감은 수와 도선의 길이, 자속변화율(자기력선속), 도선이 움직이는 속도에 비례한다.
  • 특징 : **정류자와 브러시가 없어서** 고장이 적고 유지보수가 편리하다.
  • 아라고의 회전

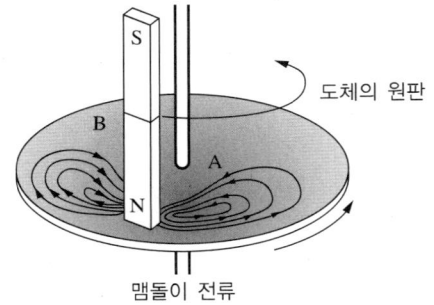
도체의 원판
맴돌이 전류

  – 프랑스의 프랜시스 아라고에 의해 발견
  – 자석이 회전하면 앞쪽은 맴돌이 전류에 의해 N극이 생겨 원판이 밀려남
  – 뒤쪽 역시 맴돌이 전류에 의해 S극이 생성되어 원판을 잡아당김
  – 따라서 자석의 회전 방향으로 원판이 회전함
  • 유도 전동기의 슬립
    – 유도현상에 의해 회전하는 회전자는 슬립에 의해 실제 유도되는 회전 속도와 같은 속도로 회전할 수 없다.
    – 즉, 슬립은 동기속도와 회전자의 실제속도의 차, 유도되는 속도에 미치지 못하는 속도이다.
    $$s = \frac{N_s - N}{N_s} \times 100[\%], \ N = (1-s) \times N_s$$
    (단, N_s : 동기속도, s : 슬립, N : 전동기 속도)
    – 슬립은 $0 < s < 1$의 범위이어야 한다. 슬립은 전부하에서 3~5%이고 소용량의 것에서 5~10% 정도이다.
    – 전동기에 부하가 클수록, 삽입되는 저항이 클수록 크며 부하가 없는 상태는 슬립이 1% 미만으로 거의 없어야 한다.
  ㉡ 3상 유도 전동기의 원리(제3과목 핵심이론 16 참조)
  ㉢ 4극 유도 전동기
  • 전동기는 2극으로 파란색 파장이 한 사이클 끝이 나면 1회전 하게 된다.
  • 코일은 음극과 양극이 존재하므로 홀수 극은 나올 수 없다.
  • 극 수가 늘어날수록 속도를 더 정밀하게 조절할 수 있다.
  • 동기속도
    $$N_s = \frac{120f}{P} = \frac{120 \times 60}{4} = 1,800[\text{rpm}]$$
    (N_s : 동기속도, f : 주파수, P : 극수)

※ 마치 우리나라에서 220V 60Hz를 사용한다는 것이 상식인 것처럼, 4극 전동기는 1,800rpm 이라는 것을 그냥 알아두어도 좋겠다.

⑥ 모터
  ㉠ 스테핑 모터 : 스텝(단계)이 존재하는 것처럼 원하는 위치(회전각)를 지정하고 그에 따라 움직이는 모터. 위치제어에 유용한 모터이다.
  • 종류 : 가변 릴럭턴스형[VR(Variable Reluctance) Type], 영구자석형[PM(Permanent Magnet) Type], 하이브리드형(Hybrid Type)
  • 스테핑 모터의 특성
    – 원하는 각도를 조정하는 간단한 원리와 구조의 모터이다.
    – 각도마다 오차가 적용되지만 누적오차가 적용되지는 않는다.
    – 회전의 각각을 스텝이라 한다.
    – 위치검출기를 사용하지 않고 자체 회전하여 조정한다.
    – 제어프로그램에 의해 회전량을 조정할 수 있다.
    – 회전 속도의 제어 또한 간단하다.
    – 정·역 전환 및 변속이 용이하다.
    – 서보모터의 하나로 동력 생성이나 전달보다는 위치, 속도 등의 제어에 주목적이 있다.
    – 피드백제어가 아닌 개방회로계에서도 위치제어가 가능하다.
  • 스테핑 모터의 선형제어 응용
    – 스테핑 모터를 볼스크루제어, 랙-피니언 구동 등을 이용하면 직선의 위치제어가 가능하다.
    – 이송거리가 S, 스핀들 리드가 h, 회전각이 a 일 경우, 이송거리에 대한 식은 다음과 같다.

    $$S = \frac{h}{360°} \times a$$

    (∵ 리드 = 1바퀴 회전에 전진한 거리)

  • 스테핑 모터의 단점
    – 특정 주파수에서 진동, 공진현상 발생 가능성이 있다.
    – 관성이 있는 부하에 취약하다.
    – 고속운전 시에 탈조하기 쉽다.
    – 홀딩토크(Holding Torque)가 발생한다.
    – 저속 시 진동 및 공진의 문제가 있다.
    – 토크의 저하로 DC 모터에 비해 효율이 떨어진다.
  ㉡ 리니어 모터
  • 직선으로 직접 구동되는 모터이다.
  • 일렬로 배열된 자석 사이에 위치한 코일에 전류를 흐르게 함으로써 운동한다.
  • 구조가 간단하고 차지하는 공간이 적으며, 비접촉식이므로 소음 및 마모가 상대적으로 적다.
  • 고가이며 강성(強性) 문제가 있다.

⑦ 전동기의 운전 및 보수(제3과목 핵심이론 16 참조)
  ㉠ 기동 이상

원 인	점검 및 조치
고정자/회전자 권선의 단선	저항과 전류를 측정하고 연결 또는 교환
결선 오류	결선 변경
회전자 결함	• 농형 전동기 : 도체의 단락 • 권선형 전동기 : 단선과 불평형 • 결함 원인을 찾아 수리 또는 교체
고정자 코어와 회전자의 접촉	닿는 부분을 닿지 않게 조정
베어링 결함	베어링 분해 점검
기동 토크 불충분	• 농형 전동기 : 부하기의 기동특성 검토와 전동기 용량 증대 검토 • 권선형 전동기 : 기동 저항기의 탭을 조정 또는 필요시 교체
과부하	부하 감소

ⓛ 기동 후 가속시간 지연 및 저속 운전

원 인	점검 및 조치
낮은 전압	전원 전압 강하를 점검
회전자의 손상	• 농형 : 회전자 바와 엔드 링의 용접부 점검 • 권선형 : 2차 권선의 불평형과 브러시의 접촉 상태를 점검
과부하와 부적절한 토크	부하를 점검하고 부하가 정상이라면 전동기의 용량을 변경
전동부의 마찰	베어링, 축받침, 축 등에서의 불량 및 변형 등 이상 마찰 요인 제거

ⓒ 역방향 회전

원 인	점검 및 조치
상의 역회전	단자에서 두 상의 결선을 서로 바꿈

ⓔ 전동기 본체 과열

원 인	점검 및 조치
과부하	정격전류에 따른 부하를 감소
전압강하로 인한 과전류	• 전압측정기를 이용하여 점검, 전원의 전압을 상승 • 부하를 감소
과전압으로 인한 코어의 손실 발생	전압측정기를 이용하여 점검하고 전원의 전압을 조정
한 상의 단선 또는 단락	재 권선을 실시
단락 회로 코일의 접지	저항과 전압을 점검하고 재조정
스테이터와 로터의 접촉	축의 굽힘과 베어링을 교정
먼지, 부적절한 환기	청소 실시

ⓜ 전류의 언밸런스

원 인	점검 및 조치
전압 언밸런스	전원과 라인을 점검하고 전압 조정
2차회로	• 로터 축 코일의 저항을 측정하고 조정 • 브러시 접촉 또는 숏서킷링을 점검 • Squirrel Cage Motor의 엔드링 접촉을 점검
단상 작동	라인의 단선과 부적절한 접촉을 제거

ⓑ 기타 진동 및 소음에 따른 점검과 대책이 필요

10년간 자주 출제된 문제

17-1. DC 모터의 구성품 중 회전하는 정류자에 전류를 흘려주는 소모성 접촉물은?

① 코 일
② 브러시
③ 회전자
④ 베어링

17-2. 다음 중 동기 전동기의 장점이 아닌 것은?

① 기동 시 조작이 용이하다.
② 부하의 변화로 속도가 변하지 않는다.
③ 높은 역률로 운전할 수 있다.
④ 전원주파수가 일정하면 회전 속도도 일정하다.

17-3. 유도 기전력을 설명한 것으로 틀린 것은?

① 자속밀도에 비례한다.
② 도선의 길이에 비례한다.
③ 도선이 움직이는 속도에 비례한다.
④ 도체를 자속과 평형으로 움직이면 기전력이 발생한다.

17-4. 유도 전동기의 특성에 대한 설명으로 옳은 것은?

① 회전수는 주파수에 반비례한다.
② 무부하 상태에서 슬립은 1% 이하이다.
③ 동기속도로 회전할 때 슬립 S는 1이다.
④ 슬립은 회전자 속도가 동기속도에 비해 얼마나 빠른가를 나타낸다.

17-5. 단상, 삼상 전동기의 고장 중 기동 불능일 때, 다음 중 그 원인으로 가장 거리가 먼 것은?

① 퓨즈 단락
② 베어링 고착
③ 전압의 부적당
④ 내부 결선 오류

17-6. 3상 전동기의 과열 원인으로 적절하지 않은 것은?

① 단상 운전
② 과부하 운전
③ 공진 현상 발생
④ 코일의 단락 또는 군의 단락

10년간 자주 출제된 문제

17-7. 3상 유도 전동기가 원래의 속도보다 저속으로 회전할 경우 원인으로 적절하지 않은 것은?

① 과부하
② 퓨즈 단락
③ 베어링 불량
④ 축받이의 불량

17-8. 선형 스테핑 모터에서 이송거리가 S, 스핀들 리드가 h, 회전각이 a일 경우, 이송거리에 대한 식으로 옳은 것은?

① $S = \dfrac{360°}{a} \times h$
② $S = \dfrac{h}{360°} \times a$
③ $S = \dfrac{h}{a} \times 360°$
④ $S = \dfrac{a}{360° \times h}$

17-9. 스테핑 모터(Stepping Motor)의 일반적인 특징으로 옳은 것은?

① 회전각도의 오차가 적다.
② 관성이 큰 부하에 적합하다.
③ 진동 및 공진의 문제가 없다.
④ 대용량의 기기를 만들 수 있다.

|해설|

17-1
직류전동기의 대략의 구조

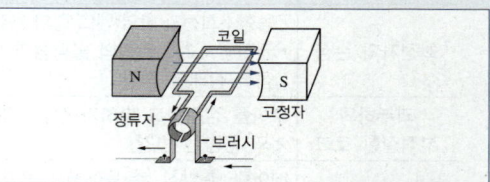

17-2
동기식 전동기의 특징
- 회전계자형이고 슬립이 없다.
- 부하가 변하여도 속도가 변하지 않고, 전원주파수가 일정하면 회전 속도도 일정하다.
- 효율이 높고 소음이 적으며 성능이 좋고, 정속 회전이 가능하다. 성능곡선과 제어성이 우수하다.
- 별도의 기동력이 필요하며, 열에 약하고 제작이 어렵고, 제작비용이 높다.

17-3
유도 전동기의 원리
- 전자 유도 현상을 이용
- 유도 기전력
  - 자석과 코일을 이용하여 전압차(기전력)를 만들어내는 힘, 도체를 자속과 직각 방향으로 움직이면 기전력이 발생한다.
  - 코일의 감은 수와 도선의 길이, 자속변화율(자기력선속), 도선이 움직이는 속도에 비례한다.
- 정류자와 브러시가 없어서 고장이 적고 유지보수가 편리하다.

17-4
- 동기속도 $N_s = \dfrac{120f}{P}$ [rpm]

  (단, N_s : 동기속도, f : 주파수, P : 극수)

- 유도 전동기의 슬립
  - 유도현상에 의해 회전하는 회전자는 슬립에 의해 실제 유도되는 회전 속도와 같은 속도로 회전할 수 없다.
  - 즉 슬립은 동기속도와 회전자의 실제속도의 차, 유도되는 속도에 미치지 못하는 속도이다.

  $s = \dfrac{N_s - N}{N_s} \times 100[\%]$, $N = (1-s) \times N_s$

  (단, N_s : 동기속도, s : 슬립, N : 전동기 속도)

  - 슬립은 $0 < s < 1$의 범위이어야 한다. 슬립은 전부하에서 3~5%이고 소용량의 것에서 5~10% 정도이다.
  - 전동기에 부하가 클수록, 삽입되는 저항이 클수록 크며 부하가 없는 상태는 슬립이 1% 미만으로 거의 없어야 한다.

| 해설 |

17-5
전압이 부적당한 경우는 가속시간이 지연되는 현상으로 나타나는 경우가 많다.

17-6
전동기 본체 과열의 원인 : 과부하, 전압강하로 인한 과전류, 과전압으로 인한 코어의 손실 발생, 한 상의 단선 또는 단락, 단락 회로 코일의 접지, 스테이터와 로터의 접촉, 먼지, 부적절한 환기

17-7
기동 후 가속시간 지연 및 저속 운전

원 인	점검 및 조치
낮은 전압	전원 전압 강하를 점검
회전자의 손상	• 농형 : 회전자 바와 엔드 링의 용접부 점검 • 권선형 : 2차 권선의 불평형과 브러시의 접촉 상태를 점검
과부하와 부적절한 토크	부하를 점검하고 부하가 정상이라면 전동기의 용량을 변경
전동부의 마찰	베어링, 축받침, 축 등에서의 불량 및 변형 등 이상 마찰 요인 제거

17-8
스핀들 리드란 1바퀴 회전에 전진한 거리를 의미하고 1바퀴의 회전각은 360°이므로, 만약 회전각이 720°라면 2회전하여 $2h$만큼 직선이동한 것이 된다.

17-9
스테핑 모터의 특성
• 원하는 각도를 조정하는 간단한 원리와 구조의 모터이다.
• 각도마다 오차가 적용되지만 누적오차가 적용되지는 않는다.
• 회전의 각각을 스텝이라 한다.
• 위치검출기를 사용하지 않고 자체 회전하여 조정한다.
• 제어프로그램에 의해 회전량을 조정할 수 있다.
• 회전 속도의 제어 또한 간단하다.
• 정・역 전환 및 변속이 용이하다.
• 서보모터의 하나로 동력 생성이나 전달보다는 위치, 속도 등의 제어에 주목적이 있다.
• 피드백제어가 아닌 개방회로계에서도 위치제어가 가능하다.

정답 17-1 ② 17-2 ① 17-3 ④ 17-4 ② 17-5 ③
       17-6 ③ 17-7 ② 17-8 ② 17-9 ①

핵심이론 18 | 변압기

① **변압기** : 전자 유도 현상(상호 유도 현상)을 통해 전압을 바꿔주는 장치이다. 상호 유도 현상을 이용하여야 하므로 교류를 사용한다.

② **변압기 이론**
  ㉠ 상호 유도 현상 : 서로 다른 근접한 두 코일 중 한 코일에 전류가 흐르면 다른 코일에도 유도 기전력이 발생하는 현상

  ㉡ 상호 인덕턴스 : $M = \dfrac{N_2 \Phi}{I_1}$

  ㉢ 유도 기전력 : $e = -M \dfrac{\Delta I}{\Delta t}$

  ㉣ 전압 변동률 : 2차측의 무부하 전압과 정격부하 시 단자 전압과의 차를 정격 전압과의 백분율 비로 나타낸 것

  $$\epsilon = \dfrac{V_0 - V}{V} \times 100 [\%]$$

  (V_0 : 무부하 전압, V : 정격 전압)

  ㉤ 정리된 양측 코일의 관계는

  $$\dfrac{N_1}{N_2} = \dfrac{V_1}{V_2} = \dfrac{I_2}{I_1}$$

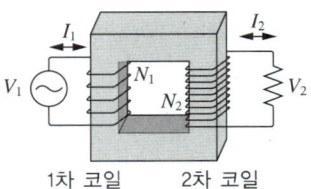

1차 코일   2차 코일

③ **변압기의 결선**
  ㉠ Y 결선
  • 변압기가 3대일 때 3상 전원을 도출 가능. 상전류가 선전류와 같다.
  • 선간전압 380V, 상전압 220V, 위상은 +30°
  • 중성점을 접지에 활용할 수 있다.
    − Y 결선의 중성점을 접지할 경우 단일 절연 방식을 채택할 수 있고, 순환전류가 흐르지 않으며 이상 전압을 저감시킬 수 있어 고전압 결선에 적합

- 변압기 1대 고장 시 V 결선으로 교체 사용가능 (효율 저하)

  ⓒ △ 결선 : 링 타입으로 모두 연결하는 결선
  - 변압기가 3대일 때 3상 전원을 도출 가능. 선간전압이 상전압과 같다. 380V
  - 고전류가 필요한 곳에 전력 공급. 상전류가 선전류의 $\frac{1}{\sqrt{3}}$. 위상은 $-30°$

  ⓒ V 결선 : △ 결선에서 1상을 제거한 방식

④ 변압기의 기동 - 구동 결선
  ㉠ △-△ 결선
  - 제3고조파 전류가 △ 결선 내를 순환하고, 외부에는 제3고조파 전압이 나타나지 않아 유도장애 및 통신장애가 없다.
  - 각 변압기의 상전류가 선전류의 $\frac{1}{\sqrt{3}}$이 되어 대전류에 적당하다.
  - 중성점을 접지할 수 없으므로 지락 사고의 검출이 곤란하다(비접지 방식이므로 고장 전류 적음).
  - 변압기가 다른 것을 결선하면 순환 전류가 흐른다.
  - 각 상의 권선 임피던스가 다르면 3상 부하가 평행되었어도 변압기의 부하 전류는 불평형이 된다.

  ㉡ Y-Y 결선 방식
  - 중성점을 접지할 수 있으므로 단일 절연 방식을 채택할 수 있다.
  - 상전압이 선간 전압의 1/1.732이 되어 절연이 용이하고 고전압의 결선에 적합하다.
  - 제3고조파 여자 전류의 통로가 없으므로 유기 기전력이 제3고조파를 함유하여 중성점을 접지하면 통신에 유도 장애를 준다.
  - 기전력 파형은 제3고조파를 포함한 왜곡파가 된다.
  - 부하의 불평형에 의해 중성점 전위가 변동하여 3상 전압의 불평형을 일으키므로 이 결선은 사용하지 않는다.

  ㉢ △-Y 결선방식
  - Y 결선의 중성점을 접지할 수 있다.
  - 이 결선은 어느 한쪽이 △ 결선이므로 여자전류의 3고조파의 장애가 없다. 기전력의 파형이 왜곡되지 않는다.
  - △-Y 결선은 송전단에, Y-△ 결선은 수전단에 사용하여 높은 전압을 Y 결선으로 하므로 절연이 유리하다.
  - 1차, 2차 선간전압 사이에 30도의 위상 변위가 있다.
  - 1대에 고장이 생기면 전원 공급이 불가능하다.

  ㉣ V-V 결선 방식 : △-△ 결선에서 1대의 변압기 고장 시 2대의 변압기를 3상으로 변성할 수 있으나 부하 시 두 단자전압이 불평형하게 된다.

⑤ 차동변압기(LVDT ; Linear Variable Differential Transformer)
  ㉠ 용도상 센서의 일종으로 취급한다.
  ㉡ 원리 : 직선운동 가능한 철심을 장착하고 철심이 이동하면 2차 코일이 상호유도현상에 따라 변압되도록 설계되어 있다.
  ㉢ 원리에 따라 변위의 변화를 코일 저항의 변화로 변환된다.

⑥ 변압기에 사용하는 절연유에 요구되는 성질
  ㉠ 전기, 전열에 잘 견뎌야 한다.
  ㉡ 절연내력이 커야 한다.
  ㉢ 인화점이 높고 응고점이 낮아야 한다.
  ㉣ 화학적으로 안정되어야 한다. 고온에 산화되지 않아야 한다.
  ㉤ 점도가 낮고 비열이 커서 열에 안정해야 한다.
  ㉥ 열이 자주 발생하므로 냉각효과가 커야 하며 침전물이 생기지 않아야 한다.

10년간 자주 출제된 문제

18-1. 변압기의 결선에 대한 설명 중 옳지 않은 것은?

① △-Y, Y-△ 결선은 중성점을 접지할 수 있어 제3고조파 전압이 나타나지 않으나 1차, 2차의 선간 전압에는 30°의 위상차가 존재한다.
② △-△ 결선은 권수비가 같은 단상 변압기 3대를 이용하여 3상 전압 변환을 실시하는 것이다.
③ Y-Y 결선은 성형 결선이라고도 하며 중성점을 접지할 수 없어 유기 기전력에 제3고조파를 포함한다.
④ V-V 결선은 △-△에서 1상을 제거한 것이다.

18-2. 변압기의 특성 중 2차측의 무부하 전압과 정격 부하 시 단자 전압과의 차를 정격 전압을 기준으로 백분율[%]로 나타낸 것의 명칭은?

① 변압기의 정격(Rating)
② 실횻값(Effective Value)
③ 선간 전압(Line Voltage)
④ 전압 변동률(Voltage Regulation)

18-3. 변압기에 관한 설명으로 틀린 것은?

① 변압기는 전압과 전류를 바꾸고 있지만 유도 저항에 비례한다.
② 정격 2차 전압에 권수비를 곱한 것을 정격 1차 전압이라 한다.
③ 변압기는 전압과 전류를 바꾸고 있지만 전력으로서는 바뀌지 않는다.
④ 입력에 대한 출력량의 비를 변압기 효율이라 하며, 출력이 클수록 효율이 좋다.

|해설|

18-1
Y-Y 결선은 성형결선이라고도 하며 중성점을 접지할 수 있고, 1,2차 유기 기전력에 3고조파 전압 발생한다.

18-2
전압 변동률 : 2차측의 무부하 전압과 정격부하 시 단자 전압과의 차를 정격 전압과의 백분율 비로 나타낸 것
$\epsilon = \dfrac{V_0 - V}{V} \times 100[\%]$ (V_0 : 무부하 전압, V : 정격 전압)

18-3
변압기는 1,2차 전압과 전류를 권선비에 따라 변환시킨다.

$$\frac{N_1}{N_2} = \frac{V_1}{V_2} = \frac{I_2}{I_1}$$

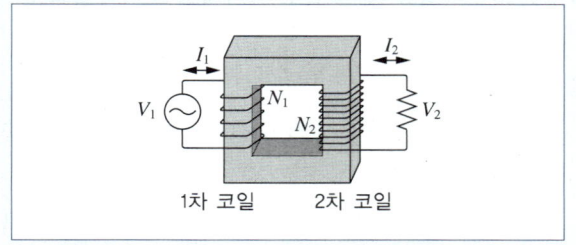

1차 코일   2차 코일

정답 18-1 ③ 18-2 ④ 18-3 ①

CHAPTER 06 기계장치 및 용접

핵심이론 01 | 부품 조립

① 부품 조립
  ㉠ 장비의 콘셉트, 사양, 장비 주요부 및 주변부 사양에 맞게 정확하게 설계된 조립도면과 작업표준서를 기준으로 조립을 진행한다.
  ㉡ 자재 목록표 및 조립도를 가지고 조립작업의 순서를 정한다.

② 기구도면
  ㉠ 외적인 기구물과 내적인 하드웨어가 결합된 도면을 의미한다.
  ㉡ 설계하고자 하는 기구를 직접 손으로 그려 보고, 초안이 마련되면 3D CAD 소프트웨어를 사용하여 기구설계를 한다.
  ㉢ 3D 설계
    • 제품의 가상모델을 컴퓨터상에서 만드는 작업으로 보고 싶은 각도로 자유롭게 회전시켜 검토할 수 있다.
    • 수요자의 요구에 신속하게 대응하여 빠르게 설계 변경이 가능하다.
    • 제품의 가공성, 조립성, 분해성, 재활용성 등이 향상되고, 가공이 곤란한 부분이나 조립이 불가능한 부분을 3D 시뮬레이션을 통하여 사전에 알 수 있다.
  ㉣ 설계한 하드웨어와 기구를 결합하는 과정에서 불가피하게 변경이 필요한 경우에는 하드웨어를 수정하거나 기구도면을 수정하여야 한다.

③ 조립도면
  ㉠ 기계나 구조물의 전체적인 조립 상태를 나타내는 도면이다.
  ㉡ 전체 조립도는 구조를 잘 알 수 있도록 그리며, 주로 조립에 필요한 치수만 기입한다.
  ㉢ 전체 조립도를 통하여 조립에 대한 일정 계획을 수립하고, 전체적인 작업량의 계획에 대해 이해한다.
  ㉣ 도면의 전체 조립도는 부분 조립도를 합친 도면으로 외관 구성과 단면도를 나타낸 것이다.
  ㉤ 규모가 크거나 복잡한 기계를 한 장의 조립도로 그리기 어려울 때는 몇 개의 부분으로 나누어 부분 조립도로 분리하여 각 부분의 자세한 조립 상태를 알 수 있다.

④ 기구 조립 시 유의사항
  ㉠ 자재 목록표를 통하여 주요부와 일반부의 조립 순서를 확인한다.
  ㉡ 실제 가공부품과 도면의 치수와 모양을 정확하게 비교하며 조립을 시작한다.
  ㉢ 부분 조립도를 통하여 조립을 구분할 수 있는지 이해한다.
  ㉣ 전체 조립도를 통하여 전체 및 부분 조립에 대한 일정 계획을 수립한다.
  ㉤ 전체적인 부품 조립 작업량을 확인한다.
  ㉥ 도면에 나와 있는 기본적인 치수 단위 및 공차에 대해 이해한다.
  ㉦ 정밀 조립을 위한 기준점 및 조립 시 주의할 내용을 도면에서 확인한다.
  ㉧ 버니어 캘리퍼스, 마이크로미터, 스케일 사용법을 이해한다.

⑤ 전장 조립 시 유의사항
  ㉠ 메인 전원부터 말단의 센서 연결까지 모든 전기, 공압, 모터, 센서, 유틸리티 전원 공급 배선, 주변장치 전원 공급 배선, 안전전원까지 한눈에 확인하고 체크할 수 있어야 한다.
  ㉡ 배선작업 전 배선의 종류, 배선 레이아웃, 전기용량 안전을 고려하여 배선을 선택하고, 길이를 선정해야 한다.
  ㉢ 전장 조립은 전장설계와는 달리 전기, 액추에이터 같은 반도체 장비의 동작 요소에 전기와 신호를 공급하고, 회신받는 일체의 배선작업이다.
  ㉣ 장비 전체의 구성과 동작에 대하여 정확하고 폭넓은 이해를 갖추어야 한다.
  ㉤ 수정 및 개선작업도 고려한 전장 배선이 이루어져야 한다.
⑥ 작업표준서
  ㉠ 작업의 지도·교육을 행하는 관리자가 작업표준에 기초한 올바른 작업방법을 구체적 또는 단시간에 알기 쉽게 작업자에게 지도하기 위해 작성한 작업지침서를 의미한다.
  ㉡ 작업지도서라고도 하며, 작업표준에 의해 규정화된 작업조건(Working Condition), 작업방법(Working Method), 관리방법, 사용 재료, 사용 설비 및 기타 작업내용과 관련된 정보가 기본적으로 표기된다.
⑦ 자재 목록표(BOM ; Bill Of Mterial)
  ㉠ 제품을 만드는 데 필요한 모든 조립품, 반제품, 부분품, 부품, 원자재의 목록으로 구분한다.
  ㉡ 제품을 만들기 위해 필요한 수량을 제품구조(Product Structure) 정보로 보여 준다.
  ㉢ 생산정보시스템과 연계하여 구매 요청 혹은 생산 오더의 발행이 필요한 품목을 결정하는 데 사용한다.
  ㉣ 생산활동에 필요한 제품의 모든 정보를 체계화, 데이터베이스화한 것이다.

10년간 자주 출제된 문제

1-1. 부품 조립에서 외적인 기구물과 내적인 하드웨어가 결합된 도면을 의미하는 것은?
① 부품도면
② 조립도면
③ 기구도면
④ 제작도면

1-2. 다음 중 3D 설계의 장점이 아닌 것은?
① 제품의 가상모델을 컴퓨터상에서 만드는 작업을 평면상에서 확인할 수 있다.
② 수요자의 요구에 신속하게 대응하여 빠르게 설계 변경이 가능하다.
③ 제품의 가공성, 조립성, 분해성, 재활용성 등이 향상된다.
④ 가공이 곤란한 부분이나 조립이 불가능한 부분을 3D 시뮬레이션을 통하여 사전에 알 수 있다.

1-3. 작업지도서라고도 하며 작업표준에 의해 규정화된 작업조건(Working Condition), 작업방법(Working Method), 관리방법, 사용 재료, 사용 설비 및 기타 작업내용과 관련된 정보를 기본적으로 표기해 놓은 것은?
① 부품도
② 조립도
③ 제작도
③ 작업표준서

| 해설 |

1-2

3D 설계
- 제품의 가상모델을 컴퓨터상에서 만드는 작업으로, 보고 싶은 각도로 자유롭게 회전시켜 검토할 수 있다.
- 수요자의 요구에 신속하게 대응하여 빠르게 설계 변경이 가능하다.
- 제품의 가공성, 조립성, 분해성, 재활용성 등이 향상되고 가공이 곤란한 부분이나 조립이 불가능한 부분을 3D 시뮬레이션을 통하여 사전에 알 수 있다.
- 설계한 하드웨어와 기구를 결합하는 과정에서 불가피하게 변경이 필요한 경우에 하드웨어를 수정하거나 기구도면을 수정하여야 한다.

1-3

작업표준서
- 작업의 지도·교육을 행하는 관리자가 작업표준에 기초한 올바른 작업방법을 구체적 또는 단시간에 알기 쉽게 작업자에게 지도하기 위해 작성한 작업지침서를 의미한다.
- 작업지도서라고도 하며 작업표준에 의해 규정화된 작업조건(Working Condition), 작업방법(Working Method), 관리방법, 사용 재료, 사용 설비 및 기타 작업내용과 관련된 정보가 기본적으로 표기된다.

정답 1-1 ③ 1-2 ① 1-3 ④

핵심이론 02 | 전기전자 부품 조립

① 부품 조립작업 : 소형의 다양한 부품을 활용하여 브레드보드(Breadboard)나 만능기판, 솔더링 관련 인두기, 받침대 또는 PCB에서 회로를 완성하는 것이다. 어셈블리(Assembly)라고 한다.

② 조립공구 및 조립 부품

㉠ 드라이버 : 나사, 볼트 등을 풀거나 조일 수 있도록 손잡이와 날 끝에 십자(十字)나 일자(一字) 모양의 단단한 양각을 부착해 놓은 공구이다.

㉡ 플라이어(Pliers) : 집기, 절단, 구부리기, 압착 등 다양한 작업을 할 수 있도록 중심부에 힌지를 달고 손잡이와 집게로 구성된 수공구이다.

㉢ 롱노즈플라이어(Long Nose Pliers) : 플라이어 중 집게 부분이 길어서 '코가 긴 플라이어'라는 명칭을 가진 공구로, 플라이어에 비해 예민하게 집을 수 있는 공구이다.

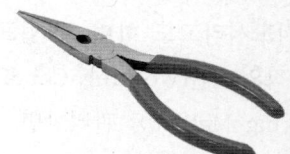

㉣ 와이어 스트리퍼(Wire Stripper) : 니퍼의 전선 피복을 벗기는 기능을 특화한 공구이다. 안쪽에 커터, 중앙부에 전선 종류별로 스트리퍼가 장착되어 있고, 제일 끝에 롱노즈플라이어를 혼합하여 제품화한 공구이다.

ⓓ 니퍼(Nipper) : 공구 부분이 게의 집게발처럼 생겨서 니퍼라는 명칭을 가진 공구로, 전선을 자르거나 전선 커버를 벗겨낼 때 사용한다.

ⓑ 렌치(Wrench) : 비틀고 토션(Torsion)을 일으키거나 볼트머리, 너트 등에 힘을 주어 회전시키는 공구이다.

ⓢ 소켓렌치(Socket Wrench) : 볼트나 너트의 머리에 소켓을 끼워 사용하는 렌치이다. 일 방향성 톱니를 장착하여 한 방향으로만 힘을 받게 할 수 있고, 위치를 조정하는 래칫이 내장되어 있어 래칫렌치(Ratchet Wrench)라고도 한다.

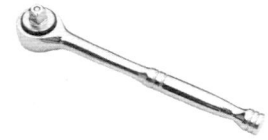

ⓞ 전동드릴 : 전동기의 힘을 이용하여 드릴링하는 수동공구로, 연동척에 드릴날을 물어서 드릴로 사용하기도 하고, 드라이버 날을 물어서 전동드라이버로 사용하기도 한다. 충전형·유선형, 시계·반시계 방향 회전, 해머링 기능 등 많이 사용되는 만큼 다양한 기능이 추가되어 다양한 제품이 있다.

ⓩ 납땜용 인두 : 펜처럼 생긴 공구로, 펜의 끝부분을 땜납을 녹일 온도로 가열하여 납땜작업을 하는 전열기이다.

ⓒ 인두 받침대 : 연속적으로 납땜작업을 실시할 때 뜨거운 전기인두를 안전하게 거치하는 데 사용한다.

ⓚ 납 흡입기 : 주사 흡입기처럼 생긴 공구로, 녹은 납을 흡입할 때 사용한다.

② 조립 부품

㉠ 조립 베이스
- 조립 베이스(Assembly Base)의 크기 : 1,000 × 800mm 알루미늄 플레이트
- 입출력을 위한 플레이트를 제외한 실제 장착 가능한 공간 : 800 × 880mm
- 슬롯의 간격 : 20mm

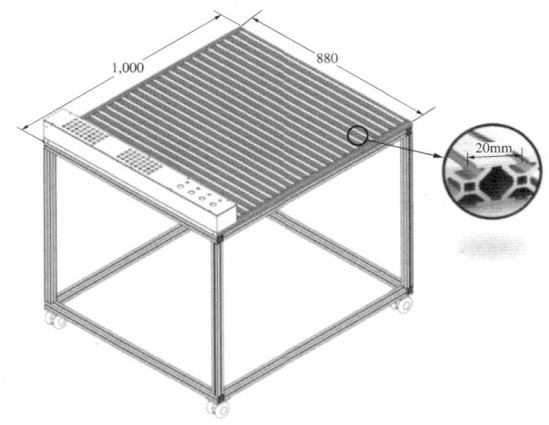

ⓒ 인덱스 테이블
- 회전 테이블을 일정 각도로 회전시켜 다양한 공정이 순차적으로 수행되도록 하는 장치이다.
- 모터, 유압, 공압 등으로 구동되며 많은 산업군에서 다양하게 적용된다.

[인덱스 테이블]

ⓒ 스테핑 모터
- 인덱스 테이블은 스테핑 모터에 의해 회전한다.
- 스테핑 모터는 PLC 제어신호에 따라 정해진 각도, 정해진 방향으로 회전한다.
- 회전 각도와 속도제어가 용이하여 자동화에서 많이 사용한다.

ⓔ 스테핑 모터 드라이버 : PLC에서 신호를 받아 스테핑 모터 구동신호를 보내 주는 장치이다.

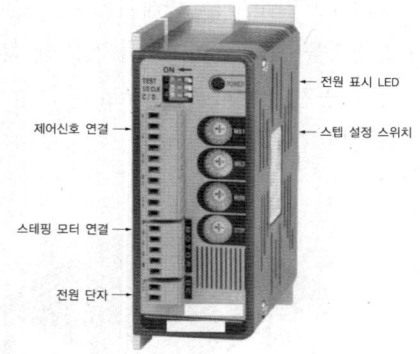

ⓜ 컨베이어
- 일정한 거리를 자동적·연속적으로 재료나 물품을 운반하는 기계장치이다.
- 공장 내에서 부품이나 재료의 운반, 반제품의 이동, 항만·광산 등에서 석탄·광석 화물의 운반, 건설현장에서 모래 등의 운반에 널리 사용한다.

ⓗ 진공발생기(Ejector)
- 공급 포트에 공급된 압축공기가 진공발생기 내부의 상대적으로 큰 공간으로 공급되면, 압력은 높아지고 유체의 속도는 느려진다. 작은 단면적의 배기 포트의 입구를 지나면서 압력은 대기압보다 낮아지고 속도가 빨라지면서 부압(마이너스(-) 압력)이 발생하고, 진공 포트로 압력 평형을 이루기 위해 대기가 유입되어 진공이 발생한다.
- 진공력에 의하여 대상물을 부착할 수 있게 하며, 물건을 집어 올릴 수 있도록 하는 역할을 한다.

ⓢ 솔레노이드 밸브 터미널 : 모든 솔레노이드 밸브에 공통적으로 공급되는 라인(1공급, 3, 5배기)을 서브 베이스의 공압 연결구와 배기 포트를 통해 연결하여 많은 수의 솔레노이드 밸브를 효율적인 공압 배선으로 함께 구성할 수 있도록 한 장치이다.

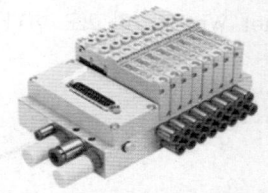

10년간 자주 출제된 문제

인덱스 테이블을 회전하는 신호를 제공하며 PLC 제어신호에 따라 정해진 각도, 정해진 방향으로 회전시키는 제어가 용이하여 자동화에서 많이 사용하는 기기는?
① 래칫렌치
② 솔레노이드
③ 컨베이어
④ 스테핑 모터

|해설|

스테핑 모터
- 인덱스 테이블은 스테핑 모터에 의해 회전한다.
- 스테핑 모터는 PLC 제어신호에 따라 정해진 각도, 정해진 방향으로 회전한다.
- 회전 각도와 속도제어가 용이하여 자동화에서 많이 사용한다.

정답 ④

| 핵심이론 03 | 전기전자장치 기능 확인, 측정

① 회로시험기(테스터)를 이용한 측정

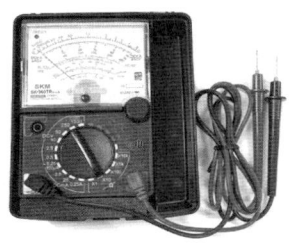

㉠ 회로시험기
- 측정 대상에 탐촉자를 접촉시키고 전류의 흐름, 전압의 크기, 저항의 크기 등을 측정하는 기기이다.
- 눈금 읽는 방법
  - 중심부의 로터리 레버를 이용하여 측정하고자 하는 전류, 전압, 저항을 선택한다.
  - 측정 대상의 범주(전류량, 전압의 크기, 저항의 크기)를 예측하여 선택한다.
  - 선택한 범주에 맞게 눈금을 읽는다.

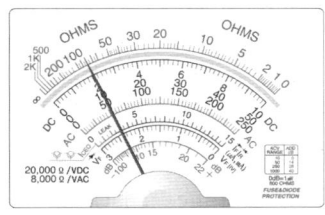

  - 그림의 경우 레버가 저항 ×10에 맞춰져 있고, 바늘은 80을 가리키고 있으므로 800Ω으로 읽는다.
- 무전원 테스트 램프
  - 전기의 도통을 확인하기 위해 전기가 흐르면 램프가 켜지도록 탐촉자와 전선과 램프로 간단히 만든 테스터이다.
  - 주로 자동차 등 일상에서 사용하는 전기를 측정하며, 예측되는 전압에 적합한 램프를 선택해야 안전하다.
- 자체 전원 테스트 램프 : 무전원 테스트 램프가 전기가 흐르고 있는지 활성전기를 측정한다면, 자체 전원 테스트 램프는 검사 대상체가 전원이 인가되지 않은 상태에서 결선되었는지 또는 합선되었는지를 측정하기 위한 테스트 램프이다.
- 전류계, 전압계, 저항계
  - 흐르는 전류, 전압 또는 저항을 측정하기 위한 측정기이다.
  - 주로 회로시험기로 측정이 가능하지만 고전력, 고압 및 정밀전압, 정밀저항 등을 측정하기 위해서는 전용 측정기를 사용한다.
  - 암페어 미터기의 경우는 고전력 측정 상황이 많으므로 주변의 자기장을 이용하는 고리형 측정기를 사용한다.
  - 고리형 측정기(훅 미터(Hook Meter), 클램프 미터(Clamp Meter))는 도선을 벗겨 접촉할 필요가 없으며, 주로 회로시험보다는 전력 측정 상황에서 사용한다.

㉡ 기능검사 측정기
- 오실로스코프
  - 전기신호의 그래프를 그리는 장치이다.
  - 신호가 시간에 따라 어떻게 변화하는지를 표시한다.
  - 세로축을 전압, 가로축을 시간으로 설정하여 전기신호의 파형을 표시하는 계측기이다.
  - 아날로그/디지털 변환기(A/D 변환기)와 메모리를 이용한다.
  - 검출한 전기신호를 전부 표시하는 것이 아니기 때문에 갑자기 발생하는 이상신호를 놓칠 수 있다.

- 스펙트럼 애널라이저

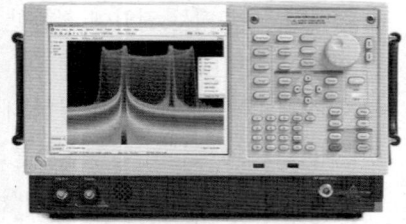

- 세로축을 전력 또는 전압, 가로축을 주파수로 설정하여 전기신호를 표시한다.
- 검출한 전기신호는 화면의 왼쪽에서 오른쪽을 향해서 주기적으로 스위프되는 점으로 표시한다.
- 모든 대역의 전기신호를 일괄해서 표시하는 디지털 샘플링 방식(실시간 방식)으로도 표시한다.
- 전기장 강도의 측정, EMC(ElectroMagnetic Compatibility, 전자파 양립성) 관련 잡음 레벨 측정 시 사용한다.

- 로직 애널라이저

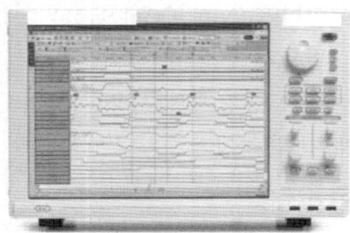

- 디지털회로 또는 디지털시스템으로부터 입력되는 여러 개의 디지털 신호를 수집하여 저장하고, 원하는 시점에 표시장치에 표시한다.
- 전기신호를 '하이(High)'와 '로(Low)' 두 종류의 값으로 표시한다.
- 버스 인터페이스를 측정하기 위해서 16~64 등 많은 입력 채널을 갖추고 있다.
- 버스 인터페이스의 프로토콜로 디코드해서 표시하거나 타이밍 차트로 표시한다.

- 네트워크 애널라이저

- 고주파 회로나 마이크로파 회로, 고주파 디바이스 등의 고주파 특성을 측정한다.
- 고주파 신호를 입력하고, 반사 전력과 통과 전력을 측정하는 것으로 고주파 특성을 파악한다.
- 스미스 차트를 화면에 직접 표시한다.
- 고주파/마이크로파 회로나 안테나의 임피던스 정합을 확보하는 작업이 시각적으로 실행 가능하다.

② 조립된 장치의 기능 확인
　㉠ 전기전자장치의 기능 측정
　　• 기능시험은 장치 내에서 수행되는 각각의 기능들의 동작 수행 상태를 확인한다.
　　• 기능시험을 하고자 하는 기능의 요구사항이나 설정값은 설계 규격서 안에 표현한다.
　　• 요구사항과 설계 규격서 내에 있는 기능 목록을 기준으로 시험 기준을 정한다.
　　• 기능시험은 통합시험(Integration Test)과 인수시험(Acceptance Test)으로 구분된다.
　　• 주로 기능의 정확성 또는 신뢰성 등을 시험한다.

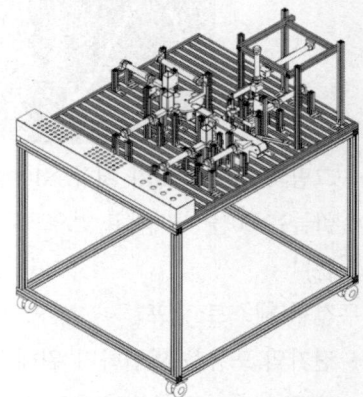

[구성된 전기전자장치]

ⓛ 전기전자장치의 기능 검증방법
- 시스템 내에서 수행되는 기능들의 동작 상태를 확인한다.
- 각 기능들의 규격서에 대하여 그 기능을 시험한다.
- 시험되는 기능은 요구사항 또는 설계 규격서에 표현되어 있다.
- 요구사항과 설계 규격서 내에 있는 기능 목록으로부터 테스트 케이스를 선정한다.
- 기능시험의 목적 : 시스템 내의 여러 기능 수행 정확도를 시험한다.
- 데이터는 측정시스템평가(Measurement System Analysis)를 통해 신뢰로운 데이터를 선정한다.
- 형식 검증(Formal Verification)으로도 목표 부분의 철저한 테스트가 가능하다.
- 검증계획의 시작 : 어느 부분을 테스트할 것인지 파악한다.
- 테스트 중인 설계에 적용할 입력 시나리오를 결정한다.

ⓒ 전기전자장치의 기능시험에서 발견되는 오류의 종류 : 부정확한 기능, 누락된 기능, 인터페이스 오류, 성능상의 오류, 초기화나 종료 시에 발생되는 오류, 자료구조상의 오류

ⓔ 전기전자장치 작동 평가의 고려사항
- 전기전자장치에 대한 작동 평가는 문제를 이해하는 동안 제시된 기술적 요구 목적들과의 비교를 위해 장치의 수적인 측정치를 바탕으로 하여야 하며, 측정방법은 타당한 비교가 되도록 충분히 정확하고 정밀해야 한다.
- 전기전자장치에 대한 작동을 평가하는 동안 장치의 설계에서 어떤 특징들이 개선되어야 하는지 지시가 있어야 하며, 목표 설계치 성능을 가져오기 위해서는 얼마나 되어야 하는지 알려 주어야 한다.
- 전기전자장치에 대한 작동 평가의 절차는 제조 과정과 노화, 환경적 변화 등의 외부적인 변수들의 영향력이 포함되어야 한다.

③ 전기전자장치의 기능 측정 요구사항
ⓐ 기능적 시스템의 요구사항
- 시스템이 할 일을 기술할 것
- 시스템의 기능을 입출력과 예외 상황과 함께 기술할 것
- 명세서는 완전하고 일관성이 있을 것
- 사용자에 의해서 요구되는 모든 항목이 정의될 것(완전성)
- 요구사항이 모순되는 정의를 가지지 말아야 할 것(일관성)

ⓑ 비기능적 시스템의 요구사항
- 시스템에 의해서 제공되는 특정 기능과는 관련이 없는 요구사항
- 시스템, 성능, 보안성, 가용성 등을 규정한다.
- 실제로 맞추지 못하는 시스템의 기능을 활용하여 요구사항에 대한 적절한 방법을 찾아야 한다.
- 시스템 개발 시의 품질과 제약조건은 적용하고, 리스크는 제거하거나 완화시켜야 한다.
- 이 요구사항은 시스템 개발에 사용될 프로세서에 제한을 가하게 된다.

④ 기능검사 데이터의 이해
ⓐ 기능검사 데이터를 분석하기 위해서는 측정시스템(MSA ; Measurement System Analysis)의 평가를 통하여 프로세스의 산포 중 측정시스템에 의한 오차를 수치화해야 한다.
ⓑ 가지고 있는 데이터와 수집된 데이터는 신뢰할 수 있도록 데이터 변동의 유형 및 원인 분석을 통하여 관리되어야 한다.
ⓒ 편의(Bias)
- 기준값과 관측된 측정값의 평균 간의 차이로, 편의가 작으면 정확성이 높다.

- • 편의의 발생원인
  - 기준값 마스터의 오차
  - 계측기의 노화
  - 눈금이 잘못된 계측기
  - 잘못된 특성값 측정
  - 교정을 잘못했을 경우
  - 작업자가 계측기를 올바르게 사용하지 못한 경우
ⓔ 안정성(Stability)
  - • 같은 기준 시료(측정 대상) 또는 같은 시료의 한 특성에 대해 장기간 측정할 때 얻어지는 측정값 총변동이다.
  - • 총변동량이 적으면 안정성이 높다.
  - • 안정성이 낮아지는 원인은 계측기의 물성 등에 영향을 받기 때문이다.
ⓜ 선형성(Linearity)
  - • 관측값이 어떤 선형적인 특징을 나타내는 것을 의미한다.
  - • 관측값 편의의 총합으로도 표현 가능하다.
  - • 선형성이 낮아지는 원인
    - 계측기가 작동범위 내의 낮은 쪽과 높은 쪽에서 적절히 교정되지 않은 경우
    - 최소 또는 최대 마스터의 오차
    - 도구의 노화
    - 측정도구의 내부 설계 특성
ⓗ 반복성(Repeatability)
  - • 같은 시료의 동일 특성을 같은 계측기를 이용하여 한 명의 평가자가 여러 번 측정하여 구한 측정값의 변동이다.
  - • 반복성이 낮아지는 원인
    - 노후된 계측기를 사용한 경우
    - 설계적인 오류로 인한 계측기 내재적인 도구 산포
    - 도구의 위치에 따른 산포
    - 환경적 요인 : 조명, 소음
    - 신체적 요인 : 시력
ⓢ 재현성(Reproducibility)
  - • 같은 시료의 동일 특성을 동일한 계측기를 이용하여 다른 평가자들에 의해 구해진 측정값 평균의 변동이다.
  - • 재현성이 낮아지는 원인
    - 작업자들의 측정방법, 테크닉의 차이
    - 작업자가 게이지의 사용법 및 읽는 법을 올바르게 배우지 못한 경우
    - 측정절차 및 방법이 명확하지 않은 경우
  - • 작업자들의 일관성을 돕기 위한 지그(JIG)가 필요하다.

10년간 자주 출제된 문제

3-1. 다음 보기에서 설명하는 기기는?

|보기|
- 전기신호의 그래프를 그리는 장치이다.
- 신호가 시간에 따라 어떻게 변화하는지를 표시한다.
- 세로축을 전압, 가로축을 시간으로 설정하여 전기신호의 파형을 표시하는 계측기이다.

① 로직 애널라이저
② 스펙트럼 애널라이저
③ 마이크로스코프
④ 오실로스코프

3-2. 측정의 안정성(Stability)에 대한 의미에 대한 설명으로 옳지 않은 것은?

① 같은 기준 시료(측정 대상) 또는 같은 시료의 한 특성에 대해 장기간 측정할 때 얻어지는 측정값 총변동이다.
② 총변동량이 적으면 안정성이 높다.
③ 안정성이 낮아지는 원인은 계측기의 물성 등에 영향을 받기 때문이다.
④ 관측값들의 편의의 총합으로도 표현 가능하다.

|해설|

3-1
오실로스코프
- 전기신호의 그래프를 그리는 장치이다.
- 신호가 시간에 따라 어떻게 변화하는지를 표시한다.
- 세로축을 전압, 가로축을 시간으로 설정하여 전기신호의 파형을 표시하는 계측기이다.
- 아날로그/디지털 변환기(A/D 변환기)와 메모리를 이용한다.
- 검출한 전기신호 전부를 표시하는 것이 아니기 때문에 갑자기 발생하는 이상신호를 놓칠 수 있다.

3-2
관측값들의 편의의 총합으로도 표현 가능한 것은 선형성에 대한 설명이다.

정답 3-1 ④ 3-2 ④

핵심이론 04 | 전기전자장치의 안전성 검사

① 전기전자장치의 안전검사 항목

㉠ 내전압 시험 테스트 : 제품의 회로와 접지 사이에 고압을 인가해서 제품이 고압에 견디는 능력을 측정한다.

㉡ 절연저항 테스트 : 제품에 사용된 전기 절연 특성을 측정한다.

㉢ 누설전류 테스트 : AC 전원과 접지 사이에 흐르는 전류가 안전규격을 넘지 않는지를 점검한다.

㉣ 접지 연속성 테스트 : 제품 표면에 노출된 전도성 금속 부분과 파워시스템(Power System) 접지 사이의 경로를 점검한다.

② 전기적 쇼크

㉠ 전기적 쇼크와 그에 따른 피해요인
- 가장 중요한 피해는 인체를 통해서 전류가 흐를 때 발생한다.
- 인체에 흐르는 전류량에 영향을 주는 요인
  - 전압이 AC 및 DC인가?
  - 접촉 부위의 전도성 정도(젖은 부위 또는 마른 부위)
  - 신체의 크기와 특질(신체의 임피던스)
  - 접촉 지속시간
  - 접촉면의 넓이

㉡ 사용자 안전기준
- 국제전기규격(National Electrical Code)
  - 젖은 장소에서의 GFCI(Ground Fault Current Interrupters)를 요구한다.
  - 안전장치 0.5mA보다 큰 접지전류가 수 m[sec] 이상 동안 존재하면 자동적으로 전원을 차단한다.
- 전원의 주파수(초당 사이클, 단위 : Hz)
  - 인체에 전류가 흐를 때 영향, 반응의 결정적 요소이다.

- 인체에 전기 접촉 시 DC 전압보다 50/60Hz의 AC 전원처럼 낮은 주파수의 전압이 더욱 즉각적이고 큰 피해를 준다.
- AC 1차 전압 접촉 시 사용자 보호를 위한 설계가 중요하다.
• 안전규격의 공통 요구사항
- 미세한 누설전류(Leakage Current)
- 견고한 제품 케이스
- 사용자에게 직접 노출되지 않고 절연성분이 뛰어난 커넥터

③ 안전성 검사시험의 판정기준
㉠ 기능시험 : 의도한 기간 내 안전된 품질 확보를 위해 상품의 기획 단계부터 출하 후 실제 사용 상태까지를 고려하여 각 단계별 제품 사양에 대한 동작 및 성능 확인, 실증을 위하여 실시하는 시험이다.
㉡ 치명 불량 : 감전, 화재 등 인명과 재산에 피해를 줄 가능성이 내재되어 있어 반드시 개선이 필요하다.
㉢ 중 불량 : 실용상 외관, 구조, 성능에 뚜렷하게 지장이 있다고 인정되는 불량이나 진행성에 의해 단기간 내에 같은 불량 발생이 예측되므로 반드시 개선이 필요하다.
㉣ 경 불량 : 외관, 구조, 성능에 있어서 다소 지장이 있으나 제품의 기능을 상실과는 무관한 정도의 불량으로 개선에 대한 합의가 필요하다.

④ 안전성 검사측정기
㉠ 내전압 시험기
• 목 적
- 얼마만큼의 전압이 인가되었을 때 견딜 수 있는가를 테스트한다.
- 절연의 완벽성 여부, 파손 위험의 여부, 이물질 개입 또는 비정상적인 근접 부위가 있는지 테스트한다.
- 제품의 전기적 안전성, 품질을 가늠한다.

• 시험 대상(위치)
- 모터나 트랜스포머, 릴레이, 발전기, 차량용 부품과 냉장고, 세탁기, 전기밥솥 등 : 충전부(전기 인입선)와 비충전부(접지될 수 있거나 사람의 손이 닿는 외부 금속체) 사이
- 모터 : 권선과 코어 사이, 충전부와 비충전부 사이
- 트랜스 : 1차 코일과 코어 사이, 1차 코일과 2차 코일 사이, 2차 코일과 코어 사이, 충전부와 비충전부 사이

㉡ 절연·내압시험기
• 절연저항시험기와 내압시험기를 일체화한 시험기이다.
• 전기기기나 전기부품의 절연시험과 내압시험을 연속으로 실시한다.
• 시험을 간단하고 효율적으로 실시한다.

㉢ 통전시험기
• 전기기기의 회로가 끊어진 곳이나 접속이 불량한 곳이 있는지 시험한다.
• 시험방법
- 먼저 회로시험기의 전환 스위치를 저항 측정 범위(OHM) 중 낮은 범위로 놓은 후
- 시험하려는 전기회로나 전기기구 플러그의 두 단자에 시험 막대를 대고 저항값을 읽는다.
- 통전시험 결과 전기기구에 따라 고유의 저항값을 가리키면 통전(정상) 상태이고, 지침이 움직이지 않으면(∞Ω) 단선 또는 접속 불량 상태이다.
- 지침이 0Ω이나 너무 작은 값을 가리키면 단락(합선) 상태이다.

㉣ 절연저항시험기
• 도체는 절연물로 도체를 싸거나 도체를 애자로 지지하여 절연한다.

- 전기기계·기구는 공기 절연, 진공밸브 절연, 가스(SF6) 절연 및 절연유 등으로 절연한다.
- 절연물이 파괴되면 누전에 의한 화재, 감전에 의한 재해 또는 고압설비의 경우 파급 사고 등 큰 사고로 이어질 우려가 있다.

ⓕ 누설전류시험기
- AC 전원을 사용하는 모든 제품에는 전원이 들어와 동작 중일 때 약간의 누설전류가 흐른다.
- AC 전원부부터 제품의 접지경로를 통해 전원 코드의 접지단자가 연결된 대지접지(Earth Ground)로 흐른다.
- 접지단자가 없는 제품이나 접지가 제대로 연결되지 않은 제품은 제품의 금속 부분에 전위가 형성된다.
- 접지단자를 사용하지 않는 제품은 최대 누설전류가 0.5mA를 넘지 않도록 규제한다.
- 누설전류가 규제치를 넘는 제품은 전원 코드에 접지단자를 설치한다.

⑤ 안전성 검사인증 테스트

ㄱ 내전압(Dielectric Strength) : WV(Withstanding Voltage) 또는 HPV(High Potential Voltage)
- 내전압 테스트 : 피측정체(DUT ; Device Under Test)의 절연성분에 고압을 가하는 테스트
- 정상 동작 전압보다 아주 높은 전압을 인가한다(정상 동작 전압×2 + 1,000V).
  - 예 120V나 240V에 동작되는 제품의 테스트 전압 : 1,250~1,500VAC
- 목적 : 전기적으로 위험한 부분과 위험하지 않은 부분 사이의 내전압, 절연 장벽의 적합성 여부를 판단한다.
- 내전압(절연) 장벽
  - 위험한 회로와 사용자가 접촉할 수 있는 부분(또는 제품 표면) 사이에 형성한다.
  - 잠재하는 전기적 위험의 노출로부터 사용자를 보호한다.
  - 내전압 장벽을 확인함으로써 정상적인 동작 상태와 한 선(AC 전원의 라인과 내추럴 중 하나)이 끊어진 상태에서 전기적 쇼크 위험으로부터의 보호가 가능한지를 검사한다.
- 내전압 테스트의 가장 일반적인 테스트 부분은 AC 1차 회로와 사용자가 접촉할 수 있는 도체 부분(접지) 사이뿐 아니라, AC 1차 회로와 2차 저전압 회로 사이이다.

ㄴ 절연저항(Insulation Resistance) 테스트
- 두 테스트 포인트 사이의 실제 저항을 알아내기 위해 실시한다.
- 내전압 테스트와는 달리 누설전류값 대신 저항값을 읽는다(그 외는 비슷한 시험).
- 전기적으로 절연되어 있는 두 지점 사이의 절연저항을 측정한다.
- 전류의 흐름을 방해하기 위한 전기적 절연이 얼마나 효과적으로 되어 있는가를 판정한다.
- 제품이 생산된 직후 일정 기간 사용한 후 절연의 상태 검사에 유용하다.
- 정기적 실시로 절연파괴 전에 절연 불량 판별이 가능(절연파괴는 큰 피해 발생)하다.
- 테스트 절차 4단계 : 충전(Charge), 유지(Dwell), 측정(Measure), 방전(Discharge)

ㄷ 누설전류(Leakage Current) 테스트
- AC를 사용하는 모든 제품에는 동작 중 약간의 누설전류가 발생한다.
- 전원부로부터 제품의 접지경로를 통해 전원 코드의 접지단자가 연결된 대지접지로 흐른다.
- 접지단자가 없거나 접지가 미비한 제품은 금속 부분에 전위가 형성된다.
- 사람이 전위가 형성된 부분에 접촉 시 누설전류가 사람의 몸으로 흐른다.

- 접지단자를 사용하지 않는 제품의 최대 누설전류 : 0.5mA 이하(의료장비는 기기에 따라 훨씬 낮게 설정함)
- 누설전류가 규제치를 넘는 제품은 전원 코드에 접지단자가 필요하다.

ⓔ 접지 연속성(Ground Continuity) 테스트
- 표면에 노출된 전도성 금속 부분과 전원부 접지 사이의 접지경로를 테스트한다.
- 접지경로는 전기 쇼크로부터 보호하는 가장 기본적인 수단이다.
- 제품 표면 등 전원이 연결된다면 높은 전류가 접지경로를 통해 접지로 흘러 차단기가 동작 또는 퓨즈 단절을 통해 사용자를 보호한다.
- 낮은 DC전류(1Amp 미만)를 이용한다. 접지단자와 제품의 노출된 금속부(접지경로)의 낮은 저항 성분을 검사한다.

ⓜ 극성(Polarization) 테스트
- 제품의 전원 플러그(세 단자 또는 뉴트럴단자가 조금 더 큰 2단자 플러그)가 제대로 연결되었는지 검사한다.
- 육안검사 또는 결선의 도통 상태 검사로 확인한다.
- 라인(Line)단자와 뉴트럴(Neutral)단자가 서로 바뀌지 않았는지 검사한다.

ⓗ 접지도통(Ground Bond) 테스트
- 접지도통경로를 검사 시 25~30A의 높은 전류와 낮은 전압을 이용한다.
- 접지회로의 저항을 측정하여 연결의 완벽함 여부를 검사한다.
- 제품 문제 발생 시 상황을 테스트하는 것으로, 접지 연속성 테스트와 비슷하다.
- 제품 문제 발생 시 전류는 접지회로를 통해 흐르는 데 전류를 흘려보낼 수 있는 한계가 충분히 높고 경로의 내부저항이 충분히 낮다면 보호회로가 완벽하게 작동한다.
- 접지회로가 충분히 높은 전류를 흘려보낼 수 없거나 내부저항이 매우 높다면 회로차단기가 동작하지 않고, 퓨즈는 끊어지지 않아 사람의 몸을 통해 전류가 흐를 가능성 높다.

ⓢ 생산라인 테스트
- 미국의 시험기관 : 내전압 테스트, 접지 연속성 테스트를 요구한다.
- 유럽의 시험기관 : 내전압과 접지 연속성, 접지 도통 테스트를 요구한다.
- 인증기관들은 자신들의 규격에 맞도록 생산라인 테스트 장비의 주기적인 교정을 요구한다.
- 인증기관에서는 제품과 제품 테스트 절차를 확인하기 위해 정기적으로 사후검사를 실시한다.
- 생산자 : 항상 교정인증서와 검사서류를 비치하도록 요구한다.

10년간 자주 출제된 문제

4-1. 전기전자장치 테스트에 대한 설명으로 옳지 않은 것은?

① 내전압 테스트 : 제품의 회로와 접지 사이에 전류를 인가하여 통전능력을 확인하는 시험
② 절연저항 테스트 : 제품에 사용된 전기 절연 특성을 측정하는 시험
③ 누설전류 테스트 : AC 전원과 접지 사이에 흐르는 전류가 안전규격을 넘지 않는지를 점검하는 시험
④ 접지 연속성 테스트 : 제품 표면에 노출된 전도성 금속 부분과 파워시스템(Power System) 접지 사이의 경로를 점검하는 시험

4-2. 사용자 전기 쇼크를 예방하기 위한 국제전기규격(National Electrical Code)의 요구와 그에 대한 설명으로 옳지 않은 것은?

① '젖은 장소에서의 GFCI(Ground Fault Current Interrupters)'를 요구한다.
② 안전장치 2mA보다 큰 접지전류가 수 m[sec] 이상 동안 존재하면 자동적으로 전원을 차단하도록 요구한다.
③ 인체에 전기 접촉 시 DC 전압보다 일상의 AC 전원 전압이 더욱 즉각적이고 큰 피해를 준다.
④ 전원의 주파수는 인체에 흐를 때 영향을 주는 결정적인 요소이다.

|해설|

4-1
내전압 테스트는 전압에 견디는 힘을 측정하여야 하므로 고압전류를 인가하여야 한다.

4-2
• 국제전기규격(National Electrical Code)
 - '젖은 장소에서의 GFCI(Ground Fault Current Interrupters)'를 요구한다.
 - 안전장치 0.5mA보다 큰 접지전류가 수 m[sec] 이상 동안 존재하면 자동적으로 전원을 차단한다.
• 전원의 주파수(초당 사이클, 단위 : Hz)
 - 인체에 전류가 흐를 때 영향, 반응의 결정적 요소이다.
 - 인체에 전기 접촉 시 DC 전압보다 50/60Hz의 AC 전원처럼 낮은 주파수의 전압이 더욱 즉각적이고 큰 피해를 준다.
 - AC 1차 전압 접촉 시 사용자 보호를 위한 설계가 중요하다.

정답 4-1 ① 4-2 ②

핵심이론 05 | 기계구동장치 조립

① 기계구동장치 : 기계, 계기 등을 작동시키는 장치 또는 구동축과 이것에 부착된 풀리, 기어 등 동력을 전달하기 위한 장치이다.

② 기계구동장치 구성요소

㉠ 축 : 베어링(Bearing)에 지지되어 강도, 휨 그 밖의 기계적 필요조건을 구비하여 회전 및 왕복운동을 하는 기계요소이다. 긴 축이 필요할 때는 축이음(커플링)으로 축을 연결하며, 운동을 단속할 필요가 있을 때는 클러치(Clutch)를 사용한다.

• 축의 하중에 의한 분류
 - 차축(Axle) : 굽힘 모멘트를 받는 축으로, 회전축과 정지축이 있다.
 - 스핀들(Spindle) : 비틀림 모멘트를 받는 축이다. 치수가 정밀하고 변형량이 작아야 하며, 길이가 짧아 주로 공작기계 주축으로 사용한다.

• 전동축
 - 주축 : 원동기에서 직접 동력을 받는 축
 - 선축 : 주축에서 동력을 받아 각 공장에 분배하는 축
 - 중간축 : 선축에서 동력을 받아 각각의 기계에 동력을 전달하는 축
 - 축의 모양에 의한 분류: 직선축, 크랭크 축 등

㉡ 베어링 : CHAPTER 03 핵심이론 03 축용 기계요소와 보전 참고

㉢ 축이음 : CHAPTER 03 핵심이론 03 축용 기계요소와 보전 참고

㉣ 벨트 : CHAPTER 03 핵심이론 05 전동용 기계요소와 보전 참고

③ 조립 계획 수립

㉠ 조립 계획을 수립하기 위해서는 도면 분석을 실시하고, 부품 목록표를 작성한다. 이 표에는 부품명, 크기, 수량, 외주 제작과 표준품 구매 관련 자료를 기록한다.

㉡ 조립 순서를 결정한다. 조립 순서는 부분 조립과 주조립으로 진행되며, 조립 순서가 잘못되면 조립이 되지 않거나 불필요한 공정이 발생되어 제조비용이 늘어나거나 제품의 품질에 영향을 미친다.

㉢ 구동장치 조립 공정의 순서

공정	작업 공정의 내용	공구
10	• 축, 베어링을 조립하기 위하여 고정구에 위치결정	• 축 조립용 고정구
20	• 축과 베어링 6003 조립	• 베어링 조립용 고정구 • 고무 해머
30	• 몸체를 조립용 고정구에 위치결정 및 고정	• 몸체 고정용 치공구
40	• 윤활유 도포 • 20 공정에서 조립된 축과 베어링을 몸체에 조립	• 조립용 고정구 • 슬리브
50	• 3개의 M4 6각 구멍붙이 볼트로 커버 조립	• 전용 드라이버 • M3용 6각 L렌치
60	• 오일 실을 조립하기 전에 조립 부위에 윤활유 도포 • 오일 실 ∅18×∅30×8을 베어링 6004쪽에 조립	• 오일 실 • 조립용 공구
70	• 오일 실을 조립하기 전에 조립 부위에 윤활유 도포 • 오일 실 ∅16×∅30×7을 베어링 6003쪽에 조립	• 오일 실 • 조립용 공구
80	• 키 규격 5×5×10를 베어링 6004쪽에 조립	• 해 머
90	• 키 규격 5×5×10를 베어링 6003쪽에 조립	• 해 머
100	• V벨트 풀리에 멈춤나사 조립	• 멈춤나사 • 4mm 고정용 L렌치
110	• V벨트 풀리 조립	
120	• 키와 축 부위에 윤활유 도포 • 기어 조립	
130	• 체결용 조립 후 풀림 방지용 너트 조립 두 개의 스패너 이용 견고하게 고정	• 풀림 방지 스패너 2개

④ 기계구동 부품도면에서 확인해야 할 사항

㉠ 조립도 : 제품 구성 부품의 종류와 명칭, 조립 제품의 크기, 조립 상태, 제품의 수량, 납기와 납품 주기 등을 확인한다.

㉡ 부품도 : 부품의 치수와 치수공차 및 표면거칠기, 형상 정밀도, 부품의 수량, 가공방법 등을 확인한다.

⑤ 치공구의 활용

※ CHAPTER 02 핵심이론 33 공장설비 관리-치공구 관리 참고

㉠ 지그의 종류 : 용도에 따라 드릴 지그와 보링 지그가 있고, 형태에 따라 개방형 지그와 밀폐형 지그가 있다.

• 개방형 지그 : 공작물의 한쪽 면에만 구멍가공을 할 수 있는 지그

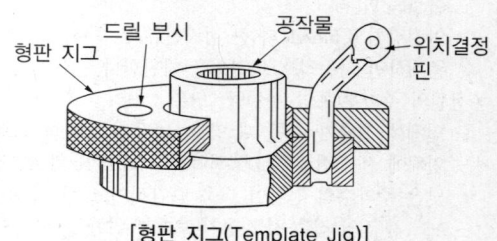

[형판 지그(Template Jig)]

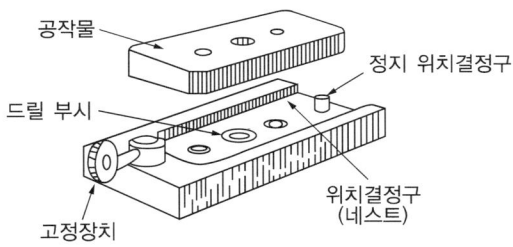

[판형 지그(Plate Jig)]

- 밀폐형 지그 : 두 면 이상 여러 면에 구멍을 가공할 수 있도록 만든 지그

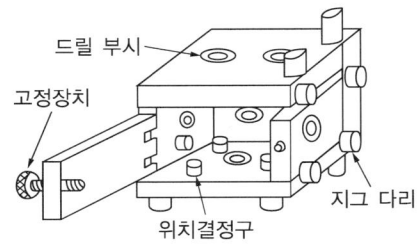

[박스 지그(Box Jig)]

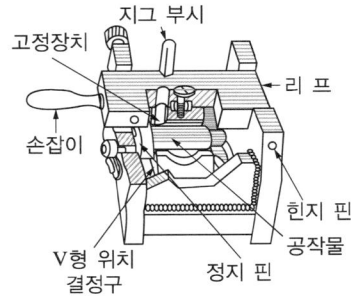

[리프 지그(Leaf Jig)]

ⓒ 고정구의 종류 : 용도에 따라 가공용 고정구, 조립용 고정구, 용접용 고정구, 열처리 고정구 등으로 구분한다. 형태에 따라 판형 고정구(Plate Fixture), 앵글판 고정구(Angle Plate Fixture), 바이스 조 고정구(Vise Jaw Fixture), 분할 고정구(Indexing Fixture) 등으로 구분한다.

- 가공용 고정구 예시

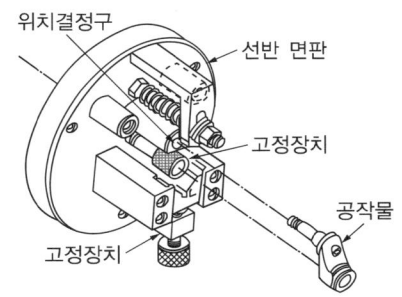

[선반용 고정구]

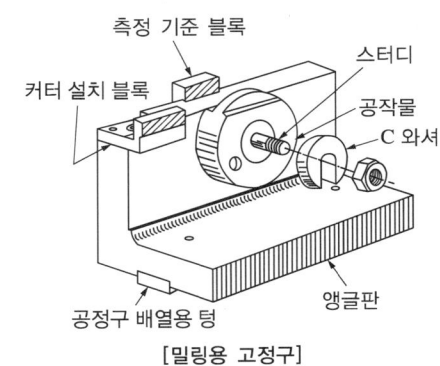

[밀링용 고정구]

- 조립용 고정구 예시

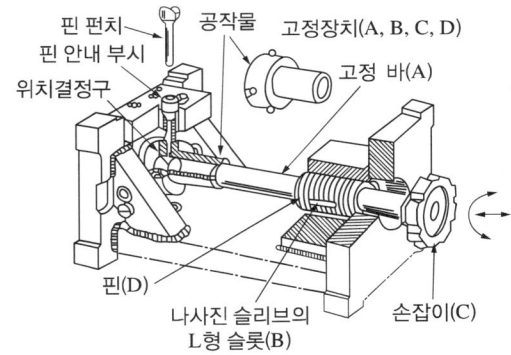

10년간 자주 출제된 문제

5-1. 기계구동장치의 조립 순서로 가장 적절한 것은?
① 축과 베어링 조립 - 몸체에 고정 - 키 조립 - V벨트 풀리 조립
② 축을 몸체에 고정 - 키 조립 - 베어링 조립 - V벨트 풀리 조립
③ V벨트 풀리와 축 조립 - 키 조립 - 베어링 조립 - 볼트커버 조립
④ 축과 베어링 조립 - V벨트 풀리 조립 - 볼트커버 조립 - 베어링 조립

5-2. 기계구동 부품의 조립도에서 확인하기 어려운 것은?
① 구성 부품의 명칭
② 조립 제품의 크기
③ 제품의 수량
④ 부품의 표면거칠기

|해설|

5-1
몸체 위에 축을 올리기 전에 축과 베어링을 조립하여야 하며 V벨트 풀리는 몸체 외부에 있어 부품 중 나중에 조립해야 한다.

5-2
- 조립도에서는 제품 구성 부품의 종류와 명칭, 조립 제품의 크기, 조립 상태, 제품의 수량, 납기와 납품 주기 등을 확인한다.
- 부품도에서는 부품의 치수와 치수공차 및 표면거칠기, 형상 정밀도, 부품의 수량, 가공방법 등을 확인한다.

정답 5-1 ① 5-2 ④

핵심이론 06 | 조립 상태 검사

① 베어링 조립
　㉠ 베어링 조립 시 주의사항
　　• 베어링은 먼지가 없고 건조한 장소에서 조립하여야 한다.
　　• 베어링의 포장은 조립작업 직전에 풀어서 사용하되 베어링에 도포된 방청유는 닦아내지 않아도 된다.
　　• 베어링이 조립될 부분은 청결하게 닦아야 하고, 사용할 그리스나 오일은 오염되지 않도록 주의해야 한다.
　㉡ 베어링 조립방법 : 프레스에 의한 방법, 열팽창을 이용하는 방법
　　• 프레스에 의한 방법

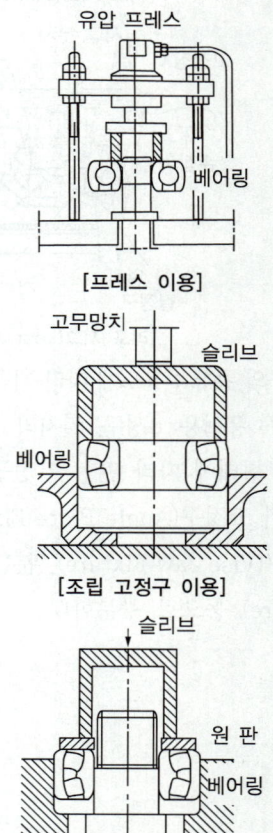

[프레스 이용]

[조립 고정구 이용]

[내륜·외륜 동시 조립]

- 열팽창을 이용하는 방법
  - 베어링이 크거나 간섭량이 커서 끼워맞춤 압력이 커져서 베어링에 손상이 생길 우려가 있을 때 베어링을 가열하여 팽창시킨 후 조립하는 방법이다.

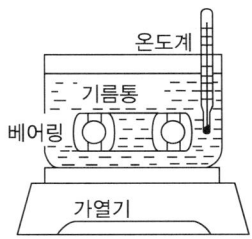

- 주의사항
  - 기름통 안에 망이나 갈고리를 넣어 베어링이 균일하게 가열되도록 한다.
  - 불순물이 침투되지 않도록 해야 한다.
  - 가열 후에는 깨끗한 헝겊으로 닦아낸다.
  - 바로 조립될 부위에 기울지 않도록 설치하여 냉각된 후에 축의 턱과 베어링 사이에 틈이 생기지 않게 한다.

ⓒ 베어링 조립 후 검사
- 주의사항
  - 베어링이 잘못 설치되면 베어링이 파손될 위험이 있다.
  - 윤활이 제대로 되지 않으면 용착의 위험이 있다.
  - 검사 시 회전수를 갑자기 높이지 말고 서서히 증가시켜 검사해야 한다.
- 검사방법
  - 손으로 천천히 돌리면서 촉감으로 먼지나 흠집을 검사한다.
  - 손으로 돌리면서 회전토크를 검사한다. 조립 불량의 경우 회전시키면 토크의 변화를 느낄 수 있다.
  - 정상 운전하면서 소음을 검사한다. 베어링 조립 예압, 먼지, 흠집, 윤활 불량, 조립 불량에 의한 큰 클리어런스 등에 의해 소음이 발생한다.
  - 정상 운전하면서 온도를 검사한다. 베어링 조립 예압의 과대 등에 의한 조립 불량, 윤활유 부족, 과도한 그리스 주입, 부적합한 윤활유 사용 등에 의해 베어링의 온도가 상승한다.

② 축과의 조립 상태 검사
  ㉠ 주의사항
  - 조립이 완성된 상태에서 수행하는 검사가 아니라 공정작업이 진행되는 과정에서 수행하여야 하는 검사이다.
  - 베어링 검사는 핵심이론 06의 ① 베어링 조립을 참고하여 실시한다.

  ㉡ 축 검사
  - 먼지나 오물 없이 깨끗한지 육안 검사한다.
  - 베어링의 조립될 부위에 손상이 있는지 검사한다. 특히 베어링의 내륜 턱과 조합되는 부분을 확인한다.

  ㉢ 조립 상태 검사
  - 몸체 검사
    - 몸체의 베어링이 조립될 부분에 먼지나 기름때, 오물 등이 남아 있는지 검사한다.
    - 손상이 생기지 않았는지 검사한다. 특히, 외륜 턱이 조립될 부분을 검사한다.
  - 조립 상태 검사
    - 손으로 돌리면서 회전토크에 변화가 있는지 검사한다.
    - 축 방향의 흔들림을 검사한다. 손으로 천천히 돌리면서 위, 아래, 옆으로 흔들면서 과도한 흔들림 상태를 검사한다.

- 축 방향의 미세한 움직임을 검사한다. 조립품을 정반 위에 올려놓고, 축의 한쪽 끝에 마그네틱 스탠드(Magnetic Stand)에 고정한 테스트 인디케이터(Test Indicator)나 다이얼 게이지를 대고 축을 밀거나 잡아당길 때 다이얼 게이지의 총이동량을 측정한다.
- 축의 반경 방향 움직임을 검사한다. 축의 벨트 풀리 조립 부위나 기어 조립 부위에 다이얼 게이지를 대고 손으로 축을 움직였을 때 다이얼 게이지의 최대 변위량을 이용하여 검사한다.

10년간 자주 출제된 문제

6-1. 열팽창에 의한 베어링 조립 시 주의해야 할 내용으로 옳지 않은 것은?

① 기름통 안에 망이나 갈고리를 넣어 베어링이 균일하게 가열되도록 한다.
② 불순물이 침투되지 않도록 해야 한다.
③ 가열 후에는 깨끗한 헝겊으로 닦아낸다.
④ 냉각 후 축의 턱과 베어링 사이에 충분한 틈이 생기도록 한다.

6-2. 축과 베어링을 조립한 후 실시하는 검사에 대한 설명으로 옳지 않은 것은?

① 손으로 천천히 돌리면서 촉감으로 먼지나 흠집을 검사한다.
② 정상운전을 하면서 회전토크를 검사한다.
③ 정상운전을 하면서 소음을 검사한다.
④ 정상운전을 하면서 온도를 검사한다.

|해설|

6-1
바로 조립될 부위에 기울지 않도록 설치하여 냉각된 후에 축의 턱과 베어링 사이에 틈이 생기지 않게 한다.

6-2
회전토크는 손으로 돌려서 균형을 확인한다. 손으로 돌려도 충분히 토크를 확인할 수 있다.

정답 6-1 ④ 6-2 ②

핵심이론 07 | 구동장치의 동작 상태 검사

① 일반사항
  ㉠ 동력 운전을 할 때는 무부하 상태에서 저속 운전으로 시작하여 서서히 정상 상태로 회전속도를 증가시킨다.
  ㉡ 무부하 운전을 하면서 이상음의 발생 여부, 비정상적으로 갑작스러운 온도의 증가, 진동, 윤활제의 누설과 변색 등을 확인한다.
  ㉢ 부하시험이란 구동장치에 연결되는 모든 장치를 연결한 상태에서 1~2시간 정상 운전을 하면서 구동 상태를 검사하는 것이다.
  ㉣ 부하시험을 하며 회전속도의 변동, 진동, 소음, 소모 전력의 변화, 토크의 변화, 윤활유의 누설 여부, 변색 등을 확인한다.
  ㉤ 온도 측정은 베어링이 조립된 몸체의 표면부터 측정하는 것이 일반적이지만 가능한 한 베어링의 오일 주입구를 통하여 베어링의 온도를 직접 측정해야 정확도를 높일 수 있다.

② 이상 발생의 원인과 대책
  ㉠ 이상음 발생의 추정원인과 대책
   • 높은 금속음
    - 과도한 부하인 경우 축과 베어링, 몸체의 끼워맞춤 공차의 설계 개선, 베어링 예압의 수정, 몸체와 베어링 조립부의 위치 수정 등으로 해결한다.
    - 조립 불량인 경우 축과 몸체의 가공 정밀도를 검토하고, 조립방법을 변경해 본다.
    - 윤활제 부족인 경우 윤활제를 보충하거나 윤활제의 종류를 검토한다.
    - 긁히는 소음인 경우 클리어런스가 과대한 것이므로 클리어런스를 작은 것으로 교체한다.
    - 회전 부품끼리 접촉인 경우 회전 부품을 교체한다.

- 규칙적인 이상음
  - 베어링 궤도의 흠집이나 녹인 경우 베어링을 교체하거나 윤활유 교체 또는 부품의 세척 등으로 해결한다.
  - 브리넬링(Brinelling) : 베어링의 궤도 손상을 의미하며, 베어링을 교체하거나 사용방법을 개선한다.
  - 플레이킹(Flaking) : 베어링이 파손되는 현상으로 베어링을 교체한다.
- 불규칙적인 이상음
  - 내부 클리어런스가 과다한 경우 끼워맞춤을 재설계하거나 예압량을 조정한다.
  - 이물질이 침투된 경우 부품을 세척하거나 오일 실이나 윤활유를 교체하거나 심한 경우 베어링을 교체한다.
  - 볼의 긁힘이나 플레이킹의 경우 베어링을 교체한다.

ⓒ 이상 온도 상승의 추정원인과 대책
- 윤활제가 과다한 경우 윤활제를 감소시키거나 경질의 그리스를 사용한다.
- 윤활제가 부족하거나 부적합하다면 윤활제를 보충하거나 적합한 것으로 교체한다.
- 과도 하중이 원인이라면 끼워맞춤의 수정, 클리어런스 검토, 예압 조정, 축과 몸체의 베어링 접합부의 턱 치수 수정 등의 방법을 적용해 본다.
- 조립 불량이라면 축과 몸체의 베어링 조립부의 가공 정밀도 개선, 조립방법의 개선 등을 적용해 본다.
- 끼워맞춤 면의 클리프 현상, 오일 실의 과다 마찰이 원인이라면 끼워맞춤 공차의 재설계, 오일 실의 개선을 시도해 본다.

ⓒ 진동 발생의 추정원인과 대책
- 브리넬링이 원인이라면 베어링을 교환하거나 운전방법을 개선한다.
- 플레이킹이 원인이라면 베어링을 교환한다.
- 조립 불량이라면 축과 몸체의 직각도, 베어링 예압용 스페이서 측면의 직각도 등을 수정한다.
- 축 설계의 오류인 경우 축의 형상공차(진원도, 원통도, 흔들림 정밀도) 설계 오류에 의한 밸런스 불균형에 의한 것이므로 설계를 변경하여 재제작된 제품을 사용한다.
- 벨트 구동 시 벨트 풀리나 벨트의 손상 문제라면 교체한다.
- 커플링의 연결 불량이나 손상 시에도 진동이 발생하며 재연결하거나 교체한다.
- 이물질이 침투된 경우 부품을 세척하거나 오일 실을 개선 또는 베어링을 교체한다.

10년간 자주 출제된 문제

7-1. 베어링 구동 시 규칙적 이상음이 난다면 추정되는 원인으로 적당하지 않은 것은?

① 내부 클리어런스 과다　② 브리넬링
③ 플레이킹　　　　　　　④ 베어링 궤도의 녹

7-2. 축의 진동이 발생하는 원인이 축 설계 오류라고 추정될 때 적절한 조치는?

① 축을 재설계하고 이에 따라 재제작한다.
② 베어링을 교체한다.
③ 구동방법을 벨트에 의한 방법으로 바꿔본다.
④ 분해하여 모두 세척 후 재조립해 본다.

|해설|

7-1
규칙적인 소음은 회전 시 일정한 곳에서 마찰이나 충격이 일어난 것이어서 회전체의 이상을 의미한다. 불규칙한 이상음은 회전의 직접적인 부위이기보다 회전에 따른 진동이나 움직임 발생하는 특정한 경우에 간혹 소리가 나는 경우이다. 내부 클리어런스가 과다하게 되면 불규칙한 소음이 발생한다.

7-2
축 설계 오류, 즉 형상공차가 틀렸거나 치수가 틀린 경우는 재설계, 재제작을 원칙으로 한다.

정답 7-1 ①　7-2 ①

핵심이론 08 | 용접 일반

① 용접이란 2개의 서로 다른 물체의 모재를 녹여서 접합하는 기술이다.

㉠ 용접의 장점
- 이음효율이 높다.
- 재료가 절약된다.
- 제작비가 적게 든다.
- 이음구조가 간단하다.
- 유지와 보수가 용이하다.
- 재료의 두께에 제한이 없다.
- 이종재료도 접합이 가능하다.
- 제품의 성능과 수명이 향상된다.
- 유밀성, 기밀성, 수밀성이 우수하다.
- 작업 공정이 줄고, 자동화가 용이하다.

㉡ 용접의 단점
- 취성이 생기기 쉽다.
- 균열이 발생하기 쉽다.
- 용접부의 결함 판단이 어렵다.
- 용융 부위 금속의 재질이 변한다.
- 저온에서 쉽게 약해질 우려가 있다.
- 용접 모재의 재질에 따라 영향을 크게 받는다.
- 용접 기술자(용접사)의 기량에 따라 품질이 달라진다.
- 용접 후 변형 및 수축에 따라 잔류응력이 발생한다.

② 용접의 분류

용 접	접합 부위를 용융시켜 만든 용융 풀에 용가재인 용접봉을 넣어가며 접합시키는 방법
압 접	접합 부위를 녹기 직전까지 가열한 후 압력을 가해 접합시키는 방법
납 땜	모재를 녹이지 않고 모재보다 용융점이 낮은 금속(은납 등)을 녹여 접합부에 넣어 표면장력(원자 간 확산침투)으로 접합시키는 방법

③ 용접의 작업 순서

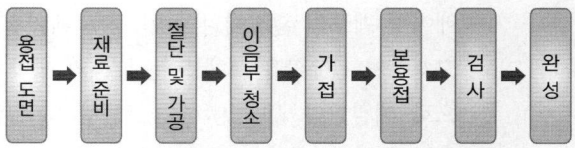

④ 용접과 타 접합법과의 차이점

구 분	종 류	장점 및 단점
야금적 접합법	용접이음 (융접, 압접, 납땜)	• 결합부에 틈새가 발생하지 않아서 이음효율이 좋다. • 영구적인 결합법으로 한 번 결합 시 분리가 불가능하다.
기계적 접합법	리벳이음, 볼트이음, 나사이음, 핀, 키, 접어 잇기 등	• 결합부에 틈새가 발생하여 이음효율이 좋지 않다. • 일시적인 결합법으로 잘못 결합 시 수정이 가능하다.
화학적 접합법	본드와 같은 화학물질에 의한 접합	• 간단하게 결합이 가능하다. • 이음강도가 크지 않다.

※ 야금 : 광석에서 금속을 추출하고 용융한 뒤 정련하여 사용목적에 알맞은 형상으로 제조하는 기술

⑤ 용접 자세(Welding Position)

자 세	KS규격	ISO	AWS
아래보기	F(Flat Position)	PA	1G
수 평	H(Horizontal Position)	PC	2G
수 직	V(Vertical Position)	PF	3G
위보기	OH(Overhead Position)	PE	4G

⑥ 용극식과 비용극식 아크용접법

용극식 용접법 (소모성 전극)	용가재인 와이어 자체가 전극이 되어 모재와의 사이에서 아크를 발생시키면서 용접 부위를 채워 나가는 용접방법으로, 이때 전극의 역할을 하는 와이어는 소모된다. 예 서브머지드 아크용접(SAW), MIG 용접, CO_2 용접, 피복금속아크용접(SMAW)
비용극식 용접법 (비소모성 전극)	전극봉을 사용하여 아크를 발생시키고 이 아크열로 용가재인 용접을 녹이면서 용접하는 방법으로, 이때 전극은 소모되지 않고 용가재인 와이어(피복 금속 아크 용접의 경우 피복 용접봉)는 소모된다. 예 TIG 용접

10년간 자주 출제된 문제

다음 중 용접 자세에 사용되는 기호로 옳지 않은 것은?

① F : 아래보기 자세
② V : 수직 자세
③ H : 수평 자세
④ O : 전 자세

|해설|

용접 자세

아래보기 자세(F)		수평 자세 (H)	
수직 자세 (V)		위보기 자세 (OH)	

정답 ④

핵심이론 09 | 아크

① 아크(Arc) : 양극과 음극 사이의 고온에서 이온이 분리되면 이온화된 기체들이 매개체가 되어 전류가 흐르는 상태가 되는데, 용접봉과 모재 사이에 전원을 연결한 후 용접봉을 모재에 접촉시키면서 약 1~2mm 정도 들어 올리면 불꽃 방전에 의하여 청백색의 강한 빛이 아크 모양으로 생긴다. 이것을 아크라고 한다. 청백색의 강렬한 빛과 열을 내는 이 아크는 온도가 가장 높은 부분(아크 중심)이 약 6,000℃이며, 보통 3,000~5,000℃ 정도이다.

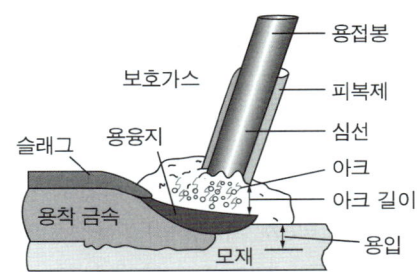

② 아크 길이 : 모재에서 용접봉 심선 끝부분까지의 거리(아크 기둥의 길이)로, 용접봉의 직경에 따라 표준 아크 길이를 적용하는 것이 좋다.

아크 길이가 짧을 때	아크 길이가 길 때
• 용접봉이 자주 달라붙는다. • 슬래그 혼입 불량의 원인이 된다. • 발열량 부족으로 용입 불량이 발생한다.	• 아크 전압이 증가한다. • 스패터가 많이 발생한다. • 열의 발산으로 용입이 나쁘다. • 언더컷, 오버랩 불량의 원인이 된다. • 공기의 유입으로 산화, 기공, 균열이 발생한다.

③ 표준 아크 길이

봉의 직경(ϕ)	전류(A)	아크 길이(mm)	전압(V)
1.6	20~50	1.6	14~17
3.2	75~135	3.2	17~21
4.0	110~180	4.0	18~22
4.8	150~220	4.8	18~24
6.4	200~300	6.4	18~26

※ 최적의 아크 길이는 아크 발생 소리로도 판단이 가능하다.

④ 아크전압(V_a)

아크의 양극과 음극 사이에 걸리는 전압으로, 아크의 길이에 비례하며 피복제의 종류나 아크전류의 크기에도 영향을 크게 받는다.

> 아크전압(V_a)
> = 음극전압 강하(V_k) + 양극전압 강하(V_A)
>   + 아크기둥의 전압 강하(V_P)

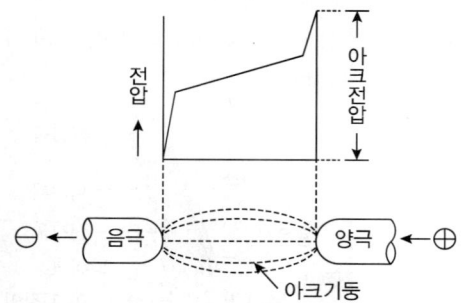

⑤ 아크쏠림(Arc Blow, 자기불림) : 용접봉과 모재 사이에 전류가 흐를 때 그 주위에는 자기장이 생기는데, 이 자기장이 용접봉에 대해 비대칭으로 형성되어 아크가 한쪽으로 쏠리는 현상이다. 아크쏠림현상이 발생하면 아크가 불안정하고 기공이나 슬래그 섞임, 용착금속의 재질 변화 등의 불량이 발생한다.

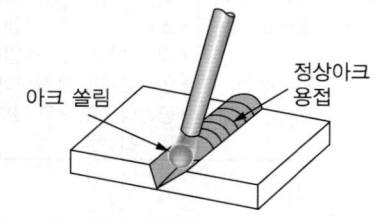

㉠ 아크쏠림에 의한 영향
- 아크가 불안정하다.
- 과도한 스패터를 발생시킨다.
- 용착금속의 재질을 변화시킨다.
- 크레이터 결함의 원인이 되기도 한다.
- 주로 용접 부재의 끝부분에서 발생한다.
- 불완전한 용입이나 용착, 기공, 슬래그 섞임 불량을 발생시킨다.

㉡ 아크쏠림의 원인
- 철계 금속을 직류 전원으로 용접했을 경우
- 아크전류에 의해 용접봉과 모재 사이에 형성된 자기장에 의해
- 직류용접기에서 비피복용접봉(맨(Bare) 용접봉)을 사용했을 경우

㉢ 아크쏠림의 방지대책
- 용접전류를 줄인다.
- 교류용접기를 사용한다.
- 접지점을 2개 연결한다.
- 아크 길이를 최대한 짧게 유지한다.
- 접지부를 용접부에서 최대한 멀리한다.
- 용접봉 끝을 아크쏠림의 반대 방향으로 기울인다.
- 용접부가 긴 경우 가용접 후 후진법(후퇴 용접법)을 사용한다.
- 받침쇠, 긴 가용접부, 이음의 처음과 끝에 앤드탭을 사용한다.

⑥ 핫스타트장치
㉠ 핫스타트장치의 정의 : 아크 발생 초기에 용접봉과 모재가 냉각되어 있어 아크가 불안정하게 되는데, 아크 발생을 더 쉽게 하기 위해 아크 발생 초기에만 용접전류를 특별히 크게 하는 장치이다.

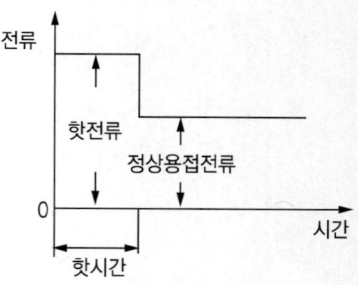

㉡ 핫스타트장치의 특징
- 기공 발생을 방지한다.
- 아크 발생을 쉽게 한다.
- 비드의 이음을 좋게 한다.
- 아크 발생 초기에 비드의 용입을 좋게 한다.

10년간 자주 출제된 문제

9-1. 다음 중 아크가 발생하는 초기에 용접봉과 모재가 냉각되어 있어 아크가 불안정하기 때문에 아크 발생을 쉽게 하기 위하여 아크 초기에만 용접전류를 특별히 크게 하는 장치는?
① 핫스타트장치 ② 고주파발생장치
③ 원격제어장치 ④ 전격방지장치

9-2. 다음 중 아크용접에서 아크쏠림 방지법이 아닌 것은?
① 교류용접기를 사용한다. ② 접지점을 2개로 한다.
③ 짧은 아크를 사용한다. ④ 직류용접기를 사용한다.

9-3. 다음 중 아크쏠림 방지대책으로 틀린 것은?
① 접지점 2개를 연결할 것
② 용접봉 끝을 아크쏠림 반대 방향으로 기울일 것
③ 접지점을 될 수 있는 대로 용접부에서 가까이 할 것
④ 큰 가접부 또는 이미 용접이 끝난 용착부를 향하여 용접할 것

|해설|

9-1
핫스타트장치 : 아크가 발생하는 초기에만 용접전류를 특별히 커지게 만드는 아크 발생 제어장치이다.

9-2, 9-3
아크쏠림 방지대책
- 용접 전류를 줄인다.
- 교류용접기를 사용한다.
- 접지점을 2개 연결한다.
- 아크 길이는 최대한 짧게 유지 한다.
- 접지부를 용접부에서 최대한 멀리한다.
- 용접봉 끝을 아크 쏠림의 반대 방향으로 기울인다.
- 용접부가 긴 경우 가용접 후 후진법(후퇴 용접법)을 사용한다.
- 받침쇠, 긴 가용접부, 이음의 처음과 끝에 앤드 탭을 사용한다.

정답 9-1 ① 9-2 ④ 9-3 ③

핵심이론 10 | 용접 홈, 용접이음

① 용접부의 형상 및 명칭

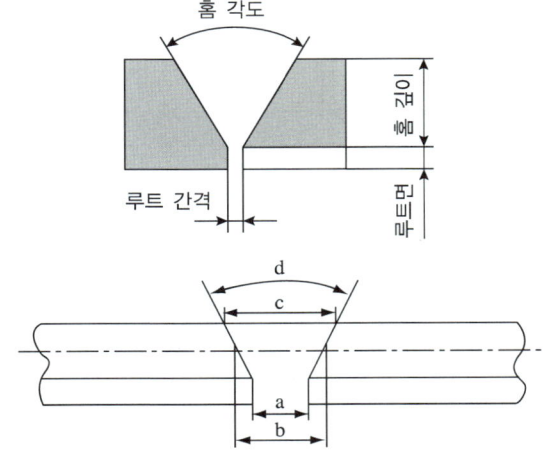

- a : 루트 간격
- b : 루트면 중심거리
- c : 용접면 간격
- d : 개선각(홈 각도)

② 용접이음의 종류

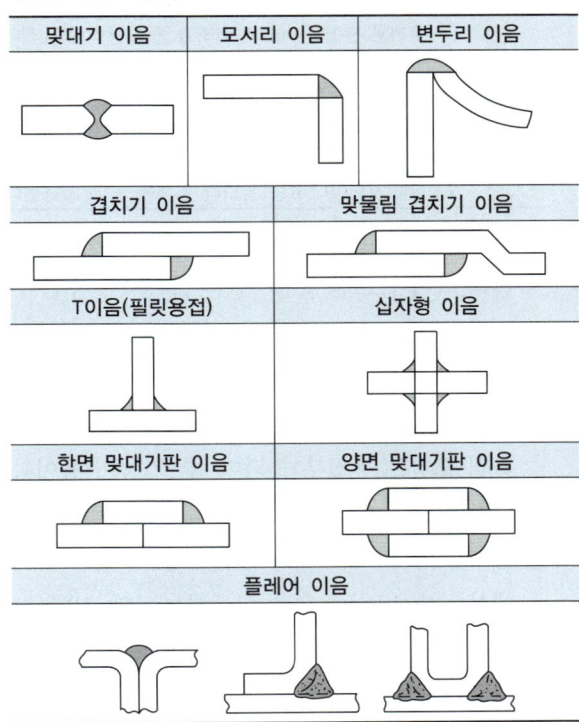

③ 맞대기 이음의 종류

I형	V형	X형
U형	H형	╲형
K형	J형	양면 J형

④ 홈의 형상에 따른 특징

홈의 형상	특 징
I형	• 가공이 쉽고 용착량이 적어서 경제적이다. • 판이 두꺼워지면 이음부를 완전히 녹일 수 없다.
V형	• 한쪽 방향에서 완전한 용입을 얻고자 할 때 사용한다. • 홈 가공이 용이하나 두꺼운 판에서는 용착량이 많아지고 변형이 일어난다.
X형	• 후판(두꺼운 판)용접에 적합하다. • 홈 가공이 V형에 비해 어렵지만 용착량이 적다. • 양쪽에서 용접하므로 완전한 용입을 얻을 수 있다.
U형	• 홈 가공이 어렵다. • 두꺼운 판에서 비드의 너비가 좁고 용착량도 적다. • 두꺼운 판을 한쪽 방향에서 충분한 용입을 얻고자 할 때 사용한다.
H형	• 두꺼운 판을 양쪽에서 용접하므로 완전한 용입을 얻을 수 있다.
J형	• 한쪽 V형이나 K형 홈보다 두꺼운 판에 사용한다.

⑤ 용접부 홈(Groove)의 선택방법
  ㉠ 홈의 폭이 좁으면 용접시간은 짧아지나 용입이 나쁘다.
  ㉡ 루트 간격의 최댓값은 사용 용접봉의 지름을 한도로 한다.
  ㉢ 홈의 모양은 용접부가 되며, 홈 가공이 용이하며 용착량이 적게 드는 것이 좋다.
  ㉣ 홈의 모양이 6mm 이하에서는 I형 이음, V형 이음에서는 6~19mm, 그 이상에서는 X형, U형, H형 이음 등을 적절히 적용한다.

⑥ 맞대기 용접 홈의 형상별 적용 판 두께

형 상	I형	V형	╲형	X형	U형
적용 두께	6mm 이하	6~19mm	9~14mm	18~28mm	16~50mm

10년간 자주 출제된 문제

10-1. 판 두께가 보통 6mm 이하인 경우에 사용되고, 루트 간격을 좁게 하면 용착금속의 양도 적어져서 경제적인 면에서는 우수하나 두께가 두꺼워지면 완전 용입이 어려운 용접이음은?
① I형 ② V형
③ U형 ④ X형

10-2. 다음 그림에서 루트 간격을 표시하는 것은?

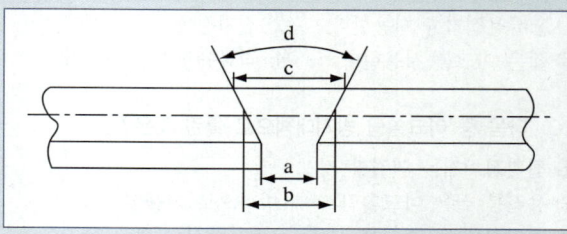

① a ② b
③ c ④ d

10-3. 다음 그림에 해당하는 용접이음은?

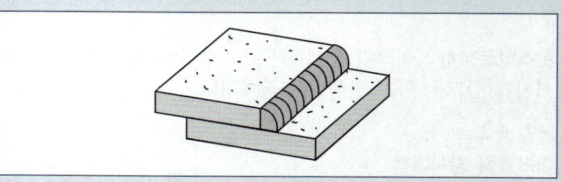

① 겹치기 이음 ② 맞대기 이음
③ 전면 필릿 이음 ④ 모서리 이음

|해설|

10-1
I형은 6mm 이하의 두께를 가진 모재 용접 시 사용한다.
② V형 : 6~19mm
③ U형 : 16~50mm
④ X형 : 18~28mm

10-2
용접 홈의 형상에 대한 명칭
• a : 루트 간격
• b : 루트면 중심거리
• c : 용접면 간격
• d : 개선각(홈 각도)

정답 10-1 ① 10-2 ① 10-3 ①

핵심이론 11 | 피복아크용접

※ 용접법의 분류

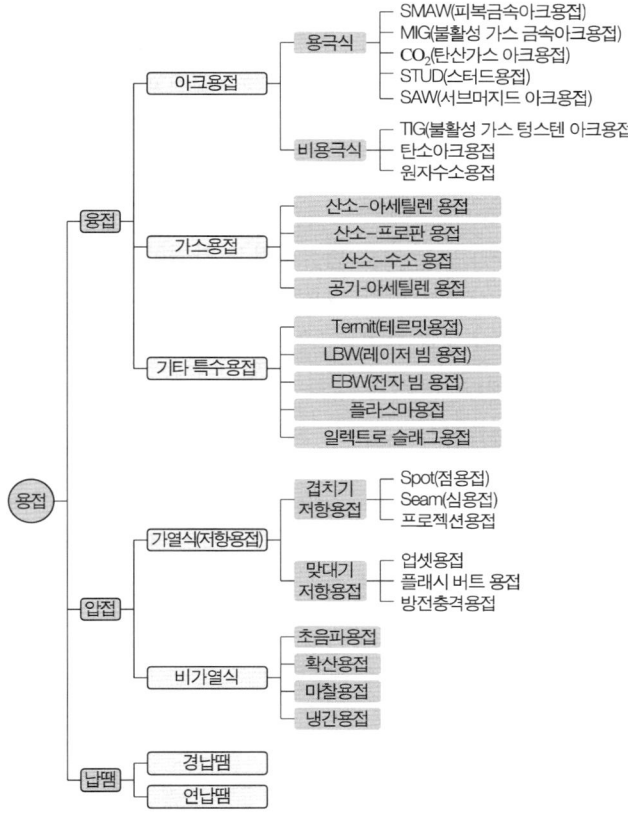

① 피복금속아크용접기의 정의 : 아크용접 시 열원을 공급해 주는 기기로서, 용접에 알맞은 낮은 전압으로 대전류를 흐르게 해 주는 설비이다. 전원에 따라 직류 아크용접기와 교류 아크용접기로 나뉜다.

② 아크용접기의 구비조건
   ㉠ 내구성이 좋아야 한다.
   ㉡ 역률과 효율이 높아야 한다.
   ㉢ 구조 및 취급이 간단해야 한다.
   ㉣ 사용 중 온도 상승이 작아야 한다.
   ㉤ 단락되는 전류가 크지 않아야 한다.
   ㉥ 전격방지기가 설치되어 있어야 한다.
   ㉦ 아크 발생이 쉽고 아크가 안정되어야 한다.
   ㉧ 아크 안정을 위해 외부특성곡선을 따라야 한다.
   ㉨ 전류 조정이 용이하고 전류가 일정하게 흘러야 한다.
   ㉩ 아크 길이의 변화에 따라 전류의 변동이 적어야 한다.
   ㉪ 적당한 무부하전압이 있어야 한다(AC : 70~80V, DC : 40~60V).

③ 피복금속아크용접기의 종류

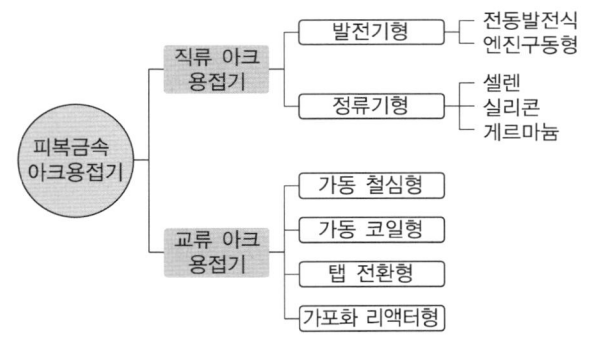

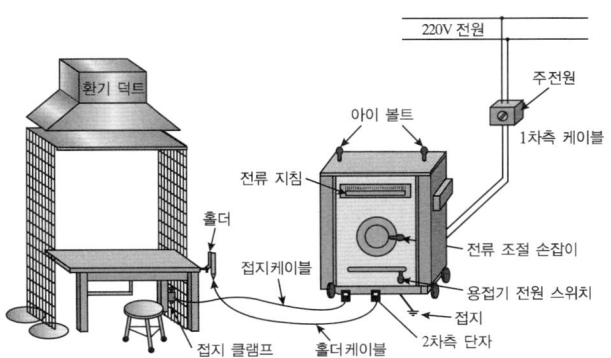

④ 직류 아크용접기와 교류 아크용접기의 차이점

특 성	직류 아크용접기	교류 아크용접기
아크 안정성	우수하다.	보통이다.
비피복봉 사용 여부	가능하다.	불가능하다.
극성 변화	가능하다.	불가능하다.
아크쏠림 방지	불가능하다.	가능하다.
무부하전압	약간 낮다(40~60V).	높다(70~80V).
전격의 위험	적다.	많다.
유지보수	다소 어렵다.	쉽다.
고 장	비교적 많다.	적다.
구 조	복잡하다.	간단하다.
역 률	양호하다.	불량하다.
가 격	고가이다.	저렴하다.

⑤ 직류 아크용접기의 종류별 특징

발전기형	정류기형
고가이다.	저렴하다.
구조가 복잡하다.	소음이 없다.
보수와 점검이 어렵다.	구조가 간단하다.
완전한 직류를 얻는다.	취급이 간단하다.
전원이 없어도 사용이 가능하다.	전원이 필요하다.
소음이나 고장이 발생하기 쉽다.	완전한 직류를 얻지 못한다.

⑥ 교류 아크용접기의 종류별 특징

㉠ 가동 철심형
- 현재 가장 많이 사용된다.
- 미세한 전류 조정이 가능하다.
- 광범위한 전류 조정이 어렵다.
- 가동 철심으로 누설자속을 가감하여 전류를 조정한다.

㉡ 가동 코일형
- 아크 안정성이 크고 소음이 없다.
- 가격이 비싸며 현재는 거의 사용되지 않는다.
- 용접기의 핸들로 1차 코일을 상하로 이동시켜 2차 코일의 간격을 변화시켜 전류를 조정한다.

㉢ 탭 전환형
- 주로 소형이 많다.
- 탭 전환부의 소손이 심하다.
- 넓은 범위는 전류 조정이 어렵다.
- 코일의 감긴 수에 따라 전류를 조정한다.
- 미세 전류를 조정 시 무부하전압이 높아서 전격의 위험이 크다.

㉣ 가포화 리액터형
- 조작이 간단하고 원격제어가 가능하다.
- 가변저항의 변화로 용접전류를 조정한다.
- 전기적 전류 조정으로 소음이 없고, 기계의 수명이 길다.

⑦ 교류 아크용접기의 규격

종 류	정격 2차 전류(A)	정격 사용률(%)	정격 부하 전압(V)	사용 용접봉 지름(mm)
AW200	200	40	30	2.0~4.0
AW300	300	40	35	2.6~6.0
AW400	400	40	40	3.2~8.0
AW500	500	60	40	4.0~8.0

⑧ 용접기의 외부특성곡선

용접기는 아크 안정성을 위해서 외부특성곡선이 필요하다. 외부특성곡선이란 부하전류와 부하단자 전압의 관계를 나타낸 곡선으로 피복아크용접에서는 수하특성을, MIG 용접 및 CO_2 용접기에서는 정전압특성이나 상승특성이 이용된다.

㉠ 정전류특성(CC특성 ; Constant Current) : 전압이 변해도 전류는 거의 변하지 않는다.

㉡ 정전압특성(CP특성 ; Constant Potential(Voltage)) : 전류가 변해도 전압은 거의 변하지 않는다.

㉢ 수하특성(DC특성 ; Drooping Characteristic) : 전류가 증가하면 전압이 낮아진다.

㉣ 상승특성(RC특성 ; Rising Characteristic) : 전류가 증가하면 전압이 약간 높아진다.

⑨ 아크용접기의 고주파 발생장치
  ㉠ 고주파 발생장치의 정의 : 교류 아크용접기의 아크 안정성을 확보하기 위하여 상용 주파수의 아크전류 외에 고전압(2,000~3,000V)의 고주파 전류를 중첩시키는 방식으로, 라디오나 TV 등에 방해를 주는 단점이 있으나 장점이 더 많다.
  ㉡ 고주파 발생장치의 특징
    • 아크 손실이 작아 용접하기 쉽다.
    • 무부하전압을 낮게 할 수 있다.
    • 전격의 위험이 적고, 전원 입력을 작게 할 수 있으므로 역률이 개선된다.
    • 아크 발생 초기에 용접봉을 모재에 접촉시키지 않아도 아크가 발생된다.
⑩ 피복금속아크용접(SMAW)의 회로 순서

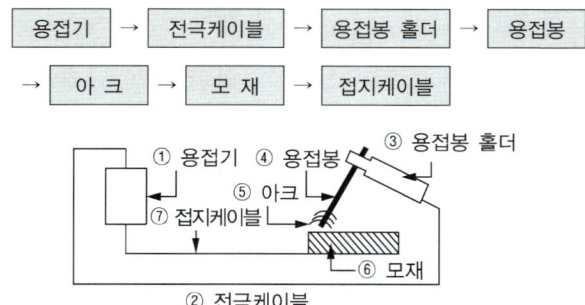

10년간 자주 출제된 문제

11-1. 다음 중 교류 아크용접기의 종류별 특성으로 가변저항의 변화를 이용하여 용접전류를 조정하는 형식은?
① 탭 전환형
② 가동 코일형
③ 가동 철심형
④ 가포화 리액터형

11-2. 교류 아크용접기와 비교했을 때 직류 아크용접기의 특징을 옳게 설명한 것은?
① 아크의 안정성이 우수하다.
② 구조가 간단하다.
③ 극성 변화가 불가능하다.
④ 전격의 위험이 많다.

|해설|

11-1
④ 가포화 리액터형 : 가변저항의 변화로 용접전류를 조정한다. 전기적 전류 조정으로 소음이 없고 수명이 길다.
① 탭 전환형 : 코일의 감긴 수에 따라 전류를 조정하므로 넓은 범위의 전류 조정이 어렵다.
② 가동 코일형 : 1, 2차 코일 중 하나를 이용하여 누설자속을 변화시켜 전류를 조정한다.
③ 가동 철심형 : 가동 철심으로 누설자속을 가감하여 전류를 조정한다.

11-2
직류 아크용접기는 전류가 안정적으로 공급되므로 아크가 안정적이다.

정답 11-1 ④ 11-2 ①

핵심이론 12 | 피복금속아크용접기의 사용률

① 사용률

$$사용률(\%) = \frac{아크발생시간}{아크발생시간 + 정지시간} \times 100$$

② 교류 아크용접기의 정격사용률(KS C 9602)

종 류	정격사용률(%)	종 류	정격사용률(%)
AWL - 130	30%	AW - 200	40%
AWL - 150		AW - 300	
AWL - 180		AW - 400	
AWL - 250		AW - 500	60%

③ 아크용접기의 허용사용률

$$허용사용률(\%) = \frac{(정격\ 2차\ 전류)^2}{(실제\ 용접\ 전류)^2} \times 정격사용률(\%)$$

④ 역률(Power Factor) : 역률이 낮으면 입력에너지가 증가하며, 전기 소모량이 낮아진다. 또한 용접 비용이 증가하고, 용접기 용량이 커지며 시설비도 증가한다.

$$역률 = \frac{소비전력}{전원입력} \times 100(\%)$$

⑤ 퓨즈용량 : 용접기의 1차 측에는 작업자의 안전을 위해 퓨즈(Fuse)를 부착한 안전 스위치를 설치해야 하는데, 이때 사용되는 퓨즈의 용량이 중요하다. 단, 규정값보다 크거나 구리로 만든 전선을 사용하면 안 된다.

$$퓨즈용량 = \frac{전력(kVA)}{전압(V)}$$

⑥ 용접 입열

$$H = \frac{60EI}{v}(J/cm)$$

여기서, H : 용접 단위 길이 1cm당 발생하는 전기적 에너지
E : 아크전압(V)
I : 아크전류(A)
v : 용접속도(cm/min)

※ 일반적으로 모재에 흡수된 열량은 입열의 75~85% 정도이다.

10년간 자주 출제된 문제

12-1. 정격전류 200A, 정격 사용률 40%인 아크용접기로 실제 아크전압 30V, 아크전류 130A로 용접을 수행한다고 가정할 때 허용사용률은 약 얼마인가?

① 70%
② 75%
③ 80%
④ 95%

12-2. AW-300, 무부하전압 80V, 아크전압 20V인 교류 용접기를 사용할 때, 다음 중 역률과 효율을 올바르게 구한 것은? (단, 내부손실을 4kW라 한다)

① 역률 : 80.0%, 효율 : 20.6%
② 역률 : 20.6%, 효율 : 80.0%
③ 역률 : 60.0%, 효율 : 41.7%
④ 역률 : 41.7%, 효율 : 60.0%

12-3. AW-250, 무부하전압 80V, 아크전압 20V인 교류 용접기를 사용할 때, 역률과 효율은 각각 약 얼마인가?(단, 내부손실은 4kW이다)

① 역률 : 45%, 효율 : 56%
② 역률 : 48%, 효율 : 69%
③ 역률 : 54%, 효율 : 80%
④ 역률 : 69%, 효율 : 72%

12-4. 200V용 아크용접기의 1차 입력이 15VA일 때, 퓨즈의 용량은 얼마(A)인가?

① 65A
② 75A
③ 90A
④ 100A

|해설|

12-1

$$허용사용률 = \frac{(정격\ 2차\ 전류)^2}{(실제\ 용접전류)^2} \times 정격사용률(\%)$$

$$= \frac{200^2}{130^2} \times 40\% = 94.67\%$$

12-2

- $역률(\%) = \dfrac{소비전력}{전원입력} \times 100(\%)$

  여기서, 전원입력 = 무부하 전압×정격 2차 전류 = 80×300 = 24,000W

  따라서, $역률(\%) = \dfrac{10,000}{24,000} \times 100(\%) = 41.66\% = 약\ 41.7\%$

- $효율(\%) = \dfrac{아크전력}{소비전력} \times 100\%$

  여기서,
  아크전력 = 아크전압×정격 2차 전류 = 20×300 = 6,000W
  소비전력 = 아크전력 + 내부손실 = 6,000 + 4,000 = 10,000W

  따라서, $효율(\%) = \dfrac{6,000}{10,000} \times 100\% = 60\%$

12-3

- $역률(\%) = \dfrac{소비전력}{전원입력} \times 100(\%)$

  여기서, 전원입력 = 무부하전압×정격 2차 전류
  = 80×250 = 20,000W

  따라서, $역률(\%) = \dfrac{9,000}{20,000} \times 100(\%) = 45\%$

- $효율(\%) = \dfrac{아크전력}{소비전력} \times 100\%$

  여기서,
  아크전력 = 아크전압×정격 2차 전류 = 20×250 = 5,000W
  소비전력 = 아크전력 + 내부손실 = 5,000 + 4,000 = 9,000W

  따라서, $효율(\%) = \dfrac{5,000}{9,000} \times 100\% = 55.5\% = 약\ 56\%$

12-4

$$퓨즈용량 = \frac{전력(kVA)}{전압(V)} = \frac{15,000}{200} = 75(A)$$

∴ 75A 용량의 퓨즈를 부착하면 된다.

정답 12-1 ④ 12-2 ④ 12-3 ① 12-4 ②

핵심이론 13 | 피복아크용접기의 극성 및 용접기법

① 용접기의 극성
  ㉠ 직류(Direct Current) : 전기의 흐름 방향이 한 방향으로 일정하게 흐르는 전원
  ㉡ 교류(Alternating Current) : 시간에 따라서 전기의 흐름 방향이 변하는 전원

② 아크용접기의 극성에 따른 특징

직류 정극성 (DCSP ; Direct Current Straight Polarity)	• 용입이 깊다. • 비드 폭이 좁다. • 용접봉의 용융속도가 느리다. • 후판(두꺼운 판)용접이 가능하다. • 모재에는 (+)전극이 연결되며 70%의 열이 발생하고, 용접봉에는 (−)전극이 연결되며 30%의 열이 발생한다.
직류 역극성 (DCRP ; Direct Current Reverse Polarity)	• 용입이 얕다. • 비드 폭이 넓다. • 용접봉의 용융속도가 빠르다. • 박판(얇은 판)용접이 가능하다. • 주철, 고탄소강, 비철금속의 용접에 쓰인다. • 모재에는 (−)전극이 연결되며 30%의 열이 발생하고, 용접봉에는 (+)전극이 연결되며 70%의 열이 발생한다.
교류(AC)	• 극성이 없다. • 전원 주파수의 $\dfrac{1}{2}$사이클마다 극성이 바뀐다. • 직류 정극성과 직류 역극성의 중간적 성격이다.

③ 용접 극성에 따른 용입이 깊은 순서

$$DCSP > AC > DCRP$$

④ 피복금속아크용접봉의 종류
  ㉠ E4301 : 일미나이트계
  ㉡ E4303 : 라임티타니아계
  ㉢ E4311 : 고셀룰로스계
  ㉣ E4313 : 고산화타이타늄계
  ㉤ E4316 : 저수소계
  ㉥ E4324 : 철분산화타이타늄계
  ㉦ E4326 : 철분저수소계
  ㉧ E4327 : 철분산화철계

⑤ 피복제(Flux)

㉠ 용접봉의 심선을 둘러싸고 있는 성분으로 용착금속에 특정 성질을 부여하거나 슬래그 제거를 위해 사용된다. 용재나 용가재라고도 한다.

㉡ 피복제(Flux)의 역할
- 아크를 안정시킨다.
- 전기 절연작용을 한다.
- 보호가스를 발생시킨다.
- 아크의 집중성을 좋게 한다.
- 용착금속의 급랭을 방지한다.
- 탈산작용 및 정련작용을 한다.
- 용융금속과 슬래그의 유동성을 좋게 한다.
- 용적(쇳물)을 미세화하여 용착효율을 높인다.
- 슬래그 제거를 쉽게 하여 비드의 외관을 좋게 한다.
- 적당량의 합금 원소 첨가로 금속에 특수성을 부여한다.
- 중성 또는 환원성 분위기를 만들어 질화나 산화를 방지하고 용융금속을 보호한다.
- 쇳물이 쉽게 달라붙을 수 있도록 힘을 주어 수직자세, 위보기 자세 등 어려운 자세를 쉽게 한다.
- 피복제는 용융점이 낮고 적당한 점성을 가진 슬래그를 생성하게 하여 용접부를 덮어 급랭을 방지한다.

⑥ 운봉법 및 다층용접

종류	특징	용접봉의 운봉 방향
전진법	한쪽 끝에서 다른 쪽 끝으로 용접을 진행하는 방법으로, 용접 길이가 길면 끝부분 쪽에 수축과 잔류응력이 생긴다.	1 2 3 4 5
후퇴법	용접을 단계적으로 후퇴하면서 전체 길이를 용접하는 방법으로 수축과 잔류응력을 줄이는 용접기법이다.	5 4 3 2 1
대칭법	변형과 수축응력의 경감법으로 용접 전 길이에 걸쳐 중심에서 좌우로 또는 용접물 형상에 따라 좌우대칭으로 용접하는 기법이다.	4 2 1 3
스킵법 (비석법)	전체를 짧은 용접 길이 5군데로 나누고, 간격을 두면서 1-4-2-5-3 순으로 용접하는 방법으로, 잔류응력을 적게 해야 할 경우 사용한다.	1 4 2 5 3
덧살올림법 (빌드업법)	각 층마다 전체의 길이를 용접하면서 쌓아올리는 가장 일반적인 방법이다.	
전진블록법	한 개의 용접봉으로 살을 붙일 만한 길이로 구분해서 홈을 한 층 완료한 후 다른 층을 용접하는 방법이다.	
캐스케이드법	한 부분의 몇 층을 용접하다가 이것을 다음 부분의 층으로 연속시켜 전체가 단계를 이루도록 용착시켜 나가는 방법이다.	

10년간 자주 출제된 문제

13-1. 용접의 피복 배합제 중 탈산제로 쓰이는 가장 적합한 것은?

① 탄산칼륨　② 페로망간
③ 형석　　　④ 이산화망간

13-2. 피복 아크 용접봉에서 피복제의 역할로 옳은 것은?

① 재료의 급랭을 도와준다.
② 산화성 분위기로 용착금속을 보호한다.
③ 슬래그 제거를 어렵게 한다.
④ 아크를 안정시킨다.

13-3. 피복 아크 용접 봉의 피복제 작용을 설명한 것 중 틀린 것은?

① 스패터를 많게 하고, 탈탄 정련작용을 한다.
② 용융금속의 용적을 미세화하고, 용착효율을 높인다.
③ 슬래그 제거를 쉽게 하며, 파형이 고운 비드를 만든다.
④ 공기로 인한 산화, 질화 등의 해를 방지하여 용착금속을 보호한다.

10년간 자주 출제된 문제

13-4. 용착법에 대해 잘못 표현된 것은?

① 후진법 : 용접 진행 방향과 용착 방향이 서로 반대가 되는 방법이다.
② 대칭법 : 이음의 수축에 따른 변형이 서로 대칭이 되게 할 경우에 사용된다.
③ 스킵법 : 이음 전 길이에 대해서 뛰어 넘어서 용접하는 방법이다.
④ 전진법 : 홈을 한 부분씩 여러 층으로 쌓아 올린 다음, 다른 부분으로 진행하는 방법이다.

13-5. 용착법을 용접 방향, 순서, 다층 용접으로 대별할 경우 다음 중 다층 용접법에 의한 분류법에 속하지 않는 것은?

① 덧살올림법
② 캐스케이드법
③ 전진블록법
④ 후진법

|해설|

13-1
용접봉의 피복 배합제 중에서 탈산제로는 사용되는 것은 페로망간과 페로실리콘이다.

13-2
피복제(Flux)의 역할
- 아크를 안정시킨다.
- 전기 절연 작용을 한다.
- 보호가스를 발생시킨다.
- 아크의 집중성을 좋게 한다.
- 용착금속의 급랭을 방지한다.
- 탈산작용 및 정련작용을 한다.
- 용융금속과 슬래그의 유동성을 좋게 한다.
- 용적(쇳물)을 미세화하여 용착효율을 높인다.
- 슬래그 제거를 쉽게 하여 비드의 외관을 좋게 한다.
- 적당량의 합금 원소 첨가로 금속에 특수성을 부여한다.
- 중성 또는 환원성 분위기를 만들어 질화나 산화를 방지하고 용융금속을 보호한다.
- 쇳물이 쉽게 달라붙을 수 있도록 힘을 주어 수직자세, 위보기자세 등 어려운 자세를 쉽게 한다.

13-3
피복제는 스패터의 발생을 적게 하고 탈산 정련작용을 한다.

13-4
- 전진법 : 한쪽 끝에서 다른 쪽으로 용접을 진행하는 방법이다. 용접 길이가 길면 끝부분 쪽에 수축과 잔류응력이 생긴다.
- 캐스케이드법 : 홈을 한 부분의 몇 층을 용접하다가 이것을 다음 부분의 층으로 연속시켜 전체가 단계를 이루도록 용착시켜 나가는 방법이다.

13-5
후진법은 다층이 아닌 용접봉의 이행 방향을 나타내는 것이다.
다층 용접법에 의한 분류
- 덧살올림법(빌드업법) : 각 층마다 전체의 길이를 용접하면서 쌓아올리는 방법으로 가장 일반적인 방법이다.
- 캐스케이드법 : 한 부분의 몇 층을 용접하다가 이것을 다음 부분의 층으로 연속시켜 전체가 단계를 이루도록 용착시켜 나가는 방법
- 전진블록법 : 한 개의 용접봉으로 살을 붙일 만한 길이로 구분해서 홈을 한 부분씩 여러 층으로 완전히 쌓아 올린 다음, 다른 부분으로 진행하는 방법이다.

정답 13-1 ② 13-2 ④ 13-3 ① 13-4 ④ 13-5 ④

핵심이론 14 | 서브머지드 아크용접

① 서브머지드 아크용접(잠호 용접)의 정의 : 용접 부위에 미세한 입상의 플럭스를 도포한 뒤 와이어 릴에 감겨 있는 와이어가 이송 롤러에 의하여 연속적으로 공급되며, 동시에 용제 호퍼에서 용제가 다량으로 공급되기 때문에 와이어 선단은 용제에 묻힌 상태로 모재와의 사이에서 아크가 발생하여 용접이 이루어진다. 이때 아크가 플럭스 속에서 발생되므로 불가시 아크용접, 잠호용접, 개발자의 이름을 딴 케네디 용접, 그리고 이를 개발한 회사의 상품명인 유니언 멜트용접이라고도 한다.

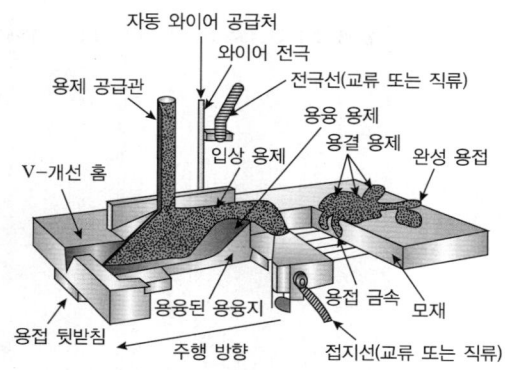

② 서브머지드 아크용접의 특징
 ㉠ 용접속도가 빠른 경우 용입이 낮아지고, 비드 폭이 좁아진다.
 ㉡ 플럭스가 과열을 막아 주므로 열 손실이 적으며, 용입도 깊어 고능률 용접이 가능하다.
 ㉢ 아크 길이를 일정하게 유지시키기 위해 와이어의 이송속도가 적고 자동적으로 조정된다.
 ㉣ 용접전류가 커지면 용입과 비드 높이가 증가하고, 전압이 커지면 용입이 낮고 비드 폭이 넓어진다.

③ 서브머지드 아크용접의 장점
 ㉠ 내식성이 우수하다.
 ㉡ 이음부의 품질이 일정하다.
 ㉢ 후판일수록 용접속도가 빠르다.
 ㉣ 높은 전류밀도로 용접할 수 있다.
 ㉤ 용접조건을 일정하게 유지하기 쉽다.
 ㉥ 용접금속의 품질을 양호하게 얻을 수 있다.
 ㉦ 용제의 단열작용으로 용입을 크게 할 수 있다.
 ㉧ 용입이 깊어 개선각을 작게 해도 되어 용접 변형이 작다.
 ㉨ 용접 중 대기와 차폐되어 대기 중의 산소, 질소 등의 해를 받지 않는다.
 ㉩ 용접속도가 아크용접에 비해서 판 두께가 12mm일 때에는 2~3배, 25mm일 때에는 5~6배 정도 빠르다.

④ 서브머지드 아크용접의 단점
 ㉠ 설비비가 많이 든다.
 ㉡ 용접시공의 조건에 따라 제품의 불량률이 커진다.
 ㉢ 용제의 흡습성이 커서 건조나 취급을 잘해야 한다.
 ㉣ 용입이 커서 모재의 재질을 신중히 검사해야 하며, 요구되는 이음가공의 정도가 엄격하다.
 ㉤ 용접선이 짧고 복잡한 형상의 경우에는 용접기 조작이 번거롭다.
 ㉥ 아크가 보이지 않으므로 용접의 적부를 확인해서 용접할 수 없다.
 ㉦ 특수한 장치를 사용하지 않는 한 아래보기, 수평자세 용접에 한정된다.
 ㉧ 입열량이 크므로 용접금속의 결정립이 조대화되어 충격값이 낮아지기 쉽다.

⑤ 서브머지드 아크용접과 일렉트로 슬래그 용접과의 차이점 : 일렉트로 슬래그 용접은 처음 아크를 발생시킬 때는 모재 사이에 공급된 플럭스 속에 와이어를 밀어 넣고 전류를 통하면 순간적으로 아크가 발생되는데, 이 점은 서브머지드 아크용접과 같다. 그러나 서브머지드 아크용접은 처음 발생된 아크를 플럭스 속에서 계속하여 열을 발생시키지만, 일렉트로 슬래그 용접은 처음 발생된 아크가 꺼져 버리고 저항열로서 용접이 계속된다는 점에서 다르다.

⑥ 서브머지드 아크용접의 다전극 용극 방식
  ㉠ 탠덤식 : 2개의 와이어를 독립전원(AC-DC 또는 AC-AC)에 연결한 후 아크를 발생시켜 한 번에 다량의 용착금속을 얻는 방식이다.
  ㉡ 횡병렬식 : 2개의 와이어를 한 개의 같은 전원에 (AC-AC 또는 DC-DC) 연결한 후 아크의 복사열로 모재를 용융시켜 다량의 용착금속을 얻는 방식으로, 용접 폭이 넓고 용입이 깊다.
  ㉢ 횡직렬식 : 2개의 와이어를 독립전원에 직렬로 흐르게 하여 아크를 발생시켜 그 복사열로 다량의 용착금속을 얻는 방법으로, 용입이 얕아서 스테인리스강의 덧붙이 용접에 사용한다.

10년간 자주 출제된 문제

14-1. 서브머지드 아크용접에서 용융형 용제의 특징에 대한 설명으로 옳은 것은?
① 흡습성이 크다.
② 비드 외관이 거칠다.
③ 용제의 화학적 균일성이 양호하다.
④ 용접전류에 따라 입도의 크기는 같은 용제를 사용해야 한다.

14-2. 서브머지드 아크용접에서 사용하는 용제 중 흡습성이 가장 작은 것은?
① 용융형
② 혼성형
③ 고온소결형
④ 저온소결형

|해설|
14-1
서브머지드 아크용접에 사용되는 용융형 용제의 특징
- 흡습성이 거의 없다.
- 비드 모양이 아름답다.
- 미용융된 용제의 재사용이 가능하다.
- 화학적으로 안정되어 있다.
- 용접전류에 따라 알맞은 입자의 크기를 가진 용제를 선택해야 한다.
- 용융 중에는 성분 추가가 어려워 와이어에 필요 성분을 함유해야 한다.

14-2
서브머지드 아크 용접(SAW)용 용제 중 흡습성이 가장 작은 것은 용융형 용제이고, 흡습성이 가장 큰 것은 소결형 용제이다.
서브머지드 아크용접용 용제(Flux)
- 용융형 용제 : 흡습성이 가장 작으며, 소결형에 비해 좋은 비드를 얻을 수 있고 화학적으로 균일하다.
- 소결형 용제 : 흡습성이 가장 크며, 분말형태로 작게 한 후 결합해서 만든다.
- 혼성형 용제 : 흡습성이 용융형과 소결형의 중간이다.

정답 14-1 ③ 14-2 ①

핵심이론 15 | 가스텅스텐 아크용접

① TIG 용접(불활성 가스 텅스텐 아크 용접)의 정의 : 텅스텐(Tungsten) 재질의 전극봉으로 아크를 발생시킨 후 모재와 같은 성분의 용가재를 녹여가며 용접하는 특수용접법으로 불활성 가스 텅스텐 아크용접이라고도 한다. 용접 표면을 불활성 가스(Inert Gas)인 아르곤(Ar)가스로 보호하기 때문에 용접부가 산화되지 않아 깨끗한 용접부를 얻을 수 있다. 또한 전극으로 사용되는 텅스텐 전극봉이 아크만 발생시킬 뿐 용가재를 용입부에 별도로 공급해 주기 때문에 전극봉이 소모되지 않아 비용극식 또는 비소모성 전극용접법이라고 한다.

※ Inert Gas : 불활성 가스를 일컫는 용어로, 주로 아르곤(Ar)가스가 사용되며 헬륨(He), 네온(Ne) 등이 있다.

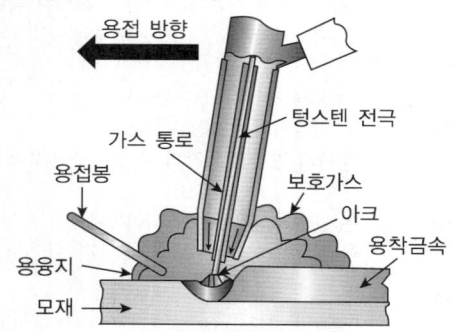

② 불활성 가스 텅스텐 아크용접의 특징
  ㉠ 보통의 아크용접법보다 생산비가 고가이다.
  ㉡ 모든 용접 자세가 가능하며, 박판용접에 적합하다.
  ㉢ 용접 전원으로 DC나 AC가 사용되며, 직류에서 극성은 용접 결과에 큰 영향을 준다.
  ㉣ 보호가스로 사용되는 불활성 가스는 용접봉 지지기 내를 통과시켜 용접물에 분출시킨다.
  ㉤ 용접부가 불활성 가스로 보호되어 용가재 합금 성분의 용착효율이 거의 100%에 가깝다.
  ㉥ 직류 역극성에서 청정효과가 있어서 Al과 Mg과 같은 강한 산화막이나 용융점이 높은 금속의 용접에 적합하다.
  ㉦ 교류에서는 아크가 끊어지기 쉬우므로 용접전류에 고주파의 약전류를 중첩시켜 양자의 특징을 이용하여 아크를 안정시킬 필요가 있다.
  ㉧ 직류 정극성(DCSP)에서는 음전기를 가진 전자가 전극에서 모재쪽으로 흐르고, 가스 이온은 반대로 모재에서 전극쪽으로 흐르며 깊은 용입을 얻는다.
  ㉨ 불활성 가스의 압력 조정과 유량 조정은 불활성 가스압력조정기로 하며, 일반적으로 1차 압력은 $150\mathrm{kgf/cm^2}$, 2차 조정 압력은 $140\mathrm{kgf/cm^2}$ 정도이다.

③ TIG 용접용 토치의 구조
  ㉠ 롱 캡
  ㉡ 헤 드
  ㉢ 세라믹 노즐
  ㉣ 콜렛 척
  ㉤ 콜렛 보디

④ TIG 용접용 토치의 종류

분 류	명 칭	내 용
냉각방식에 의한 분류	공랭식 토치	200A 이하의 전류 시 사용
	수랭식 토치	650A 정도의 전류까지 사용
모양에 따른 분류	T형 토치	가장 일반적으로 사용
	직선형 토치	T형 토치를 사용이 불가능한 장소에서 사용
	가변형 머리 토치 (플렉시블)	토치 머리의 각도 조정

⑤ 텅스텐 전극봉의 식별용 색상

텅스텐봉의 종류	색 상
순 텅스텐봉	녹 색
1% 토륨봉	노란색
2% 토륨봉	적 색
지르코니아봉	갈 색

⑥ TIG 용접기의 구성
　㉠ 용접 토치
　㉡ 용접 전원
　㉢ 제어장치
　㉣ 냉각수 순환장치
　㉤ 보호가스 공급장치
⑦ TIG 용접용 전원 : 아크 안정을 위해 주로 고주파 교류(ACHF)를 전원을 사용한다.
⑧ TIG 용접에서 고주파 교류을 전원으로 사용하는 이유
　㉠ 긴 아크 유지가 용이하다.
　㉡ 아크를 발생시키기 쉽다.
　㉢ 비접촉에 의해 용착금속과 전극의 오염을 방지한다.
　㉣ 전극의 소모를 줄여서 텅스텐 전극봉의 수명을 길게 한다.
　㉤ 고주파 전원을 사용하므로 모재에 접촉시키지 않아도 아크가 발생한다.
　㉥ 동일한 전극봉에서 직류 정극선(DCSP)에 비해 고주파 교류(ACHF)가 사용전류 범위가 크다.

10년간 자주 출제된 문제

15-1. TIG 용접 토치는 공랭식과 수랭식으로 분류되는데 가볍고 취급이 용이한 공랭식 토치의 경우 일반적으로 몇 A 정도까지 사용하는가?
① 200　　② 380
③ 450　　④ 650

15-2. TIG 용접 토치의 분류 중 형태에 따른 종류가 아닌 것은?
① T형 토치　　② Y형 토치
③ 직선형 토치　④ 플렉시블형 토치

|해설|

15-1
• 공랭식 : 200A 이하
• 수랭식 : 650A 정도

15-2
TIG용 토치는 Y형으로 분류하지 않는다.

정답 15-1 ①　15-2 ②

핵심이론 16 | 가스금속 아크용접

① MIG 용접(불활성 가스금속 아크용접)의 정의 : 용가재인 전극 와이어(1.0~2.4φ)를 연속적으로 보내어 아크를 발생시키는 방법으로, 용극식 또는 소모식 불활성 가스아크용접법이라 한다. Air Comatic, Sigma, Filler Arc, Argonaut 용접법 등으로도 불린다. 불활성 가스로는 주로 아르곤(Ar)을 사용한다.

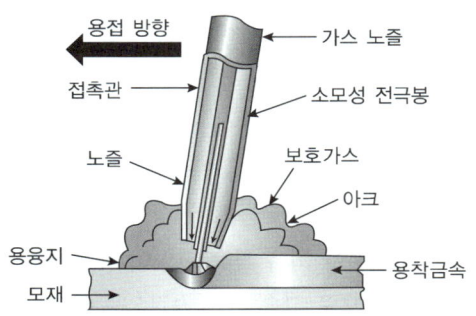

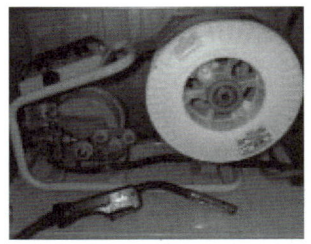

② MIG 용접기의 용접 전원 : MIG 용접의 전원은 직류 역극성(DCRP ; Direct Current Reverse Polarity)이 이용되며, 청정작용이 있기 때문에 알루미늄이나 마그네슘 등은 용제가 없어도 용접이 가능하다.

③ MIG 용접의 특징
　㉠ 분무 이행이 원활하다.
　㉡ 열영향부가 매우 적다.
　㉢ 용착효율은 약 98%이다.
　㉣ 전 자세 용접이 가능하다.
　㉤ 용접기의 조작이 간단하다.
　㉥ 아크의 자기제어기능이 있다.
　㉦ 직류 용접기의 경우 정전압 특성 또는 상승 특성이 있다.

ⓞ 전류가 일정할 때 아크전압이 커지면 용융속도가 낮아진다.
ⓩ 전류밀도가 아크용접의 4~6배, TIG 용접의 2배 정도로 매우 높다.
ⓧ 용접부가 좁고, 깊은 용입을 얻으므로 후판(두꺼운 판)용접에 적당하다.
ⓚ 전자동 또는 반자동식이 많으며 전극인 와이어는 모재와 동일한 금속을 사용한다.
ⓣ 용접부로 공급되는 와이어가 전극과 용가재의 역할을 동시에 하므로 전극인 와이어는 소모된다.
ⓟ 전원은 직류 역극성이 이용되며 Al, Mg 등에는 클리닝 작용(청정작용)이 있어 용제 없이도 용접이 가능하다.
ⓗ 용접봉을 갈아 끼울 필요가 없어 용접속도를 빨리 할 수 있으므로 고속 및 연속적으로 양호한 용접을 할 수 있다.

④ MIG 용접의 단점
  ㉠ 장비 이동이 곤란하다.
  ㉡ 장비가 복잡하고 가격이 비싸다.
  ㉢ 보호가스 분출 시 외부의 영향이 없어야 하므로 방풍 대책이 필요하다.
  ㉣ 슬래그 덮임이 없어 용금의 냉각속도가 빨라서 열영향부(HAZ) 부위의 기계적 성질에 영향을 미친다.

⑤ MIG 용접기의 와이어 송급방식
  ㉠ Push 방식 : 미는 방식
  ㉡ Pull 방식 : 당기는 방식
  ㉢ Push-pull 방식 : 밀고 당기는 방식

⑥ MIG 용접의 제어기능

종 류	기 능
예비가스 유출시간	아크 발생 전 보호가스 유출로 아크 안정과 결함의 발생을 방지한다.
스타트 시간	아크가 발생되는 순간에 전류와 전압을 크게 하여 아크 발생과 모재의 융합을 돕는다.
크레이터 충전시간	크레이터 결함을 방지한다.
번 백시간	크레이터 처리에 의해 낮아진 전류가 서서히 줄어들면서 아크가 끊어지는 현상을 제어함으로써 용접부가 녹아내리는 것을 방지한다.
가스 지연 유출시간	용접 후 5~25초 정도 가스를 흘려서 크레이터의 산화를 방지한다.

⑦ 용착금속의 보호방식에 따른 분류

종류	기능
가스발생식	피복제 성분이 주로 셀룰로스이며 연소 시 가스를 발생시켜 용접부를 보호한다.
슬래그생성식	피복제 성분이 주로 규사, 석회석 등 무기물로 슬래그를 만들어 용접부를 보호하며 산화 및 질화를 방지한다.
반가스발생식	가스발생식과 슬래그생성식의 중간이다.

⑧ MIG 용접 시 용융금속의 이행 방식에 따른 분류

이행 방식	이행 형태	특 징
단락이행		• 박판용접에 적합하다. • 모재로의 입열량이 적고 용입이 얕다. • 용융금속이 표면장력의 작용으로 모재에 옮겨가는 용적이행이다. • 저전류의 CO_2 및 MIG 용접에서 솔리드와이어를 사용할 때 발생한다.
입상이행 (글로불러, Globular)		• 글로불러는 용융방울인 용적을 의미한다. • 깊고 양호한 용입을 얻을 수 있어서 능률적이나 스패터가 많이 발생한다. • 초당 90회 정도의 와이어보다 큰 용적으로 용융되어 모재로 이행된다.
스프레이 이행		• 용적이 작은 입자로 되어 스패터 발생이 적고 비드의 외관이 좋다. • 가장 많이 사용되는 것으로 아크기류 중에서 용가재가 고속으로 용융되어 미립자의 용적으로 분사되어 모재에 옮겨가면서 용착되는 용적이행이다. • 고전압, 고전류에서 발생한다. 아르곤가스나 헬륨가스를 사용하는 경합금 용접에서 주로 나타나며, 용착속도가 빠르고 능률적이다.

이행 방식	이행 형태	특 징
맥동이행 (펄스아크)		연속적으로 스프레이 이행을 사용할 때 높은 입열로 인해 용접부의 물성이 변화되었거나 박판용접 시 용락으로 인해 용접이 불가능할 때 낮은 전류에서도 스프레이 이행이 이루어지게 하여 박판 용접이 가능하다.

※ MIG 용접에서는 스프레이이행 형태를 가장 많이 사용한다.

⑨ 공랭식 MIG 용접토치의 구성요소
  ㉠ 노 즐
  ㉡ 토치 보디
  ㉢ 콘택트 팁
  ㉣ 전극와이어
  ㉤ 작동스위치
  ㉥ 스위치케이블
  ㉦ 불활성 가스용 호스

⑩ 공랭식과 수랭식 MIG 토치의 차이점

공랭식	• 공기에 자연 노출시켜서 그 열을 식히는 냉각방식이다. • 피복아크용접기의 홀더와 같이 전선에 토치가 붙어서 공기에 노출된 상태로 용접하면서 자연 냉각되는 방식으로 장시간의 용접에는 부적당하다.
수랭식	• 과열된 토치케이블인 전선을 물로 식히는 방식이다. • 현장에서 장시간 작업을 하면 용접토치에 과열이 발생되는데, 이 과열된 케이블 자동차의 라디에이터 장치처럼 물을 순환시켜 전선의 과열을 막음으로써 오랜 시간 동안 작업을 할 수 있다.

⑪ 아크의 자기제어
  ㉠ 어떤 원인에 의해 아크 길이가 짧아져도 이것을 다시 길게 하여 원래의 길이로 돌아오는 제어기능이다.
  ㉡ 동일 전류에서 아크전압이 높으면 용융속도가 떨어지고, 와이어의 송급속도가 격감하여 용접물이 오목하게 패인다. 아크 길이가 길어짐으로써 아크 전압이 높아지면 전극의 용융속도가 감소하므로 아크 길이가 짧아져 다시 원래 길이로 돌아간다.

10년간 자주 출제된 문제

16-1. 다음 중 용융금속의 이행형태가 아닌 것은?
① 단락형
② 스프레이형
③ 연속형
④ 글로뷸러형

16-2. 다음 중 MIG 용접의 용적이행 형태에 대한 설명으로 옳은 것은?
① 용적이행에는 단락이행, 스프레이이행, 입상이행이 있으며 가장 많이 사용되는 것은 입상이행이다.
② 스프레이이행은 저전압, 저전류에서 아르곤가스를 사용하는 경합금 용접에서 주로 나타난다.
③ 입상이행은 와이어보다 큰 용적으로 용융되어 이행하며 주로 CO_2 가스를 사용할 때 나타난다.
④ 직류 정극성일 때 스패터가 적고, 용입이 크게 되며 용적이행이 안정한 스프레이이행이 된다.

16-3. 다음 중 MIG 용접 시 와이어 송급방식의 종류가 아닌 것은?
① 풀(Pull) 방식
② 푸시 오버(Push-over) 방식
③ 푸시 풀(Push-pull) 방식
④ 푸시(Push) 방식

|해설|

16-1, 16-2
MIG 용접은 직류 역극성을 사용한다. 현재 가장 많이 사용되는 용적이행은 스프레이이행인데 이것은 고전압과 고전류에서 많이 발생한다.

MIG 용접의 용적이행의 종류
• 단락이행 : 저전류의 CO_2 용접에서 솔리드와이어 사용 시 발생하며 박판 용접에 적합하다.
• 입상이행(Globular, 글로뷸러) : 와이어보다 큰 용적으로 용융되어 모재로 이행하며 매초 90회 정도의 용적이 이행되는데 주로 CO_2 가스 용접 시 발생한다.
• 스프레이이행 : 고전압, 고전류에서 발생하며, 아르곤가스나 헬륨가스를 사용하는 경합금 용접에서 주로 나타나며 용착속도가 빠르고 능률적이다.
• 맥동이행 : 연속적으로 스프레이이행 사용 시 높은 입열로 인해 용접부의 물성 변화 및 박판 용접 시 용락으로 용접이 불가능할 때 낮은 평균 전륫값에서 박판 용접도 가능하게 한다.

16-3
MIG 용접의 와이어 송급 방식 : Push, Pull, Push-pull

정답 16-1 ③ 16-2 ③ 16-3 ②

핵심이론 17 | CO_2 가스 아크용접(탄산가스 아크용접)

① CO_2 용접의 정의 : CO_2 용접은 탄산가스 아크용접, 이산화탄소 아크용접이라고도 한다. 코일(Coil)로 된 용접 와이어를 송급 모터에 의해 용접 토치까지 연속으로 공급시키면서 토치 팁을 통해 빠져 나온 통전된 와이어 자체가 전극이 되어 모재와의 사이에 아크를 발생시켜 접합하는 용극식 용접법이다.

② 불활성 가스 대신 CO_2를 보호가스로 사용하는 이유
  ㉠ 불활성 가스를 연강용접 재료에 사용하는 것은 비경제적이며 기공을 발생시킬 우려가 있다.
  ㉡ 이산화탄소는 불활성 가스가 아니므로 고온 상태의 아크 중에서는 산화성이 크고 용착금속의 산화가 심하여 기공 및 그 밖의 결함이 생기기 쉬워 망간, 실리콘 등의 탈산제를 많이 함유한 망간-규소계 와이어와 값싼 이산화탄소, 산소 등의 혼합가스를 사용하는 용접법 등이 개발되었다.

③ CO_2 용접의 특징
  ㉠ 조작이 간단하다.
  ㉡ 가시아크로 시공이 편리하다.
  ㉢ 전 용접 자세로 용접이 가능하다.
  ㉣ 용착금속의 강도와 연신율이 크다.
  ㉤ MIG 용접에 비해 용착금속에 기공의 발생이 적다.
  ㉥ 보호가스가 저렴한 탄산가스이므로 경비가 적게 든다.
  ㉦ 킬드강이나 세미킬드강, 림드강도 쉽게 용접할 수 있다.
  ㉧ 아크와 용융지가 눈에 보여 정확한 용접이 가능하다.
  ㉨ 산화 및 질화가 되지 않아 양호한 용착금속을 얻을 수 있다.
  ㉩ 용접의 전류밀도가 커서 용입이 깊고 용접속도를 빠르게 할 수 있다.
  ㉪ 용착금속 내부의 수소 함량이 타 용접법보다 적어 은점이 생기지 않는다.
  ㉫ 용제를 사용하지 않아 슬래그의 잠입이 적으며, 슬래그를 제거하지 않아도 된다.
  ㉬ 아크 특성에 적합한 상승 특성을 갖는 전원을 사용하므로 스패터의 발생이 적고 안정된 아크를 얻는다.
  ㉭ 서브머지드 아크용접에 비해 모재 표면의 녹이나 오물 등이 있어도 큰 지장이 없으므로 용접 시 완전한 청소를 하지 않아도 된다.

④ CO_2 용접의 단점
  ㉠ 비드 외관이 타 용접에 비해 거칠다.
  ㉡ 탄산가스(CO_2)를 사용하므로 작업량에 따라 환기를 해야 한다.
  ㉢ 고온 상태의 아크 중에서는 산화성이 크고 용착금속의 산화가 심하여 기공 및 그 밖의 결함이 생기기 쉽다.
  ㉣ 일반적으로 탄산가스 함량이 3~4%이면 두통이나 뇌변형을 일으키고, 15% 이상이면 위험 상태가 되고, 30% 이상이면 중독되어 생명이 위험하다.

⑤ CO_2 용접의 전진법과 후진법의 차이점

전진법	후진법
• 용접선이 잘 보여 운봉이 정확하다.	• 스패터 발생이 적다.
• 높이가 낮고 평탄한 비드를 형성한다.	• 깊은 용입을 얻을 수 있다.
• 스패터가 비교적 많고 진행 방향으로 흩어진다.	• 높이가 높고 폭이 좁은 비드를 형성한다.
• 용착금속이 아크보다 앞서기 쉬워 용입이 얕다.	• 용접선이 노즐에 가려 운봉이 부정확하다.
	• 비드 형상이 잘 보여 폭, 높이의 제어가 가능하다.

⑥ 와이어 돌출 길이에 따른 특징

와이어 돌출 길이가 길 때	와이어 돌출 길이가 짧을 때
• 용접 와이어의 예열이 많아진다.	• 가스 보호는 좋으나 노즐에 스패터가 부착되기 쉽다.
• 용착속도가 커진다.	• 용접부의 외관이 나쁘며, 작업성이 떨어진다.
• 용착효율이 커진다.	
• 보호효과가 나빠지고 용접전류가 낮아진다.	

※ 돌출 길이 : 팁 끝부터 아크길이를 제외한 선단까지의 길이

⑦ CO_2 가스 아크용접용 토치구조
  ㉠ 노 즐
  ㉡ 가스디퓨저
  ㉢ 스프링 라이너

⑧ CO_2 용접에서의 와이어 송급방식
  ㉠ Push 방식 : 미는 방식
  ㉡ Pull 방식 : 당기는 방식
  ㉢ Push-pull 방식 : 밀고 당기는 방식

⑨ CO_2 용접용 솔리드 와이어의 호칭방법 및 종류
  ㉠ CO_2 용접용 솔리드와이어의 호칭방법

Y	G	A	-	50	W	-	1.2	-	20
용접 와이어	가스 실드 아크용접	내후성 강의 종류		용착금속의 최소인장 강도	와이어의 화학 성분		지름		무게
		CO_2 용접용 와이어의 종류					지름		무게

  ㉡ CO_2 용접용 솔리드 와이어의 종류

와이어의 종류	적용 강
YGA-50W	인장강도 400N/mm² 급 및 490N/mm² 급 내후성 강의 W형
YGA-50P	인장강도 400N/mm² 급 및 490N/mm² 급 내후성 강의 P형
YGA-58W	인장강도 570N/mm² 급 내후성 강의 W형
YGA-58P	인장강도 570N/mm² 급 내후성 강의 P형

※ 내후성 : 각종 기후에 잘 견디는 성질로 녹이 잘 슬지 않는 성질

⑩ CO_2 가스 아크용접에서 기공 발생의 원인
  ㉠ CO_2 가스의 유량이 부족하다.
  ㉡ 바람에 의해 CO_2 가스가 날린다.
  ㉢ 노즐과 모재 간 거리가 매우 길다.

10년간 자주 출제된 문제

17-1. 다음 중 이산화탄소 아크용접의 특징에 대한 설명으로 틀린 것은?
① 전류밀도가 높아 용입이 깊다.
② 자동 또는 반자동용접은 불가능하다.
③ 용착금속의 기계적, 금속학적 성질이 우수하다.
④ 가시아크이므로 용융지의 상태를 보면서 용접할 수 있어 시공이 편리하다.

17-2. 다음 중 CO_2 아크용접 시 박판의 아크전압(V_0) 산출 공식으로 가장 적당한 것은?(단, I는 용접전륫값을 의미한다)
① $V_0 = 0.07 \times I + 20 \pm 5.0$
② $V_0 = 0.05 \times I + 11.5 \pm 3.0$
③ $V_0 = 0.06 \times I + 40 \pm 6.0$
④ $V_0 = 0.04 \times I + 15.5 \pm 1.5$

17-3. 두께가 3.2mm인 박판을 CO_2 가스 아크용접법으로 맞대기 용접을 하고자 한다. 용접전류 100A를 사용할 때, 이에 가장 적합한 아크전압(V)의 조정범위는?
① 10~13V   ② 18~21V
③ 23~26V   ④ 28~31V

|해설|

17-1
이산화탄소 아크용접은 Ar(아르곤)과 같은 불활성 가스 대신 이산화탄소를 이용한 용극식 용접방법으로, 조작이 간단해서 자동 및 반자동용접이 가능하다.

17-2
CO_2 가스 아크용접에서의 아크전압(V) : 아크전압을 높이면 비드가 넓고 납작해지며 기포가 발생한다. 반대로 아크전압이 낮으면 아크가 집중되어 용입이 깊어진다.
박판의 아크전압(V) = 0.04 × 용전전류(I) + (15.5±10%)

17-3
• 박판의 아크전압(V) = 0.04 × 용접전류 + (15.5±10%)
• 박판의 최소아크전압(V) = 0.04 × 100 + (15.5 - 1.5)
  = 4 + 14 = 18V
• 박판의 최대아크전압(V) = 0.04 × 100 + (15.5 + 1.5)
  = 4 + 17 = 21V
∴ 아크전압의 조정범위는 18~21V이다.

정답 17-1 ② 17-2 ④ 17-3 ②

핵심이론 18 | 플럭스 코어드 아크용접

① 솔리드 와이어 용접과 플럭스 코어드 용접 : 용접기술이 발달함에 따라 다양한 용접방법이 개발되고, 그중 용접의 자동화는 중요한 화두이다. 용접방법은 아크를 발생시키고 용재, 용가재, 용접봉을 어떻게 사용하느냐에 따라 다양하게 구분된다.

  ㉠ 솔리드 와이어
  - 플럭스를 내장하지 않고 용해, 압연, 신선과정을 거쳐 제조한다. 중간이 비어 있지 않고 완전히 금속으로 채워진 용접 와이어이다.
  - 전도성 및 방전성을 높이기 위하여 대부분 표면에 구리를 얇게 도금한다.
  - 구리는 용접 작업장의 공기질 유지에 좋지 않아 가스금속 아크용접 와이어에 구리 대신 유기물질을 도금하기도 한다.
  - 와이어는 스테인리스강, 알루미늄 합금, 구리 합금 등 다양한 종류의 금속으로 만든다.
  - 구리 도금을 하는 이유
    - 와이어와 콘택트 팁 사이에 통전 상태가 잘 이루어지게 하기 위해
    - 대기 중에 노출되었을 때 녹이 스는 것을 방지하기 위해

  ㉡ 솔리드 와이어의 용접방법 및 유의점
  - 용접법에 따라 크게 가스메탈 아크용접용과 서브머지드 아크용접용으로 구분한다.
  - 강종, 보호가스 등에 따라 종류가 다양하다.
  - 솔리드 와이어는 릴에 감겨 있기 때문에 장시간 사용 시 대기 중에 노출되면 수분, 먼지, 기름 등에 오염되어 용접 결과에 영향을 미칠 수 있으므로, 사용 전 45℃로 건조시키거나 비닐로 포장하여 습기의 영향을 최소화해야 한다.
  - 와이어에 흠집이나 상처가 생겨 송급에 영향을 주지 않도록 주의하여 보관한다.
  - 과열 건조에 의한 플라스틱 릴이 변형되어 사용하기 곤란한 경우가 없도록 유의해야 한다.

  ㉢ 플럭스 코어드 와이어
  - 와이어 속에 여러 가지 플럭스가 들어 있는 방식의 용접 와이어이다.
  - 이중 굽힘형과 단일 인접형으로 구분한다.

이중 굽힘형	단일 인접형
• 박판 띠강을 사용하여 탈산제, 합금 원소 및 용제를 말아 놓은 형태이다. • 띠강은 연강에 합금 원소와 탈산제를 첨가한다. • 용제는 슬래그 생성제와 아크 안정제를 사용한다. • 와이어 지름은 2.4~3.2mm로 한다. • 교류 전원에서 아크가 안정되고, 슬래그 생성으로 비드가 깨끗하다. • 와이어가 굵고 전류밀도가 낮아 솔리드 와이어에 비해 용착속도와 효율이 낮다. • 전 자세 용접이 불가능하고 와이어가 흡습되고 녹이 생기기 쉽다.	• 띠강으로 단순한 원통으로 하여 탈산제 및 합금 원소를 충진한다. • 와이어 굵기는 1.2~2.0mm로 한다. • 솔리드 와이어의 능률성과 플럭스 코어드 와이어의 작업성을 겸비한 와이어이다. • 직류 정전압 특성의 전원을 사용한다.

  - 장점 : 솔리드 와이어에 비해 비드 형상, 아크의 안정성, 스패터의 발생량과 박리성 등 용접작업성이 우수하다.
  - 단점 : 와이어 송급성이 떨어지고 품이 많이 발생하며, 가격이 비싸 경제성의 문제가 있다.

  ㉣ 솔리드 와이어와 복합(플럭스) 와이어의 차이점

솔리드 와이어	복합(플럭스) 와이어
• 기공이 많다. • 용가재인 와이어만으로 구성되어 있다. • 동일 전류에서 전류밀도가 작다. • 용입이 깊다. • 바람의 영향이 크다. • 비드의 외관이 아름답지 않다. • 스패터 발생이 일반적으로 많다. • 아크의 안정성이 작다.	• 기공이 적다. • 와이어의 가격이 비싸다. • 비드의 외관이 아름답다. • 동일 전류에서 전류밀도가 크다. • 용제가 미리 심선 속에 들어 있다. • 탈산제나 아크 안정제 등의 합금 원소가 포함되어 있다. • 바람의 영향이 작다. • 용입의 깊이가 얕다. • 스패터 발생이 적다. • 아크의 안정성이 크다.

② 사용 와이어에 따른 용접법의 분류

솔리드 와이어	복합 와이어
• CO_2법 • 혼합가스법	• 아코스 아크법 • 유니언 아크법 • 휴즈 아크법 • NCG법 • S관상 와이어 • Y관상 와이어

10년간 자주 출제된 문제

18-1. 플럭스 코어드(Flux Cored) 용접과 솔리드 와이어(Solid Wire) 용접을 비교한 설명으로 옳은 것은?

① 솔리드 와이어 용접은 보호가스 없이도 용접이 가능하지만, 플럭스 코어 용접은 반드시 보호가스가 필요하다.
② 솔리드 와이어 용접은 스패터 발생이 적고 외관이 우수하지만, 플럭스 코어드 용접은 아크 안정성이 떨어지고 두꺼운 재료에는 적용하기 어렵다.
③ 플럭스 코어드 용접은 높은 용착률과 깊은 용입이 가능하여 두꺼운 강재용접에 적합하다.
④ 솔리드 와이어 용접은 야외작업에서 바람의 영향을 적게 받아 현장 적용성이 높다.

18-2. 다음 중 플럭스 코어드 용접과 솔리드 와이어 용접의 차이점에 대한 설명으로 옳지 않은 것은?

① 플럭스 코어드 용접은 슬래그 발생이 많아 후처리가 필요하다.
② 솔리드 와이어 용접은 와이어 내부에 플럭스가 충전되어 있어 별도의 슬래그 제거가 필요하지 않다.
③ 플럭스 코어드 용접은 바람이 있는 야외환경에서도 안정적인 용접이 가능하다.
④ 솔리드 와이어 용접은 자동화와 로봇용접에 적합하여 생산성이 높다.

| 해설 |

18-1
• 플럭스 코어드 용접(FCAW) : 와이어 내부에 플럭스가 충전되어 있어 높은 용착률과 깊은 용입을 제공하며, 두꺼운 재료나 고강도 강재용접에 적합하다.
• 솔리드 와이어 용접(GMAW) : 보호가스가 필수이며, 외관이 우수하고 스패터가 적지만 바람에 약해 야외작업에는 부적합하다.

18-2
솔리드 와이어 용접(GMAW)은 와이어 내부에 플럭스가 충전된 것이 아니라 순수 금속 와이어를 사용하며, 보호가스에 의해 아크와 용융부를 보호한다. 따라서 슬래그 제거가 필요하지 않다. 반면, 플럭스 코어드 용접(FCAW)은 슬래그가 발생하여 후처리가 필요하지만, 야외작업에서는 보호가스가 없어도 안정적인 용접이 가능하다.

정답 18-1 ③ 18-2 ②

핵심이론 19 | 기타 아크용접

① 일렉트로 슬래그 용접(ESW ; Electro Slag Welding) : 용융된 슬래그와 용융금속이 용접부에서 흘러나오지 못하도록 수랭동판으로 둘러싸고 이 용융 풀에 용접봉을 연속적으로 공급하는데, 이때 발생하는 용융 슬래그의 저항열에 의하여 용접봉과 모재를 연속적으로 용융시키면서 용접하는 방법이다.

② 스터드 용접(Stud Welding) : 점용접의 일부로 봉재나 볼트 등의 스터드를 판 또는 프레임의 구조재에 직접 심는 능률적인 용접방법이다. 스터드란 판재에 덧대는 물체인 봉이나 볼트와 같이 긴 물체이다.

③ 전자빔 용접(EBW ; Electron Beam Welding) : 고밀도로 집속되고 가속화된 전자빔을 높은 진공($10^{-6} \sim 10^{-4}$ mmHg) 속에서 용접물에 고속도로 조사시키면 빛과 같은 속도로 이동한 전자가 용접물에 충돌하면서 전자의 운동에너지를 열에너지로 변환시켜 국부적으로 고열을 발생시키는데, 이때 생긴 열원으로 용접부를 용융시켜 용접하는 방식이다. 텅스텐(3,410℃)과 몰리브덴(2,620℃)과 같이 용융점이 높은 재료의 용접에 적합하다.

④ 레이저빔 용접(레이저 용접, LBW ; Laser Beam Welding) : 레이저란 유도 방사에 의한 빛의 증폭이란 뜻이다. 레이저빔은 레이저에서 얻은 접속성이 강한 단색 광선으로서 강렬한 에너지를 가지고 있으며, 이때의 광선 출력을 이용하여 용접하는 방법이다. 모재의 열 변형이 거의 없으며 이종금속의 용접이 가능하다. 정밀한 용접을 할 수 있으며, 비접촉식 방식으로 모재에 손상을 주지 않는다.

⑤ 플라스마 아크용접(Plasma Arc Welding) : 높은 온도를 가진 플라스마를 한 방향으로 모아서 분출시키는 것을 플라스마 제트라고 한다. 이를 이용하여 용접이나 절단에 사용하는 용접방법으로, 설비비가 많이 드는 단점이 있다.

⑥ 원자 수소 아크용접 : 2개의 텅스텐 전극 사이에서 아크를 발생시키고 홀더의 노즐에서 수소가스를 유출시켜서 용접하는 방법이다. 연성이 좋고 표면이 깨끗한 용접부를 얻을 수 있으나, 토치 구조가 복잡하고 비용이 많이 들기 때문에 특수금속용접에 적합하다. 가열 열량의 조절이 용이하고 시설비가 저렴하며 박판이나 파이프, 비철합금 등의 용접에 많이 사용된다.

⑦ 납땜(Soldering) : 금속 표면에 용융금속을 접촉시켜 양 금속원자 간의 응집력과 확산작용에 의해 결합시키는 방법이다. 고체 금속면에 용융금속이 잘 달라붙는 성질인 젖음(Wetting)성이 좋은 납땜용 용제의 사용과 성분의 확산현상이 중요하다.

⑧ 논가스 아크용접 : 솔리드 와이어 또는 플럭스가 든 와이어를 사용해서 보호가스 없이 공기 중에서 직접 용접하는 방법이다. 비피복아크용접이라고도 하며, 반자동용접으로서 가장 간편한 방법이다. 보호가스가 필요하지 않아 비교적 바람에도 안정되어 옥외용접이 가능하다.

10년간 자주 출제된 문제

19-1. 다음 중 전기저항열을 이용한 용접법은?

① 전자빔 용접
② 일렉트로 슬래그 용접
③ 플라스마 아크용접
④ 레이저 용접

19-2. 다음 보기에서 설명하는 용접법은?

| 보기 |
| • 2개의 텅스텐 전극 사이에서 아크를 발생시키고 홀더의 노즐에서 수소가스를 유출시켜서 용접하는 방법이다.
• 연성이 좋고 표면이 깨끗한 용접부를 얻을 수 있다.
• 토치 구조가 복잡하고 비용이 많이 들기 때문에 특수금속 용접에 적합하다.

① 원자 수소 아크용접
② 논가스 아크용접
③ 레이저빔 용접
④ 전자빔 용접

|해설|

19-1

일렉트로 슬래그 용접 : 용융된 슬래그와 용융금속이 용접부에서 흘러나오지 못하도록 수랭동판으로 둘러싸고 이 용융 풀에 용접봉을 연속적으로 공급하는데, 이때 발생하는 용융 슬래그의 저항열에 의하여 용접봉과 모재를 연속적으로 용융시키면서 용접하는 방법이다.

19-2

② 논가스 아크용접 : 솔리드 와이어 또는 플럭스가 든 와이어를 사용해서 보호가스 없이 공기 중에서 직접 용접하는 방법이다. 반자동용접으로서 가장 간편하다. 보호가스가 필요하지 않아 비교적 바람에도 안정되어 옥외용접이 가능하다.
③ 레이저빔 용접 : 레이저빔은 레이저에서 얻은 접속성이 강한 단색 광선으로서 강렬한 에너지를 가지고 있으며, 이때의 광선 출력을 이용하여 용접하는 방법이다.
④ 전자빔 용접 : 고밀도로 집속되고 가속화된 전자빔을 높은 진공(10^{-6}~10^{-4}mmHg) 속에서 용접물에 고속도로 조사시키면 빛과 같은 속도로 이동한 전자가 용접물에 충돌하면서 전자의 운동에너지를 열에너지로 변환시켜 국부적으로 고열을 발생시킬 때 생긴 열원으로 용접부를 용융시켜 용접하는 방식이다.

정답 19-1 ② 19-2 ①

핵심이론 20 | 납땜(Brazing, Soldering)

① **납땜의 정의** : 금속의 표면에 용융금속을 접촉시켜 양 금속 원자 간의 응집력과 확산 작용에 의해 결합시키는 방법이다.

② **납땜용 용제가 갖추어야 할 조건**

㉠ 금속의 표면이 산화되지 않아야 한다.
㉡ 납땜 후 슬래그 제거가 용이해야 한다.
㉢ 모재나 땜납에 대한 부식이 최소이어야 한다.
㉣ 전기저항 납땜에 사용되는 용제는 도체이어야 한다.
㉤ 용제의 유효온도 범위와 납땜의 온도가 일치해야 한다.
㉥ 땜납의 표면장력을 맞추어서 모재와의 친화력이 높아야 한다.

③ **납땜용 용제의 종류**

경납용 용제(Flux)		연납용 용제(Flux)	
• 붕 사	• 붕 산	• 송 진	• 인 산
• 불화나트륨	• 불화칼륨	• 염 산	• 염화아연
• 은 납	• 황동납	• 염화암모늄	• 주석-납
• 인동납	• 망간납	• 카드뮴-아연납	
• 양은납	• 알루미늄납	• 저융점 땜납	

10년간 자주 출제된 문제

납땜에 사용되는 용제가 갖추어야 할 조건으로 틀린 것은?

① 청정한 금속면의 산화를 방지할 것
② 납땜 후 슬래그의 제거가 용이할 것
③ 모재나 땜납에 대한 부식작용이 최소한일 것
④ 전기저항 납땜에 사용되는 것은 부도체일 것

|해설|

납땜용 용제가 갖추어야 할 조건
• 금속의 표면이 산화되지 않아야 한다.
• 납땜 후 슬래그 제거가 용이해야 한다.
• 모재나 땜납에 대한 부식이 최소이어야 한다.
• 전기저항 납땜에 사용되는 용제는 도체이어야 한다.
• 용제의 유효온도 범위와 납땜의 온도가 일치해야 한다.
• 땜납의 표면장력을 맞추어서 모재와의 친화력이 높아야 한다.

정답 ④

핵심이론 21 | 주요 용접 용어

① 피복금속아크용접의 구조

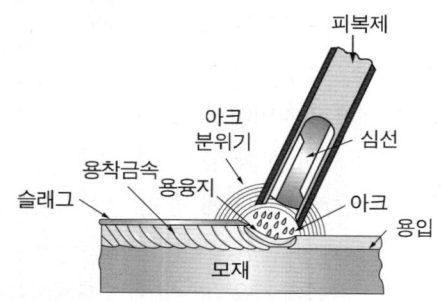

모재 (Base Metal)	용접 재료이다.
용입 (Penetration)	용접부에서 모재 표면에서 모재가 용융된 부분까지의 총거리이다.
아크(Arc)	용접봉과 모재 사이에 전원을 연결한 후 용접봉을 모재에 접촉시킨 다음 약 1~2mm 정도 들어 올리면 불꽃 방전에 의하여 청백색의 강한 빛이 아크 모양으로 생기는데 온도가 가장 높은 부분(아크 중심)이 약 6,000℃이며, 보통 4,000~5,000℃ 정도이다.
용융지 (Molton Pool)	모재가 녹은 부분(쇳물)이다.
아크분위기 (Arc Atmosphere)	아크 주위에 피복제에 의해 기체가 미치는 영역이다.
용착금속 (Molton Metal)	용접 시 용접봉의 심선으로부터 모재에 용착한 금속이다.
슬래그(Slag)	용융된 금속 부분에서 순수 금속만을 빼내고 남은 찌꺼기 덩어리로 비드의 표면을 덮고 있다.
심선 (Core Wire)	용접봉의 중앙에 있는 금속으로 모재와 같은 재질로 되어 있으며 피복제로 둘러싸여 있다.
피복제(Flux)	용재나 용가재라고도 한다. 용접봉의 심선을 둘러싸고 있는 성분으로 용착금속에 특정 성질을 부여하거나 슬래그 제거를 위해 사용된다.
용접봉 (Core Wire)	금속 심선(Core Wire) 위에 유기물, 무기물 또는 양자의 혼합물로 만든 피복제를 바른 것으로 아크 안정 등 여러 가지 역할을 한다.
용락	모재가 녹아서 쇳물이 흘러내려서 구멍이 발생하는 현상이다.
용적	용융방울이라고도 하며 용융지에 용착되는 것으로서 용접봉이 녹아 이루어진 형상이다.
용접 길이	용접 시작점과 크레이터(Crater)를 제외한 용접이 계속된 비드 부분의 길이이다.

② 용접선, 용접축, 다리 길이

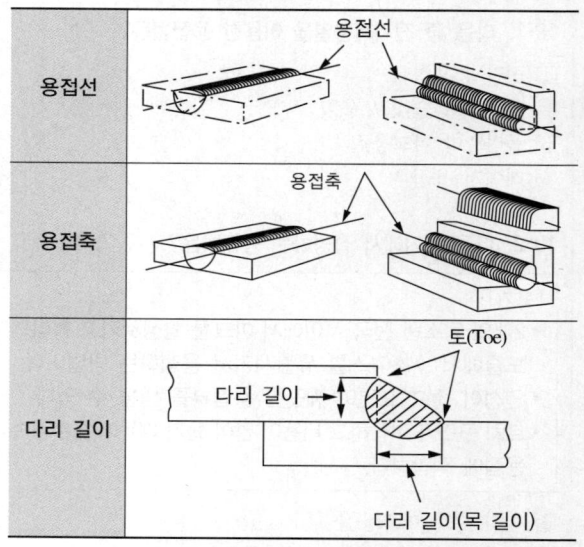

㉠ 용접선 : 접합 부위를 녹여서 서로 이은 자리에 생기는 줄
㉡ 용접축 : 용접선에 직각인 용착부의 단면 중심을 통과하고 그 단면에 수직인 선
㉢ 다리 길이 : 필릿용접부에서 모재 표면의 교차점으로부터 용접 끝부분까지의 길이

③ 필릿용접(Fillet Welding) : 2장의 모재를 T자 형태로 맞붙이거나 겹쳐 붙이기를 할 때 생기는 코너 부분을 용접하는 것이다.

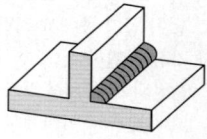

④ 하중 방향에 따른 필릿용접의 종류
㉠ 하중 방향에 따른 필릿용접

전면 필릿이음	
측면 필릿이음	
경사 필릿이음	

ⓛ 주요 필릿용접의 정의
- 전면 필릿용접 : 응력의 방향인 힘을 받는 방향과 용접선이 직각인 용접
- 측면 필릿용접 : 응력의 방향인 힘을 받는 방향과 용접선이 평행인 용접
- 경사 필릿용접 : 응력의 방향인 힘을 받는 방향과 용접선이 평행이나 직각 이외의 각인 용접

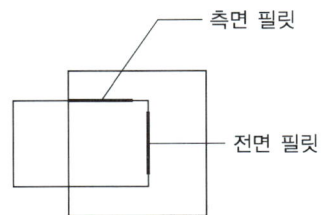

⑤ 형상에 따른 필릿용접

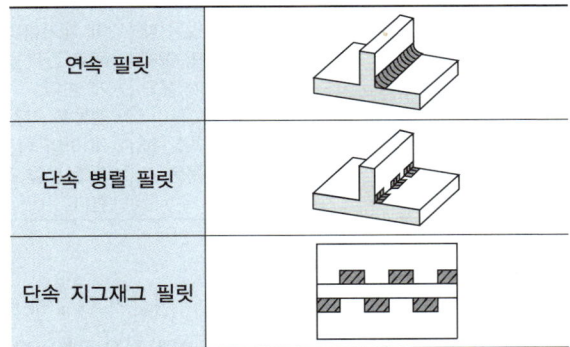

⑥ 필릿용접부의 보수방법
- ㉠ 간격이 1.5mm 이하일 때는 규정된 각장(다리길이)으로 용접한다.
- ㉡ 간격이 1.5~4.5mm일 때는 규정된 각장(다리길이)으로 용접하거나 각장을 증가시킨다.
- ㉢ 간격이 4.5mm일 때는 라이너를 넣는다.
- ㉣ 간격이 4.5mm 이상일 때는 이상 부위를 300mm 정도로 잘라낸 후 새로운 판으로 용접한다.

10년간 자주 출제된 문제

피복아크용접의 필릿용접에서 루트 간격이 4.5mm 이상일 때의 보수 요령은?

① 규정대로의 각장으로 용접한다.
② 두께 6mm 정도의 뒷판을 대서 용접한다.
③ 라이너를 넣거나 부족한 판을 300mm 이상 잘라내서 대체하도록 한다.
④ 그대로 용접하여도 좋으나 넓혀진 만큼 각장을 증가시킬 필요가 있다.

|해설|

필릿 용접부의 보수방법
- 간격이 1.5mm 이하일 때는 규정된 각장(다리 길이)으로 용접하면 된다.
- 간격이 1.5~4.5mm일 때는 규정된 각장(다리 길이)으로 용접하거나 각장을 증가시킨다.
- 간격이 4.5mm일 때는 라이너를 넣는다.
- 간격이 4.5mm 이상일 때는 이상 부위를 300mm 정도로 잘라낸 후 새로운 판으로 용접한다.

정답 ③

핵심이론 22 | 용접결함, 변형 및 방지대책

① 용접결함의 종류

결함의 종류	결함의 명칭
치수상 결함	변 형
	치수 불량
	형상 불량
구조상 결함	기 공
	은 점
	언더컷
	오버랩
	균 열
	선상조직
	용입 불량
	표면결함
	슬래그 혼입
성질상 결함	기계적 불량	인장강도 부족
		항복강도 부족
		피로강도 부족
		경도 부족
		연성 부족
		충격시험값 부족
	화학적 불량	화학성분 부적당
		부식(내식성 불량)

② 용접부 결함과 방지대책

결 함	모 양	원 인	방지대책
언더컷		• 전류가 높을 때 • 아크의 길이가 길 때 • 용접속도가 적당하지 않을 때 • 적합하지 않은 용접봉 사용 시	• 전류를 낮춘다. • 아크 길이를 짧게 한다. • 용접속도를 알맞게 한다. • 적절한 용접봉을 사용한다.
오버랩		• 전류가 낮을 때 • 운봉, 작업각과 진행각 불량 시 • 적합하지 않은 용접봉 사용 시	• 전류를 높인다. • 작업각과 진행각을 조정한다. • 적절한 용접봉을 사용한다.
용입 불량		• 이음 설계 결함 • 용접속도가 빠를 때 • 용접전류가 낮을 때 • 적합하지 않은 용접봉 사용 시	• 루트 간격 및 치수를 크게 한다. • 용접속도를 적당히 조절한다. • 전류를 높인다. • 적절한 용접봉을 사용한다.
균 열		• 이음부의 강성이 클 때 • 적합하지 않은 용접봉 사용 시 • C, Mn 등 합금성분이 많을 때 • 과대 전류, 속도가 클 때 • 모재에 유황 성분이 많을 때	• 예열, 피닝 등 열처리를 한다. • 적절한 용접봉을 사용한다. • 예열 및 후열한다. • 전류 및 속도를 적절하게 한다. • 저수소계 용접봉을 사용한다.
기 공		• 수소나 일산화탄소 과잉 시 • 용접부의 급속한 응고 시 • 용접속도가 빠를 때 • 아크 길이가 적절하지 않을 때	• 건조된 저수소계 용접봉을 사용한다. • 적당한 전류 및 용접속도 • 이음 표면을 깨끗이 하고 예열한다.
슬래그 혼입		• 용접이음이 적당하지 않을 때 • 모든 층의 슬래그 제거가 불완전할 때 • 전류의 과소, 불완전한 운봉 조작 시	• 슬래그를 깨끗이 제거한다. • 루트 간격을 넓게 한다. • 전류를 약간 세게 하며 적절하게 운봉을 조작한다.

③ 기타 균열 및 결함의 종류

㉠ 저온균열 : 상온까지 냉각한 후 시간이 지남에 따라 균열이 발생하는 불량으로, 일반적으로는 200℃ 이하의 온도에서 발생하나 200~300℃에서 발생하기도 한다. 주로 잔류응력이나 용착금속 내의 수소가스, 철강재료의 용접부나 열영향부(HAZ)의 경화현상에 의해 발생한다.

㉡ 루트균열 : 맞대기 용접이음의 가접이나 비드의 첫 층에서 루트면 근방 열영향부의 노치에서 발생한다. 점차 비드 속으로 들어가는 균열(세로균열)로 함유 수소량에 의해서도 발생하는 저온균열의 일종이다. 루트 간격이 넓은 경우에 발생한다.

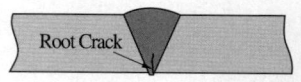

ⓒ 크레이터 균열 : 용접 루트의 노치에 의한 응력 집중부에 생기는 균열이다. 아크를 끊을 때 비드 끝부분이 오목하게 들어가는 경우에 발생하며 용접기공, 균열 등이 발생한다. 아크를 급하게 끊지 말고 크레이터가 생기지 않게 채워 주거나, 아크를 끊고 다시 아크를 일으켜 크레이터를 채워 방지한다.

ⓓ 설퍼균열 : 유황의 편석이 층상으로 존재하는 강재를 용접하는 경우 낮은 융점의 황화철 공정이 원인이 되어 용접금속 내에 생기는 1차 결정립계 균열이다.

ⓔ 세로굽힘변형(Longgitudinal Deformation) : 용접선의 길이 방향으로 발생하는 굽힘변형으로 세로 방향의 수축 중심이 부재 단면의 중심과 일치하지 않을 경우에 발생한다.

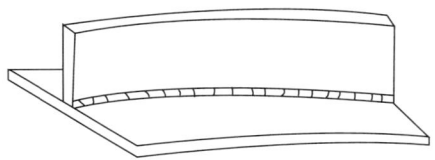

ⓕ 가로굽힘변형(Transverse Deformation) : 각변형이라고도 하며 양면용접을 동시에 수행하면 용접 시 온도 변화는 양면에 대칭되나, 실제는 한쪽 면씩 용접을 수행하기 때문에 수축량 등이 달라져 가로굽힘변형이 발생한다.

ⓖ 좌굴변형 : 박판용접은 입열량에 비해 판재의 강성이 낮아 용접선 방향으로 작용하는 압축응력에 의해 좌굴형식의 변형이 발생한다.

ⓗ 래미네이션 불량 : 모재의 재질결함으로 강괴일 때 기포가 내부에 존재해서 생기는 결함이다. 설퍼밴드와 같은 층상으로 편해하여 강재 내부에 노치를 형성한다.

ⓘ 비드 밑 균열 : 모재의 용융선 근처의 열영향부에서 발생하는 균열이다. 고탄소강이나 저합금강을 용접할 때 용접열에 의한 열영향부의 경화와 변태응력 및 용착금속 내부의 확산성 수소에 의해 발생한다.

④ 용접으로 인한 재료의 변형 방지법
 ㉠ 억제법 : 지그나 보조판을 모재에 설치하거나 가접을 통해 변형을 억제하는 방법이다.
 ㉡ 역변형법 : 용접 전에 변형을 예측하여 미리 반대 방향으로 변형시킨 후 용접하는 방법이다.
 ㉢ 도열법 : 용접 중 모재의 입열을 최소화하기 위해 물을 적신 동판을 덧대어 열을 흡수하는 방법이다.

⑤ 용접 후 수축에 따른 작업 시 주의사항 : 철은 열을 받으면 부피가 팽창하고, 냉각되면 부피가 수축된다. 따라서 변형을 방지하기 위해서는 반드시 용접 후 수축이 큰 이음부를 먼저 용접한 뒤 수축이 작은 부분을 용접해야 한다.

⑥ 용접 후 재료 내부의 잔류응력 제거법
 ㉠ 노 내 풀림법 : 가열 노(Furnace) 내에서 유지온도는 625℃ 정도이며, 노에 넣을 때나 꺼낼 때의 온도는 300℃ 정도로 한다. 판 두께가 25mm일 경우에 1시간 동안 유지하는 데 유지온도가 높거나 유지시간이 길수록 풀림효과가 크다.
 ㉡ 국부 풀림법 : 노 내 풀림이 곤란한 경우에 사용하며, 용접선 양측을 각각 250mm나 판 두께가 12배 이상의 범위를 가열한 후 서랭한다. 유도가열장치를 사용하며, 온도를 불균일하게 실시하면 잔류응력이 발생할 수 있다.
 ㉢ 기계적 응력완화법 : 용접 후 잔류응력이 있는 제품에 하중을 주어 용접부에 약간의 소성변형을 일으킨 후 하중을 제거하면서 잔류응력을 제거하는 방법이다.
 ㉣ 저온 응력완화법 : 용접선의 양측을 정속으로 이동하는 가스 불꽃에 의하여 약 150mm의 너비에 걸쳐 150~200℃로 가열한 뒤 바로 수랭하는 방법으로 주로 용접선 방향의 응력을 제거하는 데 사용한다.
 ㉤ 피닝법 : 끝이 둥근 특수 해머를 사용하여 용접부를 연속적으로 타격하며 용접 표면에 소성변형을 주는 방법으로, 인장응력을 완화시킨다.

⑦ 용접이음부 설계 시 주의사항
  ㉠ 용접선의 교차를 최대한 줄인다.
  ㉡ 가능한 한 용착량을 적게 설계해야 한다.
  ㉢ 용접 길이가 감소될 수 있는 설계를 한다.
  ㉣ 가능한 한 아래보기 자세로 작업한다.
  ㉤ 용접열이 국부적으로 집중되지 않도록 한다.
  ㉥ 보강재 등 구속이 커지도록 구조설계를 한다.
  ㉦ 용접작업에 지장을 주지 않도록 공간을 남긴다.
  ㉧ 가능한 한 열의 분포가 부재 전체에 고루 퍼지도록 한다.

⑧ 용접변형 방지용 지그

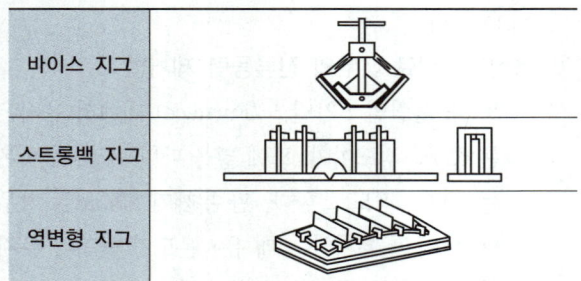

바이스 지그	
스트롱백 지그	
역변형 지그	

10년간 자주 출제된 문제

22-1. 아크를 끊을 때 비드 끝부분이 오목하게 들어가는 경우에 발생하며 용접기공, 균열 등이 발생하는 결함은?
① 저온균열
② 설퍼균열
③ 크레이터 균열
④ 래미네이션 불량

22-2. 언더컷 방지대책으로 적절하지 않은 것은?
① 전류를 높인다.
② 아크 길이를 짧게 한다.
③ 용접속도를 알맞게 한다.
④ 적절한 용접봉을 사용한다.

|해설|

22-1
크레이터 균열 : 용접 루트의 노치에 의한 응력 집중부에 생기는 균열이다. 아크를 끊을 때 비드 끝부분이 오목하게 들어가는 경우에 발생하며 용접기공, 균열 등이 발생한다. 아크를 급하게 끊지 말고 크레이터가 생기지 않게 채워 주거나 아크를 끊고 다시 아크를 일으켜 크레이터를 채워 방지한다.

22-2
언더컷 방지대책
• 전류를 낮춘다.
• 아크 길이를 짧게 한다.
• 용접속도를 알맞게 한다.
• 적절한 용접봉을 사용한다.

정답 22-1 ③ 22-2 ①

핵심이론 23 | 용접작업 시 안전관리

① 개인 보호구 착용 : 용접작업 시 발생하는 아크광, 불꽃, 고열, 스패터(튀는 금속방울)로부터 신체를 보호하기 위해 반드시 보호구를 착용해야 한다.

㉠ 용접 헬멧/보안경 : 아크광은 강한 자외선과 적외선을 포함하므로, 눈을 보호하지 않으면 심한 광화상(일명 용접눈)을 유발할 수 있다. 따라서 반드시 차광렌즈가 장착된 헬멧이나 보안경을 착용해야 한다. 아크가 발생할 때 눈을 자극하는 빛인 적외선과 자외선을 차단하는 것으로, 번호가 클수록 빛을 차단하는 차광량이 많아진다.

[용접 종류별 적정 차광번호(KS P 8141)]

용접의 종류	전류범위(A)	차광도 번호(No.)
납 땜	–	2~4
가스 용접	–	4~7
산소 절단	901~2,000	5
	2,001~4,000	6
	4,001~6,000	7
피복아크용접 및 절단	30 이하	5~6
	36~75	7~8
	76~200	9~11
	201~400	12~13
	401~	14
아크 에어 가우징	126~225	10~11
	226~350	12~13
	351~	14~16
탄소 아크 용접	–	14
TIG, MIG	100 이하	9~10
	101~300	11~12
	301~500	13~14
	501~	15~16

㉡ 작업복 : 불연성 소재(면, 가죽 등)로 된 긴팔, 긴바지의 작업복을 입어야 하며, 합성섬유는 열에 녹아 화상을 유발할 수 있으므로 금지한다.

㉢ 장갑/안전화 : 내열성 가죽장갑과 절연기능을 가진 안전화를 착용해야 한다. 이는 전격사고와 화상 예방에 효과적이다.

㉣ 안전모
- 안전모의 거리 및 간격 상세도

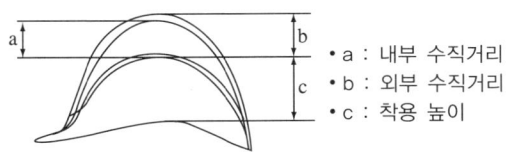

- a : 내부 수직거리
- b : 외부 수직거리
- c : 착용 높이

- 안전모 각 부의 명칭

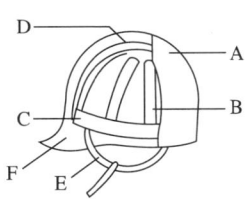

번호	명 칭	
A		모 체
B	착	머리받침끈
C	장	머리고정대
D	체	머리받침고리
E		턱 끈
F		챙(차양)

㉤ 안전모의 일반 기준
- 안전모는 모체, 착장체 및 턱끈을 가질 것
- 착장체의 머리고정대는 착용자의 머리 부위에 적합하도록 조절할 수 있을 것
- 턱끈은 사용 중 탈락되지 않도록 확실히 고정되는 구조일 것
- 안전모의 착용 높이는 85mm 이상이고, 외부 수직거리는 80mm 미만일 것
- 안전모의 내부 수직거리는 25mm 이상 50mm 미만일 것
- 안전모의 수평 간격은 5mm 이상일 것
- 머리받침끈이 섬유인 경우 각각의 폭은 15mm 이상, 교차되는 끈의 폭의 합은 72mm 이상일 것
- 턱 끈의 폭은 10mm 이상일 것
- 안전모의 모체, 착장체를 포함한 질량은 440g을 초과하지 않을 것
- 안전모는 통기를 목적으로 모체에 구멍을 뚫을 수 있으며 총면적은 150mm^2 이상, 450mm^2 이하일 것

② 화재 및 폭발 방지 : 용접은 고열과 불꽃이 발생하므로, 화재의 위험이 크다.
  ㉠ 가연물 관리 : 작업장 주변에 종이, 목재, 유류 등 가연물을 두지 않는다.
  ㉡ 소화기 비치 : CO_2 또는 분말 소화기를 작업장 가까이에 두어야 한다.
  ㉢ 가스통 관리 : 아세틸렌통, 산소통은 세워서 보관하고 고정해야 하며, 서로 떨어뜨려 두어야 한다. 아세틸렌통은 0.15MPa 이상 충전 금지 규정이 있다.
  ㉣ 역화방지기 설치 : 가스용접기에는 역화방지기와 체크밸브를 설치해 역화(불꽃 역류)사고를 예방한다.

③ 전기 안전 : 전기 아크용접기의 사용은 감전 및 전격사고의 위험을 동반한다.
  ㉠ 접지 : 모든 용접기는 반드시 안전접지를 해야 한다.
  ㉡ 전선관리 : 피복이 손상된 케이블을 사용하지 않도록 수시로 점검한다.
  ㉢ 습한 환경 주의 : 습한 장소에서 작업할 경우, 반드시 절연용 고무매트나 절연장화를 착용한다.

④ 환기와 유해가스의 대책
  ㉠ 용접 과정에서 발생하는 금속 퓸(fume), 일산화탄소(CO), 오존(O_3) 등은 인체에 치명적이다.
  ㉡ 환기장치 : 밀폐된 공간에서는 국소배기장치 또는 강제 환기팬을 설치해야 한다.
  ㉢ 산소농도 측정 : 밀폐된 공간에서는 용접 전에 반드시 산소농도를 측정하고, 필요시 송기를 공급해야 한다.
  ㉣ 보호구 사용 : 필요에 따라 방독마스크나 송기마스크를 착용한다.

⑤ 작업 시 주의사항
  ㉠ 불필요한 아크 방치 금지 : 작업 중 잠시 휴식하거나 공정을 멈출 경우, 아크를 켜둔 상태로 두면 화재 위험이 커지므로 반드시 전원을 차단해야 한다.
  ㉡ 용접봉 보관 : 수분 흡수는 수소 취성(Hydrogen Embrittlement)과 균열 발생의 원인이 되므로, 용접봉은 건조한 장소에 보관한다.
  ㉢ 작업자 이외 차폐 : 주변 인원이 아크광에 노출되지 않도록 차광막을 설치한다.

10년간 자주 출제된 문제

23-1. 용접작업 시 아크광에 가장 직접적으로 노출되는 신체 부위를 보호하기 위해 반드시 착용해야 하는 보호구는?
① 안전모
② 안전화
③ 귀마개
④ 보안경 또는 차광렌즈 헬멧

23-2. 아세틸렌 가스통을 안전하게 취급하기 위한 올바른 방법은?
① 눕혀서 보관해도 무방하다.
② 0.3MPa 이상 충전해도 된다.
③ 산소통과 나란히 붙여 보관한다.
④ 반드시 세워서 고정해야 한다.

23-3. 용접작업 중 발생하는 금속 퓸(Fume)과 가스를 가장 효과적으로 제거하는 방법은?
① 주변 환기 없이 보호구 착용만 한다.
② 송풍기로 일반 환기만 한다.
③ 국소배기장치를 설치하여 직접 배출한다.
④ 산소통을 옆에 두고 환기한다.

|해설|

23-1
아크광은 강한 자외선과 적외선을 포함하므로 눈에 심각한 손상을 줄 수 있으므로 반드시 보안경이나 차광렌즈가 장착된 헬멧을 착용해야 한다.

23-2
아세틸렌통은 세워서 보관해야 하며, 내부 압력은 0.15MPa 이상 충전하지 않는다. 또한 산소통과 떨어뜨려 보관하는 것이 원칙이다.

23-3
용접 시 발생하는 금속 퓸과 유해가스는 국소배기장치나 강제 환기 팬을 사용하여 직접 제거하는 것이 가장 효과적이다.

정답 23-1 ④ 23-2 ④ 23-3 ③

핵심이론 24 | 전격방지기

① 전격 : 강한 전류를 갑자기 몸에 느꼈을 때의 충격으로, 용접기에는 작업자의 전격을 방지하기 위해서 반드시 전격방지기를 부착해야 한다.

② 전격방지기의 역할
- ㉠ 용접작업 중 전격의 위험을 방지한다.
- ㉡ 작업을 쉬는 중 용접기의 2차 무부하전압을 25V로 유지하고 용접봉을 모재에 접촉하면, 순간 전자개폐기가 닫혀서 보통 2차 무부하전압이 70~80V로 되어 아크가 발생되도록 한다. 용접을 끝내고 아크를 끊으면 자동적으로 전자 개폐가 차단되어 2차 무부하전압이 다시 25V로 된다. 이와 같이 해서 작업을 쉬는 동안에 2차 무부하전압이 항상 25V 정도 유지되도록 하면 전격을 방지할 수 있다.

10년간 자주 출제된 문제

24-1. 교류 아크용접기는 무부하전압이 높아 전격의 위험이 있어 안전을 위하여 전격방지기를 설치한다. 이때 전격방지기의 2차 무부하전압은 몇 V로 유지하는 것이 적당한가?

① 80~90V 이하
② 60~70V 이하
③ 40~50V 이하
④ 20~30V 이하

24-2. 용접작업에서 전격의 방지대책으로 틀린 것은?

① 땀, 물 등에 의해 젖은 작업복, 장갑 등은 착용하지 않는다.
② 텅스텐봉을 교체할 때 항상 전원 스위치를 차단하고 작업한다.
③ 절연 홀더의 절연 부분이 노출, 파손되면 즉시 보수하거나 교체한다.
④ 가죽장갑, 앞치마, 발 덮개 등 보호구를 반드시 착용하지 않아도 된다.

|해설|

24-1
전격방지기는 작업을 쉬는 동안에 2차 무부하전압이 항상 25V 정도로 유지되도록 하여 전격을 방지할 수 있다.

24-2
전격을 예방하려면 작업할 때 반드시 가죽장갑과 같은 안전용품을 착용해야 한다.

정답 24-1 ④ 24-2 ④

핵심이론 25 | 전기 취급 시 안전관리

① 전기 취급 시 기본 원칙
- ㉠ 전원 차단 : 작업 전 반드시 해당 회로의 전원을 차단하고, 차단기를 잠금(Lock-out)·표시(Tag-out)한다.
- ㉡ 접지 : 감전사고 예방을 위해 전기설비, 기계의 금속 외함은 반드시 접지해야 한다.
- ㉢ 습기·물기 금지 : 젖은 손이나 발로 전기기구를 만지면 감전 위험이 급격히 커진다.
- ㉣ 절연도구 사용 : 절연장갑, 절연화, 절연매트 등 보호장비를 반드시 착용한다.

② 감전 예방
- ㉠ 절연 상태 확인 : 전선 피복이 벗겨졌거나 손상된 경우 즉시 교체해야 한다.
- ㉡ 누전차단기 설치 : 누전이나 과부하 발생 시 자동으로 전원을 차단해 감전을 예방한다.
- ㉢ 1차 회로 점검 후 2차 작업 시 : 고압설비 점검 시 반드시 절연봉, 검전기를 사용한다.
- ㉣ 저압 : 100V 이하 저압이라도 물기나 금속 접촉 시 심각한 감전이 발생할 수 있다.

③ 화재 예방
- ㉠ 전선의 굵기 준수 : 부하전류보다 작은 전선을 사용하면 과열 및 화재 위험이 있다.
- ㉡ 과부하 방지 : 하나의 콘센트에 다수의 전열기구를 꽂지 않는다.
- ㉢ 적정 용량의 차단기 사용 : 허용전류 이상 사용 시 화재의 주요 원인이 된다.
- ㉣ 연결부 확인 : 느슨한 접속부는 스파크 발생으로 화재 위험이 높다.

④ 작업환경
- ㉠ 통풍 확보 : 밀폐된 장소에서 전기 아크, 스파크 발생 시 유해가스가 체류할 수 있다.
- ㉡ 위험 표시 : 고압설비, 변압기, 분전반에는 반드시 '위험-고압' 경고 표지를 부착한다.

ⓒ 안전거리 유지 : 고압선 근처에서는 최소 2m 이상, 특고압은 4m 이상의 거리를 유지한다.
ⓓ 비상 차단 준비 : 작업장에는 반드시 비상 전원 차단 스위치를 설치해야 한다.

⑤ 보호구와 기구
ⓐ 절연장갑 : 고무 재질로 제작하고, 사용 전 균열이나 손상 여부를 점검해야 한다.
ⓑ 보안경・보안모 : 아크 불꽃, 절단 불꽃, 전선 단락 시 발생하는 파편으로부터 눈을 보호한다.
ⓒ 절연공구 : 드라이버, 펜치 등은 절연 코팅된 것을 사용한다.
ⓓ 퓨즈와 차단기 : 규격품을 사용한다. 임의로 구리선 등으로 대체하지 않는다.

⑥ 작업자 주의사항
ⓐ 단독 작업 금지 : 고압설비는 반드시 2인 1조로 작업한다.
ⓑ 안전교육 이수 : 전기작업자는 정기적으로 안전교육과 응급처치교육을 받아야 한다.
ⓒ 응급 대처 : 감전사고 시 즉시 전원을 차단하고, 심폐소생술(CPR)을 실시한다.
ⓓ 정기점검 : 분전반, 차단기, 배선은 정기적으로 열화・파손 여부를 점검해야 한다.

10년간 자주 출제된 문제

25-1. 고압전기설비 점검 시 산업안전보건법에 따라 작업자가 반드시 준수해야 할 사항으로 옳은 것은?
① 절연장갑 대신 가죽장갑도 착용 가능하다.
② 1인 단독으로 점검하되 비상연락망을 확보한다.
③ 반드시 2인 1조로 작업하며 절연장비를 사용한다.
④ 전원 차단 없이 고무매트 위에서 점검할 수 있다.

25-2. 누전차단기(ELB)에 관한 설명으로 옳지 않은 것은?
① 인체 감전 보호를 위해 주로 정격감도전류 30mA 이하를 사용한다.
② 동작시간은 일반적으로 0.1초 이내이어야 한다.
③ 전기화재 예방기능은 포함되지 않는다.
④ 누전 발생 시 자동으로 회로를 차단한다.

25-3. 작업자가 습한 장소에서 휴대용 전동공구를 사용할 경우, 전기설비기술기준에 따른 적합한 조치로 가장 옳은 것은?
① 방수포만 설치하면 안전하다.
② 반드시 절연변압기 또는 누전차단기를 사용한다.
③ 접지봉을 설치하면 별도 조치가 필요 없다.
④ 전원선을 2중 피복으로 교체하면 된다.

25-4. 산업안전보건법에서 규정하는 고압활선작업의 안전조치에 해당하지 않는 것은?
① 절연용 보호구 및 절연용 방호구를 착용한다.
② 활선작업용 장비를 사용한다.
③ 안전관리자 입회하에 작업한다.
④ 접지선을 임의 제거 후 작업한다.

25-5. 전기화재 예방과 관련된 설명으로 옳지 않은 것은?
① 배선의 허용전류 이상 사용 시 절연 열화 및 발화 위험이 있다.
② 퓨즈 용량을 초과하는 전류에도 끊어지지 않도록 구리선으로 대체하면 안전하다.
③ 접속부의 접촉저항이 크면 발열로 화재가 발생할 수 있다.
④ 전기기계・기구는 정격전압 및 전류를 준수해야 한다.

|해설|

25-1
고압설비점검은 법적으로 2인 1조 근무가 원칙이며, 반드시 절연장갑, 절연화, 절연봉을 사용해야 한다.

25-2
누전차단기는 감전 예방뿐 아니라 누전으로 인한 전기화재도 예방한다.

25-3
물기나 습기가 있는 장소에서는 반드시 절연변압기 또는 누전차단기를 사용해야 한다. 접지만으로는 감전 위험을 막을 수 없다.

25-4
활선작업 시 접지선을 제거하면 매우 위험하므로 반드시 접지선을 설치한 상태에서 절연장비를 사용해야 한다.

25-5
퓨즈를 임의로 대체하는 것은 법적으로 금지되어 있으며, 전기화재의 대표적 원인이 된다.

정답 25-1 ③ 25-2 ③ 25-3 ② 25-4 ④ 25-5 ②

합격의 공식 시대에듀

교육은 우리 자신의 무지를 점차 발견해 가는 과정이다.

- 윌 듀란트 -

2018~2022년 과년도 기출문제 회독 CHECK 1 2 3

PART 02

과년도 기출문제

#기출유형 확인 #상세한 해설 #최종점검 테스트

2018년 제1회 과년도 기출문제

제1과목 설비진단 및 계측

01 압전체에 힘이 가해질 때 그 힘에 비례하는 전하가 발생하는 피에조(Piezo) 효과를 이용한 센서는?

① 서보 가속도센서
② 와전류 가속도 센서
③ 압전형 가속도 센서
④ 스트레인 게이지 가속도 센서

해설
압전 효과(피에조 효과) : 압전 결정에 힘을 가하여 변형을 주면 변형에 비례하여 양단에 +, - 전하가 발생

02 고유진동수와 질량 및 강성에 관한 설명 중 옳은 것은?

① 고유진동주파수는 질량과 강성 모두에 비례한다.
② 고유진동주파수는 질량과 강성 모두에 반비례한다.
③ 고유진동주파수는 질량에는 비례하고 강성에는 반비례한다.
④ 고유진동주파수는 질량에는 반비례하고 강성에는 비례한다.

해설
1계 자유진동을 예로 들어 고유진동수는
$f_n = \frac{1}{2\pi}\sqrt{\frac{k}{m}}$ [m : 질량, k : 스프링 상수(강성)]

03 소리의 성분은 크게 세 가지로 분류하며 이것을 음의 3요소라 한다. 음의 3요소가 아닌 것은?

① 음 색
② 공 명
③ 음의 높이
④ 음의 세기

해설
음의 3요소 : 음색(Quality), 음의 높이(Pitch), 음의 세기(Loudness)

04 다음 필터 중 저역을 통과시키는 필터로 특정 주파수 이상은 감쇠(차단)시켜주는 필터로 가장 적합한 것은?

① 로패스 필터
② 밴드패스 필터
③ 하이패스 필터
④ 주파수 패스 필터

해설
- Low Pass Filter(저주파 대역 통과 필터)
  - 저주파만 통과시키고 고주파는 차단
  - 출력 신호의 급격한 증감을 보이는 잡음을 없애줌
- High Pass Filter(고주파 대역 통과 필터)
  - 고주파만 통과시키고 나머지 주파는 차단
  - 고주파 음역을 강화하는 역할
  - 미분기 역할
- Band Pass/Reject Filter
  - 특정 주파수대를 통과/차단시킴

정답 1 ③ 2 ④ 3 ② 4 ①

05 다음 중 조절계의 제어동작에서 입력에 비례하는 크기의 출력을 내는 제어 방식은?

① ON/OFF제어
② 비례제어
③ 적분제어
④ 미분제어

해설
- ON/OFF 제어 : ON과 OFF만 선택 가능한 제어
- 비례제어(Proportional Control, P제어)
  - PID 제어 중 가장 단순하며 입력과 출력이 단순 함수관계인 제어
  - 구성비용이 저렴하나 정밀도가 낮고 상승시간이 짧으며 오버슈트를 크게 함
  - 안정된 상태에서도 잔류편차가 있음
  - 이득(Gain)을 조정
  - 제어편차에 비례한 수정동작을 함
- 미분제어(Derivative Control, PD제어)
  - 입력과 출력과의 관계 속도를 제어
  - 제어편차가 검출될 때 편차가 변화하는 속도에 비례하여 조작량을 가감
  - 규모 공장 등의 정밀도보다 적절한 속도가 중요한 곳에 사용
  - 응답 속도를 개선한 제어이며 P제어와 함께 사용(속응성)
- 적분제어(Integral Control, PI제어)
  - 제어의 정밀도에 주목한 제어로 제어속도가 느림
  - Off-Set 소멸시키고 잔류편차가 작고 구성이 예민하며 비용이 높음
  - 목적에 따라 정밀도를 개선한 제어

06 진폭을 표시하는 파라미터와 가장 거리가 먼 것은?

① 변 위
② 속 도
③ 질 량
④ 가속도

해설
진동 현상을 설명하는 그래프는 변위를 세로축으로, 시간을 가로축으로 사용하는 그래프로, 물리값 중 시간과 변위의 관계로 구성된 값이 표현가능하다. 변위, 속도, 가속도를 진동 크기의 3요소라고도 한다.

07 다음 중 진동의 에너지를 표현하는 것에 가장 적합한 값은?

① 편진폭
② 양진폭
③ 실횻값
④ 평균값

해설
실횻값은 정현파의 경우 $\frac{peak}{\sqrt{2}}$ 가 되며 면적을 의미하고, 각종 기계류의 수명을 판단하거나 에너지 발산을 판단하는 양으로 사용

08 진동 방지를 위하여 사용되는 진동 차단기의 기본 요구조건이 아닌 것은?

① 강성이 충분히 커서 차단능력이 있어야 한다.
② 강성은 작되 걸어준 하중을 충분히 견딜 수 있어야 한다.
③ 온도, 습도, 화학적 변화 등에 견딜 수 있어야 한다.
④ 차단하려는 진동의 최저 주파수보다 작은 고유진동수를 가져야 한다.

해설
진동 차단기로 사용되는 패드는 강성(스프링상수)이 가능한 낮아서 진동을 흡수할 수 있어야 한다.

09 다음 중 푸리에 변환의 특징을 설명한 것으로 틀린 것은?

① FFT분석에서는 항상 양부호(+)의 주파수 성분이 나타난다.
② 충격신호와 같은 임펄스신호(Impulse Signal)는 푸리에 변환이 불가능하다.
③ 시간대역이나 주파수 대역에서 유한한 신호는 다른 대역(주파수나 시간)에서 무한한 폭을 갖는다.
④ 어떤 대역에서 주기성을 갖는 규칙적인 신호라 할지라도 다른 대역에서는 불규칙적인 신호로 나타날 수 있다.

해설
임펄스신호에서 푸리에 변환이 가능하다.

10 시퀀스 제어의 동작을 기술하는 방식 중 조건과 그에 대응하는 조작을 매트릭스 형으로 표시하는 방식은?

① 논리회로(Logic Circuit)
② 플로차트(Flow Chart)
③ 동작선도(Motion Diagram)
④ 디시젼 테이블(Decision Table)

해설
제어 동작의 기술방식
- 논리회로 : 논리식과 기호를 이용하여 수학적으로 기술
- 플로차트 : 순서도라고도 하며 차트 기호를 이용하여 제어 명령의 순서를 기술
- 동작선도(Motion Diagram) : 동일한 선도에서 다양한 간격으로 위치를 표시하여 객체의 모션을 표현
- 디시젼 테이블(Decision Table) : 시퀀스 제어에 관한 각종 정보를 매트릭스 형태의 테이블에 기입하여 시퀀스제어를 실시

11 두 개의 다른 금속이 연결되어 있는 부위에 온도차가 주어지면 열기전력이 발생한다. 이것을 무슨 효과라고 하는가?

① 압전효과(Piezoelectric Effect)
② 광기전력효과(Photovoltaic Effect)
③ 제베크효과(Seebeck Effect)
④ 광도전효과(Photo-Conductive Effect)

해설
- 제베크효과(Seebeck Effect) : 양접점에 온도차가 생기면 접촉 전위차 불평형이 발생하여 열전류가 흐르는 현상
- 광기전력효과 : 금속 표면에 빛 입자가 입사되면 기전력이 발생하는 효과
- 광전효과 : 금속 표면에 빛 입자가 입사되면 (-) 전자가 튀어나가는 효과
- 압전효과 : 어떤 물질에 힘이 가해지면 그 힘과 비례하는 전압이 생기는 현상

12 2개의 다른 금속선으로 폐회로를 만들어 열기전력을 발생시키고, 폐회로에 전류가 흐르게 하는 원리를 이용한 온도계는?

① 열전쌍
② 서미스터
③ 볼로미터
④ 광파이버

해설
열전쌍(Thermocouple) : 서로 다른 두 종류 금속의 기전력을 이용한 온도센서. 구조가 간단하고 저렴하며 내구성이 있고 비교적 정확히 온도 측정 가능. 기본적으로 열에너지를 전기에너지로 변환

13 청감 보정 회로 A, B, C, D 특성 설명 중 틀린 것은?

① A 보정회로 : 40폰의 등청감 곡선을 이용(55dB 이하)
② B 보정회로 : 90폰의 등청감 곡선을 이용(75dB 이상 95dB 이하)
③ C 보정회로 : 85폰의 등청감 곡선을 이용(85dB 이상의 경우 사용)
④ D 보정회로 : 항공기 소음 측정용으로 PNL 측정에 사용

해설
② 75폰의 등청감 곡선을 이용하며 이 보정회로는 거의 사용하지 않는다.

14 다음 중 도체의 저항값에 비례하는 것은 어느 것인가?

① 도체의 길이
② 도체의 단면적
③ 도체의 색상
④ 도체의 절연재

해설
전기의 저항은 물의 흐름과 마찬가지로 도선의 단면적이 크면 저항이 줄어 들고, 도선이 길어지면(이동할 경로가 멀어지면) 저항이 늘어남
$R \propto \dfrac{l}{A}$ (여기서, R : 저항, A : 도선의 단면적, l : 도선의 길이)

15 다음 중 마스킹(Masking) 효과에 대한 설명으로 틀린 것은?

① 마스킹 효과는 음파의 간섭에 의해서 발생한다.
② 고음이 저음을 잘 마스킹한다.
③ 두 음의 주파수가 거의 같을 때에는 맥동이 생겨 마스킹 효과가 감소한다.
④ 마스킹 효과란 크고 작은 두 개의 소리를 동시에 들을 때, 큰 소리만 듣고 작은 소리는 듣지 못하는 현상을 말한다.

해설

마스킹 효과
- 크고 작은 두 소리를 동시에 들을 때 큰 소리만 들리고 작은 소리는 작게 들리거나 듣지 못하는 현상을 말한다.
- 서로 다른 두 소리의 주파수가 비슷하면 마스킹 효과가 커지고, 주파수가 같으면 맥놀이가 생겨 마스킹 효과는 감소한다.
- 주파수가 낮은 저음이 주파수가 높은 고음을 잘 마스킹한다.
- 소리가 강하면 마스킹되는 양도 커진다.

16 와전류형 비접촉 변위센서가 주로 사용되는 곳은?

① 구름 베어링의 이상 유무를 확인할 때 사용한다.
② 고속 기어의 맞물림 상태를 확인할 때 사용한다.
③ 터빈 축의 회전상태를 확인할 때 사용한다.
④ 구조물의 고유진동수를 측정하고자 할 때 사용한다.

해설

비접촉식 와전류 변위센서
- 기계의 상대적 흔들림(진동)의 측정에 적합
- 축 중심선의 평균적인 위치와 축 방향의 위치 파악이 가능하므로 축의 회전상태 파악에 적합
- 고정밀 측정에 적합하고, 특히 압력이나 먼지, 오일, 고온이 문제가 되는 환경에 적합

17 측정물체와 비접촉 방식으로 온도를 측정하는 온도계는?

① 압력식 온도계
② 열전 온도계
③ 저항 온도계
④ 방사 온도계

해설

온도계는 크게 접촉식과 비접촉식으로 나뉘고 방사되는 적외선을 이용하는 비접촉식은 양자형 방사 온도계와 열전형 방사 온도계로 구분한다.

18 다음 중 회전 속도계를 의미하는 것은?

① 로드 셀(Load Cell)
② 서미스터(Themistor)
③ 태코미터(Tachometer)
④ 퍼텐쇼미터(Potentiometer)

해설

태코미터 : 각속도를 직접 측정하는 계측기의 종류
- 전기식 태코미터 : 회전속도에 비례하는 전압 출력을 내어 계측
- 자기식[전자(電磁)식] 태코미터 : 여자코일이 발생시키는 자속밀도의 변화를 이용하여 펄스 모양의 전압 신호를 인출하는 것으로 내구성이 우수하고 전원을 필요로 하지 않는 특징이 있는 측정
- 광학식 태코미터 : 광원과 광센서를 이용하여 회전에 따른 전기 신호를 인식하게 하여 계측
- 접촉식 태코미터 : 자기의 성질을 다양하게 이용하는 몇 가지 방법이 있으며 구조는 톱니바퀴와 자기발생장치를 이용하여 발생하는 기전력을 측정

정답 15 ② 16 ③ 17 ④ 18 ③

19 아날로그 값을 디지털 값으로 변환하는 것을 무엇이라 하는가?

① D/A 변환기
② A/D 변환기
③ A/A 변환기
④ D/D 변환기

해설
- A/D 변환 : 아날로그 신호를 전송 가능한 디지털 신호로 변환
- D/A 변환 : 전송 및 가공된 디지털 신호를 아날로그 신호로 변환

20 다음 중 소음방지를 위한 기본적인 방법이 아닌 것은?

① 흡음
② 차음
③ 공진
④ 진동 차단

해설
방음의 방법
- 흡음
- 차음 : 소리의 전달을 차단. 밀폐벽, 중공벽 등을 설치
- 간섭 방음 : 입사음과 반사음을 간섭시켜 소음을 감소시키는 방법
- 제진(진동 감소, 진동 댐핑) : 진동으로 패널에서 발생하는 소음 저감
- 차진(진동 차단) : 방진고무, 스프링 등을 이용하여 진동에너지를 감소시켜 소음 전달 저감
- 소음감소장치(소음기) 사용

제2과목 설비관리

21 신규 사업의 개발, 현존 사업의 혁신 및 확장에 따른 공장의 증설, 제품의 품종, 설계, 생산 규모를 변경할 경우에 항상 시행하는 것은?

① 예방보전
② 구매계획
③ 설비계획
④ 공사관리

해설
설비계획의 필요성
- 신규 사업의 개발, 현존 사업의 혁신 및 확장에 따른 공장의 증설, 제품의 품종, 설계, 생산 규모를 변경할 경우에 항상 필요
- 산업 발전에 따른 공장 생산 능률개선을 위한 설비의 신설과 교체할 때 필요

22 고장, 품목변경에 의한 작업 준비, 금형교체, 예방보전 등의 시간을 뺀 실제 설비가 작동된 시간을 의미하는 것을 무엇이라 하는가?

① 조정시간
② 가동시간
③ 휴지시간
④ 캘린더시간

해설
가동시간 : 실제 가동된 시간. 고장, 품목변경에 의한 작업 준비, 금형교체, 예방보전 등의 시간을 뺀 실제 설비가 작동된 시간

23 공사의 완급도를 결정하기 위하여 고려해야 할 판정기준이 아닌 것은?

① 공사가 지연됨으로써 발생하는 만성 로스의 비용
② 공사가 지연됨으로써 발생하는 생산 변경의 비용
③ 공사를 급히 진행함으로써 발생하는 공수나 재료의 손실
④ 공사를 급히 진행함으로써 발생하는 타 공사의 지연에 따른 손실

해설
완급도 구분 결정을 위한 고려 사항
- 공사 지연 시 발생하는 생산 변경 비용
- 공사 긴급 진행 시 발생하는 타 공사 지연 비용
- 공사 긴급 진행 시 발생하는 계획 변경 비용
- 공사 긴급 진행 시 발생하는 공수, 재료의 손실
- 위 고려 사항의 비용의 합이 최소가 되어야 합리적인 완급도 결정으로 간주

24 다음 중 직접 측정식 계측기가 아닌 것은?

① 스톱워치 ② 수온 온도계
③ 게이지블록 ④ 마이크로 미터

해설
게이지블록은 간접 측정기이며 구비된 게이지블록을 쌓아서 길이, 각도 등을 측정한다.
- 스톱워치 : 버튼을 이용 시간을 직접 측정
- 수온 온도계 : 물에 담가 온도를 직접 측정
- 마이크로 미터 : 길이를 직접 측정

25 생산량이 많고 표준화되고 작업의 균형이 유지되며 재료의 흐름이 원활한 경우에 많이 이용되는 설비배치 형태는?

① 갱 시스템
② 제품별 배치
③ 기능별 배치
④ 제품 고정형 배치

해설
제품별 배치(라인별 배치, Product Layout, Line-Layout)
- 공정의 계열에 따라 각 공정에 필요한 기계가 배치되는 형식
- 생산량이 많고 작업의 균형이 유지되는 표준화 공정의 경우
- 원료 및 재료의 흐름이 원활해야 한다.
- 전통적 생산효율성을 고려하여 공정 간의 공정 균형 효율 필요

26 자본의 효율적 사용을 위해 현재 사용 중인 낡은 기계를 계속 사용하거나 새로운 기계로의 대체 여부를 비교하여 결정하는 방법은?

① QFD ② MAPI
③ 6sigma ④ PERT/CPM

해설
MAPI(Machinery & Allied Products Institute)방식
- 기존 설비(현 설비)를 계속 사용할지와 신규 설비투자를 할 것인가를 선택하기 위한 비교분석 방법이다.
- 자본배분에 관련된 투자 순위결정이 주제이고, 긴급률이라고 불리는 일종의 수익률을 구하여 이의 대소에 따라서 설비 상호 간의 우선순위를 평가한다.

27 보전 작업 표준을 설정하기 위한 방법 중 실적 기록에 입각해서 작업의 표준시간을 결정하는 방법은?

① 경험법 ② MTM법
③ PTS법 ④ 실적 자료법

해설
작업 표준 설정 방법
- 경험법 : 경험자의 견적에 의하여 작업 표준을 설정. 경험자의 경험, 역량, 주관에 의해 변동성이 커 다소 불안정적. 초기에는 경험법을 사용하더라도 이에 따른 실적 데이터를 축적하여 객관화하는 과정이 필요
- 실적 자료법 : 실적 기록을 근거로 작업 표준 시간을 결정하는 방법. 할 수 있는 한 작업을 세분화하여 실적 데이터를 축적하면 넓은 적용범위 가능. 다수의 데이터로 평균치를 선정하여 이론에 따른 이상적 데이터가 아닌 실 작업 시 데이터 적용 필요
- 작업 연구법 : 가장 신뢰할 수 있는 방법이나 인적, 물적, 시간적 비용이 많이 들므로 어느 작업을 대상으로 할지 고려가 필요
- 작업 연구법에 적용하는 기법
  - PTS(Predetermined Time Standard) : 특정 작업을 수행하는 데 필요한 시간의 양과 인건비 단가를 정함으로써 인건비절감을 위해 도입. 노동 중심 산업, 작업 주기가 짧은 영역에 적용. 작업자의 동작요소(표준시간, 유휴시간 등)를 측정
  - MTM(Method-Time Measurement) : 노동자의 작업을 동작의 성격에 따라 구분하고, 각 동작의 성격과 조건에 따라 표준시간을 정하여, 각 동작의 소요시간을 더함

28 TPM의 5가지 활동 중 보전이 필요 없는 설비를 설계하여, 가능한 빨리 설비의 안전가동을 위한 활동은 무엇인가?

① 계획 보전 체제의 확립
② 작업자의 자주 보전 체제의 확립
③ 설비의 효율화를 위한 개선활동
④ MP 설계와 초기 유동 관리 체제의 확립

해설
TPM의 다섯 가지 활동
- 설비 효율화를 위한 개선 활동 : 6대 로스 추방
- 작업자의 자주 보전 체제의 확립 : 설비에 강한 작업자 육성, 작업자 보전체제 확립
- 계획 보전 체제의 확립 : 효율적 활동이 가능한 보전 체제 확립
- 기능 교육의 확립 : 작업자 기능 수준 향상
- MP 설계와 초기 유동 관리 체제의 확립 : 무보전설비 설계 및 신속한 설비안전가동 요

29 다음 중 설비의 경제성 평가방법과 가장 거리가 먼 것은?

① 비용-비교법 ② 평균이자법
③ 연평균 비교법 ④ MTBF 분석법

해설
MTBF 분석법은 고장 분석 방법이다.

30 설비관리를 수행할 때 기능적으로 구분하면 일반관리기능, 기술기능, 실시기능 및 지원기능으로 구분할 수 있다. 이때 기술기능에 해당되지 않는 것은?

① 공급망 관리
② 설비성능분석
③ 보전도 향상 연구
④ 설비진단기술 이전 및 개발

해설
기술기능은 설비성능분석, 고장분석방법 개발과 실시, 보전도 향상 연구, 설비 진단 기술 이전 및 개발, 설비 간 네트워크 구축, 전산화 구축, 보전업무분석, 검사기준 개발, 보전 기술 개발, 매뉴얼 개발 및 갱신, 보전 자료 문서화, 자료의 설계 반영, 보전 부품 교체 분석 등 기술 관련된 수많은 기능으로 구성되어 있다. 공급망 관리는 일반관리 기능의 영역이다.

31 시스템을 구성하는 기본적 요소로 (1)에 들어갈 내용으로 적합한 것은?

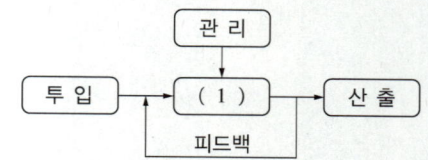

① 연산기구 ② 제어기구
③ 중앙기구 ④ 처리기구

해설
시스템의 기본 구성은 투입을 처리하여 산출하는 과정으로 구성된다. 그 과정 중 처리된 결과를 모니터하여 투입과정에 피드백을 하고 이 과정을 관리하는 절차가 개입된다.
설비를 운영하는 시스템에 적용하면 원료를 투입하여 이것을 가공, 운전, 조작하여 처리하는 과정을 거친 후 제품을 산출하는 과정을 설비시스템이라 하며 모니터링의 측정 등을 피드백하여 원료량이나 원료상태를 조절한다.

32 시스템의 잠재적 결함을 조직적으로 규명 및 조사하는 설계기법의 하나로 설비사용자에게도 설비의 지속적인 평가와 개선을 실시할 수 있게 하는 분석 방법은?

① QM 분석
② PM 분석
③ FTA 분석
④ FMECA 분석

해설
FMECA(Failure Mode, Effect & Criticality Analysis)
- 시스템의 잠재적 결함을 조직적으로 규명하고 조사하는 설계기법의 하나
- 설비 사용자에게 설비의 끊임없는 평가와 개선을 실시할 수 있게 하는 방법

33 부하가 많을 경우에 각 부하전력의 산술합계를 최대 부하로 나눈 것을 무엇이라고 하는가?

① 부하율
② 수요율
③ 부등률
④ 설비 이용률

해설
부등률
- 최대 수용전력의 합이 실제 최대 수용전력은 아님
- 부등률 = $\dfrac{\text{부하 최대 전력의 합}}{\text{합성 최대 수용 전력}} \times 100[\%]$

34 품질의 불량은 여러 가지 원인에 의하여 발생한다고 볼 수 있다. 불량이 발생하지 않게 하기 위한 활동으로 가장 거리가 먼 것은?

① 설비의 설계개선 및 불량발생 조건 제거
② 인적자원의 교육, 훈련을 통한 다기능공화
③ 원자재 재고의 확보를 통한 자재공급의 안정화
④ 제품, 가공물, 품질특성에 유연하게 대처되는 설비능력 확보

해설
보기 네 개 모두 품질 불량의 원인이 될 수 있으나 불량 발생 활동으로 보면 원자재 재고 확보는 간접적인 원인이 되어서 가장 거리가 멀다.

35 프로세스형 설비의 로스에 대한 설명으로 틀린 것은?

① 고장 로스는 생산준비, 수주 및 조정에 의한 생산계획상의 로스이다.
② 공구교환 로스는 품목 변화 시 설비공구 등의 교환에 의하여 발생되는 로스이다.
③ 속도 저하 로스는 이론 사이클시간과 실제 사이클 시간과의 차이의 로스이다.
④ 계획정지 로스는 연간 보전 계획에 의한 예방보전 또는 정기보전에 의한 휴지시간에 의한 로스이다.

해설
고장 로스 : 프로세스를 구성하고 있는 각 설비의 고장에 의한 정지 로스. 돌발적인 정지형 고장과 기능이 떨어지는 기능형 고장으로 구분

36 다음 그림과 같이 사용 중에 성능저하는 별로 되지 않으나 돌발고장에 의한 정지가 발생하며 부분적 교환, 교체에 의하여 복구되는 열화의 형태는?

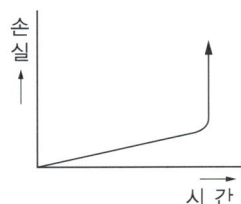

① 기능저하형
② 기능정지형
③ 성능저하형
④ 성능증가형

해설
열화손실이 나타나는 과정

성능저하형	기능정지형
사용 중 생산량이나 수율, 정밀도 등 효율이 낮아지는 현상이 발생	사용 중 부분고장이나 일부 파손 등 돌발고장 현상이 발생

37 TPM에서의 설비종합효율을 계산하기 위해서 고려되어야 할 사항 중 가장 거리가 먼 것은?

① 양품률
② 로스율
③ 시간 가동률
④ 성능 가동률

해설
- 종합 효율 = 시간 가동률 × 성능 가동률(=속도 가동률 × 실질 가동률) × 양품률
  = 설비 유효 가동률 × 실질 가동률 × 양품률
  = $\dfrac{\text{가치가동시간}}{\text{부하시간}}$
- 양품률 = $\dfrac{\text{가공수량} - \text{불량수량}}{\text{가공수량}}$ = $\dfrac{\text{양품수}}{\text{가공수량}}$

38 설비의 신뢰성 평가 척도 중 하나로 일정 기간 중 발생하는 단위시간당 고장횟수를 무엇이라고 하는가?

① 고장률
② 보전률
③ 평균고장간격
④ 평균고장시간

해설
고장률 : 일정 기간 중 발생하는 단위시간당 고장횟수. 보통 1,000시간당 백분율로 나타냄

고장률 = $\dfrac{\text{고장횟수}}{\text{가동시간}}$

39 만성 로스 개선 방법 중 설비나 시스템의 불합리 현상을 원리 및 원칙에 따라 물리적 성질과 메커니즘을 밝히는 사고방식은?

① FTA
② FMEA
③ PM 분석
④ QM 분석

해설
PM 분석(Phenomena/Physical × Mechanism, Machine, Man, Material)
- 설비의 물리적 성질과 메커니즘을 이해하여 만성 고장을 규명, 로스를 개선하는 수단의 하나
- 만성화된 설비나 시스템의 불합리 현상을 원리 및 원칙에 따라 물리적 해석으로 현상 메커니즘을 밝히는 사고방식

40 다음 중 유용성을 설명한 것은?

① 어느 특정 순간에 기능을 유지하고 있는 확률
② 일정조건하에서 일정시간 동안 기능을 고장없이 수행할 확률
③ 어떤 신뢰성의 대상물에 대해 전 고장수에 대한 전 사용시간의 비
④ 규정된 조건에서 보전이 실시될 때 규정시간 내에 보전이 종료되는 확률

해설
유용성
- 신뢰도와 보전도를 종합한 평가 척도
- 어느 특정한 시간에 기능을 유지하고 있을 확률
- 설비 유효 가동률 = 시간 가동률 × 속도 가동률
- 시간 가동률 = $\dfrac{\text{가동시간}}{\text{가동시간} + \text{비가동시간}}$
- 속도 가동률 = $\dfrac{\text{표준가공시간}}{\text{실제가공시간}}$

제3과목 기계일반 및 기계보전

41 일반적인 혐기성 접착제의 사용 시 주의사항으로 틀린 것은?

① 환기에 유의할 것
② 접착부분을 깨끗이 할 것
③ 경화가 느리므로 굳은 후 접착할 것
④ 작업 중 신체와 접촉되지 않도록 할 것

해설
- 혐기성 접착제
  - 1액성, 무용제형 강력 접착제이다. 이 액체 고분자 물질은 산소와 접할 때는 액상이다가 산소가 차단되면 중합반응이 일어나 경화된다.
  - 침투성이 좋고 경화될 때 부피가 줄지 않는다.
  - 작업 시 신체 접촉을 피하고 환기에 유의하며 작업 부위의 청결에 신경쓴다. 경화속도가 빠르므로 신속히 작업하여야 한다.
  - 내화학성이 높아 유류, 약품, 가스, 유기용제에 대해 사용되며 반영구적이다.
- 금속 구조용 접착제 : 방청력이 있고 가격이 저렴하며 추운 곳, 실외에서 사용 가능하고 응력 분산 능력이 있다. 금속물 구조체에 사용하여 금속 구조용 접착제이다.

42 다음 중 전동기 본체의 점검 항목이 아닌 것은?

① 이 음   ② 진 동
③ 소 손   ④ 발 열

해설
전체 점검 : 도장의 벗겨짐, 먼지의 적재/부착 여부, 명판기재 사항 식별 가능여부, 이상음, 소음, 이상냄새 여부, 진동 여부, 과열 여부

43 부하시간에 대한 가동시간의 비율을 나타낸 것은?

① 속도 가동률   ② 실질 가동률
③ 성능 가동률   ④ 시간 가동률

해설
시간 가동률(Availability) : 부하시간에 대해 설비의 정지시간을 제외한 가동시간의 비율
- 부하시간 = 가동시간 + 비가동시간
  조업 시간에서 생산 계획상의 휴지시간, 계획보전을 위한 휴지시간, 관리상 필요한 조회시간, 기타 돌발적 상황에 의한 휴지시간 등의 관리외 제외시간을 뺀 것
- 가동시간(Up-Time) : 고장, 품목변경에 의한 작업 준비, 금형교체, 예방보전 등의 시간을 뺀 실제 설비가 작동된 시간

44 다음 중 통풍기 및 송풍기의 분류 중 용적형은 어느 것인가?

① 터보 팬   ② 다익 팬
③ 축류 블로어   ④ 루츠 블로어

해설
터보 팬, 다익(여러 날개) 팬, 축류 방식 모두 원심력을 이용한 방식의 원심식 송풍기이고 루츠 블로어 방식은 기어펌프식으로 밀폐식 안에서 압력을 생성하여 송풍하는 용적 방식의 송풍기이다.

45 기어 감속기의 분류에서 평행축형 감속기로만 짝지어진 것은?

① 스퍼 기어, 헬리컬 기어
② 웜 기어, 하이포이드 기어
③ 웜 기어, 더블 헬리컬 기어
④ 스퍼 기어, 스트레이트 베벨 기어

해설
평행축이 있는 기어 감속기는 평 기어(스퍼 기어), 헬리컬 기어, 헤링본(이중 헬리컬) 기어 등이 있다.

정답 41 ③ 42 ③ 43 ④ 44 ④ 45 ①

46 기어 손상의 분류에서 표면피로의 주요 원인이 아닌 것은?

① 박리
② 스코어링
③ 초기 피칭
④ 파괴적 피칭

해설
문제가 표면 피로가 주요 원인이 아닌 것은? 이라고 묻고 싶었던 것 같다. 스코어링은 과열에 의한 손상이다.

47 다음 측정기 중 강재의 얇은 편으로 된 것으로 작은 홈의 간극 등을 점검하는 데 사용되고 필러게이지라고도 부르는 것은?

① 틈새게이지 ② 나사게이지
③ 높이게이지 ④ 다이얼게이지

해설
필러게이지(Feeler Gauge, 틈새게이지) : 강재의 얇은 편으로 된 것으로 금형 가공 시 높이를 맞추거나, 생성된 틈새 또는 홈의 간극 등을 측정하는 데 사용한다.

48 다음 중 선반의 기본적인 가공(절삭)방법에 속하지 않는 것은?

① 외경 절삭 ② 널링 가공
③ 수나사 절삭 ④ 더브테일 가공

해설
선반은 공작물이 회전하는 가공이어서 원통 모양의 공작물이 생성된다. 더브테일 가공이란 공작물에 비둘기 꼬리 모양의 홈이 생기도록 가공한 모양을 일컫는다. 밀링 가공으로 가공한다.

49 왕복식 압축기와 비교한 원심식 압축기의 단점으로 옳은 것은?

① 윤활이 어렵다.
② 설치 면적이 넓다.
③ 맥동 압력이 있다.
④ 고압발생이 어렵다.

해설
고압을 생성하기에는 용적형 압축기가 적절하다.
터보형(원심식) 압축기 : 날개를 고속으로 회전시키면 날개를 통과하는 공기 운동량이 증가하고 압력과 속도를 높이게 되는데 용적식에 비하여 압력 맥동이 없고 윤활이 용이하며 설치 면적이 작은 특징이 있다. 축류식과 반경류식이 있다.

50 열처리 작업에서 발생되는 폐수 처리 방식이 아닌 것은?

① 시안계 폐수 처리
② 변성로 폐수 처리
③ 크롬산계 폐수 처리
④ 중금속 이온 함유 폐수 처리

해설
폐수 처리
- 열처리 후 발생하는 폐수는 시안계 폐수, 크롬계 폐수, 산알칼리계 폐수 등으로 분류가 가능하고, 상시 배출 처리와 주기적 발생하는 중금속이 함유된 농후폐액 처리로 구분할 수 있다.
- 시안계 폐수는 여과 후 수산화나트륨(NaOH)과 염화나트륨(NaCl)을 이용하여 이온상태를 교환하여 중성수의 깨끗한 물로 처리하는 방식이다.
- 크롬계 폐수는 여과 후 염산(HCl)과 수산화나트륨(NaOH)을 이용하여 이온상태를 교환하여 중성수의 깨끗한 물로 처리하는 방식이다.
- 상시 처리 되지 못하는 중금속이 함유된 농후폐액은 여러 방법으로 중성화가 가능하지만, 폐액을 주의하여 저장관리하고 처리되지 못하는 폐액은 응집, 침강, 증발분리 등의 과정을 거쳐 고체와 액체를 분리하도록 한다.
- 변성로는 열처리에 사용하는 로(爐)이다.

46 ② 47 ① 48 ④ 49 ④ 50 ② **정답**

51 다음 중 가는 실선의 용도가 아닌 것은?

① 가상선   ② 치수선
③ 중심선   ④ 지시선

해설
가상선은 가는 2점 쇄선을 이용한다.

———	가는 실선	• 치수선 • 치수보조선 • 인출선 • 회전단면선 • (작은)중심선 • 수준면선 • 평면 지시선

52 펌프 운전에서 캐비테이션(Cavitation) 발생 없이 안전하게 운전되고 있는가를 나타내는 척도로 사용되는 것은?

① HP(Horse Power)
② NS(Nonspecific Speed)
③ NPSH(Net Positive Suction Head)
④ MAPI(Machinery and Allied Products Institute)

해설
유효흡입양정(N.P.S.H, Net Positive Suction Head) : 펌프를 설치하여 사용할 때, 펌프에 유입하는 물에 외부에서 주는 압력을 절대압력으로 하고 그 온도에서 물의 포화 증기압을 뺀 것. 유효흡입양정을 고려하는 이유는 공동현상(Cavitation)을 방지하기 위해서이다.

53 볼트 너트의 이완방지 방법이 아닌 것은?

① 로크 너트에 의한 방법
② 자동좸 너트에 의한 방법
③ 볼트를 해머렌치로 조이는 방법
④ 홈달림 너트 분할핀 고정에 의한 방법

해설
볼트 너트의 이완방지법으로는 절삭 너트에 의한 방법, 로크 너트에 의한 방법, 특수 너트 사용, 분할 핀을 이용한 고정, 홈붙이 6각 너트를 이용하는 방법 등이 있다.

54 축 정렬 작업을 위하여 그림과 같이 다이얼 게이지를 설치하고 두 축을 동시에 회전시켜 상, 하(0°, 180°)를 측정하였더니 10 μm 눈금의 차이가 발생했다면 두 축의 상, 하 편심량은?

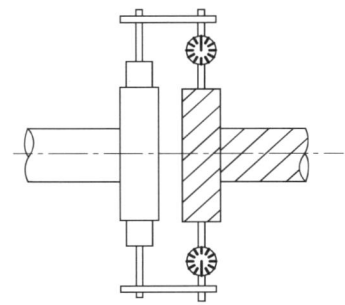

① 0 μm ② 5 μm
③ 10 μm ④ 20 μm

해설
편심량 측정

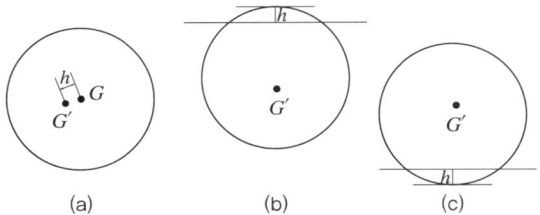

(a)   (b)   (c)

위의 그림에서 실제 원의 중심은 G이지만, h만큼 편심 되어 현재 중심이 G'라고 하자. 회전체를 회전시키면 다이얼 게이지는 제일 높은 곳에서는 $-h$만큼 눈금이 돌아가고, 제일 낮은 곳에서는 $+h$만큼 눈금이 돌아갈 것이다. 상하의 눈금차는 $+h$, $-h$가 모두 반영된 양이며

$+h - (-h) = 2h = 10\mu m$, ∴ $h = 5\mu m$

55 게이트 밸브라고도 하며 유체의 흐름에 대하여 수직으로 개폐하여 보통 전개, 전폐로 사용하는 밸브는?

① 앵글 밸브   ② 체크 밸브
③ 글로브 밸브   ④ 슬루스 밸브

해설
게이트 밸브 : Gate는 큰 문, 수문 역할을 하여 유체의 통로를 막고 여는 형태의 밸브를 통칭한다. 슬루스 밸브는 완전히 열면 흐름 단면적의 변화가 없어 개폐용으로 사용한다.

56 다음 단면도 중 주로 대칭인 물체의 중심선을 기준으로 내부 모양과 외부 모양을 동시에 표시하는 것은?

① 온 단면도 ② 계단 단면도
③ 부분 단면도 ④ 한쪽 단면도

해설
- 온 단면도는 전체를 절단하여 그린 단면도이다.
- 부분 단면도는 필요한 부분만 파단선으로 잘라내어 단면도를 제도한다.
- 한쪽 단면도는 중심선 기준으로 단면하여 안쪽과 겉모양을 동시에 볼 수 있게 단면한다.

57 다음 중 용접으로 인해 발생한 잔류 응력을 제거하는 방법으로 가장 적합한 열처리 방법은?

① 뜨 임 ② 풀 림
③ 불 림 ④ 담금질

해설
응력제거풀림(Stress Relief Annealing)
- 금속재료의 잔류 응력을 제거하기 위해서 적당한 온도에서 적당한 시간 유지한 후에 냉각시키는 처리이다.
- 주조, 단조, 압연 등의 가공, 용접 및 열처리에 의해 발생된 응력을 제거한다.
- 주로 450~600℃ 정도에서 시행하므로 저온 풀림이라고도 한다.

58 다음 압축기의 종류 중 용적형 압축기에 속하는 것은?

① 축류 압축기 ② 왕복 압축기
③ 터보 압축기 ④ 원심식 압축기

해설
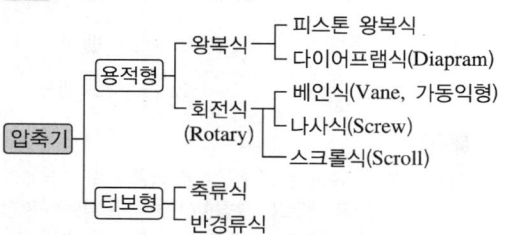

59 키가 전달할 수 있는 토크 중 크기가 큰 순서대로 바르게 나열한 것은?

① 평 키 > 안장 키 > 묻힘 키
② 묻힘 키 > 평 키 > 안장 키
③ 묻힘 키 > 안장 키 > 평 키
④ 안장 키 > 묻힘 키 > 평 키

해설
키의 전달 토크는 키의 옆면의 면적이 넓을수록 전달토크가 크다. 따라서 스플라인 축과 같이 옆면이 넓은 것이 가장 전달력이 크고, 안장 키처럼 마찰력에만 의거하여 전달할 경우 전달력이 작게 된다.

60 구름 베어링의 구성 요소 중 회전체 사이에 적절한 간격을 유지하여 마찰을 감소시켜 주는 것은?

① 임펠러 ② 마그넷
③ 리테이너 ④ 블레이드

해설
구름 베어링의 구조
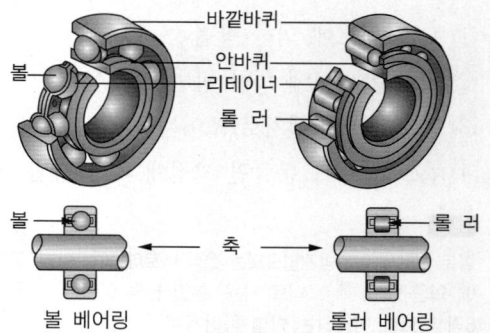

제4과목 윤활관리

61 순환급유를 하는 윤활개소의 유욕조를 관찰해보니 거품이 많이 발생하였다. 어떤 첨가제가 부족할 때 이러한 현상이 나타나는가?

① 유화제　　② 소포제
③ 부식방지제　④ 산화 방지제

해설
- 소포제 : 윤활유가 밸브 등을 통과할 때 발생되는 거품(기포)을 억제하고 소포(기포를 소거)하는 역할
- 유화제 : 기름은 물과 분리되므로 유화제를 사용하여 물과 안정성을 높이는 역할
- 산화 방지제 : 산소에 의하여 산화되는 것을 방지하고 슬러지 생성을 억제

62 윤활유의 적정 점도를 선정하려고 할 때 고려사항으로 가장 거리가 먼 것은?

① 운전속도　　② 운전온도
③ 운전하중　　④ 윤활유의 수명

해설
적정 점도 선정 기준
- 점도가 낮은 경우 유막이 파괴될 수 있으나 캐비테이션을 방지할 수 있다.
- 점도가 높은 경우 점성 저항이 커져서 열이 발생하고 윤활부에 충분히 공급되지 않는 부분이 생길 수 있으나 마모를 방지할 수 있다.
- 적정 점도 선정의 고려사항으로는 주위온도, 환경, 운전속도, 작용하중, 윤활부위, 윤활부의 구조 등을 고려한다.
- 우리나라처럼 기후에 따라 온도차가 큰 곳에서는 점도지수가 높은 것이 좋다.
- 운전온도가 높을수록 고점도의 윤활유를 사용한다.
- 빠른 운전속도를 요구할수록 낮은 점도유를, 운전속도가 느린 경우 충분한 점도가 있는 윤활유를 사용한다.

63 윤활유의 성질 중 액체가 유동할 때 나타나는 내부 저항을 의미하는 것은?

① 점 도　　② 중화가
③ 동판부식　④ 산화 안정도

해설
점도(Viscosity)
- 윤활유의 물리, 화학적 성질 중 가장 중요하고 기본적인 성질
- 유체의 흐름 저항, 유체가 운동에너지를 받을 때 점도가 높은 유체는 잘 흐르려 하지 않는다.
- 기계의 조건이 동일하다면 점도가 높은 윤활제를 사용하면 기계효율이 낮아지고 내마모성은 높아진다.
- 점도의 단위 : poise[g/cm·s]

64 액체 윤활에 비해 그리스 윤활의 장점으로 옳은 것은?

① 누설이 많다.
② 냉각작용이 크다.
③ 급유 간격이 짧다.
④ 밀봉효과가 좋아 먼지 등의 침입이 적다.

해설
그리스 윤활의 장점
- 밀봉 효과가 크고, 이물질 혼입이 방지된다.
- 내수성이 강하고 적하 유출이 적다.
- 액상에 비해 비교적 높은 온도에서 사용가능하며 내하중성이 높다.
- 액상에 비해 급유가 용이하고 장기간 보전이 가능하다.

그리스 윤활의 단점
냉각 효과가 낮으며 이물질이 혼입된 경우는 분리가 어렵고, 급유 교환이 불편하다.

65 생산성 향상을 위한 윤활관리의 효과로 볼 수 없는 것은?

① 윤활 사고의 방지
② 보수 유지비의 절감
③ 동력비 및 윤활비의 증가
④ 기계 정도와 기능의 유지

해설
윤활이 원활하면 동력효율이 좋아지고, 윤활관리를 잘 하면 윤활 유지 비용이 절감된다.

정답　61 ②　62 ④　63 ①　64 ④　65 ③

66 스퍼 기어, 헬리컬 기어, 베벨 기어 등 밀폐식 기어장치의 급유법으로 가장 적합한 것은?

① 손급유　　② 순환급유
③ 적하급유　　④ 도포급유

해설
①, ③, ④는 지속적으로 급유하고 보충하여야 하여 밀폐식에는 맞지 않다.

67 오일의 산화, 열화, 이물질 혼입 등으로 인하여 재생작업을 하고자 한다. 다음 중 물리적 재생 방법에 속하는 것은?

① 여과법　　② 정치침전법
③ 백토처리법　　④ 원심분리방법

해설
사용유의 재생방법
- 기계적 방법 : 원심분리기를 이용하는 방법, 비중차를 이용한 정치침전, 여과법(기계적 필터, 흡수식 필터, 흡착식 필터, 자석식 필터, 원심식 필터를 이용)
- 물리적 방법 : 비중차를 높여 침전시키는 세틀링, 흡습성을 이용한 백토처리법, 가열온도 조절을 위한 증기증류법, 감압하여 연속증류하는 진공증류법, 전극을 이용하여 흡수하는 전기적 방법 등
- 화학적 방법 : 황산처리 후 알칼리중화 또는 백토처리, 알칼리액에 의한 처리

68 그리스의 시험방법에 관한 내용이다. (　) 안에 알맞은 내용은?

(　)은(는) 반고체 상태에서 그리스가 액체 상태로 전환되는 최초의 온도로서 그리스의 내열성과 사용된 증주제의 종류를 확인하기 위하여 시험한다.

① 점 도　　② 적 점
③ 주 도　　④ 이유도

해설
적점(적하점)
- 시료를 규정 장치 및 규정 조건으로 가열한 경우, 반고체에서 액체 상태가 되어 그 첫 방울이 떨어졌을 때의 온도
- 시험방법 : 직경 100mm인 규정된 컵에 시료를 넣고 규정된 조건으로 가열하여 그리스가 적하할 때의 온도를 측정

69 윤활유에 사용하는 첨가제의 일반적인 성질로 틀린 것은?

① 증발이 많아야 한다.
② 기유에 용해도가 좋아야 한다.
③ 다른 첨가제와 잘 조화되어야 한다.
④ 첨가제는 수용성 물질에 녹지 않아야 한다.

해설
첨가제 선정의 고려사항
- 윤활기유의 성질을 해치지 않아야 하며 이에 잘 용해되어야 한다.
- 윤활상태, 설계 그리고 실제 요구되는 서비스를 고려하여 원하는 성질이 발현되어야 한다.
- 가동조건을 고려하여 선정하고 다른 부가 첨가제와 잘 조화되어야 한다.
- 연료의 황(S)성분의 양을 고려하여 선정하여야 한다.
- 제조되는 윤활유가 예상되는 유지보수와 검사 실제를 고려하여 제조되어야 한다.
- 첨가제는 소량만 사용하므로 재사용까지 저장할 경우, 변질되지 않아야 하고 안정성이 있어야 한다.
- 휘발성이 낮고 냄새나 색상의 부작용이 있어서는 안 된다.
- 수용성 물질에 녹지 않아야 한다.

70 윤활제의 급유법 중 직립형 수력 터빈의 추력 베어링에 많이 사용하는 방법으로 마찰면이 기름 속에 잠겨서 윤활하는 방법은?

① 원심 급유법
② 유욕 급유법
③ 칼라 급유법
④ 버킷 급유법

해설
유욕(Bath) 급유법 : 마찰면이 오일 속에 잠겨서 윤활하는 방법. 윤활이 원활하고 냉각효과도 높다. 직립형 수력 터빈의 추력 베어링에 많이 사용되고 방적 기계의 스핀들과 피치원의 원주속도가 5m/s 내의 감속 기어 및 웜 기어에 사용. 롤링 베어링 윤활에도 사용

71 자동차 내연기관용 엔진이나 트랜스미션 및 베어링용 기어유는 일반적으로 어떤 규격을 사용하는가?

① API(미국석유협회)
② ISO(국제표준화기구)
③ SAE(미국자동차기술자협회)
④ ASME(미국기계기술자협회)

해설
KS M 2121에는 내연기관용 윤활유를 SAE 0W부터 SAE60까지 구분하여 놓았다.

72 베어링 윤활의 목적으로 틀린 것은?

① 마찰에 의한 발열을 상승시킨다.
② 마모를 막고 베어링 수명을 연장시킨다.
③ 금속류의 직접 접촉에 의한 소음을 막는다.
④ 윤활유를 사용하여 먼지 또는 이물질의 침입을 방지한다.

해설
베어링 윤활의 목적
- 마찰 및 마모의 감소
- 피로 수명의 연장(충분하고 적절한 윤활 시)
- 마찰열의 방출, 냉각
- 베어링 내부 이물질 침입 방지

73 다음 중 윤활유의 작용이 아닌 것은?

① 냉각 작용 ② 밀봉 작용
③ 감마 작용 ④ 응력 집중 작용

해설
윤활의 기능
- 마찰 감소 : 경계 마찰일이 발생하는 곳에 피막형성
- 냉각 작용 : 마찰열을 흡수하여 계(System) 밖으로 방출
- 밀봉 작용 : 유막을 통해 내·외부를 차단, 밀봉
- 청정 작용 : 오염 물질을 씻어내는 작용
- 방청 작용 : 녹이 슬지 않게 하는 작용
- 방식 작용 : 부식이 일어나지 않게 하는 작용
- 방진 작용 : 먼지 등 유해물질이 유입되는 것을 막아주는 작용
- 하중(응력)의 분산 작용 : 국부 압력을 액을 통해 분산시켜 마멸 방지

74 윤활유의 열화를 방지하기 위한 방법으로 틀린 것은?

① 고온을 가능한 피한다.
② 협잡물 혼입 시는 신속히 제거한다.
③ 신기계 도입 시 충분한 세척을 한 후 사용한다.
④ 윤활유 교환 시 열화유와 새로운 오일을 섞어서 교환한다.

해설
열화 방지법
- 윤활유가 고온부와 접촉하는 시간을 짧게 함
- 윤활유의 압력을 올려 순환급유를 많게 하며, 또 냉각기를 부착하는 등 온도상승을 방지
- 기름의 혼합 사용 금지
- 새 기계를 사용할 경우 충분히 세척한 후 사용
- 수분, 먼지, 금속마모분 등이 혼입된 경우는 신속하게 제거
- 연 1회 완전 세척하여 순환계통의 청정을 유지
- 사용유를 계속 사용해야 하는 경우는 원심분리, 백토처리 등 재생처리 후 재사용
- 적절한 첨가제를 사용
- 윤활유가 부족하지 않도록 원활히 보충, 급유할 것

75 나프텐계와 비교한 파라핀계 윤활 기유의 특성으로 틀린 것은?

① 휘발성이 높다.
② 점도지수가 높다.
③ 산화 안정성이 높다.
④ 인화점, 발화점이 높다.

해설
원유의 분류
- 파라핀계 : 파라핀($C_nH_{2n}+2(n \geq 19)$의 화학식으로 표현되는 알케인탄화수소)계 탄화수소를 많이 함유한 원유로, 등유, 경유의 품질은 우수, 휘발유 옥탄가는 낮음. 아스팔트분은 적고 파라핀 왁스분은 많음
- 나프텐계 : 나프텐[사이클로펜테인(C_5H_{10}), 탄소수가 6개인 사이클로헥세인(C_6H_{12})과 그 동족체]계의 탄화수소를 많이 함유한 원유. 아스팔트분이 많아 아스팔트계라 부르기도 함. 옥탄가가 높고 휘발유의 품질이 좋으나 등유, 경유는 품질이 낮음. 파라핀계보다 융점이 낮고 주로 액상이어서 냉동기 등 낮은 융점이 필요한 곳에 사용하거나 간단히 윤활유로 제조가능하나 윤활유 품질은 낮음
- 그 외 올레핀계, 다이올레핀계, 방향족계로 분류하며 연소성은 파라핀계 > 올레핀계 > 다이올레핀계 > 나프텐계 > 방향족계 순

정답 71 ③ 72 ① 73 ④ 74 ④ 75 ①

76 윤활설비의 고장원인 중 환경적인 요인으로 보기 어려운 것은?

① 급유작업의 부주의
② 전도열이 높은 경우
③ 기온에 의한 현저한 온도변화
④ 마찰면의 방열이 불충분한 경우

해설
윤활 장치의 고장 원인
- 윤활제에 의해 : 부적정유를 사용하거나 유류가 열화되었거나 오염되었거나, 누설되었거나, 성질이 다른 기름을 혼합사용하면 고장을 유발한다.
- 마찰면에 의해 : 재질이 불량하거나 사용불량하거나 과도한 작용 및 설계 불량이거나, 마찰면의 마모에 의한 기계부품의 늘어짐과 조기 피로에 의해 고장이 일어난다.
- 작업 중 유발요인 : 급유 작업 시 부주의하거나 과잉 급유하거나 급유가 너무 빠르거나 느리거나 플러싱이 불충분하거나 작업상의 움직임과 충격이 있는 경우 고장이 유발될 수 있다.
- 급유 방법에 의해 : 급유 방법이 잘못 선정되거나 급유 장치가 고장일 때도 윤활 장치의 고장을 유발할 수 있다.
- 환경에 의해 : 마찰 및 전도로 전달받은 열을 충분히 방열하지 못하거나 불순물이 혼합되거나, 내·외부 요인으로 큰 온도변화가 유발되거나, 뜨거운 물, 산의 증기, 염분 등의 영향으로도 고장을 유발할 수 있다.

77 윤활관리 기술자가 담당해야 할 직무로 볼 수 없는 것은?

① 윤활유의 제조
② 사용 윤활유의 선정 및 관리
③ 윤활 관계 작업원의 교육 훈련
④ 급유 장치의 보수 및 예비품 준비

해설
윤활관리 기술자는 적절한 윤활유를 선정하여 구매 공급하며 직접 제조하지 않는다.

78 압축기의 내부 윤활유의 요구 성능으로 가장 거리가 먼 것은?

① 부식 방지성이 좋을 것
② 적정한 점도를 가질 것
③ 열, 산화 안정성이 양호할 것
④ 생성 탄소가 경질이고 제거가 어려울 것

해설
내부유의 요구성능 : 적정 점도, 열, 산화 안정성, 연질의 생성 탄소, 부식 방지성, 금속 표면 부착성 양호

79 윤활관리에 있어서 윤활유의 산화(Oxidation)는 윤활유의 수명을 단축시키는 결정적인 요인이 된다. 다음 중 윤활유 산화에 직접적인 영향을 미치는 것이 아닌 것은?

① 산 소
② 온 도
③ 금속촉매
④ 동질의 윤활유

해설
산 화
- 산소를 흡수하여 일으킨 화학반응
- 산화촉진 요소 : 온도, 사용시간, 촉매
- 현상 : 변색, 점도증가, 표면장력 저하, 산도 증가
- 부산물 : 알데히드, 케톤, 알코올, 옥시산, 에스테르 등의 금속 부식 물질

80 그리스는 증주제의 종류에 따라 대단히 다른 성질을 나타내므로, 사용조건에 따라 그리스의 종류를 결정한 후 적정 주도를 결정한다. 다음 중 일반적으로 수분과의 접촉이 빈번한 곳에서 사용이 부적합한 증주제는?

① Ca
② Na
③ Al
④ Li

해설
비누계 증주제 중, Ca, Al, Li은 수분과 접촉 시 문제가 없으나 Na은 내수성이 좋지 않아 수분이 닿지 않는 환경에 사용한다.

제5과목 공유압 및 자동화

81 스트레이너가 설치되는 장소는?

① 펌프의 흡입부
② 유압 장치의 복귀관
③ 유량제어밸브의 출구 측
④ 유압실린더와 방향제어밸브 사이

[해설]
스트레이너(Strainer) : 물 등의 탱크 속 유체 속에 포함된 모래, 녹, 금속쓰레기 등을 여과, 제거하여 배관, 펌프, 필터, 유량계, 열교환기 등의 유압장치의 고장을 막기 위해 설치하는 장치

82 유압모터의 토크를 구하는 식으로 옳은 것은?
(단, T : 유압 모터의 출력 토크[kgf·cm], q : 유압 모터의 1회전당 배출량[cm³/rev], P : 작동유의 압력[kgf/cm²]이다)

① $T = \dfrac{qP}{2\pi}$ ② $T = \dfrac{2\pi}{qP}$

③ $T = \dfrac{qP}{2\pi N}$ ④ $T = \dfrac{2\pi N}{qP}$

[해설]
유압모터의 출력
회전당 배출량이 q이므로 순간 유압 배출량은 $\dfrac{q}{2\pi}$, 체적에 따른 작동유의 압력 P를 곱하면, 즉 $\dfrac{q}{2\pi} \cdot P$는 출력 토크 T와 같다.

∴ $T = \dfrac{qP}{2\pi}$

83 다음 회로의 명칭으로 옳은 것은?

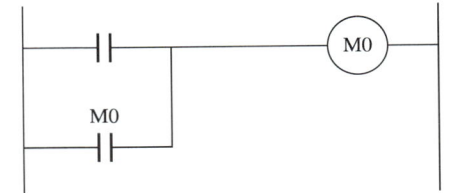

① 인터록 회로   ② 카운터 회로
③ 타이머 회로   ④ 자기 유지 회로

[해설]
자기 유지 회로 : 한 번 입력이 들어가면 릴레이에 의해 자기 릴레이를 계속 ON 하고 있도록 유지하는 회로. 그림에서 A에 의해 X에 신호가 들어가면 X–Relay가 ON이 되어 X에 계속 신호를 입력한다.

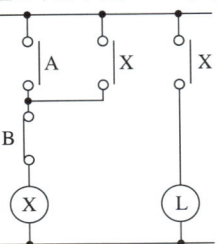

84 속도, 전압 등과 같은 제어량에 대해 일정한 희망치를 계속적으로 유지시키는 제어는?

① 논리 제어
② 개회로 제어
③ 피드백 제어
④ 릴레이 시퀀스 제어

[해설]
닫힌 루프 제어(피드백 제어, 폐회로 제어, Feedback Control)
출력값이 목푯값에 이르도록 입력값을 조정하는 피드백 제어(Feed back Control)이다.

85 다음 중 AND 논리의 공압식 표현이 아닌 것은?

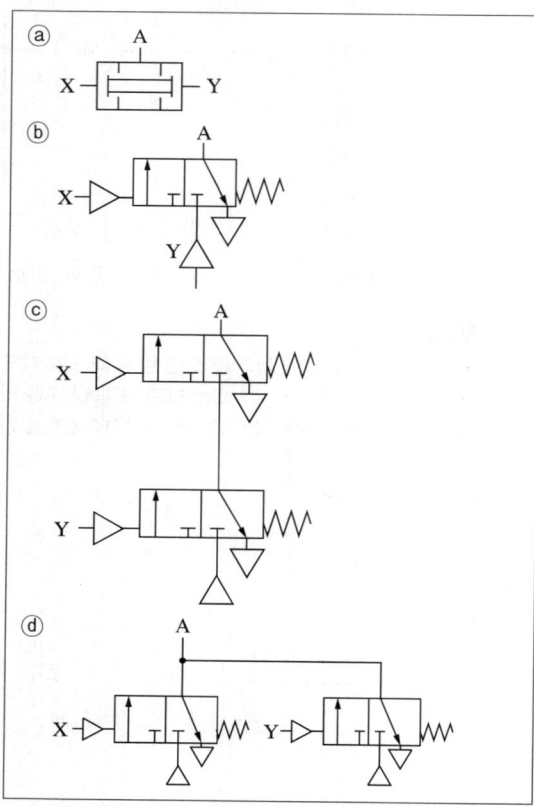

① ⓐ   ② ⓑ
③ ⓒ   ④ ⓓ

해설
AND 논리는 X와 Y가 모두 신호가 들어가야만 출력이 나오는 논리이다. 이압 밸브는 X와 Y에 모두 입력이 있어야만 출력이 발생한다. ⓑ의 경우도 밸브가 작동하면서 공압이 공급되어야만 출력이 발생한다. 직렬로 연결된 ⓒ도 AND 회로이다. ⓓ는 X와 Y 중 하나의 입력만 있어도 출력이 발생한다.

86 순차적인 작업에서 전 단계의 작업완료 여부를 리밋 스위치나 센서 등을 이용하여 확인한 후 다음 단계의 작업을 수행하는 제어는?

① 논리 종속 시퀀스제어
② 동기 종속 시퀀스제어
③ 시간 종속 시퀀스제어
④ 위치 종속 시퀀스제어

해설
시퀀스제어는 앞 단계를 마친 후 다음 단계로 선형적으로 넘어가는데, 단계를 마친 것의 신호를 주는 방식에 따라 논리 종속적인지, 동기 종속적인지, 시간 종속적인지, 위치 종속적인지 나눌 수 있다. 리밋 스위치나 센서는 약속된 위치에 실린더 등이 위치하였을 때 앞 단계를 마친 것으로 신호가 발생한다.

87 유체의 성질에 관련된 용어의 정의로 옳은 것은?

① 유체의 밀도는 단위 중량당 체적이다.
② 유체의 비중량은 단위 체적당 질량이다.
③ 유체의 비체적은 단위 체적당 중량이다.
④ 비중은 물체의 밀도를 순수한 물의 밀도로 나눈 것이다.

해설
비 중
"비교한 중량"이라는 의미로 같은 부피의 물의 무게와 비교했을 때의 비율이다. 예를 들어, 물 한 컵이 500g이 나가는데 어떤 액체 한 컵이 1kg이 나간다면 이 액체의 비중은 $2(=\frac{1\text{kg}}{0.5\text{kg}})$이다. 물의 비중은 1이며 밀도는 $0.001\text{kg}/m^3 = 1{,}000\text{kg}/cm^3$이다.

88 위치데이터를 서보 오프 상태에서 수동 조작하여 위치를 확인한 후 데이터를 입력하는 제어 방법은?

① 서보 레디(Servo Ready)
② 직선보간(Linear Interpolation)
③ 포인트 투 포인트(Point to Point)
④ 티칭 플레이 백(Teaching Play Back)

해설
보간(Interpolation)을 하는 경로를 직선으로 하는 직선보간, 원 모양으로 하는 원호보간, 사람의 행동을 학습하여 하는 티칭 플레이 백 등으로 구분

89 유압 동조 회로에 대한 방법으로 틀린 것은?

① 유압 모터에 의한 방법
② 방향 제어 밸브에 의한 방법
③ 유량 제어 밸브에 의한 방법
④ 유압 실린더를 직렬로 접속하는 방법

해설
동조 회로의 방법
- 유압실린더를 직렬로 접속하여 함께 움직일 때 유압유의 누유, 공기혼입, 온도 변화 등으로 발생하는 오차를 맞춰주는 방법
- 유량 제어 밸브를 사용하여 각각 실린더의 유량을 조정하여 함께 움직이도록 맞추는 방법
- 용량이 같은 두 개의 펌프를 같은 축에 연결하여 같게 회전시켜 움직임을 맞추는 방법
- 같은 유압모터 2개를 기계적으로 연동시켜 움직임을 맞추는 방법

90 다음 밸브 기호 중 실린더의 속도를 급속히 증가시키는 목적으로 사용하는 것은?

①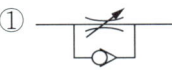
②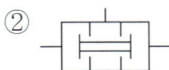
③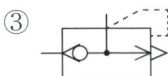
④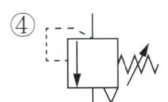

해설
급속 배기밸브 : 배기구를 확 열어 유속을 조절하는 밸브로 공압 밸브에서 주로 적용된다.
① 한 방향 유량 제어 밸브
② 이압 밸브
④ 릴리프 밸브

91 센서로부터 입력되는 제어 정보를 분석·처리하여 필요한 제어 명령을 내려주는 장치인 제어 신호 처리 장치의 명칭은?

① 네트워크   ② 프로세서
③ 하드웨어   ④ 액추에이터

해설
PLC, PC 등 CPU를 이용한 연산처리를 하는 장치의 구성은 입력장치, 논리연산장치, 제어장치, 출력장치(구현장치)로 구성된다.

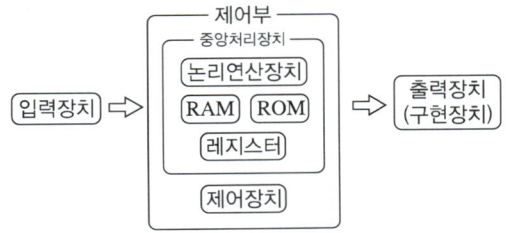

이중 명령을 해독하고 산술논리연산이나 데이터 처리를 실행하는 부분을 중앙처리장치 CPU(Central Processing Unit)라 한다.

92 3상 유도전동기의 슬립을 구하는 식으로 옳은 것은?

① 슬립 = $\dfrac{\text{동기속도} + \text{전부하속도}}{\text{동기속도}} \times 100\%$

② 슬립 = $\dfrac{\text{동기속도} - \text{전부하속도}}{\text{동기속도}} \times 100\%$

③ 슬립 = $\dfrac{(\text{전부하속도} + \text{동기속도})^2}{\text{전부하속도}} \times 100\%$

④ 슬립 = $\dfrac{(\text{전부하속도} - \text{동기속도})^2}{\text{전부하속도}} \times 100\%$

해설

유도전동기의 슬립
- 유도현상에 의해 회전하는 회전자는 슬립에 의해 실제 유도되는 회전속도와 같은 속도로 회전할 수 없다.
- 즉 슬립은 동기속도와 회전자의 실제속도의 차, 유도되는 속도에 미치지 못하는 속도이다.

$$s = \dfrac{N_s - N}{N_s} \times 100[\%] \quad N = (1-s) \times N_2$$

(단, N_s : 동기속도, s : 슬립, N : 전동기 속도)
- 슬립은 $0 < s < 1$의 범위이어야 한다. 슬립은 전부하에서 3~5%이고 소용량의 것에서 5~10% 정도이다.
- 전동기에 부하가 클수록, 삽입되는 저항이 클수록 크며 부하가 없는 상태는 슬립이 1% 미만으로 거의 없어야 한다.

94 다음 설명에 해당하는 이론은?

> 에너지의 손실이 없다고 가정할 경우, 유체의 위치 에너지, 속도 에너지, 압력 에너지의 합은 일정하다.

① 연속의 법칙 ② 베르누이 정리
③ 파스칼의 원리 ④ 보일-샤를의 법칙

해설

- 연속의 법칙 : 유량은 단면적과 유속의 곱으로 표현하며 닫혀 있는 유로 안에서는 어느 지점에서 측정하여도 유량의 변화는 없다. 유체의 질량보존의 원리에 해당한다.
- 파스칼의 원리 : 압력이 작용하는 유체 전체에는 전 방향으로 같은 압력이 작용한다는 의미의 원리이다.
- 보일-샤를의 법칙 : 보일의 법칙과 샤를의 법칙을 조합한 식이다. 압력과 부피의 곱은 기체상수와 온도의 상관관계를 갖고 있다.
  - 보일의 법칙 : 일정량의 기체가 등온을 유지할 때 압력과 부피는 서로 반비례한다.
  - 샤를의 법칙 : 일정한 부피의 기체는 온도가 상승하면 압력 또한 상승한다.

93 PLC에서 출력 신호는 존재하는데, 공압 실린더가 움직이지 않을 때, 그 원인으로 적절하지 않은 것은?

① 전선이 단선되어 있다.
② 밸브의 솔레노이드가 소손되었다.
③ 공기 중에 수분 함유량이 보통보다 적다.
④ 공급압력이 게이지 압력으로 0bar를 지시하고 있다.

해설

③ 수분 함유량은 액추에이터 작동 여부에 관여하지 않는다.
①, ② 출력 신호부터 액추에이터 사이의 어디선가 단선일 수 있다. 그것에는 솔레노이드를 포함한다.
④ 공압 실린더는 공기의 압력으로 작동되므로 게이지 압력이 0이면 힘이 작용하지 않는 것이다.

95 공기압 작업요소의 설명 중 틀린 것은?

① 격판 실린더는 격판에 부착된 피스톤로드가 미끄럼 실링되어 있다.
② 회전 실린더는 피니언과 랙 구조를 이용하여 회전 운동을 할 수 있다.
③ 탠덤 실린더는 2개의 복동 실린더가 1개의 실린더 형태로 된 것이다.
④ 다위치 제어 실린더는 2개 또는 그 이상의 복동 실린더로 구성된다.

해설

격판 실린더는 격판이 불룩해졌다 오목해졌다 하는 동작을 이용하여 피스톤이 움직이므로 미끄럼 밀봉이 필요하지 않다.

96 고장이 발생하지 않도록 설비를 설계, 제작, 설치하여 운용하는 보전방법은?

① 개량 정비
② 사후 정비
③ 예방 정비
④ 보전 예방

해설
- 보전 예방(MP ; Maintenance Prevention) : 개량보다는 새 설비일 때부터 보전활동을 하여 보전비를 발생시키지 않으려는 활동으로 1960년대에 주목받은 개념이다.
- 개량 보전(CM ; Corrective Maintenance) : 예방 보전 이후 설비 개량이 비용절감이 되어 대두, 설비 체질 개선, 보전이 필요하지 않은 설비를 만드는 것이 목표로 1950년대에 주목받은 개념이다.
- 사후 보전(BM : Breakdown Maintenance) : 초기 보전의 개념이 도입된 것은 문제가 생긴 시설에 대한 보전으로 비계획적 보전이며, 영세하거나 비조직적인 사업장에서 많이 도입되었다.
- 예방 보전(PM ; Preventive Maintenance) : 사후 보전보다는 고장 예방을 위한 보전활동이 필요하다고 1940년대에 대두되었다. 계획보전의 일종으로 특정 운전 상태를 계속 유지시키는 방법이다.

97 공압 발생장치에 포함되지 않는 것은?

① 냉각기
② 압축기
③ 증압기
④ 에어탱크

해설
공압 발생장치 – 공압을 발생시키는 장치
- 공기 압축기 : 동력을 이용하여 공기를 압축. 보통 5~7kgf/cm² 정도로 압축
- 애프터쿨러 : 압축된 공기는 열이 상승하므로 공기를 냉각하여 안정화시키는 역할
- 공압 탱크 : 압축된 공기를 저장하는 장치

98 다음 중 출력이 가장 큰 제어방식은?

① 기계방식
② 유압방식
③ 전기방식
④ 공기압방식

해설
유압은 파스칼의 원리를 이용하면 유체 압력이 지렛대 원리처럼 매우 커질 수 있는 특징이 있다.

99 펌프에서 소음이 발생하는 원인으로 옳은 것은?

① 펌프 출구에서 공기의 유입
② 펌프의 속도가 지나치게 느림
③ 유압유의 점도가 지나치게 낮음
④ 입구 관로의 연결이 헐겁거나 손상됨

해설
펌프의 소음은 유체에 의한 소음과 기계적인 원인에 의한 소음으로 나뉠 수 있다.
유체에 의한 원인으로는 압력맥동, 캐비테이션, 회전차 입구의 유속 불균일, 서징에 의한 것 등이며 기계적 원인으로는 기계 구조 부분의 공진이나 회전부의 마찰이나 부실, 회전체 불평형에 의하여 발생한다.
입구 관로의 연결이 헐겁거나 손상되면 진동에 의한 기계적 소음이 생길 수 있다.

100 유압의 압력 제어 밸브에 속하지 않는 것은?

① 리듀싱 밸브
② 시퀀스 밸브
③ 언로딩 밸브
④ 디셀러레이션 밸브

해설
압력 제어 밸브의 종류는 릴리프 밸브, 감압 밸브, 시퀀스 밸브, 카운터 밸런스 밸브(배압유지 밸브), 무부하 밸브, 브레이크 밸브, 압력 스위치 등이 있다.

정답 96 ④ 97 ③ 98 ② 99 ④ 100 ④

2018년 제2회 과년도 기출문제

제1과목 설비진단 및 계측

01 센서에서 입력된 신호를 전기적 신호로 변환하는 방법에 속하지 않는 것은?

① 변조식 변환
② 전류식 변환
③ 직동식 변환
④ 펄스 신호식 변환

해설
전기적 변환 방법으로 변조식, 직동식 변환과 펄스신호로 바꾸는 A/D변환 등이 있다.

02 음의 전파는 매질의 진동에너지가 전달되는 것이므로 음의 진행 방향에 수직하는 단위 면적을 단위 시간에 통과하는 음에너지를 무엇이라 하는가?

① 음 압
② 음의 세기
③ 음향 출력
④ 음의 지향성

해설
소리의 크기, 음의 세기(Loudness)
• 음의 진행 방향에 수직하는 단위 면적을 단위 시간에 통과하는 음의 에너지
• Phon : 1kHz 순음의 음압 레벨과 같은 크기로 느끼는 음의 크기
• Sone : 1kHz에서 음압 레벨이 40dB인 순음의 크기
• $dB = 10\log_{10}\left(\dfrac{X}{X_{\text{ref}}}\right)^2$, (단, X : 물리량, X_{ref} : 기준물리량, 음압의 경우 $10\mu Pa$, 최저가청음압)

03 프로세스의 특성 중 입력신호에 대한 출력신호의 특성으로서 시간 영역에서는 인벌류션 적분이고, 주파수 영역에서는 전달함수와 관련된 특성은?

① 외 란
② 정특성
③ 동특성
④ 주파수응답

해설
동특성은 시간응답에서는 정상상태를 얻기 전 특성들을 의미하고 주파수 응답에서는 전달함수로 나타나는 특성을 의미한다.

04 상한과 하한의 거리 혹은 중립점에서 상한 또는 하한까지의 거리를 나타내는 진폭의 표시방법은?

① 속 도
② 변 위
③ 주파수
④ 가속도

해설
진폭은 변위, 속도, 가속도로 표현하며 문제가 설명하는 양진폭, 혹은 편진폭은 변위로 표시한다. 또, 문제의 설명에 시간 변수가 개입되어 있지 않으므로 속도와 가속도는 답이 될 수 없다.

정답 1② 2② 3③ 4②

05 아래와 같이 스프링을 설치하였을 경우 합성 스프링 상수 k의 계산식으로 맞는 것은?(단, k_1과 k_2는 각각의 스프링 상수이다)

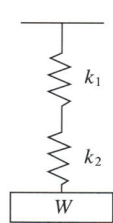

① $k = k_1 + k_2$
② $k = k_1 \times k_2$
③ $k = \dfrac{k_1}{1 + k_2}$
④ $k = \dfrac{1}{\dfrac{1}{k_1} + \dfrac{1}{k_2}}$

해설
복합 강성 직렬 연결의 경우
$\dfrac{1}{k} = \dfrac{1}{k_1} + \dfrac{1}{k_2}$, 즉 $k = \dfrac{1}{\dfrac{1}{k_1} + \dfrac{1}{k_2}}$

06 진동센서의 설치 위치로 적합하지 않은 것은?
① 회전축의 중심부에 설치한다.
② 레이디얼 베어링 장착부의 수직 방향에 설치한다.
③ 레이디얼 베어링 장착부의 수평 방향에 설치한다.
④ 스러스트 베어링 장착부의 축 방향에 설치한다.

해설
센서의 설치 위치는 센서의 특성에 따라 안정적인 측정이 가능한 곳에 설치하게 되며 회전축의 중심부에 설치하면 센서가 회전하고 검출부가 움직이면 안정적인 측정이 어렵다.

07 측정 대상에 제한 없이 기체·액체를 측정할 수 있으며 유체의 조성, 밀도, 온도, 압력 등의 영향을 받지 않고 유량에 비례한 주파수로 체적 유량을 측정할 수 있는 유량계는?
① 터빈식 유량계
② 용적식 유량계
③ 와류식 유량계
④ 면적식 유량계

해설
• 와류식 : 측정 대상에 제한 없이 기체 및 액체를 측정할 수 있으며, 유체의 조성, 밀도, 온도, 압력 등의 영향을 받지 않고 유량에 비례한 주파수로 체적 유량을 측정할 수 있는 유량계
• 용적식
 - 유량계 내부에 유체를 흐르게 하고 유량계 내부에 공간을 알고 있는 실을 설치하여 이 공간에서 유체가 배출되거나 채워질 때 고안된 회전자, 측정자, 베인 등 도구에 의하여 유량을 측정
 - 유체의 흐름에 따라 회전하는 회전자로 케이스 사이의 공극에 유체를 연속적으로 취입해서 송출이라는 동작을 반복하여 회전자의 운동 횟수로 유량을 측정하는 유량계
• 면적식 : 열려진 면적의 차이에 의해 발생한 압력의 차이가 일정하게 유지되도록 개구부의 면적을 변화시켜 유량을 구함. 구조 단순하고 간편하며 눈으로 유량 확인 가능

08 비접촉형 퍼텐쇼미터의 특징으로 틀린 것은?
① 섭동 잡음이 전혀 없다.
② 고속 응답성이 우수하다.
③ 회전 토크나 마찰이 크다.
④ 섭동에 의한 아크가 발생하지 않으므로 방폭성이 있다.

해설
비접촉형 퍼텐쇼미터
• 접촉자를 사용하지 않는 퍼텐쇼미터로 근접 자계의 원리를 이용한다.
• 접촉이 없어서 섭동 잡음이 없고 고속 응답성이 높으며 마찰이 적거나 없다.
• 스파크의 우려가 없다.

09
음원이 이동할 경우 음원이 이동하는 방향 쪽에서는 원래 음보다 고주파 음으로 들리고, 음이 이동하는 반대쪽에서는 저주파 음으로 들리는 현상을 무엇이라 하는가?

① 보강 간섭
② 마스킹 효과
③ 맥놀이 효과
④ 도플러 효과

해설

도플러 효과
- 소리의 상대성 원리로 이동 중인 청자는 자신의 이동 속도만큼 음의 속도에서 가하거나 감하게 되어 실제 소리보다 높게 듣거나 낮게 듣게 되는 현상
- 발음원이 이동할 때 그 진행방향 쪽에서는 원래의 음보다는 고음으로, 진행 반대쪽에서는 저음으로 되는 현상

10
다음 신호 변환기 중 저항 변환 방식과 가장 거리가 먼 것은?

① 전위차계
② 가변 저항기
③ 저항 온도계
④ 스트레인 게이지

해설

변조변환 : 저항 변환(가변 저항기, 스트레인 게이지, 저항 온도 측정기), 정전 용량을 이용한 변환, 자기를 이용한 변환

11
음원으로부터 단위시간당 방출되는 총 음 에너지를 무엇이라 하는가?

① 음 원
② 음향 출력
③ 음압 실횻값
④ 음의 전파속도

해설

음향 출력
- 음원으로부터 방출되는 음 에너지의 총량
- 음 에너지는 음압과 음속의 곱으로 표현
- 즉, 음향 출력은 음 에너지와 표면적의 곱으로 표현

12
회전 기계에서 발생하는 이상 현상 중 발생주파수가 중간주파인 것은?

① 공 동
② 언밸런스
③ 압력 맥동
④ 미스얼라인먼트

해설

이상 현상의 종류별 발생주파수
- 공동현상 : 고주파
- 언밸런스 : 저주파
- 미스얼라인먼트 : 저주파

13
고유진동수와 강제진동수가 일치할 경우 진폭이 크게 발생하는 현상을 무엇이라 하는가?

① 공 진
② 풀 림
③ 상호간섭
④ 캐비테이션

해설

- 풀림 : 열처리의 일종
- 상호간섭 : 2개 이상의 파동이 서로 간섭하는 현상
- 캐비테이션 : 유체의 흐름 안에 공동(빈 공간)이 생기는 현상

14 기본적인 소음 방지법으로 틀린 것은?

① 흡 음
② 차 음
③ 진동 댐핑
④ 방진구 설치

해설
방음의 방법
- 흡 음
- 차음 : 소리의 전달을 차단. 밀폐벽, 중공벽 등을 설치
- 간섭 방음 : 입사음과 반사음을 간섭시켜 소음을 감소시키는 방법
- 제진(진동 감소, 진동 댐핑) : 진동으로 패널에서 발생하는 소음 저감
- 차진(진동 차단) : 방진고무, 스프링 등을 이용하여 진동에너지를 감소시켜 소음 전달 저감
- 소음감소장치(소음기) 사용

15 설비의 정밀해석 기술로서 전문기술 부서에서 수행하는 기술은?

① 간이 진단 기술
② 정밀 진단 기술
③ 고장 수리 기술
④ 동작 해석 기술

해설
정밀 진단
- 전문적인 기술팀에 의해 시행
- 간이 진단 이후 정밀하게 진단 시행
  - 이상의 형태, 종류, 그 진단 범위를 결정
  - 이상의 원인 파악
  - 위험도를 예측하여 방호, 보전활동 결정
- 정밀진단 기술
  - 응력(Stress) 정량화 기술 : 기계응력, 온도응력, 화학응력, 전기응력 정량화
  - 고장검출 해석 : 강제열화 시험, 파괴시험, 파단면 해석, 화학 분석
  - 강도 성능 정량화 기술 : 피로강도, 내열강도, 절연, 내부식성

16 압전형 가속도 센서에 대한 내용으로 틀린 것은?

① 소형으로 가볍다.
② 사용 온도 범위가 넓다.
③ 주파수 범위는 광대역이다.
④ 마운팅에 매우 저감도이므로 손으로 고정해야 한다.

해설
가속도계
- 압전형 가속도계를 많이 사용
- 소형 경량이며 높은 출력 임피던스
- 고감도이므로 미세조정이 필요하고 외부 영향, 용량에 감도 영향을 받음
- 중, 고주파 대 가속도 측정에 사용

17 노이즈 발생을 방지하기 위한 노이즈 대책 중 정전유도로 인한 노이즈 발생을 방지하는 대책은?

① 연선 사용
② 관로 사용
③ 필터 사용
④ 실드선 사용

해설
실드선을 사용하면 내부의 신호가 소실되지 않도록 하고 외부의 잡음이 들어오지 못하도록 하는 역할을 한다. 실드선에는 한쪽 끝의 접지를 실시하여 실드를 완성한다.

18 진동 방지의 일반적인 방법 중 고주파 진동을 방지하는 데 가장 효과적인 것은?

① 기초 진동을 제어
② 진동 차단기의 사용
③ 2단계 차단기의 사용
④ 질량이 큰 거더를 사용

해설
2단계 진동제어는 고주파 진동을 방지하는 데 효과적이지만 저주파 진동제어에 역효과를 줄 수 있다.

19 다음 중 탄성식 압력계에 속하지 않는 것은?

① 압전기식
② 벨로스식
③ 부르동관식
④ 다이어프램식

해설

기계식(탄성식) 압력센서
- 부르동관 : 압력을 변위로 1차 변환하여 측정하는 압력계
- 벨로스 : 구불구불한 주름이 있는 금속원통의 내·외부의 압력차를 이용한 계측
- 다이어프램 : 금속 또는 비금속 막이 압력의 변화에 따라 변형되는 크기를 이용한 계측

20 진동체 2개의 고유 진동수가 같을 때, 한쪽을 울리면 다른 쪽도 울리는 현상을 무엇이라 하는가?

① 공 명
② 서 징
③ 음압도
④ 캐비테이션

해설

- 맥동(서징) : 압력의 움직임, 마치 맥박과 같이 압력이 나타난다.
- 음압도 : 음압의 정도

$$\text{SPL} = 20\log\left(\frac{P}{P_0}\right) \text{dB}$$

단, P_0 : 1,000Hz에서 가청할 수 있는 최소 음압실효치
$(2 \times 10^{-5} [\text{N/m}^2])$
P : 음압실효치
※ 가청 최대한계는 60N/m²으로 130dB 정도임
- 캐비테이션 : 유체의 흐름 안에 공동(빈 공간)이 생기는 현상

제2과목 설비관리

21 다음은 설비관리 조직 중 어떤 형태의 조직인가?

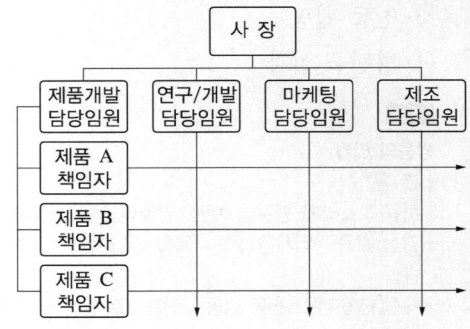

① 설계 보증 조직
② 제품 중심 조직
③ 기능 중심 매트릭스 조직
④ 제품 중심 매트릭스 조직

해설

- 설비관리 조직은 크게 제품 중심 조직과 기능 중심 조직으로 나눌 수 있고, 그를 혼합한 Matrix 조직으로 나눌 수 있다. 매트릭스 조직은 다시 프로젝트형 매트릭스, 기술(기능) 중심 매트릭스, 제품 중심 매트릭스로 나눌 수 있고, 매트릭스 조직에서 무엇이 중심이 되었느냐는 매트릭스 중 고정된 내용이 무엇이냐로 구분할 수 있다.
- 이 그림은 제품 A, B, C가 고정되어 있고, 각 업무 담당자가 제품 사업부를 동시에 지원하므로 제품 중심 매트릭스 조직으로 볼 수 있다.

Tip

설명 없이는 정답 시비가 발생할 수 있어, 원문에 있는 예시 조직도를 그대로 사용할 가능성이 매우 높다. 매트릭스 조직에서는 본 교재에서 기능 중심 매트릭스와 제품 중심 매트릭스의 예시 도면을 설명해 놓았다.

22 대량생산을 위한 공장자동화와 같이 기계화도가 높은 생산 공정에 제조간접비를 배부하는 방식은?

① 직접재료비법
② 직접제조비법
③ 기계가동시간법
④ 직접노무시간법

해설
- 직접노무비법 : 간단하고 제조원가에서 직접노무비가 큰 노동집약적 산업에서 타당성이 큼
- 직접노무시간법 : 노동집약적 산업에서 노무자들의 시간당 임률의 종류가 많을 때 타당성이 큼
- 직접재료비법 : 제품의 총재료비와 총제조간접비 간의 관계가 클 때 타당성이 큼
- 직접제조비법 : 간접비를 직접노무비와 직접재료비를 포함한 기본비용을 토대로 계산하는 것은 타당성이 크며, 단일제품 생산 시 많이 사용되는 방법
- 기계가동시간법 : 대량생산을 위한 공장자동화나 CIM처럼 노무비용은 낮고, 기계화도가 높은 생산공정에서는 타당성이 큼

23 자주보전의 전개단계 중 발생원인 곤란개소 대책은 어느 단계인가?

① 제1단계
② 제2단계
③ 제3단계
④ 제4단계

해설
자주보전의 두 번째 단계는 발생원 및 곤란 개소(個所) 대책으로 발생원인 제거, 청소 곤란 개소를 개선을 실시한다.

24 다음 중 TPM 관리의 특징으로 틀린 것은?

① 사전 활동
② 로스 측정
③ Input 지향
④ 결과 중심 시스템

해설
TPM의 전통적 관리와 비교하여 결과 중심이 아닌 예방 중심이며 원인추구형이며 동기부여식 시스템이 특징이다.

25 치공구를 설계하기 위한 방법으로 틀린 것은?

① 지그와 고정구 구성부품의 표준화를 적극적으로 고려할 것
② 복잡한 구조로 불균형한 형상을 가질 수 있도록 고려할 것
③ 피공작물의 부착과 해체가 용이하고 공작작업이 쉬운 구조일 것
④ 작업 시에 안전성, 신뢰성을 줄 수 있는 구조와 형상일 것

해설
치공구는 가능한 단순한 구조로 균형잡인 형상을 가질 수 있도록 고려되어야 한다.

26 가공 및 조립형 설비 6대 로스 중 돌발적 또는 만성적으로 발생하는 고장에 의하여 발생하는 시간로스는?

① 고장 로스
② 속도 저하 로스
③ 수율 저하 로스
④ 순간 정지 로스

해설
- 속도 저하 로스 : 설비의 설계에 의한 이론 사이클 시간과 실제 사이클 시간과의 차이
- 수율 저하 로스 : 생산 개시부터 안정화 사이에 발생하는 로스
- 순간 정지 로스(일시 정체 로스) : 센서 오작동, UFO(Unexpected Foreign Object)에 의한 긴급 정지, 설비공회전, 공정 물량 적체 등으로 인한 시간 로스

정답 22 ③ 23 ② 24 ④ 25 ② 26 ①

27 설비의 경제성 평가 방법이 아닌 것은?

① 연환지수법　② 자본회수법
③ MAPI 방식　④ 비용비교법

해설
연환지수(연쇄지수)법은 경제변화 추계를 파악하기 위해 사용하는 방법으로 경제성 평가 방법과는 거리가 있다.

28 설비보전 표준의 분류 중 정비 또는 일상보전 조건방법의 표준을 정한 것으로 정비 작업 종류에 따라 급유 표준, 청소 표준, 조정 표준 등이 작성되는 것은?

① 정비 표준
② 수리 표준
③ 설비 검사 표준
④ 설비 성능 표준

해설
설비보전 표준의 종류
- 설비 점검 표준
  - 점검시기(일상점검/정기점검)
  - 진단항목 및 방법(성능검사/정밀도검사)
  - 설비종류에 따른 검사
- 정비 표준(일상 점검 표준) : 정비 또는 일상보전 조건방법의 표준을 정한 것으로 정비 작업 종류에 따라 급유 표준, 청소 표준, 조정 표준 등이 작성됨
- 수리 표준 : 수리 받을 조건, 수리 방법에 대한 명시, 직능별로 제정하거나 설비별로 제정

29 조업시간 중 정지시간에 해당하지 않는 것은?

① 대기시간　② 준비시간
③ 정미 가동시간　④ 설비 수리시간

해설
- 정미 가동시간 : 가동시간에서 속도 LOSS를 뺀 것
- 정지시간 : 고장, 준비, 조정, 공구교환 등

30 설비 또는 시스템의 고장의 원인을 탐구하고 규명하기 위하여 생선뼈 모양의 그림으로 분석하는 방법은?

① FTA
② 파레토 차트
③ 플로 차트
④ 특성요인분석법

해설
특성요인분석법 : 설비 또는 시스템의 고장의 원인 규명을 위해 생선뼈(Fishbone) 모양의 특성요인도를 그림으로 분석하는 방법

31 보전수준을 장소에 따라 분류할 때 공장이나 생산현장에서 주요 보전업무를 수행하는 보전은?

① 중간차원 수준보전
② 제조업자 차원보전
③ 하청업체 차원보전
④ 회사수준차원의 보전

해설
보전의 주체가 외주나 하청업체가 아닌 자사 차원에서 수행하는 보전이다.

32 다음 중 치공구에 속하지 않는 것은?

① 지 그
② 라 인
③ 검사구
④ 고정구

해설
라인은 생산과정이 운영되는 컨베이어 벨트식 생산이 줄을 맞춘 것 같다는 것에서 유래한 생산 현장을 일컫는 용어

33 공사기간을 단축하기 위한 방법이 아닌 것은?

① LP법
② DCF법
③ MCX법
④ SAM법

해설
- 최적공사기간
  - 공기를 단축하면 일반적으로 직접비는 증가하며 간접비는 감소하게 되므로 이를 합산하여 가장 비용이 적게 드는 기간을 최적공기라 함
- MCX(Minimum Cost Expediting)기법 : CPM의 핵심 이론으로 최소 비용 촉진기법. 각 단위 작업의 공사기간과 비용의 상관관계를 고려 최소 비용으로 단축하기 위한 방법
- LP(Linear Method) : 공사의 총 비용을 선형방정식으로 만들어 공사기간과 비용이 최소가 되는 해답을 구하는 방법으로 각 변수의 정상점과 특급점이 주어지고 비용 구배 곡선이 주어졌을 때 필요한 공사기간을 조정하여 총 직접비용이 최소화되도록 조정하는 방법
- SAM(Siemens Approximation Method) : Time-Cost Matrix (시간-비용 도표)라는 표에 의하여 최적화하는 방법으로 각 경로별 일정계산 후 단축하고자 하는 일수까지 각 경로별 공사기간과 비용을 비교하여 분석 결정

34 보전용 자재 관리에 대한 설명 중 옳은 것은?

① 불용자재의 발생 가능성이 적다.
② 자재구입의 품목, 수량, 시기의 계획을 수립하기가 용이하다.
③ 소모, 열화되어 폐기되는 것과 예비기 및 예비부품과 같이 순환 사용되는 것이 있다.
④ 보전용 자재는 연간 사용빈도가 높으며 소비 속도도 빠른 것이 많다.

해설
생산용 자재와 비교한 보전용 자재의 특징
- 자주 사용하지 않고 불출 속도가 늦다.
- 계획성 있는 소비가 어렵다.
- 보전 관리 역량과 재고의 관계성이 높다.
- 불용 자재 발생 가능성이 높다.
- 사용되었던 설비 자재가 보전용 자재로 활용될 가능성이 높다.
- 소모, 열화되어 폐기되는 것과 예비기 및 예비부품과 같이 순환 사용되는 것이 있다.

35 사람, 물건, 설비의 관계를 가장 경제적으로 얻기 위해 제품을 구성하는 각 부품이나 재료의 입하부터 최종 출하까지의 생산설비를 계획하는 것은?

① 설비 배치
② 구조 설계
③ 안전 설계
④ 운반 시스템 설계

해설
설비 배치란 공정 전체(설비시스템, 원료로부터 제품의 출고)의 설비의 배치를 의미하며 사람, 물건, 설비의 관계를 가장 경제적으로 얻기 위해 제품을 구성하는 각 부품이나 재료의 입하부터 최종 출하까지의 생산설비를 계획하는 것이다.

정답 32 ② 33 ② 34 ③ 35 ①

36 다음 중 고장의 분석 후 대책을 세우는 방법으로 틀린 것은?

① 안전율을 높인다.
② 응력을 분산시킨다.
③ 강도, 내력을 낮춘다.
④ 온도, 습도 등의 작업 환경을 개선한다.

해설
고장 분석 후 대책
- 강도, 내력을 향상 : 재질, 방법의 변경
- 응력(應力, Stress) 분산 : 형상설계에 반영
- 안전율 향상 : 치수설계 시 반영
- 환경 개선 : 온도, 습도 등
- 치공구의 개선 : 작업에 적절한 치공구로의 변경
- 작업 방법 및 작업 조건 개선
- 검사 방법 및 검사 주기 개선
- 모니터링 : 측정가능 항목 중 고장과 연계된 대표항목을 모니터링

37 현상파악에 사용되는 방법 중 공정이 정상 상태인지, 이상 상태인지를 판독하기 위한 방법은?

① 관리도　　② 체크시트
③ 파레토도　④ 히스토그램

해설
현상파악에 사용되는 방법
- 관리도 : 품질은 산포하고 있으므로 공정에서 시계열적으로 변화하는 산포의 모습을 보고 공정이 정상 상태인가 이상 상태인가를 판독하기 위한 수법
- 체크시트 : 체크리스트를 적으며 스스로 체크
- 파레토도 : 불량품, 결점, 클레임(Claim), 사고 건수 등을 현상이나 원인별로 데이터 처리 후 데이터가 높은 순서부터 나열하고 막대그래프로 나타낸 것
- 히스토그램 : 공정에서 취한 계량치 데이터가 여러 개 있을 때 데이터가 어떤 값을 중심으로 어떤 모습으로 산포하고 있는가를 조사하는 데 사용

38 설비배치의 형태에 관한 설명 중 틀린 것은?

① 제품별 설비배치는 작업의 흐름 판별이 용이하다.
② 기능별 설비배치는 소품종 대량생산의 경우에 알맞은 배치 형식이다.
③ 총체적 설비배치계획은 공장입지선정, 건물배치계획, 부서배치계획 및 설비배치계획 단계로 실시된다.
④ GT셀(Group Technology Cell)은 여러 종류의 기계에 속하는 대부분의 부품 가공을 할 수 있는 경우의 설비배치이다.

해설
소품종 대량생산에는 제품별 배치가 적당하고, 기능별로 배치한 경우 여러 종류를 소량으로 만들어낼 때 적절하다.

39 설비의 경제성 평가방법 중 비용비교법에서 연간 비용을 산출하는 방법은?

① 상각비 + 평균이자 + 가동비
② 상각비 - 평균이자 + 가동비
③ 상각비 + 평균이자 - 가동비
④ 상각비 - 평균이자 - 가동비

해설
경제성 평가방법 중 비용비교법은 연평균비용법과 평균이자법이 있는데, 상각비, 평균이자, 가동비를 더해서 연간비용을 산출하는 방법은 평균이자법이다.

40 열 관리의 영역에서 열 에너지 흐름에 따른 분류에 해당하지 않는 것은?

① 연료의 관리　　② 연소의 관리
③ 인화점의 관리　④ 열 사용의 관리

해설
열 에너지 흐름에 따른 열 관리 방안으로 연료 관리, 연소 관리, 열 사용 관리, 열 설비 관리 등이 있다.

제3과목 기계일반 및 기계보전

41 두 축의 중심선을 일치시키기 어렵거나, 전달 토크의 변동으로 충격을 받거나, 고속 회전으로 진동을 일으키는 경우에 충격과 진동을 완화시켜 주기 위하여 사용하는 커플링은?

① 머프 커플링
② 클램프 커플링
③ 플렉시블 커플링
④ 마찰 원통 커플링

해설
- 플렉시블 커플링 : 두 축의 중심선을 일치시키기 어렵거나 전달 토크의 변동으로 충격을 받거나 고속 회전으로 진동을 일으키는 경우 사용
- 머프 커플링, 클램프 커플링, 마찰 원통 커플링은 원통모양의 고정형 커플링이다.

42 압축공기 저장 탱크의 안전밸브 역할이 아닌 것은?

① 배출량의 조정
② 2차 압력의 조정
③ 토출 압력의 조정
④ 토출정지 압력의 조정

해설
2차 압력은 압력조정기(Regulator)로 조정한다.
안전밸브
- 압력증가가 급격히 이루어지는 경우에 사용하며 급한 압력 상승을 급한 압력 제거를 통해 안전한 압력 상태를 유지하기 위한 밸브. 공기나 스팀, 가스 등에 이용한다.
- 탱크 등의 꼭지에 달아 설정압력이 초과하는 경우 개방하여 가스 등을 제거한다.
- 안전밸브 선정 시 배출량, 토출압력, 토출정지 압력 등을 정하거나 조절할 수 있도록 한다.

43 다음 중 원형 밸브 판의 지름을 축으로 하여 밸브 판을 회전시켜 유량을 조절하는 밸브는?

① 감압 밸브
② 앵글 밸브
③ 나비형 밸브
④ 슬루스 밸브

해설
버터플라이(나비) 밸브 : 원형 밸브 판의 지름을 축으로 하여 밸브 판을 회전시켜 유량을 조절하는 밸브로 90도의 회전각으로 개폐가 되는 편리한 구조이다. 절반 정도 열렸을 때, 흐름의 세기에 따라 열고 닫는 힘이 크게 다르므로 유체의 힘에 밀려 급격한 제어가 되지 않도록 래칫 기어를 사용하도록 한다.

44 공작기계의 절삭 운동과 이송 운동에 대한 설명으로 옳은 것은?

① 선반 가공은 공구를 회전시키고, 공작물이 직선 운동을 하며 가공하는 작업이다.
② 밀링 가공은 공구를 회전시키고, 공작물이 이송 운동을 하며 가공하는 작업이다.
③ 원통 연삭 가공은 공작물을 회전시키고, 공구는 직선 운동을 하며 가공하는 작업이다.
④ 플레이너 가공은 공구를 회전시키고, 공작물이 직선 운동을 하며 나사 가공하는 작업이다.

해설
공구와 일감의 상대 운동에 따라
- 회전 운동과 직선 운동의 결합
  - 선반 : 공작물이 회전하고 공구가 직선 운동을 하여 원통형 제품을 가공
  - 밀링 : 공구가 회전하고 공작물이 직선 운동을 하여 원통을 제외한 거의 모든 형상 가공 가능
  - 드릴링 : 공구가 회전하고 공작물이 직선 운동을 하여 공작물의 구멍 등을 가공
- 직선 운동과 직선 운동의 결합 : 셰이퍼, 플레이너
- 회전 운동과 회전 운동의 결합 : 원통 연삭, 호빙

45 다음 기호의 명칭으로 옳은 것은?

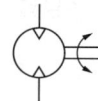

① 유압 펌프 ② 공기압 모터
③ 유압 전도장치 ④ 요동형 액추에이터

해설
- 동력을 발생시키는 것이 공기압축기와 유압펌프라면 공압과 유압을 이용한 액추에이터는 실린더와 모터이다.
- 동력원의 매개체를 표시하기 위해 공압은 삼각형의 빈공간으로, 유압은 채운 삼각형을 사용한다.

기호예시

공압 모터	유압 모터	공압실린더	유압실린더

46 다음 중 금긋기 작업 시 유의해야 할 사항으로 틀린 것은?

① 금긋기 선은 깊게 여러 번 그어야 한다.
② 기준면과 기준선을 설정하고 금긋기 순서를 결정하여야 한다.
③ 같은 치수의 금긋기 선은 전·후, 좌·우를 구분하지 말고 한 번에 긋는다.
④ 금긋기가 끝나면 도면의 지시대로 되었는지 확인한 후 다음 작업 공정에 들어간다.

해설
금긋기 작업 시 유의 사항
- 작업 전 정반 위와 공작물을 깨끗하게 한다.
- 기준면과 기준선을 설정하고 금긋기 순서를 결정하여 긋는다.
- 가공물의 면과 바늘의 각도가 60°되게 하여 그린다.
- 바늘 끝이 스케일(Scale)면에 닿지 않도록 해야 한다.
- 같은 치수의 금긋기 선은 전, 후, 좌, 우를 구분하지 않고 한 번에 긋는다.
- 선을 그릴 때는 한 번에 선명하게 그린다.
- 금긋기가 끝나면 도면의 지시대로 그었는지 확인 후 다음 공정에 진입한다.

47 볼트, 너트의 풀림을 방지하는 여러 가지 방법이 있다. 그중 와셔를 굽히거나, 구멍을 만들어 거기에 끼운 후 고정하는 방법은?

① 폴 와셔에 의한 방법
② 스프링 와셔에 의한 방법
③ 이붙이 와셔에 의한 방법
④ 혀붙이 와셔에 의한 방법

해설
폴 와셔 : 래치처럼 한 방향으로 움직이는 것을 방지하기 위해 와셔를 굽히거나 구멍을 만들어 끼우는 등, 체결부와 맞물리도록 제작한 와셔

48 다음 측정기 중 비교 측정기에 속하지 않는 것은?

① 옵티미터
② 미니미터
③ 버니어 캘리퍼스
④ 공기 마이크로미터

해설
버니어 캘리퍼스는 길이를 측정하는 직접 측정기에 해당한다.
측정의 종류
- 직접 측정
  - 길이 측정 : 상물 외형의 길이나 두께를 측정한다.
  - 각도 측정 : 상물 외형의 두 모서리 사이의 각을 측정한다.
  - 기하형상 측정 : 평면도, 직선도 등 기하형상을 측정한다.
- 간접 측정 : 측정 대상을 직접 측정할 수 없을 때 다른 측정 대상을 측정하여 계산한다.
- 절대 측정 : 조립량(길이·무게·시간 외의 기본량이 조합된 양)을 기본량만의 측정으로 유도하는 측정이다.
- 비교 측정 : 기준면이나 선과의 관계를 측정한다.
- 한계 게이지 측정 : 일종의 비교 측정이다. 제품 사용 가능 여부를 판단하기 위해 최대 허용값, 최소 허용값으로 만들어진 한계 게이지를 사용하여 측정한다.

정답 45 ② 46 ① 47 ① 48 ③

49 기계나 설비를 제작할 때 용접이음을 많이 사용하는 이유로 적당하지 않은 것은?

① 자재가 절약된다.
② 공정수가 감소된다.
③ 이음효율이 향상된다.
④ 품질검사가 용이하다.

해설
용접의 장단점
• 제품의 성능과 수명이 향상된다.
• 공정 횟수가 감소되며 이음형상을 자유롭게 할 수 있다.
• 이음 효율이 향상된다.
• 재료 두께의 제한이 없다.
• 자재가 절약되고 이종(異種) 재료도 접합할 수 있다.
• 열에 의한 변형, 수축 및 취성의 발생 우려가 있다.
• 잔류응력에 의한 부식의 우려가 있다.
• 품질검사가 어렵다.
• 숙련도에 따라 작업자 요인이 많이 작용한다.

50 기어 감속기를 분류할 때 교쇄 축형 감속기에 속하는 것은?

① 스퍼 기어
② 헬리컬 기어
③ 하이포이드 기어
④ 스트레이트 베벨 기어

해설
스트레이트(직선형) 베벨 기어는 축이 직교하는 형태이다.

51 파이프 끝의 관용 나사를 절삭하고 적당한 이음쇠를 사용하여 결합하는 것으로, 누설을 방지하고자 할 때 접착 콤파운드나 접착 테이프를 감아 결합하는 이음은?

① 패킹 이음
② 나사 이음
③ 용접 이음
④ 고무 이음

해설
나사 이음 : 파이프 끝의 관용 나사를 절삭하고 적당한 이음쇠를 사용하여 결합. 누설 방지를 위해 접착 콤파운드나 접착 테이프를 감기도 한다.

52 접착제의 구비조건으로 틀린 것은?

① 액체성을 가질 것
② 윤활성을 가질 것
③ 모세관작용을 할 것
④ 고체화하여 일정한 강도를 가질 것

해설
접착제는 액상으로 사용하며 표면 또는 틈새를 침투할 수 있어야 하며 도포 후 고화(固化)되어 접착력을 가져야 한다.

53 일반적인 핀의 호칭법에 대한 설명으로 틀린 것은?

① 분할 핀의 호칭 길이는 긴 쪽 길이로 표시한다.
② 테이퍼 핀의 호칭 지름은 작은 쪽의 지름으로 표시한다.
③ 평행 핀의 길이는 양끝의 라운드 부분을 제외한 길이를 말한다.
④ 분할 핀의 호칭 지름은 핀이 끼워지는 구멍의 지름으로 표시한다.

해설
분할 핀의 호칭 길이는 짧은 쪽의 길이로 표시한다.

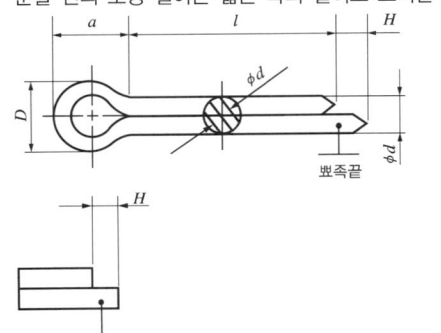

54 기어에서 이의 간섭에 대한 방지책으로 틀린 것은?

① 압력각을 크게 한다.
② 이끝을 둥글게 한다.
③ 이의 높이를 크게 한다.
④ 피니언의 이뿌리면을 파낸다.

> **해설**
> **방지 방법**
> • 압력각을 20° 이상으로 크게 함
> • 이의 높이를 낮춤
> • 치형의 이끝면을 깎아냄
> • 피니언의 반지름 방향의 이뿌리면을 파냄

55 송풍기의 운전 중 점검사항으로 가장 거리가 먼 것은?

① 베어링의 온도
② 베어링의 진동
③ 윤활유의 적정여부
④ 임펠러의 부식여부

> **해설**
> • 설치 점검 시점은 가동 전, 가동 후로 구분하고 운영 중 점검으로 일상점검과 정기점검으로 구분한다.
> • 임펠러는 조립하는 구성품으로 설치 가동 후에 점검하기보다는 정기점검을 하는 것이 좋다.

56 펌프와 전동기가 커플링으로 연결되어 있을 때 축의 변형 및 열팽창 등을 고려하여 운전 중에 상호 회전 중심축이 일치하도록 기기를 배열하는 것을 무엇이라 하는가?

① 새 그
② 연 마
③ 소프트풋
④ 얼라인먼트

> **해설**
> 얼라인먼트는 축 정렬을 의미한다.

57 일반열처리 중 풀림의 목적과 가장 거리가 먼 것은?

① 강을 연하게 한다.
② 내부 응력을 제거한다.
③ 강의 인성을 증대시킨다.
④ 냉간 가공성을 향상시킨다.

> **해설**
> • 강의 인성을 향상시키기 위한 목적으로 시행하는 열처리는 뜨임이다.
> • 연화 풀림을 실시하면 가공 도중 경화된 재료를 연화시켜 계속적으로 냉간 가공이 가능해진다.

58 다음 중 3상 유도 전동기 내의 코일과 철심 사이에 완전한 절연을 하기 위해 사용되는 것은?

① 유리
② 바니시
③ 에나멜
④ 절연 종이

> **해설**
> **3상 유도 전동기의 구조**
> • 3상 유도 전동기는 회전자에 따라 농형과 권선형으로 구분
> • 3상 유도 전동기는 크게 회전자와 고정자로 구성되어 있고, 회전자는 얇은 강판을 적층한 철심의 각 구멍에 구리 막대가 삽입되고 구리막대 양쪽에 단락환을 이용하여 단락되어 있다.
> • 코일은 도체에 에나멜, 유리, 마이카 등을 이용하여 절연을 입힌 것을 사용한다.
> • 코일과 철심 사이는 절연 종이를 이용하여 절연한다.

정답 54 ③ 55 ④ 56 ④ 57 ③ 58 ④

59 일반적인 철강재 스프링 재료가 갖추어야 할 조건으로 틀린 것은?

① 가공하기 쉬운 재료여야 한다.
② 높은 응력에 견딜 수 있어야 한다.
③ 피로강도와 파괴인성치가 낮아야 한다.
④ 표면상태가 양호하고 부식에 강해야 한다.

해설
스프링재의 요구사항
- 열처리가 쉬워야 한다.
- 적절한 탄성력을 가져야 한다.
- 영구변형이 없어야 한다.
- 피로강도가 높아야 한다.
- 가공이 쉬운 재료여야 한다.
- 높은 응력에 견딜 수 있어야 한다.
- 표면상태가 양호하고 부식에 강해야 한다.

60 다음 중 기업의 생산성 향상을 위하여 시행해야 할 사항으로 가장 거리가 먼 것은?

① 설비의 고장, 정지, 성능저하를 방지한다.
② 종업원의 근로 의욕을 높일 수 있도록 한다.
③ 작업 부주의 및 원료의 불량에 따른 품질저하를 방지한다.
④ 제품 품질을 높이기 위해서 제품원가를 높인다.

해설
기업의 생산성을 높이는 보전방식을 생산보전이라하고 생산보전의 범위 안에는 일상보전, 예방보전, 사후보전, 개량보전 등이 들어간다.

제4과목 윤활관리

61 그리스 선정 시 고려해야 할 사항으로 가장 거리가 먼 것은?

① 그리스 제조법 및 급지 방법
② 증주제의 종류 및 베이스 오일의 점도
③ 윤활개소의 운전조건인 회전수 및 하중
④ 윤활개소의 운전 온도범위 및 물, 약품 등의 접촉 유무와 관련된 환경

해설
그리스 선정 시 고려사항
- 그리스의 성분, 증주제의 종류 및 기유(Base Oil)의 성질
- 윤활개소의 운전조건 : 구조, 회전수, 속도, 하중, 온도범위, 물 접촉 여부, 이물질 침입가능성 여부
- 요구 조건 : 작용 하중, 밀봉 요구, 냉각 성능 여부, 사용 기한, 교환의 용이성, 사용량, 경제성 등

62 다음 중 경계 윤활에 대한 설명으로 옳은 것은?

① 극압 윤활이라고도 한다.
② 마찰계수는 0.01~0.05 정도이다.
③ 후막 윤활로 가장 이상적인 윤활상태이다.
④ 불완전 윤활이라고도 하며, 고하중 저속 상태에서 발생하기 쉽다.

해설
윤활의 형태
- 유체 윤활(후막 윤활, 완전 윤활) : 마찰면 사이에 유체역학적으로 충분히 두꺼운 점성유막이 형성된 윤활 상태
- 경계 윤활(박막 윤활, 혼합 윤활) : 유막 두께가 표면거칠기와 비슷한 정도로, 유압만으로 하중을 지탱하기 어려운 정도의 상태
- 극압 윤활 : 국부적으로 금속의 융착과 전단이 반복되며, 마찰이 증대되고 유막이 파괴되어 중간중간 금속과의 마찰이 일어나는 상태

63 운전 중 압축기 윤활유의 관리를 위한 점검 사항으로 가장 거리가 먼 것은?

① 베어링 검사   ② 윤활유의 양
③ 윤활유 온도   ④ 윤활유의 색상

해설
운전 중에 베어링 검사를 할 수는 없다.

64 윤활유로 베어링을 윤활하고자 할 때 일반적으로 고려해야 할 사항으로 가장 거리가 먼 것은?

① 하중   ② 침전가
③ 운전속도   ④ 적정 점도

해설
윤활유 선정 시 내하중성이 높고 산화 안정성이 좋으며 방청성능이 좋고 저유동성, 소포성이 있는 제품을 사용한다.

65 윤활유의 기유로 사용되는 파라핀계 기유를 설명한 내용 중 틀린 것은?

① 점도지수가 나프텐계 기유보다 낮다.
② 아닐린점이 나프텐계 기유보다 높다.
③ 산화저항성이 나프텐계 기유보다 높다.
④ 인화점, 유동점이 나프텐계 기유보다 높다.

해설
원유의 분류
- 파라핀계 : 파라핀($C_nH_{2n}+2(n \geq 19)$의 화학식으로 표현되는 알케인탄화수소)계 탄화수소를 많이 함유한 원유로, 등유, 경유의 품질은 우수, 휘발유 옥탄가는 낮음. 아스팔트분은 적고 파라핀 왁스분은 많음
- 나프텐계 : 나프텐[사이클로펜테인(C_5H_{10}), 탄소수가 6개인 사이클로헥세인(C_6H_{12})과 그 동족체]계의 탄화수소를 많이 함유한 원유. 아스팔트분이 많아 아스팔트계라 부르기도 함. 옥탄가가 높고 휘발유의 품질이 좋으나 등유, 경유는 품질이 낮음. 파라핀계보다 융점이 낮고 주로 액상이어서 냉동기 등 낮은 융점이 필요한 곳에 사용하거나 간단히 윤활유로 제조가능하나 윤활유 품질은 낮음
- 그 외 올레핀계, 다이올레핀계, 방향족계로 분류하며 연소성은 파라핀계 > 올레핀계 > 다이올레핀계 > 나프텐계 > 방향족계 순

66 무단변속기에 사용되는 윤활유가 가져야 할 윤활 조건 중 가장 거리가 먼 것은?

① 기포가 적을 것
② 내하중성이 클 것
③ 점도지수가 낮을 것
④ 산화 안정성이 좋을 것

해설

기어유의 역할	필요한 성질
마찰 감소	점도, 저온 유동성
마모 감소	내하중성, 내마모성
소음/진동 충격 감소	소포성, 열 안정성
고속 운전	저점도
고하중 전달	내하중성
불순물 감소	열 안정성, 방청성, 산화 안정성, 부식 방지성
냉각 작용	항유화성

67 다음 중 윤활유 첨가제의 성질로 틀린 것은?

① 증발이 많아야 한다.
② 저장 중에 안정성이 좋아야 한다.
③ 냄새 및 활동이 제어되어야 한다.
④ 수용성 물질에 녹지 않아야 한다.

해설
첨가제 선정의 고려사항
- 윤활기유의 성질을 해치지 않아야 하며 이에 잘 용해되어야 한다.
- 윤활상태, 설계 그리고 실제 요구되는 서비스를 고려하여 원하는 성질이 발현되어야 한다.
- 가동조건을 고려하여 선정하고 다른 부가 첨가제와 잘 조화되어야 한다.
- 연료의 황(S)성분의 양을 고려하여 선정하여야 한다.
- 제조되는 윤활유가 예상되는 유지보수와 검사 실제를 고려하여 제조되어야 한다.
- 첨가제는 소량만 사용하므로 재사용까지 저장할 경우, 변질되지 않아야 하고 안정성이 있어야 한다.
- 휘발성이 낮고 냄새나 색상의 부작용이 있어서는 안 된다.
- 수용성 물질에 녹지 않아야 한다.

68 윤활유의 간이측정에 의한 열화 판정의 설명으로 틀린 것은?

① 냄새를 맡아 보고 판단한다.
② 기름을 방치한 후 색상변화로 수분혼입상태를 판단한다.
③ 손으로 기름을 찍어보고 점도의 대소를 판단한다.
④ 기름과 물을 같은 양으로 넣고 교반 후 기름과 물이 완전히 분리될 때까지의 시간을 측정해 항유화성을 판단한다.

해설
윤활유 열화 판정법 중 간이 판정하는 방법
- 사용 중 윤활유의 냄새를 맡아 순수한 윤활유 냄새와 많이 다르면 변질된 것으로 판단
- 시험관에 사용유를 적당량 넣고 끝부분을 물의 기화온도 이상으로 가열하여 물 튀는 소리를 듣고 판단
- 촉각에 의해 이물감, 점도 등을 판단
- 투명한 2장의 유리관에 넣어 육안으로 투명도, 색상을 보고 판단
- 시험관에 사용유와 물을 충분히 흔들어 섞은 후, 다시 분리되는 시간을 측정해서 판단
- 사용유를 약간의 증류수로 씻어내어 리트머스 시험지를 이용해 산화정도를 판단
- 간이 점도계, 중화가 시험기, 비중계, 비색계 등을 이용하여 판단

69 다음 중 윤활유의 열화 방지법으로 틀린 것은?

① 고온은 가급적 피한다.
② 협잡물 혼입 시 신속히 제거한다.
③ 여러 종류의 기름을 혼합하여 사용한다.
④ 새로운 기계 도입 시 충분히 세척한 후 사용한다.

해설
열화 방지법
- 윤활유가 고온부와 접촉하는 시간을 짧게 함
- 윤활유의 압력을 올려 순환급유를 많게 하며, 또 냉각기를 부착하는 등 온도상승을 방지
- 기름의 혼합 사용 금지
- 새 기계를 사용할 경우 충분히 세척한 후 사용
- 수분, 먼지, 금속마모분 등이 혼입된 경우는 신속하게 제거
- 연 1회 완전 세척하여 순환계통의 청정을 유지
- 사용유를 계속 사용해야 하는 경우는 원심분리, 백토처리 등 재생처리 후 재사용
- 적절한 첨가제를 사용
- 윤활유가 부족하지 않도록 원활히 보충, 급유할 것

70 다음 중 윤활관리 기술자의 직무와 가장 거리가 먼 것은?

① 윤활관계 작업원의 교육훈련
② 급유장치의 설치 및 유지관리
③ 윤활관계의 사고와 문제점 검토
④ 설비고장 원가분석과 윤활유의 제조기술

해설
윤활관리 기술자는 적절한 윤활유를 선정하여 구매 공급하며 직접 제조하지 않는다.

71 다음 기어의 손상 중 윤활유의 성능과 가장 관계있는 것은?

① 피팅(Pitting)
② 파단(Breakage)
③ 스폴링(Spalling)
④ 스코어링(Scoring)

해설
- 스커핑(Scuffing), 스코어링(Scoring) : 스커핑(Scuffing)은 과열에 의해 윤활막의 국부적 파손에 의해 금속-금속 접촉, 용착과 분리의 반복작용의 점착마모(Adhesive)를 의미한다. 윤활제의 점도를 높이고 작동 속도를 조절하며 온도를 낮추고 첨가제를 넣는 등의 대책이 필요하다.
- 피팅(Pitting, Surface Fatigue) < 파괴적 피팅 < 스폴링(Spalling) : 기어 일부의 박리 및 파손이 유발되므로 윤활대책보다는 설계적 대책이 유효하다.
- 파단(절손, Breakage) : 기어 이의 일부나 전체가 과부하, 충격응력 작용에 따른 반복응력에 의한 피로 파손 현상으로 역시 윤활대책보다는 근본적인 설계적 대책이 필요하다.

정답 68 ② 69 ③ 70 ④ 71 ④

72 구름 베어링의 그리스 주입에 관한 설명으로 옳은 것은?

① 하우징의 설계에 관계없이 주입량은 같다.
② 과잉 그리스(Excessive Grease)는 저속에서 품질변화와 누설을 일으킨다.
③ 과잉 그리스(Excessive Grease)는 고속에서 과열 또는 연화를 일으킨다.
④ 공간용적은 하우징의 내용적에서 베어링의 용적을 뺀 값이다.

해설
그리스 윤활 사용 시 고려 사항
• 그리스의 점도에는 기유의 점도가 큰 영향을 미친다.
• 베어링의 크기가 클수록 많은 양의 그리스를 주입한다. 리테이너 안내면에도 그리스를 채운다.
• 그리스를 과하게 넣으면 고속에서 과열 또는 연화를 일으킨다.
• 하우징 내부의 축과 베어링을 제외한 공간용적에 대해 허용회전수의 50% 이하로 회전할 때는 1/2~2/3만큼, 허용회전수의 50% 이상으로 회전할 때는 1/3~1/2만큼 충진한다.

73 그리스를 장시간 사용하지 않고 방치해두거나 사용과정에서 오일이 그리스로부터 이탈되는 현상을 무엇이라고 하는가?

① 누설도
② 침전도
③ 이유도
④ 혼화안정도

해설
이유도 : 그리스를 장기간 저장할 경우 오일이 그리스로부터 분리되는 현상을 말한다.

74 다음 중 광유계 유압 작동유에 해당되는 것은?

① 내마모성 작동유
② 물-글리콜계 작동유
③ O/W 에멀션계 작동유
④ 합성 인산 에스테르계 작동유

해설
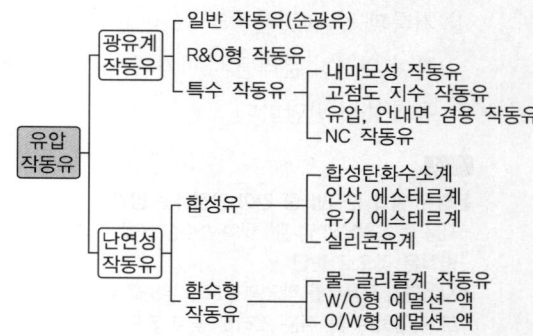

75 극압윤활을 위한 극압제로 사용하지 않는 것은?

① H   ② Cl
③ S   ④ P

해설
극압제(Extreme Pressure Additives) : EP유. 큰 하중을 받는 베어링의 경우 유막이 파괴되기 쉬우므로 이를 방지하기 위해 극압 첨가제 사용. 염화파라핀, 황(S)계, 인(P)계가 있다.

76 공압장치의 액추에이터 습동 부분에 윤활제를 공급하는 장치로 옳은 것은?

① 미니메스   ② 오일스톤
③ 에어브리더   ④ 루브리케이터

해설
루브리케이터
• 항상 흐르는 공기를 사용하여 윤활유를 분무 급유한다.
• 가변 벤투리를 이용하며 니들밸브를 이용하여 적하량을 조절한다.
• 고정 벤투리식, 가변 벤투리식, 윤활유 입자 선별식이 있다.
• 일반적인 공압기기는 가변 벤투리식을 사용하지만, 공압모터나 공기드라이버 등 배관이 길어 비산이 어려운 경우는 윤활유 입자 선별식 루브리케이터를 사용한다.

77 다음 그리스의 시험 중 그리스가 물과 접촉된 경우의 저항성을 알고자 할 때 이용되는 것은?

① 항유화도 시험
② 산화안정도 시험
③ 혼화안정도 시험
④ 수세내수도 시험

해설
수세내수성
- 그리스가 물과 접촉된 경우 저항성을 알고자 할 때 시험
- 시험결과 내수성이 다음 셋 정도로 구분됨
  - 그리스가 완전 발수성. 물이 유리(遊離)되므로 녹이 발생
  - 그리스가 어느 정도 흡수성이 있어 어느 정도 에멀션을 형성하나 그리스 구조는 파괴되지 않음. 가장 바람직한 형태
  - 그리스에 내수성이 없고 물과 공존되면 용해됨. 녹 발생은 없겠으나 그리스 구조가 파괴됨

78 다음 중 Oil Flushing을 해야 할 시기로 가장 적절한 것은?

① 정상 운전 중
② 기계의 수리작업 이후
③ 매일 한 번씩 강제 실시
④ Oil Sampling 검사를 실시하기 전

해설
플러싱 시기 : 기계 새로 설치했을 때, 윤활유 교환 시기 중 어느 때, 윤활 장치를 분해하는 기회에, 윤활계통의 검사를 실시할 때, 운전을 개시하기 전 중 적절한 시기에 실시

79 모양을 유지시키기에 충분한 경도의 그리스를 규정 치수로 절단한 후 25°C에서의 주도를 무엇이라 하는가?

① 고형 주도
② 혼화 주도
③ 불혼화 주도
④ $\frac{1}{4}$ 주도

해설
주도의 구분
- 혼화 주도 : 시험 온도(25°C) 유지하여 혼화기 내에서 그리스를 60회 혼화한 후 측정한 주도
- 불혼화 주도 : 혼화하지 않고 측정한 주도
- 저장 주도 : 시료를 규정 용기에 넣은 채로 일정 시간 저장 후, 교반하지 않은 시료의 25°C에서의 주도
- 고형 주도 : 모양을 유지하는 데 충분한 경도의 그리스를 규정 치수로 절단한 후 25°C에서의 주도

80 다음 중 윤활관리의 효과로 틀린 것은?

① 설비효율 향상
② 보전노무비 감소
③ 윤활유 소비 감소
④ 보수 유지비의 증가

해설
윤활의 기본적인 효과
- 자원 절약 : 윤활유 사용량 절감, 마찰 감소에 따른 에너지 소비량 절감, 폐자원 이용
- 생산성 제고 : 기계 고장 방지에 따른 생산성 유지, 수리비 절감, 기계의 기대수명 연장, 기계의 효율성 및 정밀도 유지, 노동의 절감
- 공장 운영비 절감 : 기계 정지로 인한 손실 감소 및 생산성 향상, 보전 노무비 절감, 교환 부품 비용 절감, 윤활제 소비량 절감 등

정답 77 ④ 78 ② 79 ① 80 ④

제5과목 공유압 및 자동화

81 회전식 공기 압축기가 아닌 것은?

① 베인형
② 스크롤형
③ 루츠 블로어
④ 다이어프램형

해설
격판압축기(다이어프램형 포함) : 공기가 왕복 운동을 하는 부분과 직접 접촉하지 않기 때문에 공기에 기름이 섞이지 않게 되어 깨끗한 공기를 얻을 수 있다. 따라서 식료품 제조나 제약분야, 화학 산업에 많이 이용된다. 왕복동형 압축기에 속한다.

82 제어량이 온도, 압력, 유량, 액면 등과 같은 일반 공업량일 때 발생하는 신호의 형태에 의한 제어는?

① 2진 제어
② 논리 제어
③ 디지털 제어
④ 아날로그 제어

해설
전기신호를 이용하는 0, 1로 이루어진 신호를 디지털 신호, 자연에서 발생하는 연속적인 신호를 아날로그 신호라 한다.

83 다음 회로에 대한 설명으로 옳은 것은?

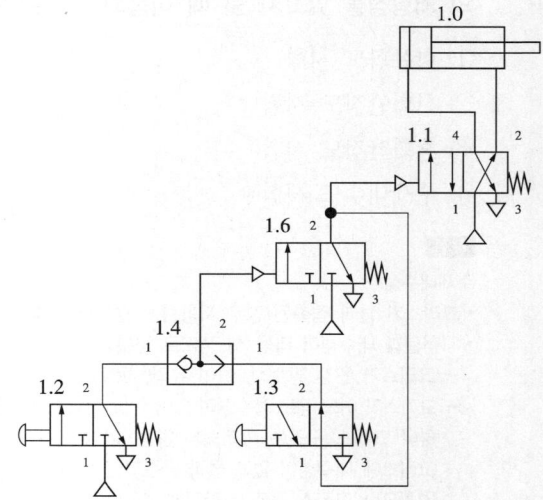

① 1.3 밸브를 누르면 1.0 실린더가 전진하고, 1.2 밸브를 누르면 1.0 실린더가 후진한다.
② 1.2 밸브와 1.3 밸브를 동시에 동작시켜야 실린더가 전진하고 두 밸브를 동시에 놓아야 즉시 후진한다.
③ 1.2 밸브와 1.3 밸브를 동시에 동작시켜야 실린더가 전진하고 두 밸브 중 하나를 놓으면 즉시 후진한다.
④ 1.2 밸브를 누르면 1.0 실린더가 전진하고 1.2 밸브를 놓아도 계속 전진하며 1.3 밸브를 누르면 1.0 실린더가 후진하고, 1.3 밸브를 놓아도 계속 후진한다.

해설
공압이 작동되는 곳에 삼각형 기호가 표시되어 있다. 1.4 셔틀 밸브가 있으므로 1.2나 1.3 중 하나만 신호가 들어가도 1.6에 신호가 작동하게 된다. 초기에는 1.2를 작동시켜서 1.4를 통해 1.1을 작동시키지만, 1.3으로 1.4는 자기유지하게 되어 있어서 1.3 버튼을 누르기 전까지는 1.0이 작동상태를 유지하게 하는 회로이다.

81 ④ 82 ④ 83 ④

84 무인 반송차(AGV)의 특징 중 틀린 것은?

① 레이아웃의 자유도가 낮다.
② 컴퓨터와의 통신이 가능하다.
③ 정지 정밀도를 확보할 수 있다.
④ 충돌, 추돌의 회피 등 자기 제어가 가능하다.

해설
AGV를 이용하면 레이아웃의 자유도가 크고 자율주행을 통한 자기 제어가 가능하며 비자동화 장비와도 협업할 수 있다. 자기 진단과 컴퓨터 교신 능력이 있고, 상하적이 용이하고 정지 정밀도를 확보할 수 있다.

85 다음 중 자동화의 장점이 아닌 것은?

① 생산성을 향상시킨다.
② 제품의 품질을 균일하게 한다.
③ 시설투자비용을 줄일 수 있다.
④ 원가를 절감하여 이익을 극대화할 수 있다.

해설
자동화의 목적
- 자동화를 촉진하는 요소 : 3D 산업 희망자의 감소, 작업자 안전 확보, 노사의 이해 대립, 생산시스템의 거대화, 기업 간 경쟁 심화
- 자동화 고려요소 : 생산 시스템의 효율적인 운영, 작업 환경의 개선 및 인력난 해소, 원가 절감을 통한 제품의 가격 인하, 생산성 향상을 통한 기업이윤의 극화, 제품 품질의 균일화를 통한 소비자 신뢰 확보

86 유도전동기의 특성에 대한 설명으로 옳은 것은?

① 회전수는 주파수에 반비례한다.
② 무부하 상태에서 슬립은 1% 이하이다.
③ 동기속도로 회전할 때 슬립 S는 1이다.
④ 슬립은 회전자 속도가 동기속도에 비해 얼마나 빠른가를 나타낸다.

해설
- 동기속도
$$N_s = \frac{120f}{P}[\text{rpm}]$$ (N_s : 동기속도, f : 주파수, P : 극수)
- 유도전동기의 슬립
  - 유도현상에 의해 회전하는 회전자는 슬립에 의해 실제 유도되는 회전속도와 같은 속도로 회전할 수 없다.
  - 즉 슬립은 동기속도와 회전자의 실제속도의 차, 유도되는 속도에 미치지 못하는 속도이다.
  - 전동기에 부하가 클수록, 삽입되는 저항이 클수록 크며 부하가 없는 상태는 슬립이 1% 미만으로 거의 없어야 한다.

87 공압 에너지를 저장할 때에는 긍정적인 효과로 나타나지만 실린더의 저속 운전 시 속도의 불안정성을 야기하는 공압의 특성은?

① 배기 시 소음
② 공기의 압축성
③ 과부하에 대한 안정성
④ 압력과 속도의 무단 조절성

해설
공압 장치와 유압 장치의 가장 큰 다른 점은 작동유체이며, 유압기기는 이론적으로 완벽한 비압축성 유체를 사용하고, 공압기기는 압축성이 큰 공기를 사용한다. 유압작동유는 힘의 전달성이 좋고, 공기는 에너지저장성(압축성)이 좋으나 힘 전달의 연속성이 떨어진다.

88 오리피스(Orifice)에 대한 설명으로 옳은 것은?

① 길이가 단면치수에 비해 비교적 긴 교축이다.
② 유체의 압력강하는 교축부를 통과하는 유체온도에 따라 크게 영향을 받는다.
③ 유체의 압력강하는 교축부를 통과하는 유체점도의 영향을 거의 받지 않는다.
④ 유체의 압력강하는 교축부를 통과하는 유체점도에 따라 크게 영향을 받는다.

해설

오리피스
- 배관 중간에 뚫은 칸막이를 오리피스라 한다. 어느 경우는 배출구멍이 오리피스가 될 수도 있다.
- 베르누이 정리를 이용하여 오리피스의 압력, 유량을 계산한다. 오리피스에 영향을 미치는 인자는 구멍의 크기와 형상, 그리고 베르누이 정리를 이용하므로 속도, 낙차, 비중 등이 영향을 미친다.

89 연속의 법칙에 대한 설명으로 틀린 것은?

① 질량 보존의 법칙을 유체의 흐름에 적용한 것이다.
② 관 내의 유체는 도중에 생성되거나 손실되지 않는다는 것이다.
③ 점성이 없는 비압축성 유체의 에너지 보존 법칙을 설명한 것이다.
④ 유량을 구하는 식에서 배관의 단면적이나 유체의 속도를 구할 수 있다.

해설

연속의 법칙 : 유량은 단면적과 유속의 곱으로 표현하며 닫혀 있는 유로 안에서는 어느 지점에서 측정하여도 유량의 변화는 없다. 유체의 질량보존의 원리에 해당한다.
$Q = AV = A_1 V_1 = A_2 V_2$ (A : 유로의 단면적, V : 유속)

90 유압 펌프의 압력 선정 시 고려할 사항으로만 짝지어진 것은?

① 가열, 누설, 압력, 추종성
② 누설, 무게, 압력, 크기, 안전성
③ 무게, 압력, 양정, 크기, 난연성
④ 압력, 인화성, 토출량, 공동현상

해설

① 가열은 고려 사항이 아니다.
③ 난연성은 고려 사항이 아니다.
④ 인화성은 고려 사항이 아니다.

91 서로 이웃한 컴퓨터와 터미널을 연결시킨 네트워크 구성형태이며, 통신회선 장애가 있거나 하나의 제어기라도 고장이 있을 때에는 모든 시스템이 정지될 수 있는 네트워크는?

① 성(Star)형　　② 환(Ring)형
③ 망(Mesh)형　　④ 트리(Tree)형

해설

네트워크 구성 형태
- 성(Star)형 : 별 모양으로 가운데 중앙컴퓨터가 있고, 각 단말기가 중앙컴퓨터에 연결된 방식

- 환(Ring)형 : 서로 이웃한 단말기와 컴퓨터가 연결된 방식

단방향, 양방향 연결이 모두 가능한데, 문제에서 하나라도 이상 발생 시 모든 시스템이 정지되는 경우는 단방향 연결의 경우이다.
- 망(Mesh)형 : 모든 노드끼리 연결한 방식

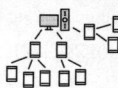

- 트리(Tree)형 : 중앙컴퓨터에서 각각 분산 연결해 내려오는 방식

92 전 단계의 작업완료 여부를 리밋 스위치 또는 센서를 이용하여 확인한 후 다음 단계의 작업을 수행하는 것으로서 공장자동화(FA)에 많이 이용되는 제어방법은?

① 메모리 제어
② 시퀀스 제어
③ 파일럿 제어
④ 시간에 따른 제어

해설
시퀀스 제어 : 미리 정해진 순서에 따라 제어의 각 단계를 순서대로 진행해 나가는 제어로 입력에서 출력까지 정해진 순서대로 시행하며 비교, 검출, 조정 등을 실시하지 않는다.

93 공압 실린더의 배기압을 빨리 제거하여 실린더의 전진이나 복귀속도를 빠르게 하기 위한 목적으로 실린더와 최대한 가깝게 설치하여 사용하는 밸브는?

① 급속 배기 밸브
② 배기 교축 밸브
③ 압력 제어 밸브
④ 쿠션 조절 밸브

해설
급속 배기 밸브 : 실린더 배기구 앞에 배기압을 급히 열어주어 실린더의 전진 또는 복귀 속도를 빠르게 하기 위해 설치하는 밸브

94 공압 실린더를 사용한 클램핑 장치에서 정전과 같은 비정상 시에 클램프가 풀리지 않도록 하는 방향제어밸브는?

① 판 슬라이드 플로트 위치형 밸브
② 판 슬라이드 올 포트 블록형 밸브
③ 5포트 2위치 스프링 오프셋형 싱글 솔레노이드 밸브
④ 5포트 3위치 Exhaust 센터형 더블 솔레노이드 밸브

해설
공압이 작동하지 않거나 전기가 들어오지 않아도 위치를 유지할 수 있게 하여야 한다.
② 모든 포트가 막혀 있으므로 제어된 위치 외에는 방향제어가 되지 않아 비정상 상황에서도 실린더가 복귀하지 않는다.
① 플로트 위치형 밸브는 플로트에 따라 위치가 고정되지 않는다.
③ 5포트 2위치 솔레노이드 밸브는 전기 작동 시 공압실린더를 작동시키고 정전 시 밸브가 복귀하여 실린더도 복귀한다.
④ 3위치 양쪽 솔레노이드 밸브는 전기를 이용하여 작동하며 정전 시 중립 위치에서 Exhaust(배기) 되므로 클램프가 풀린다.

95 PLC(Programmable Logic Controller)의 출력 인터페이스에 사용할 수 없는 것은?

① 램프(Lamp)
② 릴레이(Relay)
③ 리밋 스위치(Limit Switch)
④ 솔레노이드 밸브(Solenoid Valve)

해설
리밋 스위치는 입력 장치에 해당한다.
• 입력부(입력장치)
 – 각종 스위치 : 명령 및 지시 입력
 – 검출 스위치 및 센서 : 위치 정보, 작동 정보 입력
 – 그 외에도 각종 기능성 기계에 연결한 OMR(Optical Mark Reader)과 같은 입력장치가 있음
• 출력부(출력장치)
 – 각종 액추에이터, 모터, 밸브, 열원 등 작동 및 제어 결과를 실행하는 부분
 – 각종 기능성 출력 장치가 있음[COM(Computer Output Microfilmer), 프로젝터, 플로터 등]
• 입출력부의 요구조건
 – 외부기기와 전기적 규격이 일치해야 한다.
 – 외부기기로부터의 노이즈가 CPU로 전달되지 않도록 해야 한다.
 – 외부 기기와의 연결방법이 쉬워야 한다.

96 실린더를 선정할 때 참고해야 할 사항이 아닌 것은?

① 스트로크
② 유압 펌프의 종류
③ 실린더의 작동속도
④ 부하의 크기와 그것을 움직이는 데 필요한 힘

해설
실린더의 선정
• 실린더의 용도를 결정하고 실린더의 작동 속도, 출력, 작동거리를 결정하여 그에 따라 실린더와 튜브 내경의 크기를 결정한다.
• 제어하는 방법과 작동 방식을 결정한다.
• 결정된 크기와 제어방법, 작동 방식에 따라 실린더의 모델, 충격흡수, 고정 방법, 위치 구성 등을 결정한다.
• 결정된 사항과 보전적 소요를 파악하여 실린더를 선정한다.

97 유압모터의 관성력으로 인한 펌프작용을 방지하기 위해 필요한 보상회로의 명칭은?

① 브레이크 회로
② 유압모터 병렬 회로
③ 유압모터 직렬 회로
④ 일정 토크 구동 회로

해설
브레이크 회로
• 시동할 때의 서지압력 방지나, 정지시키고자 할 경우에 유압적으로 제동을 부여하는 회로
• 모터 출구측에 차단시퀀스 밸브를 설치하여 부(-)의 부하가 걸리더라도 제동작용을 하게끔 하는 회로
• 유압모터의 관성력으로 인한 펌프작용을 방지하기 위해 필요한 보상회로

98 유압 에너지를 저장할 수 있는 유압 기기는?

① 압축기
② 기름 탱크
③ 저장 탱크
④ 어큐뮬레이터

해설
축압기(어큐뮬레이터, Accumulator)
• 유체의 압력을 축적하여 압력의 흐름을 일정하게 조절해 주는 장치로서 압력을 축적하는 방식으로 맥동을 방지하는 데 사용한다.
• 일시적으로 적은 양의 가압 유압액을 저장하여 압력 변동을 최소화하고 라인의 소음을 줄이고 신뢰할 수 있는 서보 밸브 성능을 유지할 수 있도록 한다.
• 에너지를 축적하고 부족할 때 보충하는 유압콘덴서 역할을 한다.

99 방향제어 밸브의 구조 중 스풀 방식의 밸브에 대한 설명으로 틀린 것은?

① 다양한 조작방식으로 쉽게 적용할 수 있다.
② 전환밸브에서 가장 널리 사용되는 형식이다.
③ 다양한 유압 흐름의 형식을 쉽게 설계할 수 있다.
④ 밸브 습동 부분에서의 내부 누설이 없고 조작이 확실하다.

해설
스풀식 : 실린더 모양의 하우징 속에 끼워져 있는 스풀밸브가 축방향으로 이동하여 공기 통로를 개폐하여 전환하는 방식. 다양한 조작방식을 쉽게 적용할 수 있고, 다양한 유압 방식에 쉽게 설계할 수 있어 널리 사용된다. 이동 거리가 포핏식보다 큰 결점이 있으나 스풀 밸브에 작용되는 힘이 평형되어 있고 이동에 큰 힘을 필요하지 않으며, 자유도가 커서 동일 몸체로 각종 밸브를 만들 수 있다는 장점이 있다. 양산에 적합한 구조이다.

100 릴레이를 사용한 전기제어 회로에서 릴레이 자신의 접점을 통해 전기신호를 자신의 릴레이 코일에 계속 흐르게 하여 릴레이 코일의 여자 상태를 유지하는 회로는?

① 동조 회로
② 비동기 회로
③ 인터록 회로
④ 자기 유지 회로

해설
자기 유지 회로 : 한 번 입력이 들어가면 릴레이에 의해 자기 릴레이를 계속 ON하고 있도록 유지하는 회로. 그림에서 A에 의해 X에 신호가 들어가면 X-Relay가 ON이 되어 X에 계속 신호를 입력한다.
예

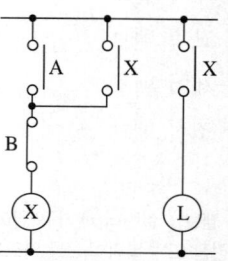

2018년 제4회 과년도 기출문제

제1과목 설비진단 및 계측

01 다음 제어의 용어 중 제어 장치에 속하며 목푯값에 의한 신호와 검출부로부터 얻어진 신호에 의해 제어장치가 소정의 작동을 하는 데 필요한 신호를 만들어서 조작부에 보내주는 부분을 뜻하는 것은?

① 외 란
② 조절부
③ 작동부
④ 제어량

해설

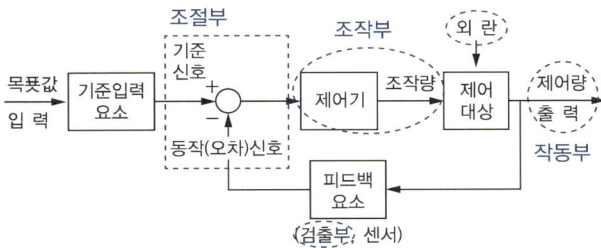

02 다음 매질 중 음속이 가장 느린 것은?

① 납
② 강 철
③ 나 무
④ 알루미늄

해설

같은 금속이나 목재라도 밀도나 구조에 따라 음속이 다르나 대략 살펴보면
- 납 : 약 2,160m/s
- 강철 : 약 5,940m/s
- 나무 : 약 3,600m/s
- 알루미늄 : 6,420m/s

※ 논란의 여지가 있는 문제이다. 금속과 달리 나무는 종류가 매우 많아 밀도가 모두 다르기 때문에 납보다 낮은 소리 전달 속도를 가진 목재가 있을 수 있다. 그러므로 기출 중심으로 기준을 잡아 학습하길 바랍니다.

03 소음의 물리적 성질 중 음파의 종류를 설명한 것으로 틀린 것은?

① 평면파 : 음파의 파면들이 서로 평행한 파
② 발산파 : 음원으로부터 거리가 멀어질수록 더욱 넓은 면적으로 퍼져나가는 파
③ 구면파 : 음원에서 모든 방향으로 동일한 에너지를 방출할 때 발생하는 파
④ 진행파 : 둘 또는 그 이상 음파의 구조적 간섭에 의해 시간적으로 일정하게 음압의 최고와 최저가 반복되는 패턴의 파

해설
- 소리는 파장의 형태로 전달된다.
- 파면이 서로 평행한 파장을 평면파라 한다.
- 음원으로부터 거리가 멀어질수록 더욱 넓은 면적으로 퍼져나가는 파장을 발산파라 한다.
- 음원에서 모든 방향으로 동일한 에너지를 방출하여 에너지가 같은 파면을 이으면 구의 모양이 된다. 이 파장을 구면파라 한다.
- 음파의 진행 방향으로 에너지를 전송하는 파장을 진행파라고 한다.
- 둘 또는 그 이상 음파의 구조적 간섭에 의해 시간적으로 일정하게 음압의 최고와 최저가 반복되는 패턴의 파장을 정재파라 한다.

정답 1 ② 2 ① 3 ④

04 크고 작은 두 소리를 동시에 들을 때 큰 소리만 듣고 작은 소리는 듣지 못하는 현상을 마스킹 효과라 한다. 다음 중 마스킹에 대한 설명으로 틀린 것은?

① 고음이 저음을 잘 마스킹한다.
② 마스킹은 음파의 간섭에 의해 일어난다.
③ 두 음의 주파수가 비슷할 때 마스킹 효과가 커진다.
④ 두 음의 주파수가 거의 같을 때는 맥동이 생겨 마스킹 효과가 감소한다.

해설

마스킹 효과
- 크고 작은 두 소리를 동시에 들을 때 큰소리만 들리고 작은 소리는 작게 들리거나 듣지 못하는 현상을 말한다.
- 서로 다른 두 소리의 주파수가 비슷하면 마스킹 효과가 커지고, 주파수가 같으면 맥놀이가 생겨 마스킹 효과는 감소한다.
- 주파수가 낮은 저음이 주파수가 높은 고음을 잘 마스킹한다.
- 소리가 강하면 마스킹되는 양도 커진다.

05 다음 센서의 고정방식 중 먼지, 습기, 온도의 영향이 적고, 사용할 수 있는 주파수 영역이 넓으며 장기적인 안정성이 좋은 고정방식은?

① 손고정
② 나사고정
③ 밀랍고정
④ 마그네틱 고정

해설

가속도 센서의 장착
- 장착 시 표면을 매끈하고 깨끗이 다듬어야 한다.
- 나사 등을 이용한 스터드를 이용한 장착 : 장기 장착에 적합하고 가장 확실한 장착법, 잘 고정되어 있으므로 진동 측정 범위가 넓음
- 접착 장착 : 접착제(에폭시, 아교, 시멘트 등) 응고 후 충분히 딱딱해야 하며 부드러우면 고유진동수가 떨어짐
- 왁스 장착 : 공기층이 없이 얇게 붙이며 40도 이상의 고온과 매우 높은 가속 환경에서는 사용 불가
- 자석 장착 : 장착 시 표면이 매우 깨끗해야 하며 자력에 따라 측정 주파수가 달라짐. 곡면보다는 평면에 활용
- 프로브 사용 : 사실상 수동 측정에 해당, 센서 부착 위치 결정 등에 활용

06 다음 중 옴의 법칙으로 맞는 것은?

① 전류(I) = 전압(V) + 저항(R)
② 전압(V) = 전류(I) × 저항(R)
③ 저항(R) = 전압(V) × 전류(I)
④ 전류(I) = 전압(V) × 저항(R)

해설

옴의 법칙
- 흐르는 전기의 양(전류)은 전기의 압력(전압)에 비례하고 저항(저항)에 반비례한다는 법칙

$$I = \frac{V}{R} \quad (I : 전류, \ V : 전압, \ R : 저항)$$

- 표면적으로 이 세 요소의 관계는 산술적 적용이 가능하며 일반적으로 다음 그림과 같이 학습한다.

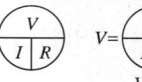 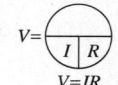 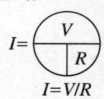 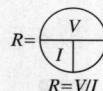

07 다음 중 진동 측정용 센서와 가장 거리가 먼 것은?

① 변위 센서
② 질량 센서
③ 속도 센서
④ 가속도 센서

해설

진동이란 조그마한 위치의 변화 정도(변위), 얼마나 빨리 움직이는지(속도), 큰 힘으로 움직이는지(가속도) 등을 측정한다.

08 진동폭의 ISO단위에서 틀린 것은?

① 변위[m], 속도[m/s]
② 속도[m/s²], 가속도[m/s]
③ 변위[mm], 속도[mm/s]
④ 속도[m/s], 가속도[m/s²]

해설

이 좋지 않은 문제가 2015년에 이어 또 나왔네요. 몰라도 답은 ② 아니면 ④, 속도나 가속도의 단위 중 하나만 알아도 풀 수 있는 문제

09 정현파신호에서 진동의 크기를 표현한 것 중 옳은 것은?

① 피크-피크값(양진폭)은 실횻값의 2배이다.
② 피크값(편진폭)은 진동량의 절댓값 중 최솟값이다.
③ 실횻값은 진동에너지를 표현하는 데 적합하며 피크값의 약 0.7배이다.
④ 평균값은 진동량을 평균한 값으로서 피크값의 $\frac{1}{\sqrt{2}}$배이다.

해설
- 양진폭은 편진폭의 2배이다.
- 편진폭은 진동량의 절댓값 중 최댓값과 같다.
- 실횻값은 진동에너지를 표현하기에 적절한 값으로 $\frac{V_p}{\sqrt{2}} = \frac{\sqrt{2}}{2} V_p \fallingdotseq 0.707 V_p$이다.
- 평균값은 진동량을 평균한 값으로 $\frac{2}{\pi} V_p$이다.

10 소음기의 내면에 파이버 글라스(Fiber Glass)와 암면 등과 같은 섬유성 재료를 부착하여 소음을 감소시키는 장치는?

① 팽창형 소음기
② 간섭형 소음기
③ 공명형 소음기
④ 흡음형 소음기

해설
흡음형 소음기
- 가장 제품화가 많이 된 방식
- 파이버 글라스 또는 암면재 등 흡음재를 부착하여 소음을 감소
- 중간 또는 고음 주파수에서 성능이 높음

11 다음 중 등청감 곡선을 바르게 표현한 것은?

① 음파의 시간적 변화를 표시한 곡선
② 음의 물리적 강약을 음압에 따라 표시한 곡선
③ 사람의 귀와 같은 크기의 음압을 주파수별로 구하여 작성한 곡선
④ 정상 청력을 가진 사람이 1,000Hz에서 들을 수 있는 최소 음압을 작성한 곡선

해설
등청감 곡선(Equal Loudness Contours)
- 장애가 없는 정상인이 같은 소리의 세기로 느끼는 점을 연결한 곡선
- 사람이 주파수별로 느끼는 같은 순음의 음압 레벨을 연결하여 작성한 곡선
- 사람의 귀와 같은 크기의 음압을 주파수별로 구하여 작성한 곡선

12 계측기 동작 특성 중 정특성에 속하지 않는 것은?

① 감 도
② 직선성
③ 과도특성
④ 히스테리시스 오차

해설
- 정상상태를 얻기 전 시간응답 중의 특성들을 동특성이라 하고 정상상태의 특성을 정특성이라 한다.
- 정상상태를 얻기 전 응답은 과도응답을 나타내는 특성을 갖게 되는데 이를 과도특성이라 표현한다.

13 소음의 크기를 나타내는 단위로 맞는 것은?

① dB
② Hz
③ ppm
④ poise

해설
- Hz : 주파수의 단위
- ppm : 함량의 단위
- poise : 점성의 단위

14 열전온도계(Thermo Electric Pyrometer)에 관한 설명 중 틀린 것은?

① 구리와 콘스탄탄의 이종재를 결합하여 200~300℃ 정도의 저온용으로 사용한다.
② 다른 금속을 접합하여 양단의 온도차에 의해 발생되는 기전력을 이용한다.
③ 온도차에 의해 발생되는 열기전력 현상을 톰슨효과(Thomson Effect)라 한다.
④ 백금로듐과 백금의 이종재를 결합하면 섭씨 1,000℃ 이상에서도 사용할 수 있다.

해설
온도차에 의해 열기전력이 발생되는 현상을 제베크효과라 한다.

15 진동 진폭의 파라미터로서 진동변위 $D[\mu m]$, 진동속도 $V[mm/s]$, 진동주파수를 $f[Hz]$라 할 때 진동변위와 진동속도 관계를 올바르게 표현한 것은?

① $V = 2\pi f D \times 10^{-3}$
② $V = 2\pi f D$
③ $V = \dfrac{D}{2\pi f} \times 10^{-3}$
④ $V = \dfrac{D}{2\pi f}$

해설
진동변위(D)와 속도(V)의 관계 : $V = 2\pi f D$, 문제의 단위가 진동변위는 μm, 속도는 mm/s이므로 계수를 맞추기 위해 1mm = 1,000μm로 변환하므로 $V = 2\pi f D \times 10^{-3}$

16 회전체에 반사테이프를 부착하고 초점 조정이 용이한 적색 가시광의 LED를 광원으로 이용하여 그 반사광을 검출한 후 신호를 변환시켜 회전주기의 역수로 회전수를 구하는 회전계는?

① 광전식 회전계 ② 자기식 회전계
③ 전자식 회전계 ④ 접촉식 회전계

해설
LED 광원을 이용하여 신호 변환하는 기기는 광전식 회전계이다.

17 다음 중 과도응답 특성을 파악하기 위하여 기본적으로 사용하는 입력신호가 아닌 것은?

① 계단 신호   ② 임펄스 신호
③ 정현파 신호 ④ 삼각파 신호

해설
응답확인을 위한 입력신호로 임펄스 입력, 계단 입력, 시간의 1차식에 비례하는 입력, 시간의 2차식에 비례하는 입력, 사인입력 등의 신호를 입력하며 삼각파 신호는 복합신호이므로 적당하지 않다.

18 팽창식 체임버의 소음흡수 능력을 결정하는 기본요소는 면적비이다. 이때의 면적비를 표현하는 식은?

① 면적비 = $\dfrac{\text{팽창식 체임버의 부피}}{\text{연결 덕트의 단면적}}$

② 면적비 = $\dfrac{\text{연결 덕트의 전체면적}}{\text{팽창식 체임버의 부피}}$

③ 면적비 = $\dfrac{\text{팽창식 체임버의 단면적}}{\text{연결 덕트의 단면적}}$

④ 면적비 = $\dfrac{\text{연결 덕트의 길이}}{\text{팽창식 체임버의 단면적}}$

해설
소음 체임버
- 공기조화기계, FAN의 토출이나 흡입측에 설치되어 유체의 난류를 조절하거나 소음을 감소시킬 목적으로 사용
- SCG형(저속덕트), SCP형(고속덕트), SCF형(클린룸)에 사용
- 주요 주파수에 따라 내장재의 선택 및 설치방법을 다르게 함
- 중, 고주파 음역에 우수한 효과
- 팽창식 체임버
  - 체임버 내부 벽면에 흡음내장 설치
  - 면적비로 소음 흡수 능력 판단

면적비 = $\dfrac{\text{입구 팽창식 체임버부의 단면적}}{\text{출구 덕트 연결부의 단면적}}$

정답 14 ③ 15 ① 16 ① 17 ④ 18 ③

19 차압식 유량계에 이용하는 차압 기구에 속하지 않는 것은?

① 노즐
② 오리피스
③ 벤투리관
④ 로터미터

해설
차압식 유량계는 벤투리관, 노즐, 오리피스 등이 있다.
로터미터 : 플로트형 면적식 유량계. 구조가 간단하고 선형적 스케일, 넓은 측정 범위, 낮은 전압강하

20 다음 중 미스얼라인먼트(Misalignment)의 원인이 아닌 것은?

① 회전하는 축이 휘어진 경우
② 베어링의 설치가 잘못된 경우
③ 축 중심이 기계의 중심선에서 어긋났을 경우
④ 회전축의 질량중심선이 축의 기하학적 중심선과 일치하지 않는 경우

해설
설명하는 상태는 편심이며 미스얼라인먼트는 축 정렬이 잘 되지 않은 상태를 의미한다.

제2과목 설비관리

21 다음 중 직접측정의 특징으로 틀린 것은?

① 측정 범위가 다른 측정 방법보다 넓다.
② 측정물의 실제 치수를 직접 잴 수 있다.
③ 양이 많고 종류가 적은 제품을 측정하기에 적합하다.
④ 눈금을 잘못 읽기 쉽고 측정하는 데 시간이 많이 걸린다.

해설
양이 적고 종류가 많은 제품 측정에 적합하다.

22 다음 중 설비의 경제성 평가방법이 아닌 것은?

① 변환법
② 비용비교법
③ 자본회수법
④ MAPI 방식

해설
① 변환법은 소요 면적의 결정 방법의 하나이다.
경제성 평가방법에는 크게 비용비교법, 자본회수(기간)법, MAPI, 신MAPI 등이 있으며 계속 새로운 방법이 개발되고 있다.

23 연소관리 중 연소의 합리화를 위해서는 연소율을 적당히 유지하는 것이 필요하다. 부하가 과대한 경우의 대책으로 틀린 것은?

① 연소방식을 개량한다.
② 이용할 노상면적을 작게 한다.
③ 연도를 개조하여 통풍이 잘되게 한다.
④ 연료의 품질 및 성질이 양호한 것을 사용한다.

해설
연소율에 비해 부하가 과대한 경우는 연소율이 낮은 경우이므로 연소율을 높이기 위한 대책이 필요하며 통풍을 좋게 하고, 연료품질을 개선하며 연소실을 넓게 하고 그래도 연소율이 낮으면 연소방식을 바꿔본다.

정답 19 ④ 20 ④ 21 ③ 22 ① 23 ②

24 설비열화의 대책에 관한 내용과 가장 거리가 먼 것은?

① 열화 측정을 위하여 검사를 실시한다.
② 열화 회복을 위하여 수리를 실시한다.
③ 열화 속도 지연을 위하여 경향 검사를 실시한다.
④ 열화 방지를 위하여 급유, 교환, 조정, 청소 등 일상보전활동을 한다.

해설
경향검사와 양부검사를 통해 열화 측정을 한다.

25 공사를 완급도에 따라 구분할 때 구두연락으로 즉시 착공하고, 착공 후 전표를 제출하는 공사는?

① 예비공사
② 긴급공사
③ 준급공사
④ 계획공사

해설

시급		여유	
긴급공사	준급공사	계획공사	예비공사

- 긴급공사 : 전표 발행 여유도 없어 구두로 통보하고 바로 시행
- 준급공사 : 당 계절 바로 시행, 전표는 발행
- 계획공사 : 다음 계절 시행, 견적 작업부터 차근히 진행
- 예비공사 : 예비적으로 공사 소요를 받았다가 여유있을 때 시행

26 상비품 품목결정방식 중 비상비품의 재고방식을 계획 구입방식이라고 한다. 다음 계획 구입방식의 특성으로 틀린 것은?

① 관리수속이 복잡하다.
② 재고금액이 많아진다.
③ 시설변경에 대한 손실이 적다.
④ 재질변경에 대한 손실이 적다.

해설
계획구입 방식 : 비상 비품의 재고 방식으로 관리 절차는 복잡하지만 재고 금액이 적어진다. 구입단가는 시세를 반영하여 들쭉날쭉할 수 있으나 재고비 활용이 유연하고 설비 변경에 대한 대체가 유연하다.

27 설비의 종류, 설비의 수, 크기와 용량 그리고 설비 위치 등에 연계된 보전개념과 보전작업의 결정 및 정보연계로서 설비계획 및 관리에 대한 명확한 책임 및 권한이 있으며 동종설비의 여러 지역설치로 보전 능력의 분산을 갖는 설비망은?

① 제품 중심 설비망
② 공정 중심 설비망
③ 시장 중심 설비망
④ 프로젝트 중심 설비망

해설
- 시장 중심 설비망 구성 : 설비의 종류, 설비의 수, 크기와 용량 그리고 설비 위치 등에 연계된 보전개념과 보전작업의 결정 및 정보연계로서 설비계획 및 관리에 대한 명확한 책임 및 권한이 있으며 동종설비의 여러 지역설치로 보전 능력의 분산을 갖는 설비망
- 제품 중심 설비망 구성 : 글로벌화에 맞게 각 제품공장을 지역별로 설치한다는 논리로 설비관리가 필요에 따라 지역분권화되거나 중앙에서 제품별로 배치되어야 함. 전 세계 기준으로 공정 중복 설치는 하지 않으나 각 공장에서 전 세계 물량을 감당하여 부하감당의 어려움 예상
- 공정 중심 설비망 구성 : 한 지역의 공장에서 특정 공정만 담당하여 부품화생산하고 최종적으로 한 공장에서 조립공정 실시하는 중앙집권식으로 공정 개선과 생산보전의 효율성 가능함. 단, 중앙에서 전체 보전업무를 관리해야 하고, 전략부재 시 전체가 한 공장에 의한 어려움을 겪을 수 있음

28 다음 중 설비 계획의 필요성과 가장 거리가 먼 것은?

① 신규 사업의 개발
② 제품의 품종 변경
③ 생산 규모의 변경
④ 기술력을 통한 부품 증가

해설
설비 계획의 필요성
- 신규 사업의 개발, 현존 사업의 혁신 및 확장에 따른 공장의 증설, 제품의 품종, 설계, 생산 규모를 변경할 경우에 항상 필요
- 산업 발전에 따른 공장 생산 능률개선을 위한 설비의 신설과 교체할 때 필요

정답 24 ③ 25 ② 26 ② 27 ③ 28 ④

29 설비나 시스템의 효율을 극대화하기 위한 개별개선 활동에서 가장 첫 번째로 수행하는 것은?

① 개선안 수립
② 중점설비 선정
③ 로스의 영향 분석
④ 로스의 정량적 측정

해설
개별개선 구체적 대책방안 과정
- 중점설비 선정 : 선정기준을 결정하고 적정한 가중치를 부여하여 중점설비를 선정
- 로스의 정량적 측정 : 개선목표 선정을 위한 정량화를 위해 설비의 로스 발생량을 정확히 측정
- 각 로스의 영향 분석 : 규명된 로스가 시간 가동률, 성능 가동률 및 양품률에 주는 영향 분석
- 개선안 수립
- 수익성과의 연계추적

30 공정에서 취한 계량치 데이터가 여러 개 있을 때 데이터가 어떤 값을 중심으로 어떤 모습으로 산포하고 있는가를 조사하는 데 사용하는 것은?

① 관리도
② 파레토도
③ 체크시트
④ 히스토그램

해설
현상파악에 사용되는 방법
- 관리도 : 품질은 산포하고 있으므로 공정에서 시계열적으로 변화하는 산포의 모습을 보고 공정이 정상 상태인가 이상 상태인가를 판독하기 위한 수법
- 체크시트 : 체크리스트를 적으며 스스로 체크
- 파레토도 : 불량품, 결점, 클레임(Claim), 사고 건수 등을 현상이나 원인별로 데이터 처리 후 데이터가 높은 순서부터 나열하고 막대그래프로 나타낸 것
- 히스토그램 : 공정에서 취한 계량치 데이터가 여러 개 있을 때 데이터가 어떤 값을 중심으로 어떤 모습으로 산포하고 있는가를 조사하는 데 사용

31 가공 및 조립형 설비 로스의 종류와 정의에서 종류에 따른 정의가 잘못 설명된 것은?

① 고장 로스 : 돌발적 또는 만성적으로 발생하는 고장에 의하여 발생되는 시간 로스
② 속도 저하 로스 : 설비의 설계에 의한 이론 사이클 시간과 실제 사이클 시간과의 차이
③ 준비·교체·조정 로스 : 준비 작업 및 품종교체, 공구교환에 의한 시간적 로스
④ 수율 저하 로스 : 공정 중에 발생하는 불량품에 의한 불량 로스

해설
④ 일시 정체 로스에 대한 설명이다.

32 설비보전에 강한 작업자의 요구능력 중 '수리할 수 있는 능력'이 아닌 것은?

① 설비의 고장 진단을 할 수 있다.
② 부품의 수명을 알고 교환할 수 있다.
③ 오버홀(Overhaul) 시 보조할 수 있다.
④ 고장원인을 추정하고 긴급처리를 할 수 있다.

해설
① 설비의 기능 및 구조 이해와 이상 원인 발견 능력에 해당한다.
수리할 수 있는 능력
- 부품의 수명 숙지 및 교환 능력
- 고장의 원인 추정 및 긴급 처리 능력
- 오버홀일 때 보조할 수 있는 능력

33 보전작업 표준화의 목적은 보전작업의 낭비를 제거하여 효율성을 증대시키기 위한 것이다. 다음 중 보전표준의 종류가 아닌 것은?

① 작업표준
② 수리표준
③ 자재표준
④ 일상점검표준

해설
자재표준은 설비표준에 해당한다.

34 생산성을 향상시키기 위하여 현상을 파악하고 개선하기 위한 6대 요소에 해당되지 않는 것은?

① 의욕   ② 안전
③ 납기   ④ 측정

> **해설**
> **설비 보전의 목적**
> - 생산량(Product) 증대, 설비 투자의 효율을 높임, 설비 가동률 향상, 고장률 감소
> - 품질(Quality) 향상, 설비로 인한 중간재(中間材)의 불량을 감소
> - 원가(Cost) 감소, 설비의 노화, 열화로 인한 수율(收率) 저하 방지
> - 납기(Delivery) 완수, 설비의 일상 점검을 통한 돌발 고장의 방지를 통해 설비의 미비로 인한 납기 지연을 방지
> - 안전(Safety), 설비로 인한 재해 방지
> - 사기(Morale) 향상, 설비의 신뢰성 및 안전 환경 조성을 통한 직원 사기 향상

35 공정별 배치에서 동일기종이 모여 있는 시스템은?

① 갱 시스템(Gang System)
② 라인 시스템(Line System)
③ 혼합형 시스템(Combination System)
④ 제품 고정형 시스템(Fixed Position System)

> **해설**
> 공정별 배치에는 갱 시스템(동일 기종이 모인 경우)과 블록 시스템(관련 기계가 모인 경우)이 있다.

36 설비의 효율성을 결정짓는 하나의 속성으로서 "시스템이 어떤 특정 환경과 운전조건하에서 어느 주어진 시간 동안 명시된 특정기능을 성공적으로 수행할 수 있는 확률"을 무엇이라고 하는가?

① 고장도   ② 신뢰도
③ 보전도   ④ 시스템도

> **해설**
> 신뢰도 : 설비의 효율성을 결정짓는 하나의 속성으로서 "시스템이 어떤 특정 환경과 운전조건하에서 어느 주어진 시간 동안 명시된 특정기능을 성공적으로 수행할 수 있는 확률"

37 설비보전 효과를 측정하는 식으로 틀린 것은?

① 제품 단위당 보전비 $= \dfrac{생산량}{생산비}$

② 고장 도수율 $= \dfrac{고장 횟수}{부하시간} \times 100$

③ 설비 가동률 $= \dfrac{가동시간}{부하시간} \times 100$

④ 고장 강도율 $= \dfrac{고장 정지시간}{부하시간} \times 100$

> **해설**
> - 경제성을 표현하는 척도 : 제품당 보전비 $= \dfrac{보전비 총액}{생산량}$
> - 유용성을 표현하는 척도 : 설비 가동률 $= \dfrac{정미 가동시간}{부하시간} \times 100\%$
> - 신뢰성을 표현하는 척도 : 고장 도수율 $= \dfrac{고장 횟수}{부하시간} \times 100\%$
> - 보전성을 표현하는 척도 : 고장 강도율 $= \dfrac{고장 정지시간}{부하시간} \times 100\%$

38 지그와 고정구(Jig and Fixture), 금형, 절삭공구, 검사구(Gauge) 등 각종의 공구를 통칭하는 용어는?

① 치공구   ② 계측공구
③ 공작기계   ④ 제작공구

> **해설**
> 치공구 : 넓은 의미의 치공구 치구와 공구를 함께 부르는 용어로, 공작 생산에 사용하는 정밀 치수에 관련된 공구를 통칭. 조립, 형상, 기준 게이지 역할 등 치수에 관련된 치구와 공작에 관련된 공구로 구분

39 설비를 관리할 때 설비운전 시 발휘하는 성능에 대한 표준으로 용도, 주요크기, 용량, 정도, 구조, 재질, 작동 전력량 등을 나타내는 표준은?

① 설비 성능 표준
② 설비 설계 규격
③ 설비 자재 구매 표준
④ 설비 자재 검사 표준

해설
설비보전작업 표준에 관련된 설비 표준
- 설비 설계 표준
  - 공통적 기계요소의 표준을 의미
  - KS, ISO에서 제공하는 기술표준에 의함
- 설비 성능 표준
  - 설비 사양서이며 설비를 제작한 업체나 주문한 업체에서 표준(사양)을 제작
  - 설비운전 시 발휘하는 성능에 대한 표준
  - 용도, 주요크기, 용량, 정도, 구조, 재질, 작동 전력량 등을 나타내는 표준
- 설비 자재 구매 규격 : 구매되는 설비 자재의 품질 표준이 되는 것으로 설비 설계 표준이나 설비 성능 표준에 의함
- 설비 자재 검사 표준 : 설비 자재 구매 규격에 맞는지 평가하기 위한 시험방법을 표준화함

40 TPM과 전통적 관리와의 차이점 중 TPM과 가장 관계가 깊은 것은?

① 사후 활동
② Output 지향
③ 원인 추구 시스템
④ 상벌위주의 동기부여

해설
TPM의 전통적 관리와의 비교 특징 : 무결점 목표, 원인 추구 시스템, Input 지향, 예방 활동, 현장 중심 관리, 사전 문제 제거 관점, 목표의 하향식 전달과 현장부터 체계적 관리, 불량 발생 원인 제거, 개선을 위해 동기 부여 제공

제3과목 기계일반 및 기계보전

41 줄작업 시 용도에 따라 작업방법을 선택한다. 이에 해당되지 않는 줄작업 방법은?

① 직진법
② 피닝법
③ 사진법
④ 병진법

해설
줄 작업 방법 : 줄질의 방법에 따라 직진법, 사진법, 병진법으로 나눈다.
- 직진법은 줄을 길이 방향으로 밀고 당기며 작업하는 방법으로 마무리 작업 시 사용된다.
- 사진법은 줄을 공작물과 경사지게 놓고 밀고 당기며 이동하는 방법으로 줄눈 기준으로는 직각방향으로 가공하는 것이며 넓은 면 가공 시 사용된다.
- 병진법은 줄의 좁은 면을 사용하여 옆으로 문지르듯이 작업하는 것이며 길고 좁은 면 작업 시 사용된다.

42 다음 중 무단 변속기에 관한 설명으로 틀린 것은?

① 체인식 무단변속기의 일반적인 점검주기는 1,000~1,500시간이다.
② 체인식 무단변속기의 변속조작은 회전 중이 아니면 할 수 없다.
③ 벨트식 무단변속기는 유욕식이 아니므로 윤활불량을 일으키기 쉽다.
④ 마찰 바퀴식 무단변속기의 변속조작은 반드시 정지 중에 해야 한다.

해설
무단변속기(CVT, Continuously Variable Transmission)
- 변속을 위해 동력을 끊을 필요 없이 연속적으로 기어비를 변경시킬 수 있다.
- 고장이 적고 연비가 높으나 변속 효율은 좋지 않다.
- 구동 풀리와 바퀴 사이에 푸시 벨트 또는 링크 체인으로 연결하여 변속한다.
- 회전 중에만 점검이 가능하며 체인을 사용하면 고무 벨트에 비해 한계 토크가 올라간다.

정답 39 ① 40 ③ 41 ② 42 ④

43 연삭숫돌의 입자가 무디거나 눈메움(Loading)이 나타나면 연삭성이 저하되므로 숫돌의 표면을 깎아서 예리한 날을 가진 입자가 표면에 나타나게 하여 연삭성을 회복시키는 작업을 무엇이라 하는가?

① 래핑(Lapping)
② 트루잉(Truing)
③ 폴리싱(Polishing)
④ 드레싱(Dressing)

해설
연삭숫돌의 조정
- 드레싱(Dressing) : 숫돌바퀴에서 눈메움이나 무딤이 일어나면 절삭 상태가 나빠지므로 숫돌바퀴의 표면에서 무뎌진 숫돌입자를 제거하는 작업
- 트루잉(Truing) : 숫돌바퀴가 작업 시 압력을 받아 진원(眞圓)이 되지 않는 경우, 모양을 바로 잡는 작업

44 다음 중 전동기의 파열원인과 가장 거리가 먼 것은?

① 과부하 운전
② 빈번한 기동, 정지
③ 베어링부에서의 발열
④ 로터와 스테이터의 접촉

해설
과열 현상의 원인 및 대책
- 단상(單狀)이 되어 과전류 흐름 → 접촉 불량이나 노화로 인한 풀림을 해결하고 퓨즈 녹아 끊어진 재소 점검
- 과부하 운전 → 모터용량, 구동계 이상, 브레이크 타이밍을 확인하여 조정
- 빈번한 가동/정지 → 기동방법 개선
- 냉각 불충분 → 설치부의 기온, 통풍, 열원, 환경, 이물질 등 확인하여 요인 해소
- 베어링부 발열 : 윤활불량 → 보충 또는 교환, 윤활제 부적합 → 적정 윤활제로 교환, 베어링 조립 불량 → 재조립 또는 교체, 커플링의 중심 불량 또는 틈새 불량 → 재조립

45 축 고장 시 설계 불량의 직접원인이 아닌 것은?

① 재질 불량
② 치수강도 부족
③ 끼워맞춤 불량
④ 형상구조 불량

해설
축은 설계 시점부터 재질의 선정, 크기(치수)의 부적당, 노치 형상의 생성, 구조상의 불량 등이 존재할 수 있으며 이는 불량으로 이어진다.

46 일반적인 보전용 자재의 관리상 특징을 설명한 것으로 틀린 것은?

① 불용자재의 발생 가능성이 작다.
② 자재구입의 품목, 수량, 시기의 계획을 수립하기 곤란하다.
③ 보전용 자재는 연간 사용빈도가 낮으며, 소비 속도가 늦다.
④ 보전의 기술수준 및 관리수준이 보전자재의 재고량을 좌우하게 된다.

해설
생산용 자재와 비교한 보전용 자재의 특징
- 자주 사용하지 않고 불출 속도가 늦다.
- 계획성 있는 소비가 어렵다.
- 보전 관리 역량과 재고의 관계성이 높다.
- 불용 자재 발생 가능성이 높다.
- 사용되었던 설비 자재가 보전용 자재로 활용될 가능성이 높다.
- 소모, 열화되어 폐기되는 것과 예비기 및 예비부품과 같이 순환 사용되는 것이 있다.

47 다음 중 한계 게이지의 특징으로 틀린 것은?

① 제품의 실제 치수를 읽을 수 없다.
② 조작이 간단하고 경험을 필요로 하지 않는다.
③ 측정치수가 정해지고 한 개의 치수마다 한 개의 게이지가 필요하다.
④ 다량의 제품을 측정하기 어렵고, 양호와 불량의 판정을 쉽게 내릴 수 없다.

해설
한계 게이지 측정 : 일종의 비교 측정이다. 제품 사용 가능 여부를 판단하기 위해 최대 허용값, 최소 허용값으로 만들어진 한계 게이지를 사용하여 측정한다. 측정하는 치수마다 개별 게이지가 필요하지만 대량 생산의 경우 양호 불량 판정을 쉽게 할 수 있으며 효율적인 측정이 가능하다.

48 오프셋 링크에서 링크판과 부시를 일체화시킨 것으로, 오프셋 링크와 이음 핀으로 연결되어 있으며, 저속 중용량의 컨베이어, 엘리베이터용으로 사용되는 체인은?

① 롤러 체인
② 부시 체인
③ 핀틀 체인
④ 블록 체인

해설
전동용 체인
- 블록 체인 : 안경 모양의 블록과 연결 링크 역할을 하는 판을 핀으로 연결한 체인. 4~4.5m/s 이하의 저속에 적당하며, 고하중에는 적합하지 않다. 비교적 저렴하다.
- 롤러 체인 : 롤러 링크판과 핀 링크판을 핀을 이용하여 연속적으로 엇갈리게 연결한 체인. 체인과 스프로킷 휠의 마찰을 작게 하고 구름 접촉을 유지하기 위하여 핀에는 롤러가 끼어져 있고 핀과 롤러 사이에는 부시(Bush)가 있어 롤러와 핀 사이의 마찰을 줄여준다. 보전을 위해 벗겨낼 수 있도록 이음매 중 하나는 코킹하지 않고 연결한다. 롤러가 없이 부시만으로 구성한 체인을 부시 체인이라 한다.
- 사일런트 체인 : 삼각형 모양의 다리를 가지는 특수한 형태의 강판을 여러 장 연결한 체인. 체인과 스프로킷 휠 사이의 접촉면적이 크므로 운전이 원활하고 전동 효율도 높아, 장시간 사용해도 물림 상태가 나빠지지 않으며, 소음이 작아 고속 정숙 회전이 필요할 때 사용된다.
- 하중용 체인 : 하중을 들어올리거나 지탱하는 데 사용되는 체인. 수동 작동이나 소형 하중에 사용. 타원형 고리를 연속적으로 연결하여 제작하므로 코일 체인 또는 링크 체인이라 부른다.
- 핀틀 체인 : 오프셋 링크에서 링크플레이트와 부시를 압입하여 치수 정밀도와 강도를 높여 일체화시킨 체인. 오프셋 링크와 이음 핀으로 연결되어 있으며, 중용량의 건설 현장 컨베이어, 엘리베이터 용으로 사용

49 운동체와 정지체와의 기계적 접촉에 의해 운동체를 감속 또는 정지시키고, 정지상태를 유지하는 기능을 가진 요소는?

① 클러치
② 브레이크
③ 래칫 휠
④ 감속기

해설
문제의 발문은 출제자가 사용하는 브레이크의 정의이며 학습해 둘 필요가 있다.

50 와셔를 굽히거나 구멍을 만들어 그곳에 끼운 후 볼트, 너트의 풀림을 방지하는 와셔는?

① 폴(Pawl) 와셔
② 고무(Rubber) 와셔
③ 스프링(Spring) 와셔
④ 중지판(Lock Plate) 와셔

해설
폴 와셔 : 래치처럼 한 방향으로 움직이는 것을 방지하기 위해 와셔를 굽히거나 구멍을 만들어 끼우는 등, 체결부와 맞물리도록 제작한 와셔

51 플랜지 커플링의 조립과 분해 시의 유의사항 중 옳은 것은?

① 조임 여유를 많이 두지 않는다.
② 축과 축의 흔들림은 0.03mm 이내로 한다.
③ 분해할 때 플랜지에 과도한 힘을 주지 않는다.
④ 축과 플랜지 원주면에 대한 흔들림은 0.03mm 이내로 한다.

> **해설**
> ① 플랜지 커플링은 배관의 일부처럼 사용하므로 조임 여유를 많이 두지 않는다.
> ② 축과 축의 흔들림 공차는 0.05mm로 한다.
> ③ 분해할 때 플랜지에 과도한 힘을 주어 변형이 일어나면 재사용이 어렵다.
> ④ 축에 대한 플랜지 원주면의 흔들림 공차는 0.03mm으로 한다.
>
> **플랜지 커플링의 품질 요구**
> • 커플링 몸체에는 해로운 주물 기공, 홈, 균열 등의 결함이 없어야 한다.
> • 축구멍 중심에 대한 커플링 바깥지름과 바깥지름 면의 흔들림 공차는 0.03mm로 한다.
> • 커플링을 조립하였을 경우 한쪽 축구멍 중심에 대한 다른 쪽 축구멍의 흔들림 공차는 0.05mm로 한다.
> • 커플링의 바깥 둘레에는 조립 위치를 표시하는 맞춤 표시를 각인한다.
> • 커플링은 균형이 양호하고 흔들림을 유발하지 않는다.

52 다음 설비관계의 표준 중 설비의 열화측정, 열화의 진행 방지 및 열화 회복과 가장 관계가 깊은 표준은?

① 설비 성능 표준
② 설비 보전 표준
③ 보전 작업 표준
④ 설비 검사 표준

> **해설**
> 설비 보전 작업 표준에는 시운전 검수 표준, 설비 보전 표준, 보전 작업 표준이 있다. 설비 보전 표준은 설비 점검 표준, 정비 표준(일상 점검 표준), 수리 표준이 있어 열화의 진행 방지 및 회복과 가장 관계가 깊다.

53 기어가 회전할 때 발생하는 이의 접촉압력에 의해 최대전단응력이 발생하여 표면에 가는 균열이 생기고, 그 균열 속에 윤활유가 들어가 고압을 받아 이의 면에 일부가 떨어져 나가는 현상은?

① 피 팅
② 스코어링
③ 이의 절손
④ 어브레이진

> **해설**
> 문제가 힘에 의한 균열을 설명하고 있고 이에 의한 표면 손상을 설명하고 있다. 이 현상은 피팅이다.

54 다음 중 터보형 압축기에 해당하는 것은?

① 축류 압축기
② 왕복 압축기
③ 회전식 압축기
④ 나사식 압축기

> **해설**
> **터보형(원심식) 압축기**
> • 축류식 압축기 : 공기가 날개에 의해 축방향으로 가속되는 형식이며 여러 장의 날개를 직렬로 배치하여 다단압축을 한다.
> • 반경류식 압축기 : 공기가 날개에 의해 반지름 방향(원심력 방향)으로 압축되며, 압축된 공기가 다시 다음 날개 안쪽으로 흡입되는 과정을 반복하여 압축한다.

55 산성 등의 화학 약품을 차단하는 경우에 내약품, 내열 고무제의 격막 판을 밸브시트에 밀어 붙이는 밸브이며, 유체 흐름 저항이 적고 기밀 유지에 패킹이 필요 없으며 부식의 염려가 없는 밸브는?

① 플랩 밸브
② 게이트 밸브
③ 리프트 밸브
④ 다이어프램 밸브

> **해설**
> • 다이어프램 밸브 : 산성 등의 화학 약품을 차단하는 경우에 내약품, 내열 고무제의 격막 판을 밸브시트에 밀어 붙이는 밸브이다. 유체 흐름의 저항이 적고 기밀 유지에 패킹이 필요없으며 부식의 염려가 없다.
> • 플랩 밸브는 힌지가 달린 밸브판을 힌지를 축으로 회전시켜 사용하는 밸브로 역수방지용이나 스톱밸브로 사용한다.

56 원심 펌프의 임펠러에 의해 유체에 가해진 속도에너지를 압력에너지로 변환되도록 하고 유체의 통로를 형성해 주는 역할을 하는 일종의 압력용기를 무엇이라 하는가?

① 웨어링 ② 케이싱
③ 안내 깃 ④ 스터핑 박스

해설
케이싱(Casing) : 임펠러에 의해 유체에 가해진 속도 에너지를 압력 에너지로 변환되도록 하고, 유체의 통로를 형성해 주는 역할을 하는 일종의 압력용기로 저항 손실을 최소화하여 펌프 성능에 영향을 미치지 않도록 설계한다.

57 용접법의 분류 중에서 융접에 해당하지 않는 것은?

① 저항 용접
② 스터드 용접
③ 피복 아크용접
④ 서브머지드 아크용접

해설
융접은 모재를 녹여서 붙이는 가장 널리 알려진 방법으로 크게 테르밋 용접, 아크용접, 가스용접으로 분류하며 아크용접은 아크의 발생 환경에 따라 금속 아크용접, 탄소 아크용접, 스터드 아크용접, 원자 수소 용접, 불활성 가스 아크용접, 서브머지드 아크용접 등으로 구분한다.

58 다음 중 관이음의 종류가 아닌 것은?

① 용접 이음 ② 신축 이음
③ 롤러 관이음 ④ 나사형 이음

해설
관이음에는 용접 이음, 신축 이음, 나사 이음, 밸브 등의 방법이 있다.

59 송풍기의 풍량을 조절하는 방법으로 옳지 않은 것은?

① 가변 피치에 의한 조절
② 송풍기의 회전수를 변화시키는 방법
③ 송풍기 축의 축 방향의 신장 조절
④ 흡입구 댐퍼에 의한 조절

해설
송풍기의 풍량 조절
저항 손실의 불균형(Unbalance), 또는 풍량의 여유가 있을 때는 풍량을 조절하며 풍량 조절법은 다음과 같다.
• 가변 피치에 의한 조절 : 임펠러 날개의 취부 각도를 바꾸는 방법. 축류 송풍기에 적용
• 송풍기의 회전수 변화에 의해
• 흡입 날개 조절(Suction Vane Control)
• 흡입구 댐퍼에 의한 조절
• 토출구 댐퍼에 의한 조절

60 일반적인 질화법의 특징으로 틀린 것은?

① 경화에 의한 변형이 크다.
② 질화 후의 열처리가 필요 없다.
③ 침탄법에 비해 경화층이 얇고 조작시간이 길다.
④ 질화층을 깊게 하려면 긴 시간이 걸린다.

해설
질화처리 : 가스침투법의 하나로 암모니아 가스를 이용하여 재질의 내마모성과 내식성을 부여하고 안정적인 고온 경도를 부여하는 표면처리법이다. 침탄처리보다는 열처리 변형이 낮고 후열처리가 불필요하며 고온 가열에도 경도 저하가 없다. 하지만, 질화층을 제거하기 어렵고 표면경화시간이 상대적으로 길며 처리비용이 많이 들고 적용가능한 강의 종류가 제한적이다.

정답 56 ② 57 ① 58 ③ 59 ③ 60 ①

제4과목 윤활관리

61 다음 윤활유의 급유법 중 윤활유를 미립자 또는 분무 상태로 급유하는 방법으로 여러 개의 다른 마찰면을 동시에 자동적으로 급유할 수 있는 것은?

① 바늘 급유법 ② 원심 급유법
③ 버킷 급유법 ④ 비말 급유법

해설
- 비말(Splash) 급유법 : 기계의 운동부가 오일 탱크 내의 유면에 미소하게 접촉하면 오일이 분무 상태로 오일 용기에 단지에서 떨어져 마찰면에 튀겨 급유하는 방식. 여러 다른 마찰면에 동시 급유가 가능하다.
- 버킷(Bucket) 급유법 : 칼라 급유와 비슷하며 주로 저속 고하중의 베어링에서 축의 끝이 베어링 일단에서 끝나는 부분에 사용. 고점도의 오일을 사용하는 경우와 고온도로 사용되고 있는 베어링에서 냉각으로 인하여 다량의 오일을 필요로 하는 경우에 적합. 볼밀 등 베어링의 급유에 사용
- 원심 급유법 : 원심을 이용한 방법. 엔진 종류의 크랭크 핀 급유에 사용. 금속제 바퀴를 크랭크축에 붙이고 바퀴의 홈에 파이프를 만들어 바퀴 회전 시 구멍을 통해 핀에 급유
- 바늘(Needle) 급유법 : 바늘을 오일 속에 넣고 축의 회전에 따라 이동시키면 오일이 적하고 회전이 중지되면 적하를 중지하는 원리. 바늘의 진동에 의하여 급유가 행하여지므로 축의 회전수에 따라 자동적으로 급유량을 조절하는 작용을 한다. 비순환 급유법이다.

62 기어 윤활에서 기어의 손상에 대한 설명으로 옳은 것은?

① 리징(Ridging) : 외관이 미세한 홈과 퇴적상이 마찰방향과 평행으로 거의 등간격으로 된 것이 특징이다.
② 리플링(Rippling) : 국부적으로 금속 접촉이 일어나 용융되어 뜯겨가는 현상으로 극압성 윤활제가 좋다.
③ 스폴링(Spalling) : 높은 응력이 반복 작용된 결과로 박리현상이 없으며 윤활유의 성상과는 무관하다.
④ 피팅(Pitting) : 고속 고하중 기어에는 이면의 유막이 파단되어 국부적으로 금속 접촉이 일어나는 것이다.

해설
- 리플링(Rippling) : 소성 유동과 관련하여 기어 맞물림의 미끄럼 운동 방향과 90도 근처의 각도로 접촉면에 물결형태로 발생한다. 접촉응력을 줄이고 오일점도를 높이는 대책이 필요
- 스폴링(Spalling) : 파인 홈의 지름이 크고 상당한 영역에 걸쳐 피팅이 일어나는 현상
- 피팅(Pitting, Surface Fatigue) : 기어 재질이 견딜 수 있는 한계를 초과했을 때 나타나는 피로파괴현상. 접촉면에 작은 홈이나 공동이 발생한다.

63 구름 베어링의 윤활방법은 그리스윤활과 기름윤활이 있다. 기름윤활의 장점이 아닌 것은?

① 윤활제의 교환이 비교적 간단하다.
② 냉각작용 및 냉각효과가 우수하다.
③ 높은 회전속도에서 사용할 수 있다.
④ 급유가 어렵고 밀봉작업이 필요하다.

해설
④ 단점이다.
베어링 윤활제 비교
- 윤활유
  - 다양한 속도에 사용되며 회전 저항이 작다.
  - 순환 급유에 용이하고 냉각효과가 크다.
  - 밀봉이 복잡하고 누설의 우려가 크며 이물질 삽입될 우려가 있다.
- 그리스
  - 다양한 속도에 사용되지만 회전 저항이 크다.
  - 순환 급유보다는 밀봉된 윤활에 유리하고 냉각효과는 작다.
  - 밀봉이 간단하고 누설의 우려가 적으며 이물질 삽입될 우려가 적다.

정답 61 ④ 62 ① 63 ④

64 옥외에 사용되는 유압 시스템에서 온도 변화가 심할 경우에 넓은 온도범위에 걸쳐서 사용될 수 있도록 유압 작동유에 첨가되는 첨가제는 무엇인가?

① 방청제
② 내마모제
③ 산화방지제
④ 점도지수 향상제

해설
점도지수(VI) 향상제 : 온도 변화에 따른 점도 변화의 비율을 낮게 하는 역할. 온도 변화가 심한 경우, 넓은 온도 범위에서 사용해야 하는 옥외 등에 사용하는 윤활제에 첨가

65 윤활유의 열화 판정 중 직접 판정법에 대한 설명으로 틀린 것은?

① 신유의 성상을 사전에 명확히 파악한다.
② 사용유의 대표적 시료를 채취하여 성상을 조사한다.
③ 신유와 사용유의 성상을 비교 검토 후 관리기준을 정하고 교환하도록 한다.
④ 투명한 2장의 유리관에 기름을 넣고 투시해서 이물질의 유무를 조사한다.

해설
윤활유 열화 판정법 중 직접 판정법
미리 확인한 유종의 성분과 상태를 사용 중 채취한 시료와 비교, 시험하여 판단
간이 판정하는 방법
• 사용 중 윤활유의 냄새를 맡아 순수한 윤활유 냄새와 많이 다르면 변질된 것으로 판단
• 시험관에 사용유를 적당량 넣고 끝부분을 물의 기화온도 이상으로 가열하여 물 튀는 소리를 듣고 판단
• 촉각에 의해 이물감, 점도 등을 판단
• 투명한 2장의 유리관에 넣어 육안으로 투명도, 색상을 보고 판단
• 시험관에 사용유와 물을 충분히 흔들어 섞은 후, 다시 분리되는 시간을 측정해서 판단
• 사용유를 약간의 증류수로 씻어내어 리트머스 시험지를 이용해 산화정도를 판단
• 간이 점도계, 중화가 시험기, 비중계, 비색계 등을 이용하여 판단

66 윤활관리의 경제적 효과로서 맞는 것은?

① 윤활제 소비량의 증가효과
② 고장으로 인한 생산성 및 기회손실의 증가효과
③ 설비의 수명감소로 인한 설비 투자비용의 절감효과
④ 기계·설비의 유지관리에 필요한 보수비 절감효과

해설
① 윤활제 소비량은 감소한다.
② 고장이 잘 나지 않으므로 생산성이 올라가고 기회비용이 감소한다.
③ 설비 수명이 증가하여 설비 투자 비용 절감

67 윤활유의 열화 방지를 위한 방법으로 틀린 것은?

① 고온을 가능한 피한다.
② 오일은 혼합사용한다.
③ 협잡물 혼입 시에는 신속히 제거한다.
④ 신기계 도입 시 충분한 플러싱 후 사용한다.

해설
열화 방지법
• 윤활유가 고온부와 접촉하는 시간을 짧게 함
• 윤활유의 압력을 올려 순환급유를 많게 하며, 또 냉각기를 부착하는 등 온도상승을 방지
• 기름의 혼합 사용 금지
• 새 기계를 사용할 경우 충분히 세척한 후 사용
• 수분, 먼지, 금속마모분 등이 혼입된 경우는 신속하게 제거
• 연 1회 완전 세척하여 순환계통의 청정을 유지
• 사용유를 계속 사용해야 하는 경우는 원심분리, 백토 처리 등 재생처리 후 재사용
• 적절한 첨가제를 사용
• 윤활유가 부족하지 않도록 원활히 보충, 급유할 것

68 그리스의 내열성을 확인하는 시험으로 가열 시 최초로 융해 적하하기 시작되는 최저의 온도를 무엇이라 하는가?

① 점 도
② 적 점
③ 유동점
④ 이유도

해설
적점(적하점)
- 시료를 규정 장치 및 규정 조건으로 가열한 경우, 반고체에서 액체 상태가 되어 그 첫 방울이 떨어졌을 때의 온도
- 시험방법 : 직경 100mm인 규정된 컵에 시료를 넣고 규정된 조건으로 가열하여 그리스가 적하할 때의 온도를 측정

69 두 개 이상의 물체가 서로 상대운동을 할 때 물체 표면에서 발생하는 과학적 현상으로, 마찰과 마모 및 윤활을 다루는 학문을 무엇이라고 하는가?

① Friction
② Tribology
③ Lubrication
④ Maintenance

해설
Tribology
- '문지르다'는 의미를 갖고 있는 그리스어 tribos와 학문을 의미하는 logia에서 유래
- 1966년 요스트 보고서에서 처음 사용
- 두 개 이상의 물체가 서로 상대운동을 할 때 물체 표면에서 발생하는 과학적 현상
- 마찰과 마모 및 윤활을 다루는 학문

70 유압작동유가 갖추어야 할 성질로서 틀린 것은?

① 난연성일 것
② 체적 탄성계수가 작을 것
③ 전단안정성, 유화안정성이 클 것
④ 캐비테이션이 잘 일어나지 않을 것

해설
작동유는 저온 유동성이 좋고 비압축성이어야 하는데 체적 탄성계수가 크면 힘을 전달하기보다 축적하는 힘이 많아진다.
유압 작동유에 요구되는 성질
- 적당한 점도와 점도를 유지하는 성질
- 산화 안정성이 좋을 것
- 방식성 및 방청 능력이 있을 것
- 전단 안정성 및 기계적 성질이 좋을 것
- 내화학성 및 화학적 반응을 유발하지 않을 것
- 작동유는 저온 유동성이 좋고 비압축성이어야 함
- 내열성, 항유화성, 소포성, 윤활성 및 내마모성, 수분 분리성, 내연성이 좋을 것

71 다음 중 그리스 급유법이 아닌 것은?

① 그리스 컵
② 그리스 건
③ 그리스 니플
④ 집중 그리스 윤활장치

해설
그리스 니플은 집중 그리스 윤활장치의 분배관에 사용하는 부속이다.

72 다음 중 윤활유 첨가제가 갖추어야 할 조건이 아닌 것은?

① 휘발성이 낮을 것
② 물에 대해 안정할 것
③ 기유에 대한 용해도가 낮을 것
④ 첨가제 상호 간 반응으로 침전물 등이 생기지 않을 것

해설
첨가제 선정의 고려사항
- 윤활기유의 성질을 해치지 않아야 하며 이에 잘 용해되어야 한다.
- 윤활상태, 설계 그리고 실제 요구되는 서비스를 고려하여 원하는 성질이 발현되어야 한다.
- 가동조건을 고려하여 선정하고 다른 부가 첨가제와 잘 조화되어야 한다.
- 연료의 황(S)성분의 양을 고려하여 선정하여야 한다.
- 제조되는 윤활유가 예상되는 유지보수와 검사 실제를 고려하여 제조되어야 한다.
- 첨가제는 소량만 사용하므로 재사용까지 저장할 경우, 변질되지 않아야 하고 안정성이 있어야 한다.
- 휘발성이 낮고 냄새나 색상의 부작용이 있어서는 안 된다.
- 수용성 물질에 녹지 않아야 한다.

74 상대 접촉면의 윤활을 원활히 하고, 기계의 운전상태를 최적으로 유지시키기 위한 그리스의 일반적인 선정기준과 가장 거리가 먼 것은?

① 보관방법   ② 운전조건
③ 급유 방법 ④ 주변환경

해설
그리스 선정 시 고려사항
- 그리스의 성분, 증주제의 종류 및 기유(Base Oil)의 성질
- 윤활개소의 운전조건 : 구조, 회전수, 속도, 하중, 온도범위, 물 접촉 여부, 이물질 침입가능성 여부
- 요구 조건 : 작용 하중, 밀봉 요구, 냉각 성능 여부, 사용 기한, 교환의 용이성, 사용량, 경제성 등

75 베어링이나 기어 등에 사용되는 윤활유는 사용 중에 교반에 의해 기포가 생성되며, 이 기포가 마멸이나 윤활유의 열화를 촉진시킨다. 이와 같은 현상을 방지하기 위하여 윤활유에서 요구하는 성질은?

① 점 도   ② 소포성
③ 내 하중성 ④ 청정 분산성

해설
점도는 얼마나 점성이 높은지, 내 하중성은 얼마나 압력과 하중에 잘 견디는지, 청정 분산성은 얼마나 청정상태를 잘 유지하는지를 설명하는 성질이다.

73 다음 중 윤활유의 탄화와 관계가 없는 것은?

① 고온 표면과의 접촉
② 윤활유의 가열 분해
③ 공기 중의 산소 흡수
④ 열전도 속도보다 산소와의 반응속도가 늦음

해설
탄 화
- 고온에 의해 가열 분해되어 기화된 기름 가스와 산소가 결합(연소)될 때 열전도 속도보다 산소와의 반응속도가 늦게되어 필요 산소보다 가스가 많으면 탄화됨
- 일반적으로 점도가 낮은 쪽의 탄화경향성이 적다.

76 왕복동 공기 압축기 윤활유 중 외부유에 요구되는 성능으로 틀린 것은?

① 저점도지수유일 것
② 적정 점도를 가질 것
③ 산화 안정성이 좋을 것
④ 방청성, 소포성이 좋을 것

해설
외부유의 요구성능 : 적정 점도, 높은 점도지수, 높은 산화 안정성, 양호한 수분함유, 방청성, 소포성, 낮은 유동성. 내부윤활유와는 달리 청정, 분산성을 요구하지는 않는다.

정답 72 ③ 73 ③ 74 ① 75 ② 76 ①

77 윤활관리 실시에 의해서 얻어지는 성과로 볼 수 없는 것은?

① 윤활제 비용의 감소
② 생산가동시간의 증가
③ 기계보전비용의 증가
④ 기계의 유효수명의 연장

해설
윤활의 경제적인 효과
- 기계 또는 설비의 유지 관리비(수리비 및 정비비용 포함) 절감
- 부품의 수명 연장과 교환비용감소에 따른 경비 절감
- 완전 운전에 의한 유지비의 경감과 생산 가동 시간의 증가
- 기계의 급유에 필요한 비용 절약
- 윤활제 구입 비용의 감소
- 마찰 감소에 의한 에너지 소비량 절감
- 자동화를 통한 윤활 관리자의 노동력 감소

78 윤활유의 첨가제 중 금속의 표면에 유막을 형성시켜 마찰계수를 작게 하여 유막이 끊어지지 않도록 하는 것은?

① 극압제
② 산화 방지제
③ 유성 향상제
④ 유동점 강화제

해설
- 유성(Oilness) 향상제 : 금속의 표면에 유막을 형성, 마찰계수를 작게 하여 유막이 끊어지지 않도록 한다.
- 극압제(Extreme Pressure Additives) : EP유. 큰 하중을 받는 베어링의 경우 유막이 파괴되기 쉬우므로 이를 방지하기 위해 극압 첨가제 사용
- 산화 방지제 : 산소에 의하여 산화되는 것을 방지하고 슬러지 생성을 억제
- 유동점 강화제 : 저온일 때의 왁스분 성장을 저지, 유동성을 높여주는 역할

79 실험실에서 오염의 정도를 측정하고자 한다. 시료유 100mL 중의 오염 물질의 크기 개수를 측정하는 방법을 무엇이라고 하는가?

① 중량법
② 계수법
③ 오염 지수법
④ 수분 측정법

해설
실험실에서 측정하는 방법
- 중량법 : 시료유 100mL 중 오염 물질의 중량을 측정
- 계수법 : 시료유 100mL 중 오염 물질의 크기, 개수를 측정
- 오염 지수법 : 오일 중 미립자나 젤화된 물질이 많으면 필터가 막히므로 여과 시간이 변화하게 되는데 이 필터 여과 시간의 변화 현상을 이용하여 오염도 측정
- 수분 측정법 : 용제와 혼합한 시료를 가열, 증류하여 검수관에 분리된 수분을 측정
- 기포도 측정 : 기포도(규정 온도에서 5분간 공기를 불어넣은 직후의 거품량)와 기포안정도(기포도 측정 후 10분 간 방치 후 거품량) 측정

80 윤활유에서 발생되는 트러블 현상에 대한 원인이 잘못 연결된 것은?

① 수분 증가 - 고체입자 혼입
② 인화점 감소 - 저점도유 혼입
③ 동점도 증가 - 고점도유의 혼입
④ 외관 혼탁 - 수분이나 고체의 혼입

해설
윤활유에 수분이 증가하는 것은 여러 요인으로 수분 자체가 혼입되었기 때문이다. 고체입자가 혼입되면 이는 이물질로 취급되며 수분에 의해서는 화학적 열화가 유발되며 이물질은 윤활 중 기계부품의 마모를 유발하게 된다.

77 ③ 78 ③ 79 ② 80 ①

제5과목 공유압 및 자동화

81 공압이 유압에 비해 갖는 장점은?

① 공기의 압축성을 이용하여 많은 에너지를 저장할 수 있다.
② 유압에 비해 큰 압력을 이용하므로 큰 힘을 낼 수 있다.
③ 저속(50mm/sec 이하)에서 스틱-슬립 현상이 발생하여 안정된 속도를 얻을 수 있다.
④ 유압보다 공기 중의 수분의 영향을 덜 받는다.

해설
공압의 장단점

장 점	단 점
• 에너지원을 쉽게 얻을 수 있다.	• 에너지 변환 효율이 나쁘다.
• 힘의 전달 및 증폭이 용이하다.	• 위치 제어가 어렵다.
• 속도, 압력, 유량 등의 제어가 쉽다.	• 압축성에 의한 응답성의 신뢰도가 낮다.
• 보수, 점검 및 취급이 쉽다.	• 윤활 장치를 요구한다.
• 인화 및 폭발의 위험성이 적다.	• 배기 소음이 있다.
• 에너지 축적이 쉽다.	• 이물질에 약하다.
• 과부하의 염려가 적다.	• 힘이 약하다.
• 환경 오염의 우려가 적다.	• 출력에 비해 값이 비싸다.
• 고속 작동에 유리하다.	• 균일 속도를 얻을 수 없다.

82 다음 중 1atm과 같지 않은 것은?

① 1,013kPa
② 760mmHg
③ 1.0132bar
④ 10,332kgf/m^2

해설
1기압은 760mm의 수은 기둥과 같고 10.33m의 물기둥과 같으며 계산된 압력으로는 1.03323kgf/cm^{2}과 같다.
1atm = 760mmHg = 10.33mAq = 1.03323kgf/cm^2
= 10,332.3kgf/m^2 = 1.013bar = 101.32kPa = 1,013hPa

83 압력제어 밸브의 역할은?

① 일의 방향을 조절
② 일의 속도를 조절
③ 일의 시간을 조절
④ 일의 크기를 조절

해설
압력을 제어하는 것은 힘을 제어하여 한 번에 처리할 수 있는 일의 크기를 조절하는 것이다.

84 컨베이어를 설계하는 원칙으로 적절하지 않은 것은?

① 속도의 원칙
② 혼재의 원칙
③ 균일성의 원칙
④ 이송능력의 한계

해설
컨베이어 시스템의 설계 원칙
• 속도의 원칙 : 컨베이어 동작 속도는 허용된 범위 안에 있어야 한다. 속도는 단위 시간당 팰릿의 수로 결정되며 이 값은 필요한 작업 위치에서의 적재율보다 크거나 같아야 한다.
• 이송 능력 한계 : 컨베이어 이송 능력은 총운반 장치수, 한 운반 단위의 개별 부품수, 컨베이어 속도에 비례하고 컨베이어 길이에 반비례 한다.
• 균일성의 원칙 : 전체 컨베이어를 통해 운반하고자 하는 부품이 일정하게 적재되어야 한다.

85 PID 제어에 있어서 에러를 없애주는 제어장치는?

① 증폭기
② 미분제어기
③ 비례제어기
④ 적분제어기

해설
적분제어(Integrated Control)
• 제어의 정밀도에 주목한 제어
• 느린 제어 속도
• Off-Set 소멸시키고 잔류편차 적음
• 구성이 예민하고 비용이 높음
• 목적에 따라 정밀도를 개선한 제어

86 공압 모터의 특징이 아닌 것은?

① 배기음이 크다.
② 제어성이 우수하다.
③ 에너지 변환 효율이 낮다.
④ 부하에 의해 회전수 변동이 크다.

해설

공압 모터의 특징
- 속도를 무단으로 조절할 수 있다.
- 출력을 조절할 수 있다.
- 속도 범위가 크다.
- 과부하에 안전하다.
- 오물, 물, 열, 냉기에 민감하지 않다.
- 폭발에 안전하다.
- 보수 유지가 비교적 쉽다.
- 높은 속도를 얻을 수 있다.
- 입력된 에너지에 비해 출력되는 에너지의 비율이 나쁘거나 일정하지 않다.
- 정확한 제어가 힘들다.
- 유압에 비해 소음도 발생한다.

87 다음 밸브의 제어라인에 부여하는 숫자로 옳은 것은?

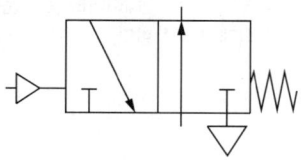

① 1　　② 2
③ 10　　④ 13

해설

ISO의 밸브 포트 표시 방법

밸브의 포트 표시 방법

	방법 1	방법 2
작업라인	A, B, C, …	2, 4, …
공급라인	P	1
배기라인	R, S, T(유압), …	3, 5, …
제어라인	Z, Y, X, …	10, 12, 14, …

88 자동화 보수 관리의 목적으로 틀린 것은?

① 생산성 향상
② 신속한 고장 수리
③ 기계의 사용 연수가 감소
④ 자동화 시스템을 항상 양호한 상태로 유지

해설

보수 관리의 목적은 원활한 이용으로 인한 경제성 도모와 사용 연한의 증가에 따른 설비투자비용 감소 등이다.

89 다음 모터의 정·역회로에서 사용된 것은?

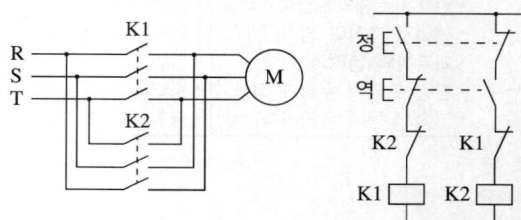

① 인터록 회로
② 시간지연 회로
③ 양수안전 회로
④ 자기유지 회로

해설

인터록 회로 : 신입신호 우선회로와는 달리 서로의 신호가 서로에게 간섭을 주지 않도록, 즉 Cross Checking 하도록, 둘 이상의 계전기가 동시에 동작하지 않도록 설계된 회로이다.

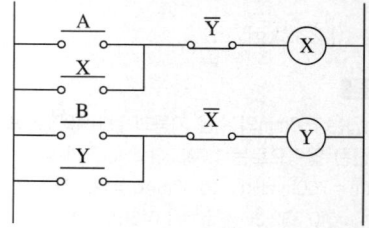

90 유압 실린더에서 피스톤과 실린더 커버가 충돌하여 발생하는 충격의 경감, 실린더 수명연장, 충격파 발생 방지를 목적으로 하는 장치는?

① 쿠션 장치
② 에어 브리저
③ 피스톤 패킹
④ 더스트 와이퍼

해설
특히 공압 실린더는 속도 조절이 쉽지 않고 압력이 작용하면 실린더 벽에 부딪힐 때까지 작동하는데 이때 발생하는 충격을 경감하기 위해 쿠션 장치를 설치한다.

91 3상 유도 전동기가 원래의 속도보다 저속으로 회전할 경우 원인으로 적절하지 않은 것은?

① 과부하
② 퓨즈 단락
③ 베어링 불량
④ 축받이의 불량

해설
기동 후 가속시간 지연 및 저속 운전

원 인	점검 및 조치
낮은 전압	전원 전압 강하를 점검
회전자의 손상	• 농형 : 회전자 바와 엔드 링의 용접부 점검 • 권선형 : 2차 권선의 불평형과 브러시의 접촉 상태를 점검
과부하와 부적절한 토크	부하를 점검하고 부하가 정상이라면 전동기의 용량을 변경
전동부의 마찰	베어링, 축받침, 축 등에서의 불량 및 변형 등 이상 마찰 요인 제거

92 개회로 제어(Open Loop Control)에 해당하는 것은?

① 수직다관절 로봇의 모션 제어
② CNC 공작기계 이송테이블 제어
③ 서보 모터를 이용한 단축 위치 제어
④ PLC에 의한 공압 솔레노이드 밸브 제어

해설
개회로 제어는 피드백이 없는 형태로 시퀀스 제어 또한 피드백을 사용하지 않는 연속 제어 회로라고 볼 수 있다.

93 단위 질량당 유체의 체적을 무엇이라 하는가?

① 밀 도
② 비 중
③ 비체적
④ 비중량

해설
비체적 : 단위 질량당 유체의 체적, 또는 단위 중량당 유체의 체적을 이야기한다.

94 고장과 고장 사이의 평균시간을 나타내는 것은?

① MTBF
② MTBM
③ MTTF
④ MTTR

해설
$$\text{평균고장간격} = \frac{\text{전체 가동시간}}{\text{고장횟수}} = \frac{1}{\text{고장률}}$$

95 유압 펌프가 기름을 토출하지 않아 흡입쪽을 검사하였다. 검사 방법과 가장 거리가 먼 것은?

① 점도의 적정 여부
② 스트레이너의 막힘 여부
③ 오일 탱크 내의 오일량 적정량 여부
④ 전동기 축과 펌프 축의 중심 일치 여부

해설
축 불일치 여부는 진동이 발생될 때 검사하는 방법이다.

96 압축 공기가 2개의 입구 중 어느 하나에만 입력이 있어도 신호가 출구로 나가게 되는 밸브는?

① 2압 밸브   ② 셔틀 밸브
③ 차단 밸브   ④ 체크 밸브

해설
셔틀 밸브의 작동 구조는 그림과 같아서 한쪽만 신호가 들어가도 출력이 나온다.
셔틀 밸브(OR밸브)

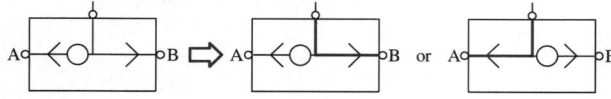

97 실리카겔(SiO_2 : 실리콘 다이옥사이드)과 같은 물질을 사용하여 압축공기 속의 수분을 제거하는 방식은?

① 고온 건조   ② 저온 건조
③ 흡수식 건조   ④ 흡착식 건조

해설
압축공기의 건조 : 압축공기의 건조 방식은 수증기의 제습방법에 따라 냉각식, 흡착식, 흡수식이 있다. 애프터쿨러는 냉각식에 사용. 흡착식은 흡착제(실리카겔 등)를 사용하고, 흡수식은 흡습액(염화리튬 등)을 사용한다.

98 연속적인 물리량인 온도를 측정하는 열전대의 출력 신호의 형태는?

① 2진 신호   ② 전류 신호
③ 디지털 신호   ④ 아날로그 신호

해설
신호의 종류
- 디지털 신호 : 전기 신호 ON과 OFF를 0과 1로 간주하고, 모든 신호를 2진법에 의한 표현으로 전환하여 전기전자 신호로 표현한 것. 표현의 특성에 따라 연속적이지 않은 신호이다. 전기 신호인 만큼 신호의 변환, 전송, 증폭, 활용이 용이하며 기술의 발달에 따라 신호를 아주 작게 미분하여 인간이 느낄 수 없는 분리된 신호로 표현이 가능하므로 기술적인 활용도가 높다.
- 아날로그 신호 : 소리, 온도, 감도, 빛 등 자연에서 사용하는 신호를 의미하며 연속적인 신호이다.

99 밸브의 기능상 분류에서 시퀀스 밸브는 무엇인가?

① 방향 제어
② 속도 제어
③ 압력 제어
④ 유량 제어

해설
주회로의 압력을 일정하게 유지하면서 조작의 순서를 제어할 때 사용하는 밸브로 압력 제어 밸브에 속한다.
- 압력 제어 밸브 : 릴리프 밸브, 감압 밸브, 시퀀스 밸브, 카운터 밸런스밸브(배압 유지 밸브), 무부하 밸브, 브레이크 밸브, 압력 스위치

100 일반적인 공압 발생장치의 기기순서로 옳은 것은?

① 공기 압축기 → 냉각기 → 저장탱크 → 에어드라이어 → 공압 조정 유닛
② 공기 압축기 → 저장탱크 → 에어드라이어 → 후부 냉각기 → 배관 및 공압 조정 유닛
③ 공기 압축기 → 에어드라이어 → 저장탱크 → 후부 냉각기 → 배관 및 공압 조정 유닛
④ 공기 압축기 → 공압 조정 유닛 → 에어드라이어 → 저장탱크 → 후부 냉각기 → 배관

해설

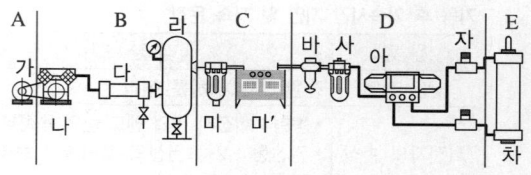

가 : 전동기   나 : 압축기
다 : 냉각기   라 : 탱크
마, 마′ : 청정기, 건조기   바 : 압력 제어 밸브
사 : 주유기   아 : 방향 제어 밸브
자 : 유량 제어 밸브   차 : 액추에이터

2019년 제1회 과년도 기출문제

제1과목 설비진단 및 계측

01 순수한 정현파의 실횻값 계산식으로 옳은 것은?

① $X_s = \int_0^T X(t)dt$

② $X_{rms} = \dfrac{1}{T}\int_0^T X(t)dt$

③ $X_{rms} = \sqrt{\dfrac{1}{T}\int_0^T X(t)dt}$

④ $X_{rms} = \sqrt{\dfrac{1}{T}\int_0^T X^2(t)dt}$

해설

실횻값

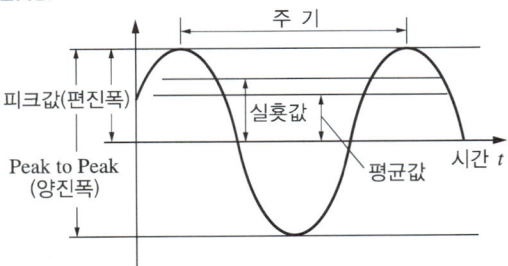

$X_{rms} = \sqrt{\dfrac{1}{T}\int_0^T X^2(t)dt}$ 로 표현

(X : 진폭, T : 주기 – 파장에서 한 위상부터 다음 같은 위상이 생기기까지의 시간 차)

또는 $X(t) = V_p \sin(t)$라 하고, 주기를 2π라 하여 정리하면

$X_{rms} = \dfrac{V_{p-0}}{\sqrt{2}} = \dfrac{1}{2\sqrt{2}}V_{p-p}$

(V_{p-p} : 양진폭, V_{p-0} : 편진폭)

02 코일 간의 전자유도 현상을 이용한 것으로서 발신기와 수신기로 구성되어 있으며, 회전각도 변위를 전기신호로 변환하여 회전체를 검출하는 수신기는?

① 싱크로(Synchro)
② 리졸버(Resolver)
③ 퍼텐쇼미터(Potentiometer)
④ 앱솔루트 인코더(Absolute Encoder)

해설

싱크로(Synchro)
- 아날로그형 회전각도의 검출, 전송에 사용되는 센서
- 코일 사이의 전자유도 현상을 이용

리졸버(Resolver)
- 전자유도 현상을 이용해 기계적인 각도 변위를 전기신호로 변환하는 아날로그 각도검출센서
- 1/3,500 정도의 분해능
- 진동, 충격 등에 우수, 온도 범위가 넓음, 절대각 검출 가능, 소형

퍼텐쇼미터(가변저항기)
- '변위 → 전기저항 → 전압, 전류'로 변환
- 회전체의 각도를 검출하는 용도나 볼륨 조절 용도로도 사용
- 전체 행정거리를 0~10V의 신호전압으로 검출하는 원리를 사용

03 다음 중 진동 측정 시 주의해야 할 사항으로 가장 거리가 먼 것은?

① 항상 같은 회전수일 때 측정한다.
② 항상 같은 시간에 진동을 측정한다.
③ 항상 같은 부하조건일 때 측정해야 한다.
④ 항상 동일한 지점에서 진동을 측정해야 한다.

해설

시간은 기계 물리적 조건은 아니다. 보기 중에서는 가장 거리가 멀다.

정답 1 ④ 2 ① 3 ②

04 음(소음)의 발생과 특성에 관한 분류 중 옳은 것은?

① 난류음 : 타악기, 스피커음
② 맥동음 : 압축기, 진공펌프, 엔진 배기음
③ 1차 고체음 : 기계 본체의 진동에 의한 소리
④ 2차 고체음 : 기계의 진동에 지반 진동을 수반하여 발생하는 소리

해설
- 난류음 : 기체의 와류에 의해 발생하는 소음. 음의 변화가 일정하지 않음. 송풍기, 관 굴곡 부분, 밸브 등 유속의 변화가 빠른 부분에서 발생
- 맥동음 : 맥동현상이 발생하는 경우에 발생
- 고체음 : 타악기나 스피커 등 충격, 마찰 등 기계적 원인으로 발생하는 소리
  - 1차 고체음 : 기계의 진동에 지반 진동을 수반하여 발생하는 소리
  - 2차 고체음 : 기계 본체의 진동에 의한 소리

05 다음 가속도 센서 부착방법 중 먼지, 습기, 온도의 영향이 적어 장기적 안전성이 좋고, 진동 측정 주파수 범위가 넓은 부착 방법은?

① 손 고정   ② 나사 고정
③ 밀랍 고정   ④ 마그네틱 고정

해설
가속도 센서의 장착
- 장착 시 표면을 매끈하고 깨끗이 다듬어야 한다.
- 나사 등을 이용한 스터드를 이용한 장착 : 장기 장착에 적합하고 가장 확실한 장착법, 잘 고정되어 있으므로 진동 측정 범위가 넓음
- 접착 장착 : 접착제(에폭시, 아교, 시멘트 등) 응고 후 충분히 딱딱해야 하며 부드러우면 고유진동수가 떨어짐
- 왁스 장착 : 공기층이 없이 얇게 붙이며 40도 이상의 고온과 매우 높은 가속 환경에서는 사용 불가
- 자석 장착 : 장착 시 표면이 매우 깨끗해야하며 자력에 따라 측정 주파수가 달라짐. 곡면보다는 평면에 활용
- 프로브 사용 : 사실 상 수동 측정에 해당, 센서 부착 위치 결정 등에 활용

06 가동되는 펌프에서 유체가 임펠러를 통과할 때 기포가 발생하여 불규칙한 고주파 진동 및 소음이 발생하는 현상은?

① 서징(Surging)
② 오일 휠(Oil Whirl)
③ 캐비테이션(Cavitation)
④ 수격현상(Water Hammering)

해설
공동현상(캐비테이션, Cavitation) : 유압을 사용하는 기계에서 압력 저하에 의해 빈 공간이 생기는 현상

07 다음 중 진동 측정 단위로 적당하지 않은 것은?

① m   ② m/s
③ m/s^2 ④ m^2/s^2

해설
진동 현상을 설명하는 그래프는 변위를 세로축으로, 시간을 가로축으로 사용하는 그래프로, 물리값 중 시간과 변위의 관계로 구성된 값이 표현가능하다. 변위, 속도, 가속도를 진동 크기의 3요소라고도 한다.

08 프로세스 제어계에서 제어량을 검출부에서 검지하여 조절부에 가하는 신호를 무엇이라고 하는가?

① SV(Setting Value)
② PV(Process Variable)
③ DV(Differential Variable)
④ MV(Manipulated Variable)

해설
제어계에 사용하는 변수의 종류
- PV(Process Variable, 과정변수) : 검출한 값을 저장하여 이후 제어과정에 적용하는 변수
- SV(Setting Value) : 설정값
- MV(Manipulated Variable, 조작변수) : 제어하는 사람의 개입이 가능한 변수
- DV(Differential Variable) : 미분변수

정답 4 ② 5 ② 6 ③ 7 ④ 8 ②

09 다음 중 음원에서 모든 방향으로 동일한 에너지를 방출할 때 발생하는 음파는?

① 구면파 ② 평면파
③ 발산파 ④ 진행파

해설
음원에서 모든 방향으로 동일한 에너지를 방출하여 에너지가 같은 파면을 이으면 구의 모양이 된다. 이 파장을 구면파라 한다.

10 설비의 제1차 건강진단 기술로서 현장 작업원이 주로 사용하는 진단 기술은?

① 간이 진단기술
② 성능 정량화 기술
③ 고장 검출 해석기술
④ 스트레스 정량화 기술

해설
간이 진단법
- 현장 작업자와 간단한 모니터링에 의한 진단
- 설비상 응력의 이상응력 검출 및 경향을 관리
- 열화 및 고장의 조기 발견, 경향을 관리
- 성능, 효율 등의 이상검출 및 경향을 관리

11 다음 중 진동의 전달경로 차단방법과 가장 거리가 먼 것은?

① 진동 차단기 설치
② 기초(Base)의 진동을 제어하는 방법
③ 질량이 큰 경우 거더(Girder)의 이용
④ 언밸런스(Unbalance)의 양을 크게 하는 방법

해설
언밸런스의 양을 크게 하면 진동이 증폭된다.
- 거더 : 일종의 보(Beam)로서 힘을 분산하는 역할을 하여 진동을 감쇠시킨다.

12 다음 중 면적식 유량계의 특징으로 틀린 것은?

① 압력 손실이 적다.
② 기체는 측정을 할 수 없다.
③ 부식성 유체의 측정이 가능하다.
④ 액체 중에 기포가 들어가면 오차가 생기므로 기포 빼기가 필요하다.

해설
면적식 유량계의 장단점 : 측정범위가 넓고 적은 유량도 측정 가능하며 압력손실이 적고 고점성 유체에도 적합하나 기포에 의한 오차가 발생할 수 있고, 플로트형은 유종별로 유량계가 필요하다.

13 압력을 측정하기 위한 센서가 아닌 것은?

① 압전형 센서
② 초음파형 센서
③ 정전용량형 센서
④ 스트레인 게이지형 센서

해설
초음파형 센서는 수위 등을 측정하는 센서

14 다음 중 공기압 신호와 전기 신호의 특징을 나열한 것 중 틀린 것은?

① 전기 신호는 컴퓨터와의 결합성이 좋다.
② 공기압 신호는 전송 시 전달지연이 있다.
③ 전기 신호는 전송 시 전달지연이 거의 없다.
④ 공기압 신호는 전기 신호에 비해 복잡한 연산을 빨리 처리할 수 있다.

해설
공압 신호는 기구를 이용한 신호를 전달하므로 전기신호에 비해 처리속도, 연산속도가 높을 수 없다.

15 공장 소음의 측정 조사 항목으로 옳은 것은?

① 소음원 조사 : 소음의 시공간 분석, 소음 평가
② 공장 주변의 환경 조사 : 소음원의 추출, 해석
③ 공장 부지 내 소음 조사 : 전파 경로 해석, 소음의 시공간 분석
④ 공장 내 소음 조사 : 전파 경로 해석, 소음원 측정 위치 평가

해설
공장 소음을 조사할 때는 소음의 측정 위치 기준으로 소음이 증폭되는 원인을 해석하거나, 소음이 전파되는 경로를 추적하고 소음이 발생하는 위치를 추정하여 소음원을 조사하도록 한다.

16 진동이 완전한 1사이클을 하는 동안에 걸린 총시간을 무엇이라 하는가?

① 진동수　　② 진동주기
③ 각진동수　　④ 진동위상

해설
진동의 구성

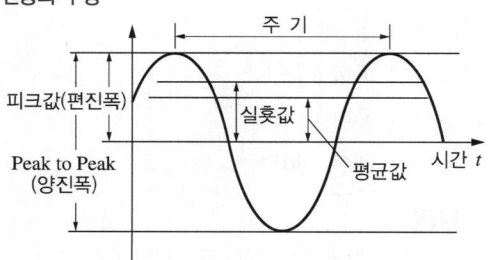

17 외란이 가해진 후에 계가 스스로 진동하고 있을 때 이 진동을 무엇이라 하는가?

① 공 진
② 강제 진동
③ 고유 진동
④ 자유 진동

해설
진동을 위한 외력의 지속력에 따른 구분(자유 진동 vs 강제 진동)
• 자유 진동 : 지속적인 외력의 작용 없이 탄성계가 충격, 즉 외란을 받은 후 스스로 진동하는 현상
• 강제 진동 : 지속적인 외력을 받아 탄성계의 위치가 변하거나 가속도를 가지는 현상

18 음의 물리적 강약은 음압에 따라 변화하지만 사람이 귀로 듣는 음의 감각적 강약은 음압과 주파수에 따라 변한다. 같은 크기로 느끼는 순음을 주파수별로 구하여 나타낸 것을 무엇이라고 하는가?

① 음압도
② 소음 레벨
③ 등청감 곡선
④ 음향파워레벨

해설
등청감 곡선(Equal Loudness Contours)
• 장애가 없는 정상인이 같은 소리의 세기로 느끼는 점을 연결한 곡선
• 사람이 주파수별로 느끼는 같은 순음의 음압 레벨을 연결하여 작성한 곡선
• 사람의 귀와 같은 크기의 음압을 주파수별로 구하여 작성한 곡선
　- 같은 세기로 느껴지는 소리를 발생시킬 때 각 주파수마다 발생해야 하는 소리의 크기가 다르다.
　- 즉, 동일한 크기의 음압이더라도 각 주파수마다 들리는 크기가 다르다.

19 헬름홀츠(Helmholtz) 공명기에 관한 내용으로 가장 거리가 먼 것은?

① 사이드 브랜치(Side Branch) 공명기라고도 부른다.
② 헬름홀츠 공명장치는 공진주파수 부근의 소음흡수에는 효과가 적다.
③ 헬름홀츠 공명기를 이용한 소음장치는 덕트나 엔진실과 같은 시끄러운 작업장 내부 소음감소에도 이용된다.
④ 공진 주파수에서 공명기는 입사소음과 180° 위상차를 갖는 소음을 발생시켜 덕트를 되돌려 보냄으로써 입사소음을 상쇄시킨다.

해설
헬름홀츠 공명기는 작은 구멍이나 작은 입구관을 가진 밀폐된 공간을 구성한 장치이다. 들어온 파형의 역상(逆狀) 파형을 생성하여 공명기 밖으로 내보낸다. 이런 방법으로 특정 주파수의 위상을 변이시켜 파장을 소멸시키는 원리를 갖는다. 이런 원리가 공진 주파수에서만 적용되지 않을 이유가 없다.

20 다음 설비진단기법 중 오일분석법이 아닌 것은?

① 회전전극법
② 원자흡광법
③ 변형게이지법
④ 페로그래피법

해설
대표적인 설비진단 기법으로 진동법, 오일분석법, 응력법이 있고, 오일분석법에는 페로그래피법, SOAP법 등이 있고, SOAP법에는 원자흡광법, 회전전극법, ICP법 등이 있다.

제2과목 설비관리

21 고장, 정지, 성능저하 등을 가져오는 상태를 발견하기 위한 설비의 주기적인 검사로 초기단계에서 이러한 상태를 제거 또는 복구하기 위한 보전은?

① 생산 보전
② 개량 보전
③ 예방 보전
④ 사후 보전

해설
보전은 시기적으로 예방 보전과 사후 보전으로 나뉘며, 사후 보전은 고장 발생 후 보전하는 형식으로 보전비용을 사용하지 않는 방식이고 예방 보전은 주기적 검사를 통해 고장에 따른 비용을 사용하지 않으려는 방식이다.

22 소재를 가공해서 희망하는 형상으로 만드는 공작 작업에 사용하는 도구로서 주조, 단조, 절삭 등에 사용하는 것은?

① 공 구
② 측정기
③ 검사구
④ 안전보호구

해설
- 측정기 : 측정하는 기구
- 검사구 : 생산공정에 있어 취급되는 재료, 반제품 또는 완제품을 공정에 받아들이거나 공정 도중 또는 최종 작업단계에서 대상물의 작업 기준 합치여부를 조사하기 위해 사용되는 공구
- 안전보호구 : 안전을 지키기 위해 신체를 보호하는 도구

23 다음 설비보전활동 중 필요한 수리, 정비, 개수 등을 위한 제 기능을 수행하여 설비에 투입되는 비용을 최소화하는 데 목적을 두고 있는 것은?

① 공사관리
② 부하관리
③ 외주관리
④ 일정관리

해설
공사관리
- 필요한 수리, 정비, 개수 등을 위한 제 기능을 수행하여 설비에 투입되는 비용을 최소화하는 데 목적을 두고 있는 설비보전활동
- 요구 조건에 맞게 요구일까지 경제적으로 공사 수행의 일시계획을 세우고, 이에 따라 통제, 감독, 조정하여 가장 경제적인 공사를 실시하는 보전활동

24 자주보전의 전개단계 중 제4단계에 해당되는 총점검의 진행방법에 해당되지 않는 것은?

① 작업자에게 전달한다.
② 설비의 기초 교육을 받는다.
③ 점검수준향상을 위해 체크한다.
④ 배운 것을 실천하여 이상을 발견한다.

> **해설**
> 4단계 총점검
> • 기초 기술을 익힘
> • 진행방법
> – 설비에 대한 기초 교육 학습
> – 작업자에게 전달
> – 배운 것을 실천하여 이상을 발견
> – '눈으로 보는 관리' 추진(윤활, 기계요소, 공압, 유압, 구동 관계를 볼 수 있도록 조치)

25 설비의 경제성 평가 방법을 설명한 것으로 옳은 것은?

① 신 MAPI방식 : 연간비용으로서 정액제에 의한 상각비와 평균이자 및 가동비를 취한 방법이다.
② MAPI방식 : 투자분위결정을 위한 긴급도비율(Urgency Rating)이라는 비율을 도입하는 방법이다.
③ 자본 회수법 : 자본배분에 관련된 투자 순위결정이 주제이고, 긴급률이라고 불리는 일종의 수익률을 구하여 이의 대소에 따라서 설비 상호 간의 우선순위를 평가한다.
④ 연평균 비교법 : 설비의 내구 사용 기간 사이의 자본비용과 가동비의 합을 현재가치로 환산하여 내구 사용 기간 중의 연평균 비용을 비교하여 대체안을 결정하는 방법이다.

> **해설**
> ①은 평균이자법에 대한 설명이다.
> ②는 신 MAPI방식에 대한 설명이다.
> ③은 MAPI방식에 대한 설명이다.

26 TPM 관리와 전통적 관리를 비교했을 때, 다음 중 TPM 관리의 내용과 가장 거리가 먼 것은?

① Output 지향
② 원인 추구 시스템
③ 사전활동(예방활동)
④ 개선을 위한 자기 동기부여

> **해설**
> TPM의 전통적 관리와의 비교 특징 : 무결점 목표, 원인 추구 시스템, Input 지향, 예방 활동, 현장 중심 관리, 사전 문제 제거 관점, 목표의 하향식 전달과 현장부터 체계적 관리, 불량 발생원인 제거, 개선을 위해 동기 부여 제공

27 다음 중 예방보전의 효과가 아닌 것은?

① 대수리의 감소
② 설비의 정확한 상태파악
③ 검사방법과 측정방법의 표준
④ 긴급용 예비기기의 필요성 감소와 자본투자의 감소

> **해설**
> 예방보전의 효과
> • 직접 효과 : 대수리의 감소, 설비의 정확한 상태파악, 예비품 재고량 소요 감소, 고장 원인의 정확한 파악
> • 인과 효과 : 생산비 감소, 보전비 감소, 설비투자액 감소, 설비가동률 상승, 작업 환경 개선, 작업자 만족도 개선, 납기 준수, 긴급용 예비기기의 필요성 감소와 자본투자의 감소

28 연소 관리에서 연소율을 적당히 유지하기 위해 부하가 과소한 경우 대책으로 옳은 것은?

① 연소실을 크게 한다.
② 연료의 품질을 저하시킨다.
③ 이용할 노상면적을 크게 한다.
④ 연도를 개조하여 통풍이 잘되게 한다.

> **해설**
> 연소율에 비해 부하가 과소한 경우는 연소율이 높은 경우이므로 연소실을 줄이거나 연료의 품질을 저하시키는 등 연소율 저감 방안을 찾아야 한다.

정답 24 ③ 25 ④ 26 ① 27 ③ 28 ②

29 부품의 최적대체법 중 일정기간이 되어도 파손되지 않는 부품만을 신품과 대체하는 방식은?

① 각개 대체
② 일제 대체
③ 개별 사전 대체
④ 최적수리주기 대체

해설
부품 최적 대체법
• 돌발 고장에 따른 기능 정지형 열화에 적용하기 적절
• 대체 방법
 - 각개 대체 : 고장난 부품을 신품과 대체
 - 개별 사전 대체 : 최적수리주기(일정기간)가 도래하면 각개 대체가 시행되지 않은 부품(파손된 적이 없는 부품)만 사전 대체, 각개 대체가 시행되었던 부품은 부품별 최적수리주기에 별도로 대체
 - 일제 대체 : 각개 대체 여부와 상관없이 최적수리주기가 도래하면 일제히 부품 교체

30 다음 중 뜻이 있는 기호법의 대표적인 것으로서 항목의 첫 글자나 그 밖의 문자를 기호로 하는 방법은?

① 순번식 기호법
② 기억식 기호법
③ 세구분식 기호법
④ 삼진분류 기호법

해설
기호 사용 방법
• 의미 없이 순번 등을 이용하여 기호를 사용하는 순번식 기호법
• 기호에 뜻이 유추되도록 사용하는 기억식 기호법
 예 W : 용접기계, AW : 아크용접기
• 세구분식 기호법 : 각 번호 대역을 같은 종의 기계에 연결
 예 100~199 : 선반기계, 200~299 : 밀링기계
• 한국십진분류 기호 사용

31 설비 배치의 형태에서 일명 라인(Line)별 배치라고도 하며 공정의 계열에 따라 각 공정에 필요한 기계가 배치되는 형식은?

① 기능형 배치
② 제품별 배치
③ 혼합형 배치
④ 제품 고정형 배치

해설
제품별 배치(라인별 배치, Product Layout, Line-Layout)
• 공정의 계열에 따라 각 공정에 필요한 기계가 배치되는 형식
• 생산량이 많고 작업의 균형이 유지되는 표준화 공정의 경우
• 원료 및 재료의 흐름이 원활해야 한다.
• 전통적 생산효율성을 고려하여 공정 간의 공정 균형 효율 필요

32 자주보전을 하기 위한 설비에 강한 작업자의 요구 능력 중 수리할 수 있는 능력에 해당되지 않는 것은?

① 오버홀 시 보조할 수 있다.
② 부품의 수명을 알고 교환할 수 있다.
③ 고장의 원인을 추정하고 긴급처리를 할 수 있다.
④ 공장 주변 환경의 중요성을 이해하고, 깨끗하게 청소할 수 있다.

해설
④ 설비의 이상 발견 능력과 개선 능력에 해당한다.

33 다음 중 상비품의 요건으로 틀린 것은?

① 단가가 낮을 것
② 사용량이 적으며 단기간만 사용될 것
③ 여러 공정의 부품에 공통적으로 사용될 것
④ 보관상(중량, 체적, 변질 등) 지장이 없을 것

해설
상비품으로 적합하려면 상비를 해도 경제적 부담이 크지 않고, 장기적이며 안정적인 소모가 예상되고, 시효에 의한 변질이 없어야 한다. 공통적으로 사용될 여지가 높을수록 상비품으로 적절하다.

34 설비 동작의 신뢰성은 고유의 신뢰성과 사용 신뢰성으로 구분할 수 있다. 다음 중 사용 신뢰성에 해당되는 것은?

① 설계 기술
② 보전 기술
③ 제조 기술
④ 부품 재료의 성질 상태

해설
설비의 신뢰도
- 고유 신뢰도 : 사용자 변인이 들어가지 않은 설비 자체의 신뢰도로 부품 재료의 성질이나 상태가 30% 정도 반영되고 보전성 설계를 포함한 설비의 설계 기술이 40% 정도 반영되고, 설비의 제조 방식이나 메이커 등을 고려한 제조 기술이 10% 정도 반영된 신뢰도이다.
- 사용 신뢰도 : 나머지 20% 정도를 반영하는 사용의 조건이 반영된 신뢰도로 사용 조건, 환경 적합성, 조업 기술, 보전 기술 등이 반영된 신뢰도이다.

35 다음 중 초기 고장기에 발생하는 고장의 원인이 아닌 것은?

① 설계상의 오류
② 부적정한 설치
③ 제조과정의 실수
④ 열화에 의한 고장

해설
열화(劣化)에 의한 고장은 마모기 IFR에 일어난다. 초기 고장기에는 애시당초 원가 잘못되었을 때 일어나는 고장이 원인인 경우가 많다.

36 신뢰성의 평가 척도 중 고장률(Failure)을 나타낸 것은?

① 고장률 = $\dfrac{\text{고장횟수}}{\text{총 가동시간}}$

② 고장률 = $\dfrac{\text{고장 정지시간}}{\text{총 가동시간}}$

③ 고장률 = $\dfrac{\text{고장횟수}}{\text{부하시간}}$

④ 고장률 = $\dfrac{\text{고장 정지시간}}{\text{부하시간}}$

해설
고장률 : 일정 기간 중 발생하는 단위시간당 고장횟수. 보통 1,000시간당 백분율로 나타냄

고장률 = $\dfrac{\text{고장횟수}}{\text{가동시간}}$

37 설비배치의 목적이 아닌 것은?

① 생산량 증가
② 우량품 제조
③ 생산 원가 증대
④ 공간의 경제적 사용

해설
설비배치의 목적
- 공간 및 동선의 효율성 증대를 통한 생산량 증대, 원가절감, 설비비 절감
- 작업환경 및 공장 환경 보전, 안전성 확보
- 의사소통(Communication) 개선
- 작업 탄력성을 유지

38 품질보전의 전개순서 중 요인해석(연쇄요인 규명, 불량요인 정리)을 위한 도구에 해당하지 않는 것은?

① FMECA
② PM 분석
③ 특정요인도 분석
④ 경제성 분석

해설
3단계 요인 해석 : 연쇄요인 규명, 불량요인 정리
- 설비기본 요구조건 이해 및 PM분석에 의한 설비부위, 불량부위 규명
- 요인 해석 도구(Tool) : 특성요인도, PM 분석, 왜-왜 분석, FMECA 분석

39 설비 투자 결정에서 발생되는 기본문제의 고려사항이 아닌 것은?

① 대상은 수익 수준에 큰 차이가 없는 조건인 설비 교체에 사용한다.
② 자금의 시간적 가치는 현재의 자금이 미래 자금보다 가치가 높아야 한다.
③ 미래의 불확실한 현금수익을 비교적 명백한 현금지출에 관련시켜 평가한다.
④ 투자의 경제적 분석에 있어서 미래의 기대액은 그 금액과 상응되는 현재의 가치로 환산되어야 한다.

해설
설비는 대규모 투자로 설비투자에 의해 수익 수준에 큰 차이를 유발한다.

40 시스템의 탄생에서부터 사멸에 이르기까지의 라이프 사이클은 4단계로 나누어 볼 수 있다. 다음 중 1단계에 해당하는 것은?

① 제작, 설치
② 운용, 유지
③ 시스템의 설계, 개발
④ 시스템의 개념 구성과 규격 결정

해설
시스템의 라이프 사이클

조사/연구 → 설계 → 제작 및 설치 → 운전 및 보전 → 폐기

조사/연구 단계에서 시스템의 개념 구성과 규격을 결정한다.

제3과목 기계일반 및 기계보전

41 드릴가공을 하였거나 주조품으로 이미 구멍이 뚫려 있는 경우, 구멍 내부를 확대하여 정확한 치수로 가공하는 작업은?

① 탭 작업
② 보링 작업
③ 셰이퍼 작업
④ 플레이너 가공 작업

해설
• 보링 : 뚫린 구멍을 다시 절삭, 구멍을 넓히고 정확한 치수로 다듬질하는 작업으로 스로어웨이(Throw Away) 바이트를 사용한다.
• 태핑 : 구멍에 암나사를 내는 작업으로, 태핑을 위한 드릴링지름은 들어갈 나사의 안지름으로 한다.
• 셰이핑(Shaping) : 모양을 만드는 작업이란 뜻으로 왕복운동하는 커터로 평면을 절삭하는 공작
• 플레이닝(Plainning) : 셰이퍼로 절삭할 수 없는 큰 공작물을 공작하는 평면절삭 공작으로 테이블의 수평 길이 방향 왕복운동과 공구의 테이블 가로 방향 이송에 의해 비교적 넓은 평면을 가공하여 평삭이라고도 함

42 다음 베어링 중 외륜 궤도면의 한쪽 궤도 홈턱을 제거하여 베어링 요소의 분리 조립을 쉽게 하도록 한 베어링으로, 접촉각이 작아 깊은 홈 베어링보다 부하 하중을 적게 받는 베어링은?

① 앵귤러 볼 베어링
② 마그네토 볼 베어링
③ 스러스트 볼 베어링
④ 자동 조심 볼 베어링

해설
레이디얼 볼 베어링
• 깊은 홈 볼 베어링 : 내륜 및 외륜에 깊은 홈을 만들어서 약간의 축방향 하중도 받게 한 베어링, 구조가 간단하고 정밀도가 높아 가장 널리 사용된다.
• 마그네토 볼 베어링 : 외륜 궤도면의 한쪽 궤도 홈턱을 제거하여 베어링 요소의 분리 조립을 쉽게 하도록 한 베어링으로, 접촉각이 작아 깊은 홈 베어링보다 부하 하중을 적게 받는 베어링
• 앵귤러 볼 베어링 : 볼과 외륜과의 접촉각을 상당히 크게 하여 레이디얼 하중과 함께 비교적 큰 스러스트 하중도 받게 한 베어링. 하나의 축에 2개의 베어링을 조합하여 사용하며, 장치나 하중에 따라 조합을 달리한다.
• 자동 조심 볼 베어링 : 외륜 궤도면을 구면형으로하고 회전체를 복렬로 배열하여 외륜이 축 중심에 맞도록 자동 조정되는 베어링. 축이나 베어링 하우징의 부착 등에 의한 축 중심의 어긋남을 자동적으로 조절할 수 있어서 베어링에 무리한 힘이 작용하지 않는다. 그러나 스러스트 하중은 조심하여야 한다.

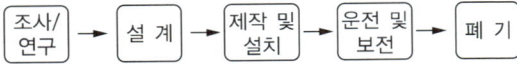

43 메커니컬 실(Mechanical Seal)을 선정할 때 주의사항으로 가장 거리가 먼 것은?

① 밀봉면에 작용하는 밀봉력을 유지할 것
② 누유 방지를 위해 탈착이 불가능할 것
③ 밀봉 단면의 평형, 평면 상태를 유지할 것
④ 밀봉면 사이에서 윤활 유체의 기화를 방지할 것

해설
메커니컬 실
- 회전축에 고정자와 회전자로 구성된 기계적 요소로 한 면이 회전축과 함께 회전하며 스프링의 장력이나 유체의 압력으로 인하여 기밀을 지속 유지하는 장치이다.
- 축에 마모 없이 실 내부에서만 마모가 일어나고 장력에 의해 마모된 부분이 채워지므로 지속 누설 방지가 가능하다.
- 기기가 다양화, 고도화 됨에 따라 밀봉성, 신뢰성, 내구성이 요구되어 개발되고 있다. 근래 다양한 메커니컬 실이 개발되어 활용도가 높아 지고 있다.

44 펌프가 운전이 되고 있으나 물이 처음에는 나오다가 곧 나오지 않을 때 원인으로 적절하지 않은 것은?

① 웨어링이 마모되었다.
② 마중물이 충분하지 못하다.
③ 흡입양정이 지나치게 높다.
④ 배관 불량으로 흡입관 내에 에어 포켓이 생겼다.

해설
웨어링이 마모되어도 누설이 있어 수량은 부족하지만 물은 나오게 된다.
송출이 조금되다 곧 멈추는 이상의 원인과 대책
마중물 부족 / 흡입 측 에어 포켓 형성 / 양정 과다
→ 마중물 보충 / 배관계통 조사 수리 / 양정의 규정 이내로 조정

45 일반적인 줄 작업의 주의사항으로 틀린 것은?

① 보통 줄의 사용 순서는 중목 → 황목 → 세목 → 유목의 순으로 작업한다.
② 오른손 팔꿈치를 옆구리에 밀착시키고 팔꿈치가 줄과 수평이 되게 한다.
③ 눈은 항상 가공물을 보며 작업하고 줄을 당길 때는 가공물에 압력을 주지 않는다.
④ 왼손은 줄의 균형을 유지하기 위해 손목을 수평으로 하고 손바닥으로 줄 끝을 가볍게 누르거나 손가락으로 감싸준다.

해설
보통 줄의 사용 순서는 거친 순서대로 황목 → 중목 → 세목 → 유목의 순으로 작업한다.

46 일반적으로 베어링을 열박음으로 장착할 때 몇 ℃ 이상으로 가열하면 베어링의 경도가 저하되는가?

① 20 ② 80
③ 100 ④ 130

해설
베어링을 축이나 하우징에 끼우는 방법은 전용기구를 이용하는 방법과 열팽창을 이용하는 방법이 있다. 열팽창을 이용하는 방법의 경우 130℃ 이상이 되면 베어링 경도가 저하되므로 주의하도록 한다.

47 미끄럼을 방지하기 위하여 안쪽 표면에 이가 있는 벨트로서, 정확한 속도가 요구되는 경우에 사용되는 전동벨트는?

① V 벨트 ② 평 벨트
③ 체인 벨트 ④ 타이밍 벨트

해설
타이밍 벨트
- 기계의 자동화, 고속화, 경량화 등으로 성능이 급속히 향상되고 있어 미끄럼 없이 정확한 회전 각속도비가 유지되는 치형벨트를 사용한다.
- 초기 장력은 작고 베어링에 작용하는 하중을 작게 할 수 있으며 굴곡성이 좋아 작은 풀리에도 사용된다. 축간 거리가 짧고 좁은 장소에도 사용 가능하다.
- 큰 힘의 전동에는 적합하지 않고 고속 저하중용 식품 제조기계, 섬유기계, 사무기계, 자동판매기 등 소형자동기계나 자동차 엔진에 사용된다.

48 스퍼 기어의 제도 시 요목표 기입 사항이 아닌 것은?

① 잇 수 ② 치 형
③ 압력각 ④ 비틀림각

해설
요목표는 기어의 형상에 관한 요목을 정리한 표로서 기어의 치형, 모듈, 압력각, 잇수, 피치원 지름, 이높이, 이두께, 다듬질 방법들을 기재한다.

49 일반적인 용접의 특징으로 틀린 것은?

① 용접사의 기량에 따라 용접부의 품질이 좌우된다.
② 재료 두께의 제한이 있고 이종 재료의 용접이 어렵다.
③ 용접 준비 및 작업이 비교적 간단하고 용접의 자동화가 용이하다.
④ 소음이 적어 실내에서 작업이 가능하며 복잡한 구조물 제작이 쉽다.

해설
용접의 장단점
- 제품의 성능과 수명이 향상된다.
- 공정 횟수가 감소되며 이음형상을 자유롭게 할 수 있다.
- 이음 효율이 향상된다.
- 재료 두께의 제한이 없다.
- 자재가 절약되고 이종(異種) 재료도 접합할 수 있다.
- 열에 의한 변형, 수축 및 취성의 발생 우려가 있다.
- 잔류응력에 의한 부식의 우려가 있다.
- 품질검사가 어렵다.
- 숙련도에 따라 작업자 요인이 많이 작용한다.

50 관(Pipe)의 플랜지 이음에 대한 설명으로 틀린 것은?

① 유체의 압력이 높은 경우 사용된다.
② 관의 지름이 비교적 큰 경우 사용된다.
③ 가끔 분해, 조립할 필요가 있을 때 편리하다.
④ 저압용일 경우 구리, 납, 연강 등을 사용한다.

해설
플랜지 이음: 관 끝에 플랜지를 만들어 결합하는 것으로, 관의 지름이 크거나 유체의 압력이 큰 경우에 사용. 분해, 가끔 조립이 필요한 요소에 사용

51 다음 메커니컬 실의 종류 중 스터핑 박스의 내측에 회전링을 설치하는 밀봉으로 유체의 누설 압력이 실의 외부에서 내부로 작용하며, 내류형이라고도 하는 것은?

① 더블형　　② 탠덤형
③ 인사이드형　④ 아웃사이드형

해설
취급 위치에 따라 메커니컬 실은 내장형(Inside Type)과 외장형(Outside Type)으로 나뉘며 안쪽에 회전링을 설치하는 것을 내장형이라 한다. 더블형과 탠덤형은 실의 배치에 따라 구분한 분류이다.

52 신뢰도와 보전도를 종합한 평가 척도로 어느 특정 순간에 기능을 유지하고 있는 확률을 무엇이라고 하는가?

① 용이성　　② 유용성
③ 보전성　　④ 신뢰성

해설
- 신뢰성 : 설비의 효율성을 결정짓는 하나의 속성으로서 "시스템이 어떤 특정 환경과 운전조건하에서 어느 주어진 시간 동안 명시된 특정기능을 성공적으로 수행할 수 있는 확률"을 말한다.
- 보전성
  - 보전에 대한 용이성을 나타내는 성질. 보전도로 표현
  - 보전횟수, 보전시간 – 작업자시간, 보전비용, 보전품질로 표시할 수 있다.
- 유용성
  - 신뢰도와 보전도를 종합한 평가 척도
  - 어느 특정한 시간에 기능을 유지하고 있을 확률
  - 설비 유효 가동률 = 시간 가동률 × 속도 가동률

53 다음 중 전동기 기동불능 현상의 원인이 아닌 것은?

① 단 선　　　　② 기계적 과부하
③ 서머 릴레이 작동　④ 코일 절연물의 열화

해설
기동불능의 원인 및 대책
- 퓨즈가 녹아 끊어짐, 서머 릴레이 작동, 노퓨즈 브레이크의 작동 → 과열이 발생하였는지 오동작인지를 확인하여 작동원인에 따른 대처를 한다.
- 단 선
- 과부하 → 구동계 점검 / 브레이크 록이 개방되지 않았는지 회로 점검
- 전자부품의 고장
- 운전자 오조작

54 너트의 풀림 방지용으로 사용되는 와셔로 적당하지 않은 것은?

① 사각 와셔　　② 이붙이 와셔
③ 스프링 와셔　④ 혀붙이 와셔

해설
볼트 너트의 이완방지
- 체결된 볼트와 너트는 진동이 반복되면 조금씩 풀리게 되는데 이를 방지할 필요가 있다.
- 절삭 너트에 의한 방법 : 너트의 일부를 절삭하여 미리 내측으로 변형을 준 후 볼트에 체결할 때 나사부가 압착하게 되는 방법
- 로크 너트에 의한 방법 : 풀림방지를 위한 쐐기역할을 하는 또 하나의 너트를 더 체결하는 방법
- 특수 너트에 의한 방법 : 각종 풀림방지 너트를 사용
- 분할 핀 고정에 의한 방법 : 볼트 끝부분에 구멍을 이용하여 분할 핀을 장착하는 방법
- 홈붙이 6각 너트에 의한 방법 : 핀을 꽂을 수 있는 홈붙이 6각 너트를 사용하는 방법
- 스프링 와셔나 이붙이 와셔, 폴 와셔(Pawl Washer)를 사용하는 방법
  - 스프링 와셔 : 미리 탄성을 부여하여 너트와 체결부 사이에 힘을 가해 풀림을 방지
  - 이붙이 와셔(혀붙이 와셔) : 볼트 구멍이 지나치게 크거나 체결부와의 표면이 평탄하지 않을 때, 볼트와 너트의 헐거움 방지
  - 폴 와셔 : 래치처럼 한 방향으로 움직임을 방지하기 위해 와셔를 굽히거나 구멍을 만들어 끼우는 등, 체결부와 맞물리도록 제작한 와셔

55 일반적인 고주파 담금질의 특징으로 틀린 것은?

① 직접 가열하므로 열효율이 높다.
② 열처리 불량이 적고 변형 보정을 필요로 하지 않는다.
③ 가열 시간이 길어서 경화면의 탈탄이나 산화가 많이 발생한다.
④ 직접 부분 담금질이 가능하므로 필요한 깊이만큼 균일하게 경화된다.

해설
고주파 담금질
- 고주파 전류로 맴돌이 전류를 유도, 이를 이용하여 표면온도를 상승시키고 냉각수를 분사하는 방법이다.
- 특징 : 열처리 시간이 매우 짧아 산화와 변형이 적고, 전류를 이용하여 직접 가열하고 선택적으로 가열이 가능하므로 효율이 높고 온도제어가 용이하다. 설비비용이 많이 드나 유지비도 적고 대량 생산에 적용하면 장점이 많다.

56 다음 중 브레이크의 용량 결정과 관련된 사항으로 가장 거리가 먼 것은?

① 마찰계수 ② 마찰면적
③ 브레이크의 중량 ④ 브레이크 패드의 압력

해설
브레이크 용량은 단위 마찰면적에 대한 일률 또는 시간당 발생열량이므로 $\frac{735H}{A} = \mu q v [\text{N/mm}^2 \cdot \text{m/s}]$
(A : 접촉면적, μ : 마찰계수, q : 마찰압력, v : 속도)

57 압축공기 배관의 누설점검 방법 및 조치방법으로 적당하지 않는 것은?

① 배관이음부는 비눗물을 칠하여 거품의 여부를 본다.
② 공장 휴업 시 조용한 실내에서 공기누설 소리를 체크한다.
③ 밸브 나사 부위에 누설이 생겼을 경우 그 부위만 더 조인다.
④ 나사관의 경우 효과적인 보전을 위해 유니언 이음쇠를 적당히 배치한다.

해설
누설이 발생하였다고 그 부위만 더 죄면 다른 부위의 풀림이 발생하므로 플랜지 쪽부터 차례로 더 죄도록 한다.

58 웜 기어 감속기에서 웜 휠의 이닿기 면을 웜의 중심에서 출구 쪽으로 약간 어긋나게 하는 이유로 가장 적합한 것은?

① 감속비를 높이기 위하여
② 백래시를 없애기 위하여
③ 접촉각을 조정하기 위하여
④ 윤활유의 공급이 잘 되게 하기 위하여

해설
웜 기어 감속기의 경우 원활한 윤활유 공급을 위해 웜 휠의 간섭면을 중심에서 약간 어긋나게 한다.

59 아베의 원리를 만족하는 측정기는?

① 블록 게이지
② 하이트 게이지
③ 버니어 캘리퍼스
④ 외측 마이크로미터

해설
블록 게이지는 비교측정기이다. 하이트 게이지와 버니어 캘리퍼스는 측정자의 위치와 눈금의 위치가 서로 다르며 측정기의 구조상 오차로 인해 오차가 발생할 수 있다. 마이크로미터는 측정자와 측정 대상 위치가 일직선에 존재한다.
• 아베의 원리 : 측정 대상물과 표준자는 측정 방향상 일직선 위에 있어야 한다.

60 공기 압축기 부속품 중 공압 밸브의 올바른 조립방법이 아닌 것은?

① 밸브 시트 패킹은 반드시 조립하여 넣는다.
② 밸브의 조립순서의 불량은 밸브 고장의 원인이 된다.
③ 밸브의 고정 볼트는 기밀유지를 위해 각 볼트마다 서로 다른 토크값으로 잠근다.
④ 밸브의 홀더 볼트의 영구고착을 방지하기 위해 나사부에 몰리브데넘 방지제를 도포한다.

해설
밸브의 고정볼트는 같은 토크(Torque)로 잠근다. 과도하게 잠그면 밸브 시트 홀더의 파손 원인이 된다.

정답 56 ③ 57 ③ 58 ④ 59 ④ 60 ③

제4과목 윤활관리

61 기어용 윤활유의 요구 조건에 관한 내용으로 틀린 것은?

① 방식, 방청성이 우수해야 한다.
② 고속 기어에는 저점도의 윤활유가 적합하다.
③ 기어의 회전에 따라 기포가 발생하면 윤활성능이 증대되므로 소포성이 낮은 윤활유가 요구된다.
④ 윤활유에 수분이 침투하여 유화가 발생되면 녹이 발생하므로 항유화성의 윤활유가 요구된다.

해설

기어유의 역할	필요한 성질
마찰 감소	점도, 저온 유동성
마모 감소	내하중성, 내마모성
소음/진동 충격 감소	소포성, 열 안정성
고속 운전	저점도
고하중 전달	내하중성
불순물 감소	열 안정성, 방청성, 산화 안정성, 부식 방지성
냉각 작용	항유화성

62 윤활관리를 효율적으로 수행하기 위한 방법으로 틀린 것은?

① 급유작업자를 위한 급유의 순서와 경로 등의 계획을 세운다.
② 각 윤활개소의 윤활유와 그리스는 교체하지 않고 지속적으로 사용한다.
③ 윤활부분의 이상 점검, 윤활제 공급 작업 및 윤활 보전작업의 실행 확인을 위한 기록을 한다.
④ 공장 내에서 사용되는 윤활제 종류를 최소화하여 구매 및 재고관리 업무의 효율성을 향상시킨다.

해설
유종별 사용 실적, 급유 점검 기준서, 급유 도구 및 사용유에 대한 오일 분석 등의 자료 파악하여 개선한다.

63 베어링 윤활의 목적이 아닌 것은?

① 마찰열의 방출
② 피로 수명의 감소
③ 마찰 및 마모의 감소
④ 베어링 내부에 이물질의 침입 방지

해설
베어링 윤활의 목적
• 마찰 및 마모의 감소
• 피로 수명의 연장(충분하고 적절한 윤활 시)
• 마찰열의 방출, 냉각
• 베어링 내부 이물질 침입 방지

64 윤활유를 규정조건으로 가열하여 발생한 증기에 불꽃을 접근시켰을 때 순간적으로 불이 붙은 온도를 무엇이라고 하는가?

① 주도점
② 적하점
③ 인화점
④ 유동점

해설
인화점은 자연히 불이 붙기 시작하는 온도로 규정조건으로 가열하여 발생한 증기에 불꽃을 접근시켰을 때 순간적으로 불이 붙은 온도라고 설명한다.
윤활유의 인화점
• Light Stock → 130~170℃ / SAE 10 → 220℃
• SAE 20 → 260℃ / SAE 50 → 320℃

65 다음 중 윤활을 실시하는 부서의 직무와 가장 거리가 먼 것은?

① 표준 적유량 결정
② 급유 장치의 예비품 관리
③ 윤활대장 및 각종 기록 작성
④ 윤활제 선정 및 소비량 관리

해설
- 윤활 관리 부서의 업무 : 윤활제 선정, 유종 결정, 신설 설비 및 적용 윤활제 검토, 열화 기준 판정, 윤활방법 및 장치 개선, 윤활 관리의 기준 및 표 작성, 급유자에 대한 교육 및 훈련, 윤활 실태 조사 및 소비량 관리
- 윤활 실시 부서의 업무 : 윤활제 사용 예산 및 구매 요구, 표준 적유량 결정, 윤활대장 및 각종 기록 작성, 급유 장치의 예비품 관리, 오일의 교환주기 결정, 급유원 교육훈련, 급유 및 일상 점검, 급유 장치의 관리 및 보수, 윤활제의 검사 및 교환

66 윤활유를 분류할 때 석유계 윤활유에 속하지 않는 것은?

① 혼합계   ② 파라핀계
③ 나프텐계   ④ 동식물계

해설
석유계 윤활유 : 탄화수소의 종류에 따라 파라핀계, 나프텐계, 혼합 윤활유로 구분

67 윤활유의 점도와 온도의 관계를 지수로 나타내는 실험값으로 옳은 것은?

① 색   ② 유동점
③ 점도지수   ④ 인화점 및 연소점

해설
점도지수(Viscosity Index)
- 상승하면 떨어지고 내려가면 상승하는 온도와 점도의 변화관계를 지수로 표현한 것
- VI가 100에 가까울수록 온도 변화에 대해 점도 변화가 작다는 의미이다.
- 파라핀이 많은 펜실베이나 유의 점도지수를 100, 나프텐이 많은 걸프코스트 유를 0으로 하여 표현
- 다른 조건이 모두 같을 때 점도지수가 높은 윤활유가 더 고급유이다.
- 40℃ 기준 동점도(상온 높은 온도)와 100℃(열을 많이 받았을 때)의 동점도를 계산한다.

68 윤활유의 열화 원인으로 맞지 않는 것은?

① 질화 현상   ② 산화 현상
③ 유화 현상   ④ 탄화 현상

해설
윤활유의 열화
- 내부 변화 : 산화, 탄화
- 외부요인에 의한 변화 : 연료 및 다른 오일에 의한 "희석", 물에 의한 유화액 형성, 이물질 혼입

69 그리스를 장시간 사용하지 않고 방치해 놓거나, 사용과정에서 그리스를 구성하고 있는 기름이 분리되는 현상을 무엇이라고 하는가?

① 주 도   ② 적하점
③ 증발량   ④ 이유도

해설
이유도 : 그리스를 장기간 저장할 경우 오일이 그리스로부터 분리되는 현상을 말한다.

70 다음 중 윤활관리의 목적과 가장 거리가 먼 것은?

① 설비 수명 연장   ② 윤활 비용 감소
③ 고장도수율 증대 ④ 설비 가동률 증대

해설
윤활 관리의 목적 : 설비 가동률 증대, 유지비 절감, 설비 수명 연장, 윤활 비용 절감, 동력비 절감 등

정답 65 ④ 66 ④ 67 ③ 68 ① 69 ④ 70 ③

71 윤활관리의 기본적 효과로 틀린 것은?

① 윤활사고의 방지
② 윤활비용의 증가
③ 보수 유지비의 절감
④ 기계정도와 기능의 유지

해설
윤활관리를 하게 되면 윤활사고 방지, 보수 유지비의 절감, 기계 정밀도와 기능을 유지시킬 수 있다. ②와 ③의 내용이 상충되므로 둘 중 하나로 선택지를 좁혀서 선택하도록 하자.

72 윤활계통의 운전과 보전활동 중 플러싱 실시시기가 아닌 것은?

① 윤활유 보충 시 실시한다.
② 윤활제 교환 시 실시한다.
③ 윤활계의 검사 시 실시한다.
④ 기계 장치의 신설 시 실시한다.

해설
플러싱 시기 : 기계 새로 설치했을 때, 윤활유 교환 시기 중 어느 때, 윤활 장치를 분해하는 기회에, 윤활계통의 검사를 실시할 때, 운전을 개시하기 전 중 적절한 시기에 실시

73 고압 고속으로 회전하는 베어링에 윤활유를 펌프를 이용해 강제적으로 밀어 공급하는 방법으로, 내연기관, 고속의 비행기, 자동차 엔진, 증기터빈 및 공작기계 등에 사용되는 윤활방법으로 가장 적합한 것은?

① 체인 급유법
② 칼라 급유법
③ 사이펀 급유법
④ 강제 순환 급유법

해설
강제 순환 급유법 : 고압 고속으로 회전하는 베어링에 윤활유를 강제로 밀어 공급하는 방법. 몇 개의 베어링에 대한 공급계를 하나로 묶어 공급하며 강제 순환시킨다. 미끄럼 베어링의 윤활법 중 자동화, 시스템화로 기계류에 많이 사용되며 확실한 오일 공급과 유온, 유량의 조절이 쉽고 많은 베어링의 동시윤활이 가능한 방법. 내연 기관, 고속 항공기, 자동차 엔진, 증기 터빈 및 공작기계 등에 사용된다.

74 산화에 의하여 금속 표면에 붙어 있는 슬러지나 탄소 성분을 녹여 기름 중의 미세한 입자 상태로 분산시켜 내부를 깨끗이 유지하는 역할을 하는 윤활제의 첨가제는?

① 소포제
② 청정 분산제
③ 유성 향상제
④ 유동점 강화제

해설
청정 분산제 : 산화에 의하여 금속 표면에 붙어있는 슬러지나 탄소 성분을 녹여 기름 중의 미세한 입자 상태로 분산, 내부를 청정하게 유지하는 역할

75 유압 작동유에 필요한 성질이 아닌 것은?

① 산화 안정성이 좋아야 한다.
② 마모방지성이 좋아야 한다.
③ 부식 방지성 및 방청성을 가져야 한다.
④ 온도변화에 따른 점도의 변화가 커야 한다.

해설
유압 작동유에 요구되는 성질
• 적당한 점도와 점도를 유지하는 성질
• 산화 안정성이 좋을 것
• 방식성 및 방청 능력이 있을 것
• 전단 안정성 및 기계적 성질이 좋을 것
• 내화학성 및 화학적 반응을 유발하지 않을 것
• 작동유는 저온 유동성이 좋고 비압축성이어야 함
• 내열성, 항유화성, 소포성, 윤활성 및 내마모성, 수분 분리성, 내연성이 좋을 것

정답 71 ② 72 ① 73 ④ 74 ② 75 ④

76 다음 그리스 중 120~232℃ 정도의 적점을 지니고 있으며, 섬유구조로 안정성이 높아 고온특성은 좋은 편이지만, 내수성이 나쁜 특성을 가진 것은?

① 칼슘 그리스
② 바륨 그리스
③ 나트륨 그리스
④ 알루미늄 그리스

해설
나트륨계 그리스는 내열성이 좋지만 고온이 되면 냉각후 경화하는 경향이 있고 내수성이 좋지 않다. 나머지 세 그리스는 내수성이 양호하다.

77 윤활유 SOAP 분석방법 중 플라스마를 이용하여 분석하는 방식은?

① ICP법
② 회전전극법
③ 원자흡광법
④ 페로그래피법

해설
마모 성분 분석
- 페로그래피법 : 윤활유를 채취하여 그 속의 마멸분 크기나 형상을 관찰하는 방법. 마모입자의 크기로 판단하는 정량 페로그래피법과 마모입자의 형상으로 판단하는 분석 페로그래피법으로 구분한다.
- SOAP법 : 채취한 시료유를 연소시켜 발생하는 발광에 의해 금속 성분을 분석하는 방법으로 스펙트럼을 분석하면 마모성분 외에 농도까지 측정 가능. 숙련도를 요구하는 진단방법이다. 연소방식에 따라 아세틸렌 불꽃을 사용하는 원자흡광법, 고압방전을 사용하는 회전전극법, 약 7,000~9,000℃의 플라스마를 이용하는 ICP법이 있다.

78 미끄럼 베어링 급유법에 대한 설명으로 틀린 것은?

① 전손식은 적하 급유, 원심 급유법 등에서 쓰인다.
② 전손식은 운전속도가 빠를 때 주로 적용된다.
③ 유욕식은 링 급유, 체인 급유, 칼라 급유, 비말 급유 등의 방법이 있다.
④ 순환식은 베어링의 온도가 높아져 온도를 내리고자 할 경우에 적용된다.

해설
미끄럼 베어링 급유법
- 전손식 : 적은 급유량으로 윤활이 가능하고 운전 속도가 낮을 때 적용
- 유욕식 : 링, 체인, 칼라, 비말 급유에 사용된다.
- 순환식 : 베어링 온도가 상승 우려가 있는 경우 냉각을 위해 사용된다.

79 액상 윤활유가 갖추어야 할 성질로 틀린 것은?

① 산화나 열에 대한 안정성이 낮을 것
② 사용 상태에서 충분한 점도를 가질 것
③ 화학적으로 불활성이며 청정, 균질할 것
④ 한계 윤활 상태에서 견딜 수 있는 유성이 있을 것

해설
액상 윤활유가 갖춰야 할 성질
- 사용 상태에서 충분한 점도를 가질 것
- 한계 윤활 상황에서 견딜 수 있는 유성이 있을 것
- 산화나 열에 대한 안전성이 높고 내화학성 요구됨

80 다음 윤활제의 작용 중 내연기관의 피스톤과 실린더 벽 사이에 윤활유막이 존재함으로써 연소가스가 새는 것을 방지해주는 것은?

① 방진 작용
② 마찰 작용
③ 밀봉 작용
④ 마모 작용

해설
- 밀봉 작용 : 유막을 통해 내·외부를 차단, 밀봉
- 방진 작용 : 먼지 등 유해물질이 유입되는 것을 막아주는 작용
- 마찰 감소 : 경계 마찰일 발생하는 곳에 피막형성

제5과목 공유압 및 자동화

81 일반적으로 유압실린더에서 좌굴 하중을 고려한 안전계수는?

① 0.5~1 ② 1.5~2
③ 2.5~3.5 ④ 7~10

[해설]
실린더의 설계
- 실린더 튜브의 두께 : $t = \dfrac{PD}{2\sigma_w}$
- 실린더의 좌굴 하중을 고려한 안전계수 : 2.5~3.5
- 실린더의 내압 안전계수

작동압력[kgf/cm²]	내압 안전계수
0~70	8
70~175	6
175 이상	4

- 실린더 튜브와 피스톤 틈새

(단위 : mm)

지름	실린더 튜브의 안지름의 공차	피스톤 바깥지름의 공차	틈새
60 이하	+0.05~0.1	−0.05~0.1	0.1
60 이상	+0.075~0.125	−0.075~0.125	0.15~0.25

82 핸들링(Handling)에서 생산 작업과 관련된 자재나 작업물의 모든 이동기능을 이송이라 한다. 이 이송에 해당되지 않는 것은?

① 취합(Merging)
② 계량(Metering)
③ 분류(Distributing)
④ 위치결정(Position Control)

[해설]
핸들링 : 부품의 소비와 배치를 포함하는 제조와 분배 공정에 부품을 이동, 저장, 보호 및 제어하는 모든 것을 의미. 이를 위한 장치 부품의 이송, 이송장비, 저장 시스템, 조립 및 식별, 추적 시스템을 포함한다. 핸들링의 이송은 취합, 계량, 분류, 상적, 하적의 과정을 포함한다.

83 유도기전력을 설명한 것으로 틀린 것은?

① 자속밀도에 비례한다.
② 도선의 길이에 비례한다.
③ 도선이 움직이는 속도에 비례한다.
④ 도체를 자속과 평행으로 움직이면 기전력이 발생한다.

[해설]
유도전동기의 원리
- 전자 유도 현상을 이용
- 유도 기전력
  − 자석과 코일을 이용하여 전압차(기전력)를 만들어 내는 힘, 도체를 자속과 직각 방향으로 움직이면 기전력이 발생한다.
  − 코일의 감은 수와 도선의 길이, 자속변화율(자기력선속), 도선이 움직이는 속도에 비례한다.
- 정류자와 브러시가 없어서 고장이 적고 유지보수가 편리하다.

84 자동화 시스템의 자동화가 적용되는 분야나 산업별로 구분한 것이 아닌 것은?

① OA(Office Automation)
② HA(Home Automation)
③ FA(Factory Automation)
④ LCA(Low Cost Automation)

[해설]
FA(Factory Automation) : 공장자동화를 의미하는데 단순한 공정의 자동화만이 아니라, 재료반입, 운송, 점검(QC)에 이르기까지 전 공정을 자동으로 제어하는 시스템을 일컫는다.
- 생산활동의 자동화 종류 : 기계적 자동화(Mechanical Automation), 공정 자동화(Process Automation), 사무자동화(Office Automation)
- 장소에 따른 자동화 종류 : 사무자동화(OA ; Office Automation), 공장자동화(FA ; Factory Automation), 홈오토메이션(HA ; Home Automation)
- 비용적 접근 : LCA(Low Cost Automation), HCA(High Cost Automation)

정답 81 ③ 82 ④ 83 ④ 84 ④

85 캐스케이드 회로에 대한 설명으로 틀린 것은?

① 제어에 특수한 장치나 밸브를 사용하지 않고 일반적으로 이용되는 밸브를 사용한다.
② 작동 시퀀스가 복잡하게 되면 제어 그룹의 개수가 많아지게 되어 배선이 복잡하고, 제어회로의 작성도 어렵게 된다.
③ 작동에 방향성이 없는 리밋 스위치를 이용하고, 리밋 스위치가 순서에 따라 작동되어야만 제어신호가 출력되기 때문에 높은 신뢰성을 보장할 수 있다.
④ 캐스케이드 밸브가 많아지게 되면 제어에너지의 압력 상승이 발생되어 제어에 걸리는 스위칭 시간이 짧아지는 특징이 있다.

해설
캐스케이드 회로 : 신호 간섭을 피하기 위해 에너지원 공급을 순차로 하는 것으로 회로가 다소 복잡하게 될 가능성이 있고, 밸브를 직렬로 연결하게 되며 이에 따라 압력이 저하하여 스위칭 시간이 길어지게 된다. 그러므로 캐스케이드 밸브를 다섯 개 이상 사용하게 되면 회로 작동 자체에 영향을 줄 수도 있게 된다.

86 고무 튜브형 또는 인라인형이라고 하는 어큐뮬레이터에 대한 설명으로 옳은 것은?

① 대용량형 제작이 용이하다.
② 일정한 온도로 유지시킬 수 있다.
③ 스프링 특성상 저압용에 사용된다.
④ 배관에 연결하여 맥동방지에 사용된다.

해설
축압기(어큐뮬레이터, Accumulator)
• 유체의 압력을 축적하여 압력의 흐름을 일정하게 조절해 주는 장치로서 압력을 축적하는 방식으로 맥동을 방지하는 데 사용한다.
• 일시적으로 적은 양의 가압 유압액을 저장하여 압력 변동을 최소화하고 라인의 소음을 줄이고 신뢰할 수 있는 서보 밸브 성능을 유지할 수 있도록 한다.
• 에너지를 축적하고 부족할 때 보충하는 유압콘덴서 역할을 한다.

87 SI 단위계에서 압력을 표시하는 기호는?

① 바(bar)
② 뉴턴(N)
③ 와트(W)
④ 파스칼(Pa)

해설
압력의 단위는 기본단위로 파스칼(Pa)을 사용하며 N/m^2과 같다. 그러나 실제로 이 단위는 너무 약한 압력이므로 이를 백만배 한 $MPa(N/mm^2)$이나 십만배 한 bar(0.1MPa)를 사용한다.

88 공유압 시스템의 특징에 관한 설명 중 틀린 것은?

① 공압은 환경오염의 우려가 없다.
② 유압은 공압보다 작동속도가 빠르다.
③ 유압은 소형장치로 큰 출력을 낼 수 있다.
④ 공압은 초기 에너지 생산 비용이 많이 든다.

해설

공압의 특징	유압의 특징
• 공기는 무료이며 무한으로 존재한다. 또한 공기 채취의 장소에 제한을 받지 않는다. • 속도의 변경이 용이하다. • 환경오염 및 악취의 염려가 없다. • 인화의 위험이 거의 없다. • 압축성이 있어서 완충작용을 한다. • 압력에너지로 축적이 가능하다. • 큰 힘을 얻을 수 없다. • 에너지 전달 효율이 좋지 않다.	• 제어가 쉽고, 정확한 제어가 가능하다. • 파스칼 원리를 이용하여 작은 힘으로 큰 힘을 낼 수 있다. • 일정한 힘과 토크를 낼 수 있다. • 작동의 신뢰성이 있다. • 비압축성으로 간주하여 힘 전달의 즉시성을 가지고 있다.

정답 85 ④ 86 ④ 87 ④ 88 ②

89 유압 모터 중 구조면에서 가장 간단하며 출력토크가 일정하고 정·역회전이 가능하고 토크효율이 약 75~85%, 최저 회전수는 150rpm 정도이며, 정밀 서보 기구에는 부적합한 것은?

① 기어 모터(Gear Motor)
② 베인 모터(Vane Motor)
③ 액시얼 피스톤 모터(Axial Piston Motor)
④ 레이디얼 피스톤 모터(Radial Piston Motor)

해설
기어 모터
- 두 개의 맞물린 기어에 압축공기를 공급하여 토크를 얻는 방식이다.
- 높은 동력전달이 가능하고 높은 출력도 가능하며, 역회전도 가능하다. 광산이나 호이스트 등에 사용한다.
- 입구에서는 압력이 높고 출구에서는 낮으므로 기어와 베어링이 많은 추력을 받게 된다. 대칭형 기어 모터 사용이 보완책이다.
- 대략 140kgf/cm² 이하의 압력에서 작동하며, 속도는 2,400rpm 정도, 펌프의 최대유량은 600L/min 정도

90 공유압의 동력은 무엇을 나타내는가?

① 일　　　　　② 거리
③ 일률　　　　④ 에너지

해설
동력 = 힘 × 시간당 거리
그러므로 일률과 같은 물리량이 된다.

91 다음 압력 제어 밸브 기호의 명칭은?

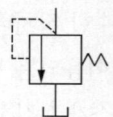

① 분류 밸브　　② 릴리프 밸브
③ 무부하 밸브　④ 시퀀스 밸브

해설
주요 밸브 기호

체크 밸브	무부하(언로드) 밸브	감압 밸브
릴리프 밸브	급속 배기 밸브	교축 밸브
	A⇆B	
스톱 밸브	유량 조절 밸브	시퀀스 밸브

92 다음 설명에 해당되는 특성은?

> 압력제어 밸브의 조정 핸들을 조작하여 압력을 설정한 후 압력을 변화시켰다가 다시 핸들을 조작하여 원래의 설정 값에 복귀시켰을 때 최초의 압력값과는 오차가 발생한다.

① 유량 특성　　　② 릴리프 특성
③ 압력 조절 특성　④ 히스테리시스 특성

해설
- 유량 특성 : 2차 압력의 조정은 공기가 흐르지 않는 상태에서 실시. 압력을 설정한 후 2차 쪽을 천천히 개방하여 유량을 증가시켜가면 2차 쪽 압력이 저하되는데 이 정도가 작을수록 유량 특성이 좋다.
- 압력 특성 : 1차 압력이 변동되면 2차 압력도 따라서 변동되는 특성
- 히스테리시스 특성 : 최초 압력에서 압력이 가해진 후 압력이 제거되었을 때 최초의 압력으로 복귀하지 못하는 특성. 유체역학뿐 아니라 일반적인 특성으로 최초 물리량으로 복귀되지 못하는 특성

93 압축공기의 소모량에 따라 공기 압축기의 운전을 조절하는 방식이 아닌 것은?

① 저속 조절
② 전압 조절
③ 무부하 조절
④ ON/OFF 조절

해설

공기 압축기의 운전 방식
- 무부하 조절 방식
  - 배기 조절 : 탱크 내 설정 압력에 도달하면 안전밸브가 열려 압축공기를 방출하는 방식. 가장 간단하며 경제적이고 많이 사용하는 방식
  - 차단 조절 : 밸브가 흡입구를 차단하여 압축기가 공기를 흡입하지 못하게 하는 방식으로 차단 후에도 압축기는 다소간 계속 운전하게 되는 방식. 왕복 및 회전 피스톤 압축기에 많이 사용
  - 그립암 조절 : 흡입밸브가 그립암에 의해 개폐되는 방식으로, 피스톤 압축기에 흡입과정에는 압축공기가 생산되지 않게 하는 방식
- 저속 조절 방식
  - 속도 조절 : 엔진의 속도 조절 장치에 의해 회전수를 조절하여 압축량을 조절하는 방식으로 작업 압력에 따라 조절
  - 흡입 교축 조절 : 흡입되는 공기의 양을 교축밸브를 조정하여 압축량을 조절하는 방식으로 회전 피스톤 압축기와 터보 압축기에 적용
- ON/OFF 조절 : 설정된 최대압력에 이르면 압축기가 정지하고 최소압력에 이르면 기동하는 방식

94 공유압 장치에서 압력 전달에 관한 것을 설명한 원리는?

① 연속 방정식
② 오일러의 법칙
③ 파스칼의 법칙
④ 베르누이의 법칙

해설

파스칼의 원리는 압력이 작용하는 유체 전체에는 전 방향으로 같은 압력이 작용한다는 의미의 원리이다. 따라서 작용력의 면적과 힘이 비례하는 관계가 된다. 이는 여러 가지 영역에서 유용하게 활용되는데, 마치 유체를 이용한 지렛대의 원리처럼, 작동력을 작용시키는 쪽에서는 크지 않은 힘으로 일을 해도, 작동력이 전달되는 쪽에서는 큰 힘이 발현될 수 있다. 개방되지 않은 압력계에서 파스칼의 원리가 작용할 때는 브레이크나 유압잭에서처럼 작용력을 전달하는 역할을 하기도 하는데, 유체가 관을 통해서 연결되어 있고 한쪽 끝에서 작용력이 발생하면 힘을 전달받는 곳에서는 파스칼의 원리에 의해 힘이 증폭되어 전달될 수 있다.

95 3상 전동기의 과열 원인으로 적절하지 않은 것은?

① 단상 운전
② 과부하 운전
③ 공진 현상 발생
④ 코일의 단락 또는 군의 단락

해설

전동기 본체 과열

원 인	점검 및 조치
과부하	정격전류에 따른 부하를 감소
전압강하로 인한 과전류	• 전압측정기를 이용하여 점검, 전원의 전압을 상승 • 부하를 감소
과전압으로 인한 코어의 손실 발생	전압측정기를 이용하여 점검하고 전원의 전압을 조정
한 상의 단선 또는 단락	재 권선을 실시
단락 회로 코일의 접지	저항과 전압을 점검하고 재조정
스테이터와 로터의 접촉	축의 굽힘과 베어링을 교정
먼지, 부적절한 환기	청소 실시

96 감압 밸브와 릴리프 밸브에 대한 설명으로 틀린 것은?

① 감압 밸브는 평상시 열려 있고, 릴리프 밸브는 평상시 닫혀 있다.
② 감압 밸브는 출구측 압력에 의해 제어되고, 릴리프 밸브는 입구측 압력에 의해 제어된다.
③ 릴리프 밸브는 출구측에서 입구측으로의 역방향 흐름이 가능하고, 감압 밸브는 불가능하다.
④ 릴리프 밸브는 압력계가 입구측에 설치되어 있고, 감압 밸브는 압력계가 출구측에 설치되어 있다.

해설

출구측에서 입구측으로 역방향 흐름을 갖는 것은 감압 밸브이다. 출구 쪽 압력을 일정하게 유지하는 역할로 릴리프 밸브가 1차쪽 압력제어이면 감압 밸브는 2차쪽 압력 조절 밸브이다. 릴리프 밸브가 일정 압력 이상이 되면 열려서 안전 밸브 역할을 한다면 감압 밸브는 평소 열려 있어서 압력을 떨어뜨리는 역할을 한다.

97 예방보전을 위한 현장작업자와 보전담당자의 역할 분담으로 가장 적합한 것은?

① 현장작업자는 일상점검, 정기점검 및 수리, 개선보전활동을 하고, 보전담당자는 이상발견 및 보고, 청소급유를 충실히 하여야 한다.
② 현장작업자는 정기점검 및 수리, 개선보전활동을 하고, 보전담당자는 일상점검, 이상발견 및 보고, 청소급유를 충실히 하여야 한다.
③ 현장작업자는 개선보전활동, 정기점검 및 수리, 청소급유를 충실히 하고, 보전담당자는 이상발견 및 보고, 일상점검을 하여야 한다.
④ 현장작업자는 일상점검, 이상발견 및 보고, 청소급유를 충실히 하고, 보전담당자는 정기점검 및 수리, 개선보전활동을 하여야 한다.

해설
현장 작업자가 정기점검을 수행하는 것과 보전 담당자가 일상점검을 수행하는 것은 적절하지 않다.

98 다음 회로에 대한 설명으로 틀린 것은?

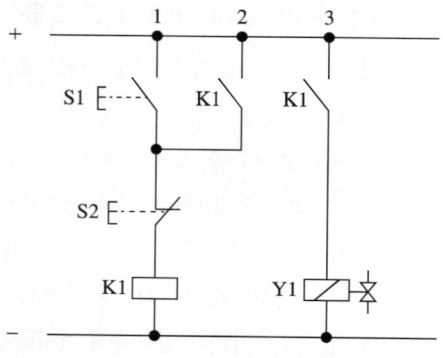

① 리셋(Reset)우선 자기유지회로이다.
② 라인 3의 Y1은 솔레노이드 밸브이다.
③ 스위치 S1은 자기유지회로를 구성하기 위한 셋(Set)스위치이다.
④ 라인 2와 3의 접점 K1은 동일한 릴레이의 동일한 접점으로 할 수 없다.

해설
릴레이는 출력을 중복하여 사용할 수 있어서 논리회로를 구성할 때 유용하다.
• 릴레이제어 : 어떤 신호 하나에 여러 접점이 반응하도록 설계된 릴레이를 이용하여 제어. 유접점 제어의 대표적인 예이다. 컴퓨터 없이 하드웨어적 구성만으로도 제어가 가능하다.

99 제어 동작이 출력 상태와 무관하게 이루어지는 제어시스템으로서 제어 장치로 구성된 각 기기들은 자기에게 정해진 작업만을 수행하며 외란에 의한 오차에 대처할 능력이 없는 제어 방식은?

① 디지털 제어(Digital Control)
② 아날로그 제어(Analog Control)
③ 오픈 루프 제어(Open Loop Control)
④ 클로즈 루프 제어(Closed Loop Control)

해설
개회로 제어는 피드백이 없는 형태로 시퀀스 제어 또한 피드백을 사용하지 않는 연속제어 회로라고 볼 수 있다.

100 어떤 목적에 적합하도록 되어 있는 대상에 필요한 조작을 가하는 것을 무엇이라 하는가?

① 제 어
② 시스템
③ 자동화
④ 신호처리

해설
제어의 정의 : 어떤 목적에 적합하도록 되어 있는 대상에 필요한 조작을 가하는 것

2019년 제2회 과년도 기출문제

제1과목 설비진단 및 계측

01 프로세스 제어(Process Control)의 종류 중 제어 대상에 따른 분류에 속하지 않는 것은?

① 압력 제어장치
② 온도 제어장치
③ 유량 제어장치
④ 발전기의 조속기 제어장치

해설
제어 대상에 따른 제어분류
- 서보제어(Servo Control) : 물체의 위치·각도·방위·자세 등의 기계적 변위를 제어량으로 읽어 제어하는 시스템
- 프로세스 제어(Process Control) : 제어량이 상태값인 압력·온도·유량·밀도 등일 때의 제어방식
- 자동조정(Automatic Regulation) : 제어량이 전기적 및 기계적 양(주파수, 전압, 전류, 습도, 회전 속도, 힘 등)을 주로 제어하는 것

02 가속도 센서의 부착방법 중 영구적으로 가속도계를 기계에 설치하고자 할 때 드릴이나 탭 작업을 할 수 없을 경우 사용하는 방법은?

① 나사 고정
② 밀랍 고정
③ 마그네틱 고정
④ 에폭시 시멘트 고정

해설
영구 고정은 ①과 ④이며, 드릴이나 탭을 할 수 없으므로 ④의 방법을 사용한다.

03 다음은 소음 방지에 관한 내용이다. 틀린 것은?

① 차음벽의 차음 효과는 투과율에 의해서 결정된다.
② 투과손실은 재료의 굽힘강성과 내부 댐핑에 의한 영향을 받지 않는다.
③ 일반적으로 부드럽고 다공성 표면을 갖는 재료는 높은 흡음률을 갖는다.
④ 소음기는 덕트(Duct) 소음이나 배기 소음을 방지하기 위해서 사용되는 장치이다.

해설
재료의 굽힘강성이 크면 밀도가 높아서 투과손실에 영향을 주며 내부 댐핑은 투과율에 영향을 주어 투과손실에 영향을 준다.

04 소음의 중첩 원리가 적용되지 않는 것은?

① 굴 절
② 맥놀이
③ 보강 간섭
④ 소멸 간섭

해설
- 서로 다른 둘 이상의 음파가 서로의 상호작용으로 소리가 증폭되거나 감쇠되는 등의 상관관계를 나타낼 때 서로 간섭되었다고 한다.
- 소리가 간섭하여 더 증폭될 때 보강 간섭되었다고 한다.
- 소리가 간섭하여 음폭이 감쇠될 때 소멸 간섭되었다고 한다.
- 보강 간섭과 소멸 간섭이 규칙적으로 나타나는 현상을 맥놀이라 한다.

05 다음 중 소음의 물리적 성질을 잘못 표현한 것은?

① 파면 : 파동의 높이가 같은 점들을 연결한 면
② 음선 : 음의 진행방향을 나타내는 선으로 파면에 수직
③ 음파 : 공기 등의 매질을 전파하는 소밀파(압력파)
④ 파동 : 음에너지의 전달이 매질의 변형운동으로 이루어지는 에너지 전달

해설
파동의 위상이 같은 점들을 연결한 면을 파면(Wave Front)이라 한다.

정답 1 ④ 2 ④ 3 ② 4 ① 5 ①

06 다음 레벨계 중 측정 범위가 1~30m이고, 석유탱크 및 고로 등의 레벨을 측정하는 것은?

① 저압식　　② 부자식
③ 멜로디식　④ 마이크로 웨이브식

해설
레벨(수위)계는 Float(부자)식, 압력식, 정전용량식, 고주파펄스식, 초음파식 등 여러 방식이 있으나 석유탱크, 고로 등의 위험하거나 직접 접근이 어려운 레벨을 측정하는 방법은 마이크로 웨이브식과 같은 비접촉식 방법 중 화기를 촉발하지 않는 방법을 사용한다.

07 진동 차단기의 종류가 아닌 것은?

① 강철 스프링　② 공기 스프링
③ 심 플레이트　④ 합성고무 절연재

해설
차단재
- 스프링 : 일반적으로 강철재나 스프링 강으로 만들고 큰 하중이 작용할 때 적절
- 공압 스프링 : 자동차의 쇼크옵서버처럼 공압을 이용한 스프링으로 공업적으로 진동을 흡수하고 제어할 때 적절
- 고무 절연재 : 천연이나 합성재를 이용하며 가볍고 저렴하나 온도와 습도에 취약하고 지속적인 하중에 변형의 우려가 있음
- 패드 : 합성 스펀지, 천연고무, 코르크, 파이버 글라스 등을 이용하여 진동 전달을 차단하는 목적으로 설치. 고무와 비슷한 장단점을 지니고 있으나 용도에 따른 제작과정을 거치므로 비용이 좀 더 발생

08 다음 중 서미스터 온도 센서의 종류에 포함되지 않는 것은?

① GTR　　② PTC
③ NTC　　④ CTR

해설
서미스터 : Thermistor = Thermal + Resistor
- 저항체의 저항값이 온도에 따라 변화하는 것을 이용한 센서
- 온도가 상승하면 저항값이 증가하는 정특성(PTC)
- 온도가 상승하면 저항값이 감소하는 부특성(NTC)
- 특정 온도에서 저항이 급변하는 특성 저항(CTR)특성

09 사람이 들을 수 있는 최저가청음압은?

① $2 \times 10^5 \text{N/m}^2$
② $2 \times 10^{-5} \text{N/m}^2$
③ $20 \times 10^5 \text{N/m}^2$
④ $20 \times 10^{-5} \text{N/m}^2$

해설
$\text{dB} = 10\log_{10}\left(\dfrac{X}{X_{\text{ref}}}\right)^2$, (단, X : 물리량, X_{ref} : 기준물리량, 음압의 경우 $20\mu\text{Pa}$, 최저가청음압)
따라서 $20\mu\text{Pa}$을 N/m^2의 단위로 표현하면 $2 \times 10^{-5} \text{N/m}^2$

10 주파수가 약간 다른 두 개의 음원으로부터 나오는 음은 보강 간섭과 소멸 간섭을 교대로 이루어 어느 순간에 큰 소리가 들리면 다음 순간에는 조용한 소리로 들리는 현상은 무엇인가?

① 공 명　　② 맥놀이
③ 마스킹　④ 투과 손실

해설
보강 간섭과 소멸 간섭이 규칙적으로 나타나는 현상을 맥놀이라 한다.

11 일반적인 터빈식 유량계의 특징으로 틀린 것은?

① 내구력이 있고 수리가 용이하다.
② 용적식 유량계보다 압력 손실이 작다.
③ 용적식 유량계에 비해서 대형이며, 구조가 복잡하고 비용이 많이 소요된다.
④ 고온·저온·고압의 액체나 식품·약품 등의 특수 유체에 사용된다.

해설
유체의 흐름 속에 날개가 있는 회전자를 설치하여 그 회전수를 검출해서 유량을 구하는 식
- 용적식 유량계에 비해 소형이며 구조가 간단하고 제조비용이 저렴하며 내구성이 있고 수리가 쉽다. 압력손실이 작다.
- 고온·저온·고압의 액체나 식품·약품 등의 특수 유체에 사용된다.

12 저항, 용량 또는 인덕턴스 등에 임피던스 소자를 이용하여 입력 신호를 전압, 전류로 변조 변환하는 방법이 아닌 것은?

① 전류 변환
② 저항 변환
③ 인덕턴스 변환
④ 정전 용량 변환

> **해설**
> 임피던스(Impedance)는 전류에서 저항, 인덕터, 커패시터 등에 의해 전류의 흐름을 방해하는 물리력을 의미한다.
> "임피던스 = 저항 + 인덕터의 임피던스 + 커패시터의 임피던스"
> 와 같다. 식으로 나타내면 $Z = R + j\omega L + \dfrac{1}{j\omega C}$
> - Z : 임피던스
> - R : 리시스턴스
> - j : 복소수(위상정보)
> - ω : 각속도($2\pi f$)
> - L : 인덕턴스
> - C : 커패시턴스

13 다음 중 오실로스코프로 측정이 불가능한 것은?

① 파 형
② 전 압
③ 주파수
④ 임피던스

> **해설**
> 오실로스코프는 파형의 전압 최소/최대치, 주기적 신호의 빈도, 펄스 간의 시간, 관련 신호 간의 시차 등을 분석할 수 있도록 신호를 시각화하여 표현하는 계측기이다.

14 계측기가 측정량의 변화를 감지하는 민감성의 정도를 무엇이라 하는가?

① 오 차
② 감 도
③ 정밀도
④ 정확도

> **해설**
> 계측기계의 측정 신호 변화에 대하여 민감한 정도를 감도라 한다.

15 소음계의 측정감도를 보정하는 기기로서 발생음의 주파수와 음압도의 표시가 되어 있으며, 발생음의 오차가 ±1dB 이내인 장치는?

① 방풍망
② 표준음 발생기
③ 주파수 분석기
④ 동특성 조절기

> **해설**
> - 방풍망 : 소음계에 바람으로 인한 측정오류를 막기 위한 바람막이장치
> - 주파수 분석기 : 주파수 도메인상 해당 주파수에서의 전력값을 표시
> - 동특성 조절기 : 소음 측정기의 소음도를 지시하는 장치. 소음에 응답하는 시간을 빠르거나 느리게 조절하는 기기

16 진동하는 동안 마찰이나 다른 저항으로 에너지가 손실되지 않는다면 그 진동을 무엇이라고 하는가?

① 감쇠진동(Damped Vibration)
② 비선형진동(Nonlinear Vibration)
③ 비감쇠진동(Undamped Vibration)
④ 규칙진동(Deterministic Vibration)

> **해설**
> 물리적인 유추를 위해 감쇠가 일어나지 않은 진동계를 상정하며 이를 비감쇠진동계라 한다.

정답 12 ① 13 ④ 14 ② 15 ② 16 ③

17 진동의 크기를 표현하는 방법으로 사용되는 용어의 설명 중 틀린 것은?

① 평균값 : 진동량을 평균한 값이다.
② 피크값 : 진동량 절댓값의 최댓값이다.
③ 실횻값 : 진동에너지를 표현하는 것으로 정현파의 경우는 피크값의 2배이다.
④ 양진폭 : 전진폭이라고도 하며 양의 최댓값에서 부측의 최댓값까지의 값이다.

해설
- 실횻값(rms ; Root Mean Square)는 에너지 값으로 진동 그래프에서 면적의 의미를 가지고 있다.
- 실횻값은 정현파의 경우 $\frac{peak}{\sqrt{2}}$ 가 되며 면적을 의미하고, 각종 기계류의 수명을 판단하거나 에너지 발산을 판단하는 양으로 사용

18 다음 중 기류음에 대한 설명으로 옳은 것은?

① 기계 본체의 진동에 의한 소리이다.
② 물체의 진동에 의한 기계적 원인으로 발생한다.
③ 기계의 진동이 지반진동을 수반하여 발생하는 소리이다.
④ 직접적인 공기의 압력변화에 의한 유체역학적 원인에 의해 발생된다.

해설
- 기류음
  - 고체 진동을 수반하지 않는 소음
  - 직접적인 공기의 압력 변화에 의한 유체역학적 원인에 의해 발생
- 난류음
  - 기체의 와류에 의해 발생하는 소음
  - 음의 변화가 일정하지 않음
  - 송풍기, 관 굴곡부분, 밸브 등 유속의 변화가 빠른 부분에서 발생
- 맥동음 : 맥동현상이 발생하는 경우에 발생
- 방지방법
  - 유체의 속도 조절
  - 파이프의 곡률을 크게 조절
  - 밸브에서 압력 변화를 조절

19 다음 진동 측정용 센서 중 비접촉형 센서로 맞는 것은?

① 압전형　　② 서보형
③ 동전형　　④ 정전용량형

해설
정전용량형 압력센서 : 2개 전극 간의 정전 용량 변화로부터 그 사이의 변위를 측정하는 방법

20 다음 중 진동의 분류에서 틀리게 설명한 것은?

① 자유진동 : 외부로부터 힘이 가해진 후에 스스로 진동하는 상태
② 강제진동 : 외부로부터 반복적인 힘에 의하여 발생하는 진동
③ 불규칙진동 : 회전부에 생기는 불평형, 커플링부의 중심 어긋남 등이 원인으로 발생하는 진동
④ 선형진동 : 진동하는 계의 모든 기본 요소(스프링, 질량, 감쇠기)가 선형 특성일 때 생기는 진동

해설
- 진동은 기준에 따라 자유진동/강제진동, 감쇠진동/비감쇠진동, 선형진동, 비선형진동 등으로 구분한다.
- 회전부에 생기는 불평형, 커플링 부 중심 어긋남 등의 원인으로 저주파 진동이 일어날 때는 규칙적인 진동이 발생한다.

제2과목 설비관리

21 지수분포를 따르는 경우에 보전도함수에서 수리율이 μ일 때 평균수리시간(MTTR)을 계산하기 위한 식은?

① MTTR = μ
② MTTR = μ^2
③ MTTR = $\dfrac{1}{\mu}$
④ MTTR = $\dfrac{1}{\mu^2}$

해설
보전도 $M(t) = 1 - e^{-\mu t}$
μ : 수리율, t : 보전작업시간, $1/\mu$: MTTR(Mean Time to Repair)

22 이론사이클 시간과 실제사이클 시간과의 차이로 발생하는 로스는?

① 시가동 로스
② 공구 교환 로스
③ 공정 불량 로스
④ 속도 저하 로스

해설
속도 로스 : 이론사이클 시간과 실제사이클 시간과의 차이에서 발생하는 로스. 설비의 작동 조건의 미비 등에 의해 속도가 감소

23 설비관리의 목적으로 가장 거리가 먼 것은?

① 품질향상
② 원가절감
③ 생산계획 달성
④ 설비투자비 증대

해설
- 설비관리의 목적은 생산성 향성이며, 생산성의 요소는 생산계획 달성, 품질향상, 원가절감, 납기준수, 재해예방, 환경개선 등이다.
- 설비투자비 증대는 설비관리를 해야 하는 필요성의 하나이다.

24 품질보전을 위해 품질불량현상, 품질규격, 품질특성, 설비기능, 구조, 운전 및 보전조건을 확인하는 단계는?

① 표준화
② 현상 분석
③ 요인해석
④ 검토 및 대책 개선

해설
1단계 현상 분석
- 품질규격, 품질특성 확인
- 품질불량현상 확인
- 설비기능, 구조, 운전 및 보전조건 확인

25 공장 계측관리에서 계측화의 목적이 아닌 것은?

① 자주보전
② 설비보전, 안전관리
③ 공정 작업의 기술적 관리
④ 생산 공정의 기술적 해석

해설
계측화의 목적
- 생산 공정의 기술적 해석
- 공정 작업의 기술적 관리
- 시험 검사 : 원자재, 부품 등 품질 관리 목적
- 조사 연구
- 그 외 설비 보전, 안전 관리, 위생 관리, 경제성 관리

26 다음 중 만성 로스에 관한 내용으로 가장 거리가 먼 것은?

① 만성 로스를 줄이기 위하여 현상의 해석을 철저히 해야 한다.
② 만성 로스의 발생형태에는 돌발형과 만성형이 있다.
③ 만성 로스의 원인은 한 가지로 간단히 해결할 수 있다.
④ 만성 로스는 복합원인으로 발생하며, 그 요인의 조합이 그때마다 달라진다.

해설
실제 로스 발생의 원인은 하나, 원인이 될 수 있는 원인들은 다수이며 간단히 해결하기 어렵다.

정답 21 ③ 22 ④ 23 ④ 24 ② 25 ① 26 ③

27 공사기간을 단축하기 위하여 활용되는 기법이 아닌 것은?

① GT(Group Technology)법
② LP(Linear Programming)법
③ MCX(Minimum Cost Expediting)법
④ SAM(Siemens Approximation Method)법

해설
GT(Group Technology)법은 생산효율을 높이기 위한 집단가공법, 유사가공법을 의미
- MCX(Minimum Cost Expediting)기법 : CPM의 핵심 이론으로 최소 비용 촉진기법. 각 단위 작업의 공사기간과 비용의 상관관계를 고려 최소 비용으로 단축하기 위한 방법
- LP(Linear Method) : 공사의 총 비용을 선형방정식으로 만들어 공사기간과 비용이 최소가 되는 해답을 구하는 방법으로 각 변수의 정상점과 특급점이 주어지고 비용 구배 곡선이 주어졌을 때 필요한 공사기간을 조정하여 총 직접비용이 최소화되도록 조정하는 방법
- SAM(Siemens Approximation Method) : Time-Cost Matrix(시간-비용 도표)라는 표에 의하여 최적화하는 방법으로 각 경로별 일정계산 후 단축하고자 하는 일수까지 각 경로별 공사기간과 비용을 비교하여 분석 결정

28 하나의 설비 또는 시스템이 설계·생산되어 가동·보수·유지 및 폐기할 때까지의 전 과정에 필요한 비용을 무슨 비용이라고 하는가?

① 보전비용 ② 생애비용
③ 초기비용 ④ 공통비용

해설
생애비용 : 한 설비 또는 시스템이 생산되어 가동, 유지되고 폐기되는 데에 드는 총비용

29 설비 프로젝트 분류 중 설비의 갱신이나 개조에 의한 경비 절감을 목적으로 하는 투자는?

① 제품 투자 ② 확장 투자
③ 전략적 투자 ④ 합리적 투자

해설
프로젝트 분류 중 투자 항목에 따른 분류
- 비용 절감을 위한 합리화 투자
- 판매량 확대를 위한 확장 투자
- 현 제품 개량 및 신제품 개발을 위한 제품 투자
- 전략적 투자
  - 위험 감소를 위한 투자로 방위적 투자와 연구적 투자로 구분
  - 후생 복지를 위한 투자(예 종업원 복리후생, 지역사회 복지 등)

30 전력손실 중 직접 손실에 해당되지 않는 것은?

① 누전
② 기계의 공회전
③ 공정 관리 불량
④ 저능률 설비 사용

해설
- 전력의 직접 손실 : 누전, 기계의 공회전, 저능률 설비 사용
- 전력의 간접 손실 : 공정 관리, 품질 불량 및 관련 손실

31 설비보전조직 중 집중보전조직의 특징으로 틀린 것은?

① 특수 기능자는 한층 효과적으로 이용된다.
② 긴급작업, 고장, 새로운 작업을 신속히 처리한다.
③ 공장의 작업요구를 처리하기 위하여 충분한 인원을 동원할 수 있다.
④ 작업의뢰와 완성까지의 시간이 매우 짧고, 작업 표준을 위한 시간 손실이 적다.

해설
집중보전조직은 설비보전작업의뢰 시 보전책임자를 통해야 하므로 작업 진행 속도가 더디고 작업표준 시간 설정 시 손실이 있다.

32 일반적인 설비관리조직의 개념 중 가장 거리가 먼 것은?

① 설비관리의 목적을 달성하기 위한 수단이다.
② 설비관리의 목적을 달성하는 데 지장이 없는 한 되도록 전문화해야 한다.
③ 인간을 목적달성의 수단이라는 요소로서만 인식해야 한다.
④ 환경의 변화에 끊임없이 순응할 수 있는 산 유기체이어야 한다.

해설
설비관리조직
- 설비관리의 목적을 달성하기 위한 수단이다.
- 설비관리의 목적을 달성하는 데 지장이 없는 한 될수록 단순화해야 한다.
- 인간을 목적달성의 수단이라는 요소로서만 인식해야 하며 가능한 능률적으로 조절할 수 있어야 한다.
- 환경의 변화에 끊임없이 순응할 수 있는 유기체이어야 한다.
- 그 관리를 위해 구성원 상호 간 네트워크가 가능해야 하며 합리적 조직이어야 한다.

33 다음 중 설비보전에 강한 작업자의 요구능력이 아닌 것은?

① 외주 발주 능력
② 수리할 수 있는 능력
③ 설비의 이상 발견과 개선 능력
④ 설비와 품질 관계를 이해하고 품질 이상의 예지와 원인 발견 능력

해설
작업자에게 요구하는 능력
- 설비의 이상 발견 능력과 개선 능력
- 설비의 기능 및 구조 이해와 이상 원인 발견 능력
- 설비와 품질 관계를 이해하고 품질 이상의 예지와 원인 발견 능력
- 수리할 수 있는 능력

34 치공구 관리의 기능 중 계획 단계인 것은?

① 공구의 검사
② 공구의 보관과 대출
③ 공구의 제작 및 수리
④ 공구의 설계 및 표준화

해설
치공구 관리 기능의 계획 단계
- 공구의 설계 및 표준화
- 공구의 연구 시험
- 공구 소요량의 계획 보충

35 설비의 종합 효율을 산출하기 위한 공식으로 맞는 것은?

① 종합 효율 = 시간 가동률 × 성능 가동률 × 양품률
② 종합 효율 = 속도 가동률 × 실질 가동률 × 양품률
③ 종합 효율 = $\dfrac{\text{속도 가동률} \times \text{성능 가동률}}{\text{양품률}}$
④ 종합 효율 = $\dfrac{\text{시간 가동률} \times \text{실질 가동률}}{\text{양품률}}$

해설
- 종합 효율 = 시간 가동률 × 성능 가동률(=속도 가동률 × 실질 가동률) × 양품률
  = 설비 유효 가동률 × 실질 가동률 × 양품률
  = $\dfrac{\text{가치가동시간}}{\text{부하시간}}$
- 양품률 = $\dfrac{\text{가공수량} - \text{불량수량}}{\text{가공수량}} = \dfrac{\text{양품수}}{\text{가공수량}}$

36 종합적 생산보전(TPM)에 관한 내용으로 가장 거리가 먼 것은?

① 사후 활동 추구
② 자주보전 능력 향상
③ 불량 제로(0), 고장 제로(0) 추구
④ LCC(Life Cycle Cost)의 경제성 추구

해설
TPM은 사전 예방활동에 중점이 있다.

37 다음 중 설비배치의 목적으로 틀린 것은?

① 생산량 증가
② 생산 원가 절감
③ 생산인력의 증가
④ 우량품 제조 및 설비비 절감

해설

설비배치의 목적
- 공간 및 동선의 효율성 증대를 통한 생산량 증대, 원가 절감, 설비비 절감
- 작업 환경 및 공장 환경 보전, 안전성 확보
- 의사소통(Communication) 개선
- 작업 탄력성을 유지

38 다음 중 예방보전의 효과가 아닌 것은?

① 대수리의 감소
② 예비품 재고량의 증가
③ 설비의 정확한 상태파악
④ 긴급용 예비기기의 필요성 감소와 자본투자의 감소

해설

예방보전의 직접효과
- 대수리의 감소
- 설비의 정확한 상태파악
- 예비품 재고량 소요 감소
- 고장 원인의 정확한 파악
- 긴급용 예비기기의 필요성 감소와 자본투자의 감소

39 보전 빈도 예측에 영향을 끼치는 요인이 아닌 것은?

① 관리 조직의 자신감
② 설비의 고유 설계 신뢰도
③ 보전 종류별 설비정지 횟수
④ 보전에 필요한 인력 및 기술 수준

해설

얼마나 보전을 자주 시행할 것인지를 예측하는 데는 설비와 관리운영의 신뢰도에 따라 예측이 가능하다. 설비 자체의 신뢰도와 운영인력의 기술수준, 숙련도 등의 신뢰도, 이전 보전활동에 따른 실제 결과 등을 판단하여 보전 빈도를 예측한다.

40 상비품의 발주 방식 중 최고 재고량을 정해놓고, 사용할 때마다 사용량만큼을 발주해서 언제든지 일정량을 유지하는 방식은?

① 정량 발주 방식
② 정기 발주 방식
③ 사용고 발주 방식
④ 불출 후 발주 방식

해설

- 정량 발주 방식 : 주문점법이라 함. 재고량이 주문점(Ordering Point)까지 내려가면 일정량을 보충 주문하여 계획된 수준의 재고를 유지하는 방식
- 복책법 : 주문량과 주문점을 균등하게 하는 방법으로 두 개의 같은 보관고에 자재를 각각 넣고, 한쪽이 모두 소진되면 한 보관고 분량의 자재를 주문하는 방식
- 포장법 : 주문점에 해당되는 양을 미리 포장을 풀지 않고 갖고 있다가, 주문점에 이르면 포장을 풀면서 주문 발주
- 정기 발주 방식 : 일정한 시기에 발주량을 달리하여 발주하는 방식
- 사용고 발주 방식 : 최고 재고량을 정해놓고, 사용할 때마다 사용량만큼을 발주해서 언제든지 일정량을 유지하는 방식. 고가의 예비품이고 불출빈도가 낮을 때 사용

제3과목 기계일반 및 기계보전

41 일반적인 저항용접의 특징으로 옳은 것은?

① 산화 및 변질 부분이 크다.
② 다른 금속 간의 접합이 용이하다.
③ 대전류를 필요로 하고 설비가 복잡하다.
④ 열손실이 크고, 용접부에 집중열을 가할 수 없다.

해설
저항용접
- 저항용접의 3대 요소 : 용접전류, 통전전류, 가압력
- 종류 : 용접부의 형상과 방법에 따라 점(Spot)용접, 심(Seam)용접, 프로젝션(Projection)용접, 업셋(Upset)용접, 플래시(Flash)용접, 퍼커션(방전충격)용접으로 구분
- 특징 : 아크용접에 비해 저온을 사용하며, 작업속도가 빠르고 결과가 깨끗하여 자동화된 대량 생산 공정에 적합하다. 큰 전류를 사용하고 설비가 필요하며 접합 부위를 외관으로 확인할 수 없어서 외관으로 결과를 예측해야 한다.

42 전동기 과열의 원인과 가장 거리가 먼 것은?

① 단 선
② 과부하 운전
③ 빈번한 가동 및 정지
④ 베어링 부에서의 발열

해설
과열 현상의 원인 및 대책
- 단상(單狀)이 되어 과전류 흐름 → 접촉 불량이나 노화로 인한 풀림을 해결하고 퓨즈 녹아 끊어진 재소 점검
- 과부하 운전 → 모터용량, 구동계 이상, 브레이크 타이밍을 확인하여 조정
- 빈번한 가동/정지 → 기동방법 개선
- 냉각 불충분 → 설치부의 기온, 통풍, 열원, 환경, 이물질 등 확인하여 요인 해소
- 베어링부 발열 : 윤활 불량 → 보충 또는 교환 / 윤활제 부적합 → 적정 윤활제로 교환 / 베어링 조립 불량 → 재조립 또는 교체 / 커플링의 중심 불량 또는 틈새 불량 → 재조립

43 보전비를 투입하여 설비를 원활한 상태로 유지하여 막을 수 있었던 생산상의 손실은?

① 기회손실
② 보전손실
③ 생산손실
④ 설비손실

해설
기회비용(기회원가, 기회손실 Opportunity Cost) : 보전비용을 들여 설비를 유지함으로써 막게 된 생산성 손실비용. 경제학에서는 기회비용이 크게 되면 선택을 하지 않으나 보전에서는 기회비용이 크면 빨리 보전비를 사용하여 기회비용을 줄이는 것이 유리하므로, 기회비용이라는 혼돈되는 용어를 사용하는 것보다 기회손실로 사용하여 의미를 분명히 함

44 기계가공 또는 줄 작업 이후에 정밀 다듬질이 필요할 때 하는 작업은?

① 다이스(Dies) 작업
② 드레싱(Dressing) 작업
③ 스크레이퍼(Scraper) 작업
④ 숏 피닝(Shot-Peening) 작업

해설
스크레이퍼 : 줄가공 후 면을 정밀하게 다듬질 작업하기 위해 사용된다.

45 다음 보기는 V 벨트 제품의 호칭을 나타낸 것이다. "2032"가 의미하는 것은?

┌ 보기 ┐
일반용 V 벨트 A 80 또는 2032

① 명 칭
② 종 류
③ 호칭 번호
④ V 벨트의 길이

해설
일반용 V 벨트 : 명칭
A : 종류 -형별을 표시하며 M, A, B, C, D, E가 있다. E로 갈수록 지름이 커진다.
80 : 호칭 번호
2032 : V 벨트의 길이

정답 41 ③ 42 ① 43 ① 44 ③ 45 ④

46 나사의 표시방법 중 유니파이 보통 나사를 나타내는 기호는?

① UNF
② UNC
③ CTC
④ CTG

> **해설**
> • UNF : 유니파이 가는 나사
> • CTC : 박강 전선관 나사
> • CTG : 후강 전선관 나사

47 담금질 직후 잔류 오스테나이트를 없애기 위해 0℃ 이하로 냉각하는 열처리는?

① 뜨임처리
② 풀림처리
③ 심랭처리
④ 항온 열처리

> **해설**
> **잔류 오스테나이트 제거** : 냉각 후 상온에서도 채 변태를 끝내지 못한 오스테나이트가 조직 내에 남게 된다. 이런 오스테나이트는 조직 내에서 어울리지 못하여 문제가 되므로 심랭처리(0℃ 이하로 담금질, 서브제로, 과랭)하여 없애도록 한다.

48 베어링 체커의 사용에 대한 설명으로 맞는 것은?

① 회전을 정지시키고 사용한다.
② 동력전달 상태를 알 수 있다.
③ 그라운드 잭은 지면에 연결한다.
④ 입력 잭을 베어링에서 제일 가까운 곳에 접촉시킨다.

> **해설**
> 회전체의 충격파 등을 체크하여 베어링의 이상여부를 확인하는 기계. 그라운드 잭은 기계 몸체에, 입력 잭은 베어링과 가장 가까운 회전체에 접촉시켜 운전 중 상태를 체크한다.

49 수평 배관용으로 사용되며 유체의 역류를 방지하는 밸브로 맞는 것은?

① 스윙 체크밸브
② 글로브 체크밸브
③ 나비형 체크밸브
④ 파일럿 조작 체크밸브

> **해설**
> 개폐 형태에 따라 스윙형 밸브와 나비형 밸브로 구분할 수 있으며 수평배관에는 스윙 체크밸브가 적절하다.

50 펌프 운전 시 압력계가 정상보다 높게 나오는 원인으로 틀린 것은?

① 파이프의 막힘
② 안전밸브의 불량
③ 밸브를 너무 막을 때
④ 실양정이 설계 양정보다 낮을 때

> **해설**
> 실양정이 설계 양정보다 높을 때 압력계에 정상 범위보다 높게 나온다. 압력계는 펌프에서 토출부에 연결하는 곳에 설치하여 송출압력을 측정하며 압력계를 이용하여 일상 점검을 할 수 있다.
> • 압력계의 지침이 높게 나타나는 경우 : 밸브 닫힘, 안전밸브 고장, 양정이 지나치게 큰 경우
> • 압력계의 지침이 낮은 경우 : 흡입구 막힘, 회전수 저하, 실양정이 지나치게 낮음
> • 압력계의 지침이 흔들리는 경우 : 공동 현상의 발생, 흡입 측 공기 유입

정답 46 ② 47 ③ 48 ④ 49 ① 50 ④

51 내열성과 내화학성이 좋고 자체윤활성을 보유하였으며, 다양한 운전조건에서 뛰어난 성능을 갖는 패킹재료는?

① 테플론 ② 유리섬유
③ 그래파이트 ④ 천연섬유소

해설
테플론
- 우수한 화학적 안정성과 저마찰, 전기적 특성이 탁월하며 내약품성이 높다.
- 개스킷, 패킹, 전기 절연 등 광범위하게 사용되고 있다.
- 연성과 변형성이 좋고 자체 윤활성과 다양한 조건에서 적용이 가능하다.

52 원심형 통풍기 중 베인 방향이 후향이고, 효율이 가장 높은 것은?

① 터보 팬 ② 왕복 팬
③ 실로코 팬 ④ 플레이트 팬

해설
날개의 모양에 따라 앞으로 휜 전곡형, 평평한 평판형, 뒤로 휜 후곡형이 있는데 후곡형이 가장 효율이 좋고 터보 팬에 쓰인다.

53 다음 기어 중 서로 교차하지도 않고 평행하지도 않은 두 축 사이에 운동을 전달하는 기어는?

① 스퍼 기어 ② 나사 기어
③ 베벨 기어 ④ 내접 기어

해설
나사 기어 : 헬리컬 기어의 축을 엇갈리게 한 것으로 두 축이 평행하거나 교차하지 않음

54 키 맞춤의 기본적인 주의사항 중 틀린 것은?

① 키는 측면에 힘을 받으므로 폭, 치수의 마무리가 중요하다.
② 키 홈은 축과 보스를 기계가공으로 축심과 완전히 직각으로 깎아낸다.
③ 키의 치수, 재질, 형상, 규격 등을 참조하여 충분한 강도의 규격품을 사용한다.
④ 키를 맞추기 전에 축과 보스의 끼워맞춤이 불량한 상태인 경우 키 맞춤을 할 필요가 없다.

해설
키와 키 홈의 선택에 있어 기본적인 주의사항
- 키의 치수, 재질, 형상, 규격 등을 참조하여 강도가 충분한 규격품을 사용한다.
- 키는 측면에서 힘을 받으므로 폭, 치수의 마무리가 중요하다.
- 키 홈은 축, 보스 모두 기계가공으로 축심과 완전히 평행으로 깎아낸다.
- 키를 맞추기 전에 축과 보스의 끼워맞춤이 불량한 상태인 경우 키 맞춤을 할 필요가 없다.

55 리밍(Reaming) 작업에 대한 설명으로 옳은 것은?

① 구멍의 내면에 나사를 내는 작업이다.
② 구멍에 나사의 납작 머리가 들어갈 부분을 가공하는 것이다.
③ 이미 뚫어져 있는 구멍을 필요한 크기로 넓히는 작업이다.
④ 뚫어져 있는 구멍을 정밀도가 높고, 가공 표면의 표면 거칠기를 좋게 하기 위한 작업이다.

해설
①은 태핑, ②은 카운터 싱킹, ③은 보링 작업에 대한 설명이다.
리밍 : 리머를 이용하여 구멍의 내면을 매끈하고 정확하게 가공하는 작업이다. 미세절삭을 이용한 내면 다듬질 작업이므로 다듬질 여유를 거의 제거해 내면서 천천히 회전하고 많이 이송하는 것이 좋다.

정답 51 ① 52 ① 53 ② 54 ② 55 ④

56 다음 브레이크 재료 중 허용압력이 가장 큰 것은?

① 황 동　　② 주 철
③ 목 재　　④ 파이버

해설
브레이크 재료의 허용압력
- 주철 : 1.0~1.8MPa
- 황동 : 0.5~0.8MPa
- 목재 : 0.1~0.15MPa
- 파이버 : 0.05~0.03MPa

57 웜 기어 감속기의 정비 시 웜 휠의 이 간섭면을 약간 중심을 어긋나게 해둔다. 그 이유로 옳은 것은?

① 상대적으로 마찰이 많은 웜 보호
② 이물질 제거를 용이하게 하기 위해
③ 원활한 윤활유 공급과 윤활상태 유지
④ 부하 운전 시 웜의 휨 상태를 사전에 고려

해설
웜 기어 감속기의 경우 원활한 윤활유 공급을 위해 웜 휠의 간섭면을 중심에서 약간 어긋나게 한다.

58 관과 관을 연결시키고, 관과 부속 부품과의 연결에 사용되는 요소를 관 이음쇠라고 한다. 다음 중 관 이음쇠의 기능이 아닌 것은?

① 관로의 연장　　② 관로의 분기
③ 관의 상호 운동　　④ 관의 온도 유지

해설
기계적 연결인 관 이음쇠는 화학적 작용을 의도하지는 않는다.
③ 관의 상호 운동도 관 자체가 운동을 하는 것이 아니지만, 관 이음을 이용하여 늘어나거나 처지는 힘에 대해 상호 조정역할을 하는 기능이 있다.

59 원심식 압축기의 장점에 대한 설명으로 틀린 것은?

① 압력맥동이 없다.
② 윤활이 용이하다.
③ 고압 발생에 적합하다.
④ 설치면적이 비교적 적다.

해설
고압을 생성하기에는 용적형 압축기가 적절하다.
터보형(원심식) 압축기
날개를 고속으로 회전시키면 날개를 통과하는 공기 운동량이 증가하고 압력과 속도를 높이게 되는데 용적식에 비하여 압력 맥동이 없고 윤활이 용이하며 설치 면적이 적은 특징이 있다. 축류식과 반경류식이 있다.

60 두께가 같고 폭이 구배 또는 테이퍼로 되어있는 일종의 쐐기로 인장 또는 압축력이 축 방향으로 작용하는 축과 축, 피스톤과 피스톤 등을 연결하는 데 사용하는 체결용 기계요소는?

① 키　　② 핀
③ 볼 트　　④ 코 터

해설
코 터
- 두께가 같고 폭이 구배 또는 테이퍼로 되어있는 일종의 쐐기이다.
- 축 방향으로 인장 또는 압축이 작용하는 요소를 연결하는 것으로 주로 분해할 필요가 있을 경우에 사용한다.
- 축과 축, 피스톤과 피스톤, 커넥팅 로드 등에 사용되며 암놈 축을 Rod, 수놈 축을 Socket, 그리고 Cotter 등으로 부른다.

56 ② 57 ③ 58 ④ 59 ③ 60 ④

제4과목 윤활관리

61 다음은 그리스 윤활과 오일 윤활의 특성을 비교한 내용이다. 옳지 않은 것은?

① 윤활제 누설은 오일 윤활에 비해 그리스 윤활이 많다.
② 냉각효과는 오일 윤활에 비해 그리스 윤활이 좋지 않다.
③ 오염방지는 오일 윤활에 비해 그리스 윤활이 용이하다.
④ 윤활제 교환은 그리스 윤활에 비해 오일 윤활이 용이하다.

해설
그리스는 액상에 비해 유동성이 낮아 누설이 많이 일어나지 않는다.
그리스 윤활의 장점
- 밀봉 효과가 크고, 이물질 혼입이 방지된다.
- 내수성이 강하고 적하 유출이 적다.
- 액상에 비해 비교적 높은 온도에서 사용가능하며 내하중성이 높다.
- 액상에 비해 급유가 용이하고 장기간 보전이 가능하다.

그리스 윤활의 단점
냉각 효과가 낮으며 이물질이 혼입된 경우는 분리가 어렵고, 급유 교환이 불편하다.

62 윤활계의 운전과 보전에서 플러싱유를 선택할 때 주의해야 할 사항으로 틀린 것은?

① 방청성이 매우 우수할 것
② 고점도유로 인화점이 낮을 것
③ 고온의 청정 분산성을 가질 것
④ 사용유와 동질의 오일을 사용할 것

해설
플러싱유의 선정 : 저점도유, 높은 인화점, 사용 윤활유와 동질의 오일 사용, 고온의 청정 분산성, 방청성이 요구됨

63 윤활유의 열화 방지법으로 틀린 것은?

① 교환 시는 열화유를 완전히 제거한다.
② 신 기계 도입 시 충분한 세척(Flushing)을 실시한다.
③ 윤활유에 협잡물 혼입 시 충분히 사용 후 교환한다.
④ 사용유는 원심 분리기 백토 처리 등의 재생법을 사용하여 재사용한다.

해설
열화 방지법
- 윤활유가 고온부와 접촉하는 시간을 짧게 함
- 윤활유의 압력을 올려 순환급유를 많게 하며, 또 냉각기를 부착하는 등 온도상승을 방지
- 기름의 혼합 사용 금지
- 새 기계를 사용할 경우 충분히 세척한 후 사용
- 수분, 먼지, 금속마모분 등이 혼입된 경우는 신속하게 제거
- 연 1회 완전 세척하여 순환계통의 청정을 유지
- 사용유를 계속 사용해야 하는 경우는 원심분리, 백토 처리 등 재생처리 후 재사용
- 적절한 첨가제를 사용
- 윤활유가 부족하지 않도록 원활히 보충, 급유할 것

64 다음 오일 분석법 중 SOAP법에 속하지 않는 것은?

① ICP법
② 원자흡광법
③ 회전전극법
④ 페로그래피법

해설
마모 성분 분석
- 페로그래피법 : 윤활유를 채취하여 그 속의 마멸분 크기나 형상을 관찰하는 방법. 마모입자의 크기로 판단하는 정량 페로그래피법과 마모입자의 형상으로 판단하는 분석 페로그래피법으로 구분한다.
- SOAP법 : 채취한 시료유를 연소시켜 발생하는 발광에 의해 금속 성분을 분석하는 방법으로 스펙트럼을 분석하면 마모성분 외에 농도까지 측정 가능. 숙련도를 요구하는 진단방법이다. 연소방식에 따라 아세틸렌 불꽃을 사용하는 원자흡광법, 고압방전을 사용하는 회전전극법, 약 7,000~9,000℃의 플라스마를 이용하는 ICP법이 있다.

정답 61 ① 62 ② 63 ③ 64 ④

65 윤활관리를 실시함에 따라 얻어지는 효과로 가장 거리가 먼 것은?

① 윤활제 비용의 증가
② 기계보전 비용의 감소
③ 기계의 유효수명 연장
④ 마찰 저하로 소비동력 감소

해설

윤활의 기본적인 효과
- 자원 절약 : 윤활유 사용량 절감, 마찰 감소에 따른 에너지 소비량 절감, 폐자원 이용
- 생산성 제고 : 기계 고장 방지에 따른 생산성 유지, 수리비 절감, 기계의 기대수명 연장, 기계의 효율성 및 정밀도 유지, 노동의 절감
- 공장 운영비 절감 : 기계 정지로 인한 손실 감소 및 생산성 향상, 보전 노무비 절감, 교환 부품 비용 절감, 윤활제 소비량 절감 등

66 마찰열로 인한 베어링의 고착 등을 방지하기 위해 유막을 형성하여 주는 윤활유의 작용은?

① 감마 작용
② 청정 작용
③ 방청 작용
④ 응력 분산 작용

해설

윤활의 기능
- 마찰 감소 : 경계 마찰일이 발생하는 곳에 피막형성
- 냉각 작용 : 마찰열을 흡수계(System) 밖으로 방출
- 밀봉 작용 : 유막을 통해 내·외부를 차단, 밀봉
- 청정 작용 : 오염 물질을 씻어내는 작용
- 방청 작용 : 녹이 슬지 않게 하는 작용
- 방식 작용 : 부식이 일어나지 않게 하는 작용
- 방진 작용 : 먼지 등 유해물질이 유입되는 것을 막아주는 작용
- 하중(응력)의 분산 작용 : 국부 압력을 액을 통해 분산시켜 마멸 방지

67 유압펌프에서 유압작동유가 토출되지 않는 원인으로 틀린 것은?

① 오일 점도가 낮다.
② 오일 흡입라인의 누설이 있다.
③ 펌프(베인펌프) 회전속도가 낮다.
④ 오일 탱크 내의 유량이 부족하다.

해설

송출이 안 됨 : 전동기의 역회전 / 흡입 밸브, 송출 밸브 잠김, 흡입 누설 / 양정 과다(양정에 비해 유량 부족)
→ 전원 재결선 / 흡입계통 보수 / 양정의 규정 이내로 조정

68 유압작동유(KS M 2129)에 따라 인화점이 가장 낮은 것은?

① ISO VG 15
② ISO VG 32
③ ISO VG 46
④ ISO VG 68

해설

시험 항목		인화점[℃]
종류 (품도 등급)	ISO VG 15	140 이상
	ISO VG 22	160 이상
	ISO VG 32	170 이상
	ISO VG 46	170 이상
	ISO VG 68	200 이상
	ISO VG 100	200 이상
	ISO VG 150	200 이상
	ISO VG 220	200 이상
	VG 38	170 이상
	VG 56	200 이상

69 윤활유의 점도는 온도에 의해서 변하므로 일정온도를 유지하는 것이 중요하다. 유압작동유 탱크(Oil Tank)의 최고온도는 몇 ℃ 이내로 관리하여야 하는가?

① 30℃ ② 55℃
③ 75℃ ④ 90℃

해설

오일 탱크 : 오일의 저장조. 오일을 저장하는 동안 공기제거, 이물질 침전분리 등을 실시. 오일 탱크는 유면을 통해 잔유량을 체크하므로 유면을 관리하여야 하는데, 일반적으로 최고유면은 펌프 정지 시 탱크유량의 90% 이하, 최저유면은 펌프 운전 시에 탱크용적의 50% 이상을 유지시킨다. 제작 시 가로가 긴 구조보다 높이가 높은 구조로 만들면 공기 접촉면을 줄일 수 있다. 탱크의 온도는 40℃±5℃로 관리하는 것이 바람직하고, 최고온도는 55℃를 넘지 않도록 한다. 설비가 장시간 멈추고 있을 때, 낮아진 탱크 온도를 40~50℃로 가열하여 배관 내의 오일온도를 높이고 운전에 들어간다.

70 다음 중 석유계 윤활유에 속하지 않는 것은?

① 파라핀계 윤활유
② 동식물계 윤활유
③ 나프텐계 윤활유
④ 혼합계(파라핀+나프텐) 윤활유

해설

석유계 윤활유 : 탄화수소의 종류에 따라 파라핀계, 나프텐계, 혼합 윤활유로 구분

71 다음 윤활 중 완전 윤활 또는 후막 윤활이라고도 하며, 가장 이상적인 유막에 의해 마찰면이 완전히 분리되는 것은?

① 경계 윤활 ② 극압 윤활
③ 유체 윤활 ④ 혼합 윤활

해설

윤활의 형태
- 유체 윤활(후막 윤활, 완전 윤활) : 마찰면 사이에 유체역학적으로 충분히 두꺼운 점성유막이 형성된 윤활 상태
- 경계 윤활(박막 윤활, 혼합 윤활) : 유막 두께가 표면거칠기와 비슷한 정도로, 유압만으로 하중을 지탱하기 어려운 정도의 상태
- 극압 윤활 : 국부적으로 금속의 융착과 전단이 반복되며, 마찰이 증대되고 유막이 파괴되어 중간중간 금속과의 마찰이 일어나는 상태

72 기름 중에 함유되어 있는 유리유황 및 부식성 물질로 인한 금속의 부식여부에 관한 시험은?

① 잔류탄소 시험
② 황산회분 시험
③ 동판부식 시험
④ 산화안정도 시험

해설

동판부식성 : 오일 중에 함유된 부식성 유황물질로 인한 금속의 부식 여부를 나타내는 성질
- 가열동판 시험은 시험관에 동판을 넣고 세 시간 정도 가열 중탕에 넣어 유지시킨 후 동판을 검사한다.
- 동판부식 시험은 시료를 동판 전면에 바른 후 실온에 방치하여 24시간 경과 후 씻어낸 면의 변화를 검사한다.

잔류탄소 : 기름의 증발, 열분해 후에 생기는 염화 잔류물을 잔류탄소라 한다.

산화안정도 : 얼마나 산화되는 환경에 대해 안정적인가를 나타내는 척도

73 윤활관리의 4원칙이 아닌 것은?

① 적 유 ② 적 량
③ 적 법 ④ 적 소

해설

윤활관리의 4원칙 : 적유, 적기, 적량, 적법 – 적절한 윤활유를 제때, 적정량, 규정에 맞추어 관리한다.

74 일반적인 베어링 윤활의 목적으로 틀린 것은?

① 마모를 적게 하여 동력 손실을 줄인다.
② 마모를 막아 베어링 수명을 연장시킨다.
③ 금속류의 직접 접촉에 의한 소음을 발생시킨다.
④ 윤활유의 냉각 효과로 발생열을 제거하고 베어링의 온도 상승을 억제한다.

해설
베어링 윤활의 목적
- 마찰 및 마모의 감소
- 피로 수명의 연장(충분하고 적절한 윤활 시)
- 마찰열의 방출, 냉각
- 베어링 내부 이물질 침입 방지

75 윤활유 첨가제의 일반적 성질로 틀린 것은?

① 색상이 깨끗해야 한다.
② 기유에 용해도가 좋아야 한다.
③ 수용성 물질에 잘 녹아야 한다.
④ 다른 첨가제와 잘 조화되어야 한다.

해설
일반적으로 물을 흡수하거나 물에 흡수되면 방청효과를 저해하거나 윤활유 본연의 성질을 잃을 수 있다.
첨가제 선정의 고려사항
- 윤활기유의 성질을 해치지 않아야 하며 이에 잘 용해되어야 한다.
- 윤활상태, 설계 그리고 실제 요구되는 서비스를 고려하여 원하는 성질이 발현되어야 한다.
- 가동조건을 고려하여 선정하고 다른 부가 첨가제와 잘 조화되어야 한다.
- 연료의 황(S)성분의 양을 고려하여 선정하여야 한다.
- 제조되는 윤활유가 예상되는 유지보수와 검사 실제를 고려하여 제조되어야 한다.
- 첨가제는 소량만 사용하므로 재사용까지 저장할 경우, 변질되지 않아야 하고 안정성이 있어야 한다.
- 휘발성이 낮고 냄새나 색상의 부작용이 있어서는 안 된다.
- 수용성 물질에 녹지 않아야 한다.

76 두 축이 교차하지도 평행하지도 않는 기어로서 활성 극압 기어유를 사용하는 기어는?

① 평 기어
② 베벨 기어
③ 헬리컬 기어
④ 하이포이드 기어

해설
하이포이드 기어 : 하이포이드 기어는 곡선 형태의 기어 이를 가지고 있어 부드러운 전동이 가능하며 서로 교차하지 않는(Do not Intersect) 축을 가지고 있다. 중하중을 받고 스커핑(표면 마모 현상) 우려가 있어 극압 기어유를 선택한다.

77 복동형 왕복압축기의 운전부(외부윤활) 윤활에 대한 설명으로 틀린 것은?

① 산화 안정성이 좋아야 한다.
② 녹 발생을 억제할 수 있어야 한다.
③ 터빈유를 사용하는 것이 바람직하다.
④ 지방유를 혼합한 윤활유를 사용하면 좋다.

해설
윤활유는 혼유하여 사용하지 않는다.

78 반고체 상태에서 그리스가 액체 상태로 전환되는 최초의 온도로서, 그리스의 내열성과 사용된 증주제의 종류를 확인하기 위하여 실시하는 시험은?

① 주도 시험
② 적점 시험
③ 이유도 시험
④ 혼화안전도 시험

해설
적점(적하점)
- 시료를 규정 장치 및 규정 조건으로 가열한 경우, 반고체에서 액체 상태가 되어 그 첫 방울이 떨어졌을 때의 온도
- 시험방법 : 직경 100mm인 규정된 컵에 시료를 넣고 규정된 조건으로 가열하여 그리스가 적하할 때의 온도를 측정

79 다음 미끄럼 베어링의 급유법 중 베어링 온도가 높아져 온도를 내리고자 할 때 가장 적합한 급유법은?

① 링 급유법
② 체인 급유법
③ 적하식 급유법
④ 순환식 급유법

해설

미끄럼 베어링 급유법
- 전손식 : 적은 급유량으로 윤활이 가능하고 운전 속도가 낮을 때 적용
- 유욕식 : 링, 체인, 칼라, 비말 급유에 사용된다.
- 순환식 : 베어링 온도가 상승 우려가 있는 경우 냉각을 위해 사용된다.

80 다음 중 가장 높은 온도조건(주위 환경온도)에서 사용하기에 가장 적합한 그리스는?

① 칼슘 그리스
② 리튬 그리스
③ 나트륨 그리스
④ 알루미늄 그리스

해설
- 칼슘 : 70℃
- 나트륨 : 120℃
- 알루미늄 : 80℃
- 리튬 : 130℃

제5과목 공유압 및 자동화

81 다음 공기압 서비스 유닛에서 기기 순서가 바르게 나열된 것은?

① 필터 → 압력조절기 → 윤활장치
② 윤활장치 → 필터 → 압력조절기
③ 윤활장치 → 압력조절기 → 필터
④ 압력조절기 → 필터 → 윤활장치

해설
- 공압조정유닛(또는 서비스 유닛) : 공급받은 압축공기를 필요한 압력만큼 조정하는 유닛
- 공기 탱크에 저장된 압축공기는 배관을 통하여 각종 공기압 기기로 전달됨
  - 공기압 기기로 공급하기 전 압축공기의 상태를 조정해야 함
  - 공기 여과기(압축공기필터)를 이용하여 압축공기를 청정화 함 필터에서 0.4~0.6bar 이상의 압력강하가 일어나면 점검필요
  - 압력 조정기를 이용하여 회로 압력을 설정. 전달받은 압력보다 낮은 압력 범위 내에서 설정
  - 윤활기에서 윤활유를 분무하여 구동부의 윤활을 좋게 한다. 마찰부위가 넓을수록 원활한 윤활이 필요
  - 공기압 장치로 압축공기를 공급함

82 기체의 온도를 일정하게 유지하면서 압력 및 체적이 변화할 때, 압력과 체적은 서로 반비례한다는 법칙은?

① 보일의 법칙
② 샤를의 법칙
③ 베르누이 법칙
④ 보일-샤를의 법칙

해설
- 보일의 법칙 : 일정량의 기체가 등온을 유지할 때 압력과 부피는 서로 반비례한다.
- 샤를의 법칙 : 일정한 부피의 기체는 온도가 상승하면 압력 또한 상승한다.
- 보일-샤를의 법칙 : 보일의 법칙과 샤를의 법칙을 조합한 식이다. 압력과 부피의 곱은 기체상수와 온도의 상관관계를 갖고 있다.
$$PV = nRT$$

83 기계적 에너지를 공기의 압력 에너지로 변환하는 기기는?

① 공기 압축기
② 공기압 모터
③ 루브리케이터
④ 공기압 실린더

해설
공기 압축기(Compressor) : 공기를 압축하여 공압의 동력을 발생시키는 장치. 기계적 에너지를 공기의 압력 에너지로 변환하는 기기

84 밸브의 오버랩에 대한 설명으로 옳은 것은?

① 방향제어밸브는 일반적으로 제로 오버랩을 갖는다.
② 밸브의 작동 시 포지티브 오버랩 밸브는 서지압력이 발생할 수 있다.
③ 밸브의 전환 시 모든 연결구가 순간적으로 연결되는 형태가 제로 오버랩이다.
④ 포지티브 오버랩에서 밸브의 전환 시 액추에이터는 부하에 종속된 움직임을 갖는다.

해설
오버랩의 종류
- 포지티브 오버랩 : 밸브 전환 시 잠시동안 밸브의 연결구가 모두 차단되는 형태이다. 전환 시 압력의 저하가 나타나지 않으나 토출된 유압이 잠시 버티는 시간이 필요하며, 만약 압력 릴리프 밸브를 동작시키는 데 필요한 시간보다 적은 경우 이로 인해 서지(Surge)가 발생한다. 서지가 영향을 줄 정도로 크면 오버랩 방식을 바꾸어 주어야 한다.
- 네거티브 오버랩 : 밸브 전환 시 잠시동안 밸브의 연결구가 모두 열리는 형태이다. 잠시 흡입과 배출이 열리며 압력이 잠시 작용하지 않는다. 서지가 일어나지 않는 장점이 있으나 액추에이터에 압력이 작용하지 않는 시간이 발생한다.
- 제로 오버랩 : 이론상 오버랩이 없도록 설계된 것이다. 이를 실현하기 위해서는 매우 비싼 가공비를 들여 설계, 가공해야 한다.

85 다음 제어 방식 중 의미가 다른 하나는?

① 궤환 제어
② 개루프 제어
③ 폐루프 제어
④ 피드백 제어

해설
출력값이 목푯값에 이르도록 입력값을 조정하는 피드백 제어(Feed back Control)는 궤환 제어, 폐루프(폐회로) 제어 등으로 불리기도 한다.

86 로봇 운영 방식에 대한 용어 설명 중 틀린 것은?

① 서보 레디(SVRDY ; Servo Ready) : 아날로그타입에서 드라이버로 출력하는 속도 명령으로서 최대 ±10V이다.
② 매뉴얼 데이터 입력(MDI ; Manual Data Input) 방식 : 이미 정의된 위치 데이터를 수동 키(Key) 조작에 의해 직접 입력하는 방식이다.
③ 티칭 플레이 백(TPB ; Teaching Play Back)방식 : 위치 데이터를 서보 오프(Servo Off)상태에서 수동 조작하여 위치를 확인한 후 입력하는 방식이다.
④ 포인트 투 포인트(PTP ; Point to Point) : 직각 좌표 상에서 두 축을 동시에 제어할 때 두 축이 한 점에서 다른 점까지 움직이는 궤적을 원이 되도록 제어하는 방식이다.

해설
로봇제어 방식
- 보간제어 : 보간(Interpolation)을 하는 경로를 직선으로 하는 직선보간, 원 모양으로 하는 원호보간
- 포인트 투 포인트(PTP ; Point to Point) : 경로를 무시하고 미리 지정된 점을 순차적으로 이동하는 제어방식
- CP(Continuous Path) : 이동 경로가 미리 직선 또는 곡선으로 지정되어 있어 지정된 경로를 따라 연속적으로 이동하는 제어 방식
- 매뉴얼 데이터 입력(MDI ; Manual Data Input)방식 : 이미 정의된 위치 데이터를 수동 키(Key)조작에 의해 직접 입력하는 방식
- 티칭 플레이 백(TPB ; Teaching Play Back)방식 : 위치데이터를 서보 오프(Servo Off)상태에서 수동 조작하여 위치를 확인한 후 입력하는 방식, 사람의 행동을 학습하여 하는 티칭 플레이 백 등으로 구분

정답 83 ① 84 ② 85 ② 86 ①

87 공기압 모터의 특징으로 틀린 것은?

① 폭발 및 과부하에 안전하다.
② 회전 방향을 쉽게 바꿀 수 있다.
③ 속도를 무단으로 조절할 수 있다.
④ 구동 초기에 최고 회전 속도를 얻을 수 있다.

해설

바로 최고 회전속도를 얻을 수는 없다.
공압 모터의 특징
- 속도를 무단으로 조절할 수 있다.
- 출력을 조절할 수 있다.
- 속도 범위가 크다.
- 과부하에 안전하다.
- 오물, 물, 열, 냉기에 민감하지 않다.
- 폭발에 안전하다.
- 보수 유지가 비교적 쉽다.
- 높은 속도를 얻을 수 있다.
- 입력된 에너지에 비해 출력되는 에너지의 비율이 나쁘거나 일정하지 않다.
- 정확한 제어가 힘들다.
- 유압에 비해 소음도 발생한다.

88 외란의 영향에 대하여 이를 제거하기 위한 적절한 조작을 가하는 제어는?

① 동기 제어
② 비동기 제어
③ 시퀀스 제어
④ 폐회로 제어

해설

닫힌 루프 제어(피드백 제어, 폐회로 제어, Feedback Control)
- 출력값이 목푯값에 이르도록 입력값을 조정하는 피드백 제어(Feed back Control)이다.
- 개회로 제어보다는 신호를 추출하고 목푯값과 비교하는 등의 설비(궤환요소)가 더 필요하다.
- 개회로 제어에 비해 정확한 제어가 가능하다.

89 어큐뮬레이터 취급 시 주의사항으로 틀린 것은?

① 봉입 가스는 불활성 가스 또는 공기압(저압용)을 사용한다.
② 충격 완충용은 가급적 충격이 발생하는 곳에서 멀리 설치한다.
③ 어큐뮬레이터에 부속쇠 등을 용접하거나 가공, 구멍 뚫기 등을 하지 않는다.
④ 펌프와 어큐뮬레이터 사이에 유압유가 펌프로 역류하지 않도록 체크 밸브를 설치한다.

해설

축압기(어큐뮬레이터, Accumulator)
- 유체의 압력을 축적하여 압력의 흐름을 일정하게 조절해 주는 장치로서 압력을 축적하는 방식으로 맥동을 방지하는 데 사용한다.
- 일시적으로 적은 양의 가압 유압액을 저장하여 압력 변동을 최소화하고 라인의 소음을 줄이고 신뢰할 수 있는 서보 밸브 성능을 유지할 수 있도록 한다.
- 에너지를 축적하고 부족할 때 보충하는 유압콘덴서 역할을 한다.

90 다음 공기압 밸브 중 OR 논리를 만족시키는 밸브는?

① 2압 밸브
② 셔틀(Shuttle) 밸브
③ 파일럿 조작 체크 밸브
④ 3/2-way 정상상태 열림형 밸브

해설

셔틀 밸브는 양쪽 중 한쪽에만 공기가 들어가도 출력이 나오는 형태의 밸브로 OR밸브라고 부른다.
셔틀 밸브(OR밸브)

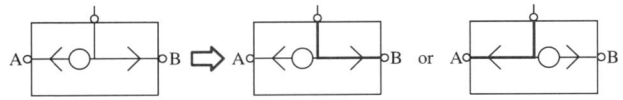

91 미분조절기로서 제어편차의 증가율이 제어변수의 값이 되는 제어 방법은?

① D 동작 ② I 동작
③ K 동작 ④ P 동작

해설
미분제어(Derivative Control)
- 입력과 출력과의 관계 속도를 제어
- 제어편차가 검출될 때 편차가 변화하는 속도에 비례하여 조작량을 가감
- 대규모 공장 등의 정밀도보다 적절한 속도가 중요한 곳에 사용
- 응답속도를 개선한 제어이며 P제어와 함께 사용(속응성)

92 설비 개선의 사고법 중 자동화 등의 방법으로 인간이 하는 일을 기계로 대체하여 정밀도 향상 등에 의한 작업의 단순화가 용이하게 하기 위한 사고법은?

① 기능의 사고법
② 미결함의 사고법
③ 조정의 조절화 사고법
④ 바람직한 모습의 사고법

해설
설비 개선의 사고법
- 복원 : 결함이 있는 현재의 상태를 원래의 바른 상태로 되돌리는 작업
- 미결함 사고법 : 결과에 대한 영향이 적다고 일반적으로 생각되는 것을 철저하게 제거하는 사고
- 기능의 사고법 : 훈련, 체득한 것을 바탕으로 바르고 익숙하게 행동할 수 있는 힘이며 장시간에 걸쳐 지속될 수 있는 능력
- 조정의 조절화 사고법 : 자동화 등의 방법으로 인간이 하는 일을 기계로 대체하여 정밀도 향상 등에 의한 작업의 단순화가 용이하게 하기 위한 사고법

93 피스톤에 O링을 사용한 실린더에 압력이 존재하면 실린더 배럴과 피스톤의 간극 사이로 O링이 밀려 나오는데 이를 방지하는 데 사용하는 패킹은?

① 개스킷 ② V 패킹
③ 백업 링 ④ 라비린스 실

해설
- 라비린스 실(Labyrinth Seals) : 압축기나 스팀터빈 및 가스터빈과 같은 고성능 유체기계의 회전부(Rotor)와 비회전부(Stator) 사이 틈새로부터 작동유체의 누설을 최소화함으로써 터보기계의 효율 향상을 추구하며, 또한 실 틈새로부터 발생되는 유체 가진력에 기인된 진동 불안정성을 최소화하기 위해 설계되는 기계요소
- 개스킷(Gasket) : 이음매나 배관 등 두 부품의 접합부 사이에 넣어주는 얇은 판 모양의 밀봉재
- V 패킹(V Packing) : Seal 형태의 패킹의 대표적인 것으로 단면이 V형의 패킹이 내압에 의해 내벽에 작용하여 밀봉작용을 하게 된다.

94 선형 스테핑 모터에서 이송거리를 S, 스핀들 리드를 h, 회전각이 a일 경우, 이송거리에 대한 식으로 옳은 것은?

① $S = \dfrac{360°}{a} \times h$

② $S = \dfrac{h}{360°} \times a$

③ $S = \dfrac{h}{a} \times 360°$

④ $S = \dfrac{a}{360° \times h}$

해설
스테핑 모터의 선형 제어 응용
- 스테핑 모터를 볼 스크루 제어, 랙-피니언 구동 등을 이용하면 직선의 위치 제어가 가능하다.
- 이송거리를 S, 스핀들 리드를 h, 회전각이 a일 경우, 이송거리에 대한 식은 다음과 같다.

$S = \dfrac{h}{360°} \times a$ (∵ 리드 = 1바퀴 회전에 전진한 거리)

95 공기압 솔레노이드 밸브에서 전압이 걸려있는데 아마추어가 작동하지 않는 원인으로 적절하지 않은 것은?

① 전압이 너무 높다.
② 코일이 소손되었다.
③ 아마추어가 고착되었다.
④ 압축공기 공급 압력이 낮다.

해설

솔레노이드 밸브는 전기적 신호를 이용하여 여닫으므로 여닫음과 압축공기 압력은 무관하다. 압축공기 압력이 낮으면 액추에이터 쪽에 문제가 발생한다.
- 솔레노이드 밸브의 고장 원인 : 이물질에 취약, 솔레노이드 코일의 소손, 아마추어의 고착, 상시 열림, 상시 닫힘 밸브의 잘못된 이용(통전 시간 과다)

96 공기압의 특징으로 옳은 것은?

① 응답성이 우수하다.
② 윤활 장치가 필요 없다.
③ 과부하에 대하여 안전하다.
④ 균일한 속도를 얻을 수 있다.

해설

공압의 장단점

장 점	단 점
• 에너지원을 쉽게 얻을 수 있다.	• 에너지 변환 효율이 나쁘다.
• 힘의 전달 및 증폭이 용이하다.	• 위치 제어가 어렵다.
• 속도, 압력, 유량 등의 제어가 쉽다.	• 압축성에 의한 응답성의 신뢰도가 낮다.
• 보수, 점검 및 취급이 쉽다.	• 윤활 장치를 요구한다.
• 인화 및 폭발의 위험성이 적다.	• 배기 소음이 있다.
• 에너지 축적이 쉽다.	• 이물질에 약하다.
• 과부하의 염려가 적다.	• 힘이 약하다.
• 환경 오염의 우려가 적다.	• 출력에 비해 값이 비싸다.
• 고속 작동에 유리하다.	• 균일 속도를 얻을 수 없다.

97 입력신호와 출력신호가 서로 반대의 값으로 되는 논리는?

① OR
② AND
③ NOT
④ XOR

해설

NOT(부정) : 입력신호와 출력신호가 서로 반대의 값으로 되는 논리

A ─▷○─ Y
$Y = \overline{A}$

98 대기압보다 낮은 압력을 이용하여 부품을 흡착하여 이동시키는 데 사용하는 공기압 기구는?

① 진공 패드
② 액추에이터
③ 배압 감지기
④ 공기 배리어기

해설

쉽게 예를 들자면 그림같은 흡착식 소형 걸이 제품도 진공 패드를 이용한 것이다.

정답 95 ④ 96 ③ 97 ③ 98 ①

99 다음 회로의 명칭으로 옳은 것은?

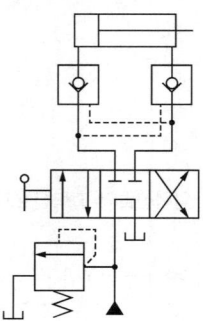

① 로크 회로
② 증압 회로
③ 축압 회로
④ 무부하 회로

해설

로크 회로
- 실린더 행정 중 임의 위치에서 행정단에 실린더를 고정시킬 때 플런저의 이동을 방지하는 회로이다.
- 실린더가 임의에 위치에 있을 때 4ports 3ways V/V를 작동시키면 실린더가 그 자리에 고정된다.

100 다음 중 220bar 이상의 고압에 주로 이용되는 펌프는?

① 기어펌프
② 나사펌프
③ 베인펌프
④ 피스톤펌프

해설

피스톤펌프
- 피스톤을 실린더 내에서 왕복시켜 흡입 및 배출을 하게 한 것. 고속, 고압에 적합하나, 복잡하고 비싸다.
- 소형이고 맥동이 작고 고속회전이 필요한 경우, 여러 개의 피스톤을 사용하는 형식을 이용하며 피스톤 수는 5, 7, 9, 11개 등 홀수를 사용한다.
- 특징 : 송출압력이 20~45MPa 정도로 높고, 전효율, 신뢰성, 수명이 유압펌프 중에 가장 우수하며 송출량 가변기구를 다양하게 장착하여 가변용량형 펌프, 가역펌프로서 이용범위가 넓다. 다만 구조가 복잡하고 고가이며, 작동유의 오염관리에 주의해야 한다.

2019년 제4회 과년도 기출문제

제1과목 설비진단 및 계측

01 다음 중 면적식 유량계의 특징으로 틀린 것은?

① 압력 손실이 크고 전후의 직관부가 필요하다.
② 기체, 액체를 측정할 수 있고 부식성 유체도 측정이 가능하다.
③ 액체 중에 기포가 들어가면 오차가 생기므로 기포 빼기가 필요하다.
④ 유리관식은 기계적 강도, 내충격성이 약하므로 배관의 무게를 직접 받지 않고 유체가 역류되지 않도록 주의해야 한다.

해설

면적식 유량계
- 열려진 면적의 차이에 의해 발생한 압력의 차이가 일정하게 유지되도록 개구부의 면적을 변화시켜 유량을 구함. 구조 단순하고 간편하며 눈으로 유량 확인 가능. 면적 변화 방식에 따라 플로트형과 피스톤형으로 구분
- 장단점 : 측정범위가 넓고 적은 유량도 측정 가능하며 압력손실이 적고 고점성 유체에도 적합하나 기포에 의한 오차가 발생할 수 있고, 플로트형은 유종별로 유량계가 필요하다.

02 아래 그림은 설치대로부터 강체로 진동이 전달되는 1자유도 진동시스템을 나타낸 것이다. 이때 변위전달률을 바르게 나타낸 것은?

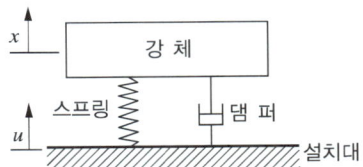

① 변위전달률 = $\dfrac{강체의\ 변위진폭}{설치대의\ 변위진폭}$

② 변위전달률 = $\dfrac{설치대의\ 변위진폭}{강체의\ 변위진폭}$

③ 변위전달률 = $\dfrac{스프링의\ 변위진폭}{댐퍼의\ 변위진폭}$

④ 변위전달률 = $\dfrac{댐퍼의\ 변위진폭}{스프링의\ 변위진폭}$

해설

1자유도 진동시스템의 변위전달률은 1차원적으로 단순하게, 발생된 변위에 대해 강체가 변위된 비율을 의미한다.

03 소음 방지법 중 흡음에 관련된 내용으로 틀린 것은?

① 직접소음은 거리가 2배 증가함에 따라 6dB 감소한다.
② 소음원에 가까운 거리에서는 반사음보다 직접음에 의한 소음이 압도적이다.
③ 흡음판은 벽이나 천장에 직접 부착시킬 수 없어, 백스페이스를 두고 연 1회 설치한다.
④ 흡음재의 내구성 부족 시 유공판으로 보호해야 하며 이때 개공률과 구멍의 크기 및 배치가 중요하다.

해설

흡음재 시공 시 벽체와의 공간을 두어 공진계를 형성하면 저음 영역에서 높은 흡음효과를 볼 수 있지만, 벽이나 천장에 직접 부착할 수도 있다.

정답 1 ① 2 ① 3 ③

04 신호 변환기 중 전기 신호 방식의 특징이 아닌 것은?

① 응답이 빠르고 전송지연이 거의 없다.
② 전송거리의 제한을 받지 않고 컴퓨터와 결합에 용이하다.
③ 가격이 저렴하고 구조가 단순하고 비교적 견고하여 내구성이 좋다.
④ 열기전력, 저항 브리지 전압을 직접 전기적으로 측정할 수 있다.

해설
힘, 압력, 속도 등의 계측을 통해 발생된 신호는 전기 신호로 변환이 가능한데, 전기 신호는 증폭, 확대가 자유롭고, 신속하고 거리에 제한 없는 전송이 가능하며, 디지털화를 통해 자료화할 수 있고, 전기적인 특성을 이용하여 측정할 수 있는 등 여러 장점이 있어 전기 신호로 변환하여 많이 사용한다. 그러나 아날로그를 디지털로, 자연신호를 전기신호로 변환하려면 별도의 변환 장치가 필요하며 전자제품을 다루는 단점이 동시에 존재하게 된다.

05 가속도 센서의 고정 방법 중 사용할 수 있는 주파수 영역이 넓고 정확도 및 장기적 안전성이 좋으며 먼지, 습기, 온도의 영향이 적은 것은?

① 나사 고정
② 밀랍 고정
③ 마그네틱 고정
④ 에폭시 시멘트 고정

해설
가속도 센서의 장착
- 장착 시 표면을 매끈하고 깨끗이 다듬어야 한다.
- 나사 등을 이용한 스터드를 이용한 장착 : 장기 장착에 적합하고 가장 확실한 장착법, 잘 고정되어 있으므로 진동 측정 범위가 넓음
- 접착 장착 : 접착제(에폭시, 아교, 시멘트 등) 응고 후 충분히 딱딱해야 하며 부드러우면 고유진동수가 떨어짐
- 왁스 장착 : 공기층이 없이 얇게 붙이며 40도 이상의 고온과 매우 높은 가속 환경에서는 사용 불가
- 자석 장착 : 장착 시 표면이 매우 깨끗해야 하며 자력에 따라 측정 주파수가 달라짐. 곡면보다는 평면에 활용
- 프로브 사용 : 사실 상 수동 측정에 해당, 센서 부착 위치 결정 등에 활용

06 기류음은 난류음과 맥동음으로 나눌 수 있다. 다음 중 맥동음을 일으키는 것이 아닌 것은?

① 압축기
② 선풍기
③ 진공펌프
④ 엔진의 배기관

해설
맥동음은 닫혀진 진동계에서 생기는데 선풍기는 개방된 흐름을 발생하므로 맥동음이 발생하지는 않는다.

07 프로세스제어에서 온도제어와 유량제어에 대한 설명 중 옳은 것은?

① 유량제어는 검출부의 응답지연이 있다.
② 온도제어는 전송부의 응답지연이 없다.
③ 유량제어는 전송부의 응답지연이 있다.
④ 온도제어는 검출부의 응답지연이 있다.

해설
프로세스제어 기술에 적용이 가능한 대상은 온도, 압력, 유량, 산도 등으로 제한적이다. 이중 유량과 온도의 특징을 생각해 보면 주로 유량의 제어 방법은 필요한 유량에 이르렀을 때, 즉 검출된 즉시 유입을 멈추어 제어를 한다. 과도한 유량을 리턴시키기도 하지만, 주로 검출과 전송에 지연이 발생하지 않는다. 그러나 온도의 경우, 온도를 가한 이후 온도의 상승이 반영되는 데까지, 즉 발현된 에너지를 검출하는 데까지 지연이 발생하며, 또한 설정온도에 이르렀다 하더라도 이미 가해진 열량이 있으므로 오버슈팅이 되도록 되어 있어 결괏값을 전송하는 데도 응답지연이 발생한다.

08 음에너지에 의해 매질에는 미소한 압력변화가 생기며 이 압력변화 부분을 음압이라고 한다. 다음 중 음압(Sound Pressure)의 단위로 옳은 것은?

① m/s
② W
③ N/m^2
④ m/s^2

해설
음압의 단위는 음의 세기의 단위를 사용하거나 압력의 단위를 사용한다. N/m^2는 압력의 단위이고 N, kgf는 힘의 단위, m/s^2은 가속도의 단위

09 유체의 흐름 속에 날개가 있는 회전자를 설치하고, 유속에 따른 회전자의 회전수를 검출하여 유량을 구하는 것은?

① 와류식 유량계 ② 터빈식 유량계
③ 용적식 유량계 ④ 면적식 유량계

해설
터빈식 유량계 : 유체의 흐름 속에 날개가 있는 회전자를 설치하여 그 회전수를 검출해서 유량을 구하는 방식
- 용적식 유량계에 비해 소형이며 구조가 간단하고 제조비용이 저렴하며 내구성이 있고 수리가 쉽다. 압력손실이 작다.
- 고온·저온·고압의 액체나 식품·약품 등의 특수 유체에 사용된다.

10 회전체의 회전수를 측정하는 방법 중 자속 밀도의 변화를 이용하여 펄스 모양의 전압 신호를 인출하는 것으로, 내구성이 우수하고 전원을 필요로 하지 않는 특징이 있는 측정법은?

① 주파수 계수법 ② 전자식 검출법
③ 광전식 검출법 ④ 회전주기 측정법

해설
회전을 직접 측정하는 방법
- 전기식 : 회전속도에 비례하는 전압 출력을 내어 계측
- 자기식[전자(電磁)식] : 여자코일이 발생시키는 자속 밀도의 변화를 이용하여 펄스 모양의 전압 신호를 인출하는 것으로서 내구성이 우수하고 전원을 필요로 하지 않는 특징이 있는 측정
- 광학식(광전식) : 광원과 광센서를 이용하여 회전에 따른 전기 신호를 인식하게 하여 계측
- 접촉식 : 자기의 성질을 다양하게 이용하는 몇 가지 방법이 있으며 구조는 톱니바퀴와 자기발생장치를 이용하여 발생하는 기전력을 측정
- 주파수 계수 : 신호파 각 사이클을 펄스화하여 단위시간에 그 양자수를 세고 1초당 펄스 개수를 직접 주파수[Hz]로 표시하는 방법

11 진동의 에너지를 표현하는 것에 적합한 값으로, 정현파의 경우 피크값의 $\frac{1}{\sqrt{2}}$ 배인 값은?

① 평균값
② 진동값
③ 실횻값
④ 피크 – 피크

해설
실횻값은 정현파의 경우 $\frac{peak}{\sqrt{2}}$ 가 되며 면적을 의미하고, 각종 기계류의 수명을 판단하거나 에너지 발산을 판단하는 양으로 사용
- 진동, 소음에서 dB, VAL 모두 실횻값을 사용, 즉 진동측정기의 측정값은 실횻값을 사용

12 진동 차단기로 이용되는 패드의 재료가 아닌 것은?

① 강 철
② 코르크
③ 스펀지 고무
④ 파이버 글라스

해설
진동 차단기로 사용되는 패드는 강성(스프링상수)이 가능한 낮아서 진동을 흡수할 수 있어야 한다. 패드는 합성 스펀지, 천연고무, 코르크, 파이버 글라스 등을 이용하여 진동 전달을 차단하는 목적으로 설치. 고무와 비슷한 장단점을 지니고 있으나 용도에 따른 제작과정을 거치므로 비용이 좀 더 발생한다.

13 두 물체의 고유진동수가 같을 때 한쪽을 울리면 다른 쪽도 울리는 현상은?

① 공 명 ② 고체음
③ 맥동음 ④ 난류음

해설
공명(Resound) : 2개 진동체의 고유진동수가 같을 때, 한쪽을 울리면 다른 쪽도 울리는 현상

정답 9 ② 10 ② 11 ③ 12 ① 13 ①

14 소음의 물리적 성질에 대한 설명 중 틀린 것은?

① 음의 진행방향을 나타내는 음선은 파면에 수평이다.
② 파동의 위상이 같은 점들을 연결한 면을 파면이라고 한다.
③ 음파는 매질 개개의 입자가 파동이 진행하는 방향의 앞뒤로 진동하는 종파이다.
④ 파동은 매질 자체가 이동하는 것이 아닌 매질의 변형 운동으로 이루어지는 에너지 전달이다.

해설
음의 진행방향을 나타내는, 파면에 수직한 선을 음선이라 한다.

15 미지 저항을 측정하기 위한 휘트스톤 브리지 회로에 사용되는 측정방법은?

① 편위법 ② 영위법
③ 치환법 ④ 보상법

해설
휘트스톤 브리지 회로
키르히호프 법칙을 이용하면 해석이 가능하다.

$E=0$일 때, $A \times D = B \times C$의 관계를 이용하여 측정하는 방법으로 계측기를 이용하는 방법(편위법, Deflection Method)보다 정확하여 영위법(Zero Method)이라 한다.

16 각진동수를 ω[rad/s], 주기를 T[s/cycle], 진동수를 f[Hz]라 할 때 각진동수, 주기, 진동수와의 관계식이 올바른 것은?

① $T = 2\pi f$ ② $f = 2\pi\omega$
③ $\omega = 2\pi\omega$ ④ $T = \dfrac{\omega}{2\pi}$

해설
진동수(f) : 1초당 생성된 사이클의 개수, $f = \dfrac{1}{T} = \dfrac{\omega}{2\pi}$
보기 ③의 오타이거나 답이 없는 것으로 보인다.

17 다음 음의 특성 중 음파가 한 매질에서 타 매질로 통과할 때 구부러지는 현상은?

① 반 사 ② 간 섭
③ 회 절 ④ 굴 절

해설
음파가 서로 다른 매질을 지날 때 굴절되는 현상을 소리의 굴절이라 한다.

18 구름 베어링은 기하학적 구조로 인하여 베어링 특성 주파수를 계산할 수 있다. 다음 중 특성 주파수에 해당하지 않는 것은?

① 내륜 결함 주파수
② 외륜 결함 주파수
③ 케이지 결함 주파수
④ 케이스 결함 주파수

해설
구름 베어링의 진단
- 구름 베어링은 기하학적 구조로 인하여 베어링 특성 주파수를 계산할 수 있다.
- 특성 주파수를 이용하여 내륜의 결함, 외륜의 결함, 볼 또는 롤러 자체의 결함, 케이지의 결함 등을 알아낼 수 있다.
- 각각의 결함 주파수는 축의 회전 주파수에 볼의 수, 볼의 지름, 피치원의 지름, 볼의 접촉각의 변수를 이용하여 계산할 수 있다.

14 ① 15 ② 16 ③($\omega = 2\pi f$인 경우) 17 ④ 18 ④ **정답**

19 주파수에 관한 설명 중 틀린 것은?

① 주파수의 단위는 Hz이다.
② 주파수는 60초 동안의 사이클 수를 말한다.
③ 한 주기 동안에 걸린 시간이 길수록 주파수는 낮다.
④ 동일한 질량의 경우 강성이 클수록 주파수는 높다.

해설
주파수는 1초 동안 발생한 사이클의 수와 같다.

20 시스템을 외부 힘에 의해서 평형위치로부터 움직였다가 그 외부 힘을 끊었을 때 시스템이 자유진동을 하는 진동수를 무엇이라 하는가?

① 댐핑
② 감쇠 진동수
③ 단순 진동수
④ 고유 진동수

해설
고유 진동수 : 시스템을 외력에 의해 초기 교란 후 그 힘을 제거하였을 때 그 시스템이 자유 진동을 하는 진동수

제2과목 설비관리

21 다음은 설비관리 조직 중에서 어떤 형태의 조직인가?

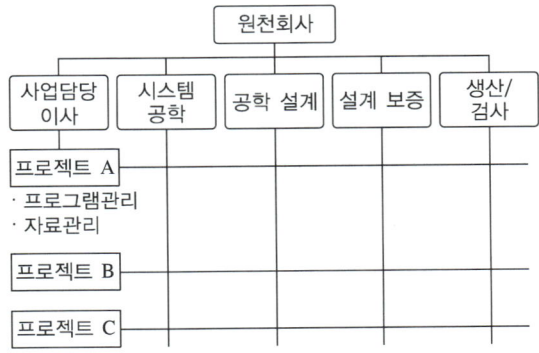

① 설계 보증 조직
② 제품 중심 조직
③ 기능 중심 매트릭스 조직
④ 제품 중심 매트릭스 조직

해설
문제의 조직은 변형된 매트릭스 조직이고 고정된 요소를 무엇으로 보느냐에 따라 조직을 명명하기 때문에 설계 보증 조직으로 볼 수 있다.
※ 저자의견 : 이 문제의 경우 이견의 여지가 있다. 정답을 ①번이라고 하기에 애매하지만, 산업인력공단 확정 답안이 ①번이라면 같은 문제가 출제될 경우 설계 보증 조직으로 답하는 것이 좋다.

22 보전도 공학의 영역에서 보전도 프로그램 준비, 보전도 상세 프로그램 결정, 사용자와의 정보 연락 등과 가장 관련성이 큰 것은?

① 보전도 계획
② 보전도 분석
③ 보전도 설계
④ 보전도 합리화

해설

보전도 계획	• 보전도 프로그램 준비 • 보전도 상세 프로그램 결정 • 지원요구 정의 및 공급자 검토 및 관리 • 훈련 및 P.R. • 고객과 정보 연락 • 보전도 향상을 위한 피드백 및 보고
보전도 분석	• 설계절충(Design Trade-off)연구 • 모형개발 및 예측 • FMECA 및 수리수준 결정 • RCM(Reliability Centered Maintenance) 분석 • LCC 및 보전성 공학 과제 연구 • 기술보고 및 타 기능과의 협력
보전도 설계	• 설계기준 개발 • 설비보전개념 개발 • 보전기능 Flow Diagram 개발 • 보전도 할당 • 단기 설계활동 참여 • 보전도 설계 개선
보전도 합리화	• 보전도 Demo. 요구 결정 • 보전도 Demo. 계획 개발 • Demo. 실험 및 합리화 계획 집행 • 자료 수집, 분석 및 정정활동 수립 • 설계 변경을 위한 지원활동

23 자주보전 전개 스텝 7단계 중 제 6단계에 속하는 것은?

① 자주점검
② 자주관리의 철저
③ 자주보전의 시스템화
④ 발생원 곤란개소 대책

해설

자주보전 전개 스텝 7단계 : 초기청소 → 발생원인 곤란개소 대책 → 점검·급유기준 작성 → 총 점검 → 자주점검 → 자주보전의 시스템화 → 자주관리의 철저

24 속도 로스를 설명한 것으로 옳은 것은?

① 속도 로스는 설비의 설계속도와 설비가 실제로 움직이는 속도와의 합이다.
② 속도 로스는 설비의 설계속도와 설비가 실제로 움직이는 속도와의 차이다.
③ 속도 로스는 설비의 설계속도와 설비가 실제로 움직이는 속도와의 곱이다.
④ 속도 로스는 설비의 설계속도를 설비가 실제로 움직이는 속도로 나눈 값이다.

해설

속도 로스 : 이론사이클 시간과 실제사이클 시간과의 차이에서 발생하는 로스. 설비의 작동 조건의 미비 등에 의해 속도가 감소

25 컴퓨터나 로봇에 전문적 기술을 부여하여 자동화 공장의 문제점을 인식하고 이를 해결하기 위한 방법을 스스로 찾아낼 수 있는 것은?

① 자동이송라인
② 수치제어기계
③ 지능기술시스템
④ 유연기술시스템

해설

• 유연기술시스템 : 다품종 소량생산에 적합하게 여러 기술을 적용할 수 있는 시스템
• 자동이송라인 : 스태커 크레인, 무인이동차 등을 이용한 운송체계

26 계측화의 실시 및 합리화를 위한 방법과 가장 거리가 먼 것은?

① 계측기의 선정 또는 개발
② 계측기술의 선정 또는 개발
③ 장치공사의 적정화
④ 적당한 계측에 의한 수량화

해설
계측작업 및 방법의 관리와 합리화를 위한 전제조건
• 계측작업의 표준화
• 계측작업의 방법, 조건의 합리화
• 계측 정밀도의 유지, 향상
• 계측기의 사용, 취급법의 적정화
• 자료의 수집방법(위치, 시간, 횟수, 시료의 수집방법)의 합리화
• 계측에 관련된 작업(해석, 기록, 보고, 연락, 조작)의 적정화

27 선반용 바이트, 밀링용 커터, 호빙머신용 호브 등은 무슨 공구인가?

① 형(Die)   ② 지 그
③ 절삭 공구   ④ 연삭 공구

해설
절삭 공구 : 절삭에 사용하는 공구. 선반 가공에서 절삭을 담당하는 팁, 홀더 등과 밀링에서 밀링커터, 페이스커터, 엔드밀 등과 연삭에서 연삭숫돌 등이 절삭공구에 해당

28 라인별 배치라고도 하며 공정의 계열에 따라 각 공정에 필요한 기계가 배치되는 설비배치 형태는?

① 제품별 배치   ② 혼합형 배치
③ 공정별 배치   ④ 제품고정 배치

해설
제품별 배치(라인별 배치, Product Layout, Line-Layout)
• 공정의 계열에 따라 각 공정에 필요한 기계가 배치되는 형식
• 생산량이 많고 작업의 균형이 유지되는 표준화 공정의 경우
• 원료 및 재료의 흐름이 원활해야 한다.
• 전통적 생산효율성을 고려하여 공정 간의 공정 균형 효율 필요

29 가공 및 조립형 산업에서 설비 6대 로스와 가장 거리가 먼 것은?

① 고장 로스
② 시가동 로스
③ 순간 정지 로스
④ 속도 저하 로스

해설
6대 로스 : 고장 로스, 작업 준비 조정 로스, 일시 정체 로스, 속도 로스, 불량 수정 로스, 초기 수율 로스
• 시가동 로스 : 설비의 운전 또는 생산 개시 때 가공조건과 운전 조건의 안정화 및 정상화까지 걸리는 시간에 의한 로스

30 품질보전의 전개 순서로 적절한 것은?

① 현상 분석 → 목표 설정 → 요인 해석 → 검토 → 실시 → 결과 확인 → 표준화
② 현상 분석 → 목표 설정 → 표준화 → 검토 → 요인 해석 → 실시 → 결과 확인
③ 현상 분석 → 목표 설정 → 표준화 → 요인 해석 → 검토 → 실시 → 결과 확인
④ 현상 분석 → 요인 해석 → 검토 → 실시 → 표준화 → 목표 설정 → 결과 확인

해설
품질보전 전개 순서(7Steps)
1. 현상 분석 → 2. 목표 설정 → 3. 요인 해석 → 4. 검토 및 대책 → 5. 실 시 → 6. 결과 확인 → 7. 표준화

31 합리적인 공사일정 계획을 세우기 위한 항목과 가장 거리가 먼 것은?

① 납기의 정확화
② 공사기간의 단축
③ 작업량의 안정화
④ 관계된 각 업무의 독립화

해설
합리적인 공사일정 계획을 세우기 위해 관계된 각 업무는 연계성 있게 일관적으로 계획할 필요가 있다.

32 TPM 관리와 전통적 관리를 비교했을 때 전통적 관리의 특징으로 옳은 것은?

① 무결점 목표
② Input 지향
③ 원인추구 시스템
④ Top Down 지시

해설
TPM의 전통적 관리와의 비교 특징 : 무결점 목표, 원인 추구 시스템, Input 지향, 예방 활동, 현장 중심 관리, 사전 문제 제거 관점, 목표의 하향식 전달과 현장부터 체계적 관리, 불량 발생원인 제거, 개선을 위해 동기 부여 제공

33 적극적인 기술 혁신을 통하여 신제품 개발, 생산이 다른 회사보다 늦지 않도록 하기 위한 투자는?

① 확장 투자
② 제품 투자
③ 공격적 투자
④ 합리적 투자

해설
프로젝트 분류 중 투자 항목에 따른 분류
- 비용 절감을 위한 합리화 투자
- 판매량 확대를 위한 확장 투자
- 현 제품 개량 및 신제품 개발을 위한 제품 투자
- 전략적 투자
  - 위험 감소를 위한 투자로 방위적 투자와 연구적 투자로 구분
  - 후생 복지를 위한 투자(예 종업원 복리후생, 지역사회 복지 등)

34 설비관리에 대한 설명으로 가장 거리가 먼 것은?

① 설비 자산의 효율적 관리
② 끊임없는 설비 자동화율의 극대화
③ 설비의 설계와 연계되는 보전도 향상
④ 사용설비의 보전도 유지를 포함한 생산보전 활동

해설
자동화는 대규모의 자본, 자원과 초기 투자비가 필요하므로 설비의 목적, 용도, 경제성 등을 면밀히 검토하여 추진하여야 한다.

35 설비보전에서 효과측정을 위한 척도로 사용되는 지수이다. 다음 중 계산식이 틀린 것은?

① 고장 도수율 $= \dfrac{\text{고장횟수}}{\text{부하시간}} \times 100$

② 고장 강도율 $= \dfrac{\text{고장 정지시간}}{\text{부하시간}} \times 100$

③ 설비 가동률 $= \dfrac{\text{정미 가동시간}}{\text{부하시간}} \times 100$

④ 제품단위당 보전비 $= \dfrac{\text{보전비 총액}}{\text{부하시간}} \times 100$

해설
제조원가당 보전비 $= \dfrac{\text{총 보전비}}{\text{총 제조원가}}$

36 상비품 발주방식 중 재고량이 정해진 양까지 내려가면 기계적으로 일정량만큼 보충 주문을 하고, 계획된 최고량과 최저량 사이에서 재고를 보유하는 방식은?

① 2-Bin 방식
② 정기 발주 방식
③ 정량 발주 방식
④ 사용량 발주 방식

해설
- 정기 발주 방식 : 일정한 시기에 발주량을 달리하여 발주하는 방식
- 사용고 발주 방식 : 최고 재고량을 정해놓고, 사용할 때마다 사용량만큼을 발주해서 언제든지 일정량을 유지하는 방식. 고가의 예비품이고 불출빈도가 낮을 때 사용

37 수리공사의 목적에 따른 분류 중 설비검사를 하지 않은 생산설비의 수리를 무슨 공사라고 하는가?

① 개수공사
② 사후수리공사
③ 예방수리공사
④ 보전개량공사

해설
수리공사 분류
- 보전비 분석과 관리 방침 수립이 가능하고, 합리적 예산 편성을 위해 수리공사를 목적에 따라 분류
- 정기수리공사 : 장비의 성능회복 및 장비 점검을 목적으로 일정한 시간 간격을 두고 계획적으로 장비를 휴지하고 시행하는 비교적 소규모인 공사(생산라인을 장기간 걸쳐 휴지하여 실시하는 대규모 공사는 셧 다운 공사로 구분)
- 긴급수리공사(돌발수리공사) : 돌발적으로 발생한 고장 때문에 휴지된 장비에 대해서 고장 발생 직후에 즉시 실시하는 응급적인 공사
- 예방수리공사 : 설비 검사에 의해서 계획적으로 하는 수리를 포괄하여 이름
- 사후수리공사 : 설비 검사를 하지 않은 생산 설비의 수리를 포괄하여 이름
- 보전개량공사 : 보전상의 요구에 의하여 실시하는 개량 공사, 수리 주기를 연장하기 위해 재질 변경 등이 해당
- 개수공사 : 조업상의 요구에 의해 실시하는 개량 공사, 배관 교체 등 변경 공사가 해당
- 일반보수공사 : 제조의 부속 설비의 공정, 사무, 연구, 시험, 복리 후생 등의 수리

38 설비배치의 목적을 설명한 것으로 틀린 것은?

① 배치 및 작업의 탄력성 유지
② 우량품의 제조 및 설비비 절감
③ 생산량 증가 및 생산 원가 절감
④ 커뮤니케이션 통제와 노동력 절감

해설
설비배치의 목적
- 공간 및 동선의 효율성 증대를 통한 생산량 증대, 원가 절감, 설비비 절감
- 작업환경 및 공장 환경 보전, 안전성 확보
- 의사소통(Communication) 개선
- 작업 탄력성을 유지

39 불량품이나 결점, 클레임, 사고건수 등을 현상이나 원인별로 데이터를 정리하고 수량이 많은 순서로 나열하여 막대그래프로 나타낸 것을 무엇이라고 하는가?

① 관리도
② 파레토도
③ 체크시트
④ 히스토그램

해설
파레토 차트(Pareto Chart) : 문제를 일으키는 요소들이 여러 가지일 때 그 요소들을 분리하고, 이 요소들이 전체에 미치는 영향을 보고자 도식화한 차트이다.

40 설비의 경제성을 평가하는 데 있어서 비용비교법의 하나인 평균 이자법에서 연간비용은 어떻게 산출하는가?

① 연간비용 = 가동비 + 평균이자 − 상각비
② 연간비용 = 가동비 + 상각비 − 평균이자
③ 연간비용 = 가동비 − 평균이자 − 상각비
④ 연간비용 = 가동비 + 평균이자 + 상각비

해설
평균 이자법 : 연간비용으로서 정액제에 의한 상각비와 평균이자 및 가동비를 취한 방법이다. 즉, '연간비용 = 가동비 + 평균이자 + 상각비'이다. 회계가 쉽고 비교가 쉽다.

제3과목 기계일반 및 기계보전

41 철강의 열처리 중 풀림처리의 목적이 아닌 것은?

① 내부 응력을 제거한다.
② 강의 표면을 경화시킨다.
③ 냉간 가공성을 향상시킨다.
④ 경도를 줄이고 조직을 연화시킨다.

해설
- 완전풀림을 일반적으로 풀림이라 한다. 주조 조직이나 고온에서 오랜 시간 단련된 것은 오스테나이트의 결정입자가 크고 거칠어지며, 기계적인 성질이 나빠진다.
- 가열 온도 영역으로 일정시간 가열하여 γ-고용체로 만든 다음, 노 안에서 서랭하면 변태로 인하여 새로운 미세결정입자가 생겨 내부응력이 제거되면서 연화된다.
- 아공석강은 페라이트+층상 펄라이트, 공석강은 층상 펄라이트, 과공석강은 시멘타이트+층상 펄라이트의 이상적인 표준조직을 얻을 수 있다.

42 펌프 흡입관에 대한 설명으로 틀린 것은?

① 흡입관 끝에 스트레이너를 설치한다.
② 관의 길이는 짧고 곡관의 수는 적게 한다.
③ 배관은 펌프를 향해 1/150 올림 구배를 한다.
④ 흡입관에서 편류나 와류가 발생하지 못하게 한다.

해설
펌프 쪽의 경사를 높게하고 흡입 수면의 경사를 낮게 $\frac{1}{50}$의 올림 구배하여 흡입관 내 공기가 들어오지 않도록 한다.

43 고장, 불량이 발생하지 않도록 하기 위하여 평소에 점검, 정밀도 측정, 정기적인 정밀검사, 급유 등의 활동을 통하여 열화 상태를 측정하고, 그 상태를 판단하여 사전에 부품교환, 수리를 실시하는 정비는?

① 예방 정비   ② 사후 정비
③ 생산 정비   ④ 개량 정비

해설
문제는 정비 시점에 따라 정비를 구분하고 있으며, 설명하는 정비는 고장 이전의 예방 정비이다.

44 다음 중 역류방지 밸브가 아닌 것은?

① 콕밸브(Cock Valve)
② 플랩밸브(Flap Valve)
③ 체크밸브(Check Valve)
④ 반전밸브(Reflex Valve)

해설
콕밸브 : 밸브의 일종으로 주로 유로를 열거나 차단하는 역할을 하는 밸브

45 줄(File)의 작업방법이 아닌 것은?

① 진원법   ② 직진법
③ 사진법   ④ 병진법

해설
줄 작업 방법
줄질의 방법에 따라 직진법, 사진법, 병진법으로 나눈다.
- 직진법은 줄을 길이 방향으로 밀고 당기며 작업하는 방법으로 마무리 작업 시 사용된다.
- 사진법은 줄을 공작물과 경사지게 놓고 밀고 당기며 이동하는 방법으로 줄눈 기준으로는 직각방향으로 가공하는 것이며 넓은 면 가공 시 사용된다.
- 병진법은 줄의 좁은 면을 사용하여 옆으로 문지르듯이 작업하는 것이며 길고 좁은 면 작업 시 사용된다.

41 ② 42 ③ 43 ① 44 ① 45 ①

46 송풍기 기동 후의 점검사항으로 잘못된 것은?

① 윤활유의 적정 여부 점검
② 임펠러의 이상 유무 점검
③ 베어링 온도의 급상승 여부 점검
④ 미끄럼 베어링의 오일링 회전의 정상 유무 점검

해설
송풍기 점검
- 운전 전 점검 : 임펠러, 케이싱 흡입구, 케이싱, 베어링 케이스의 축 관통부와 축의 틈새 재점검, 볼트의 조임 상태 케이스 볼트 테스트 해머로 점검, 댐퍼 및 베인 컨트롤 장치의 개폐 조작의 원활 점검
- 기동 후 점검 : 진동 및 소음 발생 체크, 특히 케이싱 이상 진동 체크, 진동 시 축 관통부와 Seal의 접촉 확인, 축 관통부와 Seal이 강하게 접촉되어 있는지, 축 관통부와 틈새가 균일한지, 윤활유의 적정 여부 점검, 미끄럼 베어링의 오일링 회전, 베어링 메탈과 축과의 간섭의 정상 여부 확인

47 다음의 배관용 공기구 중 파이프를 구부리는 공구로 가장 적합한 것은?

① 오스터
② 파이프 커터
③ 파이프 바이스
④ 파이프 벤더

해설
- 오스터 : 배관에 나사를 내는 기구
- 파이프 커터 : 배관을 자르는 공구
- 파이프 바이스 : 파이프를 자르거나 나사를 내거나 구부리기 위해 파이프를 고정시키는 기구

48 철강재 스프링 재료가 갖추어야 할 조건으로 틀린 것은?

① 부식에 강해야 한다.
② 피로강도와 파괴인성치가 낮아야 한다.
③ 가공하기 쉽고, 열처리가 쉬운 재료이어야 한다.
④ 높은 응력에 견딜 수 있고, 영구변형이 없어야 한다.

해설
스프링 재료는 피로강도와 강인성이 높아야 한다.

49 스프링의 도시 방법으로 틀린 것은?

① 그림에 기입하기 힘든 사항은 표에 일괄하여 표시한다.
② 코일 스프링, 벌류트 스프링은 일반적으로 무하중 상태에서 그린다.
③ 겹판 스프링은 일반적으로 스프링 판이 수평인 상태에서 그린다.
④ 그림에서 단서가 없는 코일 스프링이나 벌류트 스프링은 모두 왼쪽으로 감은 것으로 나타낸다.

해설
그림에 단서가 없는 코일 스프링 및 벌류트 스프링은 모두 오른쪽 감은 것을 나타낸다. 왼쪽 감긴 것은 '감김 방향 왼쪽'이라고 표시한다.

50 보전용 재료로 사용되는 O링의 구비조건으로 틀린 것은?

① 내노화성이 좋은 것
② 내마모성이 좋을 것
③ 사용 온도 범위가 좁을 것
④ 상대 금속을 부식시키지 않을 것

해설
O링의 구비 조건
- 누설을 방지하는 기구에서 탄성이 양호하고 압축 시 영구변형이 적을 것
- 내열성, 내노화성, 내마멸성, 내마모성, 내압성, 내화학성 등이 기계적 성질, 화학적 성질이 높을 것
- 사용 온도 범위가 넓고 접합 금속에 대한 부식을 유발하지 말 것
- 작동 부품에 걸리지 말고 잘 장착되어야 하며 정밀 가공된 금속면을 손상시키지 말 것

정답 46 ② 47 ④ 48 ② 49 ④ 50 ③

51 관이음의 종류 중 신축이음에 사용하는 이음쇠의 형태가 아닌 것은?

① 루프형 ② 파형관형
③ 미끄럼형 ④ 유니언형

해설
유니언 이음 : 유니언 나사와 유니언 칼라 사이에 패킹을 끼우고 유니언 너트로 체결 접속하는 방식. 관을 회전시킬 수 없을 때 육각너트를 회전시키는 것만으로 접속 또는 분리가 가능. 분해 수리가 필요한 곳에 사용

52 드릴가공, 주조가공 등에 의하여 이미 뚫려 있는 구멍을 확대하거나 표면 거칠기를 높게 가공하는 공작기계는?

① 셰이퍼 ② 플레이너
③ 보링머신 ④ 브로칭머신

해설
- 보링(Boring) : 주조된 구멍이나 이미 뚫은 구멍을 필요한 크기나 정밀한 치수로 넓히는 작업
- 셰이퍼(Shaper) : 모양을 만드는 작업이란 뜻으로 왕복운동하는 커터로 평면을 절삭하는 공작기계
- 플레이너(Plainer) : 셰이퍼로 절삭할 수 없는 큰 공작물을 공작하는 평면절삭 공작기계로, 테이블의 수평 길이 방향 왕복운동과 공구의 테이블 가로 방향 이송에 의해 비교적 넓은 평면을 가공하여 평삭기라고도 함
- 브로칭(Broaching) : 가늘고 긴 일정한 단면 모양을 가진 브로치라는 여러 개의 비슷한 절삭날이 달린 공구를 이용하여 가공물의 내면에 키홈, 스플라인 홈, 원형이나 다각형의 구멍 형상과 외면에 세그먼트 기어, 홈, 특수한 외면의 형상을 가공하는 작업. 브로칭머신은 이 작업을 수행하는 기계

53 일반적인 원심식 압축기의 특징으로 틀린 것은?

① 윤활이 쉽다.
② 맥동 압력이 없다.
③ 고압의 발생이 원활하다.
④ 설치면적이 비교적 좁다.

해설
고압을 생성하기에는 용적형 압축기가 적절하다.
터보형(원심식) 압축기 : 날개를 고속으로 회전시키면 날개를 통과하는 공기 운동량이 증가하고 압력과 속도를 높이게 되는데, 용적식에 비하여 압력 맥동이 없고 윤활이 용이하며 설치 면적이 작은 특징이 있다. 축류식과 반경류식이 있다.

54 전동기가 회전 중 진동현상을 보이고 있다. 그 원인으로 가장 거리가 먼 것은?

① 베어링의 손상
② 통풍창의 먼지 제거
③ 커플링, 풀리의 이완
④ 로터와 스테이터의 접촉

해설
이상음 및 진동 발생의 원인 : 베어링 손상 / 커플링, 풀리 마모 및 풀림, 중심 불량 / 로터와 스테이터의 접촉 / 냉각 팬 날개 바퀴의 풀림 / 조립 볼트나 부착 볼트의 풀림 및 탈락 / 공진

55 다음의 기하공차 도시법에 대한 설명 중 틀린 것은?

○	0.01	
//	0.09/50	A

① A는 데이텀을 지시한다.
② 진원도 공차 값 0.01mm이다.
③ 지정길이 50mm에 대하여 평행도 공차 값 0.09 mm이다.
④ 지정길이 50mm에 대하여 원통도 공차 값 0.01 mm이다.

해설
그림의 동그라미 기호는 진원도 공차를 의미하는 기호이다.

56 스패너에 의한 적정한 죔 방법 중 M12~14까지의 볼트를 죌 때 스패너 손잡이 부분의 끝을 꽉 잡고 힘을 충분히 주어야 하는데, 이때 가해지는 적당한 힘은 얼마인가?

① 약 5kgf ② 약 20kgf
③ 약 50kgf ④ 100kgf 이상

해설
M12~14 볼트
- 스패너의 손잡이 부분을 잡고 팔힘을 충분히 쓴다.
- 힘이 가해지는 거리는 약 15cm이며 힘은 약 50kgf가 적당

57 일반적인 용접의 특성으로 틀린 것은?

① 두께의 제한이 없다.
② 기밀성, 수밀성이 우수하다.
③ 이종 재료의 접합이 가능하다.
④ 변형이나 응력이 발생하지 않는다.

해설
용접의 장단점
- 제품의 성능과 수명이 향상된다.
- 공정 횟수가 감소되며 이음형상을 자유롭게 할 수 있다.
- 이음 효율이 향상된다.
- 재료 두께의 제한이 없다.
- 자재가 절약되고 이종(異種) 재료도 접합할 수 있다.
- 열에 의한 변형, 수축 및 취성의 발생 우려가 있다.
- 잔류응력에 의한 부식의 우려가 있다.
- 품질검사가 어렵다.
- 숙련도에 따라 작업자 요인이 많이 작용한다.

58 축 고장의 원인과 대책으로 틀린 것은?

① 형상 구조 불량 시 노치 형상을 개선한다.
② 풀리, 기어, 베어링 등 끼워맞춤 불량 시 재질을 변경한다.
③ 급유 불량 시 적당한 유종을 선택하고, 유량 및 급유 방법을 개선한다.
④ 자연 열화 시 축을 분해하여 외관검사를 하고 테스트 해머로 가볍게 두드려 타격음으로 균열의 유무를 판정한다.

해설
풀리, 기어, 베어링 등 끼워맞춤 불량 시 재조립하거나 설계를 변경한다.

59 웜 기어(Worm Gear)의 특징으로 틀린 것은?

① 역전을 방지할 수 없고, 소음이 크다.
② 웜과 웜 휠에 스러스트 하중이 생긴다.
③ 작은 용량으로 큰 감속비를 얻을 수 있다.
④ 웜 휠의 정밀 측정이 곤란하며, 가격이 비싸다.

해설
웜 기어 : 대단히 높은 감속비를 가지고 있으며 전동축과 종동축이 교차하지 않지만 직각을 이룬다. 슬라이딩 접점을 사용하게 되어 마찰 손실이 발생하고 이에 따라 마찰열이 발생하여 효율이 낮다. 역전이 방지되고 소음이 작은 특징을 갖는다.

60 일반적인 V 벨트 전동장치의 특징으로 틀린 것은?

① 이음매가 없어 운전이 정숙하다.
② 지름이 작은 풀리에도 사용할 수 있다.
③ 홈의 양면에 밀착되므로 마찰력이 평 벨트보다 크다.
④ 설치면적이 넓고, 축 간 거리가 짧은 경우는 사용할 수 없다.

해설
V 벨트
- 사다리꼴 단면을 갖고 이음매가 없는 고리 모양의 벨트, 홈이 패어져 있는 V 벨트 풀리에 밀착시켜 마찰력을 증가시킨 벨트. 풀리를 제작할 때 단면을 V 벨트보다 좁게 제작하여 접촉각과 마찰력을 높이도록 한다.
- 기어와 평 벨트의 중간 거리 정도의 축 사이에 전동용으로 사용되는데 협소한 장소에도 설치가 가능하며 비교적 작은 장력으로 큰 회전력을 얻을 수 있다.
- 평 벨트에 비해 운전이 조용하고 충격 완화 작용도 가능하며 전달력이 크다.

정답 56 ③ 57 ④ 58 ② 59 ① 60 ④

제4과목 윤활관리

61 윤활유의 점도에 대한 설명으로 틀린 것은?

① 동점도의 단위는 센티스톡[cSt]이다.
② 액체가 유동할 때 나타나는 내부저항이다.
③ 절대점도는 동점도를 밀도로 나눈 것이다.
④ 기계의 윤활조건이 동일하다면 마찰열, 마찰손실, 기계효율을 좌우한다.

해설

동점도 = $\dfrac{절대점도}{밀도}$

62 윤활유가 유화되는 원인으로 틀린 것은?

① 수분과의 접촉이 적을 때
② 기름의 산화가 상당히 일어났을 때
③ 운전조건이 가혹해서 탄화수소분의 변질을 가져왔을 때
④ 윤활유가 열화되어 이물질분이 증가되어 고점도유에 이르렀을 때

해설

물에 의한 유화액 형성
- 윤활유가 수분과 혼합되어 유화액을 만드는 현상
- 미세물질에 의해 물과 기름의 표면장력이 저하되어 에멀션이 생성되며 이것이 점차 강화되어 보호막이 형성되면 $10^{-6} \sim 10^{-5}$mm 되는 유화입자가 생기며 유화입자가 모여서 유화액을 형성
- 원인 : 유류의 산화, 윤활유의 이물질 증가에 따른 고점도유화, 탄화수소입자의 변질 및 수분과의 접촉이 많게 되면 발생

63 윤활유 윤활과 그리스 윤활을 비교한 내용으로 틀린 것은?

① 그리스 윤활이 누설이 적다.
② 윤활유 윤활이 냉각효과가 크다.
③ 그리스 윤활이 회전 저항이 작다.
④ 윤활유 윤활이 밀봉장치가 복잡하다.

해설

그리스 윤활은 고체 윤활이어서 액체윤활을 하는 오일 윤활에 비해 회전 저항이 크다.

64 다음 중 실린더유의 품질조건으로 틀린 것은?

① 황산에 의한 부식의 억제를 위한 산중화성을 가질 것
② 고온에서 품질의 변화가 크고, 카본이나 회분 등의 잔류물이 많을 것
③ 실린더 라이너의 미끄럼부에 즉시 윤활이 가능하도록 확산성을 가질 것
④ 실린더 라이너나 피스톤링의 이상 마모를 방지하는 극압성이나 유막의 유지성을 가질 것

해설

실린더는 마찰이 많은 부분이고, 피스톤 실린더의 경우 고온 접촉 가능성이 높으므로 고온에서의 품질 항상성이 높아야 하고, 카본 등에 강해야 한다.

정답 61 ③ 62 ① 63 ③ 64 ②

65 윤활관리의 주요효과로 볼 수 없는 것은?

① 윤활 사고의 방지
② 보수 유지비의 절감
③ 구매 업무의 복잡화
④ 기계의 정도와 기능의 유지

해설
윤활 관리의 목적 : 설비 가동률 증대, 유지비 절감, 설비 수명 연장, 윤활 비용 절감, 동력비 절감 등

66 윤활 장치의 고장원인 중 윤활유로 인한 원인이 아닌 것은?

① 기름의 누설
② 부적절한 오일 사용
③ 성질이 다른 기름의 혼합 사용
④ 높은 전도열 및 마찰면의 불충분한 방열

해설
윤활유의 고장 원인 파악
• 윤활제 : 부적정유 사용여부 / 유제의 열화 또는 더러워짐 여부 / 기름의 누설여부 / 이종오일 혼합여부
• 마찰면 : 마찰면 재질불량 및 사용불량여부 / 과도한 작용 및 설계불량 여부 / 마찰면 마모에 의한 기계 부분의 늘어짐 및 조기 피로 여부
• 작업상 : 급유작업 부주의 여부 / 과잉 또는 과소 급유 / 지나치게 빠르거나 느린 급유
• 급유 방법 : 설계불량 여부 / 급유장치 고장 여부 / 게이지 고장 여부
• 환경 : 높은 전도열 또는 마찰열이 있는지 / 방열은 잘 되는지 / 불순물이 혼합되었는지 / 산성 증기, 염기성 증기, 염분 등의 영향을 받는지

67 다음 중 그리스 윤활의 특징으로 틀린 것은?

① 밀봉 효과가 크다.
② 내수성이 강하다.
③ 장기간 보전이 가능하다.
④ 이물질 혼합 시 제거가 용이하다.

해설
그리스 윤활의 장점
• 밀봉 효과가 크고, 이물질 혼입이 방지된다.
• 내수성이 강하고 적하 유출이 적다.
• 액상에 비해 비교적 높은 온도에서 사용가능하며 내하중성이 높다.
• 액상에 비해 급유가 용이하고 장기간 보전이 가능하다.
그리스 윤활의 단점
냉각 효과가 낮으며 이물질이 혼입된 경우는 분리가 어렵고, 급유 교환이 불편하다.

68 다음 유압 작동유 중 광유계 작동유가 아닌 것은?

① R&O형 작동유
② 내마모성 작동유
③ 고점도지수 작동유
④ O/W유화형 작동유

해설
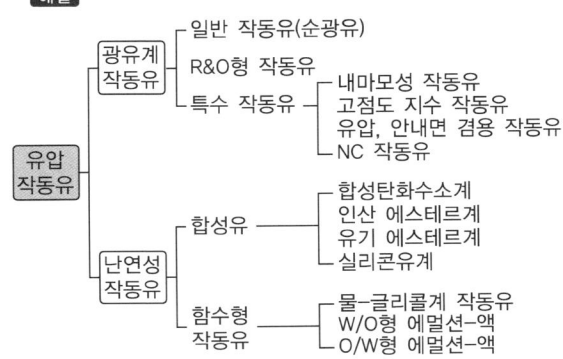

69 공기 압축기의 윤활트러블의 원인이 아닌 것은?

① 마 모
② 냉 각
③ 탄 소
④ 드레인

해설
공기압축기의 윤활에 영향을 끼치는 많은 요인이 있지만, 열과 수분이 가장 영향을 미친다. 따라서 냉각을 우려하지는 않는다.

70 슬러지 등이 오일 중에 침적되지 않도록 분산시켜 엔진 내부를 깨끗하게 하고, 부생되는 산을 중화시켜 부식 마모가 일어나지 않도록 하는 첨가제는?

① 부식 방지제
② 청정 분산제
③ 점도지수 향상제
④ 내마모성 첨가제

해설
첨가제의 종류
- 점도지수(VI) 향상제 : 온도 변화에 따른 점도 변화의 비율을 낮게 하는 역할. 온도 변화가 심한 경우, 넓은 온도 범위에서 사용해야 하는 옥외 등에 사용하는 윤활제에 첨가
- 청정 분산제 : 산화에 의하여 금속 표면에 붙어있는 슬러지나 탄소성분을 녹여 기름 중의 미세한 입자 상태로 분산, 내부를 청정하게 유지하는 역할
- 부식 방지제 : 산과 과산화물이 금속 표면을 부식시키는 것을 방지하기 위해 보호 피막을 입히는 역할

71 다음 급유 방법 중에 순환 급유법에 속하지 않는 것은?

① 비말 급유법
② 원심 급유법
③ 적하 급유법
④ 유륜식 급유법

해설
순환 급유법 : 패드 급유법, 유륜(Oil Ring)식 급유법(Ring Oiling), 체인 급유법, 칼라(Collar) 급유법, 버킷(Bucket) 급유법, 비말(Splash) 급유법, 롤러(Roller) 급유법, 유욕(Bath) 급유법, 원심 급유법, 나사 급유법, 중력 순환 급유법

72 그리스 분석시험 중 산화 안정도시험의 설명으로 옳은 것은?

① 그리스에 혼입된 협잡물을 크기별로 확인하는 시험
② 그리스의 전단안전성, 즉 기계적 안전성을 평가하는 시험
③ 그리스를 장시간 사용하지 않고 방치해 놓거나 사용과정에서 오일이 그리스로부터 이탈되는 온도를 측정하는 시험
④ 그리스의 수명을 평가하는 시험으로 산소의 존재하에서 산소흡수로 인한 산소압 강하를 측정하여 내산화성을 조사, 평가하는 시험

해설
산화 안정도
- 각종 이유로 산화되려는 경향을 억제하려는 정도를 산화 안정도라 한다.
- 일반적인 산화 안정도 시험은 고압산소가 충진된 봄베 안에 그리스를 넣고 100℃에서 100시간 동안 시험하여 산소 봄베 내의 저하된 압력을 표시한다.
- 시험은 실제 사용환경과는 다르므로 실험실에서 얻은 결과는 비교 및 참고자료로 사용한다.

73 윤활유에 소포제를 첨가하는 주된 목적은?

① 온도에 따른 점도변화율의 감소
② 물과 친화성이 있는 광유를 생성
③ 오일층의 공기기포 생성 방지 및 제거
④ 베어링 및 기타 금속물질의 부식 억제

해설
소포제 : 윤활유가 밸브 등을 통과할 때 발생되는 거품(기포)을 억제하고 소포(기포를 소거)하는 역할

69 ② 70 ② 71 ③ 72 ④ 73 ③

74 집중 급유장치를 이용하여 그리스 윤활을 하려고 한다. 이때 사용되는 그리스의 주도번호는 몇 호 이하인 것이 가장 적합한가?(단, KS기준을 준용한다)

① 2호 이하　　② 3호 이하
③ 4호 이하　　④ 5호 이하

해설

종류			적용온도 범위[℃]	적용
용도별	종류	주도번호		
집중 급유용	1종	00,0,1호	−10~60	집중 급유식 중하중용
	2종	0,1,2호	−10~100	집중 급유식 중하중용
	3종	0,1,2호	−10~60	• 집중 급유식 고하중용 • 충격하중/고하중 허용
	4종	0,1,2호	−10~100	• 집중 급유식 고하중용 • 충격하중/고하중 허용

75 다음 중 사용 중인 윤활제의 분석결과 윤활성능이 떨어지는 경우는?

① 수분이 0.1vol% 이내이다.
② 마모입자가 10μm보다 크다.
③ 동점도가 규정치보다 10% 이내이다.
④ 산성성분(전산가)이 0.3mgKOH/g 이내이다.

해설
① 수분량이 많아지면 오염과 백탁현상이 나타난다. 0.2vol%보다 많아지면 교환하는 것이 좋고 심한 응력을 받는 베어링은 0.1vol% 함량에도 큰 영향을 받는다.
③ 점도가 정상범위에서 10% 이상 변화되었으면 윤활유를 교환하는 것이 좋다.
④ 전산(酸)가가 낮아지면 첨가제가 감소하였거나 다른 기름이 혼입되었다고 판단하고, 높아지면 산화가 진행되었다고 판단하여 원인 파악 후 조치하거나 이물질 파악 후 교환한다. 전산가의 관리한계는 전산가(신유대비증가) 0.5mgKOH/g 이하이다.

76 고하중 기어나 극압성이 큰 압연기 등에 사용되는 윤활유로 가장 적합한 것은?

① 웜형 기어유　　② 레귤러형 기어유
③ 다목적용 기어유　　④ 마일드 EP형 기어유

해설
밀폐 기어용 기어유
• R&O : 광유에 방청제, 산화 방지제 첨가한 윤활유. 경하중 또는 보통하중을 받고 있는 평 기어, 헬리컬 기어, 베벨 기어에 사용한다.
• EP : 고하중을 받는 기어에는 광유에 나프텐산연 계, 또는 황−인 (S−P) 계의 극압제를 첨가한 마일즈 EP 또는 EP 타입을 사용한다.
• 콤파운드 오일 : 광유에 3~10%의 지방유 또는 합성 지방유를 첨가한 것으로 웜 기어에 쓰인다.
• 합성유 : 다이에스테르, 폴리글리콜 및 합성 탄화수소계의 기어유이다. 특수 운전 조건의 밀폐 기어에 쓰인다.

77 마멸은 기계부품의 수명을 단축하는 가장 큰 원인 중 하나이다. 다음 중에서 마멸의 설명과 가장 거리가 먼 것은?

① 마찰과 마멸은 동일한 현상이다.
② 마멸은 열적 원인으로도 일어날 수 있다.
③ 마찰은 반드시 마멸을 동반하는 것이 아니다.
④ 마멸은 외력에 의해 물체 표면의 일부가 분리되는 현상이다.

해설
마찰 등의 원인에 의해 마멸의 결과가 초래된다.

78 추운 지역에서 오일의 사용 유무와 저장 및 공급을 결정할 목적으로 냉각을 시키면서 흐르지 않는 온도점을 찾는 시험방법은?

① 인화점　　② 유동점
③ 아닐린점　　④ 산화 안정도

해설
유동점은 응고 상태를 벗어난 온도이며 유체가 유동성을 잃기 직전의 온도를 의미한다.

정답 74 ① 75 ② 76 ④ 77 ① 78 ②

79 윤활유 마모분석방법 중 SOAP 분석법의 종류가 아닌 것은?

① ICP법 ② 원자흡광법
③ 회전전극법 ④ 페로그래피법

해설
마모 성분 분석
- 페로그래피법 : 윤활유를 채취하여 그 속의 마멸분 크기나 형상을 관찰하는 방법. 마모입자의 크기로 판단하는 정량 페로그래피법과 마모입자의 형상으로 판단하는 분석 페로그래피법으로 구분한다.
- SOAP법 : 채취한 시료유를 연소시켜 발생하는 발광에 의해 금속성분을 분석하는 방법으로 스펙트럼을 분석하면 마모성분 외에 농도까지 측정 가능. 숙련도를 요구하는 진단방법이다.
- 연소방식에 따라 아세틸렌 불꽃을 사용하는 원자흡광법, 고압방전을 사용하는 회전전극법, 약 7,000~9,000℃의 플라스마를 이용하는 ICP법이 있다.

80 다음 중 기어 박스에 기어가 들어 있는 밀폐형 윤활방식으로 적합한 것은?

① 브러시 ② 손 급유
③ 유욕 급유 ④ 패드 급유

해설
유욕(Bath) 급유법 : 마찰면이 오일 속에 잠겨서 윤활하는 방법. 윤활이 원활하고 냉각효과도 높다. 직립형 수력 터빈의 추력 베어링에 많이 사용되고 방적 기계의 스핀들과 피치원의 원주속도가 5m/s 내의 감속 기어 및 웜 기어에 사용. 롤링 베어링 윤활에도 사용

제5과목 공유압 및 자동화

81 피스톤 펌프 중 구동축과 실린더 블록의 축을 동일 축선상에 놓고 그 축선상에 대해 기울어져 고정 경사판이 부착되어 있는 방식은?

① 사축식 ② 사판식
③ 회전 캠형 ④ 회전 피스톤형

해설
종 류
- 축방향형(Axial Type) : 피스톤이 실린더 블록 축과 평행하게 축 주위의 원통면상으로 배열
- 축방향형의 특징 : 체적효율과 전효율이 좋고, 내부누설이 적어 고압 대용량에 적합하며 송출유량의 조정범위가 넓음
- 경사판형(Swash Plate) : 구동축과 실린더 블록 축선 상에 대해 기울어져 고정 경사판이 부착되어 있는 방식. 경사판이 고정된 회전실린더형과 실린더 블록이 고정된 고정실린더형으로 나뉨
- 경사축형(정용량형, Fixed Displacement Type) : 구동축과 실린더블록이 일정한 각도로 고정되어 있어 배재용적이 항상 일정한 형식
- 반경방향형(Radial Type) : 피스톤이 축과 직각인 단면에 반지름 방향에 방사형으로 배치한 구조
- 왕복형 : 피스톤이 피스톤 축을 포함한 평면 내에 축에 직각으로 배치

82 자동제어에서 보드선도는 주파수와 진폭비 및 위상지연을 나타낸다. 보통의 시스템에서 나타나는 진폭비와 위상지연은?

① -3dB, 90도 ② -6dB, 120도
③ -1.5dB, 45도 ④ -9dB, 60도

해설
보드선도는 $dB=20\log A$ 형태로 나타내어 그린다. 어떤 시스템의 주파수 응답을 가로축은 주파수의 수 눈금(Logarithmic Scale)으로, 세로축은 주파수에 한 주파수 전달함수의 크기(진폭비) $G(j\omega)$의 dB값과 주파수 전달함수의 위상각 $\theta \angle G(j\omega)$을 나타내도록 그린 선도이다.

- 보통의 시스템에서 $A = \dfrac{1}{\sqrt{2}}$ 이며, $dB = \dfrac{20}{-2} \times 0.301 ≒ -3$, 위상지연은 90도이다.

79 ④ 80 ③ 81 ② 82 ①

83 제어하고자 하는 하나의 변수가 계속 측정되어 다른 변수 즉, 지령치와 비교되며 그 결과가 첫 번째의 변수를 지령치에 맞도록 수정하는 제어방법이 아닌 것은?

① Servo 제어
② Feedback 제어
③ Open-Loop 제어
④ Closed-Loop 제어

해설
설명은 복잡했지만, 피드백이 없는 제어를 찾는 문항이다.

84 다음 블록선도에서 종합 전달함수 $\frac{C}{R}$는?

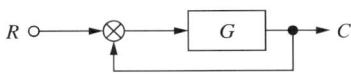

① $1+G$
② $1-G$
③ $\frac{G}{1+G}$
④ $\frac{G}{1-G}$

해설
$\frac{C(s)}{R(s)} = \frac{\text{입력부터 출력경로에 있는 함수}}{1-\text{폐루프 경로에 있는 함수}}$
$= \frac{G}{1-(-G)} = \frac{G}{1+G}$

85 다음 전기 타임 릴레이의 구성 요소 중 공압의 체크 밸브와 같은 기능을 가지고 있는 것은?

① 접 점
② 가변저항
③ 다이오드
④ 커패시터

해설
반도체 릴레이(무접점 릴레이)는 전원공급부, 다이오드(발광), 광센서, 접점 회로로 구성되어 있으며 무접점 회로는 전기적으로 이미 구성된 조건에 맞추어 구성하여야 하지만, 대단히 작은 부피로 구성이 가능하며 접점 스파크, 반응 속도 등을 고려할 필요가 없고 프로그램 등의 특성에 따라 조정, 검토 등에 유리한 면이 있다. 다이오드는 정방향 전기신호가 들어올 때만 동작하는 특성을 갖고 있으며 스위치 역할을 한다.

86 되먹임 제어에 대한 설명으로 틀린 것은?

① 닫힌 루프 제어라고도 한다.
② 피드백 신호를 통해 목푯값에 도달한다.
③ 외란에 의해서 발생되는 오차에 대한 대처 능력이 없다.
④ 안정도, 대역폭, 감도, 이득 등의 제어특성에 영향을 미친다.

해설
피드백을 통해서 외란 등의 오차에 대해서도 반복 연산을 통해 오차를 줄여간다.
닫힌 루프 제어(피드백 제어, 폐회로 제어, Feedback Control)
• 출력값이 목푯값에 이르도록 입력값을 조정하는 피드백 제어(Feedback Control)이다.
• 개회로 제어보다는 신호를 추출하고 목푯값과 비교하는 등의 설비(궤환요소)가 더 필요하다.
• 개회로 제어에 비해 정확한 제어가 가능하다.
• 피드백 과정에서 목푯값 또는 기준입력에 대한 출력의 시간적 변화가 발생하는데 이를 시간응답이라 한다.
• 사용되는 신호
 – 입력 신호(기준 신호) : 목푯값에 의한 신호
 – 동작 신호 : 조작을 명령하는 신호
 – 검출 신호 : 센서 등을 통한 검출부로부터의 신호
 – 오차 신호(조절 신호) : 피드백에 의해 제어계가 소정의 작동을 하는 데 필요한 신호를 만들어 조작부에 보내주는 신호

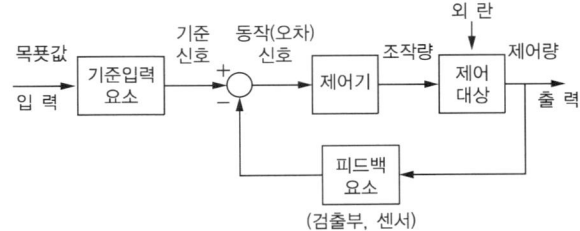

87 공압 밸브에 대한 설명 중 틀린 것은?

① 2압 밸브는 안전제어, 검사기능 등에 사용된다.
② 2개의 입력 공기 중 압력이 높은 공압 신호만 출력되는 밸브를 셔틀 밸브라 한다.
③ 2개의 압축공기가 입력되어야만 출구로 압축공기가 흐르는 밸브를 2압 밸브라 한다.
④ 셔틀 밸브에서 2개의 공압 신호가 동시에 입력되면 압력이 낮은 쪽이 먼저 출력된다.

해설
셔틀 밸브의 작동 구조는 그림과 같아서 한쪽만 신호가 들어가도 출력이 나온다.
셔틀 밸브(OR밸브)

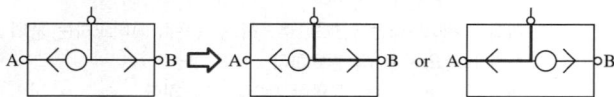

88 다음 설명에 해당되는 것은?

> 비압축성 유체를 밀폐된 공간에 담아 유체의 한쪽에 힘을 가하여 압력을 증가시키면, 유체 내의 압력은 모든 방향에 같은 크기로 전달된다.

① 레이놀즈수 ② 연속방정식
③ 파스칼의 원리 ④ 베르누이의 정리

해설
• 파스칼의 원리는 압력이 작용하는 유체 전체에는 전 방향으로 같은 압력이 작용한다는 의미의 원리이다. 따라서 작용력의 면적과 힘이 비례하는 관계가 된다. 이는 여러 가지 영역에서 유용하게 활용되는데, 마치 유체를 이용한 지렛대의 원리처럼, 작동력을 작용시키는 쪽에서는 크지 않은 힘으로 일을 해도, 작동력이 전달되는 쪽에서는 큰 힘이 발현될 수 있다.
• 개방되지 않은 압력계에서 파스칼의 원리가 작용할 때는 브레이크나 유압잭에서처럼 작용력을 전달하는 역할을 하기도 하는데, 유체가 관을 통해서 연결되어 있고 한쪽 끝에서 작용력이 발생하면 힘을 전달받는 곳에서는 파스칼의 원리에 의해 힘이 증폭되어 전달될 수 있다.

89 다음 중 유압 작동유로서 필요한 요소가 아닌 것은?

① 비압축성일 것
② 윤활성이 좋을 것
③ 적절한 점도가 유지될 것
④ 화학적으로 반응이 좋을 것

해설
유압 작동유에 요구되는 성질
• 적당한 점도와 점도를 유지하는 성질
• 산화 안정성이 좋을 것
• 방식성 및 방청 능력이 있을 것
• 전단 안정성 및 기계적 성질이 좋을 것
• 내화학성 및 화학적 반응을 유발하지 않을 것
• 작동유는 저온 유동성이 좋고 비압축성이어야 함
• 내열성, 항유화성, 소포성, 윤활성 및 내마모성, 수분 분리성, 내연성이 좋을 것

90 유압시스템에서 축압기(Accumulator)의 사용 목적으로 적합하지 않은 것은?

① 충격 압력을 흡수하는 경우
② 맥동 흡수용으로 사용하는 경우
③ 압력 증대용으로 사용하는 경우
④ 에너지 보조원으로 사용하는 경우

해설
축압기(어큐뮬레이터, Accumulator)
• 유체의 압력을 축적하여 압력의 흐름을 일정하게 조절해 주는 장치로서 압력을 축적하는 방식으로 맥동을 방지하는 데 사용한다.
• 일시적으로 적은 양의 가압 유압액을 저장하여 압력 변동을 최소화하고 라인의 소음을 줄이고 신뢰할 수 있는 서보 밸브 성능을 유지할 수 있도록 한다.
• 에너지를 축적하고 부족할 때 보충하는 유압콘덴서 역할을 한다.

91 공압 밸브 중 포핏 밸브의 제어 위치가 전환되지 않는 이유로 적당하지 않은 것은?

① 실링 시트의 손상
② 공급 공기압력이 너무 높음
③ 실링 플레이트에 구멍이 발생
④ 과도한 마찰로 인한 기계적인 스위칭 동작에 이상이 발생

해설
공급 공기 압력이 너무 낮으면 위치 전환이 되지 않는다.
포핏식 : 공기 통로를 그것보다 큰 원판으로 뚜껑을 닫는 구조로 된 포핏 밸브를 사용하는 것. 포핏이 공기 통로의 지름의 1/4만 이동하여도 전개되므로 전환을 위한 밸브의 이동거리가 짧고, 배압에 의해 밸브의 밀착이 완전하게 되며, 스프링으로 밸브를 고정하지 않아도 배압에 의해 고정되는 장점이 있다. 배압에 의해 큰 힘이 걸려 있어 이동시키는 데 큰 힘이 필요한 단점이 있다.

92 다음 중 힘의 단위로 옳은 것은?

① J
② N
③ K
④ mol

해설
힘은 N, kgf 등을 사용한다.

93 로봇의 감지장치에 대한 설명으로 틀린 것은?

① 물체의 위치는 외계조건이다.
② 가속도와 회전력은 내계조건이다.
③ 퍼텐쇼미터의 출력은 디지털 신호이다.
④ 촉각센서는 물체의 형상과 접촉여부를 감지한다.

해설
• 외계조건 : 시스템 바깥에 존재하는 요인
• 내계조건 : 시스템 안에서 계산되고 발생되는 요인
• 퍼텐쇼미터 : 회전체의 각도를 검출하는 용도나 볼륨 조절 용도로도 사용, 전체 행정거리를 0~10V의 신호 전압으로 검출하는 원리를 사용. 퍼텐쇼미터의 출력은 아날로그 전압을 출력한다.

94 수랭식 공기 냉각기와 비교하여 공랭식 공기 냉각기의 장점이 아닌 것은?

① 보수가 용이하다.
② 냉각효율이 좋다.
③ 유지비가 적게 든다.
④ 단수나 동결의 염려가 없다.

해설
냉각기
• 수랭식 공기 냉각기 : 냉각기에 물을 순환시켜 열전달에 의해 공기를 냉각하는 방식. 냉각 효율이 좋고 냉각의 제어가 가능하다. 별도의 설비가 필요하며, 보수와 유지에 비용이 많이 들고, 물이 공급되지 않는 경우 원활한 냉각이 어렵다.
• 공랭식 공기 냉각기 : 냉각기의 표면적을 넓혀 순환하거나 지나가는 공기를 이용하여 열전달에 의해 공기를 냉각하는 방식. 냉각효율은 낮으나 별도의 설비가 필요치 않고 보수와 유지에 비용이 따로 들지 않으며 간단하고 저렴하여 많이 사용된다.

95 변압기의 결선에 대한 설명으로 틀린 것은?

① V-V 결선은 △-△에서 1상을 제거한 것이다.
② △-△ 결선은 권수비가 같은 단상 변압기 3대를 이용하여 3상 전압 변환을 실시하는 것이다.
③ Y-Y 결선은 성형 결선이라고도 하며 중성점을 접지할 수 없어 유기 기전력에 제3고조파를 포함한다.
④ △-Y, Y-△ 결선은 중성점을 접지할 수 있어 제3고조파 전압이 나타나지 않으나 1차, 2차의 선간 전압에는 30°의 위상차가 존재한다.

해설
Y-Y 결선은 성형 결선이라고도 하며 중성점을 접지할 수 있고, 1,2차 유기 기전력에 3고조파 전압 발생한다.

정답 91 ② 92 ② 93 ③ 94 ② 95 ③

96 벤트포트를 이용하여 3개의 서로 다른 압력을 원격으로 제어하려고 할 때 사용해야 하는 압력 제어 밸브는?

① 카운터 밸런스 밸브
② 직동형 릴리프 밸브
③ 외부 파일럿형 무부하 밸브
④ 평형 피스톤형 릴리프 밸브

> 해설
> **파일럿 작동형(평형 피스톤형) 릴리프 밸브** : 간접 작동형으로 작동 밸브에 오리피스를 달아서 더 작은 스프링으로 오리피스의 압력을 조절한다. 더 민감한 압력을 조정 가능하므로 많이 사용된다.

97 다음 유체 조정 기기 기호의 명칭은?

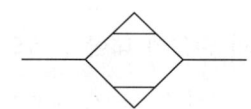

① 루브리케이터
② 드레인 배출기
③ 에어 드라이어
④ 기름 분무 분리기

> 해설
>
> | 공압탱크 | 공압필터 | 냉각기 | 드레인 |
> |---|---|---|---|
> | | | | |
> | 공기건조기 | 압력 릴리프 밸브 | 드레인 필터 | 윤활장치 |
> | | | | |

98 다음 유압 속도 제어회로의 특징이 아닌 것은?

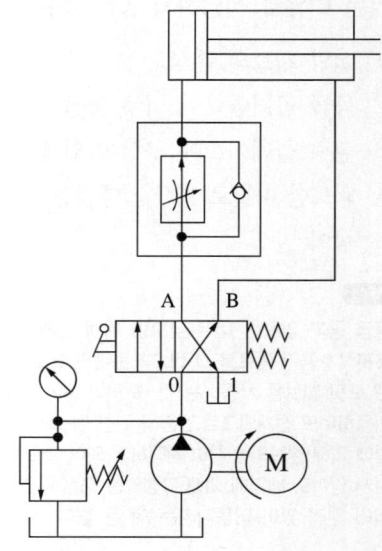

① 펌프 송출압은 릴리프 밸브의 설정압으로 정해진다.
② 유량제어밸브를 실린더의 작동행정에서 실린더 오일이 유입되는 입구 측에 설치한 회로이다.
③ 펌프에서 송출되는 여분의 유량은 릴리프 밸브를 통하여 탱크로 방류되므로 동력손실이 크다.
④ 실린더 입구의 압력 쪽 분기회로에 유량제어 밸브를 설치하여 불필요한 압유를 배출시켜 작동 효율을 증진시킨다.

> 해설
>
>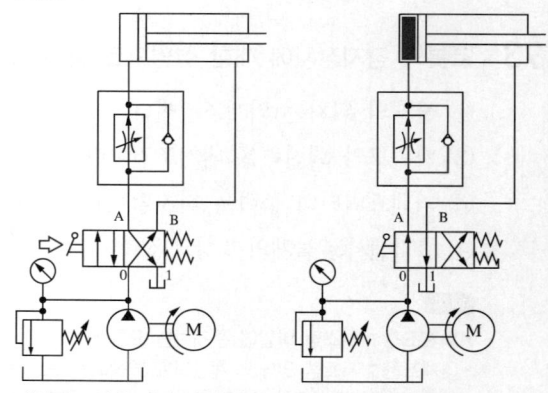
>
> 제시된 그림은 미터 인 제어 방식인데 문제에서 찾는 답안이 미터 인 방식의 설명이 아닌 것을 찾는다.

99 유압 모터의 종류가 아닌 것은?

① 기어 모터
② 베인 모터
③ 스크루 모터
④ 회전 피스톤 모터

해설
유압 모터의 종류 : 기어 모터(평 기어식, 헬리컬 기어식), 베인 모터(로커암식, 캠로터식), 피스톤 모터(축류식, 반경류식), 요동 모터(베인식, 피스톤식)

100 공압 모터의 특징으로 틀린 것은?

① 시동 정지 시 충격발생이 없다.
② 장시간 운전 시 폭발의 위험이 있다.
③ 회전 속도를 자유롭게 조절할 수 있다.
④ 에너지를 축적할 수 있어 정전 시 비상용으로 유효하다.

해설
공압 모터의 특징
- 속도를 무단으로 조절할 수 있다.
- 출력을 조절할 수 있다.
- 속도 범위가 크다.
- 과부하에 안전하다.
- 오물, 물, 열, 냉기에 민감하지 않다.
- 폭발에 안전하다.
- 보수 유지가 비교적 쉽다.
- 높은 속도를 얻을 수 있다.
- 입력된 에너지에 비해 출력되는 에너지의 비율이 나쁘거나 일정하지 않다.
- 정확한 제어가 힘들다.
- 유압에 비해 소음도 발생한다.

2020년 제1·2회 통합 과년도 기출문제

제1과목 설비진단 및 계측

01 1자유도 진동시스템에서 비감쇠일 때 고유 진동 주파수에 대한 설명으로 옳은 것은?(단, 스프링 상수 : k[kgf/mm], 질량 : m[kg]이다)

① 고유 진동 주파수는 $f = \dfrac{1}{2\pi}\sqrt{\dfrac{m}{k}}$ 으로 나타낸다.
② 고유 진동 주파수는 시스템의 스프링 상수에 비례한다.
③ 고유 진동 주파수와 강제 진동 주파수가 일치하면 시스템이 안정된다.
④ 고유 진동 주파수는 외부로부터 주기적인 힘이 가해짐으로써 발생하는 진동 현상이다.

해설

① 고유 진동 주파수는 $f = \dfrac{1}{2\pi}\sqrt{\dfrac{k}{m}}$ 으로 나타낸다.
③ 고유 진동 주파수와 강제 진동 주파수가 일치하면 공진이 발생하며 위험하다.
④ 시스템이 외력에 의해 초기교란 후 그 힘을 제거하였을 때 그 시스템이 자유진동을 하는 진동수를 고유진동수라 한다.

02 질량 불균형(Unbalance)에 의해 발생하는 진동 특성의 설명으로 틀린 것은?

① 회전수가 증가할수록 진동 레벨이 높게 나타난다.
② 주기적인 충격피크를 볼 수 있는 파형이 나타난다.
③ 회전주파수 $1f$ 성분의 분명한 주파수가 나타난다.
④ 질량 불평형에 의한 진동은 수평·수직 방향에 최대의 진폭이 발생한다.

해설

비평형진동(언밸런스진동) : 회전체의 회전축에 관한 질량 분포의 불균형 상태에 의해 발생한다. 측정 시 수평 수직 방향에 최대의 진폭이 발생하고 회전 주파수의 $1f$ 성분의 탁월 주파수가 나타나는데, 언밸런스 양과 회전수가 증가할수록 진동 레벨이 높게 나타난다.

03 다음 중 진동을 측정할 때 진동 센서를 부착하는 가장 적절한 위치는?

① 댐 퍼
② 커플링
③ 모터 측
④ 베어링 하우징(케이스)

해설

설치 위치는 센서의 특성을 고려하여 안정적인 측정이 가능한 곳에 설치한다.

04 진동 차단기의 요구 조건으로 틀린 것은?
① 강성이 충분히 작아서 차단 능력이 있어야 한다.
② 강성은 작되 걸어준 하중을 충분히 견딜 수 있어야 한다.
③ 온도, 습도, 화학적 변화 등에 의해 견딜 수 있어야 한다.
④ 진동 발생 기계에서 외부로 진동이 잘 전달되도록 해야 한다.

해설
진동 발생 기계에서 외부로 진동이 잘 차단되도록 해야 한다.

05 다음 그림은 어떤 정류인가?

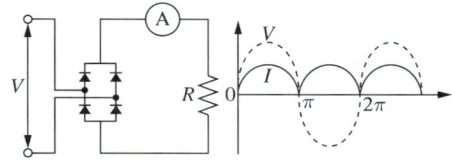

① 교 류
② 직 류
③ 반파 정류
④ 전파 정류

해설
정류는 교류를 직류로 바꾸는 작업이다. 전체 파장을 정류하는 것을 전파 정류라 한다.

06 공장의 환기 덕트 출구가 민가 쪽을 향하고 있어 소음이 문제가 되고 있을 때 대책으로 적절하지 않은 것은?
① 덕트 출구의 방향을 바꾼다.
② 덕트 출구의 면적을 작게 한다.
③ 덕트 출구에 소음기를 설치한다.
④ 덕트 출구 앞에 흡음 덕트를 붙인다.

해설
보기 중 덕트 출구 면적을 줄이는 것이 가장 효과가 없다.

07 회전수 계측법 중 전자식 검출법에 대한 설명으로 틀린 것은?
① 전원이 필요 없다.
② 내구성이 우수하다.
③ 자속 밀도의 변화를 이용한다.
④ 정지에 가까운 저속 검출에 적합하다.

해설
자기식(전자식) : 여자코일이 발생시키는 자속 밀도의 변화를 이용하여 펄스 모양의 전압 신호를 인출하는 것으로서 내구성이 우수하고 전원을 필요로 하지 않는 특징이 있는 측정

08 소음을 측정하기 위해 공장에서 준비해야 할 자료가 아닌 것은?
① 공장 배치도
② 기계 배치도
③ 생산 현황도
④ 작업공정도

해설
생산 현황과 소음과는 직접 관련은 없다.

09 가속도 센서의 부착방법 중 사용할 수 있는 주파수 영역이 넓고 정확도가 우수하나 가속도계 이동 및 고정시간이 길고 고정 시 구조물에 탭 작업을 하여 고정하는 방법은?
① 손 고정
② 나사 고정
③ 왁스 고정
④ 영구자석 고정

해설
가속도센서의 장착
• 장착 시 표면을 매끈하고 깨끗이 다듬어야 한다.
• 나사 등을 이용한 스터드를 이용한 장착 : 장기 장착에 적합하고 가장 확실한 장착법, 잘 고정되어 있으므로 진동 측정 범위가 넓음
 – 접착 장착 : 접착제(에폭시, 아교, 시멘트 등) 응고 후 충분히 딱딱해야 하며 부드러우면 고유진동수가 떨어짐
 – 왁스 장착 : 공기층이 없이 얇게 붙이며 40도 이상의 고온과 매우 높은 가속 환경에서는 사용 불가
 – 자석 장착 : 장착 시 표면이 매우 깨끗해야하며 자력에 따라 측정 주파수가 달라짐. 곡면보다는 평면에 활용
 – 프로브 사용 : 사실상 수동 측정에 해당, 센서 부착 위치 결정 등에 활용

10 다른 진동체상의 고정된 기준점에 대하여 어느 진동체의 상대적인 이동을 의미하며, 즉 순간적인 위치 및 시간 지연을 무엇이라 하는가?

① 위 상　　② 진 폭
③ 주파수　④ 포락선

해설
위상(位相) : 위치와 상태. 진동체의 파장의 위치와 상태를 표현하는 것이 위상이다.

11 단순 진동자의 운동이 정현적으로 발생하고 있다. 진동 속도가 v[m/s](피크값)이고, 이때의 진동 주파수가 f[Hz]일 때 진동 가속도[m/s²]를 구하는 식으로 옳은 것은?

① $2\pi \times f \times v$　　② $\frac{1}{2\pi} \times f \times v$
③ $2\pi \times \frac{f}{v}$　　④ $\frac{1}{2\pi} \times \frac{f}{v}$

해설
$v = \omega D = 2\pi f \cdot D$
$a = \omega^2 D = \omega \cdot v = 2\pi f \cdot v$

12 진동 측정 파라미터를 선정할 때 일반적으로 속도를 많이 활용하는 이유로 틀린 것은?

① 인체의 감도는 일반적으로 속도에 비례한다.
② 진동에 의한 설비의 피로는 진동속도에 반비례한다.
③ 진동에 의해 발생하는 에너지는 진동속도의 제곱에 비례한다.
④ 과거의 경험적 기준 값은 대부분 속도가 일정할 때의 기준이다.

해설
진동에 의한 설비의 피로는 진동속도에 비례한다.

13 진동의 크기를 바르게 표현한 것은?

① 편진폭(피크값) : 정측의 최댓값에서 부측의 최댓값까지의 값이다.
② 전진폭 : 정측이나 부측에서 진동량 절댓값의 최댓값이다.
③ 실횻값 : 진동에너지를 표현하는 것에 적합한 rms 값이다.
④ 평균값 : 진동량을 평균한 값으로 정현파의 경우 피크값의 $\frac{1}{\sqrt{2}}$ 이다.

해설
① 편진폭 : 진동을 파장으로 보았을 때 양의 피크(상한)와 0값의 차이, 진동량 절댓값 중 최댓값
② 진폭 : 진동의 크기를 나타내는 변수의 하나로 진동을 파장으로 보았을 때 파장의 상한과 하한의 차이를 의미한다.
④ 평균값 : 정현파의 경우 진동량을 전부 합하여 그 기간 동안 평균하면 $X_{ave} = \frac{2}{\pi} V_p$

14 소음의 가청음압과 가청주파수에 대한 설명으로 옳은 것은?

① 최저 가청주파수는 0Hz이다.
② 최대 가정주파수는 10,000Hz이다.
③ 최대 가청음압은 60Pa 또는 130dB이다.
④ 최저 가청음압은 2×10^{-7}Pa 또는 0dB이다.

해설
①, ② 가청주파수는 20Hz~20kHz이다.
③ 가청 최대한계는 60(N/m²)로 130dB 정도이다.
④ 최소 음압 실횻값 $P_0 = 2 \times 10^{-5}$N/m²이다.

10 ① 11 ① 12 ② 13 ③ 14 ③

15 신호 전송의 노이즈 대책으로 접지 시 주의사항으로 적절하지 않은 것은?

① 가능한 여러 지점으로 접지할 것
② 직렬 배선을 피하고 병렬로 할 것
③ 가능한 굵은 도선(도체)을 사용할 것
④ 실드 피복, 패널류는 필히 접지할 것

해설
신호는 전류량이 크지 않기 때문에 필요이상의 접지는 신호 수준을 떨어뜨릴 수 있다.

16 크고 작은 두 소리를 동시에 들을 때, 큰 소리만 듣고 작은 소리는 듣지 못하는 현상은?

① 음의 반사
② 마스킹 효과
③ 중첩의 원리
④ Doppler 효과

해설
마스킹 효과
- 크고 작은 두 소리를 동시에 들을 때 큰 소리만 들리고 작은 소리는 작게 들리거나 듣지 못하는 현상
- 서로 다른 두 소리의 주파수가 비슷하면 마스킹 효과가 커지고, 주파수가 같으면 맥놀이가 생겨 마스킹 효과는 감소한다.
- 주파수가 낮은 저음이 주파수가 높은 고음을 잘 마스킹한다.
- 소리가 강하면 마스킹되는 양도 커진다.

17 전동체에 물리량이 주어졌을 때 그 진동체가 갖는 특정한 값을 가진 진동수와 파장만의 진동만이 허용될 때의 진동은?

① 강제 진동
② 고유 진동
③ 탄성 진동
④ 흡음 진동

해설
시스템을 외력에 의해 초기교란 후 그 힘을 제거하였을 때 그 시스템이 자유진동을 하는 진동수를 고유진동수라 하고 다른 진동 없이 파장만 허용되는 진동을 고유진동이라 한다.

18 제어량과 목푯값을 비교하고 그들이 일치되도록 정정 동작을 하는 제어는?

① 순차 제어
② 조건 제어
③ 시퀀스 제어
④ 피드백 제어

해설
닫힌 루프제어(피드백 제어, 폐회로제어, 정량적 제어, Feedback Control)
- 출력값이 목푯값에 이르도록 입력값을 조정
- 개회로제어보다는 신호를 추출하고 목푯값과 비교하는 등의 설비(궤환요소)가 더 필요
- 개회로제어에 비해 정확한 제어가 가능
- 피드백 과정에서 목푯값 또는 기준 입력에 한 출력의 시간적 변화가 발생

19 다음 압력측정방법 중 탄성 방식이 아닌 것은?

① 벨로스식 압력계
② 부르동관식 압력계
③ 차동 용량식 압력계
④ 다이어프램식 압력계

해설
기계식(탄성식) 압력센서
- 부르동관 : 압력을 변위로 1차 변환하여 측정하는 압력계
- 벨로스 : 구불구불한 주름이 있는 금속원통의 내·외부의 압력차를 이용한 계측
- 다이어프램 : 금속 또는 비금속 막이 압력의 변화에 따라 변형되는 크기를 이용한 계측

20 유체의 흐름에 따라 회전하는 회전자로 케이스 사이의 공극에 유체를 연속적으로 취입해서 송출이라는 동작을 반복하여 회전자의 운동 횟수로 유량을 측정하는 유량계는?

① 면적식 유량계
② 용적식 유량계
③ 전자식 유량계
④ 차압식 유량계

해설
용적식
- 유량계 내부에 유체를 흐르게 하고 유량계 내부에 공간을 알고 있는 실을 설치하여 이 공간에서 유체가 배출되거나 채워질 때 고안된 회전자, 측정자, 베인 등 도구에 의하여 유량을 측정
- 유체의 흐름에 따라 회전하는 회전자로 케이스 사이의 공극에 유체를 연속적으로 취입해서 송출이라는 동작을 반복하여 회전자의 운동 횟수로 유량을 측정하는 유량계

정답 15 ① 16 ② 17 ② 18 ④ 19 ③ 20 ②

제2과목 설비관리

21 상비품 품목결정방식 중 상비수방식의 특성으로 틀린 것은?

① 관리수속이 간단하다.
② 재고금액이 적어진다.
③ 구입단가가 경제적이다.
④ 재질변경에 따른 손실이 많다.

해설
상비수 방식 : 상비품의 재고 방식으로 구입단가가 경제적이고, 관리 절차는 간단하지만 재고 금액은 많아진다. 재고금액이 많아짐에 따라 구입 재고비의 활용이 유연치 못하고 설비 변경 시 손실이 커진다.

22 설비보전시스템 체계도를 구성할 때, 가장 먼저 고려할 사항은?

① 생산계획
② 보전계획
③ 표준설정
④ 보전예방

해설
생산 보전 시스템은 예방 보전, 정기점검을 바탕으로 아래와 같이 수립한다.
• 생산계획을 바탕으로 보전의 목표를 세운다.
• 보전 조직과 표준을 수립한다.
• 보전계획을 수립한다.
• 보전 활동을 실시한다.
• 보전 활동(검사, 수리, 교체 등)을 기록한다.
• 피드백(효과 측정)을 실시한다.

23 시스템의 잠재적 결함을 조직적으로 규명하고 조사하는 설계 기법의 하나로서, 설비 사용자에게도 설비의 끊임없는 평가와 개선을 실시할 수 있는 고장 유형, 영향 분석 기법은?

① PM 분석
② QM 분석
③ FTA 분석
④ FMECA 분석

해설
FMECA : Failure Mode, Effect & Criticality Analysis
• 시스템의 잠재적 결함을 조직적으로 규명하고 조사하는 설계 기법의 하나
• 설비 사용자에게 설비의 끊임없는 평가와 개선을 실시할 수 있게 하는 방법

24 설비배치 계획이 필요한 경우가 아닌 것은?

① 신제품의 제조
② 작업장의 확장
③ 새 공장의 건설
④ 작업자 신규 채용

해설
작업자 신규 채용 시에도 설비 배치 계획 소요가 발생할 수는 있으나 설비 배치는 비용이 많이 드는 행위이므로 다른 보기처럼 좀 더 대규모의 재구조화가 필요한 경우가 적당하다.

25 가공 및 조립형 설비손실에 포함되지 않는 것은?

① 고장 손실
② 시가동 손실
③ 공정불량 손실
④ 속도저하 손실

해설
시가동 손실은 장비 프로세스형 로스에 속하며 설비의 운전 또는 생산 개시 때 가공 조건과 운전 조건의 안정화 및 정상화까지 걸리는 시간에 의한 로스를 의미한다.

정답 21 ② 22 ① 23 ④ 24 ④ 25 ②

26 치공구 관리에서 보전 단계에 해당하지 않는 것은?

① 공구의 검사
② 공구의 보관과 대출
③ 공구의 제작 및 수리
④ 공구 소요량의 계획 및 보충

해설
치공구 관리 기능의 보전단계
• 공구의 제작, 수리
• 공구의 검사
• 공구의 보관과 공급
• 공구의 연삭

27 공장 에너지 관리 중 열관리 방법에 해당되지 않는 것은?

① 소음 관리
② 연소 관리
③ 연료 관리
④ 열계측 관리

해설
열 에너지 관리 방안으로 연료 관리, 연소 관리, 열 사용 관리, 열 설비 관리 등이 있다.

28 계측 작업 및 방법의 관리와 합리화를 위한 방법과 가장 거리가 먼 것은?

① 안전관리의 향상
② 계측 작업의 표준화
③ 계측 정밀도의 유지 향상
④ 계측기의 사용, 취급법의 적정화

해설
계측 작업 및 방법의 관리와 합리화를 위한 전제조건
• 계측 작업의 표준화
• 계측 작업의 방법, 조건의 합리화
• 계측 정밀도의 유지, 향상
• 계측기의 사용, 취급법의 적정화
• 자료의 수집방법(위치, 시간, 횟수, 시료의 수집방법)의 합리화
• 계측에 관련된 작업(해석, 기록, 보고, 연락, 조작)의 적정화

29 다음 중 예방 보전의 효과로 틀린 것은?

① 유효손실의 감소와 설비 가동률의 향상
② 설비 갱신기간의 연장에 의한 설비 투자액의 경감
③ 긴급용 예비기기의 필요성 증가와 자본투자의 증가
④ 고장으로 인한 생산예정의 지연으로 발생하는 납기지연의 감소

해설
예방 보전의 효과
• 점검대상의 상태는 항상 파악된다.
• 중요한 수리의 횟수와 비용이 감소한다.
• 이에 따라 전체 투자비가 감소한다.
• 계획적인 수리가 가능하다.
• 고장 발생 시 원인을 구분할 수 있다.
• 전반적인 생산성이 향상된다.

30 품질 개선활동을 위하여 현상파악에 사용되는 수법 중 불량품, 결점, 사고 건수 등의 현상이나 원인별로 데이터를 내고 수량이 많은 순서로 나열하여 크기를 막대그래프로 나타내는 것은?

① 관리도
② 산정도
③ 파레토도
④ 히스토그램

해설
현상파악에 사용되는 방법
• 체크시트 : 체크리스트를 적으며 스스로 체크
• 히스토그램 : 공정에서 취한 계량치 데이터가 여러 개 있을 때 데이터가 어떤 값을 중심으로 어떤 모습으로 산포하고 있는가를 조사하는 데 사용
• 파레토도 : 불량품, 결점, 클레임(Claim), 사고 건수 등을 현상이나 원인별로 데이터 처리 후 데이터가 높은 순서부터 나열하고 막대그래프로 나타낸 것
• 관리도 : 품질은 산포하고 있으므로 공정에서 시계열적으로 변화하는 산포의 모습을 보고 공정이 정상 상태인가 이상 상태인가를 판독하기 위한 수법
• 산정도 : 대응하는 두 개의 데이터가 상관관계가 있는지 여부를 판단하는 수법
• 그래프 : 수치를 도표화한 것

정답 26 ④ 27 ① 28 ① 29 ③ 30 ③

31 다음 중 일시 정체 로스에 대한 대책으로 가장 거리가 먼 것은?

① 현상을 잘 파악할 것
② 최적 조건을 파악할 것
③ 미세한 결함도 시정할 것
④ 간단한 결함은 무시할 것

해설
- 일시 정체 로스(순간 정지 로스) : 센서 오작동, UFO(Unexpected Foreign Object)에 의한 긴급 정지, 설비공회전, 공정 물량 적체 등으로 인한 시간 로스
- 대책 : 현상 관찰 / 사전 결함 시정 / 최적 작업 조건 파악

32 원자재의 양, 질, 비용, 납기 등의 확보가 곤란할 경우 원자재를 자사생산으로 바꾸어 기업 방위를 도모하는 투자는?

① 후생 투자
② 방위적 투자
③ 합리적 투자
④ 공격적 투자

해설
전략적 투자
- 위험 감소를 위한 투자로 방위적 투자와 연구적 투자로 구분
- 후생 복지를 위한 투자(예 종업원 복리후생, 지역사회 복지 등)

33 자주보전에 관한 설명 중 틀린 것은?

① 자주보전은 운전자 스스로 전개하는 하나의 보전 활동이다.
② 작업자는 단순한 조직에만 그치는 것이 아니라 설비보전업무도 수행할 수 있도록 해야 한다.
③ 자주보전 활동은 고장 및 불량을 극소화하여 보전 효율 달성을 목적으로 하는 체계화된 활동이다.
④ 자주보전의 핵심은 자기(운전자)가 운전 설비는 운전자 스스로가 관리함으로써 현장 개선의 일익을 담당한다.

해설
자주보전이 체계적이지 않다고 할 수는 없으나, 고장 및 불량을 목적으로 하는 체계화된 활동은 예방보전의 개념으로 작업자 중심의 자주보전에 적당한 설명은 아니다.

34 설비배치의 분석 기법에 해당하지 않은 것은?

① MTBF 분석
② 자재 흐름 분석
③ 제품 수량 분석
④ 흐름 활동 상호 관계 분석

해설
설비배치 분석 방법
- 제품(P ; Product) – 수량(Q ; Quantity) 분석
- 자재 흐름 분석
- 활동 상호 관계 분석
- 흐름 활동 상호 관계 분석
- 면적 상호 관계 분석

35 어떤 특정 환경과 운전 조건하에서 어느 주어진 시점 동안 명시된 특정 기능을 성공적으로 수행할 수 있는 확률을 무엇이라 하는가?

① 효용성
② 신뢰성
③ 유용성
④ 생산성

해설
신뢰성
- 설비의 효율성을 결정짓는 하나의 속성으로서 "시스템이 어떤 특정 환경과 운전 조건하에서 어느 주어진 시간 동안 명시된 특정 기능을 성공적으로 수행할 수 있는 확률"을 말한다.
- 신뢰성 평가 척도는 고장률, 평균고장간격(MTBF), 평균고장시간(MTTF)이 있다.

36 설비보전 요소에 해당되지 않는 것은?

① 열화 방지 ② 열화 지연
③ 열화 회복 ④ 열화 측정

해설

설비 열화의 대책
- 열화 방지 : 예방 보전 및 상시 점검을 통한 열화 요소 제거
- 열화 회복 : 예방 수리(이상이 예상되는 부품 교체 등) 및 사후수리(고장 발생 시 수리)를 통해 열화 상태에서 회복
- 열화 측정
  - 양부 검사 : 멀쩡한지 이상이 있는지 검사한다는 표현으로 성능저하가 일어나면 실시
  - 경향 검사 : 돌발 고장형 열화에 대해 열화의 경향을 검사하는 것

37 이론사이클 시간과 실제사이클 시간과의 차이에서 발생하는 로스는?

① 고장 로스 ② 조정 로스
③ 속도 저하 로스 ④ 계획 정지 로스

해설

- 고장 로스 : 프로세스를 구성하고 있는 각 설비의 고장에 의한 정지 로스. 돌발적인 정지형 고장과 기능이 떨어지는 기능형 고장으로 구분
- 준비/교체/조정 로스 : 생산준비, 수주 및 조정에 의한 생산 계획 상의 로스
- 계획 정지 로스 : 연간 보전계획에 의한 예방 보전 또는 정기보전에 따른 휴지에 의한 로스

38 수리공사를 하기 위해서는 절차, 재료, 공수 등 공사 견적을 실시하게 되는데 수리공사 견적법으로 사용되지 않는 것은?

① 경험법 ② 실적 자료법
③ 표준 개량법 ④ 표준 자료법

해설

공사견적은 절차, 재료, 공수 등이 실시되며 견적법으로는 경험법, 실적 자료법, 표준 자료법의 세 가지가 있다.

39 설비투자 및 대체의 경제성 평가를 할 때 비교하는 대안 사이에서 조업비용이나 자본비용 면에서 계산하여 판정하는 원가비교법에 해당되지 않는 것은?

① 연간 비용법 ② 현가 비교법
③ 제조원가 비교법 ④ 자본회수 기간법

해설

- 자본회수 기간법 : 투자에 소요된 모든 비용을 회수하는 데 걸리는 기간으로 환산하여 표기. 기간이 길면 비용이 크다.
- 비용 비교법(원가비교법) : 설비가 1년 유지되는 데 드는 비용을 서로 비교하여 비용이 적은 쪽을 채택
  - 제조원가 비교법 : 재무적으로 계산된 원가(조업비용 + 자본비용)가 적은 쪽을 채택하는 방식
  - 현가 비교법 : 투자에 나타나는 모든 현금적 가치를 현재가치로 환산하여 비교
  - 연평균비용 비교법
    가. 설비의 내구 사용 기간 사이의 자본비용과 가동비의 합을 현재가치로 환산하여 내구 사용 기간 중의 연평균 비용을 산출, 비교하여 대체안을 결정하는 방법이다.
    나. 총비용(총자본비용 + 가동비의 총합) × 자본회수계수
  - 평균 이자법 : 연간비용으로서 정액제에 의한 상각비와 평균이자 및 가동비를 취한 방법이다. 즉, '연간비용 = 가동비 + 평균이자 + 상각비'이다. 회계가 쉽고 비교가 쉽다.

40 다음 상비품의 발주방식 중 주문량과 주문점을 균등하게 한 것으로 용량이 균등한 두 개의 같은 용량, 용기를 상호적으로 사용하여, 한쪽 용기 내의 물품을 다 소모했을 경우 용량분의 주문을 하는 것은?

① 복책법 ② 포장법
③ 정기 발주 방식 ④ 사용고 발주 방식

해설

- 정량 발주 방식 : 주문점법이라 함. 재고량이 주문점(Ordering Point)까지 내려가면 일정량을 보충 주문하여 계획된 수준의 재고를 유지하는 방식
  - 복책법 : 주문량과 주문점을 균등하게 하는 방법으로 두 개의 같은 보관고에 자재를 각각 넣고, 한쪽이 모두 소진되면 다른 쪽 보관고 분량의 자재를 주문하는 방식
  - 포장법 : 주문점에 해당하는 양만큼을 복수로 포장하여 두고, 차츰 소비되어 다음 포장을 풀 때에 발주하는 방식
- 정기 발주 방식 : 일정한 시기에 발주량을 달리하여 발주하는 방식
- 사용고 발주 방식 : 최고 재고량을 정해놓고, 사용할 때마다 사용량만큼을 발주해서 언제든지 일정량을 유지하는 방식. 고가의 예비품이고 불출빈도가 낮을 때 사용

정답 36 ② 37 ③ 38 ③ 39 ④ 40 ①

제3과목 기계일반 및 기계보전

41 다음 중 송풍기의 주요 구성품이 아닌 것은?

① 케이싱
② 피스톤
③ 임펠러
④ 축 베어링

해설
송풍기는 제한된 흡입공간에 회전력을 이용하여 압축 또는 흐름을 만드는 방식이어서 피스톤을 사용하지는 않는다.

42 토출관이 짧은 저 양정(전 양정 약 10m 이하) 펌프의 토출관에 설치하는 역류방지 밸브로 가장 적당한 것은?

① 앵글 밸브
② 푸트 밸브
③ 반전 밸브
④ 플랩 밸브

해설
플랩 밸브 : 힌지가 달린 밸브판을 힌지를 축으로 회전시켜 사용한다. 역수방지용이나 스톱 밸브로 사용한다.

43 펌프에서 수격현상의 특징으로 틀린 것은?

① 밸브를 급격히 열거나 닫을 때 발생한다.
② 펌프의 동력이 급속히 차단될 때 나타난다.
③ 관로에서 유속의 급격한 변화에 의한 압력이 상승 또는 하강하는 현상이다.
④ 펌프 내부에서 흡입 양정이 높거나 흐름 속도가 국부적으로 빨라져 기포가 발생하거나 유체가 증발한다.

해설
수격 현상(水擊, Water Hammer, Water Hammering)
• 펌프를 급히 정지시키면 관 속에 흐르는 유체가 흐름의 충격을 받아 관로 내에 급격히 압력이 높아지는 부분이 생겨 발생한 압력파가 왕복, 반복되며 물이나 관을 때리는 것 같은 현상
• 펌프를 기동할 때 송출밸브를 급히 여닫거나, 운전 중에도 밸브를 급히 여닫으면 비슷한 현상이 발생
• 구조상 수격에 의해 충격을 반복해서 받는 부분이 있으면 반복 충격에 의해 파손의 우려가 있다.
• 방지책
  – 펌프에 플라이휠을 설치하여 정지할 때 급히 정지 하지 않고 관성에 의한 완만한 감속을 유도
  – 송출 관로에 공기 밸브, 공기실, 또는 조압 수조(서지탱크)를 설치
  – 송출관 내의 관의 지름을 적절히 선정하여 유체속도를 낮춤

44 압축기 베어링의 사고와 원인 중 이상음의 발생 원인이 아닌 것은?

① 오일 냉각 부족
② 기름의 노화 오염
③ 윤활유 종류의 부적합
④ 윤활유의 적정 유량 유지

해설
윤활유의 적정 유량이 유지되고 있다면 이상이 아니며, 이 진동음은 정상음이다.

45 일반적인 탄산가스 아크 용접의 특징으로 틀린 것은?

① 가시 아크이므로 시공이 편리하다.
② 바람의 영향을 받지 않으므로, 방풍 장치가 필요 없다.
③ 전류밀도가 높아 용입이 깊고 용접 속도를 빠르게 할 수 있다.
④ 용제를 사용하지 않아 슬래그의 혼입이 없고, 용접 후의 처리가 간단하다.

해설
탄산가스(CO_2) 아크용접은 보호가스로 CO_2를 사용한다. 바람이 발생하면 CO_2를 불어 제거하므로 방풍장치가 필요하다.

46 보전용 재료 중 방청 윤활유의 종류와 기호가 잘못 연결된 것은?

① 1종(1호) : KP-7
② 1종(2호) : KP-8
③ 1종(3호) : KP-9
④ 1종(4호) : KP-10

해설

기 호	종 류	주 용도	
KP-7	방청윤활유 1종 1호	중점도 유막의 금속재료 및 제품의 방청	
KP-8	방청윤활유 1종 2호	저점도 유막의 금속재료 및 제품의 방청	
KP-9	방청윤활유 1종 3호	고점도 유막의 금속재료 및 제품의 방청	
KP-10-1	방청윤활유 2종 1호	저점도 유막	내연 기관의 방청, 보관 및 중하중, 일시 운전하는 장소에 사용
KP-10-2	방청윤활유 2종 2호	중점도 유막	
KP-10-3	방청윤활유 2종 3호	고점도 유막	

47 나사의 표시법에서 M10-6H/6g에 대한 설명으로 맞는 것은?

① 미터 보통나사(M10) 수나사 6H와 암나사 6g의 조합
② 미터 보통나사(M10) 암나사 6H와 수나사 6g의 조합
③ 미터 관용평행나사(M10) 수나사 6H와 암나사 6g의 조합
④ 미터 관용평행나사(M10) 암나사 6H와 수나사 6g의 조합

해설
IT 공차 기호로 대문자는 암놈에, 소문자는 수놈에 표시한다. 관용평행나사는 KS B 0221에 따라 A, B로 표시한다.

48 일반적인 래핑(Lapping)의 특성으로 틀린 것은?

① 가공면은 윤활성 및 내마모성이 좋다.
② 정밀도가 높은 제품을 가공할 수 있다.
③ 가공이 간단하고 대량생산이 가능하다.
④ 먼지의 발생이 없고 가공면에 랩제가 잔류하지 않는다.

해설
래 핑
- 공구와 공작물 사이에 랩제(숫돌입자 또는 액체)를 끼워 넣고 압력을 가한 상태로 상대운동을 하는 마무리 가공이다.
- 가공이 간단하지만 정밀도가 높은 제품을 대량 생산이 가능하다.
- 가공면은 윤활성 및 내마모성이 높다.
- 랩제 : 주철, 연강, 구리 등 금속입자나 연삭입자와 경유, 석유나 스핀들유 또는 점성이 작은 식물성유를 혼합하여 사용한다.
- 가공 시 미세먼지가 발생할 수 있고 가공면에 랩제가 잔류할 수 있으므로 관리가 필요하다.

49 구성인선(Built up Edge)의 방지대책으로 틀린 것은?

① 경사각을 작게 할 것
② 절삭 깊이를 작게 할 것
③ 절삭 속도를 빠르게 할 것
④ 절삭공구의 인선을 날카롭게 할 것

해설
구성인선의 발생을 감소시키기 위해서는 깎는 깊이를 작게 하거나 공구 경사각을 크게 하고, 날끝을 예리하게 하며, 절삭 속도를 크게 하고(구성인선 임계 절삭 속도 : 120m/min) 윤활유를 사용한다.

50 압축기의 배관에 대한 설명으로 옳은 것은?

① 배관 길이는 가능한 길게 한다.
② 압축기의 탱크 사이의 배관은 클수록 좋다.
③ 배관 도중의 하부에는 드레인 밸브를 부착한다.
④ 압축기의 분해, 조립과 관계없이 배관의 지름을 크게 한다.

해설
배관 설치 시 유의사항
- 배관 시 복잡한 배관은 지양하고 가능한 짧게 하며 실린더에 배관 하중이 가해지면 맞춰 놓은 수평과 간극이 달라지므로 주의한다.
- 압축기와 공기탱크 사이의 배관은 설계자가 지정한 크기를 사용하여 지나치게 크거나 작게 하지 않는다.
- 배관의 배치는 압축기의 분해, 조립에 지장이 없는 위치에 한다.
- 배관 시 일상 정비와 정기 분해 정비가 가능하도록 중간 중간 유니언을 삽입한다.
- 배관 도중의 하부에는 반드시 드레인 밸브를 부착한다.
- 배관 길이는 맥동을 방지하기 위해 공진 길이를 피하여야 한다.
- 배관 중 스톱밸브를 사용하여야 하면 스톱밸브 앞쪽에 안전밸브를 설치하도록 한다.
- 2대 이상의 압축기를 1개의 토출관으로 배관 시 체크밸브와 스톱밸브를 취부한다.
- 토출 배관에는 흐름이 용이하도록 경사를 고려한다.
- 건조기나 필터 등 부속기기는 압축기와 공기탱크 사이에는 설치하지 않는다.

51 고무 스프링의 특징으로 옳은 것은?

① 감쇠작용이 커서 진동의 절연이나 충격 흡수에 좋다.
② 노화와 변질 방지를 위하여 기름을 발라 두어야 한다.
③ 인장력에 강하지만 압축력에 약하므로 압축하중을 피하는 것이 좋다.
④ 크기 및 모양을 자유로이 선택할 수는 없고 여러 가지 용도로 사용이 불가능하다.

해설
고무 스프링
- 감쇠작용이 커서 주로 방진(方振)용으로 사용되며 천연이나 합성재를 이용하며 가볍고 저렴하나 0~70℃ 온도범위와 습도에 취약하고 지속적인 하중에 변형의 우려가 있다.
- 압축력에는 강하나 인장력에 약하므로 인장하중은 피하도록 한다.
- 개발에 따라 크기와 모양을 자유롭게 선택할 수 있고 여러 가지 용도로 사용이 가능하다.

52 불량 수정 로스에서 불량을 해결하기 위한 대책으로 가장 거리가 먼 것은?

① 요인계통을 재검토할 것
② 현상의 관찰을 충분히 할 것
③ 원인을 한 가지로 정하고, 그 부분만 수정할 것
④ 요인 중에 숨은 결함의 체크 방법을 재검토할 것

해설
불량 수정 로스
- 돌발 불량 등 명확한 불량 외 파악되기 힘든 만성불량 등에 의한 로스
- 대책 : 현상 관찰/예측가능 요인 계통 재검토/다양한 원인을 다각도로 접근, 검토/숨어있는 결함에 대한 확인 방법을 검토

53 다음 중 응력집중에 의한 축의 파단원인으로 가장 거리가 먼 것은?

① 키 홈의 마모
② 축의 가공 불량
③ 설계 형상의 오류
④ 커플링 중심내기 불량

해설
축의 파단
- 축에 노치 또는 흠이 발생하거나 공진이 발생하는 회전수를 잘못 예측하는 경우 파단이 발생한다.
- 노치나 흠은 가공 시점에 발생할 수 있어 납품 또는 설치 시 확인이 필요하며 설치 시 흠이 발생하지 않도록 주의하여 시공한다.
- 커플링의 중심을 잘못 맞추면 진동이 발생하고 진동이 커지면 파단될 수 있다.

54 내스케일성 및 고온산화 방지를 위하여 실시하는 표면경화 열처리 방법으로 강재를 가열하여 그 표면에 알루미늄을 확산 침투시키는 것은?

① 크로마이징
② 칼로라이징
③ 세라다이징
④ 실리코나이징

해설
- 칼로라이징 : 알루미늄 분말에 소량의 염화암모늄(NH_4Cl)을 가한 혼합물과 경화
- 크로마이징 : 크롬은 내식, 내산, 내마멸성이 좋으므로 크롬 침투에 사용한다.
- 세라다이징 : 아연을 침투, 확산시키는 것
- 실리코나이징 : 내식성을 증가시키기 위해 강철표면에 Si를 침투하여 확산시키는 처리

55 전동기 내 베어링의 발열에 대한 원인이 아닌 것은?

① 윤활제의 부적합
② 베어링 조립불량
③ 냉각 팬 축에 억지 끼워 맞춤
④ 체인, 벨트 등의 지나친 팽팽함

해설
냉각 팬은 전동기 밖에 별도로 설치한다.

56 스프링의 도시 방법을 설명한 내용 중 틀린 것은?

① 겹판 스프링은 일반적으로 스프링 판이 수평인 상태에서 그린다.
② 조립도, 설명도 등에서 코일 스프링을 도시하는 경우에는 그 단면만을 나타내어도 좋다.
③ 코일 스프링, 벌류트 스프링, 스파이럴 스프링 및 접시 스프링은 일반적으로 무하중 상태에서 그린다.
④ 스프링의 종류 및 모양만을 간략도로 나타내는 경우에는 스프링 재료의 중심선만을 일점쇄선으로 그린다.

해설
스프링의 종류 및 모양만을 간략도로 나타내는 경우에는 스프링 재료의 중심선만을 굵은 실선으로 그린다.

정답 53 ① 54 ② 55 ③ 56 ④

57 측정공구 중 비교측정에 사용되는 측정기는?

① 측장기
② 옵티미터
③ 마이크로미터
④ 버니어 캘리퍼스

해설
비교 측정
- 게이지 블록, 표준 게이지 등을 기준으로 공작물의 치수를 비교하여 측정하는 측정기
- 종 류
  - 기계식 : 미니미터, 다이얼 게이지, 오르도테스트, 미크로케이터
  - 광학식 : 옵티미터, 울트라옵티미터, 미크로룩스, 간섭측미기
  - 유체식 : 수준기, 공기 마이크로미터
  - 전기식 : 볼트미터, 일렉트로리미터, 전기 마이크로미터, 전자관식 측미기

58 베어링의 열 박음에서 가열끼움을 하려고 할 때 가열방법으로 가장 거리가 먼 것은?

① 수증기로 가열
② 기름으로 가열
③ 액화질소로 가열
④ 가스토치로 가열

해설
액화질소는 냉각을 시킬 때 사용하는 냉매이다.

59 보스와 축의 둘레에 많은 키를 깎아 붙인 것과 같은 것으로 일반적인 키보다 훨씬 큰 동력을 절단시킬 수 있고 내구력이 커서 자동차, 공작기계 발전용 증기 터빈 등에 이용되는 체결용 기계요소는?

① 스플라인
② 테이퍼 핀
③ 미끄럼 키
④ 플랜지 너트

해설
스플라인 축은 그림과 같은 모양으로, 큰 동력을 전달하기에 적합하다.

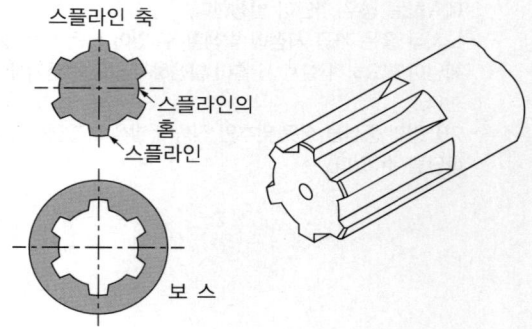

60 감속기의 양호한 조립상태를 유지하기 위한 조치로 적절하지 못한 것은?

① 이상의 조기발견
② 정확한 윤활의 유지
③ 빈번한 분해수리 실시
④ 이 면의 마모상태 파악

해설
분해수리를 자주 하게 되면 분해, 수리 과정에서 예상치 못한 오류나 고장이 발생할 확률이 높아진다.

제4과목 윤활관리

61 설비의 우발 고장기간 중 고장감소를 위한 보전방법으로 옳지 않은 것은?

① 오염 관리
② 윤활제 관리
③ 운전보전 관리
④ 윤활설비 사후보전

> **해설**
> 우발 고장기에는 고장을 예측할 수 없으므로 예방 보전에 의해 고장이 감소하지는 않는다. 또한 사후보전이 우발 고장을 감소시킬 수 없다. 우발 고장이 발생하지 않도록 기본 설계와 보전수칙을 준수하며 사고 시 즉시 사후처리할 수 있도록 준비하는 것이 필요하다.

62 기계설비의 운전 시 사고발생의 원인으로 윤활부위, 윤활조건, 윤활환경 등에 따라 분류할 수 있다. 이 중 윤활 환경적 요인으로 가장 거리가 먼 것은?

① 전도열이 높은 경우
② 오일의 열화와 오탁
③ 기온에 의한 현저한 온도변화
④ 마찰면의 방열이 불충분한 경우

> **해설**
> - 윤활 장치의 고장 원인 : 윤활제에 의해, 마찰면에 의해, 작업 중 유발요인, 급유 방법에 의해, 환경에 의해
> - 환경 요인 : 마찰 및 전도로 전달받은 열을 충분히 방열하지 못하거나 불순물이 혼합되거나, 내·외부 요인으로 큰 온도변화가 유발되거나, 뜨거운 물, 산의 증기, 염분 등의 영향으로도 고장을 유발할 수 있다.

63 윤활유의 첨가제가 가져야 할 성질 중 틀린 것은?

① 증발이 많아야 한다.
② 기유에 용해도가 좋아야 한다.
③ 저장 중에 안정성이 좋아야 한다.
④ 다른 첨가제와 잘 조화되어야 한다.

> **해설**
> 증발이 일어나면 첨가제가 기화되어 첨가한 효과가 사라지게 된다.

64 그리스 시험 중 혼화 주도의 표준시험온도와 표준 혼화횟수로 가장 적합한 것은?

① 20 ± 0.5℃, 80회
② 25 ± 0.5℃, 40회
③ 25 ± 0.5℃, 60회
④ 20 ± 0.5℃, 100회

> **해설**
> **혼화 주도** : 시험 온도(25℃) 유지하여 혼화기 내에서 그리스를 60회 혼화한 후 102.5 ± 0.05g의 원추를 시료 표면에 5초 동안 낙하시킨 후 침입한 깊이를 mm의 10배수로 나타낸다.

65 플러싱유 선택 시 고려해야 할 사항으로 틀린 것은?

① 방청성이 우수할 것
② 고온의 청정 분산성을 가질 것
③ 고점도유로서 인화점이 낮을 것
④ 사용유와 동질의 오일을 사용할 것

> **해설**
> **플러싱유의 선정** : 저점도유, 높은 인화점, 사용 윤활유와 동질의 오일 사용, 고온의 청정 분산성, 방청성이 요구됨

66 절삭유에 요구되는 주요성능으로 틀린 것은?

① 세정성
② 가열성
③ 방청성
④ 반용착성

> **해설**
> 가열성이란 절삭유를 사용하는 중 열이 가해지는 성질을 말하는 것이다. 절삭유는 열을 방출하는 성질이 있어야 한다.

정답 61 ④ 62 ② 63 ① 64 ③ 65 ③ 66 ②

67 윤활유 분석을 위한 시료 채취 시 주의사항으로 틀린 것은?

① 탱크 바닥에서 채취한다.
② 시료는 가동 중인 설비에서 채취한다.
③ 채취 개소는 일정한 장소나 지점에서 채취한다.
④ 샘플링 Line이나 밸브, 채취 기구는 샘플링 전에 충분히 Flushing을 한다.

해설
탱크의 바닥에서 채취하면 사용유의 검사 목적에서 벗어난 대상을 채취할 수도 있게 되어 침전물을 채취하더라도 탱크 아랫부분의 일정한 지점에서 채취하도록 한다.

68 그리스의 급유방법 중 자기순환급유법의 윤활장치로 적합한 장치는?

① 링 급유장치 ② 밀봉 베어링
③ 칼라 급유장치 ④ 패드 급유장치

해설
그리스는 열을 받지 않은 상황에는 반고형으로, 가열되면 유(流)형으로 변형된다. 그리스는 베어링 내에서 소실이 없으면 추가 급유 없이 순환급유되어 사용이 가능하다.

69 설비의 고장원인 중 윤활로 인한 문제로 볼 수 없는 것은?

① 충분한 플러싱
② 과잉 및 과소급유
③ 부적절한 오일 사용
④ 이종 오일의 혼합사용

해설
윤활유 관련 고장 원인 파악
• 윤활제 : 부적정유 사용여부, 유제의 열화 또는 더러워짐 여부, 기름의 누설여부, 이종 오일 혼합여부
• 마찰면 : 마찰면 재질불량 및 사용불량 여부, 과도한 작용 및 설계불량 여부, 마찰면 마모에 의한 기계 부분 늘어짐 및 조기 피로 여부
• 작업상 : 급유작업 부주의 여부, 과잉 또는 과소 급유, 지나치게 빠르거나 느린 급유
• 급유방법 : 설계불량 여부, 급유장치 고장 여부, 게이지 고장 여부
• 환경 : 높은 전도열 또는 마찰열이 있는지, 방열은 잘 되는지, 불순물이 혼합되었는지, 산성 증기, 염기성 증기, 염분 등의 영향을 받는지

70 윤활유계 급유법 대비 그리스계 급유법의 장점이 아닌 것은?

① 누설이 적다.
② 급유간격이 길다.
③ 냉각작용이 우수하다.
④ 밀봉성이 좋고 먼지 등의 침입이 적다.

해설
그리스 윤활의 장점
• 밀봉 효과가 크고, 이물질 혼입이 방지된다.
• 내수성이 강하고 적하 유출이 적다.
• 액상에 비해 비교적 높은 온도에서 사용가능하며 내하중성이 높다.
• 액상에 비해 급유가 용이하고 장기간 보전이 가능하다.
그리스 윤활의 단점
냉각 효과가 낮으며 이물질이 혼입된 경우는 분리가 어렵고, 급유 교환이 불편하다.

71 윤활유의 물리적, 화학적 성질에 대한 설명으로 틀린 것은?

① 유동점이란 오일이 흐를 수 있는 가장 높은 온도를 말한다.
② 점도란 액체가 유동할 때 나타나는 내부저항을 말한다.
③ 전산가는 오일 중에 포함되어 있는 산성 성분의 양을 말한다.
④ 점도지수란 온도의 변화에 따른 윤활유의 점도변화를 나타내는 수치이다.

해설
유동점 : 윤활유의 점도를 낮출 때 유동성을 잃기 직전의 온도이다.

72 윤활유가 유화되는 원인으로 가장 거리가 먼 것은?

① 수분과의 접촉이 적었을 때
② 기름의 산화가 상당히 일어났을 때
③ 운전 조건이 가혹해서 탄화수소분의 변질을 가져왔을 때
④ 윤활유가 열화하여 이물질분이 증가되어 고점도유에 이르렀을 때

해설
유화란 윤활유가 수분과 혼합되어 유화액을 만드는 현상이다.

73 미끄럼 베어링에서 윤활에 필요한 점성유막을 만들기 위한 조건으로 틀린 것은?

① 윤활제가 적당한 점도를 가져야 한다.
② 이 면간의 유막이 쐐기형으로 되어 있어야 한다.
③ 고정면과 운동면 사이에 상대적인 미끄럼이 존재하여야 한다.
④ 전동체와 리테이너 사이의 미끄러지는 부분에 윤활이 되어야 한다.

해설
리테이너는 볼베어링이나 롤러베어링의 위치를 잡아주는 장치로 구름베어링에 사용한다.
안전한 후막윤활을 위해 점성유막이 형성되기 위해서는 고정체와 전동체 사이에서 윤활이 일어나야 한다. 또한 상대미끄럼 운동에 의해 쐐기형 유막작용에 의해 밀려들어가 점성유막을 형성한다.

74 미끄럼 베어링의 급유법으로 가장 적합하지 않은 방식은?

① 순환식   ② 분무식
③ 유욕식   ④ 전손식

해설
미끄럼 베어링 급유법
• 전손식 : 적은 급유량으로 윤활이 가능하고 운전 속도가 낮을 때 적용한다.
• 유욕식 : 링, 체인, 칼라, 비말 급유에 사용된다.
• 순환식 : 베어링 온도가 상승 우려가 있는 경우 냉각을 위해 사용된다.

75 다음 중 윤활제의 중화가를 측정하는 방법으로 옳은 것은?

① 콘라드손법   ② 램스보텀법
③ 형광분석법   ④ 전위차 측정법

해설
오일의 정제도와 내연기관용 윤활유와 같이 오일 중에 함유된 알칼리성 첨가제의 함량 또는 오일의 사용과정에서 일어난 산화의 정도를 확인하는 시험을 중화가 시험이라 한다. 중화가를 측정하는 방법은 지시약 적정법과 전위차 적정법의 두 가지가 있다.

76 왕복동 공기 압축기에서 내부 윤활유의 원인으로 발생되는 고장이 아닌 것은?

① 크랭크 샤프트의 마모
② 탄소의 부착, 발화, 폭발
③ 드레인 트랩의 작동 불량
④ 실린더나 피스톤링의 마모

해설
왕복동 공기 압축기에서 내부유는 토출 밸브, 피스톤, 실린더의 습동부에 사용되고 외부유는 베어링, 크랭크 핀 등에 사용된다.

77 윤활성은 다소 떨어지지만 불연성이란 이점으로 제철소 등의 고온개소 유압작동유로 사용되는 것은?

① EP 작동유
② 고온용 작동유
③ 고점도지수 작동유
④ 물-글리콜계 작동유

해설
EP 작동유는 광유에 나프텐산연계나 S-P계의 극압제를 첨가한 것이다. 고온용 작동유, 고점도지수 작동유 모두 광유계 작동유이다. 물-글리콜계 작동유는 난연성 함수형 작동유이다.

78 윤활관리의 주요 기능이 아닌 것은?

① 마모 방지   ② 마찰 손실 방지
③ 방청 작용 방지   ④ 녹아 붙음 방지

해설
윤활의 기능
• 마찰 감소 : 경계 마찰일이 발생하는 곳에 피막형성
• 냉각 작용 : 마찰열 흡수, 계(System) 밖으로 방출
• 밀봉 작용 : 유막을 통해 내·외부를 차단, 밀봉
• 청정 작용 : 오염 물질을 씻어내는 작용
• 방청 작용 : 녹이 슬지 않게 하는 작용
• 방식 작용 : 부식이 일어나지 않게 하는 작용
• 방진 작용 : 먼지 등 유해물질의 유입 방지 작용
• 하중(응력)의 분산 작용 : 국부 압력을 액을 통해 분산시켜 마멸 방지

79 윤활관리의 효과로 가장 거리가 먼 것은?

① 윤활 사고의 방지
② 제품의 정도 향상
③ 기계 정도와 기능의 유지
④ 완전 운전에 의한 유지비의 증가

해설
윤활관리가 잘 되면 유지비는 감소한다.

80 일반적인 기어 윤활에 관한 설명으로 틀린 것은?

① 고속기어에는 저점도의 윤활유가 적합하다.
② 하이포이드 기어는 일반적으로 중하중을 받으므로 불활성 극압 윤활유가 적당하다.
③ 웜 기어는 미끄럼 속도가 빠르고 운전 온도도 높게 되므로 산화 안정성이 우수한 순광유가 일반적으로 사용된다.
④ 기어는 높은 하중을 받아 미끄러질 때 마찰면 마모를 방지하기 위하여 내하중성이 있는 극압유가 요구된다.

해설
하이포이드 기어 : 하이포이드 기어는 곡선 형태의 기어 이를 가지고 있어 부드러운 전동이 가능하며 서로 교차하지 않는(Do not Intersect) 축을 가지고 있다. 중하중을 받고 스커핑(표면 마모 현상) 우려가 있어 활성 극압 기어유를 선택한다.

76 ① 77 ④ 78 ③ 79 ④ 80 ②

제5과목 공유압 및 자동화

81 단위 질량당 유체의 체적 또는 단위 중량당 유체의 체적을 무엇이라 하는가?

① 밀 도 ② 비 중
③ 비중량 ④ 비체적

해설
비체적 : 단위 질량당 유체의 체적, 또는 단위 중량당 유체의 체적을 이야기한다. 체적은 팽창하는 개념이므로 어느 정량의 물질을 기준할 때 질량이나 무게를 기준으로 하는 것이 필요하다. 밀도, 또는 비중량의 역수가 된다.
밀도는 정해진 부피 안에 질량의 정도이고 정해진 부피 안에 중량의 정도가 비중량이다.
비중은 물과 비교한 중량이다.

82 유압 텔레스코프형 다단실린더에 대한 설명으로 틀린 것은?

① 긴 행정거리가 요구되는 경우에 사용한다.
② 정확한 위치제어를 행하는 경우에 사용한다.
③ 유압유가 유입되면 순차적으로 실린더가 동작한다.
④ 유압 실린더 내부에 다시 별개의 실린더를 내장한 구조이다.

해설
공유압 실린더는 구조상 정확한 위치제어는 어렵고 위치제어는 주로 복귀지점, 작동지점의 제어가 가능하다.

83 축압기(Accumulator)의 기능이 아닌 것은?

① 맥동압의 제거 ② 서지압의 흡수
③ 회로압의 증대 ④ 압력에너지 저장

해설
축압기(Accumulator)
- 유체의 압력을 축적하여 압력의 흐름을 일정하게 조절해 주는 장치로서 압력을 축적하는 방식으로 맥동을 방지하는 데 사용한다.
- 일시적으로 적은 양의 가압 유압액을 저장하여 압력 변동을 최소화하고 라인의 소음을 줄이고 신뢰할 수 있는 서보 밸브 성능을 유지할 수 있도록 한다.
- 에너지를 축적하고 부족할 때 보충하는 유압콘덴서 역할을 한다.

84 공장자동화 장치에 사용되는 공유압 실린더의 역할로만 짝지어진 것은?

① 잡기(Clamp), 이송, 회전
② 홈 파기, 구멍 뚫기, 나사내기
③ 설계, 정보이송, 데이터 가공
④ 도장하기, 조립하기, 도면그리기

해설
실린더는 실린더 헤드를 이용한 작업이 가능하며, 중간 위치 제어가 어렵다. 그리고 헤드에 큰 동력체를 싣기도 쉽지 않다. 그러나 간단한 신호로 제어가 가능하며 동력원 전달이 쉽다. 따라서 실린더는 물건을 집어 이송하거나 위치를 변경하는 데 유용하다.

85 직동형 압력 릴리프 밸브의 특징으로 옳은 것은?

① 구조가 복잡하다.
② 압력 조정 범위가 넓다.
③ 채터링을 일으키기 쉽다.
④ 주로 고압용으로 사용한다.

해설
릴리프 밸브 : 탱크나 실린더 내의 최고 압력을 제한하여 과부하(오버라이드) 방지를 목적으로 하며 안전밸브라고도 한다.
- 직동형 : 직접 스프링에 압력을 가하여 입구를 막고 있다가 더 큰 힘이 걸리면 입구가 열려서 흐름이 생긴다.
- 파일럿 작동형(평형 피스톤형) : 간접 작동형으로 작동밸브에 오리피스를 달아서 더 작은 스프링으로 오리피스의 압력을 조절한다. 더 민감한 압력을 조정 가능하므로 많이 사용된다.

86 불량 로스에 해당하는 것은?

① 고장 정지 로스
② 속도 저하 로스
③ 작업 준비·조정 로스
④ 초기 유동관리 수율 로스

해설
고장 로스, 작업 준비 조정 로스는 정지 로스로, 순간정지, 속도 저하 로스는 속도 로스로, 불량 수정 로스, 초기 수율 로스는 불량 로스로 구분한다.

87 다음 설명에 해당되는 법칙은?

> 밀폐된 용기 내에 있는 유체의 압력은 모두 같다.

① 연속의 법칙
② 베르누이 법칙
③ 파스칼의 법칙
④ 벤투리관의 법칙

해설
파스칼의 원리에 의하면 비압축성 유체를 밀폐된 공간에 담아 유체의 한쪽에 힘을 가하여 압력을 증가시키면, 유체 내의 압력은 모든 방향에 같은 크기로 전달된다.

88 전기회로에서 수동 소자가 아닌 것은?

① 저 항   ② 인덕터
③ 커패시터   ④ OP-AMP

해설
전기회로의 소자는 수동소자와 능동소자로 나누며 저항, 인덕터, 커패시터는 수동소자이다.
능동소자는 다이오드, 트랜지스터와 복합능동소자(연산증폭기, 비교기, 논리소자)로 구분한다.

89 핸들링에 대한 설명으로 틀린 것은?

① 핸들링 기능은 가공작업이다.
② 핸들링은 수동이나 기계에 의해 이루어진다.
③ 핸들링은 생산 공정에서 작업물의 광범위한 조정 역할이다.
④ 핸들링은 일반적으로 작업물, 공구, 부품의 조정과 이송이다.

해설
부품의 소비와 배치를 포함하는 제조와 분배 공정에 부품을 이동, 저장, 보호 및 제어하는 모든 것을 핸들링이라 한다. 이를 위한 장치 부품의 이송, 이송장비, 저장 시스템, 조립 및 식별, 추적 시스템을 포함한다. 핸들링의 이송은 취합, 계량, 분류, 상적, 하적의 과정을 포함한다.

90 자동제어에 해당하는 작업은?

① 실린더 전·후진 위치에 리밋 스위치를 설치하여 반복 작업을 한다.
② 아크 용접 로봇이 서보 모터를 이용하여 입력된 경로대로 용접작업을 수행한다.
③ 요동형 액추에이터에 센서를 설치하여 제한된 각도에서 반복적으로 회전운동을 한다.
④ 캠이 회전운동을 하면서 리밋 스위치를 작동시키면 그 신호를 받아 실린더가 동작한다.

해설
자동제어란 제어를 사람의 손에 의하지 않고 컴퓨터, 시스템, 기계 등에 의해 자동적으로 시행하는 것을 의미한다. 보기 ①, ③, ④는 제어가 되고 있지 않고 단순한 동작만이 수행된다.

91 압축 공기가 2개의 입구에 모두 작용할 때만 출구에 압축 공기가 나오는 동작을 하는 밸브는?

① 2압 밸브 ② OR 밸브
③ 감압 밸브 ④ 분류 밸브

해설

이압 밸브(AND 밸브)

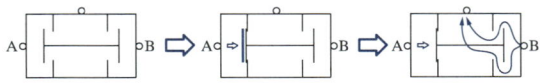

이압 밸브는 그림과 같이 작동하므로 A, B 포트에 모두 공기가 들어가야만 출력이 나오는 형태의 밸브로 AND 밸브라고 부른다.

93 다음 그림과 같이 회전자가 연속적으로 접촉하여 회전하며, 1회전당 토출량은 많으나 토출량의 변동이 큰 특징을 가진 펌프는?

① 로브 펌프 ② 스크루 펌프
③ 내접 기어 펌프 ④ 트로코이드 펌프

해설

기어 펌프
- 외접 기어 펌프 : 유체는 맞물려 돌아가는 기어 사이를 통하여 배출되며 한쪽 기어는 전동기에 연결되어 회전하고, 다른 쪽 기어는 구동 기어와 맞물려서 회전한다. 회전 중 생기는 체적의 증가와 감소에 따른 압력 변화를 이용하여 펌핑을 하게 된다.
- 로브 펌프 : 로브 펌프의 작동원리는 외접 기어 펌프와 같으나 연속적으로 접촉하여 회전하므로 소음이 적고, 1회전당 배출량이 많으나 배출량의 변동이 다소 크다.

92 실제의 시간과 관계된 신호에 의하여 제어가 이루어지는 것은?

① 논리제어계
② 동기제어계
③ 메모리제어계
④ 파일럿제어계

해설

자동제어의 시간 의존성에 따른 분류로 동기(同期)제어, 비동기(非同期)제어로 이루어지며 시간과 관련되면 동기, 시간과 관계없이 제어되면 비동기 제어로 구분한다.

94 실린더의 이론 출력을 구하기 위해 필요한 요소가 아닌 것은?

① 공기 압력 ② 실린더 튜브 내경
③ 실린더 행정 거리 ④ 피스톤 로드 내경

해설

실린더가 전달할 수 있는 힘의 크기는 작용하는 유체의 작동압력과 힘을 받는 단면적의 곱으로 나타내진다. 로드가 있는 격판면의 면적은 피스톤 로드의 단면적을 제한 면적만큼 힘이 작용한다(의도에 따라 답을 ③으로 선택하는 것이 옳으며, 이 문제에서는 피스톤 로드의 "내경"이라고 제시하여 로드에 내경이 있다면 출력과는 무관하다는 이의에 따른 것으로 보인다).

95 윤활기에 대한 설명으로 옳은 것은?

① 윤활기는 파스칼의 원리를 적용한 것이다.
② 과도하게 윤활의 양이 많아도 부품들의 동작에 영향이 없다.
③ 공압 기기에 충분한 윤활제를 공급하는 것이다.
④ 윤활된 공기는 실린더의 운동에 소모되어 환경오염에 영향이 없다.

> **해설**
> 공압의 경우 실린더와 실린더 벽 사이의 마찰을 줄이기 위해 윤활유를 작동유체에 섞어준다. 특히 큰 실린더를 사용하는 경우, 적절한 윤활이 작용하지 않으면 마찰력에 의해 작동유체의 힘이 손실을 입게 된다. 과도하게 많은 윤활유는 작동에 영향을 주고, 배출 시 환경오염이 유발되므로 주의해야 한다.

96 자동화시스템의 고장 추적을 위해 각 구동요소의 스텝에 따른 작동 순서를 파악할 수 있는 선도는?

① 블록 선도
② 제어 선도
③ 변위-단계 선도
④ 변위-시간 선도

> **해설**
> 문제에서 "스텝"으로 표현한 것이 번역하면 "단계"이다.
> • 블록 선도 : 각 요소를 블록으로 나타내어 입출력 사이의 관계를 나타내는 다이어그램
> • 제어 선도 : 제어의 흐름을 도식화하여 표현한 것
> • 변위-시간 선도 : 구동요소의 변위를 시간에 따라 표현한 것

97 전기 기계에서 히스테리시스 손을 감소시키기 위하여 사용하는 강판은?

① 청동 판
② 황동 판
③ 규소 강판
④ 스테인리스 강판

> **해설**
> 전기기기에서 발생하는 손실은 철손, 동손, 기계손, 표류부하손이 있고 히스테리시스 손실은 철손에 속한다. 히스테리시스 손실은 전기기기의 자기적 성질로 인한 손실이며 자기장 세기 변화에 따라 자화 변화가 쉽게 일어나는 규소 강판 등을 사용하여 손실을 감소시킨다.

98 압력을 측정하는 데 있어서 완전 진공상태를 0으로 기준삼아 측정하는 압력은?

① 대기 압력
② 절대 압력
③ 표준 압력
④ 게이지 압력

> **해설**
> 대기압
> • 절대 압력 = 게이지 압력 + 대기압
> • 절대 압력은 이론적으로 완전한 진공인 0을 기준으로 측정한 압력이다.

99 공기압 요소의 표시방법 중 숫자를 이용한 방법에서 '2.4'라는 숫자의 의미로 옳은 것은?(단, 제어 대상은 실린더이다)

① 2번 실린더의 전진 단에 설치된 요소
② 2번 실린더의 후진 단에 설치된 요소
③ 2번 실린더의 전진 운동에 관계되는 요소
④ 2번 실린더의 후진 운동에 관계되는 요소

> **해설**
> **밸브의 포트 표시 방법**
>
> | | 방법 1 | 방법 2 |
> | --- | --- | --- |
> | 작업라인 | A, B, C, … | 2, 4, … |
> | 공급라인 | P | 1 |
> | 배기라인 | R, S, T(유압), … | 3, 5, … |
> | 제어라인 | Z, Y, X, … | 10, 12, 14, … |

정답 95 ③ 96 ③ 97 ③ 98 ② 99 ③

100 다음 밸브의 간략기호는?

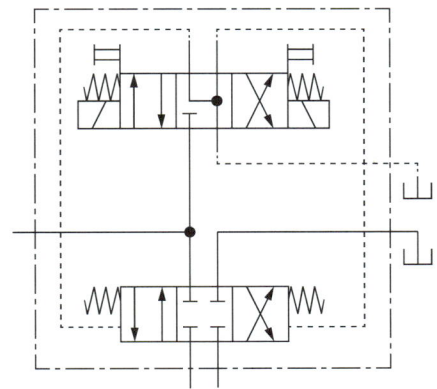

①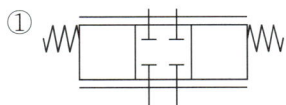

②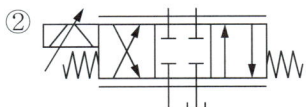

③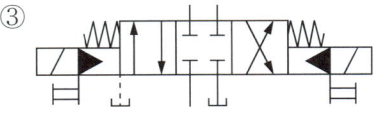

④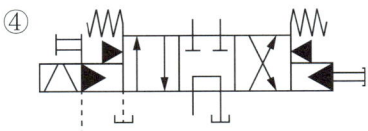

해설

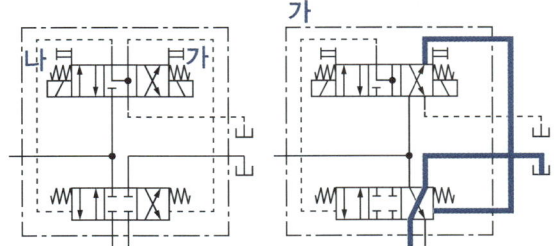

오른쪽 레버를 "가", 왼쪽 레버를 "나"라고 할 때 "가"를 작동시키면 오른쪽 그림처럼 작동되고 유압은 대각선으로 흘러 나간다. "나"를 작동시켰을 때의 유압의 흐름을 예상해 볼 수 있으며 이는 보기 ③과 같다. 또한 레버 "가"를 작동하여 4/3 밸브를 작동시켰으므로 이는 유압 솔레노이드와 같은 역할을 하였다. 보기 ③이 이와 같다. 보기 ④는 유압회로의 움직임도 같지 않지만, 유압솔레노이드 또한 양쪽에 상시 유압이 작동하고 있어야 하는데 문제의 그림에서 중립 위치는 양쪽에 유압을 작용시키지 않으므로 보기 ④와 같지 않다.

정답 100 ③

2020년 제3회 과년도 기출문제

제1과목 설비진단 및 계측

01 회전기계 이상 진단 방법 중 간이 진단법에서 판정 기준이 아닌 것은?

① 상대판정 ② 상태판정
③ 상호판정 ④ 절대판정

해설

회전기계의 간이 진단 방법
- 설비의 이력과 특징을 파악한 상태에서 설비의 진동 측정값의 이상변화를 이용해 간이 진단한다.
- 진단 방법
  - 절대판정방법 : 진동치의 이상에 관한 기준을 미리 정해놓고 기준을 넘어서면 이상이라고 판정하는 방법
  - 상대판정방법 : 기준에 적용받지 않거나 적용할 수 없는 진동수가 높은 기계에 대해 정상상태의 진동에 상대적으로 대비하여 이상을 판정하는 방법. 일반적으로 정상진동의 60% 이상의 진동이 더 발생하면 이상으로 본다.
  - 상호판정방법 : 동종의 기계가 복수로 있는 작업장에서 가능하며 다른 같은 사양의 기계 대비 진동이 높을 때 이상으로 판정하는 방법. 역시 절대판정방법으로 할 수 없는 경우 사용한다.

02 전류 검출용 센서로 사용되는 클램프형에 대한 설명으로 옳은 것은?

① 분류 저항기의 전압강하에 따라 전류를 검출하는 것이다.
② 간단한 구조로 직류와 교류를 검출할 수 있다.
③ 피측정 전로와 절연이 되지 않기 때문에 고압전로 등에서는 안전성에 문제가 있다.
④ 전로의 절단 없이 검출하는 방식으로 교류 센서로 많이 사용된다.

해설

클램프형이란 외형적 모양을 기준으로 분류한 것으로 그림과 같은 센서를 지칭한다. 전류센서에 많이 사용되며 전선 주위에 자기코일이나 중공코일을 배치하고 전류의 변화를 측정하므로 주로 교류를 측정하는 제품으로 만든다. 보기 ②에 대해 시비가 있을 수 있으나 수험생이 선다형 문제를 풀 때는 가장 맞는 답을 고를 필요가 있다.

03 높은 주파수 특성을 지닌 트러블을 진단할 경우에 사용하는 척도는?

① 변 위 ② 속 도
③ 온 도 ④ 가속도

해설

회전기계에서 발생하는 주파수
- 저주파 : 변위[m]를 측정하여 변환
- 중주파 : 속도[m/s]를 측정하여 변환
- 고주파 : 가속도[m/s²]를 측정하여 변환

정답 1 ② 2 ④ 3 ④

04 다음 설명과 관련된 것은?

> 모든 물체는 절대온도의 네 제곱에 비례하는 방사에너지를 방출하며, 이를 이용하여 비접촉으로 물체의 온도를 알 수 있다.

① 제베크 효과
② 조셉슨 효과
③ 패러데이 법칙
④ 슈테판-볼츠만 법칙

해설
- 제베크 효과 : 서로 다른 두 금속을 접합하여 접점에 열을 가하면 온도 차이에 의해 기전력이 발생하여 전류가 흐르는 효과
- 패러데이 법칙 : 시간에 따른 자기선속의 변화율과 유도기전력은 비례한다.
- 조셉슨 효과 : 초전도체 사이에 비전도체를 끼워 넣어도 초전도체 사이에는 조셉슨 전류가 흐른다.

05 비접촉형 변위 검출용 센서 종류에 해당되지 않는 것은?

① 서보형
② 와전류형
③ 전자광학형
④ 정전용량형

해설
변위를 측정하는 센서로 직선변위를 측정하는 센서와 회전변위를 측정하는 센서가 있다. 전자기식, 광학식, 와전류식, 정전용량식 등이 있다.

06 음향출력 W의 무지향성 음원으로부터 $r[m]$만큼 떨어진 점에서의 음의 세기를 I라 하면, 음원이 자유공간에서 점음원(Point Source)인 경우의 음향출력 W와 음의 세기 I의 관계로 옳은 것은?

① $W = I \times \pi r$
② $W = I \times 2\pi r$
③ $W = I \times 2\pi r^2$
④ $W = I \times 4\pi r^2$

해설
소리의 크기, 음의 세기는 음의 진행 방향에 수직하는 단위 면적을 단위 시간에 통과하는 음의 에너지를 의미한다. 음향 출력은 음에너지(음의 세기)와 표면적의 곱으로 표현하며 점 음원이므로 음향출력은 음에너지와 지름이 r인 구의 표면적($4\pi r^2$)을 곱하여 나타낸다.

07 회전기계의 질량 불평형 상태의 스펙트럼에서 가장 크게 나타나는 주파수 성분은?

① 1X
② 2X
③ 3X
④ 1.5X~1.7X

해설
균형이 맞지 않는 상태인 언밸런스(질량 불평형) 상태에서 회전하면 수평 수직 방향에서 최대 진폭이 일어나고 진동수는 회전사이클과 일치하므로 회전 주파수의 1f 성분에서 탁월 주파수가 나타난다. 1f보다 높으면 언밸런스로 판정하기 어려우며 언밸런스양과 회전수가 증가할수록 진동값이 높게 나타난다.

08 인간의 청감에 대한 보정을 하여 소리의 크기 레벨에 근사한 값으로 측정할 수 있는 측정기는?

① 소음계
② 압력계
③ 가속도 센서
④ 스트레인 게이지

해설
소음계(사운드레벨미터)의 두 가지 정의
- 인간의 청감에 대한 보정을 실시하여 소리의 크기 레벨에 근사한 값으로 측정할 수 있도록 한 장치
- 인간의 귀와 같이 소리에 응답하도록 설계된, 객관적으로 재현성 음압 레벨, 소음레벨을 측정하는 기기

09 저주파 차진이 좋으나, 공진 시 전달률이 매우 큰 단점이 있는 방진재는?

① 방진 스프링
② 파이버 글라스
③ 천연고무 패드
④ 네오프랜 마운트

해설
균형이나 회전자의 질량이 부적절하여 발생하는 저주파는 회전자의 축심이 맞지 않는 등 회전체의 진동이나 큰 하중이 작용하는 경우 변위에 의해 발생한다. 진동 스프링은 일반적으로 강철재나 스프링 강으로 만들고 큰 하중이 작용할 때 적절하지만, 스프링의 고유진동수와 진동이 일치하게 되면 공진이 발생할 수 있다.

10 소음의 물리적 현상에서 둘 또는 그 이상의 같은 성질의 파동이 동시에 어느 한 점을 통과할 때 그 점에서의 진폭은 개개의 파동의 진폭을 합한 것과 같은 원리는?

① 중첩의 원리
② 도플러의 원리
③ 청감 보정 원리
④ 하위헌스의 원리

해설
소리의 간섭
- 서로 다른 둘 이상의 음파가 서로의 상호작용으로 소리가 증폭되거나 감쇠되는 등의 상관관계를 나타낼 때 서로 간섭되었다고 한다. 또는 중첩되었다고 한다. 이때 진폭은 각 파동의 진폭의 합과 같아진다.
- 소리가 간섭하여 더 증폭될 때 보강 간섭되었다고 한다.
- 소리가 간섭하여 음폭이 감쇠될 때 소멸 간섭되었다고 한다.
- 보강 간섭과 소멸 간섭이 규칙적으로 나타나는 현상을 맥놀이라 한다.
- 마스킹 효과 : 크고 작은 두 소리를 동시에 들을 때 큰 소리만 들리고 작은 소리는 작게 들리거나 듣지 못하는 현상

11 온도를 측정할 수 없는 것은?

① 적외선 센서
② 방사형 온도계
③ 서모커플 센서
④ 자이로스코프 센서

해설
자이로센서(자이로스코프를 이용한 센서)
- 회전 시 발생하는 회전축을 이용한 각도 측정, 회전속도(각속도)를 이용한 측정
- 각속도는 코리올리 힘을 이용하여 계산
- 회전각, 각속도, 가속도, 가속도를 이용한 충격력 등이 측정 가능

12 진동하는 동안 마찰이나 다른 저항으로 에너지가 손실되지 않는 진동은?

① 비감쇠 진동
② 실횻값 진동
③ 양진폭 진동
④ 편진폭 진동

해설
비감쇠 진동
- 진폭이 감소하지 않는 진동
- 이론적 계산을 위해 감쇠가 없다고 가상, 가정한 진동
- 감쇠의 양이 무척 적어 공학적 계산을 위해 감쇠를 무시한 진동

13 진동의 발생과 소멸에 필요한 3대 요소는?

① 질량, 감쇠, 속도
② 질량, 강성, 감쇠
③ 질량, 강성, 위상
④ 질량, 위상, 감쇠

해설
진동계는 질량과 스프링의 강성에 의해 진동의 크기가 영향을 받으며 저항에 의해 감쇠가 일어난다. 물리적인 유추를 위해 감쇠가 일어나지 않은 진동계를 상정하며 이를 비감쇠 진동계라 한다.

정답 10 ① 11 ④ 12 ① 13 ②

14 액면의 높이가 h[m], 배관의 면적이 A[m²], 액체의 비중량이 γ[N/m³]일 때 배관을 빠져나오는 유량 Q[m³/s]는?(단, g는 중력가속도[m/s²]이다)

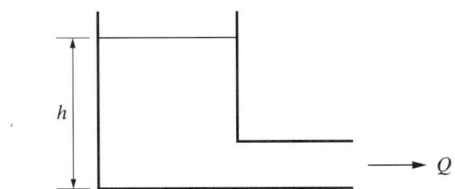

① $Q = Ah$
② $Q = A\sqrt{2gh}$
③ $Q = A\gamma\sqrt{2gh}$
④ $Q = A\sqrt{\dfrac{2gh}{\gamma}}$

해설

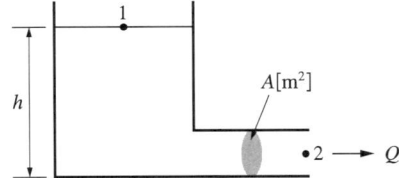

유량 $Q = AV_2$
베르누이 정리에 의해

$$\frac{p_1}{\gamma} + \frac{V_1^2}{2g} + Z_1 = \frac{p_2}{\gamma} + \frac{V_2^2}{2g} + Z_2$$

출구에서 모든 압력은 속도로 변환되었다 가정하고 대기압은 1, 2에 모두 작용하므로 무시하면

$$\cancel{\frac{p_1}{\gamma}} + \cancel{\frac{V_1^2}{2g}} + Z_1 = \cancel{\frac{p_2}{\gamma}} + \frac{V_2^2}{2g} + Z_2$$

$$\frac{V_2^2}{2g} = Z_1 - Z_2 = h$$

$V_2^2 = 2gh \qquad V_2 = \sqrt{2gh}$

∴ $Q = A\sqrt{2gh}$

15 용어와 기호의 연결이 틀린 것은?

① 등가소음도 - Leq
② 교통소음지수 - TNI
③ 감각소음레벨 - PNL
④ 음의 세기레벨 - PWL

해설
- 음의 세기레벨(SIL, Sound Intensity Level)
- 음향 파워레벨(PWL, PoWer Level)

16 회전기계에서 고주파 진동에 해당되는 것은?

① 공동현상
② 압력맥동
③ 언밸런스
④ 미스얼라인먼트

해설

회전기계에서 발생하는 주파수
- 저주파 : 변위[m]를 측정하여 변환
  - 기초 볼트의 풀림, 베어링 마모에 의한 회전불량
  - 미스얼라인먼트, 오일 휩
  - 위와 같이 회전자의 축심이 맞지 않는 등 회전체의 균형이나 회전자의 질량이 부적절하여 발생하는 진동
- 중주파 : 속도[m/s]를 측정하여 변환
  - 압력맥동 : 압력에 의해 맥이 있는 진동이 생기는 현상
  - 러너 날개를 통과할 때 생기는 진동
- 고주파 : 가속도[m/s²]를 측정하여 변환
  - 충격이나 캐비테이션(공동현상) 등에 의해 발생하는 진동처럼 일시에 큰 에너지가 전달되는 이상 현상에 의한 진동
  - 유체의 이동 중 여러 이유로 발생하는 불규칙 고주파 진동

17 덕트(Duct)소음이나 배기소음을 방지하기 위해 사용되는 장치는?

① 모 터
② 방진구
③ 소음기
④ 유도형 센서

해설

팽창형 소음기
- 관의 입구와 출구 사이에 큰 공동현상이 발생하도록 급격히 관 지름을 확대, 유속을 낮추어 소음 감소
- 유해한 가스가 다니는 덕트의 소음 제어에 유용
- 중간 또는 낮은 주파수 대역의 소음 제거에 사용
- 송풍기, 압축기, 디젤 기관 등의 흡·배기부의 소음에 사용

18 고속 회전기의 축 진동 측정, 회전수 측정, 위치 측정 등에 사용되는 진동센서는?

① 동전형 속도 센서
② 서보형 가속도 센서
③ 압전형 가속도 센서
④ 와전류형 변위 센서

해설

와전류식 변위센서
- 변위센서 중 시중에서 많이 사용되는 센서
- 코일에 교류 전류가 공급되면 코일 주변에 자기장에 생성, 이 자기장 내 전도성 물체가 위치하면 패러데이의 유도 법칙에 따라 대응하는 자기장을 생성하며 대상체 내 와전류가 유도되는 원리
- 비접촉식 와전류 변위센서
  - 기계의 상대적 흔들림(진동)의 측정에 적합
  - 축 중심선의 평균적인 위치와 축 방향의 위치 파악(변위)이 가능하므로 축의 회전상태와 회전수 파악에 적합
  - 고정밀 측정에 적합하고, 특히 압력이나 먼지, 오일, 고온이 문제가 되는 환경에 적합

19 진동측정용 센서로 사용되는 영구자석형 속도센서의 특징으로 틀린 것은?

① 감도가 안정적이다.
② 출력 임피던스가 낮다.
③ 변압기 등 자장이 강한 장소에서 주로 사용된다.
④ 다른 센서에 비해 크기가 크므로 자체 질량의 영향을 받는다.

해설
- 주변 자장의 영향을 받으면 정확한 감지가 어렵다.
- 전자기 직선속도센서(LVT ; Linear Velocity Transducer)가 영구자석을 사용한다.
- 외부 전원이 필요 없고, 사용 주파수가 높아 감도 우수하나 거리 제약을 받는다. 영구자석을 사용해야 하므로 어느 정도의 부피와 크기가 필요하다.

20 진동에 관한 설명으로 틀린 것은?

① 어떤 시스템이 외력을 받고 있을 때 야기되는 진동을 강제진동이라 한다.
② 진동계의 기본요소들이 모두 선형적으로 작동할 때 야기되는 진동을 선형진동이라 한다.
③ 진동하는 동안 마찰이나 저항으로 인하여 시스템의 에너지가 손실되지 않는 진동을 감쇠진동이라 한다.
④ 시스템을 외력에 의해 초기교란 후 그 힘을 제거하였을 때 그 시스템이 자유진동을 하는 진동수를 고유진동수라 한다.

해설

12번 해설 참조

제2과목 설비관리

21 자주보전을 효과적으로 완성하기 위한 자주보전 전개 스텝이 있다. 추진방법의 절차로 옳은 것은?

① 총점검 → 초기청소 → 발생원 곤란개소 대책 → 점검·급유 기준작성 → 자주점검 → 자주보전의 시스템화 → 자주관리의 철저

② 초기청소 → 점검·급유 기준작성 → 발생원 곤란개소 대책 → 자주점검 → 총점검 → 자주보전의 시스템화 → 자주관리의 철저

③ 총점검 → 초기청소 → 점검·급유 기준작성 → 발생원 곤란개소 대책 → 자주점검 → 자주보전의 시스템화 → 자주관리의 철저

④ 초기청소 → 발생원 곤란개소 대책 → 점검·급유 기준작성 → 총점검 → 자주점검 → 자주보전의 시스템화 → 자주관리의 철저

> **해설**
> 자주보전의 전개스텝은 7단계로 청소를 실시하며 곤란한 부분을 찾고 대책을 수립하기 위해 기준서 작성, 점검활동 실시 후 자주점검을 실시하는 순서로 시행하며 이를 시스템화하고 실행하는 단계로 시행한다.

22 TPM에서의 설비종합효율을 계산하기 위해서 고려되어야 할 사항 중 가장 거리가 먼 것은?

① 양품률　　② 로스율
③ 시간가동률　④ 성능가동률

> **해설**
> • 종합 효율 = 시간 가동률 × 성능 가동률(=속도 가동률 × 실질 가동률) × 양품률
> = 설비 유효 가동률 × 실질 가동률 × 양품률
> = $\dfrac{\text{가치가동시간}}{\text{부하시간}}$
> • 양품률 = $\dfrac{\text{가공수량} - \text{불량수량}}{\text{가공수량}} = \dfrac{\text{양품수}}{\text{가공수량}}$

23 공장설비의 치공구 관리기능 중 계획단계에 해당되는 것은?

① 공구의 검사
② 공구의 제작 및 수리
③ 공구의 설계 및 표준화
④ 공구의 보관과 대출

> **해설**
> **계획단계** : 치공구를 어떻게 사용하고 관리할지를 파악하고 적용
> • 공구의 설계 및 표준화
> • 공구의 연구 시험
> • 공구 소요량의 계획 보충

24 효율적인 열관리 방법에 관한 내용과 가장 거리가 먼 것은?

① 열 설비는 성능유지 및 향상을 위한 관리가 중요하다.
② 연료는 가격이 저렴하고 쉽게 확보할 수 있어야 한다.
③ 설비의 열사용 기준을 정해 열효율 향상을 도모해야 한다.
④ 열관리의 효과를 높이기 위해서는 공장 간부와 일부 관계자에 의한 집중 관리가 필요하다.

> **해설**
> 효율적인 열관리를 위해서는 열관리 조직을 설치하고 이를 통해 에너지 측정, 연료, 설비 시공, 보전 등의 역할 조직에 열관리 기능을 포함하도록 관리하고, 열관리 위원회를 설치하여 관련된 의사결정, 인력 교육 등을 실시하도록 한다.

정답 21 ④ 22 ② 23 ③ 24 ④

25 예방보전 검사제도의 흐름을 나타낸 것으로 가장 적합한 것은?

① PM검사 표준 설정 → PM검사 계획 → PM검사 실시 → 수리 요구 → 수리 검수 → 설비 보전 기록
② PM검사 계획 → PM검사 표준 설정 → PM검사 실시 → 수리 요구 → 수리 검수 → 설비 보전 기록
③ 수리 요구 → PM검사 계획 → PM검사 표준 설정 → PM검사 실시 → 수리 검수 → 설비 보전 기록
④ 수리 요구 → 수리 검수 → PM검사 계획 → PM검사 표준 설정 → PM검사 실시 → 설비 보전 기록

해설
예방 보전 검사의 흐름
PM검사 표준 설정 → PM검사 계획 → PM검사 실시 → 수리 요구 → 수리 검수 → 설비 보전 기록

26 설비의 설계에 의한 이론 사이클 시간과 실제 사이클 시간과의 차이를 무엇이라 하는가?

① 고장 로스
② 속도 저하 로스
③ 순간 정지 로스
④ 수율 저하 로스

해설
속도 로스 : 이론 사이클 시간과 실제 사이클 시간과의 차이에서 발생하는 로스. 설비의 작동 조건의 미비 등에 의해 속도가 감소

27 다음 중 수리공사에 대한 설명으로 틀린 것은?

① 정기수리공사는 정기수리계획에 의해서 하는 수리이다.
② 개수공사는 조업상의 요구에 의해서 하는 개량 공사이다.
③ 사후수리공사는 설비검사를 하지 않는 생산설비의 수리이다.
④ 보전개량공사는 제조의 부속설비의 공정, 사무, 연구, 시험, 복리, 후생 등의 수리이다.

해설
수리공사 분류
- 보전비 분석과 관리 방침 수립이 가능하고, 합리적 예산 편성을 위해 수리공사를 목적에 따라 분류
- 정기수리공사 : 장비의 성능회복 및 장비 점검을 목적으로 일정한 시간 간격을 두고 계획적으로 장비를 휴지하고 시행하는 비교적 소규모인 공사(생산라인을 장기간 걸쳐 휴지하여 실시하는 대규모 공사는 셧 다운 공사로 구분)
- 긴급수리공사(돌발수리공사) : 돌발적으로 발생한 고장 때문에 휴지된 장비에 대해서 고장 발생 직후에 즉시 실시하는 응급적인 공사
- 예방수리공사 : 설비 검사에 의해서 계획적으로 하는 수리를 포괄하여 이름
- 사후수리공사 : 설비 검사를 하지 않은 생산 설비의 수리를 포괄하여 이름
- 보전개량공사 : 보전상의 요구에 의하여 실시하는 개량 공사, 수리 주기를 연장하기 위해 재질 변경 등이 해당
- 개수공사 : 조업상의 요구에 의해 실시하는 개량 공사, 배관 교체 등 변경 공사가 해당

28 설비보전 조직형태 중 집중보전의 장점이 아닌 것은?

① 보전요원의 관리감독이 용이하다.
② 특수 기능자를 효과적으로 이용할 수 있다.
③ 보전 작업에 필요한 인원의 동원이 용이하다.
④ 긴급작업이나 새로운 작업 시 신속히 처리할 수 있다.

해설
보전요원은 현장감독자의 관리가 아닌 보전 조직의 관리를 받고 있는 까닭에 관리감독이 용이하지 않다.

25 ① 26 ② 27 ④ 28 ①

29 설비 관리 기능 중 생산현장에서 보전 요원 또는 엔지니어의 보전 업무로서 점검, 검사, 주유, 작업 변화에 대응 및 수리업무 등을 행하는 기능으로 가장 적합한 것은?

① 기술 기능
② 관리 기능
③ 실시 기능
④ 지원 기능

해설
실행 기능은 설비 관리를 실행하는 일, 즉 점검하고 검사를 실행하고, 주유하고 조정하고 수리하는 일의 준비와 실행, 가공하고 용접하는 일, 작업을 마무리하고 정리하는 일, 보전용 공구와 부품 개발하는 일들로 구성되어 있다.

30 제조능력의 요인은 크게 외적요인과 내적요인으로 나눌 수 있다. 다음 중 외적요인(제약요인)에 해당되지 않는 것은?

① 자 재
② 노 동
③ 설 비
④ 자 금

해설
생산능력의 결정요인
• 외적요인 : 자재, 노동, 자금, 시장
• 내적요인 : 제품요인, 공장요인, 공정요인, 인적요인, 가동상의 요인

31 선박 제조업, 건축업, 교량건설 등의 1회의 대규모 사업에 주로 이용되는 설비배치 방법은?

① 제품별 배치
② 공정별 배치
③ 라인형 배치
④ 제품 고정형 배치

해설
제품 고정형 배치(Fixed Position Layout)
• 제품의 이동이 불가능하거나 어려운 경우, 또는 이동 비용이 매우 높은 경우
• 교량, 선박, 항공기 등 대형 제품 제조 공정 설비

32 각종 기호법 중 뜻이 있는 기호법의 대표적인 것으로 기억이 편리하도록 항목의 첫 글자나, 그 밖의 문자를 기호로 표기하는 기호법은?

① 순번식 기호법
② 기억식 기호법
③ 세구분식 기호법
④ 십진 분류 기호법

해설
기호에 뜻이 유추되도록 사용하는 기억식 기호법
예 W : 용접기계, AW : 아크용접기

33 다음 중 만성 로스의 특징으로 옳은 것은?

① 원인이 하나이며 그 원인을 명확히 파악하기 쉽다.
② 원인도 하나, 원인이 될 수 있는 것도 하나이다.
③ 복합 원인으로 발생하며, 그 요인의 조합이 불변이다.
④ 원인은 하나이지만 원인이 될 수 있는 것이 수없이 많으며, 그때마다 바뀐다.

해설
만성 로스의 특징
• 실제 로스 발생의 원인은 하나이나 원인이 될 수 있는 요인들은 다수
• 로스 발생의 원인이 매번 바뀜
• 로스 발생의 원인이 복합적이기도 하고 역시 원인이 될 수 있는 원인의 조합은 다수
• 로스 발생의 원인의 조합이 매번 바뀜
• 원인을 간단히 해결하기 어려움
• 로스 원인이 잠재하므로 표면화시키기 어려움

34 신뢰도와 보전도를 종합한 평가 척도를 '어느 특정 순간에 기능을 유지하고 있는 확률'이라고 정의되는 것은?

① 유용성　　② 경제성
③ 특성요인성　　④ 평균가동성

해설
유용성은 신뢰도와 보전도를 종합한 평가 척도로 어느 특정한 시간에 기능을 유지하고 있을 확률을 의미한다. 유용성을 평가하는 척도 중 설비 유효가동률이 있다.

35 다음 중 설비의 경제성 평가방법과 가장 거리가 먼 것은?

① 비용비교법　　② 평균 이자법
③ MTBF 분석법　　④ 연평균 비교법

해설
MTBF 분석법은 고장 분석 방법이다.

36 품질개선 활동 중 공정에서 취한 계량치 데이터가 여러 개 있을 때 데이터가 어떤 값을 중심으로 어떤 모습으로 산포하고 있는가를 조사하는 데 사용하는 그림은?

① 히스토그램　　② 파레토도
③ 관리도　　④ 산점도

해설
현상파악에 사용되는 방법
- 체크시트 : 체크리스트를 적으며 스스로 체크
- 파레토 : 불량품, 결점, 클레임(Claim), 사고 건수 등을 현상이나 원인별로 데이터 처리 후 데이터가 높은 순서부터 나열하고 막대그래프로 나타낸 것
- 관리도 : 품질은 산포하고 있으므로 공정에서 시계열적으로 변화하는 산포의 모습을 보고 공정이 정상 상태인가 이상 상태인가 판독하기 위한 수법

37 TPM의 5가지 활동 중 보전이 필요 없는 설비를 설계하여, 가능한 빨리 설비의 안전가동을 위한 활동은 무엇인가?

① 계획 보전 체제의 확립
② 작업자의 자주보전 체제의 확립
③ 설비의 효율화를 위한 개선 활동
④ MP설계와 초기 유동 관리 체제의 확립

해설
TPM의 다섯 가지 활동
1. 설비 효율화를 위한 개선 활동 : 6대 로스 추방
2. 작업자의 자주보전 체제의 확립 : 설비에 강한 작업자 육성, 작업자 보전 체제 확립
3. 계획 보전 체제의 확립 : 효율적 활동이 가능한 보전 체제 확립
4. 기능 교육의 확립 : 작업자 기능 수준 향상
5. MP 설계와 초기 유동 관리 체제의 확립 : 무보전설비 설계 및 신속한 설비안전가동 요

38 현 제품의 판매량 확대를 위한 프로젝트로, 양적인 확대를 위하여 생산설비, 유틸리티설비, 판매설비 등의 증설이나 확충하는 투자는?

① 확장 투자　　② 제품 투자
③ 합리적 투자　　④ 전략적 투자

해설
프로젝트 분류 중 투자 항목에 따른 분류
- 비용 절감을 위한 합리화 투자
- 판매량 확대를 위한 확장 투자
- 현 제품 개량 및 신제품 개발을 위한 제품 투자
- 적극적인 기술혁신을 통하여 신제품 개발, 생산이 다른 회사보다 늦지 않도록 하기 위한 공격적 투자
- 전략적 투자
  - 위험 감소를 위한 투자로 방위적 투자와 연구적 투자로 구분
  - 후생 복지를 위한 투자(예 종업원 복리후생, 지역사회 복지 등)

정답 34 ① 35 ③ 36 ① 37 ④ 38 ①

39 다음 보기의 내용과 가장 관계가 깊은 것은?

┌─보기─────────────────────────┐
│ 증기발생장치, 발전설비, 수처리시설, 공업용 원수 · │
│ 취수 설비, 냉각탑설비   │
└───────────────────────────┘

① 판매설비
② 사무용설비
③ 유틸리티설비
④ 연구개발설비

해설
- 판매설비 : 서비스 스테이션 / 서비스 숍
- 관리설비 : 본사건물, 영업소건물, 건물 내 설비 / 공장의 사무소, 식당, 수위실, 창고, 차고 외 공장 내 설비 / 보조설비, 복리후생 설비
- 연구개발설비 : 기초응용 연구설비 / 자동화, 공업화 연구설비 / 기업 합리화 연구설비

40 계측기 선정방법을 설명한 것 중 가장 거리가 먼 것은?

① 계측목적에 대응해서 적합한 것을 선정
② 계측기의 설계자 및 디자이너를 보고 선정
③ 여러 종류의 변수를 측정하기에 적합한 것을 선정
④ 계측대상의 사용 조건, 환경 조건 등에 대해서 적당한 계측기를 선정

해설
계측기의 선정
- 작업용, 관리용, 시험연구용, 검사용 등 목적에 맞게 선정
- 온도, 압력, 점도, 경도, 크기, 무게 등 공정의 변수인 계측 특성에 맞게 선정
- 사용 방법, 장소, 설치 위치, 취급 방법, 계측 대상 조건 등에 맞추어 선정
- 계측 장치의 특성(사용 난이도, 구조, 원리, 보관, 수리, 가격)을 상황에 맞게 선정
- 적용하는 관련 표준에 맞게 선정

제3과목 기계일반 및 기계보전

41 기어 전동장치에서 두 축이 평행한 기어는?

① 웜(Worm) 기어
② 스큐(Skew) 기어
③ 스퍼(Spur) 기어
④ 베벨(Bevel) 기어

해설
스퍼 기어(평기어) : 이끝이 직선인 보통 기어, 제작이 용이하여 동력전달용으로 널리 사용

42 다음 기어의 손상 중 표면피로에 의한 손상만으로 나열된 것은?

① 압연 항복, 균열, 버닝
② 스폴링, 스코어링, 리플링
③ 습동마모, 피닝 항복, 스코어링
④ 초기피칭, 파괴적 피칭, 스폴링

해설
기어 손상의 유형별 구분

원인	증상
마모	마모, 연마마모, 스코어링, 부식마모
표면피로	피팅, 파괴적 피팅, 스폴링
소성흐름	롤링, 피닝(Peening), 리플링(Rippling), 리징(Ridging)
절손	피로절손, 과부하절손, 열균열, 연삭균열

정답 39 ③ 40 ② 41 ③ 42 ④

43 배관용 재료에 대한 설명으로 틀린 것은?

① 스테인리스강 강관의 최고 사용온도는 650~800℃ 정도이다.
② 합금강 강관은 주로 고온용으로 150~650℃ 정도에서 사용한다.
③ 동관은 고온에서 강도가 약하다는 결점이 있어 200℃ 이하에서 사용한다.
④ 고압배관용 탄소강관은 고온에서도 강도가 유지되므로 800℃ 이상에서 사용한다.

[해설]
고압배관용 탄소강관(SPPH, Carbon Steel Pipes for Pressure, High Pressure Service)은 350℃ 이하의 온도에서 사용한다.

44 일반적인 용접에 대한 특징으로 틀린 것은?

① 저온 취성이 생길 우려가 없다.
② 재질의 변형 및 잔류 응력이 발생한다.
③ 품질 검사가 곤란하고 변형과 수축이 생긴다.
④ 용접사의 기량에 따라 용접부의 품질이 좌우된다.

[해설]
용접의 장단점
• 제품의 성능과 수명이 향상된다.
• 공정 횟수가 감소되며 이음형상을 자유롭게 할 수 있다.
• 이음 효율이 향상된다.
• 재료 두께의 제한이 없다.
• 자재가 절약되고 이종(異種) 재료도 접합할 수 있다.
• 열에 의한 변형, 수축 및 취성의 발생 우려가 있다.
• 잔류 응력에 의한 부식의 우려가 있다.
• 품질 검사가 어렵다.
• 숙련도에 따라 작업자 요인이 많이 작용한다.

45 설비의 라이프 사이클에 걸쳐서 설비자체의 비용, 설비의 운전유지에 사용되는 제 비용, 설비의 열화 손실과의 합계를 인하하는 것에 의해서 생산성을 높일 수 있는 보전 방식은?

① 예방 보전 ② 사후 보전
③ 보전 예방 ④ 생산 보전

[해설]
생산 보전(PM ; Productive Maintenance) : GE 사에서 주창. 생산의 경제성을 높이기 위한 보전(1950년대)
• 생산 보전의 목적 : 비용은 최소, 성능은 최고
• 생산 보전의 구분
  – 유지활동 : 일상 보전, 예방 보전(정기 보전, 예지 보전), 사후 보전
  – 개선활동 : 신뢰성의 개량 보전, 보전성의 개량 보전

46 압축기의 토출 배관에 관한 설명으로 틀린 것은?

① 드라이 필터는 압축기와 탱크 사이에 설치한다.
② 토출 배관에는 흐름이 용이하도록 경사를 고려한다.
③ 배관길이는 맥동을 방지하기 위해 공진 길이를 피하여 배관해야 한다.
④ 2대 이상의 압축기를 1개의 토출 관으로 배관 시 체크밸브와 스톱밸브를 설치한다.

[해설]
배관 설치 시 유의사항
• 배관 시 복잡한 배관은 지양하고 가능한 짧게 하며 실린더에 배관 하중이 가해지면 맞춰 놓은 수평과 간극이 달라지므로 주의한다.
• 압축기와 공기탱크 사이의 배관은 설계자가 지정한 크기를 사용하여 지나치게 크거나 작게 하지 않는다.
• 배관의 배치는 압축기의 분해, 조립에 지장이 없는 위치에 한다.
• 배관 시 일상 정비와 정기 분해 정비가 가능하도록 중간 중간 유니언을 삽입한다.
• 배관 도중의 하부에는 반드시 드레인 밸브를 부착한다.
• 배관길이는 맥동을 방지하기 위해 공진 길이를 피하여야 한다.
• 배관 중 스톱밸브를 사용해야 하면 스톱밸브 앞쪽에 안전밸브를 설치하도록 한다.
• 2대 이상의 압축기를 1개의 토출관으로 배관 시 체크밸브와 스톱 밸브를 제부한다.
• 토출 배관에는 흐름이 용이하도록 경사를 고려한다.
• 건조기나 필터 등 부속기기는 압축기와 공기탱크 사이에는 설치하지 않는다.

47 밸브의 종류와 용도를 짝지어 놓은 것 중 잘못된 것은?

① 글로브 밸브-주로 교축용으로 사용한다.
② 슬루스 밸브-전개, 전폐용으로 사용한다.
③ 나비형 밸브-차단용으로 많이 사용한다.
④ 플랩 밸브-스톱 밸브 또는 역지 밸브로 사용한다.

해설
버터플라이(나비) 밸브 : 원형 밸브 판의 지름을 축으로 하여 밸브 판을 회전시켜 유량을 조절하는 밸브로 90도의 회전각으로 개폐가 되는 편리한 구조이다. 절반 정도 열렸을 때, 흐름의 세기에 따라 열고 닫는 힘이 크게 다르므로 유체의 힘에 밀려 급격한 제어가 되지 않도록 래칫 기어를 사용하도록 한다.

48 구름 베어링에 예압을 주는 목적으로 가장 거리가 먼 것은?

① 베어링의 강성을 증가시킨다.
② 전동체 선회 미끄럼을 억제한다.
③ 축의 흔들림에 의한 진동 및 이상음이 방지된다.
④ 전동체의 공전 미끄럼이나 자전 미끄럼을 증가시킨다.

해설
예압(Preload)
• 유용한 하중이 작용되기 전에 베어링에 작용된 하중을 의미
• 외부예압 : 다른 베어링과의 관계에서 축 조정에 의해 작용
• 내부예압 : 음(-)의 틈을 일으키는 레이스와 전동요소 치수에 의해 유도
• 목적 : 베어링의 수명 증가, 강성 증가, 미끄럼 억제, 축 흔들림에 의한 자리이탈 등 방지

49 다음 중 표면 경화 열처리 방법이 아닌 것은?

① 침탄법　　② 질화법
③ 오스템퍼링　④ 고주파 경화법

해설
오스템퍼링은 뜨임의 일종으로 마텐자이트 변태 직전까지 급랭 후 계속 항온을 유지하여 완전조직을 만든 후 냉각시키는 방법이다. 이 과정에서 나온 조직이 베이나이트이며 인성이 크고 강한 조직이 나온다.

50 벨트식 무단변속기에 관한 설명으로 틀린 것은?

① 구동계통의 오염으로 인한 윤활불량에 유의한다.
② 가변피치 풀리가 유욕식이므로 정기적인 점검이 필요하다.
③ 벨트와 풀리(Pulley)의 접촉위치 변경에 의한 직경비를 이용한다.
④ 무단변속에 사용되는 벨트의 수명은 일반적인 벨트보다 수명이 짧다.

해설
벨트식 무단변속기는 유욕식이 아니므로 윤활불량을 일으키기 쉽다.

51 측정하려고 하는 양의 변화에 대응하는 측정기구의 지침의 움직임이 많고 적음을 가리키며 일반적으로 측정기의 최소눈금으로 표시하는 것은?

① 감도　　② 정밀도
③ 정확도　④ 우연오차

해설
감도 : 측정량 변화에 대해 눈금의 움직이는 크기

정답　47 ③　48 ④　49 ③　50 ②　51 ①

52 축이음 핀의 빠짐 방지나 볼트, 너트의 풀림방지로 쓰이는 것은?

① 코 터
② 평행핀
③ 분할핀
④ 테이퍼핀

해설
분할핀은 결합 후 끝을 분할하여 펼치거나 접어서 축이음 핀의 빠짐 방지나 볼트, 너트의 풀림 방지로 쓰인다.

53 다음 원통 커플링 중 주철제 원통 속에 두 축을 맞대어 끼워 키로 고정한 축 이음으로, 주로 축 지름과 하중이 작은 경우에 쓰이며 인장력이 작용하는 축 이음에 부적합한 것은?

① 머프 커플링
② 클램프 커플링
③ 반겹치기 커플링
④ 마찰 원통 커플링

해설
머프 커플링은 슬리브 커플링이라고도 불리며 슬쩍 서로 밀어 넣어 연결한 것으로 잡아당기는 인장력이 작용하면 이탈하기 쉽다.

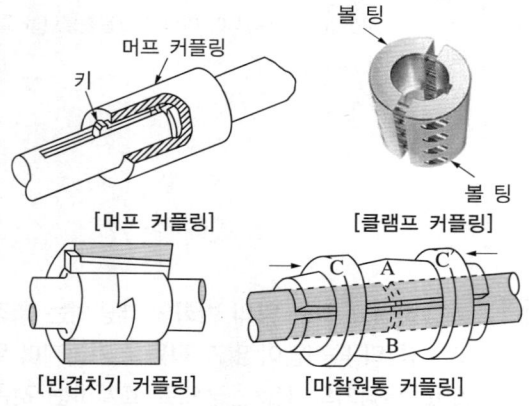

[머프 커플링]   [클램프 커플링]
[반겹치기 커플링]   [마찰원통 커플링]

• 클램프 커플링은 볼트로 체결하여 마찰력을 준다.
• 반겹치기 커플링은 잡아당기는 인장력이 작용해도 이탈하지 않게 축 끝을 경사지게 겹치도록 되어 있다.
• 마찰원통 커플링은 바깥 면이 테이퍼진 반 원통 두 개를 C, C′의 링으로 밀어 박아 마찰력을 주는 방식으로 큰 힘을 전달하기는 어렵다.

54 일반적인 고무 스프링의 특징으로 틀린 것은?

① 감쇠 작용이 커서 진동 및 충격흡수가 좋다.
② 인장력에 약하므로 인장하중을 피하는 것이 좋다.
③ 한 개의 고무로 두 방향 또는 세 방향으로 동시에 작용할 수 있다.
④ 기름에 접촉하거나 직사광선에 노출되어도 우수한 성능을 발휘한다.

해설
고무 스프링
• 감쇠작용이 커서 주로 방진(方振)용으로 사용되며 천연이나 합성재를 이용하며 가볍고 저렴하나 0~70℃ 온도범위와 습도에 취약하고 지속적인 하중에 변형의 우려가 있다.
• 압축력에는 강하나 인장력에 약하므로 인장하중은 피하도록 한다.
• 개발에 따라 크기와 모양을 자유롭게 선택할 수 있고 여러 가지 용도로 사용이 가능하다.

55 다음 중 공작기계의 구비 조건이 아닌 것은?

① 가공능력이 좋아야 한다.
② 강성(Rigidity)이 없어야 한다.
③ 기계효율이 좋고, 고장이 적어야 한다.
④ 가공된 제품의 정밀도가 높아야 한다.

해설
공작기계 구비 조건 : 강도, 정밀도, 가공효율성, 내구성, 경제성, 사용의 편리성 및 유지 보수 가능

56 단상 유도 전동기에서 과열되는 원인으로 옳지 않은 것은?

① 냉각 불충분
② 빈번한 기동
③ 서머 릴레이 작동
④ 과부하(Overload) 운전

해설
서머 릴레이는 과열되면 단락되도록 하는 장치이며 서머 릴레이가 작동되면 과열이 멈춘다.

57 안지름이 750mm인 원형관에 양정이 50m, 유량 50 m³/min의 물을 수송하려 한다. 여기에 필요한 펌프의 수동력은 약 몇 PS인가?(단, 물의 비중량은 1,000kg/m³이다)

① 325
② 555
③ 750
④ 800

해설
수동력
펌프로 양수할 때 이론으로 계산된 동력. 단위 시간에 유체에 주어지는 유효에너지이다.
유량 50m³/min을 50m 끌어올리는 데 필요한 물의 에너지는 50m 위의 위치에너지와 같으므로
수동력 $= \gamma QH$
$= 1,000$kgf/m³ $\times 50$m³/60s $\times 50$m
$= 41,667$kgf $\cdot$ m/s
1PS $= 75$kgf $\cdot$ m/s이므로 수동력[PS] $= \dfrac{41,667}{75} ≒ 555$[PS]

58 송풍기의 운전 중 점검 사항에 관한 내용으로 틀린 것은?

① 운전온도는 70℃ 이하로 한다.
② 댐퍼의 전폐 상태를 점검한다.
③ 베어링의 진동 및 윤활유의 적정 여부를 점검한다.
④ 베어링의 온도는 주위 공기 온도보다 40℃ 이상 높지 않게 한다.

해설
흡입구 쪽 댐퍼는 흡입류를 내부로 모으는 역할을 한다. 전폐상태란 완전히 닫힌 상태를 의미하며, 댐퍼는 운전 중 활짝 열려 있어야 한다.

59 다음 중 탭(Tap)의 파손 원인으로 틀린 것은?

① 탭이 경사지게 들어간 경우
② 3번 탭으로 최종 다듬질할 경우
③ 구멍이 너무 작거나 구부러진 경우
④ 막힌 구멍의 밑바닥에 탭의 선단이 닿았을 경우

해설
일반적으로 수동 탭은 25mm 이하에 쓰이며 1번, 2번, 3번 탭으로 구성되어 3개가 한 개의 조로 되어 있다. 작업은 번호 순서대로 탭을 사용하여 가공한다.

60 액상 개스킷의 사용방법으로 틀린 것은?

① 얇고 균일하게 칠한다.
② 바른 직후 접합해서는 안 된다.
③ 접합면에 수분 등 오물을 제거한다.
④ 사용온도 범위는 대체적으로 40~400℃ 정도이다.

해설
액상 개스킷 : 발라서 사용할 수 있어 유용하고 표면보호 및 정밀도를 유지하는 장점이 있다. 접합면의 수분, 기름, 오물을 제거한 후 얇고 균일하게 발라 접합한다. 40~400℃의 범위에서 사용한다.

제4과목 윤활관리

61 공기 압축기에서 윤활에 큰 영향을 미치는 요소로 맞는 것은?

① 첨가제
② 열과 물
③ 압력과 용량
④ 유동점과 인화점

해설
공기 압축기의 윤활에 열과 수분이 가장 영향을 미친다.

62 그리스의 시험방법에 관한 내용이다. ( ) 안에 알맞은 내용은?

> ( )은(는) 반고체 상태에서 그리스가 액체 상태로 전환되는 최초의 온도로서 그리스의 내열성과 사용된 증주제의 종류를 확인하기 위하여 시험한다.

① 점도
② 적점
③ 주도
④ 이유도

해설
유체가 유동성을 잃기 직전의 온도를 의미한다. 그리스에서는 액체가 되는 온도를 적점이라 한다.

63 다음 중 비순환 급유방법이 아닌 것은?

① 손 급유법
② 적하 급유법
③ 바늘 급유법
④ 유욕 급유법

해설
- 비순환 급유법 : 수동 급유법, 적하 급유법, 가시 부상유적 급유법과 같이 지속적으로 윤활제를 공급해야 하고 사용된 윤활제를 순환하여 다시 사용하지 못하는 방식이다.
- 순환 급유법 : 윤활유를 반복하여 마찰면에 공급하는 방식이다. 크게는 용기 속 오일을 재사용하는 방식과 펌프에 의해 강제 순환하는 방식으로 구분할 수 있다. 패드 급유법, 유륜식 급유법, 체인 급유법, 원심 급유법, 유욕 급유법, 나사 급유법, 비말 급유법, 중력 순환 급유법, 강제 순환 급유법 등이 있다.

64 베어링의 마찰 면이 일정치 않은 상황에서 국부적인 고하중이 걸릴 때 작용하는 윤활유의 기능은?

① 밀봉 작용
② 세정 작용
③ 응력 분산 작용
④ 마찰 감소 작용

해설
베어링 윤활 선정 시 적정 점도, 운전 속도, 운전 시 운전부의 온도, 작용 하중, 급유방법 등을 고려해서 선정한다.
- 마찰면이 일정치 않아 국부적인 고하중이 걸릴 때는 응력분산 능력이 있는 윤활제를 선정한다.
- 고속운전을 하는 윤활 개소에는 마찰 감소 능력이 있고 점도가 낮은 윤활제를 선정한다.
- 이물질의 침입이 우려되는 윤활 개소에는 밀봉 능력이 있고 세정력이 있는 윤활제를 선정한다.
- 열에 노출되기 쉬운 윤활 개소에는 내열성과 냉각성이 있는 윤활제를 선정한다.

65 그리스를 장시간 사용하지 않고 방치해 놓거나 사용 과정에서 오일이 그리스로부터 이탈되는 현상은?

① 주도
② 이유도
③ 동점도
④ 수세내수도

해설
이유도
- 그리스를 장기간 저장할 경우 오일이 그리스로부터 분리되는 현상을 말한다.
- 시험에 사용되는 시료는 10g을 쇠그물 원뿔 여과기에 채우고 뚜껑 고리에 준비된 여과기를 달아서 깨끗하고 무게를 아는 비커 속에 넣어 이것을 규정 온도 ±0.5℃로 유지된 항온기 속에 넣어 규정 시간 가열한다.

정답 61 ② 62 ② 63 ④ 64 ③ 65 ②

66 윤활관리의 실시 방법 중 급유 관리에 속하지 않는 것은?

① 저점도유 사용으로 누유방지
② 올바른 급유량과 급유간격의 결정
③ 점검을 통한 급유관의 누설여부 관리
④ 급유구 및 급유통에 이물질 혼입 방지

해설
급유 관리
- 급유구 및 급유통에 이물질 혼입의 관리
- 점검을 통한 급유관의 누설 여부 관리
- 올바른 급유량과 급유 간격의 결정
- 급유 방법의 개선

67 윤활유가 유화되는 원인으로 가장 거리가 먼 것은?

① 수분과의 접촉이 없을 경우
② 기름의 산화가 상당히 일어났을 경우
③ 운전 조건이 가혹해서 탄화수소분의 변질을 가져왔을 경우
④ 윤활유가 열화하여 이물질분이 증가되어 고점도유에 되었을 경우

해설
수분에 의해 산화 방지제가 분해되면서 유화를 유발한다. 오일을 교체하여 해결한다.

68 윤활유가 열화할 때 나타나는 현상으로 가장 거리가 먼 것은?

① 점도가 변화한다.
② 산가가 증가한다.
③ 색상이 변화한다.
④ 슬러지가 감소한다.

해설
슬러지는 오일의 열화로 인한 생성물, 먼지 등에 의한 퇴적물을 일컫는데 기관의 정상적인 작동을 방해한다.

69 윤활유의 기유로 사용되는 파라핀계 기유를 설명한 내용 중 틀린 것은?

① 휘발성은 나프텐계 기유보다 낮다.
② 점도지수가 나프텐계 기유보다 낮다.
③ 산화저항성이 나프텐계 기유보다 높다.
④ 인화점, 유동점이 나프텐계 기유보다 높다.

해설
나프텐계와 비교한 파라핀계 기유의 특징
- 높은 점도, 높은 인화점, 발화점, 유동점, 아닐린점, 높은 산화 안정도, 왁스 함유율이 높음, 밝은 색
- 낮은 밀도, 낮은 아로메틱함량, 휘발성, 증기압 낮음, 용해성, 분산성 나쁨, 고무에 대해 저팽창

70 윤활유의 열화를 방지하기 위한 방법으로 틀린 것은?

① 고온을 가능한 피한다.
② 협잡물 혼입 시는 신속히 제거한다.
③ 신기계 도입 시 충분한 세척을 한 후 사용한다.
④ 윤활유 교환 시 열화유와 새로운 오일을 섞어서 교환한다.

해설
열화 방지법
- 윤활유가 고온부와 접촉하는 시간을 짧게 함
- 윤활유의 압력을 올려 순환급유를 많게 하며, 또 냉각기를 부착하는 등 온도상승을 방지
- 기름의 혼합사용 금지
- 새 기계를 사용할 경우 충분히 세척한 후 사용
- 수분, 먼지, 금속마모분 등이 혼입된 경우는 신속하게 제거
- 연 1회 완전 세척하여 순환계통의 청정을 유지
- 사용유를 계속 사용해야 하는 경우는 원심분리, 백토처리 등 재생처리 후 재사용

71 오일을 규정조건으로 가열하여 발생한 증기에 불꽃을 접근시켰을 때 순간적으로 불이 붙는 온도는?

① 인화점
② 발연점
③ 착화점
④ 연소점

해설
인화점은 자연히 불이 붙기 시작하는 온도로 규정조건으로 가열하여 발생한 증기에 불꽃을 접근시켰을 때 순간적으로 불이 붙은 온도라고 설명한다.

72 윤활유의 적정 점도를 선정하려고 할 때 고려사항으로 가장 거리가 먼 것은?

① 운전속도
② 운전온도
③ 운전하중
④ 윤활유의 수명

해설
적정 점도 선정 기준
- 점도가 낮은 경우 유막이 파괴될 수 있으나 캐비테이션을 방지할 수 있다.
- 점도가 높은 경우 점성 저항이 커져서 열이 발생하고 윤활부에 충분히 공급되지 않는 부분이 생길 수 있으나 마모를 방지할 수 있다.
- 적정 점도 선정의 고려사항으로는 주위온도, 환경, 운전속도, 작용하중, 윤활부위, 윤활부의 구조 등을 고려한다.
- 우리나라처럼 기후에 따라 온도차가 큰 곳에서는 점도지수가 높은 것이 좋다.
- 운전온도가 높을수록 고점도의 윤활유를 사용한다.
- 빠른 운전속도를 요구할수록 낮은 점도유를, 운전속도가 느린 경우 충분한 점도가 있는 윤활유를 사용한다.

73 기어의 이면손상 중 재질의 결함이나 과도한 하중 등에 의한 것으로 피팅과 같이 이면의 국부적인 피로 현상에서 나타나지만 피팅보다 약간 큰 불규칙한 형상의 박리를 발생하는 현상은?

① 버 닝
② 부 식
③ 스폴링
④ 리플링

해설
스폴링(Spalling)은 파인 홈의 지름이 크고 상당한 영역에 걸쳐 피팅이 일어나는 현상이다.

74 다음 중 그리스 윤활의 특징으로 틀린 것은?

① 유동성이 나쁘기 때문에 누설이 적다.
② 냉각효과가 커서 온도상승 제어가 쉽다.
③ 흡착력이 강하므로 고하중에 잘 견딘다.
④ 기계의 설계가 간편하고 비용이 적게 든다.

해설
그리스 윤활의 장점
- 밀봉 효과가 크고, 이물질 혼입이 방지된다.
- 내수성이 강하고 적하 유출이 적다.
- 액상에 비해 비교적 높은 온도에서 사용가능하며 내하중성이 높다.
- 액상에 비해 급유가 용이하고 장기간 보전이 가능하다.

그리스 윤활의 단점
냉각 효과가 낮으며 이물질이 혼입된 경우는 분리가 어렵고, 급유 교환이 불편하다.

75 윤활관리를 실시하는 목적 중 가장 거리가 먼 것은?

① 설비의 수명 연장
② 기계 설비의 가동률 증대
③ 동력비의 절감과 생산량 증대
④ 설비의 성능향상과 윤활비용 증대

해설
윤활비용을 증대시키기 위해 윤활관리를 실시하는 것은 아니다.

71 ① 72 ④ 73 ③ 74 ② 75 ④

76 윤활유 열화에 미치는 인자 중 윤활유를 사용할 때 공기 중의 산소를 흡수하여 화학적 반응을 일으키는 것은?

① 희 석
② 유 화
③ 산 화
④ 이물질 혼입

해설
산 화
- 산소를 흡수하여 일으킨 화학반응
- 산화촉진 요소 : 온도, 사용시간, 촉매
- 현상 : 변색, 점도증가, 표면장력 저하, 산도 증가
- 부산물 : 알데하이드, 케톤, 알코올, 옥시산, 에스텔 등의 금속 부식 물질

77 윤활유의 성질을 강화하기 위해 첨가하는 첨가제의 일반적인 성질로 틀린 것은?

① 증발이 많아야 한다.
② 기유에 용해도가 좋아야 한다.
③ 다른 첨가제와 잘 조화되어야 한다.
④ 첨가제는 수용성 물질에 녹지 않아야 한다.

해설
증발이 일어나면 첨가제가 기화되어 첨가한 효과가 사라지게 된다.

78 다음 정유 공정 중 원유 중에 포함된 염분을 제거하는 탈염 장치와 같은 전처리 과정을 거친 후 가열된 원유를 상압 증류탑으로 보내어 가벼운 성분부터 무거운 성분으로 분리하는 공정은?

① 정제 공정   ② 배합 공정
③ 증류 공정   ④ 기유 공정

해설
원유의 정유 공정
- 증류 공정 : 원유를 상압 증류탑으로 보내 가벼운 성분부터 무거운 성분으로 분리
- 정제 공정 : 증류된 원유의 불순물을 제거하는 공정
- 배합 공정 : 처리된 유분을 제품별로 배합하거나 첨가제를 넣는 공정

79 윤활 장치의 고장 원인 중 윤활유에 의한 원인이 아닌 것은?

① 부적정유의 사용
② 오일의 열화와 오염
③ 급유 방법의 부적당
④ 이종유의 혼합 사용

해설
윤활 장치의 고장 원인 중 윤활제에 의한 고장 원인인 경우는 부적정유를 사용하거나 유류가 열화되었거나 오염되었거나, 누설되었거나, 성질이 다른 기름을 혼합사용하면 고장을 유발한다.

80 일반적인 베어링 윤활의 목적에 대한 설명으로 틀린 것은?

① 금속류의 직접 접촉에 의한 소음을 막는다.
② 윤활유의 사용으로 먼지 또는 이물질의 침입을 방지한다.
③ 베어링의 마모를 막고 윤활유의 냉각효과로 수명을 연장시킨다.
④ 마모를 적게 하여 동력손실을 높이고 마찰에 의한 발열을 증가시킨다.

해설
베어링 윤활의 목적
- 마찰 및 마모의 감소
- 피로 수명의 연장(충분하고 적절한 윤활 시)
- 마찰열의 방출, 냉각
- 베어링 내부 이물질 침입 방지

정답 76 ③ 77 ① 78 ③ 79 ③ 80 ④

제5과목 공유압 및 자동화

81 다음 유압 회로도에서 ⓐ기기의 역할로 옳은 것은?

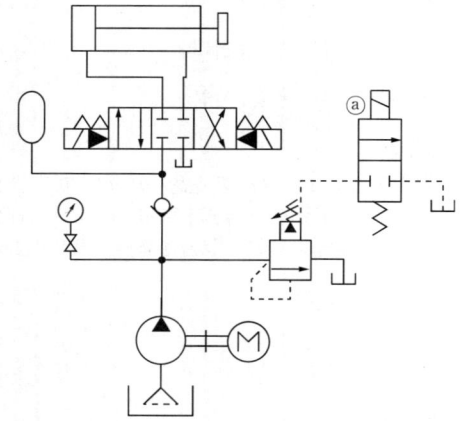

① 회로 내 발생되는 서지 압력을 흡수한다.
② 기계 정지시간에 유압유를 탱크로 언로드시킨다.
③ 실린더의 전진 완료 후, 클램프 압력을 유지한다.
④ 실린더 전·후진 시 속도를 일정하게 제어한다.

해설

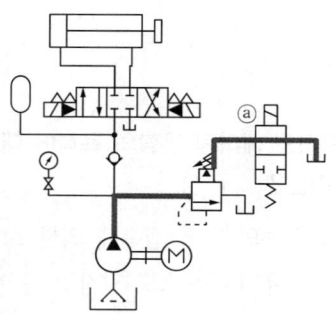

ⓐ를 작동시키면 그림처럼 된다.

82 곧고 긴 유압배관의 유동에 의한 압력손실 수두를 구하는 식은?

① 연속방정식
② 프란틀(Prandtl) 식
③ 블라시우스(Blasius) 식
④ 다르시-바이스바흐(Darcy-Weisbach) 식

해설
다르시-바이스바흐 식은 곧고 긴 유압 배관의 유동에 의한 압력손실 수두를 계산하는 식으로

압력손실은 $\frac{\Delta p}{L} = f_D \cdot \frac{\rho}{2} \cdot \frac{v^2}{D}$ 으로 나타나며

$\Delta h = \frac{\Delta P}{\gamma}$, $\frac{\Delta h}{L} = \frac{f_D v^2}{2gD}$, $\Delta h = \frac{f_D L v^2}{2gD}$ 와 같이 정리된다.

83 공유압 기기에 관한 설명이 틀린 것은?

① 감압 밸브 : 2차 측의 압력을 일정하게 한다.
② 셔틀 밸브 : 안전장치, 검사기능, 연동제어에 사용된다.
③ 압력 스위치 : 공기 압력신호를 전기신호로 변환한다.
④ 시퀀스 밸브 : 액추에이터의 동작을 정해진 순서에 따라 작동시킨다.

해설
셔틀 밸브는 양쪽 신호 중 하나만 들어가도 출력이 되므로 안전장치로 사용하기에는 적절하지 않다. 안전장치, 검사기능, 연동제어에 사용되는 것은 2압 밸브이다.

84 다음 그림과 같이 실린더 튜브 내에 자석이 설치되어 있고 실린더 외부에도 환형의 자석이 설치되어 자력 커플링으로 결속된 환형의 몸체가 실린더 튜브를 따라 이송할 수 있는 실린더는?

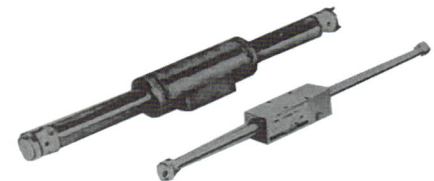

① 충격 실린더
② 탠덤 실린더
③ 로드리스 실린더
④ 양로드형 실린더

해설
로드리스 실린더는 실린더 몸통이 실린더 헤드역할을 하므로 로드가 필요 없다. 유체의 힘이 아닌 자력으로 움직이고 긴 거리 이송에 적합하다.

85 다음 중 설비의 가동률 저하에 가장 큰 영향을 미치는 것은?

① 설비의 자동화 방식에 따른 효율
② 설비의 고장정지에 의한 가동중지
③ 설비의 작업조건에 따른 운전특성
④ 설비의 제어방식에 따른 연산처리

해설
설비 가동률 = $\dfrac{정미 \ 가동시간}{부하시간} \times 100\%$이며
정미 가동시간이란 부하시간에서 설비가 정지되어 있는 시간을 뺀 것이다.

86 변압기유의 요구사항으로 옳은 것은?

① 산화가 잘될 것
② 절연 내력이 작을 것
③ 점도가 낮고 비열이 클 것
④ 인화점과 응고점이 낮을 것

해설
변압기에 사용하는 유류는 절연유를 사용하며 절연유는 전기에 견뎌야 하는 성질을 요구한다. 절연내력이 크고, 인화점이 높으며 응고점이 낮고, 고온에 산화되지 않아야 한다. 점도가 낮고 비열이 커서 열에 안정해야 한다. 또 열이 자주 발생하므로 냉각효과가 커야 하며 침전물이 생기지 않아야 한다.

87 공유압 장치의 전기 시퀀스 제어회로를 설계할 때 고려사항으로 틀린 것은?

① 대상시스템의 동작순서는 고려하지 않는다.
② 비용, 설비 관리자의 수준이 고려되어야 한다.
③ 설계 전 충분히 대상시스템을 파악해야 한다.
④ 설계절차에 따라 순차적으로 진행되어야 한다.

해설
시퀀스 제어는 피드백을 고려하지 않는 순차 제어이다.

88 다음 자동화 장치의 기본적인 구성 중 입력되는 제어 신호를 분석·처리하여 필요한 제어 명령을 내려주는 곳은?

① 센서(Sensor)
② 프로그램(Program)
③ 액추에이터(Actuator)
④ 시그널 프로세서(Signal Processor)

해설
프로세서(연산기)가 장착된 PLC, PC, 자동화 기계의 구성은 그림과 같다. 센서는 입력장치, 액추에이터는 출력장치에 해당하며 프로그램은 하드웨어 장치가 아니다. 신호 처리장치는 중앙 프로세서 유닛(CPU)에 포함한다.

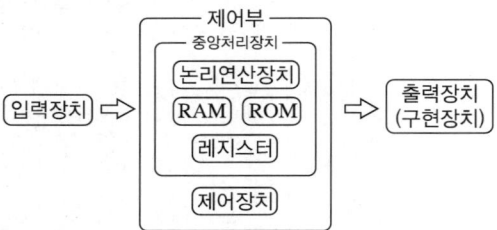

89 압력에 관한 설명으로 틀린 것은?

① 진공도는 항상 절대 압력으로 나타낸다.
② 절대 압력 = 계기 압력 + 표준 대기압이다.
③ 절대 진공도 = 표준 대기압 + 진공계 압력이다.
④ 대기압보다 높으면 정압, 낮으면 부압이라 한다.

해설
• 절대 압력 = 게이지 압력 + 대기압
• 절대 압력은 이론적으로 완전한 진공인 0을 기준으로 측정한 압력이다.

90 유체의 흐름에서 난류와 층류를 구별할 때 사용하는 것은?

① 점도 지수
② 동점도 계수
③ 레이놀즈수
④ 체적 탄성 계수

해설
레이놀즈는 유체의 흐름을 난류와 층류로 구분하고 이를 표시할 수 있는 무차원 수를 개발하였는데 이를 레이놀즈수라고 한다.
$$Re = \frac{vd}{\nu} \, (v: 유속,\ d: 관경,\ \nu: 동점성계수)$$
이렇게 계산한 레이놀즈수가 2,320 이상이면 난류로 구분하고 그 이하이면 층류로 구분한다.
동점성 계수가 크면 레이놀즈수가 작아지므로 층류일 가능성이 높다.

91 핸들링의 정의로 옳은 것은?

① 소재에 소정의 치수, 형상, 정도, 성능 등을 부여하는 공정이나 작업
② 두 개 이상의 부품에서 1개의 반제품 또는 제품을 만드는 공정이나 작업
③ 완성된 제품이나 프로세스가 정해진 목적에 합치하는가를 확인하는 공정이나 작업
④ 물체를 외관적으로 변화시키지 않고 필요한 때에 필요한 장소에 이동, 운반, 저장, 보관시키는 데 관련된 공정이나 작업

해설
부품의 소비와 배치를 포함하는 제조와 분배 공정에 부품을 이동, 저장, 보호 및 제어하는 모든 것을 핸들링이라 한다. 이를 위한 장치 부품의 이송, 이송장비, 저장 시스템, 조립 및 식별, 추적 시스템을 포함한다. 핸들링의 이송은 취합, 계량, 분류, 상적, 하적의 과정을 포함한다.

92 공기 압축기 토출부 직후에 설치하여 공기를 강제적으로 냉각시켜 공기압 관로 중의 수분을 분리·제거하는 기기는?

① 냉각기
② 드레인 분리기
③ 메인 라인 필터
④ 오일 미스트 세퍼레이터

해설
압축공기 유닛에서 압축기 토출부 직후에 설치하여 공기를 강제적으로 냉각시켜 공압 관로 중의 수분을 분리·제거하는 기기를 냉각기라 한다. 기호는 ─◇─이며 물을 이용하는 수랭식, 공기를 이용하는 공랭식이 있다.

93 용적형 유압펌프가 아닌 것은?

① 기어 펌프
② 베어 펌프
③ 터빈 펌프
④ 왕복동 펌프

해설

용적형 펌프(고정 용량형)	비용적형 펌프(가변 용량형)
• 용적이 밀폐되어 있어 부하압력이 변동해도 토출량이 거의 일정하다. • 정압을 사용하므로 큰 힘을 요구하는 유압장치용 유압 펌프로 사용한다.	• 용적이 밀폐되어 있지 않아 부하압력이 변동하면 토출량이 변하여 유압장치에는 부적당하다. • 펌프용량을 0에서 최대까지 변화시킬 수 있어 효율적인 운전을 할 수 있다.
기어 펌프, 나사 펌프, 베인 펌프, 피스톤 펌프	원심형 펌프, 액시얼 펌프, 혼류(Mixed Flow) 펌프, 로토제트 펌프, 터빈 펌프(디퓨저 펌프), 벌류트 펌프

94 실린더의 설치 시 요동이 허용되는 방법은?

① 푸트형
② 나사형
③ 플랜지형
④ 트러니언형

해설
공압실린더 장착형식에 따라 표와 같이 분류한다.

종류		Type
기본형		SD
클레비스형 실린더	1산	CA
	2산	CB
트러니언형	로드 측	TA
	센터	TC
플랜지형	장방향 로드 측	FA
	장방향 헤드 측	FB
	정방향 로드 측	FC
	정방향 헤드 측	FD
푸트형	축 직각	LA
	축 방향	LB

• 푸트형 : 평면에 부착할 수 있게 로드커버, 헤드커버에 발(foot)을 달아 고정한다.
• 플랜지형 : 실린더에 운동방향과 직각된 플랜지를 달아 장착하는 방식으로 플랜지를 단 위치에 따라 표와 같이 나뉜다.
• 클레비스형 : 피봇형이라고도 하는 이 형태는 힌지 역할을 하는 클레비스를 실린더에 달아 고정하는 형태이다. 요동이 허용된다.
• 트러니언형 : 실린더에 타이로드를 이용하여 트러니언을 부착한 것으로 트러니언은 몸체이음과 미끄러질 수 있는 슬립이음을 함께 장착한다. 요동이 허용된다.

95 자동화의 기본 요소가 아닌 것은?

① 감지장치
② 작동장치
③ 저장장치
④ 제어장치

해설
88번 해설 참조

96 공동현상을 방지할 목적으로 펌프 흡입구 또는 유압 회로의 부(-)압 발생 부분에 사용하여 일정 압력 이하로 내려가면 포핏이 열려 압유를 보충하도록 하는 밸브는?

① 감속 밸브
② 압력 제어 밸브
③ 흡입형 체크 밸브
④ 카운터 밸런스 밸브

해설
체크 밸브는 한쪽 방향으로만 흐름을 허가하고 반대방향으로는 흐르지 못하게 만들어진 밸브이다. 흡입형, 스프링 부하형, 유량 제한형, 파일럿 조작형으로 나눈다.
- 흡입형 : 공동현상 발생 방지를 위해 사용. 펌프 흡입구나 유압회로의 마이너스 압력 부분에 사용하여 일정 압력 이하로 내려가면 포핏이 열려 압유를 보충하도록 하는 방식이다.
- 스프링 부하형 : 관로 내에 항상 압유를 충만시켜 놓고자 할 경우나, 열교환기나 필터에 급격한 고압유가 흐르는 것을 막고 기기를 보호할 목적으로 사용하는 일종의 안전밸브
- 유량 제한형 : 한 방향 유동은 허용되고 역류는 오리피스를 통하게 하여 유량을 제한하는 밸브
- 파일럿 조작형 : 작동면에서 스프링 부하형과 같지만 필요에 따라 파일럿 작동에 의하여 역류로 허용될 수 있는 밸브

97 다음 공기압 회로에서 입력 A와 B에 대한 출력 Y의 동작과 같은 논리회로는?

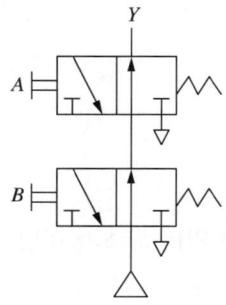

① AND
② NOR
③ NOT
④ NAND

해설
A와 B가 정상상태, 신호 0인 상태에서는 Yes 신호가 들어가지만 하나라도 신호 1이 들어가면 No가 되는 회로이다.

98 O링의 구비조건으로 틀린 것은?

① 내유성이 좋을 것
② 내마모성이 좋을 것
③ 사용 온도 범위가 넓을 것
④ 압축 영구 변형이 많을 것

해설
O링의 구비 조건
- 누설을 방지하는 기구에서 탄성이 양호하고 압축 시 영구변형이 적을 것
- 내열성, 내노화성, 내마멸성, 내마모성, 내압성, 내화학성 등이 기계적 성질, 화학적 성질이 높을 것
- 사용 온도 범위가 넓고 접합 금속에 대한 부식을 유발하지 말 것
- 작동 부품에 걸리지 말고 잘 장착되어야 하며 정밀 가공된 금속면을 손상시키지 않아야 한다.

99 유압펌프 토출 유량의 직접적인 감소 원인으로 적절하지 않은 것은?

① 공기의 흡입이 있다.
② 작동유의 점성이 너무 높다.
③ 작동유의 점성이 너무 낮다.
④ 유압 실린더 속도가 빨라졌다.

해설
유압 실린더가 정상적으로 작동하며 속도가 빨라지면 토출 유량은 증가한다.

100 조작하고 있는 동안만 열리는 접점으로 조작 전에는 항상 닫혀있는 접점은?

① a접점
② b접점
③ c접점
④ d접점

해설
a접점 / b접점
- a접점 : 일반적인 스위치로 작동 시 닫히고, 평소에 열려있는 접점
- b접점 : a접점과 반대로 평소에 닫혀 있고, 작동 시 열리는 접점
- c접점 : a + b접점 형태로 어느 쪽에 단락을 두느냐에 따라 열림과 닫힘을 선택할 수 있는 접점

2020년 제4회 과년도 기출문제

제1과목 설비진단 및 계측

01 진동의 크기를 표현하는 방법으로 틀린 것은?

① 평균값 : 진동량을 평균한 값이다.
② 피크값 : 진동량의 절댓값의 최댓값이다.
③ 양진폭 : 정현파의 경우 피크값의 2배이다.
④ 피크–피크 : 정측의 최댓값에서 부측의 최댓값까지의 값이다. 정현파의 경우 피크값의 $\frac{1}{2}$ 이다.

해설
피크–피크 : 정측의 최댓값에서 부측의 최댓값까지의 값이다. 정현파의 경우 피크값의 2배이다.

02 다음 안정도 판별법에 관한 설명에서 (   ) 안에 들어갈 알맞은 값은?

> 안정도 판별법에 있어서의 이득 여유(Gain Margin)는 위상이 (   )가 되는 주파수에서의 이득이 1에 대하여 어느 정도 여유가 있는지를 표시하는 값이다.

① 180°
② 360°
③ −180°
④ −360°

해설
안정도는 어떠한 입력에 대해 일정하게 반응하는 것을 안정하다고 하며 얼마나 안정한가에 대한 표현이다. 안정도를 판별할 때 사용하는 이득 여유는 안정한 어떤 시스템이 몇 % 증폭 여유가 있는가를 표시한 것이다. 이는 보드선도 상에서 위상이 −180°가 되는 지점에서 이득 1로부터의 여유를 의미한다.

03 펌프 가동 중 진동과 소음이 심하여 진동분석을 하였다. 분석 결과 축 방향에서 높은 진동을 발견하였으며, 펌프의 회전주파수와 $2f(3f)$의 주파수가 탁월하였다. 펌프의 진동과 소음을 줄이는 방법으로 가장 적절한 것은?

① 오일 휠(Oil Whirl)현상을 해소한다.
② 모터와 펌프의 축정렬(Alignment)을 실시한다.
③ 모터의 동력이 약하므로 큰 동력의 모터로 교체한다.
④ 펌프를 분해하고 임펠러의 불균형(Unbalance)을 잡아준다.

해설
회전주파수의 $2f(3f)$의 특성으로 나타나는 불량은 미스얼라인먼트로 판정할 수 있다. 미스얼라인먼트란 정렬 불량 상태에서 회전, 회전체에서 구동부와 피구동부를 커플링으로 연결한 상태에서 회전 중심축(축심)이 상하좌우 및 편각을 가지고 어긋나 있는 상태를 나타내는 현상이다.
커플링 등으로 연결된 양쪽 축을 회전 중심선에 재정렬해서 해결한다.

04 주파수(FFT) 분석기의 트리거(Trigger) 기능으로 옳은 것은?

① 주파수분석 결과 중 진동 최대치만을 표시하는 기능이다.
② 수집한 전, 후의 신호를 중복 처리하여 정확도를 높이는 기능이다.
③ 신호가 어떤 특정 값 이상으로 되었을 때 신호가 수집되는 기능이다.
④ 관심 주파수의 분해능을 높여, 보다 정밀한 주파수를 보여주는 기능이다.

해설
주파수 분석기 FFT(Fast Fourier Transform)를 사용하여 시간적인 데이터를 주파수 데이터로 변환하여 진폭과 주파수를 얻어낸다. 트리거는 시간에 따라 변화하며 종종 예측할 수 없는 신호가 포함되는데 이러한 신호일 때 포착하여 분석할 수 있도록 하는 기능이다.

정답 1 ④ 2 ③ 3 ② 4 ③

05 진동계의 강제진동에서 외력의 크기를 일정하게 하고 주파수를 변화시키면 계의 고유 진동수 부근에서 진동값이 급격히 극대치로 되는 현상은?

① 공진현상
② 강제 진동현상
③ 정상 진동현상
④ 회전체의 불평형 진동현상

해설
공 진
고유 진동수와 강제 진동수가 일치할 경우 진폭이 크게 발생하는 현상

06 철길 주변의 주택가 소음을 평가하고자 할 때, 다음 중 기차의 소음은 어느 음원에 가장 가까운가?

① 면음원
② 선음원
③ 점음원
④ 입체음원

해설
음원의 종류
- 점음원 : 음원의 크기가 소리의 전파거리에 비해 점으로 여길 정도로 아주 작은 음원
  - 구면파 : 점음원에서 모든 방향으로 소리가 전파되는 파장
  - 반구면파 : 점음원이 180° 방향의 반구(半球) 방향으로 소리가 전파되는 파장
- 선음원 : 교통기관의 소음처럼 점음원이 여러 개로 모여 선처럼 연결된 듯한 음원. 일반적으로 교통기관에서 발생하므로 반구면파를 형성
- 면음원 : 넓은 표면상으로 음이 전파되는 음원
  - 면음원이 원형인 경우와 사각 장방형인 경우로 구분할 수 있다.
- 입체음원(체적음원) : 음원이 여러 면음원을 합친 형태의 음원

07 진동을 방지하기 위한 방진고무에 관한 설명으로 틀린 것은?

① 천연고무는 오일과 일광에 약하다.
② 부틸고무는 큰 진동 감쇠에 사용한다.
③ 나이트릴 고무는 내수성을 필요로 할 때 사용한다.
④ 네오프렌 고무는 내열성을 필요로 할 때 사용한다.

해설
방진고무의 감쇠비는 0.05 정도이며 재료의 성질을 이용하므로 간단히 사용할 수 있다. 방진이 필요한 장소에 따라 재료를 선택하여 사용하며 천연재료와 합성재료로 구분할 수 있다.
- 천연고무는 가볍고 구하기 쉬우며 탄성, 내마모성, 저온성이 뛰어나고 기계적 성질이 우수하지만, 햇볕에 경화되고 기름에 연화된다.
- 부틸고무는 이소부틸렌이 함유되어 있는데 천연고무와 거의 유사한 성질을 가진다. 내후성이 좋고 기체 투과성이 낮아 타이어 튜브 등에 사용한다.
- 나이트릴고무는 내유성과 내약품성이 뛰어나서 산업기계, 건설기계, 화학기기 등에 사용한다.
- 네오프렌 고무는 내후성, 내유성, 내약품성, 난연성이며, 내열성이 우수하여 150℃까지 사용이 가능하다.

08 신호변환기의 기능이 아닌 것은?

① 필터링
② 비 선형화
③ 신호레벨 변환
④ 신호형태 변환

해설
신호변환기
- 다양한 센서에서 PLC, DCS 또는 PC 기반 시스템에서 처리하기에 적합한 규격 신호로 변환하는 장치
- 기능 : 선택신호필터링, 신호선형화, 신호레벨 변환, 신호형태 변환

09 펌프에서 캐비테이션이 발생하였을 때, 발생하는 주파수는?

① 고주파
② 저주파
③ 중주파
④ 초단파

해설
펌프에서 고주파는 충격이나 캐비테이션 등에 의해 발생하는 진동처럼 일시에 큰 에너지가 전달되는 이상 현상에 의한 진동이나 유체의 이동 중 여러 이유로 발생하는 불규칙 고주파 진동이 생길 때 검출된다.

5 ① 6 ② 7 ③ 8 ② 9 ① **정답**

10 소음계 사용에 관한 설명으로 틀린 것은?

① 소음의 주파수 분석에는 옥타브 분석기가 활용된다.
② 측정지점에 바람이 많으면, 바람마개(Wind Screen)를 부착한다.
③ 충격성 소음의 경우 소음계의 동특성을 Slow 상태로 놓고 측정한다.
④ 측정 시 소음계에서 0.5m 이상 떨어져 측정자의 인체에서의 반사음을 고려하여야 한다.

해설
소음계 동특성에는 Fast와 Slow가 있으며 Fast는 변동레벨이 빠른 경우에, Slow는 느린 경우에 사용한다. 충격성 소음은 짧은 시간에 큰 변동이 생기므로 Fast로 놓고 사용한다.

11 필터에 관한 설명이 옳은 것은?

① 대역 소거 필터(Band Stop Filter) : 설정된 주파수 대역을 제외한 신호만을 통과시키는 필터이다.
② 대역 통과 필터(Band Pass Filter) : 특정 주파수 범위 이상의 고주파수 신호는 모두 통과시키는 필터이다.
③ 고역 통과 필터(High Pass Filter) : 차단 주파수보다 낮은 주파수의 신호 성분만을 통과시키는 필터이다.
④ 저역 통과 필터(Low Pass Filter) : 차단 주파수보다 높은 주파수의 신호 성분만을 통과시키는 필터이다.

해설
주파수 필터
특정 주파수는 통과시키고 특정 주파수는 차단하는 필터
• Low Pass Filter(저주파 대역 통과 필터)
 – 저주파만 통과시키고 고주파는 차단
 – 출력 신호의 급격한 증감을 보이는 잡음을 없애줌
• High Pass Filter(고주파 대역 통과 필터)
 – 고주파만 통과시키고 나머지 주파는 차단
 – 고주파 음역을 강화하는 역할
 – 미분기 역할
• Band Pass/Reject Filter
 – 특정 주파수대를 통과/차단시킴

12 공장 내의 소음 중 특히 저주파 소음을 방지할 수 있는 방법은?

① 재료의 강성을 높인다.
② 재료의 무게를 늘인다.
③ 재료의 무게를 줄인다.
④ 재료의 내부 댐핑을 줄인다.

해설
문제의 보기에서 "재료"가 명확히 무엇을 의미하는지 알 수 없는 문제이다. 진동 차단재의 재료인지, 바닥재의 재료인지, 방음재의 재료인지, 공장에 사용하고 있는 기계의 재료인지.
소음 방지법을 물었으므로 재료는 차단재의 재료라 가정한다. 저주파 소음은 파장이 길어 고주파 소음에 비해 차음이 어렵다. 사용하는 차단재의 밀도를 높이거나 조직을 복잡하게 하여 효과를 기대할 수 있다. 일반적으로 강성이 높은 재료는 위의 설명한 특징을 갖는다. 그러나 역시 문제의 의도와 정확히 맞는지 알 수 없다. 같은 문제가 나오면 그대로 암기하여 해결하자.

13 회전수를 측정하기 위한 방법이 아닌 것은?

① 초음파를 이용한 측정법
② 반사 테이프를 이용한 광학 측정법
③ 자속 밀도의 변화를 이용한 전자식 측정법
④ 회전주기를 측정하고 역수로 회전수를 구하는 측정법

해설
회전변위 측정센서에는 퍼텐쇼미터, RVDT, 싱크로, 리졸버, 정전 용량형 변위센서, 로터리 인코더, 홀센서 등이 있다. 다양한 측정원리를 사용하나 초음파를 이용하는 것은 회전수를 측정하기에 적절한 방법은 아니다.

정답 10 ③ 11 ① 12 ① 13 ①

14 전동기의 진동과 소음에 관한 설명으로 틀린 것은?

① 전동기에서 발생하는 소음은 기계적 소음과 전자기적 소음이 있다.
② 전동기의 회전자에서 발생하는 기계적 진동주파수는 회전속도에 비례한다.
③ 전동기의 회전자에서 질량 불평형이 발생하면 전원주파수의 2배 성분이 높다.
④ 회전수와 전동기 회전자의 고유진동수가 일치할 때 큰 진폭의 진동이 발생한다.

해설
비평형진동(언밸런스진동) : 회전체의 회전축에 관한 질량 분포의 불균형 상태에 의해 발생한다. 측정 시 수평 수직 방향에 최대의 진폭이 발생하고 회전 주파수의 $1f$ 성분의 탁월 주파수가 나타나는데, 언밸런스양과 회전수가 증가할수록 진동 레벨이 높게 나타난다.

15 진동현상을 설명하기 위해 사용하는 진동계의 기본요소가 아닌 것은?

① 감 쇠   ② 질 량
③ 고유진동수   ④ 스프링(강성)

해설
진동계는 질량과 스프링의 강성에 의해 진동의 크기가 영향을 받으며 저항에 의해 감쇠가 일어난다. 물리적인 유추를 위해 감쇠가 일어나지 않은 진동계를 상정하며 이를 비감쇠 진동계라 한다. 고유진동수는 공진현상을 해석하기 위해 필요한 요소이다.

16 열 전달 및 전도에 관한 설명으로 틀린 것은?

① 열 전달량은 면적이 작을수록 높다.
② 열 전달량은 두께가 얇을수록 높다.
③ 열 전달량은 온도차가 클수록 높다.
④ 열 전도율은 금속이 기체보다 좋다.

해설
열전달 방법은 복사, 대류, 전도의 방법이 있다.
전도는 고체나 정지된 유체 내부의 온도 차이에 의한 열이동 현상이다.
$Q = kA\dfrac{dT}{ds}$ (Q : 열전달량, A : 면적, dT : 온도차, ds : 두께, k : 열전도계수)의 관계를 가진다.

17 트리거 신호를 이용하며, 대상 신호와 관계없는 불규칙 성분이나 다른 노이즈 성분을 제거하는 평균화 기법은?

① 선형 평균화
② 적분 평균화
③ 동기 시간 평균화
④ 피크 홀드 평균화

해설
FFT분석기는 측정 신호 분석에 정확성을 위해 평균화 기능을 이용한다. 평균화 기법은 신호를 주파수 영역에서 처리하는 주파수 영역 평균화와 시간 영역에서 처리하는 동기 시간 평균화 두 가지가 있다. 주파수 영역의 평균화는 미리 정해 놓은 수만큼의 스펙트럼으로 평균화하는 과정이다. 동기 시간 평균화는 위상을 기준으로 동기 시간 신호를 평균화하고 주파수 영역으로 변환한다. 동기 시간 평균화를 위해서는 분석 대상인 축과 동기 상태인 Reference Trigger, 많은 평균화 횟수, 제로 오버랩이 필요하다.

18 시간의 변화에 대한 진동 변위의 변화율을 나타내며, 기계시스템의 피로 및 노후화와 관련이 있는 것은?

① 변 위   ② 속 도
③ 가속도   ④ 주파수

해설
변위를 x라 하면 속도 $v(x)$의 식은
$v(\dot{x}) = \dfrac{dx}{dt} = \dfrac{d}{dt}(A\sin\omega t) = A\omega\cos\omega t = A\omega\sin\left(\omega t + \dfrac{\pi}{2}\right)$
[$A\omega$: 속도진폭(속도 최댓값 : m/sec)]

19 음압의 단위로 옳은 것은?

① N
② kgf
③ m/s²
④ N/m²

해설
음압의 단위는 음의 세기의 단위를 사용하거나 압력의 단위를 사용한다.
①과 ②는 힘의 단위이고, ③은 가속도의 단위이다.

20 질량과 스프링으로 이루어진 1자유도계 진동시스템에서 스프링의 정적 처짐이 3mm인 경우, 이 시스템의 고유 진동 주파수[Hz]는?(단, $g=9.81\text{m/sec}^2$이다)

① 2.78
② 3.27
③ 9.10
④ 57.18

해설
자유진동을 하는 진동수 1계 자유진동의 경우 고유진동수 f_n은
$$f_n = \frac{1}{2\pi}\sqrt{\frac{k}{m}}$$
(m : 질량, 단위를 kg으로 사용, k : 강성을 나타내는 스프링 상수, 단위 : N/m)
$F = kx = mg$, $\frac{k}{m} = \frac{g}{x}$
$f_n = \frac{1}{2\pi}\sqrt{\frac{g}{x}} = \frac{1}{2\pi}\sqrt{\frac{9.81[\text{m/s}^2]}{0.003[\text{m}]}} = 9.10[/\text{s}]$

제2과목 설비관리

21 종합적 생산보전(TPM ; Total Productive Maintenance)에 대한 설명 중 틀린 것은?

① TPM의 목표는 현장의 체질 개선에 있다.
② TPM의 목표는 설비, 사람, 현장이 변하지 않는 것이다.
③ TPM의 특징은 고장 제로(Zero), 불량 제로 달성 목표에 있다.
④ TPM의 목표는 맨(Man), 머신(Machine), 시스템(System)을 극한 상태까지 높이는 데 있다.

해설
TPM의 목표
• M.M.S(Men-Machine System)의 최대화 : 설비 성능을 최고의 상태로 장시간 유지
• 현장 체질 개선
• 고장 제로(Zero), 불량 제로 달성

22 다음 상비품의 발주 방식 중 주문점에 해당하는 양만큼을 복수로 포장해 두고, 차츰 소비되어 다음 포장을 풀 때에 발주하는 방식은?

① 포장법
② 정수법
③ 정량 유지 방식
④ 정기 발주 방식

해설
포장법 : 주문점에 해당하는 양만큼을 복수로 포장해 두고, 차츰 소비되어 다음 포장을 풀 때에 발주하는 방식

23 현상파악에 사용되는 방법 중 공정에서 취한 계량치 데이터가 여러 개 있을 때 데이터가 어떤 값을 중심으로 어떤 모습으로 산포하고 있는가를 조사하는 데 사용하는 것은?

① 관리도 ② 체크시트
③ 파레토도 ④ 히스토그램

> **해설**
> 현상파악에 사용되는 방법
> - 체크시트 : 체크리스트를 적으며 스스로 체크
> - 파레토도 : 불량품, 결점, 클레임(Claim), 사고 건수 등을 현상이나 원인별로 데이터 처리 후 데이터가 높은 순서부터 나열하고 막대그래프로 나타낸 것
> - 관리도 : 품질은 산포하고 있으므로 공정에서 시계열적으로 변화하는 산포의 모습을 보고 공정이 정상 상태인가 이상 상태인가를 판독하기 위한 수법

24 사람, 물건, 설비의 관계를 가장 경제적으로 얻기 위해 제품을 구성하는 각 부품이나 재료의 입하부터 최종 출하까지의 생산설비를 계획하는 것과 가장 관계가 깊은 것은?

① 구조 설계 ② 안전 설계
③ 설비 배치 ④ 운반 시스템 설계

> **해설**
> 설비 배치란 공정 전체(설비시스템, 원료로부터 제품의 출고)의 설비의 배치를 의미하며 사람, 물건, 설비의 관계를 가장 경제적으로 얻기 위해 제품을 구성하는 각 부품이나 재료의 입하부터 최종 출하까지의 생산설비를 계획하는 것이다.

25 자주보전의 전개단계 중 발생원인·곤란개소 대책은 어느 단계인가?

① 제1단계 ② 제2단계
③ 제3단계 ④ 제4단계

> **해설**
> 자주보전의 7단계
> 초기청소 → 발생원인 곤란개소 대책 → 점검·급유기준 작성 → 총 점검 → 자주점검 → 자주보전의 시스템화 → 자주관리의 철저

26 설비배치의 형태에서 제품별 배치의 일반적인 특징으로 틀린 것은?

① 기계 대수가 적어지고 공구의 가동률이 향상된다.
② 작업자의 간접작업이 적어지므로 실질적 가동률이 향상된다.
③ 공정이나 설비가 집중되고 운반이나 소요면적이 적어진다.
④ 분업이 용이하고 작업을 단순화할 수 있으므로 전용 기계공구의 사용이 쉽다.

> **해설**
> 제품별 배치(라인별 배치, Product Layout, Line-layout)
> - 공정의 계열에 따라 각 공정에 필요한 기계가 배치되는 형식
> - 생산량이 많고 작업의 균형이 유지되는 표준화 공정의 경우
> - 원료 및 재료의 흐름이 원활해야 한다.
> - 전통적 생산효율성을 고려하여 공정 간의 공정 균형 효율 필요

27 고장, 품목변경에 의한 작업준비, 금형교체, 예방보전 등의 시간을 뺀 실제 설비가 작동된 시간을 의미하는 것을 무엇이라 하는가?

① 조정시간 ② 가동시간
③ 휴지시간 ④ 캘린더시간

> **해설**
> 가동시간 : 실제 가동된 시간. 고장, 품목변경에 의한 작업 준비, 금형교체, 예방 보전 등의 시간을 뺀 실제 설비가 작동된 시간
> 설비 손실시간 측정을 위한 시간 정의

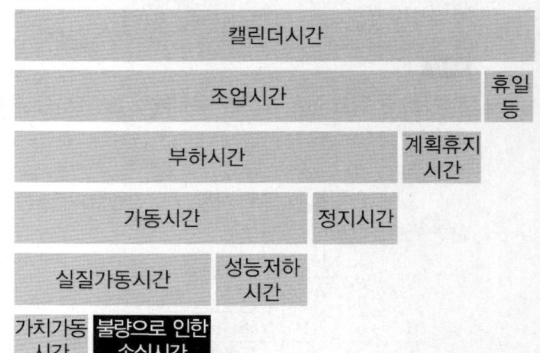

28 유용성(Availability)에 대한 설명으로 옳은 것은?

① 어느 특정 순간에 기능을 유지하고 있는 확률
② 대상물이 사용되어 처음 고장이 발생할 때까지의 평균시간
③ 수리 가능한 체계나 설비가 고장 난 후 규정된 조건에서 수리될 때 규정시간 내에 수리가 완료될 확률
④ 어떤 특정 환경과 운전 조건하에서 어느 주어진 시점 동안 명시된 특정 기능을 성공적으로 수행할 수 있는 확률

> [해설]
> 유용성 : 신뢰도와 보전도를 종합한 평가 척도로 어느 특정한 시간에 기능을 유지하고 있을 확률을 의미한다. 유용성을 평가하는 척도 중 설비 유효가동률이 있다.

29 공사의 완급도에 따라 구분할 때 예비적으로 직장이 전표를 보관하고 있다가 한가할 때 착공하는 공사는?

① 계획공사
② 긴급공사
③ 예비공사
④ 준급공사

> [해설]
> • 긴급공사 : 전표 발행 여유도 없어 구두로 통보하고 바로 시행
> • 준급공사 : 당 계절 바로 시행, 전표는 발행
> • 계획공사 : 다음 계절 시행, 견적 작업부터 차근히 진행
> • 예비공사 : 예비적으로 공사 소요를 받았다가 여유 있을 때 시행

30 계측기 관리를 수행하기 위하여 준수해야 하는 사항과 거리가 가장 먼 것은?

① 관리규정
② 연구개발
③ 선정·구입
④ 검사·검정

> [해설]
> 가장 거리가 먼 사항을 선택하는 것이다.
> 계측은 계측작업과 관리의 표준화가 필요하다. 계측기를 올바르게 사용하기 위해서는 계측기 선정을 올바르게 해야 하며, 들여온 계측기를 올바르게 검사하고 확인하는 일이 필요하다. 필요에 따라 계측기를 직접 개발하는 경우가 있을 수도 있으나, 대부분 계측기는 선정하여 구입한다.

31 설비를 가동시켜야 하는 시간에 대한 실제 가동한 비율을 무엇이라고 하는가?

① 성능 가동률
② 부하 가동률
③ 정미 가동률
④ 시간 가동률

> [해설]
> • 시간 가동률(Availability) : 부하시간에 대해 설비의 정지시간을 제외한 가동시간의 비율
> • 부하시간 = 가동시간 + 비가동시간 : 조업 시간에서 생산 계획상의 휴지시간, 계획보전을 위한 휴지시간, 관리상 필요한 조회 시간, 기타 돌발적 상황에 의한 휴지시간 등의 관리 외 제외시간을 뺀 것
> • 가동시간(Up-time) : 고장, 품목변경에 의한 작업 준비, 금형교체, 예방 보전 등의 시간을 뺀 실제 설비가 작동된 시간

32 설비를 목적에 따라 생산설비, 유틸리티설비, 수송설비, 관리설비 등으로 분류하는 이유로 가장 거리가 먼 것은?

① 설비 원가 파악이 용이하다.
② 설비 투자를 합리적으로 할 수 있다.
③ 생산 공정 능력을 파악하는 데 편리하다.
④ 예산 통제 및 고정자산 관리가 편리하다.

해설
문제의 분류는 목적에 따른 분류이다. 설비를 목적에 따라 분류하면 설비 투자를 합리적으로 할 수 있고, 설비 원가, 평가, 통계 자료의 파악이 잘 되고, 예산화, 예산 통계 및 고정 자산 관리가 편리하다.

33 치공구 관리의 기능 중 계획 단계에서 행해지는 것으로 가장 적합한 것은?

① 공구의 검사
② 공구의 연구시험
③ 공구의 보관과 대출
④ 공구의 제작 및 수리

해설
치공구 관리 계획 단계 : 치공구를 어떻게 사용하고 관리할지를 파악하고 적용
• 공구의 설계 및 표준화
• 공구의 연구 시험
• 공구 소요량의 계획 보충

34 다음 그림에서 '제품의 종류 P > 생산량 Q'일 때 해당하는 구역과 설비배치는?

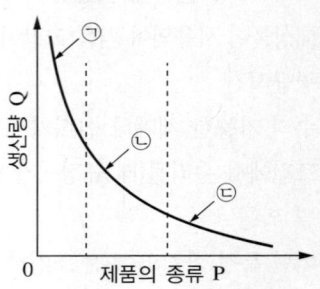

① ㉠구역 : GT설비 배치
② ㉡구역 : 공정별 배치
③ ㉢구역 : 제품별 배치
④ ㉢구역 : 기능별 배치

해설

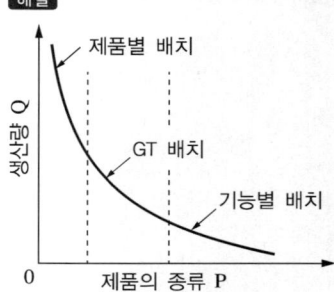

35 설비의 경제성 평가 방법과 거리가 가장 먼 것은?

① 복책법
② MAPI 방식
③ 비용 비교법
④ 자본 회수법

해설
복책법은 보전용 자재 발주 방식 중 하나이다.

36 열 관리 영역에서 열에너지 흐름에 따른 분류에 해당하지 않는 것은?

① 배기 관리　　② 연료의 관리
③ 연소의 관리　　④ 열사용의 관리

해설
열 에너지 흐름에 따른 열 관리 방안으로 연료 관리, 연소 관리, 열사용 관리, 열 설비 관리 등이 있다.

37 보전업무에서 실제로 가장 중요한 요소의 하나로 현 설비뿐만 아니라 잠재적인 설비세계의 향상 또는 미래의 설비구매에 대한 의사결정을 위한 중요한 기반이 되는 설비 관리 기능은?

① 실시 기능　　② 지원 기능
③ 기술 기능　　④ 일반관리 기능

해설
기술 기능은 설비성능분석, 고장분석방법 개발과 실시, 보전도 향상 연구, 설비 진단 기술 이전 및 개발, 설비 간 네트워크 구축, 전산화 구축, 보전업무분석, 검사기준 개발, 보전 기술 개발, 매뉴얼 개발 및 갱신, 보전 자료 문서화, 자료의 설계 반영, 보전 부품 교체 분석 등 기술 관련된 수많은 기능으로 구성되어 있다.

38 공장 설비관리에서 설비를 분류할 때 각종 기호법을 사용하게 된다. 다음 중 뜻이 있는 기호법의 대표적인 것으로서 기억이 편리하도록 항목의 첫 글자나 그 밖의 문자를 기호로 사용하는 것은?

① 기억식 기호법
② 순번식 기호법
③ 세구분식 기호법
④ 십진분류 기호법

해설
기호에 뜻이 유추되도록 사용하는 기억식 기호법
예) W : 용접기계, AW : 아크용접기

39 만성 로스에 관한 설명 중 가장 거리가 먼 것은?

① 만성 로스는 잠재하므로 표면화하기 어려운 경향이 있다.
② 만성 로스 개선을 위해서는 특징을 충분히 파악하는 것이 중요하다.
③ 만성 로스는 원인과 결과의 관계가 불명확하고 복합적 원인인 경우가 많다.
④ 만성 로스를 제로(Zero)화하기 위해서는 관리도 분석기법의 활용이 가장 바람직하다.

해설
만성 로스에 대한 대책 수립을 위해서 PM 분석을 하는 경우가 많다.

40 보전용 자재 관리에 대한 설명 중 옳은 것은?

① 불용자재의 발생 가능성이 적다.
② 자재구입의 품목, 수량, 시기의 계획을 수립하기가 용이하다.
③ 보전용 자재는 연간 사용빈도가 높으며, 소비 속도도 빠른 것이 많다.
④ 소모, 열화되어 폐기되는 것과 예비기 및 예비부품과 같이 순환 사용되는 것이 있다.

해설
생산용 자재와 비교한 보전용 자재의 특징
• 자주 사용하지 않고 불출 속도가 늦다.
• 계획성 있는 소비가 어렵다.
• 보전 관리 역량과 재고의 관계성이 높다.
• 불용 자재 발생 가능성이 높다.
• 사용되었던 설비 자재가 보전용 자재로 활용될 가능성이 높다.
• 소모, 열화되어 폐기되는 것과 예비기 및 예비부품과 같이 순환 사용되는 것이 있다.

제3과목 기계일반 및 기계보전

41 일반적인 구름 베어링의 기본 구성요소가 아닌 것은?

① 내 륜　　② 외 륜
③ 오일링　　④ 리테이너

해설
오일링은 피스톤, 실린더의 구성요소이다.

42 기어 감속기를 분류할 때 평행 축형 감속기에 속하는 것은?

① 웜 기어
② 스퍼 기어
③ 하이포이드 기어
④ 스파이럴 베벨 기어

해설
평행 축이 있는 기어 감속기는 평 기어(스퍼 기어), 헬리컬 기어, 헤링본(이중 헬리컬) 기어 등이 있다.

43 일반적인 직접 측정의 특징과 거리가 가장 먼 것은?

① 기준 치수인 표준게이지가 필요하다.
② 측정 범위가 다른 측정 방법보다 넓다.
③ 측정물의 실제치수를 직접 잴 수 있다.
④ 양이 적고 종류가 많은 제품을 측정하기에 적합하다.

해설
직접 측정의 특징
- 측정 범위가 다른 측정 방법보다 넓다.
- 측정물의 실체치수를 직접 잴 수 있다.
- 양이 적고 종류가 많은 제품을 측정하기에 적합하다.
- 대량 측정에 불리하고 반복 측정 시에도 오차가 발생할 수 있다.

44 일반적인 밸브에 관한 사항으로 옳은 것은?

① 밸브를 열고 닫을 때에는 최대한 빠르게 실시한다.
② 이종금속으로 제작된 밸브는 열팽창에 주의하여 사용한다.
③ 밸브를 전개할 때는 핸들이 정지할 때까지 완전히 회전시킨다.
④ 일반적인 수동밸브는 '좌회전 닫기', '우회전 열기'로 만들어져 있다.

해설
① 밸브를 열고 닫을 때 빠르게 열고 닫으면 수격현상이 발생할 수 있다.
③ 밸브를 이용하여 유량을 조절할 수 있어 핸들을 끝까지 회전시켜야만 하는 것은 아니다.
④ 문제를 풀면서 가상으로 돌려보면 시계 방향(우) 회전 시 잠기고, 반시계 방향(좌) 회전 시 열리는 것을 알 수 있다.

45 용접의 분류에서 압접에 속하는 것은?

① 스터드 용접
② 피복 아크용접
③ 유도 가열 용접
④ 일렉트로 슬래그 용접

해설
압접의 종류는 크게 저항용접, 가스압접, 폭발압접, 마찰용접과 같은 것들이 있다.
유도 가열 용접은 저항용접에 해당하며 스터드 용접과 피복 아크용접, 일렉트로 슬래그 용접은 아크용접으로서 용접으로 구분한다.

정답　41 ③　42 ②　43 ①　44 ②　45 ③

46 녹에 의한 볼트너트의 고착을 방지하는 방법으로 틀린 것은?

① 유성 페인트를 나사부분에 칠한 후 죈다.
② 볼트너트를 죈 후 아주 높은 온도로 가열한 후 식힌다.
③ 나사 틈새에 부식성 물질이 침입하지 않도록 한다.
④ 산화 연분을 기계유로 반죽한 적색페인트를 나사부분에 칠한 후 죈다.

해설
아주 높은 온도로 가열하여 식히면 열 변형이 일어나서 볼트의 고착을 촉진할 수 있고 주변부의 열 영향을 주어 성능에 이상을 끼칠 수 있다.

47 왕복식 압축기와 비교한 원심식 압축기의 단점으로 옳은 것은?

① 윤활이 어렵다.
② 설치 면적이 넓다.
③ 맥동 압력이 있다.
④ 고압발생이 어렵다.

해설
고압을 생성하기에는 용적형 압축기가 적절하다.

48 긴 관로나 유체기기의 가까이 설치하여 분해, 정비를 용이하게 할 수 있는 배관 이음쇠는?

① 니플(Nipple)
② 엘보(Elbow)
③ 소켓(Socket)
④ 유니언(Union)

해설
- 니플 : 작게 튀어나온 꼭지 부분에 체결이 가능하도록 한 기계요소
- 엘보 : 관 이음을 직각으로 연결할 때 사용하는 이음쇠
- 소켓 : 주철관에 납과 얀(마, Yarn)을 박아 넣어 접합하는 방식에 사용

49 공기의 유량과 압력을 이용한 장치 중 송풍기의 사용 압력을 올바르게 나타낸 것은?

① $0.1 kgf/cm^2$ 이하
② $0.1 \sim 1 kgf/cm^2$
③ $1 \sim 10 kgf/cm^2$
④ $10 kgf/cm^2$ 이상

해설
일반적으로 압축 공기의 토출압력이 $9.8N/cm^2$($1kgf/cm^2$) 미만이면 송풍기, 그 이상이면 공기 압축기로 본다.

50 다음 압축기의 종류 중 용적형 압축기에 속하지 않는 것은?

① 축류식 압축기
② 왕복식 압축기
③ 나사식 압축기
④ 회전식 압축기

해설
용적형 압축기에는 왕복 압축기와 회전식 압축기가 있고 왕복식에는 피스톤식과 다이어프램식이 있다. 나사식 압축기는 회전식 압축기이다.

정답 46 ② 47 ④ 48 ④ 49 ② 50 ①

51 정반 위에 놓고 이동시키면서 공작물에 평행선을 긋거나 평행면의 검사용으로 사용되는 금긋기 도구는?

① 펀 치
② 매직잉크
③ 디바이더
④ 서피스 게이지

해설
- 펀치 : 드릴 작업 등을 위해 중심을 기계적 마킹하는 도구
- 매직잉크 : 금을 그을 때 사용하는 잉크를 이용한 펜형 마커
- 디바이더 : 선이나 각도를 측정하고 측정된 값으로 나누기 위해 사용하는 양쪽 끝이 날카로운 마커

52 유압용 펌프에서 진동, 소음의 발생 원인으로 거리가 가장 먼 것은?

① 임펠러 파손
② 볼 베어링 손상
③ 캐비테이션 발생
④ 그리스 과다 주입

해설
펌프에서 흡입압력, 송출압력의 급격한 변화, 베어링의 불량이나 공동현상이 발생되면 펌프의 운전음이 달라지며 펌프 축과 전동기 축 불일치, 축 휨, 양정과다, 베어링 손상, 임펠러 파손과 같은 이유가 있으면 진동이 발생한다.

53 농형 삼상 유도전동기가 과열되는 직접원인으로 거리가 가장 먼 것은?

① 빈번한 기동을 하고 있다.
② 과부하 운전을 하고 있다.
③ 배선용차단기가 작동하고 있다.
④ 전원 3상 중 1상이 단락되어 있다.

해설
배선용 차단기가 작동되면 차단되어 기동하지 않으므로 과열될 수가 없다.

54 다음 선반에서 사용하는 척 중 4개의 조(Jaw)가 각각 단독으로 이동하여 불규칙한 공작물의 고정에 적합한 것은?

① 단동척   ② 연동척
③ 콜릿척   ④ 벨 척

해설
- 연동척 : 모든 척이 함께 연동하여 움직이는 척
- 콜릿척 : 3개의 클로(Claw)를 움직여서 직경이 작은 공작물을 고정하는 데 사용
- 벨 척 : 원통 위에 볼트가 방사형으로 박혀서 불규칙하고 짧은 환봉을 고정하는 데 사용

55 일반적인 사후 보전의 단점이 아닌 것은?

① 대형 설비 사고의 위험 가능성이 존재한다.
② 돌발일 경우 수리 시간 예측이 어렵다.
③ 보전요원의 기능 및 기술 향상이 어렵다.
④ 제품 불량률이 낮고, 동일 고장의 반복적 발생 빈도가 낮다.

해설
사후 보전(BM ; Breakdown Maintenance)
- 비계획적 보전이며, 영세하거나 비조직적인 사업장에서 많이 도입
- 고장 또는 유해한 성능저하를 가져온 후에 수리를 행하는 보전 방식

따라서 제품 불량률이 낮고, 동일 고장의 반복적 발생 빈도가 낮은 경우에 예비품을 관리하여 사후 보전을 실시한다.

51 ④ 52 ④ 53 ③ 54 ① 55 ④

56 다음 브레이크 중 화물을 올릴 때는 제동 작용을 하지 않고 화물을 내릴 때는 자중에 의한 제동 작용을 하는 것은?

① 원판 브레이크(Disc Brake)
② 밴드 브레이크(Band Brake)
③ 블록 브레이크(Block Brake)
④ 나사 브레이크(Screw Brake)

해설
자동 하중 브레이크는 웜 브레이크, 나사 브레이크, 원심 브레이크가 있다.

57 기어 손상의 분류에서 이 부분이 파손되는 주요원인이 아닌 것은?

① 마 모
② 균 열
③ 소 손
④ 피로 파손

해설
마모는 기어 손상 중 표면 손상에 해당한다.

58 오(O)링의 구비조건이 아닌 것은?

① 내노화성이 좋을 것
② 상대 금속을 부식시킬 것
③ 사용 온도의 범위가 넓을 것
④ 내마모성을 포함한 기계적 성질이 좋을 것

해설
O링의 구비 조건
- 누설을 방지하는 기구에서 탄성이 양호하고 압축 시 영구변형이 적을 것
- 내열성, 내노화성, 내마멸성, 내마모성, 내압성, 내화학성 등이 기계적 성질, 화학적 성질이 높을 것
- 사용 온도 범위가 넓고 접합 금속에 대한 부식을 유발하지 말 것
- 작동 부품에 걸리지 말고 잘 장착되어야 하며 정밀 가공된 금속면을 손상시키지 않을 것

59 일반 열처리 중 풀림의 목적과 거리가 가장 먼 것은?

① 강을 연하게 한다.
② 내부 응력을 제거한다.
③ 강의 인성을 증대시킨다.
④ 냉간 가공성을 향상시킨다.

해설
- 강의 인성을 향상시키기 위한 목적으로 시행하는 열처리는 뜨임이다.
- 연화 풀림을 실시하면 가공 도중 경화된 재료를 연화시켜 계속적으로 냉간 가공이 가능해진다.

60 구름 베어링의 구성 요소 중 회전체 사이에 적절한 간격을 유지하여 마찰을 감소시켜 주는 것은?

① 임펠러
② 마그넷
③ 리테이너
④ 블레이드

해설
구름 베어링의 구조

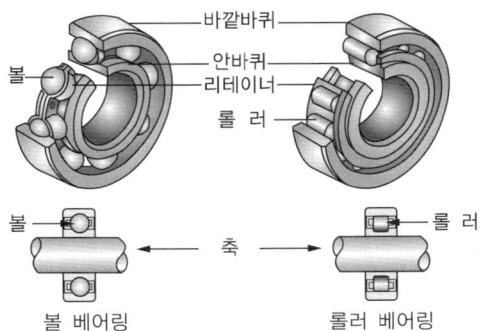

제4과목 윤활관리

61 그리스 선정 시 고려해야 할 사항으로 가장 거리가 먼 것은?

① 그리스 제조법 및 급지 방법
② 증주제의 종류 및 베이스 오일의 점도
③ 윤활개소의 운전조건인 회전수 및 하중
④ 윤활개소의 운전 온도범위 및 물, 약품 등의 접촉 유무와 관련된 환경

해설
그리스 선정 시 고려사항
• 그리스의 성분, 증주제의 종류 및 기유(Base Oil)의 성질
• 윤활개소의 운전조건 : 구조, 회전수, 속도, 하중, 온도범위, 물 접촉여부, 이물질 침입가능성 여부
• 요구 조건 : 작용 하중, 밀봉 요구, 냉각 성능 여부, 사용 기한, 교환의 용이성, 사용량, 경제성 등

62 윤활 관리의 목적으로 잘못된 것은?

① 설비의 수명을 연장시킨다.
② 설비의 부식을 최대화시킨다.
③ 설비의 유지비를 절감시킨다.
④ 기계 설비의 가동률을 증대시킨다.

해설
윤활 관리의 목적 : 설비 가동률 증대, 유지비 절감, 설비 수명 연장, 윤활 비용 절감, 동력비 절감 등

63 고압 고속의 베어링에 윤활유를 오일펌프로 공급하여 윤활을 하고, 배출된 오일은 다시 기름 탱크로 모이고 여과 냉각 후 다시 순환하는 급유방법은?

① 중력 순환 급유법
② 강제 순환 급유법
③ 오일 순환식 급유법
④ 가시 부상 유적 급유법

해설
• 중력 순환 급유법 : 임의의 높은 곳에 있는 오일 탱크에서 분배관을 통해 오일을 흘려보내는 방법
• 오일 순환 급유법 : 윤활유를 반복하여 마찰면에 공급하는 방식
• 가시 부상 유적 급유법 : 적하 급유법의 하나로 플로트를 물 또는 적절한 액체를 가득 채운 유리관 속을 서서히 떠오르게 하는 급유기를 사용하며 급유 상태를 뚜렷이 볼 수 있음

64 EP유라고도 하며 큰 하중을 받는 베어링의 경우 유막이 파괴되기 쉬우므로 이를 방지하기 위해 사용되는 윤활유의 첨가제는?

① 극압제   ② 청정분산제
③ 산화방지제   ④ 점도지수 향상제

해설
극압제(Extreme Pressure Additives) : EP유. 큰 하중을 받는 베어링의 경우 유막이 파괴되기 쉬우므로 이를 방지하기 위해 극압 첨가제 사용. 염화파라핀, 황(S)계, 인(P)계가 있다.

65 중, 저속의 밀폐기어, 감속기 내의 베어링 하우징 등 윤활 개소의 일부가 오일 배스(Oil Bath)에 잠긴 상태로 윤활되는 방식의 급유법은?

① 나사 급유   ② 비산 급유
③ 유욕식 급유   ④ 사이펀 급유

해설
유욕(Bath) 급유법 : 마찰면이 오일 속에 잠겨서 윤활하는 방법으로 윤활이 원활하고 냉각효과도 높다. 직립형 수력 터빈의 추력 베어링에 많이 사용되고 방적기계의 스핀들과 피치원의 원주 속도가 5m/s 내의 감속 기어 및 웜 기어에 사용한다. 롤링 베어링 윤활에도 사용한다.

정답 61 ① 62 ② 63 ② 64 ① 65 ③

66 그리스를 장기간 저장할 경우 또는 사용 중에 그리스를 구성하고 있는 기름이 분리되는 현상을 무엇이라고 하는가?

① 적 점 ② 주 도
③ 이유도 ④ 수세내수도

해설
이유도
- 그리스를 장기간 저장할 경우 오일이 그리스로부터 분리되는 현상을 말한다.
- 시험에 사용되는 시료는 10g을 쇠그물 원뿔 여과기에 채우고 뚜껑고리에 준비된 여과기를 달아서 깨끗하고 무게를 아는 비커 속에 넣어 이것을 규정 온도 ±0.5℃로 유지된 항온기 속에 넣어 규정 시간 가열한다.

67 다음 중 윤활관리 기술자의 직무와 거리가 가장 먼 것은?

① 윤활 관계 작업원의 교육 훈련
② 급유 장치의 설치 및 유지 관리
③ 윤활 관계의 사고와 문제점 검토
④ 설비 고장 원가 분석과 윤활유의 제조 기술

해설
윤활 기술자의 직무
- 사용 윤활유의 선정 및 관리
- 급유 장치의 보수 및 예비품 준비
- 윤활 관계의 개선 시험, 사고와 문제점 검토
- 신설비의 윤활제와 급유 장치 검토
- 윤활 관계 작업원의 교육 훈련

68 윤활 기유에서 나프텐계와 비교하여 파라핀계의 특성으로 틀린 것은?

① 밀도가 높다. ② 휘발성이 낮다.
③ 인화점이 높다. ④ 잔류 탄소가 많다.

해설
나프텐계와 비교한 파라핀계 기유의 특징
- 높은 점도, 높은 인화점, 발화점, 유동점, 아닐린점, 높은 산화 안정도, 왁스 함유량이 높음, 밝은 색
- 낮은 밀도, 낮은 아로메틱함량, 휘발성, 증기압 낮음, 용해성, 분산성 나쁨, 고무에 대해 저팽창

69 그리스를 가열했을 때 반고체 상태의 그리스가 액체 상태로 되어 떨어지는 최초의 온도를 무엇이라 하는가?

① 적하점 ② 유동점
③ 발화점 ④ 산화점

해설
적점(적하점)
- 시료를 규정 장치 및 규정 조건으로 가열한 경우, 반고체에서 액체상태가 되어 그 첫 방울이 떨어졌을 때의 온도
- 시험방법 : 직경 100mm인 규정된 컵에 시료를 넣고 규정된 조건으로 가열하여 그리스가 적하할 때의 온도를 측정

70 윤활 관리의 기본적인 4원칙에 포함되지 않는 것은?

① 적 유 ② 적 법
③ 적 기 ④ 적 압

해설
윤활 관리의 4원칙 : 적유, 적기, 적량, 적법 – 적절한 윤활유를 제때, 적정량, 규정에 맞추어 관리한다.

71 일반적인 그리스 윤활의 특징으로 옳지 않은 것은?

① 급유, 교환, 세정 등이 어렵다.
② 초기 회전 시 회전 저항이 크다.
③ 유동성이 좋고, 온도 상승 제어가 쉽다.
④ 흡착력이 강하므로 고하중에 잘 견딘다.

해설
그리스는 상온에서 반고형으로 유동성이 낮고, 냉각효과가 낮다.

72 무단변속기에 사용되는 윤활유가 가져야 할 윤활 조건 중 가장 거리가 먼 것은?

① 기포가 적을 것
② 내하중성이 클 것
③ 점도지수가 낮을 것
④ 산화 안정성이 좋을 것

해설
기어용 윤활유에 필요한 성질

기어유의 역할	필요한 성질
마찰 감소	점도, 저온유동성
마모 감소	내하중성, 내마모성
소음/진동 충격 감소	소포성, 열 안정성
고속 운전	저점도
고하중 전달	내하중성
불순물 감소	열 안정성, 방청성, 산화 안정성, 부식 방지성
냉각 작용	항유화성

73 윤활유 중에 연료유나 다량의 수분이 혼입되었을 때 일어나는 현상으로 윤활성능을 저하시키는 것은?

① 산 화
② 탄 화
③ 동 화
④ 희 석

해설
연료 및 다른 오일에 의한 "희석"
• 윤활유 중 연료나 수분이 혼입되었을 때 일어나는 현상
• 연소불량되어 분사된 후 잔류된 연료의 혼입. 연료가 불량한 경우 발생
• 연료의 분사압이 낮거나, 분사장치 분량에 따른 연료분사 불량에 따른 혼입
• 엔진 정비 불량으로 연료유와 수분이 윤활유에 혼입

74 압축기의 내부 윤활유의 요구 성능과 거리가 가장 먼 것은?

① 적정 점도
② 연질의 생성 탄소
③ 드레인 트랩의 작동 상태
④ 금속 표면에 대한 부착성

해설
내부유의 요구 성능 : 적정 점도, 열, 산화 안정성, 연질의 생성 탄소, 부식 방지성, 금속 표면 부착성 양호

75 윤활유의 열화에 미치는 인자로서 거리가 가장 먼 것은?

① 산화(Oxidation)
② 동화(Assimilation)
③ 탄화(Carbonization)
④ 유화(Emulsification)

해설
윤활유의 열화
• 내부 변화 : 산화, 탄화
• 외부요인에 의한 변화 : 연료 및 다른 오일에 의한 "희석", 물에 의한 유화액 형성, 이물질 혼입

76 스퍼 기어, 헬리컬 기어, 베벨 기어 등 밀폐식 기어 장치의 급유법으로 가장 적합한 것은?

① 손급유
② 순환급유
③ 적하급유
④ 도포급유

해설
①, ③, ④는 지속적으로 급유하고 보충해야 하여 밀폐식에는 맞지 않다.

77 공압장치의 액추에이터 습동 부분에 윤활제를 공급하는 장치로 옳은 것은?

① 미니메스
② 오일스톤
③ 에어브리더
④ 루브리케이터

해설
루브리케이터
- 항상 흐르는 공기를 사용하여 윤활유를 분무 급유한다.
- 가변 벤투리를 이용하며 니들밸브를 이용하여 적하량을 조절한다.
- 고정 벤투리식, 가변 벤투리식, 윤활유 입자 선별식이 있다.
- 일반적인 공압기기는 가변 벤투리식을 사용하지만, 공압모터나 공기드라이버 등 배관이 길어 비산이 어려운 경우는 윤활유 입자 선별식 루브리케이터를 사용한다.

78 원료에 따른 윤활유를 분류할 때 석유계 윤활유에 속하는 것은?

① 합성 윤활유
② 동물계 윤활유
③ 식물계 윤활유
④ 나프텐기 윤활유

해설
석유계 윤활유 : 탄화수소의 종류에 따라 파라핀계, 나프텐계, 혼합 윤활유로 구분

79 미끄럼 베어링 급유법 중 적은 급유량으로 윤활이 가능하고 운전속도가 낮을 때 적용되는 방법은?

① 순환식
② 전손식
③ 유욕식
④ 분무식

해설
미끄럼 베어링 급유법
- 전손식 : 적은 급유량으로 윤활이 가능하고 운전 속도가 낮을 때 적용
- 유욕식 : 링, 체인, 칼라, 비말 급유에 사용된다.
- 순환식 : 베어링 온도가 상승 우려가 있는 경우 냉각을 위해 사용된다.

80 오일 분석법 중 채취한 시료유를 연소하여 그때 생긴 금속 성분 특유의 발광 또는 흡광현상을 분석하는 것은?

① SOAP법
② 페로그래피법
③ 클리블랜드법
④ 스폿테스트법

해설
마모 성분 분석
- 페로그래피법 : 윤활유를 채취하여 그 속의 마멸분 크기나 형상을 관찰하는 방법. 마모입자의 크기로 판단하는 정량 페로그래피법과 마모입자의 형상으로 판단하는 분석 페로그래피법으로 구분한다.
- SOAP법 : 채취한 시료유를 연소시켜 발생하는 발광에 의해 금속 성분을 분석하는 방법으로 스펙트럼을 분석하면 마모성분 외에 농도까지 측정 가능. 숙련도를 요구하는 진단방법이다.

제5과목 공유압 및 자동화

81 압력을 축적하는 용기로 구조가 간단하고 용도도 광범위하여 유압장치에 많이 활용되는 것은?

① 냉각기
② 여과기
③ 오일 탱크
④ 어큐뮬레이터

해설

축압기(Accumulator)
- 유체의 압력을 축적하여 압력의 흐름을 일정하게 조절해 주는 장치로서 압력을 축적하는 방식으로 맥동을 방지하는 데 사용한다.
- 일시적으로 적은 양의 가압 유압액을 저장하여 압력 변동을 최소화하고 라인의 소음을 줄이고 신뢰할 수 있는 서보 밸브 성능을 유지할 수 있도록 한다.
- 에너지를 축적하고 부족할 때 보충하는 유압콘덴서 역할을 한다.

82 용적형 유압 펌프가 아닌 것은?

① 나사 펌프
② 베인 펌프
③ 벌류트 펌프
④ 왕복동 펌프

해설

용적형 펌프(고정 용량형)	비용적형 펌프(가변 용량형)
• 용적이 밀폐되어 있어 부하압력이 변동해도 토출량이 거의 일정하다. • 정압을 사용하므로 큰 힘을 요구하는 유압장치용 유압 펌프로 사용한다.	• 용적이 밀폐되어 있지 않아 부하압력이 변동하면 토출량이 변하여 유압장치에는 부적당하다. • 펌프용량을 0에서 최대까지 변화시킬 수 있어 효율적인 운전을 할 수 있다.
기어 펌프, 나사 펌프, 베인 펌프, 피스톤 펌프	원심형 펌프, 액시얼 펌프, 혼류(Mixed Flow) 펌프, 로토제트 펌프, 터빈 펌프(디퓨저 펌프), 벌류트 펌프

83 전기의 기본이 되는 전하량의 단위는?

① 줄[J]
② 볼트[V]
③ 쿨롱[C]
④ 암페어[A]

해설

전하량은 $Q = I \times t$ (Q : 전하량, I : 전류, t : 시간[초])로 표현되며 단위는 $1[C] = 1[A] \times 1[s]$, $1[A] = 1[C/s]$이다.

84 시간과 관계없이 입력신호의 변화에 의해서만 제어가 행해지는 제어계는?

① 논리 제어계
② 동기 제어계
③ 비동기 제어계
④ 시퀀스 제어계

해설

자동제어의 시간 의존성에 따른 분류 : 동기(同期) 제어, 비동기(非同期) 제어

85 다단 튜브형 로드를 갖고 있어서 긴 행정거리를 얻을 수 있는 실린더는?

① 격판 실린더
② 탠덤 실린더
③ 양로드형 실린더
④ 텔레스코프형 실린더

해설

텔레스코프형 실린더는 여러 단의 로드를 가지고 있어 긴 행정거리를 얻을 수 있다. 단동형과 복동형으로 나뉘며 공압, 유압 모두 작동이 가능하다.

명 칭	기 호
단동 텔레스코프형 실린더	[비고] 공기압
복동 텔레스코프형 실린더	[비고] 유 압

정답 81 ④ 82 ③ 83 ③ 84 ③ 85 ④

86 유압의 특징으로 틀린 것은?

① 온도와 점도에 영향을 받지 않는다.
② 공기압에 비해 큰 힘을 낼 수 있다.
③ 작동체의 속도를 무단 변속할 수 있다.
④ 방청과 윤활이 자동적으로 이루어진다.

해설
온도는 점도에 영향을 주고, 점도는 내부 마찰에 영향을 준다.

87 다음 설명에 해당되는 법칙은?

> 비압축성 유체가 관 내를 흐를 때 유량이 일정할 경우 유체의 속도는 단면적에 반비례한다.

① 렌츠의 법칙
② 보일의 법칙
③ 샤를의 법칙
④ 연속의 법칙

해설
연속의 법칙 : 유량은 단면적과 유속의 곱으로 표현하며 닫혀 있는 유로 안에서는 어느 지점에서 측정하여도 유량의 변화는 없다. 유체의 질량보존의 원리에 해당한다.
$Q = AV = A_1 V_1 = A_2 V_2$ (A : 유로의 단면적, V : 유속)

88 유압 모터의 종류가 아닌 것은?

① 기어 모터
② 베인 모터
③ 스크루 모터
④ 피스톤 모터

해설
유압 모터의 종류 : 기어 모터(평 기어식, 헬리컬 기어식), 베인 모터(로커암식, 캠로터식), 피스톤 모터(축류식, 반경류식), 요동 모터(베인식, 피스톤식)

89 실린더에 반지름 방향의 하중이 작용할 때 발생하는 현상으로 옳은 것은?

① 실린더의 추력이 증대된다.
② 피스톤 로드 베어링이 빨리 마모된다.
③ 피스톤 컵 패킹의 내구수명이 증대된다.
④ 실린더의 공기 공급포트에서 누설이 증대된다.

해설

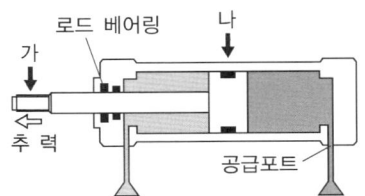

실린더에 반지름 방향의 하중이 작용한다면 '가' 또는 '나'와 같이 작용하게 될 것이다.
로드 베어링에는 힘 '가'에 의해 그림과 같은 휨응력을 받게 되어 마모가 좀 더 빨리 일어나게 될 것이다.
① 이 하중의 방향과 추력은 서로 영향을 주지 않는다.
③ 컵 패킹의 내구수명은 영향을 받지 않거나 하중이 실린더에 변형력을 준다면 좀 더 줄어들 것이다.
④ 공기 공급포트와는 영향이 없다.

90 실린더에 인장하중이 걸리는 경우, 피스톤이 끌리게 되는데 이를 방지하기 위해 인장하중이 걸리는 측에 압력 릴리프 밸브를 이용하여 저항을 형성한다. 이러한 목적을 위해 사용되는 밸브는?

① 안전 밸브(Safety Valve)
② 브레이크 밸브(Brake Valve)
③ 시퀀스 밸브(Sequence Valve)
④ 카운터 밸런스 밸브(Counter Balance Valve)

해설
- 릴리프 밸브 : 탱크나 실린더 내의 최고 압력을 제한하여 과부하(오버라이드) 방지를 목적으로 하며 안전 밸브라고도 한다.
- 브레이크 밸브 : 유압 실린더 및 유압 모터의 제동 회로에 사용한다. 임의의 압력으로 충격 없이 부드럽게 제동할 수 있다.
- 시퀀스 밸브 : 주회로의 압력을 일정하게 유지하면서 조작의 순서를 제어할 때 사용하는 밸브이다.

91 노즐 플래퍼형 서보 유압밸브에서 전기신호를 기계적 변위로 바꾸어 주는 역할을 하는 것은?

① 노 즐
② 플래퍼
③ 토크 모터
④ 플래퍼 스프링

해설
서보 유압밸브에 노즐 플래퍼를 사용하는 밸브의 구조를 묻고 있다. 구조는 그림과 같다. 전기신호가 아마추어를 둘러싸고 있는 코일에 가하지면 자극과 아마추어 사이의 자기력에 의해 전류 크기에 비례한 토크가 아마추어에 발생한다. 이 부분을 토크 모터라고 한다. 이 힘에 의해 플래퍼가 한쪽으로 움직이면 그 방향의 노즐이 좁아지고, 좁아진 쪽은 A이든 B이든 배압이 더 강하게 걸리게 된다.

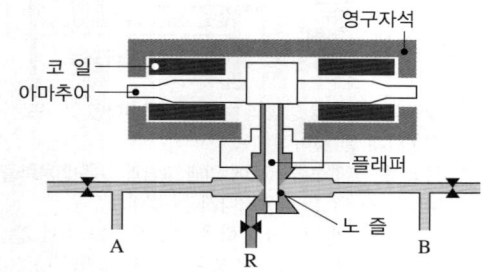

92 다음 공기압 기호에 관한 설명으로 틀린 것은?

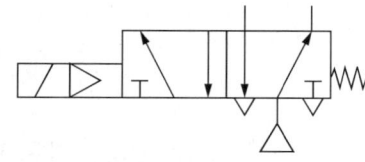

① 5포트 2위치 방향 제어 밸브이다.
② 플런저 조작 방식의 방향 제어 밸브이다.
③ 조작력을 가하지 않은 초기 상태가 오른쪽이다.
④ 절환 위치에 따라 2개의 배기포트를 번갈아 사용한다.

해설
각 보기별 해설을 그림을 통해 한다.

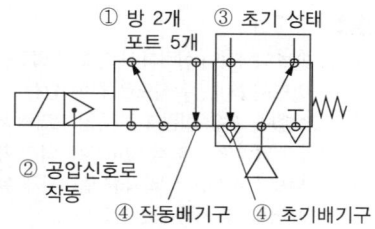

93 압력을 P, 면적을 A, 힘을 F로 나타낼 때, 관계식으로 옳은 것은?

① $F = P \times A$
② $F = P^2 \times A$
③ $P = \dfrac{A}{F}$
④ $A = \dfrac{P}{F}$

해설
압력(P)은 단위 면적(A)당 힘(F)이므로 $P = \dfrac{F}{A}$로 표현한다.
압력의 단위는 기본단위로 파스칼[Pa]을 사용하며 N/m²와 같다. 그러나 실제로 이 단위는 너무 약한 압력이므로 이를 백만 배 한 MPa(N/mm²)이나 십만 배 한 bar(0.1MPa)를 사용한다.

94 유압시스템에서 사용되는 비례 제어 밸브를 기능에 따라 나눌 때 해당되지 않는 것은?

① 방향 제어 밸브
② 시간 제어 밸브
③ 압력 제어 밸브
④ 유량 제어 밸브

해설
유압 제어 밸브를 기능적으로 구분하면 일의 크기를 제어하는 압력 제어 밸브, 속도를 제어하는 유량 제어 밸브, 일을 선택하는 방향 제어 밸브로 구분할 수 있다.

정답 91 ③ 92 ② 93 ① 94 ②

95 변압기에 관한 설명으로 틀린 것은?

① 변압기는 전압과 전류를 바꾸고 있지만 유도 저항에 비례한다.
② 정격 2차 전압에 권수비를 곱한 것을 정격 1차 전압이라 한다.
③ 변압기는 전압과 전류를 바꾸고 있지만 전력으로서는 바뀌지 않는다.
④ 입력에 대한 출력량의 비를 변압기 효율이라 하며, 출력이 클수록 효율이 좋다.

해설
변압기는 1,2차 전압과 전류를 권선비에 따라 변환시킨다.

$$\frac{N_1}{N_2} = \frac{V_1}{V_2} = \frac{I_2}{I_1}$$

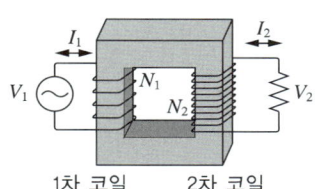

96 급속 배기 밸브의 사용 목적은?

① 실린더 피스톤을 보호한다.
② 실린더의 이동 속도를 느리게 하는 데 사용한다.
③ 실린더의 이동 속도를 빠르게 하는 데 사용한다.
④ 실린더의 피스톤이 원하는 위치에 정지시키고자 사용한다.

해설
급속 배기 밸브 : 실린더 배기구 앞에 배기압을 급히 열어주어 실린더의 전진 또는 복귀 속도를 빠르게 하기 위해 설치하는 밸브이다.

97 폐회로 제어계에서 설정 값과 피드백 변수의 비교 연산 결과 발생하는 값은?

① 외 란
② 기준값
③ 목푯값
④ 제어편차

해설
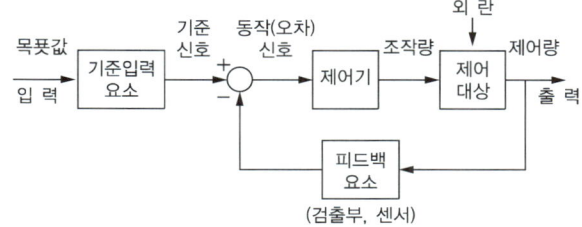

98 설비의 신뢰성을 나타내는 척도가 아닌 것은?

① 고장률
② 생산량
③ 평균고장간격시간
④ 평균고장수리시간

해설
신뢰성 평가 척도는 고장률, 평균고장간격(MTBF), 평균고장시간(MTTF)이 있다.

정답 95 ① 96 ③ 97 ④ 98 ②

99 공기 냉각기(애프터 쿨러)에 관한 설명으로 틀린 것은?

① 공기 압축기 후단, 에어 드라이어 앞단에 설치한다.
② 공랭식은 냉각효과를 높이기 위해 방열판을 설치하며 수랭식에 비해 교환 열량이 크다.
③ 압축기에서 나온 뜨거운 압축공기를 냉각함으로써 수증기의 약 60% 정도를 제거한다.
④ 공랭식을 사용하면 냉각수를 사용하지 않아도 되므로 보수가 쉽고 유지비가 적게 든다.

해설
수랭식이 교환열량이 더 크다.

100 기계를 사용하여 특정 가공물을 핸들링하고자 할 때 기계적 제한사항이 아닌 것은?

① 모 양
② 색 상
③ 재 질
④ 구조적 특성

해설
핸들링은 부품의 소비와 배치를 포함하는 제조와 분배 공정에 부품을 이동, 저장, 보호 및 제어하는 모든 것을 의미한다.

2021년 제1회 과년도 기출문제

제1과목 설비진단 및 계측

01 유량 측정에서 사용되는 이론으로 '압력에너지 + 운동에너지 + 위치에너지 = 일정'하다는 이론은?

① 레이놀즈 정리
② 베르누이 정리
③ 플레밍의 법칙
④ 나이키스트 안정 판별법

해설
베르누이 방정식은 압력수두, 속도수두, 위치수두의 합은 유관 내에서 같다는 것을 수식으로 정리한 방정식이다. 압력수두는 압력에너지를 물의 높이(水首)로, 속도수두는 운동에너지를 물의 높이로, 위치수두는 위치에너지를 물의 높이로 표현한 것이다.

$$\frac{P}{\gamma}+\frac{v^2}{2g}+z=c$$

(여기서, P : 압력, γ : 비중, v : 속도, g : 중력가속도, z : 높이)

02 압전형 가속도센서에서 전하량을 증폭하는 장치는?

① 전류증폭기
② 전력증폭기
③ 전압증폭기
④ 전하증폭기

해설
전하증폭기 : 일반적으로 고체에 존재하는 전하의 성질에 의해 전류는 회로의 어느 단면을 단위시간에 통과하는 전하의 양으로, 전압은 단위 정전하가 회로의 두 점 사이를 이동할 때 얻거나 잃는 에너지로 정의한다. 따라서 전하량은 거리 이동에 따른 감쇠가 없어서 일반적인 센서는 전하 발생재료를 이용하여 구성한다. 그러나 측정하고자 하는 물리량에 비례하여 발생된 전하량은 매우 적기 때문에 이를 증폭하고 전하에 비례하는 전압신호로 변환시켜 주는 기기가 전하증폭기이다.

03 소음방지대책에 관한 설명으로 옳은 것은?

① 흡음재를 사용하며 재료의 흡음률은 흡수된 에너지와 입사에너지의 비로 나타낸다.
② 기계 주위에 차음벽을 설치하며, 투과율은 흡수에너지와 투과된 에너지의 비로 나타낸다.
③ 차음효과를 증가시키기 위하여 차음벽의 무게와 주파수를 2배 증가시키면 투과손실은 오히려 감소한다.
④ 차음벽의 무게나 내부 감쇠에 의한 차음효과는 주파수가 증가함에 따라 감소한다.

해설
② 차음효과는 소리의 투과율로 결정한다. 투과율은 투과된 소리의 에너지(세기)와 들어온 소리의 에너지(세기)의 비로 나타낸다.
③ 같은 두께의 차음벽을 사용하는 경우 반으로 나누어 중간 공기층을 두면 차음효과가 높아진다. 차음벽의 질량(무게)은 크게 관련이 없다.
④ 차음효과와 관련된 식에 주파수가 큰 영향을 미치지는 않지만, 주파수가 높으면 전진성이 낮아지므로 차음이 낮은 주파수에 비해서는 잘된다.

04 진동의 에너지를 표현하는 방식으로 적합한 것은?

① 실횻값
② 양진폭
③ 평균값
④ 편진폭

해설
- 진동에 있어 진동량(Overall)은 힘(Power)의 합이며 주파수 진폭의 전체 합이다.
- 실횻값(RMS ; Root Mean Square)은 에너지값으로 진동그래프에서 면적의 의미가 있다.
- 실횻값은 정현파의 경우 $\frac{peak}{\sqrt{2}}$ 가 되며 면적을 의미하고, 각종 기계류의 수명을 판단하거나 에너지 발산을 판단하는 양으로 사용한다.
- 진동, 소음에서 dB, VAL 모두 실횻값을 사용한다. 즉 진동 측정기의 측정값은 실횻값을 사용한다.

정답 1 ② 2 ④ 3 ① 4 ①

05 음원으로부터 단위시간당 방출되는 총 음에너지를 무엇이라고 하는가?

① 음 원 ② 음향 출력
③ 음압 실횻값 ④ 음의 전파속도

해설
음향 출력
- 음원으로부터 나오는 음에너지의 총량이다.
- 음에너지는 음압과 음속의 곱으로 표현한다.
- 즉, 음향 출력은 음에너지와 표면적의 곱으로 표현한다.

06 교류신호에서 반복파형의 한 주기 사이에서 어느 순간 지점의 위치를 나타내는 것은?

① 위 상 ② 주 기
③ 진 폭 ④ 주파수

해설
위상은 파형의 한 점, 위치의 상태를 의미한다. 주파수는 단위시간에 몇 주기가 들어가는가, 즉 파형이 몇 개 생기는가를 의미한다.

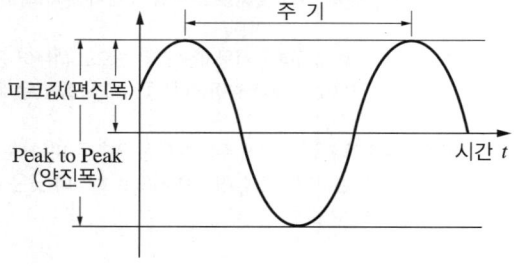

07 회전수가 100rpm 이상의 기어에 진동을 이용하여 진단을 할 경우 진단 대상이 아닌 것은?

① 웜기어 ② 스퍼기어
③ 헬리컬기어 ④ 직선베벨기어

해설
문제는 진동의 진단에 대한 문항이라기보다 100rpm 이상으로 회전하지 않는 기어를 묻는 문제이다. 웜기어는 감속비를 크게 하는 데 사용하고, 웜기어가 달린 축에 비해 휠은 큰 감속비로 천천히 회전하므로 물려있는 휠이 초당 1회전도 하지 않는다. 맞물림에 의한 진동이 100rpm에 해당할 만큼 나타나지 않는다.

08 정전용량식 센서에서 마주 보는 두 전극 사이의 정전용량(C)을 구하는 식으로 옳은 것은?(단, A는 전극 면적, d는 전극 사이의 거리, ε은 유전율이다)

① $C = \dfrac{\varepsilon d}{A}$ ② $C = \dfrac{\varepsilon A}{d}$
③ $C = \dfrac{d}{\varepsilon A}$ ④ $C = \dfrac{A}{\varepsilon d}$

해설
정전용량(C)은 정의에 따라 $C = \dfrac{Q}{V}$(여기서, Q : 전하량, V : 전압)으로 표현하며, 단위는 패럿(F)이다.

09 온도변환기의 요구기능으로 적절하지 않은 것은?

① 입출력 간은 직류적으로 절연되어 있어야 할 것
② 외부의 노이즈(Noise) 영향을 받지 않는 회로일 것
③ 입력 임피던스가 낮고, 장거리 전송이 가능할 것
④ 주위 온도 변화, 전원 변동 등이 출력에 영향을 주지 말 것

해설
문제의 온도변환기는 많은 변환기 중 온도센서를 통해 컴퓨터에서 사용할 수 있는 디지털신호로 변환하는 장치를 의미한다. 따라서 문제는 센서의 성질로 적절하지 않은 것을 묻는 문제가 된다. 센서로서 입출력 간에 직류적으로 절연되어 있어야 출력에 변환된 신호만을 내보낼 수 있다. 외부 노이즈(Noise) 영향을 받지 않는 회로로 구성하여야 하며, 주위 온도 변화, 전원 변동 등이 출력에 영향을 주지 않아야 한다. 직류신호를 사용하는 경우 임피던스와는 관련이 없으며, 변환된 디지털신호는 제어장치에 의해 장거리 전송이 가능한 데이터로 바뀌므로 센서 자체로 장거리 전송을 할 필요는 없다.

10 회전기계에서 주파수 영역에 따라 발생하는 이상 현상이 틀린 것은?

① 저주파 – 기초 볼트 풀림이나 베어링 마모로 인해서 발생되는 풀림
② 저주파 – 회전자(Rotor)의 축심 회전의 질량 분포가 부적정하여 발생하는 진동
③ 고주파 – 강제 급유되는 미끄럼베어링을 갖는 회전자(Rotor)에서 발생되는 오일 휩
④ 고주파 – 유체기계에서 국부적 압력 저하에 의하여 기포가 발생하는 공동현상으로 인한 진동

해설
회전자의 오일 휩에 의한 회전 불균형은 저주파를 발생한다.
회전기계에서 발생하는 주파수
• 저주파 : 변위[m]를 측정하여 변환
 – 기초 볼트의 풀림, 베어링 마모에 의한 회전 불량
 – 미스 얼라인먼트, 오일 휩
 – 위와 같이 회전자의 축심이 맞지 않는 등 회전체의 균형이나 회전자의 질량이 부적절하여 발생하는 진동
• 중주파 : 속도[m/s]를 측정하여 변환
 – 압력맥동 : 압력에 의해 맥이 있는 진동이 생기는 현상
 – 러너 날개를 통과할 때 생기는 진동
• 고주파 : 가속도[m/s²]를 측정하여 변환
 – 충격이나 캐비테이션 등에 의해 발생하는 진동처럼 일시에 큰 에너지가 전달되는 이상현상에 의한 진동
 – 유체의 이동 중 여러 이유로 발생하는 불규칙 고주파 진동

11 사운드레벨미터의 전기음향 성능을 규정하는 기준 상대습도는?

① 40%   ② 50%
③ 60%   ④ 70%

해설
사운드레벨미터(소음계) 전기음향 성능을 규정하는 기준 환경조건 (KS C IEC 61672-1)
• 기온 : 23℃
• 정압 : 101.325kPa
• 상대습도 : 50%

12 단면적이 3cm²이고, 길이가 10m인 동선의 전기저항은?(단, 구리의 고유저항은 $1.72 \times 10^{-8} \Omega \text{m}$ 이다)

① $2.86 \times 10^{-3} \Omega$
② $2.86 \times 10^{-4} \Omega$
③ $5.73 \times 10^{-3} \Omega$
④ $5.73 \times 10^{-4} \Omega$

해설
$$R = \alpha \frac{l}{A} = 1.72 \times 10^{-8} \Omega \text{m} \frac{10\text{m}}{3\text{cm}^2}$$
$$= 1.72 \times 10^{-8} \Omega \text{m} \frac{10\text{m}}{3 \times 10^{-4}\text{m}^2} = 5.73 \times 10^{-4} \Omega$$

13 설비진단기술에 관한 설명으로 틀린 것은?

① 설비의 열화를 검출하는 기술이다.
② 설비의 생산량 증가방법을 찾는 기술이다.
③ 설비의 성능을 평가하고, 수명을 예측하는 기술이다.
④ 현재 설비 상태를 파악하고, 고장 원인을 찾는 기술이다.

해설
설비진단기술
• 플랜트 내에 가동되고 있는 장치들을 진단하고 원인을 파악, 해결하여 수명을 증진하고자 함이다.
• 예지보전에 필요한 진단을 제공한다.

14 측정하고자 하는 진동 데이터에 1,000Hz의 높은 주파수 성분이 있을 때 에일리어싱 영향을 제거하기 위하여 필요한 샘플링시간은?

① 0.1ms ② 0.5ms
③ 1.0ms ④ 2.0ms

해설
에일리어싱 효과
주파수 신호를 샘플링하여 다시 구현할 때 발생주파수 신호와 샘플링 속도의 차이 때문에 발생하는 것으로, 위(僞)신호현상이라고도 한다. 예를 들어, 헬기의 프로펠러 또는 운행하는 자동차의 바퀴의 회전을 영상으로 볼 때 천천히 돌거나 뒤로 회전하는 것처럼 보이는 현상으로, 샘플링 속도가 주파수 속도보다 2배 이상 빨라야 제거가 가능하다. 1,000Hz는 1초에 1,000번의 진동이 일어나므로 0.5ms보다 빠르게 샘플링해야 에일리어싱 효과 제거가 가능하다. 에일리어싱을 막는 것을 안티 에일리어싱(Anti-aliasing)이라고 하며, 여러 방법 중 소음측정대책으로는 높은 주파수를 걸러내는 저역통과필터를 사용하는 방법이 있다.

15 주위 온도나 압력 등의 영향, 계기의 고정 자세 등에 의한 오차에 해당하는 것은?

① 개인오차 ② 과실오차
③ 이론오차 ④ 환경오차

해설
④ 환경오차 : 온도나 습도, 압력 등에 따라 측정기에 영향을 주거나 상물이 영향을 받게 되면 참값과 오차가 발생한다.
① 개인오차 : 개인이 갖고 있는 신체적 특징, 습관이나 선입견 등에 의해 생기는 오차이다.
② 과실오차 : 측정자의 부주의로 인해 생기는 오차로, 주의해서 측정하고 결과를 보정하면 줄일 수 있다.

16 크고 작은 두 소리를 동시에 들을 때 큰 소리만 듣고 작은 소리는 듣지 못하는 현상을 무엇이라고 하는가?

① 도플러 효과 ② 마스킹 효과
③ 음의 반사효과 ④ 거리감쇠효과

해설
마스킹 효과
• 크고 작은 두 소리를 동시에 들을 때 큰 소리만 들리고 작은 소리는 작게 들리거나 듣지 못하는 현상이다.
• 서로 다른 두 소리의 주파수가 비슷하면 마스킹 효과가 커지고, 주파수가 같으면 맥놀이가 생겨 마스킹 효과는 감소한다.
• 주파수가 낮은 저음이 주파수가 높은 고음을 잘 마스킹한다.
• 소리가 강하면 마스킹되는 양도 커진다.

17 음에 관한 설명으로 틀린 것은?

① 음은 파장이 작고, 장애물이 작을수록 회절이 잘 된다.
② 방음벽 뒤에서도 음을 들을 수 있는 것은 음의 회절현상 때문이다.
③ 음파가 한 매질에서 타 매질로 통과할 때 구부러지는 현상을 음의 굴절이라고 한다.
④ 음파가 장애물에 입사되면 일부는 반사되고, 일부는 장애물을 통과하면서 흡수되고, 나머지는 장애물을 투과하게 된다.

해설
투과되지 않은 음이 장애물에 입사하여 장애물 뒤쪽으로 전파하는 현상을 소리의 회절이라고 한다. 입사된 음파가 어딘가에 부딪쳐 반사되어 일어나므로 곡률이 작은 구멍에 부딪치면 더 크게 회절될 수 있다. 음의 파장이 길수록 회절이 더 잘 일어난다.

18 진동 주파수 분석 시 안티-에일리어싱(Anti-aliasing)에 사용되는 적합한 필터는?

① 시간 윈도 ② 사이드 로브
③ 하이패스 필터 ④ 저역통과필터

19 작동 시퀀스의 형태에 따른 분류에 해당하지 않는 것은?

① 기억제어(Memory Control)
② 이벤트 제어(Event Control)
③ 프로그램 제어(Program Control)
④ 타임 스케줄 제어(Time Schedule Control)

해설

시퀀스(Sequence)란 순서, 차례를 의미하며 작동 시퀀스는 작동되는 순서를 의미한다. 따라서 시퀀스 제어는 어떤 사건 이후 다음 사건이 나열되는 형태이어야 한다. 이벤트 제어란 예측되지 않은 상황의 발생에 따른 제어이므로 순서에 상관없이 중간에 시행된다.

20 진동 차단에 이용되는 재료가 아닌 것은?

① 고 무
② 패 드
③ 스프링
④ 콘크리트

해설

진동 차단재는 탄성이 있어야 하고, 충격을 흡수하여야 한다. 보기 중 콘크리트는 진동을 차단하기에 적당하지 않다.

제2과목 설비관리

21 치공구 관리기능 중 보전단계에서 실시하는 내용이 아닌 것은?

① 공구의 검사
② 공구의 보관과 공급
③ 공구의 제작 및 수리
④ 공구의 설계 및 표준화

해설

치공구 관리기능의 보전단계 : 공구의 제작·수리, 공구의 검사, 공구의 보관과 공급, 공구의 연삭

22 다음 설비 관리기능 중 기술기능에 포함되지 않는 것은?

① 설비성능 분석
② 보전업무를 위한 외주관리
③ 설비 진단기술 이전 및 개발
④ 보전기술 개발 및 매뉴얼 갱신

해설

기술기능은 설비성능 분석, 고장분석방법 개발과 실시, 보전도 향상 연구, 설비 진단기술 이전 및 개발, 설비 간 네트워크 구축, 전산화 구축, 보전업무 분석, 검사기준 개발, 보전기술 개발, 매뉴얼 개발 및 갱신, 보전자료 문서화, 자료의 설계 반영, 보전 부품 교체 분석 등 기술과 관련된 수많은 기능으로 구성되어 있다. 외주관리는 일반 관리기능으로 분류한다.

정답 19 ② 20 ④ 21 ④ 22 ②

23 자주보전의 전개단계 중 전달교육에 의해 설비의 이상적 모습과 설비의 기능구조를 알고 보전기능을 몸에 익히는 단계는?

① 제4단계 총점검
② 제5단계 자주점검
③ 제6단계 정리정돈
④ 제7단계 철저한 자주관리

해설
자주보전 전개 스텝
1. 초기 청소
   - 청소로 이상 발견
   - 오염의 발생원인 찾기
   - 발견된 원인은 가능한 한 스스로 해결
2. 발생원 및 곤란 개소(個所) 대책
   - 발생원인 제거
   - 청소 곤란 개소 개선
3. 점검·급유기준 작성
   - 스스로 기준 설정
   - 청소점검기준서 작성
   - 급유기준서 작성
4. 총점검
   - 기초 기술을 익힘
   - 진행방법
     – 설비에 대한 기초 교육 학습
     – 작업자에게 전달
     – 배운 것을 실천하여 이상 발견
     – '눈으로 보는 관리' 추진(윤활, 기계요소, 공압, 유압, 구동 관계를 볼 수 있도록 조치)
5. 자주점검
   - 앞 단계의 기준서와 총점검항목마다 점검 세목을 추가하여 본기준서 작성
   - 본기준서를 실행하고 지속 수정
6. 자주보전의 시스템화
7. 자주관리의 철저

24 간접비의 변화를 정확히 추적하기 위해 제품 생산에 수행되는 활동들 또는 공정에 초점을 두고 원가를 추정하는 방법은?

① 총원가
② 기회원가
③ 제조원가
④ 활동기준원가

해설
전통적 원가 추정이 생산량을 기준으로 하는 데 비해, 활동기준원가 측정법은 활동, 즉 공정에 기준을 두고 원가를 추정하는 방법이다.

25 공사의 완급도에 대한 내용이다. 다음에서 설명하는 공사의 명칭은?

> 당 계절에 착수하는 공사로, 전표를 제출할 여유가 있고 여력표에 남기지 않는다.

① 계획공사
② 긴급공사
③ 준급공사
④ 예비공사

해설
공사의 완급도에 따른 구분

◄─── 시급   여유 ───►
| 긴급공사 | 준급공사 | 계획공사 | 예비공사 |

- 긴급공사 : 전표를 발행할 여유도 없어 구두로 통보하고 바로 시행하는 공사이다.
- 준급공사 : 당 계절 바로 시행하는 공사로, 전표는 발행한다.
- 계획공사 : 다음 계절에 시행하는 공사로, 견적작업부터 차근히 진행한다.
- 예비공사 : 예비적으로 공사 소요를 받았다가 여유 있을 때 시행하는 공사이다.

26 현상 파악을 위해 공정에서 취한 계량치 데이터가 여러 개 있을 때 데이터가 어떤 값을 중심으로 어떤 모습으로 산포하고 있는가를 조사하는 데 사용하는 그림은?

① 관리도
② 산점도
③ 파레토도
④ 히스토그램

해설
현상 파악에 사용되는 방법
- 체크시트 : 체크리스트를 적으며 스스로 체크하는 것
- 파레토도 : 불량품, 결점, 클레임(Claim), 사고 건수 등을 현상이나 원인별로 데이터 처리 후 데이터가 높은 순서부터 나열하고 막대그래프로 나타낸 것
- 관리도 : 품질은 산포하고 있으므로 공정에서 시계열적으로 변화하는 산포의 모습을 보고 공정이 정상 상태인가 이상 상태인가를 판독하기 위한 수법

27 프레스의 고장은 지수분포를 따른다. 평균가동시간은 MTBF, 평균수리시간은 MTTR인 경우에 유용도(Availability)를 계산하는 공식은?

① $A = \dfrac{MTTR}{MTBF + MTTR}$

② $A = \dfrac{MTBF}{MTBF + MTTR}$

③ $A = \dfrac{MTBF + MTTR}{MTTR}$

④ $A = \dfrac{MTBF + MTTR}{MTBF}$

해설

시간 가동률(유용성 A) = $\dfrac{가동시간}{가동시간 + 비가동시간}$

또는 ASS = $\dfrac{MTBF}{MTBF + MTTR}$ (MTBF : 평균고장간격, MTTR : 평균고장시간)

28 한계게이지의 특징으로 틀린 것은?

① 제품의 실제 치수를 읽을 수 없다.
② 다량 제품 측정에 적합하고 불량의 판정을 쉽게 할 수 있다.
③ 측정 치수가 정해지고 한 개의 치수마다 한 개의 게이지가 필요하다.
④ 면의 각종 모양 측정이나 공작기계의 정도검사 등 사용범위가 넓다.

해설

한계게이지
- 제품 측정을 위해 게이지를 설치하여 제품이 통과하는지의 여부로 측정하는 게이지이다.
- 장점 : 대량의 제품을 신속하게 측정하여 합/불을 판정하는 데 적합하고, 측정 경험이 필요없다.
- 단점 : 측정하려는 치수마다 게이지가 필요하며 실제 치수를 읽을 수 없다.

29 다음 중 불량로스의 대책이 아닌 것은?

① 요인계통을 재검토할 것
② 강제열화를 지속시킬 것
③ 현상의 관찰을 충분히 할 것
④ 원인을 한 가지로 정하지 말고, 생각할 수 있는 요인에 대해 모든 대책을 세울 것

해설

불량수정로스
- 돌발불량 등 명확한 불량 외 파악되기 힘든 만성불량 등에 의한 로스
- 대책 : 현상 관찰, 예측 가능 요인 계통 재검토, 다양한 원인을 다각도로 접근하여 검토, 숨어 있는 결함에 대한 확인방법 검토

30 다음 도표는 설비보전조직의 한 형태이다. 어떠한 보전조직인가?

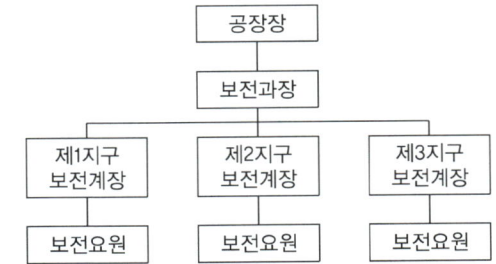

① 집중보전 ② 부분보전
③ 지역보전 ④ 절충보전

해설

문제의 그림 조직은 분업방식 중 지역에 따른 분업을 한 형태이며, 보전은 각 분업조직별로 실시하고 있다. 분업방식은 다음과 같이 나눌 수 있다.
- 기능 분업 : 설계, 건설, 수리 등 직접 수행하는 실무의 직접 기능과 계획, 통제, 조정 등의 관리기능 등 기능에 따른 전문부서로 조직한다.
- 전문기술 분업 : 기계, 전기, 측정, 토목, 건설 등 전문기술별 분업으로 각 기술별 가중치 부여와 우선순위 논의에 어려움이 생길 수 있다.
- 지역(구역)별/제품별/공정별 분업 : 예를 들어 공장 내를 몇 개 구역으로 나누어 구역마다 보전을 담당하는 하위 부서를 두는 방식이다.

정답 27 ② 28 ④ 29 ② 30 ③

31 재고관리에서 재고가 일정 수준(발주점)에 이르면 일정 발주량을 발주하는 방식은?

① 정량 발주방식 ② 정기 발주방식
③ 정수 발주방식 ④ 사용고 발주방식

해설
- 정량 발주방식 : 주문점법이라 한다. 재고량이 주문점(Ordering Point)까지 내려가면 일정량을 보충 주문하여 계획된 수준의 재고를 유지하는 방식이다.
- 복책법 : 주문량과 주문점을 균등하게 하는 방법이다. 두 개의 같은 보관고에 자재를 각각 넣고, 한쪽이 모두 소진되면 다른 쪽 보관고 분량의 자재를 주문하는 방식이다.
- 포장법 : 주문점에 해당하는 양만큼을 복수로 포장해 두고, 차츰 소비되어 다음 포장을 풀 때 발주하는 방식이다.

32 설비를 목적에 따라 분류할 때 관리설비에 해당되는 것은?

① 서비스 스테이션, 서비스 숍
② 도로, 항만설비, 육상하역설비
③ 본사의 건물, 지점, 영업소의 건물
④ 발전설비, 수처리시설, 냉각탑설비

해설

생산설비	연구개발설비	수송설비
• 생산기계 • 운반기계 • 항만, 하역기계 • 전기장치 • 배관, 배선, 조명 • 냉난방 설비	• 기초응용 연구설비 • 자동화, 공업화 연구설비 • 기업 합리화 연구설비	• 인입선 설비 • 항만설비 • 육상하역설비 • 트 럭 • 디젤기관차 • 컨베이어
판매설비	유틸리티 설비	관리설비
• 서비스 스테이션 • 서비스 숍	• 유틸리티 : 증기, 전기, 공업용수, 냉수, 불활성 가스, 연료 • 증기발생장치, 배수배관설비, 원수취수설비, 수처리설비, 냉각탑, 펌프설비, 연료의 저장-수송-압축-건조 설비 등이 있다.	• 본사 건물, 영업소, 건물, 건물 내 설비 • 공장의 사무소, 식당, 수위실, 창고, 차고 외 공장 내 설비 • 보조설비, 복리후생설비

33 휴지공사계획 시 필요 없는 대기를 없애고 공사의 진행관리를 쉽도록 하기 위해 가장 경제적인 일정계획을 세울 때 사용하는 순수작업기법은?

① TPM
② PERT
③ MTBT
④ MTTR

해설
PERT(Program Evaluation and Review Technique)
- 공사 등 사업(Project)의 순서계획을 화살계획도로 나타내어 시간적 요소를 중심으로 계획의 평가, 조정 및 진도관리를 하는 방법
- 휴지공사계획 시 필요 없는 대기를 없애고 공사의 진행관리를 하기 쉽도록 가장 경제적인 일정계획을 세울 때 사용하는 순수작업기법

34 다음 중 설비열화의 대책으로 틀린 것은?

① 열화 방지
② 열화 지연
③ 열화 회복
④ 열화 측정

해설
설비열화의 대책
- 열화 방지 : 예방보전 및 상시 점검을 통한 열화요소 제거
- 열화 회복 : 예방수리(이상이 예상되는 부품 교체 등) 및 사후수리(고장 발생 시 수리)를 통해 열화 상태에서 회복
- 열화 측정
  - 양부검사 : 멀쩡한지, 이상이 있는지 검사한다는 표현으로 성능 저하가 일어나면 실시하는 검사
  - 경향검사 : 돌발고장형 열화에 대해 열화의 경향을 검사하는 것

31 ① 32 ③ 33 ② 34 ②

35 TPM(Total Productive Maintenance)의 5가지 활동에 포함되지 않는 것은?

① 자주적 대집단활동으로 실시할 것
② 작업자의 기능 수준 향상을 도모할 것
③ 설비의 효율화를 저해하는 6대 로스를 추방할 것
④ 설비에 강한 작업자를 육성하여 보전체계를 확립할 것

해설
TPM의 5가지 활동
- 설비효율화를 위한 개선활동 : 6대 로스 추방
- 작업자의 자주보전체제의 확립 : 설비에 강한 작업자 육성, 작업자 보전체제 확립
- 계획보전체제의 확립 : 효율적 활동이 가능한 보전체제 확립
- 기능교육의 확립 : 작업자 기능 수준 향상
- MP 설계와 초기 유동관리체제의 확립 : 무보전설비 설계 및 신속한 설비안전 가동 필요

36 컴퓨터나 로봇에 여러 전문직 기술을 부여하여 이들이 자동화 공장의 문제점을 인식하고, 이를 해결하기 위한 방법을 스스로 찾아내는 것으로, 설비의 특정 고장을 스스로 인지하고 더 나아가 고칠 수 있는 시스템은?

① 지능기술시스템
② 유연기술시스템
③ 컴퓨터제어시스템
④ 유연기술셀시스템

해설
지능기술시스템
- 발전된 AI 기술을 바탕으로 스마트 모니터링을 이용한 시스템
- 컴퓨터나 로봇에 전문적 기술을 부여하여 자동화 공장의 문제점을 인식하여 스스로 해결법을 찾아낼 수 있는 시스템

37 다음 중 고장해석을 위해 제시되는 방법의 결과가 목적 달성에 최적인 대안 선정이 가능한 방법은?

① 상황분석법
② 의사결정법
③ 요인분석법
④ 행동개발법

해설
- 상황분석법 : 고장을 일으키는 문제의 상황이나 상태를 여러 요소로 분리하여 우선 해결 가능한 요소를 선정하여 적정한 해결 방안을 찾는 방법이다.
- 특성요인분석법 : 설비 또는 시스템의 고장의 원인 규명을 위해 생선뼈(Fishbone) 모양의 특성요인도를 그림으로 분석하는 방법이다.
- 행동개발법 : 행동개발법을 거치면 목적 달성에 합당한 행위의 개발이 가능하다.

38 만성고장을 규명하고 개선하기 위한 PM 분석의 특징으로 옳은 것은?

① 원인추구방법은 과거의 경험으로 분석
② 현상 파악은 포괄적으로 파악하여 해석
③ 요인발견방법은 각개의 원인을 나열식으로 나열하여 발견
④ 원인에 대한 대책은 원리 및 원칙을 수립하여 대책 강구

해설
PM 분석(Phenomena/Physical×Mechanism, Machine, Man, Material)과 특성요인 분석의 비교
- 특성요인은 현상을 포괄적으로 파악하는 데 비해, PM 분석은 세분화하여 파악한다.
- 특성요인은 원인을 과거 경험에 의해 추적하는 데 비해, PM 분석은 물리적 데이터를 바탕으로 과학적으로 사고한다.
- 특성요인은 고장요인을 나열식으로 나열하는 데 비해, PM 분석은 인과성을 바탕으로 기능적으로 발췌한다.
- 특성요인은 대책을 요인에 따라 산발적으로 제시하는 데 비해, PM 분석은 원리 원칙을 수립하여 필요에 따른 대책을 강구한다.
- 특성요인은 한 번에 하나씩 낚는 줄 낚시식인 데 비해, PM 분석은 투망을 넓게 던져 한 번에 올리는 방식이다.

39 제품별 배치의 특징으로 틀린 것은?

① 작업의 흐름 판별이 용이하다.
② 공정이 단순화되고 직접 확인 관리를 할 수 있다.
③ 건물에 설비 배치를 합리적으로 할 수 있고, 작업의 융통성이 많다.
④ 공정이 확정되므로 검사 횟수가 적어도 되며 품질관리가 쉽다.

해설
제품별 배치(라인별 배치, Product Layout, Line-layout)
- 공정의 계열에 따라 각 공정에 필요한 기계가 배치되는 형식이다.
- 생산량이 많고 작업의 균형이 유지되는 표준화 공정의 경우에 유용하며, 원료 및 재료의 흐름이 원활해야 한다.
- 전통적 생산효율성을 고려하여 공정 간의 공정균형효율이 필요하다. 따라서 작업의 융통성이 많은 경우는 제품별 배치가 부적절하다.

40 설비보전의 직접 기능 중 고장 발생 후에 실시되는 제작, 분해, 조립 등을 하는 것을 무엇이라고 하는가?

① 사후수리
② 예방수리
③ 일상보전
④ 예방보전검사

해설
예방수리, 일상보전, 예방보전은 모두 수리나 보전의 시점이 고장 발생을 예방하기 위한 것으로, 사전 보전활동이다. 고장 발생 이후의 수리는 사후수리이다.

제3과목 기계일반 및 기계보전

41 압축기의 설치 및 배관에서 배관의 일반적인 설치, 점검, 정비 및 사용상의 유의사항으로 거리가 가장 먼 것은?

① 관 내의 용접가스 및 녹 등의 이물을 완전히 소제하고 부착한다.
② 배관 길이는 가능한 한 길게 되도록 부속기기의 위치를 결정한다.
③ 압축기와 탱크 간의 배관경은 제작회사 지정의 구경을 사용한다.
④ 압축기의 분해, 조립에 지장이 없는 위치에서 배관을 한다.

해설
배관 설치 시 유의사항
- 배관 시 복잡한 배관은 지양하고 가능한 한 짧게 하며 실린더에 배관 하중이 가해지면 맞춰 놓은 수평과 간극이 달라지므로 주의한다.
- 압축기와 공기탱크 사이의 배관은 설계자가 지정한 크기를 사용한다. 지나치게 크거나 작게 하지 않는다.
- 배관은 압축기의 분해, 조립에 지장이 없는 위치에 배치한다.
- 배관 시 일상 정비와 정기 분해 정비가 가능하도록 중간 중간에 유니언을 삽입한다.
- 배관 도중의 하부에는 반드시 드레인밸브를 부착한다.
- 배관 길이는 맥동을 방지하기 위해 공진 길이를 피하여야 한다.
- 배관 중 스톱밸브를 사용해야 하면 스톱밸브 앞쪽에 안전밸브를 설치한다.
- 2대 이상의 압축기를 1개의 토출관으로 배관 시 체크밸브와 스톱밸브를 취부한다.
- 토출 배관에는 흐름이 용이하도록 경사를 고려한다.
- 건조기나 필터 등 부속기기는 압축기와 공기탱크 사이에 설치하지 않는다.

42 다음 금속침투법 중 철-알루미늄 합금층이 형성될 수 있도록 철강 표면에 알루미늄을 확산·침투시키는 것은?

① 칼로라이징
② 세라다이징
③ 크로마이징
④ 실리코나이징

해설

금속침투법
- 세라다이징 : 아연을 침투·확산시키는 것
- 칼로라이징 : 알루미늄 분말에 소량의 염화암모늄(NH_4Cl)을 가한 혼합물과 경화
- 크로마이징 : 크롬은 내식, 내산, 내마멸성이 좋으므로 크롬 침투에 사용한다.
- 실리코나이징 : 내식성을 증가시키기 위해 강철 표면에 Si를 침투하여 확산시키는 처리

43 밸브의 제작 및 사용상 주의해야 할 사항으로 틀린 것은?

① 산성 등 화학약품을 취급하는 곳에서는 다이어프램밸브를 사용한다.
② 글로브밸브를 관에 부착할 때에 밸브 박스 외측에 정확한 흐름 방향을 표시하도록 한다.
③ 체크밸브는 밸브체의 움직임에 따라 역류 방지까지 약간의 시간적 늦음이 발생할 수 있다.
④ 리프트밸브의 시트와 밸브 박스 재질은 팽창계수 차에 의해 밸브 시트가 이완되는 것을 방지하기 위해 다른 재질을 사용한다.

해설

밸브와 그 시트가 열팽창, 이완을 통해 구멍이 모두 닫히지 않도록 열팽창계수가 같은 재질이나 같은 재질을 사용한다.

44 고장이 없고 보전이 필요하지 않은 설비를 제작하는 보전방식은?

① 예방보전
② 보전예방
③ 생산보전
④ 사후보전

해설

보전예방(MP ; Maintenance Prevention) : 개량보다는 새 설비일 때부터 보전활동을 하여 보전비를 발생시키지 않으려는 활동

45 기어감속기를 분류할 때 교쇄축형 감속기에 속하는 것은?

① 스퍼기어
② 헬리컬기어
③ 하이포드기어
④ 스트레이트 베벨기어

해설

스트레이트(직선형) 베벨기어는 축이 직교하는 형태이다.

46 관 내 압력이 포화증기압 이하로 되어 소음과 진동이 생기고 양수 불능의 원인이 되는 현상은?

① 서징
② 크래킹
③ 수격작용
④ 캐비테이션

해설

공동현상(캐비테이션, Cavitation) : 관 속을 흐르는 유체가 그 유체의 포화증기압 이하로 내려가 기화되어 발생된 기포가 유체 곳곳에 녹지 않고 특정 위치에 모여 공간이 생기는 현상

정답 42 ① 43 ④ 44 ② 45 ④ 46 ④

47 다음 중 수격현상의 방지책으로 틀린 것은?

① 관로의 지름을 작게 하여 관 내 유속을 증가시킨다.
② 플라이휠 장치를 설치하여 회전속도가 갑자기 감속되는 것을 방지한다.
③ 관로에서 펌프 급정지 후에 압력이 강하되는 장소에 서지탱크를 설치한다.
④ 관로 중에서 수평에 가까워지는 배관은 수주 분리가 일어나기 쉬우므로 펌프 부근에 관로 모양을 변경시킨다.

해설
수격현상의 방지책
- 펌프에 플라이휠을 설치하여 정지할 때 급히 정지하지 않고 관성에 의한 완만한 감속을 유도한다.
- 송출 관로에 공기밸브, 공기실 또는 조압수조(서지탱크)를 설치한다.
- 송출관 내의 관의 지름을 적절히 선정하여 유체속도를 낮춘다.

48 일반적인 기어의 도시에서 선의 사용방법으로 틀린 것은?

① 잇봉우리원은 굵은 실선으로 표시한다.
② 이골원은 가는 1점쇄선으로 표시한다.
③ 피치원은 가는 1점쇄선으로 표시한다.
④ 잇줄 방향은 통상 3개의 가는 실선으로 표시한다.

해설
스퍼기어의 제도방법
- 이끝원(잇봉우리원)은 굵은 실선으로 그린다.
- 피치원은 가는 1점쇄선으로 그린다.
- 이뿌리원(이골원)은 가는 실선으로 그린다. 단, 축에 직각 방향으로 단면 투상할 경우에는 굵은 실선으로 그린다.

49 KS규격에서 게이지 블록의 교정 등급과 거리가 가장 먼 것은?

① K급   ② 3급
③ 2급   ④ 1급

해설
KS B ISO 3650에서는 게이지 블록의 정밀도를 교정등급 K, 0, 1, 2 등급으로 구분하여 표시한다. K등급이 가장 정밀하며 등급 2가 가장 낮다. 교정 등급 지정을 예를 들면 호칭 치수 75mm 초과 100mm 이하에서 교정 등급 K의 호칭 치수로부터의 임의의 한 점에서 길이의 한계편차는 0.6 μm 이고, 이 변화량의 공차는 0.07 μm, 등급 0은 각각 0.3, 0.12, 등급 1은 0.6, 0.2, 등급 2는 1.2, 0.35이다.

50 운동체와 정지체의 기계적 접촉에 의해 운동체를 감속 또는 정지시키고, 정지 상태를 유지하는 기능을 가진 요소는?

① 클러치   ② 감속기
③ 래칫 휠   ④ 브레이크

해설
① 클러치 : 커플링과 달리 운전 중 축을 서로 분리할 수 있도록 설계한 축이음
② 감속기 : 모터의 회전속도를 줄여 토크를 증폭시킬 수 있는 기계적 에너지 변환장치
③ 래칫 휠 : 한 방향으로는 회전력을 전달하고 한 방향으로는 공전하도록 제작된 기계요소

51 와셔를 굽히거나 구멍을 만들어 그곳에 끼운 후 볼트, 너트의 풀림을 방지하는 와셔는?

① 폴(Pawl) 와셔
② 고무(Rubber) 와셔
③ 스프링(Spring) 와셔
④ 증지판(Lock Plate) 와셔

해설
스프링 와셔나 이붙이 와셔, 폴 와셔(Pawl Washer)를 사용하는 방법
- 스프링 와셔 : 미리 탄성을 부여하여 너트와 체결부 사이에 힘을 가해 풀림을 방지한다.
- 이붙이 와셔(혀붙이 와셔) : 볼트 구멍이 지나치게 크거나 체결부와의 표면이 평탄하지 않을 때 볼트와 너트의 헐거움을 방지한다.
- 폴 와셔 : 래칫처럼 한 방향으로 움직이는 것을 방지하기 위해 와셔를 굽히거나 구멍을 만들어 끼우는 등 체결부와 맞물리도록 제작한 와셔이다.

52 일반적인 아크용접 시 변형과 잔류응력을 경감시키는 방법이 아닌 것은?

① 용접시공에 의한 경감법으로는 대칭법, 후진법을 쓴다.
② 용접 전 변형방지책으로는 억제법, 역변형법을 쓴다.
③ 용접 금속부의 변형과 잔류응력을 경감하는 방법으로는 소성법을 쓴다.
④ 모재의 열전도도를 억제하여 변형을 방지하는 방법으로는 도열법을 쓴다.

해설
용접 변형 및 잔류응력 방지대책
- 모재의 형상을 수축을 상쇄할 수 있도록 지정한다.
- 용접속도를 빠르게 하여 변형력을 감소시킨다.
- 저(低)입열 용접을 실시한다.
- 용접시공 시 용착금속의 양을 줄인다.
- 스킵 용착법을 실시하고 대칭법, 후진법으로 용접을 시공한다.
- 수축이 자유로이 일어날 수 있도록 용접 부위를 선정한다.
- 용접 부위를 예열하여 열변형과 수축에 대비한다(예열법).
- 용접 전 역변형력을 가해 용접열에 의한 변형에 대비한다(역변형법).
- 지그, 포지셔너(Positioner) 등으로 고정하여 변형력에 대해 저항력을 가한다(억제법).
- 용접부에 외부로 열을 빼내거나 사전 수랭 대책을 세운다(도열법).
- 용접 직후 피닝(Peening) 해머로 비드를 두드려 외력을 가한다(피닝법).
- 용접 외에 가열하여 수축률을 맞춘다(가열법).

53 송풍기의 운전 중 점검사항으로 가장 거리가 먼 것은?

① 베어링의 온도
② 베어링의 진동
③ 임펠러의 부식 여부
④ 윤활유의 적정 여부

해설
송풍기 기동 후
- 진동 및 소음 발생 체크
  - 특히 케이싱 이상 진동 체크
  - 진동 시 축 관통부와 실(Seal)의 접촉 확인
- 베어링 온도 급상승 시
  - 축 관통부와 실(Seal)이 강하게 접촉되어 있는지 확인
  - 축 관통부와 틈새가 균일한지 확인
  - 윤활유의 적정 여부 점검
  - 상하 분할형이 아닌 베어링 케이스 : 자유측 커버가 베어링 외륜을 누르는지 점검
  - 누름베어링 : 궤도량(외륜 및 내륜)이나 진동체(볼 또는 롤러)의 흡집 여부 점검
  - 미끄럼베어링 : 오일링 회전, 베어링 메탈과 축과의 간섭의 정상 여부 확인

54 일반적인 세정제의 구비조건으로 옳은 것은?

① 잔유물이 생기지 않을 것
② 독성이 많고 방청성이 없을 것
③ 휘발성으로 화재의 위험성이 있을 것
④ 환경 공해 및 인체에 악영향을 미칠 것

해설
세정제의 조건
- 온도에 강할 것
- 점성이 낮을 것
- 세척력이 높을 것
- 녹에 강할 것
- 내휘발성, 내화성이 있을 것
- 인체에 무해할 것
- 환경오염을 유발하지 않을 것
- 부유물이 생기지 않을 것

정답 51 ① 52 ③ 53 ③ 54 ①

55 축의 센터링 불량 시 나타나는 현상이 아닌 것은?

① 진동이 크다.
② 기계성능이 저하된다.
③ 구동의 전달이 원활하다.
④ 베어링부의 마모가 심하다.

해설
축의 센터링이 좋지 않으면 회전축의 중심과 축의 중심이 맞지 않은 편심현상이 발생하며, 진동의 원인이 된다. 진동이 점점 커지며 기계성능이 저하되고 베어링 등 접촉부의 마모가 커진다.

56 기어 손상에서 이 부분이 파손되는 주원인이 아닌 것은?

① 균 열
② 마 모
③ 피로 파손
④ 과부하 절손

해설
마모는 기어 손상 중 표면 손상에 해당한다.

57 다음 중 금긋기 작업 시 유의해야 할 사항으로 틀린 것은?

① 금긋기 선은 깊게 여러 번 그어야 한다.
② 기준면과 기준선을 설정하고 금긋기 순서를 결정하여야 한다.
③ 같은 치수의 금긋기 선은 전후, 좌우를 구분하지 말고 한 번에 긋는다.
④ 금긋기가 끝나면 도면의 지시대로 되었는지 확인한 후 다음 작업공정에 들어간다.

해설
선을 그릴 때는 한 번에 선명하게 그린다.

58 다음 중 밀링머신으로 절삭(가공)하기 곤란한 것은?

① 총형절삭
② 곡면절삭
③ 널링절삭
④ 키 홈 절삭

해설
널링은 표면을 누르거나 절삭하여 마찰력을 높이는 면을 만드는 작업으로, 밀링으로 널링이 불가능하지는 않겠지만, 보기 중에서는 작업이 가장 곤란하다.

59 다음 관이음 중 분리가 가능한 이음과 거리가 가장 먼 것은?

① 나사이음
② 패킹이음
③ 용접이음
④ 고무이음

해설
관이음에서 용접이음은 영구적으로 관을 이어 분리할 필요가 없을 때 작업한다.

60 플랜지 커플링의 조립과 분해 시의 유의사항 중 옳은 것은?

① 조임 여유를 많이 둔다.
② 축과 축의 흔들림은 0.03mm 이내로 한다.
③ 분해할 때 플랜지에 과도한 힘을 준다.
④ 축과 플랜지 원주면에 대한 흔들림은 0.03mm 이내로 한다.

해설
① 플랜지 커플링은 배관의 일부처럼 사용하므로 조임 여유를 많이 두지 않는다.
② 축과 축의 흔들림 공차는 0.05mm로 한다.
③ 분해할 때 플랜지에 과도한 힘을 주어 변형이 일어나면 재사용하기 어렵다.

플랜지 커플링의 품질 요구
- 커플링 몸체에는 해로운 주물 기공, 홈, 균열 등의 결함이 없어야 한다.
- 축 구멍 중심에 대한 커플링 바깥지름과 바깥지름 면의 흔들림 공차는 0.03mm로 한다.
- 커플링을 조립하였을 경우 한쪽 축 구멍 중심에 대한 다른 쪽 축 구멍의 흔들림 공차는 0.05mm로 한다.
- 커플링의 바깥 둘레에는 조립 위치를 표시하는 맞춤 표시를 각인한다.
- 커플링은 균형이 양호하고 흔들림을 유발하지 않는다.
※ 2018년에 출제 오류였던 문제를 변형하여 다시 출제하였다.

제4과목 윤활관리

61 고압·고속의 베어링에 윤활유를 기름펌프에 의해 강제적으로 밀어 공급하는 방법으로 고압으로 몇 개의 베어링을 하나의 계통으로 하여 기름을 순환시키는 급유방법은?

① 체인 급유법
② 버킷 급유법
③ 중력 순환 급유법
④ 강제 순환 급유법

해설
강제 순환 급유법 : 고압·고속으로 회전하는 베어링에 윤활유를 강제로 밀어 공급하는 방법으로, 몇 개의 베어링에 대한 공급계를 하나로 묶어 공급하며 강제 순환시킨다. 미끄럼베어링의 윤활법 중 자동화, 시스템화로 기계류에 많이 사용되며 확실한 오일 공급과 유온, 유량의 조절이 쉽고 많은 베어링의 동시 윤활이 가능한 방법이다. 내연기관, 고속 항공기, 자동차 엔진, 증기 터빈 및 공작기계 등에 사용된다.

62 그리스를 장기간 사용하지 않고 저장할 경우 또는 사용 중에 그리스를 구성하고 있는 기름이 분리되는 현상을 무엇이라고 하는가?

① 주 도
② 이유도
③ 적하점
④ 황산회분

해설
이유도
- 그리스를 장기간 저장할 경우 오일이 그리스로부터 분리되는 현상이다.
- 시험에 사용되는 시료 10g을 쇠그물 원뿔 여과기에 채우고 준비된 여과기를 뚜껑 고리에 달아서 깨끗하고 무게를 아는 비커 속에 넣어 이것을 규정온도 ±0.5℃로 유지된 항온기 속에 넣어 규정시간 가열한다.

63 윤활유의 열화판정법 중 간이측정법에 해당되지 않는 것은?

① 사용유의 성상을 조사한다.
② 리트머스시험지로 산성 여부를 판단한다.
③ 냄새를 맡아 보아 불순물의 함유 여부를 판단한다.
④ 시험관에 같은 양의 기름과 물을 넣고, 교반 후 분리시간으로 항유화성을 조사한다.

해설

성상을 조사하는 것은 직접 판정에 해당한다.

윤활유 열화판정법
- **직접 판정법** : 미리 확인한 유종의 성분과 상태를 사용 중 채취한 시료와 비교, 시험하여 판단한다.
- **간이 판정하는 방법**
  - 사용 중 윤활유의 냄새를 맡아 순수한 윤활유 냄새와 많이 다르면 변질된 것으로 판단한다.
  - 시험관에 사용유를 적당량 넣고 끝부분을 물의 기화온도 이상으로 가열하여 물 튀는 소리를 듣고 판단한다.
  - 촉각에 의해 이물감, 점도 등을 판단한다.
  - 투명한 2장의 유리관에 넣어 육안으로 투명도, 색상을 보고 판단한다.
  - 시험관에 사용유와 물을 충분히 흔들어 섞은 후 다시 분리되는 시간을 측정해서 판단한다.
  - 사용유를 약간의 증류수로 씻어내어 리트머스시험지를 이용해 산화 정도를 판단한다.
  - 간이점도계, 중화가시험기, 비중계, 비색계 등을 이용하여 판단한다.

64 윤활유 공급방법 중 순환 급유방법은?

① 손 급유법
② 비말 급유법
③ 적하 급유법
④ 사이펀 급유법

해설

순환 급유법에는 패드 급유법, 오일링식 급유법, 체인 급유법, 칼라 급유법, 버킷 급유법, 롤러 급유법, 원심 급유법, 유욕 급유법, 나사 급유법, 비말 급유법, 중력 순환 급유법, 강제 순환 급유법 등이 있다.

※ 자세한 내용은 CHAPTER 04과목 핵심이론 04 참조

65 일반적인 윤활유의 기능이 아닌 것은?

① 밀봉작용
② 방청작용
③ 절삭작용
④ 마모방지작용

해설

윤활의 기능
- 마찰 감소 : 경계 마찰일이 발생하는 곳에 피막 형성
- 냉각작용 : 마찰열을 흡수하여 계(System) 밖으로 방출
- 밀봉작용 : 유막을 통해 내·외부를 차단, 밀봉
- 청정작용 : 오염물질을 씻어 내는 작용
- 방청작용 : 녹이 슬지 않게 하는 작용
- 방식작용 : 부식이 일어나지 않게 하는 작용
- 방진작용 : 먼지 등 유해물질이 유입되는 것을 막아 주는 작용
- 하중(응력)의 분산작용 : 국부 압력을 액을 통해 분산시켜 마멸 방지

66 일반적인 그리스 윤활의 특징으로 틀린 것은?

① 밀봉효과가 크다.
② 냉각효과가 낮다.
③ 이물질 혼합 시 제거가 곤란하다.
④ 내수성이 약하고 적하 유출이 많다.

해설

그리스 윤활의 장점
- 밀봉효과가 크고, 이물질 혼입이 방지된다.
- 내수성이 강하고 적하 유출이 적다.
- 액상에 비해 비교적 높은 온도에서 사용 가능하며 내하중성이 높다.
- 액상에 비해 급유가 용이하고 장기간 보전이 가능하다.

그리스 윤활의 단점
냉각효과가 낮으며 이물질이 혼입된 경우는 분리가 어렵고, 급유 교환이 불편하다.

67 다음 중 석유제품의 산성 또는 알칼리성을 나타내는 것은?

① 비 중
② 중화가
③ 유동점
④ 산화 안정성

해설
중화가 : 석유제품의 산성 또는 알칼리성을 나타내는 것으로, 산화 조건하에서 사용되는 동안 기름 중에 일어난 상대적 변화를 알기 위한 척도로 사용된다.

68 유체 윤활에서 기본적으로 중요하게 쓰이는 것이 레이놀즈(Reynolds) 방정식이다. 이 방정식에 대한 가정으로 가장 거리가 먼 것은?

① 유체 관성은 무시한다.
② 윤활유는 뉴턴 유체이다.
③ 유막 내의 유동은 층류이다.
④ 점성은 유막 내에서 일정하지 않다.

해설
유체역학을 윤활유에 적용하고자 할 때는 윤활유는 뉴턴 유체이고 유막 내에서 점성은 일정하며, 유막 내 유동은 층류이고 유체 관성은 무시한다고 가정한다.

69 윤활관리효과 중 생산성 제고의 효과라고 볼 수 없는 것은?

① 노동의 절감
② 윤활유 사용 소비량의 절약
③ 기계의 효율 향상 및 정밀도의 유지
④ 수명 연장으로 기계설비 손실액의 절감

해설
윤활의 경제적 효과
• 자원 절약 : 윤활유 사용량 절감, 마찰 감소에 따른 에너지 소비량 절감, 폐자원 이용
• 생산성 제고 : 기계 고장 방지에 따른 생산성 유지, 수리비 절감, 기계의 기대수명 연장, 기계의 효율성 및 정밀도 유지, 노동의 절감
• 공장 운영비 절감 : 기계 정지로 인한 손실 감소 및 생산성 향상, 보전 노무비 절감, 기계 급유비, 윤활제 구입 등 교환 부품 비용 절감, 윤활제 소비량 절감 등

70 윤활유의 산화를 촉진하는 인자로 가장 거리가 먼 것은?

① 산 소
② 온 도
③ 금속 촉매
④ 표면장력의 저하

해설
산 화
• 산소를 흡수하여 일으킨 화학반응
• 산화 촉진요소 : 온도, 사용시간, 촉매
• 현상 : 변색, 점도 증가, 표면장력 저하, 산도 증가
• 부산물 : 알데하이드, 케톤, 알코올, 옥시산, 에스테르 등의 금속 부식 물질

71 온도 변화에 따른 점도의 변화를 작게 하기 위하여 사용되는 첨가제는?

① 청정분산제
② 산화방지제
③ 유동점강화제
④ 점도지수향상제

해설
- 점도지수(VI)향상제 : 온도 변화에 따른 점도 변화의 비율을 낮게 하는 역할을 한다. 온도 변화가 심한 경우, 넓은 온도 범위에서 사용해야 하는 옥외 등에 사용하는 윤활제에 첨가한다.
- 청정분산제 : 산화에 의하여 금속 표면에 붙어 있는 슬러지나 탄소성분을 녹여 기름 중의 미세한 입자 상태로 분산시켜 내부를 청정하게 유지하는 역할을 한다.
- 산화방지제 : 산소에 의하여 산화되는 것을 방지하고 슬러지 생성을 억제한다.
- 유동점강화제 : 저온일 때 왁스분 성장을 저지하고, 유동성을 높여 주는 역할을 한다.

72 그리스의 내열성을 평가하는 기준이 되는 것으로 그리스를 가열했을 때 반고체 상태의 그리스가 액체 상태로 되어 떨어지는 최초의 온도를 무엇이라고 하는가?

① 적 점
② 유동점
③ 잔류 탄소
④ 동판 부식

해설
유동점, 인화점
- 유동점은 응고 상태를 벗어난 온도를 의미한다. 응고는 파라핀 왁스가 결정 화합과 동시에 결정격자로 유분이 흡수되어 전체가 고화되거나 온도가 하강하여 점도가 극단적으로 높아져서 유동성을 잃을 수 있다.
- 유체가 유동성을 잃기 직전의 온도를 의미한다. 그리스에서는 액체가 되는 온도를 적점이라고 한다.
- 인화점은 자연히 불이 붙기 시작하는 온도로 규정조건으로 가열하여 발생한 증기에 불꽃을 접근시켰을 때 순간적으로 불이 붙는 온도이다.

73 윤활유 열화에 영향을 미치는 인자 중 내부 변화에 의한 인자는?

① 유 화
② 희 석
③ 산 화
④ 이물질 혼입

해설
윤활유의 열화
- 내부 변화 : 산화, 탄화
- 외부요인에 의한 변화 : 연료 및 다른 오일에 의한 희석, 물에 의한 유화액 형성, 이물질 혼입

74 유압작동유가 오염되는 침입경로와 가장 거리가 먼 것은?

① 고체 입자
② 유압필터
③ 공기의 침입
④ 작동유와 다른 종류의 액체

해설
- 고체 입자는 작동유의 불순물이 된다. 유압필터는 이 불순물을 걸러내는 작용을 한다.
- 공기 중 산소의 화학작용으로 작동유가 열화된다.
- 수분 및 작동유와 다른 성질을 가진 액체가 혼합되어 열화를 유발한다.

75 윤활유 분석을 위한 시료 채취주기로 옳은 것은?

① 스팀터빈 : 매월
② 가스터빈 : 6개월
③ 유압시스템 : 격월
④ 공기압축기 구름베어링 : 15일

해설
시료의 채취 주기 : 공정상 중요도에 따라 빈도를 증가시키며 다음 지침을 참조한다.
- 내연기관, 가스터빈, 공기압축기, 냉동압축기 등을 일반적인 상태로 사용할 때 : 월별 또는 매 500시간
- 스팀터빈, 기어 및 유압시스템 : 격월
- 예비로 설치되었거나 비상용 내연기관 또는 기타 기계 : 분기(3개월)
- 공조용 압축기 : 일 년 중 사용하는 기간의 사용 전 사용 중, 사용 후

76 미끄럼베어링에 그리스 윤활을 사용할 때 고려해야 할 사항으로 틀린 것은?

① 진동 하중을 받을 때에는 굳은 그리스를 사용하지 않는다.
② 중하중의 경우에는 극압제를 첨가한 그리스를 사용한다.
③ 급유방법에는 급유하기 편리한 주도의 그리스를 선택한다.
④ 운전온도에 적정한 점도의 윤활유를 기유로 하여 안정된 증주제를 사용한 그리스를 선택한다.

해설
미끄럼베어링 그리스 선정
- 미끄럼베어링의 그리스 선정 시 온도는 마찰에만 의할 때 56℃ 한도가 되도록 한다.
- 중하중의 경우 극압제, 그래파이트 등이 첨가된 것을 사용한다.
- 운전속도는 2m/s 이하로 하며 급유에 적당한 주도를 갖는 제품을 선정한다.
- 그리스를 과하게 넣으면 고속에서 과열 또는 연화를 일으킨다.
- 그리스의 성분, 증주제의 종류 및 기유(Base Oil)의 성질 적정해야 한다.

77 베어링 윤활의 목적으로 틀린 것은?

① 베어링의 수명 연장
② 먼지 또는 이물질의 침입 방지
③ 동력손실을 줄이고 발열을 억제
④ 유화에 따른 윤활면의 내압성 저하

해설
윤활제가 유화되면 윤활면의 내압성이 저하되는데 이것은 윤활의 목적이 아니다.
베어링 윤활의 목적
- 마찰 및 마모의 감소
- 피로수명의 연장(충분하고 적절한 윤활 시)
- 마찰열의 방출·냉각
- 베어링 내부 이물질 침입 방지

78 윤활관리의 원칙과 가장 거리가 먼 것은?

① 적정량을 결정한다.
② 적합한 급유방법을 결정한다.
③ 적정한 장소에 공급하여 준다.
④ 기계가 필요로 하는 적정 윤활제를 선정한다.

해설
윤활관리의 4원칙
- 적유, 적기, 적량, 적법
- 적절한 윤활유를 제때, 적정량, 규정에 맞추어 관리한다.

정답 75 ③ 76 ① 77 ④ 78 ③

79 윤활제의 오염도를 분석하기 위한 오염 정도 측정법이 아닌 것은?

① 중량법
② 연소법
③ 계수법
④ 오염지수법

해설

오염도 측정
- 현장에서 간단히 시험하는 방법 : 외관시험, 고형물 조사, 스폿시험, 수분 함유 상태 검사
- 실험실에서 측정하는 방법
  - 중량법 : 시료유 100mL 중 오염물질의 중량 측정
  - 계수법 : 시료유 100mL 중 오염물질의 크기, 개수 측정
  - 오염지수법 : 오일 중 미립자나 젤화된 물질이 많으면 필터가 막히므로 여과시간이 변화하게 되는데, 이 필터 여과시간의 변화현상을 이용하여 오염도 측정
  - 수분 측정법 : 용제와 혼합한 시료를 가열, 증류하여 검수관에 분리된 수분 측정
  - 기포도 측정 : 기포도(규정온도에서 5분간 공기를 불어넣은 직후의 거품량)와 기포 안정도(기포도 측정 후 10분간 방치 후 거품량) 측정

80 다음 중 기어의 치면에 높은 응력이 반복 작용하여 국부적으로 피로현상을 일으켜 박리되어 작은 구멍을 발생하는 현상은?

① 피 팅
② 리플링
③ 정상 마모
④ 스코어링

해설

- 피팅(Pitting, Surface Fatigue) : 기어 재질이 견딜 수 있는 한계를 초과했을 때 나타나는 피로파괴현상으로 접촉면에 작은 홈이나 공동이 발생한다.
- 리플링(Rippling) : 소성 유동과 관련하여 기어 맞물림의 미끄럼 운동 방향과 90° 근처의 각도로 접촉면에 물결형태로 발생한다.
- 스폴링(Spalling) : 파인 홈의 지름이 크고 상당한 영역에 걸쳐 피팅이 일어나는 현상이다.

제5과목 공유압 및 자동화

81 일반적으로 압력계에서 표시하는 압력은?

① 압력 강하
② 절대압력
③ 차등압력
④ 게이지압력

해설

- 게이지압력은 게이지 안에도 대기압이 작용하므로 대기압과 실제 압력의 차이만 표시된다.
- 절대압력 = 게이지 압력 + 대기압
- 절대압력은 이론적으로 완전한 진공인 0을 기준으로 측정한 압력이다.

82 다음 중 동력전달비용이 1kW당 가장 높은 것은?

① 유압식
② 전기식
③ 공기압식
④ 기계・유압식

해설

공기압을 사용하면 에너지 전달효율이 나쁘기 때문에 kW당 출력비가 높게 든다. 따라서 큰 힘을 사용할 때는 유압을, 전동의 효율성을 위해서는 전기식을 사용하는 것이 좋다.

83 보전이 필요 없는 시스템 설계가 기본 개념인 보전방식은?

① 개량보전
② 보전예방
③ 사후보전
④ 예방보전

해설

보전예방(MP ; Maintenance Prevention) : 개량보다는 새 설비일 때부터 보전활동을 하여 보전비를 발생시키지 않으려는 활동으로 1960년대에 붐을 이루었다.

정답 79 ② 80 ① 81 ④ 82 ③ 83 ②

84 자동화된 기계장치를 제어하는 전기회로의 구성방법으로 적절하지 않은 것은?

① 단속·연속 운전이 가능하게 회로가 구성되어야 한다.
② 자동·수동 운전이 가능하게 회로가 구성되어야 한다.
③ 작업자 보호, 장치 보호 등의 회로가 구성되어야 한다.
④ 제어부, 구동부는 혼재되어 회로가 구성되어야 한다.

해설
제어부와 구동부를 혼재하여 회로를 구성하면 회로관리 및 수정 시 원활한 관리 및 수정을 하기 어렵다.

85 폐회로제어에 대한 설명으로 옳은 것은?

① 피드백신호가 없다.
② 2진 신호를 사용한다.
③ 외란변수의 변화가 작을 때 사용한다.
④ 실제값과 기준값의 비교기능이 있다.

해설
닫힌루프제어(피드백제어, 폐회로제어, Feedback Control)
- 출력값이 목푯값에 이르도록 입력값을 조정하는 피드백제어이다.
- 개회로제어보다는 신호를 추출하고 목푯값과 비교하는 등의 설비(궤환요소)가 더 필요하다.
- 개회로제어에 비해 정확한 제어가 가능하다.
- 피드백과정에서 목푯값 또는 기준입력에 대한 출력의 시간적 변화가 발생하는데 이를 시간응답이라고 한다.
- 피드백제어 구성의 예

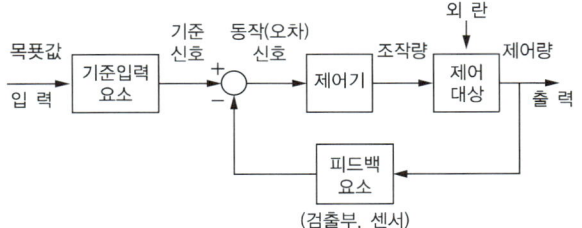

86 공기압 실린더의 설치형식이 아닌 것은?

① 풋 형
② 플랜지형
③ 타이로드형
④ 트러니언형

해설
공압실린더의 장착형식에 따른 분류

종류		Type
기본형		SD
클레비스형 실린더	1산	CA
	2산	CB
트러니언형	로드 측	TA
	센터	TC
플랜지형	장방향 로드 측	FA
	장방향 헤드 측	FB
	정방향 로드 측	FC
	정방향 헤드 측	FD
풋 형	축 직각	LA
	축 방향	LB

87 물체가 접근하면 진폭이 감소하는 고주파 LC발진기에 의해 센서 표면에 전자계를 형성하고 금속만 감지하는 센서는?

① 광전센서
② 리드스위치
③ 용량형 센서
④ 유도형 센서

해설
유도형 센서는 강자성체가 영구자석에 접근하면 코일 내 자속의 변화율에 따라 출력단자 사이에 전압을 발생시켜 물체의 유무를 판단하는 센서이다. 구조 및 동작원리는 다음과 같다.

88 펌프가 소음을 내는 이유로 적절하지 않은 것은?

① 유 중에 기포가 있는 경우
② 흡입관이 막혀 있는 경우
③ 펌프의 회전이 너무 빠른 경우
④ 작동유의 점도가 너무 낮은 경우

해설
문제에서 펌프의 소음은 공동현상(캐비테이션)의 경우를 생각한 것으로 보인다. 흐르는 유체에 기포가 있어 한곳에 모이면 공동현상을 일으킬 수 있다. 공동현상은 유체가 증기압 이하로 떨어질 때 기화되어 생성되므로, 흡입관이 막히거나 충분하지 않거나 흡입양정이 높아 내부의 압력이 낮아지거나 회전속도가 빠를 때 발생한다. 작동유 점도가 낮으면 유체의 흐름 자체에 도움을 주므로 위의 문제에서 소음을 내는 이유로는 적절하지 않다.

89 공기압 파이프 연결기가 아닌 것은?

① 나사 연결기
② 링형 연결기
③ 플랜지 연결기
④ 클램핑 링 연결기

해설
공압배관은 부드러운 튜브관을 사용하므로 관을 연결하기 위해 링이나 플랜지와 같은 보조기가 필요하다. 나사를 이용하여 관을 연결하지 않는다.

90 신호의 유무, On/Off, Yes/No, 1/0 등과 같은 신호를 이용하는 제어계는?

① 2진 제어계
② 10진 제어계
③ 동기제어계
④ 아날로그제어계

해설
어느 신호를 이용하여 제어하느냐로 구분한 문제로 보인다. 신호의 종류는 다음과 같다.
• 디지털신호 : 전기신호 On과 Off를 0과 1로 간주하고, 모든 신호를 2진법에 의한 표현으로 전환하여 전기전자신호로 표현한 것으로, 표현의 특성에 따라 연속적이지 않은 신호이다. 전기신호인 만큼 신호의 변환, 전송, 증폭, 활용이 용이하며 기술의 발달에 따라 신호를 아주 작게 미분하여 인간이 느낄 수 없는 분리된 신호로 표현이 가능하여 기술적인 활용도가 높다.
• 아날로그신호 : 소리, 온도, 감도, 빛 등 자연에서 사용하는 신호를 의미하며 연속적인 신호이다.
• 동기신호 : 시퀀스신호를 발생시킬 때 앞 신호 이후로 발생하는 신호가 동기 종속적인지, 시간 종속적인지, 위치 종속적인지 나눌 수 있다. 동기신호는 함께 발생된 신호를 의미한다.

91 압력에 대한 설명으로 틀린 것은?

① 대기압력보다 낮은 압력을 진공압이라고 한다.
② 게이지압력에서는 국소 대기압보다 높은 압력을 정압(+)이라고 한다.
③ 압력을 비중량으로 나누면 길이 단위가 되며 이를 양정 또는 수두(m)라 한다.
④ 사용압력을 완전한 진공으로 하고 그 상태를 0으로 하여 측정한 압력을 게이지압력이라고 한다.

92 두 개의 입구 X와 Y를 갖고 있으며, 출구는 A 하나이다. 입구 X, Y에 각기 다른 압력을 인가했을 때 고압이 A로 출력되는 특징을 갖는 공기압논리밸브는?

① 급속 배기밸브
② 교축 릴리프밸브
③ 고압 우선형 셔틀밸브
④ 저압 우선형 셔틀밸브

해설
셔틀밸브(고압 우선형 셔틀밸브)
• 양쪽 중 한쪽에만 공기가 들어가도 출력이 나오는 형태의 밸브로 OR 밸브라고 한다.
• 압력이 한 곳만 들어가도 입구를 밀고 들어가 출력이 발생한다.

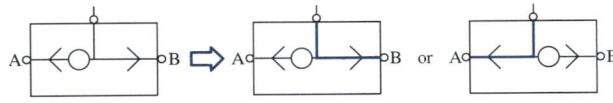

93 공기압축기의 종류가 아닌 것은?

① 터보형 압축기
② 스크루형 압축기
③ 왕복 피스톤형 압축기
④ 트로코이드형 압축기

해설
압축기의 종류

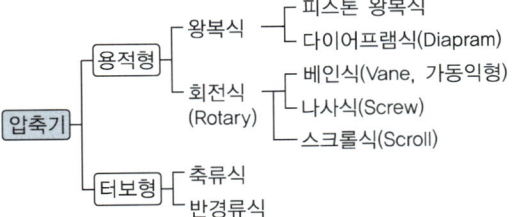

94 공기압 모터의 기호는?

해설
동력원으로써 공기압은 기호에서 속이 빈 삼각형을 사용한다.

95 요동형 실린더가 아닌 것은?

① 베인형 실린더
② 피스톤형 실린더
③ 스크루형 실린더
④ 로킹암형 실린더

해설
요동형 액추에이터
• 회전운동의 각이 360° 이내로 제한되어 있는 회전 왕복운동 액추에이터
• 요동형 액추에이터의 종류
 - 인형 : 원통형 케이싱 안에 편심된 로터가 들어 있고, 로터에는 홈이 있고, 홈 속에는 베인이 삽입되어 자유로이 출입하며, 회전에 의한 원심작용으로 베인이 내벽에 밀착되는 상태를 유지하며 기밀을 유지한다.
 - 스톤형 : 피스톤을 실린더 내에서 왕복시켜 흡입 및 배출을 하게 한 피스톤을 이용하여 회전운동을 발생시켜 요동시키는 형태이다. 래크+피니언형, 스크루형, 크랭크형, 요크형 등의 종류가 있다.

96 PLC와 같은 장치가 속하는 부분은?

① 센 서
② 네트워크
③ 프로세서
④ 동력제어부

해설
PLC는 컴퓨터처럼 입력장치, 논리연산장치, 제어장치, 출력장치(구현장치)로 구성되며, CPU가 들어 있는 연산제어장치를 지칭하기도 한다.

97 다음 유압회로도를 구성하는 기기의 명칭이 틀린 것은?

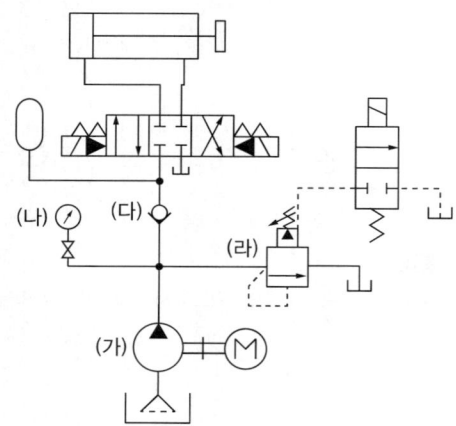

① (가) 정용량형 펌프 ② (나) 스톱밸브
③ (다) 체크밸브   ④ (라) 어큐뮬레이터

해설

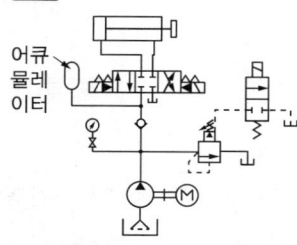

(라)는 가변형 릴리프밸브를 이용한 압력조절회로이다.

98 직류전동기에서 전기자의 권선에 생기는 교류를 직류로 바꾸는 부분의 명칭은?

① 계 자   ② 전기자
③ 정류자   ④ 타여자

해설

직류전동기의 원리

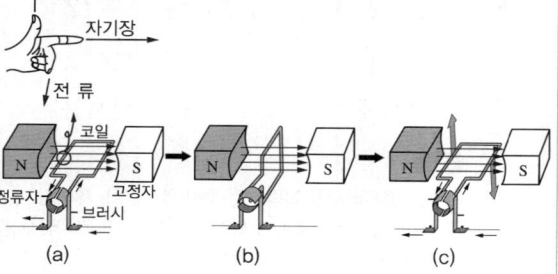

99 설비보전의 효과 측정을 위한 척도로 사용되는 지표의 설명으로 옳은 것은?

① 설비 가동률은 경제성을 의미한다.
② 고장 강도율은 유용성을 의미한다.
③ 고장 도수율은 신뢰성을 의미한다.
④ 제품 단위당 보전비는 보전성을 의미한다.

해설
• 유용성을 표현하는 척도

$$설비\ 가동률 = \frac{정미가동시간}{부하시간} \times 100\%$$

• 신뢰성을 표현하는 척도

$$고장\ 도수율 = \frac{고장\ 횟수}{부하시간} \times 100\%$$

• 보전성을 표현하는 척도

$$고장\ 강도율 = \frac{고장정지시간}{부하시간} \times 100\%$$

• 경제성을 표현하는 척도

$$제품당\ 보전비 = \frac{보전비\ 총액}{생산량}$$

100 밸브 내부에서 연속적으로 진동으로 밸브 시트 등을 타격하여 진동과 소음을 발생시키는 현상은?

① 공동현상   ② 맥동현상
③ 채터링 현상 ④ 크래킹 현상

해설
③ 채터링 현상 : 밸브 내부에서 스프링의 떨림 등 연속적인 진동으로 밸브 시트 등을 타격하여 진동과 소음을 발생시키는 현상으로 감압밸브, 체크밸브, 릴리프 밸브 등에서 발생한다. 특유의 고음이 발생하며 밸브를 교체하거나 수리하여 해결한다.
① 공동현상(캐비테이션, Cavitation) : 관 속을 흐르는 유체가 그 유체의 포화증기압 이하로 내려가 기화되어 발생된 기포가 유체 곳곳에 녹지 않고 특정 위치에 모여 공간이 생기는 현상이다.
② 맥동현상(서징, Surging) : 흡입구와 배출구 쪽의 진공계와 압력계의 지침이 흔들리고 송출유량이 변화하는 현상이다.
④ 크래킹 현상 : 체크밸브 또는 릴리프 밸브 등의 압력이 상승하여 밸브에 공간이 발생하여 그 공간으로 유체의 흐름이 발생하는 현상이다. 유압을 제거하거나 밸브를 수리, 교체하여 해결한다.

2021년 제2회 과년도 기출문제

제1과목 설비진단 및 계측

01 다음과 같이 진동 진폭의 파라미터가 주어졌을 때 관계식으로 옳은 것은?

- 진동변위 : $D[\mu m]$
- 진동속도 : $V[mm/s]$
- 진동 주파수 : $f[Hz]$

① $V = 2\pi f D$
② $V = 2\pi f D \times 10^{-3}$
③ $V = \dfrac{D}{2\pi f}$
④ $V = \dfrac{D}{2\pi f} \times 10^{-3}$

해설

진동변위(D)와 속도(V)의 관계 : $V = 2\pi f D$, 문제의 단위가 진동변위는 μm, 속도는 mm/s이므로, 계수를 맞추기 위해 1mm = 1,000μm로 변환하므로 $V = 2\pi f D \times 10^{-3}$이다.

02 주파수의 단위로 사용되는 것은?

① cycle/s
② m/s
③ rad/s
④ m/s²

해설

주파수란 주기를 갖는 파장의 수, 즉 단위시간당 파장의 수이다. 보기 중에서는 초당 cycle(주기)이 주파수의 단위에 해당한다.

03 푸리에(Fourier) 변환의 특징을 설명한 것으로 옳지 않은 것은?

① FFT 분석에는 항상 양부호(Positive)의 주파수 성분이 나타난다.
② 충격신호와 같은 임펄스신호(Impulse Signal)는 푸리에 변환이 불가능하다.
③ 시간대역이나 주파수대역에서 유한한 신호는 다른 대역(주파수나 시간)에서 무한한 폭을 갖는다.
④ 어떤 대역에서 주기성을 갖는 규칙적인 신호라 할지라도 다른 대역에서는 불규칙한 신호로 나타날 수 있다.

해설

푸리에 변환은 일반함수를 주파수함수로 분해하는 것으로, 임펄스 신호에서 푸리에 변환이 가능하다.

04 회전기계에서 발생하는 이상현상 중 발생 주파수가 중간 주파인 것은?

① 공동
② 언밸런스
③ 압력맥동
④ 미스 얼라인먼트

해설

회전기계에서 발생하는 주파수
- 저주파 : 변위[m]를 측정하여 변환
  - 기초 볼트의 풀림, 베어링 마모에 의한 회전 불량
  - 미스 얼라인먼트, 오일 휩
  - 위와 같이 회전자의 축심이 맞지 않는 등 회전체의 균형이나 회전자의 질량이 부적절하여 발생하는 진동
- 중주파 : 속도[m/s]를 측정하여 변환
  - 압력맥동 : 압력에 의해 맥이 있는 진동이 생기는 현상
  - 러너 날개를 통과할 때 생기는 진동
- 고주파 : 가속도[m/s²]를 측정하여 변환
  - 충격이나 캐비테이션(공동현상) 등에 의해 발생하는 진동처럼 일시에 큰 에너지가 전달되는 이상현상에 의한 진동
  - 유체의 이동 중 여러 이유로 발생하는 불규칙 고주파 진동

정답 1 ② 2 ① 3 ② 4 ③

05 용적식 유량계가 아닌 것은?

① 터빈 유량계(Turbine Flow Meter)
② 회전 디스크 유량계(Nutation Disk Flow Meter)
③ 회전 날개 유량계(Rotating Vane Flow Meter)
④ 로브 임펠러 유량계(Lobed Impeller Flow Meter)

해설
용적식 유량계
- 회전차(프로펠러)형 : 프로펠러 회전을 펄스로 변환하여 유속으로 환산하여 유량을 측정하는 유량계
- 그 외 : 로터리 피스톤형, 왕복 피스톤형, 오발기어형, 루츠형, 헬리컬 기어형, 로터리 베인형, 회전 디스크형 등 제품별로 다양하다.

06 베어링 소음 발생원에 따른 특성 주파수의 관계식이 옳지 않은 것은?(단, r_1 = 내륜의 반경, r_2 = 외륜의 반경, r_B = 볼 또는 롤러의 반경, r_n = 볼 또는 롤러의 수, n_r = 내륜의 회전속도[rps]이다)

① 베어링의 편심 혹은 불균형에 의한 회전 소음 주파수 $f_r = n_r$

② 볼, 롤러 또는 케이스 표면의 불균일에 의한 소음 주파수 $f_c = n_r \cdot \dfrac{r_1}{(r_1 + r_2)}$

③ 볼 또는 롤러의 자체 회전에 의한 소음 주파수 $f_B = \dfrac{r_2}{r_B} \cdot n_r \cdot \dfrac{r_1}{(r_1 + r_2)}$

④ 내륜 표면의 불균일에 의한 소음 주파수 $f_1 = n_r \cdot \dfrac{r_1}{(r_1 + r_2)} \cdot r_n$

07 설비진단의 개념과 가장 거리가 먼 것은?

① 단순한 점검의 계기화
② 수리 및 개량법의 결정
③ 신뢰성 및 수명의 예측
④ 이상이나 결함의 원인 파악

해설
설비진단기술에 의해 설비 구성품의 열화 상태를 진단, 파악하고 정량적으로 예지, 예측하여 보수, 교체를 계획하고 실시한다.

08 파장, 주파수에 대한 설명으로 틀린 것은?

① 파장은 음파의 1주기 거리로 정의된다.
② 주파수는 음파가 매질을 1초 동안 통과하는 진동 횟수를 말한다.
③ 주파수는 소리의 속도에 반비례하고, 파장에 비례한다.
④ 파장은 소리의 속도에 비례하고, 주파수에 반비례한다.

해설
주파수는 소리의 속도와는 비례관계이며, 파장과는 반비례한다.

09 열전대 종류 중 내열성이 좋고 산화성 분위기 중에서도 강하며, 대개 1,000℃ 이상에서 사용되는 것은?

① J Type   ② R Type
③ K Type   ④ T Type

해설
R열전대 : 순백금 : 로듐 = 87 : 13이고, 현장용으로 사용한다. 내열도가 우수하고 산화성 분위기에서 강하지만, 환원성에는 약하다. 열기전력이 다른 열전대에 비해 작고, 0~1,600℃이지만 대개 1,000℃ 이상에서 사용한다.

10 진동에서 진폭 표시의 파라미터가 아닌 것은?

① 댐 퍼 ② 변 위
③ 속 도 ④ 가속도

해설
댐퍼는 진동 완충재이다.

11 고유 진동수와 강제 진동수가 일치할 경우 진폭이 크게 발생하는 현상은?

① 공 진 ② 울 림
③ 강제 진동 ④ 반발 진동

해설
공진 : 진동계의 강제 진동에서 외력의 크기를 일정하게 하고 주파수를 변화시키면 계의 고유 진동수 부근에서 진동값이 급격히 극대치로 되는 현상이다.

12 극히 작은 전류에 의해서 최대 눈금 편위를 일으킬 수 있으므로, 전압계로 사용하는 계기는?

① 유도형
② 전류력계형
③ 가동코일형
④ 가동철편형

해설
- 가동코일형 계기 : 자기장 내에 가동 코일을 배치하여, 코일에 흐른 전류와 자기장 사이에 발생한 전자력을 이용하여 측정한다.
- 정전형 계기 : 2장의 고정 전극과 그 사이에 알루미늄 가동 전극을 장치한 계기이다.
- 정류형 계기 : 측정 교류를 정류하여 직류로 변환한 후 가동 코일형 계기로 지시한다.

13 회전체의 회전수를 측정하기 위하여 반사 테이프와 광원을 이용하여 반사광을 검출하여 회전수를 구하는 방식은?

① 광전식 검출법
② 주파수 계산법
③ 전자식 검출법
④ 회전주기 측정법

해설
- 회전주기 측정 : 자속밀도의 변화를 이용하여 펄스 모양의 전압신호를 인출하는 것으로써, 내구성이 우수하고 전원을 필요로 하지 않는 측정이다.
- 광학식(광전식) : 광원과 광센서를 이용하여 회전에 따른 전기신호를 인식하게 하여 계측한다.
- 전기식 : 회전속도에 비례하는 전압 출력을 내어 계측한다.
- 자기식[전자(電磁)식] : 여자코일이 발생시키는 자속밀도의 변화를 이용하여 펄스 모양의 전압신호를 인출하는 것으로, 내구성이 우수하고 전원을 필요로 하지 않는 특징이 있다.
- 접촉식 : 자기의 성질을 다양하게 이용하는 몇 가지 방법이 있으며, 구조는 톱니바퀴와 자기발생장치를 이용하여 발생하는 기전력을 측정한다.
- 주파수 계수 : 신호파 각 사이클을 펄스화하여 단위시간에 그 양자수를 세고 1초당 펄스 개수를 직접 주파수[Hz]로 표시하는 방법이다.
- ※ 저자의견 : 문제가 광전식으로 회전주기를 측정한 내용이어서 정답이 중복 처리된 것으로 보인다.

14 회전수 계측센서 중 광학식 인코더의 특징이 아닌 것은?

① 처리회로가 간단하다.
② 진동 및 충격에 약하다.
③ 고분해능화가 용이하다.
④ 디지털신호이므로 노이즈 마진이 작다.

해설
광학식 인코더는 디지털신호이므로 노이즈 마진이 크다. 노이즈 마진이란 노이즈가 있어도 목적을 이룰 수 있는 범주이다.

정답 10 ① 11 ① 12 ③ 13 ①, ④ 14 ④

15 시퀀스제어의 동작을 기술하는 방식 중 조건과 그에 대응하는 조작을 매트릭스형으로 표시하는 방식은?

① 논리회로(Logic Circuit)
② 플로차트(Flow Chart)
③ 동작선도(Motion Diagram)
④ 디시젼 테이블(Decision Table)

해설
디시젼 테이블(Decision Table) : 시퀀스 제어에 관한 각종 정보를 매트릭스 형태의 테이블에 기입하여 시퀀스제어를 실시

16 소음 방지방법이 아닌 것은?

① 차 음
② 공 명
③ 흡 음
④ 소음기

해설
방음의 방법
- 흡 음
- 차음 : 밀폐벽, 중공벽 등을 설치하여 소리의 전달을 차단한다.
- 간섭 방음 : 입사음과 반사음을 간섭시켜 소음을 감소시키는 방법이다.
- 제진(진동 감소, 진동 댐핑) : 진동으로 패널에서 발생하는 소음을 저감시킨다.
- 차진(진동 차단) : 방진고무, 스프링 등을 이용하여 진동에너지를 감소시켜 소음 전달을 저감시킨다.
- 소음감소장치(소음기)를 사용한다.

17 강제 진동 주파수 f와 고유 진동 주파수 f_n의 주파수비 $R = \dfrac{f}{f_n}$라 할 때, 다음 중 고유 진동 주파수에 대한 진동 차단효과가 가장 높은 것은?

① $R = 1$
② $R = \sqrt{2}$
③ $R = 3$
④ $R = 10$

해설
※ 저자의견 : 문제의 조건이 부족하여 의도를 정확하게 파악하기 어렵다. 이러한 문제는 수정되어 출제될 수 있으며, 동일한 문제로 출제되는 경우 확정된 정답을 선택한다.

18 인간의 청감에 대한 보정을 실시하여 소리의 크기 레벨에 근사한 값으로 측정할 수 있도록 한 측정기는?

① 기록계
② 녹음기
③ 소음계
④ 주파수 분석기

해설
소음계(사운드레벨미터)
- 인간의 청감에 대한 보정을 실시하여 소리의 크기 레벨에 근사한 값으로 측정할 수 있도록 한 장치
- 인간의 귀와 같이 소리에 응답하도록 설계된, 객관적으로 재현성 음압 레벨, 소음레벨을 측정하는 기기

19 계측계의 동작특성 중 정특성이 아닌 것은?

① 감 도
② 직선성
③ 시간 지연
④ 히스테리스 오차

해설
시간 응답에서 정상 상태를 얻기 전 특성들을 동특성이라고 하는데, 시간지연이 동특성에 해당한다.

20 제어장치에 해당하며 목푯값에 의한 신호와 검출부로부터 얻어진 신호에 의해 제어장치가 소정의 작동을 하는 데 필요한 신호를 만들어서 조작부에 보내 주는 부분을 뜻하는 제어 용어는?

① 외 란   ② 조절부
③ 작동부   ④ 제어량

해설
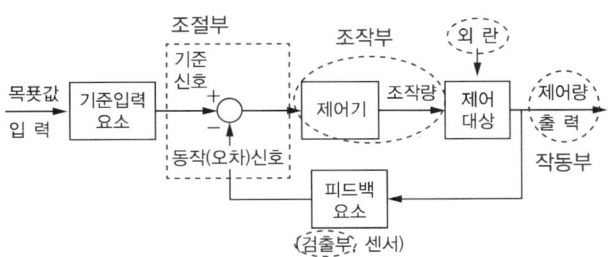

제2과목 설비관리

21 설비대장을 작성할 때 구비해야 할 조건 중 거리가 가장 먼 것은?

① 설비 품목별 사양 작성자
② 설비의 입수시기 및 가격
③ 설비에 대한 개략적인 기능
④ 설비에 대한 개략적인 크기

해설
설비대장: 관리 사무실에서 일괄적으로 설비에 대한 개요를 적어 놓은 기록지 또는 기록프로그램이다. 설비대장에는 설비의 명칭, 위치, 크기, 운영부서, 전력량, 에너지 사용량, 용도, 사양, 제작일자, 제작사, 도입시기, 설치시기, 폐기 및 매각시기, 매각처, 금액 등 전체 설비를 한 번에 파악할 수 있도록 기록한다. 설비 구입자나 설치자, 작성자는 직접 설비에 대한 기록이 아니므로 가장 거리가 멀다.

22 한계게이지의 특징으로 틀린 것은?

① 제품의 실제 치수를 읽을 수 없다.
② 측정에 숙련을 요하지 않고 간단하게 사용할 수 있다.
③ 소량 제품 측정에 적합하고 불량을 판정하는 데 일정 시간이 소요된다.
④ 측정 치수가 정해지고 한 개의 치수마다 한 개의 게이지가 필요하다.

해설
한계게이지 측정: 일종의 비교 측정이다. 제품 사용 가능 여부를 판단하기 위해 최대허용값, 최소허용값으로 만들어진 한계게이지를 사용하여 측정한다. 측정하는 치수마다 개별 게이지가 필요하지만 대량 생산의 경우 양호, 불량 판정을 쉽게 할 수 있어 효율적인 측정이 가능하다.

23 대량 생산을 위한 공장자동화와 같이 기계화도가 높은 생산 공정에서 제조간접비를 배부하는 방식은?

① 직접재료비법
② 직접제조비법
③ 직접노무시간법
④ 기계가동시간법

해설
- 직접노무비법 : 간단하고 제조원가에서 직접노무비가 큰 노동집약적 산업에서 타당성이 크다.
- 직접노무시간법 : 노동집약적 산업에서 노무자들의 시간당 임률의 종류가 많을 때 타당성이 크다.
- 직접재료비법 : 제품의 총재료비와 총제조간접비 간의 관계가 클 때 타당성이 크다.
- 직접제조비법 : 간접비를 직접노무비와 직접재료비를 포함한 기본비용을 토대로 계산하는 것은 타당성이 크며, 단일 제품 생산 시 많이 사용되는 방법이다.
- 기계가동시간법 : 대량 생산을 위한 공장자동화나 CIM처럼 노무비용은 낮고, 기계화도가 높은 생산공정에서 타당성이 크다.

24 공사의 완급도를 결정하기 위하여 고려해야 할 판정기준이 아닌 것은?

① 공사가 지연됨으로써 발생하는 만성로스의 비용
② 공사가 지연됨으로써 발생하는 생산 변경의 비용
③ 공사를 급히 진행함으로써 발생하는 공수나 재료의 손실
④ 공사를 급히 진행함으로써 발생하는 타 공사의 지연에 따른 손실

해설
완급도 구분 결정을 위한 고려사항
다음 고려사항의 비용의 합이 최소가 되어야 합리적인 완급도 결정으로 간주한다.
- 공사 지연 시 발생하는 생산 변경 비용
- 공사 긴급 진행 시 발생하는 타 공사 지연 비용
- 공사 긴급 진행 시 발생하는 계획 변경 비용
- 공사 긴급 진행 시 발생하는 공수, 재료의 손실

25 설비의 분류에서 판매설비로만 짝지어진 것은?

① 전기장치, 운반장치
② 발전설비, 수처리시설
③ 항만설비, 공장 연구설비
④ 서비스 숍, 서비스 스테이션

해설

생산설비	연구개발설비
• 생산기계 • 운반기계 • 항만, 하역기계 • 전기장치 • 배관, 배선, 조명 • 냉·난방설비	• 기초응용 연구설비 • 자동화, 공업화 연구설비 • 기업 합리화 연구설비
수송설비	**판매설비**
• 인입선 설비 • 항만설비 • 육상하역설비 • 트럭 • 디젤기관차 • 컨베이어	• 서비스 스테이션 • 서비스 숍
유틸리티설비	**관리설비**
• 유틸리티 : 증기, 전기, 공업용수, 냉수, 불활성 가스, 연료 • 증기발생장치, 배수배관설비, 원수취수설비, 수처리설비, 냉각탑, 펌프설비, 냉동설비, 질소발생설비, 연료의 저장-수송-압축-건조설비 등이 있다.	• 본사 건물, 영업소 건물, 건물 내 설비 • 공장의 사무소, 식당, 수위실, 창고, 차고 외 공장 내 설비 • 보조설비, 복리후생설비

23 ④ 24 ① 25 ④

26 설비 프로젝트의 종류 중 설비의 갱신이나 개조에 의한 경비 절감을 목적으로 하는 투자는?

① 확장 투자
② 제품 투자
③ 전략적 투자
④ 합리적 투자

해설

프로젝트 분류 중 투자항목에 따른 분류
- 비용 절감을 위한 합리화 투자
- 판매량 확대를 위한 확장 투자
- 현 제품 개량 및 신제품 개발을 위한 제품 투자
- 전략적 투자
  - 위험 감소를 위한 투자로 방위적 투자와 연구적 투자로 구분
  - 후생 복지를 위한 투자(예 종업원 복리후생, 지역사회 복지 등)

27 다음 설명에 해당하는 설비망은?

> 설비의 종류, 수, 크기, 용량, 설치 위치 등에 연계된 보전 개념과 보전작업의 결정 및 정보 연계를 의미하는 설비망으로 설비계획·관리에 대한 명확한 책임 및 권한이 있으며 여러 지역에 동종 설비를 설치하여 보전 능력의 분산을 갖는다.

① 제품 중심 설비망
② 공정 중심 설비망
③ 시장 중심 설비망
④ 프로젝트 중심 설비망

해설

- 시장 중심 설비망 구성 : 설비의 종류, 설비의 수, 크기와 용량 그리고 설비 위치 등에 연계된 보전 개념과 보전작업의 결정 및 정보 연계로서 설비계획 및 관리에 대한 명확한 책임 및 권한이 있으며 동종 설비의 여러 지역 설치로 보전능력의 분산을 갖는 설비망이다.
- 제품 중심 설비망 구성 : 글로벌화에 맞게 각 제품 공장을 지역별로 설치한다는 논리로 설비관리가 필요에 따라 지역분권화가 되거나 중앙에서 제품별로 배치되어야 한다. 전 세계를 기준으로 공정 중복 설치는 하지 않으나 각 공장에서 전 세계 물량을 감당하여 부하 감당의 어려움이 예상된다.
- 공정 중심 설비망 구성 : 한 지역의 공장에서 특정공정만 담당하여 부품을 생산하고 최종적으로 한 공장에서 조립공정을 실시하는 중앙집권식으로, 공정 개선과 생산보전의 효율성이 가능하다. 단, 중앙에서 전체 보전업무를 관리해야 하고, 전략 부재 시 전체가 한 공장에 의한 어려움을 겪을 수 있다.

28 설비의 효율화 저해 로스(Loss) 중 설비의 설계속도와 실제로 움직이는 속도와의 차이에서 생기는 로스는?

① 초기로스
② 속도로스
③ 고장로스
④ 불량로스

해설

설비효율 저해 6대 로스 : 고장로스, 작업준비조정로스, 일시정체로스, 속도로스, 불량수정로스, 초기수율로스

속도로스 : 이론 사이클 시간과 실제 사이클 시간의 차이에서 발생하는 로스로, 설비의 작동조건의 미비 등에 의해 속도가 감소한다.

29 일명 공정별 배치라고도 부르며 제품의 종류가 많고 수량이 적으며, 주문 생산과 표준화가 곤란한 다품종 소량 생산에 적합한 설비 배치형태는?

① 제품별 배치
② 기능별 배치
③ 혼합형 배치
④ 제품 고정형 배치

해설

기능별 배치(공정별 배치, Process Layout, Functional Layout)
- 주문 생산과 표준화가 곤란한 다품종 소량 생산에 적합한 배치이다.
- 동일 공정 또는 기계가 한 장소에 모인 형태이다.
  - 갱 시스템(Gang System) : 동일 기종(기계)이 모인 경우
  - 블록 시스템(Block System) : 제품별 관련 기계가 모인 경우로 절차계획, 일정계획, 재고관리, 운반관리 등의 지원이 필요하다.

정답 26 ④ 27 ③ 28 ② 29 ②

30 보전업무에 대한 기술기능에서 조건 변화에 따른 설비 개량, 설비 성능 및 수명 향상, 설비의 재설계를 통한 보전도 제고 등에 관련이 있는 것은?

① 고장 분석 개발
② 보전업무 분석
③ 부품 대체 분석
④ 보전도 향상 연구

해설
기술기능은 설비 성능 분석, 고장 분석방법 개발 실시, 보전도 향상 연구, 설비진단기술 이전 및 개발, 설비 간 네트워크 구축, 전산화 구축, 보전업무 분석, 검사기준 개발, 보전기술 개발, 매뉴얼 개발 및 갱신, 보전자료 문서화, 자료의 설계 반영, 보전 부품 교체 분석 등 기술과 관련된 수많은 기능으로 구성되어 있다. 그중 보전도를 제고하기 위해 조건 변화에 따른 설비 개량, 설비 성능 및 수명 향상, 설비의 재설계를 실시한다.

31 일반적인 예방보전의 특징으로 틀린 것은?

① 경제적 손실이 크다.
② 돌발고장 발생이 생길 수 있다.
③ 보전요원의 기술 및 기능이 강화된다.
④ 대수리 기간 중에 발생되는 생산 손실이 크다.

해설
예방보전(PM ; Preventive Maintenance)
• 사후보전보다는 고장 예방을 위한 보전활동이 필요하여 대두된 방법이다.
• 계획보전의 일종으로 특정 운전 상태를 계속 유지시키는 방법이다.
• 고장, 정지, 성능 저하 등을 가져오는 상태를 발견하기 위한 설비의 주기적인 검사를 실시한다.
예방보전을 실시해도 돌발고장은 발생할 수 있다. 대수리 기간을 설정하면 생산을 멈추게 되어 경제적 손실이 발생하지만, 종합적으로는 예방보전을 실시하는 것이 경제적 이득도 유발한다.

32 어떤 설비가 일정조건하에서 일정기간 동안 기능을 고장 없이 수행할 확률은?

① MTBF
② MTTF
③ 보전성
④ 신뢰성

해설
신뢰도 : 설비의 효율성을 결정짓는 하나의 속성으로서 '시스템이 어떤 특정환경과 운전조건하에서 어느 주어진 시간 동안 명시된 특정기능을 성공적으로 수행할 수 있는 확률'이다.

33 PM 분석에서 P의 의미에 대한 설명으로 가장 적절한 것은?

① 현상을 물리적으로 해석한다.
② 현상의 명확화와 메커니즘을 해석한다.
③ 설비의 메커니즘을 분석하고 이해한다.
④ 작업방법과 관련성을 추구하는 요인해석의 사고방식이다.

해설
PM 분석(Phenomena / Physica × Mechanism, Machine, Man, Material)
• 설비의 물리적 성질과 메커니즘을 이해하여 만성고장을 규명, 로스를 개선하는 수단이다.
• 만성화된 설비나 시스템의 불합리현상을 원리 및 원칙에 따라 물리적 해석으로 현상 메커니즘을 밝히는 사고방식이다.

34 TPM 관리와 전통적 관리를 비교했을 때, TPM 관리의 특징으로 옳은 것은?

① Output 지향
② 결과 중심 시스템
③ 개선을 위한 자기 동기 부여
④ 제한적이고 터널식인 의사소통

해설
TPM의 전통적 관리와의 비교 특징 : 무결점 목표, 원인 추구 시스템, Input 지향, 예방활동, 현장 중심 관리, 사전 문제 제거 관점, 목표의 하향식 전달과 현장부터 체계적 관리, 불량 발생원인 제거, 개선을 위해 동기 부여 제공

35 고장의 분석 후 대책을 세우는 방법으로 틀린 것은?

① 안전율을 높인다.
② 응력을 분산시킨다.
③ 강도, 내력을 낮춘다.
④ 온도, 습도 등의 작업환경을 개선한다.

해설
고장 분석 후 대책
- 강도, 내력 향상 : 재질, 방법의 변경
- 응력(應力, Stress) 분산 : 형상 설계에 반영
- 안전율 향상 : 치수 설계 시 반영
- 환경 개선 : 온도, 습도 등
- 치공구의 개선 : 작업에 적절한 치공구로의 변경
- 작업방법 및 작업조건 개선
- 검사방법 및 검사주기 개선
- 모니터링 : 측정 가능한 항목 중 고장과 연계된 대표 항목 모니터링

36 설비관리의 영역에 포함되지 않는 것은?

① 보전도 향상
② 제품 품질 개선
③ 생산보전활동
④ 설비 자산관리

해설
설비관리의 정의
- 설비를 활용하여 기업 이윤을 창출하는 활동
- 생산보전활동
- 보전도 향상활동
- 설비의 효율적 관리

37 설비의 경제성 평가방법이 아닌 것은?

① 자본회수법
② 연환지수법
③ MAPI 방식
④ 비용비교법

해설
경제성 평가방법에는 크게 비용비교법, 자본회수(기간)법, MAPI, 신MAPI 등이 있으며 계속 새로운 방법이 개발되고 있다.

38 일반적인 자주보전 전개 스텝 7단계 중 5단계에 해당하는 것은?

① 초기 청소
② 자주점검
③ 자주보전의 시스템화
④ 발생원 곤란 개소 대책

해설
자주보전 전개 스텝 7단계
초기 청소 → 발생원인 곤란 개소 대책 → 점검·급유기준 작성 → 총점검 → 자주점검 → 자주보전의 시스템화 → 자주관리의 철저

정답 34 ③ 35 ③ 36 ② 37 ② 38 ②

39 치공구 관리기능 중 계획 단계에 해당하지 않는 것은?

① 공구의 검사
② 공구의 연구시험
③ 공구의 설계 및 표준화
④ 공구 소요량의 계획, 보충

해설
치공구 관리기능의 계획 단계
- 공구의 설계 및 표준화
- 공구의 연구시험
- 공구 소요량의 계획 보충

40 품질관리 도구 중 중심선과 관리한계선을 설정한 그래프로, 품질의 산포를 판별하여 공정이 정상 상태인지, 이상 상태인지를 판독하기 위한 방법은?

① 관리도
② 체크시트
③ 파레토도
④ 히스토그램

해설
현상 파악에 사용하는 방법
- 관리도 : 품질은 산포하고 있으므로 공정에서 시계열적으로 변화하는 산포의 모습을 보고 공정이 정상 상태인가, 이상 상태인가를 판독하기 위한 방법이다.
- 체크시트 : 체크리스트를 적으며 스스로 체크한다.
- 파레토도 : 불량품, 결점, 클레임(Claim), 사고 건수 등을 현상이나 원인별로 데이터처리 후 데이터가 높은 순서부터 나열하고 막대그래프로 나타낸 것이다.
- 히스토그램 : 공정에서 취한 계량치 데이터가 여러 개 있을 때 데이터가 어떤 값을 중심으로 어떤 모습으로 산포하고 있는가를 조사하는 데 사용한다.

제3과목 기계일반 및 기계보전

41 아베의 원리를 만족하는 측정기는?

① 블록게이지
② 하이트게이지
③ 외측 마이크로미터
④ 버니어 캘리퍼스

해설
- 블록게이지는 비교측정기이다. 하이트게이지와 버니어 캘리퍼스는 측정자의 위치와 눈금의 위치가 서로 다르며 측정기의 구조상으로 인해 오차가 발생할 수 있다. 마이크로미터는 측정자와 측정 대상 위치가 일직선에 존재한다.
- 아베의 원리 : 측정 대상물과 표준자는 측정 방향상 일직선 위에 있어야 한다.

42 디스크 브레이크에서 기름 누설의 원인으로 옳지 않은 것은?

① 에어 빼기 불충분
② 파이프 너트 풀림
③ 파이프 선단 형상 불량
④ 실(Seal)의 열화 및 파손

해설
디스크 브레이크는 회전 디스크를 유압을 이용한 브레이크 패드를 밀어 마찰력으로 제동하는 장치로, 파이프의 마감이 좋지 않거나 묶임이 풀리거나 마모가 일어났을 때 기름이 새게 된다. 파이프에 공기가 차면 브레이크의 성능은 떨어지지만 기름이 새는 원인은 아니다.

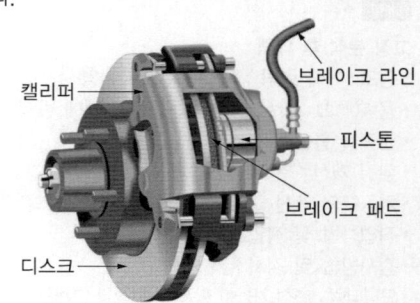

43 전동기 베어링부의 발열원인이 아닌 것은?

① 절연물의 열화에 의한 것
② 윤활제 부족에 의한 것
③ 베어링 조립 불량에 의한 것
④ 커플링의 중심내기 불량에 의한 것

해설
베어링부 발열
- 윤활 불량 : 보충 또는 교환
- 윤활제 부적합 : 적정 윤활제로 교환
- 베어링 조립 불량 : 재조립 또는 교체
- 커플링의 중심 불량 또는 틈새 불량 : 재조립

44 벨트 전동장치 중 미끄럼을 방지하기 위해 안쪽 표면에 이가 있으며, 정확한 속도가 요구되는 경우 사용하는 것은?

① 보통벨트
② 링크벨트
③ 타이밍벨트
④ 레이스벨트

해설
타이밍벨트
- 기계의 자동화, 고속화, 경량화 등으로 성능이 급속히 향상되고 있어 미끄럼 없이 정확한 회전 각속도비가 유지되는 치형벨트를 사용한다.
- 초기 장력은 작고 베어링에 작용하는 하중을 작게 할 수 있으며, 굴곡성이 좋아 작은 풀리에도 사용된다. 축간거리가 짧고 좁은 장소에도 사용 가능하다.

45 볼베어링에서 베어링 하중을 1/2로 하면 수명은 몇 배로 되는가?

① 4배　　② 6배
③ 8배　　④ 10배

해설
수명 계산식은 $L_{hour} = \dfrac{10^6}{60n}\left(\dfrac{C}{P}\right)^r$ 이고, 베어링지수는 볼베어링인 경우 $r=3$이므로, $P=0.5P$가 되면 수명은 8배 길어진다.

46 회전체의 센터링이 불량할 경우 발생되는 현상으로 틀린 것은?

① 진동이 크다.
② 축의 강도가 향상된다.
③ 베어링부의 마모가 심하다.
④ 구동력의 전달이 원활하지 못하다.

해설
연결하는 두 축의 중심이 잘 맞지 않으면 진동이 발생하고 구동력 전달에 손실이 생기며 베어링부에 마모가 생긴다. 따라서 축의 강도에 악영향을 미친다.

47 배관이음 중 관경이 비교적 크고 내압이 높은 경우 사용하며, 분해 조립이 가장 용이한 이음법은?

① 용접이음
② 신축이음
③ 납땜이음
④ 플랜지이음

해설
플랜지이음 : 관 끝에 플랜지를 만들어 결합하는 것으로, 관의 지름이 크거나 유체의 압력이 큰 경우에 사용한다. 분해나 조립이 필요한 요소에 사용한다.

48 산성 등의 화학약품을 차단하는 경우에 내약품, 내열 고무제의 격막판을 밸브시트에 밀어 붙이는 밸브이며, 유체 흐름 저항이 작고 기밀 유지에 패킹이 필요 없으며 부식의 염려가 없는 밸브는?

① 플랩밸브 ② 게이트밸브
③ 리프트밸브 ④ 다이어프램밸브

해설
- 다이어프램밸브 : 산성 등의 화학약품을 차단하는 경우에 내약품, 내열 고무제의 격막판을 밸브시트에 밀어 붙이는 밸브이다. 유체 흐름의 저항이 작고 기밀 유지에 패킹이 필요 없으며 부식의 염려가 없다.
- 플랩밸브 : 힌지가 달린 밸브판을 힌지를 축으로 회전시켜 사용하는 밸브로, 역수방지용이나 스톱밸브로 사용한다.

49 용접법의 분류 중 융접에 해당하지 않는 것은?

① TIG용접
② 저항용접
③ 피복아크용접
④ 서브머지드 아크용접

해설
융접은 모재를 녹여서 붙이는 가장 널리 알려진 방법으로 크게 테르밋용접, 아크용접, 가스용접으로 분류한다. 아크용접은 아크의 발생환경에 따라 금속아크용접, 탄소아크용접, 스터드 아크용접, 원자수소용접, 불활성 가스아크용접, 서브머지드 아크용접 등으로 구분한다.

50 다음 중 비접촉성 실은?

① 오일 패킹 ② 메커니컬 실
③ 셀프 실 패킹 ④ 래버린스 패킹

해설
패킹은 오일 등 유체가 새지 않도록 하는 장치로, 그중 유체가 빠져나가지 못하도록 래버린스[Labyrinth, 미로(迷路)]라는 구조로 만들어 실링하는 패킹이다.

51 보유하고 있는 설비가 신품일 때와 비교하여 점차 열화되어 가는 것을 나타내는 용어는?

① 기술적 열화
② 경제적 열화
③ 절대적 열화
④ 상대적 열화

해설
설비가 기능을 정상적으로 다하고 있으나 보유하고 있는 설비를 사용하고 있다면 새로 들어왔을 때와 절대적으로 비교하면 열화가 진행된 것으로 볼 수 있다.

52 메커니컬 실(Mechanical Seal)을 선정할 때 주의사항으로 거리가 가장 먼 것은?

① 밀봉면에 작용하는 밀봉력을 유지할 것
② 누유 방지를 위해 탈착이 불가능할 것
③ 밀봉 단면의 평행한 평면 상태를 유지할 것
④ 밀봉면 사이에서 윤활 유체의 기화를 방지할 것

해설
메커니컬 실
- 회전축이 고정자와 회전자로 구성된 기계적 요소로, 한 면이 회전축과 함께 회전하며 스프링의 장력이나 유체의 압력으로 인하여 기밀을 지속 유지하는 장치이다.
- 축의 마모 없이 실 내부에서만 마모가 일어나고 장력에 의해 마모된 부분이 채워지므로 지속 누설 방지가 가능하다.
- 기기가 다양화, 고도화됨에 따라 밀봉성, 신뢰성, 내구성이 요구되어 개발되고 있다. 근래 다양한 메커니컬 실이 개발되어 활용도가 높아지고 있다.

53 나사 풀림 방지방법으로 옳지 않은 것은?

① 로크너트(Lock Nut)에 의한 방법
② 실(Seal)용접에 의한 방법
③ 스프링 와셔 또는 고무 와셔에 의한 방법
④ 홈붙이너트와 분할핀 고정에 의한 방법

> **해설**
> 볼트너트의 이완 방지방법으로는 절삭너트에 의한 방법, 로크너트에 의한 방법, 특수너트에 의한 방법, 분할핀 고정에 의한 방법, 홈붙이 육각너트에 의한 방법, 스프링 와셔나 이붙이 와셔, 폴 와셔(Pawl Washer)를 사용하는 방법 등이 있다.

54 담금질한 강 중의 잔류 오스테나이트를 마텐자이트화시키는 작업으로 0℃ 이하의 온도에서 냉각시키는 조작은?

① 침탄법
② 심랭처리
③ 항온열처리
④ 고주파경화

> **해설**
> 잔류 오스테나이트 제거 : 냉각 후 상온에서도 변태를 끝내지 못한 오스테나이트가 조직 내에 남게 되면, 조직 내에서 어울리지 못하여 문제가 되므로 심랭처리(0℃ 이하로 담금질, 서브제로, 과냉)를 해서 없앤다.

55 원심식과 비교한 왕복식 압축기의 장점은?

① 대용량이다.
② 윤활이 쉽다.
③ 압력맥동이 없다.
④ 고압 발생이 가능하다.

> **해설**
> **왕복식 압축기**
> • 왕복운동을 하는 피스톤이나 다이어프램에 의해 흡입, 압축, 송출하는 압축기이다.
> • 쉽게 고압을 얻을 수 있으나 밸브 개폐에 걸리는 시간을 감안하여 다른 피스톤 운동보다 느리게 운동해야 한다.
> • 필요한 용적만큼 설비를 크게 해야 하고 저속인 만큼 압축비를 크게 해야 한다.
> • 저속운전과 진동의 단점이 있으나 압축비를 설계한 만큼 고압의 토출이 가능하다.

56 유성기어 감속기에 대한 설명으로 옳지 않은 것은?

① 작동 시 구름 마찰을 한다.
② 윤활 시 1kW 이하의 소형에는 그리스 윤활을 할 수 있고, 그 이상의 것은 유욕윤활방법이 쓰인다.
③ 고정된 내접기어에 유성기어가 맞물려 회전하면서 감속한다.
④ 무단변속기와 조합하여 큰 감속비를 얻을 수 있다.

> **해설**
> 유성기어는 작은 부피에 큰 감속비를 얻을 수 있으며 소음이 작고 수명이 길어서 자동변속기 등에 사용한다.
>
>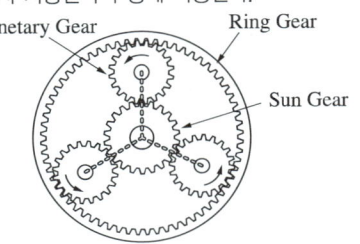
>
> 마찰은 크게 정지 마찰, 미끄럼 마찰, 구름 마찰로 구분되며, 기어에서 발생하는 마찰은 미끄럼 마찰이다.

정답 53 ② 54 ② 55 ④ 56 ①

57 드릴의 각부 명칭과 그 역할에 대한 설명으로 틀린 것은?

① 섕크(Shank) : 드릴을 드릴머신에 고정하는 부분
② 사심(Dead Center) : 드릴 끝 부분으로 가공물을 절삭하는 부분
③ 홈 나선각(Helix Angle) : 드릴의 중심축과 홈의 비틀림이 이루는 각
④ 마진(Margin) : 드릴의 홈을 따라서 나타나는 좁은 날이며, 드릴을 안내하는 역할

해설
드릴 끝에서 절삭날이 이루는 각도는 선단각(날끝각)이라 한다.

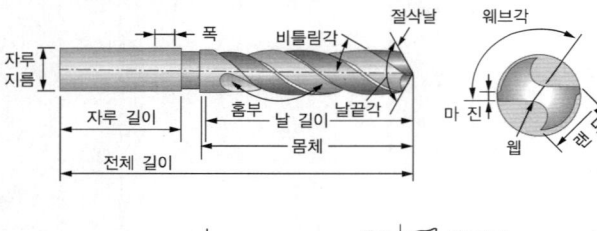

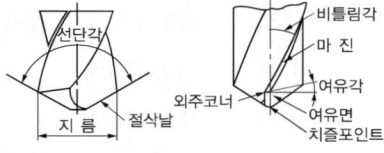

58 코일 스프링의 작도법 중 틀린 것은?

① 일반적으로 무하중 상태에서 그린다.
② 스프링이 왼쪽 감김일 경우 감김 방향을 명기한다.
③ 스프링의 중간 부분 일부를 생략할 경우에는 생략하는 부분의 선지름의 중심선을 가는 1점쇄선으로 나타낸다.
④ 스프링의 종류, 모양만을 도시할 경우 굵은 1점쇄선을 사용한다.

해설
스프링의 종류 및 모양만을 간략도로 나타내는 경우에는 스프링 재료의 중심선만 굵은 실선으로 그린다.

59 금긋기 작업에서의 유의사항으로 옳지 않은 것은?

① 금긋기 선은 굵고 선명하도록 반복하여 긋는다.
② 기준면과 기준선을 설정하고 금긋기 순서를 결정한다.
③ 같은 치수의 금긋기 선은 전후, 좌우 구분 없이 한번만 긋는다.
④ 금긋기 선의 굵기는 일반적으로 0.07~0.12mm 이다.

해설
금긋기 작업 시 유의 사항
• 작업 전 정반 위와 공작물을 깨끗이 한다.
• 기준면과 기준선을 설정하고 금긋기 순서를 결정하여 긋는다.
• 가공물의 면과 바늘의 각도가 60°가 되도록 그린다.
• 바늘 끝이 스케일(Scale)면에 닿지 않도록 해야 한다.
• 같은 치수의 금긋기 선은 전후, 좌우를 구분하지 않고 한 번에 긋는다.
• 선을 그릴 때는 한 번에 선명하게 그린다.
• 금긋기가 끝나면 도면의 지시대로 그었는지 확인한 후 다음 공정으로 진입한다.

60 펌프 운전 중 물이 처음에는 나오다가 곧 나오지 않을 때의 원인으로 옳지 않은 것은?

① 웨어링이 마모되었기 때문에
② 마중물이 충분하지 못하기 때문에
③ 흡입양정이 지나치게 높기 때문에
④ 배관 불량으로 흡입관 내에 에어 포켓이 생겼기 때문에

해설
웨어링이 마모되면 누설이 생겨 수량이 부족하게 되지만 물은 나온다.
송출이 조금되다 곧 멈추는 경우 : 마중물 부족/흡입 측 에어포켓 형성/양정 과다→ 마중물 보충/배관계통 조사 수리/양정의 규정 이내로 조정

제4과목 윤활관리

61 윤활유의 열화판정 중 직접판정법에 대한 설명으로 틀린 것은?

① 신유의 성상을 사전에 명확히 파악한다.
② 사용유의 대표적 시료를 채취하여 성상을 조사한다.
③ 투명한 2장의 유리판에 기름을 넣고 투시해서 이물질의 유무를 조사한다.
④ 신유와 사용유의 성상을 비교 검토 후 관리기준을 정하고 교환하도록 한다.

해설

윤활유 열화판정법
- 직접판정법 : 미리 확인한 유종의 성분과 상태를 사용 중 채취한 시료와 비교, 시험하여 판단한다.
- 간이 판정하는 방법
  - 사용 중 윤활유의 냄새를 맡아 순수한 윤활유 냄새와 많이 다르면 변질된 것으로 판단한다.
  - 시험관에 사용유를 적당량 넣고 끝부분을 물의 기화온도 이상으로 가열하여 물이 튀는 소리를 듣고 판단한다.
  - 촉각에 의해 이물감, 점도 등을 판단한다.
  - 투명한 2장의 유리관에 넣어 육안으로 투명도, 색상을 보고 판단한다.
  - 시험관에 사용유와 물을 충분히 흔들어 섞은 후 다시 분리되는 시간을 측정해서 판단한다.
  - 사용유를 약간의 증류수로 씻어내어 리트머스시험지를 이용해 산화 정도를 판단한다.
  - 간이점도계, 중화가시험기, 비중계, 비색계 등을 이용하여 판단한다.

62 윤활유를 샘플링하여 검사할 때 검사항목과 가장 거리가 먼 것은?

① 색상 ② 수분
③ 부식도 ④ 전산가

해설

윤활유 샘플링 검사항목으로는 비중, 점도, 동점도, 점도지수, 유동점, 인화점, 색상, 동판 부식성, 산화 안정도, 기포성, 중화가(전산가, 전알칼리가 등), 회분, 수분, 잔류 탄소 등이 있다.

63 윤활관리 조직의 체계를 윤활 관리부서와 윤활 실시부서로 구분할 때 윤활 관리부서에서 실시하는 업무로 가장 적합한 것은?

① 오일의 교환주기 결정
② 급유장치의 예비품 관리
③ 윤활대장 및 각종 기록 작성
④ 윤활제 선정 및 열화기준의 판정

해설

- 윤활 관리부서의 업무 : 윤활제 선정, 유종 결정, 신설 설비 및 적용 윤활제 검토, 열화기준판정, 윤활방법 및 장치 개선, 윤활관리의 기준 및 표 작성, 급유자에 대한 교육 및 훈련, 윤활 실태조사 및 소비량 관리
- 윤활 실시부서의 업무 : 윤활제 사용 예산 및 구매 요구, 표준 적유량 결정, 윤활대장 및 각종 기록 작성, 급유장치의 예비품 관리, 오일의 교환주기 결정, 급유원 교육훈련, 급유 및 일상점검, 급유장치의 관리 및 보수, 윤활제의 검사 및 교환

64 두 개 이상의 물체가 서로 상대운동을 할 때 물체 표면에서 발생하는 과학적 현상으로, 마찰과 마모 및 윤활을 다루는 학문을 지칭하는 것은?

① Friction
② Tribology
③ Lubrication
④ Maintenance

해설

Tribology
- '문지르다'는 의미를 갖고 있는 그리스어 Tribos와 학문을 의미하는 Logia에서 유래되었다.
- 1966년 요스트 보고서에서 처음 사용되었다.
- 두 개 이상의 물체가 서로 상대운동을 할 때 물체 표면에서 발생하는 과학적 현상이다.
- 마찰과 마모 및 윤활을 다루는 학문이다.

정답 61 ③ 62 ③ 63 ④ 64 ②

65 일반적으로 베어링의 윤활에서 그리스 윤활이 윤활유 윤활보다 장점인 특성은?

① 밀봉성
② 냉각효과
③ 회전저항
④ 순환 급유

해설

베어링 윤활제 비교
- 윤활유
  - 다양한 속도에 사용되며 회전저항이 작다.
  - 순환 급유에 용이하고 냉각효과가 크다.
  - 밀봉이 복잡하고 누설의 우려가 크며 이물질이 삽입될 우려가 있다.
- 그리스
  - 다양한 속도에 사용되지만 회전저항이 크다.
  - 순환 급유보다는 밀봉된 윤활에 유리하고 냉각효과는 작다.
  - 밀봉이 간단하고 누설의 우려가 적으며 이물질 삽입될 우려가 작다.

66 윤활설비의 고장과 원인에서 작업에 의한 고장원인이 아닌 것은?

① 플러싱의 불충분
② 과잉 급유 및 부주의
③ 급유가 빠르거나 너무 느림
④ 높은 전도열 및 마찰면의 불충분한 방열

해설

윤활장치 고장의 원인
- 윤활제에 의해 : 부적합한 정유를 사용하거나, 유류가 열화되었거나, 오염되었거나, 누설되었거나, 성질이 다른 기름을 혼합하여 사용하면 고장을 유발한다.
- 마찰면에 의해 : 재질이 불량하거나, 사용이 불량하거나, 과도한 작용 및 설계 불량이거나, 마찰면의 마모에 의한 기계부품의 늘어짐과 조기 피로에 의해 고장이 일어난다.
- 작업 중 유발요인 : 급유작업 시 부주의하거나 과잉 급유하거나, 급유가 너무 빠르거나 느리거나, 플러싱이 불충분하거나, 작업상의 움직임과 충격이 있는 경우 고장이 유발될 수 있다.
- 급유방법에 의해 : 급유방법이 잘못 선정되거나 급유장치가 고장일 때도 윤활장치의 고장을 유발할 수 있다.
- 환경에 의해 : 마찰 및 전도로 전달받은 열을 충분히 방열하지 못하거나, 불순물이 혼합되거나, 내·외부 요인으로 큰 온도 변화가 유발되거나, 뜨거운 물, 산의 증기, 염분 등의 영향으로도 고장이 유발될 수 있다.

67 내수성이 나빠 수분과의 접촉이 없고, 일반 및 고온 개소에 적절한 그리스는?

① 칼슘계 그리스(Ca Base Grease)
② 리튬 복합 그리스(Li-Cx Grease)
③ 나트륨계 그리스(Na Base Grease)
④ 알루미늄계 그리스(Al Base Grease)

해설

나트륨계 그리스는 내열성은 좋지만, 고온이 되면 냉각 후 경화하는 경향이 있으며 내수성이 좋지 않다. ①, ②, ④는 내수성이 양호하다.

68 다음 기어의 손상 중 윤활유의 성능과 가장 관계있는 것은?

① 피팅(Pitting)
② 파단(Breakage)
③ 스폴링(Spalling)
④ 스코어링(Scoring)

해설

- 스커핑(Scuffing), 스코어링(Scoring) : 스커핑(Scuffing)은 과열에 의해 윤활막의 국부적 파손에 의해 금속-금속 접촉, 용착과 분리의 반복작용의 점착마모(Adhesive)를 의미한다. 윤활제의 점도를 높이고 작동속도를 조절하며 온도를 낮추고 첨가제를 넣는 등의 대책이 필요하다.
- 피팅(Pitting, Surface Fatigue) < 파괴적 피팅 < 스폴링(Spalling) : 기어 일부의 박리 및 파손이 유발되므로 윤활대책보다는 설계적 대책이 유효하다.
- 파단(절손, Breakage) : 기어 이의 일부나 전체가 과부하, 충격응력 작용에 따른 반복응력에 의한 피로파손현상으로 역시 윤활대책보다는 근본적인 설계적 대책이 필요하다.

정답 65 ① 66 ④ 67 ③ 68 ④

69 베어링 윤활에서 윤활유와 비교한 그리스 윤활의 특징으로 틀린 것은?

① 급유 간격이 짧다.
② 회전저항이 크다.
③ 순환 급유가 곤란하다.
④ 혼입물 제거가 곤란하다.

해설
- 그리스 윤활의 장점
  - 밀봉효과가 크고, 이물질 혼입이 방지된다.
  - 내수성이 강하고, 적하 유출이 적다.
  - 액상에 비해 비교적 높은 온도에서 사용 가능하며 내하중성이 높다.
  - 액상에 비해 급유가 용이하고 장기간 보전이 가능하다.
- 그리스 윤활의 단점 : 냉각효과가 낮으며 이물질이 혼입된 경우는 분리가 어렵고, 급유 교환이 불편하다.

70 유압 작동유가 갖추어야 할 성질이 아닌 것은?

① 체적 탄성계수가 클 것
② 캐비테이션이 잘 일어날 것
③ 산화 안정성 및 유화 안정성이 클 것
④ 온도 변화에 따른 점도 변화가 적을 것

해설
캐비테이션은 기피해야 할 현상이다.
공동현상(캐비테이션, Cavitation) : 관 속을 흐르는 유체가 그 유체의 포화증기압 이하로 내려가 기화되어 발생된 기포가 유체 곳곳에 녹지 않고 특정 위치에 모여 공간이 생기는 현상

71 윤활유의 물리화학적 성질 중 가장 기본이 되는 것으로 액체가 유동할 때 나타나는 내부저항을 의미하는 것은?

① 점 도   ② 인화점
③ 발화점   ④ 유동점

해설
점도(Viscosity)
- 윤활유의 물리, 화학적 성질 중 가장 중요하고 기본적인 성질이다.
- 유체의 흐름 저항, 유체가 운동에너지를 받을 때 점도가 높은 유체는 잘 흐르려고 하지 않는다.
- 기계의 조건이 동일할 때 점도가 높은 윤활제를 사용하면 기계효율이 낮아지고 내마모성은 높아진다.
- 점도의 단위 : poise(g/cm·s)

72 마찰열로 인한 베어링의 고착 등을 방지하기 위해 유막을 형성하여 주는 윤활유의 작용은?

① 감마작용
② 청정작용
③ 방청작용
④ 응력분산작용

해설
윤활의 기능
- 마찰 감소 : 경계 마찰일이 발생하는 곳에 피막이 형성된다.
- 냉각작용 : 마찰열을 흡수하고, 계(System) 밖으로 방출한다.
- 밀봉작용 : 유막을 통해 내·외부를 차단한다.
- 청정작용 : 오염물질을 씻어내는 작용을 한다.
- 방청작용 : 녹이 슬지 않게 한다.
- 방식작용 : 부식이 일어나지 않게 하는 작용
- 방진작용 : 먼지 등 유해물질이 유입되는 것을 막아 준다.
- 하중(응력)의 분산작용 : 액을 통해 국부압력을 분산시켜 마멸을 방지한다.

정답 69 ① 70 ② 71 ① 72 ①

73 다음 중 경하중 또는 보통하중을 받고 있는 평기어, 헬리컬기어, 베벨기어의 윤활제로 가장 적합하고, 녹 방지와 산화방지제가 첨가된 윤활유는?

① 극압 윤활유
② 전기 절연유
③ R&O 윤활유
④ 개방형 기어유

해설
R&O : 광유에 방청제, 산화방지제를 첨가한 윤활유이다. 경하중 또는 보통하중을 받고 있는 평기어, 헬리컬기어, 베벨기어에 사용한다.

74 그리스의 내열성을 평가하는 기준이 되고, 그리스 사용온도가 결정되는 윤활제의 성질은?

① 주 도
② 적 점
③ 이유도
④ 혼화 안정도

해설
적점(적하점)
- 시료를 규정장치 및 규정조건으로 가열할 경우, 반고체에서 액체 상태가 되어 그 첫 방울이 떨어졌을 때의 온도
- 시험방법 : 직경 100mm로 규정된 컵에 시료를 넣고 규정된 조건으로 가열하여 그리스가 적하할 때의 온도를 측정한다.

75 압축공기를 이용하여 소량의 오일을 미스트화시켜 베어링, 기어, 체인 드라이브 등에 윤활을 하고, 압축공기는 냉각제 역할을 하도록 고안된 윤활방식은?

① 적하 급유법
② 패드 급유법
③ 심지 급유법
④ 분무식 급유법

해설
- 분무 급유법 : 공기압축기, 감압밸브, 공기여과기, 분무장치 등으로 구성된다. 롤링 베어링에 사용되며 연삭기 휠 스핀들과 같은 열악한 조건의 고속 운전 베어링에 대해 이상적인 윤활방법이다.
- 적하 급유법 : 급유되어야 하는 마찰면이 넓고 윤활유를 연속 공급하기 위해 사용하는 방법이다. 니들밸브의 위치를 이용하여 윤활유의 급유량을 정확히 조절할 수 있는 급유방법이다. 사이펀 급유법, 바늘 급유법, 가시 적하 급유법, 실린더용 적하 급유법, 플런저식 압입 적하 급유법, 펌프 연결식 압입 적하 급유법 등이 있다.
- 패드 급유법 : 패킹을 가볍게 저널에 접촉시켜 급유하는 방법이다. 패드의 모세관현상을 이용하여 각 윤활 부위에 공급하는 형태의 급유방식으로 철도차량과 경하중용 베어링에 많이 사용한다. 저널의 속도가 너무 빠르면 한쪽에 밀리게 되어 급유가 충분히 넓게 퍼지지 못하고 장시간 사용하면 불완전 윤활이 되는 단점이 있다.
- 사이펀 급유법 : 베어링 컵에 오일을 담아 놓는 뚜껑이 씌워진 오일탱크가 있고 가는 털실이나 무명실을 감아 만든 끈을 넣어 오일이 모세관현상을 통해 흡수되고 사이펀 작용에 의해 적하된다. 오일의 양이 많이 소진되고 낭비도 많아 소규모에만 사용된다.

76 윤활제의 기능과 관계가 없는 것은?

① 냉각작용
② 산화작용
③ 마찰 감소작용
④ 마모 감소작용

정답 73 ③ 74 ② 75 ④ 76 ②

77 압축기의 내부 윤활유의 요구 성능으로 가장 거리가 먼 것은?

① 부식 방지성이 좋을 것
② 적정한 점도를 가질 것
③ 산화 안정성이 양호할 것
④ 생성 탄소가 경질일 것

해설
내부유의 요구성능 : 적정 점도, 열·산화 안정성, 연질의 생성 탄소, 부식 방지성, 금속 표면 부착성 양호

78 윤활제의 공급법 중 순환 급유법이 아닌 것은?

① 바늘 급유법
② 비말 급유법
③ 유욕 급유법
④ 원심 급유법

해설
바늘 급유법은 적하 급유법의 한 종류이며, 적하 급유법은 비순환 급유법이다.
순환 급유법 : 패드 급유법, 유륜(Oil Ring)식 급유법(Ring Oiling), 체인 급유법, 칼라(Collar) 급유법, 버킷(Bucket) 급유법, 비말(Splash) 급유법, 롤러(Roller) 급유법, 유욕(Bath) 급유법, 원심 급유법, 나사 급유법, 중력 순환 급유법

79 극압 윤활에 대한 설명으로 틀린 것은?

① 충격하중이 있는 곳에 필요하다.
② 완전 윤활 또는 후막 윤활이라고도 한다.
③ 첨가제로 유황, 염소, 인 등이 사용된다.
④ 고하중으로 금속의 접촉이 일어나는 곳에 필요하다.

해설
윤활의 형태
- 유체 윤활(후막 윤활, 완전 윤활) : 마찰면 사이에 유체역학적으로 충분히 두꺼운 점성 유막이 형성된 윤활 상태이다.
- 경계 윤활(박막 윤활, 혼합 윤활) : 유막 두께가 표면거칠기와 비슷하며, 유압만으로 하중을 지탱하기 어려운 정도의 상태이다.
- 극압 윤활 : 국부적으로 금속의 융착과 전단이 반복되며, 마찰이 증대되고 유막이 파괴되어 중간 중간 금속과의 마찰이 일어나는 상태이다.

80 윤활유가 유화되는 원인이 아닌 것은?

① 수분과의 접촉이 없을 때
② 기름의 산화가 많이 일어났을 때
③ 윤활유가 열화하여 이물질분이 증가되어 고점도 유에 이르렀을 때
④ 운전조건이 가혹해서 탄화수소분의 변질을 가져왔을 때

해설
물에 의한 유화액 형성
- 윤활유가 수분과 혼합되어 유화액을 만드는 현상이다.
- 미세물질에 의해 물과 기름의 표면장력이 저하되어 에멀션이 생성되며, 이것이 점차 강화되어 보호막이 형성되면 $10^{-6} \sim 10^{-5}$mm되는 유화입자가 생기고 그 유화입자가 모여서 유화액을 형성한다.
- 원인 : 유류의 산화, 윤활유의 이물질 증가에 따른 고점도 유화, 탄화수소입자의 변질 및 수분과의 접촉이 많아지면 발생한다.

제5과목　공유압 및 자동화

81 미리 정해진 순서에 따라 동일한 유압원을 이용하여 여러 가지 기계 조작을 순차적으로 수행하는 회로는?

① 증압회로
② 시퀀스 회로
③ 언로드 회로
④ 카운터 밸런스 회로

해설
시퀀스 제어 : 미리 정해진 순서에 따라 제어의 각 단계를 순서대로 진행해 나가는 제어

82 실린더를 선정할 때 주요 고려사항이 아닌 것은?

① 스트로크
② 유압 펌프의 종류
③ 실린더의 작동속도
④ 부하의 크기와 그것을 움직이는 데 필요한 힘

해설
실린더의 선정
- 실린더의 용도를 결정하고 실린더의 작동속도, 출력, 작동거리를 결정하여 그에 따라 실린더와 튜브 내경의 크기를 결정한다.
- 제어하는 방법과 작동방식을 결정한다.
- 결정된 크기와 제어방법, 작동방식에 따라 실린더의 모델, 충격흡수, 고정방법, 위치 구성 등을 결정한다.
- 결정된 사항과 보전적 소요를 파악하여 실린더를 선정한다.

83 부하에 전기에너지를 공급하기 위해서는 도체를 통해 전원에서 부하까지 전류가 흘러야 한다. 이때 이 전류의 크기에 영향을 미치는 요소가 아닌 것은?

① 도체저항
② 부하저항
③ 전원저항
④ 절연저항

해설
절연저항은 절연물이 가지는 저항을 의미한다. 문제에서 제시한 보기와 설명한 내용은 전류가 흐를 때 영향을 미치는 저항을 나열하였으므로 보기 중 절연저항이 답이다.

84 비중에 관한 설명으로 옳은 것은?

① 비중은 무차원 수이다.
② 단위는 N/m^3을 사용한다.
③ 물의 밀도를 측정하고자 하는 물질의 밀도로 나눈 값이다.
④ 표준대기압 0℃ 물의 비중량에 대한 비로 표시한다.

해설
비중은 같은 부피의 물의 중량과 비교한 비로, 측정하고자 하는 물질의 밀도를 물의 밀도로 나눈 값이다.

85 기체의 온도를 일정하게 유지하면서 압력 및 체적이 변화할 때, 압력과 체적은 서로 반비례한다는 법칙은?

① 보일의 법칙
② 샤를의 법칙
③ 베르누이 법칙
④ 보일-샤를의 법칙

해설
- **보일의 법칙** : 일정량의 기체가 등온을 유지할 때 압력과 부피는 서로 반비례한다.
- **샤를의 법칙** : 일정한 부피의 기체는 온도가 상승하면 압력도 상승한다.
- **보일-샤를의 법칙** : 보일의 법칙과 샤를의 법칙을 조합한 식이다. 압력과 부피의 곱은 기체상수와 온도의 상관관계를 갖고 있다.

86 단상 유도전동기가 저속으로 회전될 때의 원인으로 옳은 것은?

① 퓨즈 단락　② 베어링 불량
③ 서머 릴레이 작동　④ 코일의 소손

해설

기동 후 가속시간 지연 및 저속 운전

원 인	점검 및 조치
낮은 전압	• 전원 전압 강하를 점검
회전자의 손상	• 농형 : 회전자 바와 엔드 링의 용접부 점검 • 권선형 : 2차 권선의 불평형과 브러시의 접촉 상태 점검
과부하와 부적절한 토크	• 부하를 점검하고 부하가 정상이라면 전동기의 용량 변경
전동부의 마찰	• 베어링, 축받침, 축 등에서의 불량 및 변형 등 이상 마찰 요인 제거

87 공기압축기의 운전방법 중 압력 릴리프밸브를 사용하는 방법은?

① 배기 조절　② 흡입 조절
③ 그립-암 조절　④ On/Off 조절

해설

공기압축기의 운전방식
• 무부하 조절방식
  – 배기 조절 : 탱크 내 설정압력에 도달하면 안전밸브가 열려 압축공기를 방출하는 방식으로, 가장 간단하며 경제적이어서 많이 사용한다.
  – 차단 조절 : 밸브가 흡입구를 차단하여 압축기가 공기를 흡입하지 못하게 하는 방식으로 차단 후에도 압축기는 다소간 계속 운전을 한다. 왕복 및 회전 피스톤 압축기에 많이 사용한다.
  – 그립-암 조절 : 흡입밸브가 그립-암에 의해 개폐되는 방식으로, 피스톤 압축기에 흡입과정에는 압축공기가 생산되지 않게 하는 방식이다.
• 저속 조절방식
  – 속도 조절 : 엔진의 속도조절장치에 의해 회전수를 조절하여 압축량을 조절하는 방식으로, 작업압력에 따라 조절한다.
  – 흡입 교축 조절 : 흡입되는 공기의 양을 교축밸브로 조정하여 압축량을 조절하는 방식으로, 회전 피스톤 압축기와 터보 압축기에 적용한다.
• On/Off 조절 : 설정된 최대압력에 이르면 압축기가 정지하고 최소압력에 이르면 기동하는 방식이다.

88 간헐 반송기기에 해당하는 것은?

① 무인반송차
② 체인 컨베이어
③ 벨트 컨베이어
④ 드라브인 래크

해설

②, ③, ④는 상시 운송을 하는 기기이다. 무인반송차(AGV)를 이용하면 필요시 반송이 가능하다. 레이아웃의 자유도가 크고 자율주행을 통한 자기제어가 가능하며 비자동화 장비와도 협업할 수 있다. 자기진단과 컴퓨터 교신능력이 있고, 상하적이 용이하고 정지 정밀도를 확보할 수 있다.

89 공기압 유량제어밸브에 대한 설명으로 틀린 것은?

① 공기압 회로의 유량을 조정하고자 할 때 사용하는 것은 교축밸브이다.
② 공기압 실린더의 속도제어를 위해 방향제어밸브와 실린더의 중간에 설치하는 것은 속도제어밸브이다.
③ 공기압의 속도제어는 배기 교축에 의한 속도제어 회로를 주로 채택한다.
④ 공기압 실린더의 배기 유량을 감소시켜 실린더의 속도를 증가시키는 것은 급속배기밸브이다.

해설

급속배기밸브는 밸브의 배기구를 확 열어 유속을 증대시켜 실린더의 속도를 증가시킨다.

90 공기압 및 유압에 관한 설명으로 틀린 것은?

① 공기압은 인화나 폭발의 위험이 없다.
② 공기압은 공기탱크에 에너지를 저장할 수 있다.
③ 유압은 위치제어성이 우수하고, 이송속도도 매우 빠르다.
④ 유압은 가스나 스프링 등을 이용한 축압기에 소량의 에너지 저장이 가능하다.

해설
공압과 유압의 비교

공압의 특징	유압의 특징
• 공기는 무료이며 무한으로 존재한다. 또한 공기 채취의 장소에 제한을 받지 않는다. • 속도의 변경이 용이하다. • 환경오염 및 악취의 염려가 없다. • 인화의 위험이 거의 없다. • 압축성이 있어서 완충작용을 한다. • 압력에너지로 축적이 가능하다. • 큰 힘을 얻을 수 없다. • 에너지 전달효율이 좋지 않다.	• 제어가 쉽고, 정확한 제어가 가능하다. • 파스칼 원리를 이용하여 작은 힘으로 큰 힘을 낼 수 있다. • 일정한 힘과 토크를 낼 수 있다. • 작동의 신뢰성이 있다. • 비압축성으로 간주하여 힘 전달의 즉시성을 가지고 있다.

91 유압회로 중 최고 압력을 제한하여 회로 내의 과부하를 방지하는 유압기기는?

① 셔틀밸브
② 체크밸브
③ 릴리프밸브
④ 디셀러레이션밸브

해설
릴리프밸브 : 밸브의 입구 측의 압력을 감지하여 설정압력 이상이 되면 밸브가 열려 압력유를 탱크로 되돌려 보냄으로써 이상을 방지하는 밸브이다. 펌프의 토출 측에 부착하여 출발압력을 설정압력으로 유지하는 역할을 한다.

92 비용적형 유압펌프가 아닌 것은?

① 원심펌프
② 축류펌프
③ 피스톤펌프
④ 사류펌프

해설

용적형 펌프(고정 용량형)	비용적형 펌프(가변 용량형)
• 용적이 밀폐되어 있어 부하압력이 변동해도 토출량이 거의 일정하다. • 정압을 사용하므로 큰 힘을 요구하는 유압장치용 유압펌프로 사용한다.	• 용적이 밀폐되어 있지 않아 부하압력이 변동하면 토출량이 변하여 유압장치에는 부적당하다. • 펌프용량을 0에서 최대까지 변화시킬 수 있어 효율적인 운전을 할 수 있다.
• 기어펌프, 나사펌프, 베인펌프, 피스톤펌프	• 원심형 펌프, 액시얼펌프, 혼류(Mixed Flow)펌프, 로토제트펌프, 터빈펌프(디퓨저펌프), 벌류트펌프

93 순차적인 작업에서 전 단계의 작업 완료 여부를 리밋스위치나 센서 등을 이용하여 확인한 후 다음 단계의 작업을 수행하는 제어는?

① 논리 종속 시퀀스 제어
② 동기 종속 시퀀스 제어
③ 시간 종속 시퀀스 제어
④ 위치 종속 시퀀스 제어

해설
리밋스위치나 센서는 물체를 감지한다. 논리 종속 시퀀스는 물체를 감지할 필요가 없고 동기 종속, 시간 종속 시퀀스에서는 시간에 따라 제어되므로 물체를 감지할 필요가 없다. 실물을 감지할 필요가 있는 것은 위치 종속 시퀀스 제어이다.

94 무인반송차(AGV)의 특징으로 틀린 것은?

① 보관능력이 향상된다.
② 레이아웃의 자유도가 크다.
③ 정지 정밀도를 확보할 수 있다.
④ 자기진단과 컴퓨터 교신기능이 있다.

95 공기압 작업요소의 설명이 틀린 것은?

① 격판 실린더는 격판에 부착된 피스톤 로드가 미끄럼 실링되어 있다.
② 회전 실린더는 피니언과 래크 등의 구조를 이용하여 회전운동을 할 수 있다.
③ 탠덤 실린더는 2개의 복동 실린더가 1개의 실린더 형태로 된 것이다.
④ 다위치제어 실린더는 2개 또는 그 이상의 복동 실린더로 구성된다.

> **해설**
> 격판 실린더는 격판이 불룩해졌다 오목해졌다 하는 동작을 이용하여 피스톤이 움직이므로 미끄럼 밀봉이 필요하지 않다.

96 유도형 센서의 특징이 아닌 것은?

① 전력 소모가 적다.
② 자석효과가 없다.
③ 감지 물체 안에 온도 상승이 없다.
④ 비금속재료 감지용으로 사용한다.

> **해설**
> 유도형 센서
> • 유도형 또는 고주파 발진형 근접센서는 금속물체(Metallic Object)의 검출에 사용한다.
> • 검출대상이 자성체인 경우 검출 감도가 양호하다.

97 방향제어밸브 조작방식 명칭과 기호의 연결이 틀린 것은?

① 전자방식 –
② 페달방식 –
③ 플런저방식 –
④ 누름버튼방식 –

> **해설**
>
> | 명 칭 | 기 호 |
> |---|---|
> | 입력 | |
> | 누름버튼 | |
> | 당김버튼 | |
> | 레 버 | |
> | 페 달 | |
> | 플런저 | |
> | 스프링 | |
> | 롤 러 | |
> | 단동 솔레노이드 | |
> | 복동 솔레노이드 | |

정답 94 ① 95 ① 96 ④ 97 ①

98 공유압변환기의 사용 시 주의사항으로 적절한 것은?

① 수평 방향으로 설치한다.
② 발열장치 가까이 설치한다.
③ 반드시 액추에이터보다 낮게 설치한다.
④ 액추에이터 및 배관 내의 공기를 충분히 뺀다.

해설

공유압변환기
- 공기압력을 동일한 압력의 유압으로 변환하는 기기이다. 시동, 부하변동 등의 요인에도 같은 속도로 구동하거나 공압의 저속에서 불안정성을 해소하는 조합기기 요소 중의 하나이다.
- 공압을 저속으로 작동시키면 공기의 압축성으로 인해 일정 압력이 될 때까지 운동력이 발생하지 않는 현상(스틱슬립)이 나타나는데, 공유압을 변환하여 유압을 이용하면 이러한 현상을 제거하고 안정된 속도를 얻을 수 있다.
- 공압과 유압으로 변환 시 서로 작동유체가 섞이지 않도록 액추에이터나 배관의 공기를 충분히 빼낸다.

99 오일탱크에 관한 설명으로 틀린 것은?

① 오일탱크의 크기는 펌프 토출량과 동일하게 제작한다.
② 에어 블리저 용량은 펌프 토출량의 2배 이상으로 제작한다.
③ 스트레이너 유량은 펌프 토출량의 2배 이상의 것을 사용한다.
④ 오일탱크의 유면계를 운전할 때 잘 보이는 위치에 설치한다.

해설

오일탱크 : 작동유를 모아 놓는 장치이다. 침전을 통해 유질을 유지하고, 유량을 유지시키는 장치로, 펌프 토출량의 3배 이상으로 설치한다.

100 제어량이 온도, 압력, 유량, 액면 등과 같은 일반 공업량일 때 발생하는 신호의 형태에 의한 제어는?

① 2진 제어
② 논리제어
③ 디지털 제어
④ 아날로그 제어

해설

전기신호를 이용하는 0, 1로 이루어진 신호를 디지털신호, 자연에서 발생하는 연속적인 신호를 아날로그신호라고 한다.

2021년 제4회 과년도 기출문제

제1과목 설비진단 및 계측

01 진동 전달경로 차단에서 사용되는 일반적인 방법에 대한 설명으로 옳은 것은?

① 2단계 진동제어는 저주파 진동제어에 역효과를 줄 수 있다.
② 스프링형 진동차단기는 강성이 충분히 높아야 한다.
③ 진동체에 질량을 가하여 고유진동수를 높이면 효과적이다.
④ 스프링형 진동차단기에 사용하는 스프링은 고유진동수가 가능한 한 높아야 한다.

해설
2단계 진동제어
- 바닥을 진동제어하고 다시 진동보호제를 올리는 방법이다.
- 고주파 진동을 방지하는 데 효과적이지만 저주파 진동제어에 역효과를 줄 수 있다.

02 마스킹 효과에 관한 설명으로 틀린 것은?

① 저음이 고음을 잘 마스킹한다.
② 두 음의 주파수가 비슷할 때는 마스킹 효과가 대단히 작아진다.
③ 마스킹 효과는 음파의 간섭에 의해 일어나는 현상이다.
④ 두 음의 주파수가 거의 같을 때는 맥동이 생겨 마스킹 효과가 감소한다.

해설
마스킹 효과
- 크고 작은 두 소리를 동시에 들을 때 큰 소리만 들리고 작은 소리는 작게 들리거나 듣지 못하는 현상이다.
- 서로 다른 두 소리의 주파수가 비슷하면 마스킹 효과가 커지고, 주파수가 같으면 맥놀이가 생겨 마스킹 효과는 감소한다.
- 주파수가 낮은 저음이 주파수가 높은 고음을 잘 마스킹한다.
- 소리가 강하면 마스킹되는 양도 커진다.

03 간이진단기술이 아닌 것은?

① 점검원이 수행하는 점검기술
② 운전자에 의한 설비 감시기술
③ 설비의 결함 진전을 예측하는 예측기술
④ 사람 접근이 가능한 설비를 대상으로 하는 점검기술

해설
간이진단법
- 현장 작업자와 간단한 모니터링에 의해 진단한다.
- 설비상 응력의 이상응력 검출 및 경향을 관리한다.
- 열화 및 고장의 조기 발견, 경향을 관리한다.
- 성능, 효율 등의 이상 검출 및 경향을 관리한다.

04 진동의 측정 단위로 적절하지 않은 것은?

① m
② m/s
③ m/s^2
④ m^2/s^2

해설
진동은 변위, 속도, 가속도로 측정한다.

정답 1 ① 2 ② 3 ③ 4 ④

05 진동파형에서 양진폭(피크-피크)을 V_{P-P}라 할 때 실횻값(V_{rms})은?

① $2V_{P-P}$
② πV_{P-P}
③ $2\sqrt{2} V_{P-P}$
④ $\dfrac{1}{2\sqrt{2}} V_{P-P}$

해설

$X_{rms} = \sqrt{\dfrac{1}{T} \int_0^T X^2(t) dt}$ 로 표현

(X : 진폭, T : 주기 - 파장에서 한 위상부터 다음 같은 위상이 생기기까지의 시간차)

또는 $X(t) = V_p \sin(t)$라 하고, 주기를 2π라고 하여 정리하면

$X_{rms} = \dfrac{V_{P-0}}{\sqrt{2}} = \dfrac{1}{2\sqrt{2}} V_{P-P}$

(V_{P-P} : 양진폭, V_{P-0} : 편진폭)

06 다음 중 탄성변형을 이용하는 변환기가 아닌 것은?

① 벨로스
② 스프링
③ 벤투리관
④ 부르동관

해설

- 기계식(탄성식) 압력센서 : 부르동관, 벨로스형, 다이어프램(판 스프링)
- 벤투리관 : 다음 그림과 같이 관로를 좁게 하여 베르누이 정리를 이용한 유량 계측을 하는 장치

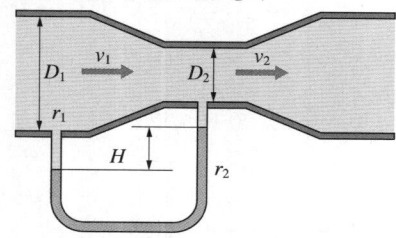

07 방진에 사용되는 패드의 종류 중 많은 수의 모세관을 포함하고 있어 습기를 흡수하려는 경향이 있으며 PVC 등 플라스틱 재료를 밀폐해서 사용하는 재료는?

① 강 철
② 코르크
③ 스펀지 고무
④ 파이버 글라스

해설

합성 스펀지, 천연고무, 코르크, 파이버 글라스 등을 이용하여 진동을 차단한다. 가장 많이 사용하는 방진패드재료는 듀퐁사에서 개발한 네오프렌이라는 상품명을 가진 폴리클로로프렌 합성 고무이다. 네오프렌은 환경과 기름에 강하고 내구성이 있어 다양하게 활용되고 있으며 방진패드의 재료로도 많이 사용된다. 코르크는 참나무 성질의 천연재료로써 가볍고 탄성이 있으며 화재 시 유독가스를 발생시키지 않는다. 목재의 성질을 가지므로 습기에 의해 부패하지 않으며 시공하기 편한 장점이 있다. 파이버 글라스(Fiber Glass, 유리섬유)는 명칭에서 알 수 있듯이 유리 또는 같은 물성의 플라스틱을 섬유로 뽑아 얼기설기 엮어 여러 가지 제품을 만든다. 다공질이며 문제에서 모세관이라고 표현한 길이 방향의 섬유조직들이 있다. 강성을 보강하기 위해 PVC 등 플라스틱 재료를 이용하여 섬유강화플라스틱으로 만들어 사용한다. 패드는 고무와 비슷한 장단점이 있으나 용도에 따른 제작과정을 거치므로 비용이 좀 더 발생한다.

08 소음계로 소음 측정 시 주의사항으로 틀린 것은?

① 청감보정회로를 사용한다.
② 반사음 영향에 대한 대책을 세운다.
③ 암소음 영향에 대한 보정값을 고려한다.
④ 변동이 작은 소음은 Fast에, 변동이 심한 소음은 Slow에 놓고 측정한다.

해설

소음계 사용 시 주의사항
- 청감보정회로를 사용한다.
- 반사음 영향을 고려한다.
- 암소음(Background Sound)을 고려한 보정치를 고려한다.
- 측정소음레벨이 유효 측정범위인지 확인한다(과변조, 저변조 주의).
- 측정감도 조정 : 시간 가중치 Fast는 소음 변화에 빠르게 반응하고 Slow는 느리게 반응한다.
- 절대압 의존성 : 고도에 따라 기압이 다르므로 dB을 보정한다.

09 유체의 동력학적 성질을 이용하여 유량 또는 유속을 압력으로 변환하는 차압검출기구가 아닌 것은?

① 노즐
② 부르동관
③ 오리피스
④ 벤투리관

해설
- 노즐 : 유체의 방출을 위해 좁게 만든 출구
- 오리피스 : 다음 그림처럼 노즐과 같은 막과 구멍을 관 내부에 설치하여 유량을 측정하는 장치

- 벤투리관 : 다음 그림과 같이 관로를 좁게 하여 베르누이 정리를 이용한 유량 계측을 하는 장치

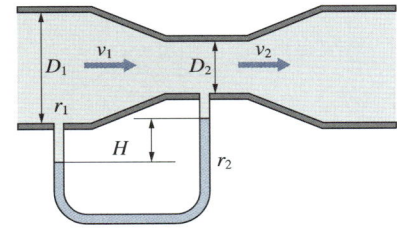

10 다음 중 진동의 에너지를 표현하는 값으로 가장 적절한 것은?

① 실횻값
② 편진폭
③ 양진폭
④ 평균값

해설
실횻값은 정현파의 경우 $\frac{peak}{\sqrt{2}}$ 가 되며 면적을 의미하고, 각종 기계류의 수명을 판단하거나 에너지 발산을 판단하는 양으로 사용한다.

11 와전류형 변위센서를 사용하여 측정할 수 없는 것은?

① 회전수
② 가속도 진동
③ 축(Shaft)의 팽창량
④ 축(Shaft)의 중심 변화

해설
진동은 변위, 속도, 가속도로 측정하여 표현이 가능하며, 변위센서를 이용해서 변위에 해당하는 측정값을 측정할 수 있다.

12 주파수 변환신호 처리 시 발생하는 에러현상으로 어떤 최고 입력 주파수를 설정했을 때 이보다 높은 주파수 성분을 가진 신호를 입력한 경우에 생기는 문제를 뜻하는 현상은?

① 확대(Zooming)
② 에일리어싱(Aliasing)
③ 필터링(Filtering)
④ 시간 와인더(Time Winder)

해설
에일리어싱 효과
- 주파수 신호를 샘플링하여 다시 구현할 때 발생한다.
- 주파수 신호와 샘플링 속도의 차이 때문에 발생한다. 측정기의 최고 주파수보다 높은 주파수 성분을 가진 신호를 입력한 경우 발생하는 현상으로, 위(僞)신호 현상이라고도 한다. 예를 들어 헬기의 프로펠러 또는 운행하는 자동차의 바퀴의 회전을 영상으로 볼 때 천천히 돌거나 뒤로 회전하는 것처럼 보이는 현상이다.
- 샘플링 속도가 주파수 속도보다 2배 이상 빨라야 제거된다.
- 에일리어싱을 막는 것을 안티 에일리어싱(Anti-aliasing)이라고 하며 여러 방법 중 소음측정대책으로는 높은 주파수를 걸러내는 저역통과필터를 사용한다.

정답 9 ② 10 ① 11 ② 12 ②

13 진동의 종류별 설명으로 틀린 것은?

① 선형 진동 : 진동의 진폭이 증가함에 따라 모든 진동계가 운동하는 방식이다.
② 자유 진동 : 외란이 가해진 후 계가 스스로 진동을 하고 있는 경우이다.
③ 비감쇠 진동 : 대부분의 물리계에서 감쇠의 양이 매우 적어 공학적으로 감쇠를 무시한다.
④ 규칙 진동 : 기계 회전부에 생기는 불평형, 커플링부의 중심 어긋남 등의 원인으로 발생하는 진동이다.

[해설]
선형 진동 : 진동계의 기본요소들이 모두 선형적으로 작동할 때 야기되는 진동

14 조절계의 제어동작에서 입력에 비례하는 크기의 출력을 내는 제어 방식은?

① 비례제어
② 적분제어
③ 미분제어
④ On-Off제어

[해설]
비례제어(Proportional Control, P제어)
• 가장 단순하며 입력과 출력이 단순 함수관계인 제어이다.
• 구성비용이 저렴하나 정밀도가 낮고 상승시간이 짧으며 오버슈트를 크게 한다.
• 안정된 상태에서도 잔류편차가 있다.
• 이득(Gain, K_C, 입력에 대한 출력의 비, 출력/입력)을 조정한다.
• 비례대(PB, $1/K_C \times 100\%$) : 제어편차에 대한 제어출력의 크기를 결정하는 값이다.
• 제어편차에 비례한 수정동작을 한다.

15 고유 진동수와 강제 진동수가 일치할 경우 진폭이 크게 발생하는 현상은?

① 공 진
② 풀 림
③ 상호간섭
④ 캐비테이션

[해설]
공진(Resonance)
• 고유 진동수와 강제 진동수가 일치할 경우 진폭이 크게 발생하는 현상
• 위험속도 : 회전기계에서 회전자가 공진 주파수와 일치하는 속도
• 임계주파수 : 회전체의 1차 고유 주파수와 일치하는 회전 주파수

16 면적식 유량계의 특징으로 틀린 것은?

① 압력손실이 작다.
② 기체 유량을 측정할 수 없다.
③ 부식성 유체의 측정이 가능하다.
④ 액체 중에 기포가 들어가면 오차가 생기므로 기포 빼기가 필요하다.

[해설]
• 유량계에 의한 압력손실이 작지는 않으나, 차압식 유량계 등에 비해 압력손실이 작은 편이다.
• 기체, 액체의 유량 측정이 가능하다.
• 소유량, 고점성 유체 및 부식성 유체에도 적합하다.
• 기포가 생기면 해당 부분의 유압은 떨어지게 나타나므로 제거가 필요하다.

13 ① 14 ① 15 ① 16 ②

17 열전온도계(Thermo Electric Pyrometer)에 관한 설명 중 틀린 것은?

① 구리와 콘스탄탄의 이종재를 결합하여 200~300℃ 정도의 저온용으로 사용한다.
② 다른 금속을 접합하여 양단의 온도차에 의해 발생되는 기전력을 이용한다.
③ 온도차에 의해 발생되는 열기전력 현상을 톰슨 효과(Thomson Effect)라 한다.
④ 백금로듐과 백금의 이종재를 결합하면 1,000℃ 이상에서도 사용할 수 있다.

해설
열전대 안에 작용하고 있는 열전효과
- 제베크효과(Seebeck Effect) : 양 접점에 온도차가 생기면 접촉 전위차 불평형이 발생하여 열전류가 흐르는 현상이다.
- 펠티에효과(Peltier Effect) : 두 개의 전도체에 전류가 흐를 때 열의 흐름이 생긴다. 제베크효과의 반대 현상이다.
- 톰슨효과 : 온도 기울기가 있는 도선상에 전류에 의한 열의 수송에 관한 효과이다.

18 정현파의 최댓값을 기준으로 진동의 크기가 1일 때 실횻값의 크기는?

① 2　　② $\frac{1}{2}$
③ $\frac{1}{\sqrt{2}}$　　④ $\frac{1}{\pi}$

해설
진동량과 실횻값
- 진동에 있어 진동량(Overall)은 힘(Power)의 합이며 주파수 진폭의 전체 합이다.
- 실횻값(RMS ; Root Mean Square)은 에너지값으로 진동 그래프에서 면적의 의미가 있다.
- 실횻값은 정현파의 경우 $\frac{peak}{\sqrt{2}}$ 가 되며 면적을 의미하고, 각종 기계류의 수명을 판단하거나 에너지 발산을 판단하는 양으로 사용한다.

19 음의 발생에 대한 설명으로 틀린 것은?

① 기계 본체의 진동에 의한 소리는 이차 고체음이다.
② 음의 발생은 크게 고체음과 기체음 두 가지로 분류할 수 있다.
③ 선풍기 또는 송풍기 등에서 발생하는 음은 난류음이다.
④ 기류음은 물체의 진동에 의한 기계적 원인으로 발생한다.

해설
기류음은 기체에 의해서 발생하는 소리이며, 물체의 진동에 의한 기계적 원인으로 발생하는 것은 기계음이다.

20 소음기의 내면에 파이버 글라스(Fiber Glass)와 암면 등과 같은 섬유성 재료를 부착하여 소음을 감소시키는 장치는?

① 팽창형 소음기
② 간섭형 소음기
③ 공명형 소음기
④ 흡음형 소음기

해설
흡음형 소음기
- 가장 제품화가 많이 된 방식이다.
- 파이버 글라스 또는 암면재 등 흡음재를 부착하여 소음을 감소시킨다.
- 중간 또는 고음 주파수에서 성능이 높다.

제2과목 설비관리

21 설비번호의 표시방법과 설비대장에 대한 설명으로 옳지 않은 것은?

① 설비번호는 1매만 만든다.
② 설비번호 부착은 눈에 잘 띄는 곳에 확실하고 견고하게 해야 한다.
③ 설비대장은 설비에 대한 개략적인 크기와 개략적인 기능 등을 기재한다.
④ 설비대장은 모든 설비 중 제조일자로부터 5년이 지난 장비로서 관리가 필요한 설비만 선택적으로 작성하여 효율적으로 관리한다.

해설
- 설비번호의 표시방법
  - 설비에 대한 분류, 기호가 결정되면 고유번호를 부여하여 표시판을 제작 부착한다.
  - 동일한 기호가 중복되지 않도록 해야 한다.
  - 눈에 잘 띄는 곳에 확실하고 견고하게 부착한다.
  - 표시판으로 인해 손상을 받거나 성능에 영향을 주면 안 된다.
- 설비대장 : 관리 사무실에서 일괄적으로 설비에 대한 개요를 적어 놓은 기록지 또는 기록프로그램이다. 설비대장에는 설비의 명칭, 위치, 크기, 운영부서, 전력량, 에너지 사용량, 용도, 사양, 제작일자, 제작사, 도입시기, 설치시기, 폐기 및 매각 시기, 매각처, 금액 등 전체 설비를 한 번에 파악할 수 있도록 기록한다.

22 설비의 잠재열화현상을 파악하기 위해 측정설비를 이용하여 직접 설비를 감지하는 보전방법은?

① 예지보전(Predictive Maintenance)
② 예방보전(Preventive Maintenance)
③ 개량보전(Corrective Maintenance)
④ 보전예방(Maintenance Prevention)

해설
예방보전의 구분
- 시간기준 예방보전(TBM) : 과거의 경험이나 통계데이터를 기준으로 정해진 일정 주기로 보전을 실시한다.
- 상태기준 예방보전(예지보전, CBM)
  - 설비의 상태를 기준으로 보전주기를 결정하는 방법으로, 열화를 나타내는 지침이 있을 때 보전을 실시한다.
  - 설비진단기술에 의해 설비 구성품의 열화 상태를 진단 파악하고 정량적으로 예지, 예측하여 보수, 교체를 계획하고 실시한다.

23 뜻이 있는 기호법의 대표적인 것으로서 항목의 첫 글자나 그 밖의 문자를 기호로 하는 방법은?

① 순번식 기호법
② 기억식 기호법
③ 세구분식 기호법
④ 삼진분류 기호법

해설
기호 사용방법
- 의미 없이 순번 등을 이용하여 기호를 사용하는 순번식 기호법
- 기호에 뜻이 유추되도록 사용하는 기억식 기호법(예 W : 용접기계, AW : 아크용접기)
- 세구분식 기호법 : 각 번호 대역을 같은 종의 기계에 연결 (예 100~199 : 선반기계, 200~299 : 밀링기계)
- 한국십진분류 기호 사용

24 생산의 3요소가 아닌 것은?

① 사 람 ② 설 비
③ 재 료 ④ 생산성

해설
PM에서 주요하게 다루는 3M은 Man, Machine, Material이며, 4M은 Method가 포함된다.

25 설비 배치의 목적으로 틀린 것은?

① 생산량 증가
② 생산 원가 절감
③ 생산 인력의 증가
④ 우량품 제조 및 설비비 절감

해설
설비 배치의 목적
- 공간 및 동선의 효율성 증대를 통한 생산량 증대, 원가 절감, 설비비 절감
- 작업환경 및 공장환경 보전, 안전성 확보
- 의사소통(Communication) 개선
- 작업 탄력성 유지

21 ④ 22 ① 23 ② 24 ④ 25 ③

26 지그와 고정구(Jig and Fixture), 금형, 절삭공구, 검사구(Gauge) 등 각종의 공구를 통칭하는 용어는?

① 치공구
② 계측공구
③ 공작기계
④ 제작공구

해설
치공구 : 넓은 의미의 치공구 치구와 공구가 포함된 용어로, 공작 생산에 사용하는 정밀 치수에 관련된 공구를 통칭한다. 조립, 형상, 기준게이지 역할 등 치수에 관련된 치구와 공작에 관련된 공구로 구분한다.

27 자주보전활동에 대한 설명으로 거리가 가장 먼 것은?

① 자주보전은 미리 작성한 보전 캘린더에 의해 전개해 나가는 활동이다.
② 총점검단계는 설비의 기능과 구조를 알 수 있게 하는 활동이다.
③ 초기 청소를 통해 오염의 발생원인을 찾는다.
④ 발생원인과 공간 개소 대책은 자주보전의 중요 활동요소이다.

해설
자주보전은 전원 참가라는 TPM의 기본 개념을 설비 가동 부문에 적용하여 운전자가 소집단활동을 중심으로 스스로 전개하는 보전 활동이다.

28 프로젝트의 착수에서 완성에 이르는 일반적인 순서 중 프로젝트의 가치가 평가되는 단계는?

① 연구 개발
② 조달과 건설
③ 프로젝트 확립
④ 경제성의 결정

해설
연구 개발 → 프로젝트의 확립(프로젝트 현실화를 위한 최적의 계획 검토) → 경제성의 결정(프로젝트의 가치 평가) → 엔지니어링(상세 설계, 시방서 작성) → 조달과 건설(설비 부설) → 운전 개시(운전요원 투입)

29 TPM의 다섯 가지 활동에 해당하지 않는 것은?

① 대집단 활동을 통해 PM 추진
② 설비의 효율화를 위한 개선활동
③ 최고 경영층부터 제일선까지 전원 참가
④ 설비에 관계하는 사람이 빠짐없이 활동

해설
TPM은 소집단활동으로 전원이 참가하도록 추진한다.
TPM의 다섯 가지 활동
- 설비효율화를 위한 개선활동 : 6대 로스 추방
- 작업자의 자주보전체제의 확립 : 설비에 강한 작업자 육성, 작업자 보전체제 확립
- 계획보전체제의 확립 : 효율적 활동이 가능한 보전체제 확립
- 기능교육의 확립 : 작업자 기능 수준 향상
- MP 설계와 초기 유동관리체제의 확립 : 무보전설비 설계 및 신속한 설비 안전 가동 필요

30 설비를 목적에 따라 분류할 때 유틸리티설비에 해당되는 것은?

① 운반장치
② 발전설비
③ 항만설비
④ 서비스 숍

해설
- 유틸리티 : 증기, 전기, 공업용수, 냉수, 불활성 가스, 연료
- 증기발생장치, 배수배관설비, 원수취수설비, 수처리설비, 냉각탑, 펌프설비, 냉동설비, 질소발생설비, 연료의 저장 – 수송 – 압축 – 건조설비 등이 있다.

정답 26 ① 27 ① 28 ④ 29 ① 30 ②

31 기체연료의 특징에 해당하지 않는 것은?

① 화염의 흑도가 낮고 방사열이 적다.
② 황을 제거하고 나서 사용해야 한다.
③ 예열에 의한 열효율 상승이 비교적 용이하다.
④ 조금 많은 공기의 공급으로 완전연소가 가능하다.

해설
황을 제거하고 사용해야 하는 것은 액체연료이다.

32 어떤 설비가 i개의 부품으로 직렬연결되어 있을 때, 평균고장(수리)시간(MTTR)을 나타내는 식은?

① $\dfrac{\sum \lambda_i}{\sum \lambda_i \sum 수리시간_i}$

② $\dfrac{\sum \lambda_i \sum 수리시간_i}{\sum \lambda_i}$

③ $\dfrac{\sum \lambda_i^2}{\sum \lambda_i \sum 수리시간_i}$

④ $\dfrac{\sum 수리시간_i}{\sum \lambda_i \sum \lambda_i}$

해설
평균수리시간(MTTR ; Mean Time To Repair) : 고장 난 후 시스템이나 제품이 제 기능을 발휘하지 않는 시간부터 수리가 완료될 때까지의 소요시간의 평균

33 다음 설명에서 ( ) 안에 해당하는 측정방식의 종류는?

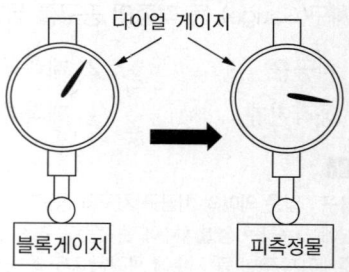

그림과 같이 다이얼게이지를 이용하여 길이를 측정할 때 블록 게이지에 올려놓고 측정한 값과 피측정물로 바꾸어 측정한 값의 차를 측정하고, 사용한 블록 게이지의 높이를 알면 피측정물의 높이를 구할 수 있다. 이처럼 이미 알고 있는 양으로부터 측정량을 구하는 방법을 ( )이라 한다.

① 편위법　　② 영위법
③ 치환법　　④ 보상법

해설
① 편위법 : 측정하려는 양의 작용에 의하여 계측기의 지침이 편위를 일켜 이 편위를 눈금과 비교함으로써 측정한다(예 다이얼게이지).
② 영위법 : 측정하려는 양과 같은 종류로 크기를 조정할 수 있는 기준량을 준비하고, 기준량을 측정량과 평형하게 하여 계측기의 지시가 0 위치를 나타낼 때 기준량의 크기로부터 측정량의 크기를 간접적으로 측정한다(예 마이크로미터, 전위차계 등).
④ 보상법 : 크기가 거의 같고, 미리 알고 있는 양의 분동을 준비하여 분동과 측정량의 차이로부터 측정량을 구하는 방법이다.

34 품질 불량은 설비, 가공조건 및 인적 요소에 의해 발생한다고 볼 수 있는데 이러한 불량을 '0'으로 달성하기 위한 접근방법이 아닌 것은?

① 교육·훈련 철저
② 설비 개량능력 개발
③ 설비 등급에 따른 보전방식 결정
④ 설비의 유연성으로 설비능력 확보

해설
품질보전 접근방법
• 설비 개량능력 개발
• 설비 유연성 확보
• 교육·훈련 철저

35 만성로스 개선방법 중 설비나 시스템의 불합리현상을 원리 및 원칙에 따라 물리적 성질과 메커니즘을 밝히는 사고방식은?

① FTA
② FMEA
③ QM 분석
④ PM 분석

해설

PM 분석(Phenomena/Physical×Mechanism, Machine, Man, Material)
- 설비의 물리적 성질과 메커니즘을 이해하여 만성고장을 규명, 로스를 개선하는 수단의 하나이다.
- 만성화된 설비나 시스템의 불합리현상을 원리 및 원칙에 따라 물리적 해석으로 현상 메커니즘을 밝히는 사고방식이다.

36 평균이자법 산출 시 연간 비용을 구하는 식으로 옳은 것은?

① 총자본비 + 회수금액 + 투자액
② 총자본비 + 회수금액 + 가동비
③ 상각비 + 평균이자 + 가동비
④ 상각비 + 평균이자 + 투자액

해설

평균이자법: 연간 비용으로서 정액제에 의한 상각비와 평균이자 및 가동비를 취한 방법이다. 즉, '연간비용 = 가동비 + 평균이자 + 상각비'이다. 회계가 쉽고 비교가 쉽다.

37 초기 고장기에 발생하는 고장의 원인이 아닌 것은?

① 설계상의 오류
② 부적정한 설치
③ 제조과정의 실수
④ 열화에 의한 고장

해설

열화(劣化)에 의한 고장은 마모기 IFR에 일어난다. 초기 고장기에는 처음부터 잘못되었을 때 일어나는 고장이 원인인 경우가 많다.

38 그래프는 설비의 최적보전계획에 의한 비용 및 처리량을 나타낸다. (1), (2)에 들어갈 내용으로 옳은 것은?

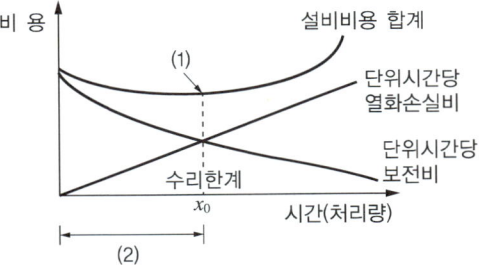

① (1) 최소비용점, (2) 최적수리주기
② (1) 최대비용점, (2) 최대수리주기
③ (1) 최소비용점, (2) 최대수리주기
④ (1) 최소보전점, (2) 최소수리주기

해설

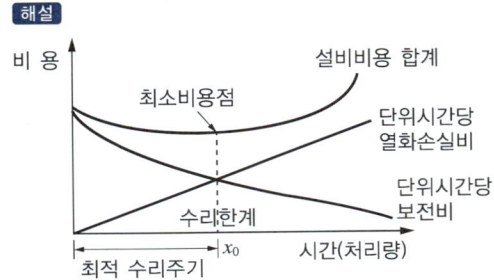

39 특정 환경과 운전조건하에서 주어진 시점 동안 규정된 기능을 성공적으로 수행할 확률을 나타내는 것은?

① 고장률(Failure)
② 신뢰도(Reliability)
③ 가동률(Operating Ratio)
④ 보전도(Maintainability)

해설
신뢰성(신뢰도)
- 설비의 효율성을 결정짓는 하나의 속성으로서 '시스템이 어떤 특정 환경과 운전조건하에서 어느 주어진 시간 동안 명시된 특정 기능을 성공적으로 수행할 수 있는 확률'이다.
- 신뢰성 평가척도에는 고장률, 평균고장간격(MTBF), 평균고장시간(MTTF)이 있다.

40 설비의 공사관리 기법 중 PERT 기법에 대한 설명으로 틀린 것은?

① 전형적 시간(Most Likely Time)은 공사를 완료하는 최빈치를 나타낸다.
② 낙관적 시간(Optimistic Time)은 공사를 완료할 수 있는 최단 시간이다.
③ 비관적 시간(Pessimistic Time)은 공사를 완료할 수 있는 최장 시간이다.
④ 위급경로(Critical Path)는 공사를 완료하는 데 가장 시간이 적게 걸리는 경로를 말한다.

해설
PERT(Program Evaluation and Review Technique)
- 공사 등 사업(Project)의 순서계획을 화살계획도로 나타내어 시간적 요소를 중심으로 계획의 평가, 조정 및 진도관리를 하는 방법
- 휴지공사계획 시 필요 없는 대기를 없애고 공사의 진행관리를 하기 쉽도록 가장 경제적인 일정계획을 세울 때 사용하는 순수 작업기법

제3과목 기계일반 및 기계보전

41 감속기에 사용하는 평기어 언더컷을 방지하는 방법으로 옳지 않은 것은?

① 잇수비를 작게 한다.
② 이 높이가 높은 기어로 제작한다.
③ 압력각을 20° 이상으로 증가시킨다.
④ 기어의 잇수를 한계 잇수 이상으로 설정한다.

해설
언더컷은 이의 간섭으로 이 끝 부분이 이뿌리 부분에 파고 들어갈 때 깎이는 현상으로, 이의 간섭 방지 방법은 다음과 같다.
- 압력각을 20° 이상으로 크게 한다.
- 이의 높이를 낮춘다.
- 치형의 이끝 면을 깎아낸다.
- 피니언의 반지름 방향의 이뿌리면을 파낸다.

42 교류 및 직류 아크용접기의 특성을 비교한 내용으로 틀린 것은?

① 교류 아크용접기는 자기쏠림을 방지할 수 있다.
② 교류 아크용접기가 직류 아크용접기보다 감전 위험성이 높다.
③ 아크의 안정성은 교류용접기가 직류용접기보다 우수하다.
④ 무부하전압은 직류 아크용접기에 비하여 교류 아크용접기가 높다.

해설
아크용접의 비교

분류	장점	단점
직류 아크용접	아크가 안정되고 전격의 위험이 적다.	구조가 복잡하고 아크 쏠림이 일어난다.
교류 아크용접	구조가 간단하고 아크 쏠림이 없다.	아크가 불안정하고 전류가 높아 위험하다.

39 ② 40 ④ 41 ② 42 ③

43 다음 기호의 명칭으로 옳은 것은?

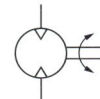

① 유압펌프
② 공기압모터
③ 유압전도장치
④ 요동형 액추에이터

해설
- 동력을 발생시키는 것이 공기압축기와 유압펌프라면 공압과 유압을 이용한 액추에이터는 실린더와 모터이다.
- 동력원의 매개체를 표시하기 위해 공압은 삼각형의 빈 공간으로, 유압은 채운 삼각형을 이용한다.
- 기호의 예

공압모터	유압모터	공압실린더	유압실린더

44 담금질에 관한 설명으로 틀린 것은?

① 냉각속도는 판재가 구형보다 빠르다.
② 냉각액을 저어 주면 냉각능력이 많이 향상된다.
③ 담금질 경도는 강 중의 탄소량에 따라 변화한다.
④ 냉각액의 온도는 물은 차게(20℃ 정도) 기름은 뜨겁게(80℃ 정도) 해야 한다.

해설
담금질(Quenching) : 가열하여 오스테나이트화한 강을 물이나 유체에 급랭하여 마텐자이트로 변태시켜 경화시키는 조작으로, 담금질 조직은 재료의 탄소 함유량에 따라 달라지며 담금질의 냉각속도는 구형일수록 빠르다[구(球) > 환봉(環棒) > 판재(板材)].

45 일반적인 줄 작업의 주의사항으로 틀린 것은?

① 보통 줄의 사용 순서는 중목 → 황목 → 세목 → 유목의 순으로 작업한다.
② 오른손 팔꿈치를 옆구리에 밀착시키고 팔꿈치가 줄과 수평이 되게 한다.
③ 눈은 항상 가공물을 보며 작업하고 줄을 당길 때는 가공물에 압력을 주지 않는다.
④ 왼손은 줄의 균형을 유지하기 위해 손목을 수평으로 하고 손바닥으로 줄 끝을 가볍게 누르거나 손가락으로 감싸준다.

해설
일반적인 줄의 사용 순서는 거친 순서대로 황목 → 중목 → 세목 → 유목의 순으로 작업한다.

46 송풍기의 양쪽 벨트 풀리의 축간거리가 멀거나 고속회전을 할 때 벨트가 위아래로 파도치는 현상은?

① 점핑(Jumping)현상
② 채터링(Chattering)현상
③ 캐비테이션(Cavitation)현상
④ 플래핑(Flapping)현상

해설
플래핑(Flapping)현상 : 벨트가 있는 구동기의 축간거리가 길거나 고속회전 시 벨트가 위아래로 날개치듯 파도치는 현상이다. 축간 거리를 좁히거나 장력을 조절하여 해결한다.

47 펌프 베어링 과열 시 원인 및 조치사항으로 틀린 것은?

① 조립, 설치 불량 - 축 정렬작업
② 윤활유 부족 - 기준 이상 유량 보충
③ 패킹부의 맞춤 불량 - 글랜드패킹의 조임압력 조정
④ 윤활유의 부적합 - 사용조건에 따른 윤활유 선정

해설
윤활유가 부족하면 부족량의 윤활유를 보충하거나, 열화가 많이 되어 있으면 교환한다.

48 배관의 부식을 방지하는 방법으로 적절하지 않은 것은?

① 온수의 온도를 50℃ 이상으로 한다.
② 가급적 동일계의 배관재를 선정한다.
③ 배관 내 유속을 1.5m/s 이하로 제어한다.
④ 배관 내 약제를 투입하여 용존산소를 제어한다.

해설
배관의 부식을 방지하기 위해서 온수는 50℃ 이하로 사용하며, 가급적 유속은 1.5m/s 이하를 사용한다. 그 이상의 고온·고압 유체의 경우 그에 맞는 설계를 통해 배관을 선정한다.

49 볼트와 너트의 고착원인으로 틀린 것은?

① 수분의 원인
② 부식성 가스의 침입
③ 부식성 액체의 침입
④ 유성 페인트의 도포

해설
수분 등의 침입, 가스의 침입, 외력에 의한 상처 발생 등으로 부식이 생겨 볼트 부분에 고착이 생길 수 있다. 녹에 의한 고착 방지를 위해 방식제, 방산제를 도포하거나 유성 페인트를 칠한 후 죄거나 산화 연분을 기계유로 반죽한 적색 페인트를 나사 부분에 칠한 후 죈다.

50 전동기 본체의 점검항목이 아닌 것은?

① 이 음 ② 진 동
③ 소 손 ④ 발 열

해설
전체 점검 : 도장의 벗겨짐, 먼지의 적재·부착 여부, 명판 기재사항 식별 가능 여부, 이상음, 소음, 이상 냄새 여부, 진동 여부, 과열 여부

51 터보형 압축기에 해당하는 것은?

① 나사식 압축기
② 왕복식 압축기
③ 축류식 압축기
④ 회전식 압축기

해설
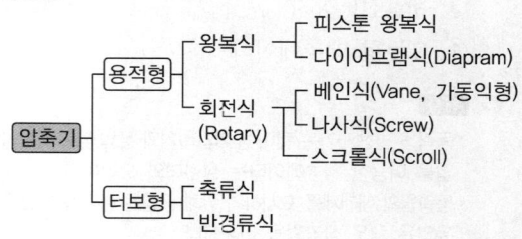

52 마찰형 클러치, 브레이크 중 습식다판의 특징이 아닌 것은?

① 고속, 고빈도용으로 사용한다.
② 작은 동력 전달에 주로 쓰인다.
③ 접촉면적을 크게 취할 수 있어 소형이다.
④ 오일 속에서 쓰이므로 작동이 매끄럽고 마찰면의 마모가 작다.

해설
다판 브레이크 : 마찰하는 디스크의 수가 많을수록 제동력이 커지므로 마찰을 많이 하는 경우, 마찰력이 크게 필요한 경우, 필요 제동력에 비해 R을 크게 하기 곤란한 경우에 사용한다. 일반적으로 굴삭기와 같은 중기계에 쓰이는 차축의 브레이크 시스템에 사용한다. 습식 브레이크의 경우, 감소된 마찰력을 보상하기 위해 다판 브레이크를 사용한다. 습식 브레이크를 사용하면 마찰열을 방출하거나 마찰력의 조절이 용이한 장점이 있다.

53 배관의 도시법에 대한 설명으로 틀린 것은?

① 관 내 흐름의 방향은 관을 표시하는 선에 붙인 화살표의 방향으로 표시한다.
② 관은 원칙적으로 1줄의 실선으로 도시하고, 동일 도면 내에서는 같은 굵기의 선을 사용한다.
③ 관은 파단하여 표시하지 않도록 하며, 부득이하게 파단할 경우 2줄의 평행선으로 도시할 수 있다.
④ 표시항목은 관의 호칭지름, 유체의 종류·상태, 배관계의 식별, 배관계의 시방, 관의 외면에 실시하는 설비·재료 순으로 필요한 것을 글자·글자기호를 사용하여 표시한다.

해설

배관의 제도
- 제도방법
  - 관은 한 줄의 굵은 실선으로 지시하고 같은 도면에는 같은 굵기로 한다. 다만 관의 계통, 상태, 목적을 표시하기 위해 선의 종류를 실선, 파선, 쇄선, 2줄의 평행선 등을 이용하여 바꾸어 도시하여도 되며 선의 종류에 따른 의미를 보기 쉽게 명기한다.
  - 긴 관을 파단하여 표시하는 경우 파단선으로 표시한다.
  - 유체의 흐름 방향 : 실선의 화살표로 방향을 지시한다.
  - 관의 도시선이 교차하는 경우 접속점을 이용하여 표시한다.
- 배관의 지시
  - 표시항목은 관의 호칭지름, 유체의 종류 및 상태, 배관계의 식별, 배관계의 시방, 관의 외면에 실시하는 설비, 재료 순으로 필요한 것을 글자·글자기호를 사용하여 표시한다.
  - 관의 굵기 및 종류 : 관의 굵기를 지시하는 숫자 옆에 관의 종류를 지시하는 기호나 문자를 지시한다(예 4.0 SPPH35).
  - 유체의 종류 기호 : 공기(A), 가스(G), 유류(O), 수증기(S), 물(W)로 관 위에 표시한다.
  - 복잡한 도면은 지시선을 이용하여 지시한다.
  - 계기의 지시는 선을 끌어내어 동그라미 안에 종류를 기재하여 지시한다.

54 리프트밸브에 대한 설명으로 틀린 것은?

① 개폐가 느리다.
② 유체의 흐름을 차단한다.
③ 유체의 에너지 손실이 크다.
④ 밸브와 밸브 시트의 맞댐이 용이하다.

해설

흐르는 유체가 수문을 밀어 올리는 형태로, 외력 없이 흐름으로 밸브를 간단히 개폐하고 밸브와 시트를 맞대기에 용이하지만, 유체의 압력이 밸브를 밀어 올리는 데 사용되므로 흐름이 차단되고 에너지의 손실이 발생한다.

55 공기 중에서는 액체 상태를 유지하고 공기가 차단되면 중합이 촉진되어 경화가 일어나는 접착제는?

① 혐기성 접착제
② 열용융형 접착제
③ 유화액형 접착제
④ 금속구조용 접착제

해설

혐기성 접착제
- 1액성, 무용제형 강력 접착제이다. 이 액체 고분자 물질은 산소와 접할 때는 액상이다가 산소가 차단되면 중합반응이 일어나 경화된다.
- 침투성이 좋고 경화될 때 부피가 줄지 않는다.
- 작업 시 신체 접촉을 피하고 환기에 유의하며 작업 부위의 청결에 신경 쓴다. 경화속도가 빠르므로 신속히 작업하여야 한다.
- 내화학성이 높아 유류, 약품, 가스, 유기용제에 대해 사용되며 반영구적이다.

56 보통선반에서 테이퍼를 절삭하는 방법이 아닌 것은?

① 심압대를 편위시키는 방법
② 테이퍼 장치를 사용하는 방법
③ 복식 공구대를 경사시키는 방법
④ 척의 조(Jaw)를 편위시키는 방법

[해설]
선반에서 테이퍼 가공(기울기가 있는 면의 가공)을 할 때는 심압대를 편위시키거나 공구대를 원하는 각도만큼 틀어 가공한다. 또 복식 공구대는 테이퍼 각이 크고 길이가 짧은 가공물을 복식 공구대를 선회시켜 가공하는 데 유용하다. 척의 조를 편위시키는 방법은 편심가공을 위한 방법이다.

57 왕복운동기관 등에서 회전운동과 직선운동을 상호 변환시키는 축은?

① 직선축(Straight Shaft)
② 유연축(Flexible Shaft)
③ 크랭크축(Crank Shaft)
④ 각축(Hexagonal Shaft)

[해설]
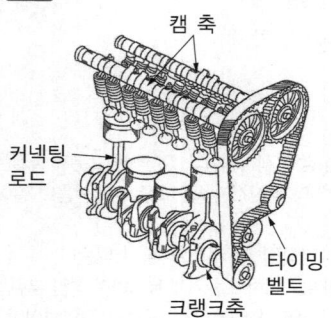
크랭크축의 예시로 자동차 엔진이 적절하다. 크랭크축이 회전하면서 커넥팅로드를 상하로 직선운동시키는 구조이다.

58 고장 또는 유해한 성능 저하를 가져온 후에 수리를 행하는 보전 방식은?

① 예방보전 : PM(Preventive Maintenance)
② 사후보전 : BM(Breakdown Maintenance)
③ 개량보전 : CM(Corrective Maintenance)
④ 종합적 생산보전 : TPM(Total Productive Maintenance)

[해설]
사후보전(BM ; Breakdown Maintenance)
• 초기 보전의 개념이 도입된 것은 문제가 생긴 시설에 대한 보전이다(1900년대).
• 비계획적 보전이며, 영세하거나 비조직적인 사업장에 많이 도입된다.
• 고장 또는 유해한 성능 저하를 가져온 후에 수리를 행하는 보전 방식이다.

59 축의 동력 전달 방향을 바꾸는 기어가 아닌 것은?

① 웜 기어
② 헬리컬 기어
③ 하이포이드 기어
④ 스파이럴 베벨기어

[해설]
헬리컬 기어는 기어 이에 헬리컬 각을 부여하여 연속으로 물리게 한 기어로 축을 평행하게 연결한 기어이다.

60 회전축의 흔들림 검사를 위해 사용하는 측정기로 옳은 것은?

① 한계게이지
② 틈새게이지
③ 하이트게이지
④ 다이얼게이지

[해설]
다이얼게이지
• 베이스를 고정하고 접촉자를 기준면에 댄 후 측정 대상물을 회전운동이나 직선운동을 시켜 눈금의 변화를 확인하며 원하는 측정을 실시한다.
• 적용 측정할 때는 스핀들이 원활히 움직이는가를 확인하고, 스탠드를 앞뒤로 움직여 지시 값의 차를 확인한다. 그리고 스핀들을 갑자기 작동시켜 반복 정밀도를 확인해 본다.
• 직각도, 평행도, 진원도, 진직도를 측정하며, 두께와 깊이도 측정한다.

제4과목 윤활관리

61 윤활유의 열화에서 내부변화인 윤활유 자체의 변질에 해당되는 것은?

① 산 화
② 유 화
③ 희 석
④ 이물 혼입

해설
윤활유의 열화
- 내부 변화 : 산화, 탄화
- 외부요인에 의한 변화 : 연료 및 다른 오일에 의한 희석, 물에 의한 유화액 형성, 이물질 혼입

62 윤활관리의 경제적 효과로 옳은 것은?

① 윤활제 소비량의 증가효과
② 고장으로 인한 생산성 및 기회손실의 증가효과
③ 설비의 수명 감소로 인한 설비 투자비용의 절감 효과
④ 기계・설비의 유지관리에 필요한 보수비용 절감 효과

해설
윤활의 경제적 효과
- 자원 절약 : 윤활유 사용량 절감, 마찰 감소에 따른 에너지 소비량 절감, 폐자원 이용
- 생산성 제고 : 기계 고장 방지에 따른 생산성 유지, 수리비 절감, 기계의 기대수명 연장, 기계의 효율성 및 정밀도 유지, 노동의 절감
- 공장 운영비 절감 : 기계 정지로 인한 손실 감소 및 생산성 향상, 보전 노무비 절감, 기계 급유비, 윤활제 구입 등 교환 부품 비용 절감, 윤활제 소비량 절감 등

63 그리스의 시험방법에 대한 설명이 틀린 것은?

① 주도 : 그리스의 굳은 정도, 유동성을 표시하는 시험이다.
② 수분 : 그리스에 함유되어 있는 수분의 함유량을 측정하는 시험이다.
③ 적점 : 그리스가 온도 상승에 따라 적하되는 최저의 온도, 내열성을 확인하는 시험이다.
④ 동판부식 : 그리스에 함유된 부식성 유황 물질로 인한 금속의 부식 여부 및 이물질 양을 측정하는 시험이다.

해설
동판 부식
- 동(銅) 재질을 함유한 금속을 사용할 때 동판 부식성이 있는 그리스를 걸러내고자 시험을 실시한다.
- 시험방법
  - 일정량의 그리스를 채취한 후 규격 동판을 잠기도록 하여 24시간 후 동판 변색을 관찰한다.
  - 가열동판 부식시험 : 분위기 온도를 100±0.5℃ 유지 후 규격 동판을 잠기도록 하여 24시간 후 동판 변색을 관찰한다.

64 그리스 급유법이 아닌 것은?

① 그리스 건
② 그리스 컵
③ 그리스 니플
④ 집중 그리스 윤활장치

해설
그리스 니플은 집중 그리스 윤활장치의 분배관에 사용하는 부속이다.
그리스 급유법의 종류 : 그리스 충진 베어링, 그리스 컵, 그리스 건, 그리스 펌프, 집중 그리스 윤활장치 등

정답 61 ① 62 ④ 63 ④ 64 ③

65 유압작동유의 점도가 너무 낮은 경우 발생되는 현상은?

① 동력 소비 증대
② 계통 내의 압력 상승
③ 계통 내의 압력손실 증대
④ 내·외부 틈으로의 누유 증대

해설
- 시효에 따른 열화보다 협잡물이나 이물질 혼입에 따른 열화가 더 자주 발생한다.
- 유압작동유의 점도가 너무 낮아지면 밀봉효과가 떨어져 누유의 우려가 발생한다.
- 이물질 혼입이 되면 유압 전달력이 감소하며 부식 및 작동 불량의 원인이 된다.

66 다음 윤활유의 급유법 중 윤활유를 미립자 또는 분무 상태로 급유하는 방법으로 여러 개의 다른 마찰면을 동시에 자동적으로 급유할 수 있는 것은?

① 바늘 급유법
② 버킷 급유법
③ 비말 급유법
④ 원심 급유법

해설
비말(Splash) 급유법 : 기계의 운동부가 오일탱크 내의 유면에 미소하게 접촉하면 오일이 분무 상태로 오일 용기의 단지에서 떨어져 마찰면에 튀겨 급유하는 방식으로 여러 다른 마찰면에 동시 급유가 가능하다.

67 베어링 허용 회전수의 50% 이상으로 회전할 때 하우징 내부의 축 및 베어링을 제외한 공간용적에 대하여 충전하여야 할 가장 적절한 그리스 양은?

① 100% 충진한다.
② $\frac{1}{3} \sim \frac{1}{2}$ 정도 충진한다.
③ $\frac{1}{2} \sim \frac{3}{4}$ 정도 충진한다.
④ 신유가 빠져 나올 때까지 충진한다.

해설
- 그리스 급유 일반
  - 그리스 윤활을 하는 롤러베어링에서는 초기에 적량의 그리스를 패킹하여 장시간 사용한다.
  - 그리스의 충진량이 너무 많으면 마찰손실이 크고 온도가 상승하며 동력 손실이 클 뿐만 아니라 그리스의 누설이 많아지고 변질되기 쉽다.
  - 일반적인 충진량은 베어링 용적의 $\frac{1}{2}$ 정도이다.
  - 그리스를 교환할 때는 오래된 그리스를 완전히 제거하고 용제로 깨끗이 청소한 후 교환한다.
  - 그리스 교환 시 이물질이 침입하지 않도록 주의한다.
- 베어링 윤활 : 하우징 내부의 축과 베어링을 제외한 공간용적에 대해 허용 회전수의 50% 이하로 회전할 때는 $\frac{1}{2} \sim \frac{2}{3}$ 만큼, 허용 회전수의 50% 이상으로 회전할 때는 $\frac{1}{3} \sim \frac{1}{2}$ 만큼 충진한다.

68 ISO 산업용 윤활유 점도 분류의 기준온도는?

① 15℃
② 24℃
③ 40℃
④ 44℃

해설
40℃ 기준 동점도(상온 높은 온도)와 100℃(열을 많이 받았을 때)의 동점도를 계산한다.

점도지수$(VI) = \frac{L-U}{L-H} \times 100$

(L : 점도지수(VI) = 0인 기름의 40℃ 동점도
U : 시료 40℃에서의 동점도(cSt)[mm²/s]
H : 점도지수(VI) = 100인 기름의 40℃ 동점도

65 ④ 66 ③ 67 ② 68 ③

69 순환 급유 종류 중 마찰면이 기름 속에 잠겨서 윤활하는 급유방법은?

① 유욕 급유
② 패드 급유
③ 나사 급유
④ 원심 급유

해설

유욕(Bath) 급유법 : 마찰면이 오일 속에 잠겨서 윤활하는 방법으로, 윤활이 원활하고 냉각효과도 높다. 직립형 수력 터빈의 추력 베어링에 많이 사용되고 방적 기계의 스핀들과 피치원의 원주속도가 5m/s 내의 감속기어 및 웜 기어에 사용하며 롤링베어링 윤활에도 사용한다.

70 윤활유 첨가제의 성질이 아닌 것은?

① 증발이 적어야 한다.
② 기유에 용해도가 좋아야 한다.
③ 수용성 물질에 잘 녹아야 한다.
④ 냄새 및 활동이 제어되어야 한다.

해설

일반적으로 물을 흡수하거나 물에 흡수되면 방청효과를 저해하거나 윤활유 본연의 성질을 잃을 수 있다.

첨가제 선정의 고려사항
- 윤활기유의 성질을 해치지 않아야 하며 이에 잘 용해되어야 한다.
- 윤활 상태, 설계 그리고 실제 요구되는 서비스를 고려하여 원하는 성질이 발현되어야 한다.
- 가동조건을 고려하여 선정하고 다른 부가 첨가제와 잘 조화되어야 한다.
- 연료의 황(S)성분의 양을 고려하여 선정하여야 한다.
- 제조되는 윤활유가 예상되는 유지 보수와 검사 실제를 고려하여 제조되어야 한다. 첨가제는 소량만 사용하므로 재사용까지 저장할 경우, 변질되지 않아야 하고 안정성이 있어야 한다.
- 휘발성이 낮고 냄새나 색상의 부작용이 있어서는 안 된다.
- 수용성 물질에 녹지 않아야 한다.

71 왕복동 공기압축기의 외부 윤활유에 요구되는 성능으로 틀린 것은?

① 적정 점도를 가질 것
② 저점도 지수 오일일 것
③ 산화 안정성이 좋을 것
④ 방청성, 소포성이 좋을 것

해설

외부 유의 요구성능 : 적정 점도, 높은 점도지수, 높은 산화 안정성, 양호한 수분 함유, 방청성, 소포성, 낮은 유동성 등이 요구된다. 내부 윤활유와는 달리 청정, 분산성을 요구하지는 않는다.

72 다음 설명에 해당하는 기어의 이면 손상현상은?

> 고속·고하중 기어에서 이면의 유막이 파단되어 국부적으로 금속 접촉이 일어나 마찰에 의해 그 부분이 용융되어 뜯겨나가는 현상이다.

① 리징(Ridging)
② 리플링(Rippling)
③ 스폴링(Spalling)
④ 스코어링(Scoring)

해설

- 리징(Ridging) : 이의 작용면 미끄럼 방향으로 산마루 같은 주름이 형성되는 소성 유동의 형상이다. 윤활유의 점성을 증가시키거나 극압 첨가제를 사용하는 등 윤활환경을 개선한다.
- 리플링(Rippling) : 소성 유동과 관련하여 기어 맞물림의 미끄럼 운동 방향과 90° 근처의 각도로 접촉면에 물결형태로 발생한다.
- 스폴링(Spalling) : 파인 홈의 지름이 크고 상당한 영역에 걸쳐 피팅이 일어나는 현상이다.

73 다음 중 윤활관리의 4원칙이 아닌 것은?

① 적 소 ② 적 유
③ 적 법 ④ 적 량

해설
윤활관리의 4원칙
- 적유, 적기, 적량, 적법
- 적절한 윤활유를 제때, 적정량, 규정에 맞추어 관리한다.

74 미끄럼베어링 급유법 중 유욕식에 해당하지 않는 것은?

① 링 급유 ② 원심 급유
③ 체인 급유 ④ 비말 급유

해설
미끄럼베어링 급유법
- 전손식 : 적은 급유량으로 윤활이 가능하고 운전속도가 낮을 때 적용한다.
- 유욕식 : 링, 체인, 칼라, 비말 급유에 사용된다.
- 순환식 : 베어링 온도가 상승 우려가 있는 경우 냉각을 위해 사용된다.

75 윤활유 SOAP 분석방법 중 플라스마를 이용하여 분석하는 방식은?

① ICP법
② 회전전극법
③ 원자흡광법
④ 페로그래피(Ferrography)법

해설
마모성분분석
- 페로그래피법 : 윤활유를 채취하여 그 속의 마멸분 크기나 형상을 관찰하는 방법이다. 마모입자의 크기로 판단하는 정량 페로그래피법과 마모입자의 형상으로 판단하는 분석 페로그래피법으로 구분한다.
- SOAP법 : 채취한 시료유를 연소시켜 발생하는 발광에 의해 금속성분을 분석하는 방법으로, 스펙트럼을 분석하면 마모성분 외에 농도까지 측정 가능하다. 숙련도를 요구하는 진단방법이다. 연소방식에 따라 아세틸렌 불꽃을 사용하는 원자흡광법, 고압방전을 사용하는 회전전극법, 약 7,000~9,000℃의 플라스마를 이용하는 ICP법이 있다.

76 윤활제에 사용되는 첨가제가 갖추어야 할 조건으로 틀린 것은?

① 물에 대해서 안정할 것
② 장기간 보관 시 안정할 것
③ 첨가 시 휘발성이 높을 것
④ 첨가제 상호 간에 반응하여 침전 등이 생성되지 않을 것

77 120~232℃ 정도의 적점을 지니고 있으며, 섬유구조로 안정성이 높아 고온 특성은 좋은 편이지만, 내수성이 나쁜 특성을 가진 그리스는?

① 칼슘 그리스
② 바륨 그리스
③ 나트륨 그리스
④ 알루미늄 그리스

해설
나트륨계 그리스는 내열성이 좋지만 고온이 되면 냉각 후 경화하는 경향이 있고 내수성이 좋지 않다. ①, ②, ④는 내수성이 양호하다.

73 ① 74 ② 75 ① 76 ③ 77 ③

78 페로그래피(Ferrography)에 대한 설명으로 옳은 것은?

① 점도시험방법이다.
② 마멸입자 분석법이다.
③ 패취시험방법이다.
④ 수분 함유량 시험방법이다.

79 그리스를 가열했을 때 반고체 상태의 그리스가 액체 상태로 되어 떨어지는 최초의 온도는?

① 주 도
② 적하점
③ 이유도
④ 산화 안전도

해설
적점(적하점)
- 시료를 규정장치 및 규정조건으로 가열한 경우, 반고체에서 액체 상태가 되어 그 첫 방울이 떨어졌을 때의 온도이다.
- 시험방법 : 직경 100mm인 규정된 컵에 시료를 넣고 규정된 조건으로 가열하여 그리스가 적하할 때의 온도를 측정한다.

80 이면에 높은 응력이 반복작용된 결과 이면상에서 국부적으로 피로된 부분이 박리되어 작은 구멍이 발생하는 현상은?

① 피 팅   ② 긁 힘
③ 스코링   ④ 리플링

해설
- 리플링(Rippling) : 소성 유동과 관련하여 기어 맞물림의 미끄럼 운동 방향과 90° 근처의 각도로 접촉면에 물결형태로 발생한다.
- 스커핑(Scuffing), 스코어링(Scoring) : 긁힘. 스커핑(Scuffing)은 과열에 의해 윤활막의 국부적 파손에 의해 금속-금속 접촉, 용착과 분리의 반복작용의 점착마모(Adhesive)를 의미한다. 윤활제의 점도를 높이고 작동속도를 조절하며 온도를 낮추고 첨가제를 넣는 등의 대책이 필요하다.

제5과목 공유압 및 자동화

81 공기압 에너지를 저장할 때에는 긍정적인 효과로 나타나지만 실린더의 저속 운전 시 속도의 불안정성을 야기하는 공기압의 특성은?

① 배기 시 소음
② 공기의 압축성
③ 과부하에 대한 안정성
④ 압력과 속도의 무단 조절성

해설
공기의 압축성으로 인해 공압을 동력으로 사용하는 기기는 동력을 저장·압축할 수 있다. 그러나 동력을 출력할 때 약한 동력으로의 출력이 어렵고 액추에이터의 마찰력 부근의 힘이 작용할 때는 연속적인 힘을 발현하기 어렵게 한다.

82 베르누이 정리의 식으로 옳은 것은?(단, V : 유체의 속도, g : 중력가속도, p : 유체의 압력, γ : 비중량, Z : 유체의 위치이다)

① $\left(\dfrac{V^2}{2g}\right)+\left(\dfrac{p}{\gamma}\right)+Z=$ 일정

② $\left(\dfrac{V^2}{2g}\right)+\left(\dfrac{p}{\gamma}\right)-Z=$ 일정

③ $\left(\dfrac{V^2}{2g}\right)-\left(\dfrac{p}{\gamma}\right)+Z=$ 일정

④ $\left(\dfrac{V^2}{2g}\right)-\left(\dfrac{p}{\gamma}\right)-Z=$ 일정

해설
베르누이의 정리 : 유체에 작용하는 힘, 압력, 속도, 위치에너지를 각각 수두(水頭), 즉 물의 높이로 표현하고 그 합은 항상 같다는 것을 정리하여 나타낸 식이다. 유체의 에너지보존원리에 해당한다.

$$\frac{p}{\gamma}+\frac{V^2}{2g}+Z=\frac{p_1}{\gamma}+\frac{V_1^2}{2g}+Z_1=\frac{p_2}{\gamma}+\frac{V_2^2}{2g}+Z_2=H$$

(p_1 : 위치 1에서의 압력, V_1 : 위치 1에서의 속도, Z_1 : 위치 1에서의 높이, H : 전체 수두)

83 오리피스(Orifice)에 관한 설명으로 옳은 것은?

① 길이가 단면 치수에 비해 비교적 긴 교축이다.
② 유체의 압력 강하는 교축부를 통과하는 유체온도에 따라 크게 영향을 받는다.
③ 유체의 압력 강하는 교축부를 통과하는 유체 점도의 영향을 거의 받지 않는다.
④ 유체의 압력 강하는 교축부를 통과하는 유체 점도에 따라 크게 영향을 받는다.

[해설]
오리피스 : 배관 중간에 뚫은 칸막이를 오리피스라고 한다. 어느 경우는 배출 구멍이 오리피스가 될 수 있다. 베르누이 정리를 이용하여 오리피스의 압력, 유량을 계산한다. 오리피스에 영향을 미치는 인자는 구멍의 크기와 형상, 그리고 베르누이 정리를 이용하므로 속도, 낙차, 비중 등이다.

84 유압 실린더가 불규칙적으로 작동할 때 원인으로 적절한 것은?

① 모터 고장
② 솔레노이드 소손
③ 작동유의 점도 변화
④ 펌프 케이싱의 지나친 조임

[해설]
유압작동유의 열화원인
• 마찰로 인하여 마모된 미세한 불순물들이 유입되는 경우
• 연속작업으로 작동유 온도의 상승에 따른 화학적 열화
• 공기 중 수분을 흡수, 공기 중 산소를 혼입

85 다음 진리표를 만족하는 밸브는?(단, a와 b는 입력, y는 출력이다)

a	b	y
0	0	0
1	0	1
0	1	1
1	1	1

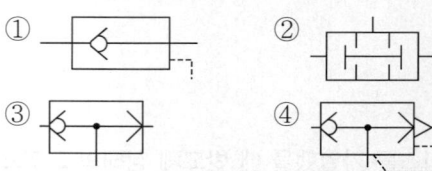

[해설]
진리표는 a 또는 b에 신호가 들어가면 출력이 나오는 밸브이므로 셔틀밸브(저압 우선형 셔틀밸브)를 사용해야 한다.

86 나사형 회전자의 회전운동을 이용하며 고속 회전이 가능하고, 소음이 작으며, 맥동현상이 발생되지 않고 큰 용량의 공기탱크가 필요 없는 것은?

① 베인압축기
② 스크루압축기
③ 피스톤압축기
④ 2단 피스톤압축기

[해설]
나사식(스크루식) 압축기
• 케이스 안에 큰 나선형 수나사 회전자와 암나사 회전자가 서로 물려 있고, 이것이 회전하면서 공기를 압축한다.
• 나사 회전자의 윤활과 밀봉 및 냉각을 위해 압축 때 윤활유를 강제로 주입하기 때문에 왕복식 압축기보다 압축공기의 온도 상승이 작아(100℃ 이하) 윤활유의 탄화가 적고 무급유 설계가 가능하다.
• 진동과 공기 맥동이 작고 소음이 작다.

87 공유압장치의 주요 점검요소가 아닌 것은?

① 누 유
② 계기류
③ 노이즈
④ 부하 상태

해설
공유압장치는 공기의 압력과 유압을 사용하므로 회전력을 이용하지 않기 때문에 공유압기기 자체의 소음과 진동보다는 누유, 계기의 정상 작동, 압력의 과·소부하 상태 등을 점검한다.

88 유압펌프의 1회전당 토출량을 나타내는 단위는?

① cc/sec
② cc/rev
③ cc/min
④ L/rpm

해설
cc는 cubic centimeter, cm^3로 부피의 단위이다. L 또한 부피의 단위이므로 토출량의 단위로 적합하다.
- cc/sec : 초당 토출량
- cc/rev : 회전당 토출량
- cc/min : 분당 토출량

89 외부의 물리적 변화에 의해 발생하는 스트레인게이지의 신호형태는?

① 저 항
② 전 류
③ 전 압
④ 충전량

해설
스트레인게이지(Strain Gage) : 외부로부터 힘 또는 열을 가하면 전기저항이 변화하는 원리를 이용

90 제어(Control)에 관한 정의로 옳지 않은 것은?

① 작은 에너지로 큰 에너지를 조절하기 위한 시스템을 말한다.
② 사람이 직접 개입하지 않고 어떤 작업을 수행시키는 것을 말한다.
③ 기계의 재료나 에너지의 유동을 중계하는 것으로 수동인 것이다.
④ 기계나 설비의 작동을 자동으로 변화시키는 구성성분의 전체를 의미한다.

해설
제어란 어떤 물리량의 상태를 원하는 목적에 알맞은 작용을 하도록 조절하는 것을 포괄하는 용어이다. 보기 ②와 ④의 제어 정의는 자동제어에 관한 설명으로 봐야 더 정확하고, 보기 ③이 수동제어를 설명한다고 볼 수도 있지만, 문제의 의도에 맞게 답을 ③으로 선택하도록 한다.

91 유압시스템에서 사용하는 압력제어밸브가 아닌 것은?

① 리듀싱밸브
② 시퀀스밸브
③ 언로딩밸브
④ 디셀러레이션밸브

해설
디셀러레이션(Deceleration)밸브는 감속밸브로, 간단히 유량을 조절하여 유속을 감소시키는 밸브이므로 유량제어밸브에 속한다.

92 실린더 입구의 분기회로에 유량제어밸브를 설치하여 실린더 입구측의 불필요한 압유를 배출시켜 작동효율을 증진시킨 속도제어회로는?

① 로크회로
② 미터 인 회로
③ 미터 아웃 회로
④ 블리드 오프 회로

해설
블리드 오프 회로
- 액추에이터로 공급되는 유량이 작동속도에 비해 너무 많을 때 밀려 나는 유량을 탱크로 회수하는 방식이다.
- 내부 압력이 조정되므로 각 밸브의 과도한 부하를 막을 수 있다.
- 유압제어의 경우 회수되는 유류에 대한 관리가 다시 필요하다.

93 일반적인 유압 발생장치에서 기름탱크의 용량을 결정하는 기준으로 적절한 것은?

① 펌프 토출량의 3배 이상
② 펌프의 토출량과 같은 크기
③ 스트레이너 유량의 3배 이상
④ 공기청정기 통기 용량의 3배 이상

해설
기름탱크 : 작동유를 모아 놓는 장치이다. 침전을 통해 유질을 유지하고, 유량을 유지시키는 장치로, 펌프 토출량의 3배 이상으로 설치한다.

94 미리 정해 놓은 순서 또는 일정한 논리에 의하여 정해진 순서에 따라 제어의 각 단계를 순차적으로 진행하는 제어는?

① 동기제어
② 시퀀스제어
③ 비동기제어
④ On-off 제어

해설
시퀀스제어 : 미리 정해진 순서에 따라 제어의 각 단계를 순서대로 진행해 나가는 제어로, 입력에서 출력까지 정해진 순서대로 시행하며 비교, 검출, 조정 등을 실시하지 않는다.

95 비접촉식 검출요소(센서, 스위치)가 아닌 것은?

① 광전스위치
② 리밋스위치
③ 유도형 센서
④ 용량형 센서

해설
센서의 분류
- 접촉식 센서 : 마이크로스위치, 리밋스위치, 터치스위치 등
- 비접촉식 센서 : 근접스위치, 광전센서, 자기센서 등
- 기타 센서 : 계측용 센서, 속도센서, 온도센서 외 각종 물리량 측정센서

96 실린더의 속도를 급속히 증가시키는 목적으로 사용하는 밸브는?

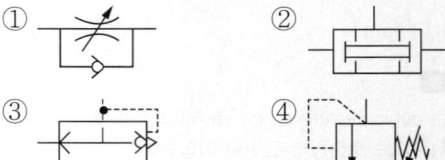

해설
급속배기밸브 : 실린더 배기구 앞에 배기압을 급히 열어주어 실린더의 전진 또는 복귀속도를 빠르게 하기 위해 설치하는 밸브이다.

체크밸브	무부하(언로드)밸브	감압밸브
릴리프밸브	급속배기밸브	교축밸브
스톱밸브	유량조절밸브	시퀀스밸브

97 자동화의 장점으로 틀린 것은?

① 생산성을 향상시킨다.
② 제품의 품질을 균일하게 한다.
③ 시설투자비용을 줄일 수 있다.
④ 원가를 절감하여 이익을 극대화할 수 있다.

해설
자동화의 특징
- 휴식 없이 연속작업 가능
- 제품 품질의 균질화
- 정밀 반복작업 가능
- 위험한 작업 공간에서의 작업 가능
- 설비 구축 및 보전의 필요

98 일정한 간격으로 연속 이송되는 얇은 금속판에 구멍을 내기 위한 작업에 적합한 핸들링장치는?

① 리니어 인덱싱
② 밀링 이송 인덱싱
③ 수직 로터리 인덱싱
④ 수평 로터리 인덱싱

해설
자동화된 연속작업을 위해 인덱스 테이블을 이용하여 자동으로 작업 위치로 자리를 잡아 주는 것을 인덱싱이라고 한다. 인덱싱을 하는 방법은 고안하는 방안에 따라 여러 가지가 가능하다. 리니어 인덱싱은 인덱스가 직선운동하며 자리를 잡아 준다. 로터리 인덱싱은 인덱스가 회전운동을 하며 자리를 잡아 준다.
※ 기출문제에서는 위와 같이 제시하였지만 공정설계에 따라 리니어 인덱싱 외에도 로터리 인덱싱을 사용할 수 있다. 시험장에서는 시비를 다투지 말고 '가장 답에 가까운' 답을 고른다.

99 유압 피스톤의 직경이 50mm이고, 사용압력이 60kgf/cm²일 때 실린더가 낼 수 있는 추력은?(단, 실린더의 효율은 무시한다)

① 296kgf
② 589kgf
③ 1,178kgf
④ 1,500kgf

해설

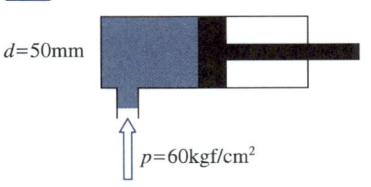

$$F = pA = 60\,\mathrm{kgf/cm^2} \times \frac{\pi (5\mathrm{cm})^2}{4} \fallingdotseq 1,178\,\mathrm{kgf}$$

100 전진과 후진 시 추력이 같은 장점을 갖는 실린더는?

① 탠덤 실린더
② 양로드 실린더
③ 다위치형 실린더
④ 텔레스코프형 실린더

해설
양로드 실린더 : 로드와 실린더 헤드가 양쪽으로 달린 복동 실린더이다. 단면적이 같아서 전·후진 시 추력이 같은 장점이 있다.

정답 97 ③ 98 ① 99 ③ 100 ②

2022년 제1회 과년도 기출문제

제1과목 설비진단 및 계측

01 진동이 완전한 1사이클을 하는 동안에 걸린 총시간을 나타내는 용어는?

① 진동수　② 진동주기
③ 각진동수　④ 진동위상

해설
진동의 구성

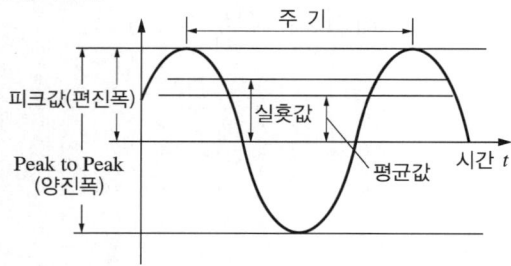

02 다음 중 진동측정기기의 측정값으로 널리 사용되는 것은?

① 실횻값
② 편진폭
③ 양진폭
④ 산술평균값

해설
진동, 소음에서 dB, VAL 모두 실횻값을 사용한다. 따라서 진동측정기의 측정값은 실횻값을 사용한다.

03 석영과 같은 일부 크리스털은 압력을 받으면 전위를 발생시키는데 이러한 효과를 나타내는 용어는?

① 열전효과(Thermoelectric Effect)
② 광전효과(Photoelectric Effect)
③ 광기전력효과(Photovoltaic Effect)
④ 압전효과(Piezoelectric Effect)

해설
④ 압전효과 : 어떤 물질에 힘이 가해지면 그 힘과 비례하는 전압이 생기는 현상
① 열전효과 : 어떤 물질에 열을 가하면 전자가 튀어나가는 효과
② 광전효과 : 금속 표면에 빛 입자가 입사되면 (−) 전자가 튀어나가는 효과
③ 광기전력효과 : 금속 표면에 빛 입자가 입사되면 기전력이 발생하는 효과

04 외란이 가해진 후 계가 스스로 진동하고 있을 때 이 진동을 나타내는 용어는?

① 공 진
② 강제진동
③ 고유진동
④ 자유진동

해설
• 자유진동 : 지속적인 외력의 작용 없이 탄성계가 충격, 즉 외란을 받은 후 스스로 진동하는 현상
• 강제진동 : 지속적인 외력을 받아 탄성계의 위치가 변하거나 가속도를 가지는 현상

정답　1 ②　2 ①　3 ④　4 ④

05 계측계에서 입력신호인 측정량이 시간적으로 변동할 때, 출력신호인 계측기 지시 특성을 나타내는 것은?

① 부특성
② 정특성
③ 동특성
④ 변환특성

해설
동특성은 시간응답에서는 정상상태를 얻기 전 특성을 의미하고, 주파수 응답에서는 전달함수로 나타나는 특성을 의미한다.

06 진동센서의 설치 위치에 대한 설명으로 적절하지 않은 것은?

① 회전축의 중심부에 설치한다.
② 레이디얼 베어링 장착부의 수직 방향에 설치한다.
③ 레이디얼 베어링 장착부의 수평 방향에 설치한다.
④ 스러스트 베어링 장착부의 축 방향에 설치한다.

해설
센서는 센서의 특성에 따라 안정적인 측정이 가능한 곳에 설치한다. 진동센서를 회전축의 중심부에 설치하면 센서가 회전하고 검출부가 움직여 안정적인 측정이 어렵다.

07 진동차단기의 기본 요구조건으로 틀린 것은?

① 걸어 준 하중을 충분히 견딜 수 있어야 한다.
② 온도, 습도, 화학적 변화 등에 의해 견딜 수 있어야 한다.
③ 진동보호 대상체보다 강성이 충분히 커서 차단능력이 있어야 한다.
④ 차단하려는 진동의 최저 주파수보다 작은 고유진동수를 가져야 한다.

해설
진동차단기로 사용되는 패드는 가능한 한 강성(스프링 상수)이 낮아서 진동을 흡수할 수 있어야 한다.

08 가속도센서의 고정방법 중 사용할 수 있는 주파수 영역이 넓고 정확도 및 장기적 안정성이 좋으며 먼지, 습기, 온도의 영향이 작은 것은?

① 나사 고정
② 밀랍 고정
③ 마그네틱 고정
④ 에폭시 시멘트 고정

해설
가속도센서의 장착
• 장착 시 표면을 매끈하고 깨끗이 다듬어야 한다.
• 나사 등을 이용한 스터드를 이용한 장착 : 장기 장착에 적합하고 가장 확실한 장착법으로, 잘 고정되어 있어 진동 측정범위가 넓다.
 – 접착 장착 : 접착제(에폭시, 아교, 시멘트 등) 응고 후 충분히 딱딱해야 한다. 부드러우면 고유진동수가 떨어진다.
 – 왁스 장착 : 공기층 없이 얇게 붙이며 40℃ 이상의 고온과 매우 높은 가속 환경에서는 사용할 수 없다.
 – 자석 장착 : 장착 시 표면이 매우 깨끗해야 하며 자력에 따라 측정 주파수가 달라진다. 곡면보다는 평면에 활용한다.
 – 프로브 사용 : 사실상 수동 측정에 해당하며, 센서 부착 위치 결정 등에 활용한다.

09 초음파식 레벨계의 특성으로 틀린 것은?

① 비접촉식 측정이 가능하다.
② 소형 경량이고 설치 및 운전이 간단하다.
③ 가동부가 없고, 점검 및 보수가 가능하다.
④ 온도에 민감하지 않아 온도 보정을 필요로 하지 않는다.

해설
초음파 레벨센서
• 주행시간 방식(상단에서 발사한 초음파의 왕복시간 측정)과 공진기 방식(탱크의 남은 공간에 발생하는 주파수로 측정)으로 구분한다.
• 비접촉식이며 설치부가 작고 운전이 간단하다.
• 가동부가 없고 점검 보수가 용이하다.

정답 5 ③ 6 ① 7 ③ 8 ① 9 ④

10 산업 분야에서 일반적으로 널리 사용하는 압력으로, 대기압력을 기준으로 하는 것은?

① 차 압
② 상대압력
③ 절대압력
④ 게이지압력

해설
절대압력 = 계기압력(게이지압력) + 대기압
- 진공 : 물질의 압력이 존재하지 않는 상태로, 물리적으로는 1/1,000mmHg 이하를 의미한다.
- 절대압력 : 완전한 진공을 0으로 하여 계측한 압력이다.
- 계기압력 : 압력을 측정하는 기구·기계가 나타내는 압력이다.
- 대기압 : 측정하는 위치(지표면)에 작용하고 있는 압력으로, 완전한 우주공간에서부터 대기가 적층되어 지표면에서 누르는 힘이다.
- 차압 : 둘 이상의 유체 간 압력차를 의미한다.

11 음파가 한 매질에서 다른 매질로 통과할 때 구부러지는 현상은?

① 음의 굴절
② 음의 회절
③ 맥놀이(Beat)
④ 도플러(Doppler) 효과

해설
① 음파가 서로 다른 매질을 지날 때 굴절되는 현상을 소리의 굴절이라 한다.
② 투과되지 않은 음이 장애물에 입사하여 장애물 뒤쪽으로 전파하는 현상을 소리의 회절이라 한다.
③ 보강간섭과 소멸간섭이 규칙적으로 나타나는 현상을 맥놀이라고 한다.
④ 소리의 상대성 원리로 이동 중인 청자는 자신의 이동속도만큼 음의 속도에서 가하거나 감하게 되어 실제 소리보다 높게 듣거나 낮게 듣게 되는 현상을 도플러 효과라고 한다.

12 다음 필터 중 저역을 통과시키며 특정 주파수 이상은 감쇠(차단)시켜 주는 필터로 가장 적합한 것은?

① 로 패스 필터
② 밴드 패스 필터
③ 하이 패스 필터
④ 주파수 패스 필터

해설
- 저주파 대역 통과 필터(Low Pass Filter)는 저주파만 통과시키고, 고주파는 차단한다.
- 하이 패스 필터는 고주파만 통과시킨다.
- 밴드 패스 필터는 특정 주파수 대역을 통과시킨다. 이런 필터를 주파수 패스 필터라고 한다.

13 일반적인 터빈식 유량계의 특징으로 틀린 것은?

① 내구력이 있고 수리가 용이하다.
② 용적식 유량계보다 압력손실이 작다.
③ 용적식 유량계에 비해서 대형이며, 구조가 복잡하고 비용이 많이 소요된다.
④ 고온·저온·고압의 액체나 식품·약품 등의 특수 유체에 사용된다.

해설
터빈식 유량계
- 유체의 흐름 속에 날개가 있는 회전자를 설치하여 그 회전수를 검출해서 유량을 구하는 방식이다.
- 용적식 유량계에 비해 소형이며, 구조가 간단하고 제조비용이 저렴하다. 내구성이 있고 수리가 쉽다. 압력손실이 작다.
- 고온·저온·고압의 액체나 식품·약품 등의 특수 유체에 사용된다.

14 소음의 물리적 성질에 대한 설명으로 틀린 것은?

① 파동은 매질의 변형운동으로 이루어지는 에너지 전달이다.
② 파면은 파동의 위상이 같은 점들을 연결한 면이다.
③ 음선은 음의 진행 방향을 나타내는 선으로 파면에 수평이다.
④ 음파는 공기 등의 매질을 전파하는 소밀파(압력파)이다.

해설
음선은 음의 진행 방향을 나타내며, 파면에 수직이다.

정답 10 ④ 11 ① 12 ① 13 ③ 14 ③

15 검사 대상체의 내부와 외부의 압력차를 이용하여 결함을 탐상하는 비파괴검사법은?

① 누설검사
② 와류탐상검사
③ 침투탐상검사
④ 초음파탐상검사

해설
누설탐상
- 압력차에 의한 유체의 누설현상을 이용하여 검사한다.
- 관통된 결함의 경우 탐지가 가능하다.
- 공기역학의 법칙을 이용하여 탐지한다.

16 다음 비파괴검사법 중 맞대기 용접부의 내부 기공을 검출하는 데 가장 적합한 것은?

① 침투탐상검사
② 와류탐상검사
③ 자분탐상검사
④ 방사선투과검사

해설

검사방법	적용 대상
방사선투과검사	용접부, 주조품 등의 내부 결함
초음파탐상검사	용접부, 주조품, 단조품 등의 내부 결함 검출과 두께 측정
침투탐상검사	기공을 제외한 표면이 열린 용접부, 단조품 등의 표면 결함
와전류탐상검사	철, 비철 재료로 된 파이프 등의 표면 및 근처 결함을 연속 검사
자분탐상검사	강자성체의 표면 및 근처 결함
누설검사	압력용기, 파이프 등의 누설 탐지
음향방출검사	재료 내부의 특성 평가

17 진동차단기 선택 시 유의사항으로 옳지 않은 것은?

① 강철스프링을 이용하는 경우에는 측면 안정성을 고려하여 직경이 큰 것이 안전하다.
② 하중이 크거나 정적변위가 5mm 이상인 경우 강철스프링의 사용이 바람직하다.
③ 고무 제품은 측면으로 미끄러지는 하중에 적합하나 온도에 따라 강성이 변하므로 주의를 요한다.
④ 파이버 글라스 패드의 강성은 주로 파이버의 질량과 모세관에 의하여 결정된다.

해설
진동차단기
- 걸어 준 하중을 충분히 견딜 수 있어야 한다.
- 온도, 습도, 화학적 변화 등에 의해 견딜 수 있어야 한다.
- 차단하려는 진동의 최저 주파수보다 작은 고유진동수를 가져야 한다.
- 진동차단기로 사용되는 패드는 가능한 한 강성(스프링 상수)이 낮아서 진동을 흡수할 수 있어야 한다.
- 사용하는 스프링의 고유진동은 차단하려는 진동의 최저 주파수보다 가능한 한 낮아야 한다.
- 외부 주파수와 고유 주파수의 비(R)가 1에 가까울수록 진동 전달이 많이 되어 진동차단기를 설치하는 효과가 높아지고, $R > \sqrt{2}$이 되면 차단기는 전달하중의 감소를 방해한다. $R > 3$이 되면 차단효과가 점차 증대하여 $R > 6$이 되면 보통의 효과를 갖게 된다.

18 발음원이 이동할 때 그 진행 방향 쪽에서는 원래의 음보다는 고음으로, 진행 반대쪽에서는 저음으로 되는 현상은?

① 마스킹효과
② 도플러효과
③ 음의 회절효과
④ 음의 반사효과

해설
도플러 효과
- 소리의 상대성 원리로 이동 중인 청자는 자신의 이동속도만큼 음의 속도에서 가하거나 감하게 되어 실제 소리보다 높게 듣거나 낮게 듣게 되는 현상
- 발음원이 이동할 때 그 진행 방향 쪽에서는 원래의 음보다는 고음으로, 진행 반대쪽에서는 저음으로 되는 현상

정답 15 ① 16 ④ 17 ④ 18 ②

19 센서에서 입력된 신호를 전기적 신호로 변환하는 방법에 해당하지 않는 것은?

① 변조식 변환
② 전류식 변환
③ 직동식 변환
④ 펄스신호식 변환

해설
전기적 변환방법으로 변조식, 직동식 변환방법과 펄스신호로 바꾸는 A/D 변환 등이 있다.

20 코일 간의 전자유도현상을 이용한 것으로서 발신기와 수신기로 구성되어 있으며, 회전각도 변위를 전기신호로 변환하여 회전체를 검출하는 수신기는?

① 싱크로(Synchro)
② 리졸버(Resolver)
③ 퍼텐쇼미터(Potentiometer)
④ 앱솔루트 인코더(Absolute Encoder)

해설
싱크로(Synchro)
- 아날로그형 회전각도를 검출하고, 전송에 사용하는 센서이다.
- 코일 사이의 전자유도현상을 이용한다.

제2과목 설비관리

21 설비가 가동하여야 할 시간에 고장, 생산 조정, 준비(Set-up) 및 교체 또는 초기수율 저하에 의해 얼마의 시간이 소실되느냐를 나타내는 지수는?

① 양품률
② 시간가동률
③ 성능가동률
④ 설비종합효율

해설
시간가동률(Availability) : 부하시간에 대해 설비의 정지시간을 제외한 가동시간의 비율
- 부하시간 = 가동시간 + 비가동시간 : 조업시간에서 생산계획상의 휴지시간, 계획 보전을 위한 휴지시간, 관리상 필요한 조회시간, 기타 돌발적 상황에 의한 휴지시간 등의 관리 외 제외시간을 뺀 시간
- 가동시간(Up-time) : 고장, 품목 변경에 의한 작업 준비, 금형 교체, 예방 보전 등의 시간을 뺀 실제 설비가 작동된 시간

22 윤활유 오염도 측정법의 종류가 아닌 것은?

① 중량법
② 계수법
③ SOAP법
④ 오염지수법

해설
실험실에서 오일의 오염도를 측정하는 방법
- 중량법 : 시료유 100mL 중 오염물질의 중량을 측정하는 방법
- 계수법 : 시료유 100mL 중 오염물질의 크기, 개수를 측정하는 방법
- 오염지수법 : 오일 중 미립자나 젤화된 물질이 많으면 필터가 막혀 여과시간이 변화하게 되는데, 이 필터 여과시간의 변화현상을 이용하여 오염도를 측정하는 방법
- 수분측정법 : 용제와 혼합한 시료를 가열, 증류하여 검수관에 분리된 수분을 측정하는 방법
- 기포도측정법 : 기포도(규정 온도에서 5분간 공기를 불어넣은 직후의 거품량)와 기포안정도(기포도 측정 후 10분간 방치한 후의 거품량)를 측정하는 방법

23 다음 중 윤활제를 형태에 따라 분류할 때 대분류가 가장 적절하게 구분되어진 것은?

① 광유, 합성유, 지방유
② 합성유, 그리스, 고체 윤활제
③ 윤활유, 그리스, 고체 윤활제
④ 내연기관용 윤활유, 공업용 윤활유, 기타 윤활제

해설
윤활제를 대분류로 상태에 따라 액체 > 반고체 > 고체로 구분한다.

24 그리스 증주제에 해당하는 것은?

① Na
② PbO
③ 흑연
④ 피마자유

해설
증주제(Thickening Agent of Grease) : 그리스를 젤과 같은 성질을 갖도록 하는 반고형제로 비누계, 금속혼합 비누계, 유기물계, 무기물계로 나뉜다.
- 비누계
  - 비누계 : 칼슘(Ca)-우지계, 칼슘(Ca)-피마자유계, 알루미늄(Al), 나트륨(Na), 리튬(Li)-우지계, 리튬(Li)-피마자유계
  - 금속 혼합 비누계 : 칼슘 복합(Ca-Cx), 알루미늄 복합(Al-Cx), 리튬 복합(Li-Cx)
- 유기물계
  - 우레아 : 다이우레아, 트라이우레아, 테트라우레아
  - 소듐텔레타라메이트
  - 테프론(폴리테트라플루오로에틸렌)
- 무기물계
  - 유기화벤토나이트 점토
  - 실리카 겔

25 점도지수를 구하는 식으로 옳은 것은?

- U : 시료유 40℃일 때 점도
- L : 100℃일 때 시료유와 같은 점도를 가진 $VI=0$ 표준유의 40℃일 때의 점도
- H : 100℃일 때 시료유와 같은 점도를 가진 $VI=100$ 표준유의 40℃일 때의 점도

① 점도지수 = $\dfrac{L-U}{L-H} \times 100$

② 점도지수 = $\dfrac{L+U}{L+H} \times 100$

③ 점도지수 = $(L-U) \times (L-H) \times 100$

④ 점도지수 = $(L+U) \times (L+H) \times 100$

해설
점도지수(Viscosity Index)
- 상승하면 떨어지고, 내려가면 상승하는 온도와 점도의 변화관계를 지수로 나타낸 것이다.
- 40℃ 기준 동점도(상온 높은 온도)와 100℃(열을 많이 받았을 때)의 동점도를 계산한다.

점도지수(VI) = $\dfrac{L-U}{L-H} \times 100$

(여기서, L : 점도지수(VI) = 0인 기름의 40℃ 동점도
U : 시료 40℃에서의 동점도(cSt)[mm²/s]
H : 점도지수(VI) = 100인 기름의 40℃ 동점도)

26 설비관리 조직의 분업 방식 중 모든 기능을 전문 부분에 책임지게 하고 그 부문을 다시 하부 기능에 의해서 분업화하는 방식은?

① 기능 분업
② 지역 분업
③ 공정별 분업
④ 전문기술 분업

해설
분업방식
- 기능 분업 : 설계, 건설, 수리 등 직접 수행하는 실무의 직접 기능과 계획, 통제, 조정의 관리 기능 등 기능에 따른 전문 부서로 조직하는 방식이다.
- 전문기술 분업 : 기계, 전기, 측정, 토목, 건설 등 전문기술별 분업하는 방식으로, 각 기술별 가중치 부여와 우선순위 논의에 어려움이 있을 수 있다.
- 지역(구역)별/제품별/공정별 분업 : 예를 들어 공장 내를 몇 개 구역으로 나누어 구역마다 보전을 담당하는 하위 부서를 두는 방식이다.

27 플러싱(Flushing) 시기로 적절하지 않은 것은?

① 윤활유 보충 시
② 기계장치의 신설 시
③ 윤활계통의 검사 시
④ 윤활장치의 분해 보수 시

해설
플러싱 시기 : 기계를 새로 설치했을 때, 윤활유 교환시기 중 어느 때, 윤활장치를 분해할 때, 윤활계통의 검사를 실시할 때, 운전을 개시하기 전 중 적절한 시기에 실시한다.

28 그리스의 성질인 주도에 대한 설명으로 틀린 것은?

① 윤활유의 점도에 해당하는 것으로서 무르고 단단한 정도를 나타낸 값이다.
② 미국 윤활그리스협회(NLGI)는 주도번호 000호부터 6호까지 9종류로 분류하고 있으며 000호는 액상, 6호는 고상이다.
③ 주도는 기유 점도와는 독립된 성질이며, 오히려 증주제의 종류와 양에 관계가 있다.
④ 주도와 기유 점도는 온도와는 무관하며, 증주제가 같으면 내열성을 나타내는 적점은 주도가 바뀌어도 별로 변하지 않는다.

해설
주도, 점도는 모두 온도에 영향을 받는다.

29 부하가 많을 경우에 각 부하의 최대수요전력의 합을 각 부하를 종합했을 때의 최대수요전력으로 나눈 것은?

① 부하율
② 부등률
③ 수요율
④ 설비 이용률

해설
부등률
• 최대수용전력의 합이 실제 최대수용전력은 아니다.
• 부등률 = $\dfrac{\text{부하 최대전력의 합}}{\text{합성 최대수용전력}} \times 100[\%]$

30 기어용 윤활유의 필요 특성에 해당하지 않는 것은?

① 발포성
② 내하중성, 내마모성
③ 열안정성, 산화 안정성
④ 적정한 점도 유지 및 저온 유동성

해설
기어용 윤활유에 필요한 성질

기어유의 역할	필요한 성질
마찰 감소	점도, 저온 유동성
마모 감소	내하중성, 내마모성
소음/진동 충격 감소	소포성, 열 안정성
고속 운전	저점도
고하중 전달	내하중성
불순물 감소	열 안정성, 방청성, 산화 안정성, 부식 방지성
냉각 작용	항유화성

31 보전도 공학의 영역에서 설계기준 개발, 보전개념 개발, 보전기능 개발, 보전도 할당 및 보전도 설계 개선 등과 가장 관련성이 큰 것은?

① 보전도 계획
② 보전도 분석
③ 보전도 설계
④ 보전도 합리화

해설
보전도 설계에서 공학팀의 기능 : 설계기준 개발, 설비 보전개념 개발, 보전기능 Flow Diagram 개발, 보전도 할당, 단기 설계활동 참여, 보전도 설계 개선

32 생산공정에서 취급되는 재료, 반제품 또는 완제품을 공정에 받아들이거나 공정 도중 또는 최종 작업단계에서 대상물의 작업 기준 합치 여부를 조사하기 위해 사용되는 공구는?

① 주 조
② 단 조
③ 검사구
④ 치구부착구

해설
검사구 : 생산공정에 있어 취급되는 재료, 반제품 또는 완제품을 공정에 받아들이거나 공정 도중 또는 최종 작업단계에서 대상물의 작업 기준 합치 여부를 조사하기 위해 사용되는 공구
※ 주조, 단조는 공구가 아니라 공작방법이며, 치구 부착구는 치수를 재는 도구를 부착하는 도구를 의미한다.

33 예방 보전의 효과로 틀린 것은?

① 설비의 정확한 상태를 파악한다.
② 고장 원인의 정확한 파악이 가능하다.
③ 보전작업의 질적 향상 및 신속성을 가져 온다.
④ 설비 갱신기간의 연장에 의한 설비 투자액이 증가한다.

해설
예방 보전의 효과
• 점검대상의 상태는 항상 파악된다.
• 중요한 수리의 횟수와 비용이 감소하여 전체 투자비가 감소한다.
• 계획적인 수리가 가능하다.
• 고장 발생 시 원인을 구분할 수 있다.
• 전반적인 생산성이 향상된다.

34 목표를 설정할 때 이용되는 QC 수법으로 가장 거리가 먼 것은?

① 체크시트에 의한 방법
② 막대그래프에 의한 방법
③ 히스토그램에 의한 방법
④ 레이더 차트에 의한 방법

해설
체크리스트는 현상파악법으로 적절하다.
목표를 설정할 때 이용되는 QC 수법 : 레이더 차트, 막대그래프, 꺾은선그래프, 히스토그램

35 보전성에 대한 설명 중 설계와 제작에 대한 특성을 나타낼 수 있는 확률로 옳지 않은 것은?

① 보전이 규정된 절차와 주어진 재료 등의 자원을 가지고 실행될 때 어떤 부품이나 시스템이 주어진 시간 내에서 지정된 상태를 유지 또는 회복할 수 있는 확률
② 설비가 적정 기술을 가지고 있는 사람에 의해 규정된 절차에 따라 운전하고 있을 때 보전이 주어진 기간 내 주어진 횟수 이상으로 요구되지 않을 확률
③ 설비가 규정된 절차에 따라 주어진 조건에서 운전 및 보전될 때 부품이나 설비의 운전 상태가 주어진 안전사고 수준 이하로 되지 않을 확률
④ 보전이 규정된 절차와 주어진 재료 등의 자원을 가지고 실행될 때 어떤 부품이나 시스템으로부터 생산된 생산량이 어느 불량률 이상 되지 않는 확률

해설
보전성
• 보전에 대한 용이성을 나타내는 성질로, 보전도로 나타낸다.
• 보전 횟수, 보전시간–작업자시간, 보전비용, 보전품질로 표시할 수 있다.
• 보전이 규정된 절차와 주어진 자원을 가지고 행해질 때 어떤 부품이나 시스템이 어떤 주어진 시간 이내에서 지정된 상태를 유지 또는 회복할 수 있는 확률이다.
• 설비가 적정 기술을 가지고 있는 사람에 의하여 규정된 절차에 따라 운전될 때 보전이 주어진 기간 내에서 주어진 횟수 이상으로 요구되지 않을 확률이다.
• 설비가 규정된 절차에 따라 운전 및 보전될 때 설비에 대한 보전비용이 주어진 기간 동안 어느 비용 이상 비싸지지 않을 확률이다.
• 보전이 규정된 절차와 주어진 재료 등의 자원을 가지고 실행될 때 어떤 부품이나 시스템으로부터 생산된 생산량이 어느 불량률 이상 되지 않는 확률이다.

36 극압윤활을 위한 극압제로 사용하지 않는 것은?

① H ② Cl
③ S ④ P

해설
극압제(Extreme Pressure Additives, EP유) : 큰 하중을 받는 베어링의 경우 유막이 파괴되기 쉬워 이를 방지하기 위해 극압첨가제 사용한다. 염화파라핀, 황(S)계, 인(P)계가 있다.

37 유체윤활에서 마찰저항을 결정하는 요소는?

① 마찰면의 재질
② 윤활제의 유성
③ 유체의 점성저항
④ 마찰면의 다듬질 정도

해설
유체윤활(후막윤활, 완전윤활)은 마찰면 사이에 유체역학적으로 충분히 두꺼운 점성 유막이 형성된 윤활 상태로, 유체의 점성저항이 윤활의 성질을 결정한다.

38 복동형 왕복압축기의 운전부 윤활(외부 윤활)에 대한 설명으로 틀린 것은?

① 산화 안정성이 좋아야 한다.
② 녹 발생을 억제할 수 있어야 한다.
③ 터빈유를 사용하는 것이 바람직하다.
④ 지방유를 혼합한 윤활유를 사용하면 좋다.

해설
터빈유는 수력터빈, 발전기 등 험한 환경의 베어링 윤활 등에 사용되며, 우수한 성질을 갖고 있는 윤활유이다.
외부유의 요구 성능 : 적정 점도, 높은 점도지수, 높은 산화 안정성, 양호한 수분 함유, 방청성, 소포성, 낮은 유동성 등이 있다. 내부 윤활유와는 달리 청정, 분산성을 요구하지는 않는다.

39 생산량이 많고 표준화되어 작업의 균형이 유지되며 재료의 흐름이 원활한 경우에 많이 이용되는 설비 배치의 형태는?

① 갱 시스템 ② 제품별 배치
③ 기능별 배치 ④ 제품 고정형 배치

해설
제품별 배치(라인별 배치, Product Layout, Line-layout)
• 공정의 계열에 따라 각 공정에 필요한 기계가 배치되는 형식이다.
• 생산량이 많고 작업의 균형이 유지되는 표준화 공정의 경우에 이용한다.
• 원료 및 재료의 흐름이 원활해야 한다.
• 전통적 생산효율성을 고려하여 공정 간의 공정 균형효율이 필요하다.

40 수리공사에 대한 설명으로 틀린 것은?

① 일반보수공사는 조업상 요구에 의한 개량공사이다.
② 사후수리공사는 설비검사를 하지 않은 생산설비의 수리이다.
③ 돌발수리공사는 설비검사에 의해 계획하지 못했던 고장의 수리이다.
④ 예방수리공사는 설비검사에 의해서 계획적으로 하는 수리이다.

해설
수리공사 분류
보전비 분석과 관리 방침 수립이 가능하고, 합리적 예산 편성을 위해 목적에 따라 수리공사를 분류한다.
• 정기수리공사 : 장비의 성능 회복 및 장비 점검을 목적으로 일정한 시간 간격을 두고 계획적으로 장비를 휴지하고 시행하는 비교적 소규모인 공사(생산라인을 장기간 걸쳐 휴지하여 실시하는 대규모 공사는 셧다운 공사로 구분)
• 긴급수리공사(돌발수리공사) : 돌발적으로 발생한 고장 때문에 휴지된 장비에 대해서 고장 발생 직후에 즉시 실시하는 응급적인 공사
• 예방수리공사 : 설비검사에 의해서 계획적으로 하는 수리를 포괄하는 공사
• 사후수리공사 : 설비검사를 하지 않은 생산설비의 수리를 포괄하는 공사
• 보전개량공사 : 보전상의 요구에 의하여 실시하는 개량공사, 수리주기를 연장하기 위해 재질 변경 등이 해당되는 공사
• 개수공사 : 조업상의 요구에 의해 실시하는 개량공사, 배관 교체 등 변경공사

36 ① 37 ③ 38 ④ 39 ② 40 ①

제3과목 기계일반 및 기계보전

41 나사 체결에 관한 설명으로 옳지 않은 것은?

① 나사 체결 전 볼트의 강도 등급을 확인한다.
② 볼트 체결방법은 토크법, 너트회전각법, 가열법, 장력법이 있다.
③ 토크법은 나사면의 마찰계수 불균형을 무시할 수 있다.
④ 가장 큰 장력으로 조일 수 있는 적절한 체결방법은 텐셔너(장력법)를 이용하는 방법이다.

해설
- 나사를 체결하는 방법은 1차 조임 후 정해진 토크만큼 추가로 죄어 주는 토크법이 대표적이다. 1차 조임 후 정해진 각도만큼 추가로 죄어 주는 회전각법, 장력을 가하여 길이를 늘인 후 체결하고 장력을 제거하면 접촉력이 높아지는 방법을 사용하는 장력법, 열을 가하여 길이를 늘인 후 체결하여 접촉력을 높이는 가열법 등이 있다.
- 나사 체결 전에 볼트 강도의 등급을 확인하고 체결을 실시한다.
- 토크법으로 체결할 때 나사면의 마찰계수가 불균형한 것을 무시하고 체결하면, 적절한 강도로 체결되지 못하고 나사가 풀어질 수 있다.

42 두 축의 중심선이 어느 각도로 교차되고 그 사이의 각도가 운전 중 다소 변하여도 자유로이 운동을 전달할 수 있는 축이음은?

① 머프 커플링(Muff Coupling)
② 올덤 커플링(Oldham Coupling)
③ 클램프 커플링(Clamp Coupling)
④ 유니버설 커플링(Universal Coupling)

해설
유니버설 조인트 : 커플링의 한 종류로 두 축의 만나는 각이 수시로 변하는 공작기계나 자동차 등의 축이음에 사용한다.

43 기계제도 중 기어의 도시방법에 대한 설명으로 옳지 않은 것은?

① 잇봉우리원은 굵은 실선으로 표시한다.
② 피치원은 가는 1점쇄선으로 표시한다.
③ 이골원은 가는 2점쇄선으로 표시한다.
④ 잇줄 방향은 통상 3개의 가는 실선으로 표시한다.

해설
이뿌리원(이골원)은 가는 실선으로 그린다. 단, 축에 직각 방향으로 단면 투상할 경우에는 굵은 실선으로 그린다.

44 비교 측정에 사용되는 측정기는?

① 측장기
② 마이크로미터
③ 다이얼게이지
④ 버니어 캘리퍼스

해설
비교 측정
- 측정기로 측정 후 표준 치수게이지와 비교하여 측정한다.
- 비교측정기 종류에는 다이얼 게이지, 미니미터, 옵티미터, 공기 마이크로미터, 블록게이지 등이 있다.
- 장점 : 대상물의 상대적 비교에 유리하고, 비교적 높은 정밀도의 측정이 가능하며, 자동화에 도움을 준다.
- 단점 : 측정범위가 좁고 직접 읽을 수 없으며 표준게이지가 필요하다.

45 안전점검표(Check List)에 포함되어야 할 사항이 아닌 것은?

① 점검대상
② 판정기준
③ 점검방법
④ 점검자 경력

해설
점검자의 기재가 필요한 것은 권한과 책임을 명확히 하기 위함이며, 점검자의 경력을 체크리스트에 포함할 필요는 없다.

정답 41 ③ 42 ④ 43 ③ 44 ③ 45 ④

46 목재가공용 둥근 톱기계의 방호장치 중 반발예방장치의 구성요소에 해당하지 않는 것은?

① 스토퍼 ② 분할날
③ 보조안내판 ④ 반발방지 롤(Roll)

해설
스토퍼는 접촉예방장치의 덮개를 고정하기 위해 필요한 요소이다.
반발예방장치: 가공재가 톱날 후면에서 반발되는 것을 방지하도록 설치하는 장치로, 분할날을 사용한다. 특히 지름이 405mm가 넘는 둥근 톱기계(자동송급장치가 있는 것은 제외)는 반드시 분할날을 사용해야 한다. 반발예방장치는 분할날, 반발방지 발톱, 반발방지 롤, 보조안내판 등을 갖추어야 한다.

47 신뢰도와 보전도를 종합한 평가척도로 어느 특정 순간에 기능을 유지하고 있을 확률을 나타내는 것은?

① 용이성 ② 유용성
③ 보전성 ④ 신뢰성

해설
- 신뢰성: 설비의 효율성을 결정짓는 하나의 속성으로서, 시스템이 어떤 특정환경과 운전조건하에서 어느 주어진 시간 동안 명시된 특정기능을 성공적으로 수행할 수 있는 확률이다.
- 보전성
  - 보전에 대한 용이성을 나타내는 성질로, 보전도로 나타낸다.
  - 보전 횟수, 보전시간-작업자시간, 보전비용, 보전품질로 표시할 수 있다.
- 유용성
  - 신뢰도와 보전도를 종합한 평가척도이다.
  - 어느 특정한 시간에 기능을 유지하고 있을 확률이다.
  - 설비 유효가동률 = 시간가동률 × 속도가동률

48 축계 기계요소의 도시방법으로 옳지 않은 것은?

① 축은 길이 방향으로 단면 도시를 하지 않는다.
② 긴 축은 중간을 파단하여 짧게 그리지 않는다.
③ 축 끝에는 모따기 및 라운딩을 도시할 수 있다.
④ 축에 있는 널링의 도시는 빗줄로 표시할 수 있다.

해설
긴 축은 다음 그림처럼 중간에 파단 표시를 하여 짧게 표시한다.

49 산업안전보건법령상 안전보건관리책임자를 두어야 하는 사업장에 해당하지 않는 것은?

① 공사금액 30억원의 건설업
② 상시 근로자 200명의 농업
③ 상시 근로자 100명의 식료품 제조업
④ 상시 근로자 50명의 전기장비 제조업

해설
안전보건관리책임자를 두어야 하는 사업의 종류 및 사업장의 상시 근로자 수(산업안전보건법 시행령 별표 2)

사업의 종류	사업장의 상시 근로자 수
1. 토사석 광업 2. 식료품 제조업, 음료 제조업 3. 목재 및 나무제품 제조업 : 가구 제외 4. 펄프, 종이 및 종이제품 제조업 5. 코크스, 연탄 및 석유정제품 제조업 6. 화학물질 및 화학제품 제조업 : 의약품 제외 7. 의료용 물질 및 의약품 제조업 8. 고무 및 플라스틱제품 제조업 9. 비금속 광물제품 제조업 10. 1차 금속 제조업 11. 금속가공제품 제조업 : 기계 및 가구 제외 12. 전자부품, 컴퓨터, 영상, 음향 및 통신장비 제조업 13. 의료, 정밀, 광학기기 및 시계 제조업 14. 전기장비 제조업 15. 기타 기계 및 장비 제조업 16. 자동차 및 트레일러 제조업 17. 기타 운송장비 제조업 18. 가구 제조업 19. 기타 제품 제조업 20. 서적, 잡지 및 기타 인쇄물 출판업 21. 해체, 선별 및 원료 재생업 22. 자동차 종합 수리업, 자동차 전문 수리업	상시 근로자 50명 이상
23. 농 업 24. 어 업 25. 소프트웨어 개발 및 공급업 26. 컴퓨터 프로그래밍, 시스템 통합 및 관리업 27. 정보서비스업 28. 금융 및 보험업 29. 임대업 : 부동산 제외 30. 전문, 과학 및 기술 서비스업(연구개발업은 제외한다) 31. 사업지원 서비스업 32. 사회복지 서비스업	상시 근로자 300명 이상
33. 건설업	공사금 20억원 이상
34. 제1호부터 제26호까지, 제26호의2 및 제27호부터 제33호까지의 사업을 제외한 사업	상시 근로자 100명 이상

50 강을 담금질하면 경도는 증가하나 취성이 커지므로 사용목적에 알맞도록 A_1 변태점 이하의 적당한 온도로 재가열하여 인성을 증가시키고 경도를 감소시키는 열처리 방법은?

① 뜨 임
② 불 림
③ 침 탄
④ 풀 림

해설

뜨임 : 담금질 후 내부응력이 있는 강의 내부응력을 제거하거나 인성을 개선시켜 주기 위해 100~200℃ 온도로 천천히 뜨임하거나 500℃ 부근에서 고온으로 뜨임한다. 200~400℃ 범위에서 뜨임을 하면 뜨임메짐현상이 발생한다.

51 용접으로 인해 발생한 잔류응력을 제거하는 열처리 방법으로 가장 적합한 것은?

① 뜨 임
② 풀 림
③ 불 림
④ 담금질

해설

응력 제거 풀림(Stress Relief Annealing)
• 금속재료의 잔류응력을 제거하기 위해서 적당한 온도에서 적당한 시간을 유지한 후에 냉각시키는 처리이다.
• 주조, 단조, 압연 등의 가공, 용접 및 열처리에 의해 발생된 응력을 제거한다.
• 주로 450~600℃ 정도에서 시행하여 저온 풀림이라고도 한다.

52 3상 유도전동기에서 1상이 단선될 경우 나타나는 고장 현상이 아닌 것은?

① 슬립 증가
② 부하전류 증가
③ 토크가 현저히 감소
④ 언밸런스에 의한 진동 증가

해설

3상을 가진 전동기 중 1상이 단선되면 파장이 한 번 덜 공급되고 토크가 현저히 감소한다. 1상이나 2상으로 더 빠른 전류를 공급해야 하므로 부하전류가 증가하게 된다.

53 고압 증기 압력제어밸브의 동작 시 방출되는 유체가 스프링에 직접 접촉될 때 스프링의 온도 상승으로 인한 탄성계수의 변화로 설정압력이 점진적으로 변하는 현상은?

① Crawl
② Hunting
③ Blowdown
④ Back Pressure

해설

② Hunting : 제어밸브의 스템이 지속적으로 변화하고 움직이는 현상으로, 이 현상이 발생하면 패킹의 마모가 빨라진다.
③ Blowdown : 안전밸브의 설정압력과 다시 닫힐 때 압력의 압력의 차이의 비로, 비율로 나타낸다. 블로다운을 두는 이유는 과압으로 인한 채터링 현상을 방지하기 위해서이다. 블로다운이 크면 불필요하게 유체가 손실되므로 가능한 한 짧아야 한다. 압력설정치가 3.16kg/cm²를 초과할 수 없으며 일반적으로 블로다운의 한계는 안전밸브 설정압력의 2.5~7%이다.
④ Back Pressure : 압력방출밸브의 출구 측에 형성된 압력으로, 디스크 배면에 작용하여 그 크기에 따라 설정압력을 증가시키거나 닫힘력을 증가시킨다. 설정압력의 10% 이하의 배압은 무시하며 기체압이 작용하는 안전밸브인 경우는 주로 대기압이다.

54 관로에서 유속의 급격한 변화에 의해 관 내 압력이 상승 또는 하강하는 현상으로 옳은 것은?

① 수격현상
② 축류현상
③ 벤투리 현상
④ 캐비테이션 현상

해설

수격현상(水擊, Water Hammer, Water Hammering)
• 펌프를 급히 정지시키면 관 속에 흐르는 유체가 흐름의 충격을 받아 관로 내에 급격히 압력이 높아지는 부분이 생겨 발생한 압력파가 왕복·반복되며 물이나 관을 때리는 것 같은 현상이다.
• 펌프를 기동할 때 송출밸브를 급히 여닫거나 운전 중에 밸브를 급히 여닫으면 비슷한 현상이 발생한다.
• 구조상 수격에 의해 반복해서 충격받는 부분이 있으면 반복 충격에 의해 파손의 우려가 있다.

55 선반가공을 할 때 절삭속도가 120m/min이고, 공작물의 지름이 60mm일 경우 회전수는 약 몇 rpm으로 하여야 하는가?

① 64
② 164
③ 637
④ 1,637

해설
절삭속도 : 절삭날이 공작물에 닿을 때의 접선속도
$V = \dfrac{\pi D n}{1,000}$ [m/min]

$120\,\text{m/min} = \dfrac{\pi 60 n}{1,000}\,\text{m/min}$,

$n = \dfrac{120 \times 1,000}{60 \times 3.14}\,\text{rpm} \fallingdotseq 637\,\text{rpm}$

56 유압 실린더가 불규칙하게 움직일 때의 원인과 대책으로 옳지 않은 것은?

① 회로 중에 공기가 있다. – 회로 중 높은 곳에 공기벤트를 설치하여 공기를 뺀다.
② 실린더의 피스톤 패킹, 로트 패킹 등이 딱딱하다. – 패킹의 체결을 줄인다.
③ 드레인 포트에 배압이 걸려 있다. – 드레인 포트의 압력을 빼 준다.
④ 실린더의 피스톤과 로드 패킹의 중심이 맞지 않다. – 실린더를 움직여 마찰저항을 측정하고, 중심을 맞춘다.

해설
드레인 포트에 배압이 걸려 있을 때는 드레인을 해 주거나 헤드쪽의 이상이 있는 경우 드레인 포트를 교체하거나 제거하여야 한다.

57 관이음의 종류에서 플랜지이음을 사용하는 경우가 아닌 것은?

① 신축성을 줄 경우
② 내압이 높을 경우
③ 관경이 비교적 큰 경우
④ 분해작업이 필요한 경우

해설
플랜지 커플링 : 두 축 끝에 플랜지를 끼워 키로 고정하고 리머볼트로 결합시키는 커플링으로, 두 축을 정확히 결합할 수 있고 동력전달이 커 두꺼운 축과 고속 정밀 회전축에 사용한다. 비교적 재조립에 용이하다.
※ 신축성이 필요한 경우에는 플렉서블 커플링을 사용하는 것이 좋다.

58 줄 작업방법이 아닌 것은?

① 직진법
② 피닝법
③ 사진법
④ 병진법

해설
줄 작업방법 : 줄질의 방법에 따라 직진법, 사진법, 병진법으로 나눈다.
• 직진법은 줄을 길이 방향으로 밀고 당기며 작업하는 방법으로 마무리 작업 시 사용된다.
• 사진법은 줄을 공작물과 경사지게 놓고 밀고 당기며 이동하는 방법으로 줄눈 기준으로는 직각 방향으로 가공하는 것이며 넓은 면 가공 시 사용된다.
• 병진법은 줄의 좁은 면을 사용하여 옆으로 문지르듯이 작업하는 것이며 길고 좁은 면 작업 시 사용된다.

59 체인을 거는 방법으로 틀린 것은?

① 두 축의 스프로킷 휠은 동일 평면에 있어야 한다.
② 수직으로 체인을 걸 때 큰 스프로킷 휠이 아래에 오도록 한다.
③ 수평으로 체인을 걸 때 이완측이 위로 오면 접촉각이 커지므로 벗겨지지 않는다.
④ 이완측에는 긴장풀리를 쓰는 경우도 있다.

해설

체인 거는 방법
- 스프로킷 휠의 접촉각은 120° 이상으로 한다.
- 체인은 평행축에 평형걸기를 하므로 두 축의 스프로킷 휠은 동일 평면에 있어야 한다.
- 수평걸기의 경우 긴장측이 위로, 이완측이 아래로 한다.
- 수평걸기를 할 때 이완측에 긴장풀리를 쓰는 경우도 있다.
- 수직걸기를 할 때 큰 스프로킷 휠이 아래로 오게 한다.

60 피스톤 압축기의 엔드 간극에 대한 설명으로 옳은 것은?

① 간극 치수는 1.5~3.0mm의 범위로 상부 간극보다 하부 간극을 크게 한다.
② 간극 치수는 1.5~3.0mm의 범위로 하부 간극보다 상부 간극을 크게 한다.
③ 간극 치수는 3.0~4.5mm의 범위로 하부 간극보다 상부 간극을 크게 한다.
④ 간극 치수는 3.0~4.5mm의 범위로 상부 간극보다 하부 간극을 크게 한다.

해설

압축기 설치 시 피스톤 엔드 간극을 묻는 문제이다. 이때 피스톤 엔드 간극은 피스톤 로드를 크로스 헤드에 돌려 넣은 다음 손으로 회전시켜 좌우상하 간극을 측정하고 1.5~3.0mm 범위에서 하부 간극보다 상부 간극을 크게 한다.

제4과목 공유압 및 자동화

61 유압 실린더의 속도를 조절하는 방식 중 유량조절밸브를 사용하지 않고 피스톤이 전진할 때 펌프의 송출 유량과 실린더 로드 측의 배출 유량이 합류하여 유입되므로 실린더의 전진속도가 빨라지는 회로는?

① 재생회로   ② 미터인 회로
③ 미터아웃 회로   ④ 블리드 오프 회로

해설

재생회로는 다음 그림과 같이 구성되어 실린더 전진속도를 높일 수 있다.

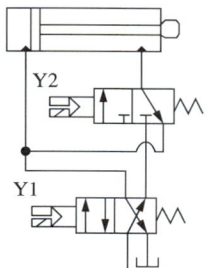

62 저투자성 자동화(Low Cost Automation)의 특징으로 옳지 않은 것은?

① 단계별로 자동화를 한다.
② 생산의 탄력성이 좋아진다.
③ 자신이 직접 자동화를 한다.
④ 최소한의 시간을 투입하여 자동화를 한다.

해설

생산의 탄력성은 FMS의 특징이다.
저투자성 자동화는 자동화에 드는 비용을 최소한으로 하기 위해 부분적으로 자동화를 시행하거나 간이 자동화를 시행하는 것이다. 단순한 장비를 자동화하거나 시스템을 단계별로 자동화하거나 DIY(Do It Yourself)로 자동화를 구축하거나 작업시간을 최소화할 수 있도록 개선하는 등 전체 시스템을 구축하는 것과 대비되는 여러 가지 방법으로 자동화를 시행한다.

※ 저자 의견 : 보기 ④도 저투자성 자동화를 옳게 설명하는 것으로 보이지는 않는다. 저투자성 자동화는 작업자의 근로시간을 단축시키는 개념을 특징으로 도입하고 있다. 그러나 보기 ②가 더 분명하고, 최소한 시간 투입을 하면 비용이 절감되는 면이 있어 보기 ②를 정답으로 선택하는 것이 옳다.

정답 59 ③ 60 ② 61 ① 62 ②

63 공기압 모터의 특징으로 옳은 것은?

① 공기압 모터는 과부하에 대하여 비교적 안전하다.
② 요동형 공기압 모터는 회전각의 제한이 없다.
③ 공기압 모터를 사용하면 고속을 얻기가 어렵다.
④ 공기압 모터의 회전속도는 무단으로 조절할 수 없다.

해설
공압모터의 특징
- 속도를 무단으로 조절할 수 있다.
- 출력을 조절할 수 있다.
- 속도범위가 크다.
- 과부하에 안전하다.
- 오물, 물, 열, 냉기에 민감하지 않다.
- 폭발에 안전하다.
- 보수 유지가 비교적 쉽다.
- 높은 속도를 얻을 수 있다.
- 입력된 에너지에 비해 출력되는 에너지의 비율이 나쁘거나 일정하지 않다.
- 정확한 제어가 힘들다.
- 유압에 비해 소음이 발생한다.
※ 요동형 모터는 랙형, 베인형으로 구분할 수 있으며, 회전각의 제한을 받는다.

64 공기압의 특징으로 옳지 않은 것은?

① 비압축성이다.
② 에너지로서 저장성이 있다.
③ 균일한 속도를 얻기 힘들다.
④ 폭발 및 화재의 위험이 적다.

해설
유압이 비압축성이며, 공기는 기체로 압축성을 갖는다.

65 유압시스템의 토출 유량이 감소했을 때 점검사항이 아닌 것은?

① 펌프의 회전 방향
② 탱크 내 유면 높이
③ 릴리프 밸브의 조정 상태
④ 전동기와 펌프의 축 오정렬

해설
모터와 펌프의 축의 정렬 상태를 확인하는 것을 모터-펌프 얼라인먼트라고 한다. 모터-펌프의 얼라인먼트가 맞지 않으면 커플링이나 베어링 등이 벗겨지거나 축이 손상되거나 진동이 발생하거나 실링이 벗겨지는 등의 문제가 발생할 수 있다.

66 축압기(Accumulator)의 사용목적이 아닌 것은?

① 누유방지
② 맥동 흡수
③ 압력 보상
④ 유압에너지 축적

해설
유체가 새는 것을 방지하는 것을 누유방지라고 한다. 축압기를 사용하여 누유를 방지하는 효과는 미미하다.
축압기(Accumulator)
- 유체의 압력을 축적하여 압력의 흐름을 일정하게 조절해 주는 장치이다. 압력을 축적하는 방식으로 맥동을 방지하는 데 사용한다.
- 일시적으로 적은 양의 가압 유압액을 저장하여 압력 변동을 최소화하고 라인의 소음을 줄이고 신뢰할 수 있는 서보밸브 성능을 유지할 수 있도록 한다.
- 에너지를 축적하고 부족할 때 보충하는 유압콘덴서 역할을 한다.

63 ① 64 ① 65 ④ 66 ① **정답**

67 베인펌프의 일반적인 특징에 대한 설명으로 옳지 않은 것은?

① 기어펌프에 비해 소음이 작다.
② 베인의 마모로 인한 압력 저하가 작다.
③ 피스톤 펌프에 비해 토출 압력의 맥동현상이 적다.
④ 가공 정밀도가 낮아도 된다는 장점이 있고, 유압유의 점도와 이물질에 예민하지 않다.

해설
베인펌프
- 산업용 유류펌프로 사용되며, 구조가 간단하고 성능이 좋아서 많은 양의 기름을 수송하는 데 적합하다.
- 베인의 마모에 의한 압력 저하가 발생하지 않는다.
- 큰 힘으로 흡입은 힘들지만, 크기에 비해 출력이 좋고 소음과 맥동이 작다.
- 원통형 케이싱 안에 편심된 로터가 들어 있고, 로터에는 홈이 있고, 홈 속에는 베인이 삽입되어 자유로이 출입하며, 회전에 의한 원심 작용으로 베인이 내벽에 밀착되는 상태를 유지하며 기밀을 유지한다.
- 기밀 유지를 위해 정밀도가 필요하며 이물질에 취약하다.

68 감각기능 및 인식기능에 의해 행동결정을 할 수 있는 로봇은?

① 지능 로봇
② 시퀀스 로봇
③ 감각제어 로봇
④ 플레이백 로봇

해설
② 시퀀스 로봇 : 시퀀스에 따라 순차적으로 제어되는 로봇
③ 감각제어 로봇 : 센싱을 통한 조건에 따른 자율적 판단으로 조작되는 로봇
④ 플레이백 로봇 : 인간의 행동을 기억하여 머니퓰레이션하는 로봇

69 스테핑 모터의 특징으로 옳지 않은 것은?

① 정지 시 홀딩토크가 없다.
② 회전속도는 입력 주파수에 비례한다.
③ 회전각도는 입력 펄스의 수에 비례한다.
④ 피드백 루프 없이 속도와 위치제어 응용이 가능하다.

해설
스테핑 모터의 단점
- 특정 주파수에서 진동, 공진현상 발생 가능성이 있다.
- 관성이 있는 부하에 취약하다.
- 고속운전 시에 탈조하기 쉽다.
- 홀딩토크(Holding Torque)가 발생한다.
- 저속 시 진동 및 공진의 문제가 있다.
- 토크의 저하로 DC 모터에 비해 효율이 떨어진다.

70 전기 타임 릴레이의 구성요소 중 공기압의 체크밸브와 같은 기능을 가지고 있는 것은?

① 접 점
② 가변저항
③ 다이오드
④ 커패시터

해설
다이오드를 사용한 회로
- 다이오드는 한쪽 방향으로 전류가 흐르도록 제어하는 반도체 소자이다.
- 교류회로에서 다이오드를 적용하면 다이오드 소자 이후로는 정류된 전류가 흐른다.
- 정류란 교류의 양 극성이 한 극성만 통과되고 나머지 극성은 걸러진 전류이다.
반도체 릴레이(무접점 릴레이)는 전원공급부, 다이오드(발광), 광센서, 접점회로로 구성되어 있다. 무접점회로는 전기적으로 이미 구성된 조건에 맞추어 구성해야 하지만, 매우 작은 부피로 구성이 가능하며 접점 스파크, 반응속도 등을 고려할 필요가 없고 프로그램 등의 특성에 따라 조정, 검토 등에 유리한 면이 있다. 다이오드는 정방향 전기신호가 들어올 때만 동작하는 특성을 갖고 있으며 스위치 역할을 한다.

정답 67 ④ 68 ① 69 ① 70 ③

71 다음 밸브의 명칭과 역할은?

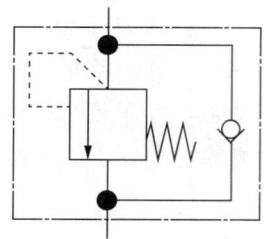

① 감압밸브 : 실린더 전진 시 압력 제어
② 릴리프 밸브 : 회로의 압력을 일정하게 유지
③ 일방향 유량제어밸브 : 실린더 후진속도 제어
④ 카운터 밸런스 밸브 : 실린더 자중에 의한 낙하 방지

해설

감압밸브	릴리프 밸브	일방향 유량 조절 밸브

72 실제의 시간과 관계된 신호에 의하여 제어가 행해지는 제어계는?

① 논리제어계
② 동기제어계
③ 비동기제어계
④ 시퀀스제어계

해설
시간에 따른 제어는 동기제어와 비동기제어로 구분할 수 있다. 동기제어는 제어와 출력이 동시에 이루어지도록 제어하고, 비동기제어는 제어와 출력 사이에 시간의 상관성이 반드시 필요하지 않다.

73 유체 비중량의 정의로 옳은 것은?

① 단위체적당 유체가 갖는 무게
② 단위체적이 갖는 유체의 질량
③ 단위중량이 갖는 체적, 단위질량당의 체적
④ 물체의 밀도를 순수한 물의 밀도로 나눈 값

해설
비중량 : 단위체적당 유체의 중량을 나타내는 것으로, 밀도가 단위체적당 질량을 의미하는 것처럼 상응하여 중량에 대해서도 비중량을 생각할 수 있다.

74 방향전환밸브의 구조에 관한 설명이 옳지 않은 것은?

① 로크회로에는 스풀 형식보다는 포핏 형식을 사용하는 것이 장시간 확실한 로크를 할 수 있다.
② 스풀 형식은 각종 유압 흐름의 형식을 쉽게 설계할 수 있고, 각종 조작방식을 용이하게 적용할 수 있다.
③ 포핏 형식은 밸브의 추력을 평형시키는 방법이 곤란하고 조작의 자동화가 어려우므로 고압용 유압방향전환밸브로서는 널리 사용되지 않는다.
④ 로터리 형식은 일반적으로 회전축에 평형이 되는 방향으로 측압이 걸리고, 또한 로터리에 작은 압유통로를 뚫어야 하기 때문에 밸브 본체가 비교적 소형이 된다.

해설
로터리 형식은 일반적으로 회전축에 직각이 되는 방향으로 측압이 걸린다.

71 ④ 72 ② 73 ① 74 ④

75 다음 그림과 같은 밸브의 B포트를 막았을 때와 같은 기능을 하는 밸브는?

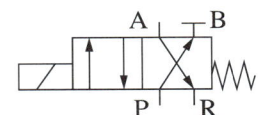

① (A, P 포트 기호)
② (A, P 포트 기호)
③ (A, P, R 포트 기호)
④ (A, P, R 포트 기호)

해설
문제 그림의 밸브는 신호가 들어갈 때 흐름이 발생하고 신호가 끊어졌을 때 복귀(Return)흐름이 발생한다.
①, ③ 신호가 들어갈 때 흐르지 않는다.
② 신호가 들어갈 때 흐르지만 끊어졌을 때 복귀흐름이 없다.

76 다음 중 밸브 선정 시 직접적인 고려사항으로 가장 적절하지 않은 것은?

① 실린더의 속도
② 요구되는 스위칭 횟수
③ 허용할 수 있는 압력 강하
④ 실린더와 밸브 사이의 최소 거리

해설
실린더와 밸브 사이의 거리는 밸브의 종류와 함께 밸브 선정에 크게 영향을 주지 않는다.

77 돌발적, 만성적으로 발생하여 설비의 효율에 악영향을 미치는 6대 로스(Loss)가 아닌 것은?

① 속도 로스
② 불량 로스
③ 양품 로스
④ 정지 로스

해설
6대 로스 : 고장 로스, 작업 준비 조정 로스, 일시 정체 로스, 속도 로스, 불량 수정 로스, 초기 수율 로스

78 일상생활이나 산업현장에서의 피드백 제어에 해당되는 작업은?

① 아파트 현관 램프가 일정 시간 켜졌다가 저절로 꺼진다.
② 4/2-way 밸브를 조작하여 공기압 실린더로 목재를 클램핑한다.
③ 유량조정밸브만 사용하여 유압모터의 축을 일정한 속도로 회전시킨다.
④ 아크용접 로봇이 AC 서보모터를 이용하여 속도, 위치 데이터를 측정하며 지정된 용접선을 따라 용접한다.

해설
피드백제어는 출력이 입력에 영향을 미쳐야 한다.
①, ②, ③은 출력이 입력에 영향이 없으며, ④는 로봇의 위치, 속도 등의 출력이 입력에 영향을 준다.

79 압축공기 저장탱크의 구성요소가 아닌 것은?

① 배수기
② 압력계
③ 유량계
④ 압력 안전밸브

해설
압축공기의 저장량은 압축된 공기의 압력으로 간접 측정한다.

80 베르누이 정리에 관한 관계식으로 옳은 것은?(단, V : 유속(m/s), g : 중력가속도(m/s²), γ : 유체의 비중량 (N/m³), P : 압력(Pa), Z : 높이(m)이다)

① $\dfrac{P}{\gamma}+\dfrac{V^2}{g}+Z=$ 일정

② $\dfrac{P}{\gamma}+\dfrac{V^2}{2g}+Z=$ 일정

③ $\dfrac{Z}{\gamma}+\dfrac{V^2}{2g}+P=$ 일정

④ $\dfrac{\gamma}{P}+\dfrac{2g}{V^2}+Z=$ 일정

해설
베르누이 방정식 : 압력수두, 속도수두, 위치수두의 합은 유관 내에서 같다.
$\dfrac{P}{\gamma}+\dfrac{V^2}{2g}+Z=$ 일정

정답 79 ③ 80 ②

2022년 제2회 과년도 기출문제

제1과목 설비진단 및 계측

01 질량 불평형(언밸런스, Unbalance)의 진동 특성으로 틀린 것은?

① 수평·수직 방향에 최대의 진폭이 발생한다.
② 회전 주파수 $1f$ 성분의 탁월 주파수가 나타난다.
③ 길게 돌출된 로터의 경우에는 축 방향 진폭은 발생하지 않는다.
④ 언밸런스 양과 회전수가 증가할수록 진동 레벨이 높게 나타난다.

해설
수평·수직 방향에 진폭이 발생하여 축 방향 진폭도 발생한다.
비평형진동(언밸런스진동) : 회전체의 회전축에 관한 질량 분포의 불균형 상태에 의해 발생한다. 측정 시 수평 수직 방향에 최대의 진폭이 발생하고 회전 주파수의 $1f$ 성분의 탁월 주파수가 나타나는데, 언밸런스 양과 회전수가 증가할수록 진동 레벨이 높게 나타난다.

02 소음기(Silencer, Muffler)를 사용할 때, 저감되는 소음의 종류는?

① 고체음
② 기계적 발생 소음
③ 전자적 발생소음
④ 공기음(Air-borne Sound)

해설
소음을 저감시키는 방법으로 흡음과 차음, 방음, 진동방지 등이 있다. 소음감소장치는 유체에 대하여 여러 원리로 소음을 감소시키는 장치이다.

03 시정수 τ의 정의로 옳은 것은?

① 출력이 최종값의 50%가 되기까지의 시간
② 출력이 최종값의 63%가 되기까지의 시간
③ 출력이 최종값의 90%가 되기까지의 시간
④ 출력이 최종값의 10%에서 90%까지의 경과시간

해설
회로에서의 반응이 지수함수를 따른다고 보고 $\left(1-\dfrac{1}{e}\right)$ 값인 약 0.63에 이르는 시간을 시정수(時定數)로 하여 회로의 성능을 판단한다.

04 측정 대상에 제한 없이 기체·액체를 측정할 수 있으며, 유체의 조성, 밀도, 온도, 압력 등의 영향을 받지 않고 유량에 비례한 주파수로 체적 유량을 측정할 수 있는 유량계는?

① 면적식 유량계
② 와류식 유량계
③ 용적식 유량계
④ 터빈식 유량계

해설
- **와류식** : 측정 대상에 제한 없이 기체 및 액체를 측정할 수 있으며, 유체의 조성, 밀도, 온도, 압력 등의 영향을 받지 않고 유량에 비례한 주파수로 체적 유량을 측정할 수 있는 유량계이다.
- **용적식**
  - 유량계 내부에 유체를 흐르게 하고 유량계 내부에 공간을 알고 있는 실을 설치하여 이 공간에서 유체가 배출되거나 채워질 때 고안된 회전자, 측정자, 베인 등 도구에 의하여 유량을 측정한다.
  - 유체의 흐름에 따라 회전하는 회전자로 케이스 사이의 공극에 유체를 연속적으로 취입해서 송출이라는 동작을 반복하여 회전자의 운동 횟수로 유량을 측정하는 유량계이다.
- **면적식** : 열린 면적의 차이에 의해 발생한 압력의 차이가 일정하게 유지되도록 개구부의 면적을 변화시켜 유량을 구한다. 구조가 단순하고 간편하며 눈으로 유량 확인이 가능하다.

05 소음과 관련된 용어에 대한 설명으로 틀린 것은?

① 음파 : 공기 등의 매질을 전파하는 소밀파
② 파면 : 파동의 위상이 같은 점들을 연결한 면
③ 파동 : 매질의 변형운동으로 이루어지는 에너지 전달
④ 음의 회절 : 음파가 한 매질에서 타 매질로 통과할 때 구부러지는 현상

해설
소리의 회절 : 투과되지 않은 음이 장애물에 입사하여 장애물 뒤쪽으로 전파하는 현상
※ 음파가 한 매질에서 타 매질로 통과할 때 구부러지는 현상은 굴절이다.

06 주파수가 50Hz, 100Hz인 다음 두 개의 파동이 중첩되면 나타나는 파동은?(단, 두 파형의 진폭은 같다)

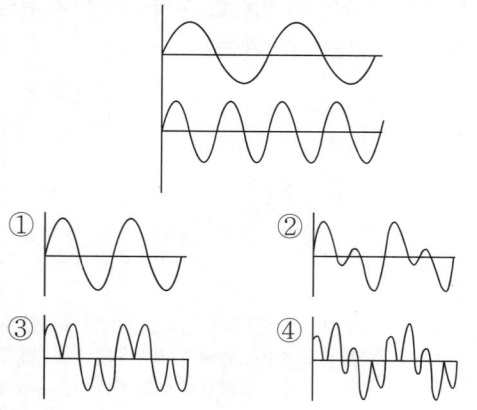

해설

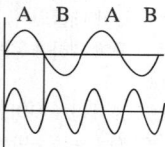

A 영역, B 영역이 반복되며 A 영역은 상승 구간에서 보강되며 하강 구간에서 감쇄할 것이며 파장의 형태를 띤다. B 영역은 하강 구간에서 하강의 정도가 약해지고 상승 구간에서 상승의 정도가 약해질 것이다. 따라서 보기 ②와 같은 파장이 나타난다.

07 오일분석법의 종류가 아닌 것은?

① 회전전극법
② 원자흡광법
③ 저주파흡광법
④ 페로그래피법

해설
대표적인 설비진단기법으로 진동법, 오일분석법, 응력법이 있다. 오일분석법에는 페로그래피법, SOAP법 등이 있고, SOAP법에는 원자흡광법, 회전전극법, ICP법 등이 있다.

08 차압기구인 오리피스에서 차압을 뽑아내는 방식이 아닌 것은?

① 코너 탭
② 축류 탭
③ 벤투리 탭
④ 플랜지 탭

해설
오리피스
- 흐름을 막은 판에 구멍을 만들어 유체를 유출시킬 때 압력차를 계산하여 유량을 측정한다(벤투리형과 원리 유사).
- 압력 취출 탭의 위치에 따른 종류 : 플랜지(Flange) 탭, 코너(Corner) 탭, 최대수축단면적(Vena Contracta) 탭, 반경(Radius) 탭, 파이프(Pipe) 탭, 엘보(Elbow) 탭

09 가동코일형 속도센서의 측정원리는?

① 연속의 법칙
② 피켓 펜스 법칙
③ 질량보존의 법칙
④ 패러데이의 전자유도법칙

해설
전자기 직선속도센서는 영구자석을 코일에 가까이 하면 기전력이 발생한다는 패러데이 전자유도법칙을 응용한 것으로, 가동코일형과 가동코어형이 있다. 가동코일형의 감도는 약 10mV(mm/s), 대여폭은 10~1,000Hz이다.

10 소음방지방법의 3가지 기본방법이 아닌 것은?

① 차 음
② 흡 음
③ 소음기
④ 진동 전이

해설
방음의 방법
- 흡 음
- 차음 : 밀폐벽, 중공벽 등을 설치하여 소리의 전달을 차단한다.
- 간섭 방음 : 입사음과 반사음을 간섭시켜 소음을 감소시키는 방법이다.
- 제진(진동 감소, 진동 댐핑) : 진동으로 패널에서 발생하는 소음 저감시킨다.
- 차진(진동 차단) : 방진고무, 스프링 등을 이용하여 진동에너지를 감소시켜 소음 전달을 저감시킨다.
- 소음감소장치(소음기)를 사용한다.

11 동적배율에 관한 설명으로 틀린 것은?

① 고무의 동적배율은 1 이상이다.
② 고무의 영률이 커질수록 동적배율은 작아진다.
③ 동적 스프링 정수가 커질수록 동적배율은 커진다.
④ 정적 스프링 정수가 커질수록 동적배율은 작아진다.

해설
동적배율 계산 시 영률을 고려하는 경우, 같은 조건일 때 영률이 커지면 동적배율도 커진다.

12 압전형 가속도센서의 특징으로 틀린 것은?

① 소형으로 가볍다.
② 사용 온도범위가 넓다.
③ 주파수 범위는 광대역이다.
④ 저감도이므로 센서를 손으로 고정하여 사용한다.

해설
가속도센서
- 압전형 가속도계를 많이 사용한다.
- 소형 경량이며 출력 임피던스가 높다.
- 고감도이므로 미세 조정이 필요하고 외부 영향, 용량에 감도 영향을 받는다.
- 중, 고주파 대 가속도 측정에 사용한다.

13 다음 정현파에서 a, b, c, d 중 의미가 틀린 것은?

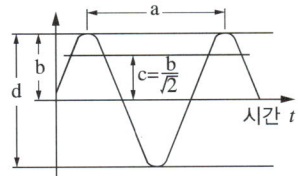

① a : 주기
② b : 편진폭
③ c : 진폭의 평균값
④ d : 양진폭

해설
c는 실횻값이다.

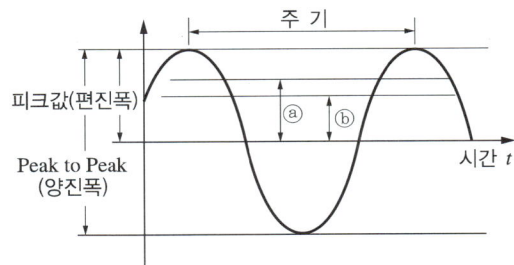

- 양진폭 : 진동을 파장으로 보았을 때 양의 피크(상한)와 음의 피크(하한)의 차이이다.
- 편진폭 : 진동을 파장으로 보았을 때 양의 피크(상한)와 0값의 차이로, 진동량 절댓값 중 최댓값이다.
- 평균값 : 그림의 ⓑ에 해당하는 값으로 정현파의 경우 진동량을 모두 합하여 그 기간 동안 평균하면
$$X_{\text{ave}} = \frac{2}{\pi} V_p$$

14 다음 그림과 같은 스프링을 설치하였을 경우 합성 스프링상수 k를 구하는 식으로 옳은 것은?(단, k_1과 k_2는 각각의 스프링상수이다)

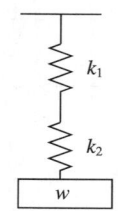

① $k = k_1 + k_2$
② $k = k_1 \times k_2$
③ $k = \dfrac{k_1}{1 + k_2}$
④ $k = \dfrac{1}{\dfrac{1}{k_1} + \dfrac{1}{k_2}}$

해설
복합 강성 직렬연결의 경우
$\dfrac{1}{k} = \dfrac{1}{k_1} + \dfrac{1}{k_2}$, 즉 $k = \dfrac{1}{\dfrac{1}{k_1} + \dfrac{1}{k_2}}$

15 발음원이 이동할 때 원래 발음원의 음보다 그 진행 방향쪽에서는 고음으로, 진행 방향 반대쪽에서는 저음으로 되는 현상은?

① 도플러(Doppler) 효과
② 마스킹(Masking) 효과
③ 호이겐스(Huygens') 원리
④ 음의 간섭(Interference) 효과

해설
도플러 효과
• 소리의 상대성 원리로 이동 중인 청자는 자신의 이동속도만큼 음의 속도에서 가하거나 감하게 되어 실제 소리보다 높게 듣거나 낮게 듣게 되는 현상
• 발음원이 이동할 때 그 진행 방향 쪽에서는 원래의 음보다는 고음으로, 진행 반대쪽에서는 저음으로 되는 현상

16 기계 진동의 크기 또는 양을 평가하는 데 사용되는 측정변수가 아닌 것은?

① 무 게
② 변 위
③ 속 도
④ 가속도

해설
진동현상을 설명하는 그래프는 변위를 세로축으로, 시간을 가로축으로 사용하는 그래프로, 물리값 중 시간과 변위의 관계로 구성된 값을 나타낼 수 있다. 변위, 속도, 가속도를 진동 크기의 3요소라고도 한다.

17 표면에 열린 결함만을 검출할 수 있는 비파괴검사는?

① 자분탐상검사
② 침투탐상검사
③ 방사선투과검사
④ 초음파탐상검사

해설
침투탐상시험의 특징
• 표면탐상검사이다.
• 침투제와 현상제를 이용하는 검사이며 이에 따라 종류가 나뉜다.
• 다공성, 흡수성 시험체를 제외하고는 크기 및 형태에 제한을 받지 않는다.
• 결함의 깊이와 내부의 결함은 파악하기 어렵다.
• 고도의 전문적 기술을 요하지 않는다.

18 광전센서의 특징으로 틀린 것은?

① 검출거리가 짧다.
② 응답속도가 빠르다.
③ 비접촉으로 검출할 수 있다.
④ 분해능이 높은 검출이 가능하다.

해설
광센서(광전센서)는 빛의 양, 반사되는 빛의 각, 양, 움직임 등을 감지하는 센서로 수광(受光)한 에너지를 전기신호로 변환한다. 빛은 직진성이 있고 동시성이 있어 긴 거리의 감지에도 적절하다.

19 구면(형)파(Spherical Wave)에 대한 설명으로 옳은 것은?

① 음파의 진행 반대 방향으로 에너지를 전송하는 파이다.
② 음파의 파면들이 서로 평행한 파에 의해 발생하는 파이다.
③ 음원에서 모든 방향으로 동일한 에너지를 방출할 때 발생하는 파이다.
④ 둘 또는 그 이상 음파의 구조적 간섭에 의해 시간적으로 일정하게 음압의 최고와 최저가 반복되는 패턴의 파이다.

해설
음원에서 모든 방향으로 동일한 에너지를 방출하여 에너지가 같은 파면을 이으면 구의 모양이 된다. 이 파장을 구면파라고 한다.

20 와류탐상검사의 장점에 해당하지 않는 것은?

① 검사를 자동화할 수 있다.
② 비접촉법으로 할 수 있다.
③ 검사체의 도금 두께 측정이 가능하다.
④ 형상이 복잡한 것도 쉽게 검사할 수 있다.

해설
와전류탐상시험
- 전자유도현상에 따른 와전류 분포 변화를 이용하여 검사한다.
- 표면 및 표면직하검사 및 도금층의 두께 측정에 적합하다.
- 파이프 등의 표면 결함의 고속 검출에 적합하고, 자동화 적용이 가능하다.
- 전자유도현상이 가능한 도체에서 시험이 가능하다.

제2과목 설비관리

21 TPM의 우선순위 활동인 자주보전의 효과 측정을 위한 방법에 해당하지 않는 것은?

① 기준서 작성 현황 확인
② MTBF(평균가동시간)의 연장
③ OPL(One Point Lesson) 작성 현황 확인
④ FMCEA(고장유형, 영향 및 심각도 분석)

해설
자주보전 효과의 측정
- MTBF(평균가동시간) 연장 : 자주보전이 잘 시행되면 MTBF가 연장된다.
- OPL(One Point Lesson) 작성 현황에 대한 경향으로 평가한다.
- 자주보전 개선 시트의 작성 현황으로 평가한다.
- 기준서 작성 현황 : 기준서 작성의 완성도로 자주보전이 잘되는지 여부를 평가한다.

22 설비의 보전성에서 수리율을 나타내는 것은?

① $MTTR$ ② $MTBF$
③ $\dfrac{1}{MTTR}$ ④ $\dfrac{1}{MTBF}$

해설
$\mu = \dfrac{1}{MTTR}$
(여기서, μ=수리율, $MTTR$=평균수리시간)
수리율과 평균수리시간은 역수관계이다.

23 다음 윤활방식 중 비순환 급유방법이 아닌 것은?

① 손 급유법 ② 유욕 급유법
③ 적하 급유법 ④ 사이펀 급유법

해설
- 비순환 급유법 : 수동 급유법, 적하 급유법, 가시 부상 유적 급유법과 같이 지속적으로 윤활제를 공급해 주어야 하고, 사용된 윤활제를 순환하여 다시 사용하지 못하는 방식이다.
- 순환 급유법 : 윤활유를 반복하여 마찰면에 공급하는 방식이다. 크게는 용기 속 오일을 재사용하는 방식과 펌프에 의해 강제 순환하는 방식으로 구분할 수 있다. 패드 급유법, 유륜식 급유법, 체인 급유법, 원심 급유법, 유욕 급유법, 나사 급유법, 비말 급유법, 중력 순환 급유법, 강제 순환급유법 등이 있다.

정답 19 ③ 20 ④ 21 ④ 22 ③ 23 ②

24 설비의 경제성을 평가하기 위한 방법이 아닌 것은?

① 자본회수법　② MAPI 방식
③ MTTR 방식　④ 연평균 비교법

해설
MTTR은 보전효과 측정방법이다.

25 공기압축기의 윤활관리에 대한 설명으로 틀린 것은?

① 터보형 공기압축기에서는 내부 윤활이 필요하다.
② 회전식 압축기에서는 로터나 베인에서 윤활작용을 한다.
③ 왕복식 압축기에서는 ISO VG 68 터빈유를 사용한다.
④ 왕복식 압축기에서는 실린더 라이너와 피스톤 링에서 감마작용을 한다.

해설
터보형(원심식) 압축기
날개를 고속으로 회전시키면 날개를 통과하는 공기 운동량이 증가하고 압력과 속도를 높게 되는데, 용적식에 비하여 압력 맥동이 없고 윤활이 용이하며 설치 면적이 적은 특징이 있다. 축류식과 반경류식이 있다. 터보형 공기압축기는 내부 윤활이 필요 없다.

26 윤활유 급유법 중 기계의 운동부가 기름탱크 내의 유면에 미소하게 접촉하면 기름의 미립자 또는 분무 상태로 기름 단지에서 떨어져 마찰면에 튕겨 급유하는 것은?

① 패드 급유법　② 비말 급유법
③ 그리스 급유법　④ 사이펀 급유법

해설
비말(Splash) 급유법 : 기계의 운동부가 오일탱크 내의 유면에 미소하게 접촉하면 오일이 분무 상태로 오일용기에 단지에서 떨어져 마찰면에 튕겨 급유하는 방식으로 여러 다른 마찰면에 동시 급유가 가능하다.

27 다음 중 품질보전의 전개 순서를 가장 바르게 나열한 것은?

ㄱ. 표준화　ㄴ. 목표 설정　ㄷ. 요인해석
ㄹ. 현상분석　ㅁ. 검토 및 실시

① ㄴ→ㄹ→ㄷ→ㄱ→ㅁ
② ㄴ→ㄹ→ㄷ→ㅁ→ㄱ
③ ㄹ→ㄴ→ㄷ→ㅁ→ㄱ
④ ㄹ→ㄷ→ㄴ→ㄱ→ㅁ

해설
품질보전 전개 순서(7steps)
1. 현상 분석
2. 목표 설정
3. 요인 해석
4. 검토 및 대책
5. 실 시
6. 결과 확인
7. 표준화

28 유압 작동유에 필요한 성질이 아닌 것은?

① 산화 안정성이 좋아야 한다.
② 마모방지성이 좋아야 한다.
③ 부식방지성 및 방청성을 가져야 한다.
④ 온도 변화에 따른 점도의 변화가 커야 한다.

해설
유압 작동유에 요구되는 성질
• 적당한 점도와 점도를 유지하는 성질
• 산화 안정성이 좋을 것
• 방식성 및 방청능력이 있을 것
• 전단 안정성 및 기계적 성질이 좋을 것
• 내화학성 및 화학적 반응을 유발하지 않을 것
• 작동유는 저온 유동성이 좋고 비압축성일 것
• 내열성, 항유화성, 소포성, 윤활성 및 내마모성, 수분 분리성 내연성이 좋을 것

29 다음 중 신뢰성의 평가 척도로 가장 적절하지 않은 것은?

① 고장률
② LT(Lead Time)
③ MTTF(Mean Time To Failure)
④ MTBF(Mean Time Between Failures)

해설
LT는 경제성을 고려하기 위한 척도이다.

30 설비 배치에 대한 설명으로 틀린 것은?

① 제품별 설비 배치는 작업의 흐름 판별이 용이하다.
② 기능별 설비 배치는 소품종 대량 생산의 경우에 알맞은 배치 형식이다.
③ 총체적 설비 배치 계획은 공장입지 선정, 건물 배치 계획, 부서 배치 계획 및 설비 배치 계획 단계로 실시된다.
④ GT셀(Group Technology Cell)은 여러 종류의 기계 그룹에서 속하는 대부분의 부품을 가공할 수 있는 경우의 설비 배치이다.

해설
소품종 대량 생산에는 제품별 배치가 적당하고, 기능별로 배치한 경우 여러 종류를 소량으로 만들어 낼 때 적절하다.

31 그리스의 시험방법 중 그리스의 장기간 보존 시 기유와 증주제의 분리 정도를 알기 위한 것은?

① 적점 측정
② 누설도 측정
③ 이유도 측정
④ 산화 안정도 측정

해설
이유도
- 그리스를 장기간 저장할 경우 오일이 그리스로부터 분리되는 현상이다.
- 시험에 사용되는 시료는 10g을 쇠그물 원뿔 여과기에 채우고 뚜껑 고리에 준비된 여과기를 달아서 깨끗하고 무게를 아는 비커 속에 넣어 이것을 규정 온도 ±0.5℃로 유지된 항온기 속에 넣어 규정 시간 가열한다.

32 다음과 같이 공업용 윤활유에 표시된 'VG'의 의미는?

ISO VG 46

① 비중 등급
② 주도 등급
③ 점도 한계
④ 점도 등급

해설
ISO VG는 국제표준화기구에서 정한 Viscosity Grade(점도 등급)을 나타낸다.

33 벤투리 원리를 이용한 윤활방식은?

① 분무 급유법
② 원심 급유법
③ 칼라 급유법
④ 비말 급유법

해설
- 분무 급유법 : 공기압축기, 감압밸브, 공기여과기, 분무장치 등으로 구성된다. 롤링 베어링에 사용되며 연삭기 휠 스핀들과 같은 열악한 조건의 고속 운전 베어링에 대해 이상적인 윤활방법이다.
- 루브리케이터
  - 항상 흐르는 공기를 사용하여 윤활유를 분무 급유한다.
  - 가변 벤투리를 이용하며 니들밸브를 이용하여 적하량을 조절한다.
  - 고정 벤투리식, 가변 벤투리식, 윤활유 입자 선별식이 있다.

34 윤활유의 열화 판정법 중 간이 측정에 의한 방법이 아닌 것은?

① 냄새를 맡아 보고 판단한다.
② 손으로 기름을 찍어 보고 점도의 대소를 판단한다.
③ 사용유의 대표적 시료를 채취하여 성상을 조사한다.
④ 기름을 소량의 증류수로 씻어낸 수분을 취하여 리트머스시험지를 적셔 산성 여부를 판단한다.

해설
사용유의 대표적 시료를 채취하여 성상을 조사하는 방법은 직접 판정하는 방법이다.
윤활유 열화 판정법 중 간이 판정하는 방법
• 사용 중 윤활유의 냄새를 맡아 순수한 윤활유 냄새와 많이 다르면 변질된 것으로 판단한다.
• 시험관에 사용유를 적당량 넣고 끝부분을 물의 기화온도 이상으로 가열하여 물이 튀는 소리를 듣고 판단한다.
• 촉각에 의해 이물감, 점도 등을 판단한다.
• 투명한 유리관에 넣어 육안으로 투명도, 색상을 보고 판단한다.
• 시험관에 사용유와 물을 충분히 흔들어 섞은 후 다시 분리되는 시간을 측정해서 판단한다.
• 사용유를 약간의 증류수로 씻어내어 리트머스시험지를 이용해 산화 정도를 판단한다.
• 간이 점도계, 중화가 시험기, 비중계, 비색계 등을 이용하여 판단한다.

35 윤활기술자가 라인적 조직관계가 있는 경우, 윤활기술자의 직무로 거리가 가장 먼 것은?

① 구매 경비의 절약
② 윤활관계의 개선시험
③ 급유장치의 보수와 설치
④ 사용 윤활유의 선정 및 품질관리

해설
구매 경비의 절약은 관리 부서에서 실시한다.
윤활기술자의 직무
• 사용 윤활유의 선정 및 관리
• 급유장치의 보수 및 예비품 준비
• 윤활관계의 개선시험
• 신설비의 윤활제와 급유장치 검토
• 윤활관계 작업원의 교육 훈련

36 종합적 생산보전(TPM)에서 개별 설비의 종합적인 이용효율을 나타내는 지수인 설비의 종합이용효율을 계산하는 데 필요한 항목이 아닌 것은?

① 양품률
② 노동효율
③ 시간가동률
④ 성능가동률

해설
• 종합 효율 = 시간 가동률 × 성능 가동률(=속도 가동률 × 실질 가동률) × 양품률
= 설비 유효 가동률 × 실질 가동률 × 양품률
= $\dfrac{\text{가치가동시간}}{\text{부하시간}}$
• 양품률 = $\dfrac{\text{가공수량} - \text{불량수량}}{\text{가공수량}}$ = $\dfrac{\text{양품수}}{\text{가공수량}}$

37 윤활제의 첨가제 중 산화에 의하여 금속 표면에 붙어 있는 슬러지나 탄소 성분을 녹여 기름 중의 미세한 입자 상태로 분산시켜 내부를 깨끗이 유지하는 역할을 하는 것은?

① 소포제
② 청정분산제
③ 유성향상제
④ 유동점강하제

해설
청정분산제 : 산화에 의하여 금속 표면에 붙어 있는 슬러지나 탄소 성분을 녹여 기름 중의 미세한 입자 상태로 분산, 내부를 청정하게 유지하는 역할을 한다.

38 설비의 라이프사이클에 걸쳐 설비 자체의 비용, 보전비, 유지비 및 설비 열화손실과의 합계를 낮춰 기업의 생산성을 높일 수 있도록 하는 보전은?

① 개량 보전
② 사후 보전
③ 생산 보전
④ 예방 보전

해설
생산 보전(PM ; Productive Maintenance)은 GE사에서 주창하였다. 생산의 경제성을 높이기 위한 보전(1950년대)의 개념으로 비용을 최소로, 성능은 최고로 하기 위해 유지활동[일상 보전, 예방 보전(정기 보전, 예지 보전), 사후 보전]과 개선활동(신뢰성의 개량 보전, 보전성의 개량 보전)을 실시하는 보전활동이다.

39 공사를 완급도에 따라 구분할 때 구두 연락으로 즉시 착공하고, 착공 후 전표를 제출하는 공사는?

① 예비공사
② 긴급공사
③ 준급공사
④ 계획공사

해설
구두로 연락하여 즉시 시행하는 것은 가장 급한 공사로 긴급공사에 해당된다.
- 긴급공사 : 전표 발행 여유도 없어 구두로 통보하고 바로 시행
- 준급공사 : 당 계절 바로 시행, 전표는 발행
- 계획공사 : 다음 계절 시행, 견적 작업부터 차근히 진행
- 예비공사 : 예비적으로 공사 소요를 받았다가 여유 있을 때 시행

40 연소관리 중 연소의 합리화를 위해서는 연소율을 적당히 유지하는 것이 필요하다. 부하가 과대한 경우의 대책으로 틀린 것은?

① 연소방식을 개량한다.
② 이용할 노상면적을 작게 한다.
③ 연도를 개조하여 통풍이 잘되게 한다.
④ 연료의 품질 및 성질이 양호한 것을 사용한다.

해설
연소율에 비해 부하가 과대한 것은 연소율이 낮은 경우이므로 연소율을 높이기 위한 대책이 필요하다. 통풍을 좋게 하고, 연료 품질을 개선하며 연소실을 넓게 하고 그래도 연소율이 낮으면 연소방식을 바꿔 본다.

제3과목 기계일반 및 기계보전

41 다음 메커니컬 실의 종류 중 스터핑 박스의 내측에 회전 링을 설치하는 밀봉으로 유체의 누설 압력이 실의 외부에서 내부로 작용하며, 내류형이라고도 하는 것은?

① 더블형　　② 탠덤형
③ 인사이드형　④ 아웃사이드형

해설
취급 위치에 따라 메커니컬 실은 내장형(Inside Type)과 외장형(Outside Type)으로 나뉜다. 안쪽에 회전링을 설치하는 것을 내장형이라 한다.
더블형과 탠덤형은 실의 배치에 따라 구분한 분류이다.

42 테르밋 용접법의 특징으로 옳은 것은?

① 전기가 필요하다.
② 용접작업 후 변형이 작다.
③ 용접작업의 과정이 복잡하다.
④ 용접형 기구가 복잡하여 이동이 어렵다.

해설
테르밋(Thermit) 용접 : 미세한 알루미늄가루와 산화철가루를 3~4 : 1 중량으로 혼합한 테르밋제에 과산화바륨과 알루미늄(또는 마그네슘)의 혼합가루로 된 점화제를 넣어 점화하고 화학반응에 의한 열을 이용한다. 이 반응을 테르밋 반응이라고 한다.
- 용융테르밋법 : 테르밋 반응에 의해 만들어진 용융금속을 접합 또는 덧살올림 용접하는 방법이다.
- 특징 : 기술 습득이 용이하고, 용접시간이 짧아 용접 후 변형이 작다.

43 다음 중 축 고장 시 설계 불량의 직접원인으로 거리가 가장 먼 것은?

① 재질 불량　　② 치수 강도 부족
③ 끼워맞춤 불량　④ 형상구조 불량

해설
축은 설계 시점부터 재질의 선정, 크기(치수)의 부적당, 노치 형상의 생성, 구조상의 불량 등이 존재할 수 있으며 이는 불량으로 이어진다.

정답 39 ② 40 ② 41 ③ 42 ② 43 ③

44 볼·너트의 풀림을 방지하는 방법 중 와셔를 굽히거나 구멍을 만들어 그곳에 끼운 후 고정하는 방법은?

① 폴 와셔에 의한 방법
② 스프링 와셔에 의한 방법
③ 이붙이 와셔에 의한 방법
④ 혀붙이 와셔에 의한 방법

해설
폴 와셔 : 래치처럼 한 방향으로 움직임을 방지하기 위해 와셔를 굽히거나 구멍을 만들어 끼우는 등 체결부와 맞물리도록 제작한 와셔이다.

45 관이음의 종류 중 신축이음에 사용하는 이음쇠의 형태가 아닌 것은?

① 루프형
② 파형관형
③ 미끄럼형
④ 유니언형

해설
신축이음은 긴 관을 연결할 때 열팽창, 수축에 의한 문제를 막고자 늘어날 수 있는 부위를 주는 방식으로 이음을 실시한다. 유니언형은 유니언 나사와 유니언 칼라 사이에 패킹을 끼우고 유니언 너트로 체결 접속하는 방식으로 관을 회전시킬 수 없을 때 육각너트를 회전시키는 것만으로 접속 또는 분리가 가능하며 분해 수리가 필요한 곳에 사용한다. 신축성은 없다.

46 고장의 유무에 관계없이 급유, 점검, 청소 등 점검표(Check List)에 의해 설비를 유지관리하는 보전활동은?

① 정기 보전
② 일상 보전
③ 재생 보전
④ 순회 보전

해설
• 정기 보전 : 예방 보전의 일종으로 설비가 열화에 도달하는 보전 주기를 중심으로 수리를 시행하는 보전활동
• 일상 보전 : 고장 여부에 무관하게 주로 작업자가 체크리스트에 의해 유지관리하는 차원의 보전활동

47 선반가공에서 발생하는 구성인선을 방지하기 위한 방법으로 틀린 것은?

① 절삭 깊이를 작게 한다.
② 절삭속도를 느리게 한다.
③ 공구의 경사각을 크게 한다.
④ 윤활성이 좋은 절삭유제를 사용한다.

해설
구성인선의 발생을 감소시키기 위해서는 깎는 깊이를 작게 하거나 공구 경사각을 크게 하고, 날끝을 예리하게 하며, 절삭속도를 크게 하고(구성인선 임계 절삭속도 : 120m/min) 윤활유를 사용한다.

48 공기 중에는 액체 상태를 유지하고 공기가 차단되면 중합이 촉진되어 경화, 접착되는 것으로 진동이 있는 차량, 항공기, 동력기 등의 체결용 요소 풀림과 누설방지를 위해 사용되는 접착제는?

① 액상 개스킷
② 혐기성 접착제
③ 열 용융형 접착제
④ 금속구조용 접착제

해설
혐기성 접착제
• 1액성, 무용제형 강력 접착제이다. 이 액체 고분자 물질은 산소와 접할 때는 액상이었다가 산소가 차단되면 중합반응이 일어나 경화된다.
• 침투성이 좋고 경화될 때 부피가 줄지 않는다.
• 작업 시 신체 접촉을 피하고 환기에 유의하며 작업 부위의 청결에 신경 쓴다. 경화속도가 빠르므로 신속히 작업하여야 한다.
• 내화학성이 높아 유류, 약품, 가스, 유기용제에 사용되며 반영구적이다.

49 게이트 밸브라고도 하며 유체의 흐름에 대하여 수직으로 개폐하여 보통 전개, 전폐로 사용하는 밸브는?

① 앵글밸브
② 체크밸브
③ 글로브 밸브
④ 슬루스 밸브

해설
- 게이트 밸브 : Gate는 큰 문, 수문 역할을 하여 유체의 통로를 막고 여는 형태의 밸브를 통칭한다.
- 슬루스 밸브는 완전히 열면 흐름 단면적의 변화가 없어 개폐용으로 사용한다.

50 기어제도의 도시방법 중 선의 사용방법이 틀린 것은?

① 피치원은 가는 실선으로 표시한다.
② 이골원은 가는 실선으로 표시한다.
③ 잇봉우리원은 굵은 실선으로 표시한다.
④ 잇줄 방향은 통상 3개의 가는 실선으로 표시한다.

해설
스퍼기어의 제도방법
- 이끝원(잇봉우리원)은 굵은 실선으로 그린다.
- 피치원은 가는 1점쇄선으로 그린다.
- 이뿌리원은 가는 실선으로 그린다. 단, 축에 직각 방향으로 단면 투상할 경우에는 굵은 실선으로 그린다.

51 큰 구멍의 다듬질에 사용되며 날과 자루가 별도로 되어 있어 조립하여 사용하는 리머는?

① 셸(Shell) 리머
② 브리지(Bridge) 리머
③ 팽창(Expansion) 리머
④ 조정(Adjustable) 리머

해설
리머 : 리밍 커터의 역할을 한다. 절삭날 조정이 가능한 조정 리머, 절삭날과 일체형인 솔리드 리머, 자루와 절삭날 부분이 별개로 되어 있는 셸 리머, 팽창이 가능한 팽창 리머 등이 있다.

52 다음 통풍기 및 송풍기의 분류 중 용적형은 어느 것인가?

① 터보팬
② 다익팬
③ 루트 블로어
④ 축류 블로어

해설
터보팬, 다익(여러 날개)팬, 축류방식 모두 원심력을 이용한 방식의 원심식 송풍기이다. 루츠 블로어 방식은 기어펌프식으로 밀폐식 안에서 압력을 생성하여 송풍하는 용적방식의 송풍기이다.

53 다음 중 안전관리의 정의로 가장 적절한 것은?

① 사고로부터 피해를 최소화하기 위한 계획적이고 체계적인 활동
② 생산성 향상을 최우선 목표로 하는 계획적이고 조직적인 활동
③ 인간 존중의 정신에 입각한 과학적이며 주기적인 활동
④ 재해로부터 인간의 생명과 재산을 보호하기 위한 계획적이고 체계적인 제반활동

해설
안전관리의 정의
- 생산성의 향상과 재해로부터 손실을 최소화하는 것
- 재해의 원인 및 경과의 규명과 재해방지에 필요한 과학기술에 관한 계통적 지식체계의 관리
- 재난이나 그 밖의 각종 사고로부터 사람의 생명·신체 및 재산의 안전을 확보하기 위한 모든 활동
※ ①은 사고로부터 피해를 최소화하기 위한 것이 아니라 방지하기 위한 계획적이고 체계적인 활동이다. ②는 생산성 향상을 최우선 목표로 하는 것이 아니라 생산성 향상과 재해로부터 손실을 최소화하는 목적도 포함되어 있다.

정답 49 ④ 50 ① 51 ① 52 ③ 53 ④

54 무단 변속기에 대한 설명으로 틀린 것은?

① 체인식 무단 변속기의 변속 조작은 회전 중이 아니면 할 수 없다.
② 벨트식 무단 변속기는 유욕식이 아니므로 윤활 불량을 일으키기 쉽다.
③ 마찰 바퀴식 무단 변속기의 변속 조작은 반드시 정지 중에 해야 한다.
④ 체인식 무단 변속기는 보통의 사용 상태에서 일반적으로 1,000~1,500시간마다 오픈하여 체인의 느슨함을 체크하여야 한다.

해설
무단 변속기
- 변속을 위해 동력을 끊을 필요 없이 연속적으로 기어비를 변경시킬 수 있다.
- 고장이 적고 연비가 높으나 변속효율은 좋지 않다.
- 구동 풀리와 바퀴 사이에 푸시벨트 또는 링크 체인으로 연결하여 변속한다.
- 회전 중에만 점검이 가능하며 체인을 사용하면 고무벨트에 비해 한계토크가 올라간다.

55 산업안전보건법령상 보일러에 압력방출장치를 2개 설치하는 경우 한 개는 최고사용압력 이하에서 작동하고, 다른 하나는 최고사용압력의 최대 몇 배 이하에서 작동되어야 하는가?

① 1배　　② 1.02배
③ 1.05배　　④ 1.2배

해설
압력방출장치(산업안전보건기준에 관한 규칙 제116조)
사업주는 보일러의 안전한 가동을 위하여 보일러 규격에 맞는 압력방출장치를 1개 또는 2개 이상 설치하고 최고사용압력(설계압력 또는 최고허용압력을 말한다. 이하 같다) 이하에서 작동되도록 하여야 한다. 다만, 압력방출장치가 2개 이상 설치된 경우에는 최고사용압력 이하에서 1개가 작동되고, 다른 압력방출장치는 최고사용압력 1.05배 이하에서 작동되도록 부착하여야 한다.
※ 실무자의 경우 해당 법조문을 알고 있어야 하지만 수험자가 문제를 풀기 위해 산업안전보건법 하위 모든 시행령, 보건기준, 규칙을 학습할 수는 없기 때문에 문제가 출제될 때마다 관련 내용을 학습하도록 한다. 기출문제는 현 수험자를 평가하는 목적 외에도 추후 학습자를 안내하는 목적도 있다.

56 CNC 공작기계 서보기구의 제어방식이 아닌 것은?

① Hybrid Control System
② Open-loop Control System
③ Closed-loop Control System
④ Semi Open-loop Control System

해설
④ Semi Open-loop Control System : Semi Closed-loop Control System이라고 해야 한다. Semi Open-loop Control System이라는 용어는 사용하지 않는다.
① Hybrid Control System : 반폐쇄회로와 폐쇄회로방식을 절충한 방식으로, 대형 공작기계 등에 사용한다.
② Open-loop Control System : 피드백 없이 사용하는 방식이다. 현재 거의 사용하지 않는다.
③ Closed-loop Control System : 폐쇄회로방식으로, 모터축으로부터 위치 검출과 속도를 검출하는 방식이다. 대부분의 CNC 공작기계에서 사용하는 반폐쇄회로와 달리 테이블에서 직접 위치를 검출하는 방식이다.

57 일반적인 V벨트 전동장치의 특징으로 틀린 것은?

① 이음매가 없어 운전이 정숙하다.
② 지름이 작은 풀리에도 사용할 수 있다.
③ 홈의 양면에 밀착되므로 마찰력이 평벨트보다 크다.
④ 설치면적이 넓으므로 축간거리가 짧은 경우에는 적합하지 않다.

해설
벨트
- 두 축 간의 거리가 먼 경우, 벨트를 이용하여 간접적으로 동력을 전달한다.
- 벨트 전동장치에서 마찰차와 같이 전동력을 전달하는 요소를 풀리(Pully)라 하며, 풀리와 벨트의 마찰력에 의해 동력을 전달한다.
- 약간의 미끄러짐이 존재하고 정확한 속도비는 어려우나 갑작스런 하중의 변동이나 충격력을 흡수할 여지가 있고, 긴 거리에 적절하게 회전력 전달이 가능하다.
- 마찰계수가 크고 접촉각과 장력비가 클수록 전달동력이 커진다.

54 ③　55 ③　56 ④　57 ④

58 원심펌프의 임펠러에 의해 유체에 가해진 속도에너지를 압력에너지로 변환되도록 하고 유체의 통로를 형성해 주는 역할을 하는 일종의 압력용기는?

① 웨어링
② 케이싱
③ 안내 깃
④ 스터핑 박스

해설
케이싱(Casing) : 임펠러에 의해 유체에 가해진 속도에너지를 압력에너지로 변환되도록 하고, 유체의 통로를 형성해 주는 역할을 하는 일종의 압력용기로, 저항손실을 최소화하여 펌프 성능에 영향을 미치지 않도록 설계한다.

59 산업안전보건법령상 안전보건 표시 중 지시표지의 색채로 맞는 것은?

① 바탕은 녹색, 관련 그림은 흰색
② 바탕은 흰색, 관련 그림은 녹색
③ 바탕은 흰색, 관련 그림은 빨간색
④ 바탕은 파란색, 관련 그림은 흰색

해설
안전보건표지의 색도기준 및 용도(산업안전보건법 시행규칙 별표 8)

색 채	색도기준	용 도	사용 예
빨간색	7.5R 4/14	금 지	정지신호, 소화설비 및 그 장소, 유해행위의 금지
		경 고	화학물질 취급 장소에서의 유해·위험 경고
노란색	5Y 8.5/12	경 고	화학물질 취급 장소에서의 유해·위험 경고 이외의 위험 경고, 주의표지 또는 기계방호물
파란색	2.5PB 4/10	지 시	특정 행위의 지시 및 사실의 고지
녹 색	2.5G 4/10	안 내	비상구 및 피난소, 사람 또는 차량의 통행표지
흰색	N9.5		파란색 또는 녹색에 대한 보조색
검은색	N0.5		문자 및 빨간색 또는 노란색에 대한 보조색

※ 참고
1. 허용 오차범위 H = ±2, V = ±0.3, C = ±1(H는 색상, V는 명도, C는 채도를 말한다)
2. 위의 색도기준은 한국산업규격(KS)에 따른 색의 3속성에 의한 표시방법(KSA 0062 기술표준원 고시 제2008-0759)에 따른다.

60 담금질하여 경화된 강을 변태가 일어나지 않는 A_1 점(온도) 이하에서 가열한 후 서랭 또는 공랭하는 열처리 방법으로 재료에 인성을 부여하는 작업으로 가장 적합한 것은?

① 뜨 임
② 불 림
③ 풀 림
④ 질 화

해설
뜨임 : 담금질 후 내부응력이 있는 강의 내부응력을 제거하거나 인성을 개선시켜 주기 위해 100~200℃ 온도로 천천히 뜨임하거나 500℃ 부근에서 고온으로 뜨임한다. 200~400℃ 범위에서 뜨임을 하면 뜨임메짐현상이 발생한다.

제4과목 공유압 및 자동화

61 관성으로 인한 충격으로 실린더가 손상되는 것을 방지하기 위해 쿠션장치가 내장된 공기압 실린더에 부착하여 함께 사용하면 쿠션효과가 감소되는 것은?

① 급속배기밸브
② 압력조절밸브
③ 교축릴리프밸브
④ 파일럿 체크밸브

해설
급속배기밸브 : 실린더 배기구 앞에 배기압을 급히 열어 주어 실린더의 전진 또는 복귀속도를 빠르게 하기 위해 설치하는 밸브이다.

62 SI 단위계에서 압력을 나타내는 단위는?

① 줄(J)
② 뉴턴(N)
③ 와트(W)
④ 파스칼(Pa)

해설
압력의 단위는 기본단위로 파스칼(Pa)을 사용하며, N/m^2과 같다. 그러나 실제로 이 단위는 너무 약한 압력이므로 이를 백만 배한 $MPa(N/mm^2)$이나 십만 배한 bar(0.1MPa)를 사용한다.

63 두 개의 입구와 한 개의 출구가 있는 밸브로 두 개의 입구에 압력이 모두 작용해야 출력이 발생하는 밸브는?

① 스톱(Stop)밸브
② 체크(Check)밸브
③ 2압(Two Pressure) 밸브
④ 급소배기(Quick Exhaust)밸브

해설
2압 밸브(저압우선형 셔틀밸브)
- A, B포트에 모두 공기가 들어가야만 출력이 나오는 형태의 밸브로, AND밸브라고 한다.
- 압력이 한 곳에만 들어가면 입구를 막아 출력이 나오지 않는다.
- 두 개의 압력이 작용하면 고압이 입구를 막고 저압이 출력으로 배출된다.

64 유체의 성질에 관한 설명으로 옳지 않은 것은?

① 밀도는 단위체적당 유체의 질량이다.
② 비중량은 단위체적당 유체의 질량이다.
③ 비체적은 단위체적당 유체의 질량이다.
④ 비중은 4℃의 물과 같은 체적을 갖는 다른 물질과의 비중량 또는 밀도와의 비이다.

해설
보기 ①, ②, ③의 설명이 같으므로 이 중 하나는 옳지 않다. 비중량은 단위체적당 유체의 중량이므로 ②의 설명도 옳지 않으나 출제자가 중량과 질량을 혼용해서 쓰는 경우도 있을 수 있다고 생각하면, 비체적은 단위질량당 체적을 의미하여 ③은 완벽히 의미가 틀리다.

65 롤러체인 Free Flow 컨베이어형 자동조립라인에서 팰릿이 작업 위치에 인입되어도 스토퍼 실린더가 상승하지 않아서 팰릿의 흐름을 정지시키지 못하고 있을 때의 트러블 원인은?

① 컨베이어의 이송속도를 제어하는 인버터의 고장으로 이송속도가 제어되지 않는다.
② 롤러체인의 틈새로 스크루 볼트가 박혀서 체인 구동 모터가 과부하로 트립되고 있다.
③ 스토퍼 실린더를 구동하는 솔레노이드 밸브의 코일이 소손되어 밸브가 절환되지 않는다.
④ 제어반 내 PLC CPU의 운전 Key S/W를 RUN모드가 아닌 STOP모드에 두어, PLC가 정지되었다.

해설
컨베이어, 공장자동화의 보전에 관한 질문으로 보이나 해석해 보면 공압 또는 유압 실린더의 고장원인을 묻는 문제이다.
공압시스템의 유지보수 요인
- 공압 부품과 배관이 마모, 부식된 경우 오동작 및 고장이 발생할 우려가 크다.
- 부품의 마모는 기능장애, 공압 누설, 부품 파손을 유발할 수 있다.
- 오염된 공기는 내부 마모, 막힘으로 인해 기능장애를 유발할 수 있다.
- 배관이나 부품에 이물질이 누적되면 저항이 커지고 압력 강하와 그에 따른 제어 불량을 유발할 수 있다.
- 부식 및 마모에 의한 누설과 맥동현상은 제어 불량을 유발할 수 있다.
- 실린더의 부적절한 설치와 과부하도 고장과 오동작을 유발할 수 있다.
- 센서의 부적절한 위치의 배치로도 오동작을 유발할 수 있다.

66 전기제어회로에서 릴레이 접점을 통해 자신의 릴레이 코일에 전기신호를 계속 흐르게 하여 릴레이 코일의 여자 상태가 지속되게 하는 회로는?

① 동조회로
② 비동기회로
③ 인터로크 회로
④ 자기유지회로

해설

자기유지회로 : 한 번 입력이 들어가면 릴레이에 의해 자기 릴레이를 계속 ON하고 있도록 유지하는 회로이다. 다음 그림에서 A에 의해 X에 신호가 들어가면 X-relay가 ON이 되어 X에 계속 신호를 입력한다.

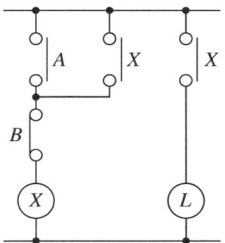

67 유압시스템의 특징으로 옳은 것은?

① 무단 변속이 가능하다.
② 원격 조작이 불가능하다.
③ 온도의 변화에 둔감하다.
④ 고압에서도 누유의 위험이 없다.

해설

유압제어의 특징
• 작은 장치로 큰 출력을 얻을 수 있다.
• 전기, 전자의 조합으로 자동제어가 가능하다.
• 무단 변속이 가능하다.
• 입력에 대한 출력 응답이 빠르다.

68 다음 회로에 관한 설명으로 옳은 것은?

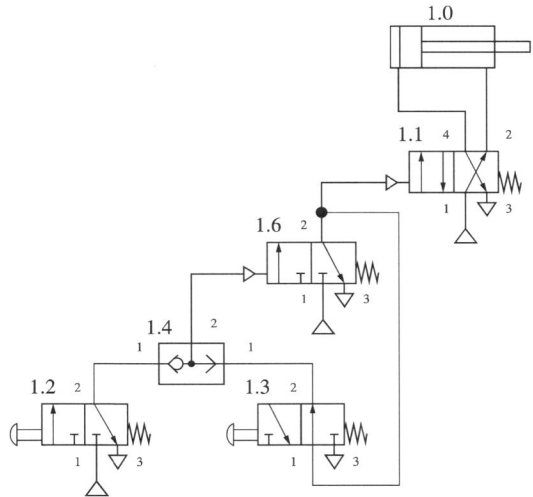

① 1.3밸브를 누르면 1.0 실린더가 전진하고, 1.2밸브를 누르면 1.0 실린더가 후진한다.
② 1.2밸브와 1.3밸브를 동시에 동작시켜야 실린더가 전진하고, 두 밸브를 동시에 놓아야 즉시 후진한다.
③ 1.2밸브와 1.3밸브를 동시에 동작시켜야 실린더가 전진하고, 두 밸브 중 하나를 놓으면 즉시 후진한다.
④ 1.2밸브를 누르면 1.0 실린더가 전진하고 1.2밸브를 놓아도 계속 전진하며, 1.3밸브를 누르면 1.0 실린더가 후진하고, 1.3밸브를 놓아도 계속 후진한다.

해설

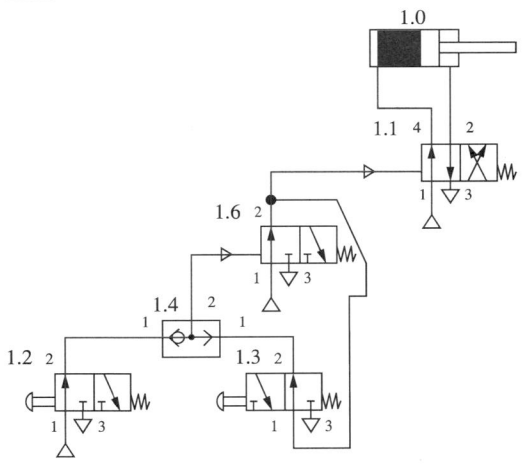

정답 66 ④ 67 ① 68 ④

69 유압펌프에 관한 설명으로 옳은 것은?

① 기어펌프는 외접식과 내접식이 있으며 가변용량형 펌프이다.
② 유압펌프는 유압에너지를 기계적 에너지로 변환시켜 주는 장치이다.
③ 유압펌프에서 내부 누유가 많이 발생할수록 용적효율은 감소한다.
④ 베인펌프는 기어펌프나 피스톤 펌프에 비해 토출압력의 맥동이 크며 고정용량형만 있다.

해설
① 기어펌프는 용적형 펌프이다.
② 펌프는 공급받은 동력을 유체압력으로 변환시키는 장치이다.
④ 베인펌프는 큰 힘으로 흡입은 힘들지만, 크기에 비해 출력이 좋고 소음과 맥동이 작다.

70 전효율 80%, 토출압력이 60bar, 토출유량이 100L/min인 경우 펌프의 필요(소요) 출력은 몇 kW인가?

① 10 ② 12.5
③ 17.5 ④ 20

해설
$100L/min = 100 \times 10^3 cm^3 / 60s = 0.1 m^3 / 60s = 1/600 m^3/s$
효율이 80%라는 것은 이 양이 80%라는 것이므로
실제 필요 토출량 = $\frac{1}{600 \times 0.8}$ m^3/s
토출압력 = $60bar = 60 \times 10^5 Pa = 60 \times 10^5 N/m^2$
필요한 출력은 체적에 따른 압력과 토출량의 곱이므로
$\frac{1}{600 \times 0.8} m^3/s \times 60 \times 10^5 N/m^2 = \frac{1}{60 \times 8} m^3/s \times 60 \times 10^5 N/m^2$
$= \frac{10^5}{8} N \cdot m/s = 12.5 kN \cdot m/s$
$= 12.5 kJ/s = 12.5 kW$

71 유압 실린더를 설치하는 방법으로 피스톤 로드의 중심선에 대하여 직각 방향으로 실린더 양측에 피벗(Pivot)을 두어 지지하는 방식은?

① 다리형(Foot Type)
② 플랜지형(Flange Type)
③ 클레비스형(Clevis Type)
④ 트러니언형(Trunnion Type)

해설
트러니언형 : 실린더에 타이로드를 이용하여 트러니언을 부착한 것으로 트러니언은 몸체이음과 미끄러질 수 있는 슬립이음을 함께 장착한다. 요동이 허용된다.

[트러니언]

72 2개의 회전자를 서로 90° 위상으로 설치하여 회전자 간의 미소한 틈을 유지하고 역방향으로 회전시키는 공기압축기는?

① 베인형
② 스크롤형
③ 스크루형
④ 루츠 블로어형

해설

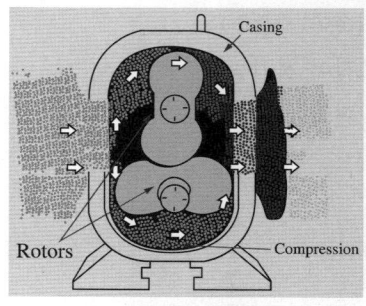

[루츠 블로어]
출처 : https://www.youtube.com/watch?v=VfO71Sh2w1k
(EBOOKBKMT Cộng đồng Kỹ thuật cơ điện Việt Nam)

69 ③ 70 ② 71 ④ 72 ④

73 실린더를 임의의 위치에서 고정시킬 수 있도록 밸브의 중립 위치에서 모든 포트를 막은 형식의 4/3way 밸브는?

① 오픈 센터형
② 탠덤 센터형
③ 세미오픈 센터형
④ 클로즈드 센터형

해설

명 칭	모 양	특 징
오픈센터 (Open Center)	A B / P T	중립 상태에서 모든 통로가 열려 있으므로 중립 상태 시 부하를 받지 않는다.
탠덤센터 (Tandem Center)	A B / P T	중립 시 들어온 공기를 탱크로 회수한다. 실린더의 위치 고정이 가능하고 경제적으로 사용된다.
플로트 센터 (Float Center)	A B / P T	주로 파일럿 체크 밸브와 짝이 되어 사용하며 원하는 공기압 외의 입력 공기압을 모두 배출한다.
실린더 클로즈드 센터 (Cylinder Closed Center)	A B / P T	A 포트가 막히고 다른 포트들은 서로 통하게 되어 있어 실린더의 출력만 막는다.
클로즈드 센터 (Closed Center)	A B / P T	모든 포트가 막혀 있으므로 펌프로 들어올 공기가 들어오지 못하고 다른 회로와 연결되어 있는 경우 다른 회로에서 모두 사용한다.

74 서로 이웃한 컴퓨터와 터미널을 연결시킨 네트워크 구성형태이며, 통신회선장애가 있거나 하나의 제어기라도 고장이 있을 경우 모든 시스템이 정지될 수 있는 네트워크는?

① 성형(Star)
② 환형(Ring)
③ 망형(Mesh)
④ 트리형(Tree)

해설

[성형]

[환형]

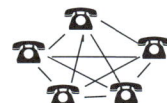

[망형(그물형)]

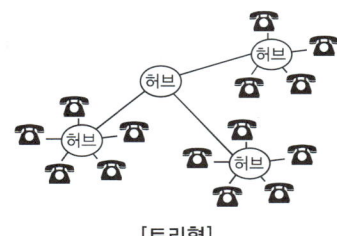

[트리형]

정답 73 ④ 74 ②

75 서보모터(Servo Motor)의 전동기 및 제어장치 구비조건으로 적절하지 않은 것은?

① 유지 보수가 용이할 것
② 고속운전에 내구성을 가질 것
③ 저속 영역에서 안전한 특성을 가질 것
④ 회전수 변동이 크고, 토크리플(Torque Ripple)이 클 것

해설
회전수 변동이 작고 토크리플은 작은 것이 좋다. 토크리플은 모터축이 회전할 때 토크가 주기적으로 증가하거나 감소하는 현상이다.

76 제어시스템에서 처리되는 정보 표시 형태에 따른 제어계가 아닌 것은?

① 2진 제어계
② 디지털 제어계
③ 시퀀스 제어계
④ 아날로그 제어계

해설
신호의 종류
- 디지털신호 : 전기신호 On과 Off를 1과 0으로 간주하고, 모든 신호를 2진법에 의한 표현으로 전환하여 전기전자신호로 표현한 것이다. 표현의 특성에 따라 연속적이지 않은 신호이다. 신호의 변환, 전송, 증폭, 활용이 용이하며 기술의 발달에 의해 신호를 아주 작게 인간이 느낄 수 없는 분리된 신호로 표현이 가능하므로 기술적인 활용도가 높다.
- 아날로그신호 : 소리, 온도, 감도, 빛 등 자연에서 사용하는 신호를 의미하며 연속적인 신호이다.

77 위치 데이터를 서보 오프 상태에서 수동 조작하여 위치를 확인한 후 데이터를 입력하는 제어방법은?

① 서보레디(Servo Ready)
② 직선보간(Linear Interpolation)
③ 포인트 투 포인트(Point to Point)
④ 티칭 플레이 백(Teaching Play Back)

해설
보간(Interpolation)을 하는 경로를 직선으로 하는 직선보간, 원 모양으로 하는 원호보간, 사람의 행동을 학습하여 하는 티칭 플레이 백 등으로 구분한다.

78 축압기의 취급상 주의사항으로 적절하지 않은 것은?

① 봉입가스로 반드시 산소를 사용한다.
② 운반, 결합, 분리 등을 할 경우 반드시 봉입된 가스를 빼고 한다.
③ 축압기에 부속품 등을 용접하거나 가공, 구멍 뚫기 등을 해서는 안 된다.
④ 가스봉입형은 작동유를 내용적의 10% 정도 미리 넣은 다음 가스의 소정 압력으로 봉입한다.

해설
축압기(Accumulator)
- 유체의 압력을 축적하여 압력의 흐름을 일정하게 조절해 주는 장치로서 압력을 축적하는 방식으로 맥동을 방지하는 데 사용한다.
- 일시적으로 적은 양의 가압 유압액을 저장하여 압력변동을 최소화하고 라인의 소음을 줄이고 신뢰할 수 있는 서보밸브 성능을 유지할 수 있도록 한다.
- 에너지를 축적하고 부족할 때 보충하는 유압 콘덴서 역할을 한다.

축압기 취급 주의사항
- 축압기에 부속품 등을 용접하거나 가공, 구멍 뚫기 등을 해서는 안 된다.
- 봉입가스는 질소가스 등의 불활성 가스 또는 공압을 사용하고 산소 등 폭발성 기체는 사용하지 않는다.
- 봉입가스압력은 6개월마다 점검하고 예압을 넣어 놓는다.
- 가스봉입형은 작동유를 내용적의 10% 정도 미리 넣은 다음 가스의 소정 압력으로 봉입한다.
- 펌프와 축압기 사이에는 체크밸브를 설치하여 역류를 방지한다.
- 완충용 축압기는 충격지점에 가깝게 설치한다.
- 운반, 결합, 분리 등을 할 경우 봉입된 가스를 빼고 작업한다.

79 자동화의 종류 중 다품종 생산을 위한 유연성 생산 시스템을 나타내는 용어는?

① FA
② CIM
③ FMS
④ IMS

> **해설**
> ③ FMS(Flexible Manufacturing System) : 유연생산체제를 일컬으며 자동화된 공정을 요구에 따라 바꾸어서 작업할 수 있는 환경, 시스템을 의미한다.
> ① FA(Factory Automation) : 공장자동화를 의미하는데 단순한 공정의 자동화만이 아니라, 재료 반입, 운송, 점검(QC)에 이르기까지 전 공정을 자동으로 제어하는 시스템을 일컫는다.
> ② CIMS(Computer Integrated Manufacturing System) : 컴퓨터를 이용한 통합 생산을 의미한다.
> ④ IMS(Intelligent Manufacturing System) : 지능형 제조시스템, 21세기 제조환경의 지능화, 고품위화, 통합화, 쾌적화를 통해 국제화에 대응하고 인간과 기계, 환경이 융합을 유도하는 개념의 생산시스템이다. 연구 중인 미래형 생산시스템으로 생각할 수 있다.

80 PLC(Programmable Logic Controller)의 출력 인터페이스로 적합하지 않은 것은?

① 램프(Lamp)
② 버저(Buzzer)
③ 리밋 스위치(Limit Switch)
④ 솔레노이드 밸브(Solenoid Valve)

> **해설**
> 리밋 스위치는 입력 인터페이스이다.

제1회	적중예상문제	회독 CHECK 1 2 3
제2회	적중예상문제	회독 CHECK 1 2 3
제3회	적중예상문제	회독 CHECK 1 2 3
제4회	적중예상문제	회독 CHECK 1 2 3
제5회	적중예상문제	회독 CHECK 1 2 3

PART 03

적중예상문제

#기출유형 확인 #상세한 해설 #실전 대비

제1회 적중예상문제

제1과목 공유압 및 자동제어

01 유압펌프에서 유동하고 있는 작동유의 압력이 국부적으로 저하되어 증기나 함유 기체를 포함하는 기포가 발생하는 현상은?

① 폐입현상
② 공진현상
③ 캐비테이션 현상
④ 유압유의 열화촉진현상

해설
공동현상(캐비테이션, Cavitation) : 유압을 사용하는 기계에서 압력 저하에 의해 유체가 유증기로 되면서 빈 공간이 생기는 현상이다.

02 1kg/cm²와 가장 유사한 값은?

① 735mmHg
② 10.33mAq
③ 1.0bar
④ 100kPa

해설
1atm = 760mmHg = 10.33mAq = 1.03323kgf/cm²
    = 10,332.3kgf/m² = 1.013bar = 101.32kPa
    = 1,013hPa
1kg/cm² = 0.9678atm = 735.56mmHg
    = 10.00mAq = 0.980bar
    = 980kPa

03 관 내에 흐르는 유체의 흐름을 구분하는데 사용되는 레이놀즈 수의 물리적인 의미는?

① 관성력/중력
② 관성력/탄성력
③ 관성력/압축력
④ 관성력/점성력

해설
레이놀즈는 유체의 흐름을 난류와 층류로 구분하고, 이를 표시할 수 있는 무차원 수를 개발하였는데 이를 레이놀즈수라고 한다. 유체의 점성력에 대한 관성력의 비로 나타낸다.
$Re = \dfrac{vd}{\nu}$ (여기서, v : 유속, d : 관경, ν : 동점성 계수)

04 공압 시스템의 서비스 유닛에 대한 설명으로 옳지 않은 것은?

① 서비스 유닛은 필터, 압력조절밸브, 윤활기로 구성된다.
② 압력조절밸브는 입구 측의 최대 압력보다 높게 설정해야 한다.
③ 작동속도가 빠르거나 지름이 큰 실린더를 사용하는 경우 윤활기를 사용한다.
④ 필터 통과 시 압력 강하가 0.4~0.6bar 이상이면 필터를 청소하거나 교환해야 한다.

해설
• 공압 조정 유닛(또는 서비스 유닛) : 공급받은 압축공기를 필요한 압력만큼 조정하는 유닛이다.
• 공기탱크에 저장된 압축공기는 배관을 통하여 각종 공기압 기기로 전달된다.
  – 공기압 기기로 공급하기 전 압축공기의 상태를 조정해야 한다.
  – 공기여과기(압축공기 필터)를 이용하여 압축공기를 청정화한다. 필터에서 0.4~0.6bar 이상의 압력 강하가 일어나면 점검이 필요하다.
  – 압력조정기를 이용하여 회로압력을 설정하며, 전달받은 압력보다 낮은 압력 범위 내에서 설정한다.
  – 윤활기에서 윤활유를 분무하여 구동부의 윤활을 좋게 한다. 마찰 부위가 넓을수록 원활한 윤활이 필요하다.
  – 공기압 장치로 압축공기를 공급한다.

정답 1 ③ 2 ① 3 ④ 4 ②

05 압축공기가 탱크에서 공급될 때 압력차에 의하여 압축공기 중 수분이 응축되어 공압 시스템의 부정적인 작용을 막기 위한 필터링과 드레인 작용을 하는 공압기기의 기호는?

①    ②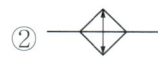

③ 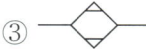   ④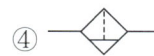

해설

공압탱크	공압필터	냉각기	드레인
⊂⊃	◇	◆	◇
공기건조기	압력 릴리프 밸브	드레인 필터	윤활장치
◇		◇	◇

06 전기장 강도 측정, EMC(Electro Magnetic Compatibility) 관련 잡음 레벨 측정에 사용하며 모든 대역의 전기신호를 일괄해서 표시하는 디지털 샘플링 방식, 세로축을 전력 또는 전압, 가로축을 주파수로 설정하여 전기신호를 표시하는 기기는?

① 회로시험기
② 저항계
③ 오실로스코프
④ 스펙트럼 애널라이저

해설

스펙트럼 애널라이저
• 세로축을 전력 또는 전압, 가로축을 주파수로 설정하여 전기신호를 표시한다.
• 검출한 전기신호는 화면의 왼쪽에서 오른쪽을 향해서 주기적으로 스위프되는 점으로 표시한다.
• 모든 대역의 전기신호를 일괄해서 표시하는 디지털 샘플링 방식(실시간 방식)으로도 표시한다.
• 전기장 강도 측정, EMC(Electro Magnetic Compatibility, 전자파 양립성) 관련 잡음 레벨의 측정 시 사용한다.

07 방향제어밸브 조작 방식의 명칭과 기호 연결이 잘못된 것은?

① 전자 방식 –
② 페달 방식 –
③ 플런저 방식 –
④ 누름 버튼 방식 –

해설

명 칭	기 호
입 력	
누름 버튼	
당김 버튼	
레 버	
페 달	
플런저	
스프링	
롤 러	
단동 솔레노이드	
복동 솔레노이드	

08 다음 중 온도를 측정할 수 없는 것은?

① 적외선 센서
② 방사형 온도계
③ 서모커플 센서
④ 자이로스코프 센서

해설

자이로센서(자이로스코프를 이용한 센서)
• 회전 시 발생하는 회전축을 이용하여 각도, 회전속도(각속도)를 측정한다.
• 각속도는 코리올리 힘을 이용하여 계산한다.
• 회전각, 각속도, 가속도, 가속도를 이용한 충격력 등의 측정이 가능하다.

정답 5 ④   6 ④   7 ①   8 ④

09 고속 회전기의 축 진동 측정, 회전수 측정, 위치 측정 등에 사용되는 진동센서는?

① 동전형 속도센서
② 서보형 가속도 센서
③ 압전형 가속도 센서
④ 와전류형 변위센서

해설
와전류식 변위센서
- 변위센서 중 시중에서 많이 사용되는 센서이다.
- 코일에 교류전류가 공급되면 코일 주변에 자기장이 생성되는데 이 자기장 내 전도성 물체가 위치하면 패러데이의 유도 법칙에 따라 대응하는 자기장을 생성하며 대상체 내 와전류가 유도되는 원리이다.
- 비접촉식 와전류 변위센서
  - 기계의 상대적 흔들림(진동)의 측정에 적합하다.
  - 축 중심선의 평균적인 위치와 축 방향의 위치 파악(변위)이 가능하므로 축의 회전 상태와 회전수 파악에 적합하다.
  - 고정밀 측정에 적합하다. 특히 압력이나 먼지, 오일, 고온이 문제가 되는 환경에 적합하다.

10 물체가 접근하면 진폭이 감소하는 고주파 LC 발진기에 의해 센서 표면에 전자계를 형성하고, 금속만 감지하는 센서는?

① 광전센서
② 리드스위치
③ 용량형 센서
④ 유도형 센서

해설
유도형 센서는 강자성체가 영구자석에 접근하면 코일 내 자속의 변화율에 따라 출력 단자 사이에 전압을 발생시켜 물체의 유무를 판단하는 센서이다. 구조 및 동작원리는 다음과 같다.

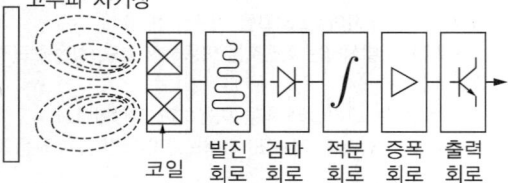

11 다음 보기에서 설명하는 기기는?

┌ 보기 ┐
- 전기신호의 그래프를 그리는 장치이다.
- 시간에 따라 신호가 어떻게 변화하는지를 표시한다.
- 세로축을 전압, 가로축을 시간으로 설정하여 전기 신호의 파형을 표시하는 계측기이다.

① 로직 애널라이저
② 스펙트럼 애널라이저
③ 마이크로스코프
④ 오실로스코프

해설
오실로스코프
- 전기신호의 그래프를 그리는 장치이다.
- 신호가 시간에 따라 어떻게 변화하는지를 표시한다.
- 세로축을 전압, 가로축을 시간으로 설정하여 전기신호의 파형을 표시하는 계측기이다.
- 아날로그/디지털 변환기(A/D 변환기)와 메모리를 이용한다.
- 검출한 전기신호 전부를 표시하는 것이 아니기 때문에 갑자기 발생하는 이상신호를 놓칠 수 있다.

12 안쪽에 커터, 중앙부에 전선 종류별로 스트리퍼가 장착되어 있고, 제일 끝에 롱노즈플라이어를 혼합하여 제품화한 공구는?

① 렌치
② 소켓렌치
③ 플라이어
④ 와이어 스트리퍼

해설
와이어 스트리퍼(Wire Stripper) : 니퍼의 전선 피복을 벗기는 기능을 특화한 공구이다. 안쪽에 커터, 중앙부에 전선 종류별로 스트리퍼가 장착되어 있고, 제일 끝에 롱노즈플라이어를 혼합하여 제품화한 공구이다.
※ 렌치류는 비틀고 토션(Torsion)을 일으키거나 볼트머리, 너트 등에 힘을 주어 회전시키는 공구이다.

13 다음 중 접지설비의 접지저항에 대한 설명으로 옳지 않은 것은?

① 접지선은 접지저항값이 10Ω 이하인 경우에는 16mm² 이상, 접지저항값이 100Ω 이하인 경우에는 직경 3.6mm 이상의 PVC(Poly Vinyl Chloride) 피복 동선 또는 그 이상의 절연효과가 있는 전선을 사용한다.
② 금속성 함체나 광섬유 접속 등과 같이 내부에 전기적 접속이 없는 경우 접지를 아니할 수 있다.
③ 접지체는 가스, 산 등에 의한 부식의 우려가 없는 곳에 매설하여야 하며, 접지체 상단이 지표로부터 수직 깊이 75cm 이상 되도록 매설하되 동결심도보다 깊게 하여야 한다.
④ 전도성이 없는 인장선을 사용하는 광섬유케이블의 경우 접지를 아니할 수 있다.

> **해설**
> ①번의 경우 사용하는 저항에 비해 접지선이 너무 두껍다. 2종 접지의 경우 특고압과 저압이 결합한 경우 16mm² 이상, 다중접지된 특고압과 저압 또는 고압과 저압이 결합한 경우 6mm² 이상, 접지저항값은 75Ω보다 작아야 하며, 고압측이 비접지인 경우 10Ω 이하, 3종 접지의 경우 2.5mm² 이상의 연동선, 1.25mm² 이상의 연동연선 또는 0.75mm² 이상의 다심 코드성이나 캡타이어 케이블, 접지저항값은 100Ω 이하를 사용한다.

14 다음 중 인덱스 테이블에 대한 설명으로 적절하지 않은 것은?

① 회전 테이블을 일정 각도로 회전시켜 다양한 공정이 순차적으로 수행되도록 하는 장치이다.
② 모터, 유압, 공압 등으로 구동되며 많은 산업군에서 다양하게 적용된다.
③ 인덱스 테이블은 스테핑 모터에 의해 회전한다.
④ 인덱스 테이블 위에 공작물이 있을 때 자체 감지하여 회전한다.

> **해설**
> 인덱스 테이블은 일반적으로 시퀀스 제어에 의해 구동되며, 시퀀스 제어에서 감지조건을 넣어 제어할 수는 있으나 일반적으로 인덱스 테이블은 순차적으로 작동하며, 자체 센서는 없다.

15 가정용 전원을 회로시험기로 측정한 전압이 220V라고 하면, 220V가 의미하는 값은?

① 순시값   ② 실횻값
③ 최댓값   ④ 평균값

> **해설**
> 우리나라에서 사용하는 교류 220V는 실횻값이 220V라는 의미이며, 최댓값은 311V 정도이다.
> • 최댓값 : 정현파 사이클에서 전압이 최대가 될 때의 값
> • 평균값 : 전류에 대해 다음 그림과 같은 관계가 되는 값
> $$\frac{1}{\pi}\int_0^\pi \sin x\, dx = \frac{2}{\pi}$$
> • 실횻값 : 개념적으로는 평균값과 비슷하나 전력에 대해 직류와 교류가 같게 되는 전류값으로, 전력은 전류와 전압의 곱으로 나타나므로 $\frac{1}{\sqrt{2}}$ 배 차이가 난다.

정답 13 ① 14 ④ 15 ②

16 전기전자장치의 기능 검증에 대한 설명으로 옳지 않은 것은?

① 시스템 내에서 수행되는 기능들의 동작 상태를 확인한다.
② 검증 대상에서 요구사항과 설계규격서의 검증 상황은 제외한다.
③ 기능시험의 목적은 시스템 내 기능 수행의 정확도를 시험하는 것이다.
④ 데이터는 측정시스템 평가를 통해 신뢰할만한 데이터를 선정한다.

[해설]
검증 대상은 요구사항 또는 설계규격서에 나타나 있다. 요구사항과 설계 규격서 내에 있는 기능 목록에서 테스트 케이스를 선정한다.

17 전기전자장치의 정확성을 설명하는 개념 중 기준값과 관측된 측정값의 평균 간의 차이를 의미하는 것은?

① 편의(Bias)
② 안전성(Stability)
③ 선형성(Linearity)
④ 반복성(Repeatability)

[해설]
편의(Bias)
• 기준값과 관측된 측정값의 평균 간의 차이로, 편의가 작으면 정확성이 높다.
• 편의의 발생원인
 - 기준값 마스터의 오차
 - 계측기의 노화
 - 눈금이 잘못된 계측기
 - 잘못된 특성값 측정
 - 교정을 잘못했을 경우
 - 작업자가 계측기를 올바르게 사용하지 못한 경우

18 전기전자장치 테스트에 대한 설명으로 옳지 않은 것은?

① 내전압 시험 테스트 : 제품의 회로와 접지 사이에 전류를 인가하여 통전능력을 확인하는 시험
② 절연저항 테스트 : 제품에 사용된 전기절연의 특성을 측정하는 시험
③ 누설전류 테스트 : AC 전원과 접지 사이에 흐르는 전류가 안전규격을 넘지 않는지를 점검하는 시험
④ 접지 연속성 테스트 : 제품 표면에 노출된 전도성 금속 부분과 파워시스템(Power System) 접지 사이의 경로를 점검하는 시험

[해설]
내전압 테스트는 전압에 견디는 힘을 측정하여야 하므로 고압전류를 인가하여야 한다.

19 탱크나 실린더 내의 최고 압력을 제한하여 과부하(오버라이드) 방지를 목적으로 하며, 직동형의 경우 스프링에 직접 압력을 가하여 입구를 막다가 더 큰 힘이 걸리면 입구가 열려서 흐름이 생기는 밸브는?

① 릴리프 밸브
② 시퀀스 밸브
③ 무부하 밸브
④ 카운터 밸런스 밸브

[해설]
릴리프 밸브 : 탱크나 실린더 내의 최고 압력을 제한하여 과부하(오버라이드) 방지를 목적으로 하며, 안전밸브라고도 한다. 릴리프 밸브에 과한 압력이 작용하기 시작하면 밸브가 조금씩 열린다. 크랭킹 압력은 릴리프 밸브 등에서 압력이 상승하여 밸브가 열리기 시작할 때의 압력이다. 밸브가 완전히 열릴 때까지 압력 범위가 존재하고 결국 밸브가 완전히 열리게 된다. 전량압력은 크랭킹 압력에서 밸브 열리기 시작해 밸브가 완전히 열려 흐르는 압력이고, 오버라이드는 크랭킹 압력과 전량압력의 차이로 밸브가 열리기 시작할 때부터 더 수용할 수 있는 범위이다.

20 다음 중 3상 유도 전동기 코일부가 소손되었을 때의 원인으로 가장 적절하지 않은 것은?

① 과 열
② 절연 계통 오선정
③ 코일 내부의 레어 쇼트
④ 윤활제 부적합

해설
- 과열현상의 원인 및 대책
  - 단상되어 과전류가 흐름 → 접촉 불량이나 노화로 인한 풀림을 해결하고 퓨즈가 녹아 끊어진 곳을 점검한다.
  - 과부하 운전 → 모터 용량, 구동계 이상, 브레이크 타이밍을 확인하여 조정한다.
  - 빈번한 가동 및 정지 → 기동방법을 개선한다.
  - 냉각 불충분 → 설치부의 기온, 통풍, 열원, 환경, 이물질 등을 확인하여 요인을 해소한다.
  - 베어링부 발열 : 윤활 불량 → 보충 또는 교환 / 윤활제 부적합 → 적정 윤활제로 교환 / 베이링 조립 불량 → 재조립 또는 교체 / 커플링의 중심 불량 또는 틈새 불량 → 재조립
- 코일부 소손의 원인
  - 과열에 의함
  - 절연 계통의 잘못된 선정
  - 코일 내부의 레어 쇼트 : 진동·발열에 의한 열화, 먼지·이물질·수분 등에 의한 열화에 의해 쇼트 발생
- 이상음 및 진동 발생의 원인 : 베어링 손상 / 커플링, 풀리 마모 및 풀림, 중심 불량 / 로터와 스테이터의 접촉 / 냉각팬 날개 바퀴의 풀림 / 조립 볼트나 부착 볼트의 풀림 및 탈락 / 공진

제2과목 용접 및 안전관리

21 용접의 일반적인 특징에 대한 설명으로 옳지 않은 것은?

① 이음효율이 높다
② 재료가 절약된다.
③ 유지와 보수가 용이하다.
④ 조립, 재결합에 유리하다.

해설
용접은 모재를 녹여 접합하는 방식이므로 한 번 접합 후 재조립이나 재결합을 할 수 없다.

용접의 장점
- 이음효율이 높다.
- 재료가 절약된다.
- 제작비가 적게 든다.
- 이음 구조가 간단하다.
- 유지와 보수가 용이하다.
- 재료의 두께 제한이 없다.
- 이종재료도 접합이 가능하다.
- 제품의 성능과 수명이 향상된다.
- 유밀성, 기밀성, 수밀성이 우수하다.
- 작업 공정이 줄고, 자동화가 용이하다.

22 피복아크용접에 사용하는 아크의 온도로 적절한 것은?

① 300~500℃
② 1,000~2,000℃
③ 3,000~6,000℃
④ 10,000~12,000℃

해설
양극과 음극 사이의 고온에서 이온이 분리되어 전류가 불꽃 방전에 의하여 전류가 흐르게 되는데, 이때 청백색의 강한 불꽃이 발생하는 것을 아크라고 한다. 아크 중심에서 약 6,000℃이며, 보통 3,000~5,000℃ 정도이다.

정답 20 ④ 21 ④ 22 ③

23 다음 중 수소나 일산화탄소 과잉 시 생기는 용접 결함은?

① 언더컷　　② 오버랩
③ 크레이터 균열　　④ 기 공

해설

결함	모양	원 인	방지대책
언더컷		• 전류가 높을 때 • 아크의 길이가 길 때 • 용접속도가 적당하지 않을 때 • 적합하지 않은 용접봉 사용 시	• 전류를 낮춘다. • 아크 길이를 짧게 한다. • 용접속도를 알맞게 한다. • 적절한 용접봉을 사용한다.
오버랩		• 전류가 낮을 때 • 운봉, 작업각과 진행각 불량 시 • 적합하지 않은 용접봉 사용 시	• 전류를 높인다. • 작업각과 진행각을 조정한다. • 적절한 용접봉을 사용한다.
용입 불량		• 이음 설계 결함 • 용접속도가 빠를 때 • 용접전류가 낮을 때 • 적합하지 않은 용접봉 사용 시	• 루트 간격 및 치수를 크게 한다. • 용접속도를 적당히 조절한다. • 전류를 높인다. • 적절한 용접봉을 사용한다.
균 열		• 이음부의 강성이 클 때 • 적합하지 않은 용접봉 사용 시 • C, Mn 등 합금 성분이 많을 때 • 과대 전류, 속도가 클 때 • 모재에 유황 성분이 많을 때	• 예열, 피닝 등 열처리를 한다. • 적절한 용접봉을 사용한다. • 예열 및 후열한다. • 전류 및 속도를 적절하게 한다. • 저수소계 용접봉을 사용한다.
기 공		• 수소나 일산화탄소 과잉 시 • 용접부의 급속한 응고 시 • 용접속도가 빠를 때 • 아크길이가 적절하지 않을 때	• 건조된 저수소계 용접봉을 사용한다. • 전류 및 용접속도를 알맞게 한다. • 이음 표면을 깨끗이 하고 예열을 한다.
슬래그 혼입		• 용접이음이 적당하지 않을 때 • 모든 층의 슬래그 제거가 불완전할 때 • 전류 과소, 불완전한 운봉 조작 시	• 슬래그를 깨끗이 제거한다. • 루트 간격을 넓게 한다. • 전류를 약간 세게 하며 적절하게 운봉을 조작한다.

24 다음 중 아크용접의 재해가 아닌 것은?

① 아크 광선에 의한 전안염
② 스패터 비산으로 인한 화상
③ 역화로 인한 화재
④ 전격에 의한 감전

해설

역화는 가스용접에서 일어나는 현상이다. 아크의 발생열은 전해와 스파크에 의한 열이다.

25 모재에 유황성분이 많을 때 생기는 결함은?

① 오버랩　　② 언더컷
③ 균 열　　④ 기 공

26 아크가 플럭스 속에서 발생되므로 용접부가 눈에 보이지 않아 불가시 아크용접, 잠호용접이라고 하는 용접은?

① TIG(Tungsten Innert Gas) 용접
② CO_2 가스 아크용접
③ 서브머지드 아크용접
④ 일렉트로 슬래그 용접

해설

서브머지드 아크용접(SAW ; Submerged Arc Welding) : 용접 부위에 미세한 입상의 플럭스를 도포한 뒤 용접선과 나란히 설치된 레일 위를 주행대차가 지나가면서 와이어를 용접부로 공급시키면 플럭스 내부에서 아크가 발생하면서 용접하는 자동 용접법이다. 아크가 플럭스 속에서 발생되므로 용접부가 눈에 보이지 않아 불가시 아크용접, 잠호용접이라고 한다. 용접봉인 와이어의 공급과 이송이 자동이며 용접부를 플럭스가 덮고 있어 복사열과 연기가 많이 발생하지 않는다. 특히, 용접부로 공급되는 와이어가 전극과 용가재의 역할을 동시에 하므로 전극인 와이어는 소모된다.

27 불활성 가스로 Ar을 사용하는 아크용접은?

① TIG(Tungsten Innert Gas) 용접
② MIG(Metal Inert Gas) 용접
③ SAW(Submerged Arc Welding)
④ ESW(Electro Slag Welding)

해설
TIG(Tungsten Innert Gas) : 텅스텐 전극을 사용하여 금속을 녹여가며 용접하는 아크용접이다. 불활성 가스(Inert Gas)인 Ar을 보호가스로 하여 용접하는 특수용접법으로, 불활성 가스는 다른 물질과 화학반응을 일으키기 어려운 Ar(아르곤), He(헬륨), Ne(네온) 등으로 보호분위기를 형성한다.

28 TIG 용접의 장점이 아닌 것은?

① 용접부의 성질이 우수하고 내식성이 좋다.
② 용접 시 플럭스가 필요하지 않다.
③ 보호가스가 투명하다.
④ 용접속도가 빠르다.

해설
TIG 용접
- 장점 : 용접부의 성질이 우수하고 내식성이 좋다. 용접 시 플럭스가 필요하지 않으며 비철금속의 용접이 가능하다. 보호가스가 투명하여 용접부 상황 파악이 용이하며, 스패터가 거의 없고 여러 자세로 용접이 가능하다.
- 단점 : 소모성 용접봉을 사용하여 용접속도가 느리고, 용접부 취화의 우려가 있다. 용접의 비용이 높고 용접사에 따라 품질이 달라진다.

29 와이어 속에 여러 가지 플럭스가 들어 있는 방식의 용접은?

① 솔리드 와이어 용접
② 플럭스코어드 용접
③ 프로젝션 용접
④ TIG 용접

해설
플럭스코어드 용접 : 와이어 속에 여러 가지의 플럭스가 들어 있는 방식이다. 용접 와이어를 이용하며 솔리드 와이어에 비해 비드 형상, 아크의 안정성, 스패터의 발생량과 박리성 등 용접작업성이 우수하나, 와이어 송급성이 떨어지고 흄 발생이 많으며 가격이 비싸 경제성 문제가 있다.

30 판 두께가 보통 6mm 이하인 경우에 사용하고, 루트 간격을 좁게 하면 용착금속의 양도 적어져서 경제적인 면에서는 우수하나, 두께가 두꺼워지면 완전용입이 어려운 용접이음은?

① I형
② V형
③ U형
④ X형

해설
① I형 : 6mm 이하
② V형 : 6~19mm
③ U형 : 16~50mm
④ X형 : 18~28mm

31 약 1mm 정도 두께의 자동차용 다듬질 강판에 존재하는 래미네이션을 탐상하고자 할 때 가장 적합하게 적용할 수 있는 비파괴검사법은?

① 누설검사
② 침투탐상시험
③ 자분탐상시험
④ 초음파탐상시험

[해설]
래미네이션은 내부결함이기 때문에 누설검사, 침투탐상시험은 적당하지 않고, 자분탐상시험에서는 래미네이션을 구별하기 힘들다.

32 각종 비파괴시험의 특징에 대한 설명으로 옳은 것은?

① 용접부의 언더컷 검출에는 음향방출시험이 적합하다.
② 강재의 내부 균열 검출에는 자분탐상시험이 적합하다.
③ 강재의 표면결함 검출에는 초음파탐상시험이 적합하다.
④ 파이프 등의 표면결함 고속 검출에는 와전류탐상시험이 적합하다.

[해설]

검사방법	적용 대상
방사선투과검사	용접부, 주조품 등의 내부 결함
초음파탐상검사	용접부, 주조품, 단조품 등의 내부 결함 검출과 두께 측정
침투탐상검사	기공을 제외한 표면이 열린 용접부, 단조품 등의 표면결함
와전류탐상검사	철, 비철재료로 된 파이프 등의 표면 및 근처 결함을 연속 검사
자분탐상검사	강자성체의 표면 및 근처 결함
누설검사	압력용기, 파이프 등의 누설 탐지
음향방출검사	재료 내부의 특성 평가

33 물질과 상호작용하여 물질에 따라 투과하고 흡수되는 정도가 다른 성질을 이용하는 비파괴검사법은?

① 방사선투과시험
② 초음파탐상시험
③ 자분탐상시험
④ 침투탐상시험

[해설]
방사선투과시험 : 방사선을 시험체에 조사하여 결함부를 지날 때 발생하는 투과 정도의 차이에 따라 필름상의 농도차로부터 결함을 검출하는 시험

34 다음 중 원리가 같은 검사방법끼리 조합된 것은?

① 방사선투과검사(RT), 컴퓨터단층촬영(CT)검사
② 육안검사(VT), 자분탐상검사(MT)
③ 침투탐상검사(PT), 와전류탐상검사(ECT)
④ 초음파탐상검사(UT), 누설검사(LT)

[해설]
② 육안검사는 가시성을 이용하고, 자분탐상검사는 자기력을 이용한다.
③ 침투탐상검사는 모세관현상을 이용하고, 와전류탐상검사는 전자기력을 이용한다.
④ 초음파탐상검사는 음파의 진동과 파형을 이용하고, 누설검사는 가스의 투과성을 이용한다.

35 다음 중 방사선투과시험과 초음파탐상시험에서 대한 비교 설명으로 틀린 것은?

① 방사선투과시험은 시험체 두께에 영향을 많이 받으며, 초음파탐상시험은 시험체 조직의 크기에 영향을 받는다.
② 방사선투과시험은 방사선안전관리가 필요하고, 초음파탐상시험은 방사선안전관리가 필요하지 않다.
③ 방사선투과시험은 촬영 후 현상과정을 거쳐야 판독 가능하고, 초음파탐상시험은 검사 중 판독이 가능하다.
④ 방사선투과시험은 결함의 3차원적 위치 확인이 가능하고, 초음파탐상시험은 2차원적 위치 확인만 가능하다.

해설
초음파탐상시험에서 3차원적 위치 확인이 가능하다.

36 다음 중 산업안전보건법상 승강기의 종류에 해당하지 않는 것은?

① 리프트
② 에스컬레이터
③ 화물용 승강기
④ 인화(人貨) 공용 승강기

해설
승강기의 종류(산업안전보건기준에 관한 규칙 제132조)
- 승객용 엘리베이터
- 승객화물용 엘리베이터
- 화물용 엘리베이터
- 소형 화물용 엘리베이터
- 에스컬레이터

37 산업안전보건법에 따라 선반 등으로부터 돌출되어 회전하고 있는 가공물을 작업할 때 설치하여야 할 방호조치로 가장 적합한 것은?

① 안전난간
② 울 또는 덮개
③ 방진장치
④ 건널다리

해설
선반 등으로부터 돌출되어 회전하고 있는 가공물을 작업할 때 설치하여야 할 방호조치로 가장 적합한 것은 울 또는 덮개이다(산업안전보건기준에 관한 규칙 제87조).

38 가스집합용접장치에는 가스의 역류 및 역화를 방지할 수 있는 안전기를 설치하여야 하는데, 다음 중 저압용 수봉식 안전기가 갖추어야 할 요건으로 옳은 것은?

① 수봉 배기관을 갖추어야 한다.
② 도입관은 수봉식으로 하고, 유효 수주는 20mm 미만이어야 한다.
③ 수봉 배기관은 안전기의 압력이 $2.5kg/cm^2$에 도달하기 전에 배기시킬 수 있는 능력을 갖추어야 한다.
④ 파열판은 안전기 내의 압력이 $50kg/cm^2$에 도달하기 전에 파열되어야 한다.

해설
저압용 수봉식 안전기의 구비요건
- 도입관은 수봉식으로 하고 유효 수주는 25mm 이상이어야 한다.
- 수봉 배기관을 갖추어야 한다.
- 주요 부분은 두께 2mm 이상의 강판 또는 강관을 사용하여야 한다.
- 아세틸렌과 접촉할 염려가 있는 부분은 구리를 사용하지 않아야 한다.

정답 35 ④ 36 ① 37 ② 38 ①

39 전기설비에 접지를 하는 목적으로 틀린 것은?

① 누설전류에 의한 감전 방지
② 낙뢰에 의한 피해 방지
③ 지락사고 시 대지전위 상승 유도 및 절연강도 증가
④ 지락사고 시 보호계전기 신속 동작

해설
전기설비에 접지를 하면 지락사고 시 대지전위가 억제되고, 절연강도가 감소한다.

40 다음 중 가연성 가스가 밀폐된 용기 안에서 폭발할 때 최대 폭발압력에 영향을 주는 인자가 아닌 것은?

① 가연성 가스의 농도
② 가연성 가스의 초기 온도
③ 가연성 가스의 유속
④ 가연성 가스의 초기 압력

해설
가연성 가스가 밀폐된 용기 안에서 폭발할 때 최대 폭발압력에 영향을 주는 인자
- 가연성 가스의 농도(화학양론비에서 최대)
- 가연성 가스의 초기 온도(낮을수록 증가)
- 가연성 가스의 초기 압력(높을수록 증가)

제3과목 기계설비 일반

41 도면의 공차치수는 어떤 끼워맞춤인가?

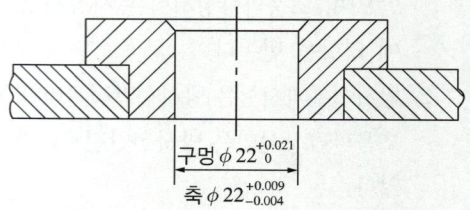

구멍 $\phi 22^{+0.021}_{0}$
축 $\phi 22^{+0.009}_{-0.004}$

① 헐거움 끼워맞춤   ② 가열 끼워맞춤
③ 중간 끼워맞춤   ④ 억지 끼워맞춤

해설
구멍과 축의 허용오차를 적용함에 따라 헐거워지기도 하고, 억지로 끼워 맞추게 되므로 중간 끼워맞춤이다.

42 다음 표면의 결 도시기호에서 지시하는 가공법은?

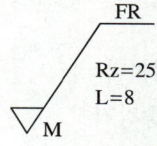

① 밀링가공   ② 브로칭 가공
③ 보링가공   ④ 리머가공

해설
④ 리머가공 : FR
① 밀링가공 : M
② 브로칭 가공 : BR
③ 보링가공 : B

43 서로 다른 두 종류 금속의 기전력을 이용한 온도센서로, 구조가 간단하고 저렴하며 내구성이 있고 비교적 정확한 온도 측정이 가능한 센서는?

① 써미스터 ② 열전쌍
③ 초전형 온도센서 ④ 볼로미터

해설
열전쌍, 열전대(Themocouple)
- 서로 다른 두 종류 금속의 기전력을 이용한 온도센서이다. 구조가 간단하고 저렴하며, 내구성이 있고 비교적 정확한 온도 측정이 가능하다. 기본적으로 열에너지를 전기에너지로 변환시킨다.
- 183℃ 이하에서부터 2,500℃ 근처까지의 넓은 온도 범위를 0.1∼1% 정도의 정확도로 측정한다.

44 롤러 중심 간의 거리가 100mm인 사인바를 사용하여 각도를 측정하기 위해 필요한 게이지 블록의 높이가 50mm이었다면, 사인바의 각도는 얼마인가?

① 100° ② 50°
③ 30° ④ 15°

해설

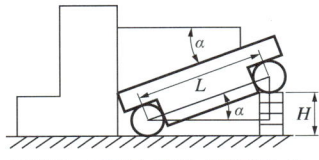

사인바는 그림과 같이 설치하며 $L=100$, $H=50$이므로
$\sin\theta = \dfrac{H}{L} = \dfrac{50\text{mm}}{100\text{mm}} = \dfrac{1}{2}$
$\therefore \sin^{-1}\left(\dfrac{1}{2}\right) = 30°$

45 공작기계 안내면의 진직도 측정 등에 적합한 측정기는?

① 측장기 ② 공구현미경
③ 오토콜리메이터 ④ 공기 마이크로미터

해설
오토콜리메이터(Autocollimator)
- 미소각을 측정하는 광학측정기로, 오토콜리메이팅 망원경이라고도 한다.
- 콜리메이팅, 즉 광선을 수평이 되게 하는 작업을 하여 각도를 측정한다.
- 부속 : 평면 반사경, 펜터프리즘, 다각프리즘, 각도게이지, 할출대, 할출판, 회전테이블 교정, 조정기, 변압기
- 종류는 읽는 방법과 눈금량에 따라 나눠진다.

46 선반가공에서 직경 60mm, 길이 100mm의 탄소강 재료 환봉을 초경 바이트로 사용하여 1회 절삭 시 가공시간은 약 몇 초인가?(단, 절삭깊이 1.55mm, 절삭속도 150m/mim, 이송은 0.2mm/rev이다)

① 38초 ② 42초
③ 48초 ④ 52초

해설
$t = \dfrac{l}{n \cdot f} = \dfrac{100}{795.8 \times 0.2} = 0.628\text{min} \fallingdotseq 38\text{s}$
$n = \dfrac{1{,}000V}{\pi D} = \dfrac{1{,}000 \times 150}{\pi \times 60} \fallingdotseq 795.8\text{rev/min}$
(여기서, t : 가공시간, l : 길이, f : 이송속도)

47 다음 중 공작기계의 구비조건이 아닌 것은?

① 가공능력이 좋아야 한다.
② 강성(Rigidity)이 없어야 한다.
③ 기계효율이 좋고, 고장이 적어야 한다.
④ 가공된 제품의 정밀도가 높아야 한다.

해설
공작기계의 구비조건 : 강도, 정밀도, 가공효율성, 내구성, 경제성, 사용의 편리성 및 유지·보수 가능

48 공장 계측관리에서 계측화의 목적이 아닌 것은?

① 자주보전
② 설비보전, 안전관리
③ 공정작업의 기술적 관리
④ 생산 공정의 기술적 해석

해설
계측화의 목적
- 생산 공정의 기술적 해석
- 공정작업의 기술적 관리
- 시험 검사 : 원자재, 부품 등 품질 관리 목적
- 조사 연구
- 그 외 설비보전, 안전관리, 위생관리, 경제성 관리

49 탭의 파손원인으로 적절하지 않은 것은?

① 구멍이 너무 작을 때
② 탭이 경사지게 들어갔을 때
③ 가공속도가 빠를 때
④ 구멍의 밑바닥을 관통하여 허공을 회전할 때

해설
탭의 파손원인
- 구멍이 너무 작거나 구부러진 경우
- 탭이 경사지게 들어간 경우
- 탭의 지름에 적합한 핸들을 사용하지 않는 경우
- 너무 무리하게 힘을 가하거나 가공속도가 빠른 경우
- 막힌 구멍의 밑바닥에 탭 선단이 닿았을 경우

50 보통선반에서 테이퍼를 절삭하는 방법이 아닌 것은?

① 심압대를 편위시키는 방법
② 테이퍼 장치를 사용하는 방법
③ 복식 공구대를 경사시키는 방법
④ 척의 조(Jaw)를 편위시키는 방법

해설
선반에서 테이퍼 가공(기울기가 있는 면의 가공)을 할 때는 심압대를 편위시키거나 공구대를 원하는 각도만큼 틀어 가공한다. 또 복식 공구대는 테이퍼 각이 크고 길이가 짧은 가공물을 복식 공구대를 선회시켜 가공하는 데 유용하다. 척의 조를 편위시키는 방법은 편심가공을 위한 방법이다.

51 나사의 유효지름을 측정하려 한다. 다음 중 정밀도가 가장 높은 측정법은?

① 삼침법에 의한 측정
② 투영기에 의한 측정
③ 공구현미경에 의한 측정
④ 나사 마이크로미터에 의한 측정

해설
삼침법
- 연삭가공한 정밀한 나사의 유효지름 측정에 이용한다.
- 나사측정법 중 정밀도가 높다.
- 동일한 지름을 갖는 3개의 침으로 나사 한쪽에 2개, 반에 1개를 접촉하고 3침의 외측 치수를 측정하여 공식에 의해 계산한다.

52 다음 보기에서 설명하는 금속조직은?

> 보기
> - 페라이트와 시멘타이트의 공석 결정이며, 혼합 층상조직이다.
> - 강도와 경도가 높고(HB225 정도), 어느 정도 연성도 있다.

① 오스테나이트 ② 베이나이트
③ 펄라이트 ④ 레데뷰라이트

해설
펄라이트(Pearlite)
- 0.8% C(0.77% C)
- 고용체가 723℃에서 분해하여 생긴 페라이트와 시멘타이트의 공석 결정이며 혼합 층상조직이다.
- 강도와 경도가 높고(HB225 정도), 어느 정도 연성도 있다.
- 층상조직을 현미경으로 보면 진주 조개껍질 같아 Pearlite라고 한다.

53 금속침투 표면경화법 중 아연을 침투시켜 확산시키는 방법은?

① 세라다이징 ② 칼로라이징
③ 크로마이징 ④ 보로나이징

해설
① 세라다이징 : 아연을 침투·확산시키는 것이다.
② 칼로라이징 : 알루미늄 분말에 소량의 염화암모늄(NH₄Cl)을 가한 혼합물과 경화한 것이다.
③ 크로마이징 : 크롬은 내식, 내산, 내마멸성이 좋으므로 크롬 침투에 사용한다.
④ 보로나이징 : 강철 표면에 붕소를 침투·확산시켜 경도가 높은 보론화층을 형성한다.

54 기계구동 부품의 조립도에서 확인하기 어려운 것은?

① 구성 부품의 명칭
② 조립 제품의 크기
③ 제품의 수량
④ 부품의 표면거칠기

해설
조립도에서는 제품 구성 부품의 종류와 명칭, 조립 제품의 크기, 조립 상태, 제품의 수량, 납기와 납품 주기 등을 확인한다. 부품도에서는 부품의 치수와 치수공차 및 표면거칠기, 형상 정밀도, 부품의 수량, 가공방법 등을 확인한다.

55 베어링을 해체할 때 주의할 사항으로 적절하지 않은 것은?

① 해체 주변을 깨끗하며 가급적 분실 방지 포를 깔고 작업한다.
② 가급적 전용공구를 사용한다.
③ 해체 시 유해물질 접촉 방지를 위해 장갑을 착용한다.
④ 조립도를 참고하여 작업하고 해체되지 않는 곳은 강한 힘을 작용하여 해체한다.

해설
베어링 해체 시 조립도를 참고하여 정확한 힘을 주어 해체해야 한다.

정답 52 ③ 53 ① 54 ④ 55 ④

56 펌프의 효율식 중 옳은 것은?

① 수력효율 = 수동력 / 축동력
② 기계효율 = 축동력 − 기계손실 / 축동력
③ 체적효율 = 펌프의 실제 양정 / 이론 양정(깃수 유한)
④ 펌프의 전효율 = 펌프의 실제 유량 / 임펠러를 지나는 유량

해설
- 기계효율 = $\dfrac{\text{축동력} - \text{기계손실}}{\text{축동력}}$ 로 나타낼 수 있다.
- 수력효율은 유체의 힘이 펌프 흡입구에서 송출구까지 흐르면서 생긴 손실을 고려한 효율이다.
- 체적효율은 누설 및 잔류 유량에 의해 발생한 손실을 고려한 효율이다.
- 전효율은 펌프의 수동력에 대한 축동력의 비율로 수력효율, 체적효율, 기계효율을 곱한 값이다.

57 배관을 설치할 때 유의사항으로 적절한 것은?

① 배관은 가급적 짧게 한다.
② 설계자가 지정한 관보다 현장에서 판단한 관을 사용한다.
③ 배관은 설치 후 영구적으로 사용하므로 이동 동선과는 가급적 멀리 둔다.
④ 배관 중간에 스톱밸브를 사용하는 경우 밸브의 뒤쪽에 안전밸브를 설치한다.

해설
② 설계자가 지정한 관을 사용하며 불가피하게 변경해야할 경우, 관련 법규나 KS 등에 위배되지는 않는지 설계자와 협의한다.
③ 배관은 보전이 필요하며 추후 작업이 가능할 수 있는 위치에 설치한다.
④ 안전밸브는 스톱밸브 앞쪽에 설치한다.

58 다음 중 3상 유도 전동기 내의 코일과 철심 사이에 완전한 절연을 하기 위해 사용되는 것은?

① 유 리   ② 바니시
③ 에나멜   ④ 절연 종이

해설
3상 유도 전동기의 구조
- 3상 유도 전동기는 회전자에 따라 농형과 권선형으로 구분한다.
- 3상 유도 전동기는 크게 회전자와 고정자로 구성되어 있고, 회전자는 얇은 강판을 적층한 철심의 각 구멍에 구리 막대가 삽입되고 구리막대 양쪽에 단락환을 이용하여 단락되어 있다.
- 코일은 도체에 에나멜, 유리, 마이카 등을 이용하여 절연을 입힌 것을 사용한다.
- 코일과 철심 사이는 절연 종이를 이용하여 절연한다.

59 전동기가 회전 중 진동현상을 보이는 경우 그 원인으로 틀린 것은?

① 냉각 불충분
② 베어링의 손상
③ 커플링, 풀리의 이완
④ 로터와 스테이터의 접촉

해설
이상음 및 진동 발생의 원인 : 베어링 손상 / 커플링, 풀리 마모 및 풀림, 중심 불량 / 로터와 스테이터의 접촉 / 냉각팬 날개 바퀴의 풀림 / 조립 볼트나 부착 볼트의 풀림 및 탈락 / 공진

정답 56 ② 57 ① 58 ④ 59 ①

60 펌프의 설치에 대한 설명 중 옳지 않은 것은?

① 설치 장소는 가능한 한 흡입 수면에서 가깝게 한다.
② 관로 손실이 생기지 않도록 관지름은 흡입구와 같거나 그보다 작게 한다.
③ 흡입관의 이음매 부분은 완전히 밀폐되어야 하며, 진동과 열팽창을 고려하여 설치하여야 한다.
④ 송출관을 설치할 경우 관의 중량이 펌프에 작용되지 않도록 설치하며, 동결의 우려가 있을 경우 플러그를 설치하여 잔류를 배출할 수 있도록 한다.

해설

펌프의 설치
- 설치 장소는 가능한 한 흡입 수면에서 가깝게 하고 흡입관은 가능한 한 짧게 직선으로 설치한다.
- 펌프쪽의 경사를 높게 하고 흡입 수면의 경사를 낮게 1/50의 올림 구배하여 흡입관 내 공기가 들어오지 않도록 한다.
- 관로 손실이 생기지 않도록 관지름은 흡입구와 같거나 그보다 크게 한다.
- 흡입관 입구에 스트레이너를 설치하여 유체 유동을 정렬하며 설치 위치를 적절히 하여 너무 낮아서 소용돌이에 의한 공기 흡입이 생기거나 급수부와 너무 가까워서 기포가 흡입되지 않도록 한다.
- 흡입관의 이음매 부분은 완전히 밀폐되어야 하며 진동과 열팽창을 고려하여 설치하여야 한다.
- 송출관을 설치할 경우 관의 중량이 펌프에 작용되지 않도록 설치하며, 동결의 우려가 있을 경우 플러그를 설치하여 잔류를 배출할 수 있도록 한다.

제4과목 설비 진단 및 관리

61 다음은 진동사이클에서 $X_{\rm rms} = \sqrt{\dfrac{1}{T}\int_0^T X^2(t)dt}$ 로 표현되며 사이클을 갖는 진동에서 유효성 있는 크기를 나타내는 값은?

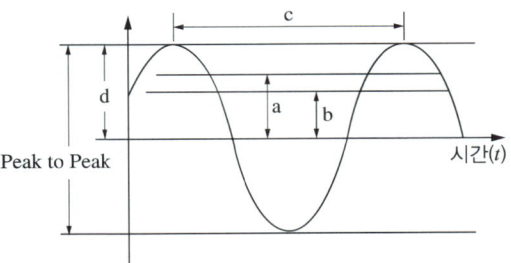

① a ② b
③ c ④ d

해설

실횻값(rms ; Root Mean Square)은 에너지값으로 진동 그래프에서 면적의 의미를 가지고 있다. 실횻값은 정현파의 경우 $\dfrac{peak}{\sqrt{2}}$ 가 되며 면적을 의미하고, 각종 기계류의 수명을 판단하거나 에너지 발산을 판단하는 양으로 사용한다.

62 질량을 m[kg] 강성을 k[N/m]라 할 때 고유진동수 ω[rad/sec]를 나타내는 것은?

① $\omega = \sqrt{\dfrac{m}{k}}$

② $\omega = \sqrt{\dfrac{k}{m}}$

③ $\omega = \sqrt{m^2 + k^2}$

④ $\omega = 2\sqrt{mk}$

해설

고유 각진동수는 고유진동수를 각으로 나타낸 수 $\omega_n = \sqrt{\dfrac{k}{m}}$

진동수와 각진동수는 $\omega = 2\pi f$의 관계, $f_n = \dfrac{1}{2\pi}\sqrt{\dfrac{k}{m}}$

정답 60 ② 61 ① 62 ②

63 외부의 힘이 가해지면 전류가 발생하는 방식을 활용하는 센서의 측정 단위는?

① 변위[m]
② 속도[m/s]
③ 가속도[m/s²]
④ 각속도[rad/s]

해설
가속도계 : 압전형 가속도계를 많이 사용한다.
• 가속도[m/s²]로 측정한다.
• 소형·경량이며, 출력 임피던스가 높다.
• 고감도이므로 미세 조정이 필요하고 외부 영향, 용량에 감도 영향을 받는다.
• 중·고주파대 가속도 측정에 사용한다.
• 속도로 표현되는 진동, 주파수로 표현되는 진동 등을 측정한다.
• 압전식 센서는 외부에서 힘이 가해지면 전류가 발생하는 방식을 사용한다.
• 이 힘은 원칙적으로 AC 성분을 측정하게 되며 순수한 DC 응답이 불가능하다.

64 코리올리 힘을 이용하여 회전 시 발생하는 회전축을 이용한 각도를 측정하는 센서는?

① 광속도계
② 태코미터
③ 자이로센서
④ 퍼텐쇼미터

해설
자이로센서(자이로스코프를 이용한 센서)
• 회전 시 발생하는 회전축을 이용하여 각도, 회전속도(각속도)를 측정한다.
• 각속도는 코리올리 힘을 이용하여 계산한다.
• 회전각, 각속도, 가속도, 가속도를 이용한 충격력 등의 측정이 가능하다.

65 다음 중 진동의 측정 단위로 적절하지 않은 것은?

① m
② m/s
③ m/s²
④ m²/s²

해설
진동은 변위[m], 속도[m/s], 가속도[m/s²]로 측정한다.

66 회전기계의 질량 불평형 상태의 스펙트럼에서 가장 크게 나타나는 주파수 성분은?

① 1X
② 2X
③ 3X
④ 1.5X~1.7X

해설
균형이 맞지 않는 상태인 언밸런스(질량 불평형) 상태에서 회전하면 수평·수직 방향에서 최대 진폭이 일어나고 진동수는 회전 사이클과 일치하므로 회전 주파수의 $1f$ 성분에서 탁월 주파수가 나타난다. $1f$보다 높으면 언밸런스로 판정하기 어려우며 언밸런스 양과 회전수가 증가할수록 진동값이 높게 나타난다.

67 동적배율에 관한 설명으로 틀린 것은?

① 고무의 동적배율은 1 이상이다.
② 고무의 영률이 커질수록 동적배율은 작아진다.
③ 동적 스프링 정수가 커질수록 동적배율은 커진다.
④ 정적 스프링 정수가 커질수록 동적배율은 작아진다.

해설
동적배율 계산 시 영률을 고려하는 경우, 같은 조건일 때 영률이 커지면 동적배율도 커진다.

68 다음 음파의 종류 중 음원으로부터 거리가 멀어질수록 더욱 넓은 면적으로 퍼져 나가는 것은?

① 평면파　　② 발산파
③ 구면파　　④ 진행파

해설
② 발산파 : 음원으로부터 거리가 멀어질수록 더욱 넓은 면적으로 퍼져나가는 파장
① 평면파 : 파면이 서로 평행한 파장
③ 구면파 : 음원에서 모든 방향으로 동일한 에너지를 방출하여 에너지가 같은 파면을 이으면 구의 모양이 되는 파장
④ 진행파 : 음파의 진행 방향으로 에너지를 전송하는 파장

69 발음원이 이동할 때 그 진행 방향쪽에서는 원래 발음원의 음보다 고음으로, 진행 반대쪽에서는 저음으로 되는 현상은?

① 맥놀이 효과　　② 도플러 효과
③ 휴젠스 효과　　④ 히싱효과

해설
도플러 효과
- 소리의 상대성 원리로 이동 중인 청자는 자신의 이동속도만큼 음의 속도에서 가하거나 감하게 되어 실제 소리보다 높게 듣거나 낮게 듣게 되는 현상이다.
- 발음원이 이동할 때 그 진행 방향쪽에서는 원래의 음보다는 고음으로, 진행 반대쪽에서는 저음으로 되는 현상이다.

70 대형 작업장의 공조 덕트가 민가를 향해 있어 취출구 소음이 문제되고 있다. 이에 대한 대책으로 틀린 것은?

① 취출구 끝단에 소음기를 장착한다.
② 취출구 끝단에 철망 등을 설치하여 음의 진행을 세분 혼합하도록 한다
③ 취출구의 면적을 작게 한다.
④ 취출구 소음의 지향성을 바꾼다.

해설
취출구 소음은 면적에 의한 소음과 난류에 의한 소음 영향을 모두 받는데, 면적을 작게 하면 유동에 의한 소음이 증가하므로 면적만을 작게 해서는 대책이 될 수 없다.

71 흡음과 차음에 관한 설명 중 틀린 것은?

① 일반적으로 부드럽고 다공성 표면을 갖는 재료는 높은 흡음률을 갖는다.
② 차음벽의 차음효과는 투과율에 의해 결정된다.
③ 차음벽 안쪽을 흡음재료로 처리하면 차음효과를 높일 수 있다.
④ 흡음재료가 동일할 경우 일정한 흡음률을 가진다.

해설
흡음재료가 동일하여도 형상에 따라 다른 흡음률을 가진다.

72 설비 대장을 작성할 때 구비해야 할 조건 중 가장 거리가 먼 것은?

① 설비 품목별 사양 작성자
② 설비의 입수시기 및 가격
③ 설비에 대한 개략적인 기능
④ 설비에 대한 개략적인 크기

해설
설비 품목별 사양 작성자는 직접 설비에 대한 기록이 아니므로 구비조건으로 가장 거리가 멀다.
설비 대장 : 관리 사무실에서 일괄적으로 설비에 대한 개요를 적어 놓은 기록지 또는 기록프로그램이다. 여기에는 설비의 명칭, 위치, 크기, 운영 부서, 전력량, 에너지 사용량, 용도, 사양, 제작 일자, 제작사, 도입시기, 설치시기, 폐기 및 매각시기, 매각처, 금액 등 전체 설비를 한 번에 파악할 수 있도록 기록한다.

정답　68 ②　69 ②　70 ③　71 ④　72 ①

73 설비관리를 수행할 때 기능적으로 구분하면 일반관리기능, 기술기능, 실시기능 및 지원기능으로 구분할 수 있다. 이때 기술기능에 해당되지 않는 것은?

① 공급망 관리
② 설비성능 분석
③ 보전도 향상 연구
④ 설비진단기술 이전 및 개발

해설
기술기능은 설비성능 분석, 고장 분석방법 개발과 실시, 보전도 향상 연구, 설비진단기술 이전 및 개발, 설비 간 네트워크 구축, 전산화 구축, 보전업무 분석, 검사기준 개발, 보전기술 개발, 매뉴얼 개발 및 갱신, 보전 자료 문서화, 자료의 설계 반영, 보전 부품교체 분석 등 기술 관련된 수많은 기능으로 구성되어 있다. 공급망 관리는 일반 관리기능의 영역이다.

74 만성 로스 개선 방법 중 설비나 시스템의 불합리 현상을 원리 및 원칙에 따라 물리적 성질과 메커니즘을 밝히는 사고방식은?

① FTA ② FMEA
③ PM 분석 ④ QM 분석

해설
PM 분석(Phenomena/Physical × Mechanism, Machine, Man, Material)
• 설비의 물리적 성질과 메커니즘을 이해하여 만성 고장을 규명하고, 로스를 개선하는 수단의 하나이다.
• 만성화된 설비나 시스템의 불합리 현상을 원리 및 원칙에 따라 물리적 해석으로 현상 메커니즘을 밝히는 사고방식이다.

75 다음 중 윤활유의 작용이 아닌 것은?

① 냉각작용 ② 밀봉작용
③ 감마작용 ④ 응력집중작용

해설
윤활의 기능
• 마찰 감소 : 경계 마찰일이 발생하는 곳에 피막 형성
• 냉각작용 : 마찰열을 흡수하여 계(System) 밖으로 방출
• 밀봉작용 : 유막을 통해 내·외부 차단
• 청정작용 : 오염물질을 씻어내는 작용
• 방청작용 : 녹이 슬지 않게 하는 작용
• 방식작용 : 부식이 일어나지 않게 하는 작용
• 방진작용 : 먼지 등 유해물질이 유입되는 것을 막아 주는 작용
• 하중(응력)의 분산작용 : 국부 압력을 액을 통해 분산시켜 마멸방지

76 다음 설비보전활동 중 필요한 수리, 정비, 개수 등을 위한 제 기능을 수행하여 설비에 투입되는 비용을 최소화하는 데 목적을 두는 것은?

① 공사관리 ② 부하관리
③ 외주관리 ④ 일정관리

해설
공사관리
• 필요한 수리, 정비, 개수 등을 위한 제 기능을 수행하여 설비에 투입되는 비용을 최소화하는 데 목적을 두는 설비보전활동
• 요구조건에 맞게 요구일까지 경제적으로 공사 수행의 일시계획을 세우고, 이에 따라 통제·감독·조정하여 가장 경제적인 공사를 실시하는 보전활동

73 ① 74 ③ 75 ④ 76 ①

77 설비의 경제성 평가방법에 대한 설명으로 옳은 것은?

① 신 MAPI방식 : 연간비용으로서 정액제에 의한 상각비와 평균이자 및 가동비를 취한 방법이다.
② MAPI방식 : 투자분위 결정을 위한 긴급도비율(Urgency Rating)이라는 비율을 도입하는 방법이다.
③ 자본회수법 : 자본 배분에 관련된 투자 순위 결정이 주제이고, 긴급률이라는 일종의 수익률을 구하여 이의 대소에 따라서 설비 상호 간의 우선순위를 평가한다.
④ 연평균 비교법 : 설비의 내구 사용기간 사이의 자본비용과 가동비의 합을 현재 가치로 환산하여 내구 사용기간 중의 연평균 비용을 비교하여 대체안을 결정하는 방법이다.

[해설]
①은 평균이자법에 대한 설명이다.
②는 신 MAPI방식에 대한 설명이다.
③은 MAPI방식에 대한 설명이다.

78 윤활유를 규정조건으로 가열하여 발생한 증기에 불꽃을 접근시켰을 때 순간적으로 불이 붙은 온도는?

① 주도점   ② 적하점
③ 인화점   ④ 유동점

[해설]
인화점은 자연히 불이 붙기 시작하는 온도로, 규정조건으로 가열하여 발생한 증기에 불꽃을 접근시켰을 때 순간적으로 불이 붙은 온도이다.
윤활유의 인화점
• Light Stock → 130~170℃ / SAE 10 → 220℃
• SAE 20 → 260℃ / SAE 50 → 320℃

79 고압·고속으로 회전하는 베어링에 윤활유를 펌프를 이용해 강제적으로 밀어 공급하는 방법으로, 내연기관, 고속의 비행기, 자동차 엔진, 증기터빈 및 공작기계 등에 사용되는 윤활방법으로 가장 적합한 것은?

① 체인 급유법   ② 칼라 급유법
③ 사이펀 급유법   ④ 강제 순환 급유법

[해설]
강제 순환 급유법 : 고압·고속으로 회전하는 베어링에 윤활유를 강제로 밀어 공급하는 방법으로, 몇 개의 베어링에 대한 공급계를 하나로 묶어 공급하며 강제 순환시킨다. 미끄럼 베어링의 윤활법 중 자동화, 시스템화로 기계류에 많이 사용되며 확실한 오일 공급과 유온, 유량의 조절이 쉽고 많은 베어링의 동시 윤활이 가능한 방법이다. 내연 기관, 고속 항공기, 자동차 엔진, 증기 터빈 및 공작기계 등에 사용된다.

80 베어링의 마찰면이 일정치 않은 상황에서 국부적인 고하중이 걸릴 때 작용하는 윤활유의 기능은?

① 밀봉작용   ② 세정작용
③ 응력분산작용   ④ 마찰감소작용

[해설]
베어링 윤활 선정 시 적정 점도, 운전속도, 운전 시 운전부의 온도, 작용 하중, 급유방법 등을 고려해서 선정한다.
• 마찰면이 일정치 않아 국부적인 고하중이 걸릴 때는 응력분산 능력이 있는 윤활제를 선정한다.
• 고속운전을 하는 윤활 개소에는 마찰감소능력이 있고 점도가 낮은 윤활제를 선정한다.
• 이물질의 침입이 우려되는 윤활 개소에는 밀봉능력이 있고, 세정력이 있는 윤활제를 선정한다.
• 열에 노출되기 쉬운 윤활 개소에는 내열성과 냉각성이 있는 윤활제를 선정한다.

정답 77 ④ 78 ③ 79 ④ 80 ③

제2회 적중예상문제

제1과목 공유압 및 자동제어

01 계기압은 2.54kg/cm², 대기압은 740mmHg이라면 절대압력은 몇 kg/cm²인가?

① 약 2.0 ② 약 3.0
③ 약 3.5 ④ 약 4.0

해설
1atm = 760mmHg = 10.33mAq = 1.03323kgf/cm²
= 10,332.3kgf/m² = 1.013bar = 101.32kPa
= 1,013hPa
740mmHg : 760mmHg = x : 1.03323kgf/cm²
∴ x = 1.006kgf/cm²
740mmHg에 해당하는 대기압은 1.0060kgf/cm² ≒ 1.0kgf/cm²
절대압력 = 계기압 + 대기압 = 2.54 + 1.0 = 3.54kgf/cm²

02 비중이 0.92인 빙산이 비중 1.025의 바닷물 수면에 떠 있다. 수면 위에 나온 빙산의 체적이 150m³이면 빙산의 전체 체적은 약 몇 m³인가?

① 1,314 ② 1,464
③ 1,725 ④ 1,875

해설
부력은 바닷물에 잠긴 빙산의 부피에 해당하는 물의 중량이므로,
빙산 전체의 무게 = x[m³] × 0.92 × 1,000kgf/m³
부력[m³] = (x − 150)m³ × 1.025 × 1,000kgf/m³
빙산 전체의 무게 = 부력
x × 0.92 = (x − 150) × 1.025
∴ x = 1,464.29m³

03 정육면체의 그릇에 물을 가득 채울 때, 그릇 밑면이 받는 압력에 의한 수직 방향 평균 힘의 크기를 P라고 하면, 한 측면이 받는 압력에 의한 수평 방향 평균 힘의 크기는 얼마인가?

① 0.5P ② P
③ 2P   ④ 4P

해설

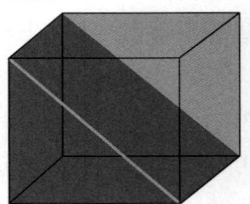

측면에 작용하는 유압은 맨 윗면에 작용하는 힘과 바닥면에 작용하는 힘의 평균값이므로, 수직면의 길이가 일정하다면 삼각형의 면적을 구하는 것처럼 아랫면에 작용하는 힘의 1/2이 된다.

04 다음 유체의 흐름 중 층류인 것은?

① 바닥면에 작용하는 힘이 2기압인 유체
② 관로가 아주 넓은 곳을 빠르게 흐르는 유체
③ 동점성 계수에 대한 관경과 유속의 곱의 비가 1,980인 유체
④ 아주 넓은 관로와 좁은 관로가 만나는 부분의 좁은 관로를 흐르는 유체

해설
층류와 난류를 구분하는 값은 레이놀즈 수이며, 레이놀즈 수가 2,320 이하이면 보통 층류로 분류한다.
$Re = \dfrac{vd}{\nu}$
(여기서, v : 유속, d : 관경, ν : 동점성 계수)

정답 1 ③ 2 ② 3 ① 4 ③

05 수격현상을 방지하기 위한 방법으로 적당하지 않은 것은?

① 펌프 플라이휠을 급정지하지 않는다.
② 송출 관로에 공기밸브, 공기실을 설치하거나 서지탱크를 설치한다.
③ 송출관 내 관의 지름을 작게 한다.
④ 송출관 내 유체속도를 낮춘다.

해설
수격현상은 유체의 압력파가 발생하는 현상으로 압력파 발생을 막기 위해서는 유속을 조절하거나 유압을 가능한 한 일정하게 유지하도록 한다.

07 밸브의 제작 및 사용상 주의해야 할 사항으로 틀린 것은?

① 산성 등 화학약품을 취급하는 곳에서는 다이어프램 밸브를 사용한다.
② 글루브 밸브를 관에 부착할 때에 밸브 박스 외측에 정확한 흐름 방향을 표시하도록 한다.
③ 체크밸브는 밸브체의 움직임에 따라 역류 방지까지 약간의 시간적 늦음이 발생할 수 있다.
④ 리프트 밸브의 시트와 밸브 박스 재질은 팽창계수차에 의해 밸브 시트가 이완되는 것을 방지하기 위해 다른 재질을 사용한다.

해설
밸브와 그 시트가 열팽창, 이완을 통해 구멍이 모두 닫히지 않도록 열팽창계수가 같은 재질을 사용한다.

06 다음 중 미세 필터에 사용되는 재료로 부적합한 것은?

① 금속망 ② 규소물
③ 유리섬유 ④ 플라스틱섬유

해설
미세 필터는 섬유조직이나 막으로 이루어져야 한다. 요즘에는 금속섬유를 이용하여 미세 필터를 제조하기도 하지만, 금속망(Metal Mesh)은 미세 필터 용도가 아니다.

08 비접촉형 변위 검출용 센서의 종류에 해당되지 않는 것은?

① 서보형 ② 와전류형
③ 전자광학형 ④ 정전용량형

해설
변위를 측정하는 센서로 직선변위를 측정하는 센서와 회전변위를 측정하는 센서가 있다. 전자기식, 광학식, 와전류식, 정전용량식 등이 있다.

09 다음 중 공기압축기의 종류가 아닌 것은?

① 터보형 압축기
② 스크롤형 압축기
③ 왕복 피스톤형 압축기
④ 트로코이드형 압축기

해설
압축기의 종류

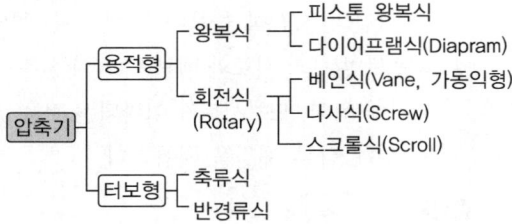

10 센서를 선정하여 사용할 때 고려해야 할 사항으로 거리가 가장 먼 것은?

① 정확성 ② 신뢰성
③ 상품성 ④ 반응속도

해설
센서의 신호 특성
• 센서의 출력신호는 어느 정도 오차를 포함한다.
• 정확도 : 정확한 값으로 측정하는 능력이다.
• 반복성 : 여러 번 실시에 같은 값을 측정하는 능력이다.
• 선형성 : 센서 측정값과 함수 측정값(그래프)이 비슷한 선형을 이루는 정도이다.
• 범위 : 센서에 의해 측정할 수 있는 외부 입력 동적 범위(상한과 하한)의 총입력범위라고 한다.

11 빛에 의해 검출되는 스위치로서, 투광기와 수광기가 있는 스위치는?

① 용량형 스위치 ② 광전 스위치
③ 유도형 스위치 ④ 리드 스위치

해설
광전 스위치
• 발광부와 수광부가 서로 마주 보는 구조이다.
• 중간의 차단 등으로 인해 발광부 빛이 수광부에 들어가지 않으면 감지한다.
• 자동문 작동 중지 센서 등에 사용한다.

12 컨베이어 벨트 위를 지나가는 종이 상자를 감지할 수 없는 센서는?

① 유도형 센서 ② 용량형 센서
③ 포토센서   ④ 적외선 센서

해설
유도형 센서는 금속재나 도전체의 감지가 가능하다.

13 직류 전위차계의 용도가 아닌 것은?

① 직류전압, 전류 측정
② 절연 및 접지저항 측정
③ 전압계, 전류계 보정시험
④ 전력 측정 및 전력계 보정시험

해설
직류 전위차계
• 전류를 흘리지 않고 측정이 가능하다.
• 전압, 전류, 전력을 측정한다.
• 타 전압계, 전류계, 전력계의 보정을 한다.

14 거리 계측이나 두께를 측정할 때 초음파의 강한 반사성과 전파성의 지연을 효과적으로 응용한 센서는?

① 광센서
② 자기센서
③ 적외선 센서
④ 초음파 센서

해설
초음파 센서
- 초음파 : 가청 주파수(20~20,000Hz) 외의 음파이다.
- 음속(약 340m/s)을 이용하여 거리 감지가 가능하다.
- 파장의 길이 : 수 mm에서 수십 mm
- 온도의 영향을 받는다.
- 송·수신부를 설치, 초음파를 발사하여 에코신호를 받아 검체와의 거리를 산출한다.

15 저항 측정에 대한 설명으로 옳지 않은 것은?

① 멀티 테스터기를 사용할 때는 정전류원에서 전류를 인가하여 시험저항에 걸리는 전압을 측정하는 방식을 사용한다.
② 저항을 측정하는 방식에는 전압 강하법, 치환법, 브리지 회로 이용법 등이 있다.
③ 저항을 측정하는 방식인 전압 강하법에는 정전류 방식과 비교 방식이 있는데, 정전류 방식은 렌츠의 법칙을 이용하여 저항을 측정한다.
④ 비교 방식은 내부의 저항에 걸리는 전압의 값을 이용하여 계산한다.

해설
저항을 측정하는 방식인 전압 강하법에는 정전류 방식과 비교 방식이 있는데, 정전류 방식은 전압의 강하를 알아보고 이를 이용하여 옴의 법칙을 이용하여 저항을 측정한다.

16 전기전자장치의 기능시험에 발견되는 오류가 아닌 것은?

① 부정확한 기능
② 누락된 기능
③ 인터페이스 오류
④ 기능시험 규격의 오류

해설
전기전자장치의 기능시험에서 발견되는 오류는 부정확한 기능, 누락된 기능, 인터페이스 오류, 성능상의 오류, 초기화나 종료 시 발생되는 오류, 자료 구조상의 오류이다.

17 전기전자장치 기능 측정의 요구사항 중 비기능적 시스템의 요구사항은?

① 시스템, 성능, 보안성, 가용성 등을 규정할 것
② 명세서는 완전하고 일관성이 있을 것
③ 사용자에 의해서 요구되는 모든 항목이 정의될 것
④ 요구사항이 모순되는 정의를 가지지 말 것

해설
기능적 시스템의 요구사항
- 시스템이 할 일을 기술할 것
- 시스템의 기능을 입출력과 예외 상황과 함께 기술할 것
- 명세서는 완전하고 일관성이 있을 것
- 사용자에 의해서 요구되는 모든 항목이 정의될 것(완전성)
- 요구사항이 모순되는 정의를 가지지 말아야 할 것(일관성)

비기능적 시스템의 요구사항
- 시스템에 의해서 제공되는 특정 기능과는 관련이 없는 요구사항
- 시스템, 성능, 보안성, 가용성 등을 규정할 것
- 실제로 맞추지 못하는 시스템의 기능을 활용하여 요구사항에 대한 적절한 방법을 찾아야 한다.
- 시스템 개발 시의 품질과 제약조건은 적용하고, 리스크는 제거하거나 완화시켜야 한다.
- 이 요구사항은 시스템 개발에 사용될 프로세서에 제한을 가하게 된다.

정답 14 ④ 15 ③ 16 ④ 17 ①

18 사용자 전기 쇼크를 예방하기 위한 국제전기규격(National Electrical Code)의 요구와 그에 대한 설명으로 옳지 않은 것은?

① 젖은 장소에서의 GFCI(Ground Fault Current Interrupters)를 요구한다.
② 안전장치 2mA보다 큰 접지전류가 수 m[sec] 이상 동안 존재하면 자동적으로 전원을 차단하도록 요구한다.
③ 인체에 전기 접촉 시 DC 전압보다 일상의 AC 전원 전압이 더욱 즉각적이고 큰 피해를 준다.
④ 전원의 주파수는 인체에 흐를 때 영향을 주는 결정적인 요소이다.

해설

국제전기규격(National Electrical Code)
• 젖은 장소에서의 GFCI(Ground Fault Current Interrupters)를 요구한다.
• 안전장치 0.5mA보다 큰 접지 전류가 수 m[sec] 이상 동안 존재하면 자동적으로 전원을 차단한다.
• 전원의 주파수(초당 사이클, 단위 : Hz)
 - 인체에 전류가 흐를 때 영향, 반응의 결정적 요소이다.
 - 인체에 전기 접촉 시 DC 전압보다 50/60Hz의 AC 전원처럼 낮은 주파수의 전압이 더욱 즉각적이고 큰 피해를 준다.
 - AC 1차 전압 접촉 시 사용자 보호를 위한 설계가 중요하다.

19 다음 그림의 중립 위치는 어떤 유로형인가?

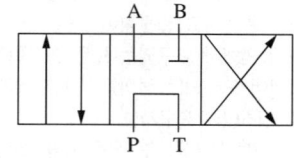

① 오픈 센터형
② 펌프 클로즈드 센터형
③ 탠덤 센터형
④ 탱크 클로즈드 센터형

해설
탠덤 센터형의 그림이다.

20 전동기의 결함에 따른 원인으로 적합하지 않은 것은?

① 기동 불능일 때 : 퓨즈의 단락
② 전동기의 과열 시 : 과부하
③ 저속으로 회전 시 : 축받이의 고착
④ 회전이 원활하지 못할 때 : 회전자 동봉의 움직임

해설
전동기가 저속으로 회전하는 자체는 결함이 아니다. 어떤 원인에 의해 저속으로 회전하게 되면 출력이 낮아지고 전동기 효율도 낮아진다.

제2과목 용접 및 안전관리

21 용접의 일반적인 특징으로 잘못된 것은?

① 취성이 생기기 쉽다.
② 균열이 발생하기 쉽다.
③ 작업 후 결함 판단이 어렵다.
④ 모재의 수축이 일어나지 않는다.

해설
용접 시 고열을 사용하므로 모재가 열을 받고 수축하는 일이 일어난다.
용접의 단점
• 취성이 생기기 쉽다.
• 균열이 발생하기 쉽다.
• 용접부의 결함 판단이 어렵다.
• 용융 부위 금속의 재질이 변한다.
• 저온에서 쉽게 약해질 우려가 있다.
• 용접 모재의 재질에 따라 영향을 크게 받는다.
• 용접 기술자(용접사)의 기량에 따라 품질이 달라진다.
• 용접 후 변형 및 수축에 따라 잔류응력이 발생한다.

22 다음 그림의 ㉠ 부분의 명칭은?

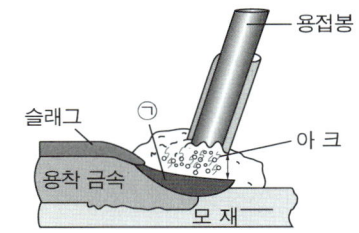

① 아크길이 ② 슬래그
③ 용융지 ④ 피복재

해설
용융지 : 모재와 용접봉, 피복재가 녹아서 조그만 용융 연못을 만든 것을 명칭한다.

23 다음 중 언더컷이 일어나는 경우는?

① 전류가 높을 때
② 아크 길이가 짧을 때
③ 용접속도가 빠를 때
④ 용접봉이 짧아졌을 때

해설

결함	모양	원인
언더컷		• 전류가 높을 때 • 아크 길이가 길 때 • 용접속도가 적절하지 않을 때 • 부적당한 용접봉 사용 시

24 상온까지 냉각한 다음 시간이 지남에 따라 균열이 발생하는 불량으로, 일반적으로는 200℃ 이하의 온도에서 발생하나 200~300℃에서 발생하기도 하는 결함은?

① 저온균열 ② 고온균열
③ 루트균열 ④ 설퍼균열

해설
저온균열 : 상온까지 냉각한 다음 시간이 지남에 따라 균열이 발생하는 불량으로, 일반적으로는 200℃ 이하의 온도에서 발생하나 200~300℃에서 발생하기도 한다. 잔류응력이나 용착 금속 내의 수소가스, 철강재료의 용접부나 HAZ(열영향부)의 경화현상에 의해 주로 발생한다.

25 크레이터 균열에 대한 설명으로 옳지 않은 것은?

① 용접 루트의 노치에 의한 응력 집중부에 생기는 균열이다.
② 아크를 끊을 때 비드 끝부분이 오목하게 들어가는 경우에 발생한다.
③ 아크를 끊고 다시 아크를 일으켜 크레이터를 채워 방지할 수 있다.
④ 유황의 편석이 층상으로 존재하는 강재를 용접하는 경우의 균열은 크레이터 균열이 입계에 생긴다.

해설
크레이터 균열 : 용접 루트의 노치에 의한 응력 집중부에 생기는 균열이다. 아크를 끊을 때 비드 끝부분이 오목하게 들어가는 경우에 발생하며 용접기공, 균열 등이 발생한다. 아크를 급히 끊지 말고 크레이터가 생기지 않게 채워 주거나 아크를 끊고 다시 아크를 일으켜 크레이터를 채워 방지한다.

26 용접 부위에 미세한 입상의 플럭스를 도포한 뒤 용접선과 나란히 설치된 레일 위를 주행대차가 지나가면서 와이어를 용접부로 공급시키면 플럭스 내부에서 아크가 발생하면서 용접하는 자동 용접법은?

① TIG(Tungsten Innert Gas) 용접
② CO_2 가스 아크용접
③ 서브머지드 아크용접
④ 일렉트로 슬래그 용접

해설
서브머지드 아크용접(SAW ; Submerged Arc Welding) : 용접 부위에 미세한 입상의 플럭스를 도포한 뒤 용접선과 나란히 설치된 레일 위를 주행대차가 지나가면서 와이어를 용접부로 공급시키면 플럭스 내부에서 아크가 발생하면서 용접하는 자동 용접법이다. 아크가 플럭스 속에서 발생되므로 용접부가 눈에 보이지 않아 불가시 아크용접, 잠호용접이라고 한다. 용접봉인 와이어의 공급과 이송이 자동이며 용접부를 플럭스가 덮고 있어 복사열과 연기가 많이 발생하지 않는다. 특히, 용접부로 공급되는 와이어가 전극과 용가재의 역할을 동시에 하므로 전극인 와이어는 소모된다.

27 CO_2 가스 아크용접의 장점이 아닌 것은?

① 용접기 조작이 쉽다.
② 용접속도가 빠르다.
③ 이동용접이 쉽다.
④ 스패터가 없다.

해설
CO_2 가스 아크용접
• 장점 : 용접기 조작이 쉽고, 용접속도가 빠르다. 슬래그가 없고 스패터도 최소화되어 용접 후처리가 불필요하며 여러 자세 용접이 가능하다.
• 단점 : 용접기가 비싸며 이동용접이 곤란하다. 용접부 취화의 우려가 있고, 옥외에서 사용하기 어렵다.

28 솔리드 와이어 용접에 비교한 플럭스 코어드 와이어 용접의 장점이 아닌 것은?

① 비드 형상이 우수하다.
② 스패터 발생량이 적다.
③ 와이어의 송급성이 좋다.
④ 아크의 안정성이 우수하다.

해설
플럭스 코어드 와이어 용접의 장단점
• 장점 : 솔리드 와이어에 비해 비드 형상, 아크의 안정성, 스패터의 발생량과 박리성 등 용접작업성이 우수하다.
• 단점 : 와이어 송급성이 떨어지고 흄 발생이 많으며, 가격이 비싸 경제성 문제가 있다.

29 다음 그림에서 루트 간격을 표시하는 것은?

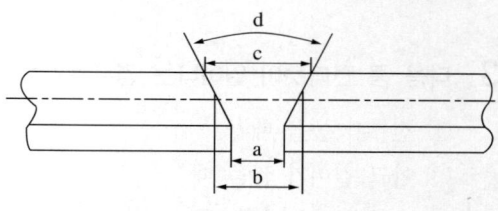

① a ② b
③ c ④ d

해설
용접 홈의 형상에 대한 명칭
• a : 루트 간격
• b : 루트면 중심거리
• c : 용접면 간격
• d : 개선각(홈각도)

26 ③ 27 ③ 28 ③ 29 ①

30 다음 그림에 해당하는 용접이음은?

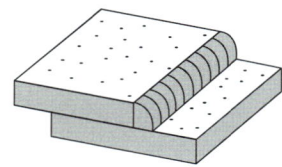

① 겹치기 이음 ② 맞대기 이음
③ 전면 필릿 이음 ④ 모서리 이음

해설

겹치기 이음	맞대기 이음
T이음(필릿용접)	모서리 이음

31 자분탐상시험법 중 선형자화법을 이용하는 것은?

① 극간법 ② 프로드법
③ 직각 통전법 ④ 전류 관통법

해설
선형자화란 코일에 전류를 통전시키면 코일 안으로 자속이 직선으로 이루어지고 코일법과 극간법 등이 선형자화의 대표적인 방법이다.

32 다음 중 매질 내의 음속을 결정하는 인자들로 구성된 것은?

① 주파수 및 탄성률
② 탄성률 및 밀도
③ 매질 두께 및 밀도
④ 조직입도(Grain) 및 두께

해설
음속이란 매질을 통과하는 소리가 갖는 전파속도이다. 이는 매질의 부피 탄성률과 정지 상태의 밀도의 영향을 받아 결정된다.

33 일반적으로 방사선투과시험으로 결함을 판별할 때 가장 어려운 경우는?

① 결함의 수
② 결함의 종류
③ 결함의 깊이
④ 결함의 크기

해설
결함의 깊이를 알고 싶다면 2차원 이상의 방사선투과시험을 실시하여야 한다.

34 비파괴검사법 중 전처리 과정이 생략되었을 때 결함의 검출 감도에 가장 크게 영향을 미치는 시험법은?

① 침투탐상검사
② 초음파탐상검사
③ 방사선투과시험
④ 중성자투과시험

해설
②, ③, ④는 투과시험이므로 전처리의 영향이 크지 않다.

정답 30 ① 31 ① 32 ② 33 ③ 34 ①

35 방사선투과시험(RT)과 초음파탐상시험(UT)을 비교 설명한 내용 중 틀린 것은?

① 결함 형상 판별에는 RT가 더 유리하다.
② 체적결함 검출에는 UT가 더 유리하다.
③ 결함 위치 판정에는 UT가 더 유리하다.
④ 결함 길이 판정에는 RT가 더 유리하다.

해설
- 방사선투과검사 : 방사선의 조사 방향에 평행하게 놓여 있는, 즉 두께차를 가지는 구상결함의 검출이 우수하다. 결함의 종류, 형상을 판별하기 쉽고 기록 보존성이 높지만, 라미네이션이나 방사선 조사 방향에 대해 기울어져 있는 균열 등은 검출되지 않는다.
- 초음파탐상검사 : 균열 등 면상결함의 검출능력이 방사선투과검사에 비해 우수하다. 그러나 초음파가 균열 등의 결함면에 수직으로 입사하도록 탐상조건을 설정하는 데 주의해야 한다.

36 다음 중 정(Chisel)작업 시 안전수칙으로 적합하지 않은 것은?

① 반드시 보안경을 사용한다.
② 담금질한 재료는 정으로 작업하지 않다.
③ 정작업에서 모서리 부분은 크기를 3R 정도로 한다.
④ 철강재를 정으로 절단작업을 할 때 끝날 무렵에는 세게 때려 작업을 마무리한다.

해설
정작업 시 시작할 때와 끝날 무렵에는 세게 치지 말아야 한다.

37 다음 중 휴대용 동력 드릴작업 시 안전사항에 관한 설명으로 틀린 것은?

① 드릴 손잡이를 견고하게 잡고 작업하여 드릴 손잡이 부위가 회전하지 않고 확실하게 제어 가능하도록 한다.
② 절삭하기 위하여 구멍에 드릴 날을 넣거나 뺄 때 반발에 의하여 손잡이 부분이 튀거나 회전하여 위험을 초래하지 않도록 팔을 드릴과 직선으로 유지한다.
③ 드릴이나 리머를 고정시키거나 제거하고자 할 때 금속성 망치 등을 사용하여 확실히 고정 또는 제거한다.
④ 드릴을 구멍에 맞추거나 스핀들의 속도를 낮추기 위해서 드릴 날을 손으로 잡아서는 안 된다.

해설
드릴이나 리머를 고정시키거나 제거하고자 할 때 확실히 고정 또는 제거하고자 하는 목적으로 금속성 망치 등을 사용하면 안 되며 절삭공구 고정·제거용 전용공구 등을 사용하여야 한다.

38 누전경보기는 사용전압이 600V 이하인 경계전로의 누설전류를 검출하여 해당 소방 대상물의 관계자에게 경보를 발하는 설비이다. 다음 중 누전경보기의 구성으로 옳은 것은?

① 감지기 – 발신기
② 변류기 – 수신부
③ 중계기 – 감지기
④ 차단기 – 증폭기

해설
누전경보기의 구성 : 변류기 – 수신부 – 음향장치

39 방폭전기설비 계획 수립 시의 기본 방침에 해당되지 않는 것은?

① 가연성 가스 및 가연성 액체의 위험 특성 확인
② 시설 장소의 제반조건 검토
③ 전기설비의 선정 및 결정
④ 위험 장소 종별 및 범위의 결정

해설
방폭 전기설비 계획 수립 시 기본 방침
• 가연성 가스 및 가연성 액체의 위험특성 확인
• 시설 장소의 제반조건 검토
• 전기설비 배치의 결정
• 위험 장소 종별 및 범위의 결정
• 방폭전기설비의 선정

40 산업안전보건법상 물질안전보건자료를 작성할 때에 혼합물로 된 제품들이 각각의 제품을 대표하여 하나의 물질안전보건자료를 작성할 수 있는 충족요건 중 각 구성성분의 함량 변화는 몇 [%] 이하이어야 하는가?

① 5%   ② 10%
③ 15% ④ 30%

해설
혼합물로 된 제품들이 각각의 제품을 대표하여 하나의 물질안전보건자료를 작성할 수 있는 충족요건 중 각 구성성분의 함량 변화는 10% 이하이어야 한다(MSDS를 작성할 수 있는 충족요건 중 각 구성성분의 함량 변화는 10% 이하이어야 한다).

제3과목 기계설비 일반

41 다음 그림과 같은 기하공차의 해석으로 가장 적합한 것은?

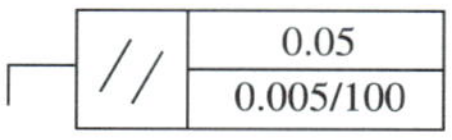

//	0.05
	0.005/100

① 지정 길이 100mm에 대하여 0.05mm, 전체 길이에 대해 0.005mm의 대칭도
② 지정 길이 100mm에 대하여 0.05mm, 전체 길이에 대해 0.005mm의 평행도
③ 지정 길이 100mm에 대하여 0.005mm, 전체 길이에 대해 0.05mm의 대칭도
④ 지정 길이 100mm에 대하여 0.005mm, 전체 길이에 대해 0.05mm의 평행도

해설
//는 평행도 기호이다. 기하공차는 데이텀이 표시되어야 하나 문제에는 제시되어 있지 않다. 제시되었다고 간주하고 문제를 해결하면 평행도는 데이텀에 대해 전체 0.05mm, 기준 길이 100mm에 대해서는 0.005mm의 공차를 허용한다는 의미이다.

42 −18m의 오차가 있는 블록 게이지에 다이얼 게이지를 영점 세팅하여 공작물을 측정하였더니 측정값이 46.78mm이었다면, 참값은 몇 [mm]인가?

① 46.960   ② 46.798
③ 46.762   ④ 46.603

해설
애초에 −0.018mm 차이가 나는 값이 0이므로 측정값에서 +(−0.018)mm를 해 주어야 참값이 된다.
참값 = 측정값 + 오차 = 46.78 + (−0.018) = 46.762

정답 39 ③ 40 ② 41 ④ 42 ③

43 열전대의 열전효과 중 양 접점에 온도차가 생기면 접촉 전위차 불평형이 발생하여 열전류가 흐르는 현상은?

① 제베크 효과
② 펠티에 효과
③ 톰슨효과
④ 중간금속법칙

해설
- 제베크 효과(Seebeck Effect) : 양 접점에 온도차가 생기면 접촉 전위차 불평형이 발생하여 열전류가 흐르는 현상이다.
- 펠티에 효과(Peltier Effect) : 두 개의 전도체에 전류가 흐를 때 열의 흐름이 생긴다. 제베크 효과의 반대 현상이다.
- 톰슨효과 : 온도 기울기가 있는 도선상에 전류에 의한 열의 수송에 관한 효과이다.

44 체적 유량계 중 추측식 유량계가 아닌 것은?

① 회전차형 유량계
② 벤투리형 유량계
③ 오리피스형 유량계
④ 플로트형 유량계

해설
회전차(프로펠러)형 : 프로펠러 회전을 펄스로 변환시켜 유속으로 환산하여 유량을 측정하는 유량계이다.

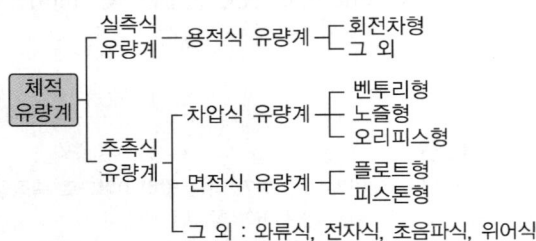

45 1/100mm까지 측정할 수 있는 마이크로미터 스핀들의 나사 피치는?(단, 심블의 눈금 등분수는 50이다)

① 0.2mm
② 0.3mm
③ 0.5mm
④ 0.8mm

해설
스핀들 나사 피치는 스핀들이 1회전하는 동안 전진하는 거리와 같으며, 스핀들이 한 바퀴 회전할 때 읽을 수 있는 눈금이 0.01mm 50개, 즉 0.5mm이다.

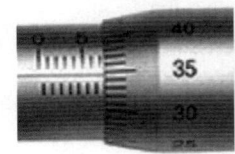

46 절삭열로 인해 공구에 칩이 일부 들러 붙는 현상이 자주 발생한다. 이에 대한 설명과 조치 중 옳지 않은 것은?

① 이 현상을 구성인선(빌트업 에지, Built up Edge)라 한다.
② 발생, 성장, 분열, 탈락을 매우 빠르게 반복하여 발생시킨다.
③ 현상 발생 감소를 위해 깎는 깊이를 얕게 한다.
④ 윤활유를 사용하는 것은 장기적으로 이 현상을 빈발시킨다.

해설
구성인선
- 빌트업 에지(Built-up Edge)라고 한다. 절삭력과 절삭열에 의한 고온·고압으로 칩의 일부가 날끝에 녹아 붙거나 압착되는 현상이다.
- 구성인선은 매우 짧은 시간에 발생·성장·분열·탈락의 주기를 반복하기 때문에 탈락할 때마다 가공면에 흠집을 만들고, 진동을 일으켜 가공면을 나쁘게 만든다.
- 구성인선의 발생을 감소시키기 위해서는 깎는 깊이를 작게 하거나 공구 경사각을 크게 하고, 날끝을 예리하게 하며, 절삭속도를 크게 하고(구성인선 임계절삭 속도 : 120m/min) 윤활유를 사용한다.
- 구성인선의 생애 : 발생 → 성장 → 분열 → 탈락

47 공구와 공작물 사이에 랩제(숫돌입자 또는 액체)를 끼워 넣고 압력을 가한 상태로 상대운동을 하는 마무리 가공은?

① 래 핑
② 호 닝
③ 폴리싱
④ 버 핑

해설

래 핑
- 공구와 공작물 사이에 랩제(숫돌입자 또는 액체)를 끼워 넣고 압력을 가한 상태로 상대운동을 하는 마무리 가공이다.
- 가공이 간단하지만 정밀도가 높은 제품의 대량 생산이 가능하다.
- 가공면은 윤활성 및 내마모성이 높다.
- 랩제 : 주철, 연강, 구리 등 금속입자나 연삭입자와 경유, 석유나 스핀들유 또는 점성이 작은 식물성유를 혼합하여 사용한다.
- 가공 시 미세먼지가 발생할 수 있고, 가공면에 랩제가 잔류할 수 있으므로 관리가 필요하다.
- 습식 래핑 : 거친 래핑에 사용하고 연마입자를 혼합한 래핑액을 공작물에 주입하며 가공한다.
- 건식 래핑 : 고운 입자를 사용하며 습식 래핑 이후 고운 마무리에 사용한다. 이름처럼 건조한 상태에서 가공한다.

48 계측화 방식에 대한 설명으로 옳은 것은?

① 기업의 목적을 명확히 확립할 것
② 기업을 과학적 합리적으로 관리 운영하는 방침을 수립할 것
③ 계측관리에 대해서 공정을 객관적으로 명기하도록 공정도를 작성할 것
④ 정보 검출부로서 계측기를 정비하고 계측관리의 체계를 확립할 것

해설

계측작업 및 방법의 관리와 합리화를 위한 전제조건
- 계측작업의 표준화
- 계측작업의 방법, 조건의 합리화
- 계측 정밀도의 유지·향상
- 계측기의 사용, 취급법의 적정화
- 자료의 수집방법(위치, 시간, 횟수, 시료의 수집방법)의 합리화
- 계측에 관련된 작업(해석, 기록, 보고, 연락, 조작)의 적정화

49 다음 중 응력집중에 의한 축의 파단원인으로 가장 거리가 먼 것은?

① 키 홈의 마모
② 축의 가공 불량
③ 설계 형상의 오류
④ 커플링 중심내기 불량

해설

축의 파단
- 축에 노치 또는 흠이 발생하거나 공진이 발생하는 회전수를 잘못 예측하는 경우 파단이 발생한다.
- 노치나 흠은 가공 시점에 발생할 수 있어 납품 또는 설치 시 확인이 필요하며 설치 시 흠이 발생하지 않도록 주의하여 시공한다.
- 커플링의 중심을 잘못 맞추면 진동이 발생하고 진동이 커지면 파단될 수 있다.

50 다음 중 입자가공에 해당하는 것은?

① 선 반
② 밀 링
③ 드릴링
④ 연 삭

해설

- 절삭가공 : 선반, 밀링, 드릴링, 연삭, 셰이퍼, 플레이너 등
- 입자가공 : 연삭, 샌딩, 호닝, 래핑, 피니싱 등
- 기타 가공 : 방전가공, 초음파 가공, 레이저 가공, 워터 젯 가공 등

51 다음 중 나사 측정방법으로 적당하지 않은 것은?

① 삼침법
② 나사 마이크로미터
③ X-ray 측정
④ 공구 현미경

해설

방사선 측정으로 가능하기는 하지만, 현장에서 나사를 측정하는 용도로는 적당하지 않다.

정답 47 ① 48 ③ 49 ① 50 ④ 51 ③

52 담금질 후 내부응력이 있는 강의 내부응력을 제거하거나 인성을 개선시켜 주기 위해 100~200℃ 온도로 천천히 작업하는 열처리는?

① 보통 풀림   ② 응력제거풀림
③ 뜨임   ④ 구상화풀림

해설
담금질 후 응력제거는 뜨임작업을 한다.

53 맴돌이 전류를 유도하고, 이를 이용하여 표면온도를 상승시키고 냉각수를 분사하는 표면경화방법은?

① 하드페이싱   ② 질화처리
③ 고주파 담금질 ④ 전해경화법

해설
고주파 담금질
- 고주파 전류로 맴돌이 전류를 유도하고, 이를 이용하여 표면온도를 상승시키고 냉각수를 분사하는 방법이다.
- 특징 : 열처리 시간이 매우 짧아 산화와 변형이 적고, 전류를 이용하여 직접 가열하고 선택적으로 가열이 가능하므로 효율이 높고 온도제어가 용이하다. 설비비용이 많이 드나 유지비가 적고 대량 생산에 적용하면 장점이 많다.

54 기계구동장치의 조립 순서로 가장 적절한 것은?

① 축과 베어링 조립 - 몸체에 고정 - 키 조립 - V벨트 풀리 조립
② 축을 몸체에 고정 - 키 조립 - 베어링 조립 - V벨트 풀리 조립
③ V벨트 풀리와 축 조립 - 키 조립 - 베어링 조립 - 볼트 커버 조립
④ 축과 베어링 조립 - V벨트 풀리 조립 - 볼트 커버 조립 - 베어링 조립

해설
기계구동장치 조립 시 몸체 위에 축을 올리기 전에 축과 베어링을 조립하여야 하며, V벨트 풀리는 몸체 외부에 있어 나중에 조립해야 한다.

55 펌프 베어링 과열 시 원인 및 조치사항으로 틀린 것은?

① 조립, 설치 불량 - 축 정렬 작업
② 윤활유 부족 - 기준 이상 유량 보충
③ 패킹부의 맞춤 불량 - 글랜드 패킹의 조임 압력 조정
④ 윤활유의 부적합 - 사용조건에 따른 윤활유 선정

해설
윤활유가 부족하면 부족량의 윤활유를 보충하거나, 열화가 많이 되어 있으면 교환한다.
베어링 과열
베어링 마모 / 윤활유 부족 및 부적합 / 베어링 조립 불량 / 펌프 진동 / 패킹 맞춤 불량 → 베어링 교체 / 윤활유 보충 및 교환 / 재조립 / 펌프 진동 대책에 따름 / 글랜드부 조임 가감

56 다음 중 펌프는 기동하지만 물이 나오지 않는 원인으로 틀린 것은?

① 스트레이너가 막혀 있다.
② 흡입양정이 지나치게 높다.
③ 임펠러의 회전 방향이 반대이다.
④ 베어링 케이스에 그리스를 가득 충진하였다.

해설
① 스트레이너는 흡입 계통으로, 그곳이 막히면 흡입이 안 된다.
② 양정이 과다하면 기동은 되나 물이 나오지 않으므로 양정을 조정한다.
③ 임펠러가 역회전하면 전원을 재결선한다.

52 ③ 53 ③ 54 ① 55 ② 56 ④

57 다음 중 원심식과 비교한 왕복식 압축기의 장점은?

① 대용량이다.
② 윤활이 쉽다.
③ 압력맥동이 없다.
④ 고압 발생이 가능하다.

해설

왕복식 압축기
- 왕복운동을 하는 피스톤이나 다이어프램에 의해 흡입, 압축, 송출하는 압축기이다.
- 고압을 쉽게 얻을 수 있으나 밸브 개폐에 걸리는 시간을 감안하여 다른 피스톤 운동보다 느리게 운동해야 한다.
- 필요한 용적만큼 설비를 크게 해야 하고, 저속인 만큼 압축비를 크게 해야 한다.
- 저속운전과 진동의 단점이 있으나 압축비를 설계한 만큼 고압 토출이 가능하다.

58 밸브의 분해 조립 중 고장의 원인으로 적절하지 않은 것은?

① 밸브 조립 순서의 오류
② 조립 후 리프트의 과대 또는 과소
③ 시트의 조립 불량
④ 스프링, 스프링 홈의 완전 조립

해설

밸브의 분해 조립 중 고장의 원인
- 밸브 홀더 볼트의 체결 불량
- 밸브 조립 순서의 오류
- 조립 후 리프트의 과대 또는 과소
- 볼트의 쬠 불량
- 시트의 조립 불량
- 스프링, 스프링 홈의 불완전 조립

59 압축기의 설치 순서로 옳은 것은?

① 기초 설치 → 베이스 라이너 설치 → 기초 정비 → 크랭크 케이스 설치 → 실린더 설치 → 피스톤 엔드 간극 조정 → 배관
② 기초 설치 → 기초 정비 → 크랭크 케이스 설치 → 실린더 설치 → 베이스 라이너 설치 → 피스톤 엔드 간극 조정 → 배관
③ 기초 설치 → 베이스 라이너 설치 → 실린더 설치 → 기초 정비 → 크랭크 케이스 설치 → 배관 → 피스톤 엔드 간극 조정
④ 기초 설치 → 베이스 라이너 설치 → 실린더 설치 → 기초 정비 → 크랭크 케이스 설치 → 피스톤 엔드 간극 조정 → 배관

해설

기초 설치 → 베이스 라이너 설치 → 기초 정비 → 크랭크 케이스 설치 → 실린더 설치 → 피스톤 엔드 간극 조정 → 배관

설치 시 유의사항
- 기초를 설치할 때 지반 등을 고려하여 필요하면 기초 공사도 실시한다.
- 라이너와 기초의 접촉은 편평하고 매끈하게 완전 밀착시키고, 상부면은 수평이 되게 한다.
- 기초 정비 시 기초 표면은 표면을 거칠게 하여 그라우팅이 잘되게 한다.
- 크랭크 케이스 설치 시 기초 볼트를 완전히 체결하여 수평을 확인한 후 크랭크 축의 처짐을 확인한다.
- 다이얼 게이지를 이용하여 90°씩 네 군데를 측정한 편차가 0.03mm 이하로 한다.
- 피스톤 엔드 간극은 피스톤 로드를 크로스 헤드에 돌려 넣은 다음 손으로 회전시켜 좌우상하 간극을 측정하고, 1.5~3.0mm 범위에서 하부 간극보다 상부 간극을 크게 한다.

정답 57 ④ 58 ④ 59 ①

60 다음 중 전동기 베어링부의 발열원인이 아닌 것은?

① 절연물의 열화에 의한 것
② 윤활제의 과부족에 의한 것
③ 베어링 조립 불량에 의한 것
④ 커플링의 중심내기 불량에 의한 것

해설
베어링부는 기계적 운동요소이며, 전기적 연결은 없어 절연물이 개입되지 않는다.

제4과목 설비 진단 및 관리

61 다음은 진동 사이클을 그림으로 나타낸 것이다. 각 값을 옳게 연결한 것은?

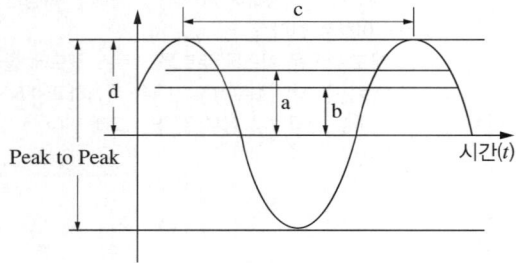

① a – 평균값
② b – 기준값
③ c – 주기
④ d – 양진폭

해설
③ c – 주기
① a – 실횻값
② b – 평균값
④ d – 편진폭

---

62 고유 각진동수는 고유진동수를 각으로 나타낸 수이다. 그 단위로 적절한 것은?

① kg/s
② m/s
③ °/rad
④ rad/s

해설
고유 각진동수는 $\omega_n = \sqrt{\dfrac{k}{m}}$ 로 계산한다. m은 질량을 나타내고, 단위는 kg이다. k는 강성을 나타내는 스프링 상수, 단위는 N/m 이다.

$$\omega_n = \sqrt{\dfrac{k}{m}} \rightarrow \sqrt{\dfrac{\text{N/m}}{\text{kg}}} = \sqrt{\dfrac{\text{kg} \cdot \text{m/s}^2 \cdot \text{m}}{\text{kg}}} = \text{rad/s}$$

---

63 다음 보기에서 설명하는 센서는?

┌ 보기 ┐
• 소형·경량이며 출력 임피던스가 높다.
• 고감도이므로 미세 조정이 필요하고 외부 영향, 용량에 감도 영향을 받는다.
• 중·고주파대 가속도 측정에 사용한다.
• 압전식 센서는 외부에서 힘이 가해지면 전류가 발생하는 방식을 사용한다.

① 와전류 검출기
② 속도검출기
③ 속도계
④ 가속도계

해설
가속도계 : 압전형 가속도계를 많이 사용한다.
• 가속도(m/s^2)로 측정한다.
• 소형·경량이며 출력 임피던스가 높다.
• 고감도이므로 미세조정이 필요하고 외부 영향, 용량에 감도 영향을 받는다.
• 중·고주파대 가속도 측정에 사용한다.
• 속도로 표현되는 진동, 주파수로 표현되는 진동 등을 측정한다.
• 압전식 센서는 외부에서 힘이 가해지면 전류가 발생하는 방식을 사용한다.
• 이 힘은 원칙적으로 AC 성분을 측정하게 되며 순수한 DC 응답 불가능하다.

64 진동 방지 대책의 순서로 옳은 것은?

① 수진점 위치 확인 → 저감 목표 확인 → 재평가 → 방지 대책 선정
② 저감목표 확인 → 재평가 → 수진점 위치 확인 → 방지 대책 선정
③ 방지 대책 선정 → 재평가 → 수진점 위치 확인 → 시공
④ 수진점 일대 조사 → 관련 진동규제기준 확인 → 발생원 위치 확인 → 방지 대책 선정

해설
진동 방지 대책 순서
수진점 위치 확인 → 수진점 일대 실태 조사 → 수진점 진동규제기준 확인 → 저감 목표 레벨 설정 → 발생원 위치 및 대상 확인 → 적정 방지 대책 선정 → 시공 및 재평가

65 미스얼라인먼트가 발생했을 때의 설명으로 옳지 않은 것은?

① 정렬 불량 상태에서 회전하는 상태를 일컫는다.
② 회전 주파수의 배수의 주파수를 나타낸다.
③ 축 방향 센서를 설치하여 측정되므로 축진동 위상각은 90°이다.
④ 정비를 수행한 후 발생하는 경우가 많다.

해설
축 방향 센서를 설치하여 측정하므로 축진동 위상각은 180°이다.

66 회전기계에서 주파수 영역에 따라 발생하는 이상 현상이 틀린 것은?

① 저주파 – 기초 볼트 풀림이나 베어링 마모로 인해서 발생되는 풀림
② 고주파 – 강제 급유되는 미끄럼 베어링을 갖는 회전자(Rotor)에서 발생되는 오일 휩
③ 고주파 – 유체기계에서 국부적 압력 저하에 의하여 기포가 발생하는 공동현상으로 인한 진동
④ 저주파 – 회전자(Rotor)의 축심 회전의 질량 분포가 적정하지 않아 발생하는 진동

해설
회전자의 오일 휩에 의한 회전 불균형은 저주파를 발생한다.

67 점음원이 있는데 음원으로부터 32m의 거리에서 음압 레벨이 100dB이었다. 1m 떨어진 위치에서의 음압 레벨은 약 몇 dB인가?

① 100
② 110
③ 120
④ 130

해설
구하는 음압 레벨 = 기준 음압 레벨 − 20log $\dfrac{\text{구하는 곳 위치}}{\text{기준 위치}}$

1m 음압 레벨 = 100dB − 20log $\dfrac{1m}{32m}$ = 100dB + 20log32

≒ 130dB

68 옴의 법칙에 대한 설명으로 옳지 않은 것은?

① 옴-헬름홀츠(Ohm-Helmholtz) 법칙 : 인간의 귀는 순음이 아닌 소리를 들어도 각 주파수 성분으로 분해하여 들을 수 있는 능력이 있다.
② 웨버-페히너(Weber-Fechner) 법칙 : 감각량은 자극의 대수에 비례한다.
③ 양이효과(Binaural Effect) : 인간의 귀는 양쪽에 있기 때문에 한쪽 귀로 듣는 경우와 양쪽 귀로 듣는 경우 서로 다른 효과를 나타낸다.
④ 도플러(Doppler) 효과 : 하나의 파면상의 모든점이 파원이 되어 각각 2차적인 구면파를 산출하여 그 파면 등을 둘러싸는 면이 새로운 파면을 만드는 현상이다.

해설
도플러 효과
- 소리의 상대성 원리로 이동 중인 청자는 자신의 이동속도만큼 음의 속도에서 가하거나 감하게 되어 실제 소리보다 높게 듣거나 낮게 듣게 되는 현상이다.
- 발음원이 이동할 때 그 진행 방향쪽에서는 원래의 음보다는 고음으로, 진행 반대쪽에서는 저음으로 되는 현상이다.

69 공장의 신설 및 증설 시 소음방지계획에 반드시 참고를 하여야 할 사항으로 가장 거리가 먼 것은?

① 지역 구분에 따른 부지 경계선에서의 소음 레벨이 규제 기준 이하가 되도록 설계한다.
② 특정 공장인 경우는 방지계획 및 설계도를 첨부한다.
③ 공장 건축물, 구조물에 의한 방음설계, 기계 자체 및 조합에 의한 방음설계의 계획을 세운다.
④ 공장 내에서 기계의 배치를 변경하거나 소음 레벨이 큰 기계를 부지 경계선에서 먼 곳으로 이전 설치한다.

해설
④번은 공장 내 소음관리에 관한 내용으로 신설 및 증설 시 반드시 고려해야 할 소음방지계획의 내용은 아니다.

70 소음방지법 중 흡음에 관련된 내용으로 틀린 것은?

① 직접 소음은 거리가 2배 증가함에 따라 6dB 감소한다.
② 소음원에 가까운 거리에서는 반사음보다 직접음에 의한 소음이 압도적이다.
③ 흡음판은 벽이나 천장에 직접 부착시킬 수 없어 백스페이스를 두고 연 1회 설치한다.
④ 흡음재의 내구성 부족 시 유공판으로 보호해야 하며, 이때 개공률과 구멍의 크기 및 배치가 중요하다.

해설
흡음재 시공 시 벽체와의 공간을 두어 공진계를 형성하면 저음 영역에서 높은 흡음효과를 볼 수 있지만, 벽이나 천장에 직접 부착할 수도 있다.

71 다음 중 저역을 통과시키며 특정 주파수 이상은 감쇠(차단)시켜 주는 필터로 가장 적합한 것은?

① 로 패스 필터 ② 밴드 패스 필터
③ 하이 패스 필터 ④ 주파수 패스 필터

해설
- 저주파 대역 통과 필터(Low Pass Filter)는 저주파만 통과시키고, 고주파는 차단한다.
- 하이 패스 필터는 고주파만 통과시킨다.
- 밴드 패스 필터는 특정 주파수 대역을 통과시키는 필터로, 주파수 패스 필터라고 한다.

72 설비 배치 시 소요 면적 산정법으로 기계 한 대의 소요 면적을 계산하여 전체 면적을 산출하는 방법은?

① 변환법 ② 계산법
③ 표준 면적법 ④ 개략 레이아웃법

해설
소요 면적의 결정방법(계산법, 변환법, 표준 면적법, 비율 경향법 등)
- 계산법 : 설비의 면적, 작업 및 보전 면적, 적재 면적을 모두 합하여 한 대당 소요 면적을 산출한다. 소요 기계 대수로 곱하는 방법이다.
- 변환법 : 구체적인 계산은 불필요하나 우선 사용 면적의 결정이 필요한 경우에 적절하다. 현재 점유 면적과 실제 필요 면적을 비교 수정하면서 소요 면적을 산출하여 계획 가능 면적을 산출한다.

73 고장, 품목 변경에 의한 작업 준비, 금형 교체, 예방 보전 등의 시간을 뺀 실제 설비가 작동된 시간을 의미하는 것은?

① 조정시간 ② 가동시간
③ 휴지시간 ④ 캘린더시간

해설
가동시간 : 실제 가동된 시간. 고장, 품목 변경에 의한 작업 준비, 금형 교체, 예방보전 등의 시간을 뺀 실제 설비가 작동된 시간

74 프로세스형 설비의 로스에 대한 설명으로 틀린 것은?

① 고장 로스는 생산 준비, 수주 및 조정에 의한 생산 계획상의 로스이다.
② 공구 교환 로스는 품목 변화 시 설비공구 등의 교환에 의하여 발생되는 로스이다.
③ 속도 저하 로스는 이론 사이클 시간과 실제 사이클 시간과의 차이의 로스이다.
④ 계획 정지 로스는 연간 보전 계획에 의한 예방보전 또는 정기보전에 의한 휴지시간에 의한 로스이다.

해설
고장 로스 : 프로세스를 구성하고 있는 각 설비의 고장에 의한 정지 로스. 돌발적인 정지형 고장과 기능이 떨어지는 기능형 고장으로 구분한다.

75 TPM에서의 설비종합효율을 계산하기 위해서 고려되어야 할 사항 중 가장 거리가 먼 것은?

① 양품률
② 로스율
③ 시간 가동률
④ 성능 가동률

해설
- 종합효율 = 시간 가동률 × 성능 가동률(= 속도 가동률 × 실질 가동률) × 양품률
  = 설비 유효 가동률 × 실질 가동률 × 양품률
  = $\dfrac{\text{가치가동시간}}{\text{부하시간}}$
- 양품률 = $\dfrac{\text{가공 수량} - \text{불량 수량}}{\text{가공 수량}} = \dfrac{\text{양품수}}{\text{가공 수량}}$

76 TPM 관리와 전통적 관리를 비교했을 때, 다음 중 TPM 관리의 내용과 가장 거리가 먼 것은?

① Output 지향
② 원인 추구 시스템
③ 사전활동(예방활동)
④ 개선을 위한 자기동기부여

해설
TPM의 전통적 관리와의 비교 특징 : 무결점 목표, 원인 추구 시스템, Input 지향, 예방활동, 현장 중심 관리, 사전 문제 제거 관점, 목표의 하향식 전달과 현장부터 체계적 관리, 불량 발생원인 제거, 개선을 위해 동기부여 제공

정답 72 ② 73 ② 74 ① 75 ② 76 ①

77 윤활유를 분류할 때 석유계 윤활유에 해당하지 않는 것은?

① 혼합계
② 파라핀계
③ 나프텐계
④ 동식물계

해설
석유계 윤활유 : 탄화수소의 종류에 따라 파라핀계, 나프텐계, 혼합 윤활유로 구분

78 다음 중 윤활관리의 목적과 가장 거리가 먼 것은?

① 설비 수명 연장
② 윤활 비용 감소
③ 고장 도수율 증대
④ 설비 가동률 증대

해설
윤활관리의 목적 : 설비 가동률 증대, 유지비 절감, 설비 수명 연장, 윤활 비용 절감, 동력비 절감 등

79 유압 작동유에 필요한 성질이 아닌 것은?

① 산화 안정성이 좋아야 한다.
② 마모 방지성이 좋아야 한다.
③ 부식 방지성 및 방청성을 가져야 한다.
④ 온도 변화에 따른 점도의 변화가 커야 한다.

해설
유압 작동유에 요구되는 성질
• 적당한 점도와 점도를 유지할 것
• 산화 안정성이 좋을 것
• 방식성 및 방청능력이 있을 것
• 전단 안정성 및 기계적 성질이 좋을 것
• 내화학성 및 화학적 반응을 유발하지 않을 것
• 작동유는 저온 유동성이 좋고 비압축성일 것
• 내열성, 항유화성, 소포성, 윤활성 및 내마모성, 수분 분리성, 내연성이 좋을 것

80 미끄럼 베어링 급유법에 대한 설명으로 틀린 것은?

① 전손식은 적하 급유, 원심 급유법 등에서 쓰인다.
② 전손식은 주로 운전속도가 빠를 때 적용된다.
③ 유욕식에는 링 급유, 체인 급유, 칼라 급유, 비말 급유 등의 방법이 있다.
④ 순환식은 베어링의 온도가 높아져 온도를 내리고자 할 경우에 적용된다.

해설
미끄럼 베어링 급유법
• 전손식 : 적은 급유량으로 윤활이 가능하고 운전속도가 낮을 때 적용한다.
• 유욕식 : 링, 체인, 칼라, 비말 급유에 사용된다.
• 순환식 : 베어링 온도가 상승 우려가 있는 경우 냉각을 위해 사용된다.

제3회 적중예상문제

제1과목 공유압 및 자동제어

01 유압 프레스에서 작은 피스톤(단면적 $20cm^2$)에 400N의 힘을 가했더니, 연결된 큰 피스톤에서 8,000N의 힘이 발생하였다. 큰 피스톤의 직경은 얼마인가?(단, 유압작용에 손실이 없다고 가정한다)

① 11.5cm   ② 22.6cm
③ 35.8cm   ④ 45.2cm

해설

$$\frac{F_1}{A_1} = \frac{F_2}{A_2}$$

$$\frac{400}{20} = \frac{8,000}{A_2}$$

$$A_2 = \frac{\pi d_2^2}{4} = 400$$

$$d_2 = \sqrt{\frac{1,600}{\pi}} = 22.56$$

02 밀도 $850kg/m^3$, 점도 $2.0 \times 10^{-3} Pa \cdot s$인 오일이 직경 10cm 관에서 흐를 때 레이놀즈수가 2,320이 나타난다면, 이 유체의 속도는 몇 m/s인가?

① 0.055m/s   ② 0.294m/s
③ 1.47m/s   ④ 2.94m/s

해설

$$R_e = \frac{vd}{\nu} = \frac{\rho vd}{\mu} = 2,320$$

$$v = \frac{2,320\mu}{\rho d} = \frac{2,320 \times 2.0 \times 10^{-3} N \cdot s/m^2}{850 kg/m^3 \times 0.1m} = 0.0546 m/s$$

03 고압 배관 계통에서 수격현상이 발생하는 주된 원인으로 가장 적절한 것은?

① 배관 내부의 점도가 매우 낮은 경우
② 밸브를 급격히 개방하거나 폐쇄한 경우
③ 배관 내부에 미세 기포가 존재하는 경우
④ 유체의 비중이 낮아 압력 전달이 느린 경우

해설

수격현상은 배관 내 유체의 흐름이 갑작스럽게 변할 때 발생하는 충격파 현상이다. 특히, 밸브를 갑자기 닫거나 펌프를 순간적으로 정지시키면 유체의 운동에너지가 급격히 압력으로 전환되어 큰 충격음과 진동이 발생한다. 이는 배관 파손이나 장비 손상을 초래한다. 유체역학적으로, 운동량 변화는 $F = m \cdot \Delta v / \Delta t$로 나타낼 수 있다. 밸브의 급격한 조작은 Δt를 매우 작게 만들어 순간 압력(ΔP)을 급격히 증가시키며, 압력이 상승된다.

04 유압의 특징에 관한 설명으로 옳지 않은 것은?

① 에너지의 변화효율이 공압보다 나쁘다.
② 속도제어가 우수하다.
③ 큰 출력을 낼 수 있다.
④ 작동속도가 공압에 비해 늦다.

해설

공압의 특징	유압의 특징
• 공기는 무료이며 무한으로 존재한다. 또한, 공기 채취의 장소에 제한을 받지 않는다. • 속도의 변경이 용이하다. • 환경오염 및 악취의 염려가 없다. • 인화의 위험이 거의 없다. • 압축성이 있어서 완충작용을 한다. • 압력에너지로 축적이 가능하다. • 큰 힘을 얻을 수 없다. • 에너지 전달효율이 좋지 않다.	• 제어가 쉽고, 정확한 제어가 가능하다. • 파스칼 원리를 이용하여 작은 힘으로 큰 힘을 낼 수 있다. • 일정한 힘과 토크를 낼 수 있다. • 작동의 신뢰성이 있다. • 비압축성으로 간주하여 힘 전달의 즉시성을 가지고 있다.

정답 1 ②   2 ①   3 ②   4 ①

05 다음 중 공압 제어부에 해당하지 않는 장치는?

① 압력제어밸브
② 루브리케이터
③ 방향제어밸브
④ 공압탱크

해설
공압탱크는 공기 발생부에 해당하며, 압축된 공기를 저장하는 장치이다. 제어부는 압력, 방향, 유량을 제어하는 밸브류와 루브리케이터를 포함한다.

07 내경이 80mm, 로드 직경이 20mm인 이중 작용 공압 실린더에 0.6MPa의 압력을 공급한다. 전진 행정 시 작용력과 후진 행정 시 작용력을 각각 옳게 구한 것은?(단, 기타 마찰손실 등은 무시한다)

① 3,016N, 2,827N ② 3,016N, 2,764N
③ 4,021N, 3,016N ④ 4,021N, 2,764N

해설
- 전진 행정(로드 영향 없음)

$$A = \frac{\pi D^2}{4} = \frac{\pi (0.08)^2}{4} = 5.027 \times 10^{-3} \text{m}^2$$

$$F = 0.6 \times 10^6 \times 5.027 \times 10^{-3} \fallingdotseq 3,016\text{N}$$

- 후진 행정(로드 단면적 제외)

$$A' = \frac{\pi (0.08^2 - 0.02^2)}{4} = 4.712 \times 10^{-3} \text{m}^2$$

$$F' = 0.6 \times 10^6 \times 4.712 \times 10^{-3} \fallingdotseq 2,827\text{N}$$

06 기어펌프, 베인펌프, 피스톤 펌프의 특징을 비교한 내용으로 옳지 않은 것은?

① 기어펌프는 일정한 토출량 특성을 가지며, 점도가 낮으면 내부 누유가 발생하기 쉽다.
② 베인펌프는 정밀한 유량제어가 가능하며, 일반적으로 고압·대용량 회로에 가장 적합하다.
③ 피스톤 펌프는 높은 압력에서도 효율이 좋아 산업용 대형 장치에 널리 사용된다.
④ 기어펌프는 구조가 단순해 보급형 장치에 흔히 적용된다.

해설
베인펌프는 중압·중용량에 적합하며, 고압·대용량에서는 피스톤 펌프가 우수하다.

08 다음 중 단동 작동식 실린더(Single Acting Cylinder)의 특징으로 옳은 것은?

① 양쪽에서 압축공기를 공급하여 전·후진을 모두 수행한다.
② 스프링이나 중력 등을 이용하여 복귀하며, 주로 짧은 행정에 사용된다.
③ 전진 상태에서 후진 상태로 복귀할 때 출력을 실행한다.
④ 복동식 실린더보다 동일한 행정에서 출력이 크다.

해설
단동식 실린더는 한쪽 면에만 압축공기를 공급하여 추진력을 얻고, 복귀는 스프링이나 중력에 의존한다. 따라서 구조가 간단하고 가격이 저렴하지만, 행정 길이가 제한되고 출력이 작다는 단점이 있다.

09 다음 회로도에 대한 설명으로 옳지 않은 것은?

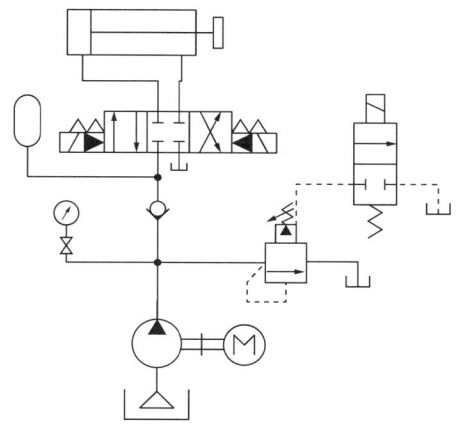

① 모터에 의해 유압을 공급한다.
② 초기 중립 상태에서 작동되는 유압은 일정시간 후 탱크로 복귀된다.
③ 솔레노이드 전기신호에 의해 실린더의 전진과 후진이 지정된다.
④ 축압기에 축적된 압력은 유압모터의 압력이 낮을 때 압력을 보충하기 위한 용도이다.

해설
축압기의 위치상 압력이 낮을 때 보상을 위한 용도보다 유압모터에서 작용하는 급격한 압력 상승에 의한 충격압력을 완충해 주기 위하여 설치된 것이다.

10 공압시스템에서 누설 감지 및 소비량 관리에 주로 사용하는 센서는?

① 차압센서   ② 유량센서
③ 온도센서   ④ 변위센서

해설
유량센서는 공압회로를 통과하는 공기의 유량을 측정해 과다 소비나 누설 여부를 판단할 수 있다. 차압센서는 필터 전후의 압력차를 측정하며, 온도센서는 공기의 온도, 변위센서는 실린더 스트로크를 측정한다.

11 변압기의 기동-구동 결선에 대한 설명으로 옳은 것은?

① 기동 시에는 Y결선을 사용하여 기동전류를 줄이고, 운전 시에는 △ 결선으로 전환하여 정격전압을 공급한다.
② 기동 시와 운전 시 모두 △ 결선을 사용하므로, 전압 변동이 작고 효율이 높다.
③ Y-Y 결선을 사용하면 기동 시 전류가 항상 1/3로 줄어드는 특징이 있다.
④ 기동-구동 결선은 단상 변압기에서만 사용되며 3상 변압기에서는 적용되지 않는다.

해설
① 기동 시 Y결선을 사용하면 상전압이 선간전압의 $1/\sqrt{3}$ 으로 작아져 기동전류를 감소시킬 수 있다. 이후 구동(정상 운전) 시 △결선으로 전환하여 정격전압을 부하에 인가한다. 이는 Y-△ 기동방식으로, 주로 대용량 3상 유도전동기의 기동 시 활용된다.
② 기동 시에도 △결선을 사용하면 기동전류가 매우 커져 전원에 큰 부담을 준다.
③ Y-Y 결선은 주로 송·배전용 변압기 결선에 사용하고, 기동-구동방식에는 사용하지 않는다.
④ 기동-구동 결선은 3상 유도전동기 기동 시 널리 쓰이는 방식이다.

12 다음 중 유압 엑추에이터의 속도를 제어하기 위한 방법이 아닌 것은?

① 미터 인 회로   ② 미터 아웃 회로
③ 급속배기회로   ④ 블리드 오프 회로

해설
급속배기회로는 공압회로에서 적용하며, 유압회로는 탱크 회귀를 하는 회로로 구성하여야 한다.

13 다음 중 회전속도계를 의미하는 것은?

① 로드 셀(Load Cell)
② 서미스터(Thermistor)
③ 태코미터(Tachometer)
④ 퍼텐쇼미터(Potentiometer)

해설
태코미터
각속도를 직접 측정하는 계측기이다.
- 전기식 태코미터 : 회전속도에 비례하는 전압 출력을 내어 계측한다.
- 자기식(전자(電磁)식) 태코미터 : 여자코일이 발생시키는 자속밀도의 변화를 이용하여 펄스 모양의 전압신호를 인출하는 것으로, 내구성이 우수하고 전원이 필요 없다.
- 광학식 태코미터 : 광원과 광센서를 이용하여 회전에 따른 전기신호를 인식하여 계측한다.
- 접촉식 태코미터 : 자기의 성질을 다양하게 이용하는 몇 가지 방법이 있으며, 구조는 톱니바퀴와 자기발생장치를 이용하여 발생하는 기전력을 측정한다.

14 다음 중 미스얼라인먼트(Misalignment) 현상에 대한 설명으로 옳지 않은 것은?

① 커플링 연결이 잘못되어 축의 중심선이 어긋난 상태에서 발생한다.
② 축 방향의 위상각은 180°로 측정되는 경우가 많다.
③ 보통 회전 주파수의 1배 성분으로 나타난다.
④ 평행 또는 각도 불일치로 인해 진동이 발생한다.

해설
미스얼라인먼트의 대표적인 특징은 회전 주파수의 2배 또는 3배 성분으로 나타난다는 것이다. 축이 한 바퀴 회전할 때 두 번(또는 세 번) 불균형 하중이 발생하기 때문이다. 반면, 1배 성분은 주로 언밸런스에서 관찰된다.

15 다음 회로에 대한 설명으로 옳지 않은 것은?

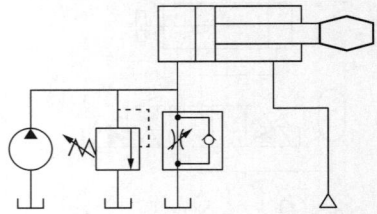

① 액추에이터로 공급되는 유량이 작동속도에 비해 많을 때, 밀려나는 유량을 탱크로 회수하는 방식이다.
② 내부 압력이 조정되므로 각 밸브의 과도한 부하를 막을 수 있다.
③ 유압제어의 경우 회수되는 유류에 대한 관리가 필요하다.
④ 회로 명칭은 미터 인 제어회로이다.

해설
문제의 그림은 블리드 오프 회로이다.

16 3상 유도전동기 과열의 직접 원인이 아닌 것은?

① 빈번한 기동을 하고 있다.
② 과부하 운전을 하고 있다.
③ 전원 3상 중 1상이 단락되어 있다.
④ 배선용 차단기(NFB)가 작동하고 있다.

해설
배선용 차단기가 작동되면 차단되어 기동하지 않으므로 과열되지 않는다.

17 다음 중 전동기 기동 불능현상의 원인이 아닌 것은?

① 단 선
② 기계적 과부하
③ 서머릴레이 작동
④ 코일 절연물의 열화

해설
기계적 과부하는 고르지 못한 회전이 원인이다.

18 다음 중 음원으로부터 거리가 멀어질수록 더욱 넓은 면적으로 퍼져나가는 음파는?

① 평면파　　② 발산파
③ 구면파　　④ 진행파

해설
- 소리는 파장의 형태로 전달된다.
- 파면이 서로 평행한 파장을 평면파라고 한다.
- 음원으로부터 거리가 멀어질수록 더욱 넓은 면적으로 퍼져나가는 파장을 발산파라 한다.
- 음원에서 모든 방향으로 동일한 에너지를 방출하여 에너지가 같은 파면을 이으면 구의 모양이 된다. 이 파장을 구면파라고 한다.
- 음파의 진행 방향으로 에너지를 전송하는 파장을 진행파라고 한다.
- 둘 또는 그 이상 음파의 구조적 간섭에 의해 시간적으로 일정하게 음압의 최고와 최저가 반복되는 파장을 정재파라고 한다.

19 열전온도계(Thermoelectric Thermometer)에 관한 설명으로 옳지 않은 것은?

① 다른 금속을 접합하여 양단의 온도차에 의해 발생되는 기전력을 이용한다.
② 온도차에 의해 발생되는 열기전력 현상을 톰슨효과(Thomson Effect)라고 한다.
③ 백금로듐과 백금의 이종재를 결합하면 1,000℃ 이상에서도 사용할 수 있다.
④ 열전온도계는 저항온도계와 달리 전원이 필요없다.

해설
온도차에 의해 발생되는 열기전력 현상을 제베크 효과(Seebeck Effect)라고 한다.

20 프로세스의 특성 중 입력신호에 대한 출력신호의 특성으로서 시간 영역에서는 인벌류선 적분이고, 주파수 영역에서는 전달 함수와 관련된 특성은?

① 외 란
② 동특성
③ 정특성
④ 주파수 응답

해설
동특성은 시간응답에서는 정상상태를 얻기 전 특성을 의미하고, 주파수 응답에서는 전달함수로 나타나는 특성을 의미한다.

제2과목 용접 및 안전관리

21 저수소계 피복아크용접봉을 사용했음에도 불구하고 용접 후 24시간 이내에 균열이 발생하였다. 균열 발생의 주요 원인으로 가장 타당한 것은?

① 용접 금속 중 Mn 함량 부족으로 인한 고온균열
② 빠른 냉각속도로 인한 수소취성균열
③ 불순물 편석에 의한 응고균열
④ 반복응력에 의한 피로균열

해설
저수소계 전극을 사용해도 냉각속도가 과도하면 수소가 확산하지 못하고 집적되어 수소취성균열이 발생한다. 예열과 후열이 필요하다.

22 다음 중 환원불꽃을 사용하는 것이 가장 적절한 가스용접은?

① 구리 합금 용접
② 알루미늄 합금 용접
③ 고탄소강 용접
④ 주철용접

해설
환원불꽃은 산화 방지에 유리하며, 구리 합금과 같은 산화에 민감한 금속에 적합하다.

23 아크의 길이가 길어질 때 용접부에 나타나는 일반적인 현상은?

① 아크전압이 감소하고, 용입이 깊어진다.
② 아크전압이 증가하고, 비드 폭이 넓어진다.
③ 아크전압이 일정하고, 비드 폭이 변하지 않는다.
④ 아크전압이 감소하고, 비드 폭이 좁아진다.

해설
아크의 길이가 증가하면 아크전압이 상승하고, 아크가 퍼져 비드 폭은 넓어지고 용입은 얕아진다.

24 용접 후 잔류응력이 크게 발생하는 주된 원인은?

① 불균일한 열팽창과 냉각 수축
② 용접 전극 피복 성분의 차이
③ 모재의 비중 차이
④ 용접속도의 과도한 저하

해설
잔류응력은 국부 가열과 냉각에 의한 열팽창, 수축 불균일로 발생한다.

25 다음 중 두꺼운 판재를 맞대기 용접할 때 변형 방지를 위해 가장 효과적인 방법은?

① 한쪽 방향으로 고입열용접을 한다.
② 다층 대칭용접을 실시한다.
③ 루트를 크게 하여 용입을 확보한다.
④ 후열을 생략하여 빠른 냉각을 유도한다.

해설
대칭용접은 열분포의 균형을 유지해 변형을 최소화한다.

26 CO₂ 아크용접의 특징으로 옳은 것은?

① 용입이 얕고 비드 폭이 좁다.
② 비용이 저렴하고 고속용접이 가능하다.
③ 불활성 가스 보호로 산화가 억제된다.
④ 용접 품질이 TIG 용접보다 우수하다.

해설
CO_2 용접은 경제성이 높고 용융속도가 커 고속용접에 적합하지만, 산화가 발생할 수 있다.

27 전기저항용접에서 발생하는 열량은?

① $Q = 0.24 I^2 Rt$
② $Q = 0.24 VIt$
③ $Q = 0.24 IR^2 t$
④ $Q = 0.24 V^2/Rt$

해설
전기저항용접은 접촉부의 저항열을 이용하며, 발생 열량은 $Q = 0.24 I^2 Rt$ 이다.

28 TIG 용접의 특성에 대한 설명으로 옳은 것은?

① 반드시 플럭스를 사용한다.
② 전극이 소모된다.
③ 불활성 가스로 아크를 차폐한다.
④ 교류에서만 사용 가능하다.

해설
TIG 용접은 텅스텐 비소모성 전극을 사용하고, 아르곤 등 불활성 가스로 아크를 차폐한다.

29 아크용접 시 발생하는 유해광선 중의 하나로, 노출 시 안구 및 피부 손상과 화상을 유발할 수 있는 것은?

① 자외선　　② 적외선
③ 가시광선　　④ 레이저광

해설
아크는 강한 자외선을 방출하여 안구 손상 및 피부 화상을 유발한다.

30 전극 와이어가 자동 송급되며, 이산화탄소와 아르곤의 혼합가스를 보호가스로 사용하는 방식으로, 강재용접에서 경제성과 생산성이 높아 산업현장에서 널리 사용되는 용접법은?

① TIG　　② CO₂
③ MIG　　④ MAG

해설
MAG 용접은 와이어가 자동 송급되고, 보호가스로 CO_2와 아르곤 혼합가스를 사용한다. 강재용접에서 아크 안정성과 생산성을 확보할 수 있어 주로 자동차, 조선 등 다양한 산업에서 사용된다.

정답 26 ② 27 ① 28 ③ 29 ① 30 ④

31 고주파 표면경화법의 특징으로 옳은 것은?

① 표면과 심부가 동시에 경화된다.
② 표면만 급속히 가열하여 경화시킨다.
③ 전체적으로 담금질 효과가 나타난다.
④ 질소가 확산하여 경화층을 형성한다.

해설
고주파 표면경화법은 표면만 급속히 가열 후 급랭하여 표면에만 경화층을 형성하는 방법이다.

32 금속 표면을 도금하는 주된 목적은?

① 경도를 높인다.
② 내부 탄소량을 증가시킨다.
③ 내식성과 장식을 확보한다.
④ 금속밀도를 증가시킨다.

해설
도금은 내식성 및 장식성을 확보하기 위한 대표적인 표면처리방법이다.

33 초음파탐상검사(UT)의 특징으로 옳은 것은?

① 표면결함만 검출 가능하다.
② 자성체에만 적용할 수 있다.
③ 내부결함의 깊이를 정량적으로 파악할 수 있다.
④ 방사선보다 검출 정밀도가 낮다.

해설
초음파탐상검사는 내부결함의 깊이와 위치를 정량적으로 파악할 수 있는 장점이 있다.

34 왕복동식 압축기의 일반적인 특징에 대한 설명으로 옳은 것은?

① 소형·경량이며, 대유량 압축에 적합하다.
② 비교적 구조가 단순하고, 소량·고압압축에 적합하다.
③ 고속회전에 의해 압축되며 맥동이 거의 없다.
④ 소음과 진동이 작고, 균일한 토출이 가능하다.

해설
왕복동식 압축기는 구조가 단순하고 소량·고압압축에 적합하지만, 맥동과 진동이 크다.

35 루츠형이나 스크루형과 같은 회전식 압축기의 장점은?

① 대용량 공기를 연속적으로 이송할 수 있다.
② 소형으로 제작이 어렵다.
③ 고속회전에 부적합하다.
④ 압축비가 커서 대용량에 부적합하다.

해설
회전식 압축기는 연속적이고 비교적 균일한 토출이 가능하여 대용량 연속 공급에 적합하다.

36 공기압축기 토출량이 설계치보다 감소한 경우 가장 먼저 점검해야 할 부분은?

① 토출밸브의 누설
② 전동기의 과부하
③ 냉각수 유량의 증가
④ 윤활유 점도의 변화

> **해설**
> 토출밸브의 누설이 발생하면 압축공기가 역류하여 토출량이 감소한다.

37 피스톤을 분해·조립할 때 가장 중요한 주의사항은?

① 냉각수 배출을 생략한다.
② 피스톤 핀을 강제로 압입한다.
③ 조립 시 방향 및 위치를 정확히 맞춘다.
④ 실린더 라이너를 그대로 사용한다.

> **해설**
> 피스톤 조립 시 방향과 위치를 정확히 맞추지 않으면 편심하중과 마찰이 발생해 고장을 초래한다.

38 피스톤 O링의 마모가 과도할 경우 발생하는 현상으로 가장 타당한 것은?

① 연소실 압축압력이 상승한다.
② 실린더 내부의 가스 누설이 증가한다.
③ 냉각효율이 향상된다.
④ 점화시기가 지연된다.

> **해설**
> 마모된 O링은 기밀성을 유지하지 못하여 가스 누설이 증가한다.

39 펌프의 맥동현상을 완화하기 위한 가장 적절한 장치는?

① 오일쿨러
② 서지탱크
③ 흡입필터
④ 플라이휠

> **해설**
> 서지탱크(펄세이션 댐퍼)는 압력 변동을 흡수하여 맥동현상을 완화한다.

40 비파괴검사 중 방사선투과검사(RT)의 안전관리에서 가장 중요한 사항은?

① 피폭선량을 줄이기 위한 차폐와 거리 확보
② 결함 검출 감도 향상
③ 시험체 두께 감소
④ 검사시간 단축

> **해설**
> 방사선 검사의 안전관리 핵심은 피폭관리로, 차폐·거리·시간의 원칙을 준수해야 한다.

정답 36 ① 37 ③ 38 ② 39 ② 40 ①

제3과목 기계설비 일반

41 다음 그림은 제3각 정투상도로 나타낸 정면도와 우측면도이다. 이에 대한 평면도로 가장 적합한 것은?

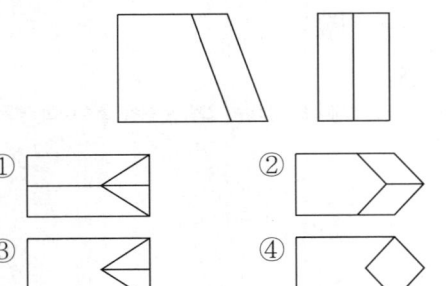

해설
①, ③은 우측면도처럼 직사각형 두 개로 보이지 않고 대각선이 발생한다. ④와 같으려면 정면도가 비스듬할 수 없다.

42 내압을 받는 파이프의 두께 설계 시 부식 여유를 고려하는 이유로 옳은 것은?
① 제작과정에서 발생하는 기계적 변형을 줄이기 위해
② 파이프의 내·외부 압력 차이를 보정하기 위해
③ 장기간 사용 시 발생하는 재질의 손실을 보상하기 위해
④ 온도 변화에 따른 열팽창을 보정하기 위해

해설
부식 여유(C, Corrosion Allowance)는 파이프를 장기간 사용하는 동안 내부 유체나 외부환경에 의해 재질이 부식되거나 마모될 수 있기 때문에 이를 미리 고려하여 추가하는 두께이다. 따라서 설계 두께는 계산값에 부식 여유를 더해 산출한다.

43 기어 맞물림에서 간섭(Interference)이 발생하는 원인으로 적절한 것은?
① 기어의 압력각이 커서 치형이 두꺼워질 때
② 피치선 근처에서만 물림이 일어날 때
③ 기어의 한쪽 끝이 상대 기어의 이뿌리에 닿을 때
④ 기어의 법선 모듈이 커져 기어가 원활하게 맞물릴 때

해설
이의 간섭이란 서로 맞물리고 있는 기어의 한쪽 끝이 상대 기어의 이뿌리에 닿아 정상적인 회전을 방해하는 상태이다.

44 선반가공을 할 때 절삭속도가 180m/min이고, 공작물의 지름이 60mm일 경우 회전수는 약 몇 rpm인가?
① 95 ② 350
③ 751 ④ 955

해설
절삭속도(V)란 절삭날이 공작물에 닿을 때의 접선속도이다.
$$V = \frac{\pi D n}{1,000}\,[\text{m/min}]$$
$$180[\text{m/min}] = \frac{\pi \times 60[\text{mm}] \times n[\text{rpm}]}{1,000}$$
$$n = \frac{180 \times 1,000}{60\pi} = \frac{3,000}{\pi} ≒ 954.93\,\text{rpm}$$

41 ② 42 ③ 43 ③ 44 ④

45 숫돌을 사용할 때 연한 숫돌(Soft Wheel)과 경한 숫돌(Hard Wheel)의 특성 차이에 대한 설명으로 옳은 것은?

① 연한 숫돌은 입자가 쉽게 떨어져 나가 연삭력이 약해진다.
② 경한 숫돌은 입자가 단단히 고정되어 있어 경도가 높은 재료 연삭에 적합하다.
③ 연한 숫돌은 절삭날이 쉽게 노출되므로 단단한 재료의 연삭에 적합하다.
④ 경한 숫돌은 연삭 시 절삭날이 쉽게 드러나 가공면 거칠기를 낮춘다.

해설
- 연한 숫돌 : 결합력이 약함 → 입자가 쉽게 떨어짐 → 새로운 날이 드러남 → 경도가 높은 재료(고속도강, 합금강) 연삭에 적합함
- 경한 숫돌 : 결합력이 강함 → 입자가 잘 안 떨어짐 → 절삭날이 무뎌짐 → 연재(주철, 알루미늄 등) 연삭에 적합함

46 다음 중 아베의 원리를 만족하는 측정기는?

① 블록 게이지
② 하이트 게이지
③ 버니어 캘리퍼스
④ 외측 마이크로미터

해설
아베의 원리는 측정 대상물과 표준자는 측정 방향상 일직선 위에 있어야 한다는 원리로, 마이크로미터는 측정자와 측정 대상의 위치가 일직선상에 존재한다. 블록 게이지는 비교측정기이다. 하이트 게이지와 버니어 캘리퍼스는 측정자의 위치와 눈금의 위치가 서로 다르며, 측정기의 구조상 오차로 인해 오차가 발생할 수 있다.

47 다음 표면경화법 중 가장 저온에서 처리하여 표면 경도를 얻는 방법은?

① 침탄법(Carburizing)
② 질화법(Nitriding)
③ 고주파 경화법(Induction Hardening)
④ 화염경화법(Flame Hardening)

해설
질화법(Nitriding)은 500~600℃ 정도의 비교적 저온에서 금속 표면에 질소를 침투시켜 질화물(Nitrides)을 형성하여 매우 높은 표면경도를 얻는 방법이다.

48 강을 담금질하면 경도는 증가하지만, 취성이 커져 사용목적에 알맞은 강도로 A_1 변태점 이하의 적당한 온도로 재가열하여 인성을 증가시키고 경도를 감소시키는 것은?

① 뜨 임
② 불 림
③ 침 탄
④ 풀 림

해설
뜨 임
담금질 후 강의 내부응력을 제거하거나 인성을 개선시켜 주기 위해 100~200℃ 온도로 천천히 뜨임하거나 500℃ 부근에서 고온으로 뜨임한다. 200~400℃ 범위에서 뜨임을 하면 뜨임메짐현상이 발생한다.

정답 45 ③ 46 ④ 47 ② 48 ①

49 용접으로 인한 잔류응력을 제거하는 방법으로 가장 적합한 것은?

① 담금질　　② 풀림
③ 불림　　　④ 뜨임

> **해설**
> 응력제거풀림(Stress Relief Annealing)
> • 금속재료의 잔류응력을 제거하기 위해서 적당한 온도에서 적당한 시간을 유지한 후에 냉각시키는 처리이다.
> • 주조, 단조, 압연 등의 가공, 용접 및 열처리에 의해 발생된 응력을 제거한다.
> • 주로 450~600℃ 정도에서 시행하므로 저온풀림이라고도 한다.

50 제어밸브의 구동기에 대한 설명으로 옳지 않은 것은?

① 제어밸브의 구동기는 수동식, 자동식, 자주식 밸브로 구분한다.
② 제어밸브 구동기의 계기신호는 전기신호, 유압신호, 공기신호가 있다.
③ 제어밸브 구동기의 계기신호는 편차조정신호를 의미한다.
④ 대부분의 생산공정은 구조가 간단하고 고장률이 낮고, 안정성이 높은 전동식 구동기를 사용한다.

> **해설**
> 제어밸브의 구동기는 크게 손으로 작동하는 수동식, 외부로부터 힘을 받아 작동하는 자동식, 파일롯 밸브장치에 의하여 작동하는 자주식 밸브로 구분한다. 구동기의 선택은 계기의 신호가 어떠한 신호가 나오는가에 따라서 다르다. 계기신호에는 미세한 전기신호, 유압신호 및 공기신호가 있는데, 이 신호란 제어하고자 하는 기준값과 제어밸브의 편차를 자동으로 기준치에 접근하도록 보내지는 편차조정신호이다. 현재 생산공정에서는 대부분 공기로 작동하는 다이어프램 구동기와 피스톤(실린더)식 구동기를 사용한다. 공기식 구동기는 구조가 간단하여 고장률이 낮고 안정성이 높고 강력한 힘을 발생하면서 가격 측면에도 다른 구동기보다 저렴하다.

51 작동유의 점도와 유압장치의 관계에 대한 설명으로 옳지 않은 것은?

① 점도가 높으면 저항에 의해 압력 강하가 발생한다.
② 점도가 낮으면 내부 누유가 증가한다.
③ 점도가 높으면 마찰에 의한 온도 상승이 일어난다.
④ 점도가 낮으면 누유손실로 온도가 하락한다.

> **해설**
> 작동유에 누유손실이 발생하면 유압장치의 온도가 상승한다.
> 점도가 유압장치에 미치는 영향
> • 너무 높은 점도의 오일을 사용할 경우
>   - 마찰력을 증대시키고, 유체 흐름의 저항을 높인다.
>   - 마찰손실에 의한 동력 소모가 증가한다.
>   - 마찰에 의한 온도 상승이 일어난다.
>   - 저항에 의한 압력 강하가 증가한다.
>   - 완만하거나 느린 작동이 발생할 수 있다.
>   - 탱크 내의 오일로부터 공기를 분리하기 어렵다.
> • 너무 낮은 점도의 오일을 사용할 경우
>   - 내부 누유가 증가한다.
>   - 활동 부분 사이의 유막이 깨져 하중이 가중되어 마모가 촉진된다.
>   - 펌프효율이 감소하여 작동체의 동작이 늦다.
>   - 누유손실로 온도가 증가한다.
> • 유압유의 일반적인 교환기준
>   - 점도 변화 : ±10~15%
>   - 산가의 증가 : 0.5mgKOH/g 이내
>   - 수분 : 0.1% 이내
>   - 비중 : 0.05% 이내
>   - 과도한 색상의 변색
>   - 과도하게 부패한 냄새

정답 49 ② 50 ④ 51 ④

52 폐입현상에 대한 설명으로 옳지 않은 것은?

① 폐입현상은 펌프 토출량 과다의 원인이 되므로 하우징 측판(Side Plate)에 탈출홈을 설치하여 현상을 예방한다.
② 기어의 맞물림면에서 토출된 오일이 흡입 방향으로 회귀하려는 현상이다.
③ 폐입현상은 진동과 맥동을 유발한다.
④ 진동과 맥동을 유발하는 과정은 폐입 용적 증가에 따라 압력이 상승하여 캐비테이션을 발생시키기 때문이다.

해설

폐입현상
양쪽 기어의 회전에 의해 토출된 오일이 기어 물림면을 통해 흡입측으로 되돌려지려는 현상이다. 즉, 토출된 유체의 일부가 기어 사이에 물려 흡입측으로 되돌려져 축동력이 증가하고 기어 및 하우징의 마모를 촉진하게 되는데 이 현상을 폐입현상, 폐쇄현상, 봉입현상이라고 한다. 폐입현상은 펌프 토출량 감소의 원인이 되고, 폐입 중앙에서 종료까지의 사이에는 용적이 증가하여 압력이 떨어지므로 캐비테이션(Cavitation)이 발생하여 진동과 소음으로 이어진다. 이를 예방하기 위해 하우징 측판(Side Plate)에 탈출홈을 설치한다.

53 어떤 단동 왕복동 펌프의 행정 용적이 $0.002m^3$, 회전수가 50rpm일 때 평균 유량은 얼마인가?

① $0.0017m^3/s$ ② $0.002m^3/s$
③ $0.001m^3/s$ ④ $0.003m^3/s$

해설

평균 유량
$$Q = \frac{q \times N}{60}$$
$$= \frac{0.002 \times 50}{60} = 0.00167m^3/s$$
(여기서, q : 행정용적, N : 회전수)

54 펌프 운전 중 송출량 감소가 발생하는 원인으로 적당하지 않은 것은?

① 흡입측 에어포켓 형성
② 임펠러 마모
③ 스트레이너 막힘
④ 축과 전동기 축의 불일치

해설
송출량 감소의 주요원인으로는 흡입측 공기 유입, 임펠러 마모, 스트레이너 막힘 등이 있다. 축과 전동기 축의 불일치는 진동 및 기계적 불균형을 일으키는 원인이다.

55 현장에서 사용 중인 펌프가 운전 도중 진동과 이상음이 발생하여 점검결과 베어링 온도 상승과 임펠러 마모가 동시에 확인되었다. 이 현상의 원인으로 가장 적절한 것은?

① 전동기 축의 불일치
② 윤활유 부족 및 오염
③ 흡입측 공기 유입
④ 과도한 송출량

해설
② 베어링 온도 상승과 임펠러 마모가 함께 나타나는 경우는 윤활 부족 또는 윤활유 오염에 기인하는 경우가 많다.
① 축의 불일치로 임펠러 마모를 유추하기는 어렵다.
③ 흡입측 공기 유입은 공동현상의 문제로 이어지지만 베어링 과열과 직접적인 관련은 적다.
④ 송출량 과다는 전동기 과부하나 설정의 문제와 관련된다. 과도한 송출을 하면 부가적인 문제에 따라 베어링 상승과 임펠러 마모를 유도하지만, 윤활 부족이나 윤활유 오염이라는 더 직접적인 답을 선택하는 것이 옳다.

56 오일 실(Oil Seal)의 표준형(Standard Type)에 대한 설명으로 옳은 것은?

① 고속 회전축에 적합하며, 높은 압력을 견딜 수 있다.
② 주로 저속·저온에서 사용되며, 스프링이 없는 구조로 간단한 누유 방지에도 사용된다.
③ 다소 높은 압력하에서 사용 가능하며, 링 클램프 보강구조를 가진다.
④ 주로 고온·고압의 조건에서 사용되며, 특수 합금재로 제작된다.

[해설]
표준형 오일 실은 가장 일반적으로 쓰이며, 저속·저온의 환경에서 그리스 및 오일 누유 방지에 적합하다. 스프링을 사용하지 않는 단순한 구조이므로 간단한 면처리와 결합으로 쉽게 사용 가능하다. ①, ③은 내압형이나 특수형에 해당하는 설명이다.

57 다음 중 테플론(PTFE) 패킹의 특징에 대한 설명으로 가장 옳은 것은?

① 저렴하고 유지 보수가 쉬우며 식물성 기름 등에 사용된다.
② 탄성이 필요하며 표면 마찰력이 크고, 내충격성이 높은 경우에 사용된다.
③ 화학적 안정성과 자체 윤활성이 우수하여 다양한 조건에서 적용 가능하다.
④ 광범위한 온도에서 사용 가능하며, 전기전도성이 있어 접촉재로 활용된다.

[해설]
① 천연섬유 패킹(면, 모시, 백섬면 등)
② 고무 패킹
④ 그래파이트 패킹

58 산업재해의 분류에 대한 설명 중 옳지 않은 것은?

① 물체 및 설비에 접촉하여 발생하는 재해에는 '넘어짐, 깔림, 맞음, 끼임, 무너짐' 등이 포함된다.
② 화재 및 폭발 재해는 전기적 원인(전기스파크, 정전기 등)과 열적 원인(화염, 고온 물질 접촉 등)으로 구분할 수 있다.
③ 압박 및 진동 재해는 주로 불길, 지진 등의 외부 요인에 의해 발생하며, 작업자의 행동이나 설비 상태와는 관련이 없다.
④ 산업재해는 그 발생 형태에 따라 하위 분류로 세분되며, 각 재해 유형별로 원인 규명과 예방대책 수립이 가능하다.

[해설]
압박 및 진동 재해는 지진, 불길과 같은 외부요인만이 아니라 펌프, 모터, 회전체 설비에서의 이상 진동, 작업환경에서의 압박 상황 등 작업자의 설비 운용 및 관리와도 밀접한 관련이 있다.

59 다음 중 리스크 조정기술 4가지에 포함되지 않는 것은?

① 위험 회피(Avoidance)
② 위험 전가(Transfer)
③ 위험 감소(Reduction)
④ 위험 공유(Sharing)

[해설]
리스크 조정 기술에는 위험 회피(Avoidance), 위험 감소(Reduction), 위험 전가(Transfer), 위험 보류(Retention)의 4가지가 있다. 위험 공유(Sharing)는 협력적 리스크 관리 전략으로 일부 문헌에 언급되기도 하지만, 기본적인 리스크 조정기술 4가지에는 포함되지 않는다.

정답 56 ② 57 ③ 58 ③ 59 ④

60 기계설비의 위험점에 대한 설명으로 옳지 않은 것은?

① 협착점(Squeeze Point)은 왕복운동을 하는 동작 부분과 고정 부분 사이에서 형성되며, 프레스 금형 조립 부위 등에서 발견된다.
② 끼임점(Shear Point)은 회전풀리와 벨트 사이, 연삭숫돌과 작업대 사이 등에서 발생한다.
③ 절단점(Cutting Point)은 고정 부분과 운동 부분이 만나는 위치에서 주로 발생하며, 회전체와 기계 부품의 마찰에 의해 생긴다.
④ 접선 물림점(Tangential Point)은 회전하는 부분의 접선 방향으로 물림이 발생할 수 있으며, 주로 풀리와 벨트, 체인과 스프로킷에서 발견된다.

해설
절단점(Cutting Point)
회전하는 운동 부분 자체의 위험이나 운동하는 기계 부분 자체의 위험에서 초래되는 위험점으로, 목공용 띠톱 부분, 밀링커터 부분 등에서 발견된다.

제4과목 설비 진단 및 관리

61 다음 보기에서 설명하는 설비 진단방법은?

┤보기├
- 측정과 분석이 복잡하지만, 회전체 내의 수분이나 금속 입자(particle)의 영향 등을 비교적 조기에 발견할 수 있다.
- 페로그래피법, SOAP법 등의 방법이 있다.

① 진동측정분석법
② 응력해석법
③ 오일분석법
④ 강제열화시험

해설
오일분석법
- 회전 및 구동설비 윤활에 사용되는 오일은 정상적인 조건하에서도 미끄럼이나 회전 접촉 윤활 시 마찰로 인한 금속 입자가 생기고, 수분이 침투되거나 내·외부 온도차에 의해 응축되어 수분이 발생되어 윤활기능이 감소된다.
  - 적합하지 않은 오일 선택과 불일치 시 마모를 더욱 촉진시킨다.
  - 마모, 수분, 오염 상태를 분석하여 비교적 조기에 발견이 가능하다.
  - 측정과 분석이 복잡하다.
  - 온라인 모니터링보다 간헐적 진단에 적합하다.
- 오일(윤활유) 분석의 종류
  - 페로그래피법 : 채취한 오일 샘플링을 용제로 희석하고 자석에 의하여 검출된 마모 입자의 크기, 형상 및 재질 등을 분석하여 이상 원인을 규명하는 설비진단기법이다. 종류에는 정량 페로그래피와 분석 페로그래피가 있다.
  - 오일 SOAP법 : 채취한 윤활유를 연소하여 그때 생긴 금속 성분 특유의 발광 또는 흡광현상을 분석하는 방법으로, 함유된 정량금속 성분을 분석하여 윤활부의 마모를 초기에 검출하여 진단한다. 금속의 마모 상황을 직접 측정하여 이상 유무를 확실하게 검출할 수 있다. 측정 및 분석에 숙련이 필요하다.

62 스프링 k_1 = 500N/m와 k_2 = 800N/m를 직렬로 연결한 경우, 등가 스프링 상수 k_T와 질량 m = 2kg의 물체를 매달았을 때의 변위 x는 얼마인가?(중력가속도 g = 9.81m/s²)

① k_T=307.7N/m, x=0.0638m
② k_T=320.0N/m, x=0.0613m
③ k_T=307.7N/m, x=0.0650m
④ k_T=250.0N/m, x=0.0784m

해설
- 직렬연결의 등가 스프링 상수
$$k_T = \frac{k_1 k_2}{k_1 + k_2} = \frac{500 \times 800}{500 + 800} = \frac{400,000}{1,300} \fallingdotseq 307.7 \text{N/m}$$
- 정적 평형 변위 x
$$F = mg = 2 \times 9.81 = 19.62 \text{N}$$
$$\therefore x = \frac{F}{k_T} = \frac{19.62}{307.7} \fallingdotseq 0.0638 \text{m}$$

63 기업의 생산성을 높이는 보전방식을 수단별로 분류 시 해당되지 않는 것은?

① 예방보전
② 개량보전
③ 보전예방
④ 품질보전

해설
기업의 생산성을 높이는 보전방식을 생산보전이라 하고, 생산보전의 범위 안에는 일상보전, 예방보전, 사후보전, 개량보전 등이 해당된다.

64 설비의 갱신이나 개조에 의한 경비 절감이 목적인 프로젝트는?

① 확장 투자
② 제품 투자
③ 전략적 투자
④ 합리적 투자

해설
투자항목에 따른 프로젝트 분류
- 합리적 투자 : 비용 절감이 목적이다.
- 확장 투자 : 판매량 확대가 목적이다.
- 제품 투자 : 현 제품의 개량 및 신제품 개발이 목적이다.
- 공격적 투자 : 적극적인 기술 혁신을 통하여 신제품을 개발하고, 생산이 다른 회사보다 늦지 않도록 하는 것이 목적이다.
- 전략적 투자
  - 위험 감소를 위한 투자로, 방위적 투자와 연구적 투자로 구분한다.
  - 후생복지를 위한 투자(예 종업원 복리후생, 지역사회 복지 등)

65 욕조곡선에서 DFR(Decreasing Failure Rate) 구간의 특징과 원인으로 옳은 것은?

① 장비의 마모와 피로로 인해 고장률이 점차 증가한다.
② 원인은 제조 불량, 초기 조립 불량, 표준 미준수 등으로 고장률은 점차 감소한다.
③ 규정 고장률을 유지하며 예측 불가능한 무작위 고장이 발생한다.
④ 부식, 산화, 노화로 인해 수명이 다해 고장률이 증가한다.

해설
DFR 구간은 초기고장기간으로, 제품이 출하되어 사용 초기 단계에서 발생하는 결함이 시간이 지남에 따라 점차 감소하는 구간이다. 주요 원인에는 불량 자재 사용, 조립 불량, 표준 미준수, 초기 디버깅 부족 등이 있다. 해결을 위해 Burn-in Test, Debugging 등의 조치가 필요하다.

66 다음 중 설비보전에서 특성요인 분석 시 고려하는 4M+E 분류에 대한 설명으로 옳지 않은 것은?

① Man(인적 요인) : 작업자의 숙련도, 교육, 피로 상태
② Machine(기계요인) : 설비의 노후화, 정밀도, 윤활 상태
③ Method(방법요인) : 작업 절차, 표준작업서 준수 여부
④ Measurement(측정요인) : 설비의 가동률, 유지보수 비용

> **해설**
> 4M+E의 기본 분류는 Man, Machine, Material, Method, Environment이다. Measurement는 일반적인 특성요인도 분류항목이 아니다. 다만, 일부 품질관리 분야에서 5M+1E 형태로 Measurement를 포함하기도 하지만, 설비보전의 전형적 4M+E에는 포함되지 않는다.

67 배관 교체, 기타 변경 공사 등 조업상의 요구에 의해서 실시하는 공사는?

① 개수공사
② 예방수리공사
③ 보전개량공사
④ 일반보수공사

> **해설**
> 수리공사의 목적에 따라 정기수리공사, 긴급수리공사(돌발수리공사), 예방수리공사, 사후수리공사, 보전개량공사, 개수공사(조업상의 요구에 의해 실시하는 개량공사, 배관 교체 등 변경 공사가 해당), 일반보수공사로 나뉜다.

68 다음 그림은 최적수리주기 도표이다. ( ) 안에 들어 가야 할 내용이 옳게 연결된 것은?

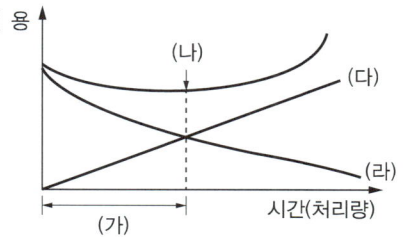

① (가)-최소비용점
  (나)-최적수리주기
  (다)-단위시간당 열화손실비
  (라)-단위시간당 보전비
② (가)-최적수리주기
  (나)-최소비용점
  (다)-단위시간당 열화손실비
  (라)-단위시간당 보전비
③ (가)-최소비용점
  (나)-최적수리주기
  (다)-단위시간당 보전비
  (라)-단위시간당 열화손실비
④ (가)-최적수리주기
  (나)-최소비용점
  (다)-단위시간당 보전비
  (라)-단위시간당 열화손실비

> **해설**
>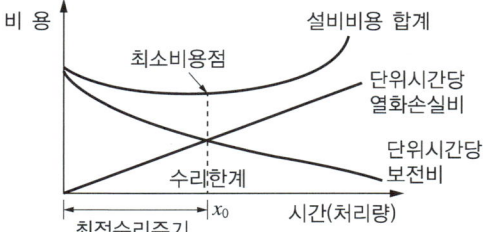

정답 66 ④ 67 ① 68 ②

69 설비의 공사관리로 PERT기법의 내용으로 옳지 않은 것은?

① 전형적 시간(Most Likely Time)은 공사를 완료하는 최빈치를 나타낸다.
② 낙관적 시간(Optimistic Time)은 공사를 완료할 수 있는 최단 시간이다.
③ 비관적 시간(Pessimistic Time)은 공사를 완료할 수 있는 최장 시간이다.
④ 위급경로(Critical Path)는 공사를 완료하는 데 가장 시간이 적게 걸리는 경로이다.

해설
위급경로 또는 주경로(Critical Path)는 공사 완료에 가장 긴 시간이 걸리는 경로이다.

70 TPM의 8대 활동 중 '설비효율 향상을 위한 개선활동'에 해당하는 것과 가장 거리가 먼 것은?

① 설비의 강한 부분과 약한 부분을 분석하여 취약 부위를 개선한다.
② 현장 작업자의 기능 수준을 향상시키기 위해 교육한다.
③ 부품 표준화 및 예비품 관리 체계를 구축한다.
④ 설비 초기의 이상 유무 확인을 위한 Kick-off 회의를 한다.

해설
TPM의 8대 활동 중 설비효율 향상을 위한 개선활동은 설비 자체의 성능과 신뢰성을 높이는 행위로, 설비의 구조 개선, 약점 보완, 부품 표준화 등이 포함된다. 그러나 설비 초기의 이상 유무 확인을 위한 Kick-off 회의는 TPM 추진 단계에서 도입 개시(6단계)에 속하며, 개선활동이 아닌 추진 절차상의 이벤트이다.

71 윤활유 점도 분류 체계 중 SAE 점도 등급에 대한 설명으로 옳은 것은?

① 숫자가 작을수록 점성이 크다.
② SAE 점도 등급은 총 18등급으로 구성된다.
③ 5W, 10W, 20W 등과 같이 표기되며, 'W'는 점도 시험기관을 의미한다.
④ 미국자동차기술협회의 기준으로 주로 자동차 엔진오일, 기어오일 등 차량용 윤활유를 설명한다.

해설
SAE 점도 등급은 미국자동차기술협회 자동차용 윤활유의 점도를 분류하는 방법이다. 숫자가 클수록 점성이 크며, 'W'는 Winter(겨울)용 점도를 의미한다. 총 18등급으로 구성된 것은 ISO 점도 등급이다.

72 극압 윤활에 대한 설명으로 옳지 않은 것은?

① 충격하중이 있는 곳에 필요하다.
② 완전 윤활 또는 후막 윤활이라고도 한다.
③ 첨가제로 유황, 염소, 인 등이 사용된다.
④ 고하중으로 금속의 접촉이 일어나는 곳에 필요하다.

해설
윤활의 형태
- 유체 윤활(후막 윤활, 완전 윤활) : 마찰면 사이에 유체역학적으로 충분히 두꺼운 점성유막이 형성된 윤활 상태이다.
- 경계 윤활(박막 윤활, 혼합 윤활) : 유막의 두께가 표면거칠기와 비슷한 정도로, 유압만으로 하중을 지탱하기 어려운 정도의 상태이다.
- 극압 윤활 : 국부적으로 금속의 융착과 전단이 반복되며, 마찰이 증대되고 유막이 파괴되어 중간중간 금속과의 마찰이 일어나는 상태이다.

73 다음 중 윤활유의 작용이 아닌 것은?

① 냉각작용
② 밀봉작용
③ 감마작용
④ 응력집중작용

해설

윤활의 기능
- 마찰 감소 : 경계 마찰일이 발생하는 곳에 피막 형성
- 냉각작용 : 마찰열을 흡수하여 계(System) 밖으로 방출
- 밀봉작용 : 유막을 통해 내·외부 차단
- 청정작용 : 오염물질을 씻어내는 작용
- 방청작용 : 녹이 슬지 않게 하는 작용
- 방식작용 : 부식이 일어나지 않게 하는 작용
- 방진작용 : 먼지 등 유해물질이 유입되는 것을 막아 주는 작용
- 하중(응력)의 분산작용 : 국부 압력을 액을 통해 분산시켜 마멸 방지

74 다음 중 점도지수(VI)에 대한 설명으로 옳지 않은 것은?

① VI가 높을수록 온도 변화에 따른 점도 변화가 작다.
② 파라핀계 광유는 점도지수가 높고, 나프텐계는 낮다.
③ 동일한 점도에서 점도지수가 높은 윤활유는 고온 유동성이 낮다.
④ 점도지수가 낮으면 온도 변화에 따라 점도 변화가 크다.

해설

점도지수(VI)가 높으면 고온 유동성도 우수하다.

75 다음 중 급유법과 그 설명의 연결이 옳은 것은?

① 패드 급유법 – 회전하는 칼라에 부착된 포켓이 고점도의 오일을 들어 올려 급유하는 방식
② 버킷 급유법 – 고속도 로프를 이용해 마찰면에 오일을 튕겨 공급하는 방식
③ 유욕(Bath) 급유법 – 마찰면을 오일 속에 직접 잠기게 하여 윤활하는 방식
④ 체인 급유법 – 얇은 금속 패드를 모세관 현상으로 적셔 공급하는 방식

해설

③ 유욕(Bath) 급유법 : 마찰면을 오일 속에 직접 담가 회전 시 윤활하는 방식이다.
① 패드 급유법 : 패드를 기름에 적셔 모세관 현상으로 공급한다.
② 버킷 급유법 : 칼라에 부착된 버킷이 회전하며 오일을 퍼 올려 공급하는 방식이다.
④ 체인 급유법 : 회전하는 체인이 오일을 끌어올려 공급한다.

76 다음 중 혼화주도(Worked Penetration)에 대한 설명으로 가장 적절한 것은?

① 25℃에서 규정된 원추를 시료에 5초간 자유낙하 시켜 10배 한 값을 주도로 표시한다.
② 혼화주도 측정 시 시료는 반드시 60회 혼화하여 온도 변화를 최소화해야 한다.
③ 혼화주도값이 높을수록 점도는 높아지고, 그리스는 더 단단해진다.
④ 혼화주도와 불혼화주도의 측정 절차는 동일하지만, 불혼화주도는 온도보정값을 더한다.

해설

① 혼화주도는 25℃에서 규정된 원추를 시료 표면에 놓고 5초간 침입시킨 깊이를 mm의 10배 값으로 나타낸다.
② 시료는 60회 혼화하지만, 이는 온도 변화가 아니라 시료의 균질화를 위해서이다.
③ 혼화주도값이 높을수록 점도는 낮아지고, 부드러워진다.
④ 불혼화주도는 혼화하지 않고 측정하며, 온도보정값을 더하는 과정은 없다.

77 다음 중 이유도(離油度)가 높게 나타나는 그리스(Grease)의 특징으로 가장 적절한 것은?

① 장기간 저장 시 오일분리현상이 적어 장기 보관에 적합하다.
② 오일과 증주제가 강하게 결합되어 기계 구동 시 윤활유 손실이 적다.
③ 장기간 보관 시 기유가 그리스로부터 많이 분리되어 표면에 오일이 맺힌다.
④ 점도가 높아 기계의 고속 부위에도 안정적으로 윤활이 가능하다.

해설
이유도는 그리스를 장기간 저장했을 때 기유(오일)가 증주제로부터 분리되는 정도이다. 이유도가 높을수록 보관 중 오일이 많이 분리되며, 이는 윤활 성능 저하와 누유 위험을 초래한다.

78 윤활유의 열화방지법으로 옳지 않은 것은?

① 오일의 적정 점도 유지를 위해 적당한 첨가제 사용을 권장한다.
② 사용유는 원심분리, 백토처리 등의 재생법을 이용하여 재사용한다.
③ 새로운 기계 도입 시 쇠, 녹물, 방청제 등을 충분히 세척 후 사용한다.
④ 월 1회 정도 세척을 실시하여 순환계통을 청정하게 유지하고, 교환 시에는 열화유를 50% 정도 제거한다.

해설
열화방지법
· 윤활유가 고온부와 접촉하는 시간을 짧게 한다.
· 윤활유의 압력을 올려 순환 급유를 많게 하며, 냉각기를 부착하는 등 온도 상승을 방지한다.
· 기름의 혼합 사용을 금지한다.
· 새 기계를 사용할 경우 충분히 세척 후 사용한다.
· 수분, 먼지, 금속 마모분 등이 혼입된 경우는 신속하게 제거한다.
· 연 1회 완전 세척하여 순환계통의 청정을 유지한다.
· 사용유를 계속 사용해야 하는 경우는 원심분리, 백토처리 등 재생처리 후 재사용한다.

79 ISO VG 68 등급의 유압 작동유에 관한 설명으로 가장 옳은 것은?

① 40℃에서의 동점도 범위는 24.2~35.2 mm^2/s 이다.
② 유동점은 -24℃ 이하이다.
③ 점도지수는 90 이상이다.
④ 인화점은 140℃ 이상이다.

해설
① 40℃에서의 동점도 범위는 61.2~74.8mm^2/s이다.
② 유동점은 -21℃ 이하이다.
④ 인화점은 200℃ 이상이다.

80 유압 작동유의 열화원인 중 마찰로 인하여 마모된 미세한 불순물이 유입되는 경우와 가장 직접적으로 관련 있는 현상은?

① 유압 작동유의 점도가 낮아져 밀봉효과가 떨어진다.
② 금속 마찰면에 협잡물이 침투하여 마모를 촉진시킨다.
③ 작동유에 이중유가 혼입되어 유압 전달력이 저하된다.
④ 수분 혼입으로 인해 산화가 촉진된다.

해설
마찰로 발생한 미세한 금속 입자나 불순물이 작동유에 혼입되어 금속 마찰면에 재침투하면 표면 손상과 마모를 촉진시킨다. 이는 열화의 주요원인 중 하나로 장기간 사용 시 베어링 및 기어 등에서 심각한 손상을 유발한다.

제4회 적중예상문제

제1과목 공유압 및 자동제어

01 내부에 밀폐된 유압 실린더에서 피스톤 양쪽 면적이 각각 0.005m²(작은 쪽), 0.04m²(큰 쪽)이다. 작은 쪽 피스톤에 1.2MPa의 압력이 가해질 때 큰 쪽 피스톤이 받는 힘은 얼마인가?(단, 손실은 고려하지 않는다)

① 3,000N ② 4,800N
③ 12,000N ④ 48,000N

해설
파스칼 원리에 의해 압력($P=F/A$)은 모든 방향으로 동일하게 전달되고 작용하는 압력을 알고 있으므로
$F = P \times A = 1.2\text{MPa} \times 40,000\text{mm}^2 = 48,000\text{N}$

02 배관 직경이 50cm인 관을 통해 물(밀도 1,000kg/m³, 점도 1.0×10^{-3}Pa·s)이 흐른다. 유속이 0.3m/s일 때 이 흐름의 종류는?

① 층류
② 난류
③ 천이영역
④ 이 정보로는 알 수 없다.

해설
층류 여부는 일반적으로 레이놀즈수를 이용하여 판별하며, 2,320을 기준으로 층류와 난류로 나뉜다. 일반적으로 $Re > 2,320$이면 난류로 구분한다.
$Re = \dfrac{\rho v D}{\mu} = \dfrac{1,000\text{kg/m}^3 \times 0.3\text{m/s} \times 0.05\text{m}}{1.0 \times 10^{-3}\text{N}\cdot\text{s/m}^2} = 15,000$

03 다음 중 수격현상 진단을 위해 가장 신뢰할 수 있는 방법은?

① 배관 주변 온도 변화를 장기간 기록하여 분석한다.
② 배관 외부에 가속도 센서를 부착하여 순간적인 진동 파형을 분석한다.
③ 유량계를 이용해 유체의 평균 유속을 측정한다.
④ 배관 내부를 내시경으로 관찰하여 스케일 부착 여부를 확인한다.

해설
수격현상은 순간적인 압력 변동과 함께 고주파 진동이 발생하므로, 이를 실시간으로 감지하고 분석할 수 있는 센서 방식이 가장 적합하다. 가속도 센서를 이용하면 배관 표면의 미세한 진동신호를 수집하여 충격파 특성을 파악할 수 있다. 이는 데이터 분석을 통해 수격 발생 시점과 강도를 정밀하게 확인하는 데 유리하다. 수격현상의 특성은 수ms 단위의 압력·진동 변화로 나타나며, 압력센서나 가속도계는 이러한 고주파 성분을 실시간으로 기록할 수 있다. FFT(고속 푸리에 변환) 분석을 통해 주파수 대역과 에너지 분포를 추출하면 원인과 위치를 역추적할 수 있다.

04 이론상 대기 중 펌프의 1단 흡입양정의 최대 높이는?(단, 물의 온도는 4℃이며, 마찰 등 다른 고려사항은 무시한다)

① 3.14m ② 8.14m
③ 10.33m ④ 101.3m

해설
펌프 내부를 완전진공으로 만들고 대기 1기압이 완벽하게 작용한다면 물의 1기압 수두 10.33m가 이론상 최대 양정이 된다. 그러나 실제로는 진공도와 마찰손실 등이 개입되어 8~9m 정도의 양정이 최대가 된다.

정답 1 ④ 2 ② 3 ② 4 ③

05 공압장치의 여과기에 대한 설명으로 옳은 것은?

① 압축공기의 온도를 낮추어 안정화시키는 장치이다.
② 공기 중 수분을 강제로 제거하는 장치이다.
③ 압축공기 속의 불순물과 수분을 걸러내어 깨끗한 공기를 공급한다.
④ 공기압력을 일정한 수준으로 유지하는 장치이다.

[해설]
여과기는 압축공기 속의 이물질과 수분을 제거하여 시스템에 깨끗한 공기를 공급한다.
① 애프터쿨러
② 건조기
④ 압력제어밸브

06 공압장치에서 루브리케이터의 주요 목적은?

① 압축공기의 유량을 조절한다.
② 공기 중 수분을 제거한다.
③ 압축공기에 윤활유를 혼합하여 마찰과 마모를 줄인다.
④ 공압회로의 압력을 일정하게 유지한다.

[해설]
루브리케이터는 압축공기에 미세한 윤활유 입자를 혼합시켜 실린더, 밸브 등 공압기기의 마모를 방지한다.
① 유량제어밸브
② 건조기
④ 압력제어밸브

07 다음 중 유압펌프에 대한 설명으로 옳지 않은 것은?

① 기어펌프는 구조가 간단하고 가격이 저렴하여 중·저압회로에 주로 사용된다.
② 베인펌프는 회전자의 편심량에 따라 유량이 조절되며, 비교적 소음이 적고 중압 영역에 적합하다.
③ 피스톤펌프는 체적효율이 높아 고압 운전에 적합하지만, 구조가 복잡하고 고가라는 단점이 있다.
④ 베인펌프는 점도 변화에 둔감하여 고점도 유체 이송에도 손실이 거의 없다.

[해설]
베인펌프는 점도 변화에 민감하여 손실이 커진다.

08 복동식 실린더(Double Acting Cylinder)에 대한 설명으로 옳지 않은 것은?

① 전진과 후진 모두 압축공기를 공급하여 작동한다.
② 동일 내경일 때 로드측 후진력이 전진력보다 크다.
③ 자동화 장비에서 가장 널리 사용된다.
④ 로드 직경에 따라 전진력과 후진력이 달라진다.

[해설]
복동식 실린더는 전진과 후진 모두 압축공기를 공급해 작동하며, 로드 단면적 때문에 후진력은 전진력보다 작다. 따라서 선택 시 필요한 출력조건에 맞춰 내경과 로드 직경을 고려해야 한다.

09 다음 회로의 명칭은?

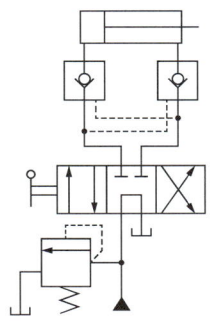

① 로크회로 ② 증압회로
③ 축압회로 ④ 무부하회로

해설
로크회로
- 실린더 행정 중 임의 위치에서 행정단에 실린더를 고정시킬 때 플런저의 이동을 방지하는 회로이다.
- 실린더가 임의에 위치에 있을 때 4ports 3ways V/V를 작동시키면 실린더가 그 자리에 고정된다.

10 다음 중 3상 변압기의 Y-Y 결선에 대한 설명으로 옳은 것은?

① 제3고조파 전류가 자유롭게 순환할 수 있어 출력 전압의 왜곡이 작다.
② 중성선을 접지하지 않으면 선간전압 파형이 왜곡될 수 있다.
③ Δ-Δ 결선과 비교할 때 항상 더 높은 단락 내전류를 가진다.
④ 단상부하 불평형에 강해 전압 불균형이 발생하지 않는다.

해설
② 중성선 미접지 시 파형이 왜곡되고, 전압이 불안정할 가능성이 있다.
① 제3고조파 여자전류의 통로가 없으므로 유기 기전력이 제3고조파를 함유하여 중성점을 접지하면 통신에 유도 장애를 준다.
③ 단락전류의 크기는 결선 형식이 아니라 등가 임피던스에 좌우된다.
④ Y-Y는 단상부하 불평형에 취약하다.

11 열전대 안에 작용하는 열전효과에 대한 설명으로 옳은 것은?

① 제베크 효과(Seebeck Effect)는 두 개의 도체에 전류가 흐를 때 열의 흐름이 생기는 현상이다.
② 펠티에 효과(Peltier Effect)는 두 개의 접점에 온도차가 생기면 접촉 전위차 불평형이 발생하여 열전류가 흐르는 현상이다.
③ 톰슨효과(Thomson Effect)는 온도 기울기가 있는 도선상에 전류가 흐를 때 열의 수송이 일어나는 현상이다.
④ 펠티에 효과는 제베크 효과와 같은 방향의 현상을 나타낸다.

해설
- **제베크 효과(Seebeck Effect)** : 양 접점에 온도차가 생기면 접촉 전위차 불평형이 발생하여 열전류가 흐르는 현상이다.
- **펠티에 효과(Peltier Effect)** : 두 개의 전도체에 전류가 흐를 때 열의 흐름이 발생하는 현상으로, 제베크 효과의 반대 현상이다.
- **톰슨효과(Thomson Effect)** : 온도 기울기가 있는 도선에 전류가 흐를 때 열의 수송이 발생하는 현상이다.

12 다음 중 공압압력센서의 출력 특성에 대한 설명으로 옳지 않은 것은?

① 아날로그 출력센서는 연속적인 전압 또는 전류신호를 제공한다.
② 디지털 출력센서는 설정압력 이상/이하의 여부만 판단한다.
③ 차압센서는 공압회로의 절대압을 측정하는 데 사용된다.
④ 압력센서는 온도 보정을 통해 측정 정밀도를 향상시킬 수 있다.

해설
차압센서는 절대압이 아닌 두 지점 간의 압력 차이를 측정하는 센서이다. 절대압 측정에는 절대압 센서를 사용한다.

13 다음과 같은 가속도 센서 부착방법 중 진동 측정 주파수의 범위가 가장 넓은 것은?

① 나사(Stud) 고정
② 밀랍(Bee-Wax) 고정
③ 마그네틱(Magnetic) 고정
④ 손(Hand Hold Probe) 고정

해설

가속도 센서의 장착
- 장착 시 표면을 매끈하고 깨끗이 다듬어야 한다.
- 나사 등을 이용한 스터드를 이용한 장착 : 장기 장착에 적합하고 가장 확실한 장착법으로, 잘 고정되어 있어 진동 측정범위가 넓다.
- 접착 장착 : 접착제(에폭시, 아교, 시멘트 등) 응고 후 충분히 딱딱해야 한다. 부드러우면 고유 진동수가 떨어진다.
- 왁스 장착 : 공기층이 없이 얇게 붙이며, 40℃ 이상의 고온과 매우 높은 가속환경에서는 사용할 수 없다.
- 자석 장착 : 장착 시 표면이 매우 깨끗해야 하며 자력에 따라 측정 주파수가 달라진다. 곡면보다는 평면에 활용한다.
- 프로브 사용 : 사실상 수동 측정에 해당하며, 센서 부착 위치 결정 등에 활용된다.

14 전동기의 결함에 따른 원인으로 적합하지 않은 것은?

① 기동 불능일 때 : 퓨즈의 단락
② 전동기 과열 시 : 과부하
③ 저속 회전 시 : 축받이의 고착
④ 회전이 원활하지 못할 때 : 회전자 동봉의 움직임

해설

전동기가 저속으로 회전하는 것은 결함이 아니다. 어떤 원인에 의해 저속으로 회전하면 출력이 낮아지고 전동기 효율도 낮아진다.

15 다음 유압회로도에서 ㉠ 기기의 역할에 대한 설명으로 옳은 것은?

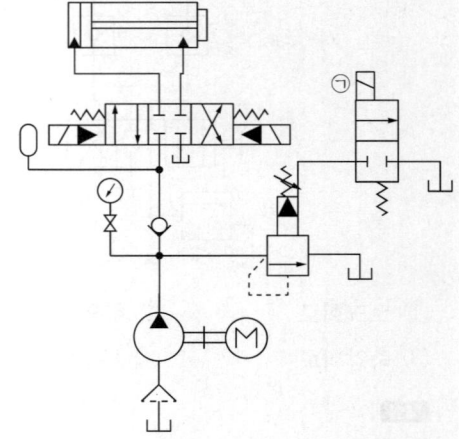

① 회로 내 서지압력을 흡수한다.
② 방향제어밸브 중립 상태에 유압을 탱크로 회귀시키는 역할을 한다.
③ 실린더 전진 후 작동압력을 유지시킨다.
④ 모터의 비상 정지 시 작동하여 유압을 유지한다.

해설

㉠은 언로드밸브가 일정유압에 이르러 탱크 회귀 통로가 열린 이후에 작동하여 언로드밸브의 통로를 다시 막을 수 있도록 유압을 풀어 주는 역할을 한다.
① 축압기의 역할
③의 역할을 하는 기기는 회로도에 없다.
④ 문제의 회로도와 관련 없는 설명이다.

16 다음의 속도제어회로에서 압력 릴리프 밸브에 설정한 시스템의 최대 압력을 초과하는 압력이 만들어질 가능성이 있는 방법은?

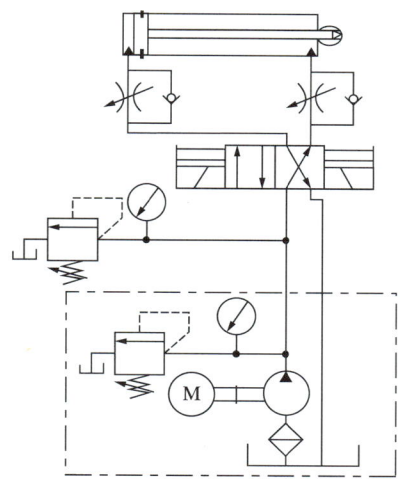

① 미터 인 회로
② 미터 아웃 회로
③ 블리드 오프 회로
④ 카운터 밸런스 회로

> 해설

미터 아웃 회로는 액추에이터에서 나오는 작동유체를 조절하여 액추에이터를 제어하는 방식이다. 실린더의 입구와 출구에 달린 한 방향 유량제어밸브 내의 체크밸브 방향을 보고 제어 방향을 판단한다. 문제의 그림에서 압력 릴리프 밸브가 입력측에 달려있는데, 실린더를 미터 아웃 제어하는 경우 공급되는 작동유체의 압력이 상승하는 것을 전제로 하므로 압력 릴리프 밸브가 작동할 우려가 높다.

17 제어장치에 해당하며 목푯값에 의한 신호와 검출부로부터 얻어진 신호에 의해 제어장치가 소정의 작동을 하는 데 필요한 신호를 만들어서 조작부에 보내 주는 부분은?

① 외 란   ② 조절부
③ 작동부   ④ 제어량

> 해설

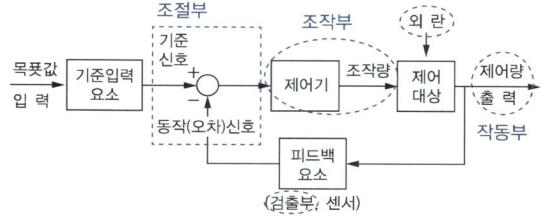

18 다음 보기에서 설명하는 현상은?

┤보기├
- 주파수 신호와 샘플링 속도의 차이 때문에 발생한다.
- 측정기의 최고 주파수보다 높은 주파수 성분을 가진 신호를 입력한 경우에 발생한다.
- 위(僞)신호 현상이라고도 한다.
- 영상으로 헬기의 프로펠러 또는 운행하는 자동차 바퀴의 회전을 볼 때 천천히 돌거나 뒤로 회전하는 것처럼 보이는 현상이다.

① 도플러 효과   ② 하스효과
③ 딜레이 효과   ④ 에일리어싱 효과

> 해설

에일리어싱 효과
- 주파수 신호를 샘플링하여 다시 구현할 때 발생한다.
- 주파수 신호와 샘플링 속도의 차이 때문에 발생한다.
- 측정기의 최고 주파수보다 높은 주파수 성분을 가진 신호를 입력한 경우에 발생한다.
- 위(僞)신호 현상이라고도 한다.
- 예를 들어, 영상으로 헬기의 프로펠러 또는 운행하는 자동차 바퀴의 회전을 볼 때 천천히 돌거나 뒤로 회전하는 것처럼 보이는 현상이다.
- 샘플링 속도가 주파수 속도보다 2배 이상 빨라야 제거된다.
- 에일리어싱을 막는 것을 안티 에일리어싱(Antialiasing)이라 하며, 여러 방법 중 소음측정대책으로 높은 주파수를 걸러내는 저역통과필터를 사용한다.

19 2개의 다른 금속선으로 폐회로를 만들어 열기전력을 발생시키고, 폐회로에 전류가 흐르게 하는 원리를 이용한 온도계는?

① 열전쌍   ② 서미스터
③ 볼로미터   ④ 광파이버

해설
열전쌍(Thermocouple)
서로 다른 두 종류 금속의 기전력을 이용한 온도센서이다. 구조가 간단하고 저렴하며, 내구성이 있고 비교적 정확한 온도 측정이 가능하다. 기본적으로 열에너지를 전기에너지로 변환시킨다.

20 프로세스 제어에서 온도제어와 유량제어에 대한 설명으로 옳은 것은?

① 유량제어는 검출부의 응답 지연이 있다.
② 온도제어는 전송부의 응답 지연이 없다.
③ 유량제어는 전송부의 응답 지연이 있다.
④ 온도제어는 검출부의 응답 지연이 있다.

해설
프로세스 제어기술에 적용이 가능한 대상은 온도, 압력, 유량, 산도 등으로 제한적이다. 이 중 유량과 온도의 특징에 따라 주로 유량의 제어방법은 필요한 유량에 이르렀을 때, 즉 검출된 즉시 유입을 멈추어 제어를 한다. 과도한 유량을 리턴시키기도 하지만, 주로 검출과 전송에 지연이 발생하지 않는다. 그러나 온도의 경우, 온도를 가한 이후 온도의 상승이 반영되는 데까지, 즉 발현된 에너지를 검출하는 데까지 지연이 발생하며, 설정온도에 이르러도 이미 가해진 열량이 있으므로 오버슈팅이 되도록 되어 있어 결괏값 전송하는 데 응답 지연이 발생한다.

제2과목 용접 및 안전관리

21 다음 중 저온균열(수소취성균열)이 발생하기 가장 쉬운 조건 및 조합은?

① 고온, 고수소, 낮은 응력
② 저온, 수소 존재, 인장응력, 취약조직
③ 고온, 수소 존재, 압축응력, 연성조직
④ 저온, 수소 없음, 압축응력, 연성조직

해설
저온균열은 용접 후 냉각 시 저온에서 발생하며, 수소의 잔류, 인장 잔류응력, 경화조직(마르텐사이트 등)이 동시에 작용할 때 발생한다. 따라서 저온, 수소 존재, 인장응력, 취약조직이 주요 발생조건이다.

22 아세틸렌-산소 가스용접에서 산화불꽃을 사용할 경우에 나타나는 현상은?

① 용접부에 탄소가 과다 침투한다.
② 용접부의 기계적 성질 저하가 발생한다.
③ 용접부에서 기공이 다량 발생한다.
④ 용접부의 냉각속도가 지나치게 느려진다.

해설
산화불꽃은 금속 산화를 촉진하여 취성을 증가시키고, 기계적 성질을 저하시킨다.

23 다음 중 아크 안정성이 저하될 가능성이 가장 큰 경우는?

① 직류 정극성 사용 시
② 직류 역극성 사용 시
③ 교류아크에서 영점 통과가 잦을 때
④ 아크 길이가 짧을 때

해설
교류아크는 전류가 영(0)점을 통과할 때 아크가 불안정해지기 쉬우므로, 안정화 장치가 필요하다.

24 얇은 판재를 필릿용접할 때 한쪽 방향으로만 용접하면 용접부 수축이 비대칭적으로 발생하는데, 이때 가장 흔히 나타나는 변형은?

① 각도 변형(Angular Distortion)
② 뒤틀림 변형(Twisting Distortion)
③ 휨 변형(Bending Distortion)
④ 길이 변형(Longitudinal Distortion)

해설
필릿용접을 한쪽 방향으로만 하면 용융부의 수축력이 비대칭적으로 작용하여 부재가 기울어지듯 변형된다. 이를 각도 변형이라고 한다.

25 다음 중 용접 변형을 줄이기 위한 조치로 가장 적절한 것은?

① 대칭용접을 적용하여 열 분포를 균일하게 한다.
② 용접부의 냉각을 국부적으로 촉진한다.
③ 비대칭 구속을 가하여 수축을 보상한다.
④ 용접속도를 의도적으로 과도하게 높인다.

해설
대칭용접은 국부 열집중을 피하고 열 수축의 균형을 맞추어 변형 발생을 예방하는 대표적인 사전 대책이다. 냉각 촉진이나 비대칭 구속은 오히려 잔류응력을 증가시킬 수 있으며, 과도한 속도 증가는 용접결함의 원인이 된다.

26 TIG 용접에서 아르곤을 사용했을 때 기대되는 효과로 가장 적절한 것은?

① 산화 방지 및 안정된 아크 유지
② 용접부의 냉각속도 증가
③ 전자기적 아크 블로 완화
④ 불순물 제거

해설
아르곤은 불활성 가스로 용융부를 보호하고, 아크 안정성을 향상시킨다.

27 다음 중 점용접 시 전극압력이 너무 낮을 때 발생하기 쉬운 결함은?

① 융합 불량
② 과도한 용입
③ 스패터 증가 및 기공 발생
④ 과열로 인한 금속 결정립 성장

해설
전극압력이 낮으면 접촉저항이 과도해져 스패터와 기공이 발생한다.

28 서브머지드 아크용접의 특징으로 옳은 것은?

① 불활성 가스에 의해 차폐된다.
② 플럭스에 의해 아크와 용융지가 차폐된다.
③ 전극이 소모되지 않는다.
④ 얇은 판재용접에 적합하다.

해설
서브머지드 아크용접은 플럭스가 아크와 용융지를 덮어 차폐하며, 고입열 대형 구조물에 적합하다.

정답 24 ① 25 ① 26 ① 27 ③ 28 ②

29 가스용접 작업 시 환기가 필요한 주요 이유는?

① 아세틸렌의 발화 위험
② 일산화탄소 발생
③ 아르곤 중독
④ 산소농도 증가

해설
가스용접 시 불완전연소로 일산화탄소가 발생하므로 반드시 환기해야 한다.

30 알루미늄과 같이 산화막이 쉽게 형성되는 비철금속의 용접에 가장 적합하며, 불활성 가스를 사용하여 안정된 아크를 유지하는 방식은?

① TIG
② CO_2
③ MIG
④ MAG

해설
TIG 용접은 텅스텐 비소모성 전극과 아르곤, 헬륨 등 불활성 가스를 사용하므로, 산화막 제거가 필요한 알루미늄, 마그네슘 등 비철금속의 용접에 적합하다.

31 탄소강 기계 부품에 적용되는 표면경화법 중 표면에 질소를 침투시켜 내마모성과 피로강도를 향상시키는 방법은?

① 담금질
② 침탄법
③ 질화법
④ 고주파 열처리

해설
질화법은 질소를 확산시켜 표면에 질화층을 형성하는 표면경화법으로, 내마모성과 피로강도를 크게 향상시킨다.

32 아노다이징은 주로 어떤 금속에 적용되는 표면처리인가?

① 철 강
② 구 리
③ 알루미늄
④ 주 석

해설
아노다이징은 알루미늄 표면에 산화막을 형성시켜 내식성과 장식성을 높이는 표면처리이다.

33 다음 중 자분탐상검사(MT)의 적용에 적합한 결함은?

① 비자성체 내부 기공
② 자성체 표면 및 표면 근처의 균열
③ 두꺼운 비자성체 내부의 용입 불량
④ 모재의 미세한 밀도 차이

해설
자분탐상검사는 자성체 재료의 표면 및 표면 가까운 결함 검출에 적합하다.

29 ② 30 ① 31 ③ 32 ③ 33 ② 정답

34 터보형 압축기의 일반적 특징으로 옳은 것은?

① 구조가 단순하여 소형으로 제작된다.
② 다량의 공기를 저압에서 압축하는 데 적합하다.
③ 왕복운동에 의해 압축하여 맥동이 크다.
④ 저속으로 운전해야 한다.

> **해설**
> 터보형 압축기는 원심력 또는 축류식으로 다량의 공기를 연속적으로 압축하는 데 적합하다.

35 왕복동식 압축기와 비교한 터보형 압축기의 장점으로 옳은 것은?

① 압축비가 크다.
② 기계효율이 낮다.
③ 대용량 공기 공급에 적합하다.
④ 맥동이 크다.

> **해설**
> 터보형 압축기는 대유량 공기를 연속적으로 공급하는 데 적합하여 발전소, 화학 플랜트 등에 사용된다.

36 왕복동식 압축기에서 실린더 내 과열이 발생하는 주된 원인은?

① 흡입밸브 고착
② 윤활 부족
③ 냉각수의 과다 공급
④ 피스톤 링의 과다 마모

> **해설**
> 윤활이 부족하면 마찰열을 증가시켜 실린더 과열을 유발한다.

37 피스톤 O링이 손상되었을 때 발생하기 쉬운 문제는?

① 연료 분사량 감소
② 냉각수 과잉 순환
③ 압축 누설 및 오일 소비 증가
④ 밸브 타이밍 불량

> **해설**
> O링 손상은 압축공기의 누설과 윤활유 유입을 초래하여 압축효율이 저하되고, 오일 소비가 증가한다.

38 유류 창고 관리에서 가장 기본적인 안전수칙은?

① 통풍을 차단한다.
② 화기 엄금과 환기를 철저히 한다.
③ 습도를 높인다.
④ 금속용기를 사용하지 않는다.

> **해설**
> 유류 창고는 환기와 화기 엄금이 기본 관리사항이다.

정답 34 ② 35 ③ 36 ② 37 ③ 38 ②

39 유류 창고 내에서 정전기 발생을 방지하기 위한 방법으로 적절한 것은?

① 용기 간격을 좁힌다.
② 접지 및 도전성 재질을 사용한다.
③ 유량속도를 급격히 증가시킨다.
④ 목재용기를 사용한다.

해설
유류 창고 내에서 접지 및 도전성 재질을 사용하여 정전기를 안전하게 방전할 수 있다.

40 전동기가 회전 중 진동현상이 나타나는 경우 그 원인으로 옳지 않은 것은?

① 냉각 불충분
② 베어링의 손상
③ 커플링, 풀리의 이완
④ 로터와 스테이터의 접촉

해설
이상음 및 진동 발생의 원인
- 베어링 손상
- 커플링, 풀리의 마모 및 풀림, 중심 불량
- 로터와 스테이터의 접촉
- 냉각 팬 날개 바퀴의 풀림
- 조립 볼트나 부착 볼트의 풀림 및 탈락
- 공 진

제3과목 기계설비 일반

41 다음 도면에 관한 설명으로 옳은 것은?

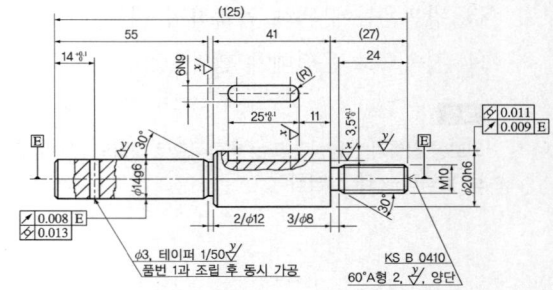

① 진직도 공차를 적용한 부분이 있다.
② IT 공차가 적용된 가장 큰 부분의 치수는 ⌀20.00mm이다.
③ 가장 고운 표면거칠기를 적용한 부분은 묻힘키가 앉는 곳이다.
④ 참고 치수 (125)와 (27)을 함께 적용하면 안 되므로 이 도면은 오류이다.

해설
② IT 공차는 축에서 두 군데, 키에서 한 군데, 세 군데를 적용하였고 ⌀20h6은 가장 클 때 ⌀20.000mm, 가장 작을 때 ⌀19.987을 나타낸다.
① 이 도면에 사용된 기하공차는 원통도 공차와 원주 흔들림 공차이다.
③ 표면거칠기기호는 x보다 y가 더 곱다.
④ (27)은 길이 24와 틈새 3으로 알 수 있으나 전체 길이에 참고할 수 있도록 참고 치수를 기재하였고, 전체 길이도 계산으로 알 수 있으나 한 번에 볼 수 있도록 참고 치수를 기재하였다. 이는 오류가 아니다.

42 내경이 400mm인 파이프가 설계 내압 3MPa를 받을 때, 허용응력(σ_a)을 120MPa, 부식 여유(C)를 2mm로 할 때 필요한 최소 파이프 두께(t)는 얼마인가?

① 2.0mm ② 7.0mm
③ 8.5mm ④ 12.0mm

해설

$$t = \frac{P \cdot D}{2\sigma_a} + C = \frac{3\text{N/mm}^2 \times 400\text{mm}}{2 \times 120\text{N/mm}^2} + 2\text{mm} = 7\text{mm}$$

43 고무 스프링의 특징으로 옳지 않은 것은?

① 감쇠작용이 커 방진용으로 사용된다.
② 천연고무나 합성고무를 이용하여 가볍고 저렴하다.
③ 0~70°C 온도범위에서 습도에 취약하고 변형의 우려가 있다.
④ 인장력은 강하지만 압축력에는 약하므로, 압축하중을 피한다.

해설

고무 스프링은 압축력은 강하지만 인장력에는 약하므로, 인장하중을 피한다.

44 스프링 제도에 대한 설명 중 틀린 것은?

① 코일 스프링, 벌류트 스프링, 스파이럴 스프링 및 접시 스프링은 일반적으로 무하중 상태에서 그리며, 겹판 스프링은 스프링판이 수평인 하중이 가해진 상태에서 그린다.
② 그림에 단서가 없는 코일 스프링 및 벌류트 스프링은 모두 오른쪽 감은 것을 나타낸다. 왼쪽 감긴 것은 '감김 방향 왼쪽'이라고 표시한다.
③ 스프링의 모든 부분을 도시하는 경우 KS B 0001을 따르며, 코일 스프링의 정면도는 나선 모양이지만 직선으로 나타낸다.
④ 피치 및 각도는 연속적으로 변화하므로 이를 부드러운 나선형 곡선으로 이어 표시한다.

해설

피치 및 각도는 연속적으로 변화하지만 이를 직선으로 꺾인 선으로 나타낸다.

45 보통선반에서 테이퍼를 절삭하는 방법이 아닌 것은?

① 심압대를 편위시키는 방법
② 테이퍼장치를 사용하는 방법
③ 복식 공구대를 경사시키는 방법
④ 척의 조(Jaw)를 편위시키는 방법

해설

선반에서 테이퍼 가공(기울기가 있는 면의 가공)을 할 때는 심압대를 편위시키거나 공구대를 원하는 각도만큼 틀어 가공한다. 테이퍼 각이 크고 길이가 짧은 가공물은 복식 공구대를 선회시켜 가공하는 데 유용하다. 척의 조를 편위시키는 방법은 편심가공을 위한 방법이다.

46 다음 중 보상법(Compensation Method)에 대한 설명으로 옳은 것은?

① 측정값을 직접 눈금으로 읽어내는 방식으로, 눈금판의 정밀도가 결과에 큰 영향을 준다.
② 측정 대상과 표준기를 비교하면서 오차를 다른 방법으로 상쇄시켜 최종 측정값을 얻는다.
③ 측정 대상에 바로 측정기를 대어 값을 얻는 방식으로, 직접 측정법과 동일하다.
④ 보상법은 측정과정에서 오차를 크게 증가시키므로 정밀 측정에는 적합하지 않다.

해설
보상법은 대표적인 간접 측정법으로, 직접 값을 읽지 않고 표준기와 비교하여 오차를 상쇄시킨 뒤 측정값을 얻는 방식이다. ①, ③은 직접 눈금으로 직접 측정법에 대한 설명이고, ④ 보상법은 오히려 정밀도를 높이는 데 유리하다.

47 다음 중 침탄법(Carburizing)과 가장 밀접한 설명으로 옳은 것은?

① 금속 표면에 질소를 침투시켜 질화물을 형성하는 방법이다.
② 저탄소강의 표면에 탄소를 침투시켜 고온 열처리 후 담금질하는 방법이다.
③ 금속 표면을 고주파 가열하여 급랭시켜 경화를 유도하는 방법이다.
④ 표면에 금속 코팅을 입혀 내마모성을 확보하는 방법이다.

해설
침탄법(Carburizing) : 저탄소강을 900~950℃ 정도의 고온에서 탄소를 확산시켜 표면의 탄소농도를 높인 후 담금질을 실시하여 표면은 고경도, 내부는 연성을 유지한다.
① 질화법(Nitriding)
③ 고주파(Induction) 경화법
④ 도금(Coating)

48 담금질한 강의 잔류 오스테나이트를 마텐자이트화시키는 작업으로, 0℃ 이하의 온도에서 냉각시키는 조작은?

① 질량효과
② 심랭처리
③ 항온 열처리
④ 고주파 경화

해설
잔류 오스테나이트 제거
냉각 후 상온에서도 변태를 끝내지 못하면 오스테나이트가 조직 내에 남게 된다. 이런 오스테나이트는 조직 내에서 어울리지 못하여 문제가 되므로 심랭처리(0℃ 이하로 담금질, 서브제로, 과랭)하여 없앤다.

49 일반적인 고주파 담금질의 특징으로 옳지 않은 것은?

① 직접 가열하므로 열효율이 높다.
② 열처리 불량이 적고, 변형 보정이 필요하지 않다.
③ 가열시간이 길어서 경화면의 탈탄이나 산화가 많이 발생한다.
④ 직접 부분 담금질이 가능하므로 필요한 깊이만큼 균일하게 경화된다.

해설
고주파 담금질
고주파 전류로 맴돌이 전류를 유도하며, 이를 이용하여 표면온도를 상승시키고 냉각수를 분사하는 방법이다.
• 열처리 시간이 매우 짧아 산화와 변형이 작다.
• 전류를 이용하여 직접 가열하고 선택적으로 가열이 가능하므로 효율이 높고 온도제어가 용이하다.
• 설비 비용이 많이 들지만, 유지비가 적고 대량 생산에 적용하면 장점이 많다.

정답 46 ② 47 ② 48 ② 49 ③

50 제어밸브에 대한 설명으로 옳지 않은 것은?

① 유체를 제어하는 데 제어밸브를 가장 많이 사용하고 밸브는 공기, 유압, 전기 등을 활용하여 구동된다.
② 전기밸브는 가장 전통적인 방식이며, 응답특성이 매우 우수하고 반응시간도 짧지만 조작을 위한 별도의 장치가 필요하다.
③ 전기밸브는 상대적으로 응답특성이 늦고 성능이 떨어지지만, 전기만 이용하므로 편리하다.
④ 유량제어밸브에는 공압회로의 흐름을 일정하게 유지하는 교축밸브와 공압 실린더 등의 속도를 제어하는 속도제어밸브, 배기교축밸브 등이 있다.

해설
유체를 제어하는데 제어밸브를 가장 많이 사용하고, 밸브는 공기, 유압, 전기 등을 활용하여 구동된다. 공압밸브는 가장 전통적인 방식이며 응답특성이 매우 우수하고 반응시간도 짧지만, 조작을 위한 별도의 공기장치가 필요하다. 전기밸브는 공압밸브에 비하여 응답특성이 늦고 성능이 떨어지지만 별도의 공기장치가 필요 없이 전기만 이용하므로 편리하다. 공압회로에서 유량제어밸브에는 공압회로의 흐름을 일정하게 유지하는 교축밸브와 공압 실린더 등의 속도를 제어하는 속도제어밸브, 배기교축밸브 등이 있다.

51 공정에서 요구되는 펌프의 송출량이 30m³/h이고, 흡입 유속은 2.0m/s이다. 적절하게 선정한 펌프의 흡입 구경 D(내경)는?

① 65mm ② 75mm
③ 80mm ④ 90mm

해설
$Q = A \cdot V$
$Q = 30\text{m}^3/\text{h} = \dfrac{30}{3,600} = 0.00833\text{m}^3/\text{s}$
$D = \sqrt{\dfrac{4Q}{\pi V}} = \sqrt{\dfrac{4 \times 0.00833}{\pi \times 2.0}} = \sqrt{0.005303} ≒ 0.0728\text{m}$
$= 72.8\text{mm}$
답안은 표준 구경이며 72.8보다 작으면 유량이 송출될 수 없고, 큰 구경의 펌프를 선택하면 경제성이 떨어진다.

52 외접식 기어펌프에 대한 설명으로 옳지 않은 것은?

① 구조가 간단하고, 흡입력이 크다.
② 소형·경량이고, 제작비가 저렴하다.
③ 흡입저항이 작아 캐비테이션(Cavitation) 발생이 적다.
④ 폐입현상이 발생하지 않아 구동이 안정적이다.

해설
외접식 기어펌프의 특징
- 구조가 간단하고, 흡입력이 크다.
- 고속회전이 가능하다.
- 흡입저항이 작아 캐비테이션(Cavitation) 발생이 적다.
- 가혹한 작동조건에도 사용이 가능하다.
- 소형·경량이고, 제작비가 저렴하다.
- 내구성이 좋다.
- 고압과 높은 회전수에 사용된다(210kg/cm², 3,000rpm).
- 폐입현상이 발생하므로 대응책이 필요하다.
※ 폐입현상 : 양쪽 기어의 회전에 의해 토출된 오일이 기어 물림면을 통해 흡입측으로 되돌려지려는 현상이다. 즉, 토출된 유체의 일부가 기어 사이에 물려 흡입측으로 되돌려져서 축동력이 증가하고, 기어 및 하우징의 마모를 촉진하게 되는데 이 현상을 폐입현상, 폐쇄현상, 봉입현상이라 한다.

53 펌프가 진동을 일으키는 주요 원인이 아닌 것은?

① 펌프 축과 전동기 축의 불일치
② 축 베어링의 과열
③ 임펠러 편심 또는 불균형
④ 축 정렬 불량

해설
펌프 진동의 대표적인 원인에는 축 불일치, 임펠러 편심, 베어링 마모 등이 있다. 베어링 과열은 진동의 결과이거나 윤활 불량과 관련된 고장현상이다.

54 베인펌프에서 오일이 토출되지 않을 때의 현상과 대처법이 잘못 연결된 것은?

① 작동유 탱크에 작동유가 부족하다.
  - 작동유 탱크에 규정량의 오일을 확인하고 흡입(Suction) 스트레이너에 오일이 잠기도록 보충한다.
  - 오일 보충 시 동일 제작사의 동일 사양으로 보충한다.
② 흡입 스트레이너가 막혔다.
  - 흡입 스트레이너를 청소한다.
  - 흡입 스트레이너 메시가 너무 촘촘한지 확인한다.
③ 유압펌프 내부에 이상이 있다.
  - 펌프 회전축의 파손 여부를 확인한다.
  - 내부 부품의 파손 여부를 확인한다.
  - 조립 시 빠진 부품이 없는지 확인한다.
④ 작동유의 점도가 너무 높다.
  - 작동유의 온도를 높여서 점도를 낮춘다.
  - 작동유를 제거하여 윤활량을 낮춘다.

해설
작동유의 점도가 펌프에 비해 높다면 적절한 작동유로 교체한다. 교체 전 제작사 매뉴얼에 따라 지정된 작동유의 점도를 확인하고 주입한다. 작동유의 온도만 높이는 방법은 적절하지 않으며 유종에 따라 온도와 점도의 관계가 밀접하지 않을 수 있다. 작동유를 제거하여 윤활량을 낮춰도 점도는 줄지 않으며, 작동을 불균일하게 할 원인이 될 수 있다.

55 펌프의 토출 유량에서 발생하는 맥동현상의 원인으로 적절하지 않은 것은?

① 왕복동펌프의 구조적 특성으로 인해 토출량이 불균일하게 되는 경우
② 펌프의 회전수와 실린더 수에 따른 토출 유량 변동
③ 밸브의 개폐 지연으로 인한 순간적인 압력 변동
④ 원심펌프의 날개가 연속적으로 유체를 밀어내는 경우

해설
④ 원심펌프는 임펠러가 연속적으로 유체를 밀어내므로 일반적으로 맥동이 거의 없다.
① 왕복동 펌프에서는 피스톤의 왕복운동 특성 때문에 토출량이 균일하지 않아 맥동이 발생한다.
② 회전수와 실린더의 수는 맥동의 주기와 크기에 직접적인 영향을 미친다.
③ 흡입 및 토출밸브가 개폐되는 순간 지연으로 압력 변동이 발생하면 맥동이 심해진다.

56 다음 중 오일 실의 설치 및 사용에 관한 설명으로 옳지 않은 것은?

① 축 표면이 탄소강일 경우, 적절한 경도의 표면처리와 면조도를 확보해야 한다.
② 하우징 조립 시에는 다양한 재질의 실을 사용할 수 있으며, 표면거칠기 조건도 중요하다.
③ 내압형 오일 실은 일반적으로 높은 속도와 높은 압력을 동시에 견딜 수 있다.
④ 특수형 오일 실은 싱글 베인 레인 스프링 구조나 링 클램프 보강구조로 교환성이 있다.

해설
내압형 오일 실은 일정한 압력은 견딜 수 있지만, 고속조건에서는 사용이 제한된다.

57 다음 중 그래파이트(Graphite) 패킹재료의 주요 특징으로 옳지 않은 것은?

① 액체가 투과되지 않고 화학적 균일성이 있어 모든 접촉재로 사용 가능하다.
② 고온 및 광범위한 온도에서 사용 가능하며, 전기전도성이 있다.
③ 기계적 특성이 뛰어나고, 생물학적 영향이 없어 내화학성이 높다.
④ 개스킷 패킹이나 방열재, 단열재로 사용되며 전기적 절연 성질을 가진다.

해설
③은 유리섬유 패킹의 특징이다.
그래파이트
- 화학적 안정성과 전기전도성이 크다.
- 열 전도성이 뛰어나지만 생물학적 영향이 없다.

58 O링에 대한 설명으로 옳지 않은 것은?

① 동적 실은 운동하는 부분에 적용되며, 고압 및 반복운동에 적합하다.
② 정적 실은 동적 실보다 밀착도가 낮고, 밀폐효과가 약하다.
③ O링 재질 결정 시 작동압력과 사용온도를 고려해야 한다.
④ O링의 구비조건에는 내열성, 내마모성, 내압성, 내유성 등이 포함된다.

해설
정적 실은 운동이 없는 상태에서 밀폐효과를 발휘하는데, 밀착도가 높아 완전한 기밀성을 유지하는 데 매우 유리하다. O링은 사용 환경, 위치, 작동압력, 작동온도, 유체의 종류 등에 따라 재질을 신중히 결정해야 한다.

59 다음 중 리스크(Risk)의 정의에 대한 설명으로 가장 옳지 않은 것은?

① 잠재적인 손실이나 손상을 가져올 수 있는 상태나 조건이다.
② 재해 발생 가능성과 재해 발생 시 결과의 크기의 조합으로 나타나는 위험의 크기이다.
③ 사고 시 발생하는 법적 책임이나 도덕적 의무이다.
④ 위험 크기는 사고 발생의 확률과 피해 크기의 결합으로 평가할 수 있다.

해설
리스크는 잠재적 손실이나 손상 가능성을 나타낸다. 재해 발생 가능성과 그 결과 크기의 조합으로 위험의 크기를 설명하며, 리스크의 크기는 발생 확률 × 피해 크기로 나타낼 수 있다. 법적 책임이나 도덕적 의무는 리스크의 정의에 포함되지 않는다.

60 다음 보기와 같은 재발사고를 예방하기 위한 적절한 방호조치는?

> **보기**
> 제조 공장에서 작업자가 프레스 기계작업 중 옷소매가 기계의 운동 부위에 말려 들어가 부상을 입는 사고가 발생하였다. 사고 조사 결과 기계에는 위험 경고 표시가 부착되어 있었으며, 작업자가 직접 손으로 원재료를 공급해야 하는 구조였다.

① 기계의 생산속도를 줄여 작업자의 주의를 유도한다.
② 프레스 기계에 격리형 방호장치(덮개, 울타리)를 설치하여 신체 접촉을 물리적으로 차단한다.
③ 작업자에게 개량된 보호장구(장갑, 긴팔 작업복)를 지급한다.
④ 사고 발생 후 정기 점검주기를 단축하여 관리한다.

해설
② 프레스 기계는 협착 위험이 커서 격리형 방호장치를 통해 작업자의 신체가 운동 부위와 접촉하지 못하도록 해야 한다.
① 생산속도를 줄이는 것은 보조적 조치일 뿐 직접적인 방호 대책이 아니다.
③ 보호구 지급은 2차적 예방책이며, 회전기계에는 장갑, 긴팔 작업복 등은 삼가야 하는 사항이다.
④ 정기점검은 기계의 역량을 확인하는 과정이며 점검하였더라도 해당 사고와는 관련이 적다.

정답 57 ③ 58 ② 59 ③ 60 ②

제4과목 | 설비 진단 및 관리

61 두 개의 스프링 k_1 = 200N/m, k_2 = 300N/m를 병렬로 연결하여 질량 m = 5kg의 물체를 매달았다. 이 계의 고유 진동수(Hz)는 얼마인가?(g = 9.81m/s²)

① 1.01　　② 1.59
③ 3.58　　④ 4.90

해설
병렬연결된 스프링의 등가 강성
$k_T = k_1 + k_2 = 200 + 300 = 500$N/m
질량 m = 5kg일 때 고유 진동수(Hz)
$f_n = \dfrac{1}{2\pi}\sqrt{\dfrac{k_T}{m}} = \dfrac{1}{2\pi}\sqrt{\dfrac{500\text{kg} \cdot \text{m/s}^2 \cdot /\text{m}}{5\text{kg}}} = 1.59/\text{s}$
$= 1.59$Hz

62 일반적인 진동 방지방법 중 고주파 진동을 방지하는 데 가장 효과적인 것은?

① 기초 진동을 제어한다.
② 진동차단기를 사용한다.
③ 2단계 차단기를 사용한다.
④ 질량이 큰 거더를 사용한다.

해설
2단계 진동제어는 고주파 진동을 방지하는 데 효과적이지만, 저주파 진동제어에 역효과를 줄 수 있다.

63 다음 중 언밸런스(Unbalance) 현상에 대한 설명으로 가장 적절한 것은?

① 축 방향 센서에서 위상각이 180°로 나타난다.
② 회전 주파수의 1배 성분이 뚜렷하게 나타난다.
③ 축의 연결 불량으로 인해 회전 중심선이 어긋난 상태이다.
④ 유압장치에서 압력 차이로 인한 빈 공간이 생기는 현상이다.

해설
언밸런스는 질량 불평형으로 인해 회전 시 원심력에 의해 진동이 발생하는 현상이다. 이때 주파수 성분 분석에서 회전 주파수의 1배 성분이 뚜렷하게 나타나며, 진동이 축 방향 또는 반경 방향에서 측정된다.
①, ③ 미스얼라인먼트
④ 공동현상(Cavitation)

64 소음 방지방법 중 들어온 소리에너지를 다공성 표면을 갖는 재료 등을 이용하여 낮추는 방법은?

① 차 음　　② 간섭방음
③ 제 진　　④ 흡 음

해설
흡 음
- 다공질 재질을 설치하면 소리 흡입이 가능하다.
- 일반적으로 부드럽고 다공성 표면을 갖는 재료는 높은 흡음률을 가진다.
- 같은 흡음재를 사용하여도 형상과 조직에 따라 다른 흡음률을 가진다.
- 흡음률은 들어온 소리의 세기(에너지)에 대한 흡수된 소리의 세기(에너지)의 비이다.

65 고장이 없고 보전이 필요하지 않은 설비를 제작하는 보전방식은?

① 예방보전
② 보전예방
③ 생산보전
④ 사후보전

해설
보전예방(MP ; Maintenance Prevention)
개량보다는 새 설비일 때부터 보전활동을 하여 보전비를 발생시키지 않으려는 활동

66 어떤 기계의 한 달 동안 전체 가동시간은 720시간이며, 이 기간 동안 총 6회의 고장이 발생했다. 이 기계의 MTBF는 얼마인가?

① 60시간
② 100시간
③ 120시간
④ 150시간

해설
평균고장간격(MTBF)

$$\text{MTBF} = \frac{\text{전체 가동시간}}{\text{고장 횟수}} = \frac{720\text{시간}}{6} = 120\text{시간}$$

67 욕조곡선의 IFR(Increasing Failure Rate) 구간에 해당하는 설명으로 가장 적절한 것은?

① 예방보전보다는 초기 검사와 디버깅이 중요하다.
② 고장이 무작위로 발생하며 설비보전으로 개선할 수 있다.
③ 제품이 노화되면서 고장률이 점점 증가하는 시기로, 예방보전을 통해 마모고장기를 줄일 수 있다.
④ 규정 고장률을 유지하는 기간으로, 설비의 성능이 안정적이다.

해설
IFR 구간은 제품의 수명이 다해가는 시기로, 부식・산화・피로・열화 등의 요인으로 고장률이 증가한다. 예방보전을 적절히 실시하면 마모고장기를 늦추고 수명을 연장할 수 있다.

68 다음 중 특성요인도(Fishbone Diagram) 분석법의 주요 목적에 대한 설명으로 가장 옳은 것은?

① 설비의 잔여 수명을 예측하여 교체시기를 결정한다.
② 문제의 원인을 인과관계에 따라 체계적으로 분류하여 분석한다.
③ 설비의 예방보전 주기를 최적화하기 위해 MTBF를 산출한다.
④ 설비 고장률을 시간 경과에 따라 그래프로 표시한다.

해설
특성요인도는 문제(특성)와 원인(요인) 간의 관계를 구조적으로 나타내는 분석도구이다. 일반적으로 4M(Man, Machine, Material, Method) + E(Environment)와 같이 분류하여 문제의 근본 원인을 찾아내는 데 사용된다.

69 휴지 공사계획 시 필요 없는 대기를 없애고 공사의 진행관리를 하기 쉽도록 가장 경제적인 일정계획을 세울 때 사용하는 순수 작업기법은?

① PERT
② MTBT
③ MTTR
④ TPM

해설
PERT(Program Evaluation and Review Technique)
- 공사 등 사업(Project)의 순서 계획을 화살계획도로 나타내어 시간적 요소를 중심으로 계획의 평가, 조정 및 진도관리를 하는 방법이다.
- 휴지 공사계획 시 필요 없는 대기를 없애고 공사의 진행관리를 하기 쉽도록 가장 경제적인 일정계획을 세울 때 사용하는 순수 작업기법이다.

70 TPM의 전통적 관리와 비교한 특성으로 옳지 않은 것은?

① 무결점 목표와 원인 추구 시스템을 통한 불량 제로 지향
② 사전 문제 제거와 현장 개선을 위한 체계적 관리
③ 불량 발생의 원인 제거보다 사후 대책 수립 중심의 운영
④ 설비 고장 제로를 위해 현장 개선활동 강화

해설
TPM은 사후 대책보다 사전 예방과 원인 제거에 중점을 둔다. 불량 발생의 원인을 제거하고, 현장 개선을 통해 제로 고장을 지향한다. 따라서 사후 대책 수립 중심의 운영은 기존 전통적 관리 방식의 특징이며, TPM의 핵심 특성과는 반대이다.

71 ISO VG 점도 등급에 대한 설명으로 가장 옳은 것은?

① 숫자가 작을수록 점성이 크다.
② 점도 등급은 ISO VG + 숫자로 표시하며, 총 18등급이 존재한다.
③ ISO VG 등급의 숫자는 SAE 점도와 혼용하여 사용한다.
④ 'W' 표기는 저온 점도를 나타내는 기호로 ISO VG 등급에 포함된다.

해설
ISO VG 점도 등급은 국제표준화기구(ISO)에서 제정한 윤활유 점도 분류 체계로, ISO VG와 숫자로 표기하며 총 18등급으로 나뉜다. SAE(Society of Automotive Engineers) 점도와는 측정 기준이 다르며, ISO VG에는 'W' 표기가 사용되지 않는다.

72 순환급유를 하는 윤활 개소의 유욕조를 관찰해 보니 거품이 많이 발생하였다. 어떤 첨가제가 부족할 때 이와 같은 현상이 나타나는가?

① 유화제
② 소포제
③ 부식방지제
④ 산화방지제

해설
② 소포제 : 윤활유가 밸브 등을 통과할 때 발생되는 거품(기포)을 억제하고, 소포(기포를 소거)하는 역할을 한다.
① 유화제 : 기름은 물과 분리되므로 유화제를 사용하여 물과 안정성을 높이는 역할을 한다.
④ 산화방지제 : 산소에 의하여 산화되는 것을 방지하고 슬러지 생성을 억제한다.

73 다음 중 윤활유의 종류를 통일함으로써 얻을 수 있는 효과가 아닌 것은?

① 급유기구 비용의 절약
② 저장 공간의 절약
③ 급유관리의 용이화
④ 기계설비의 유효 수명 연장

해설
- 유종이 많을 경우 저장 경비가 증가하고 급유 시 오류를 범할 가능성이 있으므로, 유종을 통일하거나 간략화한다.
- 유종 통일 시 장점
  - 소품종 일괄 구매에 따른 단가를 절약할 수 있다.
  - 저장 공간의 절약 및 순환율을 높여서 오손, 열화 피해를 방지한다.
  - 재고관리에 유리하다.
  - 급유 시 유종을 실수할 가능성을 낮추거나 없앨 수 있다.
  - 오일의 회수, 재생 등 경제적 효과가 있다.

74 ISO 산업용 윤활유 점도 분류의 기준온도는?

① 15℃   ② 24℃
③ 40℃   ④ 44℃

해설
40℃ 기준 동점도(상온 높은 온도)와 100℃(열을 많이 받았을 때)의 동점도를 계산한다.

점도지수$(VI) = \dfrac{L-U}{L-H} \times 100$

(여기서, L : 점도지수$(VI) = 0$인 기름의 40℃ 동점도
U : 시료 40℃에서의 동점도(cSt)[mm²/s]
H : 점도지수$(VI) = 100$인 기름의 40℃ 동점도)

75 다음 중 적하 급유법에 대한 설명으로 옳은 것은?

① 니들밸브의 위치를 이용해 급유속도를 정밀하게 조절할 수 있다.
② 가시 적하 급유법은 급유 시 오일의 압축을 방지한다.
③ 실린더용 적하 급유법은 오일의 온도에 따라 급유량이 조절된다.
④ 플로트 급유법은 부상장치를 이용하여 급유 여부를 육안으로 확인할 수 있다.

해설
① 적하 급유법에서는 니들밸브를 통해 급유량을 정밀하게 조절할 수 있다.
② 적하 급유법의 내용이 아니다.
③ 실린더용 적하 급유법은 온도가 아니라 구조적 특징(위아래 덮개 및 곡목 형상)에 의해 압축 방지가 이루어진다.

76 그리스의 점도와 주도(Consistency)에 관한 설명 중 옳은 것은?

① 주도가 높을수록 기계 보호 성능이 높고 항상 저온에서의 운동성이 뛰어나다.
② 혼화주도는 시료를 규정 용기에 넣은 뒤 교반 없이 25℃에서 침입 깊이를 측정한다.
③ 저장주도는 시료를 일정시간 저장한 뒤 교반하지 않은 상태에서 25℃에서 측정한 주도이다.
④ 고형주도는 혼화주도 측정 후 규정 치수로 절단하여 측정한 값을 의미한다.

해설
③ 저장주도는 시료를 규정 용기에 넣고 일정시간 저장 후 교반하지 않은 상태에서 측정하는 주도를 의미한다.
① 주도가 높으면 점도가 높다는 뜻이며 보호 성능은 향상되지만, 저온 운동성은 떨어진다.
② 혼화주도는 시료를 25℃에서 60회 혼화 후 규정된 원추로 측정하는 방법이다.
④ 고형주도는 네 줄 경도의 형태를 유지하는 고형 그리스를 규정 치수로 절단한 상태에서 측정하는 주도이다.

정답 73 ④ 74 ③ 75 ④ 76 ③

77 이유도 시험을 통해 분리유 무게가 1.5g, 시료 무게가 10g으로 측정되었다. 이 그리스의 이유도 무게[%]는 얼마인가?

① 10%   ② 12.5%
③ 15%   ④ 18%

해설
이유도[%] = (분리유 무게 / 시료 무게) × 100
= (1.5 / 10) × 100 = 15%
이유도 무게[%]는 분리유 무게를 시료 무게로 나눈 값에 100을 곱해 계산한다. 값이 높을수록 장기 보관 시 오일 분리 가능성이 크다.

78 만능 그리스라고 하는 고급 그리스로, 내열성과 내수성, 기계적 안정성이 우수하며 사용온도한계는 −20~130℃로 광범위한 용도로 사용되는 그리스는?

① 나트륨 비누기 그리스
② 알루미늄 비누기 그리스
③ 칼슘 비누기 그리스
④ 리튬 비누기 그리스

해설
리튬 비누계 그리스는 내열성, 내수성, 전단 안정성, 기계적 성질에 양호하고 사용온도한계는 −20~130℃까지 사용한다. 적점은 190℃ 전후이며 구름 베어링을 비롯한 각종 윤활에 두루 사용하는 만능 그리스이다.

79 기어 윤활에 관한 설명으로 옳지 않은 것은?

① 고속기어에는 저점도의 윤활유가 적합하다.
② 웜 기어는 미끄럼 속도가 빠르고 운전온도도 높게 되므로, 일반적으로 산화 안정성이 우수한 순광유가 사용된다.
③ 기어는 높은 하중을 받아 미끄러질 때 마찰면 마모를 방지하기 위하여 내하중이 있는 극압유가 요구된다.
④ 하이포이드 기어는 일반적으로 중하중을 받으므로 불활성 극압 윤활유가 적당하다.

해설
하이포이드 기어
하이포이드 기어는 곡선 형태의 기어 이를 가지고 있어 부드러운 전동이 가능하며 서로 교차하지 않는(Do Not Intersect) 축을 가지고 있다. 중하중을 받고 스커핑(표면마모현상) 우려가 있어 활성 극압 기어유를 선택한다.

80 유압 작동유의 열화 유발요인에 대한 설명으로 옳지 않은 것은?

① 극압첨가제 : 고온(190~230℃)에서 분해되어 열화물을 생성한다.
② 점도지수향상제 : 고온에서 점도 유지기능 상실 시 열화가 촉진된다.
③ 협잡물 혼입 : 금속 마찰면 피막이 형성된다.
④ 수분 혼입 : 산화반응 촉진 및 슬러지가 발생한다.

해설
협잡물이 혼입되면 마찰면 피막을 형성하는 것이 아니라 오히려 마모를 가속화하고 작동유 열화를 촉진한다.

제5회 적중예상문제

제1과목 공유압 및 자동제어

01 다음 중 맥동현상에 대한 설명으로 옳은 것은?

① 흡입구와 배출구 쪽의 진공계와 압력계의 지침이 흔들리고 송출 유량이 변화하는 현상이다.
② 펌프를 급하게 정지시키면 관 속에 흐르는 유체가 흐름의 충격을 받아 관로 내에 급격히 압력이 높아지는 부분이 생겨 발생한 압력파가 왕복·반복되며 물이나 관을 때리는 것 같은 현상이다.
③ 체크밸브 또는 릴리프밸브 등에 압력이 상승하면 밸브에 공간이 발생하는데, 그 공간으로 유체의 흐름이 발생하는 현상이다.
④ 밸브 내부에서 스프링의 떨림 등 연속적인 진동으로 밸브시트 등을 타격하여 진동과 소음을 발생시키는 현상이다.

해설
② 수격현상
③ 크래킹현상
④ 채터링현상

02 베르누이 정리를 식으로 옳게 나타낸 것은?(단, V : 유체의 속도, g : 중력가속도, p : 유체의 압력, γ : 비중량, Z : 유체의 위치이다)

① $\left(\dfrac{V^2}{2g}\right) - \left(\dfrac{p}{\gamma}\right) + Z = $ 일정

② $\left(\dfrac{V^2}{2g}\right) + \left(\dfrac{p}{\gamma}\right) + Z = $ 일정

③ $\left(\dfrac{V^2}{2g}\right) + \left(\dfrac{p}{\gamma}\right) - Z = $ 일정

④ $\left(\dfrac{V^2}{2g}\right) - \left(\dfrac{p}{\gamma}\right) - Z = $ 일정

해설
베르누이의 정리 : 유체에 작용하는 힘, 압력, 속도, 위치에너지를 각각 수두(水頭), 즉 물의 높이로 표현하고 그 합은 항상 같다는 것을 정리한 식이다. 유체의 에너지 보존원리에 해당한다.
$\dfrac{p}{\gamma} + \dfrac{V^2}{2g} + Z = \dfrac{p_1}{\gamma} + \dfrac{V_1^2}{2g} + Z_1 = \dfrac{p_2}{\gamma} + \dfrac{V_2^2}{2g} + Z_2 = H$
(여기서, p_1 : 위치 1에서의 압력, V_1 : 위치 1에서의 속도, Z_1 : 위치 1에서의 높이, H : 전체 수두)

03 송풍기의 점검 3위치에 해당하지 않는 것은?

① 임펠러
② V벨트
③ 베어링
④ 댐퍼

해설
송풍기의 점검 3위치 : 임펠러, V벨트, 베어링

정답 1 ① 2 ② 3 ④

04 공압모터의 특성이 아닌 것은?

① 과부하에 안전하다.
② 속도범위가 넓다.
③ 고속을 얻기 어렵다.
④ 무단속도 및 출력 조절이 가능하다.

해설
공압모터의 특징
- 속도를 무단으로 조절할 수 있다.
- 출력을 조절할 수 있다.
- 속도범위가 넓다.
- 과부하에 안전하다.
- 오물, 물, 열, 냉기에 민감하지 않다.
- 폭발에 안전하다.
- 보수 유지가 비교적 쉽다.
- 높은 속도를 얻을 수 있다.
- 입력된 에너지에 비해 출력되는 에너지의 비율이 나쁘거나 일정하지 않다.
- 정확한 제어가 힘들다.
- 유압에 비해 소음이 발생한다.

05 다음 기호의 명칭은?

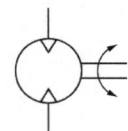

① 유압펌프
② 공기압 모터
③ 유압전도장치
④ 요동형 액추에이터

해설
- 동력을 발생시키는 것은 공기압축기와 유압펌프이고, 공압과 유압을 이용한 액추에이터는 실린더와 모터이다.
- 동력원의 매개체를 표시하기 위해 공압은 삼각형의 빈 공간으로, 유압은 채운 삼각형을 사용한다.

기호 예시

공압모터	유압모터	공압 실린더	유압 실린더

06 원심식 압축기의 장점에 대한 설명으로 틀린 것은?

① 압력맥동이 없다.
② 윤활이 용이하다.
③ 고압 발생에 적합하다.
④ 설치 면적이 비교적 작다.

해설
고압을 생성하기에는 용적형 압축기가 적절하다.
터보형(원심식) 압축기
날개를 고속으로 회전시키면 날개를 통과하는 공기 운동량이 증가하고 압력과 속도를 높이게 되는데, 용적식에 비하여 압력맥동이 없고 윤활이 용이하며 설치 면적이 작다. 축류식과 반경류식이 있다.

07 프로세스 제어(Process Control)의 종류 중 제어 대상에 따른 분류에 속하지 않는 것은?

① 압력제어장치
② 온도제어장치
③ 유량제어장치
④ 발전기의 조속기제어장치

해설
제어 대상에 따른 제어 분류
- 서보제어(Servo Control) : 물체의 위치·각도·방위·자세 등의 기계적 변위를 제어량으로 읽어 제어하는 시스템
- 프로세스 제어(Process Control) : 제어량이 상태값인 압력·온도·유량·밀도 등일 때의 제어방식
- 자동조정(Automatic Regulation) : 제어량이 전기적 및 기계적 양(주파수, 전압, 전류, 습도, 회전 속도, 힘 등)을 주로 제어하는 방식

08 유압펌프 토출 유량의 직접적인 감소원인이 아닌 것은?

① 작동유의 점성이 너무 높다.
② 작동유의 점성이 너무 낮다.
③ 공기의 침입이 있다.
④ 유압 실린더의 속도가 빨라졌다.

해설
유압펌프의 실린더 속도가 빨라지면 왕복속도가 늘어나 시간당 토출량도 늘어난다.

09 다음 유압회로도를 구성하는 각 기기의 명칭 중 틀린 것은?

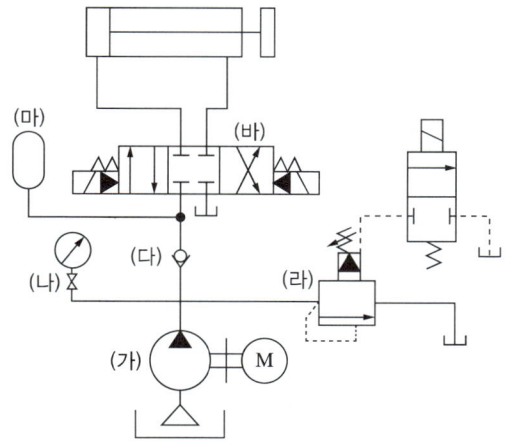

① (가) : 정용량형 펌프
② (나) : 스톱밸브, (다) : 체크밸브
③ (라) : 릴리프밸브, (마) : 보조탱크
④ (바) : 4포트 3위치 방향제어밸브

해설
(마) 어큐뮬레이터(축압기)

10 가변 토출량형 유압 피스톤펌프 토출라인에 릴리프밸브를 설치하는 이유는?

① 원격제어
② 무부하회로 구성
③ 회로 내 최대 압력 설정
④ 회로 내 압력 증압 및 감압 압력 설정

해설
릴리프밸브
밸브 입구측의 압력을 감지하여 설정압력 이상이 되면 밸브가 열려 압력유를 탱크로 되돌려 보내 이상을 방지하는 밸브이다. 펌프의 토출측에 부착하여 출발압력을 설정압력으로 유지하는 역할을 한다.

11 다음 중 실린더의 속도를 급속히 증가시키는 목적으로 사용하는 밸브기호는?

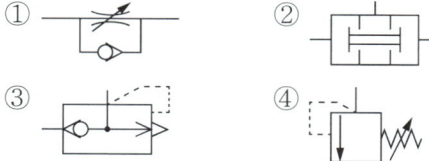

해설
급속 배기밸브
배기구를 확 열어 유속을 조절하는 밸브로, 주로 공압밸브에 적용된다.
① 한 방향 유량제어밸브
② 이압밸브
④ 릴리프밸브

12 측온저항체에서 공칭저항값은 몇 ℃에서의 저항값인가?

① -10℃   ② 0℃
③ 10℃   ④ 20℃

해설
백금온도센서(측온저항체 온도계)
백금선의 저항 변화를 이용한 저항온도계이다. 외부온도 1℃당 0.4Ω 정도의 저항 변화가 나타난다. 측정을 위해 공칭저항값이 필요하며, 이는 0℃의 공칭저항이 100Ω인 것에 대해 규정한 것이다.

13 프로세스 제어계에서 제어량을 검출부에서 검지하여 조절부에 가하는 신호는?

① SV(Setting Value)
② PV(Process Variable)
③ DV(Differential Variable)
④ MV(Manipulated Variable)

해설
제어계에 사용하는 변수의 종류
- PV(Process Variable, 과정변수) : 검출한 값을 저장하여 이후 제어과정에 적용하는 변수
- SV(Setting Value) : 설정값
- MV(Manipulated Variable, 조작변수) : 제어하는 사람의 개입이 가능한 변수
- DV(Differential Variable) : 미분변수

14 제어장치에 원하는 목푯값을 제시하고, 신호와 검출부로부터 얻은 신호에 의해 제어장치가 소정의 프로세스를 작동하려고 한다. 필요한 신호가 전달될 때 예측할 수 없는 외부의 방해요인을 일컫는 용어는?

① 외 란　　② 조절부
③ 작동부　　④ 제어량

해설
외 란
외부에서 유입된 난동이다. 입력 또는 신호를 정확하게 알 수 없도록 하는 요인으로, 여러 요인에 의해 발생하므로 포괄하여 외란(外亂)이라고 한다.

15 프로세스의 특성 중 입력신호에 대한 출력신호의 특성으로서 시간영역에서는 인벌류션 적분이고, 주파수 영역에서는 전달함수와 관련된 특성은?

① 외 란
② 동특성
③ 정특성
④ 주파수 응답

해설
동특성은 시간 응답에서는 정상 상태를 얻기 전의 특성을 의미하고, 주파수 응답에서는 전달함수로 나타나는 특성을 의미한다.

16 되먹임제어에 대한 설명으로 틀린 것은?

① 닫힌루프제어라고도 한다.
② 피드백신호를 통해 목푯값에 도달한다.
③ 외란에 의해서 발생되는 오차에 대한 대처능력이 없다.
④ 안정도, 대역폭, 감도, 이득 등의 제어 특성에 영향을 미친다.

해설
닫힌루프제어(피드백제어, 폐회로제어, Feedback Control)
- 출력값이 목푯값에 이르도록 입력값을 조정하는 피드백제어이다.
- 개회로제어보다는 신호를 추출하고 목푯값과 비교하는 등의 설비(궤환요소)가 더 필요하다.
- 개회로제어에 비해 정확한 제어가 가능하다.
- 피드백을 통해서 외란 등의 오차에 대해서도 반복 연산을 통해 오차를 줄여간다.

17 시간과 관계없이 입력신호의 변화에 의해서만 제어가 행해지는 제어계는?

① 논리제어계
② 동기제어계
③ 비동기제어계
④ 시퀀스제어계

해설
자동제어의 시간 의존성에 따른 분류
자동제어의 시간 의존성에 따라 동기(同期)제어, 비동기(非同期)제어로 분류하며 시간과 관련되면 동기, 시간과 관계없이 제어되면 비동기 제어로 구분한다.

18 유도전동기의 특성에 대한 설명으로 옳은 것은?

① 회전수는 주파수에 반비례한다.
② 무부하 상태에서 슬립은 1% 이하이다.
③ 동기속도로 회전할 때 슬립 S는 1이다.
④ 슬립은 회전자 속도가 동기속도에 비해 얼마나 빠른가를 나타낸다.

해설
유도전동기의 슬립
- 유도현상에 의해 회전하는 회전자는 슬립에 의해 실제 유도되는 회전속도와 같은 속도로 회전할 수 없다.
- 슬립은 동기속도와 회전자의 실제속도의 차, 유도되는 속도에 미치지 못하는 속도이다.

$$s = \frac{N_s - N}{N_s} \times 100\%$$
$$N = (1-s) \times N_2$$
(여기서, N_s : 동기속도, s : 슬립, N : 전동기 속도)

- 슬립은 $0 < s < 1$의 범위이어야 한다. 슬립은 전부하에서 3~5%이고, 소용량의 것에서 5~10% 정도이다.
- 전동기에 부하가 클수록, 삽입되는 저항이 클수록 크며, 부하가 없는 상태는 슬립이 1% 미만으로 거의 없어야 한다.

19 전동기가 회전 중 진동현상이 나타나는 원인으로 틀린 것은?

① 냉각 불충분
② 베어링의 손상
③ 커플링, 풀리의 이완
④ 로터와 스테이터의 접촉

해설
이상음 및 진동 발생의 원인
- 베어링 손상
- 커플링, 풀리의 마모 및 풀림, 중심 불량
- 로터와 스테이터의 접촉
- 냉각 팬 날개 바퀴의 풀림
- 조립 볼트나 부착 볼트의 풀림 및 탈락
- 공진

20 전류 검출용 센서 중 변류기식 방식에 대한 설명으로 틀린 것은?

① 직류 검출은 불가능하다.
② 주파수 특성상 오차가 크다.
③ 구조가 복잡하고 견고하지 않다.
④ 피측정 전로에 대한 절연이 가능하다.

해설
변류(CT ; Current Transformer) 방식 전류센서
- 측정 도체에 흐르는 전류를 1차 측으로 하여 션트저항에 흐르는 2차 전류를 이용하여 측정한다.
- 교류에 적용하고 저렴하며, 주로 상용 주파수에서 사용한다.
- 자속 제거 동작으로 인해 직선성이 좋은 편이다.
- 구조가 간단하고 자속을 이용하므로 피측정체와 회로상 분리가 가능하다.

정답 17 ③ 18 ② 19 ① 20 ③

제2과목 용접 및 안전관리

21 피복아크용접에서 용접결함과 그 원인이 잘못 연결된 것은?

① 오버랩(Overlap) – 용접전류가 낮고, 용접봉의 선택이 불량할 때
② 스패터(Spatter) – 용접전류가 낮고, 아크 길이를 짧게 했을 때
③ 언더컷(Under Cut) – 용접전류가 높고, 아크 길이가 너무 길 때
④ 용입 불량 – 용접전류가 낮고, 용접속도가 너무 빠를 때

해설
피복아크용접의 결함
- 스패터 : 용융금속의 기포나 용적이 폭발할 때 슬래그가 비산하여 발생한다. 과대 전류, 피복제의 수분, 아크의 길이가 길 때 발생한다.
- 기공 : 아크의 길이가 길 때, 피복제에 수분이 있을 때, 용접부의 냉각속도가 빠를 때 용착금속에 가스가 생긴다.
- 언더컷 : 모재와 비드의 경계 부분에 패인 홈이 생기는 것이다. 과대 전류, 용접봉의 부적절한 운봉, 지나친 용접속도, 긴 아크의 길이가 원인이다.
- 오버랩 : 용융금속이 모재에 용착되는 것이 아니라 덮기만 하는 결함이다. 용접전류가 낮거나 속도가 느리거나 맞지 않는 용접봉 사용 시 발생한다.
- 용입 불량 : 모재가 녹아서 용합된 깊이를 용입이라 하고, 용입 깊이가 얕은 경우이다. 용접전류가 낮거나 용접속도가 빠를 때 발생하기 쉽다.
- 슬래그 섞임 : 용착금속 안에 슬래그가 남아 있는 결함으로, 슬래그 제거 불량이나 운봉 불량이 원인이다.

22 서브머지드 아크용접(Submerged Arc Welding)의 특징으로 옳은 것은?

① 노출된 아크 때문에 강한 자외선이 발생한다.
② 슬래그 발생이 없어 후처리가 불필요하다.
③ 플럭스가 아크와 용융지를 완전히 덮어 아크 광선을 차단한다.
④ 박판(1mm 이하)용접에 적합하다.

해설
SAW는 플럭스가 아크를 덮어 빛과 연기를 줄이고 대전류 고효율 용접이 가능하다. 그러나 슬래그가 발생하며, 주로 중·후판용접에 적합하다.

23 TIG 용접에서 텅스텐 전극의 선택 기준으로 옳은 것은?

① 전류 전달능력보다 기계적 강도가 우선이다.
② AC 용접에서는 일반적으로 토륨 첨가 전극을 사용한다.
③ 전극 소모를 최소화하기 위해 불활성 가스를 사용한다.
④ 전극이 용융되며 용착금속으로 기여한다.

해설
TIG 전극은 소모되지 않고 아크만 형성한다. 전극 보호와 수명 연장을 위해 아르곤, 헬륨과 같은 불활성 가스를 사용한다. 토륨 전극은 주로 DC 용접에 사용한다.

24 플럭스코어드 와이어(FCAW)의 장점으로 옳은 것은?

① 위보기 자세에서 용접에 유리하다.
② 바람에 취약하여 실외용접에 불리하다.
③ 와이어 내부 플럭스가 있어 보호가스 없이도 용접이 가능하다.
④ 용입이 얕고 생산성이 낮다.

해설
FCAW는 플럭스가 내장되어 있어 자체적으로 슬래그와 가스를 발생시켜 실외작업에도 비교적 강하다. 단, 일부는 외부 보호가스도 병용한다. 위보기 용접에 특별히 용이한 것은 아니다.

25 용접결함 중 언더컷(Undercut)의 원인으로 옳지 않은 것은?

① 전류 과다
② 아크 길이의 과도
③ 전극 각도 불량
④ 용접속도 과소

해설
언더컷은 과다 전류, 빠른 용접속도, 부적절한 각도 등으로 모재의 모서리가 깎여 나가는 결함이다. 속도가 느릴 경우 언더컷보다는 용융금속 과다 축적이 발생한다.

26 다음 중 용접 변형 방지대책으로 적절하지 않은 것은?

① 역변형법을 사용한다.
② 구속조건을 크게 하여 변형을 억제한다.
③ 맞춤 정밀도를 높여 간격을 최소화한다.
④ 대칭용접법을 적용한다.

해설
구속이 크면 잔류응력이 오히려 증가하여 균열 가능성이 커진다. 따라서 적절한 변형 분산이 필요하다.

27 용접 시 수소 취성 균열 방지를 위한 일반적인 대책으로 옳지 않은 것은?

① 저수소계 용접봉을 사용한다.
② 용접 전후 예열 및 후열처리를 한다.
③ 용접부의 수분을 제거한다.
④ 고탄소강일수록 냉각속도를 빠르게 한다.

해설
고탄소강은 취성 균열 위험이 크므로 냉각을 늦추어야 한다. 빠른 냉각은 균열 발생 가능성을 높인다.

28 다음 중 아크쏠림 방지대책으로 옳지 않은 것은?

① 접지점 2개를 연결할 것
② 용접봉 끝은 아크쏠림 반대 방향으로 기울일 것
③ 가능한 한 접지점을 용접부에서 가까이 할 것
④ 큰 가접부 또는 이미 용접이 끝난 용착부를 향하여 용접할 것

해설
아크쏠림(자기쏠림)을 방지하려면 접지부를 용접부에서 최대한 멀리한다.

29 고압전기설비 점검 시 산업안전보건법에 따라 작업자가 반드시 준수해야 할 사항은?

① 절연장갑 대신 가죽장갑도 착용 가능하다.
② 1인 단독으로 점검하되 비상연락망을 확보한다.
③ 반드시 2인 1조로 작업하며 절연장비를 사용한다.
④ 전원 차단 없이 고무매트 위에서 점검할 수 있다.

해설
고압설비점검은 법적으로 2인 1조 근무가 원칙이며, 반드시 절연장갑, 절연화, 절연봉을 사용해야 한다.

30 용접작업 중 발생하는 금속 퓸(Fume)과 가스를 가장 효과적으로 제거하는 방법은?

① 주변 환기 없이 보호구 착용만 한다.
② 송풍기로 일반 환기만 한다.
③ 국소배기장치를 설치하여 직접 배출한다.
④ 산소통을 옆에 두고 환기한다.

해설
용접 시 발생하는 금속 퓸과 유해가스는 국소배기장치나 강제 환기 팬을 사용하여 직접 제거하는 것이 가장 효과적이다.

31 비파괴검사법 중 일반적으로 결함의 깊이를 가장 정확히 측정할 수 있는 시험법은?

① 자분탐상시험
② 침투탐상시험
③ 방사선투과시험
④ 초음파탐상시험

해설
초음파의 주파수는 초당 떨린 횟수이며, 한 번 떨릴 때 진행한 거리가 파장이다. 즉, 초음파는 거리값인 파장을 이용하여 비교적 정확하게 탐색체의 위치를 파악할 수 있다.

32 용접작업에서 전격의 방지대책으로 틀린 것은?

① 땀, 물 등에 의해 젖은 작업복, 장갑 등은 착용하지 않는다.
② 텅스텐봉을 교체할 때 항상 전원 스위치를 차단하고 작업한다.
③ 절연 홀더의 절연 부분이 노출, 파손되면 즉시 보수하거나 교체한다.
④ 가죽장갑, 앞치마, 발 덮개 등 보호구를 반드시 착용하지 않아도 된다.

해설
전격을 예방하려면 작업할 때 반드시 가죽장갑과 같은 안전용품을 착용해야 한다.

33 무재해 3대 원칙 중 다음 보기에서 설명하는 원칙은?

┤보기├
단순히 사망재해나 휴업재해만 없으면 된다는 소극적인 사고가 아닌 사업장 내의 모든 잠재 위험요인을 적극적으로 사전에 발견하고 파악·해결함으로써 산업재해의 근원적인 요소들을 없앤다는 것을 의미한다.

① 무의 원칙
② 안전제일의 원칙
③ 참여의 원칙
④ 위험 회피의 원칙

해설
무재해운동의 3대 원칙
- 무의 원칙 : 단순히 사망재해나 휴업재해만 없으면 된다는 소극적인 사고가 아닌 사업장 내의 모든 잠재 위험요인을 적극적으로 사전에 발견하고 파악·해결하여 산업재해의 근원적인 요소들을 없앤다는 것을 의미한다.
- 안전제일의 원칙 : 안전한 사업장을 조성하기 위한 궁극의 목표로서 사업장 내에서 행동하기 전에 잠재 위험요인을 발견하고, 파악·해결하여 재해를 예방하는 것을 의미한다.
- 참여의 원칙 : 작업에 따르는 잠재 위험요인을 발견하고 파악·해결하기 위하여 전원이 협력하여 각자의 위치에서 적극적으로 문제를 해결하겠다는 것을 의미한다.

34 일반적인 줄작업에 대한 설명으로 옳지 않은 것은?

① 오른손 팔꿈치를 옆구리에 밀착시키고, 팔꿈치가 줄과 수평이 되게 한다.
② 보통 줄의 사용 순서는 중목 → 황목 → 세목 → 유목의 순으로 작업한다.
③ 왼손은 줄의 균형을 유지하기 위해 손목을 수평으로 하고 손바닥으로 줄 끝을 가볍게 누르거나 손가락으로 싸 준다.
④ 줄을 앞으로 밀 때 힘을 가하고, 뒤로 당길 때 힘을 주지 않는다.

해설
보통 줄의 사용은 거친 순서대로 황목 → 중목 → 세목 → 유목의 순으로 작업한다.

35 다음 보기에서 설명하는 고장의 종류는 무엇에 따라 분류한 것인가?

┤보기├
- 오용결함 : 사용 중 시스템의 규정된 능력을 초과하는 스트레스에 의한 결함
- 취급 부주의 결함 : 시스템의 부적절한 취급 또는 부주의에 의한 결함

① 사용상 결함에 따라
② 취약원인에 따라
③ 결함 발생 시점에 따라
④ 민감도에 따라

해설
결함의 종류
- 치명도에 따라
  - 치명결함 : 인체 손상, 물적 손상 또는 받아들일 수 없는 결과를 초래할 것으로 기대되는 결함
  - 비치명결함 : 인체 손상, 물적 손상 또는 받아들일 수 없는 결과를 초래하지 않을 것으로 기대되는 결함
- 중요도에 따라
  - 중결함 : 중요하다고 여겨지는 기능에 영향을 주는 결함
  - 경결함 : 중요하다고 여겨지는 어떤 기능에도 영향을 주지 않는 결함
- 사용상 결함
  - 오용결함 : 사용 중 시스템의 규정된 능력을 초과하는 스트레스에 의한 결함
  - 취급 부주의 결함 : 시스템의 부적절한 취급 또는 부주의에 의한 결함
- 취약원인에 따라
  - 취약결함 : 시스템이 규정된 성능 이내의 스트레스에 있어도 시스템 내의 취약점에 의한 결함
  - 설계 결함 : 시스템의 부적절한 설계에 의한 결함
- 결함 발생 시점에 따라
  - 제조결함 : 제조과정에서 시스템의 설계 또는 제조공정과의 불일치에 의한 결함
  - 노화결함, 마모결함 : 시스템의 고유 고장 메커니즘의 결과로 발생 확률이 시간에 따라 증가하는 결함

36 버드(Bird)의 수정된 사고발생연쇄이론에서 하인리히의 이론과 다른 관점으로 중요하게 본 사항은?

① 관리감독
② 개인의 습관
③ 환 경
④ 시 간

해설
버드(Bird)의 수정된 사고발생연쇄이론(신도미노이론)
- 보험사고 175,300 여건을 분석하여 발표하였다. 물적사고도 포함된다.
- 사고 발생의 가장 중요한 원인으로 관리감독의 미흡을 언급하였다.

37 위험(Risk, 리스크)의 3요소가 아닌 것은?

① 사고 시나리오
② 사고 발생 확률
③ 파급효과
④ 위험 회피

해설
리스크의 3요소
사고 시나리오, 사고 발생 확률, 파급효과 또는 손실

38 산업안전보건법에 따라 선반 등으로부터 돌출되어 회전하고 있는 가공물을 작업할 때 설치하여야 할 방호조치로 가장 적합한 것은?

① 안전난간
② 울 또는 덮개
③ 방진장치
④ 건널다리

해설
선반 등으로부터 돌출되어 회전하고 있는 가공물을 작업할 때 설치하여야 할 방호조치로 가장 적합한 것은 울 또는 덮개이다(산업안전보건기준에 관한 규칙 제87조).

39 고압가스안전관리법상 고압가스의 종류에 해당하지 않는 것은?

① 상용 온도에서 게이지압이 0.5MPa 이상인 압축가스
② 15℃의 온도에서 압력이 0Pa을 초과하는 아세틸렌가스
③ 상용의 온도에서 압력이 0.2MPa 이상이 되는 액화가스로서 실제로 그 압력이 0.2MPa 이상이 되는 것
④ 35℃의 온도에서 압력이 0Pa을 초과하는 액화가스 중 액화사이안화수소·액화브롬화메탄 및 액화산화에틸렌가스

해설
상용 온도에서 게이지압이 1MPa 이상인 압축가스가 고압가스로 분류된다.

36 ① 37 ④ 38 ② 39 ①

40 가스집합용접장치에는 가스의 역류 및 역화를 방지할 수 있는 안전기를 설치하여야 하는데, 다음 중 저압용 수봉식 안전기가 갖추어야 할 요건으로 옳은 것은?

① 수봉 배기관을 갖추어야 한다.
② 도입관은 수봉식으로 하고, 유효 수주는 20mm 미만이어야 한다.
③ 수봉 배기관은 안전기의 압력이 2.5kg/cm²에 도달하기 전에 배기시킬 수 있는 능력을 갖추어야 한다.
④ 파열판은 안전기 내의 압력이 50kg/cm²에 도달하기 전에 파열되어야 한다.

해설
저압용 수봉식 안전기의 구비요건
- 도입관은 수봉식으로 하고 유효 수주는 25mm 이상이어야 한다.
- 수봉 배기관을 갖추어야 한다.
- 주요 부분은 두께 2mm 이상의 강판 또는 강관을 사용하여야 한다.
- 아세틸렌과 접촉할 염려가 있는 부분은 구리를 사용하지 않아야 한다.

제3과목 기계설비 일반

41 급유설비 중 탱크의 역할에 대한 설명으로 옳지 않은 것은?

① 저장 중 공기를 제거하는 역할을 한다.
② 저장 중 침전물을 분리하는 장치가 있다.
③ 탱크의 최고 온도는 55℃를 넘지 않도록 한다.
④ 장시간 설비를 멈추고 있을 때도 온도를 40~50℃로 유지한다.

해설
장시간 설비를 멈추고 있을 때, 낮아진 탱크온도를 40~50℃로 가열하여 배관 내의 오일온도를 높인 후 운전에 들어간다.

42 다음 그림과 같이 사용 중에 성능 저하는 별로 되지 않으나 돌발고장에 의한 정지가 발생하며 부분적 교환·교체에 의하여 복구되는 열화의 형태는?

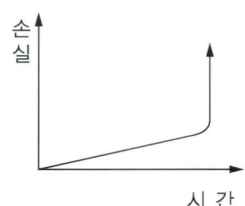

① 기능저하형   ② 기능정지형
③ 성능저하형   ④ 성능증가형

해설
열화손실이 나타나는 과정

성능저하형	기능정지형
사용 중 생산량이나 수율, 정밀도 등 효율이 낮아지는 현상이 발생한다.	사용 중 부분고장이나 일부 파손 등 돌발고장 현상이 발생한다.

43 다음 그림과 같이 표시된 기호에서 Ⓜ이 나타내는 것은?

| ⌖ | 0.01 | A | Ⓜ |

① A의 원통 정도를 나타낸다.
② 기계가공을 나타낸다.
③ 최대실체공차 방식을 나타낸다.
④ A의 위치를 나타낸다.

해설
최대실체공차란 부품이 허용된 치수공차 내에서 가장 많은 재료를 가지는 상태, 즉 가장 큰 부피 또는 질량을 가질 때 적용되는 기하공차 방식이다. 기하공차 기호 뒤에 'M'이 붙으면 최대실체공차 방식이 적용되며, 부품의 크기가 최대실체치수에 가까워질수록 기하공차의 영역은 커지는 여유가 발생한다. 실제 제조 시 가공이 가능하도록 여유를 제공하는 방식의 공차이다.

44 다음 입체도의 정면도(화살표 방향)로 적합한 것은?

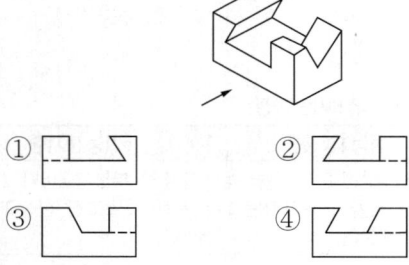

해설
① 뒷면도이다.
③ 모양이 전혀 다르다.다르고,
④ 우측 상단의 빗면 모양이 생기지 않아 오류이다.

45 윤활유 공급방법 중 순환 급유방법은?

① 손 급유법   ② 비말 급유법
③ 적하 급유법   ④ 사이펀 급유법

해설
①, ③, ④는 비순환 급유법이다.

46 나사로 체결된 부품의 나사가 풀려서 부품이 손상되는 경우, 나사가 자립 상태를 유지할 수 있는 나사의 효율은?

① 50% 미만   ② 60% 이상
③ 70% 이하   ④ 80% 이상

해설
나사의 자립한계는 마찰각과 경사각이 같을 때($\alpha = \lambda$)이다.
나사의 효율

$$\frac{\tan\alpha}{\tan(\alpha+\lambda)} = \frac{\tan\lambda}{\frac{2\tan\lambda}{1-\tan^2\lambda}} = \frac{1}{2} - \frac{1}{2}\tan^2\lambda$$

(여기서, α : 경사각, λ : 마찰각)
∴ 마찰이 0이라 해도 최대 0.5, 50%의 효율이 나타난다.

47 다음 그림의 화살표로 지시한 버니어캘리퍼스 측정값은 몇 mm인가?

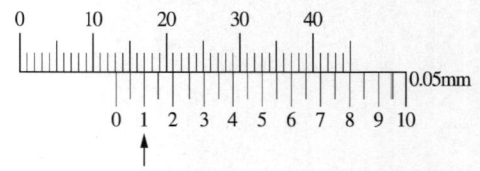

① 13.00   ② 13.10
③ 17.00   ④ 17.10

해설
버니어캘리퍼스는 아들자의 0이 닿는 어미자의 눈금을 읽고, 아들자에서 어미자와 일치하는 눈금을 읽는다.
13.0 + 0.10 = 13.10

48 기계의 축, 기어, 캠 등 부품에 강도 및 인성, 접촉부의 내마멸성을 증대시키기 위한 표면경화 열처리법이 아닌 것은?

① 침탄법
② 질화법
③ 화염경화법
④ 항온 열처리법

해설
항온 열처리는 재료 전체의 성질 변화를 위한 열처리이다.
- 화염경화법 : 표면에 불꽃을 염사하여 닿는 부위만 열처리되는 효과를 보고자 하는 표면경화법이다. 국부 담금질이 가능하고 온도 조절이 쉬우며, 대상물의 크기나 형상에 제한이 없다. 그러나 균일한 가열이나 균일한 열처리에는 어려움이 있다.
- 침탄법 : 저탄소강의 표면에 탄소를 침투시켜 표면만 고탄소강으로 만드는 방법이다. 이 과정은 표면의 경도는 올라가고 내부는 저탄소강 고유의 성질을 얻기 위해 실시한다. 고체 침탄, 액체 침탄, 기체 침탄, 침탄 질화 등의 세부 방법이 있다.
- 질화처리 : 가스침투법의 하나로 암모니아 가스를 이용하여 재질의 내마모성과 내식성을 부여하고 안정적인 고온 경도를 부여하는 표면처리법이다.

49 강의 표면경화법이 아닌 것은?

① 연화법   ② 질화법
③ 침탄법   ④ 금속침투법

해설
- 금속침투법 : 세라다이징(아연), 칼로라이징(알루미늄 등 혼합물), 크로마이징(크롬), 고체분말법(혼합 분말) 등 각각 해당하는 금속을 이용하여 표면에 다른 성분을 확산시켜 표면을 경화시키는 방법이다.
- 침탄법 : 저탄소강의 표면에 탄소를 침투시켜 표면만 고탄소강으로 만드는 방법이다. 이 과정은 표면의 경도는 올라가고 내부는 저탄소강 고유의 성질을 얻기 위해 실시한다. 고체 침탄, 액체 침탄, 기체 침탄, 침탄 질화 등의 세부 방법이 있다.
- 질화처리 : 가스침투법의 하나로 암모니아 가스를 이용하여 재질의 내마모성과 내식성을 부여하고 안정적인 고온 경도를 부여하는 표면처리법이다.

50 축의 굽음(Bending) 측정용으로 적합한 측정 공기구는?

① 블록게이지
② 다이얼게이지
③ 외경 마이크로미터
④ 내경 마이크로미터

해설
다이얼게이지
- 베이스를 고정하고 접촉자를 기준면에 댄 후 측정 대상물을 회전운동이나 직선운동을 시켜 눈금의 변화를 확인하며 원하는 측정을 실시한다.
- 적용 측정할 때는 스핀들이 원활히 움직이는가를 확인하고, 스탠드를 앞뒤로 움직여 지시값의 차를 확인한다. 그리고 스핀들을 갑자기 작동시켜 반복 정밀도를 확인한다.
- 직각도, 평행도, 진원도, 진직도, 두께, 깊이를 측정한다.

51 블록 브레이크의 제동력 기능 저하 방지대책으로 틀린 것은?

① 작동용 유압시스템의 누설부를 점검한다.
② 브레이크 블록의 손상 및 탈락을 점검한다.
③ 브레이크 블록과 드럼부에 이물질 유입이 없도록 덮개를 씌운다.
④ 장기간 휴지 시 브레이크 드럼부에 녹 방지를 위해 방청유를 도포한다.

해설
블록 브레이크에 방청유를 도포하면 마찰계수가 낮아져 제동력이 감소한다.

52 키가 전달할 수 있는 토크 중 크기가 큰 순서대로 옳게 나열한 것은?

① 묻힘키, 스플라인, 안장키, 평키
② 평키, 안장키, 묻힘키, 스플라인
③ 스플라인, 묻힘키, 평키, 안장키
④ 안장키, 묻힘키, 스플라인, 평키

해설
키의 전달토크는 키 옆면의 총면적이 넓을수록 전달토크가 크다. 따라서 스플라인축과 같이 옆면이 넓은 것이 가장 전달력이 크고, 안장키처럼 마찰력에만 의거하여 전달할 경우 전달력이 작다.

53 수평 배관용으로 사용되며 유체의 역류를 방지하는 밸브는?

① 스윙 체크밸브
② 글로브 체크밸브
③ 나비형 체크밸브
④ 파일럿 조작 체크밸브

해설
개폐 형태에 따라 스윙형 밸브와 나비형 밸브로 구분하며, 수평 배관에는 스윙 체크밸브가 적절하다.

54 다음 중 웜 기어(Worm Gear)에 대한 특징으로 틀린 것은?

① 효율이 낮다.
② 역전을 방지할 수 없고, 소음이 크다.
③ 작은 용량으로 큰 감속비를 얻을 수 있다.
④ 웜 휠의 정밀 측정이 곤란하며, 가격이 비싸다.

해설
웜 기어
매우 높은 감속비를 가지고 있으며, 전동축과 종동축이 교차하지 않지만 직각을 이룬다. 슬라이딩 접점을 사용하여 마찰손실이 발생하고, 이에 따라 마찰열이 발생하여 효율이 낮다. 역전이 방지되고, 소음이 작다.

55 다음 중 화물을 올릴 때는 제동작용을 하지 않고, 화물을 내릴 때는 자중에 의한 제동작용을 하는 브레이크는?

① 원판 브레이크(Disc Brake)
② 밴드 브레이크(Band Brake)
③ 블록 브레이크(Block Brake)
④ 나사 브레이크(Screw Brake)

해설
자동 하중 브레이크에는 웜 브레이크, 나사 브레이크, 원심 브레이크가 있다.

56 기어 손상의 분류에서 이 면의 열화에 대하여 소성 항복에 해당하는 것은?

① 피팅(Pitting)
② 피닝(Peening)
③ 스폴링(Spalling)
④ 스코어링(Scoring)

해설
기어 손상의 유형별 구분

원 인	증 상
마 모	마모, 연마 마모, 스코어링, 부식 마모
표면피로	피팅, 파괴적 피팅, 스폴링
소성 흐름	롤링, 피닝(Peening), 리플링(Rippling), 리징(Ridging)
절 손	피로절손, 과부하절손, 열균열, 연삭균열

57 다음 중 휴대용 동력 드릴작업 시 안전사항에 관한 설명으로 옳지 않은 것은?

① 드릴 손잡이를 견고하게 잡고 작업하여 드릴 손잡이 부위가 회전하지 않고 확실하게 제어 가능하도록 한다.
② 절삭하기 위하여 구멍에 드릴 날을 넣거나 뺄 때 반발에 의하여 손잡이 부분이 튀거나 회전하여 위험을 초래하지 않도록 팔을 드릴과 직선으로 유지한다.
③ 드릴이나 리머를 고정시키거나 제거하고자 할 때 금속성 망치 등을 사용하여 확실히 고정 또는 제거한다.
④ 드릴을 구멍에 맞추거나 스핀들의 속도를 낮추기 위해서 드릴 날을 손으로 잡아서는 안 된다.

해설
드릴이나 리머를 고정시키거나 제거하고자 할 때 확실히 고정 또는 제거하고자 하는 목적으로 금속성 망치 등을 사용하면 안 되며, 절삭공구의 고정·제거용 전용공구 등을 사용한다.

58 두 축의 중심을 정확히 일치시키기 어려울 때 사용되며 고무, 강선, 가죽, 스프링 등을 이용하여 충격과 진동을 완화시켜 주는 커플링은?

① 올덤 커플링 ② 고정식 커플링
③ 플랜지 커플링 ④ 플랙시블 커플링

해설
플렉시블 커플링
축은 여러 가지 요인에 의해 편심 및 편각이 발생한다. 열변동, 베어링 마모, 진동, 기초 공사의 침전 등으로 인하여 축정렬을 변경시킬 수 있다. 최초의 축정렬이 정확하지 못한 상태에서 커플링에 과부하가 발생하면, 편심응력을 흡수할 여력이 없어져 기대한 운전수명을 갖지 못한다. 편심 및 편각 폭 유동오차 변위가 나타나는데 이를 흡수하는 커플링이 플렉시블 커플링이다.

59 다음 보기에서 설명하는 결합제가 적용된 연삭숫돌은?

┤보기├
• 규산나트륨을 주재료로 한 결합제이다.
• 대형 숫돌바퀴를 만들 수 있다.
• 고속도강과 같이 균열이 생기기 쉬운 재료를 연삭할 때 연삭에 의한 발열을 피해야 할 경우에 사용한다.

① 비트리파이드 숫돌바퀴
② 실리케이트 숫돌바퀴
③ 탄성 숫돌바퀴
④ 금속 숫돌바퀴

해설
② 실리케이트(Silicate, S) 숫돌바퀴
  • 규산나트륨을 주재료로 한 결합제이다.
  • 대형 숫돌바퀴를 만들 수 있다.
  • 고속도강과 같이 균열이 생기기 쉬운 재료를 연삭할 때 연삭에 의한 발열을 피해야 할 경우에 사용한다.
  • 비트리파이드에 비해 결합도가 낮아 중연삭을 피한다.
① 비트리파이드(Vitrified, V) 숫돌바퀴
  • 점토, 장석을 주성분으로 하여 약 1,300℃ 정도로 구워서 굳힌 숫돌이다.
  • 결합도 조절이 광범위하고, 기공이 균일하다.
  • 대부분이 숫돌을 사용하며, 거친 연삭과 연한 연삭에도 사용한다.
  • 강도가 약하여 지름이 크거나 얇은 숫돌바퀴에는 적당하지 않다.
③ 탄성 숫돌바퀴
  • 유기질의 결합제를 사용해 만든다.
  • 숫돌에 탄성이 있고 얇은 숫돌을 만들 수 있다.
  • 열에 약하고 일반적으로 절단용 숫돌에 사용한다.
  • 결합제로 셸락(Shellac, E), 고무(Rubber, R), 레지노이드(Resinoid, B), 비닐(Vinyle, PVA) 등을 사용한다.
④ 금속 숫돌바퀴
  • 금속결합제는 주로 다이아몬드 숫돌의 결합제로 사용한다.
  • 철, 구리, 황동, 니켈 등의 작은 입자와 숫돌입자를 혼합하여 압력을 가해 성형한다.
  • 금속결합제는 숫돌입자의 지지력이 크고, 기공이 작아 수명이 길다.
  • 과격한 사용에는 견디지만, 연삭능률은 낮다.

60 녹에 의한 볼트, 너트의 고착을 방지하는 방법으로 옳지 않은 것은?

① 나사 부분에 유성 페인트를 칠한 후 죈다.
② 나사 틈새에 부식성 물질이 침입하지 않도록 한다.
③ 볼트, 너트를 죈 후 아주 높은 온도로 가열한 후 식힌다.
④ 산화 연분을 기계유로 반죽한 적색 페인트를 나사 부분에 칠한 후 죈다.

해설
볼트와 너트를 아주 높은 온도로 가열하여 식히면 열변형이 일어나서 볼트의 고착을 촉진할 수 있고, 주변부의 열 영향을 주어 성능에 이상을 끼칠 수 있다.

제4과목 설비 진단 및 관리

61 점음원에서 발생되는 소음이 10m 떨어진 지점에서 음압 레벨이 100dB일 때 이 음원에서 25m 떨어진 지점에서의 음압레벨은?

① 88dB　　② 92dB
③ 96dB　　④ 104dB

해설
$SPL = 20\log\dfrac{P}{P_0}$[dB]

$20\log\dfrac{25}{10} = 7.96$dB

기준점에서 100dB이었으므로 100 − 7.96 ≒ 92dB

62 다음 중 진동차단기에 이용되는 패드로 적합하지 않은 것은?

① 철 판
② 코르크
③ 스펀지
④ 파이버 글라스

해설
패 드
합성 스펀지, 천연고무, 코르크, 파이버 글라스 등을 이용하여 진동 전달을 차단하는 목적으로 설치한다. 고무와 비슷한 장단점을 지니고 있으나 용도에 따른 제작과정을 거치므로 비용이 좀 더 발생한다.

63 다음 중 방진 시 고려사항으로 옳지 않은 것은?

① 강제 진동수가 고유 진동수에 비해 아주 작을 때, 스프링 정수를 크게 한다.
② 강제 진동수가 고유 진동수와 거의 같을 때, 감쇠비가 작은 방진재를 사용하거나 Dash Pot 등을 제거한다.
③ 강제 진동수가 고유 진동수에 비해 아주 클 때 기계의 질량을 크게 한다.
④ 가진력의 주파수가 고유 진동수의 0.8~1.4배 정도일 때는 공진이 커지므로 이 영역은 가능한 한 피한다.

해설
강제 진동수와 고유 진동수가 같으면 공진현상이 일어나서 매우 위험하기 때문에 공진을 피하기 위해서는 다음과 같이 제어한다.
• 공진이 발생하지 않도록 시스템을 수정하여 고유 진동수를 변경한다. 즉, 질량(m)과 강성(k)을 수정한다(회전기계에서 공진이 발생하면 회전수를 바꾸어도 진동은 감쇠되나 근본적인 해결이 필요하다).
• 점성댐퍼를 부착하여 운전영역 내에서의 진동을 감소시킨다.
• 위의 임의적인 조절이 어려운 경우 흡진기를 부착하여 별도의 계를 형성하여 진동을 전달한다.

64 다음 중 회전속도 또는 각속도의 검출이 가능한 것은?

① 플래퍼
② 바이메탈
③ 오리피스
④ 자이로스코프

> **해설**
> 자이로센서(자이로스코프)
> • 회전 시 발생하는 회전축을 이용하여 각도, 회전속도(각속도)를 측정한다.
> • 각속도는 코리올리 힘을 이용하여 계산한다.
> • 회전각, 각속도, 가속도, 가속도를 이용한 충격력 등의 측정이 가능하다.

65 댐핑처리를 하는 경우 효과가 작은 진동시스템은?

① 시스템의 고유 진동수를 변경하고자 하는 경우
② 시스템이 충격과 같은 힘에 의해서 진동되는 경우
③ 시스템이 그의 고유 진동수에서 강제 진동을 하는 경우
④ 시스템이 많은 주파수 성분을 갖는 힘에 의해서 강제 진동되는 경우

> **해설**
> 감쇠(Damping)의 기능
> • 진동에너지의 전달이 감소한다.
> • 고유 진동수에 의한 공진 시 진동 진폭이 감소한다.
> • 충격 시 진동이 감소한다.

66 다음 그림과 같이 스프링 k_1, k_2, k_3를 직렬로 연결했을 때 등가스프링의 정수 k_e는?

① $\dfrac{1}{k_e} = \dfrac{1}{k_1} + \dfrac{1}{k_2} + \dfrac{1}{k_3}$
② $k_e = k_1 + k_2 + k_3$
③ $k_e = \sqrt{k_1 + k_2 + k_3}$
④ $k_e = \dfrac{1}{k_1} + \dfrac{1}{k_2} + \dfrac{1}{k_3}$

> **해설**
> • 직렬 강성 : $\dfrac{1}{k_T} = \dfrac{1}{k_1} + \dfrac{1}{k_2}$
> • 병렬 강성 : $k_T = k_1 + k_2$

67 윤활관리를 효율적으로 수행하기 위한 방법으로 틀린 것은?

① 급유 작업자를 위한 급유의 순서와 경로 등의 계획을 세운다.
② 각 윤활 개소의 윤활유와 그리스는 개량하지 않고 지속적으로 사용한다.
③ 공장 내에서 사용하는 윤활제의 종류를 최소화하여 구매 및 재고관리 업무의 효율성을 향상시킨다.
④ 윤활 부분의 이상 점검과 보고, 윤활제의 공급 작업 및 윤활 보전작업의 실행 확인을 위한 기록을 한다.

> **해설**
> 윤활관리를 효율적으로 하기 위해 유종별 사용 실적, 급유 점검기준서, 급유 도구 및 사용유에 대한 오일 분석 등의 자료를 파악하여 개선한다.

68 '마찰력은 마찰계수와 마찰면의 수직력에 비례하고, 접촉 면적의 크고 작음에는 상관이 없다.'는 유체역학의 원리(법칙)은?

① 쿨롱 아몽톤의 법칙
② 유량 보존의 법칙
③ 파스칼의 원리
④ 베르누이의 정리

해설
쿨롱 아몽톤의 법칙
마찰력을 마찰과 직각 방향의 힘과 마찰계수의 곱으로 정리하는 법칙
$F = \mu W$

69 각진동수가 120rpm인 조화운동의 주기는?

① 0.5sec   ② 1sec
③ 2sec   ④ 3.14sec

해설
120rev/min = 120rev/60sec = 2rev/sec
1초에 2바퀴를 회전하므로 1바퀴(1주기)에 0.5초가 소요된다.

70 설비관리를 수행할 때 기능적으로 구분하면 일반관리기능, 기술기능, 실시기능 및 지원기능으로 구분할 수 있다. 이때 일반관리기능에 해당하는 것은?

① 공급망 관리
② 설비성능 분석
③ 보전도 향상 연구
④ 설비진단기술 이전 및 개발

해설
- 일반관리기능은 직접 실행 외의 모든 것을 포함하는 기능으로 기술기능, 지원기능을 고려한 정책, 계획, 기획, 성립, 환경 조성, 동기 부여, 시스템 수립, 외주관리, 공급망 관리, 자산관리, 예산관리, 전산화, 경제성 및 효율성 분석, 종합보전의 계획과 추진 등의 기능이다.
- 설비성능 분석, 고장 분석방법의 개발과 실시, 보전도 향상 연구, 설비진단기술 이전 및 개발, 설비 간 네트워크 구축, 전산화 구축, 보전업무 분석, 검사기준 개발, 보전기술 개발, 매뉴얼 개발 및 갱신, 보전 자료 문서화, 자료의 설계 반영, 보전 부품 교체 분석 등은 기술과 관련된 기능이다.

71 계획보전의 일종으로 특정 운전 상태를 계속 유지시키는 방법으로 실시하는 보전은?

① 사후보전   ② 예방보전
③ 생산보전   ④ 종합적 생산보전

해설
예방보전(PM ; Preventive Maintenance)은 사후보전보다는 고장 예방을 위한 보전활동이 필요하다고 대두(1940년대)된 방법이다. 계획보전의 일종이며, 특정 운전 상태를 계속 유지시키는 방법으로 고장, 정지, 성능 저하 등을 가져오는 상태를 발견하기 위해 설비의 주기적인 검사를 실시한다.

72 생산능력을 결정하는 요인 중 외적 요인이 아닌 것은?

① 자재   ② 노동
③ 시장   ④ 공정

해설
생산능력의 결정요인
- 외적 요인 : 자재, 노동, 자금, 시장
- 내적 요인 : 제품, 공장, 공정, 인적, 가동상의 요인

73 신규 사업의 개발, 현존 사업의 혁신 및 확장에 따른 공장의 증설, 제품의 품종, 설계, 생산 규모를 변경할 경우에 항상 시행하는 것은?

① 예방보전
② 구매계획
③ 설비계획
④ 공사관리

해설
설비계획의 필요성
• 신규 사업의 개발, 현존 사업의 혁신 및 확장에 따른 공장의 증설, 제품의 품종·설계·생산 규모를 변경할 경우에 항상 필요하다.
• 산업 발전에 따른 공장 생산능률 개선을 위한 설비의 신설과 교체할 때 필요하다.

74 보전에 사용하는 시간 중 조업시간에서 생산계획상의 휴지시간, 계획보전을 위한 휴지시간, 관리상 필요한 조회시간, 기타 돌발적 상황에 의한 휴지시간 등의 관리 외 제외시간을 뺀 것은?

① 부하시간
② 가동시간
③ 실질가동시간
④ 가치가동시간

해설

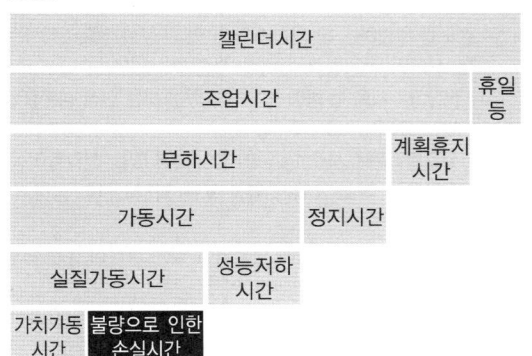

75 지수분포를 따르는 경우 보전도함수에서 수리율이 μ일 때 평균수리시간(MTTR)을 계산하기 위한 식은?

① MTTR = μ
② MTTR = μ^2
③ MTTR = $\dfrac{1}{\mu}$
④ MTTR = $\dfrac{1}{\mu^2}$

해설
보전도
$M(t) = 1 - e^{-\mu t}$
(여기서, μ : 수리율, t : 보전작업시간, $1/\mu$: MTTR(Mean Time to Repair))

76 종합적 생산보전(TPM)에 관한 내용으로 가장 옳지 않은 것은?

① 사후활동 추구
② 자주보전 능력 향상
③ 불량 제로(0), 고장 제로(0) 추구
④ LCC(Life Cycle Cost)의 경제성 추구

해설
TPM은 사전예방활동에 중점을 둔다.

77 설비의 효율화 저해로스(Loss) 중 설비의 설계속도와 실제로 움직이는 속도의 차이에서 생기는 로스는?

① 초기로스
② 속도로스
③ 고장로스
④ 불량로스

해설
설비효율 저해 6대 로스 : 고장로스, 작업준비조정로스, 일시정체로스, 속도로스, 불량수정로스, 초기수율로스
속도로스 : 이론 사이클 시간과 실제 사이클 시간의 차이에서 발생하는 로스로, 설비의 작동조건 미비 등에 의해 속도가 감소한다.

78 나프텐계와 비교한 파라핀계 기유의 특징으로 옳은 것은?

① 낮은 점도
② 낮은 인화점
③ 낮은 유동점
④ 낮은 밀도

해설
나프텐계와 비교한 파라핀계 기유의 특징
• 높은 점도, 높은 인화점, 발화점, 유동점, 아닐린점, 높은 산화안정도, 왁스 함유율이 높음, 밝은 색
• 낮은 밀도, 낮은 아로메틱 함량, 휘발성, 증기압 낮음, 용해성, 분산성 나쁨. 고무에 대해 저팽창

79 윤활 유종을 통일해서 관리할 때의 장점으로 옳지 않은 것은?

① 구매 경비를 절약할 수 있다.
② 오손, 열화의 피해를 방지한다.
③ 재고관리에 유리하다.
④ 기계에 따라 전용 오일을 사용한다.

해설
유종 통일의 장점
• 구매 경비 절약 : 소품종, 일괄 구매에 따른 단가를 절약할 수 있다.
• 저장 공간의 절약 및 순환율을 높여서 오손·열화의 피해를 방지한다.
• 재고관리에 유리하다.
• 급유 시 유종을 실수할 가능성을 낮추거나 없앨 수 있다.
• 오일의 회수, 재생 등 경제적 효과가 나타난다.

80 윤활제의 중화가를 측정하는 방법으로 옳은 것은?

① 전위차 측정법
② 콘래드손법
③ 램스보텀법
④ 형광분석법

해설
중화가 시험
오일의 정제도와 내연기관용 윤활유와 같이 오일 중에 함유된 알칼리성 첨가제의 함량 또는 오일의 사용과정에서 일어난 산화의 정도를 확인하는 데 시험 목적이 있다. 중화가를 측정하는 방법에는 지시약 적정법과 전위차 적정법이 있다.
• 전산가 : 시료 1g 중에 함유되어 있는 모든 산성 성분을 중화하는 데 소요되는 KOH의 mg 수
• 전알칼리가 : 시료 1g 중에 함유되어 있는 전알칼리성 성분을 중화하는 데 소요되는 염산 또는 과염소산과 당량의 KOH의 mg 수
• 강산가 : 시료 1g 중에 함유되어 있는 강산성 성분을 중화하는 데 소요되는 KOH의 mg 수
• 강알칼리가 : 시료 1g 중에 함유되어 있는 강알칼리성 성분을 중화하는 데 소요되는 산과 당량의 KOH의 mg 수

교육이란 사람이 학교에서 배운 것을 잊어버린 후에 남은 것을 말한다.

– 알버트 아인슈타인 –

참 / 고 / 문 / 헌

- 공유압일반(서울대학교공과대학 생산기술연구소, 교육부)
- 공학도를 위한 기계진동학(장승호, 문운당)
- 기계설비보전(김창균, 기전연구사)
- 기계설비안전(정명진 외, 화수목)
- 메인터넌스공학(차흥식 외, 일진사)
- 생산자동화산업기사(신원장, 시대고시기획)
- 설비관리공학(차흥식 외, 일진사)
- 센서응용(이진욱 외, 웅보)
- 소음진동공정시험기준
- 윤활관리기술(최부희, 일진사)
- KS 국가기술표준

Win-Q 설비보전기사 필기 단기합격

개정6판1쇄 발행	2026년 01월 05일 (인쇄 2025년 09월 22일)
초 판 발 행	2020년 06월 05일 (인쇄 2020년 05월 07일)
발 행 인	박영일
책 임 편 집	이해욱
편 저	신원장
편 집 진 행	윤진영, 최 영
표지디자인	권은경, 길전홍선
편집디자인	정경일
발 행 처	(주)시대고시기획
출 판 등 록	제10-1521호
주 소	서울시 마포구 큰우물로 75 [도화동 538 성지 B/D] 9F
전 화	1600-3600
팩 스	02-701-8823
홈 페 이 지	www.sdedu.co.kr
I S B N	979-11-434-0156-4(13550)
정 가	37,000원

※ 저자와의 협의에 의해 인지를 생략합니다.
※ 이 책은 저작권법의 보호를 받는 저작물이므로 동영상 제작 및 무단전재와 배포를 금합니다.
※ 잘못된 책은 구입하신 서점에서 바꾸어 드립니다.

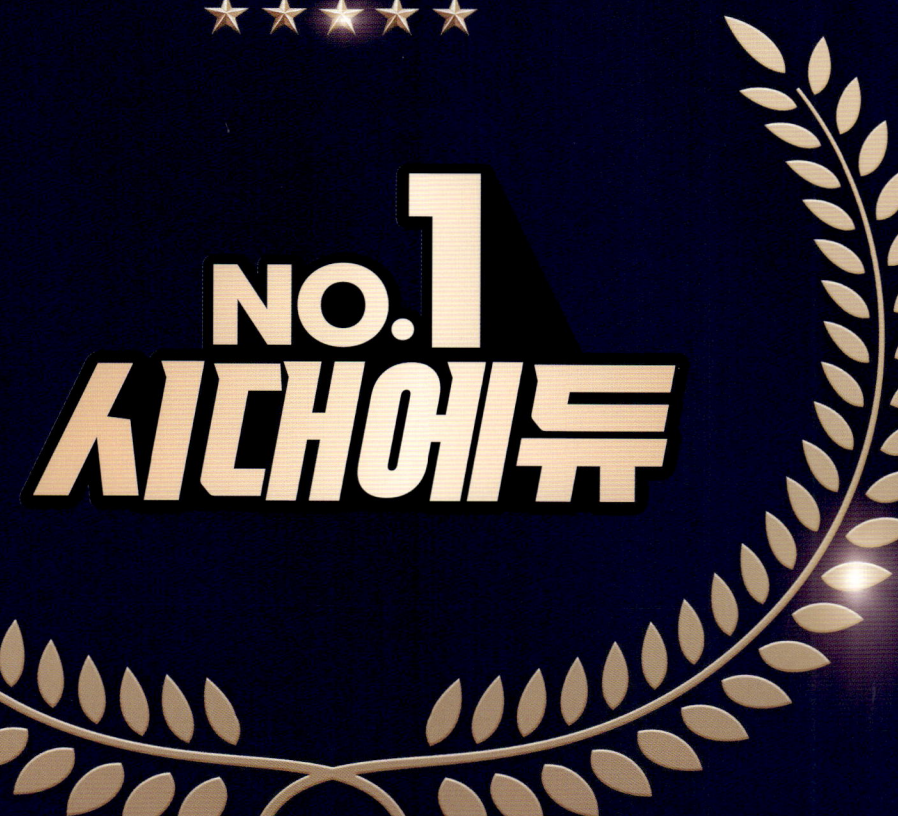

기능사 / 기사·산업기사 / 기능장 / 기술사

단기합격을 위한 완전 학습서

Win-Q
윙크시리즈
WIN QUALIFICATION

**Win-Q
승강기기능사
필기+실기**

**Win-Q
전기기능사
필기**

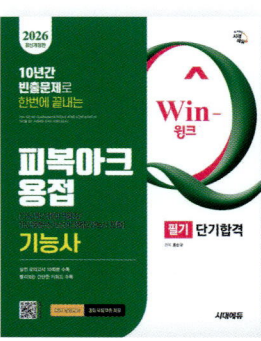

**Win-Q
피복아크용접기능사
필기**

**Win-Q
컴퓨터응용선반·밀링기능사
필기**

**Win-Q
설비보전기능사
필기+실기**

**Win-Q
자동화설비기능사
필기**

**Win-Q
전산응용기계제도기능사
필기**

**Win-Q
화학분석기능사
필기+실기**

자격증 취득에 승리할 수 있도록 **Win-Q시리즈**가 완벽하게 준비하였습니다.

Win-Q
위험물기능사
필기

Win-Q
환경기능사
필기+실기

Win-Q
화훼장식기능사
필기

Win-Q
원예기능사
필기+실기

Win-Q
공조냉동기계산업기사
필기

Win-Q
화학분석기사
필기

Win-Q
위험물산업기사
필기

Win-Q
소방설비기사[전기편]
필기

Win-Q
설비보전산업기사
필기+실기

Win-Q
가스산업기사
필기

Win-Q
에너지관리기사
필기

Win-Q
실내건축산업기사
필기

※ 도서의 이미지 및 구성은 변경될 수 있습니다.

기출분석에 집중하여
합격을 현실로!

무조건 단기에 뽀개기

이런 분들에게 추천해요!

| 이론도, 문제 풀이도 막막해서 **책 한 권으로 해결**하고 싶은 분들 | 노베이스에 혼자 공부하기 어려워 **동영상 강의 도움**이 필요하신 분들 | CBT 시험이 처음이라 시험 전 실전처럼 **온라인 모의고사**를 경험해 보고 싶은 분들 |

무단뽀 한권으로 한번에! 초단기 합격전략!
무단뽀가 곧 합격이다!